数学·统计学系列

几何学教程（平面几何卷）

Geometry Tutorial (Plane Geometry Volume)

[法] J·阿达玛 著

朱德祥 朱维宗 译

哈尔滨工业大学出版社
HARBIN INSTITUTE OF TECHNOLOGY PRESS

内容提要

本书是法国著名数学家 J. Hadamard 的一部名著，译者为我国著名初等几何专家朱德祥教授和其子朱维宗教授. 该书系统地阐述了初等平面几何各部分的主要内容，不仅具有逻辑的严谨性，而且有精确的阐释与论断；书中附有大量的习题(包括杂题、竞赛试题以及所有这些习题的详细解答)，可供读者钻研和复习. 附录部分主要介绍几何方法的基本原理以及欧几里得公理、切圆问题、面积概念、马尔法提问题等. 该书迄今始终是初等几何方面的重要文献之一，它对掌握平面几何学甚至教学方法、培养独立思考能力都有启发作用.

本书可供高等院校数学与应用数学专业学生、中学教师、数学爱好者、数学竞赛选手及教练员作为学习或教学的参考用书.

图书在版编目(CIP)数据

几何学教程. 平面几何卷/(法)阿达玛著；朱德祥，朱维宗译. —哈尔滨：哈尔滨工业大学出版社，2011.3(2024.5 重印)

ISBN 978-7-5603-3223-9

Ⅰ.①几… Ⅱ.①阿… ②朱… ③朱… Ⅲ.①平面几何 Ⅳ.①O18 ②O123.1

中国版本图书馆 CIP 数据核字(2011)第 038429 号

策划编辑 刘培杰 张永芹
责任编辑 唐 蕾
出版发行 哈尔滨工业大学出版社
社 址 哈尔滨市南岗区复华四道街 10 号 邮编 150006
传 真 0451－86414749
网 址 http://hitpress.hit.edu.cn
印 刷 哈尔滨市石桥印务有限公司
开 本 787mm×1092mm 1/16 印张 34.50 字数 621 千字
版 次 2011 年 3 月第 1 版 2024 年 5 月第 4 次印刷
书 号 ISBN 978-7-5603-3223-9
定 价 68.00 元

序　言

几何学，英文为Geometry，实由希腊文Geometria一字演变而来，而按Geometria一字的字义分析．Geo的含义是"地"，metria的意义是"量"，合起来可译为"测地术"，这也符合一些古代著作残片上的文字．亚里士多德学派哲学家欧金·罗道斯科曾说："依据很多的实证，几何是埃及人创造的且发生于土地测量．由于尼罗河泛滥，经常冲毁界线，这测量变成必要的工作．无可置疑的，这类科学和其他科学一样，都发生于人类的需要．"但在明代徐光启翻译几何原本时，却把Geometry译为几何学，这是从Geo之音译而来，亦有把Geometry译为形学的．但此译名却未获通用．

本书是法国数学家阿达玛(J. Hadamard)院士近300多篇(部)著作中的一部．阿达玛是历史上少数几位高龄数学家之一，活了98岁．在他90岁生日之际，被授予荣誉军团大十字勋章．他曾到中国清华大学进行过讲学，哈达玛在清华大学讲学期间是他为华罗庚介绍了前苏联大数学家维诺格拉多夫在数论方面的工作．可以说中国数学家深受其影响．

对于数学来说，平面几何无疑是十分重要的，徐光启曾写过一本书叫《〈几何原本〉杂议》，这是一本不可多得的书．他在书中写道："下学工夫有理有事；此书为益，能令学理者祛其浮气，练其精心，学事者资其定法，发其巧思，故举世无一人不当学．"又说："此书有五不可学：燥心人不可学，粗心人不可学，满心人不可学，妒心人不可学，傲心人不可学．故学此者，不止增才，亦德基也．"

平面几何是众多几何分支中一个十分古老而又充满难题的古典分支.类似于音乐中的古典音乐.2003年4月5日英国Financial Times上有一段评论:"……相继由教会、贵族社会、资产阶级孕育及培养出来的古典音乐,在'微波炉文化'中不合时宜,它的价值,在于纪律、专注、自我、完善、独特个性、灵性/哲学沉思等等.都是少数受教育者的价值."

本书首先要满足那些藏书者的需求.

正如藏书家陆昕所言:"古代是没有藏书文化的.所谓古代的藏书文化,是今人替古人发掘的一种文化.为了研究传统文化并继承发扬,我们替古人总结出许多文化,藏书即是其中之一.因为古人藏书,主要的目的就是用,或是学家以此研究学术,以正前贤之说,以解史迹之疑;或是藏者以此校经勘史,以纠通行本之错讹,以复古本之原貌.但无人从文化层面上研究藏书兴衰和古籍流转,至多在书跋中发几通感慨."(陆昕.今日藏书　路在何方.博览群书,2010(1).)

本书为我国几何学家朱德祥教授早年所译,现今只有在大学图书馆或少数学者的书房中可以一见,这给年轻一代喜欢老书的几何迷带来很多不便.老书是有吸引力的.有一本专门讲书店的书,专门介绍过一家英国老店——查令十字街84号书店像有去过的人所描述的那样:"这是一间活脱从狄更斯书里头蹦出来的可爱铺子,如果让你见到了,不爱死了才怪……极目所见全是书架.高耸直抵到天花板的深色的古老书架,橡木架面经过漫长岁月的洗礼,虽已褪色仍径放光芒."

工业化革命后,制造能力之强超出人们想象.大量同质同样的东西被制造出来.在人们享受到过去只有帝王和贵族才能享受到的精神食粮后突然发现,它们也在大幅贬值.所以新书有价值但它没有附加值.而旧书则有双倍价值.

本书其次要满足那些具有小众口味,醉心于冷门学问中的性情中人.早年陈省身大师下决心搞微分几何时,被人告之这个分支已近死亡.但谁成想它竟成就了陈省身一生的伟业.

新经济评论家姜奇平对Google在世界的意外成功有一妙论:"冷门打开局面,就成热门了.草根上了台面,就成精英了."平面几何在中国的命运也是几起几落.

数学的热点和冷门是交替的.可谓三十年河东三十年河西.从大的方向说方程是数学的中心议题,后来被函数所取代,再后来随着布尔巴基学派的崛起对结构又开始关注.从小的分支来说从早期的初等数论代之以解析数论(20世纪三四十年代是其黄金时代),随后超越数论红极一时,随即又被代数几何抢了风头及至费马大定理的被证明,代数数论又渐成主流.近年伴随着密码学的兴起.计算数论又开始盛行.借用卡皮查的一句人生感悟说:“我们只是漂浮在命运之河上的粒子,能做的不过是稍稍偏斜一下自己的踪迹以便保持漂浮.是河流最终支配着我们.”冷门应该且尤其应该有人搞.

北京大学的季羡林先生独步中国的吐火罗语研究,没能培养出一个接班人.作为吐火罗语残卷出土地的中国,至今没有第二个能释读这种语言的学者,不能不说是个遗憾.但更令人感慨的是在万里之外的北欧小国,竟有人不计功利地从事着这样的冷门研究.这位可敬的学者是冰岛雷克雅未克大学的J. Hilmarsson博士.可惜他于1992年英年早逝.现在谁要想掌握这种文字只能借助字典阅读一本捷克学者(parel pouha)用拉丁文编写的吐火罗语词典和文选.平面几何现在中国已少有人系统研究了.但欧美这种因爱好而深入钻研的还大有人在.

这种冷门在社会科学中比比皆是.在自然科学中也不占少数.但人人都怕被时代抛弃.都怕被边缘化.所以都在不断寻找热门,躲避冷门,这种倾向会导致一批“冷门学科”消亡.数学因我们尚在圈内不便评论,以社会科学为例.

西北史地学曾经是清代的一门显学.晚清重臣左宗棠面对同光之际的西北动乱局势曾经说过:“中国盛世,无不奄有西北……”传统的西北史地学研究作为一个独立的方向是在清代才正式形成的,历经几代学人的努力,最终形成了在资料收集、研究方法、研究成果等方面都独具特色的学术成就.使清代的西域学成就达到了中国传统西北史地研究的高峰.但随着近代地理学的引入.原来那群研究者还周旋于浩渺的古文献中,在追赶时代步伐时显得力不从心.近代西方地理学是一种以近代物理学、近代数学为基础的一个重实测、求精确的科学体系.这一西学的引入使得西域学成为学术旧邦中深藏的珍宝重器,成为一门“绝学”.

第一次世界大战后,美国数学会曾派出一个以M. Bôcher为首的考察团到法国,目的是了解为什么当时法国数学如此发达.该考察团在巴黎和法国外省都进行了详尽的调查,回国后在*Bulletin of American Mathematical Society*上发表了一个报告.结论是:法国数学的发展,得力于它的中等数学教育.

诚然,法国中学教师一般都是高等师范学校(Ecole Normale Supérieure)毕业的.该校历史悠久,入学考试很严格.毕业后还需经过很严格的教师合格考试(Agrégation)才能成为合格教师(Agrégé).中学教师也同大学教师一样称教授(Professeur).

中学教授讲课一般不用教科书,教了几年后,各教授都要写一套教科书,所以这类教科书很多,对中学生的自学提供了很大的方便.数学在中学课程中占很大的分量.特别数学班(Classe de Mathématiques Spéciales)则是中学最高的班次,也可以说是准备投考大学或高等学校的预备班.教特别数学班的教师一般是最有经验的教师.法国数学教育的一个特点是重实质不重形式.2011年1月17日南方科技大学创校校长朱清时在《经济观察报》发表了题为《让学校别无选择》的文章,他指出:

事实上,世界上除了中国以外的所有大学都是自授文凭,像巴黎高等师范学院根本就不授文凭.完全不走形式主义,完全靠教学质量教学过程好.巴黎高等师范学院的学历就是金字招牌.他们的状态正好跟中国的意识相反.

中国把文凭变成文凭主义,现在社会崇尚文凭这个符号,淡漠了符号背后应有的内涵.崇尚符号就忽略了能力.

中国学生很多到了硕士、博士阶段还在让导师抱着找论文题目.而法国数学家一般在22～23岁时就能完成有开创性的博士论文.这又证明了法国的中学数学教育的优越性.世界知名的布尔巴基学派就是由一些大学刚毕业的法国大学生组成的.独步世界数坛数十年,开创一代新风.

本书译者为朱氏父子.中国向来有子承父业的传统.原中译本序由曾留法博士吴新谋所写.由于吴新谋夫妇均已去世.且子女均在法国,联系不上,版权无法取得,故朱维宗教授嘱我代写一序,但写序一般是业内高人,鸿学大儒所为之事,故令笔者惶恐,且出版社都是拉作序者的大旗做虎皮.刚读一则消息是:法国前总统雅克·希拉克年少时因崇拜盛雄甘地而尝试学习梵语.被老师认为没有学习梵语的天分而改学俄语并翻译了普希金的《叶甫盖尼·奥涅金》.当时年轻的雅克把译稿寄给了十几家出版社,半数出版社甚至都没有给他收稿回执,另外半数出版社给他寄来了客套的拒稿信.多年后,当希拉克第一次被任命入主马提尼翁宫时,西岱出版社社长托人转来热情洋溢的稿约:"亲爱的总理,我们刚刚发现了您出色的《叶甫盖尼·奥涅金》的译本,我想出版它,外加一篇几页长的小引言……"被希拉克一口回绝:"我二十岁的时候您不想要这个译本,现在您也不会拿到它!"读完这则轶事,笔者想作序的念头理应打消,但由于2011年全国书博会即将在哈尔滨召开,本书要在此会亮相,时间赶人,来不及找名家作序,所以虽是狗尾,也得续貂了.佛头著粪也望作者及读者见谅!

刘培杰

2011年3月31日于哈工大

译者序

本书译自法国数学家阿达玛(J. Hadamard)著初等几何学卷一第十一版(1931年),并参照了该版的俄文译本第三版(1948年).原著初版问世在19世纪末,以后迭经改版,迄今始终是初等几何方面的重要文献.

本书特色之一在于配有大量习题,照原著者本人说,习题的难易程度是大相悬殊的,而且是由浅入深排列的;每一章末的习题比较容易,每一编末的习题就比较难些,而书末的则更难些.习题的来源不一,其中有不少是中学数学教师的试题,有很多为作者所拟,且有很大一部分可作为创造性工作的材料.俄译本第三版将全部习题作了解答,在解法的选择上,力求接近于原著者的风格,并照顾到习题本身在书中的位置,以及与前后习题的联系等.在解答的叙述上,突出了解的逻辑部分,但在个别地方,对于解的其他部分中比较难而极为重要的也作了说明.同时校正了原书习题中的个别错误或改进了原来的叙述.我们译出了俄译本习题解答,一并附于书末,供读者参考.

限于本人的水平,错误在所难免,尚祈读者指正!

朱德祥

1962年7月于昆明师范学院

第八版序

这一版与以前各版没有重要的变更，但有一点可以注意，即我们对于欧几里得公理的看法因晚近物理学方面的进展而大为修正：鉴于科学思想上的这一进展，我应该修正附录B的结尾部分(附41，附41a).

为了更多地指出活络系统(systèmes articulés)(可参看46a备注(3)——译者注)的重要性，这一版作了一些修改.

J·阿达玛

第二版序

自从本书第一版问世以来，数学教育，特别是几何的教育，不仅在细节上，而且在整个精神上引起了长久期待而又普遍要求的深刻变化.对于数学教育的最初阶段，人们把基础放在练习和直观上，而不是放在欧几里得的逻辑方法上，对于这个方法，初学的人是不易理解它的应用的.

相反的，当重新考虑初步的目标，并使其臻于完善的时候，显然又要回到这方法上.本书相当于第二阶段的教育，因之，我们没有更改它的风格.

但使用逻辑的严正观点，第一章关于角的经典式的叙述也显得不必要的复杂而繁琐.直到现在为止，不准在第一编讲圆周的惯例，使得此处本来十分明白而自然的东西成为不明显的了.从开始就介绍角和圆弧的概念，就可以使这方面的问题变得非常简单.我们过去曾拒绝采用连续原理作为传统上用做垂线存在的基础，现在，我们用以替代的简单设计本身也变成多余了.

这样一来，圆心角的度量自然地联系于角的理论，并在本书找到了真实的逻辑的位置.

第二编也有不少的变化，事实上，圆周角的基本性质和角的度量问题分开来了，以前把这两个问题连在一起，可能给圆周角的性质和它的意义一个不正确的概念.

除此以外，本书的方针就整体而论没有变化.另一方面，1902年的大纲所介绍的补充资料在本书第一版已得到处理.1905年的大纲很快地又把这些补充资料的重要性减削了，因之不需要我们做重要的变更.其中只增加了一点,即波色列反演器.此外,大纲中仅余的补充理论(至少在平面几何部分[①])——反演及其应用——相当于我们的第25~27章.

近年来教育上有一种趋势不可以不承认,就是人们常常谈论启发法,我希望人们开始用于实践.1898年本书第一版所加的附录(附录A)正是为了表明如何理解这个在我看来如此重要的方法——最低限度,如何在理论上理解它,因为要应用启发法必须两者具备.但愿这个附录在今天可以起一些作用,至少指出了这一方面的一些原则.

我曾说过(参看《立体几何》序),附录C中所讲关于切圆问题的方法,实际上归源于傅歇(Fouché)甚至庞斯雷(Poncelet),而关于面积问题,也拉尔(Gérard)有一个解法(和附录D所讲的不同).我乘机提一下,关于面积的理论,方德涅(Fontené)曾持异议而又放弃了.

J·阿达玛

① 顺便要谈一下,我丝毫无意把平面几何和立体几何混合起来.我但愿这种混合是从纯逻辑的观点得到支持的.对于我说,我们从教育的观点首先应当分散难点."在空间看"本身就是严重的困难,我不认为应当把它在起初就和其他的困难加在一起.

第一版序

在编写这一部几何教科书的时候，我始终没有忘却这门学科在初等数学中所占的独特地位.

事实上，摆在数学教育的开端，它是推理方面最朴实最容易接近的一门.几何的方法，力量之大，果实之丰，比起较抽象的算术或代数来，是最直接且容易观察到的.因此，在锻炼思维能力方面，几何能起无可否认的作用.为了增强这个作用，我首先设法培养学生的主动性，并尽一切可能来促进这种主动性.

因此，我认为有必要附以大量的习题，使之成为本书的一个组成部分.在选习题的时候，可以说这个必要性是我的唯一指针.我认为应当搜集难易程度大相悬殊并由浅入深的问题：每一章末的习题，尤其是其中最初的一些，是非常简单的；每一编末所列的习题，它的解答就不那么简单了；最后，在卷末安排了一些比较难的问题.有些习题涉及一些重要的理论——例如那些关于反演以及圆系的，而其中不少是取材于达尔布(Darboux)的著作 *Sur les relations entre les groupes de points, de cercles et de sphères dans le plan et dans l'espace*①；相反的，其他一些习题只有一个目的，即使学生的思维习惯于推理.习题选择的来源不一：有些是经典的习题，它们只是理论的直接运用(没有放在本书的正文内或许要觉得奇怪)，有的则取自法国或其他国家的各个著作和各种刊物，也有不少的习题是我所拟的.

① Annales scientifiques de l'École Normale supérieure, 2e série, t. I, 1872.——习题401(求作一圆周切于三个已知圆周)是 Ampère 中学教师 Gérard 提供给我的.

另一方面，在卷末安排了一个附录，想在其中谈谈数学方法的基本原理．谈起这些原理，初学者从一开始就应该要求透彻了解的，但事实上，甚至常见我们高等学校的学生也还搞不清楚．应当承认，我在这方面所采取的论断形式并非是最适宜的：这样一个课题应当用对话的方式来学习，每一个法则就在需要它的时刻出现．虽说如此，我认为有责任作这样叙述的尝试，希望读者原谅那些不可避免的缺陷．无论如何，这样的尝试总是有益的，并将促进某些观点的培养，关于这些观点的重要性是无须宣扬的．

其他的附录也放在卷末，却有特殊的性质．附录B涉及欧几里得公设．近代的几何学对于这问题的概念已达到相当明晰而确定的地步，从而有必要和可能在一本初等性质的几何学上作一个鸟瞰．

附录C是关于切圆问题的．诚如考涅格斯(Koenigs)[①]所指出的，约尔刚(Gergonne)的解法纵或对作者所忽视了的相应的证明加以补充，仍然有一些缺陷，我想把这缺陷填满．

最后，附录D专谈面积的概念．众所周知，通常关于面积的理论有一个严重的逻辑缺点，即假设先验地(a priori)这个量有定义，并具有某些性质．我在附录D中所谈的，则没有用这公理，所以应该被欢迎，特别是想应用于空间而无需显著的变化的话．

在本书中，对各种经典的理论也作了有益的修正，或者是为了严格，或者是为了简单：举例说来，在第一编开始，关于过一直线上一点所引的垂线存在的证明，习惯上在这个地方基于连续原理的看法被抛弃了，只要在另一方面不加证明地承认可以平分一线段或一角．关于角的转向的看法，使我在第二编及其后若干地方的一些定理能叙述得清晰而普遍，而同时又无损其简单与粗浅．

第三编补充材料中所讲的理论，不包括在欧几里得初等几何范围以内，但在教育上有它的一定地位．我只能局限于这些理论的纲要，而把没有实际重要性的部分全都抛弃．本书的编写是这样的，补充材料以及小字排印的地方，初次阅读可以省略而不致感到不衔接．

达尔布先生信任我编纂本书，并在编纂中不断地给我重要指示，我将以衷心的感谢结束这篇序言．

J·**阿达玛**(Jacques Hadamard)

---

① Leçons de l'agrégation classique de Mathématique. Paris, Hermann, 1892:92.

再版前言

哈尔滨工业大学出版社刘培杰数学工作室于2010年出版朱德祥先生的代表作《初等数学复习及研究(立体几何)》,2011年又计划出版朱德祥先生的代表性译著《初等数学教程·几何》(平面部分和立体部分).这两部几何文献译自法国数学家J·阿达玛院士为特别数学班所写的几何教材,这是迄今为止在几何学方面有重要影响的数学文献之一.

J·阿达玛(Hadamard,Jacques—Salomon 1865.12.8—1963.10.17)是现代法国数学家、法兰西科学院院士,他早期研究复变函数论,对整函数的一般理论以及用级数表示函数的奇点理论有重要的贡献.1896年,他与比利时数学家C·J·普森各自独立地证明了素数定理.此外,他在偏微分方程方面也取得了一些重要的成果,他的代表作《变分法教程》对于泛函分析近代理论的奠定打下了基础,“泛函”一词就是他首先使用的.J·阿达玛曾任教于法国安西学院(1897～1935年)、巴黎综合工科学校(1912～1935年)和中央工艺和制造学院(1920～1935年),担任这些学校的数学教授.1935～1936年J·阿达玛曾应邀在清华大学做偏微分方程理论方面的系列讲座,对中国高等数学教育作出过贡献.在国内,人们熟知J·阿达玛更多的是因为他所写的《初等数学教程·几何》.

法国的现代数学发达,很大程度上得力于他们重视高等师范学生的培养,得力于中学数学的良好教育.而风行于当时法国青年数学爱好者中的一套教材就是法兰西科学院院士、高等师范学校校长G·达尔布主编的《初等数学教程》,这套书共五册，包括《平面三角》、《初等代数》（由法国院士布尔勒（Bourlet）所著）；《初等几何教程（平面几何）》、《初等几何教程（立体几何）》（由法国院士J·阿达玛（Hadamard）所著）；《理论和实用算术》（由法国院士唐乃尔所著）．这套教材曾先后再版十几次，被视为初等数学中的经典著作．

朱德祥先生在清华大学算学系学习的时候，听过J·阿达玛院士关于偏微分方程方面的课程；后来，算学系的吴新谋先生到法国留学也受到J·阿达玛院士的指导．20世纪50年代末，在中国科学院数学研究所工作的吴新谋先生提出翻译G·达尔布主编的这套书，以提高国内中学数学教育水平，朱德祥先生承担了其中三册的翻译任务．J·阿达玛所著的两册，分别于1962年，1964年译完并由上海科学技术出版社出版，唐乃尔著的《理论和实用算术》于1982年译完，由上海科学技术出版社出版．截止1984年这三本书的累积印数达到了29.7万册．

在《初等数学教程·几何》（平面部分和立体部分）的翻译中，朱德祥先生严谨认真、字斟句酌、译稿力求接近原著的风格，翻译中曾参照过俄译本第三版，并将俄译本第三版中平面部分的习题解答全部译出，附于书后．该书的法文原著由于多次修订，在排版方面有许多疏忽和错误，朱德祥先生在翻译时一一予以订正，提高了该书的科学性和使用价值．一直到20世纪80年代上海科学技术出版社第四次印刷时，朱德祥先生还对译稿做了校订．这两本书自翻译出版以来，对国内的几何教育产生过重要的影响，国内许多几何教材（包括朱德祥先生自己所编的几何教材）在编写时都或多或少地受到该书的影响．这两本几何教材编写体例严谨、论证严密、论述简明易懂，富于启发性．全书从几何的初始定义出发，由浅入深的探讨直线、圆、相似、面积、平面与直线、多面体、运动、对称、圆体、常用曲线、测量等内容，不仅将传统意义上的初等几何的内容涵盖于其中，而且还包含了解析几何、射影几何、非欧几何等经典内容．书中的附录部分、习题部分也是几何方面的重要内容．

作为发展了将近五千年的初等几何学科，自有其自身的体系和结构，对于想要更多的在几何方面，特别是逻辑思维方面进一步发展的读者，尤其是数学教师，有一本较全面、系统、科学的介绍初等几何学科的专著，是相当有必要的．J·阿达玛所著的两本初等几何教程可以说是这方面的权威性文献．有鉴于此，哈尔滨工业大学出版社的刘培杰数学工作室决定再版这两本名著，再版这两本

名著的理由就是“让更多读者读到货真价实的好数学，真数学”.①

本次再版对第一版做了一些必要的修订，首先是订正了第一版中的一些错漏之处（本书第一版出版以来，曾收到了许多读者的来信，对再版提出了一些改进的建议.如1982年7月17日合肥市第十六中学刘泽华老师来信指出了平面部分有23处错误，这里向刘泽华老师等读者致谢！本次借再版之机将已发现的错漏之处进行了订正）；其次是规范了部分数学家的译名，这也与朱德祥先生其他著作中的译名一致起来了；此外，对原书中个别的译法做了微调，修改了个别字句使之读起来更为通顺.限于修订时间紧迫、本人水平有限，不足之处还望读者指正.希望本书再版能对读者学、教几何有更多的帮助.

哈尔滨工业大学出版社刘培杰数学工作室对再版书的出版十分严谨，责任编辑对译稿的校订精益求精，力争给读者一部高质量的几何专著.对责任编辑的编辑水平、责任心，我感到十分的敬佩！本书的再版除了得到哈尔滨工业大学出版社刘培杰数学工作室的大力支持和帮助外，云南师范大学数学学院也给予了许多关心和帮助，郭震院长将这两本几何名著的再版列入云南师范大学本科教学质量与改革项目“几何课程”精品教材建设.云南师范大学2010级教育硕士康霞、2008级课程与教学论研究生唐海军帮助打印文稿和校订文稿，这里向康霞和唐海军致谢！感谢所有对这两本书再版提供过帮助的单位和个人！特别是向刘培杰老师、郭震教授等表示诚挚的感谢！

朱德祥先生1911年12月6日出生于江苏省南通市，今年正好是其诞辰100周年，哈尔滨工业大学出版社刘培杰数学工作室再版这两本名著是对朱德祥先生最好的纪念！

朱维宗

2011年1月于云南师范大学

① 《初等数学复习及研究（立体几何）》编辑手记，哈尔滨工业大学出版社，2010:310.

目　录

绪 论

1. 各方面都有限界的空间部分称为**体**.

空间相邻两区域的公共部分称为**面**,一张纸可以给我们面的近似观念.事实上,面是在它两侧的两个空间区域的界限.严格地说,一张纸并不是面,因为这两个区域被纸的厚度所占的空间区域所隔开.假设纸的厚度无限减小,那就得到面的概念了.

一个面上相邻两区域的公共部分称为**线**,这定义显然与下面的定义相当:两个面的交界称为线.

我们所画的线,给我们一个几何线的观念,但只是一个近似的观念,因为它无论怎样细,总有宽度,而几何线是没有宽度的.

最后,一线上相邻两部分所公有的称为**点**,或者说,点是两线的交界.点没有大小.

点、线、面和体的任何集合,称为**图形**.

1a. 几何轨迹 任一条线上含有无穷多点.

线可以看成是点移动的痕迹,当我们用尖锐的铅笔或钢笔在纸上画线时,就是这种情况(这样得到的点,只要是充分细小,就可比拟为几何点).仿此,面可以由移动的线形成.

定义 一个可以占无穷多位置的点的全体所组成的图形(通常是线或面),称为**点的轨迹**.

仿此,面可以看成移动的线所成的轨迹.

2. 几何学研究图形的性质,及其相互的关系,研究的结果,用命题来表达.

命题由两部分组成,第一部分是**假设**,表明全部条件;第二部分是**结论**,表明由这些条件必然产生的事实.

例如在命题"各与第三量C相等的两个量A,B必彼此相等"中,假设是:A,B两量各与C相等,结论是:此两量A,B彼此相等.

命题当中,那些我们承认为显然成立可以不加证明的,称为**公理**.前面所引的命题"各与第三量C相等的两量A,B必彼此相等"便是一例.此外所有的命题,要称为**定理**,都须用特殊的推理来证明.要做这样的推理,须根据定理的假设,承认这些条件已满足,从而推出结论中所指明的事实.

由是,我们必须承认下列某一种情况成立:

(1) 若它是假设的一部分.

(2) 若它是我们所说的一些元素[①]中某一元素定义的一部分.

(3) 若它可从公理推得.

(4) 若它可从前面证过的定理推得.

在几何推理中,除此四种情况外,任何其他的情形都不应认为正确.

2a. 将一个命题的结论(全部或一部) 变为假设,将假设变为结论,新得的命题称为原命题的**逆命题**.

从定理立刻推出的命题,称为**推论或系**(以后的叙述中使用推论).

反之,为便利一个命题的证明而介绍的预备命题,称为**引理**.

3. 全等图形 任何图形可以用无穷多的方式在空间移动而不改变形状,好像移动通常的刚体一样.

两个图形如果可以移动使它们各部分重合,就称为**全等图形**(或**相等图形**);换句话说,两全等图形就是占着两个不同位置的同一图形.

一个图形,只变更它的位置,而不改变形状的,也称为**不变图形**.

4. 直线 最简单的线是**直线**,一条拉紧了的线给我们这个观念.直线的观念是明显的.为了在推理时应用它,我们将直线认为是由一些显明的性质,特别是下列两个性质所确定的:

(1) 凡和一直线全等的图形,都是直线;反之,每一条无限直线,可使之与另一条直线重合;并且可以使一直线上的任一(指定)点落在另一直线的任一(指定) 点上.

(2) 过两点可以引一条直线,并只有一条直线.

于是,我们可以说,经过 A,B 两点的那条直线,或简单地说:直线 AB.

由定义立刻知道,两条不同的直线只能相交于一点.因为如果有两个公共点,它们将是相同的直线了.

由一些直线的部分所组成的线称为**折线**,除直线和折线以外的一切线称为

---

① 在证明的过程中,我们往往在图形上引入辅助元素.而某一些事实,可以由这些元素的定义而知其正确,这时我们便说,它由**作图**确定.

曲线.

5. 直线上在 A，B 两点之间的部分，称为**线段** AB，或距离 AB.

在一侧有界，而在另一侧延伸到无限的直线部分，称为**半直线**（或**射线**）.

根据上面所说，任意两半直线是全等图形.

如果可以将线段 AB 放在线段 $A'B'$ 上，使点 A 重合于 A'，点 B 重合于 B'，就称线段 AB 等于**线段** $A'B'$.

在这些条件下，根据上面作为直线定义的两命题，这两线段将点点重合，因此相等线段的定义，和上面所讲的全等图形的一般定义是一致的.

有两种不同的方式重合两线段 AB 和 $A'B'$，就是：A 重合于 A'，而 B 重合于 B'，或者颠倒过来. 这就是说，我们可以旋转 AB 线段，使 A，B 两点互换位置.

当两线段 AB，BC 在同一直线上，而且互为延长线时（图 1），线段 AC 称为此两线段之**和**. 两线段（因之若干线段）之和，与其形成部分的次序无关[①].

要比较两线段，可将它们移在同一直线上，使从同一点出发，并有相同的方向，例如，AB 和 AC（图 1，2）. 若因此各点的次序是 A，B，C（图 1），则线段 AC 等于 AB 与另一线段 BC 的和，此时 AC **大于** AB，而 AB **小于** AC；反之，若点的顺序是 A，C，B（图 2），则线段 AB 大于 AC. 在此两种情形下，线段 BC 加于两线段之一，便得另一线段，这第三线段 BC，称为前两线段之**差**. 最后，B，C 两点可能重合，这时，两线段相等.

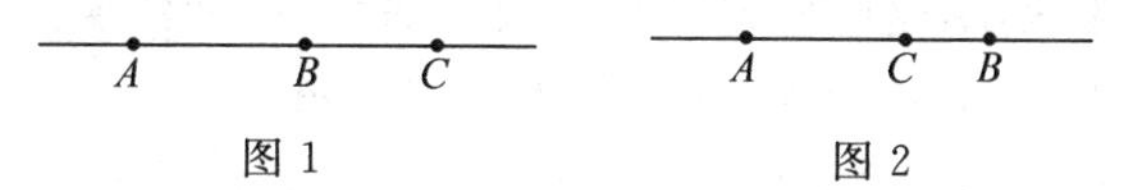

图 1　　　　图 2

任一线段 AB 上有距 A 及 B 等远的一点 M，称为 AB 的**中点**. 此线上在 M 与 A 之间的任一点，显然离点 A 比离点 B 近. 在 M 与 B 之间的任一点，性质与此相反.

普遍地讲，任一线段可以分为任意个相等的线段[②].

6. 平面　**平面**是这样一种无限的面，联结它上面任意两点所得的直线，

---

① 对于两线段，由上段立刻得出.

② 我们知道，在线段 AB 上**存在**一些点，把 AB 分为若干等份，至于能否运用一般的绘图工具，**实际**上定出这些点，以后再谈（第三编）.

整个在这面上.

我们假设:通过空间任意三点,有一个平面.画在一个平面上的无限直线分此平面为两部分,各在直线的一侧,且都称为**半平面**.在这平面上画一条连续的路线,从这两区域之一通向另一区域,不可能不穿过此直线.这两个区域可以叠合.只要把其中之一绕已知的直线为轴旋转就可以了.

我们将首先研究同一平面上的图形,这种研究构成平面几何.

7. 圆周 平面上的点距此平面上一定点之距离为定长的,它的轨迹称为**圆周**[①](图 3),定点称为**圆心**.

联结圆心至圆周上任一点的线段,称为**半径**,因此,圆的各半径彼此相等.车轮的辐条便是半径,因为车轮是圆形的.

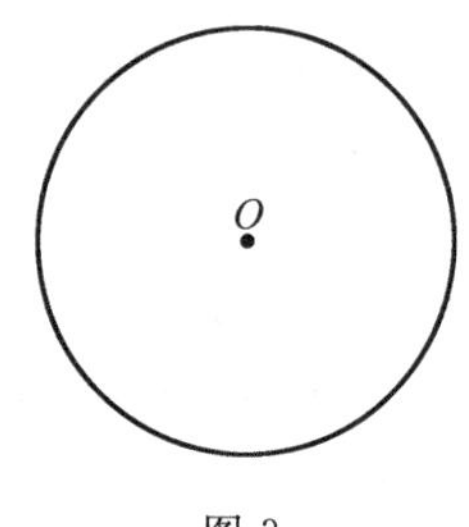

图 3

由上面的定义,要证明平面上一点在此平面之一圆周上,只要证明它与圆心的距离等于半径.

任一圆周将其所在平面分为两区域,一为**外部**,是一个无限区域,由距圆心大于半径的点所组成;另一为**内部**,是各方面都有界的,由距圆心小于半径的点所组成,这个区域称为**圆**.

显然,已知圆周所在的平面,以及它的圆心和半径,圆周便完全确定了.

若不致引起误会,通常就用表示圆心的字母来表示该圆周,或用表示它一根半径的两字母来表示,这时应先写表示圆心的字母.如图 4 上的圆周就记作 O,或(假如要考虑几个以 O 为圆心的圆周)记作 OA.

半径相等的两圆周是全等形.显然地,只要把它们的圆心叠合,两圆周就叠合了.

两等圆周可用无穷多方式叠合起来:我们可将其中一个置于另一个上,使第二个圆周上任一已知点 M' 落在第一圆周的任一已知点 M 上(图 5),这只需将两半径 OM,$O'M'$ 重合就行了.这是可能的,因为它们是相等线段.

---

① 平面上之点距此平面外一定点之距离为定长的(若这些点存在),它的轨迹仍为一圆周,这将在立体几何中证明.

空间之点距一定点之距离为定长的,它的轨迹为一曲面,称为球面.

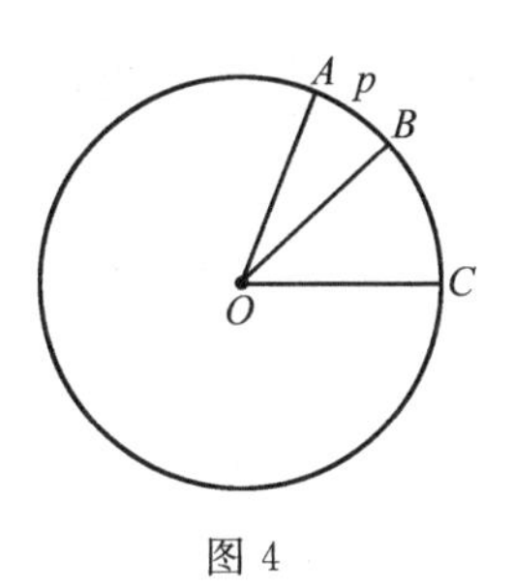

图 4

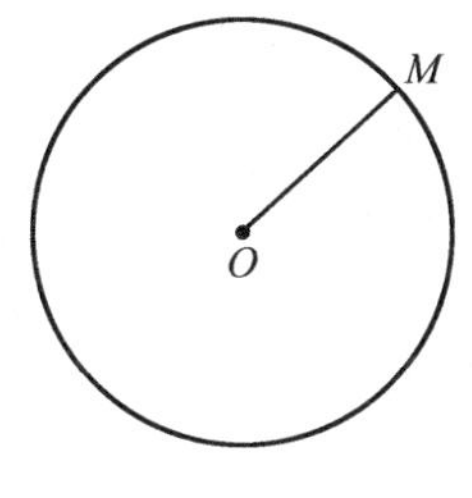

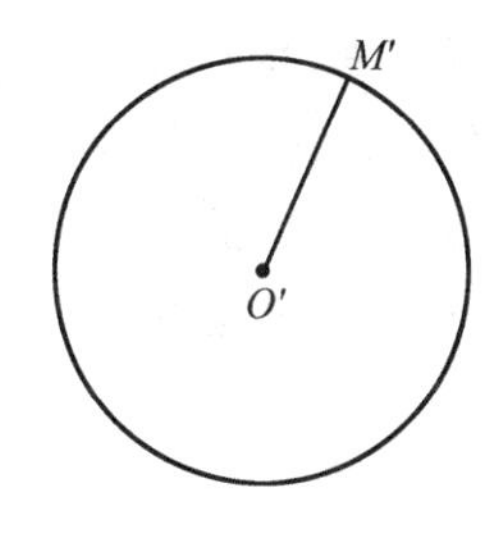

图 5

8. 圆周的一部分称为**弧**(图 4 中的 ApB).

因为两等圆周可用无穷多方式相叠合,可知,同圆周或等圆周的弧有比较的可能,如同比较线段一样.为了这个目的,移动两圆弧使有相同圆心,有同一公共端点,并在此公共端点的同侧.设 AB,AC 就是这样放置的两弧;若从点 A 出发,沿弧 AB[①] 移动,点 C 比点 B 先碰到(图 6),我们就说弧 AB **大于**弧 AC,若次序是 A,B,C(图 4),就说弧 AB **小于**弧 AC.

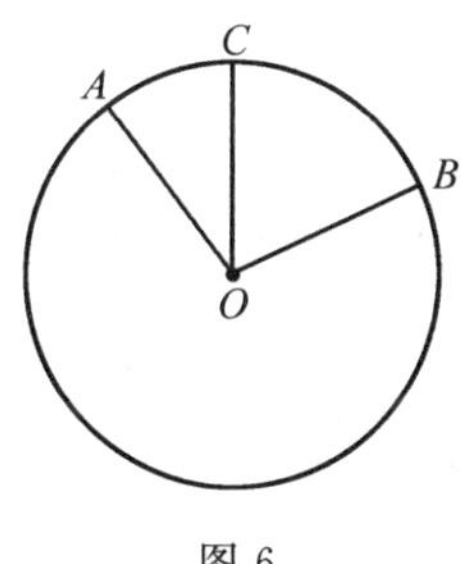

图 6

8a. 仿此,可定同圆周(或等圆周)上两弧之和.让两弧有一个公共端点,并使各在此公共端点的一侧.

正如线段一样,弧 AB 可以分为两等份或若干等份[②].它的中点分它为两弧,其中之一是由这样的点 M 组成的,即弧 AM 大于弧 MB;另一弧是由弧 AM 小于弧 MB 的点 M 组成的.

9. 联结圆周上两点的线段若过圆心,则此两点称为**对径点**,如图 7 的 A,B 此线段称为**直径**.显然可知,直径的长是半径的 2 倍.

由此可知,给定了一直径,圆周就跟着确定了.它的圆心就是这直径的中点.

直径 AB 分圆周为两弧,即被 AB 直线所分成两半平面上的两部分圆周,此

① 此时有必要明确规定运动的方向(在直线的情况无此需要).因 A,B 分圆周为两弧,从点 A 出发沿两弧移动,碰到 B,C 的次序是不同的.

② 看前面关于直线段的说明(第 5 节).

两部分**相等**:我们只要叠合这两个半平面,也就叠合了这两部分.这两弧都称为**半圆周**.

仿此,圆也被直径分为相等的两部分,当两半圆周重合时,这两部分也互相重合.

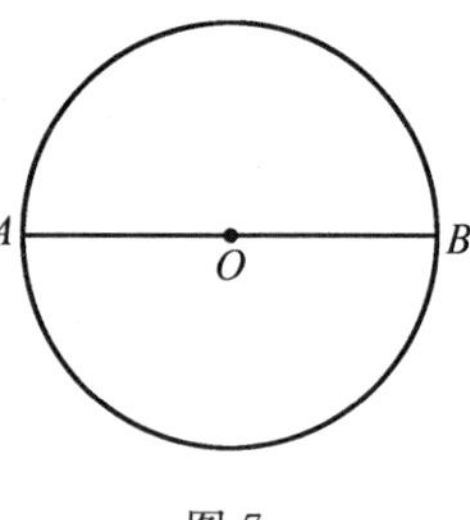

图 7

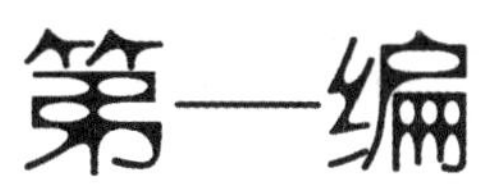

第一编

直　线

第1章　角

10. 由一点发出的两半直线所成的图形称为**角**,此点称为角的**顶点**,两半直线称为角的**边**.

角用顶点的字母来表示,写在用以表示两边的其他字母之间,在这些字母之前做个特别的记号.如图形上只有已知顶点的一个角,那么表示这顶点的字母,已完全足够表示角了.因此,由半直线 AB,AC(图 1.1) 形成的角,可记为 $\angle BAC$ 或简记为 $\angle A$.

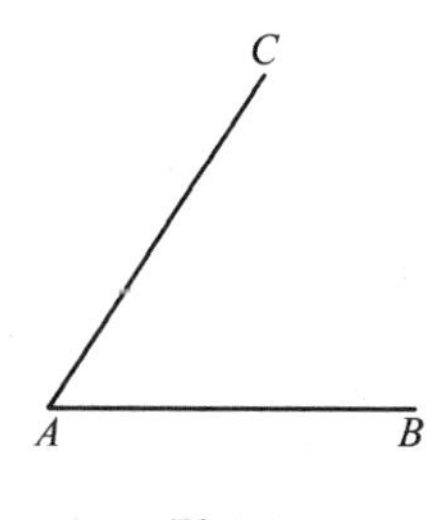

图 1.1

根据全等形定义(第 3 节),若将一角放在另一角上面能够重合,此两角称为**相等**.

相等的两角可用两种不同的方式叠合,即或者边 $A'B'$ 重合于 AB,边 $A'C'$ 重合于 AC,或者颠倒过来.这两种方式之一种可变为另一种,只要将两角之一反转为其自身,例如,变动 $\angle BAC$ 使 AB 与 AC 互换位置.

11. 有公共顶点,有一条公共边,并分别在公共边异侧的两角,称为**邻角**.

设 $\angle AOB$ 及 $\angle BOC$ 为两邻角(图 1.2),则 $\angle AOC$ 称为此两角之**和**.几个角的和与组成部分的次序无关.

要比较两角的大小,可移动它们使有公共顶点,有一条公共边,并都在公共边的同侧.

假设 $\angle AOB$ 和 $\angle AOC$ 是这样安放的两角:绕点 O 旋转,我们碰到的边的次序是 OA,OB,OC(图 1.2),则 $\angle AOC$ 等于两角 $\angle AOB$ 及 $\angle BOC$ 之和,此时称 $\angle AOC$ **大于** $\angle AOB$,而 $\angle AOB$ **小于** $\angle AOC$;若反之,次序是 OA,OC,OB(图 1.3),则 $\angle AOB$ 大于 $\angle AOC$.把 $\angle BOC$ 加于两角之一,就得出另一角,这 $\angle BOC$ 为此两角之差.最后,若 OB 和 OC 重合,则两角相等(上节).

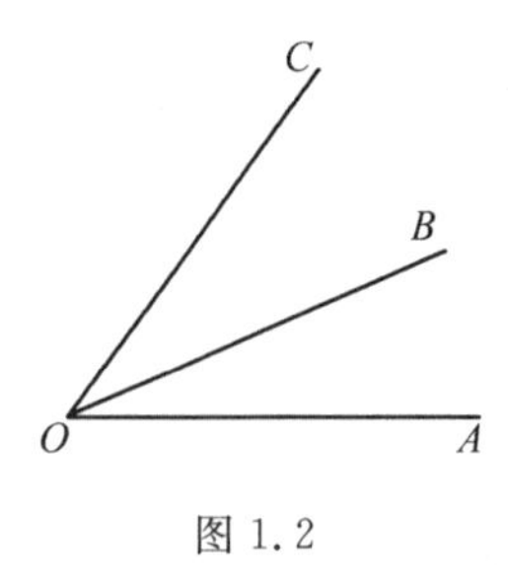

图 1.2

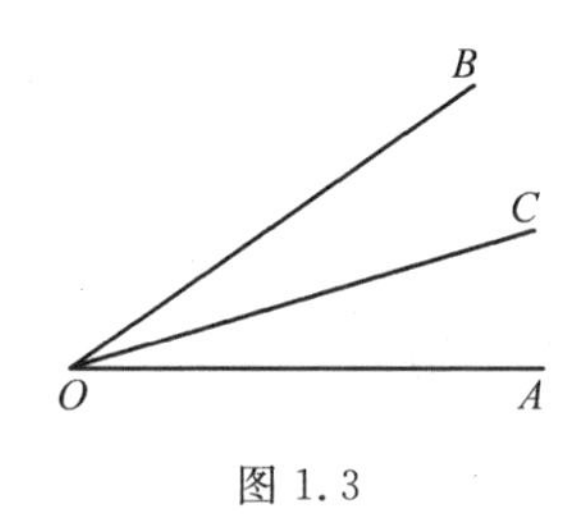

图 1.3

任一 $\angle BAC$ 内有一半直线 AM 将角分为相等的两部分,此半直线称为**角平分线**. 从 A 发出在 $\angle BAM$ 内的半直线和 AB 所成的角,小于和 AC 所成的角;在 $\angle MAC$ 内的半直线,性质与此相反.

如果一个角等于已知角的两个、三个、… 角的和,则这个角叫做已知角的**二倍角、三倍角**、… 这已知角就称为这些角的**二分角、三分角**、….

备注　显然,角的大小与它两边的长短无关,这两边总是假设无限延长的.

12. 设一角由半直线 OA,OB 组成(图 1.4). 过点 O 延长 OA 成 OA',仿此延长 OB 成 OB',形成一个新 $\angle A'OB'$.

这样的两个角 $\angle AOB$,$\angle A'OB'$,它们的边互为延长线,称为**对顶角**.

定理　两对顶角相等.

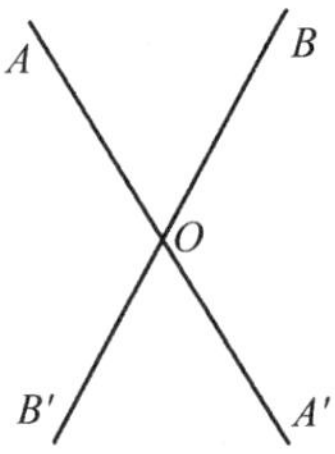

事实上,将 $\angle BOA'$(图 1.4) 反转为其自身(第 10 节),则边 OB 将落在 OA' 的位置;另一方面,边 OA' 落在原先 OB 的位置上,作为 OA' 延长线的半直线 OA 将落在 OB 的延长线 OB' 的位置上,所以 $\angle AOB$ 将取 $\angle A'OB'$ 的位置,故两角相等.

图 1.4

13. 弧与角　由圆周中心发出的任意半直线,交此圆周于一点,且仅一点.

顶点在圆心 O 的任一 $\angle AOB$(称为**圆心角**或**中心角**,如图 4 所示),在此圆周上确定一**弧** AB,其端点即角的两边交圆周之点. 此弧必然较半圆周为小,因可以取 A 及其对径点作为半圆周的端点.

反之,小于半圆周的任一弧,可以看成是由一个圆心角所截的弧,这个角就是由通过弧的两端的半径所形成的.

定理　在同圆或等圆周上:

(1) 相等的弧(小于半圆周)对应的圆心角相等,反之亦真.

(2) 不等的弧(小于半圆周)对应的圆心角不等,大弧对应的圆心角较大.

(3) 设一弧(小于半圆周)为另两弧之和,则其所对应的圆心角也是后两弧对应的圆心角之和.

(1),(2) 设 AB,AC(图 4) 为同圆周上两弧,由同一端点 A 出发,且在此点同侧(第 8 节),那么两圆心角 $\angle AOB$,$\angle AOC$ 的位置正如第 11 节所说.半直线 OA,OB,OC 的顺序和圆周上的点 A,B,C 的顺序一样.并且,如半直线 OB,OC 重合,那么 B,C 也重合,反过来也对.

(3) 由两弧之和的构成(第 8a 节),这两弧的安排和图 4 中弧 AB,AC 的安排一样.因为圆心角 $\angle AOB$ 和 $\angle BOC$ 是邻角,所以弧 AC 对应的圆心角 $\angle AOC$ 等于圆心角 $\angle AOB$ 与 $\angle BOC$ 的和.

由是可知,要比较一些不同的角,可以拿各角顶做圆心,选定同一半径画圆周,然后比较这些圆周上所截的弧.

要将一角分为两等份或若干等份,可变为分圆心在角顶的一圆周上被角的两边所截之弧.

14. 垂直线 设两直线相交所成的四角中彼此相邻的两角相等,则称此两直线**互相垂直**,例如,直线 AOA'(图 1.5) 垂直于直线 BOB',只要图上记作 $\angle 1$ 和 $\angle 2$ 的两角相等.此时在点 O 的四个角彼此相等,因为 $\angle 3$ 和 $\angle 4$ 分别等于它的对顶角 $\angle 2$ 和 $\angle 1$.

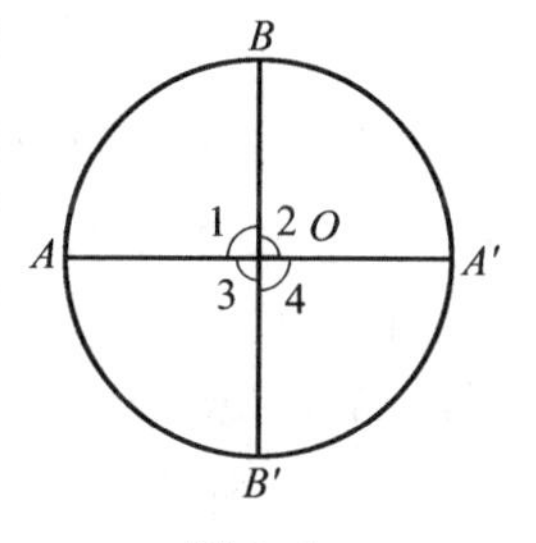

图 1.5

一角的两边互相垂直,这个角就称为**直角**.

定理 在一平面上,过直线上一点可作一条也仅只一条直线垂直于此线.

设欲过直线 AA' 上的点 O,引此直线之垂线(图 1.5),只要以 O 为圆心作圆周,设与直线相交于点 A 及 A',以点 B 平分半圆周 ABA',那么 OB 就是所求的直线.反之,过点 O 而垂直于 AA' 的直线应将半圆周 ABA' 分为两等份.

推论 顶点在圆心的直角,它的边在圆周所截的圆弧等于圆周的 $\frac{1}{4}$.

凡直角都相等,因为以每一角顶为圆心作相等的圆周,这些角所截的弧都相等.

15. 若经过一点引若干半直线,则绕这一点所形成的连续各角($\angle AOB$,

$\angle BOC$,$\angle COD$,$\angle DOA$,如图1.6所示)之和等于四直角.

事实上,这些角在圆心位于已知点的一圆周上所截各弧的和,等于全圆周.

经过直线上一点,在直线的同侧引若干半直线(图1.7),则这样所成各角的和等于两直角,因为这些角所截弧的和等于半圆周.

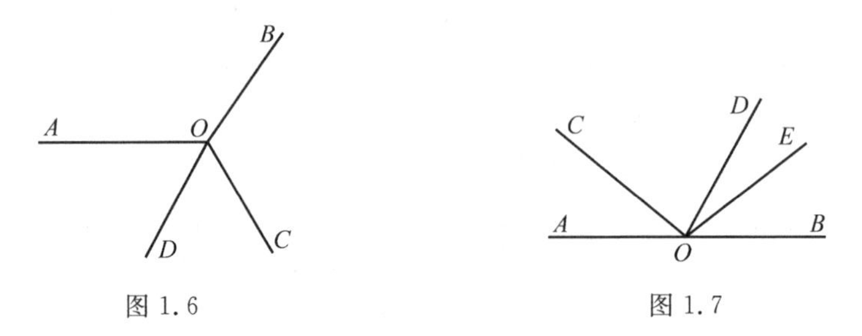

反之,若两个或若干个角有同一顶点,每一角是前一角的邻角($\angle AOC$,$\angle COD$,$\angle DOE$,$\angle EOB$,如图1.7所示),并且这些角的和形成两直角,那么这些角最外面的两边在同一直线上.

事实上,这最外面的两边截圆心位于公共角顶的圆周于两个对径点,因为它们之间所夹的弧是半圆周.

15a. 定理 相交两直线所成四个角的平分线,形成两条互相垂直的直线.

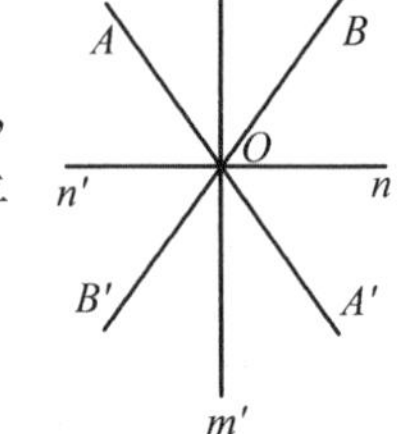

图1.8

设两直线 AA',BB' 相交于点 O,形成四个角 $\angle AOB$,$\angle BOA'$,$\angle A'OB'$,$\angle B'OA$,并以 Om,On,Om',On' 为角平分线(图1.8),则

(1) Om 和 Om' 互为延长线,On 和 On' 也一样.

(2) 这样所得的两直线互相垂直.

首先,Om 垂直于 On,因两角 $\angle AOB$,$\angle BOA'$ 之和是两直角,所以它们的一半 $\angle mOB$ 和 $\angle BOn$ 的和是直角.应用同样的推理于 $\angle BOA'$ 和 $\angle A'OB'$,可知 Om' 垂直于 On,所以 Om' 是 Om 的延长线.同理 On' 是 On 的延长线.

16. 小于直角的角称为**锐角**,大于直角的角称为**钝角**.

若两角之和为直角,则称此两角互为**余角**;若两角之和为两直角,则称此两角互为**补角**.

17. 角的度量 同种类的两个量的比[①]是一个数，用以表示一个量含另一个量或另一个量的$\frac{1}{p}$（p 是整数）的倍数.

举例来说，若将线段 AB 分为五等份，而线段 BC 恰恰含一份的 3 倍，那么就说 BC 和 AB 的比是$\frac{3}{5}$.

但相反的，若 BC 不是含有 AB 的$\frac{1}{5}$ 的整数倍，例如多于 3 倍，少于 4 倍，那么$\frac{3}{5}$是比$\frac{BC}{AB}$的**近似值**：它是准确到$\frac{1}{5}$ 的不足近似值（准确到$\frac{1}{5}$ 的过剩近似值是$\frac{4}{5}$）.

如果对于任何正整数 n，两个同类量 a，b 准确到$\frac{1}{n}$ 的比值，总等于另外两个同类量 a'，b'（不必一定和前面的同属一类）准确到$\frac{1}{n}$ 的比值，就说前两量的比等于后两量的比.

一个量对于选定作为单位的同类量的比，称为该量对于该单位的**度量数**.

我们可以证明下面的定理：

(1) 对于同一单位，有相同度量数的两个量相等.

(2) 同类两量的比，等于用以表示它们对于同一单位的两度量数之比.

(3) 两数之比等于此两数之商.

定理 在同圆或等圆周上，两圆心角之比等于角的两边之间的两弧之比.

设[②]已知（图 1.9）圆周的两弧 AB 及 CD. 分圆心角 $\angle AOB$ 成（例如）三等份，并假设 $\angle COD$ 含这三份的一份多于 4 倍而又少于 5 倍，那么$\frac{\angle COD}{\angle AOB}$准确到$\frac{1}{3}$ 的比值是$\frac{4}{3}$.

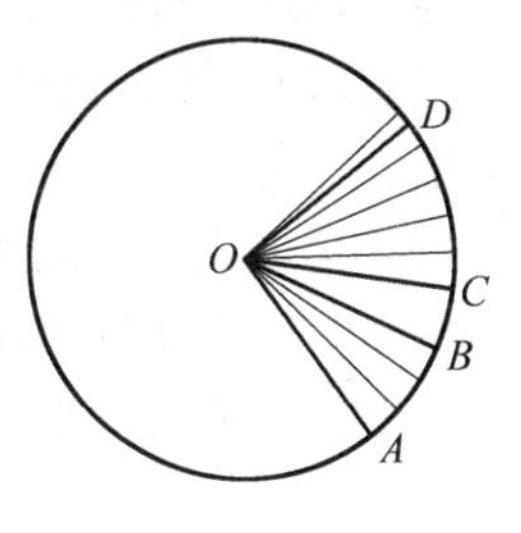

图 1.9

但分 $\angle AOB$ 成三等份，同时也就将弧 AB 分为三等

① 参看《初等数学教程》丛书中唐乃尔著《理论及实用算术》（以下简称《算术》）第十及第十三章，该书有中译本，1982 年由上海科学技术出版社出版，译者为朱德祥先生.

② 如果承认下列的算术命题，则定理显然成立：（唐乃尔《算术》第 493 节）假设(1) 对于第一个量的一值，第二个量恒对应同一值；(2) 对于第一个量的两个值的和恒对应第二个量的两对应值的和时，则这两个成比例. 这里，这两个条件满足（第 13 节）.

本定理的证明，只不过是对算术的一般定理证明的特殊情形.

份(第 13 节).若用 $\angle AOB$ 的$\frac{1}{3}$量 $\angle COD$ 是四次有余,而五次不足,那么用弧 AB 的$\frac{1}{3}$量弧 CD,也是四次有余而五次不足.

两个比量准确到$\frac{1}{3}$是相等的.同理,不论 n 为何,两个比量准确到$\frac{1}{n}$都是相等的.因此定理证明了.

推论 如果取单位弧所对的圆心角作为角的单位,那么任一圆心角和它所对的弧有相同的度量数.

这个命题化为上面的定理,因为一个量的度量数就是该量和它的单位的比.

正像以下所做的一样,如果我们在每一个圆周上将等于单位角的圆心角所对的圆弧,取做弧的单位,那么上面这个推论可以这样简单地叙述:圆心角以它所对的弧来量.

18. 根据以上所讲的一些定义,我们来介绍一个重要的规定.

首先,可以假定,我们将谈论的一些量,都是用对于每一种量选定的单位量过了的;并且,我们所将要写的等式,等号两边所出现的并不代表这些量的本身,而只是它们的度量数.

因此,我们可以写出一串等式,这些等式不加上这些规定便将没有意义.例如,我们可以将两个不同的量等起来,只要量它们的两个**数**相等,这等式的意义是很明白的.我们也可以写任何两量的积,因为两数的积是已经确定了的.其他类推.

并且当我们写同类两量相等时,这等式的意义还像过去的一样,因为:两量相等和它们的度量数相等,两者是一回事(第 17 节).

根据这样的规定,若 AB 代表弧而 O 是圆心,我们就可以写

$$\angle AOB = \text{弧 } AB$$

但必须指出:这个等式的意义其实就是假设角的单位和弧的单位已经选好,以满足上面所指出的条件.

18a 习惯上分圆周为 360 等份,每份称为**度**,一度含有 60 **分**,一分又含有 60 **秒**.弧既以度来量,那么角也就用度来量.一个角的度、分、秒数,就是以角顶为圆心的一圆周被此角所截的弧的度、分、秒数.直角对应于$\frac{1}{4}$圆周,即 90 度.

由此可知，圆心角的度量数，与计量弧所在的圆周的半径无关，因所选角的单位(度)，它的大小与此半径无关，而是直角的$\frac{1}{90}$.

以度、分、秒表角的大小，我们用下面的记号：一个87度34分25秒的角，就写做$87°34'25''$.

应用其他各种计量中的十进制，得出另外一种分圆周的方法，即不将圆周分为360等份，而分为400等份，每份称为**百分度**. 显见百分度略小于度，是直角的$\frac{1}{100}$.

百分度又按十进制原理细分. 严格地讲，并无必要再给每一小份以特别的命名，只要按十进记数法书写就行了. 例如，可以提到一个

$$3^{G}.541\,7$$

的角(即是三又万分之5 417百分度).

但是，百分度的$\frac{1}{100}$通常又称做**百分分**，记作“`”(以区别六十进制的分，也就是说一度的$\frac{1}{60}$的符号“′”)；仿此，百分分的$\frac{1}{100}$(百分度的$\frac{1}{10\,000}$)称为**百分秒**，记作“``”. 采用这种制度，前面的角写为

3^{G}54`17``

一百分度等于$\frac{360°}{400}$或$\left(\frac{9}{10}\right)°$或$54'$. 一度等于$\frac{400^{G}}{360}=1^{G}$11`11``1…(即$\frac{10}{9}$百分度).

19. 定理 过直线外一点可以引一条也只一条直线垂直于该线.

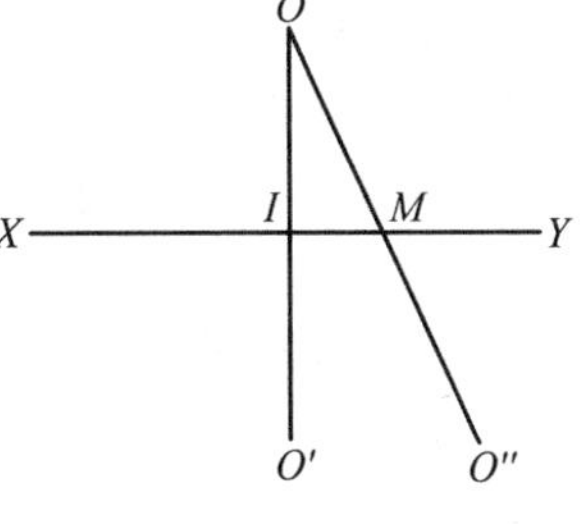

图 1.10

(1) 可以引一条垂线. 设已知点O及直线XY(图1.10). 以直线XY为轴转动点O所在的半平面，使与另一半平面相重合. 点O落到点O'. 联结直线OO'.

因为OO'是联结直线XY异侧各一点的，故与XY相交. 设交点为I. $\angle O'IX$和$\angle OIX$都是直角，因为当两半平面之一以XY为轴旋转而与另一个重合时，$\angle O'IX$就占$\angle OIX$的位置，所以两直线XY和OO'垂直.

(2) 只能引一垂线. 假设 OM 是过点 O 而垂直于 XY 的一线. 延长此线至 O'',使 $MO''=OM$. 若重新让两半平面重合,直线 MO 就变为 MO'',因为 $\angle OMX$ 和 $\angle O''MX$ 是直角而相等的缘故. 又因 $MO''=MO$,所以点 O 落在点 O'' 上. 因此,点 O'' 与点 O' 重合,从而直线 OO'' 和 OO' 重合.

19a. 从点 O 引直线 XY 的垂线,并延长等于这垂线的长度,所得另一端点称为点 O 关于 XY 的**对称点**. 由上所说,O 的对称点就是绕 XY 旋转(第 19 节(1))以后点 O 所占的新位置. 已知一个图形,我们可以作它每一点的对称点. 这些对称点的全体所构成的图形,就称为原形的**对称形**. 由是可知,要作已知图形关于直线 XY 的**对称形**,只需将图形所在的平面以 XY 为轴旋转,使它被 XY 所划分的两半平面重合,然后记下原形的新位置就行了. 由是得

定理 两个对称图形是全等的.

推论 直线的对称形还是直线.

如果一个图形和它关于直线 XY 的对称形相重合,我们就说它对称于直线 XY,或者它以 XY 为**对称轴**.

20. 要叠合图形 F 和它的对称形 F',我们必须运用使图形离开它所在平面的这样一种运动. 必须注意,没有这种运动,叠合是不可能的[①],这是由于两个图形的转向相反的缘故. 我们来解释这句话是什么意思.

首先,我们要注意图形所在的平面把空间分为两个区域. 为简便起见,我们说一个区域在平面之**上**,另一个在平面之**下**.

设在图形 F 中有一个 $\angle BAC$,它可以看成是一条动半直线在角的内部由 AB 的位置变到 AC 的位置所形成的(图 1.11). 从平面上方看平面,这半直线转动的方向和时针的方向相同或相反[②],我们称这个角为有**逆**的或**正**的转向.

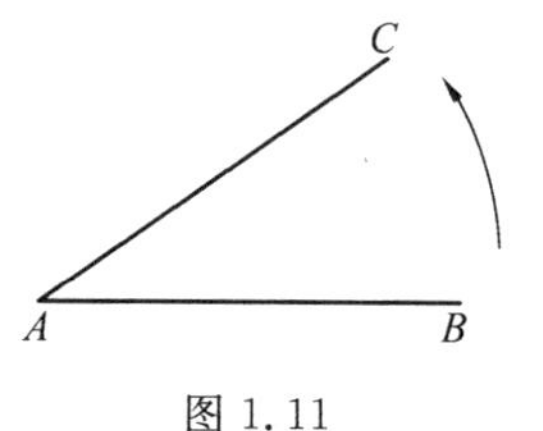

图 1.11

对于这样的规定,就有下面的情形. 当一个观察者沿 AB 躺着,脚在 A 而头在 B 的方向察看平面的下方时,他看见 AC 在他之左;因此,若仍旧沿着 AB 而面向边 AC,他将发觉平面下的空间部分在他之右.

① 在一般情况下.——俄译者注

② 注意,要确定角的转向必须留意到角两边的顺序. 因此,$\angle BAC$ 的转向和 $\angle CAB$ 的相反.

若是从平面下方看平面，显然可以重复上面的推理来讨论一个角的转向，只要互换"上"、"下"两字就可以了.

当观察者沿着 AB 面向 AC，若平面的下方在他之右，那么平面的上方自然就在他之左，反过来也对. 由是可知，角的转向因在平面的一侧或他侧观察而变①.

现在假设角在平面上任意运动，且不离开平面，在这样的运动过程中，观察者并没有变更他对于平面的上方或下方的位置，因此，不离开平面的任何运动，是不会变更转向的.

要证明这样的运动不能使一个图形 F 重合于它的对称形 F'，只要弄清楚这一点：两个图形的转向是相反的. 但我们已知道，将平面以 XY 为轴旋转而重合于其自身时，F 就成 F'(第 19a 节). 经此旋转，平面上方的点变成在下方，反之亦然. 从上方看 F 中角的转向，就和从下方看它的对称形一样，所以从同一侧看两图，转向是相反的.

20a. 备注　(1) 显见圆弧和角一样也有**正向**或**逆向**. 注意这是和读出两个端点的次序有关的.

(2) 当我们指出了角的正向，有时候我们便说平面已**定了向**. 由上所论，所谓定一个平面的向，就是在空间的两个区域中，指出哪一个称为平面的上方.

习　题

(1) 设 M 为线段 AB 的中点，证明若 C 在此线段上，则 CM 等于 CA，CB 之差的一半；若 C 在 AB 的延长线上，则 CM 等于 CA，CB 之和的一半.

(2) 设 OM 为 $\angle AOB$ 的平分线，证明若半直线 OC 在 $\angle AOB$ 内，则 $\angle COM$ 等于 $\angle COA$，$\angle COB$ 之差的一半；若 OC 在 $\angle AOB$ 的对顶角 $\angle A'OB'$ 内，则 $\angle COM$ 等于前两个角差的一半的补角；若半直线 OC 在两直线所形成的其他两 $\angle BOA'$ 或 $\angle AOB'$ 的内部，则 $\angle COM$ 等于 $\angle COA$，$\angle COB$ 之和的一半.

(3) 从点 O 顺次引四条半直线 OA，OB，OC，OD，并且 $\angle AOB = \angle COD$，$\angle BOC = \angle DOA$，证明 OA 和 OC 互为延长线，OB 和 OD 也是一样.

(4) 设 OA，OB，OC，OD 顺次是四条半直线，满足条件：$\angle AOB$ 和 $\angle COD$ 的平分线形成一条直线，$\angle BOC$ 和 $\angle AOD$ 也一样，证明四条半直线两两互为延长线.

---

① 正如在纸上写的字，从纸的反面透过去看，就变成反的.

第2章　三角形

21. 以直线段为限界的平面部分称为**多边形**(图 2.1).这些线段是多边形的**边**,其端点是多边形的**顶点**.

但所谓多边形,通常只指可以用一笔连续画成的围线所围成的平面部分.因此,图 2.2 阴影部分我们就不说它是多边形.若每一边的无限延长线不穿过多边形,则此多边形称为**凸**的(图 2.1).在相反的情形下,就称为**凹**的(图 2.3).

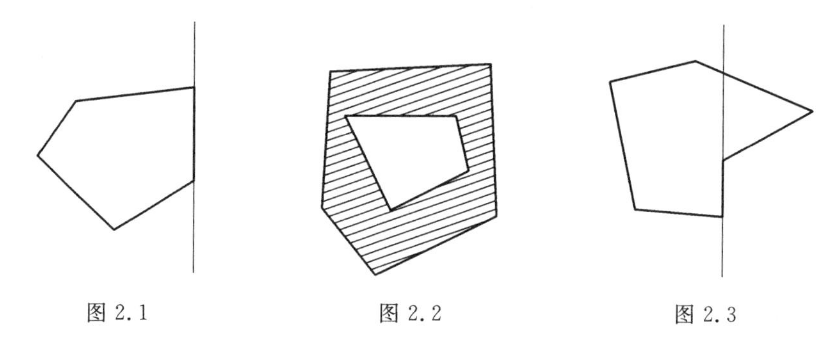

图 2.1　　　　图 2.2　　　　图 2.3

多边形按边数分类,因此最简单的一些多边形是:**三角形**、**四边(角)形**、**五边(角)形**、**六边(角)形**.我们也将考虑**八边形**、**十边形**、**十二边形**、**十五边形**.

多边形不相邻两顶点的连线,称为多边形的**对角线**.

备注　更普遍些,有时将任意闭合折线称为多边形,它的边可以彼此相交(图 2.4).在这样的情况下,当折线所限界的不是唯一面积时,可以说这折线是**非常态多边形**.反之,若要表明是像图 2.1 或 2.3 所示的情况,而不是图 2.4,那就说是**常态多边形**.

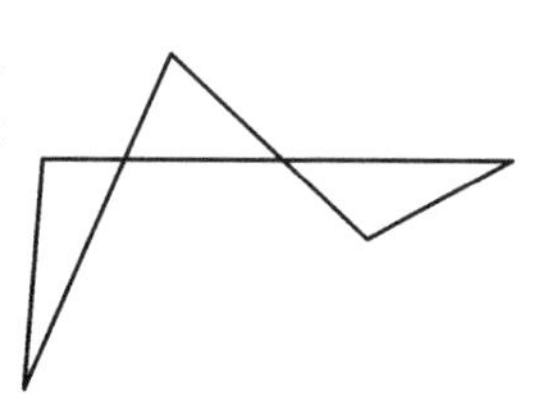

图 2.4

22. 在三角形中又特别区别:

等腰三角形　就是有两边相等的三角形,此两边公共的顶点特称为三角形的**顶点**,它所对的边称为**底边**.

等边三角形　即三边相等的三角形.

直角三角形　即有一个直角的三角形.直角所对的边称为**斜边**,形成直角的两边称为**腰**[1].

22a. 从三角形一顶点向对边所引的垂线，称为三角形的高. 联结一顶点和对边中点的线段称为**中线**.

23. 定理　等腰三角形中相等的两边所对的角相等.

设 $\triangle ABC$ 为等腰三角形(图 2.5)，旋转 $\angle BAC$ 以置于其自身(第10节)，使边 AB 取 AC 的方向，AC 取 AB 的方向.

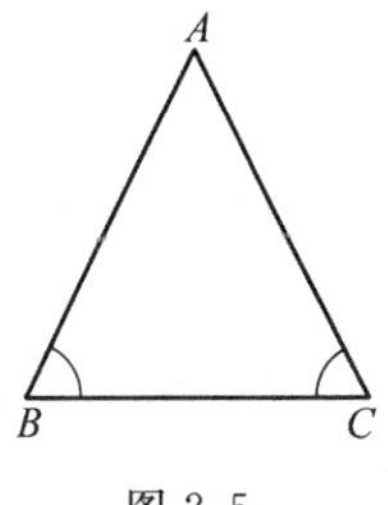

图 2.5

因 $AB=AC$，点 B 将落在点 C 的位置，点 C 将落在点 B 的位置，所以 $\angle ABC$ 和 $\angle ACB$ 重合，因之相等.

逆定理　设三角形有两角相等，则必等腰.

设在 $\triangle ABC$ 中，$\angle B=\angle C$. 反转三角形使边 BC 落在自身上(第5节)，B 和 C 两点互换位置. 由于 $\angle ABC=\angle ACB$，边 BA 将取 CA 的方向，反之，CA 取 BA 的方向，由于点 A 是 BA 和 CA 的交点，它保留原先的位置，因而 AB 落到 AC 的位置.

推论　等边三角形同时也是等角三角形(即三角相等)，反之亦然.

定理　在任一等腰三角形中，顶角的平分线垂直于底边，并通过底边中点.

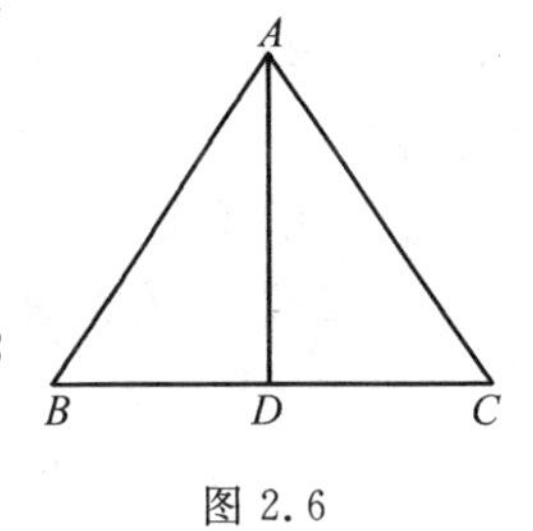

图 2.6

如图 2.6，设 AD 为等腰三角形(顶)$\angle A$ 的平分线，若反转 $\angle BAC$ 而置于其自身，此平分线并不变更位置，它和底边的交点 D 也一样. 因 BD 将重合于 DC，$\angle ADB$ 将重合于 $\angle ADC$，所以

$$BD=DC, \angle ADB=\angle ADC$$

备注　在任意 $\triangle ABC$ 中，我们可以考察四条直线：

(1) $\angle A$ 的平分线[2].

(2) 从点 A 所引的高[2].

(3) 从点 A 所引的中线[2].

(4) 垂直边 BC 于其中点的直线[3].

---

① 腰的定义是俄译本添的，在法文上没有用相当的名词，而法文每次说：形成真角的边. —— 俄译者注

② 三角形的角平分线、高和中线都是线段，这里指它们所在的直线. —— 译者注

③ 简称边 BC 的中垂线或垂直平分线. —— 译者注

通常这四条直线彼此互异(参看习题(17)).上面的定理表明,在等腰三角形中,此四线合而为一,它是三角形的对称轴(第19a节).

这定理可以换一个方式叙述:等腰三角形(底边上)的高[①],同时也是顶角平分线和中线;或等腰三角形(底边上)的中线[①],同时也是高和顶角平分线;底边的中垂线经过顶点并且也是顶角的平分线.

推论 等腰三角形中从底边端点所引的高相等,从这两点所引的中线相等,从这两点所引的角平分线也相等.

这是因为这些线两两对称的缘故.

24. 下面的一些命题称为**全等三角形定律**,是两个三角形全等的充要条件.

第一律 有两角夹一边分别相等的两个三角形全等.

设 $\triangle ABC$ 及 $\triangle A'B'C'$ 中,$BC=B'C'$,$\angle B=\angle B'$,$\angle C=\angle C'$(图 2.7).

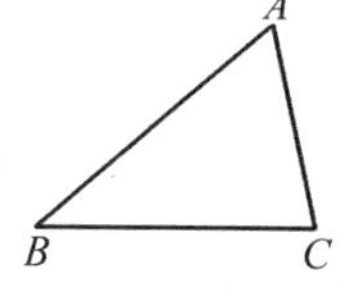

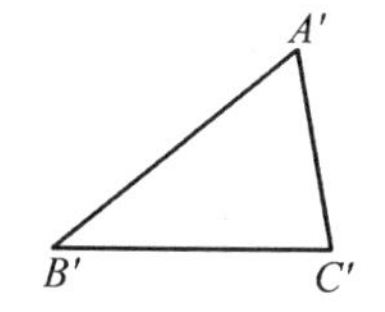

图 2.7

移置 $\angle B'$ 于它的等 $\angle B$ 上,使边 $B'A'$ 取 BA 的方向,边 $B'C'$ 取 BC 的方向,由于 $B'C'=BC$,点 C' 落在点 C 上.又因 $\angle C'=\angle C$,边 $C'A'$ 取 CA 的方向.作为两直线 $B'A'$,$C'A'$ 交点的 A' 就必然落在 BA 和 CA 的交点 A.因此证明了两三角形的重合.

第二律 有两边夹一角分别相等的两个三角形全等.

设 $\triangle ABC$ 及 $\triangle A'B'C'$ 中,$\angle A=\angle A'$,$AB=A'B'$,$AC=A'C'$(图 2.7).

移置 $\angle A'$ 于它的等 $\angle A$ 上,使 $A'B'$ 取 AB 的方向,$A'C'$ 取 AC 的方向.因 $A'B'=AB$,点 B' 落在点 B.同理,点 C' 落在点 C.所以 $B'C'$ 和 BC 重合,因之两三角形完全重合.

第三律 有三边分别相等的两个三角形全等.

设 $\triangle ABC$ 及 $\triangle A'B'C'$ 中,三边分别相等.移动第二个三角形,使边 $B'C'$ 重合于它的等边 BC,并使两三角形在 BC 的同侧.设 $\triangle B'C'A'$ 的新位置是 $\triangle BCA_1$(图 2.8).若直线 $B'A'$ 取 BA 的方向,或直线 $C'A'$ 取 CA 的方向,显然点 A_1 重合于 A.若不如此,那么我们将有两个等腰三角形 $\triangle BAA_1$ 及 $\triangle CAA_1$,

① “底边上”三字是译成中文添上去的.—— 译者注

于是线段 AA_1 的中垂线必须通过 B,C 两点(第 23 节备注)，就是说将与 BC 线重合. 这是不可能的，因为直线 BC 不可能通过它同侧两点连线的中点. 因此 A 和 A_1 两点不能是互异的，所以两三角形重合.

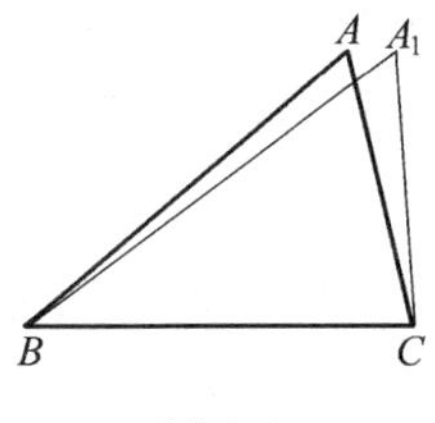

图 2.8

备注　(1) 要证明点 A_1 和点 A 重合，我们来看看，若假设这两点相异得出什么结果；在此，这个假设导致一个显然错误的结论，于是我们就断定这是不可能的.

这种推理的方式称为**反证法**或**归谬法**，是常常利用的.

(2) 一个三角形中有六个主要元素，就是三角和三边. 我们知道，要证明两三角形全等，只要指出在这两个三角形中有三个(适当选择的) 元素相等就行了，其余的三个元素因之也就相等了.

(3) 两全等三角形(或普遍些，两多边形) 可以有不同的转向(第 20 节). 在此情况下如不将其中一个离开平面，那它们就无法叠合. 反之，若转向相同，那么两个多边形只需要在平面上移动就可叠合. 这一点我们过去已指出过了.

25. 凸多边形的一边和接连一边的延长线所成的角称为多边形的外角.

定理　*三角形的任一外角大于不相邻的任一内角.*

设作了 $\triangle ABC$ 的外角 $\angle B'AC$(图 2.9)，则此角大于(例如) 内 $\angle C$. 要证明这一点，引中线 BD，并延长它自身的长度到点 E，点 E 在 $\angle B'AC$ 内，所以 $\angle B'AC$ 大于 $\angle EAC$. 但后面这个角等于 $\angle C$，这是由于 $\triangle DAE$ 和 $\triangle DCB$ 有两边夹一角相等而全等的缘故(在 D 的两角是对顶角而相等，又由作图 $AD = DC$，$BD = DE$). 所以外角 $\angle B'AC$ 大于内角 $\angle C$，因此这定理证明了.

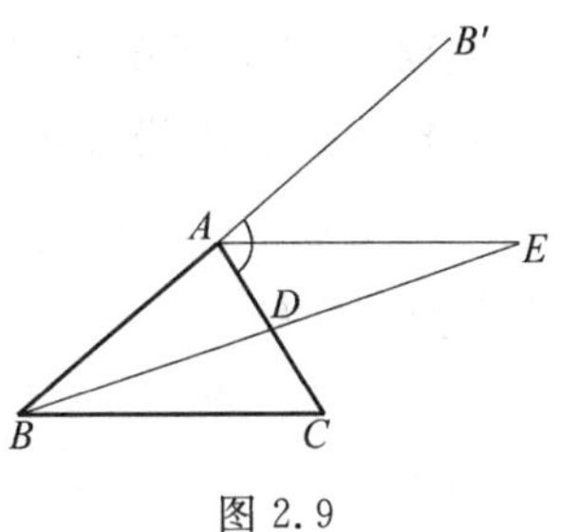

图 2.9

外角 $\angle B'AC$ 是内角 $\angle A$ 的补角，既然 $\angle C$ 小于 $\angle A$ 的补角，$\angle C$，$\angle A$ 两角的和就小于两直角，于是定理可以这样叙述：*三角形两角之和小于两直角*. 特别的，*一个三角形至多有一个直角或钝角*.

定理　*在任一三角形中较大的边所对的角也较大.*

设在 $\triangle ABC$ 中，$AB > AC$(图 2.10). 我们证明 $\angle C > \angle B$. 为此，我们在 AB 上截取 $AD = AC$. 由假设线段 CD 在原先 $\angle C$ 的内部，因之 $\angle ACD$ 小于 $\angle C$. 但在等腰 $\triangle ACD$ 中，$\angle ACD$ 等于 $\angle ADC$. 又在 $\triangle DCB$ 中应用

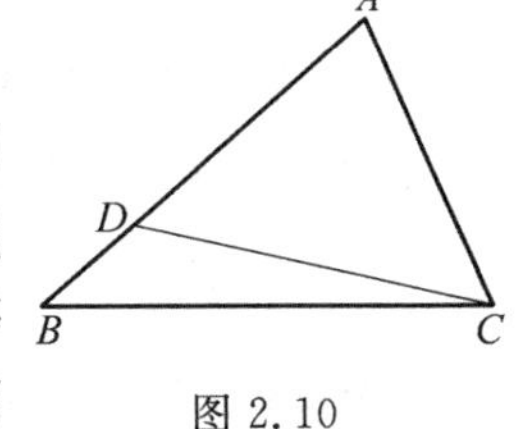

图 2.10

上面的定理,$\angle ADC$ 大于 $\angle B$,定理因此证明了.

反之,较大角的对应边[1]也较大.这个命题显然和上面一个是等效的.

26. 定理 在任一三角形中,任一边小于其余两边之和.

在 $\triangle ABC$ 中延长 BA 至 D,使 $AD = AC$(图 2.11).求证:$BC < BD$[2].

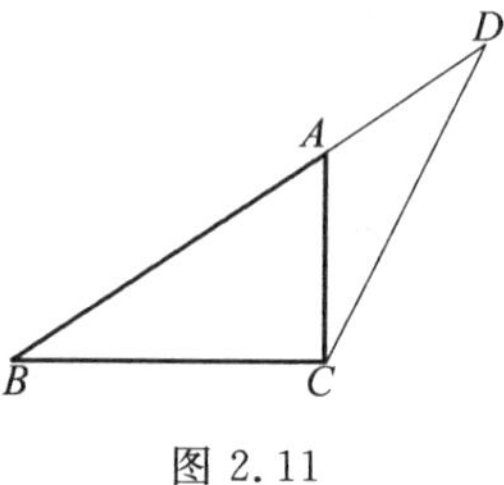

图 2.11

联结 CD,则 $\angle D$ 等于 $\angle ACD$(第 23 节),因之小于 $\angle BCD$.

在 $\triangle BCD$ 中应用上面的定理,求证的不等式就证明了.

推论 1 三角形中任一边大于其他两边之差.

事实上,从不等式 $BC < AB + AC$,两边同减去 AC,便得

$$BC - AC < AB$$

推论 2 对于任意三点 A,B,C,距离 BC,CA,AB 中的每一个都不大于另两个之和,并且不小于它们的差,等号只当三点共线时成立.

定理 直线段短于有公共端点的各折线.

若折线是由两线段组成的,则此定理化为上面讲过的定理.现设折线 $ABCD$ 由三线段组成(图 2.12).联结 BD,得

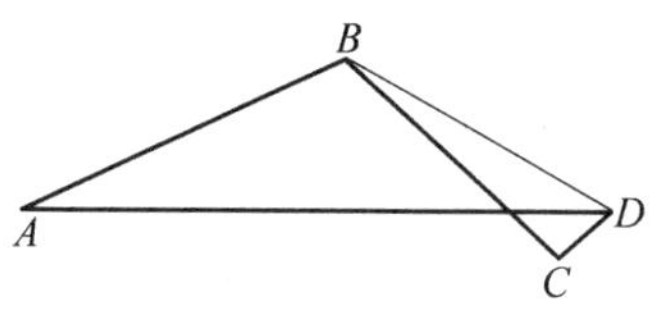

图 2.12

$$AD < AB + BD$$

又因 $BD < BC + CD$,故

$$AD < AB + BD < AB + BC + CD$$

故当折线由三线段组成时,定理已证明.用同样的推理可以逐次证明当折线由 4,5,… 个线段组成时,定理也成立.即不论折线由多少个线段组成,定理都真.

27. 所谓多边形或折线的**周长**,是指各边的和.

定理 任一凸折线的周长小于包围它而有同样端点的任意折线的周长.

---

① 所谓角的对应边就是它的对边.

② 若 BC 不是三角形的最长边,定理是显然的.

设 $ACDB$ 为凸折线，而 $AC'D'E'F'B$ 是包围它的折线(图 2.13). 沿 $ACDB$ 的方向延长边 AC 和 CD，即在点 C 延长 AC，在点 D 延长 CD. 设此等延长线分别交包围的折线于 G，H.

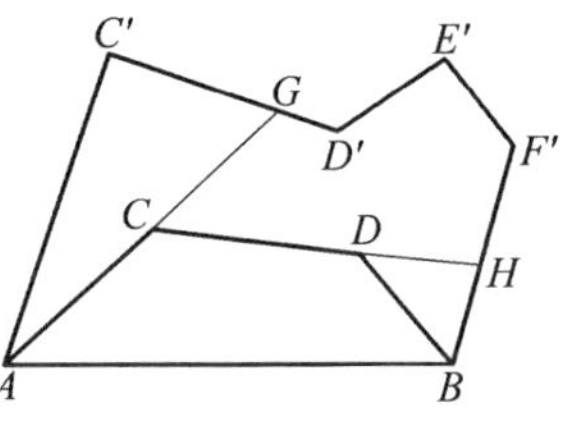

图 2.13

路线 $ACDB$ 比路线 $ACHB$ 短，因除公共部分 ACD 外，第一路线的其余部分 DB 比第二路线的其余部分 DHB 短. 而路线 $ACHB$ 比 $AGD'E'F'B$ 短，因除去公共部分，所得的线段 CH 比 $CGD'E'F'H$ 短.

同理，路线 $AGD'E'F'B$ 短于 $AC'D'E'F'B$，因 AG 比 $AC'G$ 短. 所以我们有 $ACDB < ACHB < AGD'E'F'B < AC'D'E'F'B$.

推论 凸多边形的周长比各方面包围它的闭合折线的周长为短.

设 $ABCDE$ 为凸多边形(图 2.14)，$A'B'C'D'E'F'G'A'$ 是把它从各方面包围起来的折线. 把边 AB 向两面延长，交折线于 M，N 两点. 我们知道，路线 $AEDCB$ 比 $AMB'A'G'NB$ 为短(由上理)，因之多边形 $AEDCBA$ 比多边形 $NMB'A'G'N$ 的周长为短. 而后者又短于已知折线的周长，因为 $MB'A'G'N$ 是它们公有的部分，而 MN 比 $MC'D'E'F'N$ 短.

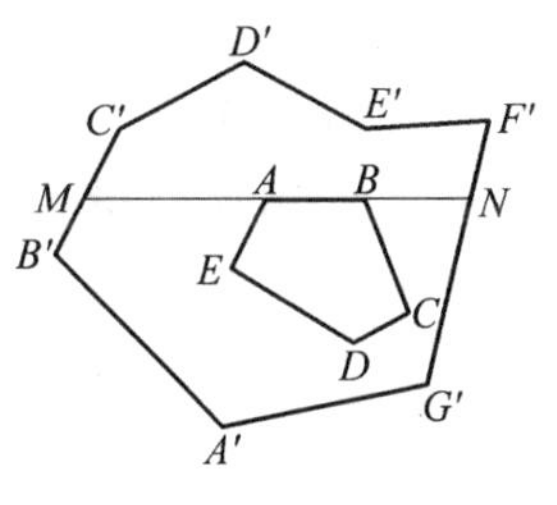

图 2.14

28. 定理 设两三角形有两边分别相等而夹角不等，则第三边亦不等，大角所对的边较大.

设在 $\triangle ABC$ 及 $\triangle A'B'C'$ 中，$AB = A'B'$，$AC = A'C'$，并且 $\angle A > \angle A'$(图 2.15). 我们要证明 BC 大于 $B'C'$.

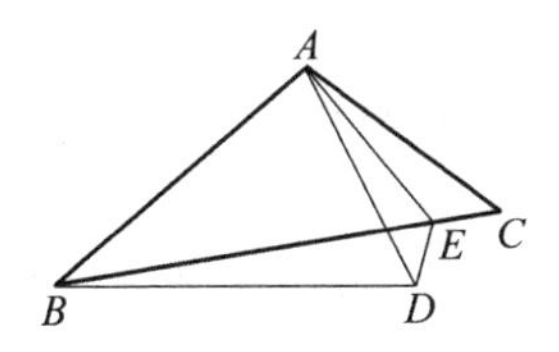

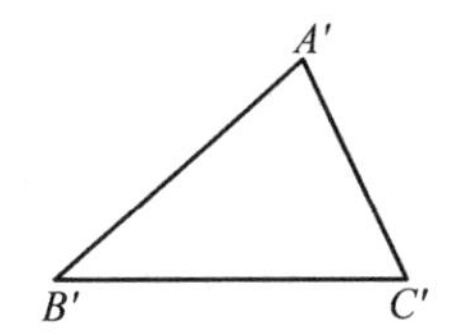

图 2.15

移置 $\triangle A'B'C'$ 于 $\triangle ABC$ 之上，使相等的边 $A'B'$ 与 AB 重合. 因 $\angle A' < \angle A$，所以边 $A'C'$ 落在 $\angle BAC$ 内 AD 的位置. 引 $\angle DAC$ 的平分线 AE，这条线

也在$\angle BAC$之内,因此,B,C两点在它的异侧,并且直线AE应与边BC交于某一点E,E位于B与C之间.联结DE,则$\triangle ACE$与$\triangle ADE$全等,因为它们有两边夹一角分别相等(在点A的角相等,AE公用,$AC=A'C'=AD$).由是推得边$DE=EC$.于是从$\triangle BDE$得出不等式$BD<BE+ED$,从而

$$BD<BE+EC$$

即

$$B'C'<BC$$

逆定理 设两三角形有两边分别相等而第三边不等,则第三边所对的角也不相等,大边所对的角较大.

此定理与上定理等效.

备注 上面的定理丝毫没有假设全等三角形第三律成立(第24节),相反的它给第三律以新的证明.

事实上,若除$AB=A'B'$和$AC=A'C'$外,同时又有$BC=B'C'$,那么两三角形中,$\angle A$和$\angle A'$相等,因为如果不是这样的话,由上面所说,两边BC和$B'C'$就不相等了.但若$\angle A=\angle A'$,则两三角形全等(全等第二律).

习　题

(5) 证明三角形是等腰的:

① 若它的顶角平分线同时也是高.

② 若它的底边上的中线同时也是高.

③ 若它的顶角平分线同时也是中线.

(6) 在角的一边OX上截取两线段OA,OB,在另一边OX'上截取两线段OA',OB'分别与前者相等,交叉联结两直线AB'及$A'B$,证明其交点I在已知角的平分线上.

(7) 设三角形两边不等,证明其间中线和小边所成的角,大于它和大边所成的角(仿照第25节作图).

(8) 证明从三角形所在平面上一点至三顶点连线,则所得三线段之和大于三角形的半周长;若此点取在三角形内,则此和小于三角形的周长.

(8a) 证明从多边形所在平面上一点至各顶点连线,则所得各线段之和大于多边形的半周长.

(9) 证明凸四边形两对角线之和,小于其周长而大于半周长.

(10) 证明凸四边形两对角线之交点,在平面各点中到四顶点距离之和为最小.

(11) 证明三角形的一中线小于夹此中线两边之和的一半,而大于这和的一半与第三边

一半之差.

(12) 证明三角形三中线的和大于半周长而小于周长.

(13) 在已知直线上求一点,使到两已知点的距离之和为最小.考虑两种情况:两点或在已知线的同侧,或在其异侧.

将第一种情况归结为第二种(利用图形的一部分关于已知线的对称形).

(14)(弹子问题)已知直线 XY 及其同侧两点 A,B;在此线上求一点 M,使 $\angle AMX$ 等于 $\angle BMY$.

所得的点同上题.

(15) 在已知直线上求一点,使到两已知点的距离之差为最大.考虑两种情况:两点或在已知线的同侧,或在其异侧.

第3章　垂线与斜线

29. 定理　设从直线外一点至此直线引垂线及若干斜线:

(1) 则垂线短于任何斜线.

(2) 若两斜线足距垂线足等远,则此两斜线等长.

(3) 两斜线中,其足距垂线足较远的线较长.

(1) 设从点 O 向直线 XY 引垂线 OH 及斜线 OA(图 3.1). 延长线段 OH 至 O' 使 $HO'=OH$, O' 和 O 两点对称于直线 XY,因之线段 $O'A$ 对称于线段 OA,且与之相等. 考察 $\triangle OO'A$, $OO' < OA + O'A$. 而 OO' 可代以 $2OH$, $OA+O'A$ 可代以 $2OA$. 由此可知

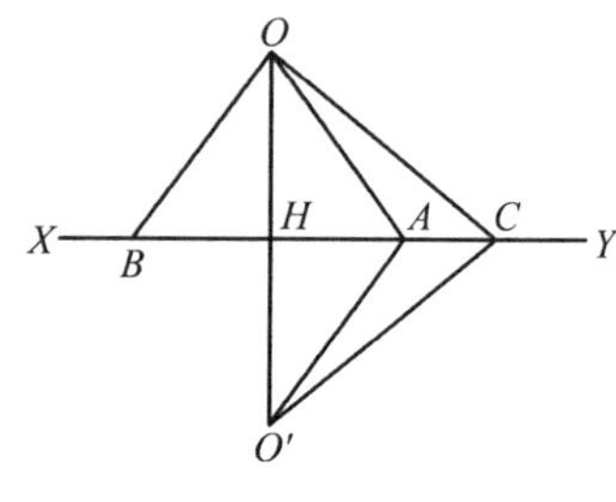

图 3.1

$$2OH < 2OA$$

即

$$OH < OA$$

(2) 设已知两斜线 OA, OB 满足 $HA=HB$. 此两线段对称于直线 OH,因之相等.

(3) 设已知两斜线 OA, OC 满足 $HC > HA$(图 3.1). 先假设 A 和 C 在 H 的同侧,那么点 A 在 $\triangle OO'C$ 内,因此有(第 27 节)

$$OA + O'A < OC + O'C$$

但由上面我们已知 $OA = O'A$, $OC = O'C$. 以 2 除上不等式两端得

$$OA < OC$$

若考察一条斜线 OB,它的足比 OC 的足距 H 较近,但在 H 的另一侧,那么只要在 HC 的方向截取线段 $HA = HB$,于是斜线 OA 与 OB 等长((2)),而较 OC 为短,正如上面所证明的.

30. 逆定理　若两斜线等长,则其足距垂线足等远. 因为不然的话,它们将不等长了;若两斜线不等,则较长的一条离垂线足较远.

推论　从一点 O 向直线 XY 作斜线,有同一长度的不能多于两条.

因为这些斜线足应当距垂线足 H 等远,而我们显然看出,在 XY 上从点 H 截取同一距离,只有两种不同的方式.

31. 由一点到一直线的垂线长度，称为自该点至该直线的**距离**. 上面的定理表明，垂线实际上是从点到直线的最短路线.

32. 定理　(1) 已知线段的中垂线[1]上任一点，距线段两端等远.

(2) 不在中垂线上的任一点，距离线段的两端不等远.

(1) 设 M 是线段 AB 中垂线上的一点(图 3.2). 斜线 MA，MB 的足与垂线足 O 等距离，所以 $MA = MB$.

(2) 设 M' 不是 AB 中垂线上的一点，假设它和 B 在中垂线的同侧. 这时，从 M' 向直线所引的垂线足 O' 也和 B 在中垂线的同侧(否则两垂线将相交，而过此交点将有两直线垂直于 AB).

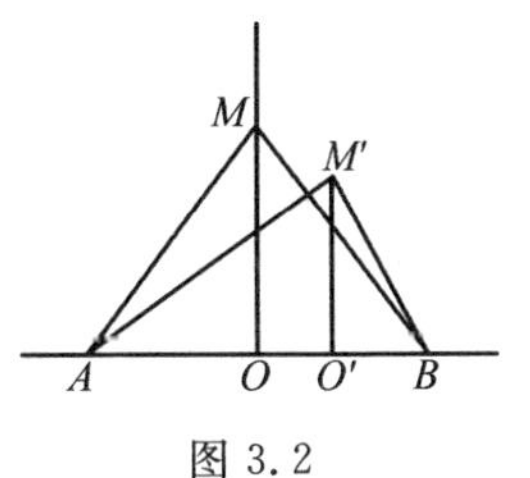

图 3.2

所以 $O'A > O'B$，因之(第 29 节)

$$M'A > M'B$$

备注　(1) 这定理的第二部分可用另一种方法证明，即是证明和它等效的这样一个命题：凡距 A，B 等远的点必在 AB 的中垂线上. 这命题可由第 30 节逆定理推得(相等的两斜线，其足距垂线足等远)，或由等腰三角形的性质推得(第 23 节备注). 但必须注意我们证法的优点：它表明，当两个距离不等时，哪一个长一些.

(2) 我们刚才叙述的定理(凡距 A，B 等远的点必在 AB 的中垂线上)，是上面定理第一部分的逆定理. 因此，这里有两种方法证明逆定理. 第一种是将原先的推理反过来叙述，这就是我们上面备注里所做的. 在原先的推理中上述定理(1) 的证明，我们从假设出发，即点 M 在 AB 的中垂线上，或 MA，MB 的足距垂线足等远，于是推得它们相等的结论. 现在我们从 M 距 A，B 等远出发，即两斜线等长，然后推得结论，它在中垂线上.

第二种证明逆定理的方法，在于证明所谓**否命题**. 所谓**否命题**，就是它的假设和原命题的假设相反，它的结论也和原命题的结论相反. 所以上述定理第二部分是第一部分的否命题，而与它(指第一部分) 的逆命题等效.

以后(例如参看第 41 节) 我们还将遇到逆定理的第三种证法.

33. 根据第 1a 节的定义，上面的定理可以叙述如下：

定理　距两已知点等远的点的轨迹，是这两点连线的中垂线.

因为距 A，B 两点等远的点所组成的图形是 AB 的中垂线.

注意，要建立这个事实，我们必须证明(如像上面做过的)：

---

[1] 即过已知线段的中点，并与之垂直的直线. —— 译者注

(1) 中垂线上任一点满足已知条件.

(2) 满足已知条件的任一点必在中垂线上,或者(和这个是一样的)不在中垂线上的任一点,必不满足条件.

一切有关轨迹的问题,都有必要做这样的双重证明.

习　题

(16) 证明若一直角三角形的两腰分别小于另一直角三角形的两腰,则第一形的斜边也小于第二形的斜边.

(17) 设 $\triangle ABC$ 的 $\angle B$,$\angle C$ 两角为锐角,而 AB,AC 两边不等,证明从点 A 发出的各线的顺序是:大边,中线(参看习题(7)),角平分线,高,小边.

(18) 证明在不等腰三角形中,从顶点到对边所引的角平分线,小于从该顶点发出的中线.

第 4 章　直角三角形全等定律、角平分线性质

34. 直角三角形全等定律　全等三角形定律当然适用于直角三角形. 举例来说,两直角三角形若有两腰分别相等,即为全等形(任意三角形全等第二律).

除以前所讲的全等三角形定律外,还有两个定律,只能应用于直角三角形.

第一律　*两直角三角形若有斜边及一锐角相等即全等.*

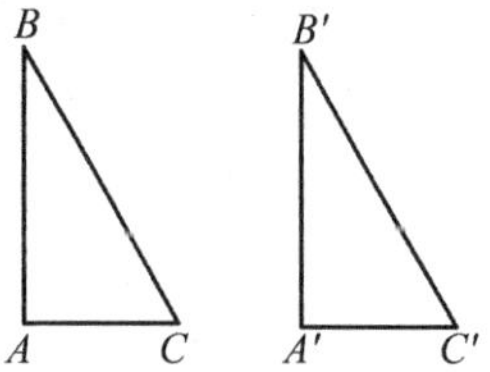

设两直角三角形 $\triangle ABC$ 及 $\triangle A'B'C'$ 中, $BC=B'C'$, $\angle B=\angle B'$(图 4.1).

图 4.1

置第二个三角形于第一形上,使相等的 $\angle B$ 与 $\angle B'$ 重合. 此时 $B'C'$ 取 BC 的方向,因这两线段相等,故点 C' 落在点 C 上,并且 $B'A'$ 取 BA 的方向,因之 $C'A'$ 应取由点 C 所引 BA 的垂线亦即 CA 的方向.

第二律　*两直角三角形若有斜边及一腰相等即全等.*

设两直角三角形 $\triangle ABC$ 及 $\triangle A'B'C'$ 中, $BC=B'C'$, $AB=A'B'$. 置第二个三角形于第一形上,使相等的边 AB 与 $A'B'$ 重合.

边 $A'C'$ 取 AC 的方向. 此时有两条从 B 到直线 AC 的斜线,即 BC 以及 $B'C'$ 的新位置. 由假设此两斜线相等,因之距垂线足等远,于是 $A'C'=AC$,因而两三角形全等.

35. 定理　*设两直角三角形的斜边相等而一锐角不等,则不等角所对的边也不等,大角的对边较大.*

设两直角三角形 $\triangle ABC$ 及 $\triangle A'B'C'$ 中, $BC=B'C'$, $\angle B>\angle B'$(图 4.2),则 $AC>A'C'$.

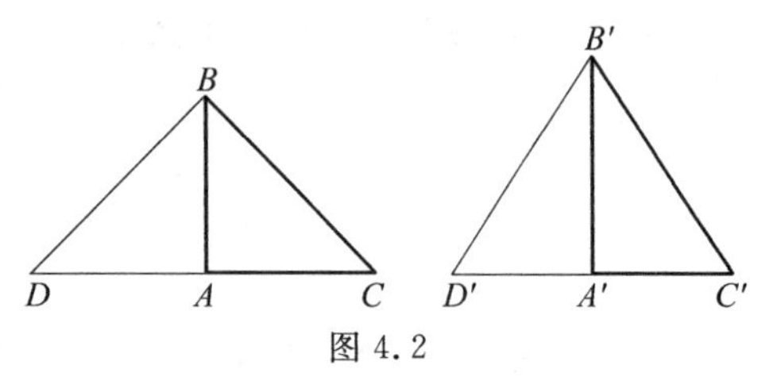

图 4.2

为了证明这一点,在 CA 的延长线上截取线段 $AD=AC$,同样在 $C'A'$ 的延长线上,截取线段 $A'D'=A'C'$. 首先我们有(第 29 节) $BD=BC=B'C'=B'D'$. 此外,在等腰 $\triangle DBC$ 中,中线 BA 也是角平分线,因之 $\angle DBC$ 是原先 $\angle B$ 的2 倍. 同理 $\angle D'B'C'$ 也是原先 $\angle B'$ 的 2 倍,因此 $\angle DBC>\angle D'B'C'$.

两三角形 $\triangle DBC$, $\triangle D'B'C'$ 有两边分别相等而夹角不等,可知 $DC>$

$D'C'$,因之 $AC > A'C'$

36. 定理 角的平分线是在角内并距两边等远的点的轨迹.

如以前(第 33 节)所说明的,证明分为两部分:

(1) 角平分线上任一点距角的两边等远.

设已知 $\angle BAC$ 及其平分线上任一点 M(图 4.3). 若由 M 作角两边的垂线 MD,ME, 则两直角三角形 $\triangle AMD$,$\triangle AME$ 因斜边及一锐角(角顶在 A) 相等而全等,所以垂线 $MD = ME$.

(2) 在角内而不在角平分线上的任一点,距角的两边不等远.

设已知点 M',例如在角平分线与边 AC 之间.

此处,$\angle BAM'$ 大于 $\angle M'AC$,因之,若从点 M' 作 AB,AC 的垂线 $M'D'$,$M'E'$,则两直角三角形 $\triangle AM'D'$,$\triangle AM'E'$ 有公共斜边,而在点 A 的锐角不等,所以(第 35 节)$M'D'$ 大于 $M'E'$.

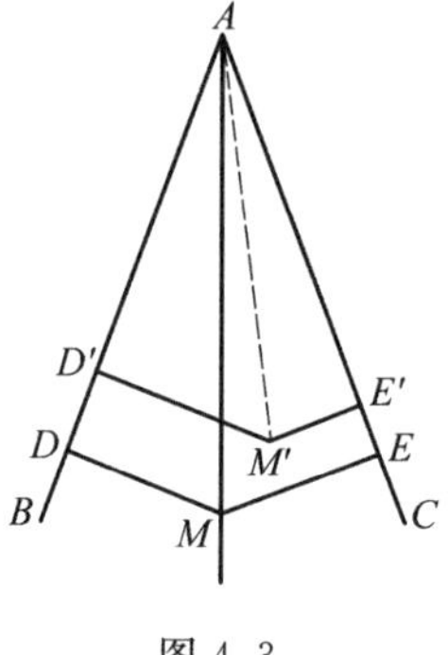

图 4.3

正如像对于第 32 节的定理一样,我们可将(2) 里面所讲的否定理代证以逆定理:在角内而与两边等远的点必在角平分线上.

为了这个,我们可将原先的推理反过来叙述. 设点 M(图 4.3) 距 AB,AC 等远,在直角三角形 $\triangle AMD$ 与 $\triangle AME$ 中,斜边公用,$MD = ME$,应用直角三角形全等第二律(第 34 节),此两形全等. 所以在点 A 的两个角相等,即 AM 为角平分线.

但用这个证法,我们不知道当两个距离不等时,哪一个要大些.

推论 与两条直线等距离的点的轨迹是这两线所形成的角的两条平分线(第 15a 节).

习　题

(19) 设三角形的两高相等,证明它是等腰三角形.

(20) 证明三角形中大边的相应高(或对应高)[①] 较小.

---

① 相应或对应于一边的高(中线,角平分线),指的是从对顶发出的高(中线,角平分线). —— 俄译者注

第5章　平 行 线

37. 设两直线被同一截线所截，则此截线和两已知线形成八个角(图5.1)，其相互位置由下列命名表达：

在两已知线之内、截线的异侧的两个角，例如 $\angle 3$ 和 $\angle 5$(图 5.1) 称为**内错角**.

在两已知线之内、截线的同侧的两个角，例如 $\angle 3$ 和 $\angle 6$，称为**同旁内角**.

在截线的同侧，一在两线之内，而一在两线之外的两个角，例如 $\angle 6$ 和 $\angle 2$，称为**同位角**.

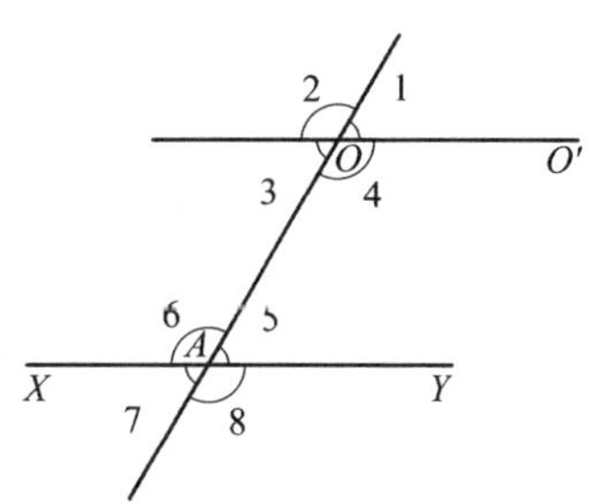

图 5.1

38. 定义　在同一平面上无论向两方延长多远终不相交的两直线，称为**平行线**.

定理　两直线被同一直线所截，若同旁内角互补[①]，或内错角相等，或同位角相等，则此两线平行.

设两直线相交于截线的一侧或另一侧，那么就形成一个三角形，在其中同侧两内角的和将小于两直角(第 25 节).

其余的两种情况可归结为第一种情况.

设内错角 $\angle 3$ 和 $\angle 5$ 相等，那么这就变成 $\angle 3$ 是 $\angle 6$ 的补角，或者说同旁内角互补.

设同位角 $\angle 6$ 和 $\angle 2$ 相等，因 $\angle 3$ 是 $\angle 2$ 的补角，那么仍旧得 $\angle 3$ 和 $\angle 6$ 互补.

此定理用来证明两直线平行.

推论　特别的，垂直于同一直线且在同一平面上的两直线，互相平行.

39. 定理　过直线外一点，可引一直线平行于此线.

设已知点 O 及直线 XY(图 5.1)，联结点 O 和线 XY 上任一点 A. 引一直线 OO' 使 $\angle AOO' + \angle OAY = 2\mathrm{d}$[②]，则 OO' 平行于 XY.

---

① 若 $\angle 3$ 与 $\angle 6$ 互补，则 $\angle 4$ 与 $\angle 5$ 亦互补(图 5.1)，因为这四角之和等于四直角.

② d 用来表示直角. —— 译者注

40. 上面的作图可以用无穷多的方式来实现,因点 A 可以在直线 XY 上任意取,似乎可得出无穷多不同的平行线.

但根据下面的公理,并不是如此的.

公理[①] 过直线外一点只能引一直线平行于该直线.

推论 1 设两直线同平行于第三直线,则互相平行.

因为如果它们有公共点,那么过这一点将可引两直线平行于第三线了.

推论 2 设两直线平行,若任何第三直线与第一线相交,则亦必与第二直线相交.

否则,与第二线平行的两条直线将要相交[②].

41. 第 38 节的定理有一个逆定理,我们现在来证明.

逆定理 设两平行线被同一直线所截,则

(1) 同旁内角互为补角.

(2) 内错角相等.

(3) 同位角相等.

三种情形的证法相同.

设两平行线 AB, CD 被截线 EFX 所截(图 5.2). 则(例如)同位角 $\angle XEB$ 和 $\angle XFD$ 相等. 事实上,若引一条直线 EB',使它和直线 EF 所成的角等于 $\angle XFD$,那么它将平行于 CD,因之重合于 EB.

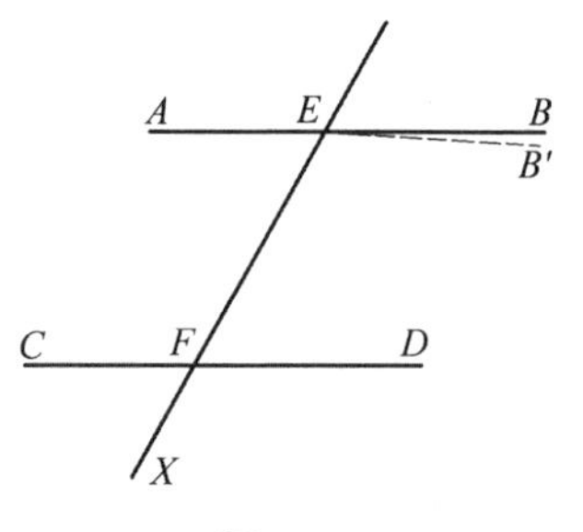

图 5.2

推论 1 设两直线与同一截线所成的同旁内角之和不等于两直角,则此两直线不平行,而且相交在内角之和小于两直角的一侧.

推论 2 设两直线平行,则其中一直线的任意垂线也是另一直线的垂线.

因为它必然与第二直线相交(第 40 节推论 2),而且根据前面证明的定理,交角是直角.

备注 (1) 相等的同位角 $\angle XEB$ 和 $\angle XFD$ 有同一转向.

① 这公理称为欧几里得(Euclid) 公理.实际上应把它看做几何基本概念的一部分(参看附录 B).

② 此处又是一个反证法的例子(参看第 24 节备注(1)).

在截线同侧的两条平行半直线 EB 和 FD，称为**互相平行且有同向**.

(2) 此处我们又用了不同于第 32 节所讲的方法来证明逆定理. 这个方法应用原定理本身来证明逆定理. 注意，在这里的例子中，这个证法主要的是依据这个事实：过点 E 和 CD 平行的直线只能引**唯一的**一条.

42. 根据第 38 节的定理以及它的逆定理，上面所讲的平行线定义又可叙述为：

假设两条直线和某一条直线所成的同位角相等(或内错角相等，或同旁内角互补)，那么它们是平行线.

这一定义和原先的等效，但一般地讲，应用起来有它的优越性.

我们往往用**有同向的直线**来代替**平行线**一语，从上面的命题这意义是明显的.

备注 由这个观点，两条互相重合的直线，应当看成是平行线的特例.

43. 定理 两边分别平行的两个角或相等或互补，若两双对应边都是同向平行或者都是异向平行，那么两角相等；若一双对应边同向平行，而另一双对应边异向平行，那么互补.

首先，有一条公共边而其他两边平行且有同向的两个角(图 5.3)，是同位角而相等. 因之各边同向平行的两个角彼此相等，因为一角的一边和另一角的一边相交所形成的第三个角各与两已知角相等.

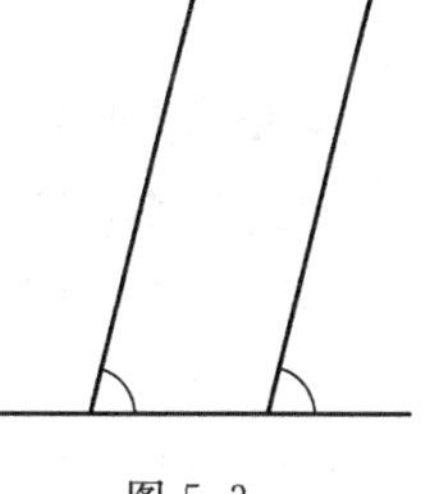

图 5.3

若两角有一双边同向平行，另一双边异向平行，就可以将异向平行的两边之一延长，于是得出一个角和两角之一互补而和另一角相等.

若两双边都异向平行，就延长第一角的两边得出一个角，它和第一角是对顶角而相等，另一方面，它又和第二角相等.

备注 因为两个同位角(因之边是同向平行的两个角)有同一转向，我们还可以这样说：两角的边若是分别平行，这两角相等或互补就看它们有相同或相反的转向.

定理 两个角的边若是分别相垂直，这两角相等或互补就看它们有相同或相反的转向.

假设有两个角 $\angle BAC$ 和 $\angle B'A'C'$，$A'B'$ 及 $A'C'$ 分别垂直于 AB 及 AC(图 5.4). 引 AB 的垂线 AB_1，并将 $\angle B_1AC$ 反转，使边 AB_1 落在 AC，垂直于 AB_1 的直线 AB 将取一个垂直于 AC 的新位置 AC_1. 于是我们有一 $\angle B_1AC_1$，它和已知

$\angle BAC$ 相等且有同向(因为它是从 $\angle CAB$ 反转来的,而 $\angle CAB$ 与 $\angle BAC$ 的转向相反). $\angle B_1AC_1$ 的边分别和 $\angle BAC$ 的边垂直,因之分别与 $\angle B'A'C'$ 的边平行. 由于 $\angle B_1AC_1$ 和 $\angle B'A'C'$ 的相等或互补因转向相同或相反而定,那么两个已知角也是如此.

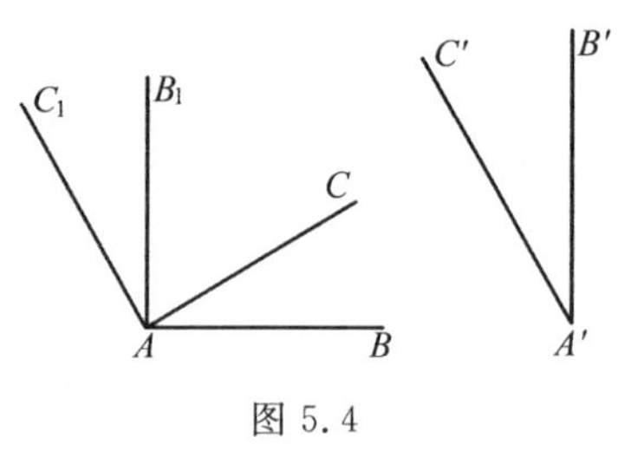

图 5.4

44. 定理 三角形三角的和等于两直角.

在 $\triangle ABC$ 中(图 5.5),沿 CX 方向延长 BC,并引 CE 平行于 AB. 在点 C 形成了三个角(即图上的 $\angle 1$, $\angle 2$, $\angle 3$),其和等于两直角. 但这三角分别等于三角形的三内角:因为 $\angle 1$ 就是三角形的 $\angle C$; $\angle 2 = \angle A$(截线 AC 截平行线 AB, CE 所得的内错角); $\angle 3 = \angle B$(平行线 AB, CE 被截线 BC 截成的同位角).

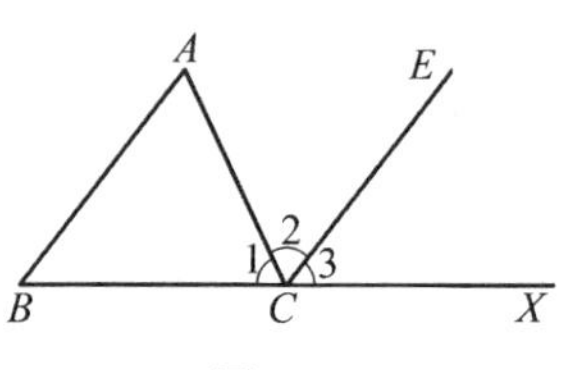

图 5.5

推论 1 三角形的一外角等于不相邻的两内角之和.

推论 2 直角三角形的两锐角互为余角.

推论 3 设两三角形有两角分别相等,则第三角亦等.

44a. 定理 凸多边形[①]内角的和等于两直角乘以边数减 2.

设已知多边形 $ABCDE$(图 5.6). 以点 A 和多边形的其他顶点连对角线,将原多边形分成若干三角形,三角形的个数较边数少 2:因若将 A 取为各个三角形的公共顶点,那么除掉与 A 相邻的两边外,每一边依次是一个三角形的底边. 这些三角形的各角之和就是多边形内角的和,所以定理证明了.

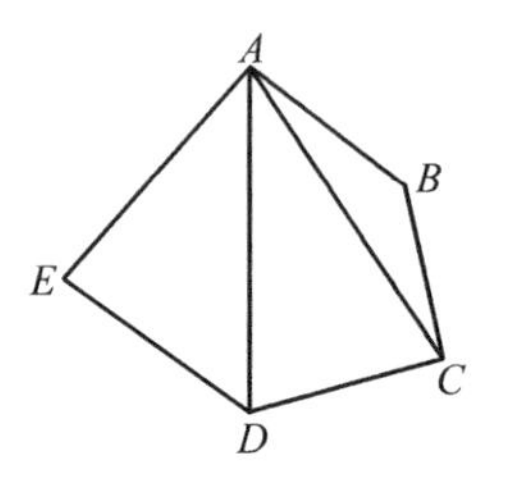

图 5.6

设多边形的边数为 n,则其各角之和为 $2d(n-2)$ 或 $(2n-4)d$.

推论 依同一转向延长凸多边形的每一边,则所形成的各外角之和,等于四直角.

---

① 对于凹多边形此定理也可以证明是成立的(只是难一些),但要利用这种多边形的角的适当定义.

每一外角与它的相当内角之和等于两直角. 把 n 个顶点的这些角一起加起来得到 $2n$ 直角,其中 $2n-4$ 直角是内角和,所以外角和是四直角.

习　题

平行线

(21) 在 $\triangle ABC$ 中,过 $\angle B$,$\angle C$ 的平分线的交点引直线 MN 平行于 BC,交边 AB 及 AC 于点 M 及 N. 证明 MN 等于两线段 BM 与 CN 的和.

如果过 $\angle B$,$\angle C$ 的外角平分线的交点引直线平行于 BC,这命题将如何变化? 过 $\angle B$ 的平分线和 $\angle C$ 的外角平分线的交点呢?

多边形各角之和

(22) 由多边形内一点引直线分它成三角形以证明第 44a 节的定理.

(23) 在任意 $\triangle ABC$ 中,从点 A 向边 BC 引直线 AD,AE,使 AD 与 AB 所成的角等于 $\angle C$,而 AE 与 AC 所成的角等于 $\angle B$,证明 $\triangle ADE$ 是等腰三角形.

(24) 证明在任意三角形中:

①$\angle A$ 的平分线和从点 A 所引的高所成的角,等于 $\angle B$,$\angle C$ 两角差的一半.

②$\angle B$,$\angle C$ 的平分线所成的角等于 $\mathrm{d}+\frac{1}{2}\angle A$.

③$\angle B$,$\angle C$ 的外角平分线所成的角等于 $\mathrm{d}-\frac{1}{2}\angle A$.

(25) 证明在凸四边形中:

① 相邻两角的平分线所成的角等于另两角和的一半.

② 相对两角的平分线所成的角与另两角差的一半互为补角.

第6章　平行四边形,平移

45. 有两边互相平行的四边形(图6.1)称为**梯形**,这两平行边称为梯形的**底**[1].

四边形的边两两平行的(图6.2),称为**平行四边形**.

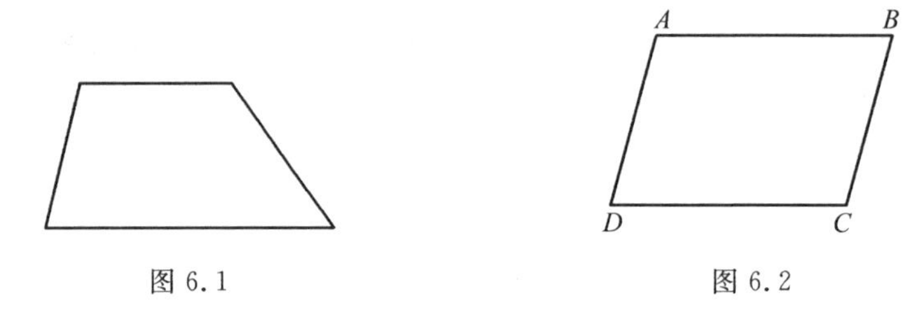

图6.1　　　　图6.2

梯形和平行四边形是四边形的特殊情况.

定理　平行四边形中,对角相等,邻角互补.

事实上,在平行四边形 $ABCD$ 中(图6.2),邻角 $\angle A$ 与 $\angle B$ 是平行线 AD,BC 被 AB 所截而成的同旁内角,所以互补.至于 $\angle A$,$\angle C$,它们的边异向平行,因此相等.

备注　显见,若知道了平行四边形的一个角,那么其余的角就都知道了.

逆定理　若四边形的对角相等,那么它是平行四边形.

事实上,四边形四角的和等于四直角(第44a节),但若有 $\angle A=\angle C$,$\angle B=\angle D$,那么四角和 $\angle A+\angle B+\angle C+\angle D$ 可写做 $2\angle A+2\angle B$,由是 $\angle A+\angle B=2d$. AD,BC 被 AB 所截的同旁内角之和既是两直角,所以 AD 平行于 BC.仿此可证 AB 平行于 CD.

46. 定理　平行四边形的对边相等.

在平行四边形 $ABCD$ 中(图6.3),引对角线 AC,它将平行四边形分成两个全等三角形 $\triangle ABC$ 和 $\triangle CDA$,因为有两角夹一公共边 AC 相等:$\angle 1=\angle 3$(平行线 AB,CD 的内错角),$\angle 2=\angle 4$(平行线 AD,BC 的内错角).

由这两个全等三角形得到对边相等

[1] 另两边称为梯形的腰.原书称为“不平行的边”.——译者注

$$AB = CD, AD = BC$$

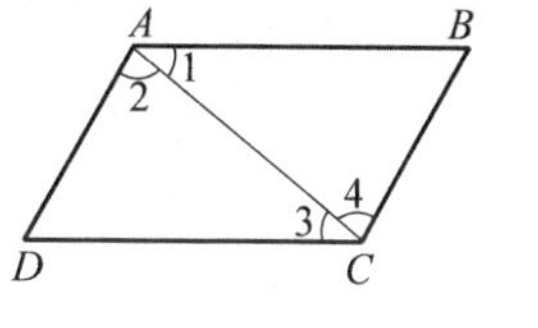

图 6.3

这定理的假设由两部分组成：① 一双对边互相平行；② 另一双对边也平行．结论也有两部分：① 一双对边相等；② 另一双对边也相等．

由于在逆命题的构成中，我们可以互换原命题的假设和结论的全部或一部分，所以我们所证明的定理有两个逆定理．

逆定理　一个四边形满足下列条件之一就是平行四边形：

(1) 若(两双)对边相等．

(2) 若一双对边相等而且平行．

(1) 假设在四边形 $ABCD$ 中(图 6.3)，$AB = CD$ 且 $AD = BC$．引对角线 AC．两三角形 $\triangle ABC$ 和 $\triangle CDA$ 因三边相等而全等．于是 $\angle 1$ 等于 $\angle 3$．又因这两角是直线 AB，CD 被 AC 所截而成的内错角，所以 AB 和 CD 平行．

仿此，由 $\angle 2$ 和 $\angle 4$ 的相等得出 AD 平行于 BC．

(2) 现在假设 AB 和 CD 相等而且平行．在 $\triangle ABC$ 和 $\triangle CDA$ 中，有 $AB = CD$，AC 为公用边，$\angle 1 = \angle 3$(内错角)，即因两边夹一角相等而全等．于是 $\angle 2$ 等于 $\angle 4$，因之边 AD 平行于 BC．

46a. 备注　(1) 四边形可以有两边 AB，CD 相等，另两边 BC，AD 彼此平行而仍非平行四边形的(此时称为**等腰梯形**)．

任意选择了一边 AB，只需取它关于平面上某一直线 XY 的对称线段 D_1C(图 6.4)为 DC 边．至于直线 XY，只要求它不平行于 AB 而和 AB 的延长线(而不是线段本身)相交于一点 I．四边形 $ABCD_1$ 有两边平行(都是 XY 的垂线)，而另两边相等(因为对称于 XY)；并且后面的两边不平行(因为它们有公共点 I)．

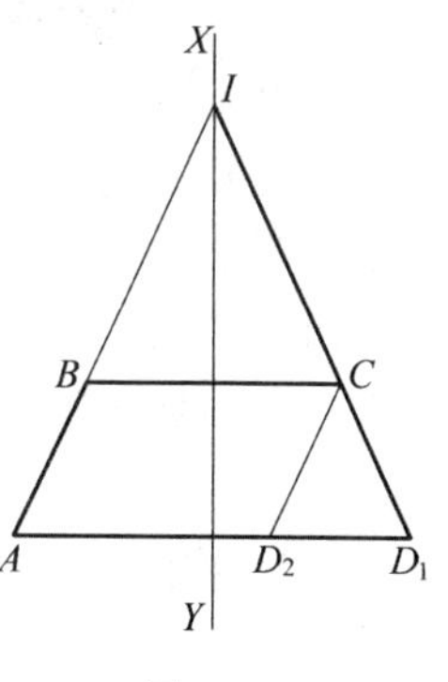

图 6.4

反之，任一四边形若有两边 BC 和 AD 平行而另两边相等，那么它或是平行四边形，或(在等腰梯形的情况下)有对称轴．事实上，设 XY 为 BC 的中垂线，从点 C 到 AD 我们已有两条等于 AB 的斜线：一条是 CD_1，它是 AB 关于 XY 的对称形；另一条是 CD_2，它同 A，B，C 三点形成平行四边形．这两斜线的端点在 AD 上，因为 AD 平行于 CB．由于过点 C 只能引两条等于 AB 的斜线到

AD,所以点 D 或和 D_1 或和 D_2 重合.

似乎当 D_1 和 D_2 重合,即是当 CD_1 平行于 AB 的时候,这推理有问题.但这时 AB 平行于 XY,即垂直于 AD;在点 C 与 AD 之间且等于 AB 的线段只有一条(垂直线).

(2) 在第 46 节的第一个逆定理中,重要的在于假设我们所讲的是常态四边形(第 21 节备注);只有在两三角形 $\triangle ABC$ 和 $\triangle ADC$(图 6.3) 位于公共边 AC 的异侧时,图形上的 $\angle 1$ 和 $\angle 3$ 才是内错角.

不难作出非常态的四边形(称为**逆平行四边形**) 使其对边相等,只需在平行四边形 $ABCD$ 中(图 6.5),将点 D 换为它关于对角线 AC 的对称点 E.

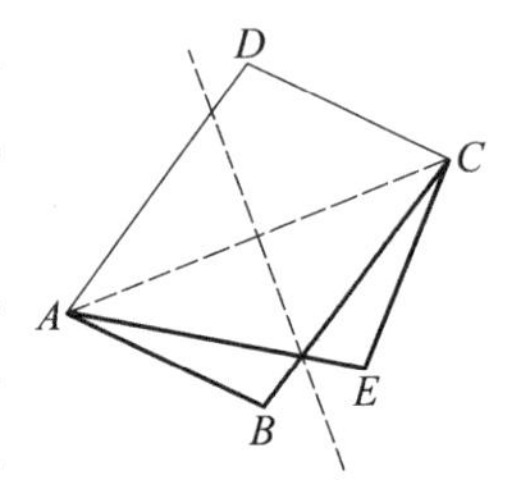

图 6.5

取点 E_1 为 B 关于 AC 的中垂线的对称点,那么又得一逆平行四边形 $ABCE_1$. 四边形 ABE_1C 是一个等腰梯形. 但由于(第 24 节第三律) 在 BC 指定的一侧,只能有一个点同时满足与点 A 的距离 $AE = BC$,而与 C 的距离 $CE = AB$,这点 E_1 只能就是 E. 所以每一双对边相等但非常态的四边形,是由等腰梯形的两腰和两对角线形成的.

(3) 各边分别相等的两个四边形不一定全等,换言之,可以使已知的四边形(常态或非常态) 变形而不变各边的长度.

设各边的长度是 $AB = a, BC = b, CD = c, DA = d$,我们可以 a, b 为边,夹一个任意选定的 $\angle B$ 作一个 $\triangle ABC$,由此得出 AC(四边形的对角线) 的长度. 对于 AC 的每一值对应一 $\triangle ACD$(在第二编第 86 节可能性的条件下),以此线段为底而其他两边 CD, DA 分别等于 c, d. 所以角度 B 可以取任意值(至少在某限度内如此). 在这样条件下变形的四边形,称为**活络四边形**. 这概念在几何的应用上很重要.

由上所论,一个活络的平行四边形总是一个平行四边形,活络的逆平行四边形也仍旧保持其为一个逆平行四边形[①].

47. 定理 平行四边形的对角线在交点互相平分.

---

① 这结论只有当平行四边形变为逆平行四边形,或倒过来由逆平行四边形变为平行四边形的时候(因为对边分别相等的四边形只有平行四边形和逆平行四边形),才有问题. 若变化是连续的,那么由平行四边形变为逆平行四边形,必须四边形变扁成一直线,相连的两边变成互为延长线,另两边也互为延长线.

在平行四边形 $ABCD$ 中(图 6.6) 引对角线 AC 及 BD，相交于点 O. 两三角形 $\triangle ABO$ 及 $\triangle CDO$ 的各角分别相等，并有一边相等 $AB = CD$(由上理)，因而全等. 故 $AO = CO$，$BO = DO$.

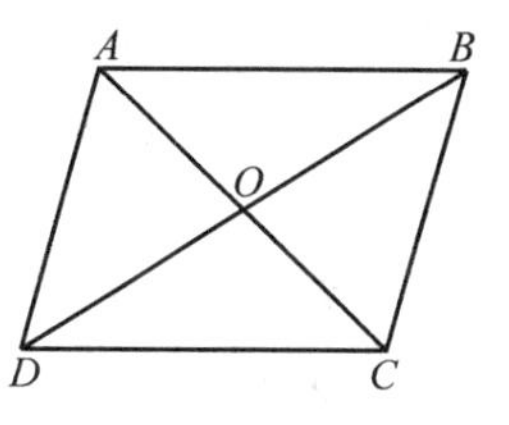

图 6.6

逆定理　设四边形的对角线在交点互相平分，则为平行四边形.

设在四边形 $ABCD$ 中(图 6.6)，$AO = CO$，$BO = DO$，两三角形 $\triangle ABO$ 及 $\triangle CDO$ 因两边及夹角(在点 O 的角因对顶角而相等) 相等而全等. 这两三角形在 A，C 两顶点的角相等，因之 AB 平行于 CD，同理，由两三角形 $\triangle ADO$ 和 $\triangle CBO$ 的全等，证出 AD 平行于 BC.

备注　我们在第 46 节和第 47 节证明逆定理，正如第 32 节备注(2) 所解释的，是将原来的推理倒过来进行的.

48. 四边形各角相等的，因之即是各角都是直角的，称为**矩形**. 矩形是平行四边形，因为它的对角相等.

四边形各边相等的称为**菱形**. 菱形是平行四边形，因为它的对边相等. 所以在矩形和菱形中，对角线在交点互相平分.

定理　矩形的对角线相等.

在矩形 $ABCD$ 中(图 6.7)，对角线 AC 和 BD 相等：因为在两三角形 $\triangle ADC$ 和 $\triangle BCD$ 中，有直角 $\angle ADC$ 等于直角 $\angle BCD$，边 DC 公用，且 $AD = BC$(平行四边形的对边)，所以两三角形全等.

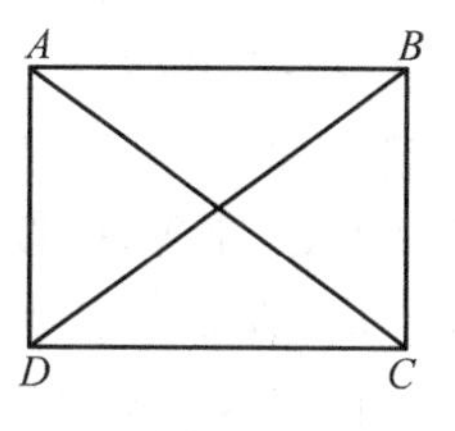

图 6.7

推论　直角三角形中，从直角顶发出的中线等于斜边的一半.

设过斜边的端点引两腰的平行线，得一矩形. 所考虑的中线是它的对角线的一半.

逆定理　对角线相等的平行四边形是矩形.

设已知平行四边形 $ABCD$(图 6.7) 中，对角线相等. 由 $AD = BC$ 推出两三角形 $\triangle ADC$ 和 $\triangle BCD$ 因三边相等而全等. 所以 $\angle ADC$ 和 $\angle BCD$ 相等，又因为它们互补，因之每一个都是直角，所以这平行四边形是矩形.

推论　三角形的中线如果等于对应边的一半，它就是直角三角形.

定理　菱形的对角线互相垂直并且平分它的角.

设四边形 $ABCD$(图 6.8) 为菱形,则 $\triangle ABD$ 是等腰三角形,对角线 AC 是这三角形的中线,因之同时也就是它的高和角平分线.

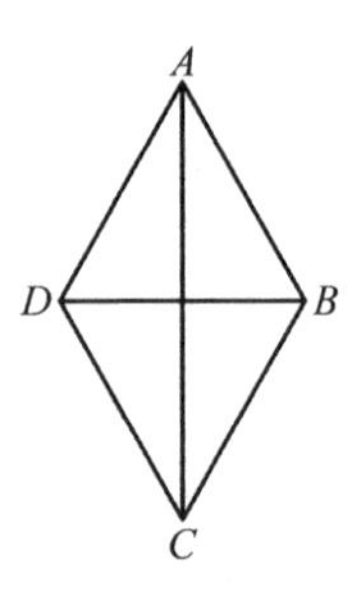

图 6.8

逆定理 对角线互相垂直的平行四边形是菱形.

事实上,每一顶点和相邻的两顶点有等距离,因为该点是在后者所连成的对角线的中垂线上.

49. 各边相等、各角等于直角的四边形称为**正方形**.

因此,正方形同时也是菱形和矩形,所以它的对角线相等、互相垂直并且互相平分.

反之,若四边形的对角线相等、互相垂直并且互相平分,就是正方形.

边相等的两个正方形全等.

50. 平移

引理 若两图形 F 和 F' 的点间相对应的情况是这样的:不论选哪一点 C,由对应点所形成的 $\triangle ABC$ 和 $\triangle A'B'C'$ 全等,且对应角有同向,那么 F 和 F' 全等而且转向相同.

设 A,B 是图形 F 的两点,而 A',B' 是它们的对应点.显然线段 AB 必须和 $A'B'$ 相等.移置第二形于第一形上,使这两等线段重合,则两图形就全部叠合:假设 C 是第一形上的任意第三点,而 C' 是它的对应点.因为两三角形 $\triangle ABC$,$\triangle A'B'C'$ 全等,所以 $\angle B'A'C'$ 和 $\angle BAC$ 相等并且有同向.因此,当 $A'B'$ 和 AB 重合时,直线 $A'C'$ 应取 AC 的方向.又因 $A'C'=AC$,那么点 C' 重合于 C.

由于这证明适用于两图形所有的点,所以两形完全重合.

备注 (1) 上面所讲的是两图形全等的充分条件,这条件显然也是必要的.

(2) 由上面的推理得到:要叠合全等并有相同转向的两个图形,只要叠合一图形上的两点和另一图形上的对应点就可以了.

51. 定理 若从已知图形的每一点作同向平行的等线段,那么这些线段的端点所形成的图形和已知图形全等.

首先,假设 A,B 是第一形的两点,和第二形的 A',B' 两点相对应.由于线段 AA' 和 BB' 平行而且相等,四边形 $ABB'A'$ 是平行四边形,因之线段 AB 和 $A'B'$ 相等并且同向平行.所以两图形各对应点的连线相等并且同向平行.

并且第一形上形成三角形的三点对应于第二形上形成三角形的三点,这两三角形全等.由于这两三角形各角的对应边同向平行,可见转向是相同的,所以两图形全等.

由第一形到达第二形的过程称为**平移**.显见,已知了第一形上某一点和它的对应点的连线 AA' 的长度和方向,平移就完全确定了.因此平移也就用表示这线段的字母来表达,例如我们说平移 AA'.

推论 1　设由直线上各点引同向平行的等线段,那么这些线段端点的轨迹是直线,平行于已知线.

特别的,在直线的同一侧和直线的距离为定长的点的轨迹是一直线,平行于已知线.

推论 2　两条平行线处处相距等远.

因此,我们就可以谈到两平行线间的**距离**.

推论 3　和两平行线等距离的点的轨迹,是平行于两已知线的一直线.

习　题

平行四边形

(26) 证明平行四边形各角的平分线形成一个矩形;它的各外角平分线也形成一个矩形.

(27) 证明过平行四边形对角线交点的任一直线,在对边之间的部分,被此点所平分.

由于这种情况,平行四边形对角线的交点称为它的中心.

(28) 设两平行四边形,一个内接于另一个,就是说,第一形的四个顶点分别位于第二形的各边上,证明它们有相同的中心.

(29) 证明三角形的一个角是锐角、直角或钝角,就看对边比对应中线的 2 倍为小、相等或较大而定.

(30) 证明若直角三角形的一锐角是另一锐角的 2 倍,那么它的一腰是斜边的一半.

平　移

(31) 求与两已知直线距离的和或差等于已知长度的点的轨迹.

(32) 已知两条平行线和它们两外侧的各一点 A,B.求联结 A,B 有最短长度的折线,使折线在平行线之间的一段有已知方向.

第7章　三角形中的共点线

52. 定理　三角形中三边的中垂线相交于一点.

设已知$\triangle ABC$(图7.1). AB和AC两边的中垂线不可能平行(否则AB和AC将位于同一直线上),于是相交于一点O. 求证此点也在边BC的中垂线上.

点O既在边AB的中垂线上,必与A,B等距离. 它又在AC的中垂线上,亦必与A,C等距离. 所以它和B,C等距离,因之也在BC的中垂线上.

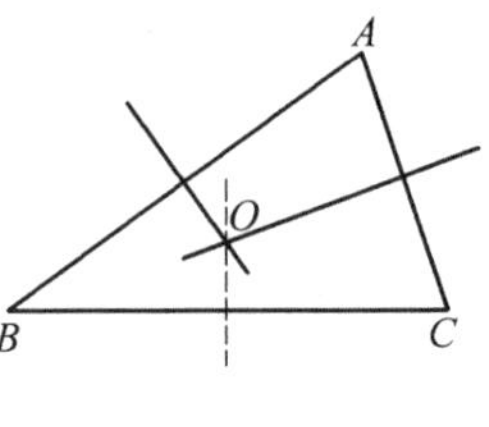

图7.1

53. 定理　三角形的三条高线相交于一点.

设已知$\triangle ABC$(图7.2). 过点A引直线平行于BC,过点B引直线平行于AC,又过点C引直线平行于AB.

于是,得一新$\triangle A'B'C'$. 我们证明$\triangle ABC$的高线是新三角形各边的中垂线,因之相交于一点.

平行四边形$ABCB'$中$BC=AB'$. 仿此,平行四边形$ACBC'$中$BC=AC'$,于是A是$B'C'$的中点.

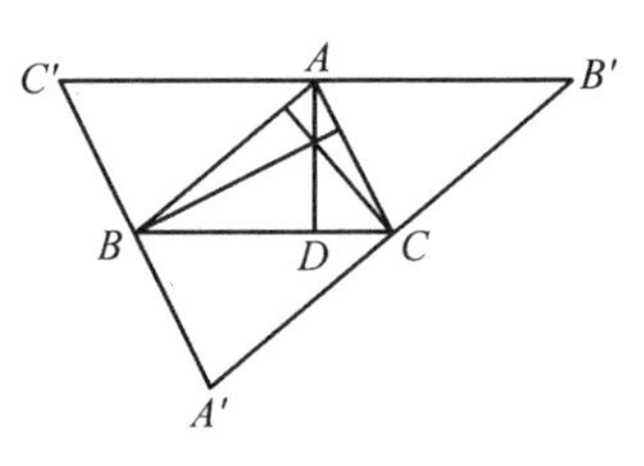

图7.2

高线AD经过$B'C'$的中点,并垂直于$B'C'$的平行线BC,因之垂直于$B'C'$. 其他的高线,重复同样的推理,定理就证明了.

54. 定理　三角形中:

(1) 三角的平分线相交于一点.

(2) 一角的平分线和不相邻的两外角的平分线相交于一点.

(1) 引$\triangle ABC$(图7.3)$\angle B$和$\angle C$的平分线. 它们相交于三角形内一点O;此点在$\angle B$的平分线上,故距AB及BC等远;又在$\angle C$的平分线上,故距AC及BC也等远. 所以点O距AB及AC等远,又在$\angle A$之内,因之也在$\angle A$的平

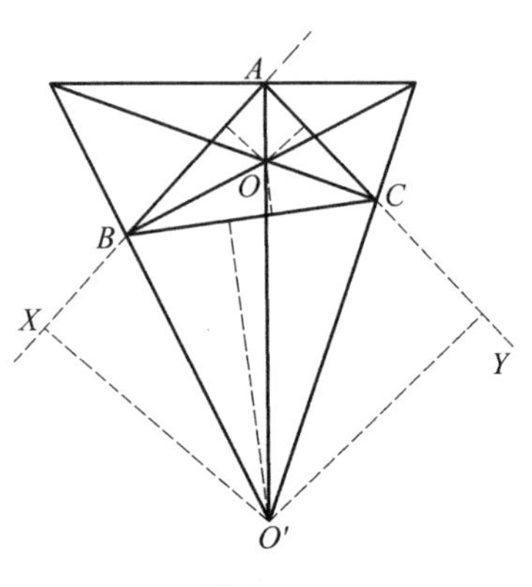

图7.3

分线上.

(2) 由于两外角 $\angle CBX$, $\angle BCY$ 的和小于四直角,那么它们一半的和小于两直角,因此这两角的平分线相交(第 41 节推论)于一点 O',且在 $\angle A$ 之内. 这一点正像点 O 一样距三边等远,所以在 $\angle A$ 的平分线上.

55. 定理　连三角形两边中点的线段平行于第三边,且等于第三边的一半.

设 $\triangle ABC$ 中(图 7.4),D 是 AB 的中点,E 是 AC 的中点. 在 DE 的延长线上截取线段 $EF = DE$. 四边形 $ADCF$ 是平行四边形(第 47 节),因之 CF 平行且等于 DA,也就是平行且等于 BD. 这时可知 $DBCF$ 也是平行四边形,所以 DE 平行于 BC,并且由于是 DF 的一半,所以等于 BC 的一半.

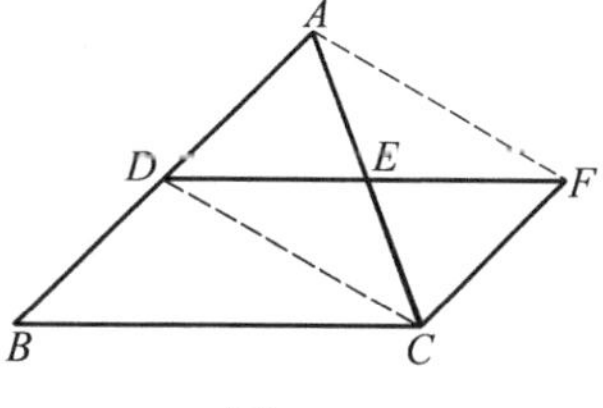

图 7.4

56. 定理　三角形的三中线相交于一点,从相当底边算起,此点在每一条中线 $\frac{1}{3}$ 的地方.

设在 $\triangle ABC$ 中(图 7.5),先引两条中线 BE, CF,则它们的交点 G 在每一条的 $\frac{1}{3}$ 处. 要证明这点,记 BG 和 CG 的中点为 M 和 N. $\triangle BCG$ 两边中点的连线段 MN 平行于 BC 且等于它的一半. 但 EF 也平行于 BC 而且等于它的一半,所以 $EFMN$ 是平行四边形,它的对角线被交点所平分. 所以有 $EG = GM = MB$ 和 $FG = GN = NC$.

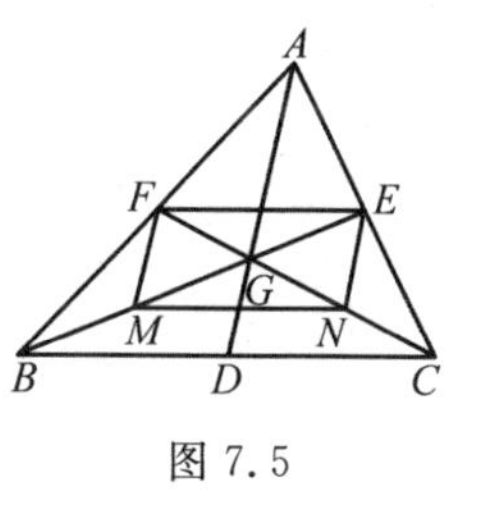

图 7.5

因此,中线 BE 通过 CF 上与点 F 的距离为 $\frac{1}{3}CF$ 的一点. 用同样的推理,可证明中线 AD 也通过此点.

备注　三角形三中线的交点也称为三角形的**重心**. 这命名的理由在力学中介绍.

习　题

(33) 求作一直线连已知点至两已知直线之交点,但后者不在绘图范围之内(第 53 节).

(34) 证明梯形两腰的中点和两对角线的中点在同一直线上,这直线平行于底边;两腰中点的距离等于两底和的一半;两条对角线中点的距离等于两底差的一半.

(35) 证明若从 A,B 两点和线段 AB 的中点 C 向任一直线作垂线,那么从点 C 所引的垂线,等于从 A,B 两点所引垂线和的一半或差的一半,就看后面这两条垂线有同向或反向而定.

(36) 证明任意四边形各边中点是平行四边形的顶点;这平行四边形的边分别平行于四边形的对角线,并且等于这些对角线的一半;它的中心是已知四边形对角线中点连线的中点.

(37) 将图 7.5 中线 CF 在点 F 延长等于 FG 的长度,用以证明 $\triangle ABC$ 的中线共点.

(38) 已知共点 O 的三条(互异的)直线和其中一线上的一点 A,证明存在:

① 一三角形,以 A 为顶点,以三已知线为其高(有一种例外情况).

② 一三角形,以 A 为顶点,以三已知线为其中线.

③ 一三角形,以 A 为顶点,以三已知线为其内角或外角平分线(有一种例外情况).

④ 一个三角形,以 A 为一边中点,以三已知线为其三边中垂线(化为第一种情况).

第一编习题

(39) 证明在任意三角形中，最大边对应的中线最小. 有两中线相等的三角形是等腰三角形[①].

(40) 假设弹子球撞击直线边缘后反射，撞击前后它所走的两条直线和边缘作相等的倾斜. 现在假设 $D_1, D_2, \cdots, D_n$ 是同一平面上的 n 条直线，而 A 和 B 是在每条线同侧的两点. 弹子球由点 A 该沿什么方向出发依次从这些线反射以后才可以通过点 B?

证明弹子球所取的道路是从 A 到 B. 而顶点顺次在已知诸直线上的最短折线[②].

特殊情况：已知的直线是矩形顺次的四边，并且 B 和 A 重合于矩形内一点. 证明在这一情况下，弹子所走的道路等于矩形两对角线的和.

(41) 证明习题(26) 所考虑的两个矩形的对角线，同在两条直线上，平行于已知平行四边形的边(这事实和第 54 节所考虑的相仿[③])；这两矩形的对角线，一个等于平行四边形的两边之差，另一个等于两边之和[④].

(42) 证明在等腰三角形中，底边上的各点到两腰距离之和等于常量.

若所考虑的点在底边的延长线上，命题如何变化?

证明在等边三角形内一点到三边的距离之和等于常量.

若所考虑的点在三角形外，命题如何变化?

(43) 设从 $\triangle ABC$ 的边 BC 中点引 $\angle A$ 平分线的垂线，证明这条直线将 AB, AC 分成的两线段，分别等于 $\dfrac{AB+AC}{2}$ 和 $\dfrac{AB-AC}{2}$.

(44) 设 $ABCD$, $DEFG$ 是这样放置的两个正方形：DC, DE 两边有同向，并且 AD, DG 互为延长线. 在 AD 上和 DC 的延长线上截取两线段 AH, CK 等于 DG. 证明四边形 $HBKF$ 也是正方形.

(45) 在 $\triangle ABC$ 的两边 AB, AC 上，向三角形的外方作正方形 $ABDE$ 和 $ACFG$(D 和 F 是 A 的对顶). 证明：

① 线段 EG 垂直于从点 A 所引的中线，且等于这中线的 2 倍.

---

① 关于高的类似性质，参看习题(19)，(20)；关于角平分线参看习题(361)，(361a).

② 如果只有一条直线，问题就变成习题(13)，(14) 所考虑过的.

既解决了这第一问题，就可设法从这单一直线的情况已得的解答，推出两直线情况的解答，然后转入三直线的情况，以下类推.

③ 著者所指的相仿在于：第 54 节所处理的是三角形中的角平分线，而此处所处理的是平行四边形的角平分线. —— 俄译者注

④ 注意一个特例：当已知的平行四边形是菱形或正方形时，这两个矩形有一个化为一点. 这时我们命题的真实性是显然的. —— 译者注

② 以 E,A,G 为顶点的平行四边形,它的第四个顶点 I (E 和 G 是对顶) 在已知三角形由 A 所引的高线上.

③CD,BF 分别等于并垂直于 BI,CI,并且也相交在由点 A 所引的高线上.

(46) 已知直角 $\angle AOB$ 和从一点 P 发出的两条互相垂直的直线.第一线截已知角的两边于 A,B 两点,第二线截此两边于 C,D 两点.证明由点 D,O,C 向直线 OP 所引的垂线在 AB 上所截的两线段分别等于 AP 和 PB,但放置的方向是相反的.

第二编

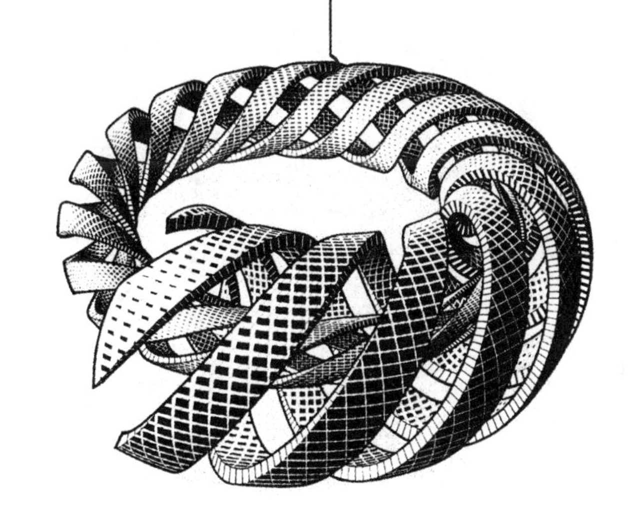

第8章　直线和圆周的交点

57. 定理　过不在一直线上的三点，可作一个也只有一个圆周.

换句话说：圆周由不在一直线上的三点所确定.

设 A,B,C（图8.1）是不在一直线上的三点，我们已经证明（第52节）线段 BC,CA 和 AB 的中垂线通过同一点 O，此点距 A,B,C 三点等远. 以点 O 为圆心、OA 为半径所画的圆周，通过三个已知点. 这是满足条件的唯一圆周，因为通过 A,B,C 三点的圆周，它的圆心必然在我们刚才所说的三条垂线上.

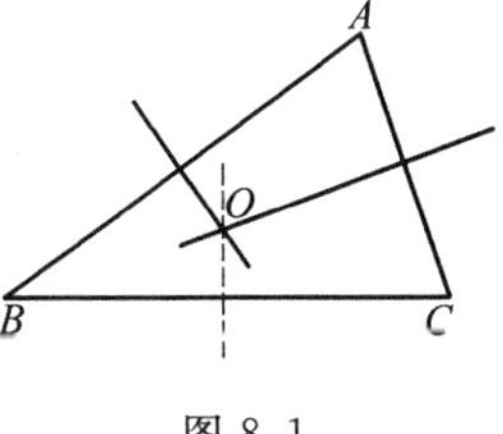

图8.1

推论　我们已知，一个圆周不可能有两个圆心，因之不可能有不相等的两条半径.

58. 定理　直线交圆周不可能多于两点.

若圆心到直线的距离大于半径，则直线与圆周不相交. 若此距离小于半径，则直线与圆周相交于两点. 若距离等于半径，则直线和圆周有一个公共点.

在最后的情况下，直线称为**切于**圆周.

设已知以 O 为圆心的圆周和直线 D（图8.2）. 从圆心 O 向直线 D 引垂线 OH.

(1) 圆周和直线 D 不可能有两个以上的公共点，这是因为从点 O 向直线 D 引等于半径 R 的斜线不能多于两条（第30节推论）.

(2) 若距离 OH 大于半径，那么，从圆心到直线上任一点的距离更要大于半径（第29节），所以直线上的点都在圆外.

(3) 相反的，若 OH 小于半径，点 H 位于圆周内，但 H 的两侧有些点位于圆外. 为了弄清这一点，可在直线 D 上截两线段 HP 和 HP' 等于半径. 距离 OP 以及 OP' 必然大于半径. 所以有两个交点，一在 H 和 P 之间，一在 H 和 P' 之间；这是仅有的交点((1)).

(4) 若 OH 等于半径（图8.3），那么 H 是直线和圆周的公共点，并且和在(2)一样，我们知道直线上其他的点都在圆外.

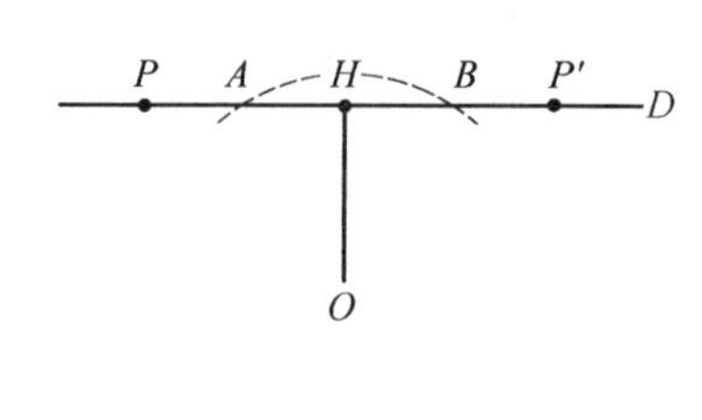

图 8.2

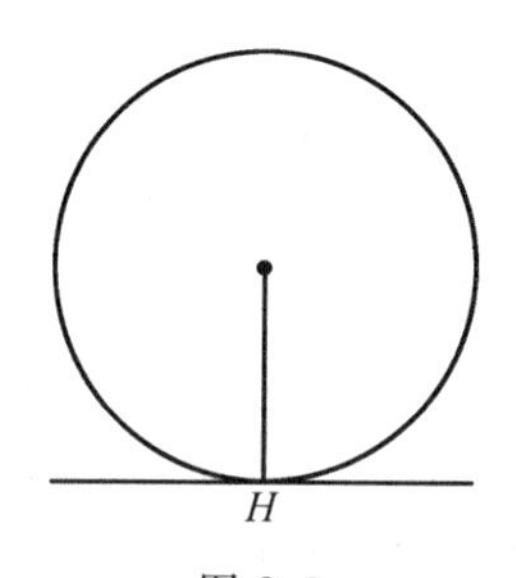

图 8.3

推论　过圆周上一点可作一条也只有一条切线,即是垂直于通过此点的半径的直线.

59. 上面切线的定义,不适用于任意曲线.

定义　所谓任一曲线在其上一点 M 的**切线**(图 8.4),指的是:当描画曲线的点 M' 无限趋近于 M 时直线 MM' 的极限位置.换言之:

若对于任意给定的角 ε,可以在 M 的两侧选两弧 MM_1 和 MM_2,使这两弧上任一点 M' 和点 M 的连线 MM' 与一直线 MT 或它的延长线所成的角小于 ε,则直线 MT 称为曲线在点 M 的切线[①].

我们来证明,对于圆周的情况,这定义就是上面所讲的.

在圆周 O 上的点 M 引直线 MT 垂直于半径 OM,并从圆心作弦 MM' 的垂线 OH(图 8.5).这直线是等腰 $\triangle OMM'$ 的高,同时也是 $\angle O$ 的平分线.$\angle TMM'$ 等于 $\angle MOH$(它们的边互相垂直),因之是 $\angle MOM'$ 的一半.但后面这个角可以让它小于任意给定的角,只要 M' 充分接近点 M.

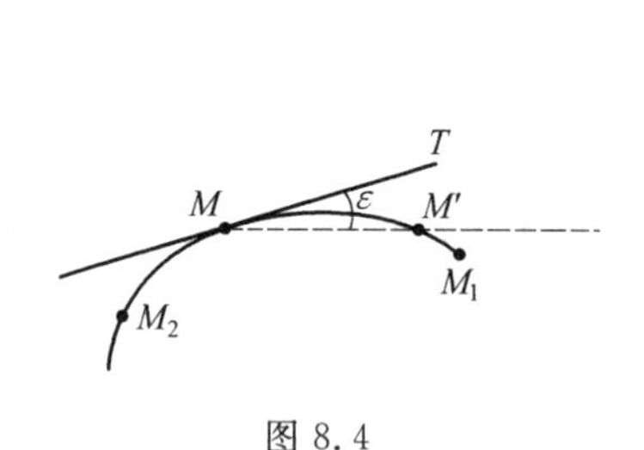

图 8.4

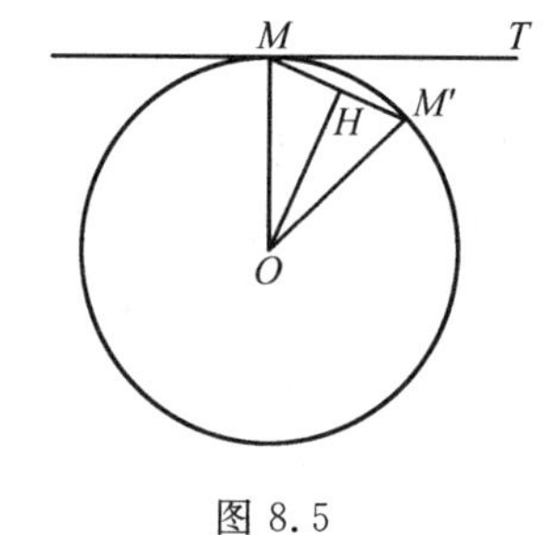

图 8.5

① 可以证明,如同通常极限论里所证明的,如果这样的直线 MT 存在,那么它是唯一的.

60. 在曲线上一点和该点的切线成垂直的直线，称为曲线在该点的**法线**. 因此，圆周上一点的法线就是由此点所引的半径.

在任一圆周上有两点(也只有两点)，在这两点的法线通过平面上已知的点 P(圆心除外)：这两点就是通过点 P 的直径的两端.

60a. 两曲线在其交点的切线所成的角，称为两曲线在这一点的交角(图 8.6). 所以两相交圆周的交角等于过交点的两半径所夹之角，或这角的补角.

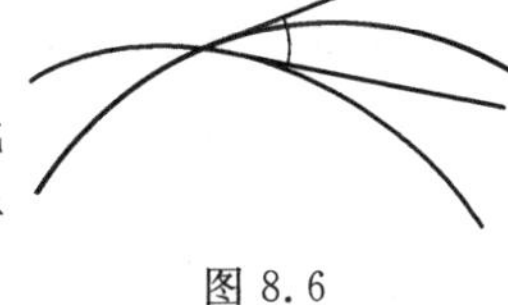

图 8.6

习　题

(47) 从圆周上各点作线段和一条已知线段平行且相等，求这些线段端点的轨迹.

(48) 将一已知点与圆周上各点相连，求这些连线中点的轨迹.

(49) AB 是圆周 O 的直径，在这直径过点 B 的延长线上取一点 C，作割线 CDE，交圆周于 D,E 两点. 若圆外部分 CD 等于半径，证明 $\angle EOA$ 是 $\angle DOB$ 的 3 倍.

第9章　直径和弦

61. 根据第19a节的定义,第9节所讲的可以叙述如下:

定理　任一直径是圆周以及圆的对称轴[①].

由此可知,圆周有无数的对称轴.

62. 圆弧两端的连线段称为**弦**.这弧称为该弦所对的弧.我们注意每一条弦对两个不同的弧,其一小于半圆周,另一大于半圆周(若弦是直径的话,则都等于半圆周).

63. 定理　垂直于弦的直径平分这弦以及它所对的每一弧.

因为圆周O中垂直于弦AB的直径,一方面是圆周的对称轴,另一方面也是等腰$\triangle OAB$的对称轴,所以也是它们所形成整个图形的对称轴.

推论　下面五个条件中的两个确定一条直线[②],这些直线互相重合:

(1) 垂直于弦.

(2) 经过圆心.

(3) 经过弦的中点.

(4),(5) 经过所对两弧之一的中点.

一组平行弦中点的轨迹是垂直于弦的一条直径.

切线平行于被通过切点的直径所平分的一组弦.

定理　在两平行弦之间的两圆弧相等(图9.1).

因为对于垂直于平行弦的直径来说,这两弧是对称形.

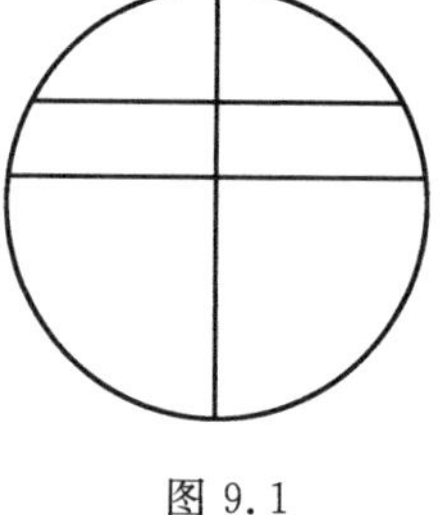

图9.1

64. 定理　已知圆周所在平面上的一点P,圆周上距P最近以及最远的点,是经过点P的法线(第60节)足.

设这两点中,在半直线OP上的是A,在此半直线的延长线上的是B(图9.2和9.3),那么距离PA等于OP与半径的差,而距离PB等于OP与半径的和.

---

① 圆的直径是线段,这里指直径所在的直线.——译者注

② 例外,当弦本身是一条直径的时候,(2)和(3)不能定一直线.——译者注

设 M 是圆周上的任一点，那么距离 PM 大于 PA 而小于 PB(因为 PM 是 $\triangle OPM$ 的第三边).

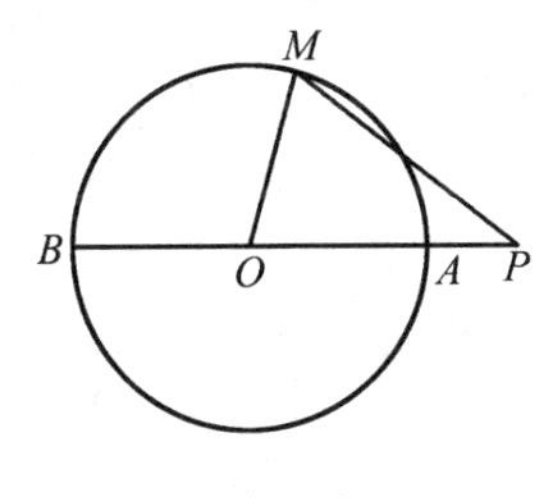

图 9.2

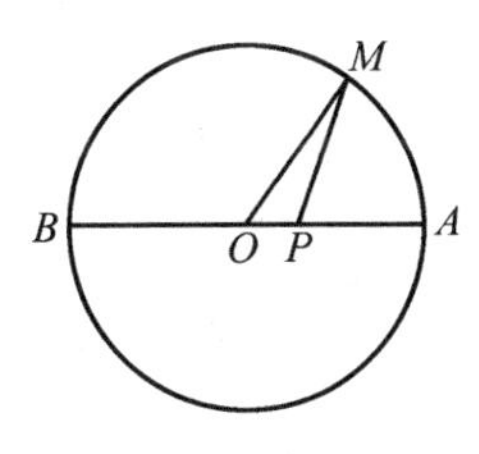

图 9.3

当点 M 从 A 向 B 移动时，距离 PM 恒增大，因为 $\triangle OPM$ 有两边为定长而所夹的角(即边 PM 所对的角)逐渐增大的缘故.

推论　直径是圆周最长的弦.

因为若点 P 和 A 重合，显见弦 PM 小于直径 PB.

65. 定理　在同圆或等圆中：

(1) 等弧对应的弦相等，反之亦然.

(2) 小于半圆周而不等的两弧，大弧对应的弦大.

(1) 若重合两等弧，它们的端点重合，因之弦也重合了.

反之，设弦相等，则由全等三角形第三律，圆心角相等，所以弧也相等.

(2) 设弧 AB 小于弧 $A'B'$(图 9.4)，于是 $\angle AOB$ 小于 $\angle A'OB'$. 应用第 28 节定理于 $\triangle OAB$ 和 $\triangle OA'B'$，可知弦 AB 小于 $A'B'$.

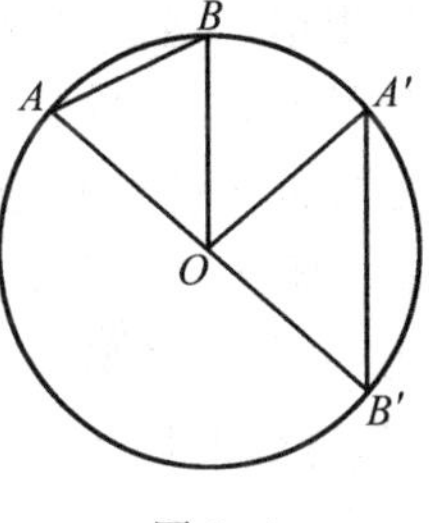

图 9.4

66. 定理　在同圆或等圆中：

(1) 等弦距圆心等远，反之亦然.

(2) 不等的两弦，大弦距圆心近.

(1) 同圆中两等弦对应的弧相等；只要将此两弧之一置于另一之上，就知道这两弦的中点距圆心等远.

反之，设圆 O 的两弦 AB 和 $A'B'$ 距圆心等远(图 9.5)，那么两直角三角形 $\triangle OHA$ 和 $\triangle OH'A'$ 有相等的斜边，且一腰相等 $OH = OH'$，所以 $HA = H'A'$，

于是 $AB = A'B'$.

(2) 设弦 AB 大于弦 $A'B'$(图 9.6),因之 $\angle AOB$ 大于 $\angle A'OB'$,若作垂线 OH 及 OH',则 $\angle AOH$ 大于 $\angle A'OH'$. 于是 $\angle AOH$ 的余角 $\angle OAH$ 小于 $\angle A'OH'$ 的余角 $\angle OA'H'$. 两个直角三角形 $\triangle OHA$ 和 $\triangle OH'A'$ 因此有相等的斜边而有不相等的锐角. 所以(第 35 节)得到 $OH < OH'$.

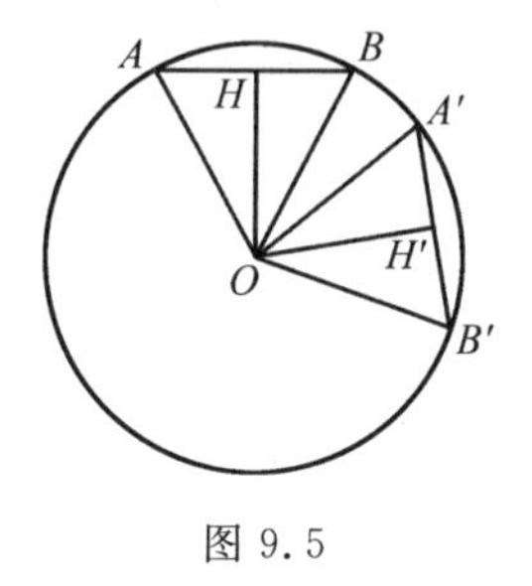

图 9.5

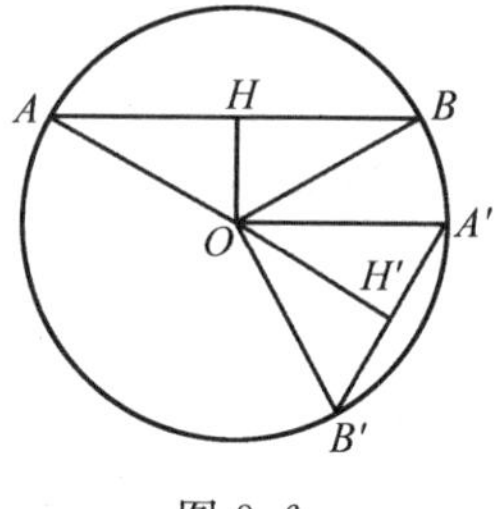

图 9.6

67. 设想弦 MM'(图 9.7) 这样运动:它到圆心的距离起初小于半径,逐渐增加而终至等于半径. 为明确起见,假设此弦运动时恒垂直于一定直径 OA.

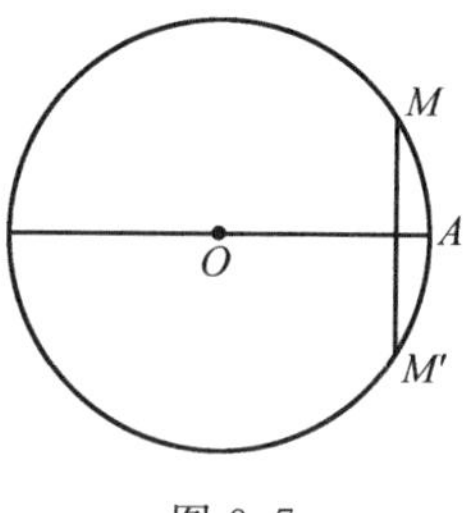

图 9.7

根据上面的定理,当弦 MM' 接近于点 A 的切线时,它的长度减小. 并且可以取充分接近于 A 的点 M(即是弦充分接近于切线),以使此长度随意的小:因为 $MM' < 2MA$,所以我们看出这两点 M,M' 无限趋近而和点 A 合而为一. 这种情形可以叙述如下:切线和圆周有两个公共点重合于 A. 我们将会知道,这样的说法使得一些定理的叙述变得简捷.

习 题

(50) 设一圆周通过两定点 A,B,此圆周和 AB 的一条定垂线的一个相交点是 C. 设圆周变动但恒通过 A,B 两点,求 C 的对径点的轨迹.

(51) 设分弦为三等份,联结分点与圆心,证明对应的圆心角并不因此被分为三等份.

这三个部分角哪一个最大(应用习题(7))?

并且推广到分成更多等份的情况.

(52) 设圆周内有两等弦,证明由它们或它们延长线的交点到两弦端点的距离分别相等.

(53) 求圆周内有定长的弦中点的轨迹.

(54) 已知圆周内一点,求经过此点的最短弦.

第10章 两圆周的交点

68. 由第57节定理，两圆周不能有两个以上的公共点.

定理 设两圆周相交，则连心线垂直平分其公弦. 设仅有一公共点，则此点在连心线上，反之亦真.

事实上，两圆周的连心线是它们的对称轴. 设两圆周相交于这连心线外一点，那么这点对于连心线的对称点是两圆周的另一公共点.

若公共点是唯一的，那么它只能在连心线上.

反之，若有在连心线上的公共点，那么它是唯一的公共点，因为如果有第二个公共点，它或者在连心线上，或者在连心线外：在前一种情况下，两圆将有公共的直径，在后一种情况下，将有第三个公共点存在. 在这两种情况下，两圆周都将重合.

69. 定义 若两曲线在公共点有公切线，就说它们(在此点) **相切**.

根据上面的定理，在两个圆的情况，这定义就变成：

若两圆周只有一个公共点，那么它们相切；因为两圆周公切线所通过的公共点必须在连心线上，并且反过来也对(第58节推论).

70. 设 O,O' 为两圆心，半径为 R,R'. 为了明确起见，我们假设 $R' \leqslant R$. 于是有下列五种情况：

(1) $OO' > R + R'$(图10.1).

设 M 是圆周 O' 上或其内一点，因之 $O'M \leqslant R'$. 此时(第26节推论)

$$OM \geqslant OO' - O'M > R + R' - O'M \geqslant R$$

可见第二圆所有的点(即圆周上或圆周内的点) 在第一圆外，并且第一圆所有的点在第二圆外. 此两圆周称为**外离**.

(2) $OO' = R + R'$. 在此，OO' 可视为分别等于 R, R' 的两线段 OA 与 $O'A$ 之和(图10.2). A 是公共点，并且对于其他的点，上面的推理依然合用，所以两圆周互相**外切**.

(3) $R + R' > OO' > R - R'$. 在此，R' 介于线段 OO' 与 R 的和及差之间.

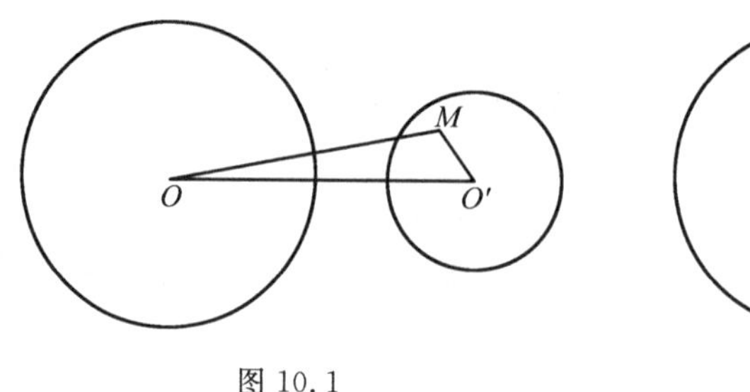

图 10.1

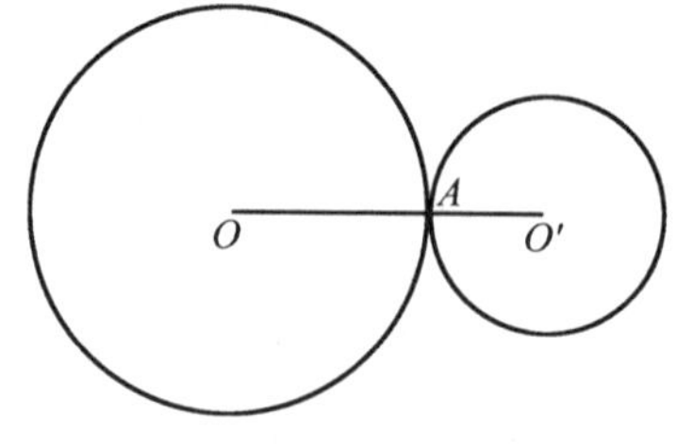

图 10.2

所以连心线和圆周 O 的两个交点 A,B,一个在圆周 O' 之内而另一个在外(图 10.3). 圆周 O 既是从 A 到 B 的一条曲线,就必然和第二个圆周相交于 A,B 以外的一点,就是说不在连心线上的一点. 所以两圆周有两个公共点. 它们称为**相交**.

(4)$OO'=R-R'$. 在此,OO' 可视为分别等于 R 及 R' 的两线段 OA 及 $O'A$ 之差(图 10.4). 连心线上的点 A 即是公共点,所以两圆周相切.

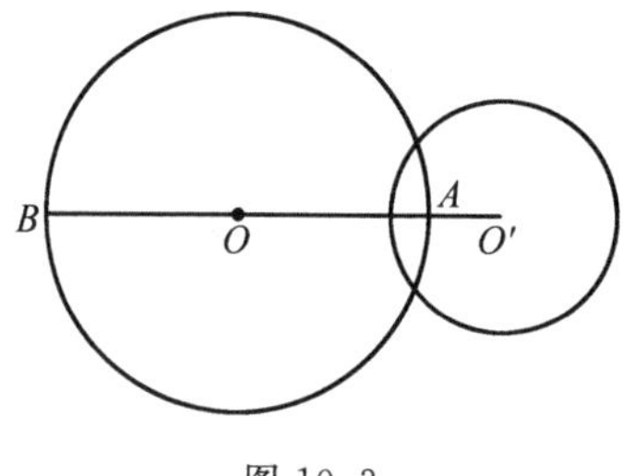

图 10.3

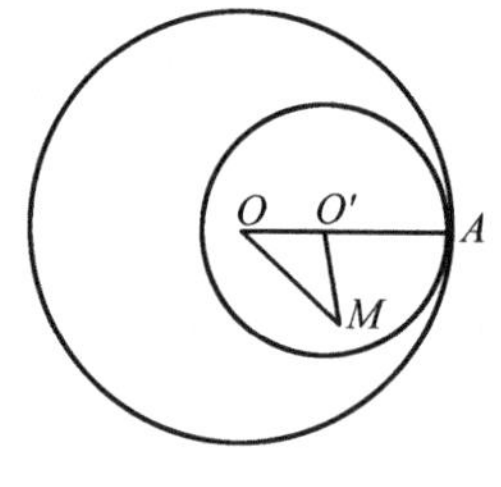

图 10.4

设 M 是圆周 O' 上或其内一点,则有

$$OM \leqslant OO' + O'M \leqslant OO' + R'$$

亦即

$$OM \leqslant R$$

圆 O' 除点 A 外全部在圆 O 之内. 两圆周相**内切**.

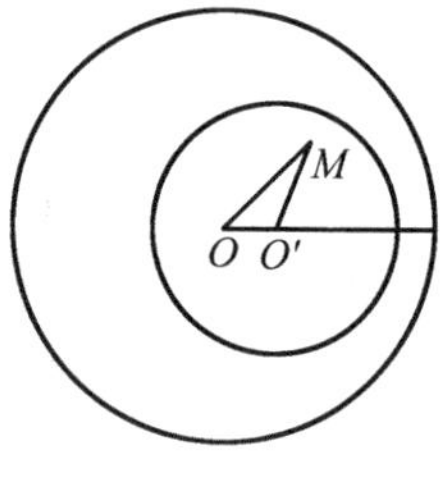

图 10.5

(5)$OO' < R-R'$(图 10.5). 仍设 M 为圆周 O' 上或其内一点,则有

$$OM \leqslant OO' + O'M \leqslant OO' + R' < R$$

所以圆 O' 全部在圆 O 之内. 两圆周**内含**.

71. 上面列举的各种情况，包括所有的可能性. 由是可知，这些论断的逆命题也都正确. 举例来说，设两圆周相交，则圆心间的距离介于半径和以及半径差之间. 因为若这距离大于半径和，则两圆周应该是外离；若等于半径和，则应互相外切，其余类推.

但是，这些逆命题都可以直接证明，例如在两圆周相交的情况，交点和两圆心形成三角形，于是第 26 节定理导致上面的结论.

所以我们可以叙述下面的定理：

定理　(1) 若两圆周外离，则圆心间的距离大于半径和，反之亦真.

(2) 若它们相外切，则圆心间的距离等于半径和，反之亦真.

(3) 若它们相交，则圆心间的距离介于半径和及半径差之间，反之亦真.

(4) 若它们相内切，则圆心间的距离等于半径差，反之亦真.

(5) 若两圆周内含，则圆心间的距离小于半径差，反之亦真.

我们也可以说：两圆周外离、内含、相交或相切，就看它们在连心线上所截的两线段是一个在另一个外、一个在另一个内、有一部分重合或者有公共的一个端点.

72. 设两圆周起初相交，变动位置使得变成相切于一点 A，那么，它们的两个交点彼此无限趋近，而且趋近于 A(参看习题(55)).

因此，和第 67 节一样，我们说：相切的两圆周有两个公共点重合在一起.

习　题

(55) 设 O 是半径为 R 的圆周的圆心，O' 是半径为 R' 的另一圆周的圆心，此圆周与第一圆周相交. A 是直线 OO' 和圆周 O 的两交点之一，B 是圆周 O 上任意取的一点，特别的可以随意逼近点 A. 证明：

① 当点 O' 在线段 OA 过点 A 的延长线上，如果差 $R+R'-OO'$ 小于 $OB+O'B-OO'$，那么两圆周有一个交点在劣弧 AB 上.

② 当点 O' 在线段 OA 本身上，如果差 $OO'-(R-R')$ 小于差 $OO'-(OB-O'B)$，也发生同样的情况.

③ 当点 O' 在线段 OA 过点 O 的延长线上，如果差 $OO'-(R'-R)$ 小于差 $OO'-(O'B-OB)$，也发生同样的情况.

(56) 求介于两圆周间的最短和最长的线段.

(57) 求切于定圆周而半径等于已知长的圆周圆心的轨迹.

(58) 过相切两圆周的切点作任一直线,与此两圆周相交于另两点,证明在此两点所引的半径互相平行.

(59) 证明两圆周相内切,若不变圆心的位置而将半径增加或减小同一长度,所得的两圆周仍相切.

证明两圆周相外切,若不变圆心的位置而将其一半径增加而另一半径减小同一长度,所得的两圆周仍相切.

第11章　圆周角性质

73. 有一公共端点的两弦所成的角称为**内接角**或**圆周角**，所以圆周角是一个角，它的顶点在圆周上.

定理　圆周角以介于其边间的弧的一半来量，它等于截同弧的圆心角的一半.

注意，定理的前半假定有了第17节推论的规定①.

我们区分三种情况：

第一种情况，圆周角的一边通过圆心.

设圆周 $\angle BAC$ 的边 AC 通过圆心(图11.1)，联结 B 和 O，于是得出一个等腰 $\triangle OAB$，它的两角 $\angle A$ 和 $\angle B$ 相等. 这三角形的外角 $\angle BOC$ 等于 $\angle A+\angle B$，所以等于 $\angle A$ 的2倍. 因为 $\angle BOC$ 以弧 BC 来量，所以 $\angle BAC$ 以这弧的一半来量.

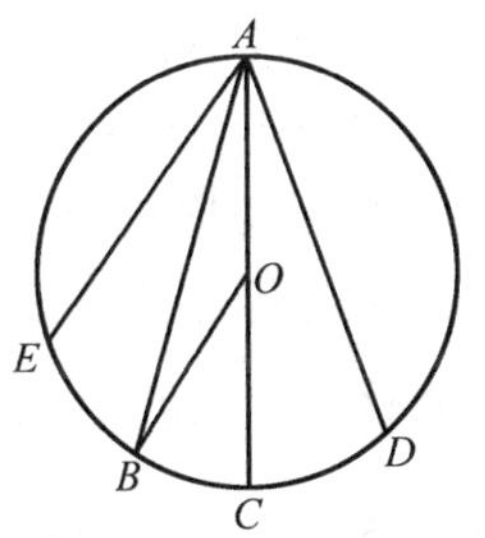

图11.1

第二种情况，圆心在圆周角内.

设圆周角为 $\angle BAD$(图11.1). 联结直线 AO，交圆周于点 C，于是将圆周角分为 $\angle BAC$ 和 $\angle CAD$ 两部分，对于每一部分，我们的定理已证明了(第一种情况). 于是(应用第18节的规定)有

$$\angle BAC=\frac{1}{2}\text{弧 }BC$$

$$\angle CAD=\frac{1}{2}\text{弧 }CD$$

相加得

$$\angle BAD=\frac{1}{2}\text{弧 }BD$$

第三种情况，圆心在圆周角外.

设圆周角为 $\angle EAB$(图11.1). 仍作直径 AC，于是可以写

---

① 直到现在，定理的后半只当介于两边间的弧小于半圆周才有意义(第13节)，就是说当圆周角小于 90° 或直角的时候.

但在三角学上，我们需要考察大于 180° 的圆心角，这就允许我们对于所有各种情况叙述书本上的定理.

$$\angle BAC = \frac{1}{2}\text{弧 } BC, \angle EAC = \frac{1}{2}\text{弧 } EC$$

相减得

$$\angle EAB = \frac{1}{2}\text{弧 } EB$$

推论 1 同圆周上同弧所对的圆周角,因有相同的度量而相等.

推论 2 半圆周的内接角是直角,因为是以$\frac{1}{4}$圆周量的.

74. 定理 切线和通过切点的弦所形成的角[①],以此弦所截的弧的一半来量.

由切线 AT 和弦 AB 所形成的 $\angle BAT$(图 11.2),可以看成由弦 AB 和 AA' 所形成的角当点 A' 无限趋近于点 A 时的极限位置.

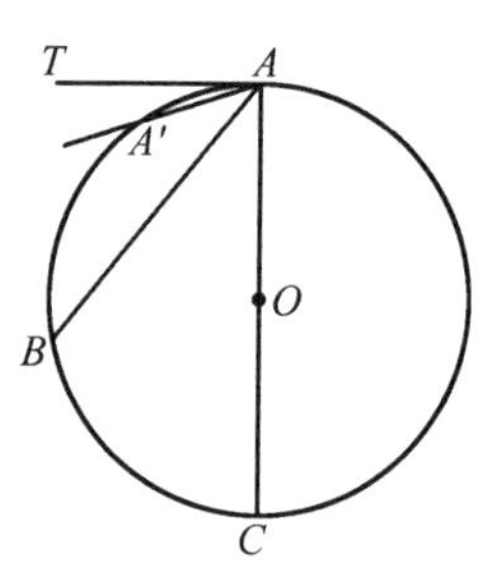

图 11.2

但上述定理第三种情况的证明也可应用于此;等式 $\angle EAC = \frac{1}{2}$ 弧 EC 应当代之以等式 $\angle TAC = \frac{1}{2}$ 弧 AC,这是因为 $\angle TAC$ 是直角而弧 AC 是半圆周的缘故.

75. 定理 在圆内相交的两割线所成的角,用介于此角两边间的弧与介于它们延长线间弧的和的一半来量.

设延长 $\angle BAC$ 的两边(图 11.3),交圆周于点 B' 和 C',联结 B 及 C'. $\angle C'$ 及 $\angle B$ 分别以弧 BC 及 $B'C'$ 的一半来量,而这两角的和等于 $\triangle ABC'$ 的外 $\angle A$.

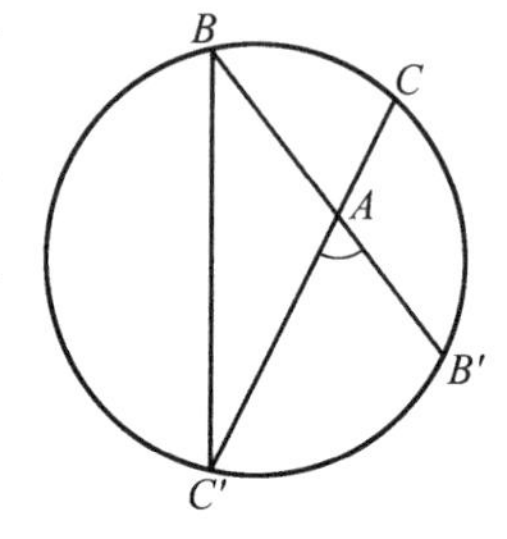

图 11.3

76. 定理 在圆外相交的两割线所成的角,用介于此角两边间两弧的差的一半来量.

设 $\angle BAC$(图 11.4)由割线 $AB'B$,$AC'C$ 所形成,联结 BC'. $\triangle ABC'$ 的外 $\angle BC'C$ 等于 $\angle A+\angle B$,所以 $\angle A$ 等于 $\angle BC'C-\angle B$. 由于 $\angle BC'C$ 所对的弧是 BC,而 $\angle B$ 所对的弧是 $B'C'$,定理就证明了.

---

① 简称为**弦切角**.——译者注

备注　若两割线之一例如 $AB'B$ 代以切线 AT(图 11.5)，那么定理以及它的证明依然成立，不需任何修正，只要同时将点 T 一方面取为点 B，另一方面取为 B'. 一句话，只要承认切线和圆周有两个公共点重合于 T，如第 67 节所了解的.

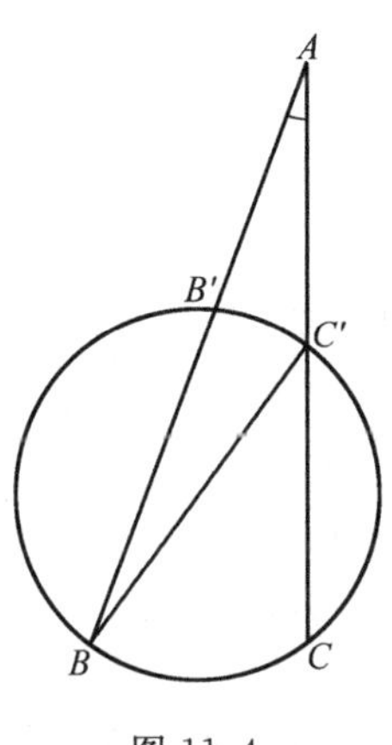

图 11.4

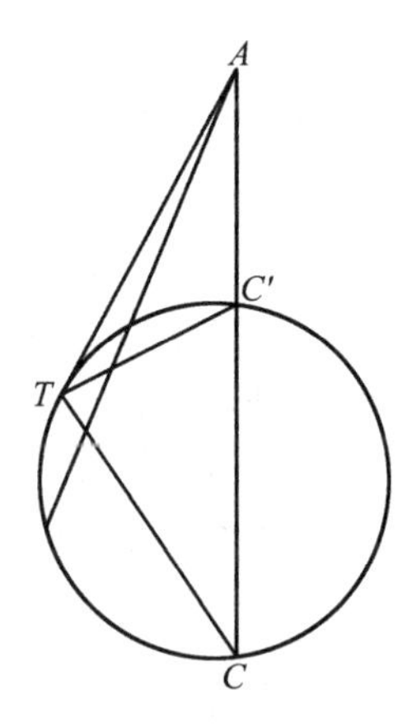

图 11.5

77. 定理　在已知线段同侧，而对已知线段的视角等于已知角的点的轨迹是一圆弧，且以线段的端点为端点.

设 AB 为已知线段，M 为轨迹上的一点①，就是说它是这样的一个点：$\angle AMB$ 等于已知角(图 11.6). 若经过 A,M,B 三点引圆弧，以 A 和 B 为端点，那么弧上任何一点 M' 属于所求轨迹：因为(第 73 节)$\angle AM'B=\angle AMB$. 相反的，平面上(直线 AB 同侧)其他任一点 N，或在圆弧内或在圆弧外. 在前一情况，$\angle ANB$ 大于已知角(第 75 节)；在后一情况，就小于已知角. 所以点 N 不是轨迹上的点. 定理因此证明了.

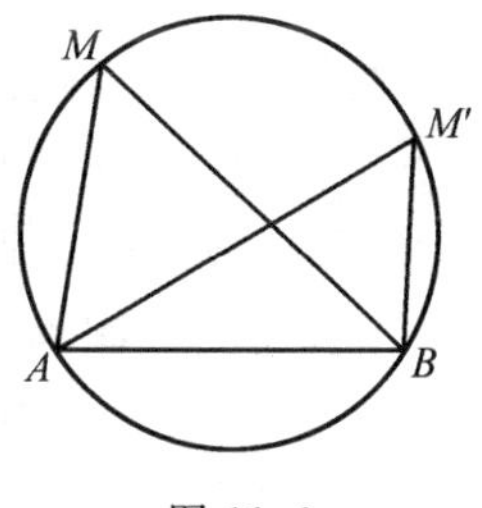

图 11.6

这样作成的圆弧，称为在已知线段上**容**已知角的弧.

如果取消轨迹上的点在 AB 一侧的条件，那么显见轨迹由对称于 AB 的两弧组成.

---

① 这样的点必然存在，若过 A,B 两点引直线，使平行于一个等于已知角的角的两边，并选如此所形成的平行四边形的两个新顶点之一，就得到我们所要的一点.

78. 若已知角是直角,那么上面的定理和第 73 节的推论 2 告诉我们:对已知线段的视角等于直角的点的轨迹为一圆周,以已知线段为直径.

这也可从第 48 节的两个推论而得.

79. 任意取定的四点,通常不会在同一圆周上,因为其中三点确定一个圆周,这个圆周通常是不经过第四点的.下面的定理给我们四点共圆的条件.

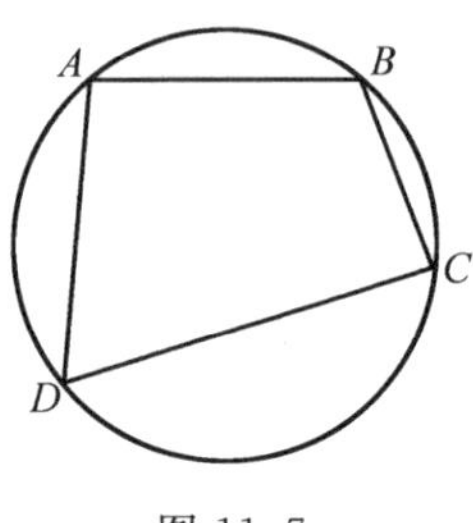

图 11.7

定理 内接于圆周的任一凸四边形,对角互补.

在内接四边形 $ABCD$ 中(图 11.7),$\angle A$ 以弧 BCD 的一半量,$\angle C$ 以弧 BAD 的一半量.弧 BCD 和弧 BAD 加起来是全圆周,所以 $\angle A+\angle C$ 等于对应于半圆周的圆心角,即是两直角.

80. 逆定理 设凸四边形对角互补,那么这四边形可内接于圆.

设在四边形 $ABCD$ 中(图 11.7),对 $\angle A$ 和 $\angle C$ 互补.圆周 BAD 不含点 A 的弧 BD 是这样一些点的轨迹,从这些点视线段 BD 的角等于常量(第 77 节),这常量和角 A 互补(第 79 节),所以这弧通过点 C.

81. 备注 在任意四边形中可以考察四个角 $\angle A$,$\angle B$,$\angle C$,$\angle D$.若引对角线 AC,BD,又有八个角,在图 11.8 中,以数码 1 ~ 8 表之.

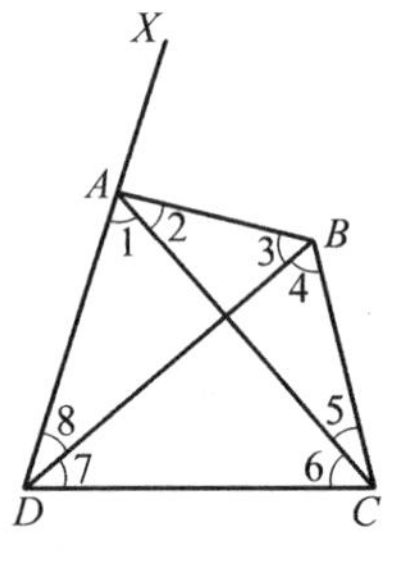

图 11.8

若四边形是圆内接四边形,那么

(1)$\angle A$ 和 $\angle C$ 互补.

(2)$\angle B$ 和 $\angle D$ 互补.

(3)$\angle 1$ 和 $\angle 4$ 相等(因内接于同弧下同).

(4)$\angle 5$ 和 $\angle 8$ 相等.

(5)$\angle 2$ 和 $\angle 7$ 相等.

(6)$\angle 3$ 和 $\angle 6$ 相等.

反之,若这些条件有一个成立,那么四边形内接于圆(第 77,80 节).

由是可知,这六个条件的任何一个包含着其余五个.

82. 上面备注里的条件(1) 和(2) 可用接近于条件(3) ~(6) 的形式表达.

首先注意,由于 A 和 B 两点在 CD 的同侧(图 11.8),两三角形 $\triangle CDA$, $\triangle CDB$ 有相同的转向,因之等角 $\angle DAC$,$\angle DBC$ 有同一转向. 对于 $\angle ACB$, $\angle ADB$ 情况也一样,其他类推. 相反的,由于 A 和 C 在 BD 的异侧,$\angle DAB$ 和 $\angle DCB$ 的转向相反,于是将 DA 沿 AX 过点 A 延长,使成一个和 $\angle DCB$ 同向的 $\angle XAB$. 我们知道,若 $\angle DAB$ 和 $\angle DCB$ 两角互补,那么 $\angle XAB$ 和 $\angle DCB$ 两角就相等. 于是得到下面的结论:

设 A,B,C,D 四点在同一圆周上,那么一方面由 AC,AD 形成的,另一方面由 BC,BD 形成的两个同向角相等;并且调换字母 A,B,C,D,那么由上面这个条件所导得的一些条件也都成立.

反之,这六个条件中的任何一个保证了四边形内接于圆,因之包含其他五个.

82a. 同样的,第 77 节的叙述可以下面的来替代:相等且有同向的一些角,两边(若有必要,延长之)经过两个定点,那么它们顶点的轨迹是一个过此两定点的圆周.

因为任一圆周都可以用这种方法得来,所以这个叙述就可以看做新的**圆周定义**,它和原先的等效,有需要的时候就可用来替代.

习　题

(60) 求定圆中通过一已知点的各弦中点的轨迹.

(61) 在圆的每一条半径上,从圆心起,截取一个线段使等于从半径端点到一条固定直径的距离,求如是作成的线段端点的轨迹.

(62) 已知圆周及其弦 AB,设 CD 为此圆有定长的动弦,求:

① 直线 AC,BD 的交点 I 的轨迹.

② 直线 AD,BC 的交点 K 的轨迹.

③ 两三角形 $\triangle ICD$ 和 $\triangle KCD$ 的外接圆周圆心的轨迹. 证明这两轨迹分别和上面的两个全等.

(63) 已知一圆周上 A,B 两点,M 为此圆周上的动点,在线段 AM 的延长线上截取线段 $MN = MB$,求点 N 的轨迹.

(64)A,B,C 是一圆周上的三点,证明联结两弧 AB 和 AC 中点的直线在两弦 AB 和 AC 上截等长的线段(从点 A 算起).

(65) 过两圆周的交点 A 和 B 引两条任意割线,证明联结直线和圆周新得的交点所成的两弦平行.

(66) 证明任意四边形四角平分线所形成的四边形可以内接于圆周，外角平分线也有同样的情形.

(67) 过弧 AB 的中点 C 引任意两直线，交圆周于 D,E 两点，交弦 AB 于 F,G 两点. 证明四边形 $DEGF$ 可内接于圆.

(68) 已知一圆周及其上一点 P，又已知一直线及其上一点 Q. 过 P,Q 两点作一任意圆周，再交已知圆周于 R，交已知直线于 S. 证明不论第二圆周如何选择，直线 RS 恒交已知圆周于同一点.

(69) 两圆周相交于 A,B 两点，过 A 任作一割线，再交两圆周于两点 C 及 C'. 证明不论此割线为何，从点 B 视弦 CC' 之角为常量，且此角等于通过 C,C' 两点的半径间的角.

过点 A 引第二条割线，交两圆周于 D,D' 两点. 证明两弦 $CD,C'D'$ 间的角等于上面这个角或它的补角.

当两割线变成重合的时候，这个叙述变成什么？

(70) 证明任意三角形中，三高线的交点关于三边的对称点在外接圆周上.

(71) 证明三角形的高线是高线足所成三角形的角平分线.

应用第 82 节的方法于由两边和两高线所组成的四边形，证明这些四边形内接于圆，并应用由是所得出的角的性质.

这证法适用于一系列的问题，特别是下面一个①.

(72) 从圆周上任一点向内接于此圆的三角形三边作垂线，证明三垂线足共线(西摩松(Simson) 线).

反之，从三角形所在平面上某点向三角形三边引垂线，若三垂足共线，证此点必在三角形的外接圆周上.

① 这推理适用于“第二编习题”中若干问题.

第12章　作　图

83. 所谓**几何作图**,是指借助于直尺和圆规来完成的作图.

从理论上讲,这些作图是绝对准确的.在实用上也是非常准确的.但正和其他的作图一样,难免要发生误差(例如,由于铅笔所画的线的宽度).

直尺是用来画直线的工具.一根直尺要好,就必须两边笔直.要检验这个条件是否满足,我们就利用直线的定义.首先沿直尺的一边画一条线(图12.1);然后翻转直尺将同一边从反面放在画的线上.若直尺是相当准确的,那么沿直尺这一边的新位置再画一条线,就应当与原先画的重合.

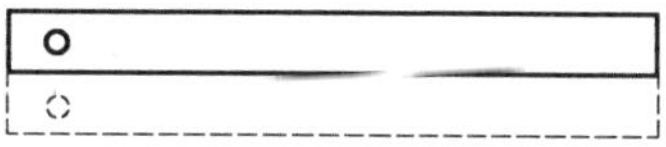

图12.1

圆规由具有尖端的两个金属杆所组成,并且用轴连在一起.尖端间的距离称为圆规的**开度**.用这工具可以移置线段,或以任意圆心和开度为半径画圆周.

84. 除上述两种工具外,在实用上还用三角板和量角器.

三角板是用木质或其他材料做成的直角三角形.好的三角板应当满足两个条件:① 它的边要是笔直的;② 三角板的一个角要是直角.

检验第一个条件和检验直尺是一样的.实用上我们所使用的三角板,通常有高度的准确性.要检验第二个条件是否满足,就将三角板紧贴在直尺的一边上(图12.2),并沿应该是垂线的一边画一条直线,然后把三角板反过来放下,如图12.2所示,再画一条直线,它应该和第一条重合.这第二个条件,通常只近似地满足.因此在准确的几何作图里,我们不能承认它已满足.

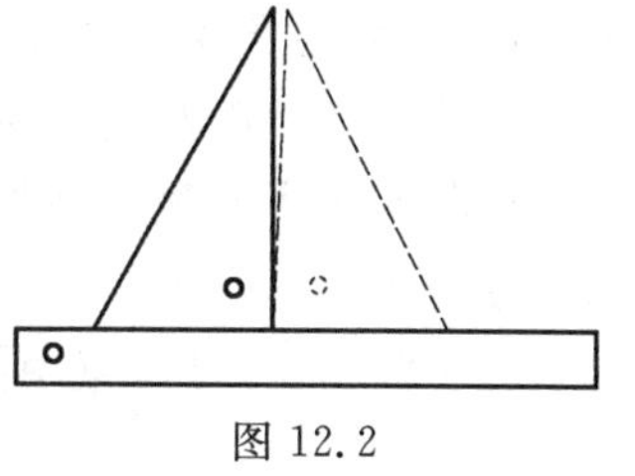

图12.2

量角器是用来量角的,以度做单位.它通常是角质或铜做成的半圆,分为180等份,这分划只能是近似的.实用上所使用的量角器不是几何的工具.

85. 作图1　(第一基本作图)作线段AB的中垂线(图12.3).

这直线是和A,B两点有等距离的点的轨迹(第33节).因此,若以A,B为圆心,以相当大的半径作圆周使它们能相交,那么两交点属于所求的垂线,只要把这两点连起来就行了.

下面的两个作图可化归于这一个.

作图 2 过已知点作已知直线的垂线.

以已知点O(图 12.4 或 12.5)为圆心画圆周,使交已知线于A,B两点.因为$OA=OB$,所以AB的中垂线通过点O,因此这中垂线就是所求的垂线.

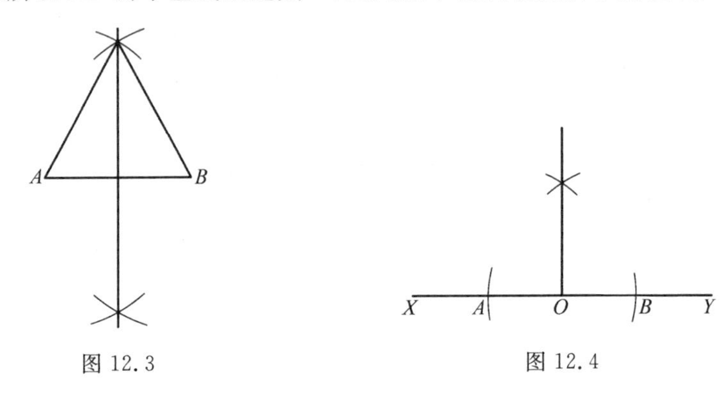

图 12.3　　图 12.4

若点O在已知线外,那么在作AB的中垂线时,就可以取距离OA作为两圆周的公共半径:我们不必变更圆规的开度.两圆周相交于点O以及O关于已知线AB的对称点O'(图 12.5).若点O在直线上,这个简法是不合用的,因为此时O与O'重合;当点O离直线很近的时候,一样是不合用的,因为此时O和O'相距很近,它们的连线不会是充分准确的垂线.

作图 3 作已知$\angle AOB$的平分线(图 12.6).

在角的两边上截取相等的线段OA和OB,以形成一个等腰三角形.已知角的平分线就是AB的中垂线(第 23 节).

至于画圆弧,可以应用像上面的简法.

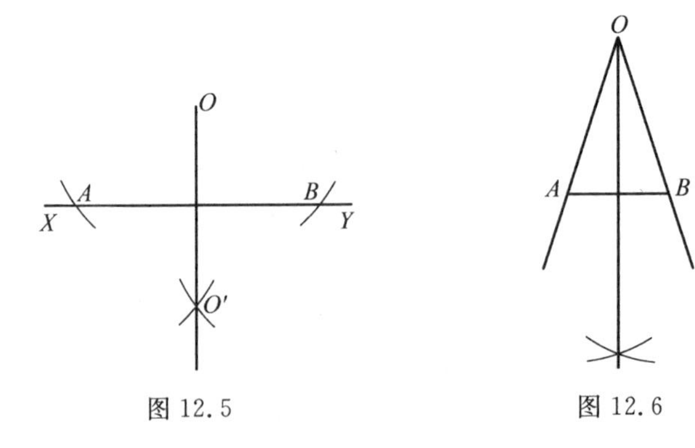

图 12.5　　图 12.6

86. 作图 4　(第二基本作图)已知三边作三角形.

取线段 BC 等于第一边(图 12.7),以 B,C 两点为圆心,分别以其他两边为半径作圆周. 它们的交点 A 就是三角形的第三顶点. 由于此两圆周相交于两点,这顶点有两个可能的位置.

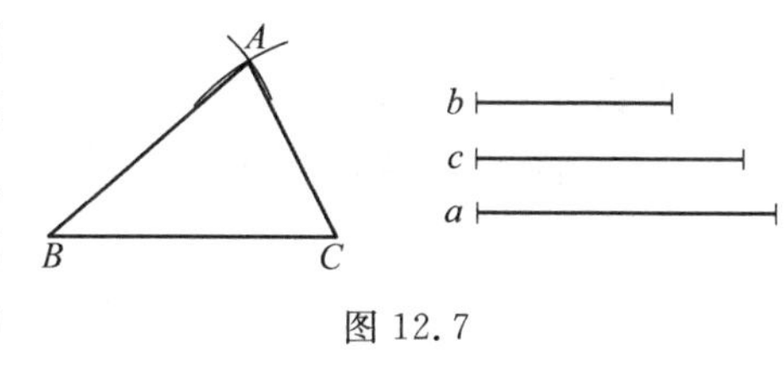

图 12.7

但由于对称于 BC,相当的两个三角形是全等的.

作图可能的条件　要两圆周相交,充要条件是(第 70,71 节),一边必须小于其他两边之和而大于它们之差,或者说(第 26 节)每一边小于另两边的和.

设已知三边的长度,只需要肯定最长边小于其他两边的和.

作图 5　过已知直线上的已知点求作一直线,使与该线所成的角等于已知角.

在已知 $\angle O$ 的两边上任意取两点 A,B. 并在已知直线上以已知点为起点截取线段等于 OA,以所截线段为边作一三角形与 $\triangle OAB$ 全等. 在实用上,$\triangle OAB$ 取为等腰的,使得圆规只要有两个开度.

作图 6　已知三角形的两角,求作第三角.

作两个邻角分别等于两个已知角,并延长不是公共边的两边之一,所得的第三角和前两角的和互补,换言之,即是所求的三角形的第三角.

作图可能的条件　两已知角的和应小于两直角.

作图 7　已知两边及其夹角,求作三角形.

在等于已知角的一角的两边上,截已知边长.

作图 8　已知一边及两角,求作三角形.

首先,既知道两个角,也就知道第三个(作图 6),特别就知道了已知边的两个邻角,于是就把它们在这边的两端作出(作图 5). 作图可能条件和作图 6 相同.

87. 作图 9　已知两边及两边之一的对角,求作一三角形.

设在 $\triangle ABC$ 中已知 $\angle A$ 以及 $\angle A$,$\angle B$ 的对边 a 和 b.

作一个角等于已知 $\angle A$(图 12.8),在它的一边上截线段 AC 等于 b,点 C 因此定了. 点 B 应该在以 C 为圆心,a 为半径的圆周上. 此圆周和 $\angle A$ 的第二边相

交于所求的顶点 B. 于是三角形确定了.

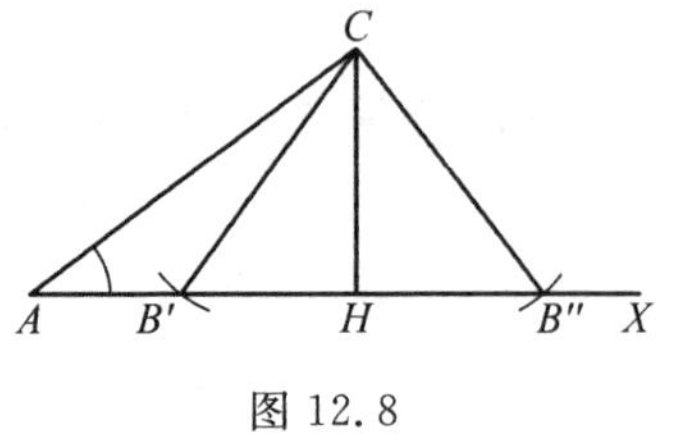

图 12.8

讨论 若上面所作的圆周和 $\angle A$ 的第二边即半直线 AX(图 12.8) 相交,问题便有解.

从点 C 作 CH 垂直于 AX.

(1) 若 $CH > a$,则圆周和直线不相交,问题不可能.

(2) 若 $CH < a$,则圆周和无限直线 AX 相交于两点 B',B''. 但还须知道这两点是在半直线 AX 上还是在点 A 的另一侧.

我们区分两种情况:

(1) $\angle A$ 为锐角. 这时,$B'B''$ 的中点 H 在半直线 AX 上,因此 B',B'' 至少有一点在半直线 AX 上,即至少有一解. 若第二个交点在 A 与 H 两点之间,我们有第二解,它的充要条件是 $a < b$.

(2) $\angle A$ 是钝角(图 12.9). 这时,点 H 不在半直线 AX 上,所以 B',B'' 至少有一点不合于要求:至多有一解,这个解存在的条件是第二点和 H 的距离大于 A 和 H 的距离,为此,充要条件是 $a > b$.

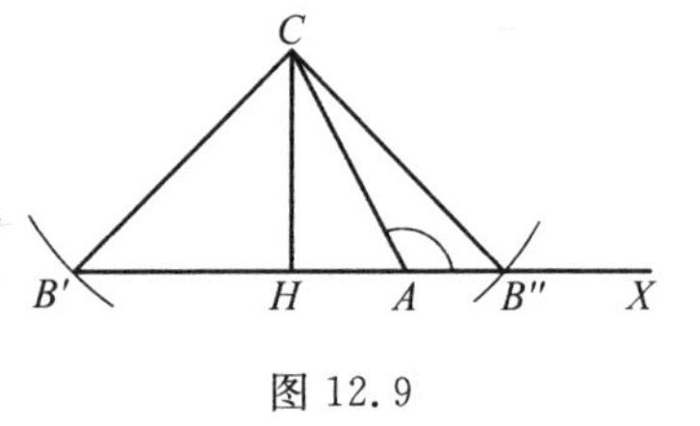

图 12.9

87a. 最后,若 $\angle A$ 是直角,问题就这样叙述:

已知斜边及一腰,求作直角三角形. 若斜边大于腰,解答是唯一的.

备注 从以上所述,得出下面的定理:设两三角形有两边及其中一边的对角分别相等,那么第二边的对角或相等或互补. 若已知相等的角是直角或钝角,那就一定是相等的情况(它包含着两个三角形的全等).

88. 作图 10 过已知点求作直线使平行于已知直线.

在已知线上任取两点 A,B(图 12.10). 以已知点 O 为圆心、AB 为半径作圆周. 又以 B 为圆心、OA 为半径作圆周. 此两圆周相交于一点 C(和点 A 各在 OB 的一侧),此点在所求直线上,这是因为四边形 $OABC$ 的对边相等因而是平行四边形的缘故.

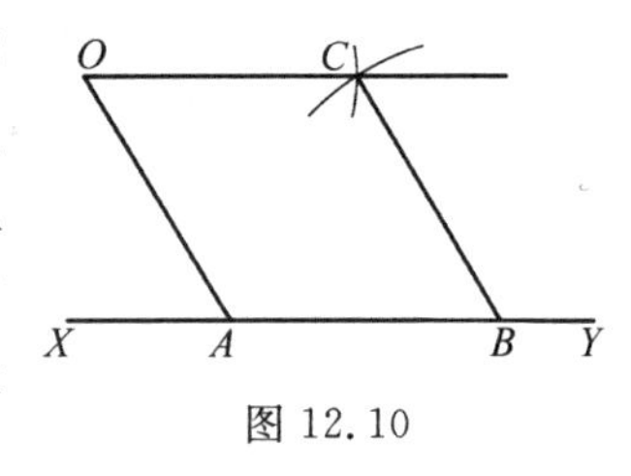

图 12.10

最好选择 $AB = OA$,使得所画的圆周有同一半径.

89. 作图 2 和 10 都可以用三角板来作.

要完成作图 2:过已知点作已知直线的垂线,可将直尺的一边紧贴着已知线,将三角板的一腰沿直尺的这一边滑动,直到和它垂直的另一腰通过已知点(图 12.11),这就是所求的垂线.

这作法假定三角板的角是直角,而在实用上这条件通常是不满足的,因此在要求高度准确性的作图中,就不用这作法.

要完成作图 10:过已知点求作直线平行于已知直线,可首先将三角板的斜边重合于已知线(图 12.12),然后将直尺紧贴着三角板的两腰之一,并保持在这个位置上,将三角板沿直尺滑动,直到最初和已知线重合的斜边通过已知点.这新得的直线和已知线平行,因为它们和同一截线(直尺的边)所成的同位角(图上的 $\angle A$ 和 $\angle A_1$)相等.

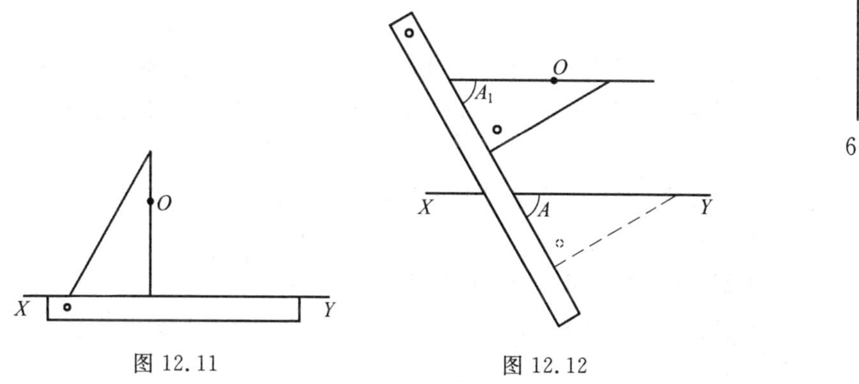

图 12.11　　图 12.12

这作法只假定直尺和三角板的边是笔直的,它的准确程度不比用圆规的作图差,而且比较简单,因此实用上常用来代替圆规.

90. 作图 11　求平分圆弧.

作此弧所对弦的中垂线(作图 1).

作图 12　通过不共线的三点 A,B,C 求作圆周.

作三点两两连线的中垂线,它们的交点就是所求的圆心 O,半径是 OA.

这样所得的圆周,称为三点所形成三角形的**外接圆**.

一般地讲,如果一个多边形(或折线)所有的顶点在某(曲)线上,我们就称多边形**内接**于线,而线**外接**于多边形.

备注 若A,B,C三点共线,圆周就不存在了,但我们应当把它看做变成了直线ABC.事实上,直线确实可以看成是圆周的极限情况,它的圆心无限地远离了.因为直线AB可看做线段AB的视角等于常量即零或两直角的点的轨迹.并且可以直接证明,经过A,B两点的圆周当圆心无限地远离时,它的极限是直线AB.

作图 13 已知其上两点A,B和在点A的切线AT,求作圆周.

圆心O是AB的中垂线和AT在点A的垂线相交之点.以O为圆心、OA为半径的圆周确和AT相切于A,并通过点B(图 12.13).

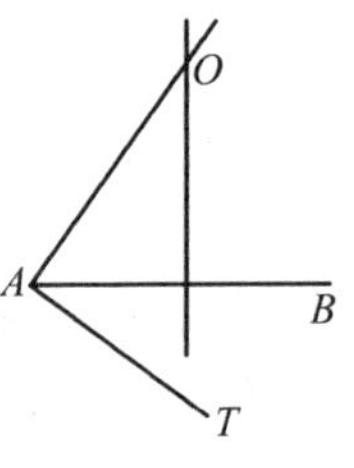

图 12.13

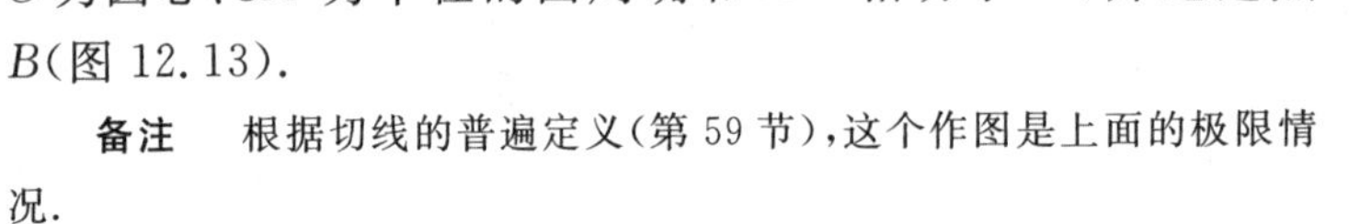

备注 根据切线的普遍定义(第 59 节),这个作图是上面的极限情况.

作图 14 求作圆弧使在已知弦上张已知角.

设AB为已知线段.作所求轨迹上的一点M(参看第 77 节脚注),并作圆弧AMB.或注意所求圆周在点A的切线和线段AB所成的角等于已知角(第 73,74 节),这就可以作点A的切线(作图 5),于是将作图化归上面一种情况.

91. 作图 15 求作圆周上一已知点的切线.

在切点作半径的垂线.

作图 16 求作圆周的切线使平行于已知直线.

经过切点的直径应该和已知直线垂直.由于此直径交圆周于两点,问题有两解.

作图 17 从圆所在平面上任一点求作圆的切线.

第一法:设求由点A作圆O的切线(图 12.14).首先假设问题已得解,并设T为切点,那么$\angle ATO$是直角,因而点T在以OA为直径的圆周上.

反之,设已知圆周上的一点T在以OA为直径的圆周上,那么由于$\angle OTA$是直角,点T的切线就通过点A.

所以,适合本题条件的点T,就是已知圆周和以OA为直径所画的圆周相交之点.

第二法:仍设T为切点.

在线段OT过点T的延长线上截线段TO'等于OT(图 12.15),由于线段TA垂直于OT,那么O'是点O关于AT的对称点,因之$AO'=AO$,所以点O'在以A为圆心、OA为半径的圆周上,并且它又在以O为圆心、以已知圆半径的 2 倍为半径的圆周上,所以它就是这两圆周的交点.

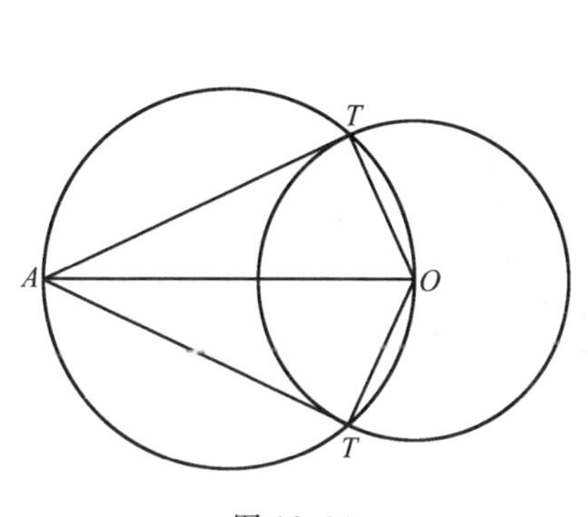

图 12.14

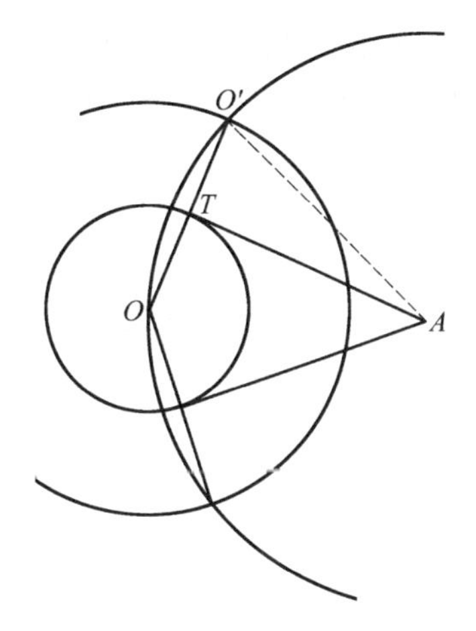

图 12.15

反之，设点 O' 满足 $AO'=AO$，那么由等腰三角形的性质，OO' 的中点 T 是从点 A 向以 O 为圆心、OT 为半径的圆周所作切线的切点.

讨论　我们由第二法出发，要解答存在，必须确定点 O' 的两圆周相交，或者说(第71节)，它们圆心间的距离要介于半径和与半径差之间.若以 R 表示已知圆周的半径，必须

$$AO \leqslant 2R + AO \qquad ①$$

以及

$$AO \geqslant AO - 2R \qquad ②$$

或者(看 AO 和 $2R$ 哪一个大)

$$AO \geqslant 2R - AO \qquad ③$$

不等式 ①，② 显然是满足的.不等式 ③ 可以写成 $2AO \geqslant 2R$ 或 $AO \geqslant R$ 的形式.

由是可知，如果点 A 在已知圆周内，问题是不可能的；若点 A 在圆周外，那么有两解，因为两圆周相交于两点；最后，若点 A 在圆周上，那么确定点 O' 的两圆周彼此相切而只有一解，即是点 A 的切线，或者说有两个重合的解，因为根据以前(第72节)所讲的，如果点 A 无限接近于圆周，那么两个切点因之两条切线就趋于重合了.

92. 定理　由一点向一圆周所引的两切线等长，并和通过这点的直径成

等角(图 12.16),这直径垂直于联结切点的弦.

事实上,两个切点对于 OA 互相对称(图 12.16),因为它们是圆心在直线 OA 上的两圆周的交点(第 68 节).

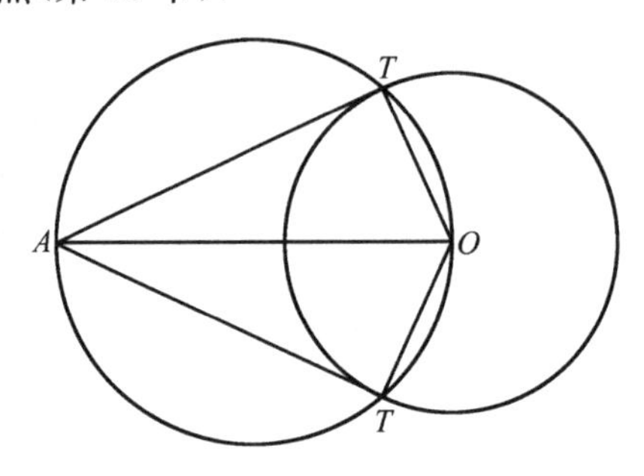

图 12.16

93. 作图 18 求作两已知圆周的公切线.

设求作两已知圆周 O 及 O'(半径为 R 及 R')的公切线.这种公切线可能有两种:它们可能是**外公切线**(图 12.17),即两圆周在切线的同侧,或**内公切线**(图 12.18),即两圆周在切线的两侧.

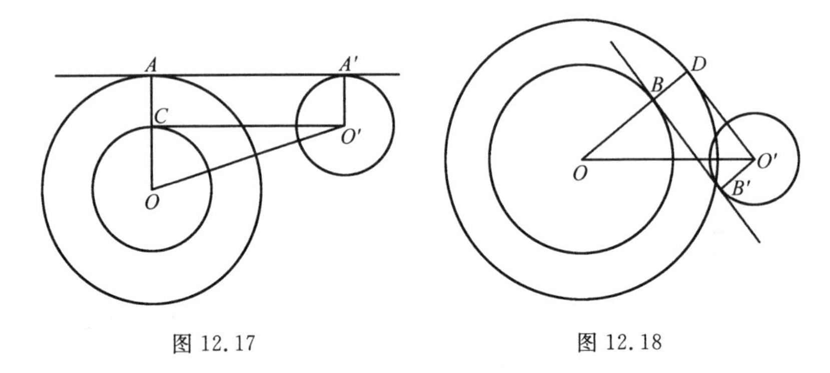

图 12.17 图 12.18

(1) 外公切线.设问题已得解,并设 AA' 为所求切线,而 A 和 A' 为切点(图 12.17),所以 OA 和 $O'A'$ 垂直于 AA'.设过点 O' 引直线 $O'C$ 平行于 AA',和 OA 相交于点 C.我们要定出点 C.

为了这个目的,可以注意四边形 $CAA'O'$ 是矩形,因此 $AC=R'$,于是 $OC=$

$R-R'$[1]. 所以点 C 在一个我们可以作的圆周上，因为我们知道了它的圆心 O 以及半径(等于两已知半径的差).

并且直线 CO' 切于这圆周，这是由于 $\angle OCO'$ 是直角的缘故. 所以问题化归于作图 17.

一经确定了点 C，延长半径 OC 就得到点 A. 圆周 O 在点 A 的切线事实上就是一条公切线，因为如果从点 O' 向这直线作垂线 $O'A'$，并利用等式 $OC=R-R'$，就得到 $O'A'=AC=OA-OC=R'$.

要问题可能，只有(第 91 节) $OO'\geqslant R-R'$，就是说只有(第 70 节) 两圆周外离，或互相外切，或相交，或相内切. 在前三种情形，问题有两解，因为从点 O' 可以引两条直线切于圆周 OC；在第四种情况，只有一解，它可以看做两个重合解，因为从点 O' 向圆周 OC 所引的两切线重合为一.

(2) 内公切线. 设 BB' 为内公切线(图 12.18)，B，B' 为切点. 从点 O' 作直线 $O'D$ 平行于切线，交半径 OB 的延长线于点 D. 四边形 $DBB'O'$ 是矩形，因之 $BD=R'$，而点 D 在圆心为 O、半径为 $R+R'$ 的圆周上. 作此圆，并从点 O' 作它的切线. 点 D 确定后，半径 OD 和已知圆周 O 交于点 B，点 B 的切线就是一条公切线，因为将原先的推理以相反的过程重复一次就可以知道了.

要问题可能，只有 $OO'\geqslant R+R'$，就是只有两圆周外离或者互相外切. 在前一种情况，问题有两解；在后一种情形一解(或者说两个重合的解).

总之：外离的两圆周有两外公切线及两内公切线.

相外切的两圆周有两外公切线及一内公切线(在相切点的切线).

相交的两圆周有两外公切线.

相内切的两圆周有一外公切线(在它们相切点的切线).

内含的两圆周没有公切线.

94. 作图 19　*求作圆周使切于三已知直线.*

问题在于求距三已知直线等远的点，用这样的一点做圆心，用它到三线中每一线的距离做半径所画的圆周就是所求作的. 但距两相交直线等远的点的轨迹是这两直线相交所成角的两条平分线.

首先假设三直线两两相交而不经过同一点，因此它们形成一个三角形(图

---

[1] 为了明确起见，我们取圆周 O 为较大的圆周. 但这个假设(我们总可以做这样假设的) 在此处并不是重要的，如果它不满足，那我们就将有 $OC=R'-R$.

12.19),它的内外角平分线是我们所要作的.由过去我们已知:① 内角平分线相交于一点;② 一角的内角平分线和不相邻的两外角平分线共点.如此所定的四点(三内角平分线交点和三外角平分线所成三角形的顶点)就是所求的点,并且只有这些点.

以这四点为圆心所画四圆中的第一圆在三角形内,称为**内切圆**.一般地讲,当一曲线和多边形的各边相切,就称为**内切**于多边形[①].另外三个圆同样和三角形的各边相切,但在三角形外,称为**旁切圆**;其中每一个在三角形的一角之内,但和角顶被对边所隔开,如图 12.19 所示.

若三直线共点,那么正规地讲解答不存在,因为从一点向一圆只能引两条切线.前面作图所给出的圆缩成一点,即三线所共之点.

若两直线平行而第三线和它们相交(图 12.20),那么第三线和前两线所成的角的平分线两两平行.这时只得到两个圆周,各在截线的一侧.

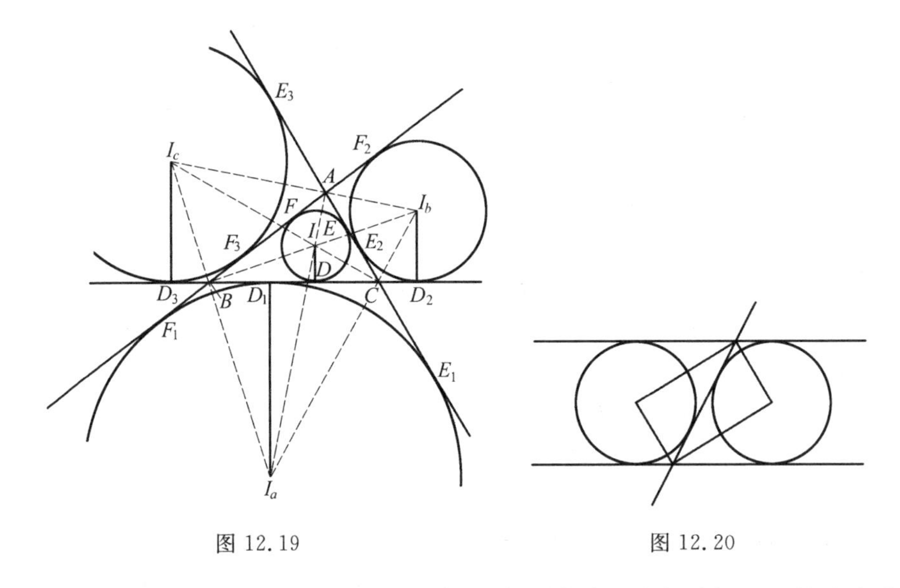

图 12.19　　　　图 12.20

最后,若三直线互相平行,那么解答根本不存在,因为平行于一给定方向作一个圆周的切线,只能有两条.

---

① 多边形称为外切于圆(周)或曲线.曲线的外切多边形不一定含曲线在其内(参考习题(87)).—— 译者注

习 题

(73) 以已知半径求作一圆周,使

① 经过两已知点.

② 过一已知点且切于一已知直线.

③ 切于两已知直线.

④ 切于一已知直线且切于一已知圆周.

(74) 求作一圆周,使切已知直线于一定点,同时切于一定圆.

(75) 求在两定直线(或圆周)间作一线段,使有已知的长度和方向.

(76) 求作定圆周的切线,使一定直线在其上截一已知长度的线段.

(77) 求作一三角形,已知一边及其对角和一个高(区别两种情况,或者高是对应于已知边的,或者是对应于其他一边的).

(78) 利用第 56 节关于三角形中线的定理,将一线段分为三等份.

(79) 求作一三角形,已知:

① 两边及一中线(区别两种情况:一是已知中线由此两边中一边中点发出,另一是由此两边的公共顶点发出).

② 一边及两中线(两种情况).

③ 三中线.

(80) 求作一三角形,已知一边,一高及一中线(五种情况).

(81) 求作一三角形,已知一角,一高及一中线(五种情况).

(82) 求作一三角形,已知一边和它的对角及其他两边之和或差.

(83) 同上题,但已知角是已知边的一邻角.

(84) 求作一三角形,已知一角,一高及周界长(两种情况).

(85) 求作一三角形,已知一边,两邻角的差及另两边的和或差.

(86) 求作两直线夹角的平分线,但此两直线不能延长使至于相交(在图形的范围内).

关于圆周切线的定理

(87) 证明在圆外切四边形①(并含圆于其内) 中,一双对边的和等于另一双对边的和.反之,一凸四边形如果一双对边的和等于另一双对边的和,则可以外切于一圆周.

证明如果不知道圆是否含在四边形内,那么总可以断言,四边形合宜选择的两边之和等于另外两边之和.考察逆定理.

(88) 证明若切于凸四边形三边的圆周,对于这三边的每一边来说都和四边形的内部在

① 这名词的意义是:四边形的各边切于圆周.—— 译者注

同侧,那么这圆周和第四边相交或否,就看这一边同它对边的和比其他两边的和为大或小而定.

(88a) 证明若两点在圆周外,那么联结此两点的直线在圆周之外,或者和圆周相交,就看这两点的距离是不是介于从这两点向圆周所引切线长度的和与差之间而定.

(89) 证明圆周的一动切线被两定切线所截的线段在圆心的视角等于常量.

考察两定切线相平行的情况.

(90) 证明若圆周的两定切线被一动切线所截,其切点在由定切线切点所确定的两弧的较小弧上,那么这三切线所形成的三角形周界有定长.

若动切线的切点在较大弧上,上面的命题如何变化?

(90a) 设 $\triangle ABC$(图 12.19) 的三边是 a,b,c. p 是半周长($2p=a+b+c$). D,E,F 是内切圆的切点. D_1,E_1,F_1;D_2,E_2,F_2;D_3,E_3,F_3 分别是 $\angle A,\angle B,\angle C$ 内的旁切圆的切点,证明这些切点在三边上所截的线段长度为

$$AE=AF=CD_2=CE_2=BD_3=BF_3=p-a$$

$$BF=BD=AE_3=AF_3=CE_1=CD_1=p-b$$

$$CD=CE=BF_1=BD_1=AF_2=AE_2=p-c$$

$$AE_1=AF_1=BF_2=BD_2=CD_3=CE_3=p$$

(91) 求以已知三角形的各顶点为圆心作圆周,使两两相切.

第13章　图形的运动

95. 前面(第20节)曾定义何谓两个图形全等而且有相同的转向,我们已知(第50节),若在两个图形中的一个上有两点同另外一个图形上的对应点重合,那么这两图形就重合了.换言之,不能有两种不同的方法放置一个和已知图形F全等且有同向[①]的图形F',使这图形上的两点A',B'(F上两个已知点A,B的对应点)在预先指定的位置.

并且,我们可以由这些已知条件(即是说知道了A,B两点的对应点A',B'),确定图形F上任一第三已知点C的对应点C'.

事实上,只要作$\triangle A'B'C'$与$\triangle ABC$全等(作图4),并在第三顶点的两个可能的位置中选一个,使两个三角形有相同的转向.

由于我们可以用这个作法于图形F'上的每一点,可知我们可以解(至少对于那些只含有限个点和直线的图形)下面的问题.

问题　求作一平面图形F',使与一已知图形F全等(且同向),知道了两个已知点的对应点.

应该注意,作所求的每一点时,我们总可以直接从已知的两点A',B'出发.

相反的,作F上任一点的对应点时,可以不利用这点与已知点所构成的三角形,而利用它与所作出的另外两个点构成的三角形.

因此,要作一个和$ABCDE$(图13.1)全等的图形,就可以顺次作三个三角形全等于$\triangle ABC$,$\triangle BCD$,$\triangle CDE$.

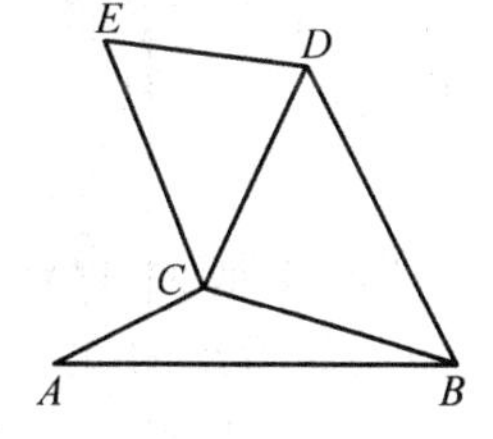

图13.1

96. 经过**平移**,任意一个图形变换为另一个全等且有同向的图形.这个运动可以看成图形在它所在平面上的**连续**滑动.为了这个目的,只要连续地平行移动,从等于零的移动(使变换后的图形与原来的图形重合的移动)开始,直到那个实际上图形应有的移动为止.

在这连续的运动中,所有的点都画出彼此平行且有同向的直线.

---

① 显见,若没有这个限制,那么相反的,就无法阻止我们代图形F'以其对于这两点连线的对称形了.

97. 所谓**旋转**是这样一种运动：被运动的图形上每一点，绕一个称为**旋转中心**的定点沿一定的方向转动同一个角度，这个角度称为**转幅**，它确定旋转的大小. 换言之，设已知原始图形 F 上的一点 A，要求对应图形 F' 上的对应点 A'，就联结 A 至旋转中心 O，(顺旋转的方向)作 $\angle AOA'$ 等于转幅，并在角的第二边上截取 OA' 等于 OA(图 13.2).

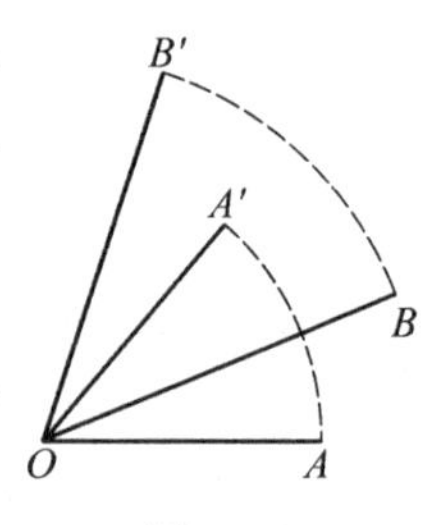

图 13.2

我们知道，一个旋转，由它的旋转中心、转幅和旋转的方向完全确定.

由图形 F 经过任何旋转所得的图形 F' 和 F 是全等形. 为了证明这一点，在 F 上任取两点 A,B(图 13.2)，并设 A',B' 为其对应点. $\angle A'OB'$ 等于 $\angle AOB$(且有同向). 为了明确起见，设 $\angle AOB$ 的转向和旋转方向[①]相同(图 13.2). 若以 OB' 代替 OB，那我们将这个角加大了一个等于转幅的角，但若以 OA' 代替 OA，就又减小了这个量.

两三角形 $\triangle AOB$ 和 $\triangle A'OB'$ 有两边($OA=OA'$，$OB=OB'$)夹一角分别相等，所以全等. 由于这个推理适用于任意一点 B，所以证明了两个图形的全等.

旋转还可以看成是图形在平面上的连续滑动，因为我们可以假设转幅连续地变更，由零直至最后应取的数值. 在运动过程中，每一点画圆弧，圆心即是旋转中心. 所有这些弧对应的圆心角相等.

98. 定理 设在两全等形中，一个是从另一个绕一点 O 旋转得来的(图 13.3)，那么

(1) 两条对应直线(取对应的向)所成的角和转幅相等且同向.

(2) 旋转中心，任意两个对应点 A,A' 以及分别通过 A,A' 的两条对应直线的交点 I，是同一圆周上的四点.

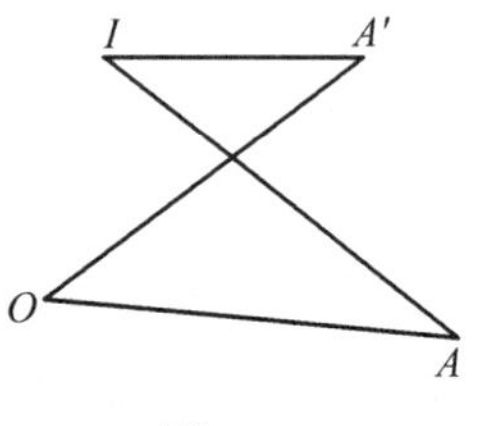

图 13.3

(1) 由定义，定理的前半对于通过旋转中心的两对应线是正确的，因此对于任意两条对应线也是正确的. 因为我们可以将其中每一条线代以通过旋转中心的同向平行直线.

---

① 记着(第 20 节)$\angle AOB$ 是看成直线由 OA 向 OB 画成的. 因此我们总是可以采用书上的假设的，只要顺着旋转的方向把角的第一边记成 OA.

(2)O,I 中每一点是一个等于转幅的角的顶点,而角的两边通过 A,A' 两点.所以这四点同属于有这样性质的角顶的轨迹,而这轨迹是圆周①.

99. 转幅等于两直角即 180° 的旋转是旋转的特殊情况.在此,点 A 的对应点 A' 可这样作图:联结 A 至(旋转中心)O,在 AO 的延长线上从 O 起截取线段 OA' 等于 OA.这样确定的点 A' 称为**点 A 关于点 O 的对称点**.因此在平面几何中,关于一点的对称变换同绕这一点作 180° 角的旋转是一致的.

100. *设在两个全等且转向相同的图形中,对应的两线段 AB,$A'B'$(图 13.4)同向平行,那么这两图形可借平移而重合.*

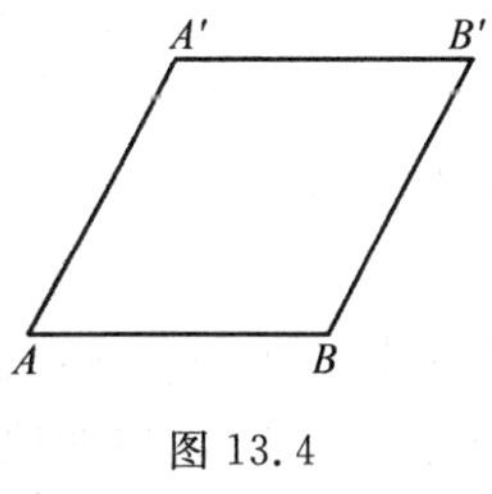

图 13.4

事实上,由于四边形 $ABB'A'$ 是平行四边形,那么线段 AA' 和 BB' 相等而且同向平行.所以 AA' 所代表的平移将 A,B 两点重合于其对应点,这包含着两个图形的重叠.

设在两个全等且转向相同的图形中,一点 O 和它自己的对应点重合,那么这两图形可借绕此点的旋转而重合.

事实上,设 A,A' 为任两个对应点,那么绕点 O 且转幅等于 $\angle AOA'$ 的旋转,将点 A 重合于 A'②,而同时点 O 仍照旧重合于其对应点.

101. 我们已知(第 20 节),两个全等而转向相反的图形是不可能叠合的,除非其中一个离开它所在的平面.相反的,两个全等而转向相同的图形,总可利用在它们平面上的运动互相叠合,就是*先平移而后旋转*.事实上,设 A,A' 是两图形的对应点,那么应用平移 AA' 于第一图形,这两点便重合了,然后只要绕点 A' 旋转(参看上节),就可以使两个图形叠合.

如果我们注意平移并不变更直线的方向,由此就可以推得:*两个全等且转向相同的图形,它们对应线的交角是常量*,因此我们可以谈到这**两图形间的角**.

102. 可以证明,上面所说的两种变换(平移和旋转),只有一种是必要的,

① 根据第 82 节.——俄译者注

② 点 O 既对应于其自身,那么对应线段 OA 和 OA' 等长.——译者注

这由下面的定理可知.

定理 两个全等而且转向相同的图形,总可以利用平移或绕一个适当选择的点的旋转使相叠合.

这一点称为(两形的)**旋转中心**.

设 A,B 为第一形上两点,而 A',B' 是第二形上的对应点.如果我们叠合了 AB 和 $A'B'$,就达到叠合两图形的目的.

(1) 若直线 AB 和 $A'B'$ 平行且同向(图 13.4),那么一个图形可由另一个通过平移而得.

(2) 现在假设两直线不平行,我们来研究一下是否一个图形可由另一个通过旋转而得.这旋转的转幅我们是知道的:它等于两图形间的角,例如直线 AB 和 $A'B'$ 间的角(图 13.5).因此,我们应当求这样一点 O,使得绕着它旋转这个角度就可以使点 A 和 A' 重合.于是问题归结于求一个圆弧,以线段 AA' 为其弦,所容的角等于旋转角的一半(因圆心角等于截同弧的圆周角的 2 倍),并且和它有同一转向.

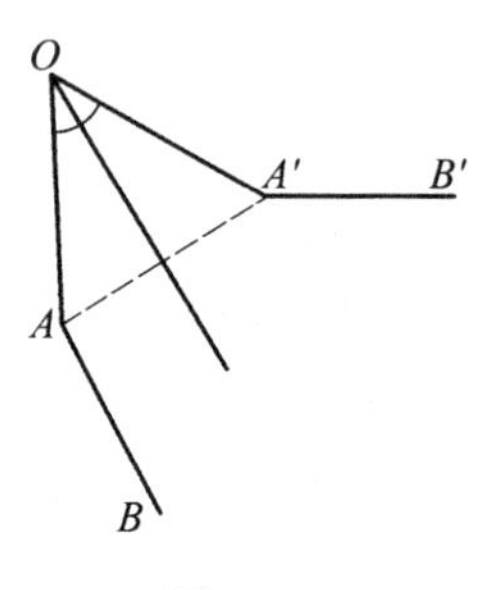

图 13.5

因此,点 O 一方面在 AA' 的中垂线上,另一方面又在按第 90 节(作图 14)所作圆弧的切线[①]的垂线上[②].

反之,设点 O 是如此定出来的,那么以 O 为中心而转幅等于两图形间夹角的旋转,将点 A 重合于 A'.这旋转把线段 AB 变换为某一线段,与 $A'B'$ 平行且同向,那就是说变换成一个线段,重合于 $A'B'$,因为这两线段有公共的端点 A'.所以两图形重合.

备注 我们也可以这样证明命题:用 AA' 和 BB' 的中垂线的交点,或者用两三角形 $\triangle IAA'$,$\triangle IBB'$ (I 表示 AB 和 $A'B'$ 的交点)外接圆周的交点以定点 O.在这两种情形下,都可以证明 $\triangle OAB$ 和 $\triangle OA'B'$ 全等.

102a. 分解任一平移或旋转成两个对称变换,也可以得出上面的定理.

引理 对于两直线 D_1 和 D_2 继续做对称变换,和下面的变换等效.

(1) 若两直线 D_1 和 D_2 平行:和一个平移等效,平移的方向和这两线垂直,平移的距离等于平行线间距离的 2 倍.

---

① 在点 A 的切线.—— 俄译者注

② 以线段 AA' 为弦作一个内接角等于旋转角的圆弧,它和 AA' 的中垂线的交点就是所求的点 O.—— 译者注

(2) 若两直线 D_1 和 D_2 相交：和一个旋转等效，旋转的中心是两线的交点，旋转的角度等于两线交角的 2 倍.

设 F 为一图形，F' 是它关于直线 D_1 的对称形，F'' 是 F' 关于直线 D 的对称形.

(1) 设 D_1 与 D_2 平行(图 13.6). 设 M 是图形 F 上的一点，先作 M 关于 D_1 的对称点 M'：作 D_1 的垂线 MH_1，延长一个距离等于 MH_1 得点 M'；再作 M' 关于 D_2 的对称点 M''：从 M' 作 D_2 的垂线 $M'H_2$，在延长线上截线段 H_2M'' 等于 $M'H_2$. 显见三点 M,M',M'' 同在直线 D_1 和 D_2 的一条公垂线上，此外，为了明确起见，设点 M' 在直线 D_1 和 D_2 之间，那么，MM'' 等于两线段 MM' 及 $M'M''$ 的和，即等于两线段 $M'H_1$，$M'H_2$ 的和 H_1H_2 的 2 倍.

当 M' 在两直线 D_1，D_2 之外，这结论仍成立：此时线段 MM'' 是线段 MM' 同 $M'M''$ 的差，而 H_1H_2 是线段 $M'H_1$ 同 $M'H_2$ 的差. 所以垂直于两已知线而长度等于 $2H_1H_2$ 的线段所代表的平移，将图形 F 上任一点变换为它在 F'' 上的对应点.

(2) 设两对称轴相交于点 O(图 13.7). 仍设 M,M',M'' 为图形 F,F',F'' 上的三个对应点，即 M 和 M' 对称于直线 D_1，而 M' 和 M'' 对称于 D_2. 显见三点 M,M',M'' 同在以 O 为圆心的一圆周上. 且 $\angle MOM''$ 等于 $\angle MOM'$ 与 $\angle M'OM''$ 的和或差，即 D_1 与 D_2 夹角的 2 倍(这 D_1 与 D_2 的夹角可以看做直线 OM' 与 D_1 及 D_2 夹角的和或差)，所以定理中所讲的旋转，把点 M 重合于其对应点 M''.

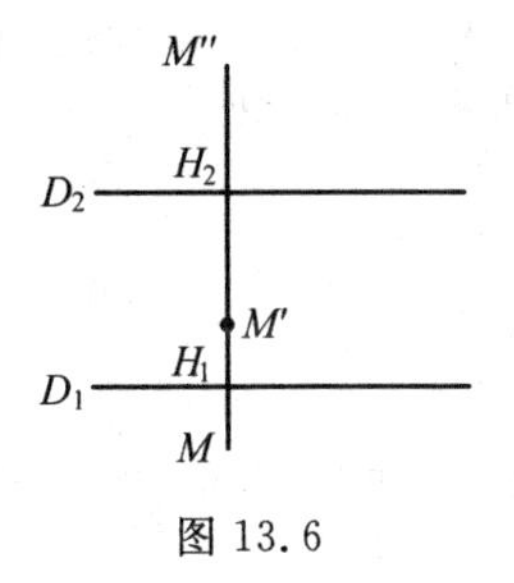

图 13.6

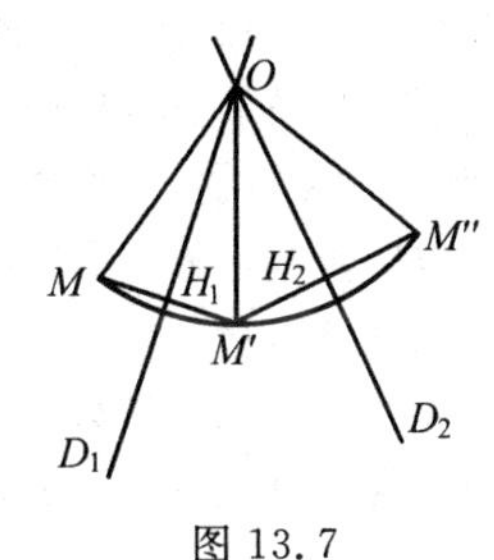

图 13.7

备注　对于同一直线继续做两次对称变换，就互相抵消了，每一点重新回到它原先的位置.

推论　反之，任一平移可代以对两条平行线继续做的对称变换，平行线的方向同平移的方向垂直，并且这两线之一可以任意选择.

任一旋转可代以对通过旋转中心的两直线继续做的对称变换，并且这两线之一可以任意选择.

事实上，先任意选定一条对称轴；至于第二条对称轴，在平移的情况下，只要取它平行于第一条轴，并且和它相距等于平移距离的一半；而在旋转时，只要取它通过旋转中心且和第一条轴的夹角等于转幅的一半.

103. 定理　继续做任意若干个平移或旋转，可代以一个平移或一个旋转.

这种替换称为给定运动的**合成**:最后所得的运动称为各给定运动的**乘积**.

只要会作两个运动的乘积就行了:因为如果有三个那么首先合成两个,然后将所得的同第三个合成起来;若要合成的运动多于三个只要仿照着继续下去就是.

继续做两个平移,使任一线段变换为一个同向平行的线段,因之(第100节)和一个单一的平移等效.所以我们只要考虑如何合成一个平移和一个旋转(先平移或先旋转)或者两个旋转.

例如,在前一种情况下,并为了明确起见,假设平移在先.给定的平移可以分解为对于两条直线 D_1,D_2 的两个对称变换.同理,给定的旋转可以分解为对于两条直线 D'_1,D'_2 的两个对称变换.这样一来,我们要做对于 D_1,D_2,D'_1,D'_2 的四个对称变换.但因 D_2 可取为垂直于平移方向的任一直线,而 D'_1 可取为通过旋转中心的任一条直线,于是我们就可以让这两直线重合,既垂直于平移的方向,又通过旋转中心.

这样一来,对于这两直线的对称变换互相抵消,只剩下对于直线 D_1 同 D'_2 的两个对称变换,而根据上节引理,它们和单一旋转或单一平移等效.

如果要合成两个旋转,那么我们就可以取两旋转中心的连线,一方面作为 D_2 而同时又作为 D'_1.所以定理对于各种情况都得到了证明.

第102节定理可以看成上面证明的定理的推论,因为平面图形的任一运动可从一个平移继以一个旋转得到,即(A 和 A' 代表原先的图形和运动后的图形任意一双对应点)平移 AA' 继以 A' 做中心而转幅等于两图形夹角的旋转(图13.8).此时两线 D_2 及 D_1 重合于直线 AA' 在点 A' 的垂线,所以直线 D_1 是 AA' 的中垂线,而 D'_2 可由 D_2 绕 A' 旋转(旋转角度等于半转幅)而得.直线 D_1,D'_2 的交点定下旋转中心,而我们看出这个作法完全和上面所讲的那个作法一致.因为如果在线段 AA' 上画内接角等于半转幅的弧并作圆弧的切线①,就得出直线 D'_2 的垂线.

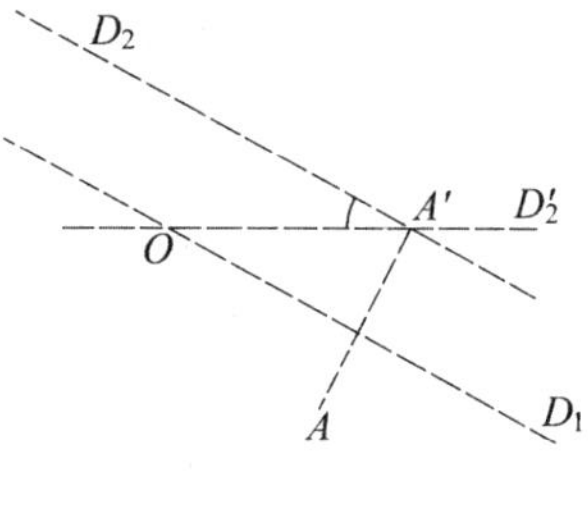

图 13.8

104. 定理 设不变形②在它的平面上移动,那么在每一瞬间各点的轨线的法线通过同一点(如果它们不都是平行的),此点称为**瞬时旋转中心**.

抛开移动的图形上各点 $M,N,P,\cdots$ 的轨线的法线相互平行的情况不谈,我们假设其中两条,例如在点 M,N 的两条法线相交于一点 O(图13.9).

考察动图形在第一位置邻近的第二位置,设点 $M,N,P,\cdots$ 的新位置为 $M',N',P',\cdots$.线段 $MM',NN',PP',\cdots$ 的中垂线通过公共点 O_1,即是将图形的第一位置变为第二位置的旋转中心.现在假设第二位置无限趋近于第一位置,那么线段 MM' 以点 M 为极限,而直线

---

① 在点 A'.——俄译者注

② 第3节.——译者注

MM' 趋于轨线在点 M 的切线为极限，于是 MM' 的中垂线趋于轨线的法线为极限. 仿此，NN' 的中垂线趋于点 N 的法线. 设点 O_1 的极限为点 O，那么 PP'，… 的中垂线的极限，换句话说就是轨线在 P，… 的法线，都通过这点 O①.

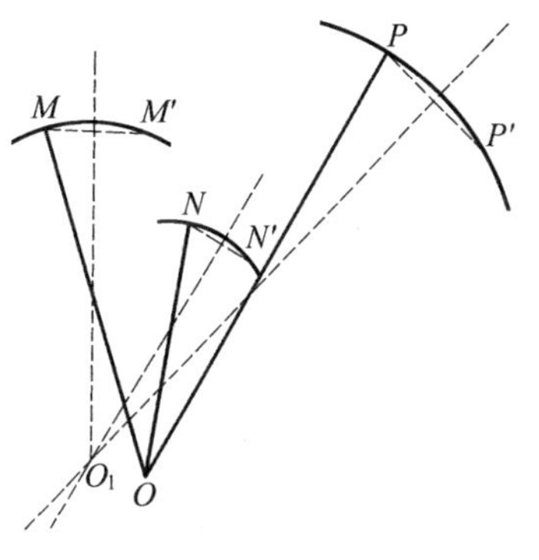

图 13.9

推论　若会求运动的不变形上两点的轨线的切线，那么我们也就会求这图形上任一点的轨线的切线.

因为作两已知切线的垂线可确定瞬时旋转中心，于是可以作任一点的轨线的法线.

习　题

(92) 证明若一不变形运动时有两条直线各通过一定点，那么这图形有无穷多的直线在运动时同样地各绕一定点而旋转. 这运动的图形的其他每一条直线各保持切于一个定圆周. 这图形任两个位置的旋转中心恒在一定圆周上.

(93) 设已知三个全等且转向相同的图形 F_1，F_2，F_3，我们定出它们两两的旋转中心，求证以此三点为顶点的三角形，它的三个角等于这些图形两两夹角的一半或等于这些半角的补角.

(94) 试合成两个旋转，旋转的中心不同，转幅相等但转向相反.

(95) 两个全等但转向相反的图形，恒可如下述使相叠合：

① 利用三个对称变换，有无穷多的方法.

② 利用一平移继以一对称，或一对称继以一平移有无穷多的方法.

③ 利用一平移继以一对称，或一对称继以一平移，若要求对称轴平行于平移的方向，有一种且仅有一种方法.

(96) 求作一等边三角形，使其三顶点分别在三平行线上，或在三同心圆周上.

(97) 在已知圆周上求一弧，使等于已知弧，且其端点分别与两已知点所连成的两直线相平行.

在已知圆周上求一弧，使等于已知弧，且其端点分别与两已知点的连线所构成的角等于已知角.

---

① 此处我们把下面的一些命题当做公理来承认：设一动点 M_1 以一定点 M 为极限，且一变动的方向 D_1 以一方向 D 为极限，那么经过点 M_1 作一直线平行于方向 D_1，则此直线必以过 M 而平行于 D 的直线为极限. —— 设两直线 D_1，D'_1 有不同的极限位置 D，D'，那么 D_1，D'_1 的交点趋于 D，D' 的交点为极限. …… 其实，这些命题是应当证明的，但我们略去证明，因为如果不使用属于微分范围以内关于极限的一些概念，要证明做得简单满意是不可能的.

第二编习题

(98) 从平面上一定点 P 向一已知圆周引两切线,将圆周上任一点 M 至切点 A,B 连线,过点 P 作直线平行于点 M 的切线.求证两直线 MA,MB 在此直线上所截的线段长度与点 M 的位置无关,且此线段为点 P 所平分.

(99) 设 $\triangle ABC$ 为圆内接等边三角形,而 M 是弧 BC 上一点.求证线段 MA 等于 $MB+MC$.

(100) 经过等边三角形的三顶点各作一直线,使每一线和同一顶点的高线所成角的平分线(共三条) 彼此平行,求证此三直线相交于三角形的外接圆周上同一点.

(101) 证明三角形三边的中点,三高线足,三高线交点和各顶点连线的三个中点,这九点在同一圆周上(**九点圆**).这圆周的圆心是高线交点和外接圆心所连线段的中点,它的半径等于外接圆半径的一半.并由此推证习题(70) 的命题.

(101a) 证明经过任意三角形三个旁切圆圆心的圆周,它的圆心是这些旁切圆中每一个经过它和对应边相切点的三条半径的相交之点,或者说,这圆周的圆心是内切圆心对于外接圆心的对称点.它的半径是外接圆半径的 2 倍.

(102) 在任一三角形中,从每一高线足向其他两边作垂线,证明这六个垂线足是同一圆周上的点.

(103) 证明在 $\triangle ABC$ 中,边 BC 的中垂线和 $\angle A$ 的平分线相交在外接圆周上.它们的交点距 B,C 两点,距内切圆心,距 $\angle A$ 内的旁切圆心都等远.

对于 $\angle A$ 的外角平分线,证明类似的定理.

由是推证:三个旁切圆半径的和等于内切圆的半径加 4 倍外接圆的半径.

(103a) 求作一三角形,已知从同一顶点发出的高、中线和角平分线的长度(从这顶点起,算到对边为止).

(104) 作一圆的两切线和连两切点的弦,在弦上任取一点与圆心连线,并过此点作这连线的垂线,证明两切线和弦在此垂线上截相等的线段.

(105) 在 $\triangle ABC$ 的三边上向外作三个等边三角形 $\triangle BCA'$,$\triangle CAB'$,$\triangle ABC'$,并引线段 AA',BB',CC'.证明:

① 此三线段彼此相等.

② 此等线段相交于同一点,三角形各边在此点的视角相等.

③ 若此点在三角形内,则它与三角形各顶点的距离之和等于这三线段 AA',BB',CC' 每一个的长度(参看习题(99)).

(106) 证明两两相交的四直线形成了四个三角形,这四个三角形的外接圆经过同一点(证明此定理:① 直接证,② 利用习题(72)).这些圆的圆心在同一圆周上,这圆周也通过这一点.

(107) 证明若延长圆内接四边形的两双对边使之相交,那么这样所形成的角的平分线互相垂直,它们分别平行于四边形对角线夹角的平分线.

叙述并证明逆定理.

(107a) 任意两圆周被任意两直线所截,此两直线与第一圆周交点两两所连的弦,和此两线与第二圆周交点两两所连的弦相交于四点,证明此四点同在一圆周上.

(108) 已知 $\triangle ABC$,求这样一点 M 的轨迹:从顶点 A,B,C 分别向直线 AM,BM,CM 作垂线,此三垂线相交于一点.

(109) 求习题(26)和(41)所考虑的矩形顶点的轨迹,假设已知的平行四边形是活络的(第 46a 节).

(110) 在一直线上取两相邻线段 AB,BC,并在其上作两个任意的但相等的圆周,求这两圆周除点 B 外第二个交点的轨迹.

(111) 设 OA,OB 是圆 O 互相垂直的任意两条半径,过点 A,B 作直线分别平行于两条已知的互相垂直的直线.当直角 $\angle AOB$ 绕圆心旋转时,求这两直线交点的轨迹.

(112) 变动的两圆周与已知直线各切于一定点,且保持互相切,求它们切点的轨迹.

(113) 一个不变的直角三角形两锐角顶点在两条互相垂直的定线上滑动,求直角顶点的轨迹.

(114) 求作一直线,使两已知圆周在其上所截的弦各为定长.

(115) 求作已知圆周的内接三角形,使其三边各平行于一定直线,或两边各平行于一定直线而第三边通过一定点.

(116) 已知直线 XY 及两点 A,B,在直线上求一点 M,使 $\angle AMX$ 为 $\angle BMY$ 的 2 倍.

(117) 求作五边形(或普遍些作奇数边的多边形),已知各边的中点.

在偶数边多边形时怎样?

(118) 求作一梯形,已知其四边.

更一般些,求作一四边形,已知其四边及一双对边的夹角①.

(119) 求作一直线使有已知方向,并于 $\triangle ABC$ 的两边 AB,AC 上截取相等的线段(分别从顶点 B,C 算起).

(120) 求作两平行线的公垂线,使从一定点的视角等于已知角.

① 关于这个以及下面的习题,参看附录 A,第附 17 节.

(121) 已知一圆周与圆周上两点 P,Q 及一直线.在圆周上求一点 M,使直线 MP,MQ 在已知直线上所截的线段 IK 等于已知长.

(121a) 接上题,如果知道的不是 IK 的长度,而是它的中点.

(122) 求作一正方形,它的四边经过四个已知点.此题可能有无穷多解答吗?

在此情况下,求满足条件的正方形中心的轨迹.

(123) 在一个活络四边形(第 46a 节备注(3))$ABCD$ 中,四边的长度要满足一些什么条件才能使一个指定的顶点 B 成为有完全自由旋转的枢纽,就是说 $\angle B$ 的大小才可以完全任意?证明在这种情况下,它的对顶 D 通常不是完全自由的.在什么情况下才有例外?

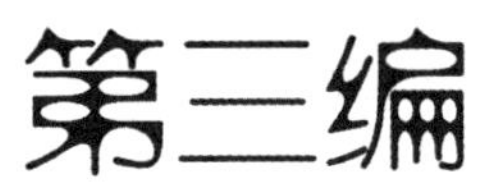

第三编

相 似

第14章　比例线段

105. 我们知道,两个比相等称为一个**比例式**,而所谓两个量**成比例**,指的是它们的数值这样相互对应:第一量任意两值的比等于第二量对应两值的比.因此,两线段 AB,CD 与两线段 $A'B'$,$C'D'$ 如果满足等式

$$\frac{AB}{CD}=\frac{A'B'}{C'D'}$$

就说它们成比例.

106. 在上面的等式中,$\frac{AB}{CD}$ 表示两个线段 AB 和 CD 的比;但我们在此地以及将来也采用第18节所介绍的规定,先任意选一个长度单位,但一经选定便永不变更,然后将所有的线段代以度量它的数:因此,$\frac{AB}{CD}$ 就代表$\frac{AB\text{ 的度量}}{CD\text{ 的度量}}$.我们完全可以这样做,因为根据以前讲的一个定理(第17节(2)),这样的替换并没有变更比值.

于是我们可以将在算术上对于数的比所证明的一些性质,应用于线段的比.举例如下:

以同一数乘或除一个比的两项,比值不变.

要乘两个比,只要将它们的前项和后项分别相乘.

在一系列的等比中,各前项之和与各后项之和的比,等于这些比中每一个的前项与它的后项之比.

同理,可将关于数的比例的若干性质,应用于关于线段的比例,举例如下.

在任一比例式中:

(1) 两个外项的乘积等于两个内项的乘积.

(2) 可以互换两外项或两内项.

(3) 第一比的两项和(或差)与其中一项的比,等于第二比的两项和(或差)与对应项的比;

反之,这样得出来的每一个等式,包含着原先的比例式.

所以等式$\frac{a}{b}=\frac{c}{d}$ 和

$$ad=bc,\frac{a}{c}=\frac{b}{d},\frac{a+b}{b}=\frac{c+d}{d},\frac{a-b}{b}=\frac{c-d}{d},\cdots$$

等效,就是说,这些等式中的每一个包含着其余各个.

特别的,若已知共线的三点 A,B,C 的次序和共线的三点 A',B',C' 的次序相同(图 14.1),那么比例式

$$\frac{AB}{BC}=\frac{A'B'}{B'C'},\frac{AB}{AC}=\frac{A'B'}{A'C'},\frac{AC}{BC}=\frac{A'C'}{B'C'}$$

互相等效.

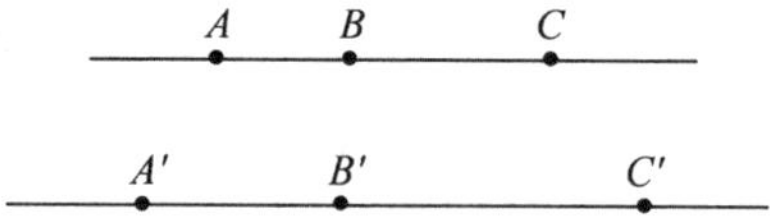

A B C

A' B' C'

图 14.1

必须记着:知道了比例的三个项,就可以求出未知的项.若设 a,b,c 为已知,那么从比例式 $\frac{a}{b}=\frac{c}{d}$ 可知

$$d=\frac{bc}{a}$$

这一项 d 称为 a,b,c 的**比例第四项**.

显见,若两个比例式中有三个对应项相同,那么第四项相等.

107. 如果一个比例的两外项等于 a 和 c,而两内项同等于 b,则称这数 b 是 a,c 两数的**比例中项**(或**等比中项**),即

$$\frac{a}{b}=\frac{b}{c}$$

这等式和下面的等效

$$b^2=ac$$

所以要求两数 a,c 的比例中项,应当求这两数乘积的平方根. c 这个数有时也称为 a,b 两数的**比例第三项**.

根据前面的了解,若度量线段 b 的数是度量线段 a,c 的数的比例中项,也就是若从这三个数(或者说从这三个线段)可以写出比例式 $\frac{a}{b}=\frac{b}{c}$,我们自然可以说,线段 b 是两线段 a,c 的比例中项或等比中项.

108. 有一个而且仅仅一个点存在,分已知线段成已知比.设已知线段 AB(图 14.2)和比值 r,要求一点 M 使 $\frac{AM}{MB}=r$.这等式可以写成比例的形式,即

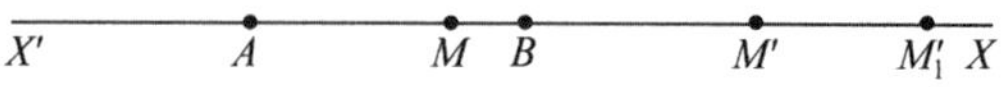

X' A M B M' M_1' X

图 14.2

$$\frac{AM}{MB}=\frac{r}{1}$$

这个比例和比例

$$\frac{AM}{AB}=\frac{r}{1+r}$$

等效,但这个比例对于 AM 的一值也仅限于一值成立,即

$$AM=AB\ \frac{r}{1+r}$$

这样确定的线段小于 AB. 把它放置在线段 AB 上使一端在 A,便得出适合条件的点 M.

109. 考察一点 M,设它在线段 AB 上从点 A 向 B 移动. 比值$\frac{AM}{BM}$是恒增的,因为分子逐渐增加而同时分母减小. 根据上面的命题,这比值可以取任意已知的数值,特别可以取随意小的数值(只要点 M 充分接近于 A)和随意大的数值(只要点 M 充分接近于 B). 简言之,若点 M 从 A 向 B 移动,这比值从零起永远增加而至于无限.

110. 现在来研究当点 M' 在线段 AB 的延长线上时(图 14.2)的比值$\frac{AM'}{BM'}$,此时比值$\frac{AM'}{BM'}$称为点 M' **外分**线段 AB 的比值.

有一个而且仅仅一个点存在,外分已知线段成已知比,只要这个比不等于 1.

设要在 AB 的延长线上求一点 M',使比$\frac{AM'}{BM'}$等于任意已知的值 r. 为了明确起见,设 $r>1$. 这时,我们应当在线段 AB 过点 B 的延长线上求点 M'. 比例$\frac{AM'}{BM'}=\frac{r}{1}$和比例$\frac{AM'}{AB}=\frac{r}{r-1}$等效,而此式有一个且仅一个 AM' 的数值满足它,即

$$AM'=AB\ \frac{r}{r-1}$$

这线段比 AB 长(因$\frac{r}{r-1}$比 1 大). 把它从点 A 起沿 AB 的方向放下,就得到满足问题条件的点 M'. 若比值 r 比 1 小,那么用同样的推理得到

$$AM'=AB\ \frac{r}{1-r}$$

把这线段从点 A 起沿 AB 的反方向放下就得到点 M'. 命题因此证明了.

考察一点 M',它从点 B 沿 BX 的方向(图 14.2)无限地远去. 比$\frac{AM'}{BM'}$大于 1. 设此点向远处移动,从点 M' 的位置到达 M'_1 的位置,那么这个比向 1 接近,因为从比值$\frac{AM'}{BM'}$到$\frac{AM'_1}{BM'_1}$,比的前后两项加上了同一量 $M'M'_1$. 并且它可以取(大于 1 的)所有数值,特别可以取随意大的值(只要点 M' 充分接近 B)和随意接近 1 的值(只要点 M' 充分地远去).

简言之,若点 M' 从点 B 起沿 BX 的方向无限地远离,那么比值$\frac{AM'}{BM'}$从无穷大起永远减小以趋近于 1.

同理可知,当点 M' 从点 A 起沿 AX'(图 14.2)的方向无限地远离,则比$\frac{AM'}{BM'}$*从零起永远增大以趋近 1.*

111. 定义 设两点 C,D(图 14.3)内分与外分同一线段 AB 成同一比值,则称为对于这线段两端点的**调和共轭点**(也可说它们**调和分割**这线段).

设线段 CD 调和分割线段 AB,那么反过来,后面的线段也调和分割前面的,因为由比例式$\frac{CA}{CB}=\frac{DA}{DB}$,互换内项便得$\frac{CA}{DA}=\frac{CB}{DB}$.

A I C'C B D D'

图 14.3

在线段 AB 或其两延长线之一上的任一点,对于这线段的端点有它的调和共轭点,但线段 AB 的中点 I 除外(因为比$\frac{AI}{IB}$等于 1)①.

互相调和分割的两线段是互相穿插的(就是说,既不是一个线段全部在另一个之内,也不是全部在另一个之外).

112. *相反的,同时调和分割一个线段 AB 的两线段 CD,$C'D'$,必是一个全*

---

① 点 I 的调和共轭点应当看做在无穷远. 这话的意思就是说,若点 M 无限地远离,那么比$\frac{AM}{BM}$就趋近于 1,就是说趋近于比$\frac{AI}{IB}$.

部在另一个之内，或全部在另一个之外.

事实上，若比值$\frac{CA}{CB}$和$\frac{C'A}{C'B}$是一个大于1而另一个小于1，那么这两线段各在AB中点I的一侧，所以一个在另一个之外.若不是如此的话(图14.3)，我们就假设方才所讲的两个比(例如说)同大于1，那么两线段CD和$C'D'$在点I的同侧而且都含点B.但第109,110节的讨论表明：当点M沿一向或另一向离开点B时(至少当M不通过点I时)，比值$\frac{AM}{MB}$接近于1.所以这两线段中对应于比值较接近于1的那个，便包含另一线段于其内.

113.基本定理　一组平行线截任意两直线成比例线段.

设两直线$ABCD$及$A'B'C'D'$被平行线AA',BB',CC',DD'所截，则各点A',B',C',D'的顺序，与各点A,B,C,D的顺序相同(否则直线AA',BB',CC',DD'中将有两线不平行)，且等式$\frac{CD}{AB}=\frac{C'D'}{A'B'}$成立.

我们区别两种情况：

(1)设线段AB等于CD(图14.4)，则线段$A'B'$也等于$C'D'$.

事实上，过点B作直线Bb平行于$A'B'$，交AA'于点b.并过点D作直线Dd平行于同一直线，交CC'于点d.在两个三角形$\triangle ABb$和$\triangle CDd$中，由假设AB和CD相等，而这两边的邻角因同位角而分别相等，所以这两形全等，于是有$Bb=Dd$.但由平行四边形$BbA'B'$及$DdC'D'$，显见Bb和Dd分别等于$A'B'$和$C'D'$.

(2)一般情形[①].设A,B,C,D是任意的点，我们来证明，不论n如何，比值$\frac{CD}{AB}$和$\frac{C'D'}{A'B'}$取到精确度$\frac{1}{n}$，总是相等的.

例如，设$n=5$，以点1,2,3,4将AB分为五等份(图14.5)，并设CD含AB的$\frac{1}{5}$的2倍多，而不足3倍.设从点C起，在线CD上连续截取AB的$\frac{1}{5}$三次，其

① 证明可认为已完毕，如果我们从过去曾经引过一次的定理出发：两量是成比例的，如果：① 对于第一量的同一数，第二量所对应的也恒是同一数；② 对于第一量两值的和，第二量所对应的是对应两值的和.

在目前的情况下，第一个条件是满足的，因为书中已经证了((1))；第二个条件显然也是满足的，因为对应点在两直线$ABCD$,$A'B'C'D'$的次序是相同的.在本书中我们将算术上这个定理的证明，应用于目前的特殊情况.

分点记为 Ⅰ,Ⅱ,Ⅲ,因此,点 Ⅰ,Ⅱ 在 C 与 D 之间(点 Ⅱ 也可能与 D 重合),而点 Ⅲ 在点 D 的那一边.

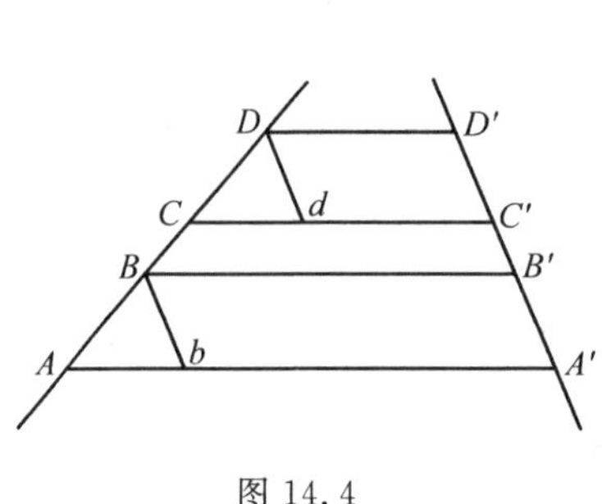

图 14.4

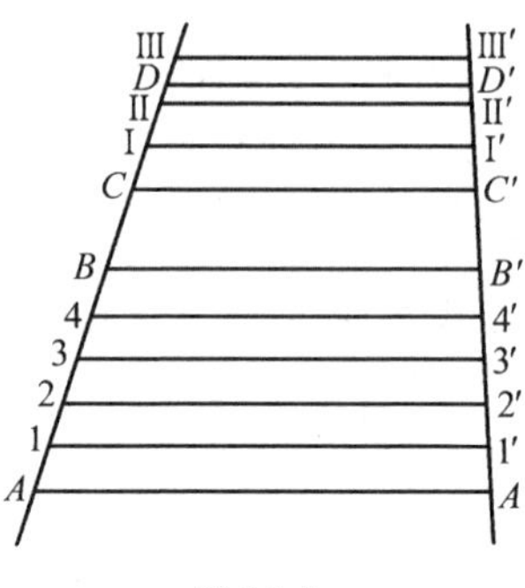

图 14.5

经过所有这些点 1,2,3,4,Ⅰ,Ⅱ,Ⅲ 作直线平行于直线 AA',BB',CC',DD',交直线 $A'B'C'D'$ 于 $1'$,$2'$,$3'$,$4'$,Ⅰ′,Ⅱ′,Ⅲ′. 那么我们就把线段 $A'B'$ 分成五等份,并且从点 C' 起沿 $C'D'$ 的方向我们截取了这每一等份三次((1)). Ⅰ′,Ⅱ′ 两点在线段 $C'D'$ 内,而点 Ⅲ′ 在 D' 的那一边(根据证明开始时所点醒的一点). 所以定理证明了.

114. 定理 平行于三角形一边的直线 DE,将其他两边 AB 和 AC 分成比例线段(图 14.6).

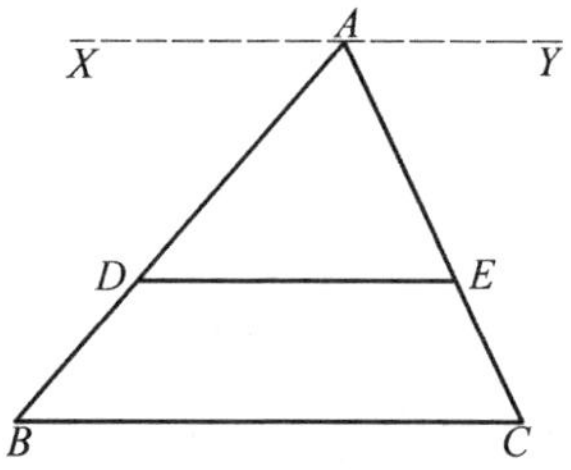

事实上,若经过顶点 A 作直线 XY 平行于 BC,那么根据上面的定理,平行线 BC,DE,XY 分直线 AB,AC 成比例线段.

图 14.6

备注 我们所讲的直线可以内分也可以外分三角形的每一边,但它分两边的方式是一致的.

逆定理 设一直线将三角形的两边分成成比例的部分,那么它平行于第三边.

设直线 DE 分两边 AB,AC 成比例线段(图 14.7).

过点 D 作直线平行于 BC,并设其与 AC 的交点是 E'. 比 $\frac{AE'}{E'C}$ 等于比 $\frac{AD}{DB}$(由上理),因之等于比 $\frac{AE}{EC}$(由假设). 所以 E,E' 两点重合(第108节),而直线 DE 平行于 BC.

115. 定理　在任何三角形中：

(1) 一角的平分线将对边所分成的两部分和两邻边成比例.

(2) 一角的外角平分线将对边所分成的两部分也和两邻边成比例.

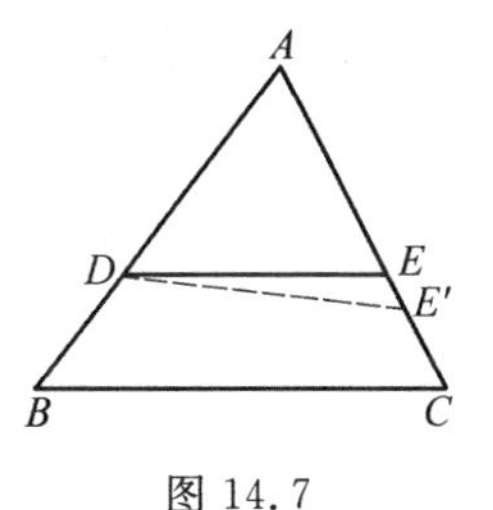

图 14.7

(1) 设 AD 是 $\triangle ABC \angle A$ 的平分线(图 14.8)，我们要证明$\frac{BD}{DC}=\frac{AB}{AC}$.

为了这个目的，引直线 CE 平行于 AD，交直线 AB 于点 E，于是在 $\triangle ABD$ 中，用 AD 的平行线 CE 一截，便有$\frac{BD}{DC}=\frac{BA}{AE}$.

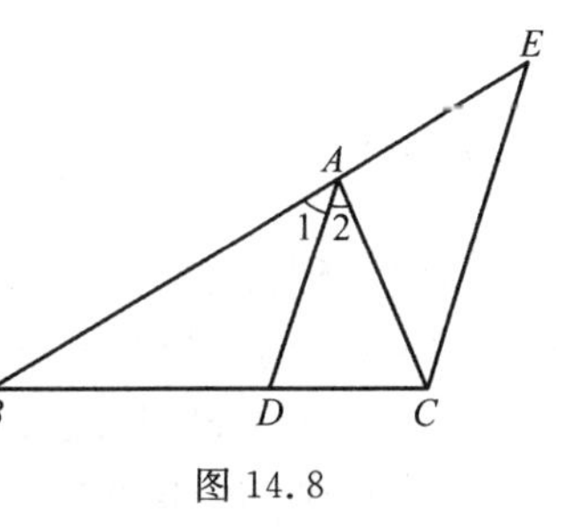

图 14.8

但 $\triangle ACE$ 在角顶 E 和 C 的两角相等，因为各等于 $\angle A$ 的一半——$\angle 1$ 和 $\angle 2$($\angle E=\angle 1$ 是同位角，$\angle C=\angle 2$ 是内错角)，所以这三角形是等腰的，于是在上面的比例式中可将 AE 代以 AC. 定理就证明了.

(2) $\triangle ABC \angle A$ 的外角平分线 AF(图 14.9)交边 BC 的延长线于 F(假设三角形不等腰)，我们要证$\frac{BF}{CF}=\frac{AB}{AC}$.

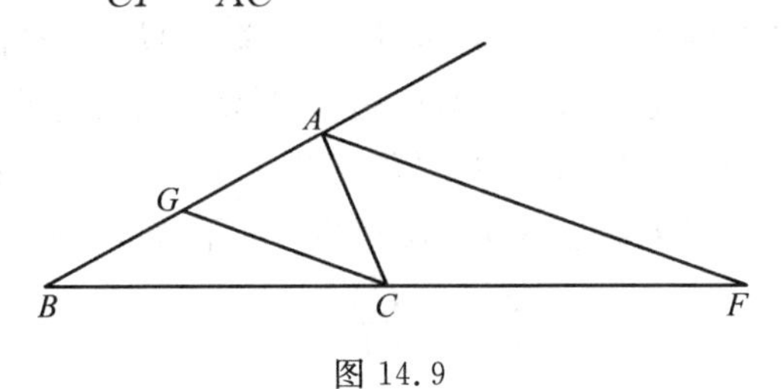

图 14.9

证法和上面完全相仿. 过点 C 引直线 CG 平行于 AF，然后注意：① 由平行线 CG 和 AF，得比例$\frac{BF}{CF}=\frac{BA}{GA}$；② $\triangle ACG$ 是等腰三角形(以 C，G 为顶点的两角各等于 $\angle A$ 的外角的一半，因之相等)，这就可用 AC 替代 AG.

备注　我们得出：三角形的一角以及它相邻外角的平分线，调和分割其对边.

逆定理　(1) 设从三角形顶点发出的一直线，将对边所内分成的两部分和两邻边成比例，则此线是顶角的平分线.

(2) 设从三角形顶点发出的一直线，将对边所外分成的两部分和两邻边成比例,则此线是顶角的外角平分线.

因为(第 108 节)只有一点将边 BC(图 14.8)内分为两部分和两邻边成比例,那么这一点也就是 $\angle A$ 的平分线足.同理,也只有一点(第 110 节)将边 BC(图 14.9)外分为两部分和两邻边成比例,这点也就是 $\angle A$ 的外角平分线足.

116. 定理 和两已知点距离之比等于已知比(不等于 1)的点的轨迹是一个圆周.

设 A,B(图 14.10)为已知点,求点 M 的轨迹,使比 $\dfrac{MA}{MB}$ 等于已知数 m.

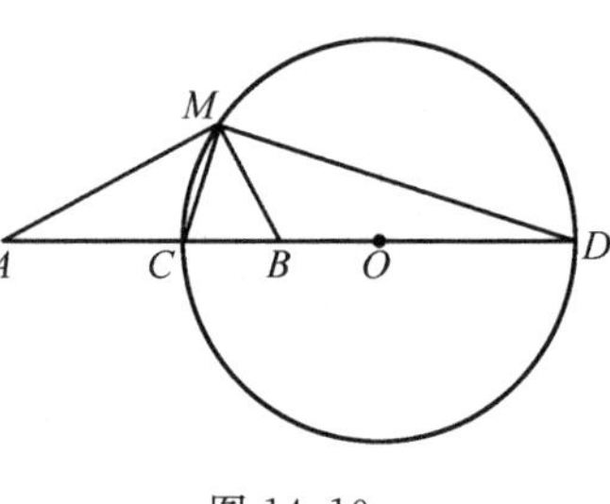

图 14.10

这轨迹上有两点,一点 C 在线段 AB 上,另一点 D 在它的延长线上:这两点的存在,我们从第 108 ~ 110 节已经知道.现在设 M 是轨迹上的任一点,直线 MC 将线段 AB 分为两部分 CA 及 CB,与 MA 及 MB 成比例,所以 MC 是 $\triangle AMB$ 中 $\angle M$ 的平分线.直线 MD 外分此三角形的边 AB 成两部分,也和邻边成比例,所以是 $\angle M$ 的外角平分线.这两直线互相垂直(第 15a 节),于是点 M 在以 CD 为直径的圆周 O 上(第 78 节).

反之,设点 M 在圆周 O 上,过点 M 作 MB 关于 MC 的对称线 MA',设其与直线 AB 的交点为 A'.既然 MC 和 MD 是 $\angle A'MB$ 以及它的补角的平分线,那么点 A' 是点 B 对于线段 CD 端点的调和共轭点(第 115 节备注),所以它和点 A 重合.既然直线 MC,MD 是 $\angle AMB$ 及其补角的平分线,所以确有

$$\frac{MA}{MB}=\frac{CA}{CB}=m$$

推论 设以 A,B 两点调和分割圆的直径,那么圆周上任一点到 A,B 两点距离的比是常数.

习　题

(124) 在两定直线上各从一定点 A,B 起各截一个线段 AM,BN 使它们成比例地变化,过点 M,N 各作一直线分别与另两已知直线平行.求此两线交点的轨迹.

(125) 从圆周上一点作两割线,将它们非公共的两端连成直线,求证垂直于这直线的直

径被此两割线调和分割.

(126) 平面上的点到两已知点距离之比大于一定数的，在平面上什么区域？

(127) 求一点，使其到三角形各顶点距离之比等于三已知数之比.

此问题如可能，通常有两解. 证明满足条件的两点，在此三角形外接圆的同一直径上，并调和分割此直径.

(128) 过两圆周的一公共点任引一割线，再交两圆周于点 M,M'，求分线段 MM' 成已知比的点的轨迹(习题(65)).

第 15 章　三角形的相似

117. 定义　若两三角形有等角,且各对应边成比例,就称为相似.

备注　两个全等三角形同时也是相似的.和同一三角形相似的两个三角形彼此相似.特别的,若两三角形相似,那么和其中之一全等的任一三角形,必和另一个相似.

引理　平行于三角形一边的任一直线和其他两边形成一个三角形,相似于原来的三角形.

设 DE 是一直线,平行于 $\triangle ABC$ 的边 BC(图 15.1).则新 $\triangle ADE$ 相似于 $\triangle ABC$.

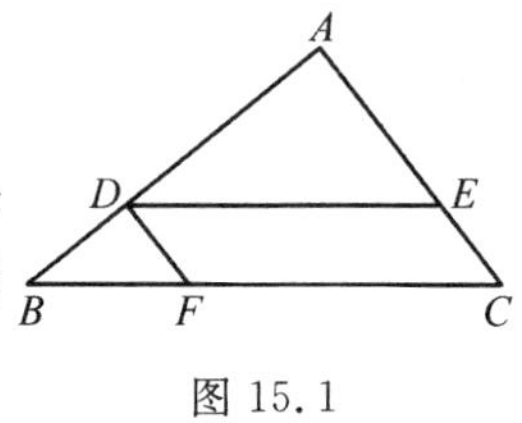

图 15.1

首先,两三角形的角两两相等:因为在点 A 的角公用,而 $\angle ADE$ 和 $\angle B$ 以及 $\angle AED$ 和 $\angle C$ 因同位角而相等.

其次,我们有(第 114 节):$\dfrac{AD}{AB}=\dfrac{AE}{AC}$,于是只剩下证明这两个比的公共值等于比值$\dfrac{DE}{BC}$.

为了这个目的,过点 D 引直线 DF 平行于 AC,得出一平行四边形 $DECF$.直线 DF 将边 BA 和 BC 分为成比例的部分,因此有

$$\frac{DE}{BC}=\frac{FC}{BC}=\frac{AD}{AB}$$

备注　直线 DE 可以在三角形内(图 15.1)或形外(图 15.2,15.3),证法并不变.

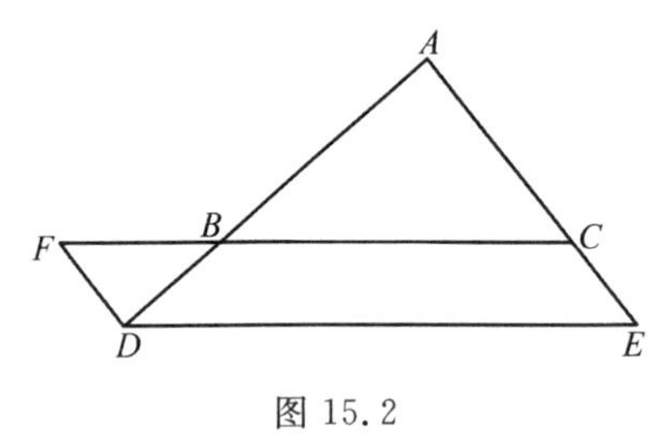

图 15.2

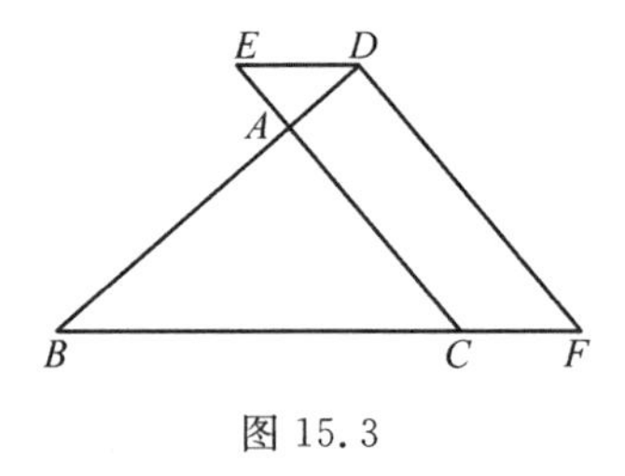

图 15.3

但在图形 15.3 所示的情况下,两三角形非公共的对应角之所以相等,并不是因为同位角,而是内错角.

118. 下面一些命题就是所谓**相似三角形定律**,它是两个三角形相似的一些充要条件.

相似第一律 设两三角形有两对应角相等，则相似.

设在两个三角形 $\triangle ABC$ 及 $\triangle A'B'C'$ 中，$\angle A=\angle A'$，$\angle B=\angle B'$（图15.4）. 在 AB 上截线段 $AD=A'B'$，并过点 D 作 DE 平行于边 BC，$\triangle ADE$ 相似于 $\triangle ABC$（按上引理），且和 $\triangle A'B'C'$ 全等：因对应角相等且有一边相等.

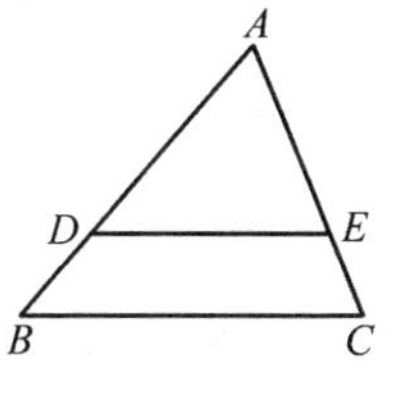

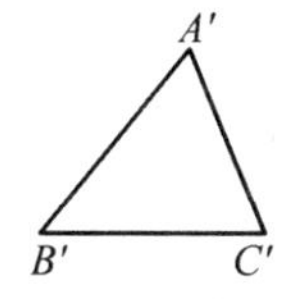

图 15.4

相似第二律 设两三角形有一角相等且夹边成比例，则相似.

设在两个三角形 $\triangle ABC$ 及 $\triangle A'B'C'$ 中，$\angle A=\angle A'$，$\dfrac{AB}{AC}=\dfrac{A'B'}{A'C'}$（图15.4）. 在边 AB 上截线段 $AD=A'B'$，并引 DE 平行于边 BC. $\triangle ADE$ 相似于 $\triangle ABC$. 它和 $\triangle A'B'C'$ 全等：因为它们有一角（$\angle A=\angle A'$）及两夹边分别相等. 事实上，AD 由作图等于 $A'B'$，于是从两个比例式 $\dfrac{AB}{AC}=\dfrac{A'B'}{A'C'}$（假设）及 $\dfrac{AB}{AC}=\dfrac{AD}{AE}$（其中有三项公共）推得 $A'C'=AE$.

相似第三律 设两三角形的三边成比例，则相似.

设在两个三角形 $\triangle ABC$ 及 $\triangle A'B'C'$ 中，$\dfrac{AB}{A'B'}=\dfrac{AC}{A'C'}=\dfrac{BC}{B'C'}$. 在 AB 上截线段 $AD=A'B'$，并作 DE 平行于边 BC. $\triangle ADE$ 和 $\triangle ABC$ 相似，它又和 $\triangle A'B'C'$ 全等. 事实上，由作图 $AD=A'B'$，而由比例 $\dfrac{AB}{AD}=\dfrac{AC}{AE}$ 及 $\dfrac{AB}{AD}=\dfrac{BC}{DE}$（上节），以及定理的假设 $\dfrac{AB}{A'B'}=\dfrac{AC}{A'C'}$，$\dfrac{AB}{A'B'}=\dfrac{BC}{B'C'}$，可见此等比例式分别有三项相等，于是推得 $AE=A'C'$ 及 $DE=B'C'$.

备注 相似三角形定义中包含五个条件：三个表示对应角相等，两个表示边成比例. 第 44 节推论 3 表明，前三个条件可以略去一个，一共剩下四个条件.

方才证明的一些相似律告诉我们，起初五个条件中只要有（适当地挑选）两个，就足以保证相似.

119. 定理 设两三角形的边分别平行或垂直，则相似.

事实上，此时两三角形的角分别相等或互补（第 43 节），于是（设两三角形为 $\triangle ABC$ 及 $\triangle A'B'C'$）有

$$\angle A=\angle A' \text{ 或 } \angle A+\angle A'=2\mathrm{d}$$

$$\angle B=\angle B' \text{ 或 } \angle B+\angle B'=2\mathrm{d}$$
$$\angle C=\angle C' \text{ 或 } \angle C+\angle C'=2\mathrm{d}$$

第二列的三个式子不能同时成立,否则两三角形的各角之和将变成6直角而不是4直角了.其中两个式子也不可能同时存在,例如就不可能同时有$\angle A+\angle A'=2\mathrm{d}$和$\angle B+\angle B'=2\mathrm{d}$,因为在这种情况下,两三角形各角的总和将等于$4\mathrm{d}+\angle C+\angle C'$了.由是可知,在第一列必须至少取两式,于是两三角形有两角分别相等(相似第一律).

120. 定理 设两直角三角形的一腰和斜边的比是相同的,则必相似.

我们可仿照第118节处理,作第三个三角形和第一个相似,而其斜边等于第二个的斜边.第二、第三两三角形于是也有一腰相等,因之由直角三角形全等第二律而全等.

备注 除这个相似律外,我们当然可将任意三角形的相似定律用于直角三角形.例如,两直角三角形相似只要它们有一锐角相等(任意三角形相似第一律),或它们的腰成比例(三角形相似第二律).

121. 定理 通过一点的一束直线,在两平行线上截取成比例的线段.

例如设(图15.5) SAA',SBB',SCC'是三条共点线,它们截两条平行线ABC和$A'B'C'$.

由$\triangle SAB$和$\triangle SA'B'$的相似(第117节)有

$$\frac{A'B'}{AB}=\frac{SB'}{SB}$$

而由$\triangle SBC$和$\triangle SB'C'$相似有

$$\frac{B'C'}{BC}=\frac{SB'}{SB}$$

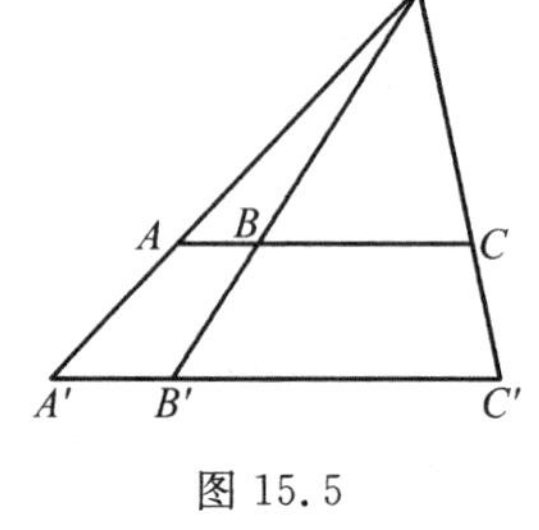

图15.5

由是推得线段$A'B'$,$B'C'$同线段AB,BC成比例.

备注 相对应的两线段有同向或反向,就看点S是在平行线之外或在其间.

逆定理 设三直线在两平行线上截取成比例的线段(并且对应的线段或都是同向,或都是反向),那么这三直线或者经过同一点或者互相平行.

若相对应的线段相等且有同向,那么这些直线平行(第46节第二个逆定理).

其次,设直线AA',BB',CC'在平行线ABC,$A'B'C'$上截取成比例的线段,因之有

$$\frac{A'B'}{AB}=\frac{B'C'}{BC}=\frac{A'C'}{AC}$$

这时，如果这些线段在两直线上有同向，那么这共同比值不等于 1. 这个限制使得直线 AA' 和 BB' 不可能平行(第 46 节)，因之相交于某一点 S.

然后联结 S 和 C，我们看出这直线交直线 $A'B'C'$ 于一点 C'_1，这点必然与 C' 重合，因为我们有

$$\frac{A'C'_1}{B'C'_1}=\frac{AC}{BC}(\text{由上理})=\frac{A'C'}{B'C'}(\text{由题设})$$

习　题

(129) 经过梯形对角线的交点作直线平行于两底边，证明两腰以及对角线的交点，在这直线上定出相等的两个线段.

(130) 设梯形 $ABDC$ 的底是 $AB=a$，$CD=b$. 将它的一腰分为比$\frac{EA}{EC}=\frac{m}{n}$，并过点 E 作直线平行于两底边. 证明这平行线含在梯形内的线段等于$\frac{m\cdot CD+n\cdot AB}{m+n}$. 考察 E 是 AC 中点的情况.

(131) 从三角形的各顶点以及中线的交点向三角形外一直线作垂线，那么后面这条垂线是前三条的平均值(参看上题).

(132) 从平行四边形 $ABCD$ 的顶点 A 任作一截线，交对角线 BD 于点 E，交直线 BC 及 CD 于点 F 及 G，证明 AE 是 EF 和 EG 的比例中项.

(133) 将平行于已知方向的一些直线被已知角两边所截的线段分成已知比，求这些分点的轨迹.

(134) 从一点看两已知圆周的视角①相等，求这样的点的轨迹.

① 所谓一圆周从一点的视角，即是从此点向圆周所作两条切线的夹角.

第16章　三角形的度量关系

122. 定义　从一点向一直线作垂线,这垂线足称为这点在这线上的**正射影**(或简称**射影**).

一线段在一直线上的射影,指的是以该线段两端的射影为端点的线段.

123. 设 $\triangle ABC$(图16.1)为直角三角形,$\angle A$ 是直角.从此顶点作斜边上的高 AD.

这样所得的图形上各元素间有一些关系存在,我们现在来介绍.

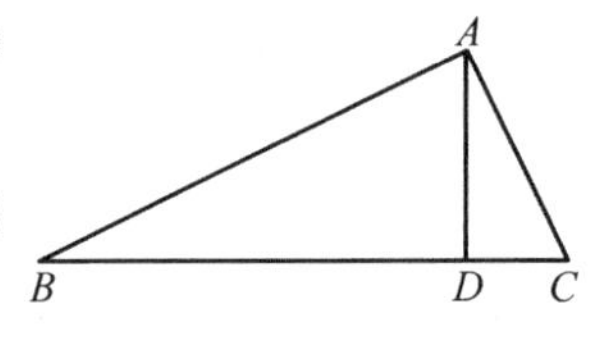

图16.1

定理　在直角三角形中,每一腰是斜边以及此腰在斜边上的射影的比例中项.

例如 AB 就是 BD 和 BC 的比例中项,因为:直角三角形 $\triangle ADB$ 和 $\triangle CAB$ 有公共 $\angle B$ 而相似(第120节备注).第一个三角形的边 AB 和 BD,对应于第二个三角形的边 BC 和 AB.因此有等式

$$\frac{BD}{AB}=\frac{AB}{BC}$$

或

$$AB^2=BD\cdot BC$$

推论　圆的任一弦是通过它一端的直径,以及它在这直径上的射影的比例中项(图16.2).

因为这直径和已知的弦是同一个直角三角形的斜边和一腰(第73节推论2).

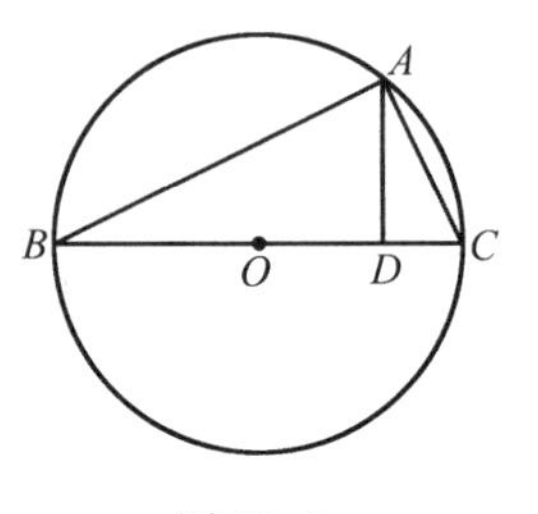

图16.2

备注　从相似三角形 $\triangle ADB$ 和 $\triangle CAB$(图16.1,16.2)可知:$\frac{AB}{BC}=\frac{AD}{AC}$,由是 $AB\cdot AC=BC\cdot AD$.

所以直角三角形两腰的乘积,等于斜边和对应高的乘积.

124. 毕达哥拉斯(Pythagoras)定理[①]　直角三角形斜边的平方等于两腰的平方和.

---

① 我国称作商高定理,或陈子定理,或勾股定理.直角三角形的短腰叫勾,长腰叫股,斜边叫弦.——译者注

我们已知有等式

$$AB^2 = BC \cdot BD$$

把这定理应用于腰 AC，就有

$$AC^2 = BC \cdot CD$$

两式相加得

$$AB^2 + AC^2 = BC(BD + CD) = BC^2$$

备注　知道了直角三角形任两边，用这个定理就可以算出第三边.

举例来说，已知直角三角形的两腰是 3 m 和 4 m，求它的斜边. 若取米做单位长，那么量斜边的数的平方，就等于量两腰的数 3 和 4 的平方和，这和数等于 $3^2 + 4^2 = 25$，它的平方根是 5，斜边等于 5 m.

又已知直角三角形的斜边是 10 m，一腰是 7 m，求它的另一腰. 未知边的平方加上 $49(=7^2)$，应得 $100(=10^2)$，所以这平方数等于 $100-49=51$. 51 的平方根（即 7.14，精确到 $\frac{1}{100}$）就是未知边的米数.

125. 定理　直角三角形从直角顶到斜边所引的高，是斜边被它所分成两线段的比例中项.

事实上，$\triangle ABD$ 和 $\triangle CAD$（图 16.1）相似，因为它们的边互相垂直. 所以线段 BD，AD 和线段 AD，CD 成比例.

推论　从圆周上一点向直径所引的垂线，是它分这直径所成两线段的比例中项.

126. 定理　三角形两边的平方差，等于它们在第三边上射影的平方差.

在 $\triangle ABC$ 中（图 16.3），将点 B 射影于 AC 上的点 H，由等式

$$AB^2 = AH^2 + BH^2$$
$$BC^2 = CH^2 + BH^2$$

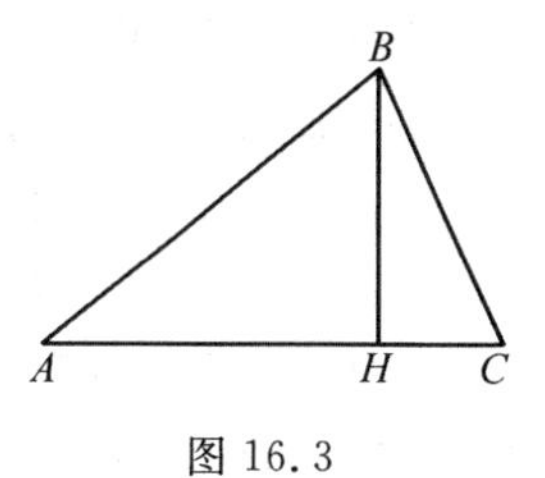

图 16.3

相减得

$$AB^2 - BC^2 = AH^2 - CH^2$$

定理　在任一三角形中：

(1) 锐角对边的平方，等于其他两边的平方和减去这两边中的一边与另一边在这边上射影乘积的 2 倍.

(2) 钝角对边的平方,等于其他两边的平方和加上这两边中的一边与另一边在这边上射影乘积的 2 倍.

(1) 设在 $\triangle ABC$ 中(图 16.3),BC 是锐 $\angle A$ 的对边.从点 B 向直线 AC 作垂线 BH,于是有(按上理)

$$BC^2 = AB^2 + CH^2 - AH^2$$

但因 CH 是 AC 与 AH 的差,就可将 CH^2 代以[①] $AC^2 - 2AC \cdot AH + AH^2$.于是得

$$BC^2 = AB^2 + AC^2 - 2AC \cdot AH$$

(2) 设在 $\triangle ABC$ 中(图 16.4),BC 是钝 $\angle A$ 的对边,从点 B 作直线 AC 的垂线 BH.仍有

$$BC^2 = AB^2 + CH^2 - AH^2$$

因 CH 是线段 AC 和 AH 的和,就可将 CH^2 代以[①] $AC^2 + 2AC \cdot AH + AH^2$.于是得

$$BC^2 = AB^2 + AC^2 + 2AC \cdot AH$$

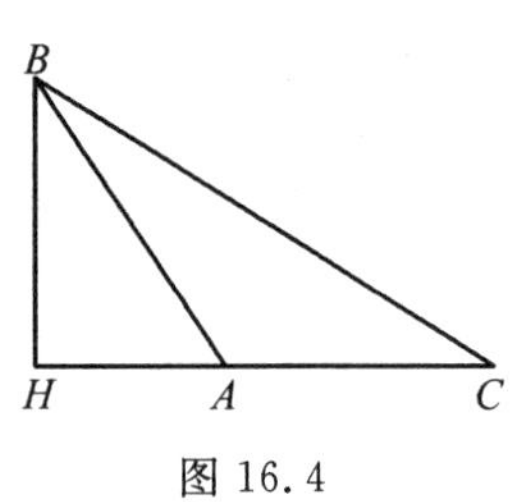

图 16.4

推论 三角形的一角是锐角、直角或钝角,就看它对边的平方比另两边的平方和为较小、相等或较大而定.

127. 斯特瓦尔特(Stewart) 定理 设已知 $\triangle ABC$ 及其底边上 B,C 两点间的一点 D,则有

$$AB^2 \cdot DC + AC^2 \cdot BD - AD^2 \cdot BC = BC \cdot DC \cdot BD$$

从点 A 向 BC 作垂线 AH(图 16.5),为了明确起见,设 H 和 C 在点 D 的同侧.将上节两个定理中的一个应用于 $\triangle ACD$,另一个应用于 $\triangle ABD$,得到

$$AC^2 = AD^2 + DC^2 - 2DC \cdot DH$$

$$AB^2 = AD^2 + BD^2 + 2BD \cdot DH$$

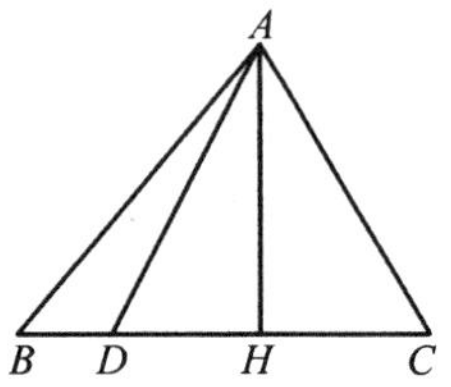

图 16.5

这两个等式的第一个乘以 BD,第二个乘以 DC,然后相加,于是 $2BD \cdot DC \cdot DH$ 这一项,遇到两次,一次带负号,一次带正号,便相消了,于是得

$$AC^2 \cdot BD + AB^2 \cdot DC = AD^2(BD + DC) + DC^2 \cdot BD + BD^2 \cdot DC =$$

---

① 此处假设两数和或差的平方的公式为已知,即 $(a+b)^2 = a^2 + 2ab + b^2$,$(a-b)^2 = a^2 - 2ab + b^2$.

$$AD^2 \cdot BC + BD \cdot DC \cdot BC$$

128. 三角形中几条重要的线的计算　设 $\triangle ABC$ 是一个任意三角形，它的边 BC，CA，AB 分别以数 a，b，c（假设已知）表之，试计算三角形的中线、角平分线和高线的长度.

(1) **中线**　设 AD 是由顶点 A 发出的中线（图 16.6），利用上节定理所得的等式，以 a，b，c 分别代 BC，CA，AB，以 $\frac{a}{2}$ 代 CD 和 BD，等式各项同以 a 除，于是得

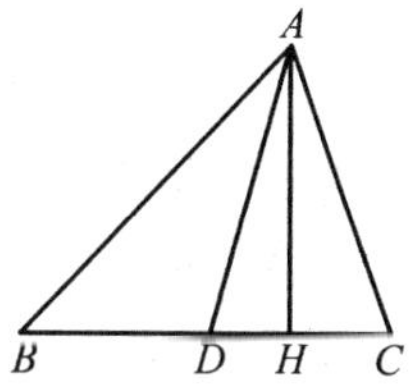

$$\frac{b^2+c^2}{2}=AD^2+\left(\frac{a}{2}\right)^2$$

图 16.6

由是

$$AD^2=\frac{b^2+c^2}{2}-\frac{a^2}{4}$$

所以三角形两边平方和的一半，等于第三边一半的平方加上对应中线的平方.

128a. 另一方面，若在等式（第 127 节）

$$AC^2=AD^2+DC^2-2DC\cdot DH$$
$$AB^2=AD^2+BD^2+2BD\cdot DH$$

中，仍以 a，b，c 代 BC，CA，AB，以 $\frac{a}{2}$ 代 DC 及 BD，并由第二式减去第一式，那么就有

$$c^2-b^2=2a\cdot DH$$

所以三角形两边的平方差，等于第三边与对应中线在这边上的射影乘积的 2 倍.

推论　与两定点 B，C 距离的平方差是常量的点 A 的轨迹是直线 BC 的一条垂线.

因为如果差数 AB^2-AC^2 是常数，那么点 A 在线 BC 上的射影 H 就是一个定点.

129. 角平分线　设 AD 为 $\angle A$ 的平分线（图 16.7），点 D 分 BC 和边 AB，AC 成比例，所以有

$$\frac{BD}{c}=\frac{CD}{b}=\frac{BC}{b+c}=\frac{a}{b+c}$$

或

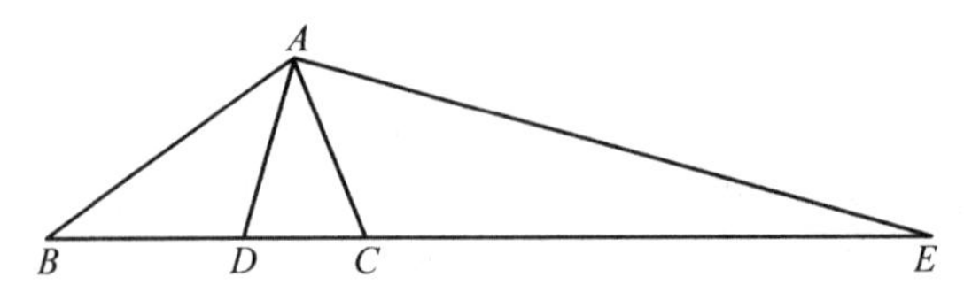

图 16.7

$$BD=\frac{ac}{b+c},CD=\frac{ab}{b+c}$$

将 BD 和 CD 所表示的值,以及 BC,CA,AB 的数值代入第 127 节的定理所得的关系式中,并除以 a,就得到

$$\frac{bc^2}{b+c}+\frac{b^2c}{b+c}-AD^2=\frac{ab}{b+c}\cdot\frac{ac}{b+c}$$

由是

$$AD^2=\frac{bc^2+b^2c}{b+c}-\frac{a^2bc}{(b+c)^2}=bc\cdot\frac{(b+c)^2-a^2}{(b+c)^2}$$

现在设 AE 为 $\angle A$ 的外角平分线(图 16.7). 为了明确起见,设 AB 大于 AC,因之外分 BC 和 AB,AC 成比例的点 E,在边 BC 过点 C 的延长线上,我们有

$$\frac{BE}{c}=\frac{CE}{b}=\frac{BC}{c-b}=\frac{a}{c-b}$$

或

$$BE=\frac{ac}{c-b},CE=\frac{ab}{c-b}$$

对 $\triangle ABE$ 以及取在边 BE 上的一点 C,应用第 127 节定理. 代入 BC,CA,AB,BE 和 CE 的数值,并除以 a,得

$$\frac{bc^2}{c-b}+AE^2-\frac{b^2c}{c-b}=\frac{ac}{c-b}\cdot\frac{ab}{c-b}$$

由是

$$AE^2=\frac{a^2bc}{(c-b)^2}-\frac{bc^2-b^2c}{c-b}=bc\,\frac{a^2-(c-b)^2}{(c-b)^2}$$

130. 高 由顶点 A 作高 AH(图 16.8). 两角 $\angle B$ 和 $\angle C$ 中至少有一个是锐角,设 $\angle B$ 为锐角. 在这个角的对边 $AC=b$ 上,应用第 126 节定理,可写为

$$b^2=a^2+c^2-2a\cdot BH$$

或

$$BH=\frac{a^2+c^2-b^2}{2a}$$

但从直角 $\triangle AHB$ 有

$$AH^2=c^2-BH^2=c^2-\frac{(a^2+c^2-b^2)^2}{4a^2}$$

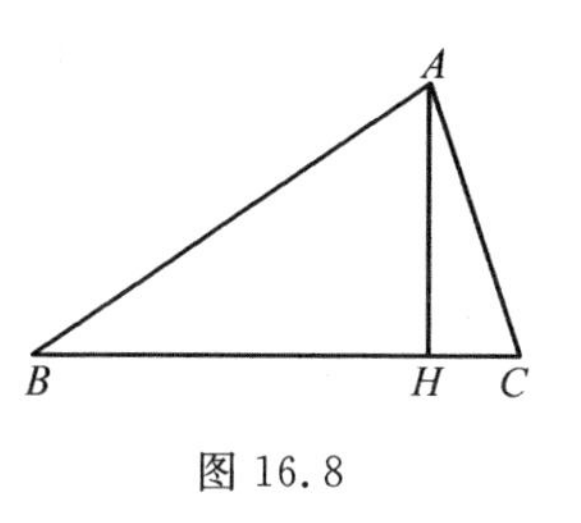

图 16.8

这等式右端是平方差,所以可写成

$$AH^2=(c-\frac{a^2+c^2-b^2}{2a})\cdot(c+\frac{a^2+c^2-b^2}{2a})=$$
$$\frac{(2ac-a^2-c^2+b^2)(2ac+a^2+c^2-b^2)}{4a^2}=$$
$$\frac{[b^2-(a-c)^2][(a+c)^2-b^2]}{4a^2}$$

但右端分子的每一个因子是平方差,所以上面这个公式还可以写成

$$AH^2=\frac{(b-a+c)(b+a-c)(a+c-b)(a+c+b)}{4a^2}$$

若以 p 表示三角形的半周长,即 $a+b+c=2p$,那么 $b+c-a,c+a-b,a+b-c$ 各量分别等于 $2p-2a,2p-2b,2p-2c$,于是

$$AH^2=\frac{4p(p-a)(p-b)(p-c)}{a^2}$$

另一方面,若乘出$[(a+c)^2-b^2][b^2-(a-c)^2]$,那么可以写为

$$AH^2=\frac{1}{4a^2}[4a^2c^2-(a^2+c^2-b^2)^2]=$$
$$\frac{1}{4a^2}(2b^2c^2+2c^2a^2+2a^2b^2-a^4-b^4-c^4)$$

130a. 定理 三角形两边的乘积,等于第三边上的高乘以外接圆的直径.

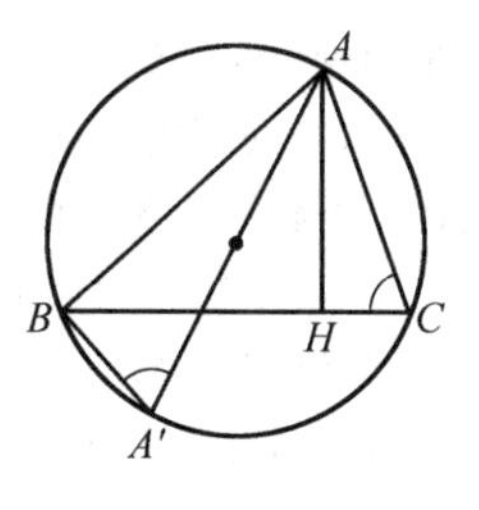

图 16.9

在 $\triangle ABC$ 中(图 16.9),设 AH 是顶点 A 发出的高,AA' 是外接圆直径. $\triangle AHC$ 和 $\triangle ABA'$ 是直角三角形,一个直角顶在 H,一个直角顶在 B,它们有一锐角相等($\angle A'=\angle C$,截同弧 AB),所以这两三角形相似,因之

$$\frac{AH}{AC}=\frac{AB}{AA'}$$

或

$$AB\cdot AC=AH\cdot AA'$$

应用上面所求线段 AH 的数值,从这个定理就可以得出外接圆半径 R 的表示式

$$R=\frac{AA'}{2}=\frac{bc}{2AH}=\frac{abc}{4\sqrt{p(p-a)(p-b)(p-c)}}$$

习　题

(135) 证明圆的动切线被同圆的两平行切线所截得的两线段的乘积是常量.

(136) 证明直角三角形高线平方的倒数,等于两腰平方的倒数之和.

(137) 证明求三角形中线的平方和与各边的平方和之比.

(138) 证明从平面上任一点到平行四边形的两对顶距离的平方和,同这一点到另两对顶距离的平方和,其差是常量.考察矩形的情况.

(139) 证明四边形四边的平方和,等于对角线的平方和加上 4 倍两对角线中点连线的平方.

(140) 设 A,B,C 是三角形的顶点,G 是中线的交点,M 是平面上任一点,证明

$$MA^2+MB^2+MC^2=GA^2+GB^2+GC^2+3MG^2$$

(141) 一动点到两定点距离的平方各乘以一定数后,和或差有定值,求这样的点的轨迹.用此法证第 116 节定理.

(142) 求一些点的轨迹,从这些点到三已知点距离的平方各乘以一定数所得的和有定值.若已知点数不是三而是任一数,考察同一问题.

(143) 证明三角形一角平分线的平方,等于夹此角两边的乘积减去第三边上被它所分成的两线段的乘积.

叙述并证明关于外角平分线的类似定理.

(144) 从中线和角平分线的公式(第 128,129 节) 推出习题(11) 和(18) 所示的不等式.

(145) 设三角形 b,c 两边所夹的中线是这两边的比例中项,那么以这两边的差做边的正方形的对角线,等于三角形的第三边.

(146) 过圆内一点,作两条互相垂直的弦,证明以弦的端点为顶点的四边形中,一双对边的平方和等于直径的平方.

(147) 证明从圆周上任一点到此圆内接四边形一双对边的距离的乘积,等于从此点到另一双对边的距离的乘积,或到两对角线的距离的乘积.

当一双对边变成切线时,这定理的叙述如何变化?

第17章 在圆中的比例线段、根轴

131. 定理 从已知圆周的平面上一点 A 作此圆的各割线，那么从点 A 到割线和圆周相交的两点的距离之积是常量.

我们区分两种情况：

(1) 点 A 在圆周内(图17.1). 设过此点引割线 BAB' 及 CAC'，联结 BC'，CB'. $\triangle ABC'$ 和 $\triangle ACB'$ 中，$\angle A$ 因对顶角而相等，$\angle B'=\angle C'$(因以同弧 BC 的一半度量)，因此两三角形相似. 由各边成比例得到 $\frac{AB}{AC}=\frac{AC'}{AB'}$. 外项的积等于内项的积，故有

$$AB \cdot AB'=AC \cdot AC'$$

(2) 点 A 在圆周外(图17.2). 设 ABB' 和 ACC' 是经过这点的两割线，仍联结 CB'，BC'. $\triangle ABC'$ 和 $\triangle ACB'$ 中，$\angle A$ 是公共的，$\angle B'=\angle C'$(因同以弧 BC 的一半度量)，因此两三角形相似. 和上面一样，由各边成比例得到 $\frac{AB}{AC}=\frac{AC'}{AB'}$，由是得出叙述的定理.

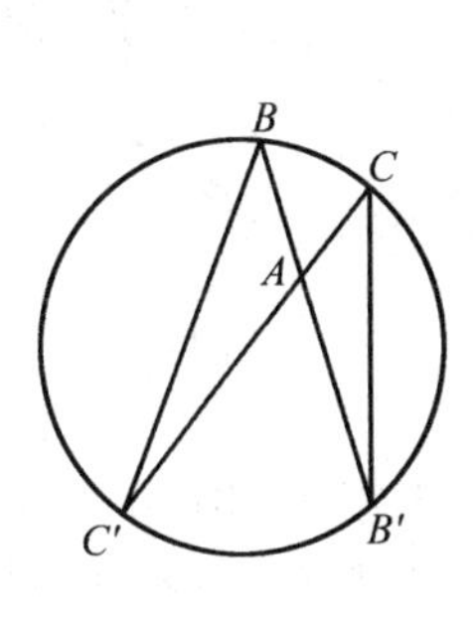

图17.1

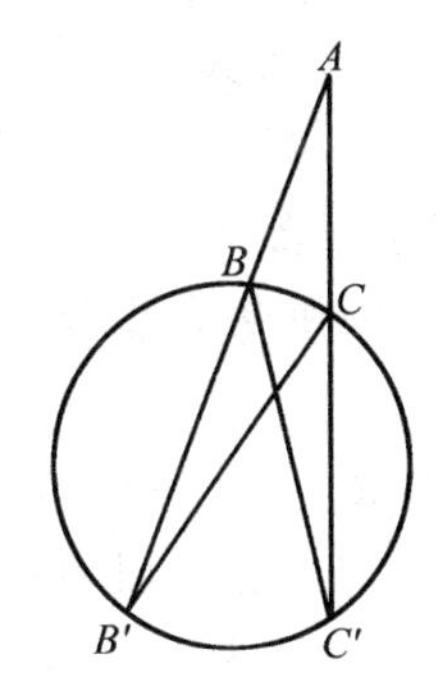

图17.2

131a. 逆定理 设在经过一点 A 的两直线 BAB' 及 CAC'(图17.3)上，取这样四个点 B,B',C,C'，使乘积 $AB \cdot AB'$ 等于乘积 $AC \cdot AC'$(并且点 A 或同在线段 BB' 和 CC' 的延长线上，或同在线段本身上)，那么这四点在同一圆周上.

事实上，不共线的三点 B,C,C' 确定一个圆周，设这圆周交直线 BAB' 于一点 B'_1，因之 $AB \cdot AB'_1=AC \cdot AC'$. 比较这等式以及定理的假设 $AC \cdot AC'=$

$AB \cdot AB'$,就表明 $AB'_1 = AB'$,所以点 B'_1 重合于 B'.

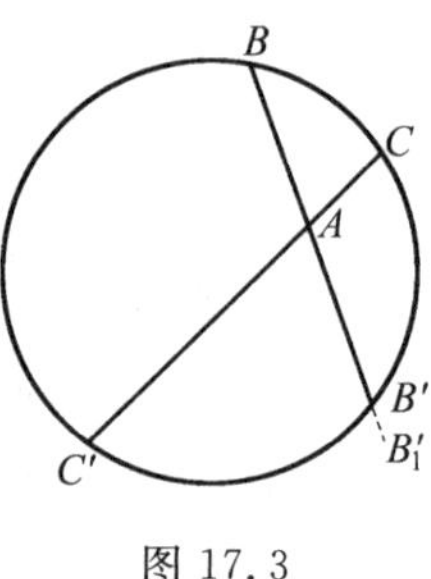

图 17.3

132. 定理 设从圆外一点作一切线及一割线,则切线是全割线及其圆外部分的比例中项.

设 ABB' 是割线,AT 是切线(图 17.4),我们重复第 131 节(2) 的证明而不需任何修正,只要将字母 C,C' 代以 T.

此处我们又看出这样事实的一个例子,即(第 67 节)切线应看做和圆周有两个交点,它们重合于切点.

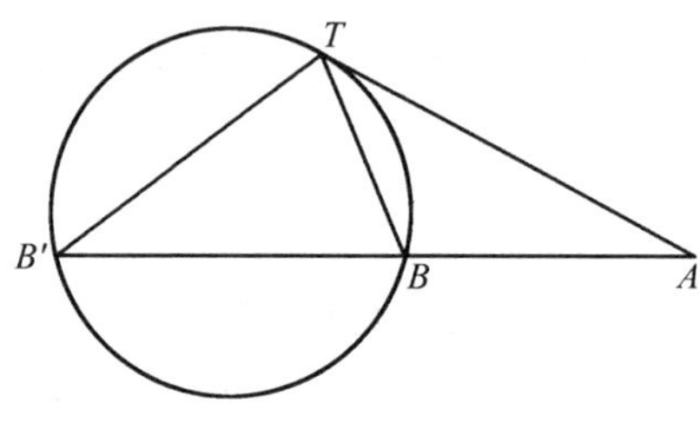

图 17.4

逆定理 设在直线 ABB' 上从点 A 起截两同向线段 AB 和 AB',并在从 A 出发的另一直线上取线段 AT 等于 AB 和 AB' 的比例中项,则过三点 B,B',T 的圆周切直线 AT 于点 T.

事实上,圆周 $BB'T$ 和直线 AT 有一个公共点 T;若另有一公共点 T'(图 17.5),则将有(第 131 节) 等式

$$AB \cdot AB' = AT \cdot AT'$$

这等式和假设 $AB \cdot AB' = AT^2$ 比较,就表明点 T' 必然和点 T 重合.

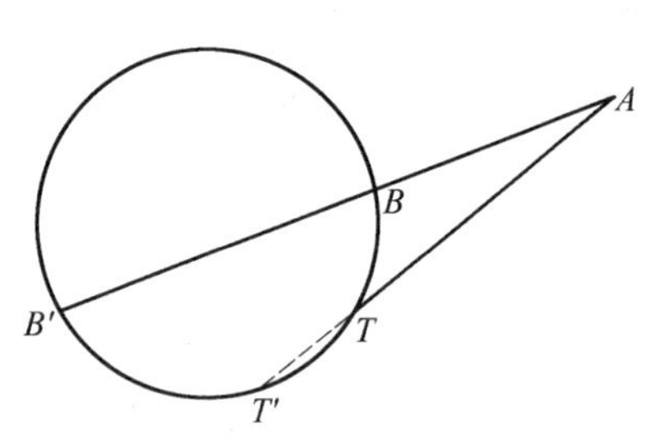

图 17.5

133. 定义 从一点 A 作一圆周的任一割线,从 A 起到和圆周相交为止的两线段之积(根据第 131 节这乘积不因割线的方向而变),称为点 A 对于这圆周的**幂**;若点 A 在圆外,这乘积带“+”,若在圆内,则带“—”.

若这点在圆外,这点的幂等于从这点所作圆周的切线的平方.

134. 点 A 对于以 O 为圆心的圆周的幂,等于距离 OA 以及半径的平方差.

如取直线 OA 为割线 ABB',则线段 AB 及 AB' 中,一个是线段 OA 同半径的和,一个是 OA 同半径的差;因此它们的乘积等于这两量的平方差.

若注意到幂的符号,那么幂恒等于 $d^2 - R^2$(其中 d 表距离 OA,R 表半径).

135. 设两圆周相交成直角，则每一圆半径的平方等于它的圆心对于另一圆周的幂，反过来也对.

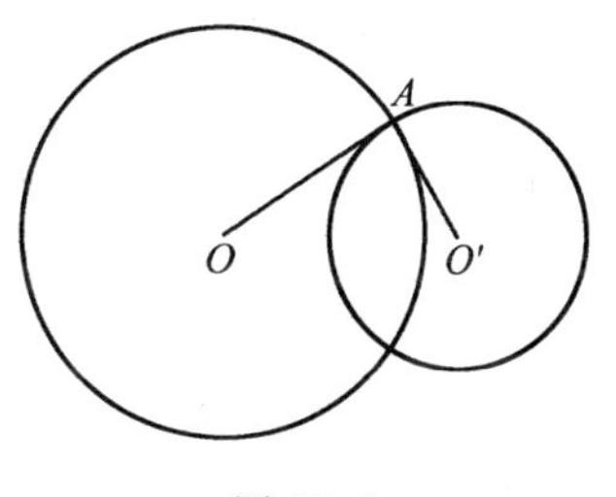

图 17.6

设圆周 O 及 O'(图 17.6) 在点 A 相交成直角，则圆周 O' 在此点的切线是 OA，于是点 O 对于圆周 O' 的幂等于 OA^2.

反之，设点 O 对于圆周 O' 的幂等于 OA^2，则 OA 切于此圆周，因而两圆周正交①.

136. 定理　对于两已知圆有等幂的点的轨迹，是一条直线，垂直于连心线.

这直线称为两圆周的**等幂轴**或**根轴**.

设已知两圆周，圆心为 O 及 O'(图 17.7)，半径为 R 及 R'.

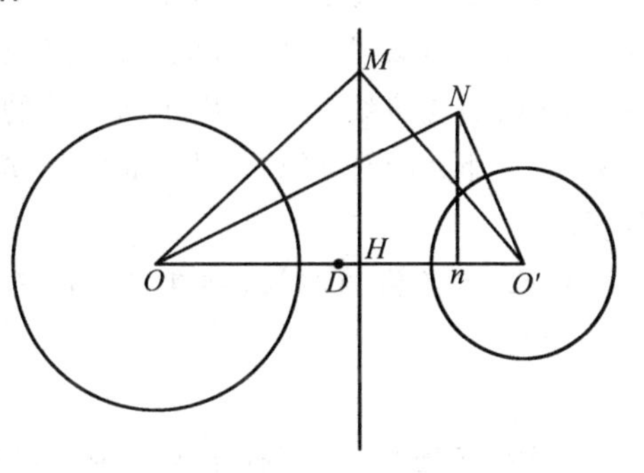

图 17.7

设一点 M 对于此两圆周有等幂，则有

$$OM^2 - R^2 = O'M^2 - R'^2$$

这等式可写为

$$OM^2 - O'M^2 = R^2 - R'^2$$

这就是我们所要求的结论(第 128a 节).

由第 128a 节，根轴和连心线的交点 H 到连心线中点 D 的距离，由公式 $2DH \cdot OO' = R^2 - R'^2$ 确定.

备注　(1) 当两圆之一的半径为零，即是缩成它的圆心时，上面的证明依然成立. 所以，一点对于已知圆周的幂，若等于它到一已知点距离的平方，那么它的轨迹是一条直线，垂直于已知点和已知圆心的连线.

这直线不妨称为**已知圆周和已知点的根轴**.

(2) 两同心圆周的根轴不存在②.

---

① 所谓两圆周的交角，是指两圆周在交点的切线的夹角，若这夹角是直角，就称为两圆周交成直角或者正交. —— 译者注

② 两同心圆周的根轴可以看成在无穷远：因为当 $R^2 - R'^2$ 是常量，而点 O 和 O' 无限趋近时，线段 DH 的长度就趋于无穷.

(3) 任意一点对于两圆周的幂的差，等于这点到根轴的距离与两圆心间距离乘积的2倍.

设N(图17.7)为已知点，n是它在OO'上的射影. 此点对于两圆周的幂的差是

$$ON^2-R^2-(O'N^2-R'^2)=ON^2-O'N^2-(R^2-R'^2)$$

但

$$ON^2-O'N^2=2Dn\cdot OO',R^2-R'^2=2DH\cdot OO'$$

由是相减得

$$ON^2-O'N^2-(R^2-R'^2)=2Hn\cdot OO'$$

137. 设两圆周相交，则其根轴即是两交点所连的直线.

显然直线AB(图17.8)上任一点，是在对两圆有等幂的点的轨迹上. 反之，由上所论，这轨迹上任一点M在直线AB上. 这也可以直接看出，只要联结MA：若这直线交两圆周于两个新的互异的点B'和B'_1，那么两幂$MA\cdot MB'$和$MA\cdot MB'_1$将不等了.

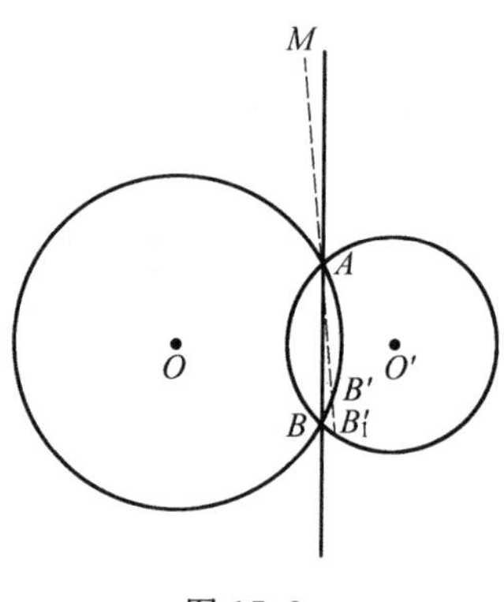

图17.8

仿此，若两圆周相切，则其根轴即是它们切点的公切线.

138. 两圆周的根轴(至少这轴在两圆外的部分)是和此两圆周交成直角的圆周圆心的轨迹.

因为这样的圆心对于两已知圆周有等幂，即此圆半径的平方.

根轴将一条公切线分为两等份.

139. 定理 三圆周两两的根轴相交于同一点或互相平行.

因为这三条根轴中两条的交点，对于三圆周有等幂，因之必在第三条根轴上. 这点称为三圆周的**等幂心**或**根心**. 若此点在三圆之外，那么以它为圆心可作一圆周，与三圆周都交成直角.

备注 若两条根轴重合，那么上面的推理表明：第三条根轴也和它们重合三圆周有同一根轴，任何圆周和三圆周中的两个正交的，必和第三圆周正交.

习　题

(148) 已知一圆及其平面上两点 A,B.过点 A 作一动割线 AMN,交圆周于 M,N.证明经过 M,N 以及点 B 的圆周,还通过另外一个定点.

(149) 证明一点对于两已知圆周的幂的比是一已知数,则它的轨迹是一圆周,和两已知圆周有同一根轴.由是推求习题(128)的轨迹.

(150) 平行于三角形底边 BC 作一割线 DE,交 AB 于点 D,交 AC 于点 E,以 BE 及 CD 为直径作两圆周,证明此两圆周的根轴恒为 $\triangle ABC$ 过点 A 的高线.

(151) 设 D,D' 是三角形边 BC 上的两点;E,E' 是边 CA 上的两点;F,F' 是边 AB 上的两点.若已知有一圆周通过点 D,D',E,E',一圆周通过 E,E',F,F',及一圆周通过 F,F',D,D',证明六点 D,D',E,E',F,F' 在同一圆周上.

(152) 在什么情况下,和两已知圆周 O,O' 正交的各圆周与连心线 OO' 相交?证明在这种情况下,所有这些圆周和这连心线相交于相同的两点(即庞斯雷(Poncelet) 极限点),也就是和两已知圆周有同一根轴的点.

(153) 过 A,B 两定点任作一圆周,过与此两点同在一直线上的另两定点 C,D 又任作一圆周,证明这两圆周的公弦[①]必通过一定点.

(154) 证明若三圆周的根心在这些圆内,那么它是一个圆周的圆心,这圆周被三已知圆周的每一个二等分.

① 说这两圆周的根轴,更为妥当.因这两圆周既都是任意的,就不一定有公弦,而根轴则恒存在.——译者注

第18章　位似与相似

140. 定义　设选定一点S及一个数k,将任一点M与点S连直线,在此直线上沿SM的方向(图18.1(a))或相反的方向(图18.1(b))截取一线段SM'使$\frac{SM'}{SM}=k$,则所得的点M'称为M的**位似点**,点S称为**位似中心**或**相似中心**,数k称为**位似比**或**相似系数**.

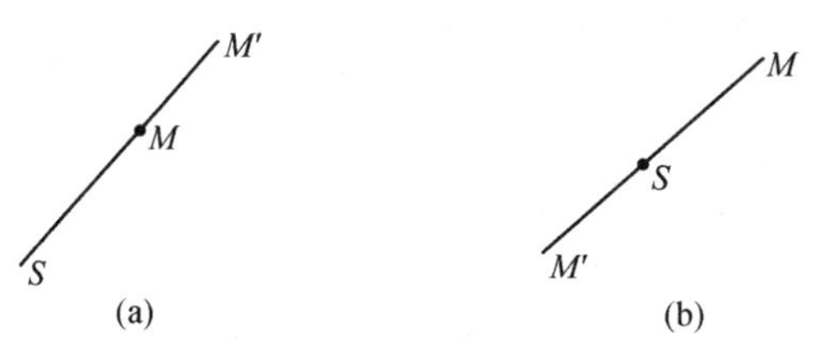

图18.1

若SM'与SM同向,则位似称为**正**的(图18.1(a)).若此两线段**反**向,则称为反的(图18.1(b)).

设将一图形F的各点,求其位似对应点M',则此等点M'的全体所构成的图形称为F的**位似形**(或称配景相似,或称相似且置于相似位置).

备注　(1)位似心是与自身位似的点;它是有此性质的唯一点(当然,除开正位似而位似比等于1的情况;在此情况,每一点同它的位似点重合).

(2)关于一点的对称(第99节)是反位似的一个特例.

141. 定理　在相位似的两组点中,连一组中任两点的线段,同连另一组中对应两点的线段恒相平行.它们是同向或反向,就看位似是正的或反的.

设A,B为第一组的两点,而A',B'是它们的位似点(图18.2),S为位似中心,k为位似系数.比例$\frac{SA'}{SA}=\frac{SB'}{SB}=k$表明(第114节逆定理),线段$A'B'$和$AB$平行,而$\triangle SA'B'$和$\triangle SAB$的相似表明,这两线段的比等于$SA'$和$SA$的比.

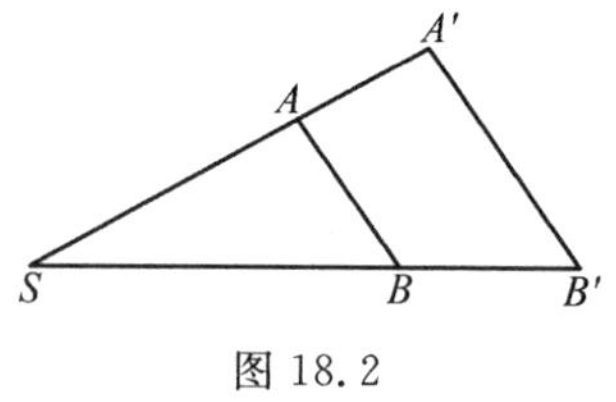

图18.2

推论1　直线的位似形是直线.

因为如果直线AB保持不动,而点B在此线上运动,那么点B'描画一直线,通过A'而平行于AB.

推论 2 圆周的位似形是圆周，而且它们的圆心是位似点.

因若点 B 运动而到定点 A 的距离保持不变，那么点 B' 画一圆周，以 A' 为圆心，以 $A'B'=k\cdot AB$ 为半径.

推论 3 位似于一已知三角形的图形是一个三角形，它和已知三角形相似.

142. 逆定理 设两组点所在的平面上有这样两点 O,O' 存在：点 O 和第一组中任一点 M 的连线段，恒平行于点 O' 和第二组中对应点 M' 的连线段，而且其比等于一定数 k（并且两线段或恒同向，或恒反向），那么这两组点是位似的.

为了使定理在各种情况下都正确，必须将这样的两组：即在其中 OM 与 $O'M'$ 相等且同向平行，也就是全等且可用平移而互相得到的两组，也算做正位似的.

设 M 及 M' 为任意两个对应点（图 18.3），联结 MM'，若此直线平行于 OO'，则四边形 $OMM'O'$ 为平行四边形，而 $OM=O'M'$，两组可用平移而互得. 在相反的情况下，直线 MM' 与 OO' 相交于一点 S，这是一个定点，就是说不因 M,M' 这一对点的选择而变. 事实上，这点分线段 OO' 成已知比 k（若线段 OM 和 $O'M'$ 同向，就是外分，若它们反向就是内分），这是由于 $\triangle SOM$ 和 $\triangle SO'M'$ 相似的缘故，并且，由于这两三角形相似，有

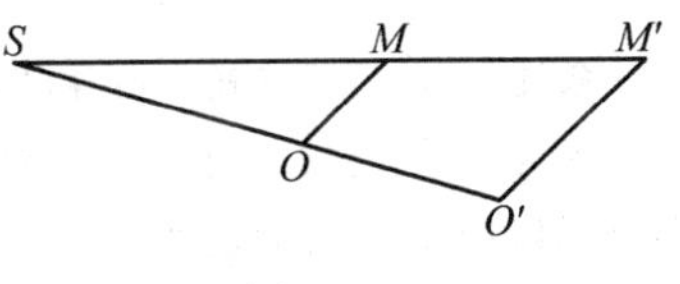

图 18.3

$$\frac{SM'}{SM}=\frac{O'M'}{OM}=k$$

143. 推论 两圆周恒可视为位似形，并且有两种不同的方式.

设 O 和 O' 是两圆的圆心，那么两条同向平行的对应半径端点 M,M' 满足上面定理的条件，并且是两个正位似形（图 18.4）；同理，两条反向平行的半径端点 M_1 和 M' 是两个反位似形的对应点. 在此两种情况下，相似比等于两半径之比.

因此，这两圆周有两个相似中心 S,S_1；一个对应于正位似，称为**外相似心**，

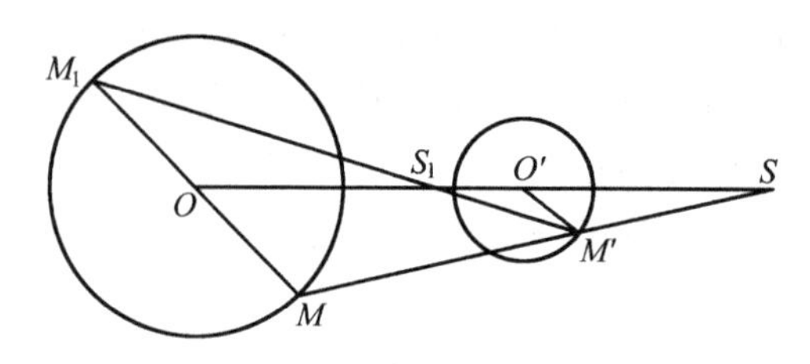

图 18.4

另一个对应于反位似,称为**内相似心**[①].两圆周的两个相似中心将连心线调和分割,因为每一相似中心将它所分成的比等于两半径之比.

一条外公切线的两个切点成正位似,因为经过这两点的半径是同向平行的.仿此,一条内公切线的两个切点成反位似.

并且,两外公切线(如存在)相交于外相似心;两内公切线(如存在)相交于内相似心.

若两圆周相切,则切点是一个相似中心.

备注 两圆周不能以两种以上的不同方式相位似.

因为如果有位似,则圆心相对应(第141节推论2),且对应半径平行.因它们有同向或反向,就得到上面所讲的这种或那种位似.

144. 定理 与同一图形位似的两图形,彼此互相位似,并且三个位似中心在同一直线上.

设图形 F_2,F_3(图18.5)和同一图形 F_1 位似;设图形 F_1 上某一定点 O_1 在图形 F_2 和 F_3 中的对应点是 O_2 和 O_3;图形 F_1 上任一点 M_1 的对应点是 M_2 和 M_3.线段 O_2M_2 和 O_3M_3 都平行于 O_1M_1,所以平行;它们或者恒同向(如果它们都和 O_1M_1 有同向,或都和 O_1M_1 有反向,就是说,如果两个位似 (F_1,F_2) 和 (F_1,F_3) 方式相同),或者恒反向(如果起初的两个位似方式不同);最后它们的比是常数,因为由等式 $\frac{O_2M_2}{O_1M_1}=k$ 以及 $\frac{O_3M_3}{O_1M_1}=k'$ 可推得 $\frac{O_3M_3}{O_2M_2}=\frac{k'}{k}$.于是两图形 F_2 和 F_3 确相位似.并且,如果起初的两位似方式相同,就是正位似,否则就是反位似.

现在设 S_{23} 是 F_2 和 F_3 的位似心,S_{31} 是 F_1 和 F_3 的位似心,S_{12} 是 F_1 和 F_2

---

① 但相等的两圆周没有外相似心,它们之可以视为正位似图形,是按照第142节推广了这个概念的.

的位似心，则这三点在同一直线上.事实上，若把点 S_{23} 看成属于图形 F_2，那么它在图形 F_3 的对应点就是它自身；它在图形 F_1 以某一点 S 作为对应点，直线 SS_{23} 既通过点 S_{31}（因是联结图形 F_1 和 F_3 的对应点的直线），又通过 S_{12}（因是联结图形 F_1 和 F_2 的对应点的直线）.

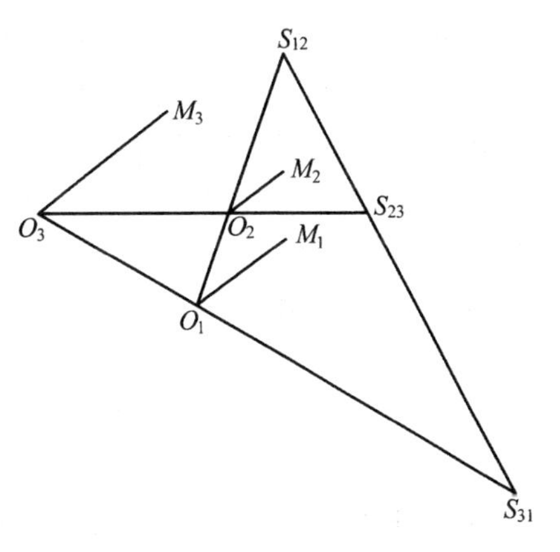

图 18.5

备注 我们看出，若三图形两两相位似，那么这三个位似或者有一个是正的，或者全是正的①.

145. 三圆周 C_1，C_2，C_3 可以看成两两是位似图形，并且有四种不同的方式；因为（第143节）两圆周 C_1 和 C_2 可任意视为正位似或反位似，C_1 和 C_3 也同样（因此有四种可能的配合）；圆周 C_2 和 C_3 的位似就由前两位似确定了.应用上理，可以看出：三个外相似心在同一直线上；仿此，每一外相似心以及与它不相配的两个内相似心在同一直线上.如是确定的四直线称为**相似轴**：其中一线称为**外相似轴**，其他三线称为**内相似轴**；它们两两相交于六个相似心.

定义 设延长普通四边形的对边以至于相交，则所成的图形称为**完全四线形**.一个完全四线形有六个**顶点**：A，B，C，D，E，F（图 18.6），两两相对.联两个对顶的直线称为完全四线形的**对顶线**，因此完全四线形 $ABCDEF$ 有三条对顶线 AB，CD，EF.

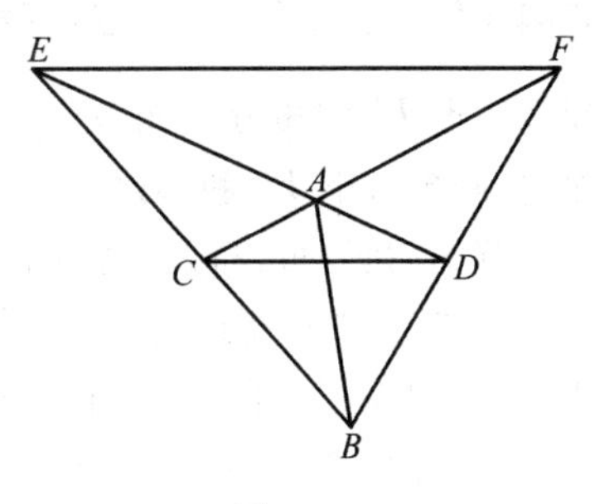

图 18.6

根据这个定义，三个圆周的相似轴形成完全四线形，以三圆的连心线作为它的对顶线.

146. 定义 如果两图形可以把它们放置使其彼此位似，则称此两形**相似**.

---

① 因三对应线段 O_1M_1，O_2M_2 和 O_3M_3 或者有两个同向而第三个反向，或者三线段全部同向.——俄译者注

举例来说,等圆心角所对应的圆弧就是相似形.

定理 两相似多边形的角相等,而对应边成比例.

事实上,将两形放在位似的位置,它们的角便两两相等:因为它们的边或者是同向平行,或者是反向平行(由它们是正位似或反位似而定);任意两对应边的比等于相似系数.

推论 相似的两多边形周界长之比等于相似系数.

这由各边成比例以及下面这个算术的定理推得:在一系列的等比中,各前项之和同各后项之和的比,等于这些比中每一个的前项同后项之比.

147. 逆定理 如果两个多边形的角按照同一顺序是两两相等的,并且每两个对应角,或者都有相同的转向,或者都有相反的转向,而它们的对应边又成比例,那么这两个多边形相似.

设两多边形 $P\,(ABCDE)$ 和 $P'(A'B'C'D'E')$ 满足定理的条件,于是有

$$\angle A=\angle A',\angle B=\angle B',\angle C=\angle C',\angle D=\angle D',\angle E=\angle E'$$

$$\frac{A'B'}{AB}=\frac{B'C'}{BC}=\frac{C'D'}{CD}=\frac{D'E'}{DE}=\frac{E'A'}{EA}$$

作一个多边形 P_1 对于一个任意点和多边形 P 位似,并且选相似比等于公共的比值$\frac{A'B'}{AB},\frac{B'C'}{BC}$ 等.这样我们得出一个多边形 $P_1(A_1B_1C_1D_1E_1)$,它的角和多边形 P' 的角分别相等(且全都同向或者全都反向),它的边等于多边形 P' 的边.则多边形 P_1 和多边形 P' 全等.

首先,我们可以假设各角相等且同向(否则我们就以 P' 关于某一直线的对称形来代替 P').在这些条件下,我们可以放置多边形 P'(不变更它的转向) 于 P_1 上,使边 $A'B'$ 重合于它的等边A_1B_1.由于 $\angle B_1$ 和 $\angle B'$ 相等而且同向,可知边 $B'C'$ 落在 B_1C_1 的方向.而由于它们等长,所以这两线段重合.并且我们可以仿此证明 $C'D'$ 重合于 C_1D_1,以下类推.所以这两多边形重合.

备注 两个四边形可以有相等的对应角而不相似,例如正方形和矩形.同理,两个四边形的边成比例不足以保证它们相似,正好像两个四边形的边相等不足以保证它们全等一样(第 46a 节备注(3))(参看以后的附录 A 第附 14 节以及《几何学教程(立体几何卷)》的附录 A).

148. 任一多边形可分解成一些三角形,并且有无穷多的方法来分解.

(1) 若多边形是凸的,就可以联结它的一个顶点到其余的顶点,或联结其

内任一点到各个顶点(图 18.7).

(2) 设多边形不是凸的(图 18.8),那么它可以被分解为凸多边形(这些凸多边形又可分解成三角形,已如上述).

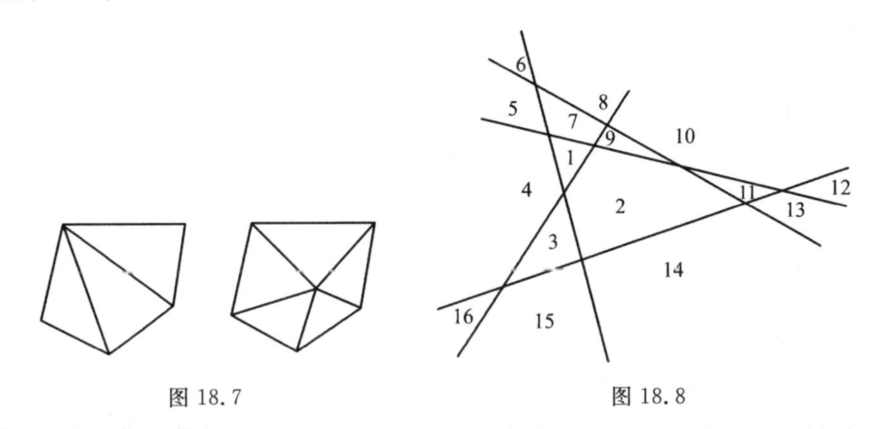

图 18.7　　　　图 18.8

为了这个目的,将多边形各边无限延长,这些线将平面分为若干区(例如在图 18.8 中的从 1 到 16 的区域):不穿越一边或其延长线,不可能从一区通到另外一区,并且反过来也对.这些区域的每一个,或全部在多边形内,或全部在多边形外(因为从这区域的任一点可以既不穿过一边也不穿过一边的延长线就通到此区域的其他任一点).因此,多边形就由那些全部在它之内的各区域所构成(在图 18.8 上,这些区域记为 1 ～ 3),这些区域按定义都是凸多边形.

149. 定理　两相似多边形可以分解成一些相似而且位置顺序相同的三角形.

事实上,只需将两多边形放置在位似的位置,并将其中一个分解成三角形,将另一个分解成与之位似的三角形.

逆定理　两多边形如果可以分解成一些相似而且位置顺序相同的三角形,就彼此相似.

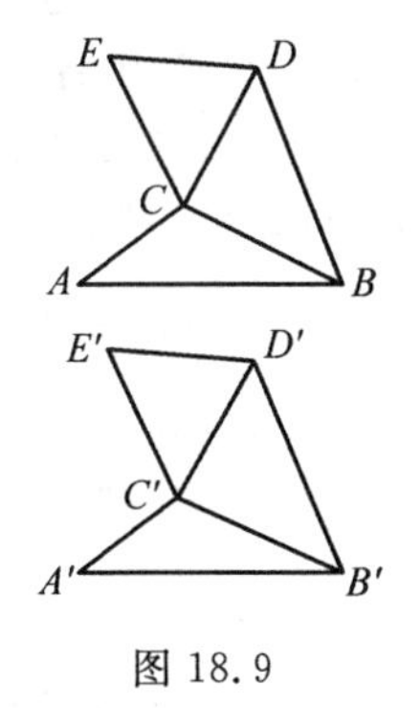

图 18.9

首先,两多边形若是由一些全等而且置于同样位置的三角形所构成,就彼此全等.事实上,设 $\triangle ABC$,$\triangle BCD$,$\triangle CDE$ 等(图 18.9)为构成第一多边形 P 的三角形,而 $\triangle A'B'C'$,$\triangle B'C'D'$,$\triangle C'D'E'$ 等为构成第二多边形 P' 的三角形,分别与前者全等且同样地放置着.若以 $A'B'$ 为底,在其上利用 $\triangle ABC$,$\triangle BCD$,$\triangle CDE$ 等作一个多边形全等于 P,我们所得到的

正就是 P'.

现在设构成两多边形的三角形分别相似，置于同样位置，而相似比[①]为 k，那么，根据上面所说，若作一个多边形和第一个多边形位似而就以 k 为相似比，所得的多边形就和第二个多边形全等.

150. 定理 设在联结定点 O 至图形 F 上每一点 M 的线段上，作彼此相似且转向相同的一些三角形，则它们第三个顶点 M' 所形成的图形 F' 和 F 相似.

因若将图形 F 绕点 O 旋转一个等于 $\angle MOM'$ 的角，就得出一个图形，和图形 F 全等，而对于点 O 和图形 F' 位似.

逆定理 设已知两相似且转向相同的多边形，则必有一点存在，使以此点及任两个对应点为顶点的三角形，都彼此相似.

若将其中一形绕此点旋转适当的角度，则此形对于此点将与另一形位似.

设两形 F,F' 相似，且有相同的转向，因此图形 F' 和某一个与图形 F 全等且转向相同的图形 F_1 相位似. 由是首先推得两形的两条对应线段 AB 和 $A'B'$(图 18.10) 所形成的角是**常量**(可称为**两形间的角**)，这是由于两形 F 和 F_1 全等且有相同转向，而所有 F' 形的直线又和 F_1 形的对应线相平行的缘故. 并且，由于这两线段成比例，那么若过点 A 作线段 AB_0 等于线段 $A'B'$，并和它同向平行，我们就得到一个 $\triangle ABB_0$ 相似于一个不因 A 和 B 的位置而变的某一定三角形 T，并且和这个三角形有同一转向.

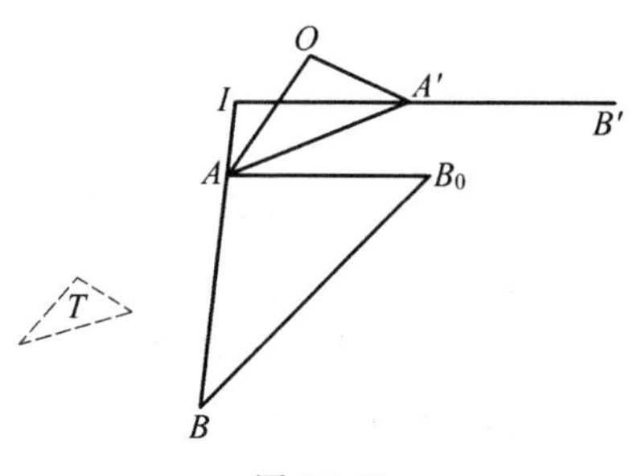

图 18.10

现在我们来求一个这样的点：把它看成属于图形 F 的话，它在图形 F' 中的对应点仍是它自身. 假定 O 是这样的一点，若重复上面的作图，而取点 O 作为点 A，则点 B_0 将重合于点 B'，因此 $\triangle OBB'$ 将与三角形 T 相似且有同一转向；有一点而且仅有一点存在满足这条件[②].

反之，设如是选定的点 O，把它看成属于图形 F，那么它在图形 F' 中的对应点应该在直线 BO 的对应线上，而这对应线正就是直线 $B'O$(因它与 BO 所成的角等于两形间的角)；并且，这对应点到点 B' 的距离应等于 $B'O$(因此 $\frac{B'O}{BO}$ 等于两形的相似比). 所以，点 O 重合于其自身的对应点.

因此，所有像 $\triangle OBB'$ 的三角形都和三角形 T 相似；如果现在将图形 F 绕点 O 旋转一个

① 对于两个相邻的三角形，相似比一定相同. 因为在每一图形中，这两三角形都有一边公共；所以对于各个三角形相似比都相同.

② 这点的作法以后再讲(第 152 节).

角等于两形间的角，那么它和图形 F' 将成位似，以点 O 为位似中心.

备注　两角 $\angle AOA'$ 和 $\angle BOB'$ 应等于直线 AB 和 $A'B'$ 间的角，所以若延长此两线使相交于 I，那么，就可用两三角形 $\triangle AIA'$ 和 $\triangle BIB'$ 的外接圆周的交点作为点 O.

150a. 定理　设 $PRMQ$ 为平行四边形；O 和 N 两点各取在邻边 PQ 和 PR 的延长线上，并和 P 的对顶 M 在同一直线上（图 18.11）.

若平行四边形保持两边的长度不变而变形（活络平行四边形），并且距离 PO 和 PN 也保持其为常量，而三点 O,M,N 之一保持不动，那么其他两点画位似形.

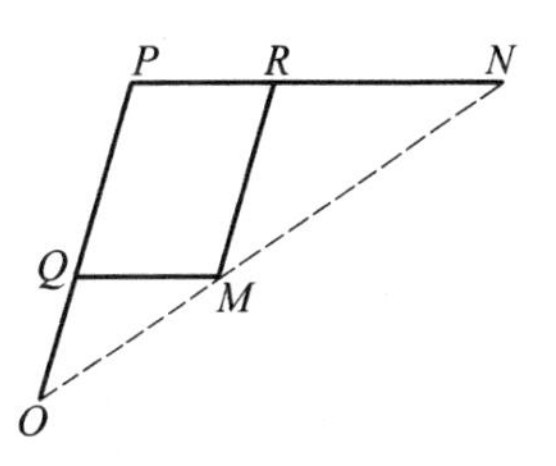

图 18.11

首先，若四边形 $PRMQ$ 的边长保持不变，则它依然是平行四边形，因为我们恒有 $PQ=RM$ 以及 $PR=QM$. 并且，三点 O, M,N 保持在一直线上：因为在原来的图形上这三点在一直线上，所以有 $\frac{MR}{OP}=\frac{NR}{NP}$；由于这等式中出现的各长度保持不变，所以在形变的过程中这等式依然成立. 因此，$\triangle MRN$ 和 $\triangle OPN$ 恒相似（因在 R 和 P 的角相等而夹边成比例），于是 $\angle PNO$ 和 $\angle RNM$ 恒相等.

最后，比 $\frac{OM}{MN}$ 是常数：它和 $\frac{PR}{RN}$ 相等. 因此，定理证明了.

放大器就是根据这定理设计的，用以重新画出图形或加以放大，此时 OQP，PRN，MQ 和 MR 是硬的枢轴，在 P,M,Q,R 用枢纽扭起来. 将三点 O,M,N 之一固定起来，在另一点有铅笔尖，第三点则顺着要重新画出的图形边缘移动.

习　题

(155) 求作三角形的内接正方形.

(156) 联结已知点 A 及以 O 为圆心的圆周上任一点 B，求 $\angle AOB$ 的平分线和直线 AB 交点的轨迹.

(157) 在已知 $\angle XOY$ 的边 OX 上任取一点 M，并以 OM 为直径作圆周；然后作一圆周与之相切，并切于 OX 及 OY，求此两圆周切点的轨迹.

(158) 证明三角形中线的交点 G 在外接圆心和高线交点的连线上，并内分此两点间的线段成比 $1:2$.（证点 G 是 $\triangle ABC$ 以及在第 53 节证明中所遇到的 $\triangle A'B'C'$ 的位似中心.）

(159) 已知两两互相位似的三个图形的相似比. 求一个位似中心分其他两位似中心所连线段的比.

(160) 已知两平行线及其平面上一点 O. 过此点任作一割线，交两平行线于点 A 及 A'，由点 A' 作割线的垂线，并于其上取一个长度等于 OA. 求这垂线端点的轨迹.

(161) 设 F 及 F' 是转向相反的两个相似（但不全等）的图形，证明可以求两个不同的图

形 F'',其中每一个和 F 对称于某一直线,而同时又和 F' 对于这直线上的某点相位似;在这两种情况下,相似中心是同一点,但两个相应的位似一个是正的,一个是反的.

(162) 有两个相似而且转向相同的图形,在任意两个对应点的连线上作一三角形,使与已知的三角形 T 相似并有同向,或者把这连线段分于已知比.证明这样作成的一些三角形的第三顶点或分点形成一个图形,与已知的两形相似.

第19章　作　图

151. 作图 1　求分一线段为若干部分与已知线段成比例，或分成等份.

第一法（图 19.1）　求分线段 AB 成（例如）三等份. 过点 A 任作一直线，并在其上从 A 起截相等的三个线段 AC，CD，DE. 然后联结 BE，并过 C，D 作 BE 的平行线.

这些平行线分线段 AB 成三等份（第 113 节）.

设求分线段 AB 成三份，和三个已知线段成比例，则截（图 19.2）线段 AC，CD，DE 分别等于已知的线段.

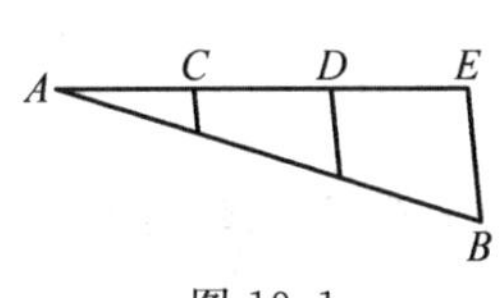

图 19.1

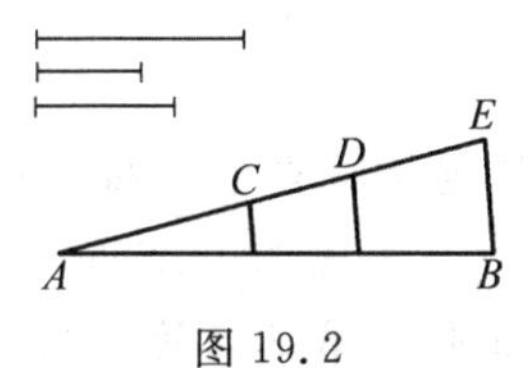

图 19.2

第二法（图 19.3）　求分线段 AB 成三等份. 在 AB 的任一平行线 ab 上截等线段 ac，cd，db. 联结 Aa 及 Bb，设其交于点 O. 直线 Oc 及 Od 分线段 AB 成三等份（第 121 节）.

设求分线段 AB 成三份，与三个已知线段成比例，则选线段 ac，cd，db 分别等于已知线段.

作图 2　求作三已知线段的比例第四项.

作法完全与上面的相仿.

第一法（图 19.4）　已知线段 a，b，c，求作线段 x 使有 $\frac{a}{b}=\frac{c}{\omega}$.

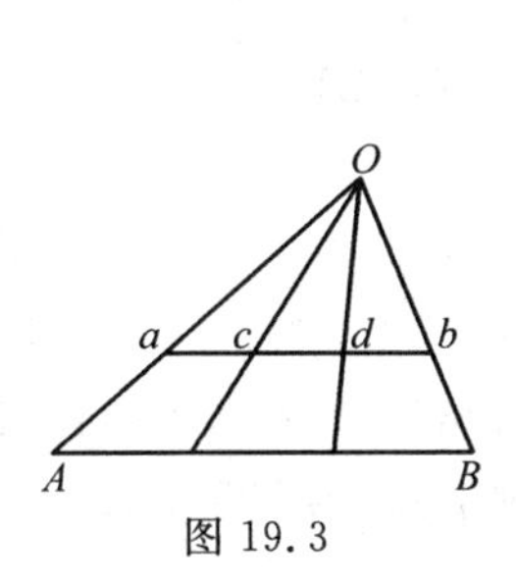

图 19.3

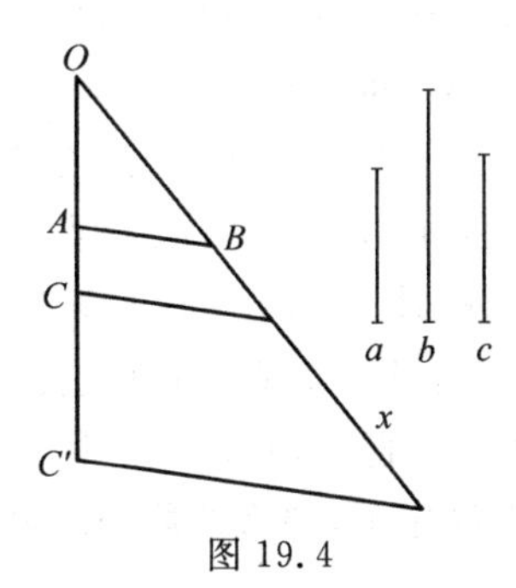

图 19.4

在一个任意角的两边上，从顶点O起截取OA和OB分别等于线段a和b；然后在边OA上不论在何处截取线段c(在图19.4上，是CC'). 在这线段的两端作平行于AB的直线，于是在边OB上定出所求的比例第四项.

为了只画一根平行线，平常就将线段c的一端重合于点O或A.

读者可将上题的第二法，应用于本题.

152. 作图3 在已知的线段上作一三角形和已知的三角形相似.

设已知线段$A'B'$和$\triangle ABC$. 在边AB上截取线段AD等于$A'B'$；过点D作DE平行于BC(图19.5)，交边AC于点E，以$A'B'$为底作三角形全等于$\triangle ADE$(第86节作图4).

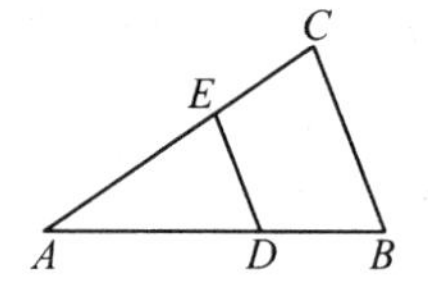

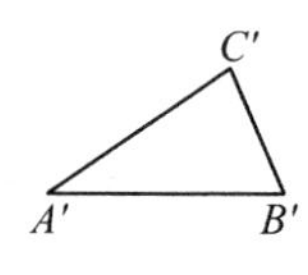

图 19.5

这作法显然解答了下面的问题.

问题 已知图形F上两点A和B以及它的相似形F'上的对应点A'和B'，求图形F上任意第三点的对应点.

特别的，连续应用上面的作法，可以完成下面的作图.

作图3a 在已知线段上作一多边形和已知多边形相似.

153. 作图4 作两个已知线段的比例中项.

我们讲过三个引导到比例中项的定理(第123，125，132节). 每一定理给所设的问题一个解法.

第一法(图19.6) 在任一直线上从同一点起截取两同向线段BC和BD，等于已知线段a和b(所作的较小线段记为BD)，而将线段BC看做一个直角三角形的斜边，将线段BD看做一腰在斜边上的射影. 为了这目的，过点D作BD的垂线，并以BC为直径作圆周，则直角顶A为垂线和圆周的交点. 当点A这样定了，那么线段AB就是所求的比例中项(第123节).

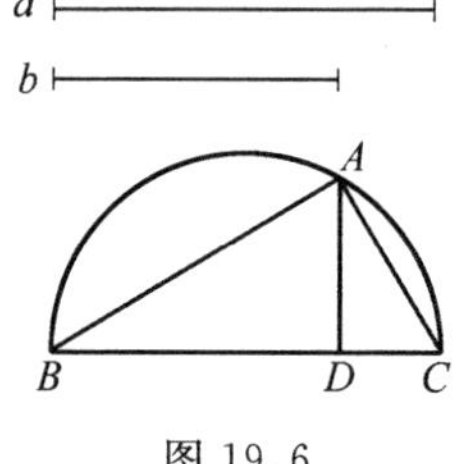

图 19.6

第二法(图19.7) 在一直线上从同一点D起向两方截取两线段DC及DB等于已知线段a及b，并将它们看作两腰在斜边上的射影. 为了这目的，过点D作BD的垂直线，并以BC为直径作圆周，则直角顶A为垂线和圆周的交点. 当点A这样定了，那么线段AD就是所求的比例中项(第125节).

第三法(图 19.8)　设欲求一线段使它成为两线段 a 及 b 的比例中项.在一直线上从同一点 O 起向同一侧截取两线段 OA 和 OB 等于线段 a 和 b.过点 A 及 B 任作一圆周,并从点 O 作切线 OT,这切线的长度就是所求的比例中项(第 132 节).

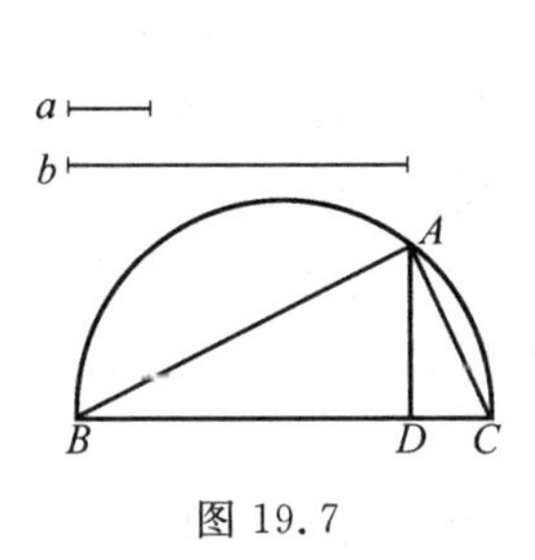

图 19.7

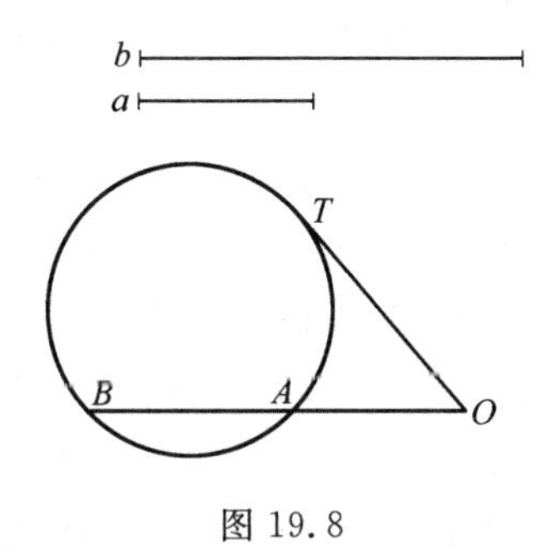

图 19.8

154. 作图 5　求作一线段,使它的平方等于两条已知线段的平方和.

在直角的两边上截两条已知线段,所求的线段就是这个直角三角形的斜边.

作图 6　求作一线段,使它的平方等于两条已知线段的平方差.

作(第 87a 节)一直角三角形,以较大的线段为斜边,以另一线段为一腰,第二腰就是所求的线段.

155. 作图 7　求作两线段,知道了它们的和及积.

设要求两线段使其和等于已知线段 $a=BC$ 而其积等于两已知线段 b 及 c 之积.

假设在线段 BC 两端的垂线上截同向的两线段 BB' 及 CC' 分别等于 b 及 c(图 19.9),所求的两线段,其和既等于 BC,可表以线段 BM 和 CM,其中 M 是线段 BC 上某一点.但另一方面,乘积 $BM \cdot CM$ 应等于乘积 $BB' \cdot CC'$,这等式可写为比例 $\frac{BB'}{BM}=\frac{CM}{CC'}$,并表明两直角三角形 $\triangle B'BM$ 和 $\triangle MCC'$ 相似.于是 $\angle BMB'$ 等于它的对应 $\angle CC'M$,因之与 $\angle CMC'$ 互为余角,所以 $\angle B'MC'$ 是直角.因此,点 M 在以 $B'C'$ 为直径的圆周上.

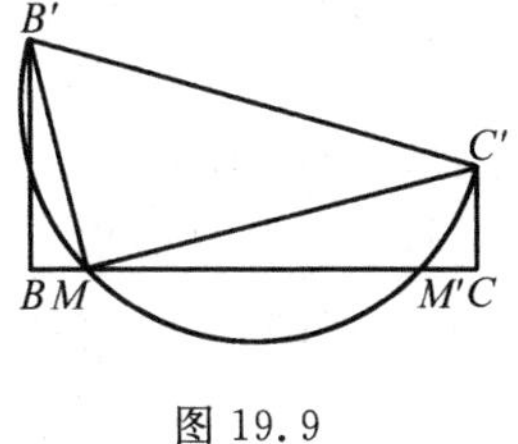

图 19.9

反之，设以 $B'C'$ 为直径的圆周交 BC 于点 M，则两三角形 $\triangle B'BM$ 和 $\triangle MCC'$ 的边分别垂直，因之相似. 于是得到乘积 $BM \cdot CM$ 和 $BB' \cdot CC'$ 相等.

作图可能的条件 线段 b,c 是任意取的，但它们也可以设为彼此相等，因为可以用它们自己的比例中项代替它们而不致改变乘积. 于是设 $BB'=CC'$，因之 $BB'C'C$ 成为矩形. 此时 $B'C'$ 的中点到 BC 的距离等于 BB'，而圆周的半径等于 $B'C'$ 的一半，也就是 BC 的一半. 所以，如果 BB' 最大等于 BC 的一半，也就是如果已知的乘积最大等于 BC 一半的平方，则圆周将和 BC 相交.

若 M 是适合条件的一点，那么作图形对于线段 BC 中点的对称形，或者说，旋转线段 BC 使 B 和 C 交换位置，就得到一点 M'，它也有点 M 同样的性质. 因 $BM'=CM$，$BM=CM'$. 我们看出，以 $B'C'$ 为直径的圆周和 BC 的交点 M，M' 对称于 BC 的中点，这个可利用第 63 节直接验明.

若已知的乘积等于 BC 一半的平方(由上所论，这是乘积可能取的最大值)，则以 $B'C'$ 为直径的圆周和 BC 相切，因此点 M 及 M' 重合于 BC 的中点，因而有 $BM=CM$. 由是推得：两线段的和为常数，则此两线段相等时，其乘积最大.

备注 设 x 代表线段 BM，则 $CM=a-x$，而等式 $BM \cdot CM = BB' \cdot CC'$ 可写为

$$x(a-x)=bc$$

或

$$x^2-ax+bc=0$$

上面的作法给我们一个方法，以求适合方程

$$x^2-ax+q=0$$

的线段 x，其中 a 是已知线段，而 q 是两已知线段的乘积.

作图 8 求作两线段，已知其差及积.

求作两线段，使其差等于已知线段 $a=BC$，积等于已知线段 b 和 c 的积. 设在线段 BC 的两端作两条反向平行的垂线 BB' 及 CC'，其长各等于 b 及 c(图 19.10). 由于所求线段的差等于 BC，所求的线段可表以 BM 和 CM，其中 M 是取在 BC 延长线上的一点，并且应当有：$BM \cdot CM = BB' \cdot CC'$. 和上面的作图一样，可证明点 M 在以 $B'C'$ 为直径的圆周上，且反之，这圆周和线段 BC 延长线的交点确满足问题的条件.

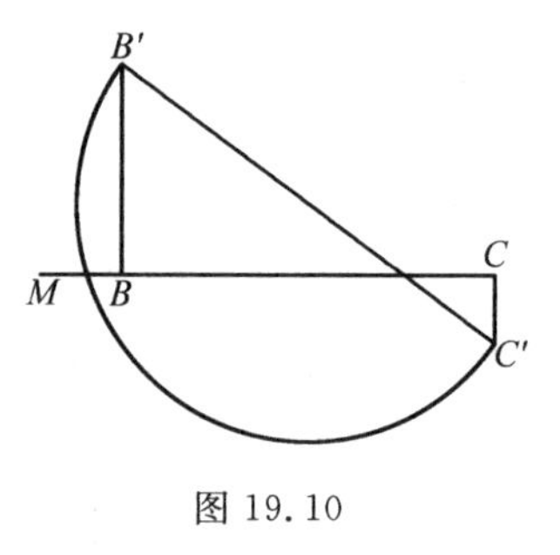

图 19.10

由于点 B' 及 C' 在线段 BC 的两侧，此圆周恒与直线 BC 相交，因之问题恒可能.

备注　设所求两线段中较小的是 x，则另一线段等于 $y=a+x$，等式 $xy=bc$ 或写为

$$x(a+x)=bc$$

亦即

$$x^2+ax-bc=0$$

或写为

$$(y-a)y=bc$$

亦即

$$y^2-ay-bc=0$$

所以总有可能求出适合下面两条件之一的线段

$$x^2+ax-q=0$$

$$y^2-ay-q=0$$

其中 a 表一已知线段，而 q 表两已知线段的积.

156. 若分一线段成两份，使较长的一份是全线段和另一部分的比例中项，就称为此线段被分成**外内比**（或称**黄金分割**）.

作图 9　分一线段成外内比.

设已知线段 BC（图 19.11），在其上求一点 D，使 $\frac{BC}{BD}=\frac{BD}{CD}$. 取分子之和与分母之和的比，得 $\frac{BC}{BD}=\frac{BC+BD}{BC}$.

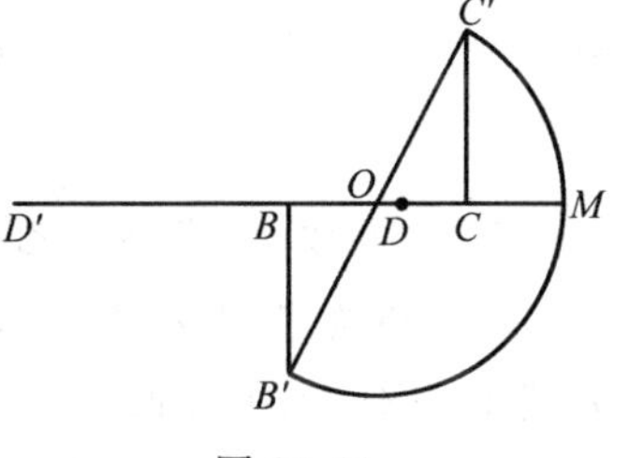

图 19.11

我们看出，两线段 BD 和 $BC+BD$ 的差等于 BC，而乘积等于 BC^2，所以化为上面的作图. 只要在线段 BC 的两端向相反的方向作垂线 BB' 及 CC' 等于 BC，然后以 $B'C'$ 为直径画圆周，交线段 BC 过点 C 的延长线于点 M，于是 $BD=CM$ 是所求的线段.

从点 B 起沿 BC 的反向截线段 BD' 等于 BM，这样作得的点 D' 有完全类似于点 D 的性质，即线段 BD' 是线段 BC 和 $D'C$ 的比例中项.

事实上，$BD'=BC+BD$，因此比例 $\frac{BC}{BD}=\frac{BC+BD}{BC}$ 可以写成

$$\frac{BC}{BD}=\frac{BD'}{BC}=\frac{CD'}{BD'}$$

点 D' 称为**外分线段 BC 成外内比**[①].

① 点 D 及 D' 对于点 B 和 C 并非调和共轭点（参看习题(173)）.

反之,要点 D' 有此性质,就必须如我们所讲的来选定它,因为从比例 $\frac{BD'}{BC}=\frac{CD'}{BD'}$ 反转来得到(作分子之差与分母之差的比) $\frac{BD'}{BC}=\frac{BC}{BD'-BC}$,所以 BD' 是这样的两线段之一:两线段之差等于 BC,而其积等于 BC^2.

设 $BC=a$,试计算 BD 和 BD'. 首先注意,由于线段 BB' 和 CC' 相等,以 $B'C'$ 为直径的圆周其圆心 O 是线段 BC 的中点,因之 $OC=\frac{a}{2}$. 应用勾股定理于 $\triangle OCC'$,得

$$OC'=OM=\sqrt{(\frac{a}{2})^2+a^2}=\sqrt{\frac{5}{4}a^2}=\frac{a\sqrt{5}}{2}$$

因此有

$$CM=BD=a\frac{\sqrt{5}-1}{2}$$

及

$$BM=BD'=a\frac{\sqrt{5}+1}{2}$$

157. 问题 求到两已知直线距离之比等于已知比的点的轨迹.

设已知两直线 D 及 D',并假设相交于一点 O(图 19.12),求距此两线的距离之比等于两已知线段 d 及 d' 之比的点的轨迹. 若 M_1 是所求轨迹上的一点,则直线 OM_1 上任一点 M' 也属于此轨迹. 事实上,从点 M_1 向直线 D 和 D' 所作的垂线,以及从点 M' 向此两线所作的垂线,显然是以点 O 为位似中心的位似形. 由是可知,所求的轨迹是由通过点 O 的直线组成的. 我们可以求到直线 D, D' 的距离分别等于 d, d' 的点,从而得到轨迹上的点. 与直线 D 相距等于 d 的点的轨迹,我们知道是两条平行于 D 的直线 D_1 及 D_2. 同理,与直线 D' 相距等于 d' 的点的轨迹是两条平行于直线 D' 的直线 D'_1 及 D'_2. 设 M_1 及 M_2 是直线 D_1 及 D_2 同直线 D'_1 的交点. 直线 OM_1 及 OM_2 属于所求的轨迹. 并且所求的轨迹就是由这两直线组成的. 设 M' 是轨迹上的

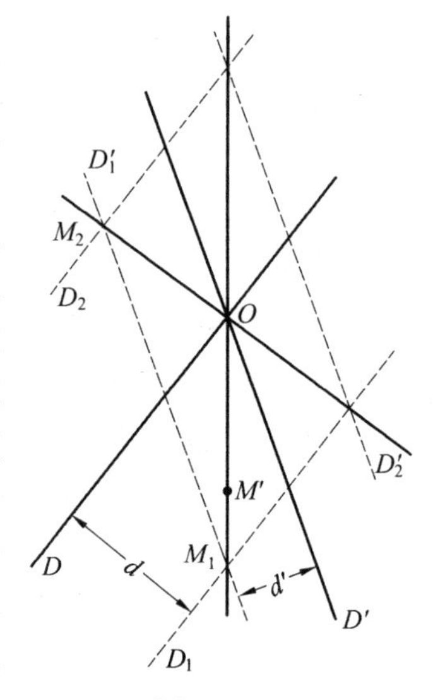

图 19.12

一点，则直线 OM' 交 D'_1 于某点 M'_1，它与 D' 的距离是 d'，因之此点与 D 的距离应该等于 d，于是应该和点 M_1 或者 M_2 重合.

若直线 D 和 D' 平行，则所求轨迹上有两点在此两直线的任意公垂线上①. 这两点就是以已知比分此垂线的两个调和共轭点. 所求轨迹是通过此两点并与已知线平行的两条直线.

作图 10 求作与三条已知直线距离之比等于已知比的点.

先作两条直线，即与前两已知直线距离之比等于已知比中前两数之比的点的轨迹，然后用同样方法于已知线中的另两条，又得出两条直线，这两直线交上面所作的两条于四个点，适合问题的条件.

158. 作图 11 求作两圆周的公切线.

我们已在第 93 节解过这问题，以上的一些定理给我们一个和过去讲的完全不同的解法. 此处，只要任作两条平行半径以确定相似中心(第 143 节)，并经过一个相似中心作一个圆周的切线：由于两圆周成位似，这样的切线也切于另一圆周.

作图 12 求作两圆周的根轴.

若两圆周相交或相切，只需引它们的公共割线或切线.

若两圆周既不相交又不相切，则可作任一第三圆周，使与两已知圆周相交. 两条公共割线的交点在所求的根轴上(第 139 节)，过此点作已知两圆连心线的垂线，或者重复原来的作图以定所求根轴上的另一点.

备注 应用上面的作法于一已知圆周及一已知直线，就使我们了解：一圆周和一直线的根轴，就是直线本身.

这作法也适用于两圆周之一缩成一点的情况，此时只要使辅助圆周通过此点.

上面的作法立刻可推出求三已知圆周的根心的方法，因之(第 139 节) 也得到下面的作法.

作图 13 求作正交于三已知圆周的圆周.

此题的特例有，求作：

(1) 一圆周，使过一已知点并与两已知圆周正交.

(2) 一圆周，使过两已知点并与一已知圆周正交.

---

① 当已知比等于 1 时是例外，这时只有一个分点，即公垂线的中点，另一个分点在无穷远处.

159. 作图 14 求作一圆周,使通过两已知点并切于一已知直线.

已知两点 A,B(图 19.13) 及直线 XY,设 T 是所求圆周和直线 XY 的切点. 延长线段 AB 交直线 XY 于点 I. 线段 IT 是已知的,因为它是线段 IA 和 IB 的比例中项.

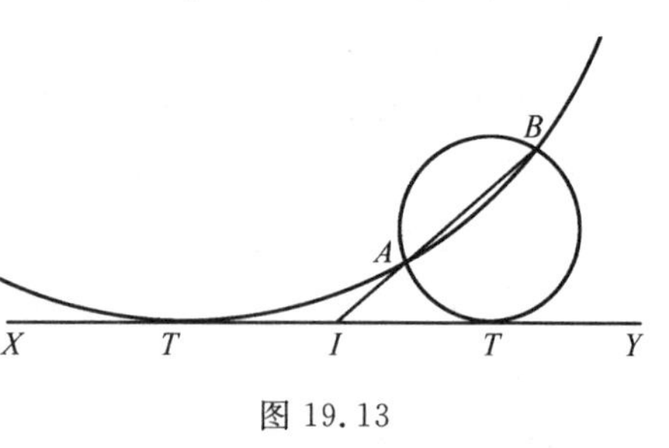

图 19.13

反之,设点 T 满足这条件,则有圆周存在(第 132 节) 通过点 A,B 且切直线 XY 于点 T:它由第 90 节作图 12 所确定.

因 IA 和 IB 的比例中项可在直线 XY 上从点 I 起沿两个不同的方向截取,所以有两个圆周满足条件.

问题显然只当 A 和 B 两点在直线 XY 的同侧时才有解.

备注 (1) 当直线 AB 和 XY 平行时,上面的方法不适用,此时问题只有一解:切点是线段 AB 的中垂线和直线 XY 的交点.

(2) 相反的,当两点 A 及 B 在直线 IA(交 XY 于 I) 上相重时,此法仍适用. 换句话说,若问题在于求一圆周使切直线 IA 于点 A 并切于直线 XY. 它和直线 XY 的切点 T,可在点 I 的两侧截取线段 $IT = IA$ 而得到.

作图 15 求作一圆周,通过两已知点并切于一已知圆周.

设已知两点 A,B 及圆周 C(图 19.14),仍求所求圆的切点 T.

设 I 是直线 AB 和点 T 的切线的交点,过两点 A,B 任作一圆周与圆周 C 相交于两点 P,Q,点 I 在直线 PQ 上(第 139 节).

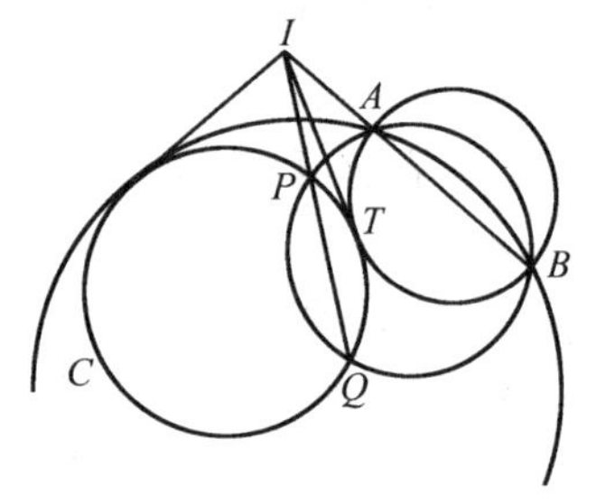

图 19.14

直线 AB 和 PQ 确定了点 I,只要从点 I 作圆周 C 的切线. 所以问题有两解.

作图可能的条件 交点 I 必须在圆周 C 以外,为此,必须亦只需此点在 PQ 的延长线上,换句话说,就是在辅助圆周以外. P,Q 两点在这圆周上确定了两个弧,若两点 A 及 B 同在其一弧上,就产生这种情况,或者说如果两点 A 及 B 或同时在已知圆周内或同时在已知圆周外.

当 A 及 B 两点重合于一直线上的一点时,也可做如同上面作图的备注.

习　题

(163) 求作一线段,使与一已知线段之比等于两条给定线段平方的比.

(164) 求作一线段,使其平方与一已知线段平方之比等于两条给定线段之比.

(165) 求过一已知点作直线,使其被截于两已知直线(或两已知圆周)间的部分被此点分为已知比.

(166) 求过圆外一点作割线,使被此圆周分为外内比.

(167) 求作一点,使同一直线上连续的三线段 AB,BC,CD 在此点的视角相等.

(168) 求过一直径上的两点作两条等弦,使有一公共端点.

(169) 求作一三角形,已知两边及夹角的平分线.

(170) 求作一三角形,已知一边、对应的高及其他两边的乘积.

(171) 求作一三角形,已知各角及周界长;或各角及其中线的和;或各角及高线的和;等等.

(172) 求作一正方形,已知对角线与一边之差.

(173) 证明要得到点 B 对于线段 DD'(第 156 节图 19.11) 端点的调和共轭点,只要在线段 BC 过点 C 的延长线上,截取等于它的线段.

证明点 D' 对于线段 BC 端点的调和共轭点,是点 D 对于线段 BC 中点的对称点.

证明以 DD' 为直径的圆周,通过以 BC 为对角线的正方形的顶点(不是 B 和 C).

(174) 已知一直线及两点 A,B,在此线上求一点,使线段 AB 在此点的视角是可能的最大角.

我们用间接方法解此题.首先,在直线上求一点,使 AB 在此点的视角等于一个已知角.然后观察要问题可能,这已知角的最大值为何.

习题(175) 和(176) 用同样的方法处理.

(175) 已知两平行线,求作公垂线,使其介于两平行线间的部分从一已知点的视角为最大.

(176) 求过两点作一圆周,使其在已知直线上截已知长的弦.

若这两点在这直线的两侧,求此弦可能的最小长度.

(177) 求过一已知点作一圆周,使其与两已知圆周有同一根轴.

第20章　正多边形

160. 定义　凸多边形的各边相等且各角相等的,称为**正多边形**. 折线的各边相等且各角相等而有同一转向的,称为**正折线**.

161. 定理　设将圆周分为 n 等份,则

(1) 分点是正多边形的顶点.

(2) 圆周在这些点的切线是另一个正多边形的边.

(1) 在以各分点为顶点的多边形中,显然相邻的两边对称于通过其公共顶点的半径;相邻的两角对称于与其公共边垂直的半径.

(2) 在各分点的切线所形成的多边形中,显然相邻的两角对称于与其公共边垂直的半径;相邻的两边对称于与联结切点的弦成垂直的半径.

162. 逆定理　任一正多边形,或者更普遍些,任一正折线,可以内接于一圆周,且外切于另一圆周.

例如设 $ABCDEF$(图 20.1) 为正折线,作 $\triangle ABC$ 的外接圆周,它的圆心 O 在线段 BC 的中垂线上,则这圆周也通过点 D. 要证明这个,只要注意两边 AB 及 CD 对称于 BC 的中垂线,因为与 BA 对称的线段,其方向(由于 $\angle B$,$\angle C$ 相等) 和大小(因 $BA=CD$) 都与 CD 的相同,因之 $OA=OD$. 仿此可知,$\triangle BCD$ 的外接圆周(即是方才的圆周) 也通过点 E,以下类推.

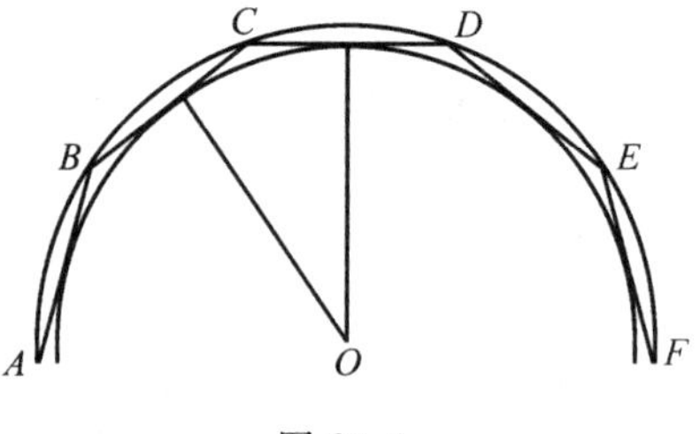

图 20.1

并且 AB,BC 等既是所作圆周的等弦,就和它的圆心相距等远,所以已知折线外切于另一个以 O 为圆心的圆周.

这第二圆的半径,就是每一边到圆心的距离,称为这正折线(或正多边形) 的**边心距**.

备注　任一正 n 边形可用旋转(即旋转角以圆周 $\frac{1}{n}$ 的整数倍度量的那些旋转) 和对称(关于各边中垂线的对称,以及关于各角平分线的对称) 以重叠于自身.

163. 我们已证明了有无穷多的正多边形存在,边数是任意一个给定数 n.

现在我们来证这些多边形彼此相似.

定理　同边数的两个正多边形彼此相似,相似比等于它们半径的比,也等于边心距的比.

事实上,边数相同而又内接于等圆周的两个正多边形显然全等,只要两个外接圆周和一个顶点相重合,它们就完全叠合了.

于是,设已知(同边数的)两多边形 P 和 P',内接于圆周 C 和 C',作 C 的一个同心圆周使等于 C',用此圆周截圆周 C 中通过 P 的各顶点的半径,于是得出一个正多边形,它和 P 对于 C 的圆心相位似而又和 P' 全等.

备注　特别的,所有有同边数(n)的各正多边形,角的大小相同.这些角很容易计算,由于这些多边形中任一个的各内角之和等于$(2n-4)$直角,所以每一角等于这个量的$\frac{1}{n}$,即是$(2-\frac{4}{n})\mathrm{d}$.

164. 设将圆周分成 n 条等弧,将一个分点和隔开 p 个弧的端点相连,后者又和隔开 p 个弧的端点相连,以下类推,直到遇到一个已经遇见的顶点为止.假设 P 是最先第二次遇见的顶点,那么它就是最初出发的分点.因设它是一边 NP 的端点,曾经沿 NP 的方向走过一次,那么,显然我们先遇到 N,然后才遇到 P.

这样形成的图形是非常态多边形(第 21 节备注)[①],称为**正多角星**.例如图 20.2 所表示的是正五角星,是将圆周以点 A,B,C,D,E 分成五等分,并将每两弧的端点依次序 $ACEBDA$ 联结而得($n=5,p=2$).

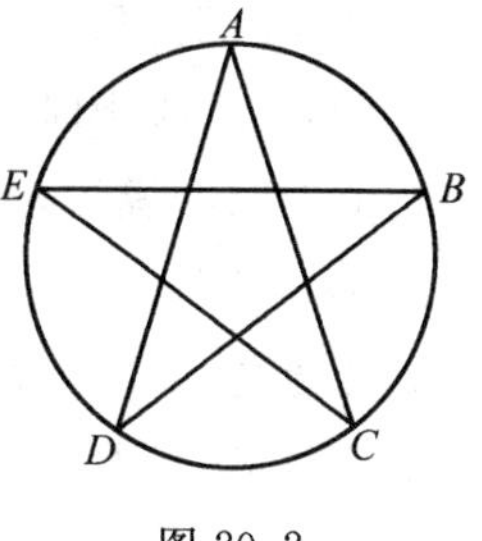

图 20.2

我们可以假设 n 和 p 是互质的数.事实上,如果这两数有最大公约数 d,那么一切情况就像是把圆周分成$\frac{n}{d}$等份,然后将$\frac{p}{d}$个连续弧的端点联结起来的.

若 n 和 p 互质,那么,多角星恰巧有 n 边.事实上,因每一边含有 p 等份,那么,若画了 k 边,就越过 kp 等份.当回到出发的一点时,我们越过圆周的整数倍,即 kp 是 n 的倍数.在算术上证明,若 n 和 p 不互质,这种情况发生在 k 小于

① 设 p 除不尽 n;在相反的情况下,多边形是凸的.—— 俄译者注

n 的某些值.相反的,若 n 和 p 互质,那么这情况第一次发生在 k 等于 n 的时候.

所以,把圆周分成 n 等份,把每 p 份的端点联结起来(其中 p 是和 n 互质而小于 n 的任一数),就得出 n 边的多角星.但这样每一个多角星可由两种不同的方法得到.事实上,若它的边是 p 份弧的弦,那么同时就是 $n-p$ 份弧的弦.例如图 20.2 所示的多角星,就可以通过联结二份弧或三份弧的端点得到.因此,若要每一个多角星只得到一次,就应当丢掉半数的 p 值、数值 $p=1$(因之数值 $p=n-1$) 所对应的是常态多边形.

例 设 $n=15$. 小于 15 而和 15 互质的数,除掉 1 和 14 就是 2,4,7,8,11 和 13.我们没有必要考虑数值 $p=8,11,13$,它们所对应的多边形已由数值 $p=7,4,2$ 得到.

因此,有一种常态正十五边形和三种正十五角星存在.

165. 圆内接正多边形的作图 如果我们会作圆内接正多边形,那么也就会作这圆同边数的外切正多边形.

后者是由内接多边形各顶点的切线形成的.

如果会作圆内接正多边形,那么也就会作边数加倍的内接正多边形.

只要将原先多边形每一边所对的弧平分就行了.

166. 正方形 要作圆周 O 的内接正方形,只要作两根互相垂直的直径 AC 和 BD,圆周因此分为四等份.

由上面的说法,可以作内接正八边形,以及内接正 16,32,… 以至一般的正 2^n 边的多边形.

设圆的半径为 R,则内接正方形的一边为 $c_4=\sqrt{2}R$. 因由直角 $\triangle AOB$(图 20.3) 有

$$AB^2=AO^2+BO^2=2R^2$$

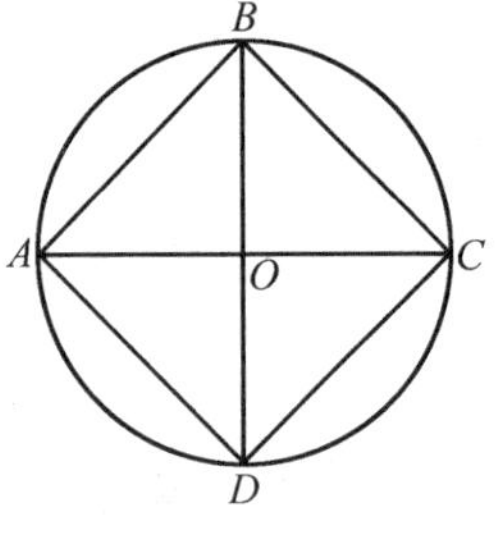

图 20.3

设已知正多边形的一边,则它的边心距由下面的法则求得:边心距的平方等于外接圆半径的平方减去边长之半的平方,这是由于边心距、边长的一半以及外接圆半径形成直角三角形.

于是,边长为 c 的正多边形内接于半径为 R 的圆,则边心距 a 等于

$$a=\sqrt{R^2-\frac{c^2}{4}}$$

对于正方形，这边心距等于

$$a_4=\sqrt{R^2-\frac{c_4^2}{4}}=\sqrt{R^2-\frac{2R^2}{4}}=\frac{\sqrt{2}}{2}R$$

显然它等于边长的一半.

167. 六边形

定理　圆内接正六边形的边长等于圆的半径.

设 AB(图 20.4)是圆内接正六边形的一边，圆心为 O，则 $\triangle OAB$ 是等边三角形.

首先，这三角形是等腰的. 另一方面，在点 O 的角由于它的两边截$\frac{1}{6}$ 圆周，所以等于$\frac{4}{6}$d，即$\frac{2}{3}$d，所以在 A，B 两点的两角之和为 $2\mathrm{d}-\frac{2}{3}\mathrm{d}=\frac{4}{3}\mathrm{d}$. 此两角既相等，那么每一角等于$\frac{2}{3}$d. 所考察的三角形是等角的，因之是等边的.

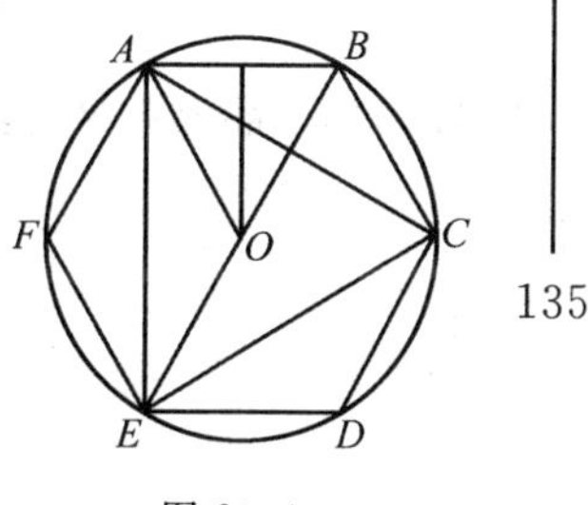

图 20.4

内接正六边形的边心距等于

$$a_6=\sqrt{R^2-\frac{R^2}{4}}=\frac{\sqrt{3}}{2}R$$

等边三角形　正六边形隔一个顶点连线，得出内接等边 $\triangle ACE$(图20.4).

这三角形的边 AC 垂直于半径 OB，等于 $\triangle AOB$ 的高的 2 倍，即(因等边三角形的三高相等) 六边形边心距的 2 倍，所以 $c_3=\sqrt{3}R$.

这事实也可以这样看出来：B 和 E 是对径点(因为其间含有$\frac{3}{6}$ 圆周)，因之 $\triangle ABE$ 是直角三角形，直角顶在 A；并且边 AE 等于由线段 BE 的中点 O 所作边 AB 的垂线的 2 倍.

内接等边三角形的边心距等于 $a_3=\frac{R}{2}$.

既会作内接六边形，就可以作 12，24，… 以至一般的 $3\cdot 2^n$ 边的正多边形.

168. 十边形

定理 圆内接正十边形的一边,等于将半径分成外内比所得的较长线段.

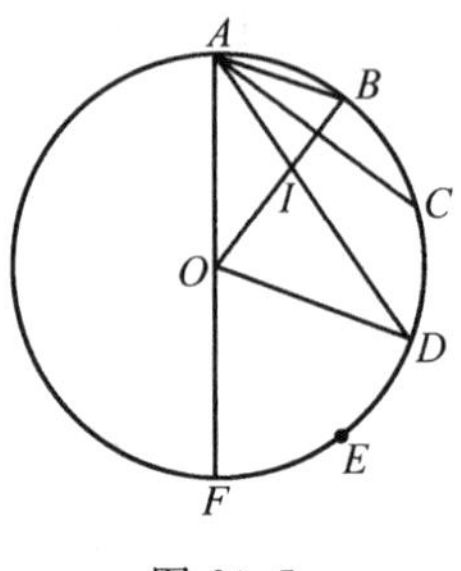

图 20.5

设 AB(图 20.5) 为圆内接正十边形的一边,O 为圆心.在点 O 的角等于 $\frac{4}{10}\mathrm{d}$ 或 $\frac{2}{5}\mathrm{d}$.所以 $\triangle ABO$ 的 $\angle A$,$\angle B$ 两角之和等于 $2\mathrm{d}-\frac{2}{5}\mathrm{d}=\frac{8}{5}\mathrm{d}$,于是其中每一角等于 $\frac{4}{5}\mathrm{d}$.现在引 $\angle A$ 的平分线 AI(I 表这平分线和 OB 的交点),它和 OA 以及 AB 形成 $\frac{2}{5}\mathrm{d}$ 的角.$\angle AIB$ 是 $\triangle AIO$ 的外角,等于和它不相邻的两内角之和,在现在的情形下等于 $\frac{4}{5}\mathrm{d}$.由是推知两三角形 $\triangle AIB$ 和 $\triangle AIO$ 等腰而且 $AB=AI=OI$.根据角平分线的性质(第 115 节)有

$$\frac{OI}{BI}=\frac{OA}{AB}$$

或

$$\frac{OI}{IB}=\frac{OB}{OI}$$

定理因此证明了.

所以圆内接正十边形的一边可由作图 9(第 156 节)而定.这边长等于

$$c_{10}=\frac{\sqrt{5}-1}{2}R$$

而十边形的边心距等于

$$a_{10}=\sqrt{R^2-R^2(\frac{\sqrt{5}-1}{4})^2}=\frac{\sqrt{10+2\sqrt{5}}}{4}R$$

169. 除凸的正十边形外,还有一种正十角星存在,可由前者的顶点每隔两顶点连线而得.

由下面的命题可以求得凸的正十边形以及正十角星的边长.

定理 圆内接的两种正十边形[①]的边的差等于半径,而其乘积等于半径的

① 即指凸的正十边形和正十角星,后者照俄文或法文应直译为星状的正十边形,一般的正多角星就是星状的正多边形.—— 译者注

平方.

仍设 AB 为凸的正十边形的一边(图 20.5),而半圆周 AF 以点 B,C,D,E 分为五等份. AD 是正十角星的一边,并且直线 AD 和 $\angle OAB$ 的平分线 AI 重合,因为圆周角 $\angle FAD$ 和 $\angle DAB$ 截等弧. 半径 OD 与 AB 平行,因为内错角 $\angle ODA$ 和 $\angle DAB$ 同等于 $\angle OAD$,所以 $\triangle AIB$ 和 $\triangle DIO$ 相似,于是 $\triangle DIO$ 像 $\triangle AIB$ 一样(第 168 节)也是等腰的. 由是首先有

$$AD - AB = AD - AI = ID = OD$$

由两三角形 $\triangle AIO$ 及 $\triangle AOD$ 的对应角相等因之相似而推得

$$AB \cdot AD = AI \cdot AD = OA^2$$

所以两种正十边形的边,是将半径用两种方法(内分和外分)分成外内比而得(第 156 节作图 9).

正十角星的边等于

$$c'_{10} = \frac{\sqrt{5}+1}{2}R$$

它的边心距等于

$$a'_{10} = \sqrt{R^2 - R^2(\frac{\sqrt{5}+1}{4})^2} = \frac{\sqrt{10-2\sqrt{5}}}{4}R$$

170. 五边形 将凸的正十边形每隔一顶点连以直线,就得到凸的正五边形,再将这五边形的顶点隔一个相连,或者将凸的正十边形的顶点隔三个相连,就得到正五角星.

凸的正五边形的一边 AC,等于 $\triangle AOB$(图 20.5)从 A 发出的高的 2 倍. 一经知道正十边形的一边,它的长就可以计算出来. 因为知道了三角形的三边,就可以算出它的高. 但若注意到凸的正五边形的一边是十角星的边心距的 2 倍,就简单多了. 这个,或者从 $\triangle AIO$ 看出,它是等腰三角形,因之两高(即凸五边形一边的一半和十角星的边心距)相等;或者从直角 $\triangle ADF$ 看出,因为它的边 DF 是五边形的一边,而从点 O 所引此边的平行线是十角星的边心距. 所以凸五边形的边以及边心距分别等于

$$c_5 = 2a'_{10} = \frac{\sqrt{10-2\sqrt{5}}}{2}R$$

及

$$a_5 = \frac{\sqrt{5}+1}{4}R$$

仿此,观察直角$\triangle ABF$,可知五角星的边长等于凸的十边形边心距的2倍,即

$$c'_5=\frac{\sqrt{10+2\sqrt{5}}}{2}R$$

它的边心距是

$$a'_5=\frac{\sqrt{5}-1}{4}R$$

备注 同样的推理表明,一般的,将圆周分为$2n+1$等份而继续地联结每p份的端点,则计算所得的正多边形(凸的或星状的)的边长及边心距,可化为计算将圆周分为$4n+2$等份,而继续地联结每q份的端点所得的多边形的边心距及边长,只要q这个数与p有下面的关系①

$$\frac{p}{2n+1}+\frac{q}{4n+2}=\frac{1}{2}$$

或

$$2p+q=2n+1$$

171. 十五边形 设求作圆内接正十五边形(凸的).只要会作内接六边形和十边形,利用下面的定理,就可以作这个多边形.

定理 圆内接正十五边形一边所对的弧,等于六边形和十边形的一边所对的弧之差.

因为这弧等于圆周的$\frac{1}{15}$,而分数$\frac{1}{15}$等于差数$\frac{1}{6}-\frac{1}{10}$.

于是在圆周上从同一点A起用圆规截取弦AB及AC,分别等于六边形及十边形的一边,则BC就是所求的一边.

除凸的正十五边形外,尚有三种十五角星存在(第164节),每一边所对的弧各等于圆周的$\frac{2}{15}$,$\frac{4}{15}$及$\frac{7}{15}$.这些弧显然可由起先的十五边形求得,但也可仿照正十五边形的作图作出.

第一种十五角星一边所对的弧,等于十角星的一边以及六边形的一边所对的弧之差.

---

① 反之,就可以将$4n+2$边形的计算,化为$2n+1$边形的计算.因为$4n+2$边形对应于一奇数q(第164节).于是$2n+1-q$将是偶数,而$2p=2n+1-q$确定一个与$2n+1$互质的整数p,且此数与一个$2n+1$边形对应,我们只要就这个多边形计算边长及边心距.因此,由十五边形的计算(第174,175节),也可以得出三十边形的结果.

第二种十五角星一边所对的弧，等于凸的十边形的一边以及六边形的一边所对的弧之和.

第三种十五角星一边所对的弧，等于十角星的一边以及六边形的一边所对的弧之和.

事实上，我们有下列的等式

$$\frac{2}{15}=\frac{3}{10}-\frac{1}{6},\frac{4}{15}=\frac{1}{10}+\frac{1}{6},\frac{7}{15}=\frac{3}{10}+\frac{1}{6}$$

172. 一般地讲，如果我们会作圆内接正 m 边形和正 n 边形，其中 m 和 n 互质，那么也就会作内接正 mn 边形.

事实上，两已知多边形一边所对的弧，各等于圆周的 $\frac{1}{m}$ 和 $\frac{1}{n}$，若将第一弧继续截取 x 次，而又减去第二弧的 y 倍，那么我们就可以得到所求多边形一边所对的弧，只要整数 x 和 y 满足等式

$$\frac{x}{m}-\frac{y}{n}=\frac{1}{mn}$$

或

$$nx-my=1$$

但如所周知，若 m 和 n 有公约数，则此等式不能成立，但若 m 和 n 互质，则必可求到满足此式的整数 x 及 y.

举例来说，利用正方形和三角形，就立即可作内接正十二边形，因为

$$\frac{1}{12}=\frac{1}{3}-\frac{1}{4},\frac{5}{12}=\frac{2}{3}-\frac{1}{4}$$

在第 170 节备注中所考察的是现在的一个特例，其中 m 等于 2 而 n 是奇数.

173. 高斯(Gauss)曾证明，凡边数是 2^n+1 形状的质数的圆内接正多边形，必可用直尺和圆规作出. 因此，我们可以作出圆内接正三角形($2+1=3$)，五边形($2^2+1=5$)，以下是 $17(=2^4+1)$ 边形，$257(=2^8+1)$ 边形等①.

结合这命题以及上面我们所证明的，就足以表明，利用直尺和圆规，可以作圆内接正 N 边形，只要将 N 这个数分解成质因数后仅仅含有：① 彼此互异的成 2^n+1 形状的质因数；② 2 的任何乘幂.

相反的，我们可以证明，如果 N 不是我们上面所定范围内的一数，就不能应用直尺和圆

① 若注意两数的同一个奇次幂之和，能被这两数的和所整除，就很容易证明：要 2^n+1 是质数，就必需 n 本身是 2 的乘幂(但这条件并不充分).

规作出圆的内接正 N 边形.

因此可以作圆内接正 170 边形($170=2\times5\times17$),但不能作圆内接正 9 边形,因为 9 虽是 2 的乘幂加 1,但并非质数;而另一方面它所分解成的质因数($9=3\times3$) 虽是 2^n+1 的形状,但它们彼此相等.

174. 为了计算半径为 R 的圆内接正十五边形的一边,设 AB 及 AC(图 20.6) 各是内接正六边形及正十边形的一边,因之 BC 就是所求的边. 从点 A 作直线 BC 的垂线 AH,则 $BC=BH-CH$.

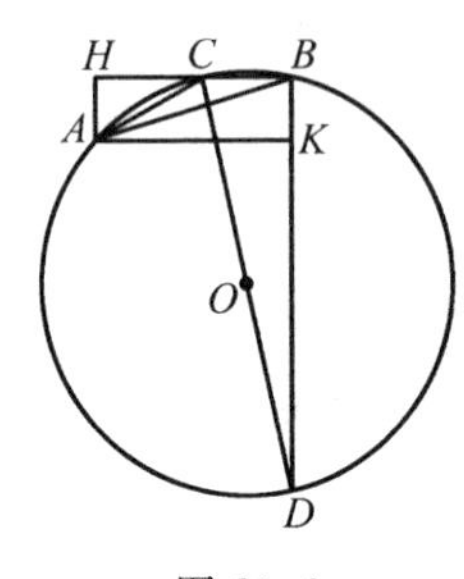

图 20.6

但 $\angle ABH$ 是截弧 AC 的圆周角,等于正十边形一边所对圆心角的一半. 于是,若以 AB 为半径,则线段 BH 等于此圆内接正十边形的边心距. 因 $AB=R$,由是

$$BH=\frac{\sqrt{10+2\sqrt{5}}}{4}AB=\frac{\sqrt{10+2\sqrt{5}}}{4}R$$

同理,$\angle ACH$ 等于截弧 ACB 的圆周角(因这两角都是 $\angle ACB$ 的补角),等于内接正六边形一边所对圆心角的一半,因之 CH 等于以 AC 为半径的圆内接正六边形的边心距,即

$$CH=\frac{\sqrt{3}}{2}AC=\frac{\sqrt{5}-1}{2}\cdot\frac{\sqrt{3}}{2}R$$

因之

$$BC=\frac{\sqrt{10+2\sqrt{5}}-\sqrt{3}(\sqrt{5}-1)}{4}R$$

很明显,上面这方法当解下面的问题时常可适用:*在已知半径的圆内给定了两弧的弦,求这两弧之差所对的弦.* 特别的,欲求第一种十五角星的边,我们可以重复上述推理,将正十边形的边以及边心距改换为正十角星的边以及边心距,于是所求的一边等于$\frac{\sqrt{3}(\sqrt{5}+1)-\sqrt{10-2\sqrt{5}}}{4}R$.

现在来求第二种十五角星的边.

设 AB 及 AC'(图 20.7) 为正六边形及正十边形的边,但在此圆周上沿相反的方向截取,以使 BC' 成为所求的一边.

仍从点 A 向 BC' 作垂直线 AH'. 线段 BH' 等于以 AB 为半径的圆内接正十边形的边心距,而线段 $C'H'$ 等于以 AC' 为半径的圆内接正六边形的边心距,其和 BC' 于是等于

$$BC'=\frac{\sqrt{10+2\sqrt{5}}+\sqrt{3}(\sqrt{5}-1)}{4}R$$

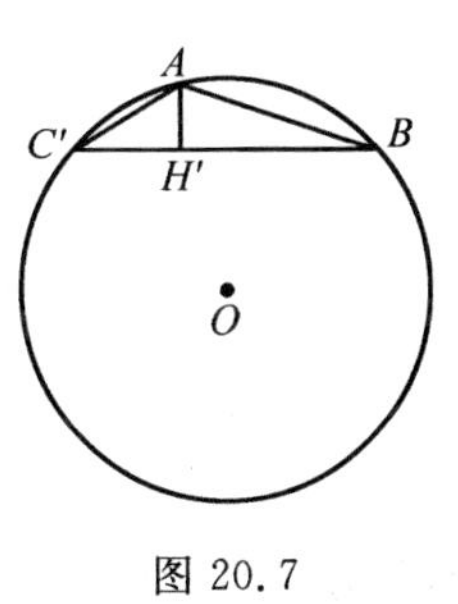

图 20.7

很明显，每当在已知半径的圆内给定了两弧的弦，求这两弧之和所对的弦时，我们就可以仿照处理.

特别的，我们求得第三种正十五角星的边长等于 $\frac{\sqrt{3}(\sqrt{5}+1)+\sqrt{10-2\sqrt{5}}}{4}R$.

175. 知道了十五边形的边长，就可以求出边心距，但这需要开新的平方根. 我们仿照求边长的方法以求边心距(而不需开方).

在图 20.6 上过点 C 作直径 CD，像前面一样，直角 $\triangle BCD$ 表明，BD 是所求边心距的 2 倍. 由点 A 向 BD 作垂线 AK，由于 $\angle ADB$(因为是圆周角) 等于六边形一边所对圆心角的一半，线段 DK 等于以 AD 为半径的圆内接六边形的边心距，所以

$$DK=\frac{\sqrt{3}}{2}AD$$

或

$$DK=\frac{\sqrt{10+2\sqrt{5}}}{2}\cdot\frac{\sqrt{3}}{2}R$$

因为 AD 等于已知圆内接正十边形的边心距的 2 倍.

另一方面，$\angle ABD$ 等于 $\angle ACD$，即圆内接正十边形一边所对圆心角的一半的余角，因之 $\angle KAB$ 等于这圆心角的一半，所以线段 BK 等于以 AB 为半径的圆内接正十边形边长的一半，即

$$BK=\frac{\sqrt{5}-1}{4}AB=\frac{\sqrt{5}-1}{4}R$$

因此，所求的边心距等于

$$\frac{BD}{2}=\frac{BK+DK}{2}=\frac{\sqrt{3}\sqrt{10+2\sqrt{5}}+(\sqrt{5}-1)}{8}R$$

同样的推理可以得出：

第一种十五角星的边心距是 $\frac{\sqrt{3}\sqrt{10-2\sqrt{5}}+(\sqrt{5}+1)}{8}R$；

第二种十五角星的边心距是 $\frac{\sqrt{3}\sqrt{10+2\sqrt{5}}-(\sqrt{5}-1)}{8}R$；

第三种十五角星的边心距是$\frac{\sqrt{3}\sqrt{10-2\sqrt{5}}-(\sqrt{5}+1)}{8}R$.

176. 定理 设 P 为圆外切正多边形的周界,p 为同圆同边数的内接正多边形的周界,若无限地将边数加倍,则 P 与 p 趋于同一极限 L.

设 $abcd\cdots$(图 20.8) 为圆内接正多边形,而 $ABCD\cdots$ 为外切正多边形,它每边的切点就是第一个多边形的顶点. 将边数加倍,把每一弧 $ab,bc,cd,\cdots$ 分为两等份,以形成一个新的内接正多边形 $aebfcg\cdots$ 及对应的新外切正多边形 $EFGHKL\cdots$(图 20.8). 将新的多边形同样处理,并继续以至于无限.

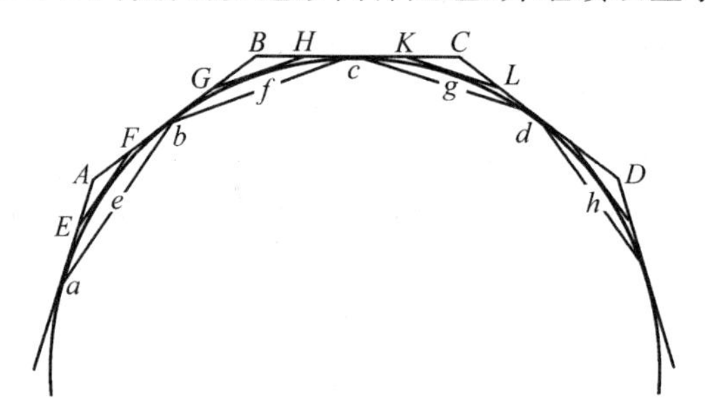

图 20.8

则内接多边形的周界 p 和外切多边形的周界 P 趋于一个共同的极限.

我们根据下面的一些论据以证明此点.

(1) 各周界 p 逐渐增加. 例如多边形 $aebfcg\cdots$ 的周界大于多边形 $abcd\cdots$ 的,因为后者是在前者之内.

(2) 各周界 P 逐渐减小. 例如多边形 $EFGHKL\cdots$ 的周界小于多边形 $ABC\cdots$ 的,因为前者是在后者之内.

(3) 任一周界 p 小于任何周界 P,因为任一内接多边形是在任何外切多边形之内.

数量 p 恒增加,但永远小于某一常数(即小于数值 P 中的某一值),所以趋于一极限.

同理,数量 P 恒减小,但永远大于某一常数(即大于数值 p 中的某一值),所以趋于一极限[①].

这两个极限相等.因为同边数的内接和外切正多边形是相似的,它们周界的比等于边心距的比.外切多边形的边心距等于已知圆周的半径 R,因此

$$\frac{P}{p}=\frac{R}{a}$$

其中 a 表示内接多边形的边心距.

但无限地加倍边数时,边心距 a 趋于 R,因此比 $\frac{P}{p}$ 的极限,即是说上面两种周界的比的极限,等于 1[②].

177. 现在可以断定,任何凸的内接或外切多边形[③],当所有各边无限地减小时,其周界也以上面定理中所得的 L 为极限.

特别的,这极限不因开始所选的正多边形 $abcd\cdots$ 而变.

设 $a'b'c'\cdots$(图 20.9) 为任一内接多边形,而 $A'B'\cdots$ 是凸的外切多边形,由各点 $a',b',c'\cdots$ 的切线所形成,这两多边形的周界设为 p' 及 P'.

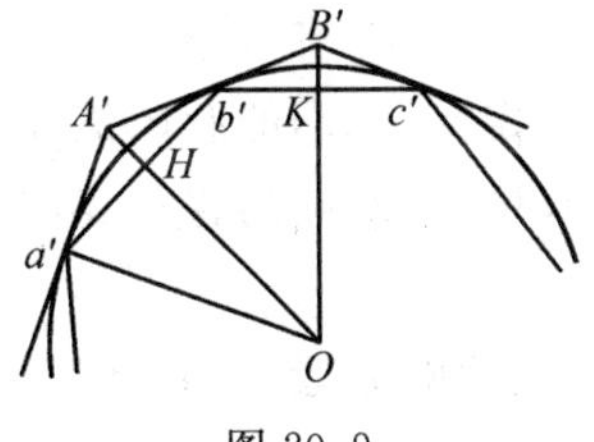

图 20.9

上节所讲的极限 L 在 p' 和 P' 之间,因为例如说 p' 就小于上节所讲的任何一个周界 P,而 P 以 L 为极限,因之有 $p'\leqslant L$.同理 $P'\geqslant L$.

另一方面,直线 OA' 交边 $a'b'$ 于中点 H,直角三角形 $\triangle Oa'H$ 和 $\triangle OA'a'$ 有一个公共锐角,因而相似,得

$$\frac{a'A'+A'b'}{a'b'}=\frac{a'A'}{a'H}=\frac{R}{OH}$$

同理有

① 法文原书在此地有一段小字脚注,请读者参考唐乃尔(Tannery)《算术》第 470 节.这类注在译成中文时曾略去了几处.

又俄译者在此加了一段注:

著者假设读者已知道下面关于极限的理论:

若一变量恒增加,但永远小于某一常数,则此变量趋于一极限.

若一变量恒减小,但永远大于某一常数,则此变量趋于一极限.—— 译者注

② 此处法文原书叫参看唐乃尔《算术》第 466 节.

又俄译者在此加了一段注:同样的著者假设读者已知下面的命题:两变量的比的极限等于这两量极限的比,只要第二量的极限不等于零.—— 译者注

③ 但必须假设外切多边形包含圆周在其内.

$$\frac{b'B'+B'c'}{b'c'}=\frac{R}{OK}$$

其中 K 是 $b'c'$ 的中点,以下类推.

考察所有这些等式的左端,并作各分子的和及各分母的和,于是我们得出一个比,其值在原先各比的最大值与最小值之间,因之

$$\frac{P'}{p'}=f$$

其中数值 f 介于 $\frac{R}{OH},\frac{R}{OK},\cdots$ 各值的最大数与最小数之间.

现在,如果多边形这样变化以使各边无限减小,那么所有类似于 OH 的距离都趋于 R,而所有的比 $\frac{OH}{R},\frac{OK}{R},\cdots$ 都趋于 1. $\frac{P'}{p'}$ 也是一样的,于是 $\frac{L}{p'}$ 以及 $\frac{P'}{L}$ 也是一样的情况,因为这两个比都是在 1 与 $\frac{P'}{p'}$ 之间.

所以 P' 和 p' 趋于 L.

定义 凸的圆内接和外切多边形,当各边无限地减小时,其周界的公共极限长度(这极限的存在我们已证明过了)称为**圆周的长度**.

178. 定理 任两圆周长度的比,等于它们半径的比.

设半径为 R,R_1 的圆周长为 C,C_1. 于此两圆周内作同边数的两个内接正多边形,此两多边形相似. 因之(第 146 节推论)其周界 P 与 P_1 之比等于半径 R 与 R_1 之比. 但当边数无限增加时,比 $\frac{P}{P_1}$ 趋于两圆周长度的比 $\frac{C}{C_1}$,所以定理证明了.

推论 圆周的长度与直径之比是常数.

因为比例 $\frac{C}{C_1}=\frac{R}{R_1}$ 可以写为

$$\frac{C}{R}=\frac{C_1}{R_1}$$

或

$$\frac{C}{2R}=\frac{C_1}{2R_1}$$

因此,对于任两圆,圆周的长度与直径的比是相同的.

圆周和直径长度之比的常数,以希腊字母 π 表示之.

推论 半径为 R 的圆周长等于 $2\pi R$.

179. 圆弧的长度

定义　设以圆弧的两端为内接或外切凸折线的两端，则当折线的所有各边无限减小时，折线长度所趋的极限，就称为此**圆弧的长度**.

这极限的存在可应用上面用于全圆周的同样推理证明. 首先考察内接或外切的正折线，将其边数无限地加倍，然后考察任意折线①.

任一圆弧比它相当的弦为长，因为它是比这弦为长的各折线的极限，并且这些折线的长度是递增的. 同理，这弧比包围它且有相同端点的任一折线为短②.

当弧趋于零时，圆弧与其对应弦之比趋于 1(设圆是固定的). 事实上，弧 $a'b'$(图 20.9) 的长度，介于对应的弦长以及它端点的切线所成的折线的周长之间；而当弧 $a'b'$ 无限减小时，后面这两量之比我们已看出(第 177 节) 是趋于 1 的.

179a. 全等的两弧有相同的长度，因为作为它们长度定义的折线，可以取成两两对应全等的. 两弧之和的长度等于这两弧长度之和，因为这两弧的内接折线合在一起就成为两弧之和的内接折线.

于是，根据我们几次引用过的原理，同圆周上两弧长度的比等于这两弧本身的比(第 17 节). 特别的，这两个长度的比，就等于以百分度(第 18a 节) 或度为单位的这两弧的度量数之比.

由于半径等于 R 的圆周长是 $2\pi R$，而这圆周含有 $360°$，所以一度弧长等于 $\frac{2\pi R}{360}=\frac{\pi R}{180}$.

一分弧的长是这数的 $\frac{1}{60}$，即 $\frac{\pi R}{180\times 60}$；一秒弧的长是 $\frac{\pi R}{180\times 60\times 60}$.

---

① 这证法可推广于任意凸弧 A，就是这样的弧：其任何部分与对应的弦不相交. 为此，只要对于任意一个小于 1 的数 m(不论如何接近于 1)，就可以用一个长度 ε 与之对应，使当 A 的任何部分弧端点的距离小于 ε 时，弦 ab 与其端点的切线上两线段之和 $ac+bc$(图 20.10) 之比，在 m 与 1 之间. 这个利用某种假设就可以满足(像在微分上证明的) 的条件，对于我们所将考虑的一些曲线讲总是满足的. 于是(像在第 177 节) 内接折线的周界长与对应的外切折线的周界长之比，当边数无限增加并且每一边趋于零时，就趋近于 1.

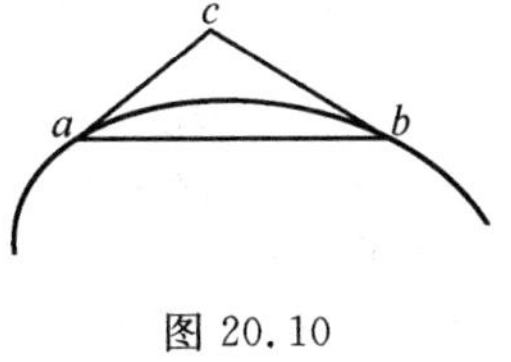

图 20.10

我们证明当折线形成这样的一串：即每一折线的顶点是下一折线的一部分顶点时，极限存在(第 176 节的推理)；然后进入一般的情况，像在第 177 节一样.

并且不凸的弧通常可分解成为若干凸弧.

② 这些结论显然可以推广于根据上面注中所讨论的结果而确定的任何曲线的弧长，特别的，两点之间直线是最短的路线. 一凸弧(参看上面注) 比包围它而有公共端点的任何线(折线或曲线) 为短.

因此,如果半径为 R 的圆弧含有 m 度 n 分 p 秒,则弧长等于

$$\frac{\pi R}{180}\left(m+\frac{n}{60}+\frac{p}{60\times 60}\right)$$

含 n 百分度的弧,其长度等于

$$\frac{\pi R n}{200}$$

180. 所以,我们看出,如果知道 π 这个数,就可以计算任意已知圆弧的长度.

π 的计算[①] **周界法** 为了计算这个数,或者说,为了计算半径为 R 的圆周的长度,按定义应当计算内接正多边形当边数无限加倍时的周界长.每一个这些多边形的周界,是所求长度的不足近似值,并且边数越增加,这个数值就越近似.若在计算内接正多边形周界的同时,我们会计算对应的外切正多边形的周界,那么就得出过剩近似值,并且过剩、不足近似值之差,是我们取其中一个当做圆周长度时的误差的一个上界.但我们会算某种内接正多边形的边,特别是正方形的边.要从它得到 $4\times 2, 4\times 2^2, \cdots, 4\times 2^n$ 边形的边,只要解决下面的问题.

问题 在已知半径的圆内,已知内接正多边形的边长,试计算同圆内边数加倍的内接正多边形的边长.

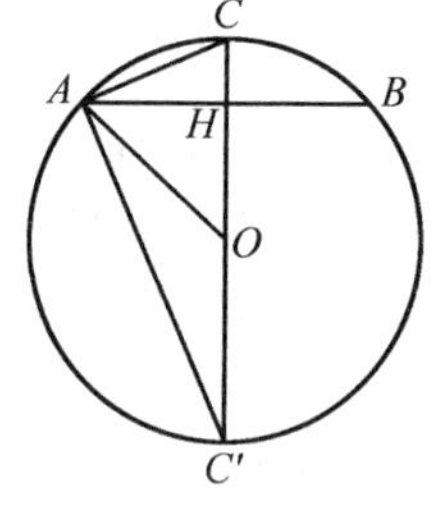

图 20.11

设 $AB=c$(图 20.11)是半径为 R 的圆内接正多边形的一边.以垂直于弦 AB 并过其中点 H 的半径 OC,将弧 AB 分为两等份,则得 AC 是边数加倍的内接正多边形的一边.由 $\triangle OAC$ 有

$$AC^2=OA^2+OC^2-2OC\cdot OH=2R^2-2R\cdot OH=2R(R-OH)$$

① 中国算学家在这一方面的贡献是极其卓越的.

中国最早的算书《周髀算经》谈到"圆径一而周三",即 $\pi=3$.

前汉刘歆(约公元前 30 年)作《三统历》,取 π 一说是 3.141 6,后人称为"歆率",一说是 3.145 7.

后汉张衡(公元 73—139 年)取 $\pi=\sqrt{10}=3.162\,3\cdots$,数百年后西方有人也曾用此值.

三国时魏刘徽注《九章算术》,始创"割圆求周"法,求圆内接正 6,12,24,48,96 边形周长,设半径为 1,得 $p_{96}=6.282\,048$. $\pi=3.141\,024$.于应用时取 $\pi=\frac{157}{50}=3.14$,后人称"徽率".

南北朝时,南齐祖冲之用所谓"缀术",求得 π 在 3.141 592 6 与 3.141 592 7 之间,于是定 $\pi=3.141\,592\,65$,称为"正数".又定 $\frac{355}{113}$ 为"密率",$\frac{22}{7}$ 为"约率",合称"祖率".欧洲在 1 100 余年后始发现 $\frac{355}{113}$.可惜缀术失传.—— 译者注

但 $OH=\sqrt{R^2-\frac{c^2}{4}}$，因此所求的边 c_1 是

$$c_1=\sqrt{2R(R-\sqrt{R^2-\frac{c^2}{4}})}$$

由是，因为正方形的边等于 $R\sqrt{2}$，而其周界等于$4R\sqrt{2}$，则内接正八边形的边等于 $R\sqrt{2-\sqrt{2}}$，而其周界等于 $8R\sqrt{2-\sqrt{2}}$，内接正十六边形的边等于 $R\sqrt{2-\sqrt{2+\sqrt{2}}}$，而其周界等于 $16R\sqrt{2-\sqrt{2+\sqrt{2}}}$，以下类推.

180a. 要想得到圆周长度的过剩近似值，只要计算外切正多边形的周界，因之只要解决下面的问题.

问题　已知半径为 R 的圆内接正多边形的一边 c，试计算此圆同边数的外切正多边形的一边.

只要注意到这两多边形相似，因之它们边长的比等于边心距的比，那么所求的边 c' 就立刻可得，由于外切多边形的边心距等于 R，而内接多边形的边心距等于$\sqrt{R^2-\frac{c^2}{4}}$，则所求的边可由下面的比例式得到

$$\frac{c'}{c}=\frac{R}{\sqrt{R^2-\frac{c^2}{4}}}$$

我们已会求当边数逐渐增加时内接正多边形的一边 c，这比例式教我们如何计算对应的外切正多边形的边.

181. 已知半径为 R 的圆内接正多边形的一边 c，应用下面的方法，同样可求此圆内边数加倍的内接正多边形的边 c_1 及边心距 a_1（它得出对应的外切正多边形的边，并不需要新的平方根）.

设半径 OC（图 20.11）的延长线交圆周于点 C'，$\triangle ACC'$ 是直角三角形，并且（第 123 节备注）

$$AC\cdot AC'=CC'\cdot AH=2R\cdot\frac{c}{2}=Rc \quad ①$$

而另一方面

$$AC^2+AC'^2=CC'^2=4R^2 \quad ②$$

2×①+②，得

$$AC^2+AC'^2+2AC\cdot AC'=(AC+AC')^2=4R^2+2Rc$$

所以

$$AC + AC' = \sqrt{4R^2 + 2Rc} = 2\sqrt{R(R + \frac{c}{2})}$$

若 ② $- 2 \times$ ①,则得

$$AC^2 + AC'^2 - 2AC \cdot AC' = (AC' - AC)^2 = 4R^2 - 2Rc$$

因此

$$AC' - AC = \sqrt{4R^2 - 2Rc} = 2\sqrt{R(R - \frac{c}{2})}$$

将此两等式相减相加得

$$AC = \sqrt{R(R + \frac{c}{2})} - \sqrt{R(R - \frac{c}{2})}$$

$$AC' = \sqrt{R(R + \frac{c}{2})} + \sqrt{R(R - \frac{c}{2})}$$

这就解决了问题,因为所求的一边 c_1 等于线段 AC,而所求的边心距 a_1 等于 AC' 的一半.

至此,我们已学会在已知半径的圆内,已知了弦的长度,如何计算它所对的两弧的一半所对应的两弦长度.

182. π 的计算　等周法　上面的方法可以用稍微不同的形式来表达.

事实上,问题在于计算正多边形的周界 p 与外接圆半径 R,以及与边心距亦即内切圆的半径 a 之比,并且应当令多边形的边数无限增加. 但是我们所继续考察的一些多边形是否内接于同一圆,完全没有关系,因为比值 $\frac{p}{R}$ 及 $\frac{p}{a}$ 只与多边形的边数有关(第 163 节).

在**等周法**中我们考察正多边形,其边数无限加倍,并有相等的周界. 因此,首先要解决下面的问题.

问题　已知正多边形的半径 R[①] 及边心距 a,试计算边数加倍而周界相等的正多边形的半径 R' 及边心距 a'.

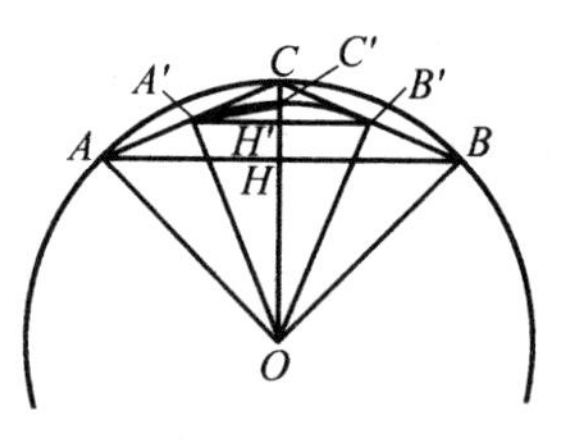

图 20.12

设 AB(图 20.12)是半径 $OA = R$ 的圆的内接正 n 边形的一边. 作 AB 的垂线 $OH = a$,并延长之与圆周相交于弧 AB 的中点 C. 联结 AC 及 BC,并设此两线段的中点为 A' 及 B',而线段 $A'B'$ 交 OC 于点 H'.

① 此处及以下所谓正多边形的"半径",是指它的外接圆半径. —— 俄译者注

线段 $A'B'$ 是半径为 OA' 的圆的内接正 $2n$ 边形的一边.

事实上,因 $\angle AOB$ 在半径为 OA 的圆周上截$\frac{1}{n}$圆周的弧,那么,它的一半 $\angle A'OB'$(因 $\angle A'OC$ 等于 $\angle AOC$ 的一半,而 $\angle B'OC$ 等于 $\angle BOC$ 的一半)在半径 OA' 的圆周上截此圆周的$\frac{1}{2n}$.

这多边形与第一个多边形等周.

因为边 $A'B'$ 是 AC 及 BC 中点的连线,等于原来一边 AB 的一半,而同时它的边数则加了倍.

所求长度 R' 和 a' 因此就是 OA' 和 OH'.

点 H' 是 CH 的中点,因此有

$$OH'-OH=OC-OH'$$

此式可写为

$$2OH'=OC+OH$$

或

$$OH'=\frac{OC+OH}{2}$$

即 OH' 是 OC 和 OH 的等差中项.

另一方面,由直角 $\triangle OA'C$ 得

$$OA'=\sqrt{OC\cdot OH'}$$

即 OA' 是 OC 和 OH' 的等比中项.

因此,a' 由下列公式算出

$$a'=\frac{R+a}{2}$$

R' 由下列公式算出

$$R'=\sqrt{Ra'}$$

重复这两种运算,就可以对边数越来越多的多边形计算数值 a 和 R. 这两量与各多边形公共周界一半之比,将是$\frac{1}{\pi}$的近似值,前者是不足近似值,后者是过剩近似值,并且越来越接近.

为简单计,设各多边形的公共周长是单位长度的 2 倍,并取其中第一个为正方形. 这多边形的边心距等于一边的一半,即$\frac{1}{4}$;而半径等于一边除以$\sqrt{2}$ 即

$\frac{1}{2\sqrt{2}}$. 取 $a=\frac{1}{4}$,而 $R=\frac{1}{2\sqrt{2}}$,则由上面的公式得出对应于正八边形的数值 a' 及 R',以下类推.

但若取 $a=0$ 及 $R=\frac{1}{2}$①,那么得到 $a'=\frac{1}{4}$,$R'=\frac{1}{2\sqrt{2}}$. 因此,我们得到下面的命题(什瓦波(Schwab) 定理).

定理 如果作一数列,前两数是 0 和 $\frac{1}{2}$,而它的每一项递次是前面两项的等差中项和等比中项,那么如此所形成的数列的项趋近于 $\frac{1}{\pi}$.

183. 在上面的数列中,由于连续的两项 a 和 R 两数都是 $\frac{1}{\pi}$ 的近似值,一个是不足近似值,一个是过剩近似值,那么如果我们取其中之一作为 $\frac{1}{\pi}$ 的近似值,误差将小于 $R-a$.

但我们有

$$R'-a'<\frac{R-a}{4}$$

为了证明这个,仍取图 20.12,并在 OC 上截长度 $OC'=OA'=R'$. 线段 $C'H'$ 表示 $R'-a'$. 但 $\angle C'A'H'$ 和 $\angle C'A'C$ 相等,因为它们是以圆周 OA' 中等弧 $C'B'$ 和 $A'C'$ 的一半量的(一个是圆周角,一个是切线和割线的夹角). 角平分线的定理(第 115 节) 表明,线段 $H'C'$ 与 $C'C$ 之比等于 $A'H'$ 与 $A'C$ 之比. 因此,$H'C'$ 小于线段 $H'C$ 的一半,即是小于 CH 的 $\frac{1}{4}$ 或 $\frac{R-a}{4}$.

但什瓦波数列的前两项给我们 $R-a=\frac{1}{2}$,因此,取此数列中占第 $2n$ 位的项以作 $\frac{1}{\pi}$ 的近似值,则误差小于

$$\frac{1}{2\times 4^{n-1}}=\frac{1}{2^{2n-1}}$$

① 此两数对应于将圆周分成二等份. 若以 A 及 B 表分点,则直径 AB 可看做正二边形的一边,它的周界等于 $2AB$. 若取此周界为 2,则半径 R 表以 $\frac{1}{2}$,而边心距(一边到圆心的距离) 表以 0.

184. 希腊的几何学家阿基米德(Archimedes)是定义并计算圆周长度的第一人,他用周界法求得准确到$\frac{1}{100}$的过剩近似值

$$\pi=\frac{22}{7}$$

并且,我们只能求得 π 的**近似**值而永不能求得它的**准确**值.因为人们已经证明了这是一个**不可公度**数,就是说,它不等于任何整数或分数.

π 的前几位小数是[①]

$$\pi=3.141\ 592\ 653\ 5\cdots$$

而$\frac{1}{\pi}$是

$$\frac{1}{\pi}=0.318\ 309\ 8\cdots$$

我们常常用 π 的过剩近似值 3.141 6.

著名的**化圆为方**的问题,归结到(以后再讲)作已知半径的圆周的长度,只用直尺和圆规这问题不能解,这个不可能性(它还不一定是由于 π 的不可公度性[②])也已经证明了[③].

习 题

正多边形

(178) 用彼此全等的正多边形铺平面,证明只有三种正多边形可用.

(179) 已知一边,求作正五边形.

(180) 证明在正五边形中,不经过同一顶点的两对角线,互相分成外内比.

---

① π 的这个数值并不是用我们所讲的方法,而是用分析上远为迅速的其他方法得来的.利用下面的一句诗

Que j' aime à faire apprendre un nombre utile aux sages
3 1 4 1 5 9 2 6 5 3 5

容易记忆这些小数,其中各字的字母数,就是 π 继续下去的数字.

Adrien Métius 曾得出准确到百万分之一的过剩近似值$\frac{355}{113}$.

② 例如正方形的对角线和它的一边是不可公度的,而我们很容易由其中一线段作出另一线段.

③ π 是不可公度的这一定理是朗伯特(Lambert)发现的(1770 年).至于化圆为方的不可能性,是 1882 年林德曼(Lindemann)推广了法国数学家埃尔米特(Hermite)的定理证明出来的.

(181) 证明直角三角形两腰各等于同圆的两种内接正十边形(凸的和星状的)的一边,则其斜边等于此圆内接等边三角形的一边.

(182) 对于凸的十边形、六边形和凸的五边形,以及对于十角星、六边形和五角星,证明上述命题.

(183) 设在正六边形的各边上向外方作六个正方形,则此等正方形在外面的顶点是正十二边形的顶点.

(184) 验证第 180 节和第 181 节所得的关于边 $AC = c_1$ 的两式彼此相等.

圆周的长度

(185)$18°15'$ 的圆弧长 2 m,求此圆半径.

(186) 以圆周的半径 OA 为直径再作一圆周.设第一圆从圆心 O 发出的半径交两圆周于两点 B 及 C,证明两弧 AB 和 AC 有同一长度.

(187) 设两圆周内切于同一第三圆周,并且它们的半径之和等于此第三圆周之半径,证明第三圆周上介于两切点间的弧长,等于它内部的两圆周上自其距大圆周较近的交点至此两切点间的两弧长之和.

(188) 证明圆内接正方形的一边,加内接等边三角形的一边,是半圆周的近似值(误差小于半径的$\frac{1}{100}$).

(189) 直角三角形的两腰等于已知圆直径的$\frac{3}{5}$ 及$\frac{6}{5}$,证明它的周界是圆周长度的近似值(误差小于半径的万分之一).

第三编习题

(190) 已知两同心圆周，求作一直线，使两圆周在其上所截的弦一个是另一个的 2 倍.

(191) 证明在三角形的边 AB 上，从点 B 起截取一线段 BD，而在边 AC 过点 C 的延长线上截取与它相等的线段 CE. 线段 DE 被边 BC 所内分的比，等于 AB 和 AC 两边的反比.

(192) 设 A 及 A' 为两圆公切线的切点，M 及 M' 为平行于 AA' 的直线分别与两圆周的交点，求直线 AM 及 $A'M'$ 交点的轨迹.

(193) 一多边形的各边分别保持与定直线平行，同时各顶点除了一个以外都各在一已知的直线上滑动，求这最后一顶点的轨迹(习题(124)).

(194) 求作一已知多边形的内接多边形，使其各边各平行于已知的直线. 这问题能否为不定的?

(195) 将三角形的各高线分成已知比，并过各分点作直线平行于对应边，求这样所形成的三角形与原三角形的相似比.

(196) 设 a，b，c 为平面上一点 O 关于 $\triangle ABC$ 三边 BC，CA，AB 中点的对称点，直线 Aa，Bb，Cc 必相交于同一点 P. 当点 O 移动画一个图形时，点 P 画一个与此形位似的图形(证明).

(197) 通过三角形的三顶点作三条直线经过同一点 O，然后作其中每一线关于该线所自发出角顶的角平分线的对称线. 证明这三条新直线通过某一点 O'.

证明如果最初的三直线不是通过一点而是互相平行的，这定理仍成立，且在此情况下点 O' 在三角形的外接圆周上.

由此定理推证三角形的三高相交于一点.

(198) 设 $ABCD$ 是圆周的外切菱形，证明任一切线 MN 在相邻的两边 AB 和 BC 上所截的线段 AM 及 CN，其乘积为常量.

(199) 设从圆所在平面上一点 A 向此圆作一动割线 $AM'M$，将经过点 A 的直径的一端连线至 M 及 M'，证明此两连线在通过 A 而与此直径垂直的直线上截两线段[①]，其乘积为常量.

① 以 A 为此两线段的一公共端点. —— 译者注

(200) 证明两圆周的内公切线内分其外公切线(且外公切线外分其内公切线)成两线段,其乘积等于两圆半径的乘积.

证明两内公切线在一外公切线上所截的线段,与此外公切线本身有同一中点,而此线段的长度等于内公切线的长度.

(201) 直角三角形的直角顶是一个定点 A,同时其他两顶点 B 及 C 恒保持在一圆周 O 上,求:

① 边 BC 中点的轨迹.

② 点 A 在边 BC 上射影的轨迹.

(202) 求作一三角形,已知其一边、它的对应高及其他两边之积.

(203) 求作一三角形,已知两中线及一高(两种情况).

(204) 求作已知圆周的内接等腰三角形,已知其底边与高的和或差.

(205) 计算梯形的两条对角线,已知其四边.

(206) 已知一圆周及两点 A,B,求作一弦平行于直线 AB,并使其端点分别与 A 及 B 的连线相交于圆周上.

(207) 过圆的直径两端 A,B 作两弦 AC 及 BD 相交于圆内一点 P,证明

$$AB^2 = AC \cdot AP + BD \cdot BP$$

(208) 过两定点 A,B 任作一圆周,过与 A 及 B 在同一直线上之已知点 C 作两切线.求两切点所连线段中点的轨迹.

(209) 以三已知点为圆心求作三圆周,使其两两互相正交.

(210) 已知一圆周及其上两点 A,B,又已知任一直线及其上一点 C.在圆周上求一点 M,使直线 MA 及 MB 在已知直线上所截之线段被点 C 分成定比.

(211) 以 $\triangle ABC$ 的三边 AB,AC 及 BC 为底,作三个相似的等腰三角形 $\triangle ABP$,$\triangle ACQ$ 及 $\triangle BCR$.其中前两个在已知三角形外,第三个则与 $\triangle ABC$ 在 BC 的同侧(或者颠倒过来).证明 $APRQ$ 是平行四边形.

(212) 一图形变动时恒保持与其自身相似,属于这个图形的而且不通过同一点的三直线分别经过一定点,证明:

① 此形的任一直线也经过一个定点.

② 此形的任一点画一圆周.

(213) 求作一四边形相似于一定四边形,并使它的边通过四定点.

此问题能否为不定的？在此情况下，求适合问题条件的各四边形对角线交点的轨迹.

(214) 一图形变动时恒保持与其自身相似，且使它的三点各画一直线. 证明此形有某一点保持不动. 由是推证此形任一点画一直线.

(215) 已知两个相似且转向相同的图形. 求这种点的轨迹：若我们将这种点看成属于第一形，则它们与第二形上的对应点所连的直线通过一个定点.

(216) 过一已知点 O 求作一割线 MON 交两已知直线于 M 及 N，使两线段 AM 与 BN 之比为已知比，其中 A 及 B 是两已知线上的定点.

第四编

第三编补充材料

第21章　线段的符号

185. 直到现在,我们只是用正数来量直线段的.相反的,当我们比较同一直线上的线段时,若根据下面所讲的规定,将它们有的与正数对应,而有的与负数对应,那是有益处的.

在所考察的直线 $X'X$ 上(图 21.1),选一个确定不变的方向,称为**正向**,例如图上以箭头表示的方向 $X'X$.任一线段 AB,我们设它对应于表示它的长度的数,若它有正向,这数就冠以"+",若方向相反就冠以"-".

图 21.1

必须指明,线段的符号主要的是根据读它端点的次序,即

$$AB=-BA$$

186. 上面的规定使我们可以将某些关系写成一种形式,而与所考虑的一些点的位置无关.

例如设 A,B,C 为同一直线上的三点,则线段 BC 等于两线段 AB 及 AC 的和或差,就看这三点的次序而定.若以大小连同符号来计量线段,这两种不同的关系可以同一个关系来代替

$$AB+BC+CA=0 \quad ①$$

不论三点的位置如何,此式恒成立.

事实上,若在直线 ABC 上沿正向前进,遇到这些点的次序是 A,B,C(图 21.1),则线段 AB,AC 及 BC 是正的,而我们有 $AC=AB+BC$,此与关系 ① 等效.

但是,若互换其中两点,这关系并不变.例如互换 B 与 C,则有等式

$$AC+CB+BA=0$$

此式与上式等效.因此,若点的次序是 A,C,B,式 ① 成立.

并且,我们知道,继续地互换两元素,可以随意将次序变更.所以关系 ① 恒真确.

此式立刻可以推广于同一直线上的随意若干点.例如,从同一直线 $X'X$ 上的五点 A,B,C,D,E 就得到等式

$$AB+BC+CD+DE+EA=0$$

要证它,我们应注意,所求的等式对于三个点的情形已经证过了.因此,只要证明若这等式对于若干点成立,那么当点数加1时,它也成立.于是我们可以假设对于四个点的情况它成立,而写为

$$AB+BC+CD+DA=0$$

另一方面,对于三点 A,D,E 有

$$AD+DE+EA=0$$

两端相加,DA 和 AD 两项相消,就得到所求的等式.

187. 在直线 $X'X$ 上取一定点 O(图21.1),我们就可以用既计大小又计符号的线段 OA 来确定任意一点 A,这线段称为点 A 对于**原点 O 的坐标**.显见,坐标的绝对值与符号完全确定了点 A 的位置.

若 A,B 两点由其对于同一原点 O 的坐标所定,则距离 AB 由等式

$$AB=OB-OA$$

确定,此式与上节等式 ① 等效.

188. 若点 C 取在直线 AB 上,则当 C 在 A,B 两点之间时,比 $\frac{CA}{CB}$ 为负,当 C 在线段 AB 之外时为正.

因此,已知了比的大小与符号,则只有一点存在分已知线段成定比.若点 C 及 D 对于一线段 AB 的端点为调和共轭点,则比 $\frac{CA}{CB}$ 及 $\frac{DA}{DB}$ 绝对值相等而符号相反.

189. 设 C,D 两点对于线段 AB 为调和共轭点,O 为线段 CD 的中点(图21.2),则有

$$OC^2=OA\cdot OB$$

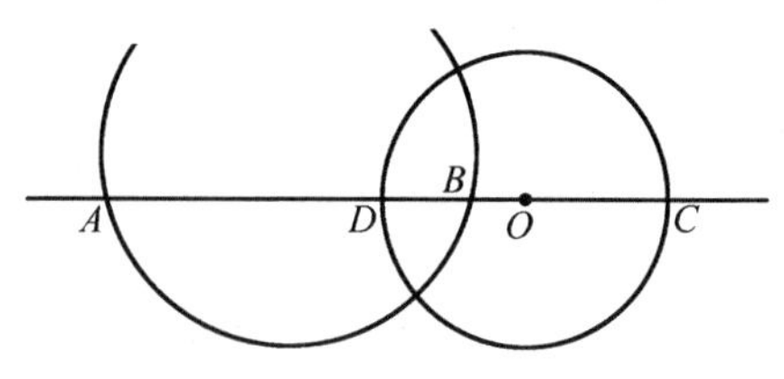

图 21.2

事实上,以 O 为原点来确定点 A,B,C,D 的坐标.由等式 $\frac{CA}{CB}=-\frac{DA}{DB}$ 得

$$-\frac{CA}{CB}=\frac{DA}{DB}=\frac{OC-OA}{OB-OC}=\frac{OA-OD}{OB-OD}$$

取最后两个比中两分子的和及两分母的和,我们得到一个等于上面的比,

取这些项的差，又得到一个. 注意 $OD=-OC$，于是得到

$$-\frac{CA}{CB}=\frac{DA}{DB}=\frac{2OC}{2OB}=\frac{2OA}{2OC}$$

故得：

定理　一线段的一半长是从这线段中点到调和分割它的两点的距离的比例中项.

并且我们看出，$\frac{OA}{OC}$ 和 $\frac{OC}{OB}$ 的公共数值等于 $-\frac{CA}{CB}$ 和 $\frac{DA}{DB}$ 的公共数值.

逆定理　设从一线段 CD 的中点 O 起，截两同向线段 OA 及 OB，使其以这线段的一半长为比例中项，则 A 和 B 两点调和分割已知线段 CD.

事实上，从等比 $\frac{OC}{OB}=\frac{OA}{OC}$，将分子分母相加相减，得出两个与之相等的比

$$\frac{OA-OC}{OC-OB}=\frac{OA+OC}{OB+OC}$$

由是，注意等式 $OD=-OC$，就得到

$$-\frac{CA}{CB}=\frac{DA}{DB}$$

推论　设两线段调和共轭，则以其中一线段为直径的圆周，必与通过另一线段两端的任何圆周相交成直角(图 21.2).

因为第一圆周半径的平方，等于它的圆心对于第二圆周的幂.

反之，设两圆周相交成直角，则一圆的任一直径被另一圆周调和分割.

190. 若两直线平行，则通常在两线上取相同的正向.

由于这个规定，我们可以说，一个角在两平行线上所截的线段 BC 和 DE 之比，按大小与符号等于此两平行线在角的一边上所截的线段 AB 和 AD 之比(第 117 节图 15.1，15.2 及 15.3).

这等式，在第 117 节对于绝对值已经证明了，并且，两个比有相同的符号：线段 BC 和 DE 有同向(图 15.1 及 15.2) 或反向(图 15.3)，就同线段 AB 和 AD 一样.

特别的，设已知两个位似形. 显见若位似是正的，则位似比可算做正的；若位似是反的，则位似比可算做负的. 于是，相似比按大小与符号等于任意两对应线段的比.

191. 在第 133 节讲的对于一圆的幂时，关于符号所作的规定，不过是现在

所指出的一个特例而已.

因为,在通过点 A 所画的割线 ABB' 上(第 131 节图 17.1,17.2) 任选一正向,则线段 AB 和 AB' 有同向或反向,就看点 A 在圆外或圆内而定.所以在第一种情况乘积为正,在第二种情况为负.

习 题

(217) 设四点 A,B,C,D 中,前两点调和分割另两点,则有(按大小及符号)

$$\frac{2}{AB}=\frac{1}{AC}+\frac{1}{AD}$$

(218) 如何修正斯特瓦尔特定理(第 127 节) 的叙述,使与点 B,C,D(第 127 节记号) 在直线上的次序无关?

对于点 A 在直线 BCD 上的情况,直接证明这修正了的叙述,由此推出一般的叙述.

(219) 设令第 116 节定理中已知比改变,而不变两点 A 及 B (第 116 节记号),证明这样所得的各圆周有同一根轴,其极限点为 A 及 B.

由是推求以下问题的解答:在一已知直线或圆周上求一点 M 所应取的位置,使其到两已知点的距离之比取可能的极大值或极小值(作法和第 159 节作图相仿).

(219a) 求两点使其调和分割两已知线段.此问题是否恒可能?

(220) 将两圆周的两个相似中心所连的线段为直径作一圆周,证明此圆周与两已知圆周有同一根轴.

(221) 若点 E 取在 AC 的延长线上,习题(130) 的叙述如何变化?

对于习题(131) 解决同样的问题,若已知直线和三角形的边相截.

(222) 过一正方形的顶点 A,B,C,D(假设顶点出现的次序就是这样顺序),向正方形所在平面上但不与正方形各边相交的一直线作垂线 Aa,Bb,Cc,Dd,证明在这样的条件下,量 $Aa^2+Cc^2-2Bb\cdot Dd$ 不因直线的位置而变.

(将上式变形,使其中出现和 $Aa+Cc$ 与 $Bb+Dd$ 及差 $Aa-Cc$ 与 $Bb-Dd$.由习题(130),其中前两式相等.)

若该直线与正方形相交,这叙述应如何修正?

第22章　截　线

192. 定理　设$\triangle ABC$的三边BC,CA,AB(图22.1)被同一直线截于点a,b,c,则三边上所形成的线段间有关系

$$\frac{aB}{aC}\cdot\frac{bC}{bA}\cdot\frac{cA}{cB}=1 \qquad ①$$

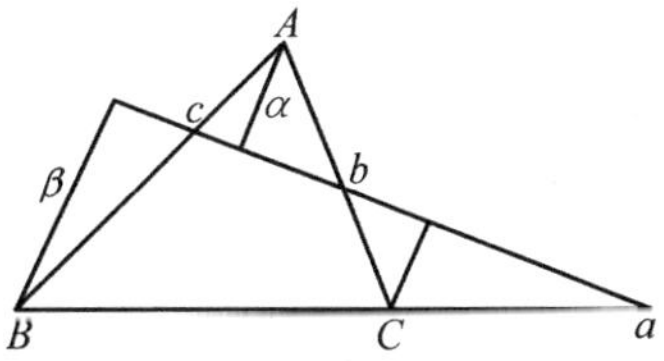

要证明这个,过三角形各顶点作三直线同与任意的一个方向平行,直至与截线[①]相交,并于此二平行线上取同一正向.

图22.1

设α,β,γ是这三平行线上从顶点到截线的距离,我们有

$$\frac{aB}{aC}=\frac{\beta}{\gamma},\frac{bC}{bA}=\frac{\gamma}{\alpha},\frac{cA}{cB}=\frac{\alpha}{\beta}$$

相乘得

$$\frac{aB}{aC}\cdot\frac{bC}{bA}\cdot\frac{cA}{cB}=\frac{\beta\gamma\alpha}{\gamma\alpha\beta}=1$$[②]

193. 逆定理(梅涅劳斯(Menelaus)定理)　设在$\triangle ABC$的边BC,CA,AB上取三点a,b,c,满足关系

$$\frac{aB}{aC}\cdot\frac{bC}{bA}\cdot\frac{cA}{cB}=1$$

那么这三点在同一直线上.

因为,直线ab截边AB于一点c',满足关系

$$\frac{aB}{aC}\cdot\frac{bC}{bA}\cdot\frac{c'A}{c'B}=1$$

---

① 与三角形的边相交的任一直线,称为截线.——俄译者注

②若截线平行于边BC,则点a应当看做在无穷远,而比$\frac{aB}{aC}$看做等于1.在此情况下,所求的关系将变成$\frac{bA}{bC}=\frac{cA}{cB}$,即变成第114节的定理.

设三角形的两边AB和AC变成平行,则点A在无穷远.将$\frac{aB}{aC}\cdot\frac{bC}{bA}\cdot\frac{cA}{cB}$写成$\frac{aB}{aC}\cdot\frac{bC}{cB}\cdot\frac{cA}{bA}$,且以1代替$\frac{cA}{bA}$,于是得到第117节的定理.

将此式与上面的一式比较就表明

$$\frac{cA}{cB}=\frac{c'A}{c'B}$$

因之两点 c 与 c' 重合.

备注 这个定理实质上就变成我们在第 144 节所证明的定理. 事实上,我们可以求得三个线段 α,β,γ(计算大小及符号) 以满足

$$\frac{aB}{aC}=\frac{\beta}{\gamma},\frac{bC}{bA}=\frac{\gamma}{\alpha}$$

由是,应用关系 ① 推得

$$\frac{cA}{cB}=\frac{\alpha}{\beta}$$

于是,以 A,B,C 为对应点,以 α,β,γ 为对应线段的三个图形两两位似,而以 a,b,c 为其位似中心.

194. 此定理可用以证明三点在同一直线上.

例 1 完全四线形三条对顶线的中点在同一直线上.

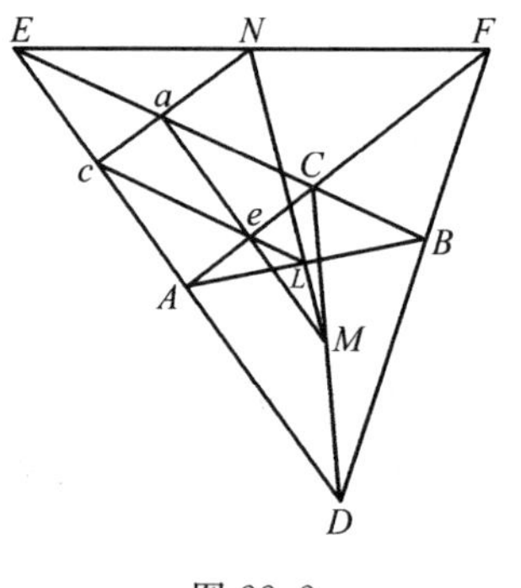

图 22.2

设 $ABCDEF$(图 22.2) 为一完全四线形,其对顶线 AB,CD,EF,以 L,M,N 为中点. 考察四线形的三边所形成的 $\triangle ACE$,并设 a,c,e 为边 CE,EA,AC 的中点,直线 ce 平行于 CE 且通过点 L;直线 ea 平行于 AE 且通过点 M;直线 ac 平行于 AC 且通过点 N. 要证明点 L,M,N 共线,只要证明

$$\frac{Lc}{Le}\cdot\frac{Me}{Ma}\cdot\frac{Na}{Nc}=1$$

由平行线 Lec 及 BCE 得

$$\frac{Lc}{Le}=\frac{BE}{BC}$$

仿此有

$$\frac{Me}{Ma}=\frac{DA}{DE}$$

及

$$\frac{Na}{Nc}=\frac{FC}{FA}$$

但因 B,D,F 三点是取在 $\triangle ACE$ 三边上的共线点(即在同一直线上的点),等号右端三项的乘积等于 1.

195. 例2　设两三角形$\triangle abc$及$\triangle a'b'c'$彼此对应，使得联结对应点的直线aa'，bb'，cc'相交于一点o，那么对应边的交点在一直线上．

设l(图22.3)为直线bc和$b'c'$的交点；m为ca和$c'a'$的交点；n为ab和$a'b'$的交点．求证三点l，m，n共线，换言之，求证下面的等式成立

$$\frac{lb}{lc}\cdot\frac{mc}{ma}\cdot\frac{na}{nb}=1$$

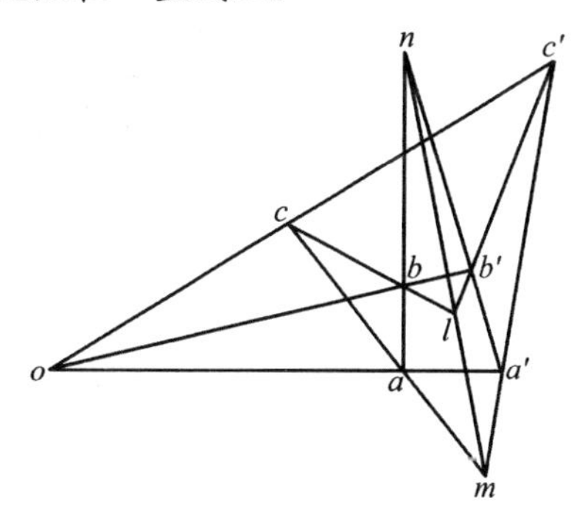

图22.3

事实上，$\triangle obc$被截线$lb'c'$所截，故有

$$\frac{lb}{lc}\cdot\frac{c'c}{c'o}\cdot\frac{b'o}{b'b}=1$$

仿此，$\triangle oca$及$\triangle oab$各被截线$ma'c'$及$nb'a'$所截，又有

$$\frac{mc}{ma}\cdot\frac{a'a}{a'o}\cdot\frac{c'o}{c'c}=1$$

$$\frac{na}{nb}\cdot\frac{b'b}{b'o}\cdot\frac{a'o}{a'a}=1$$

将最后三等式相乘，并约去因子$a'a$，$b'b$，$c'c$，$a'o$，$b'o$，$c'o$，就得到所求的关系．

联结对应顶点的三直线共点的两个三角形，称为透射的．

196. 例3(帕斯卡(Pascal)定理)　圆内接六角形三双对边的交点共线．

设在圆内接六角形$ABODEF$(图22.4)中，对边AB和DE相交于点L，边BC和EF相交于M，边CD和FA相交于N．考察$\triangle IJK$，即六角形每隔一边的三边AB，CD，EF所形成的三角形．

三点L，M，N分别在此三角形的三边JK，KI，IJ上．若有下列关系

$$\frac{LJ}{LK}\cdot\frac{MK}{MI}\cdot\frac{NI}{NJ}=1 \qquad ②$$

则此三点共线．

但是若递次以六角形其余的三边DE，BC，FA截$\triangle IJK$，即得关系

$$\frac{LJ}{LK}\cdot\frac{EK}{EI}\cdot\frac{DI}{DJ}=1$$

$$\frac{MK}{MI}\cdot\frac{CI}{CJ}\cdot\frac{BJ}{BK}=1$$

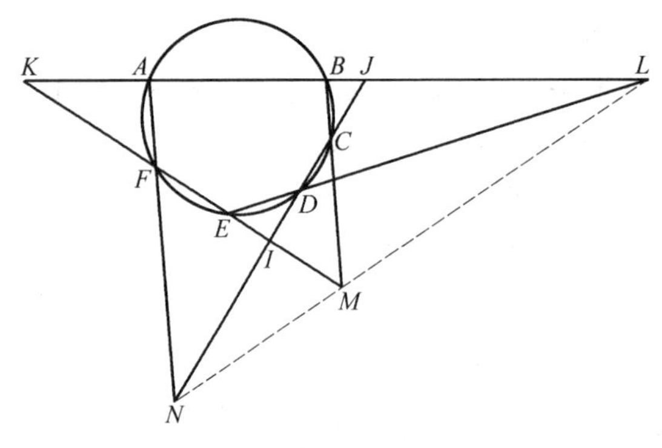

图 22.4

$$\frac{NI}{NJ}\cdot\frac{AJ}{AK}\cdot\frac{FK}{FI}=1$$

将此三式两端相乘,并将分子和分母的因子适当结合,可写为

$$\frac{LJ}{LK}\cdot\frac{MK}{MI}\cdot\frac{NI}{NJ}\cdot\frac{CI\cdot DI}{EI\cdot FI}\cdot\frac{AJ\cdot BJ}{CJ\cdot DJ}\cdot\frac{EK\cdot FK}{AK\cdot BK}=1$$

但左端最后三个分数的数值都等于 1:例如 $CI\cdot DI$ 与 $EI\cdot FI$ 因是通过点 I 的两条割线上两线段的乘积而相等. 于是得出关系 ②,定理因而证明了.

备注 上面的证明,当点 A 和 B,C 和 D,E 和 F 两两重合,因而 $\triangle IJK$ 切于圆时,依然有效. 于是定理可叙述为:在圆内接三角形顶点所作的切线与其对应边相交的三点共线.

197. 定理 设过 $\triangle ABC$(图 22.5)的顶点作相交于一点 O 的直线 Aa,Bb,Cc,那么,这三直线分别交边 BC,CA,AB 于三点 a,b,c,满足关系

$$\frac{aB}{aC}\cdot\frac{bC}{bA}\cdot\frac{cA}{cB}=-1 \qquad ③$$

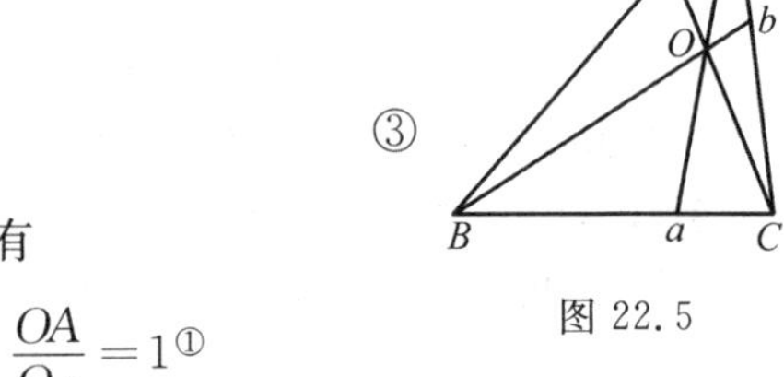

图 22.5

事实上,$\triangle AaC$ 被截线 Bb 所截,故有

$$\frac{Ba}{BC}\cdot\frac{bC}{bA}\cdot\frac{OA}{Oa}=1$$ [①]

仿此,$\triangle AaB$ 被截线 Cc 所截,因之有

$$\frac{Ca}{CB}\cdot\frac{cB}{cA}\cdot\frac{OA}{Oa}=1$$

① 当点 O 在无穷远,即当直线 Aa,Bb,Cc 平行时,此推理依然有效,因为我们知道,第 192 节定理,当截线与三角形的一边平行时,依然有效.

两端相除，约去$\frac{OA}{Oa}$，得

$$\frac{aB}{aC}\cdot\frac{bC}{bA}\cdot\frac{cA}{cB}\cdot\frac{CB}{BC}=1$$

由于 $CB=-BC$，此式与 ③ 等效.

198. 逆定理(塞瓦(Ceva)定理)　设在 $\triangle ABC$ 的各边上各取一点 a,b,c，使有

$$\frac{aB}{aC}\cdot\frac{bC}{bA}\cdot\frac{cA}{cB}=-1$$

则直线 Aa,Bb,Cc 共点.

设 O 为直线 Aa 与 Bb 的交点，直线 CO 交边 AB 于一点 c'，满足

$$\frac{aB}{aC}\cdot\frac{bC}{bA}\cdot\frac{c'A}{c'B}=-1$$

将此式与假设比较，得

$$\frac{cA}{cB}=\frac{c'A}{c'B}$$

故两点 c,c' 重合，从而证明了定理.

若直线 Aa 与 Bb 平行，则直线 Cc 将与此两线平行，而此三直线应当看做相交于同一个无穷远点.

此定理用以证明三线共点.

例　三角形的中线共点.

因若 a,b,c 为三边中点，则比$\frac{aB}{aC},\frac{bC}{bA},\frac{cA}{cB}$ 都等于 -1.

仿此可证三角形三角的平分线共点，等等.

习　题

(223) 利用“习题(127) 定所求点的三圆周若相交就有公共的交点”这一个事实，推证梅涅劳斯定理于三个分点都是外分点的情况.

(224) 一直线交 $\triangle ABC$ 的三边于三点 a,b,c. 作其中每一点关于该点所在边的中点的对称点，证明这样新得的三点 a',b',c' 共线.

若 a,b,c 三点是三角形外接圆周上一点在三边上的射影(习题(72))，那么三点 a',b',c' 依然共线.

(225) 一角的一边 OAB 以及其上的两点 A,B 是固定的，同时另一边 $OA'B'$ 绕顶点 O 旋

转,其上距 O 有定长的两点 A' 及 B' 跟着旋转.求直线 AA' 和 BB' 交点的轨迹.

(226) 已知一角及共线三点 A,B,C.过点 A 任引一直线,交此角两边于 M 及 N 两点,求直线 BM 和 CN 交点的轨迹.

(227) 由 $\triangle ABC$ 顶点发出的三条共点线,交对边于点 a,b,c.作其关于所在边中点的对称点 a',b',c'.求证直线 Aa',Bb',Cc' 共点.

(228) 证明三角形的三顶点到对边与其内切圆相切之点的连线,相交于一点.

(229) 设 $\triangle A'B'C'$ 是(如第53节)从 $\triangle ABC$ 的每一顶点作对边的平行线得来的,a,b,c 是分别取在边 BC,CA,AB 上的一点,证明若直线 Aa,Bb,Cc 共点,那么 $A'a,B'b,C'c$ 也共点.

(230) 设直线 Aa,Bb,Cc 共点,又在 $\triangle ABC$ 的边 BC,CA,AB 上,取 a,b,c 对于三角形顶点的调和共轭点,证明此三调和共轭点共线.

应用于三角形的角平分线 Aa,Bb,Cc.

(231) 设 a,b,c 分别是 $\triangle ABC$ 的边 BC,CA,AB 上的点,并且直线 Aa,Bb,Cc 共点,圆周 abc 再交此三边于点 a',b',c',证明直线 Aa',Bb',Cc' 也共点.

第23章　交比、调和线束

199. 定义　设 A,B,C,D 是共线的四点，则点 C 到 A,B 两点的距离之比，除以 D 到这两点的距离之比，所得的商称为这四点的**交比**，记作 $(ABCD)$，即

$$(ABCD)=\frac{CA}{CB}:\frac{DA}{DB}$$

此式亦可写为 $\frac{CA\cdot DB}{CB\cdot DA}$，所以从四已知点两两连线段，这便是没有公共端点的两线段的乘积之商.

交比的数值与四点的次序有关;. 但容易看出，若将两点互换，同时互换其他两点，交比值是不变的.

若点 D 向无穷远去，则比 $\frac{DA}{DB}$ 趋于1. 因此四点 A,B,C,∞[①] 的交比等于 $\frac{CA}{CB}$.

若已知的四点是调和点列，那么比 $\frac{CA}{CB}$ 和 $\frac{DA}{DB}$ 的绝对值相等但符号相反，于是交比等于 -1. 显然，反过来后面的这个条件也包含前面的.

200. 基本定理　通过一点的四条直线被任一截线所截得四点的交比，与该截线的位置无关.

设此四线为 OAA'，OBB'，OCC'，ODD'（图23.1）. 并设此四线被两截线 $ABCD$ 及 $A'B'C'D'$ 所截，则

$$\frac{CA}{CB}:\frac{DA}{DB}=\frac{C'A'}{C'B'}:\frac{D'A'}{D'B'}$$

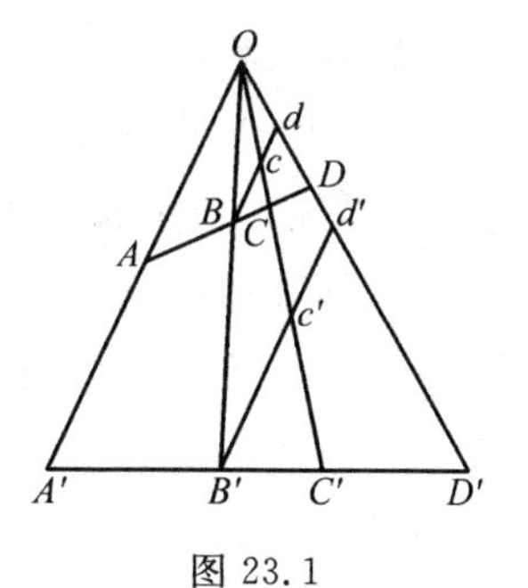

图 23.1

为了证明这个，可过点 B 及 B' 作直线 Bcd 及 $B'c'd'$ 平行于 OA. 设第一线交 OC 于 c，交 OD 于 d，而第二线交 OC 于 c'，交 OD 于 d'. 于是有

① 符号 ∞ 和在代数上一样表示无穷.

$$\frac{CA}{CB}=\frac{OA}{cB}$$

及

$$\frac{DA}{DB}=\frac{OA}{dB}$$

由是两式相除得

$$\frac{CA}{CB}:\frac{DA}{DB}=\frac{dB}{cB}$$

仿此得

$$\frac{C'A'}{C'B'}:\frac{D'A'}{D'B'}=\frac{d'B'}{c'B'}$$

由于截线 Bcd 和 $B'c'd'$ 是平行的,比 $\frac{dB}{cB}$ 和 $\frac{d'B'}{c'B'}$ 显然相等,所以证明了所求的关系式.

任意一条截线截四射线所得四点的常数交比,称为这**线束的交比**.

由四点 A,B,C,D 转到四点 A',B',C',D' 的过程,属于所谓**透视**或**中心射影**的范围①.

经过这过程,线段的长度(例如 AB 的长度)变了,线段的比也变了,但我们看出了经过任何射影,交比不变.这性质我们用下面的话来表达:交比是射影的.

201. 特别的,若点 C 与 D 调和分割线段 AB,那么将此四点 A,B,C,D 连线至任一点 O,就得到一个线束,它与任一直线相截都确定一个调和点列②.这样的线束称为**调和线束**,两射线 OC 及 OD 称为对于射线 OA 及 OB 成**调和共轭线**,并且反过来也对.

定理 要一个线束是调和的,必须亦只需其中一射线的任一平行线被其他三射线截成相等的两线段.

从图 23.1 看出,交比 $\frac{CA}{CB}:\frac{DA}{DB}$ 等于比 $\frac{dB}{cB}$,其值当且仅当点 B 是线段 cd 的中点时等于 -1.

① 这过程将来在立体几何里定义.

② 显然,我们要求点 O 在直线 $ABCD$ 以外.若交比 $(ABCD)=-1$,就称四点 A,B,C,D 组成调和点列,此时 A 和 B 调和分割线段 CD,C 和 D 也调和分割线段 AB.——译者注

推论 1　两已知直线 D 及 D' 以及到此两线距离之比等于已知比的轨迹直线 OM_1 及 OM_2（第 157 节图 19.12），组成调和线束.

因为在图 19.12 上，线段 M_1M_2 被直线 D 分为两等份.

反之，若两射线 OC 及 OD 是对于另两射线 OA 及 OB 的调和共轭线，则直线 OC 上任一点到直线 OA 及 OB 的距离之比，等于直线 OD 上任一点到此两直线的距离之比①.

推论 2　两直线所成的角的两条平分线，和这两线本身形成调和线束（第 115 节）.

反之，在一个调和线束中，若两条共轭射线成直角，则此两线是其余两直线夹角的平分线.

事实上，若直线 OA，OB，OC，OD 成调和线束，那么平行于射线 OA 的线段 Bcd 被点 B 所平分. 因此，如果 OA 和 OB 互相垂直，那么 OB 是线段 cd 的中垂线，因之平分 $\angle cOd$.

202. 定理　完全四线形的每条对顶线被其他两条对顶线调和分割.

在完全四线形 $ABCDEF$ 中（图 23.2），对顶线 CD 和 EF 相交于一点 H. 设 K 是 H 对于线段 EF 的调和共轭点. 直线 AE，AF，AH，AK 形成调和线束，因之，直线 AK 与对顶线 CD 的交点 L 是 H 对于线段 CD 的调和共轭点. 但直线 BE，BF，BH，BK 也形成调和线束，因之 BK 交 CD 的点 L' 也是 H 对于 CD 的调和共轭点，所以它和点 L 重合，而直线 KL 就是 AB.

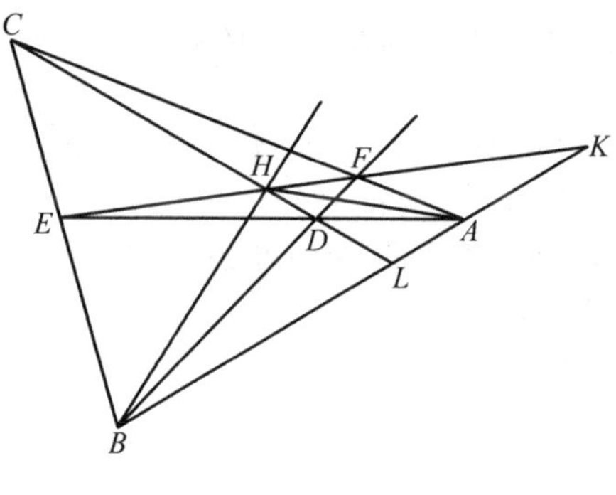

图 23.2

203. 设过一角的平面上一点引动割线，则此点对于割线被角的两边所截线段的调和共轭点，其轨迹显然是一条直线：即角顶和已知点的连线对于角的两边的调和共轭线.

① 若我们注意到线段的符号（在垂直于 OA 的方向上选一个正向，在垂直于 OB 的方向上也选一个正向），那么这结论要修正：这两个比此时等值而异号.

这条直线称为该点对于这个角的**极线**.

定理 设过$\angle CBD$(图23.2)平面上一点A引两割线ADE及AFC,与该角的两边交于D,E,F,C,联结CD,EF,则CD和EF的交点H的轨迹,是点A对于这角的极线.

因为直线BC,BD,BA,BH调和分割线段EF,所以形成调和线束.

这定理给了我们一个非常简单的方法以作一点对于一个角的极线.

习　题

(232) 设有两线束各含有四直线,各通过点O及O',有相等的交比,且有一条共同的对应射线(直线OO'),证明其余对应线的交点共线.

(233) 设两直线OX及OY相交于点O,在一线上取三点A,B,C,另一线上取三点A',B',C'以使交比$(OABC)$与$(OA'B'C')$相等,证明直线AA',BB',CC'通过同一点.

(234) 可能作一个平行四边形使它的边以及对角线平行于四条已知直线的充要条件是什么?

(235) 已知直线XY及不在其上的两点A,B.联结平面上一点M至A及B.设P及Q为直线MA及MB和直线XY的交点,设点M画一已知直线.求PB与QA两线交点M'的轨迹.

考察当两直线AP和BQ不是相交于已知直线上的一点M,而是互相平行的情况.

(236) 两点调和分割圆的一直径,过此两点作直线垂直于此直径,交任一切线于两点,求证此两交点到圆心的距离之比是常数.

第24章 对于圆的极与极线

204. 定理 设过圆的平面上一点a任意引一割线交圆周于点M及N，则点a对于点M及N的调和共轭点P的轨迹是一条直线(图24.1).

事实上，线段aP的中点I满足(第189节)等式$Ia^2=IM\cdot IN$. 因此，此点在一定直线上，即已知圆周和点a的根轴上(第136节备注(1)).

点P画一条直线，即定直线对于点a的位似形，位似比等于2.

相反的，这样确定的直线上任一点P属于所论的轨迹，如果直线aP和圆周相交的话(a在圆内时，总是这种情况).

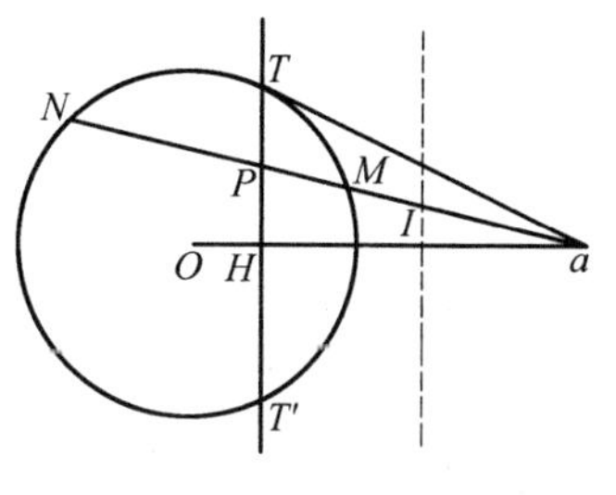

图24.1

这直线——点P的轨迹——称为点a对于圆的**极线**，而点a称为这直线的**极**.

推论 点a的极线垂直于a和圆心O的连线，并交此直线于一点H，与a在O的同侧并由下式确定

$$Oa\cdot OH=R^2 \quad ①$$

其中R表圆的半径.

事实上，这关系表明点a和H调和分割在Oa线上的直径.

由于半径是线段Oa和OH的比例中项，这两线段一条大于半径而另一条小于半径，所以极线与圆周相交与否就看极在圆外或圆内而定.

若点a在圆外，则其极线就是由此点所作两切线的切点的连线.

因为我们用以证明极线存在的推理，当图24.1上的割线aMN变为切线时依然成立，此时M和N两点重合于这切线上的切点T. 于是点P重合于T，而极线应通过这一点.

若点a在圆周上，那么严格地讲，极线作为点的轨迹的定义已不再有意义①；但我们可利用上面所证明的推论来求这直线：在此情况，点H与a重合，于是极线是这一点的切线.

---

① 两点M,N之一恒与a重合，于是一般地讲，点P也与点a重合；但当割线变为切线时，M,N两点重合在a，于是点P在这切线上是不定的.

由等式 ① 所定的线段 OH，只当 a 与 0 重合时才变为无穷大，而只有这时候对应的作法不可能. 并且显然看出此时极线在无穷远，因为 O 是所有通过这一点的弦的中点.

相反的，若知道了极线，这等式又可用来求极. 由圆心作已知极线的垂线 OH，并在直线 OH 上截一个由等式 ① 所确定的线段 Oa. 这只有当 OH 等于零时做不通，即已知的直线是圆的一条直径：此时极沿该直径的垂直方向移至无穷远.

205. 下面是极线最重要的性质.

定理 若点 a 在点 b 的极线上，那么反过来，点 b 也在点 a 的极线上.

此时两点 a 和 b 称为对于圆的**共轭点**. 它们的极线，就是说一条通过另外一条的极的两直线，也就称为**共轭直线**.

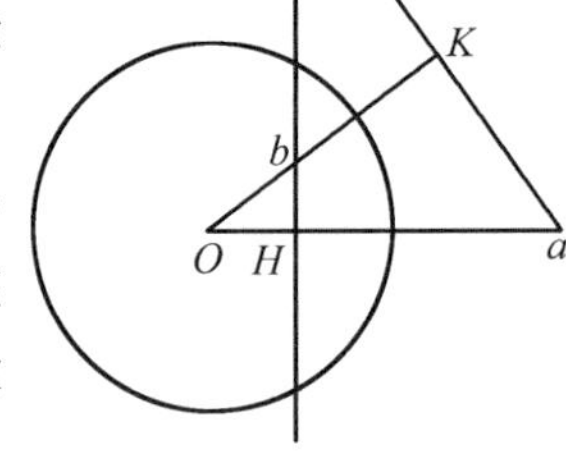

图 24.2

由于点 a 在点 b 的极线上(图 24.2)，那么它在 Ob 上的射影是一点 K，满足 $OK \cdot Ob = R^2$. 设 H 是 b 在 Oa 上的射影. 四边形 $aHbK$ 可内接于一圆周(以线段 ab 为直径的圆周)，因而有

$$OH \cdot Oa = OK \cdot Ob = R^2$$

所以直线 Hb 是点 a 的极线.

备注 若直线 ab 与圆相交，定理是显然的. 因为，此时假设和结论表达同一个事：圆周调和分割 ab.

206. 上面的定理，使我们可以从一个图形 F 的性质，得到另一个图形 F' 的性质，我们立刻来定义这图形 F'，它称为 F 的**配极图形**或**异素射(影)变(换)形**.

设 F 是由若干点和直线[①]组成的图形. 此形的每一点 a 我们使它对应于一直线 A，即点 a 对于某一圆的极线，这圆称之为**导圆**，一经选定便再也不变. 图形 F 的每一直线 B 使之对应于一点 b，即此直线对于导圆的极. 直线 A 和点 b 组成一个图形 F'，即 F 的配极形.

由上面的定理得出以下的命题：

---

① 利用一些我们将来在立体几何上要讲的概念，配极图形的定义也可以推广于含曲线的图形.

若图形 F 的直线 B 通过点 a，那么图形 F' 的对应点 b 在点 a 的对应线 A 上.

因此，若图形 F 的一直线绕一定点旋转，那么图形 F' 的对应点描画一直线，反之亦然.

或者说，若图形 F 的三线共点，则图形 F' 的对应三点共线，反之亦然.

207. 举例来说，设图形 F 是第 195 节(图 22.3) 的两个三角形 $\triangle abc$ 和 $\triangle a'b'c'$ 形成的，即直线 aa'，bb'，cc'，通过同一点 o. 点 a,b,c,a',b',c' 的极线 A，B,C,A',B',C' 构成两个新三角形. 直线 aa'，bb'，cc' 对应于边 A,A'；B,B'；C,C' 的交点，既然前面的三线共点，那么后面的三点也共线.

反之，每一对三角形，如果它们的边这样对应，即对应边的交点共线，那么就可以看做类似于 $\triangle abc$ 和 $\triangle a'b'c'$ 的一对三角形的配极图形.

我们证明过(第 195 节)，$\triangle abc$ 和 $\triangle a'b'c'$ 对应边的交点共线. 因此，对应于这些点的直线，就是说直线 A,B,C,A',B',C' 所形成的两个三角形，对应顶点的连线相交于同一点. 换言之，第 195 节所证明的定理的逆定理成立.

208. 现在假设图形 F 是圆内接六角形，设它的六边是 A,B,C,D,E,F(图 24.3).

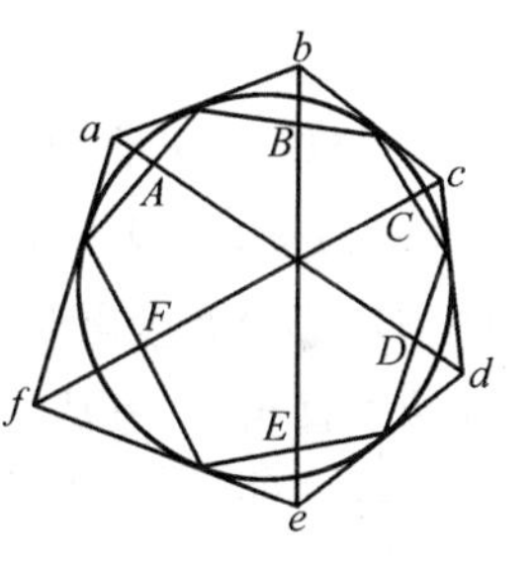

图 24.3

取此六角形的外接圆作为导圆；六角形顶点的极线是圆在此诸点的切线，且两两相交于边 A,B,C,D,E,F 的极 a,b,c,d,e,f. 这后面的六点是圆外切六边形的顶点. 反之，任何圆外切六边形可看做某一内接六角形的配极图形.

但我们曾证明过，在内接六角形中直线 A,D；B,E；C,F 的交点共线(第 196 节). 因此有布利安双(Brianchon) 定理：

在圆的任意外切六边形 $abcdef$ 中，三双对顶的连线共点.

仿此，关于内接三角形的极限情况(第 196 节备注) 有：

在圆的外切三角形中，联结顶点和对边上切点的三直线共点.

209. 现在我们知道，图形 F 上共线的三点或共点的三线在图形 F' 上的对应形是什么；这些性质(即三点共线和三线共点的性质) 我们称之为**射影的**，以区别于那些出现着量的度量而称为**度量**的性质. 现在我们来讨论如何变换后面的某些性质.

首先,若图形 F 的两直线平行,那么它们的极和导圆的中心共线(此直线即垂直于平行线方向的直径),反之亦然.

举例说来,若对于以点 o(图 22.3) 为圆心的一个导圆取配极图形,我们将很容易地证明第 195 节的定理. 于是点 $a,a';b,b';c,c'$ 的对应直线将两两相平行,因之形成两个位似三角形,联结它们对应顶点的直线就将相交于一点了. 由是,回到原先的图形,就得着求证的结论.

更普遍一些,两直线的交角等于联结其极的线段从导圆圆心的视角或其补角. 因为这两角的边互相垂直(图 24.2).

例如,我们现在来变换关于三角形高线的定理(第 53 节). 一个三角形的顶点 a,b,c 对应于一个新三角形的边 A,B,C,从点 a 所作的高线在新图形上对应于一点,这一点一方面应该在直线 A 上,另一方面又应该在由导圆心 O 发出而垂直于点 O 和新三角形的对应顶点(边 B 和 C 的交点) 联结线的直线上.

由于 $\triangle abc$ 的三高线共点,我们有①下面的命题:

若从三角形所在平面上任一点 O 作三直线,垂直于此点和三角形顶点的连线,则此三线交三角形的对应边于三个共线点.

210. 相交于一点 a 的四直线 D_1,D_2,D_3,D_4 的交比,等于它们的极 d_1,d_2,d_3,d_4 的交比. 因为如果以 O 表导圆心,则两线束(Od_1,Od_2,Od_3,Od_4)和(D_1,D_2,D_3,D_4)是全等形:若将第一束从点 O 到点 a 平行于自身而移动,然后绕点 a 旋转一直角,就可从一束得到另一束了. 所以这两线束有相同的交比.

特别的,这定理使我们可将点 d_3 到 d_1 和 d_2 距离的比作变换. 事实上,只需假设点 d_4 在无穷远. 于是直线 D_4 通过点 O,所以比值 $\frac{d_3d_1}{d_3d_2}$ 等于直线 D_1,D_2,D_3,aO 的交比.

211. 定理 设过已知圆周的平面上一点 a 引两割线 aMN 及 $aM'N'$(图 24.4),并将此两割线和圆周的交点 M,N,M',N' 两两连线,那么所得的直线相交于两点 H,K,当割线绕点 a 旋转时,此两点的轨迹是点 a 的极线.

设 H 为 MM' 和 NN' 的交点,K 为 MN' 和 NM' 的交点. 直线 HK 和弦 MN

① 正如以上的例子一样,若我们没有指出:适当地选择 a,b,c,我们可以让点 O 和直线 A,B,C 取完全任意的位置,那么证明将是不完全的.

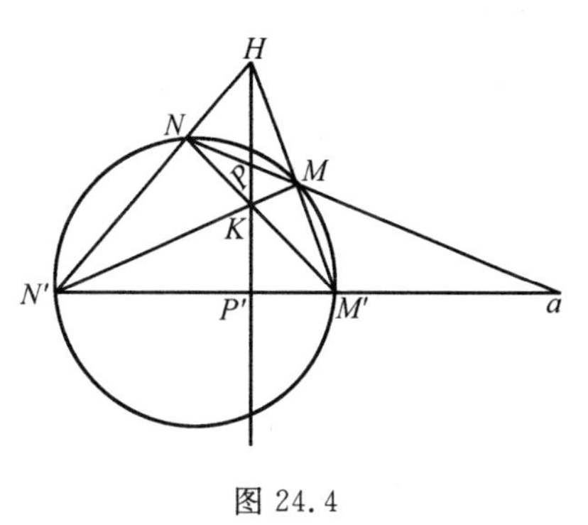

图 24.4

及 $M'N'$ 的交点 P 及 P' 是点 a 对于此两弦的调和共轭点(第 202 节). 因此,这直线是点 a 的极线.

这定理给了我们一个简单的方法以作一点对于圆的极线. 若该点在圆外,则我们只要利用直尺,就可作该点到圆周的切线.

若两割线重合,那么上面的轨迹就变为弦 MN 端点的切线相交点的轨迹. 但这轨迹我们已知道了(第 205 节),因为两切线的交点就是直线 MN 的极.

212. 定理　设 A,B,C,D 是同一圆周上的四点,那么这四点与圆周上任一点 M 连成四直线的交比,与 M 在此曲线上的位置无关.

设 M 及 M' 为圆周上两点,那么两线束(MA,MB,MC,MD)和($M'A,M'B,M'C,M'D$)全等,因为组成它们的直线恒可看做(第 82 节)形成相等且有相同转向的角.

备注　我们完全可以取已知点之一,例如 A,作为点 M,此时直线 MA 以点 A 的切线替代,上面的推理仍然有效.

我们方才所讲的常数交比,称为**圆周上四点 A,B,C,D 的交比**. 若其值等于 -1,就说这四点在圆周上形成**调和分割**.

推论　同一圆周的四条已知切线,在此圆周的一条动切线上确定四个点,其交比为常数.

因为四条定切线和动切线相交的四点,对于该已知圆周的配极图形就是上面定理中的线束(MA,MB,MC,MD).

这四条切线和一动切线相交四点的交比,称为**该圆周这四切线的交比**. 根据我们的推理,四切线的交比等于它们切点的交比.

213. 定理　对于一圆为共轭线的两弦,调和分割此圆周.

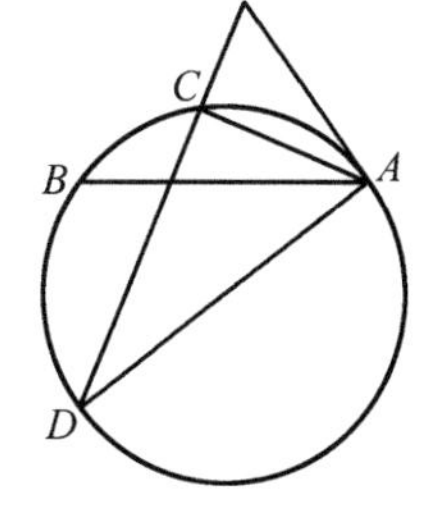

图 24.5

设 AB 和 CD(图 24.5)是这样的两弦,因之 CD 通过弦 AB 的极 P. 直线 AP,AB,AC,AD 组成调和线束,因为它们调和分割割线 PCD.

由于直线 AP 切圆周于点 A,此四直线的交比等于

圆周上四点 A,B,C,D 的交比.

推论 通过两个共轭点向圆周所引的四条切线,调和分割任一切线.这两命题的逆定理也成立,请读者自证.

习 题

(237) 设 A 和 B 对于以 O 为圆心的一圆为共轭点.

① 证明:以 A 和 B 为圆心并与圆周 O 相正交的两圆周,彼此正交.

② 证明:以线段 AB 为直径的圆周与圆周 O 正交.

③ 求 $\triangle OAB$ 的三边以及圆半径 R 间的关系.

(238) 应用上题,求对于三已知圆的三条极线共点的点之轨迹,并求此三极线所共之点的轨迹.

(239) 设在圆内接四边形的顶点作这圆周的切线,以形成一外切四边形,则

① 两个四边形的对角线通过同一点,并组成调和线束.

② 两个相应的完全四线形的第三条对顶线在同一直线上,且互相调和分割.

(240) 过一直线 D 上两点作一圆周的切线,如此形成的完全四线形以直线 D 自身作为一条对顶线,证明其他两条对顶线通过直线 D 的极.

(241) 已知两圆周 O 和 O' 及其极限点(习题(152)) P 和 Q,证明:

① 每一极限点对于两圆的极线是同一条,并通过另一极限点.

② 没有其他的点(在有限距离内)对于两圆周有公共的极线.

③ 由一条内公切线和一条外公切线的交点作连心线的垂线,必通过点 P 或点 Q(证明此垂线对于两圆有共同的极).

④ 此两圆周之一与一内公切线及一外公切线的两个切点的连线,也通过点 P 或 Q.

第25章　反　形

214. 定义　设取一点 O 做**反演极**①(图25.1(a)和25.1(b)),取一数 k 做**反演幂**,那么直线 OM 上的一点 M',若满足条件

$$OM \cdot OM' = k$$

就称为点 M 的**反点**(或**反矢径变换点**).

注意,线段② OM' 应取在 OM 的方向(图25.1(a))或相反的方向(图25.1(b)),就看 k 是正数或负数而定.

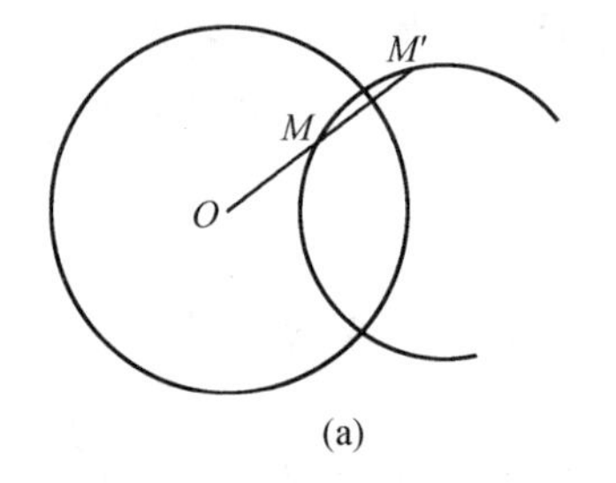

(a)

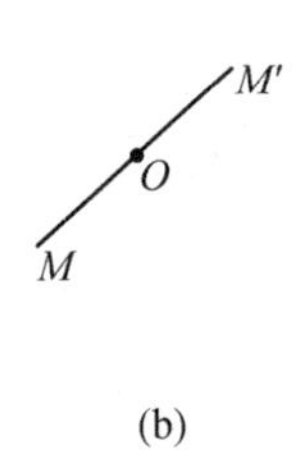

(b)

图25.1

我们立刻看出:

(1) 除反演的极外,平面上任一点有一反点,反演极的反点在无穷远.

(2) 若 M' 是 M 的反点,那么 M 也是 M' 的反点.

一图形 F 上各点的反点所形成的图形 F',称为 F 的**反形**.

215. 定理　同一图形 F 对于同一极点 O 的两个反形互为位似形.

事实上,以一点 O 做公共的极,而以 k 及 k_1 做相应的反演幂.设 M 为图形 F 的一点,而 M' 及 M'_1 是它的两个对应的反点.于是由等式 $OM \cdot OM' = k$, $OM \cdot OM'_1 = k_1$ 相除,得

$$\frac{OM'_1}{OM'} = \frac{k_1}{k}$$

定理因此证明了.

---

① 或称**反演中心**.——译者注

② 线段 OM 和 OM' 称为点 M 和 M' 的**矢径**.

我们看出,反演幂的选择不影响所得图形的形状,这形状只因反演极而变.

216. 若反演幂 k 是正的,则可以极为圆心、以$\sqrt{k}$ 为半径画一个圆周(图25.1(a)).给定了这圆周,就足以确定这变换,我们称它为**反演圆周**(或**反演圆**);它是反点与其自身相重合的点的轨迹.

两个互为反点的点,对于反演圆说是共轭点,并且与反演圆心共线.

通过互为反点的两点的任一圆周,与反演圆周相正交(第135节).反之,设有两点M和M',通过它们的任一圆周若与一已知圆周正交,那么这两点对于已知圆周互为反点(第135～137节).

设两点对称于一直线,则过此两点的任一圆周与此直线正交,因为这直线是圆的直径.因此,我们可以把对于一条直线的对称看做反演的一个极限情况,反演圆是直线,因之极在无穷远①.

217. 任两点A和B(图25.2)以及它们的反点A'和B',恒在同一圆周上(第131a节).

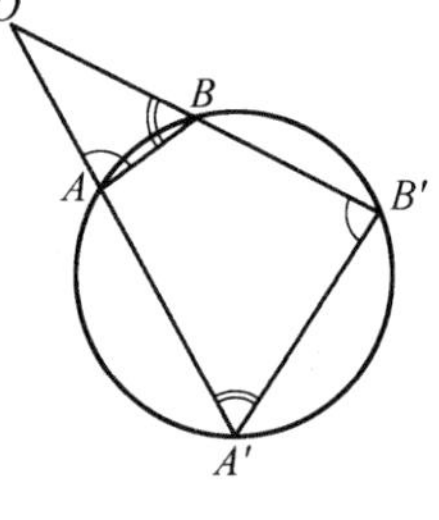

图25.2

由是可知(第82节),弦AB和矢径OAA'所形成的角,等于弦$A'B'$和矢径OBB'所形成的角(图25.2),但转向相反.

若知道了弦AB以及两矢径的方向,从这性质,我们就知道了弦$A'B'$的方向.

这$A'B'$的方向和AB的方向,称为对于$\angle AOB$为**逆平行**.直线$A'B'$平行于AB对于$\angle AOB$的平分线的对称线,因为在这个对称变换中,直线OA对应于直线OB,而$\angle BAO$变换为与它相等但转向相反的角.

218. 问题 已知两点A和B间的距离以及它们的矢径,求它们的反点A',B'间的距离.

由于$\triangle OAB$和$\triangle OB'A'$(图25.2)相似,故

$$\frac{A'B'}{OA'}=\frac{BA}{OB}$$

---

① 反之,由于对于一直线的对称也称为对于此线的反射,于是推广其意义,对于一圆的反演也常称为**反射**,一点M对于圆的反点是它的**影点**.两个互为反点的点M和M'称为对于此圆周**对称**.

由此得出 $A'B'$，并以 $\frac{k}{OA}$ 代替 OA'，那么

$$A'B'=BA\cdot\frac{k}{OA\cdot OB}$$

备注　上面的推理，当 A,B 两点和极共线时不能应用，但结果仍然有效，其正确不仅对大小，连符号也对(假设在公共的矢径上选定一个正向)．这是由于 $A'B'$ 等于 $OB'-OA'=\frac{k}{OB}-\frac{k}{OA}$，而 BA 等于 $OA-OB$．

219．定理　两条互为反形的曲线在对应点的两切线，和通过切点的公共矢径，形成相等但转向相反的角．

设 A 是曲线 C 的一点(图 25.3)，而 A' 是反形曲线 C' 上的对应点．设 M 是曲线 C 上邻近于 A 的一点，而 M' 是它的反点．作通过四点 A,A',M,M'(第 217 节) 的圆周的切线 AX 和 $A'X'$．设点 M 无限地趋近于点 A(因之，点 M' 趋近于 A')，那么 $\angle AA'M$ 和 $\angle A'AM'$ 趋于零，它们的等角 $\angle MAX$ 和 $\angle M'A'X'$ 也一样．

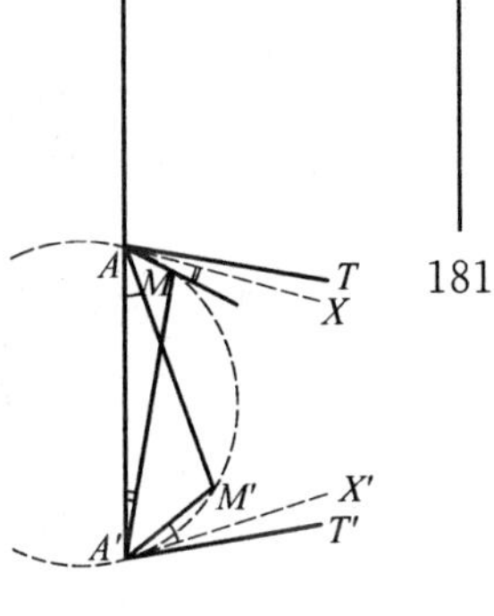

图 25.3

因此，设直线 AM 趋近于一极限位置 AT，那么 AX 也趋于这极限位置．直线 $A'X'$ 因之取极限位置 $A'T'$，其与矢径 OAA' 所成的角，大小等于直线 AT 和 OAA' 所成的角，但转向相反；最后，由于 $\angle M'A'X'$ 趋于零，所以直线 $A'M'$ 也趋于 $A'T'$．

推论　在两条互为反形曲线的对应点的两切线，对称于它们切点所连线段的中垂线．

备注　当反演变为对于一直线的对称变换时，显然以上的一切依然真确．

定理　两曲线的交角，如果不计转向，就和它们反形(或对称) 曲线的交角相等．

因为：两曲线在其公共点 A 的两切线所成的角，和它们的反形曲线在对应点 A' 的两切线所成的角，对称于线段 AA' 的中垂线．

推论　设两曲线相切，那么它们的反形也相切．

220．直线的反形

定理　直线的反形是通过反演极的一圆周．

设 XY(图 25.4) 是已知直线，我们要求它的反形，反演极为 O．任取 XY 上

一定点 A,它的反点设为 A'. 设 M 为 XY 上任一点,而 M' 为其反点. 直线 $M'A'$ 和 OM' 间的角等于 AM 和 OA 间的角,但转向相反. 因此,当点 M 在直线上移动时,这个角是不变的,于是点 M' 的轨迹是一个通过点 O 和 A' 的圆周. 定理因此证明了.

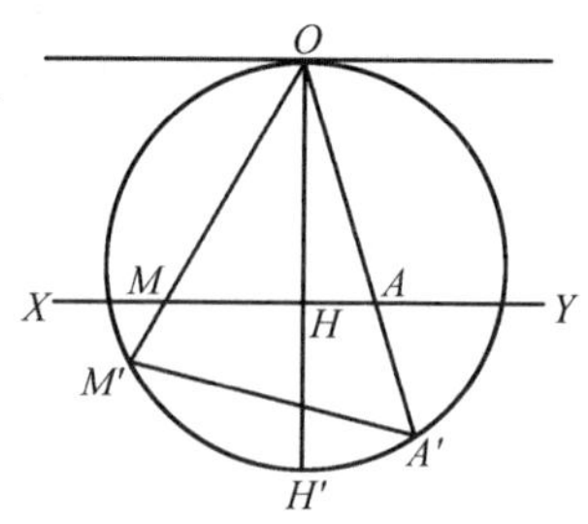

图 25.4

特别的,我们可以取 O 在 XY 上的射影 H 作为点 A,以 H' 表其反点. $\angle OM'H'$ 此时为直角,因此我们看出:已知直线的反形——圆周——在点 O 的切线与此直线平行,而它的直径等于 $\frac{k}{\delta}$,其中 k 表反演幂,δ 表反演极到已知线的距离 OH.

备注 上面的推理中假设直线不通过反演的极,在相反的情况下,它对应于自身.

推论 通过反演极的圆周,其反形为一直线. 此直线垂直于通过反演极的直径,并且通过这极的对径点的反点.

221. 任意圆周的反形

定理 不通过反演极的圆周,其反形仍为一圆周.

(1) 若反演幂 k 等于反演极对于已知圆周的幂 p,那么这圆周对应于自身,并且明显看出:从极发出的任一割线与圆周的两个交点互为反点.

(2) 若反演幂 k 是任意的(图 25.5),那么反形也是一个圆周,它与已知圆周位似(第 215 节);相似中心即是反演的极,而相似比为 $\frac{k}{p}$.

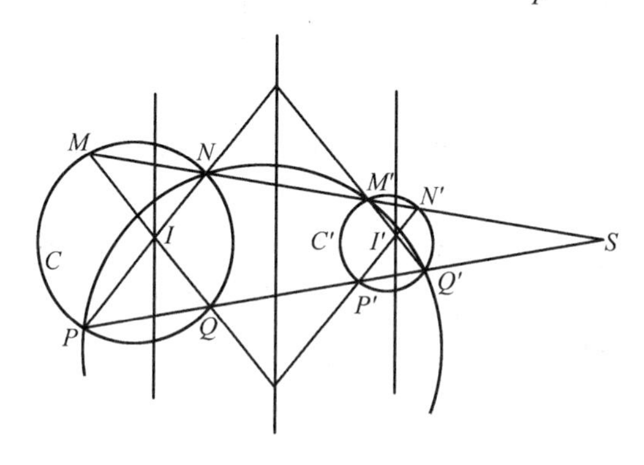

图 25.5

222. 反之，任意两圆周 C 和 C'（图 25.5）可以看成互为反形，并且有两种不同的方式看成互为反形，因为它们有两种方式可以看成相位似. 反演的极因此是一个相似中心，而反演幂等于此极对于两圆周之一的幂乘以相应的相似比.

将两已知圆周中的一个变换为另一个的反演，只有这两个. 因为，若这两圆周对于某一极 S 互为反形，那么它们对于点 S 是位似的，这是由于这两圆周之一对于极 S 是其自身的反形[①].

223. 设由位似中心 S 发出的一割线交圆周 C 于 M 及 N，交圆周 C' 于 M' 及 N'（图 25.5），使当这两圆周看做位似形时，M 和 M' 是对应点，而 N 和 N' 是对应点. 于是根据上面的推理，一方面 M 和 N' 互为反点，另一方面 M' 和 N 互为反点.

这些点也称为**逆对应点**.

同时既是对应点又是逆对应点的，只有由 S 发出的公切线的切点.

两圆周的公共点（若存在的话），是其自身的逆对应点.

一圆周上一弦的**逆对应弦**，是这弦两端在另一圆周上的两个逆对应点所连成的弦.

224. 两对逆对应点在同一圆周上（第 217 节），因之，两条逆对应弦相交于根轴上（第 139 节）.

并且，相似中心对于两圆的极线分别与两条逆对应弦相交于两个对应点. 事实上，弦 MQ（图 25.5）的逆对应弦 $N'P'$，是弦 NP 的对应弦，弦 NP 和 MQ 相交于一点 I，它在 S 对于圆周 C 的极线上（第 211 节）. 于是它的对应点 I'，是弦 $N'P'$ 和点 S 对于圆周 C' 的极线的相交点.

由这两个性质，可以作已知弦的逆对应弦，而无需作出它的端点.

这自然可以应用于在两个逆对应点的切线，因为这两切线乃是我们所谈的两弦的极限情况.

备注　若两圆周重合为一（第 221 节(1)），那么弦 MQ 和 NP——一个是联结任两点的弦，另一个是联结它们反点的弦——相交于反演极的极线上. 因此，从这个观点讲，点 S 的

---

① 设两圆周 C 和 C' 对于极 S 互为反形，反演幂设为 k. 又设点 S 对于圆周 C 的幂为 p，则取 S 为极，分别取 p 及 k 为反演幂，可见 C 的反形分别是 C 及 C'. 故由第 215 节，C 和 C' 对于点 S 位似. ——译者注

极线具有两个重合圆周的根轴的地位,如果我们把这两个相重合的圆周看做对于极 S 互为反形的话.

225. 若两圆周相等,那么外相似心在无穷远,相应的位似变成平移,相应的反演变成对称.但逆对应点的性质则仍旧与一般情况相同.

226. 一直线与一圆周可以看成互为反形,并且有两种不同的方式看做反形.

这两个反演的极(第 220 节)是垂直于这直线的直径的两端.因此,逆对应点的理论,引导我们把这直径的两端看做直线和圆周的相似中心.

两条逆对应弦中,有一条就是已知直线;因此,由第 158 节(作图 12,备注),在这一种情况下,我们仍然可以说这两弦相交于根轴上.

最后,两直线以两种方式互为对称,并且两条对称轴即此两线所成角的平分线.逆对应弦即此两直线本身,因此它们相交于同一点.

227. 设已知互为反形的两圆周,那么通过两个逆对应点的任一圆周 Σ,是其自身的反形,因为反演极对于这圆周的幂等于反演幂.

这圆周因此与两已知圆周的交角相等,并且如果与一圆周相切,也就切于另一圆周.

反之,任一圆周 Σ 与圆周 C 及 C'(图 25.6)相交成等角的,必与它们相交于四点,两两互为逆对应点.

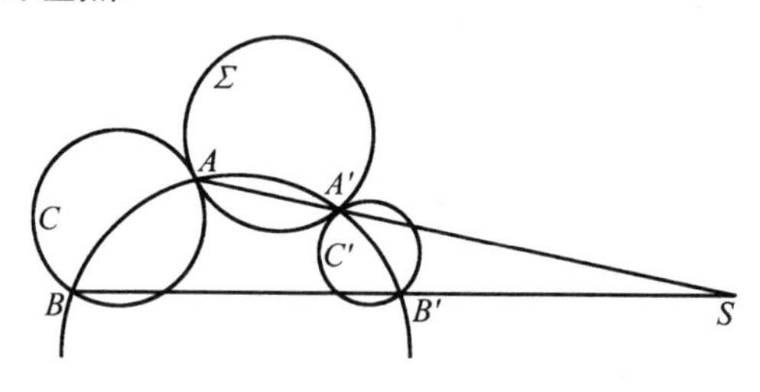

图 25.6

事实上,设 $A,B;A',B'$ 是这样选择的四个交点:使一方面圆周 C 和 Σ 在点 A 所交的角,另一方面 C' 和 Σ 在点 A' 所交的角(这两角由假设相等)有相反的转向;关于 B 和 B' 也同样.设 S 是 AA' 和 BB' 的交点,而 k 是此点对于圆周 Σ 的幂,则以 S 为极,k 为幂的反演不变圆周 Σ,而将 A 变换为 A',B 变换为 B'.因

此这反演将圆周 C 变换为某一圆周，既通过点 A' 和 B' 又切圆周 C' 于点 A'（根据假设以及第 219 节），就是说变换成一个圆周重合于 C'（第 90 节作图 13）.

当圆周 Σ 与 C 及 C' 相切时，这结论仍旧有效. 要证明这一点，只要重复上面的推理，至于点 S 则取为直线 AA' 和 BB' 的交点，其中 A 和 A' 表切点，而 B 和 B' 则表通过 A 和 A' 的任一圆周分别与 C 及 C' 的第二个交点（图 25.6）.

但在后面这一情况下，上面的命题可由第 144 节定理得到，因为切点是相似中心：一个是圆周 Σ 和 C 的相似中心，另一个是 Σ 和 C' 的相似中心. 因此它们与两圆周 C 及 C' 的一个相似中心 S 共线. 并且我们可以看出，若 Σ 以同样的方式[①]切于两圆周，那么 S 是外相似心，在相反的情况下，就是内相似心.

注意，当两圆周 C,C' 之一，或者二者同时，或者圆周 Σ，以直线代替时，以上的推理仍旧成立.

227a. 若圆周 Σ 交圆周 C 和 C' 成直角，那么交点可任意配合使两两成为逆对应点，因为两个直角总可以看成相等且有相反的转向（若有必要，将一角的一边代以其延长线）. 因此，交圆周 C 和 C' 于直角的一圆周，在变换 C 为 C' 的两个反演中，都对应于自身.

228. 若以 S 为极而将两圆周 C 和 C' 的一个变换为另一个的反演，有一个反演圆，那么这反演圆周 Γ 与圆周 Σ 相正交，因为点 S 对于 Σ 的幂等于反演幂.

这性质对应于两直线交角的两条平分线的性质. 事实上，这两条角平分线是切于两直线的圆周圆心的轨迹：这也就是说，这些圆中任一个与两条角平分线中的一条正交. 这里，我们知道，切于圆周 C 和 C' 的任一圆周 Σ，或者说得普遍一些，交 C 和 C' 成等角的任一圆周 Σ，与圆周 Γ 或以第二个相似中心为圆心的类似圆周（若这些圆周存在）交成直角.

若圆周 C 和 C' 相交，圆周 Γ 是一定存在的：此时它通过它们的交点.

一般地说，若它存在，就与圆周 C 及 C' 有同一根轴，因为这三圆周有共同的一串正交圆周（参看上节）.

---

① 就是说或同为外切或同为内切

习　题

(242) 设两点对于一圆周互为反点,证明它们到圆周上任一点的距离之比是常数.

(243) 证明当已知圆周与已知直线相交于一点 I 时,可以利用 I 做反演极,将习题(68)化为习题(65).

(244) 过两圆周的一交点 A 引两割线 AMM' 及 ANN',与第一圆周相交于 M 和 N 两点,与第二圆周相交于 M' 和 N' 两点.圆周 AMN' 和 ANM' 相交于 A 和另外一点.当这两割线独立地绕点 A 旋转时,求这第二个交点的轨迹.

(245) 证明有公共根轴的一些圆周,它们的反形也是有公共根轴的一些圆周.

(246) 用反演法来变换圆周定义(第 7 节).这样就得到第 116 节定理.

(247) 我们取已知圆周对于给定的反演极的反形.试求一点使其反点为变换后新圆周的圆心.

(248) 试利用同一反演将已知的(没有公共点的)两圆周变换为两同心圆周.

(249) 已知共线的三点,在此直线上求第四点,使对于此点的一个反演将三个已知点变换成为三点,其中一点平分另两点的线段.

(250) 两图形是反演 S 的两个对应图形,我们用同一反演 T 作用于这两图形,证明这样新得的两个图形也互为反形,并求这个新反演的极.特别的,研究反演 S 的幂为正的情况(在此情况下,新的反演圆可由反演 S 的反演圆,利用反演 T 而得).

(251) 应用一反演 S 于一已知图形 A,于是将它变换为一图形 B,然后应用一反演 S' 于 B,将它变换为一图形 A',我们假设 S 和 S' 的反演幂为正.

① 证明利用一个适当选择的反演 T,可将图形 A 和 A' 或变换成为位似,或变换成为全等,这两种可能性是互相排斥的[①].

② 证明可以有无穷多的方式找到一对反演 S_1 和 S'_1,使与 S 和 S' 那一对等效.就是说,反演 S_1 和 S'_1 相继作用于图形 A(像上面施行反演 S 和 S' 那样),最后导得同一图形 A'.特别的,我们可以将已知的两个反演,以一个反演继之以一个对称,或一个对称继之以一个反演来代替,但有一种情况除外(即当图形 A 和 A' 相似的时候).

③ 说明在何种情况下,由 A 和 A' 利用 ① 所定的反演 T 所得的两图形,可由平移互相导得.

④ 说明若多次相继实行反演 S 和 S'(就是说,我们利用 S 把 A' 变换为一个图形 B',又把 B' 利用 S' 变换为 A'',A'' 利用 S 变换为 B'',B'' 利用 S' 变换为 A''',以此类推),情况将怎样?会不会最后又重新得到原先的图形 A?

---

① 除开 ③ 里面所讲的情况,这一情况可以看作两种可能性的极限情况,因为平移可以看作位似的极限情况.

(252) 继续实行(像在上题一样)若干个反演 S_1, S_2, S_3 等,证明(假设各反演幂是正的)这一串的反演可以用一个反演先行或后继以一个、两个或三个对称变换来替代,只要最先的和最后的图形不相似(习题(251)② 及习题(95)).

(253) 假设反演 S_1, S_2, S_3, …(上题)的个数为奇数.求一点,它经过这些反演依次实行以后又重新回到原先的位置.

(253a) 求作圆内接多边形,使它的边各通过一已知点,或各平行于一已知直线(上题).

(254) 在一圆周的一已知切线上,从切点 T 起截取两变动的线段 TM 和 TN,但其乘积为常数.设已知圆周上 T 的对径点是 T'.

① 证明若将直线 $T'M$ 和 $T'N$ 交已知圆周的两点连起线来,则此直线通过一定点.

② 设从 M, N 两点引已知圆周的第二条切线,对于这两切线的切点所连成的直线解决和上面同样的问题(可化为上面的情况).

③ 求这两条第二切线交点的轨迹.

(255) 在圆周所在平面上取一点 O,过此点引割线交此圆周于 M, N 两点.以 OM 和 ON 为直径的两圆周再交已知圆周于 M', N' 两点.当割线绕点 O 旋转时,求直线 MN 和 $M'N'$ 交点的轨迹.

(256) 证明所有与两已知圆周 A, B 相交于两个定角的一切圆周,形成这样的两个圆组:与 A, B 有公共根轴的任何圆周 C,和同一组中各圆周的交角是相同的.

(257) 在同一直线上的两线段 AB 和 CD 上,作内接角相等的两弧.当这个角度变化时,求:

① 这两弧所在的两圆周公共弦的中点的轨迹.

② 这两圆周交点的轨迹,换句话说,就是求视线段 AB 和 CD 的视角为相等或互补的点的轨迹.

第26章　切圆问题

229. 问题　求作一圆周,使通过两定点并切于一定直线或圆周.

这问题已解过(第159节).但利用反演又可得一解法.事实上,若取一个已知点作为极而做反矢径变换,那么求作的圆周变换成为一直线,它应当通过一已知点(另一定点的反点)并切于已知圆周(定直线或圆周的反形).

230. 问题　求作一圆周,使通过一已知点,并切于两已知直线(或圆周).

第一法:在将两已知线(直线或圆周)之一变换为另一个的两个反演(或对称)中,求作的圆周对应于自身.因此,求作的圆周上除已知的一点外,还知道一点,即已知的点根据所考察的反演或对称所得的对应点,于是问题化为上面一个.由于上题有两解,这里可能有四解.

第二法:以已知点为极,取所考虑的图形的反形,于是化为求两圆周公切线的问题.

231. 问题　求作一圆周切于三已知圆周.

这问题化为上面的一个.设已知的圆周为C,C',C''(图26.1),半径分别为r,r',r''.设O为所求圆周的圆心,其半径为R,并设此圆周与三个已知圆周相外切,以O为圆心,$R+r''$为半径的圆周通过圆周C''的圆心,并切于圆周C和C'的两个同心圆,它们的半径分别是r与r''以及r'与r''的差.

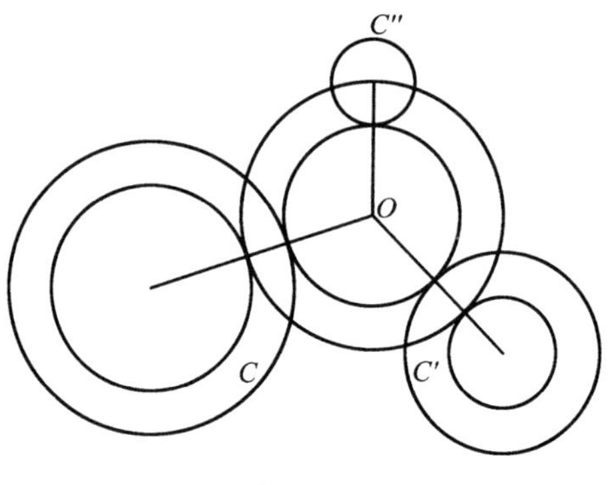

图26.1

当三个已知圆周不都和圆周O外切时,可仿此研究;只需将有些半径的差改为这些半径的和,或者倒过来.

232. 我们现在用完全不同的一个方法来解同一问题(热尔刚(Gergonne)解法).

设A,B,C为已知圆周.先求一圆周Σ(图26.2),以同一方式切已知圆周于

三点 a,b,c，就是说或者三个都外切或者三个都内切.

如果有这样一个圆周存在，那就必然有另一个这样的圆周 Σ' 存在. 事实上，三个已知圆周的根心 I 对于这三圆有相同的幂：若取这幂作为反演幂，而取 I 作为反演极，那么这个反演不变已知的三圆周，而将圆周 Σ 变换为一个圆周 Σ'，它在 a,b,c 的反点 a',b',c' 切于圆周 A,B,C. 圆周 Σ' 将以同一方式切于各圆周. 此时，若点 I 是 Σ 和 Σ' 两圆周的外相似心，那么圆周 Σ 和 Σ' 与一已知圆周的相切性质是同样的，而如果点 I 是圆周 Σ 和 Σ' 的内相似心，那么相切性质是不一样的.

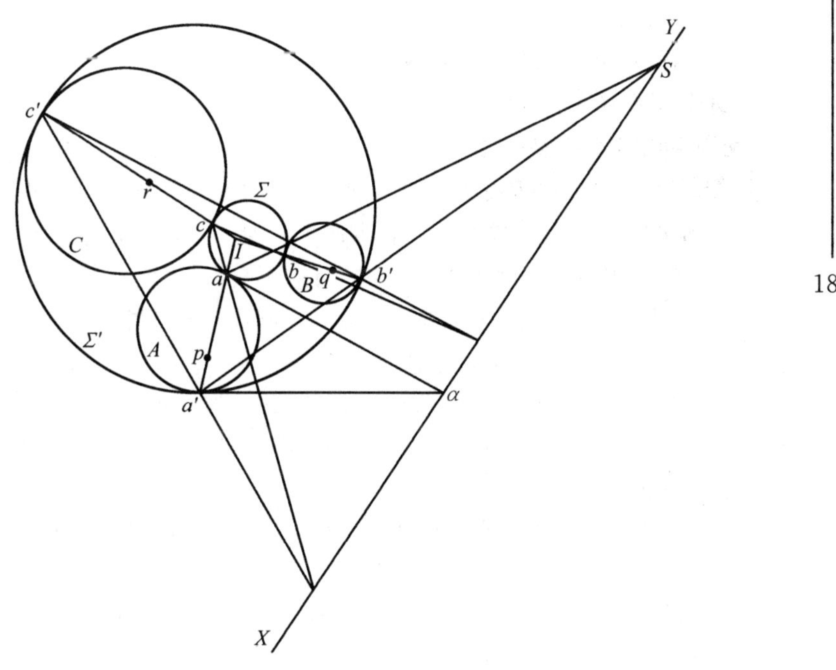

图 26.2

我们来证明这两个所求圆周的根轴，就是三个已知圆周的外相似轴（第 145 节）. 为此，引直线 ab 和 $a'b'$，设其交点为 S. 点 S 在两圆周 Σ,Σ' 的根轴上，因为 a 和 a' 以及 b 和 b' 对于点 I 互为反点（第 224 节）. 但点 S 是 A,B 两圆周的外相似心（第 227 节）. 同理，可知根轴 XY 通过已知圆周的其他两个外相似心.

明白了这一层，在 A 和 Σ,Σ' 的切点 a,a' 作公切线. 由于 a,a' 两点对于点

I 互为反点,这两切线的交点 α 在直线 XY 上[①]. 这点 α 是 aa' 对于圆 A 的极.

因此,弦 aa' 通过外相似轴 XY 对于圆 A 的极 p.

所以我们得到下面的作法:

求已知圆周的根心 I 以及外相似轴 XY. 将点 I 到直线 XY 对于已知三圆的极 p,q,r 连直线. 这样所求的直线交已知圆周的点分别是所求的切点 $a,a';b,b';c,c'$.

233. 剩下的就是要证明,这样作出的圆周确实合于所求的条件.

为了这个,我们来证明,上面所得到的点 a,b,c,a',b',c' 对于已知圆周成对地互为逆对应点. 我们来求圆 A 的弦 aa' 在圆周 B 中的逆对应弦. 这弦由(第224节)以下两个条件确定:① 两弦相交于两圆周 A 和 B 的根轴上;② 点 S 对于两圆的极线分别和两弦相交的两点是两个对应点. 但另一方面:① 直线 aa' 和 bb' 的交点 I 在两圆周 A 和 B 的根轴上;② 直线 XY 对于 A,B 的极 p,q 两点是在点 S 对于这两圆的极线上,并且这两点是对应点,因为:在以 S 为心并将圆周 A 变换为圆周 B 的位似中,直线 XY 对应于自身,因之它的两个极彼此相对应. 所以弦 bb' 是弦 aa' 的逆对应弦. 同理,在圆周 C 和 A 中,cc' 和 aa' 是逆对应弦,而在 C 和 B 中,cc' 和 bb' 是逆对应弦.

我们以 b,c 表示 a 的两个逆对应点(这并没有证明它们自身间是逆对应点);于是 b',c' 两点是 a' 的逆对应点. 过 a,b,c 三点作一圆周 Σ,过 a',b',c' 三点作一圆周 Σ'.

这两圆周对于点 I 互为反形,因为点 $a,a';b,b';c,c'$ 对于 I 两两互为反点:因此圆周 abc 的反形是圆周 $a'b'c'$.

这两圆周的根轴是直线 XY. 因为这根轴一方面应通过直线 ab 和 $a'b'$ 的交点,另一方面应通过 ac 和 $a'c'$ 的交点.

现在假设圆周 A 在 a,a' 两点的切线的交点是 α_1. 这点在直线 XY 上,因为直线 aa' 是通过点 p 的,它也在线段 aa' 的中垂线上.

但在 a 和 a' 所作分别切于圆周 Σ 和 Σ' 的切线的交点 α,也在直线 XY 上,因为这直线是 Σ 和 Σ' 的根轴. 因之,它也在线段 aa' 的中垂线上,因为分别向圆周 Σ 和 Σ' 所引的切线 αa 和 $\alpha a'$ 等长. 由是可知,α 和 α_1 两点重合,而圆周 Σ 和 Σ' 切圆周 A 于点 a 和 a',因之它们也和圆周 B,C 相切于 $b,b';c,c'$(第227节).

① 见第224节. —— 译者注

234. 上面我们求得的一圆周 Σ 以同一方式切于 A,B,C. 不是以同一方式切于 A,B,C 的圆周，可在上面的推理中，将外相似轴逐次代以一条内相似轴而求得.

由于有四条相似轴，所以切圆问题可有八解. 但其中全部或一部分可以不存在：例如若直线 Ip 与圆周 A 不相交，就是这种情况. 我们看出，当点 I 对于三已知圆周的幂为负的，因之点 I 同在三圆内时，那么八个解都存在. 若已知的圆周互相外离，那么八解也都存在，只要用第 231 节所讲的方法来研究问题的解答，就可以明白了.

235. 热尔刚解法，当已知圆周有一个或两个代以点或直线时，仍然适用. 在这些新的条件下，我们只要重复第 232 节的推理，就可以明白这一层了. 但这作法只适用于求所求圆周和各圆周的切点. 特别的，若将三圆周**全部**代以点或直线，用这作法就没有任何结果了.

236. 热尔刚解法在某几种特殊情况下不适用. 事实上，若已知的三圆心共线，那么根心以及每一相似轴的三个极，都在这直线的垂直方向的无穷远处. 我们可以应用一个反演于我们的图形以避免这特殊的位置.

相反的，三个圆周通常可以利用同一反演变换为圆心共线的圆周. 为了这个，只要根心对于已知圆周的公共幂是正的，因之只要有一圆周存在同时与三圆周正交. 若取这圆周上的任一点为反演极，那么已知圆周就变换为与同一直线相正交的另外三个圆周，就是说它们的圆心在这直线上.

因此，如果我们能使上面解法中只出现一些不因反演而变的性质，例如两圆周的相切、两圆周的交角之类，那么上面所讲的不便就可以消除了. 事实上，我们可以在这方面修正热尔刚解法①.

习　题

(258) 过两已知点求作一圆周，使与一已知圆周的交角等于一已知角.

(259) 求作一圆周，使与两个已知圆周正交，并与第三已知圆周相切.

① 参看附录 C.

普遍一些,求作一圆周与两个已知圆周正交,并与第三已知圆周相交于已知角.

(260) 通过 A,B 两点作两圆周切于同一圆周 C,并作一第三圆周(经过 A 和 B) 与 C 正交. 证明后面的圆周平分前两圆周的夹角,而且它的圆心是两个相似心之一.

(261) 已知点 A 和两圆周. 过点 A 作两圆周以同一方式切于已知的两圆周,并作一第三圆周(经过 A) 与已知两圆周正交. 证明后作的这圆周,通过先作的两圆周的第二个交点 B,且有上题所讲的性质.

(262) 过一点 A 作两圆周切于两个已知圆周(像在上题一样),设 P,Q 是它们和第一个已知圆周的切点,而 P',Q' 是它们和第二个的切点.

① 圆周 APQ 及 $AP'Q'$ 互相切,证明它们和上题所说的第三圆周相正交.

② 证明圆周 APQ 及 BPQ(其中 B 和上题一样是圆 APP' 和 AQQ' 的第二个交点) 对于第一个已知圆周互为反形;圆周 $AP'Q'$ 及 $BP'Q'$ 对于第二圆周互为反形.

③ 若将已知圆周改为直线,这些命题如何变化? 证明在此情况下四圆周 APQ,$AP'Q'$,BPQ,$BP'Q'$ 彼此相等.

(263) 求作一圆周,使通过一已知点并切于两条已知直线. 为此,可先任作一圆周 C 切于两条已知直线,并注意所求的圆周是 C 对于已知直线交点 P 的位似形.

(264) 用类似(习题(263)) 方法求作一圆周,使切于两直线及一已知圆周.(联结点 P 和切点的直线,与圆周 C 以及已知圆周的交角相等.)

(265) 解同样的问题,但以两同心圆周代替两直线.

(266) 两圆周互相切,并各切于两个已知圆周,求其互相切的切点的轨迹(第 230 节的第一法告诉我们,当两圆周各和两个已知圆周相切时,在什么条件下它们的公共点会重合为一).

(267) 证明切于三个已知圆周的八个圆周的圆心,两两在由根心所作的四条相似轴的垂线上.

(268) 通过一角内的一点求作一割线,使与这角的两边(不是过顶点的延长线) 所形成的三角形有最小的周界.(用习题(174) 的间接法和习题(90))

第27章　圆内接四边形性质，波色列反演器

237. 托勒密(Ptolemy)定理　圆内接四边形两条对角线的乘积，等于两双对边乘积的和.

设 $ABCD$ 为圆内接四边形(图27.1). 取 A 为极，用反演来变换. 圆周 $ABCD$ 变换成为通过 B，C，D 的反点 B'，C'，D' 的直线. 若点 C 是已知四边形中顶点 A 的对顶，那么 B 和 D，因之 B' 和 D' 在直线 AC 的异侧，因此点 C' 在 B' 和 D' 之间，于是(就绝对值讲)

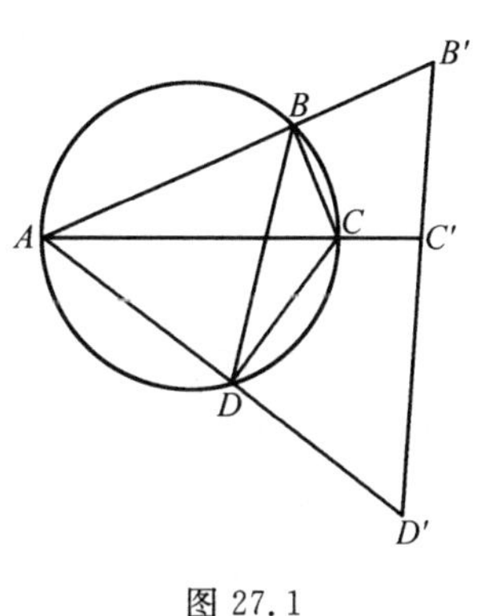

图27.1

$$B'D' = B'C' + C'D'$$

但若设 k 为反演幂，那么有(第218节)

$$B'D' = DB \cdot \frac{k}{AB \cdot AD}$$

$$B'C' = CB \cdot \frac{k}{AB \cdot AC}$$

$$C'D' = DC \cdot \frac{k}{AC \cdot AD}$$

将这些数值代入上面的等式，乘以 $AB \cdot AC \cdot AD$，并除以 k，得

$$AC \cdot BD = AD \cdot BC + AB \cdot CD$$

237a. 上面的性质足以判别圆内接四边形，由下定理可知.

定理　在不能内接于圆的四边形中，两条对角线的乘积小于两双对边乘积的和(而大于其差).

设 $ABCD$(图27.2)是不能内接于圆的四边形. 若对于这四边形重复上面的作图，那么点 B'，C'，D' 不在一直线上而形成一个三角形.

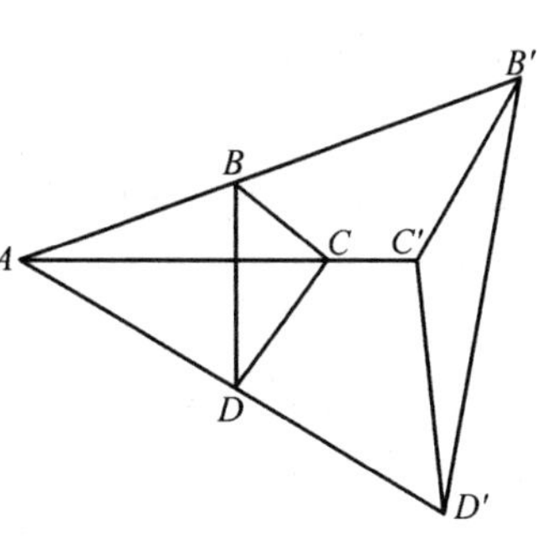

图27.2

但上节所求得 $B'D'$，$B'C'$，$C'D'$ 的数值和乘积 $BD \cdot AC$，$BC \cdot AD$，$CD \cdot AB$ 成比例. 因之，这些乘积中的每一个小于其余两个的和.

238. 若四点 A,B,C,D 不在一圆周上而在同一直线上,并且它们的次序是:A,B,C,D(图 27.3),那么托勒密关系仍正确,并且可以同样得到证明.因此,如果四点在同一直线上,那么互相穿插的两线段的乘积,等于一个在另一个之内的两线段之积加上一个在另一个之外的两线段之积.

$A \quad B \quad C\,D \qquad\qquad D' \quad C' \qquad\qquad B'$

图 27.3

若再注意到线段的符号,那么不论四点在同一直线上的次序怎样,恒有关系

$$AB \cdot CD + AC \cdot DB + AD \cdot BC = 0$$

这可以重复第 237 节推理来证明,因为我们在证明过程中所用的一些关系,不论按绝对值或符号都是对的(第 218 节备注).

239. 问题 已知半径为 R 的圆中两弧的弦长,求这两弧的和或差所对的弦长.

在第 174 节计算正十五边形和正十五角星的边长时所解的正是这个问题.

(1) 设弧 AB,AC 沿反向截取,弧 BAC 是它们的和(图 27.4).引直径 AA',得

$$AA' = 2R$$

$$A'B = \sqrt{4R^2 - AB^2}$$

$$A'C = \sqrt{4R^2 - AC^2}$$

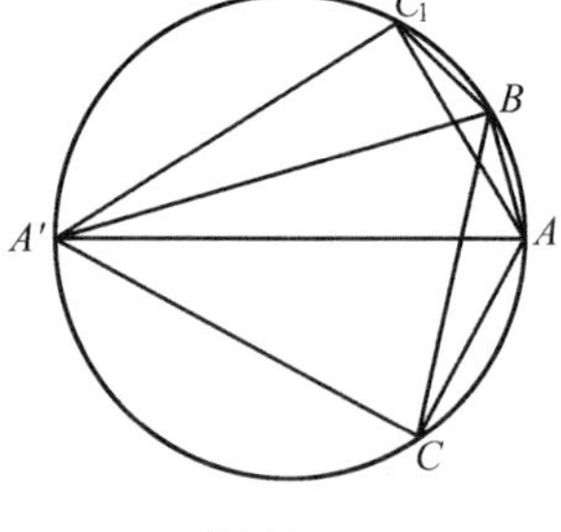

图 27.4

但从内接四边形 $ABA'C$ 中可得

$$BC \cdot AA' = AB \cdot A'C + AC \cdot A'B$$

在此式中除 BC 外都是已知的,因之

$$BC = \frac{AB \cdot \sqrt{4R^2 - AC^2} + AC \cdot \sqrt{4R^2 - AB^2}}{2R}$$

(2) 设弧 AB,AC_1 沿同向截取,弧 BC_1 是它们的差(图 27.4).此时,由内接四边形 ABC_1A' 中得到

$$A'B \cdot AC_1 = AB \cdot A'C_1 + AA' \cdot BC_1$$

由是得

$$BC_1 = \frac{A'B \cdot AC_1 - AB \cdot A'C_1}{AA'} =$$

$$\frac{AC_1\sqrt{4R^2-AB^2}-AB\sqrt{4R^2-AC_1^2}}{2R}$$

240. 定理　圆内接四边形两条对角线的比，等于通过其两端的边的乘积之和的比.

设$ABCD$（图27.5）为圆内接四边形，其对角线相交于点O.

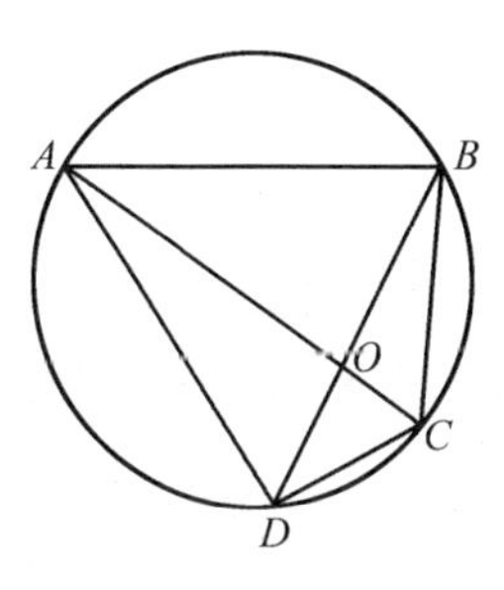

图27.5

$\triangle OAD$和$\triangle OBC$相似（第132节），于是得

$$\frac{OA}{OB}=\frac{AD}{BC}=\frac{OD}{OC}$$

也可以写成

$$\frac{OA}{AB\cdot AD}=\frac{OB}{AB\cdot BC}$$

$$\frac{OC}{BC\cdot CD}=\frac{OD}{AD\cdot CD}$$

同理，由相似三角形$\triangle OAB$和$\triangle ODC$得

$$\frac{OA}{OD}=\frac{AB}{CD}$$

或

$$\frac{OA}{AB\cdot AD}=\frac{OD}{AD\cdot CD}$$

这表明下列四个比相等

$$\frac{OA}{AB\cdot AD},\frac{OB}{AB\cdot BC},\frac{OC}{BC\cdot CD},\frac{OD}{AD\cdot CD}$$

将第一，三两比以及第二，四两比的项相加得

$$\frac{AC}{AB\cdot AD+BC\cdot CD}=\frac{BD}{AB\cdot BC+AD\cdot CD}$$

另一证法：设$AB=a,BC=b,CD=c,DA=d$是这四边形的四边.若用所有可能的方法变更各边的次序，则每次所得的仍然是同圆的内接四边形，因为以a,b,c,d为边的各弧之和每次都凑成全圆周（图27.6）.

显然，每次总可以取a做第一边，所以有下列各排列：$abcd,adcb,acdb,abdc,adbc,acbd$.

但第一行的两个排列是同一个四边形：例如在四边形$ABCD$中，若按箭头的方向数，边的顺序是a,b,c,d，若按反方向数，则为a,d,c,b，所以还剩下三种

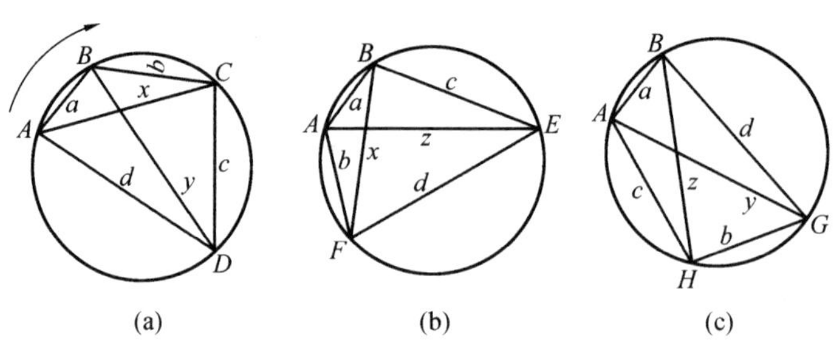

图 27.6

组合:$abcd$,$acdb$,$adbc$,对应于三个四边形 $ABCD$,$ABEF$,$ABGH$. 弧 BF 和 AC 是等弧之和,因之相等. 同理弧 BH 等于 AE,弧 BD 等于 AG;三个四边形只有三条不同的对角线:$AC=BF=x$,$BD=AG=y$,$AE=BH=z$. 应用托勒密定理于四边形 $ABEF$ 和 $ABGH$,得 $xz=ad+bc$,$yz=ab+cd$,由是将两式相除就得出所求的比.

240a. 问题 圆内接四边形的四边等于 a,b,c,d,计算其对角线 x,y.

已知对角线的乘积

$$xy=ac+bd$$

及其比

$$\frac{x}{y}=\frac{ad+bc}{ab+cd}$$

两式相乘得

$$x^2=\frac{(ac+bd)(ad+bc)}{ab+cd}$$

仿此可得 y^2.

问题 已知圆内接四边形的四边 a,b,c,d,计算外接圆的半径.

在 $\triangle ABD$(图 27.6(a))中,外接圆半径 R 由(第 130,130a 节)下面的公式确定

$$R^2=\frac{a^2d^2\cdot BD^2}{[(a+d)^2-BD^2][BD^2-(a-d)^2]}$$

以上面所求得 BD 的值代入,得

$$(a+d)^2-BD^2=\frac{(a+d)^2(ad+bc)-(ac+bd)(ab+cd)}{ad+bc}=$$

$$\frac{ad[(a+d)^2-(b-c)^2]}{ad+bc}=$$

$$\frac{ad(a+d+b-c)(a+d+c-b)}{ad+bc}$$

$$BD^2-(a-d)^2=\frac{ad(b+c+a-d)(b+c+d-a)}{ad+bc}$$

所以

$$R^2 = \frac{(ac+bd)(ab+cd)(ad+bc)}{(b+c+d-a)(c+d+a-b)(d+b+a-c)(b+a+c-d)}$$

这式子与各边的次序无关，与我们上面（第 240 节）所提到的正相符. 若以 p 表示半周长（$2p=a+b+c+d$），此式还可写为

$$R^2 = \frac{(ac+bd)(ab+cd)(ad+bc)}{16(p-a)(p-b)(p-c)(p-d)}$$

241. 波色列（Peaucellier）反演器

定理　设 $MPM'Q$ 是菱形，O 是一点，满足 $OP=OQ$（图 27.7），假设菱形是活络的（第 46a 节），并设长度 OP 和 OQ（相等的）是常数，而点 O 保持固定. 在这样的条件下，M 和 M' 两点画两个互为反形的图形.

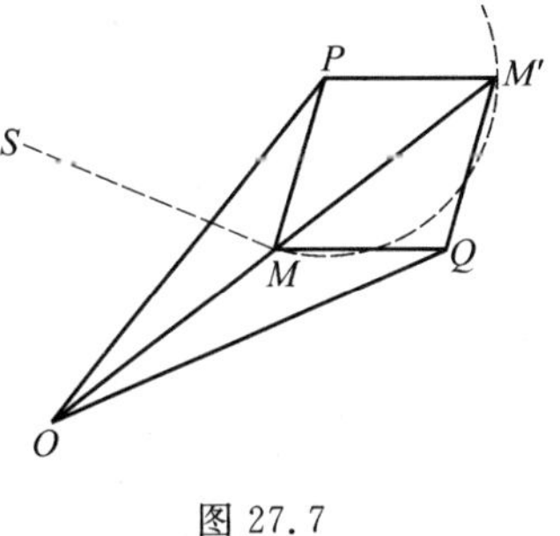

图 27.7

事实上，由于点 M，M'，O 均距 P，Q 两点等远，首先，这三点在一直线上，也就是线段 PQ 的中垂线. 现在以点 P 为圆心，作圆周通过 M，M'. 乘积 $OM \cdot OM'$ 等于点 O 对于这圆周的幂，即等于 OP^2-PM^2，因此是常数. 于是证明了定理.

这定理使我们可以解决一个理论性的、如果不是实用上的问题.

从画圆周的工具 —— 圆规 —— 本身的定义来看，只要它的两个尖端间保持固定的距离，就是说，只要它头上有足够的摩擦，那仪器是精确的.

与此相反，直尺只当它的边是直线时才是准确的：这只能近似地实现，准确程度的大小，与制造工具的精密程度有关.

如果预先没有一条直线，只凭不变形[①]的性质，可以画直线吗？

上面所讲的波色列发明的反演器，可以解决这样的作图. 事实上，假设 OP，OQ，PM，PM'，QM，QM' 是刚坚不曲的一些枢轴[②]，用枢纽彼此扭在一起，并且假设 O 是定点. 于是 M 和 M' 必然对于 O 互为反点. 用第七根刚坚不曲的枢轴联结点 M 于一定点 S（图 27.7），使点 M 画圆周. 若这圆周通过点 O（即设 $SM=SO$），那么点 M' 就画一直线（第 220 节）.

---

① 绘图工具的各部分是不变形（其意义见第 3 节）. —— 俄译者注

② 在图 27.7 上，我们以直线表示 OP，OQ 等枢轴，但它们毫无必要必须是直线状的. 我们只要求，例如说，O 和 P 两点用任何方式保持相互间的距离不变.

241a. 哈特(Hart)反演器

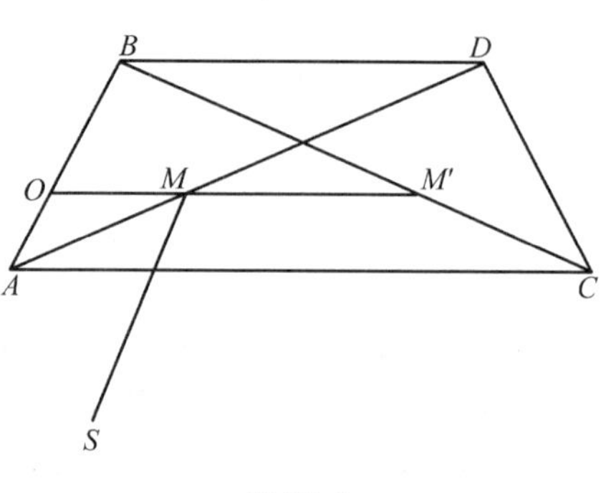

图 27.8

定理 设 $ABCD$(图 27.8)是一逆平行四边形(第 46a 节备注(2)),由等腰梯形不平行的边以及对角线所形成. O, M, M' 是平行于梯形底边的一直线和边 AB, AD, BC 的交点. 如果这逆平行四边形是活络的,并且边 AB 和 CD 的公共长度 a,以及边 BC 和 AD 的公共长度 b 保持常量,而点 O, M, M' 不变地联系于这些边(即 AO, AM, BM' 的长度的大小与符号都保持不变). 并假设 O 为定点,那么 M 和 M' 两点所画的图形对于点 O 互为反形.

我们知道(第 46a 节)已知四边形保持其为一个逆平行四边形.

另一方面,由假设,在原始位置平行于梯形两底的直线 OM 和 OM',将始终保持与它们平行. 因为这些直线平行,可以分别用下列比例式表示

$$\frac{AM}{AD}=\frac{AO}{AB},\frac{BM'}{BC}=\frac{BO}{AB}$$

而由假设这两比例式是保持不变的,

特别的,我们看出,点 O, M, M' 保持在一直线上.

明白了这一切,让我们首先暂时假定,不仅点 O,并且整个边 AB 是不动的. 于是点 M 和 M' 画圆周,分别以 A 和 B 为圆心,以 AM 和 $BM'=MD$ 为半径.

由于这两半径之比等于 OA 和 OB 的比,可见 O 是这两圆周的一个相似中心. 既然过 M 和 M' 两点所引这两圆的半径不相平行,这两点是(第 223 节)逆对应点,因之互为反点. 所以当逆平行四边形变形但保持 A, B 两点不动时,乘积 $OM\cdot OM'$ 保持为常数.

由于这乘积当整个图形绕点 O 旋转时也不变更,因此定理已证.

推论 若将点 M 用长度等于 SO 的一根刚坚不曲的枢轴联结于一定点 S,那么点 M' 画一条直线.

备注 在形变的过程中,梯形的底 AC 和 BD 的乘积依然保持不变:因为底 BD 和线段 OM 的比保持常数比 $\frac{1}{h}=\frac{AB}{AO}$,而底 AC 和线段 OM' 之比保持常数比 $\frac{1}{h'}=\frac{BA}{BO}$.

习　题

(269) 证明习题(99) 定理的逆定理：在等边 $\triangle ABC$ 的平面上选一定点 M，使 $MA = MB + MC$，那么这一点在其外接圆周上. 在相反的情况下有 $MA < MB + MC$.

(270) 若重做第 237，237a 节的证明，不从四边形 $ABCD$ 的顶点 A 而从其他的顶点出发，就可以得出与 $\triangle B'C'D'$ 类似的三角形.

① 证明所有这些三角形相似.

② 假设已知四边形各边与对角线间的夹角，计算这些三角形中任一个的各角.

③ 证明我们可以得到与以上的一些三角形相似的一些三角形，只要从 A,B,C,D 四顶点之一向其余三顶点所形成的三角形的三边作垂线；或者作 $\triangle AED$ 使与 $\triangle ABC$ 相似且有相同的转向，其中对应于 AC 的是线段 AD，然后联结 B,D,E 三点.

④ 证明如果将 A,B,C,D 四点置于任一反演之下，那么以上的三角形除了转向外，形状不会改变. 换句话说，如果先用一个反演作用于 A,B,C,D，然后对于所得的对应点重复以上①，②，③ 的作图，求证所得的一些三角形和起先的一些三角形相似.

⑤ 反之，证明如果两四边形 $ABCD$ 和 $A_1B_1C_1D_1$ 满足这样的条件：即利用以上所讲的一些作图，从这两四边形所得的各三角形彼此相似，那么(除非两四边形 $ABCD$ 和 $A_1B_1C_1D_1$ 相似) 有一个反演存在，将 A,B,C,D 变换为另外的四点形成一个全等于 $A_1B_1C_1D_1$ 的四边形. 定出这个反演.

(270a) 求一反演，使将三个已知点变换为另外的三点，形成一个三角形全等于一个已知三角形.

(271) 证明若波色列仪器活络的四边形不是菱形，而是有两两相等的边 $MP = M'P$，$MQ = M'Q$，并且 $OP^2 - OQ^2 = MP^2 - MQ^2$，那么仍然合用.

(271a) 在哈特反演器中，设已知逆平行四边形的边 a,b 以及比值 h 和 $h' = 1 - h$，计算所得反演的幂. 设已知 a 及 b，计算梯形两底之积.

第四编习题

(272) 证明根轴和相似中心将任意两个逆对应点的连线段所分成的交比是常数.

(273) 证明圆周上四点的交比,等于它的反形(圆周或直线)上四个对应点的交比.

(274) 证明圆周上四点的交比,可由这四点形成的四边形中一双对边的乘积,被另一双对边的乘积相除而得,或由一双对边的乘积被两对角线的乘积相除而得.

(275) 什么样的反演将两个圆周变换成为两个相等的圆周?

用同一反演将三圆周变换成为三个相等的圆周.

(276) 已知三圆周.设对于这已知的圆周两两作一个圆周 Γ(第 228 节),即作三个圆周,使对于它们的反演已知圆周两两互为反形,并假设它们的三个圆心是同一相似轴上的三个相似中心.证明这三圆周有同一根轴.

(277) 设有一反演,将两个已知圆周变换成两个新圆周,使第一圆周二等分第二圆周,或普遍一些,使第一新圆周在第二个上截圆心角等于定量的圆弧.求这样的反演极的轨迹.

(278) 证明两圆周在任一直线上所截的两线段(弦),从它们每一个极限点(习题(152))看来的两个视角有相同的角平分线(或互相垂直的两条角平分线).考察直线切于一圆周的情况.

(279) 用下面的方法证明帕斯卡定理(第 196 节):作三圆周使以六角形三双对边的三个交点作为其两两的一个相似中心(其中每一个圆周通过六角形的两个对顶).

(280) 利用习题(253) 求作切于三个已知圆周的圆周.

(281) 绕圆所在平面上一点使一个直角转动;在角的两边和圆周相交之点作圆周的切线.求这样形成的四边形顶点的轨迹(所求轨迹的反形已在习题(201) 得到).

(282) 一四边形 $ABCD$ 外切于圆周 o,并内接于圆周 O,设 a,b,c,d 是它的四边与圆周 o 的切点.证明:

① 四边形 $ABCD$ 的对角线以及四边形 $abcd$ 的对角线所共的点 P(习题(239)),是圆周 o 和 O 的一个极限点(习题(241)②).

② 四边形 $abcd$ 的对角线,是四边形 $ABCD$ 的对角线交角的平分线(习题(278)).

③ 若从圆周 o 与点 P 出发,由上题(习题(281)) 所得的圆周就和圆周 O 重合.

④ 由此推断,已知两圆周,通常不能使一个四边形内接于一圆而同时又外切于另一圆.要这问题可能,必须两圆心的距离和两个半径之间有一个关系.但当这关系满足时,就有无穷多的四边形适合于问题.

(283) 证明若三角形有一钝角,则有一(且仅有一) 圆存在,对于它这个三角形每一顶点是对边的极,此圆的圆心是三角形高线的交点.

这圆周与三角形称为相互**共轭**.

(284) 证明要有一个三角形存在,使内接于一已知圆周而又与另一已知圆周共轭,必须第二个圆半径的平方,等于它的圆心对于第一圆周的幂的一半.当两相交圆周满足此条件时，那么不仅有一个而是有无穷多个三角形具有所要求的条件(应用习题(70)).

(285) 已知两两相交的三圆周. 考察一个曲边三角形，分别以已知圆周的弧为边，以其两两的交点为顶点，并且这三角形选择得使它的围线上没有其他的交点. 证明这三角形内角的和小于或大于两直角，就看有或没有一个圆周和已知的三圆周正交(参看附录 A 第附 23 节).

(286) 要一个四边形可内接于一圆，必须也只需使顶点 B, C, D 对于第四个顶点 A 的反点 B', C', D'(第 237 节) 共线；我们可以由这一条件推得有关内接四边形的一切性质. 特别的，试推求两对角线之比的定理(应用第 127 节斯特瓦尔特定理).

第五编

面 积

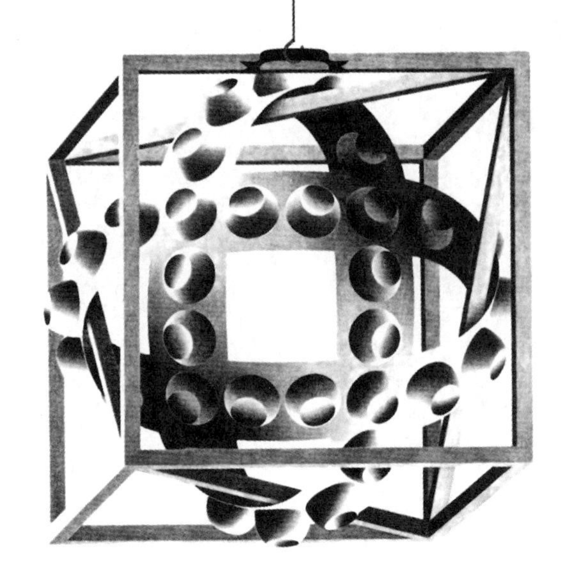

第28章　面积的度量

242. 两个多边形若公有一边或若干边(图28.1),或者边的一部分(图28.2),但没有任何公共内点,就称为**相邻的**.

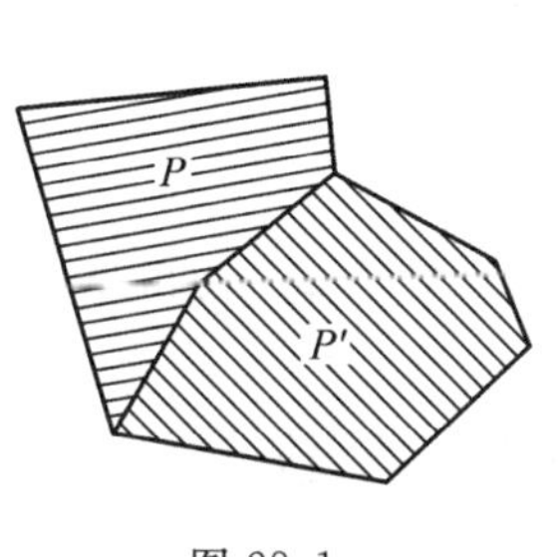

图28.1

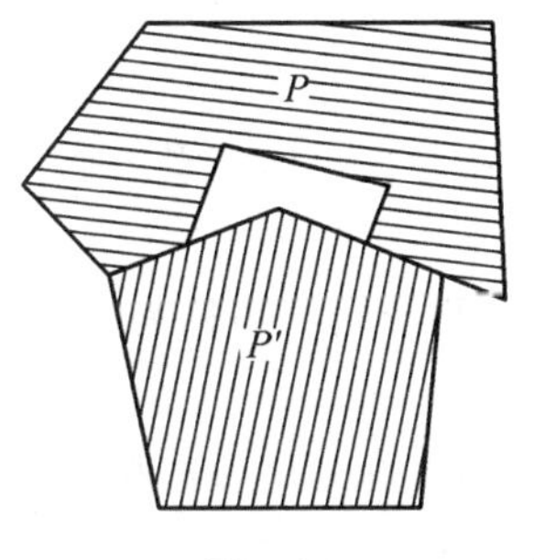

图28.2

设在已知的两个相邻多边形 P,P' 中,取消它们的公共边,于是形成[①]第三个多边形 P'',称为前两个的**和**.这多边形的内部含有一切属于原来两个多边形内部的点,也仅含这些点.

243. 定义　平面多边形的面积,就是使每一个平面多边形与一个具有下列性质的量(称为多边形的**面或面积**)相对应:

(1) 两个全等的多边形有相同的面积,不论它们在空间所占的位置如何.

(2) 两个多边形 P,P' 的和(多边形)P'' 的面积等于 P,P' 面积的和.

我们假设可以建立这样的对应关系[②].

244. 面积可以用无穷多种不同的方式来定义,因若对于每一平面多边形用一个具有(1),(2)两性质的量与之对应,那么与它成比例的量也具有这些性质.

---

① 在第五编,我们放弃在第21节对于"多边形"这名词所给的限制.因此,在这一编,像图2.2阴影的平面部分将看做多边形.并且,这样一个多边形可由求两个普通多边形的和而得,如图28.2所表明的.

但在本章,我们只考虑常态的(第21节)多边形.

② 这假设实际上是多余的,因为可以建立这对应关系是可以证明的(可参看附录D).

为了**度量**面积,如我们以下将做的,必须首先选定一个多边形,把它的面积取做面积的**单位**;其他任何面积的**度量数**就是这面积与单位的比值.

我们约定,此处以及今后将取边长等于长度单位的正方形作为面积的单位.在以下将叙述的一些定理中,都假设有了这个规定,因之不再重复.

245. 有同一面积的两个多边形称为**等积的**.两个全等多边形因之是等积的.注意,逆命题并不成立,两个等积多边形却未必全等.例如我们将证明可作一正方形使与任一已知多边形等积.

246. 矩形的一边称为它的**底**.垂直于底的边称为**高**.底和高称为矩形的**两维**.

平行四边形的任一边称为它的**底**,于是**高**就是这一边和其对边间的距离(在一条公垂线上量).

梯形的**底**是它的两平行边,而梯形的**高**是平行边间的距离.

最后,三角形的**底**是它的任一边,**高**是对顶向这一边(或其延长线)所引的垂线.

247. 定理 等底的两矩形面积之比,等于它们高的比.

事实上:(1) 等底等高的两矩形是全等形,因之根据性质(1)是等积的.

(2) 若三矩形 $ABCD$,$A'B'C'D'$,$A''B''C''D''$(图 28.3)有等底,而第三个的高等于前两个高的和,那么第三个的面积等于前两个面积的和(性质(2)).因为第三矩形可看做是与前两个全等的矩形 $A''B''FE$,$C''D''FE$ 之和.

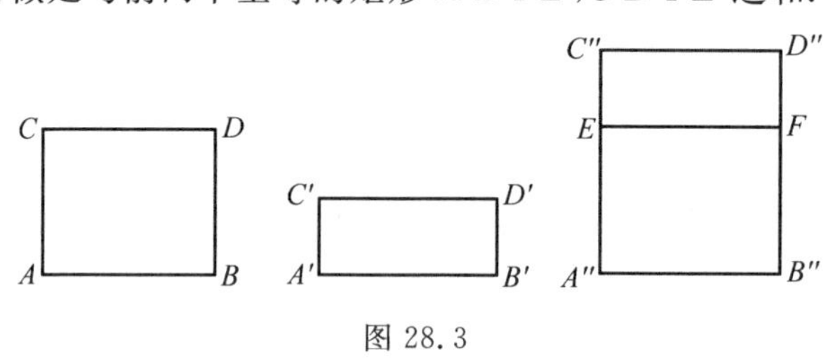

图 28.3

于是我们可以证明,就像在第 113 节或第 17 节一样,两面积量准到$\frac{1}{n}$的比值等于两高量准到$\frac{1}{n}$的比值.定理证明了.

推论 由于矩形的每一边可以取做底,也可以取做高,因此对于高所说的话也可对于底说，反过来也对. 总之，有一边相等的两矩形面积之比等于它们另一边的比.

定理　两矩形面积之比等于它们对应维的比的乘积.

事实上，刚才我们看到，任一矩形的面积，仅仅它的高或仅仅它的底变化时，是与底或高成比例的. 由此可知，矩形的面积和高与底的乘积成比例.

我们可以在此重复算术上适用于这种情况的推理. 设 A,A' 为两矩形的面积；a,b 是一形的两维，a',b' 是另一形的两维. 考察以 a' 和 b 为两维的矩形，设其面积为 A''，则有

$$\frac{A}{A''}=\frac{a}{a'},\frac{A''}{A'}=\frac{b}{b'}$$

在这两等式中，我们可以假设 A,A',A'' 不是代表面积本身，而是在同一单位下，例如在我们所选定的面积单位（即每边等于单位长度的正方形）下，度量这些面积的数. 在这些条件下，若将上面的等式两端相乘，那么乘积 $\frac{A}{A''}\cdot\frac{A''}{A'}$ 可写为 $\frac{AA''}{A''A'}=\frac{A}{A'}$. 比值 $\frac{A}{A'}$ 确实等于比 $\frac{a}{a'}$ 和 $\frac{b}{b'}$ 的乘积.

定理　矩形的面积等于其两维的乘积.

这定理即上面的定理应用于已知的矩形和一边等于单位长度的正方形. 这正方形的面积 A' 是面积的单位，而它的每一维 a',b' 等于单位长. 因此，比 $\frac{A}{A'}$ 即面积 A 的度量，而比 $\frac{a}{a'},\frac{b}{b'}$ 即长度 a,b 的度量.

备注　(1) 这叙述只当有了在第 18 节所建立，其后又在第 106 节提醒过的规定以后，才有意义. 这叙述的意义是：度量矩形面积的数，等于度量它的底和高的两数之积.

(2) 这叙述只有应用第 244 节所建立的规定才是正确的，这规定在此是一个主要的假设. 很显然，若长度单位和面积单位是随意取的且互不相关，我们所证明的等式是不成立的.

由是可知，长度单位可任意选择，但一经选定，那么面积单位就必然由之导得.

因此，面积的单位称为**诱导单位**.

248. 定理　平行四边形的面积以底和高的乘积作为度量.

设有一平行四边形 $ABDC$（图 28.4）. 过 A,B 两点作边 AB 的垂线，与边 CD 相交于 c 及 d，形成一个矩形 $ABdc$. 这矩形与平行四边形等积，因为依次将两个直角三角形 $\triangle BdD$，$\triangle AcC$ 加于这两多边形，我们得到相同的和（第 242 节）—— 梯形 $AcDB$，而这两个直角三角形有锐角及一边相等，因之是全等的.

矩形的两维既等于平行四边形的底和高,定理就证明了.

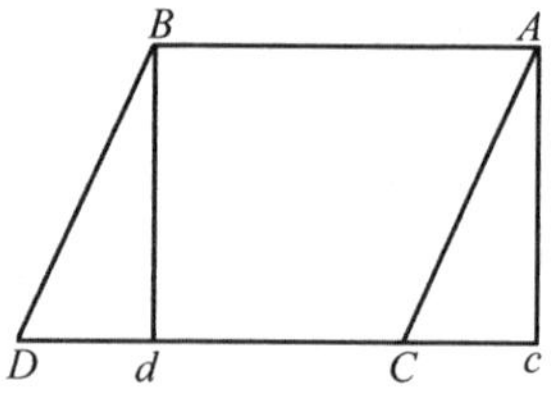

图 28.4

249. 定理 三角形的面积以底高乘积的一半作为度量.

设已知$\triangle ABC$(图 28.5).过点A作直线AD平行于BC,过点C作直线CD平行于AB.因此得一平行四边形$ABCD$,它的底与高和三角形的相同,但平行四边形被对角线AC(第 46 节)分成两个全等三角形$\triangle ABC$和$\triangle CDA$.因此$\triangle ABC$的面积是平行四边形面积的一半.

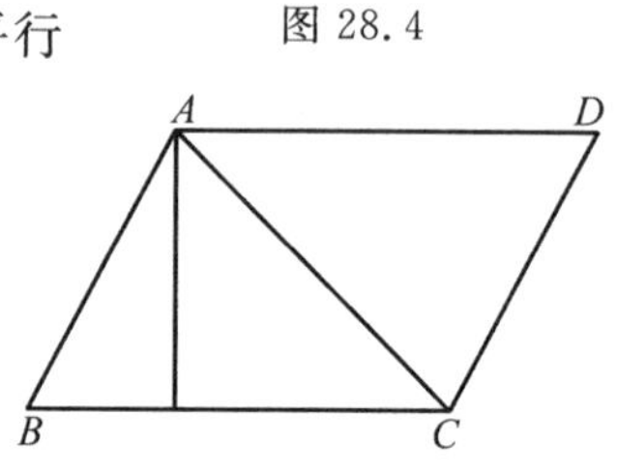

图 28.5

250. 推论 有相同底边AB(图 28.6)及相同面积的三角形,其顶点C的轨迹是平行于AB的两条直线.

因为这些三角形的顶点离开直线AB的距离是常数.

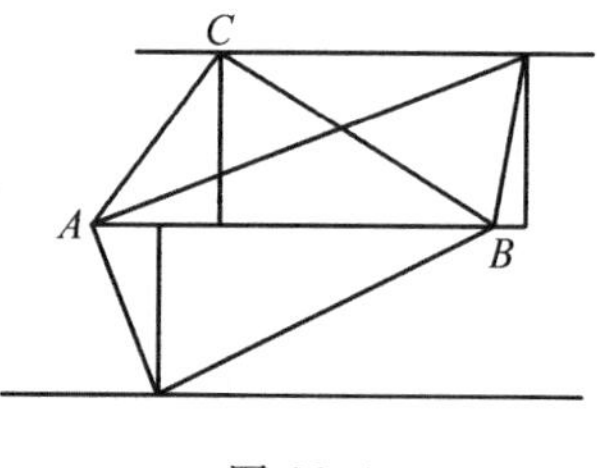

图 28.6

251. 问题 设已知三角形的三边,计算其面积.

我们知道(第 130 节),若三角形的三边是a,b,c,而p是半周界长,则向边a所引的高AH等于

$$AH=\sqrt{\frac{4p(p-a)(p-b)(p-c)}{a^2}}=$$

$$\frac{2}{a}\sqrt{p(p-a)(p-b)(p-c)}$$

所以三角形的面积S等于

$$S=\frac{a\cdot AH}{2}=\sqrt{p(p-a)(p-b)(p-c)}=$$

$$\frac{1}{4}\sqrt{2b^2c^2+2c^2a^2+2a^2b^2-a^4-b^4-c^4}$$

备注 三角形三边的乘积,等于面积与外接圆半径乘积的 4 倍.

设在$\triangle ABC$中,AH是从顶点A所引的高,R是外接圆半径,那么有(第 130a 节)

$$AB \cdot AC = 2R \cdot AH$$

两边乘以 BC 得

$$AB \cdot AC \cdot BC = 2R \cdot AH \cdot BC = 4R \cdot S$$

252. 多边形的面积　求多边形的面积，可将多边形分解成为若干三角形，然后将其面积相加.下面的两个定理，只不过是这个方法的应用而已.

定理　梯形的面积以两底之和的一半与高的乘积作为度量.

设有梯形 $ABDC$（图 28.7），以对角线 AD 分梯形为两个三角形 $\triangle ABD$ 和 $\triangle ACD$. 取 AB 和 CD 做这两三角形的底边. 两三角形的高相等，且等于梯形的高 h，于是有

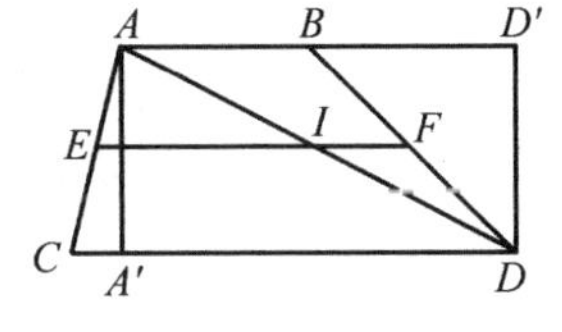

图 28.7

$$S_{ABDC} = h \cdot \frac{AB}{2} + h \cdot \frac{CD}{2} = \frac{h(AB + CD)}{2}$$

252a. 推论　梯形的面积以高与两腰中点连线的乘积作为度量.

事实上，AC，BD（图 28.7）两边中点 E，F 和对角线 AD 的中点 I，同在平行于底边的一直线上，因之线段 EF 等于这两底之和的一半. 因为它的两部分 EI 和 IF 分别等于 $\frac{CD}{2}$ 和 $\frac{AB}{2}$.

253. 定理　正多边形的面积以周长的一半与边心距的乘积作为度量.

事实上，正多边形 $ABCDEF$（图 28.8）被通过它各顶点的半径分成 $\triangle OAB$，$\triangle OBC$，…，它们彼此全等，因之有相同的高，即多边形的边心距 OH，于是有

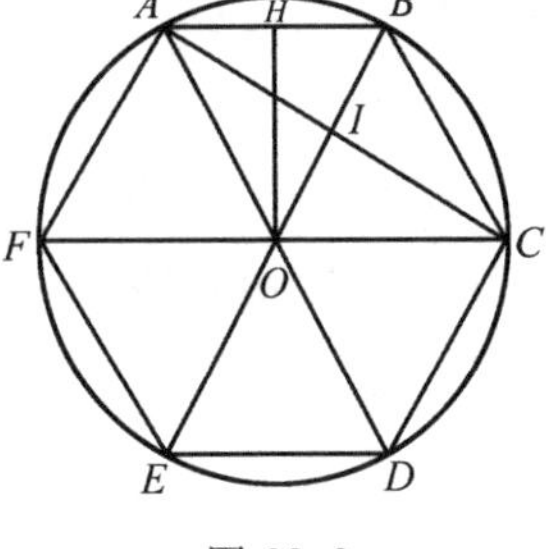

图 28.8

$$S_{\triangle OAB} = OH \cdot \frac{AB}{2}$$

$$S_{\triangle OBC} = OH \cdot \frac{BC}{2}$$

$$\vdots$$

$$S_{\triangle OFA} = OH \cdot \frac{FA}{2}$$

相加，得

$$S_{ABCDEF}=\frac{OH(AB+BC+\cdots+FA)}{2}$$

备注 设多边形的边数为偶数，则其面积等于外接圆半径的一半与此多边形每隔一顶点所连成新多边形的周长的乘积.

事实上，$\triangle OAB$（图 28.8）的面积等于 OB 的一半与由 A 向 OB 所引垂线 AI（等于线段 AC 的一半）的乘积.

253a. 内接于圆周的折线，以及过折线两端的半径所围成的多边形，称为**多边扇形**(图 28.9).

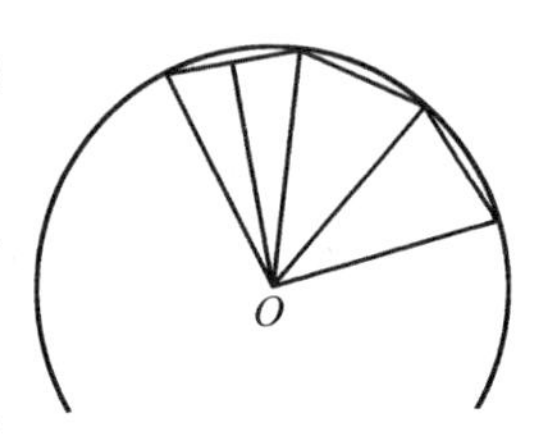

图 28.9

若作为多边扇形的底的折线是正折线，就称做**正多边扇形**.

定理 正多边扇形的面积，以其底的折线周长与边心距乘积的一半作为度量.

这定理的证明与上面的定理(第 253 节）一样.

254. 定理 外切于圆的凸多边形(并含此圆在形内)(图 28.10）的面积等于其周长与此圆半径乘积的一半.

因为从圆心到多边形各顶点连线，可分多边形为若干三角形，它们的底是多边形的边，而高是相同的 —— 圆的半径.

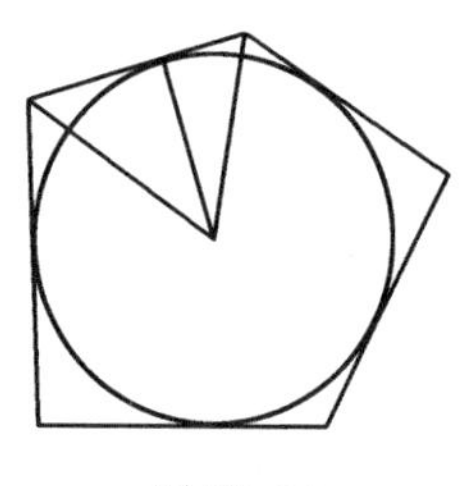
图 28.10

255. 问题 已知圆内接四边形的四边，求其面积.

设 $ABCD$ 是圆内接四边形，其中 $AB=a$，$BC=b$，$CD=c$，$DA=d$. 设 R 为外接圆半径，则(第 251 节备注)

$$a\cdot b\cdot AC=4R\cdot S_{\triangle ABC}$$
$$c\cdot d\cdot AC=4R\cdot S_{\triangle ACD}$$

$S_{\triangle ABC}$ 和 $S_{\triangle ACD}$ 的和等于所求的面积 S. 相加得(应用第 240a 节)

$$4RS=AC(ab+cd)=\sqrt{(ac+bd)(ad+bc)(ab+cd)}$$

似 R 的值(第 240a 节）代入，求得

$$S=\sqrt{(p-a)(p-b)(p-c)(p-d)}$$

备注 这结果不因四边的顺序而变. 这是很明显的，因为四边形 $ABCD$，$ABEF$，$ABGH$(第 240 节）由两两全等的三角形组成，因之等积.

习　题

(287) 求一边为 a 的等边三角形的面积.

(288) 等边三角形的面积是 1 m^2,求它一边的长度.

(289) 证明沿一定方向环行正方形的周界,每一顶点到它对顶的前一边中点连成直线.这样得来的直线形成一个新正方形,其面积是已知正方形的$\frac{1}{5}$.

(290) 过平行四边形 $ABCD$ 对角线 AC 上的一点作两边的平行线,将平行四边形分为四个平行四边形,其中有两个以 AC 的一部分作为一条对角线.证明另外两个平行四边形等积.

(291) 底边相等顶角相等的三角形中,哪一个面积最大?

(292) 在任一梯形中两对角线和一腰形成一个三角形,证明这样形成的两三角形等积.叙述并证明逆定理.

(293) 通过四边形每一对角线中点作另一对角线的平行线,从这两直线的交点到四边中点连线.证明这个四边形被分成四个等积的部分.

(294) 通过四边形的每一顶点引一直线,与不过此顶点的对角线平行.证明这样形成的平行四边形是原来四边形的 2 倍.

设两四边形的两对角线分别相等,而且交角也相等,证明此两四边形等积.

(295) 在三角形内求一点,使与三顶点的连线将三角形分为等积的三部分,或更普遍一些,使三部分面积与三个已知线段或已知数成比例.

(295a) 考察面积(上题) 以证明:平面上任一点到三角形三顶点连成的直线,将对边所分成两部分的比的乘积等于 1(第 197 节所证的定理).

(296) 平面上一点 O 到平行四边形 $ABCD$(AC 和 BD 是它的对角线) 的顶点连直线,证明:

① 若 O 在平行四边形内,则相对的两三角形 OAB,OCD 的面积之和,等于两三角形 $\triangle OBC$ 和 $\triangle ODA$ 的面积之和.

② 不论点 O 在什么位置,$\triangle OAC$ 与 $\triangle OAB$,$\triangle OAD$ 的和或差等积.

(297) 梯形的面积以一腰和从另一腰中点向此腰所作垂线的乘积为度量.用两法证这命题:① 化成第 252a 节所给的一式的另一形式;② 直接证明梯形与有上述的底和高的平行四边形等积.

证明将一腰的中点到对边两端连直线,得一个三角形,与梯形的一半等积.

(298) 证明从正多边形内任一点到各边的距离之和为常数.

(299) 证明三角形的面积等于周长的一半与内切圆半径的乘积.

三角形的面积等于一旁切圆的半径与其对应边和周长一半的差的乘积(或等于一旁切圆半径乘以其对应边与另两边之和的差的一半).

(300) 证明三角形内切圆半径的倒数,等于三旁切圆半径的倒数之和.

(301) 设 x,y,z 分别表示三角形内一点到三边的距离,h,k,l 表三角形对应的高,证明有等式:$\frac{x}{h}+\frac{y}{k}+\frac{z}{l}=1$.

若点在三角形外,这叙述如何变化?

第29章　面积的比较

256. 定理　设两三角形有一角相等(或互补),则此两三角形面积之比等于此角两夹边乘积的比.

将等角相重合,或将补角使成相邻;那么在 $\triangle ABC$,$\triangle AB'C'$ 中,边 AC 和 AC' 的方向重合;边 AB 和 AB' 的方向或者重合(图29.1)或互为延长线(图29.2). 两三角形面积之比,等于底 AB 和 AB' 的比乘以高 CH 和 $C'H'$ 的比,而后者显然等于 $\frac{AC}{AC'}$.

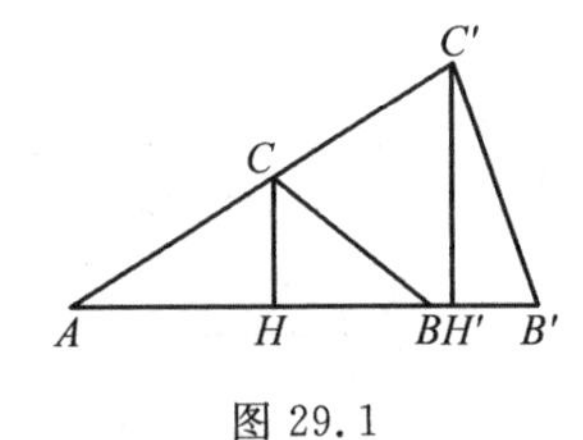

图29.1

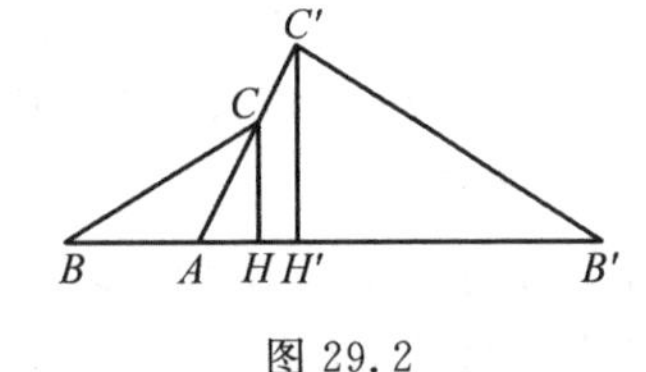

图29.2

257. 定理　两相似多边形面积之比等于相似比的平方.

我们分为两种情况:

(1) 如果所讨论的是两相似三角形 $\triangle ABC$ 和 $\triangle A'B'C'$,那么只要注意这两三角形有一角相等 $\angle A=\angle A'$. 所以它们面积之比等于 $\frac{AB}{A'B'}$ 和 $\frac{AC}{A'C'}$ 两个比的乘积,由于此两比相等,也就等于其中之一的平方.

(2) 现设已知任两相似多边形 $ABCDE$,$A'B'C'D'E'$(图29.3),相似比为 k.

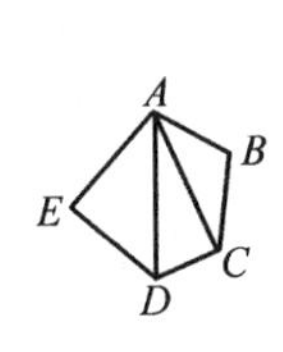

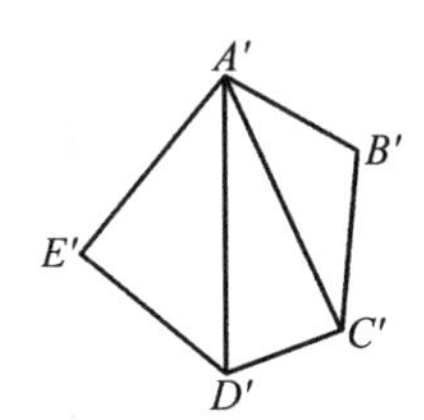

图29.3

这两多边形可分解成相似且有相同位置顺序的 $\triangle ABC$,$\triangle ACD$,$\triangle ADE$;

$\triangle A'B'C'$,$\triangle A'C'D'$,$\triangle A'D'E'$;于是有

$$\frac{S_{\triangle ABC}}{S_{\triangle A'B'C'}}=\frac{S_{\triangle ACD}}{S_{\triangle A'C'D'}}=\frac{S_{\triangle ADE}}{S_{\triangle A'D'E'}}=k^2$$

将分子分母分别相加得

$$\frac{S_{ABCDE}}{S_{A'B'C'D'E'}}=k^2$$

258. 定理 在直角三角形斜边上的正方形,与在两腰上的正方形的和等积.

设已知直角$\triangle ABC$(图 29.4),在两腰AB,AC及斜边BC上作正方形$ABEF$,$ACGH$及$BCJI$,各在三角形外,从顶点A向斜边BC作垂线AD,并延长交IJ于点K,则矩形$BDKI$与正方形$ABEF$等积.

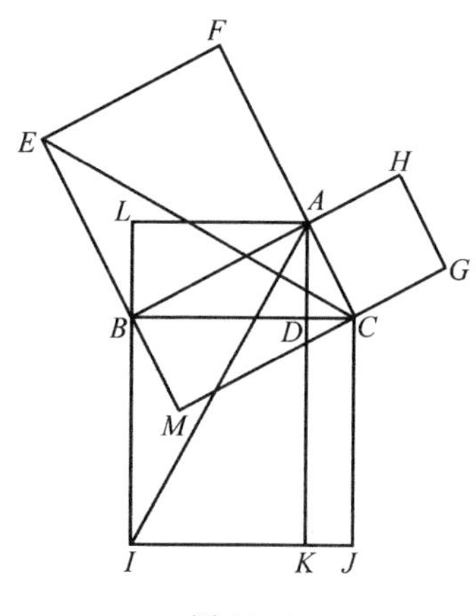

图 29.4

为了证明这个,引AI和CE,$\triangle ABI$和矩形$BDKI$有公共底边BI以及等高$AL=BD$,所以三角形的面积等于矩形的一半. 同理,$\triangle EBC$和正方形$ABEF$有同底BE及等高$CM=AB$,所以这三角形的面积等于正方形的一半.

但两三角形$\triangle ABI$和$\triangle EBC$有两边($AB=BE$,$BI=BC$)及夹角(在点B的角等于一直角与$\triangle ABC\angle B$的和)分别相等,因而全等. 所以矩形$BDKI$和正方形$ABEF$等积.

同理,可证矩形$CDKJ$与正方形$ACGH$等积. 正方形$BCJI$是两矩形的和,因之与两正方形的和等积.

备注 这定理就是在第 124 节所证过的,因为正方形$ABEF$,$ACGH$,$BCJI$分别以度量三边长度的三数的平方作为度量. 并且证明的步骤也一样:因为矩形$BDKI$和正方形$ABEF$的等积性,就以我们在第 124 节所曾利用过的等式$AB^2=BC\cdot BD$来表达.

习 题

(302) 将三角形的每一边各分成已知比,求以各分点为顶点的三角形和已知三角形面积的比. 考察当一个或几个分点是外分点的情况. 推证第 192,193 节的定理.

(303) 以平行于底边的直线将三角形分为已知个数的等积部分.

(304) 以平行于底边的直线将梯形分为已知个数的等积部分.

(305) 一圆有一内接等边三角形和一外切正方形，延长通过三角形各顶点的半径直至和通过正方形顶点的圆周相交. 证明这样得到的三点所形成三角形的面积，等于已知圆周内接正六边形的面积.

(306) 通过四边形的每一顶点作一直线和一条任意已知的直线平行，直到和不通过这顶点的对角线相交. 证明：

① 以这四交点做顶点的四边形和已知的四边形等积.

② 设第一四边形是梯形或平行四边形，那么第二四边形也是梯形或平行四边形.

③ 在一般情况下，延长对边至于相交互相分成的比，在两个四边形中是分别相等的.

(307) 在平面上已知任意的一些多边形，通过它们的每一顶点作一直线平行于一已知方向，并在这直线上取一个长度和此顶点到一固定直线的距离成比例(这长度的方向就看所讲的距离的方向如何而定).

证明这样所作线段的端点做顶点的一些多边形的面积，和原先多边形的面积成比例(习题(297)).

在什么情况下新多边形与原先的等积?

(308) 证明上题以习题(306) 为其特殊情况(应用习题(129)).

勾股(毕达哥拉斯) 定理的其他证法

(309) 在习题(44) 中，证明第三个正方形 $HBKF$ 与两个已知正方形的和等积. 由是推出第 258 节定理.

(310) 应用第 257 节的定理以证勾股定理，注意直角三角形是被它的高所分成两三角形的和.

(311) 在 $\triangle ABC$ 的边 AB，AC 上，各向三角形的外方作两任意的平行四边形 $ABEF$，$ACGH$，将 EF，GH 两边延长相交于点 M. 在边 BC 上作平行四边形使其另一边平行且等于 AM，证明它必与前两形的和等积.

证明勾股定理是这定理的特例.

第30章　圆面积

259. 一圆的内接或外切多边形，当所有各边长度趋于零时，其面积的极限称为这**圆的面积**.

为了证明这极限的存在而且与各边趋于零的方式无关，我们要重复类似于求圆周长度的步骤.

首先考察内接正多边形，令其边数无限地加倍，并考察对应的外切正多边形(图20.8)，在这些条件下：

内接多边形的面积逐渐增加，因为其中每一个包含前一个于其内.但其中每一个的面积小于任一个外切多边形的面积，*因此这些面积趋于一个极限.*

同理，*外切多边形的面积逐渐减小*，因为其中每一个是在前一个之内.但其中每一个的面积大于任一个内接多边形的面积.*因此外切多边形的面积也趋于一个极限.*

这两极限彼此相等：因内接多边形和对应的外切多边形面积之比等于相似比的平方，而相似比是趋于1的(第176节).

260. 设S是这公共极限值，设它是从(例如)正方形开始，然后顺次考察$4,8,16,32,\cdots,2^n,\cdots$边的正多边形而得到的.现在取**任意的**内接多边形$a'b'c'\cdots$(图20.9)和对应的外切多边形$A'B'C'\cdots$，加于它们的唯一条件只是其边数无限增加以使**所有**各边趋于零.

内接多边形$a'b'c'\cdots$的面积小于S，因为S是外切多边形面积的极限，而其中每一个的面积比多边形$a'b'c'\cdots$的面积为大.

S既介乎内接和外切多边形的面积之间，和其中每一个的差就小于这两种多边形的面积之差.

但这差数是趋于零的.事实上，这差是由$\triangle a'b'A'$，$\triangle b'c'B'$，$\cdots$的面积之和形成的.因之其度量等于

$$\frac{1}{2}(a'b'\cdot A'H+b'c'\cdot B'K+\cdots)<\frac{1}{2}(a'b'+b'c'+\cdots)\cdot l$$

其中$A'H,B'K,\cdots$表示$\triangle a'b'A'$，$\triangle b'c'B'$，$\cdots$的高，而l表示这些高中最大的一个.

我们知道，因子$a'b'+b'c'+\cdots$趋于圆周的长度.至于高$A'H,B'K,\cdots$则趋于零.因为例如OH和OA'同趋于圆半径，因之它们的差就以零为极限.

所以，内接和外切多边形都同趋于一个公共的极限 S，这就是圆的面积[①].

261. 定理　圆面积以圆周长和半径乘积的一半作为度量.

事实上，正多边形的面积以周长与边心距乘积的一半作为度量. 当其边数无限增加时，周长趋于圆周长而边心距趋于半径.

备注　同样的结论可应用第 254 节关于外切多边形的定理推得，因为这样多边形的周长当边数无限增加时以圆周的长度为极限.

推论　半径为 R 的圆面积是 πR^2.

因为

$$2\pi R\cdot\frac{R}{2}=\pi R^2$$

262. 平面上由圆弧与其端点的两半径所围的部分，称为**圆扇形**.

这扇形的面积是内接多边扇形的面积当对应的折线所有各边无限减小时的极限. 这极限存在的证法和圆面积的存在证明一样.

定理　圆扇形的面积等于作为其底的弧长与半径乘积的一半.

因为内接正折线的周长，当边数无限增加时趋近于弧长，而其边心距则趋于半径.

半径为 R 的圆中含 n 百分度的圆弧长等于 $\frac{\pi Rn}{200}$，而这圆扇形的面积等于 $\frac{\pi R^2 n}{400}$.

仿此，半径为 R 的圆扇形若圆心角是 $m°n'p''$，则面积等于

$$\frac{\pi R^2}{360}\left(m+\frac{n}{60}+\frac{p}{3\ 600}\right)$$

263. 圆弧和它的弦所围的平面部分称为**弓形**(图 30.1,30.2).

显然要得到弓形面积，若对应的弧小于半圆周(图 30.1)，应当将扇形的面

① 这推理可推广于任意凸曲线，只要利用在 $\triangle abc$(第 179 节脚注 ①) 中从点 c 所引的高随距离 ab 而趋于零，不论弧 ab 在这曲线上什么位置这一条件. 这条件是和第 179 节所示的类似条件同时满足的. 于是我们得到保证，内接多边形和对应的外切多边形的面积之差随这些多边形的边长而趋于零. 如像在那个脚注中所指出的，我们将推理分为两部分，分别相当于本书上的第 259 节和第 260 节. 至于不是凸图形的面积，则可当做凸面积的和或差来计算.

积减去以圆心为顶点且以弦为底的三角形面积;若情况相反(图 30.2),则应当加上三角形的面积.

更普遍一些,一些圆弧所围的面积的度量可化为多边形面积的度量加或减扇形或弓形的面积.

例如说,曲线形 $ABCD$(图 30.3) 的面积,等于四边形 $ABCD$ 的面积减去弓形 AB,BC 面积的和,并加上弓形 CD,DA 面积的和.

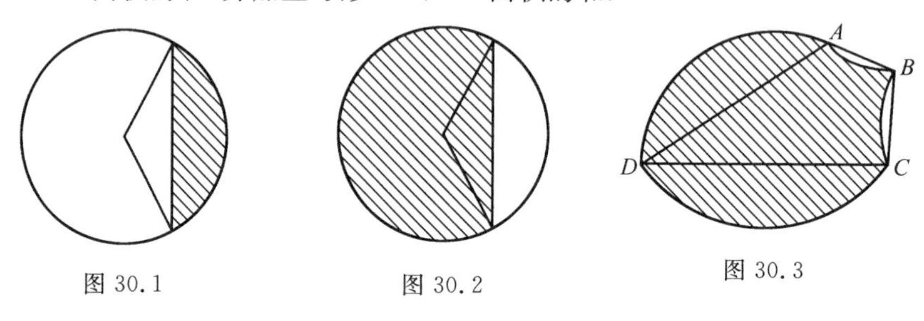

图 30.1　　图 30.2　　图 30.3

总起来说,我们知道如何求平面上由直线和圆弧所围的任何部分的面积.

习　题

(312) 圆面积等于 1 m^2,求半径长度.

(313) 求圆半径长度,其中一扇形的角是 $15^{G}25^{`}$而面积是 1 m^2.

(314) 求圆半径长度,其中 60° 的弧和弦所围的弓形面积等于 1 m^2.

(315) 证明两同心圆周间的环区面积等于一圆面积,这圆的直径是切于小圆的大圆之弦.

(316) 弧 AC 是一圆周的 $\frac{1}{4}$,在此弧上取距端点等远的两点 B,D. 若由此两点作半径 OC 的垂线 BE,DF,证明这样所得的曲线梯形 $BEFD$(由直线及圆弧所围的)和扇形 OBD 等积.

(317) 以直角三角形的两腰和斜边为直径作半圆周,前两个在三角形的外方,第三个则和三角形在斜边的同侧. 证明介于每一小圆周和大圆周间的两月形面积之和,等于这三角形的面积.

(318) 有以 O 为圆心的一圆周,在其内接正方形的一边 AB 上向正方形的外方作半圆周. 圆周 O 的一半径 OMN 交半圆周于 N,交原先的圆周于 M. 证明直线 MN 和弧 MA 及 NA 所围的曲边三角形**可化为正方形**,就是可求①一正方形与之等积.

---

① 只利用圆规和直尺. —— 俄译者注

第31章 作 图

264. 问题 在已知的底边上求作一三角形，使与一已知三角形等积.

显然，所求三角形的高是已知底边、已知三角形的底以及高的比例第四项，因为两数之积等于另两数之积的这样四个数是形成一个比例式的. 当高已经求到了，就可以在已知底边的任一垂线上截取它，于是就得到满足条件的无穷多三角形之一的顶点.

明显的，仿此可作一三角形，使有已知的高并与已知三角形等积.

265. 问题 求作一三角形使与一已知多边形等积.

我们将多边形分解为三角形，并应用上面的作法，给这些三角形一个公共的底边. 以这底边做底而高等于这些三角形各高之和的一个三角形，将与这些三角形之和为等积，就是和已知的多边形等积.

这作法可大为简化，以下就以一个凸多边形为例.

设已知多边形 $ABCDE$(图 31.1). 联结与同一顶点 D 相邻的两顶点的对角线 CE，并通过这顶点 D 作 CE 的平行线 DD' 与边 AE 的延长线相交于 D'. $\triangle CED'$ 和三角形 CED 等积(第 250 节)，因之多边形 $ABCD'$ 和多边形 $ABCDE$ 等积. 于是我们将原先的多边形代替以一等积但边数少一的多边形. 继续这作法直到达到三角形为止.

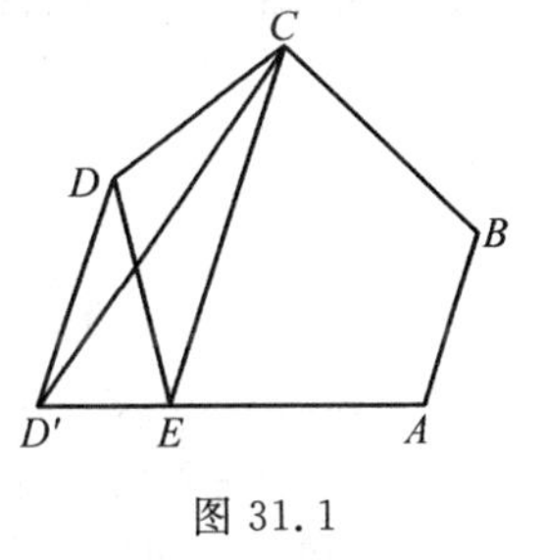

图 31.1

问题 求作一正方形使与已知多边形等积.

所求正方形的一边是上面所作的三角形的底和高的一半的比例中项.

266. 问题 求作一多边形使与一已知多边形等积，并与另一已知多边形相似.

设求作一多边形 P 使相似于已知的多边形 P'，并和另一已知多边形 P_1 等积. 设与 P' 等积的正方形的一边为 a'，而与 P_1 等积的正方形的一边为 a，这两边可以用上面的方法定出来. 多边形 P' 和 P_1 面积之比，就是说多边形 P' 和所求多边形面积之比，是

$$\frac{a'^2}{a^2}=(\frac{a'}{a})^2$$

因此,若设 $A'B'$ 是多边形 P' 的某一边,则所求多边形的对应边 AB 将由比例式

$$\frac{a'}{a}=\frac{A'B'}{AB}$$

确定,于是这一边可以比例第四项的作法(第 151 节)求得,而问题化为第 152 节作图 3a.

267. 著名的**化圆为方**的问题,就是求作与一个已知圆等积的正方形的一边.

由圆面积的公式,可知这一边是半径与半周长的比例中项.若知道了它,问题就解决了.

反之,若作出了与已知圆等积的正方形,那么半圆周将是半径与所作正方形一边的比例第三项.化圆为方的问题,正就是在第 184 节谈过的问题:求作一线段使等于已知半径的圆周长度.我们已说过了,这问题,因之化圆为方的问题,不可能利用圆规和直尺解决.

习　题

(319) 已知周界长和面积,求作矩形.

有已知周界长的矩形中,哪一个的面积最大?

(320) 求作一圆的内接矩形,使有给定的面积.

在一圆的内接矩形中,哪一个的面积最大?

(321) 求以平行于已知方向的直线,分一三角形为两个等积部分.

对于任意的多边形解决同样的问题.

(322) 求从四边形的一顶点出发作直线,将此四边形分为等积的若干部分.证明为了作所求的一些直线与四边形边的交点,只需将不通过这顶点的对角线分成一些等份,通过这些分点作直线平行于另一对角线,直至与四边形的边相交.

(323) 求从任意多边形的同一顶点出发作直线,将它分为若干等积的部分.

第五编习题

(324) 证明习题(296) 的命题可以修正,使不论点 O 占平面上的任何位置,它仍然真确,只要规定,根据三角形的转向,在表达三角形面积的数前面冠以"+" 或"—".

(325) 设两多边形成正位似,而且小的在大的之内,那么内接于其中一个而外接于另一个的任意多边形的面积,等于前两多边形面积的比例中项.

(326) 求以一三角形的中线做边的三角形和原三角形的面积之比.

(327) 通过三角形的两顶点各作一直线将对边分为已知比.求这两直线将三角形所分成各部分的面积之比.

(328) 通过三角形的三顶点各作一直线将对边分为已知比.求这三直线所形成的三角形和原三角形的面积之比.由是推出第 197,198 节的定理,这定理得出这三直线共点的条件.

(329) 通过角内一点求作一割线,使与角之两边所形成的三角形有已知的面积.(首先作一平行四边形,使有已知的面积,其一角重合于已知角,且其一边通过已知点.所求割线应将这平行四边形割去一三角形,其面积等于在平行四边形以外由割线、平行四边形的边和已知角的边所形成两三角形的面积之和.)

(330) 在通过一角内一定点并与角的两边(但非其延长线) 相交的所有直线中求一条,使与角的两边所形成的三角形有最小的面积.

(331) 在同一圆内有同边数的各内接多边形中,面积最大的是正多边形[①].

(332) 求作一三角形,已知其一边、这一边的对应高以及内切圆半径.

(333) 在已知圆内求作一梯形,已知其一角及面积.

(334) 一三角形和一平行四边形有一相同的底边和一相同的底角,并有相同的面积.试将一图形分解为两部分,使这两部分能拼成另一图形.

(335) 两三角形有相同的底和相等的高.试将其一分解成几部分,使它们另外拼合起来便得另一个三角形.(利用上题的结果,化为平行四边形的类似问题.)

(336) 对于任意的两个等积三角形,解同样的问题.

(337) 对于任意的两个等积多边形,解同样的问题.

(338) 设已知四点 A,B,C,D,证明 $\triangle BCD$ 的面积和点 A 对于这三角形外接圆周的幂的乘积,等于点 B 和 $\triangle CAD$,或点 C 和 $\triangle ABD$,或点 D 和 $\triangle ACB$ 所同样形成的每一个乘积.

---

① 设一多边形内接于一圆而非正多边形,则必有一边小于而另一边大于同边数的正多边形的一边.我们总可以既不变多边形的面积,也不变外接圆的面积而将这两边变成相邻.设这两边是 AB,BC.现在移动顶点 B,使 BC 等于内接正多边形的一边,那么我们把面积加大了.只要有需要,我们就继续采取这个过程使原先的多边形变为一个正多边形,于是就得出所求的结论.

证明若采用习题(324)的规定,这些等式的成立对于大小和符号都对.

(339) 证明上题所形成的每一个乘积,等于以 $AB \cdot CD$,$AC \cdot DB$,$AD \cdot BC$ 三个乘积作三边度量的三角形的面积(参考第 218 节,习题(270a)).

(340) 试将一三角形分解成为一些等腰三角形.

对于任意多边形解同样的问题.

(341) 设半径为 R 的三圆周两两相正交,求这三圆弧所围成的曲边三角形的面积.

(342) 设两三角形对称于其公共的内切圆心,那么它们的边所形成八个三角形面积的乘积等于这圆半径的 16 乘方.

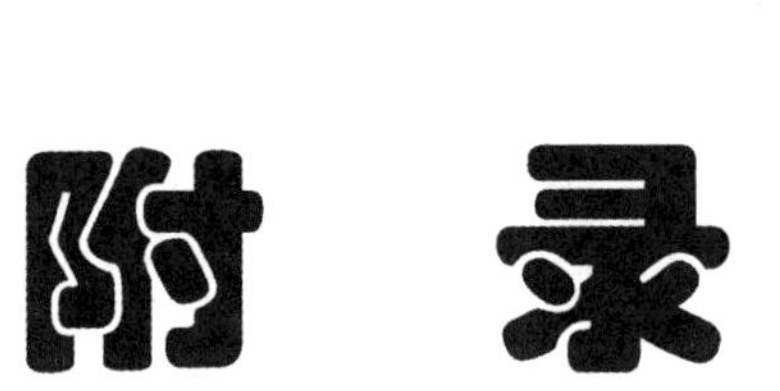
附录

附录 A　关于几何上的方法

附 1. 我们想在这个标题之下搜集一些准则，这些准则，我们认为无论是对于一般的数学了解，或是对于问题的解答，都是有帮助的.

一个学生事实上必须深切地认识到，他不仅应当学会别人为他所做的推理，并且应当在所学的基础上或多或少地自己做出新的推理，得出定理的证明或问题的解答，否则他就不能从数学的学习上得到成果，并对几何有一个正确的观念，甚至不能继续学下去.

和一种根深蒂固的偏见相反，每个人都可得到这些结果，至少那些肯思考并以一定方法指导思想的人可以得到. 我们所将介绍的一些准则，只是从常识中得来的，对于读者来说也都是很平凡的. 但是经验告诉我们，忽略了这些浅显的法则中的这个或那个，几乎无法解决初等的问题；甚至难以置信的是，在数学这门科学的较高级的研究中，往往也是这样.

A.1　求证定理

附 2. 证明一个定理，就是利用推理的帮助，从定理的假设通向定理的结论.

例　在定理：“一角平分线上的任一点，距角的两边等远”(第 36 节图 4.3) 中，假设和结论是

假设：设点 M 在 $\angle BAC$ 的平分线上.

结论：那么它距两边 AB，AC 等远.

我们应当从前者推出后者，即**变换**定理假设中所说的性质，以便得出构成结论的性质.

很明显，*首先必须清楚地知道，一个定理的假设和要证明的结论是什么*，因此学生首先要练习正确地叙述它们.

附 3. 但这还不够，从现在起我们可以提醒第一个要点. 任何一个证明的目的，在于表明*如果假设是真的*，那么结论正确. 如果我们不能确定假设是真的，那么就没有根据断定结论为真. 例如在上节的例中，若点 M 不在角的平分线上，那么我们知道(第 36 节) 它距角的两边不等远.

很明显，在推理的过程中没有用着的假设，就是说，所做的假设在证明中从未出现，是没有意义的. 因此我们看出，*在推理时必须利用定理的假设*，通常甚至要利用全部假设.

附 4. 以后还要回到上面所讲的法则. 但我们应先介绍另外一个类似于上面的法则，对于这法则应特别留意，因为尽管它有绝对的必要性，但人们往往把它遗忘了. 这法则是关于所用名词的**定义**的.

一方面，显然我们不能对于没有定义过的概念做推理，而另一方面，像上面一样，忽略了一个定义，或不使它在推理中出现，也是不应当的.

由是可知,我们所遇到的概念,首先要**利用**它们每一个的**定义**.

例 仍然取这个定理:在角的平分线上的任一点,距角的两边等远.

我们首先要问下面的问题:

什么叫直线 AM(图 5.5) 是角的平分线?

答:这就是说,它将 $\angle BAC$ 分为两等份.

什么叫点 M 到直线 AB 的距离?

答:从点 M 到直线 AB 所引垂线的长度.

于是定理的叙述写成下面的形式.

$$\text{假设}:\begin{cases}\angle MAD = \angle MAE \\ MD \text{ 垂直于 } AD \\ ME \text{ 垂直于 } AE\end{cases}.$$

结论:$MD = ME$.

我们希望用这个例子,足以阐明下面法则的意义,这个法则帕斯卡甚至认为是全部逻辑的基础:

必须用定义代替被定义的概念①.

附 5. 同一概念的定义往往可用几种不同的形式来表达.在这种情况下,要选择最适合我们目的的一种形式.例如一角的平分线 AM 还可以这样来定义:它和已知角的一边形成一个角等于已知角的一半,并有适当的方向.

这样形式的定义,不适宜于用来证明上述的定理.但相反的,例如在第 15a 节定理的证明中,我们所用的就是它.

仿此,某些定理允许将一个定义用一个等效的定义来代替.例如平行线的原始定义(第 38 节),从第 39 节起就没有用过,在那里学会将它代以与它完全等效的定义:所谓平行线是指两条直线,与同一截线形成相等的内错角(或相等的同位角,或相补的同旁内角).

附 6. 以上所讲的法则,也许就是我们此地所要考虑的一些法则中最重要的一个.这意义是十分明显的,只要注意到一些辅助作图,初看上去好像是任意的,而其实只不过是这些法则的直接后果.

试举一例.在第二编开始,每当讨论到圆周上的一点时,总是首先将此点与圆心连线.读者只要留意上面所讲的法则,就会明白这样作是很自然而且是必要的.事实上,它是从圆周定义的本身得来的.按照定义,要表明一点 M 在圆周上,必须表明它与圆心 O 的距离 OM 等于这圆周的半径.

---

① 当定义由几部分组成时,通常甚至必须应用定义的各个部分.关于这个题目,以后(第附 8 节)讨论定理的假设时,还要重讲.

从第 4 章起(第 73 节及以后),情况变了.当我们考察圆周上三点时,不再总是与圆心联结起来了.这是由于我们已知道,圆周的原始定义可以第 82a 节所给的另外一个来替代.根据这定义,要表明一点 M 在圆周上,可将此点与圆周上的三点 A,B,C 连线,并表明四边形 $ABCM$ 满足第 81 节所示内接于圆的一种条件.从此,在有关圆周的推理中,我们可在这两种定义中选择一种.选这个或那个,就看具体情况确定[①].

附 7. 当我们所讲的(即被定义的概念用它们的定义来替代)已经实现之后,就必须如以上指点过的,变换假设中已知的条件,使结论的正确变成明显的.

在最简单的情况下,可以用来做这样变换的那个定理是显然的.

例　第附 4 节例所给的假设,立即给我们相应的结论,只要应用直角三角形全等的一个定律.

在其他的情况下,相反的,必须经过几个中间阶段.例如,我们可设法给假设以其他的形式,使较接近于结论.

例　设要证明定理(第 25 节):在任一三角形中,较大的边所对的角也较大.

设 $AB > AC$(图 2.10),为了表明这一点,就在 AB 上截取线段 $AD = AC$,于是点 D 在 A,B 之间.所以假设和结论是

(1) 假设:$\begin{cases} DA \text{ 是 } DB \text{ 的延长线} \\ DA = AC \end{cases}$.

结论:$\angle ACB > \angle ABC$.

在等腰 $\triangle ADC$ 中,两底角相等,这就可以使假设表成新的形式

(2) 假设:$\begin{cases} DA \text{ 是 } DB \text{ 的延长线} \\ \angle ADC = \angle ACD \end{cases}$.

结论:$\angle ACB = \angle ADC + \angle DCB > \angle ABC$.

或简单些,

(3) 假设:DX 是 DB 的延长线(图 A.1).

结论:$\angle XDC + \angle DCB > \angle XBC$.

由三角形的外角定理(第 25 节),后面这结论显然成立.

由证法的分析可知,我们利用**递次变换**达到目的.

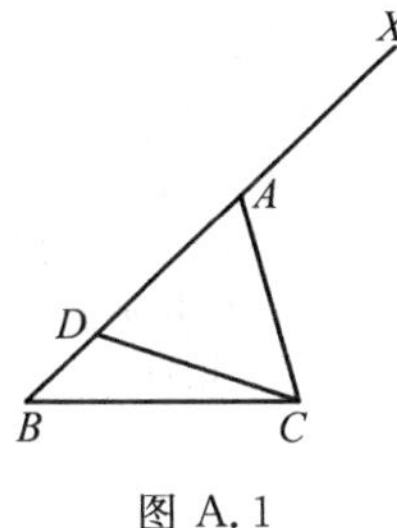

图 A.1

附 8. 在每一个变换中,特别不可遗忘我们的第一个法则(第附 3 节),必须考察一下是否有假设的某一部分没有利用,为了保证这一点,可考察新假设是否恰巧化为旧假设,是否与它完全等效.

例　在上例中,假设(2) 的叙述完全与叙述(1) 等效:这意思就是,若条件(1) 满足了,

① 其后,例如在第 131 节,又遇到与这两定义等效的其他定义.

那么条件(2)也满足,并且反过来也对.因为它们之间唯一的区别只不过等式 $DA = AC$ 换为等式 $\angle ADC = \angle ACD$,而我们知道,其中任一个包含着另一个.所以条件(2)可以无保留地代替条件(1):定理所给的假设是这个或那个形式,完全无关.

有时可能发生这样的情况,抛弃了定理的一部分假设,并无损失①,但这不是常例②.每当证明一定理时,遇到了困难,那么我们应查明,这困难是否由于在推理过程中丢掉了一部分条件.

例 设要证定理:M 是 $\triangle ABC$ 平面上的一点,设作 $\angle BAP = \angle MAC$(图 A.2),并截取 $AP = AM$.设再作 $\angle CBQ = \angle MBA$,$BQ = BM$ 和 $\angle ACR = \angle MCB$,$CR = CM$.则点 M,P,Q,R 在同一圆周上.

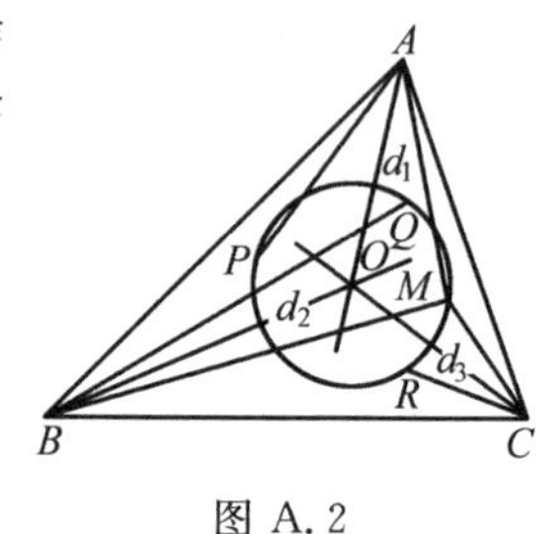

图 A.2

这定理的假设和结论是

$$(1)\ 假设:\begin{cases}\angle BAP = \angle MAC, AP = AM\\ \angle CBQ = \angle MBA, BQ = BM.\\ \angle ACR = \angle MCB, CR = CM\end{cases}$$

结论:点 M,P,Q,R 在同一圆周上.

设 d_1 是 $\angle A$ 的平分线.AB 和 AC 两边对称于此线.而由于两角 $\angle BAP$ 和 $\angle MAC$ 相等,两线段 AM 和 AP 也对称.因此,点 P 和 M 对称于 d_1.同理,点 Q 与 M 对称于 $\angle B$ 的平分线 d_2,点 R 与 M 对称于 $\angle C$ 的平分线 d_3.于是可将假设作变换如下.

$$(2)\ 假设:\begin{cases}点\ P\ 与\ M\ 对称于直线\ d_1\\ 点\ Q\ 与\ M\ 对称于直线\ d_2.\\ 点\ R\ 与\ M\ 对称于直线\ d_3\end{cases}$$

结论:点 M,P,Q,R 在同一圆周上.

但从假设的这种形式出发,不可能证明定理:事实上,这样叙述的命题不正确.一点 M 和它关于**任意**三直线的对称点 P,Q,R 未必在同一圆周上.要明白这一点,只要看一看图 A.3,或者注意:任意三点 P,Q,R 可以看成任一点 M 关于某三直线 d_1,d_2,d_3(即线段 MP,MQ,MR 的中垂线)的对称点.

因此,用(2)的形式代(1)的形式,我们已犯了错误,错误是由于直线 d_1,d_2,d_3 并非任

---

① 在本例中,由条件(2)到条件(3)就是这样.事实上,条件(2)与下面的等效:

$$(2')\begin{cases}DX\ 是\ DB\ 的延长线\\ 在半直线\ DX\ 上有这样一点存在,以它做顶点而以线段\ DC\ 做底的三角形,有两底角相等\end{cases}$$

事实上,后面这一点显然可记为 A.但纵或条件(3):DX 是 DB 的延长线满足,此点亦可不存在.由关于三角形外角的定理,要这一点存在,必须 $\angle XDC$ 是锐角.

所以可能条件(3)成立而条件(2)并不真.

② 叙述定理时,我们应当要求假设中不含有无用的元素.在较高的研究中,尤其在数学的应用上,最大的困难往往在于弄清楚,在问题的已知条件中应利用哪一些来解决问题.

意的：它们是已知三角形三角的平分线，因之通过同一点. 所以假设变换的正确叙述应如下①：

$$(2')\ \text{假设}:\begin{cases}\text{点 } P \text{ 与 } M \text{ 对称于直线 } d_1\\ \text{点 } Q \text{ 与 } M \text{ 对称于直线 } d_2\\ \text{点 } R \text{ 与 } M \text{ 对称于直线 } d_3\\ \text{直线 } d_1, d_2, d_3 \text{ 通过一点 } O\end{cases}.$$

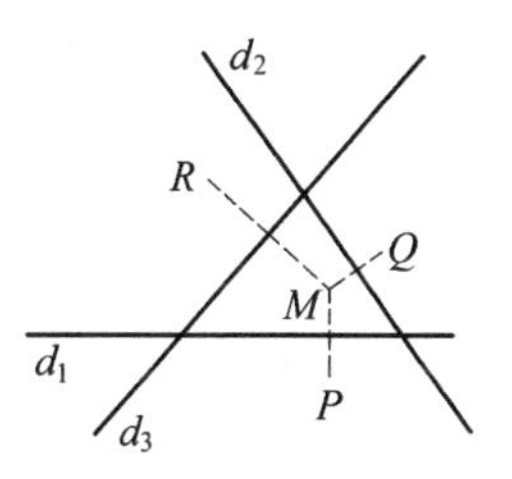

图 A.3

假设的这个形式可立刻导出结果，因为立刻看出，M,P,Q,R 四点同在以 O 为圆心的圆周上.

附 9. 有时我们往往不去变换假设使之接近于结论，而像下面这样做反更好一些：即先注意结论，设法找一个既包含旧结论，而又容易从假设推出的新结论以代替旧结论.

例　设要证明定理(习题(72))：

设从 $\triangle ABC$ 外接圆周上一点 M 向三边作垂线 MP, MQ, MR，则此三垂线足共线.

若我们证明了联结 PQ, PR 所得的 $\angle BPR$ 和 $\angle CPQ$ 相等，我们就证明了 P,Q,R 共线(图 A.4). 因此，我们可以写假设和结论如下.

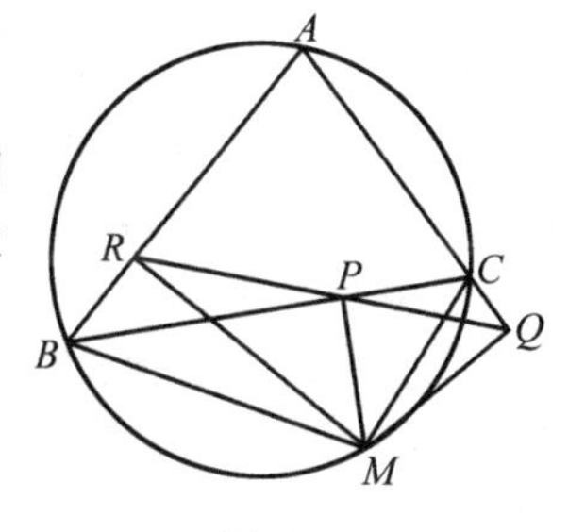

图 A.4

$$\text{假设}:\begin{cases}A,B,C,M \text{ 四点在同一圆周上}\\ MP,MQ,MR \text{ 分别垂直于 } BC,CA,AB\end{cases}.$$

结论：$\angle BPR = \angle CPQ$.

但因 $\angle BRM$ 和 $\angle BPM$ 是直角，四边形 $BRPM$ 可内接于圆(第 81 节)，因之 $\angle BPR = \angle BMR$. 同理，四边形 $CQMP$ 可内接于圆，因之 $\angle CPQ = \angle CMQ$. 所以我们只需证明结论(应用同样的假设)

$$\angle BMR = \angle CMQ$$

于是原先的结论就被一个容易证明的所代替. 这后面的结论，读者不难自证②.

用这新方法证定理时，必须留意，像以上所讲的，不需去证明多于结论中所要求的，除非有理由相信这较广泛的结论也真.

附 10. 现在我们还应该提醒一个要点，这要点从我们介绍这些准则以来还未曾有机会谈到，但一经给了求证定理的叙述，就要利用它.

① 假设的这个新叙述可以替代旧的：通过一点的三直线，一般说来，可以看做一个三角形的角平分线(习题(38)).

② 在推理时曾假设图形上点的位置有如图 A.4 所示. 应当修正证明使与这位置无关，应用第 82 节所讲的，这一点并无困难. 但在这问题中，总可以假设我们是处在推理所进行的情况下，若有需要，只需变更字母 A,B,C 的次序就行了.

事实上,我们必须留意:有许多定理可以用几种不同的方法叙述.在本书上已曾指出几个例子.

例 1 在第 32 节我们曾叙述下面的命题:

凡距 A,B 等远的点,必在线段 AB 的中垂线上.

可以这样叙述:

凡不在 AB 的中垂线上的点,距此线段的两端不等远.

我们知道[①],有一个普遍原则:*同一命题的否命题和逆命题等效.*

在这方面还有**归谬证法(间接证法)**.这证法在于表明:若肯定定理的假设而否定其结论,就会导出矛盾.

例 2 命题(第 23 节):

在任一等腰三角形中,顶角的平分线垂直于底边,并分底边为两等份.

如我们所已知[②],是下面每一命题的变相叙述:

等腰三角形中,从顶点所引的高通过底边中点,并平分顶角;

*等腰三角形底边的中垂线通过顶点,并且是顶角的平分线;*等等.

很明显,这例子同上面一个同样代表一个普遍的事实;例如在第 63 节,我们就遇到过同样的情况,并且几何一开始就遇到它.第 41 节所讲的定理(第 38 节定理的逆定理)的证法,就是这种证法的一例.

一个叙述可用其他有等效的叙述来替代的这两种情况,并非唯一的.在每一个别的情况下,总要想一想同一定理的各种可能的不同叙述.显然,主要的在于审查它们,从其中选一个最合宜于证明的.简言之,*应当这样考虑问题,使其解答变得越容易越好*[③].

附 11. 这最后的提示,结束了我们想在此处指出的一些基本法则.用这些原理的观点来研究本书上所给的一些证明,并考虑一下类似以下的问题,是很有益处的:

证明关于三角形中线的定理时(第 56 节),我们曾考察线段 BG 和 CG 的中点(图 7.5),有什么逻辑依据导出这种作法吗?可以用其他的作法来代替吗[④]?

第 55 节定理(联结三角形两边中点的直线)的叙述,可以用其他有等效的来替代吗?我们可以直接证明这后面的叙述吗?

习题(8)结论的两部分都假设已知点在三角形内吗?这问题的答案启示我们证明这两部分时应当利用什么定理?

在第 27 节所讲的证明中,什么地方用着被包围的多边形是凸的这个事实?

---

① 参考第 32 节备注(2).——俄译者注

② 注意(并比较第 41 节)这些不同的叙述之所以等效,是由于顶角只有**一条**角平分线,从顶点只能有**一个**高,底边只有**一条**中垂线,等等.

③ “我们应当给每一个问题一种形式,使其可以解出”(阿贝尔(Abel)).

④ 这些作法之一见习题(37).

等等.

A.2　几何轨迹、作图问题

附 12. 以上关于求证定理所讲的一些话,使我们对于他种形式的可能问题不必琐碎细说.问题的解答遵循同样的原理,以下我们谈到轨迹和作图问题,就自然明白.

几何轨迹　在本文中曾考虑过几何轨迹,例如距两已知点等远的点的轨迹,距两已知直线等远的点的轨迹,距已知直线为已知距离的点的轨迹,等等.

其他的轨迹是自身明显的;例如设一点与一定点 A 的连线平行于已知直线 XY,则其轨迹为通过点 A 且平行于 XY 的一直线.

由是,设已知一点 M 的性质,或普遍一些,已知以 M 为其一部分的动图形的一些性质,要求点 M 的轨迹,就应该变换已知的条件成为其他的条件,使其对于点 M 对应一已知的轨迹.

所以在此就像求证一个定理时一样,我们面临一个类似的问题.事实上,那是要求从已知的一群性质(假设)引导出其他的也是已知的性质(结论).而此地一样的要求变换已知的条件.唯一不同的只是,现在虽知道始点(假设),却不知道终点(结论):我们只知道所求的轨迹有什么性质(明显的,首先应当研究变动的图形在各个不同的位置所公有的性质,而特别的,研究当它运动时什么性质未变).所以此处所应当遵循的步骤和前面一样,我们只有重复以上的准则.

可是有一点此处比证明定理时要求更为严格.我们已看出,在有关证明定理的问题中,将假设递次变换时,有时候会发生一部分假设放弃了未被利用的现象.这种情况在求轨迹的时候,决不容发生.因为所求的轨迹应当包含有已知性质的点,*也只有这些点*,所以我们每次要注意使结论与假设等效.

这就是本文中对于大部分轨迹问题所做的(参考第 33,36,77 节及其他),只有在某些容易的觉得坚持并无必要的情况下,我们才省掉这第二部分.

附 13. 作图问题　现在再讨论求作满足已知条件的图形.因已知条件的数目足够或不够确定所求的图形,这样一个问题的答案的性质,可以大相径庭.

例 1　*求作一直线切于已知圆周.*

已知圆周上任一点的切线都合于问题的条件,所以有无穷多解.*已知的条件不足以确*定所求图形,这样的问题称为**不定的**.

例 2　*求作两已知圆周的公切线.*

与上题相比较,显见多了一个条件.这一次问题是确定的:(最多)有四解(第 93 节).

例 3　*求作三已知圆周的公切线.*

在通常情况下没有一条直线满足条件.事实上,前两圆周有(至多)四条公切线,所以所求直线只能是这些直线之一,但第三圆周是任意给定的,通常不切于其中的一线.所以这问题除掉特例不计外是不可能的.对于求作的图形,条件**过多**.

为学生所拟的问题,一般是确定的.

附 14. 作图题往往归之于求作一点.

例 1 求作一圆周使通过三个已知点(第 90 节).

只要定它的圆心.

例 2 求作一三角形,已知其一边、对角及对应高.

一经把这一边不论摆在什么位置,问题就只在作出对顶.

在这时,一般是用**交轨法**作图,此法在于由假设导出所求点应该在其上的两个轨迹,这两轨迹的交点即所求点.

例 1 的解 要求通过三已知点 A,B,C 的圆周的圆心,只要注意:要求所求点距两点 A,B 等远,得到一个轨迹;要求所求点距 A,C 两点等远,又得一轨迹.

例 2 的解 求作一 $\triangle ABC$,已知边 BC,对 $\angle A$ 和对应的高.设选定边 BC 的位置,就得出点 A 的轨迹:① 以 BC 为弦内接角等于已知角的弧,② 与 BC 平行的一直线,它与 BC 的距离等于已知的高.

已知一条件,若有一个轨迹满足此条件,则称之为**简单条件**.于是一点由两个简单条件所定.若已知此点相应的两个轨迹[①],那么所求点就由它们的交点确定.

更普遍一些,一图形由几个简单条件所确定(关于这一问题,在《几何学教程(立体几何卷)》第六编和附录 A 再谈).一个 n 边多边形,由涉及位置和大小的 $2n$ 个简单条件所确定,因为我们要求 n 点.若只要确定它的大小和形状,就只需 $2n-3$ 个简单条件,因为我们可任意选定其一顶点和由此点发出的一边的方向.对于三角形,这个数 $2n-3$ 等于 n,但当 n 超过 3 时就不相等了:由此得出第 46a 节备注(3) 和第 147 节的备注.

附 15. 由是,当我们遇到任何作图问题,我们应设法变换已知条件,使问题变为已会解的问题.例如,这样来变换条件:使联系于所求图形的某一点可由之导出两个轨迹.

为此,我们考察一个图形,假设它满足已知的条件[②],而把这些条件看做一个定理的假设.但正如同轨迹问题一般,结论应由我们自己去找.

在这一情况下,我们所应遵循的通则,依然和证明定理时相同.正如同轨迹问题一般,所得到的结论要和假设完全等效.因为,如果一方面从已知条件应当导出所求的作法,那么另一方面就要能肯定由这作法所得的图形必然满足问题的条件.

关于各种作图问题的细节此处不详述,请读者参看佩忒森(Petersen) 所著《几何作图题

① 初等几何只研究如何利用圆规和直尺解问题,因之我们所说的轨迹,不外直线和圆周,或其部分.

② 这就是我们所说的:"设问题已解",第 93 节即一例.

解法及其原理》①,这是一本在各方面极优异的书,我们也从其中引证了很多材料.

A.3 几何变换的方法

附 16. 若一个学生在实践中习惯于应用以上的准则,他能在某种程度上机械地用定义代替被定义的概念,他会很快地找出所要解的问题的各种形式,那么他很快地就会学会解初等几何的许多习题.但同时,也可能有一些对于他很难甚至无法下手的习题,而实际上有时候可以很简单地就解决了.只不过这些习题的解法,不能用截止现在为止我们所介绍的推理立刻得到,而需借助于解习题的其他方法.这种化繁为简的方法就是现在要介绍的几何变换法.

根据以上所讲的,我们也可以将一切几何方法都称为"变换法".但我们保留这命名于这种方法:即由一图形的性质转换为另一图形的对应性质的方法.

所谓确定一个**变换**,就是对于任一已知图形,按某种法则使另一图形与之对应,一经前面的图形给定了,后面的图形就要能跟着完全确定,并且反过来也对.从一个图形的某一性质可以推断另一图形的一个性质,它可以看做是从前面的性质转移而来.

例 以已知的中心和相似比,我们曾定义一图形 F 的位似形 F',一经给定了图形 F,就可以作出 F'.我们已知,F 的一直线在 F' 中所对应的也是一直线,F 中任一三角形对应于 F' 中的一个相似三角形,图形 F 的任一圆周对应于 F' 中的一圆周,等等.

仿此,设已知一图形 F,利用旋转、平移或对称,就可以作出一图形 F'.或者更普遍一些,可以作出一图形 F' 相似于 F,并使 F 的两个已知点 A,B 对应于 F' 的两个已知点 A',B'.由图形 F 的性质,可立刻推出 F' 的性质.

附 17. 但并不总是必须应用变换于所考虑图形的**全部**.相反的,有时候只变换图形的一部分却反而有利.

特别是对于我们上面所讲的一些简单的变换:运动、对称、位似或普遍一些的相似变换,情况更是如此.在不少的情况下,应用变换于图形的全部没有任何益处,因为变换后图形的性质,与起先图形的性质相比较,既不简单些又不复杂些:两图形具有相同的性质②.相反的,在很多问题中只需要变换图形的一定部分.

例 1 我们来考察下面的问题(习题(32)):已知两平行线和它们两外侧的各一点 A,B,求联结 A 和 B 的最短折线,使折线的顶点在已知平行线上,并且在平行线间的线段有已知方向.

设 $AMNB$ 为所求折线(图 A.5),点 N 可以由点 M 利用一显然已知的平移而得到,因为

---

① 此书是 Juluis Petersen 在 1866 年首次以丹麦文发表,几乎世界各国都有译本.作为书的形式出版是在 1879 年.1880 年法文有 O. Chemin 的译本,1883 年俄文有 Харбков 的译本,1932 年中文有余介石从日本人三守守的转译本,中华书局出版.—— 译者注

② 几何所研究的正是图形不因运动而变的性质.

两平行线截有已知方向的任一直线所得到的长度是相同的.我们可用此平移于线段 AM;点 A 变换为一点 C,它的位置是可知的,而线段 AM 变换成等长的线段 CN,于是容易推知三点 B,N,C 应在一直线上.

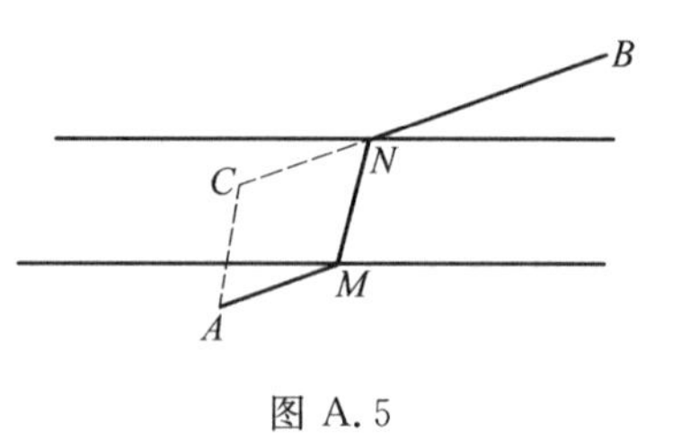

图 A.5

同样的考虑适用于习题(118) ~ (121).

例 2 在习题(14)中,线段 AM 关于已知直线的对称线段,将与线段 BM 在同一直线上.

附 18. 但解某些作图题时,利用运动、对称或相似变换于所考虑图形的全部,又比较有益.好处就在于将原先图形的未知元素对应于变换后图形的已知元素.

例 设在已知四边形 $ABCD$ 内求作一内接四边形,使与另一已知四边形 $mnpq$ 相似.

有一个图形存在,相似于拟议的图形,而在其中所求的四边形 $MNPQ$ 所对应的是四边形 $mnpq$,四边形 $ABCD$ 对应于外接于 $mnpq$ 的一个四边形 $abcd$,因之可用习题(213)的解法把它作出来.

附 19. 我们所研究过的其他变换与第附 17 节所列举的变换有所不同,变换后图形的性质,多少有可注意之处.

例如将原先图形的一直线变换为一圆周的**反演**,或**配极变换**,就是例子.在第四编中,我们曾利用这些变换简化了若干定理的证明.

还有一种变换,过去仅仅谈过一下,现在要提请注意的,就是**透视**.从我们在平面几何中给它的定义看来,它只能应用于由共线点组成的图形.要得到变换后的图形,可将原先图形上的每一点与该直线以外的一定点连起直线来,以任一截线割这些射线,并将这截线上所得的图形任意给以一个运动.

附 20. 我们应当指出,配极变换和以上所举出的其他变换(例如相似、反演和透视)有一个主要的区别.后面的这些变换是**点**变换,就是说,它们将原先图形上的每一点对应于变换后图形上的一个确定点.而配极变换没有这性质:它将一图形上的一点对应于另一图形的一直线.

另外还有一个变换在本文中曾有好几处利用过,它与上面所说的变换有相同的性质,即不是点变换.这变换可以称为**伸缩(半径)法**,我们用于由圆周和直线形成的图形.用这个变换,我们将每一圆周的半径伸长或缩短(看具体情况确定)同一已知长度 a.自然,这时候一圆周的半径可能变为零:对应的圆周于是缩成一点.反之,在这个变换中,一点可以看做半径等于零的圆周,于是变换为半径等于 a 的一个圆周.至于图形中的直线,每一条在其一侧或他侧沿其垂直方向平移这个距离 a[1].

伸缩(半径)法的一个主要性质是:相切的两线[2]变换以后依然相切,只要适当地选择伸缩的方向(参看习题(59))[3].这就是在第 93 节和第 231 节所利用的性质.

附 21. 简化形式　变换的目的即在简化被变换的图形,在每个具体情况,应该化得越简单越好.

为了这个目的,我们可注意上面所列举的各种变换都含有任意元素.例如在位似的情况下,必须选择相似中心和相似比.在反演的情况下,必须选择反演的极和幂[4];在伸缩法的情况下,必须选择上节所讲的量 a;其他类推.

因之,这其中每一种包含无穷多的变换.

我们应从这些变换中选择一个,使变换后的图形满足一个或若干确定的条件,若注意到第附 13 节所讲的,就应当取其中尽可能多的条件.于是变换以后的图形就称为原始图形的**简化形式**.

例 1　我们总可以把一个圆周缩成一点,只要把伸缩半径法中的量 a 取成等于圆周的半径就行了.

含一圆周 C 的图形由伸缩法所得的一个简化形式,是这圆周变成一点的那个图形.在第 93 节和第 231 节所利用的,就是这简化形式.

例 2　有一交点的两圆周,可利用同一反演变换成两直线(取交点为反演的极).不相交的两圆周可变换为两个同心圆周(参看习题(248)),换句话说,看两圆周有公共点或者没有公共点,它们形成的图形的简化形式就是两条直线或者两个同心圆周.

例 3　在第附 18 节的例中,我们曾利用过已知图形经一个变换(即利用相似法将所求四边形 $MNPQ$ 变换为已知四边形 $mnpq$ 的那个变换)所得到的图形.

附 22. 不变性　若变换图形时,化简了图形的某些性质,而使其他性质变得复杂了,这变换的好处就会落空.所以我们不应该做这种变换,除非问题的假设中所出现的图形的性质,经过这变换以后可以大为化简.

但是几乎在以上所提到的各种变换中,图形的某些性质并不因之改变,这种性质称为**不变性**.

---

① 我们知道,在圆周直线的伸缩过程中,每次有两个相反的方向可以运用.在个别的情况下,我们要自作选择.

② 此处线指直线或圆周,参看第 1 节.—— 译者注

③ 根据非本书范围的一些研讨,可将伸缩法推广于由任意线(直线或曲线 —— 译者注)组成的图形.这样推广后,它仍然有这个性质:将相切的两线变换为相切的两线.配极变换经过类似的推广以后,也有这样的性质(参看《几何学教程(立体几何卷)》第 33 章).

④ 我们知道(第 215 节),反演极的选择通常更为重要.

例 1 我们知道,在位似变换中,变换以后图形的角等于原先图形的角,线段的比也是如此,等等.

例 2 我们知道,伸缩半径法将相切的两圆周依然变换为相切的两圆周,相切性对于伸缩法是不变性.

例 3 对于反演讲,两线的交角是不变性(第 219 节).

等等.

附 23. 若在问题的条件中所出现的,仅仅是一些不变性质,那么实行变换没有任何困难.特别的,在这种情况下,我们总可以假设图形已化成简化形式.

例 伸缩法保留相切性,所以求两圆周的公切线时,可以假设其中之一缩为一点.这就是第 93 节的步骤.

求一圆周切于已知三圆周时,也是这样的(第 231 节).

相切性对于反演也是不变性,因此,求一圆周切于已知的三圆周时,我们可以假设其中两个变成直线,或变成两个同心圆周(习题(264),(265)).

证明类似以下的定理时,也是这样的:*与两个已知圆周相交于已知角度的所有圆周,必切于两个确定的圆周*,或习题(285),等等.

附 24. 变换群[①] 以上我们所谈的一些变换有不变性的这个性质,是另外一个基本性质的后果,对于它我们也讲几句话.所谓两个或若干变换的**乘积**,指的是一个变换,它与这些变换依所举出的次序[②]实行出来的结果有等效.换句话说,设一变换 S 将一图形 F 变换为一图形 F',而一变换 T 应用于 F' 上把它变换成图形 F'',那么这两变换的乘积是一个变换,它将 F 变换为 F''.

例 第 102a 节所证明的结果可叙述如下:*两个对称的乘积或者是旋转,或者是平移.*

讲过了什么叫做变换的乘积,若一组变换中任两变换的乘积,依然是这组的一个变换,我们说这一组变换构成一个**群**.

例如所有的位似构成一群:这就是说,同和第三形位似的两形彼此位似.中心在同一直线上的所有的位似,也构成一群,因为我们知道,两个位似的乘积是一个位似,其中心与这两位似的中心在一直线上.

所有的运动构成一群,因为同与第三图形全等并和它有相同转向的两图形,必彼此全等且有相同转向.

---

① 这附录的末尾主要是为了学过第四编的读者写的.

② 两个变换的乘积,通常因其因子的次序而变.例如对于互异两轴的两个对称变换,其乘积或者是一个旋转,或者是一个平移.若是旋转,旋转角的方向,和将**第一轴**转至**第二轴**的转幅的方向相同,至于转幅的大小,则前者是后者的 2 倍.若是平移,平移的方向,和将**第一轴**移至**第二轴**的平移的方向相同,至于平移的距离,前者是后者的 2 倍.

附 25. 全体反演所成的一组变换并不构成群. 两个反演的乘积不是一个反演. 但递次组合几个反演,也可能得到类似以上的结果.

为简短起见,我们把随便若干个任意的反演(或对称)的乘积,称之为变换 S. 这一类的变换中含有所有的运动作为其特例,因为任一运动可分解为两个对称;也含有所有的位似,因为位似可得之于同极异幂的两个反演;因之也就含有所有的相似变换,因为相似可得之于位似,伴以或不伴以运动和对称.

根据变换 S 的定义,或许会以为要得到其中一切的变换,就必须考虑由 n 个反演所合成的变换,其中 n 递次表示**全体**整数,而在某一个 n 的数值停下来,我们就只得到所考虑的变换的一部分.

其实这不是事实:任意一个变换 S 可化为一反演先行或后继以一、二或三个对称,除非这变换本身是一个简单的相似(习题(252)). 因此,只需要四个简单的运算(反演和对称) 就足以得出变换 S 中的任意一个.

因为某一个运算 S 与一串的反演等效,因之两个运算 S 的乘积也是同样:所以运算 S 构成一群,为简短起见,我们可称之为**反演群**.

附 26. 利用给定群中的一变换可以互变的两图形 F 和 F',称为对于这个群同调. 例如全等而转向相同的两形,对于全体运动所构成的群说来,是同调的.

根据群的定义,同与第三图形 F' 同调的两个图形 F,F'',其彼此间亦同调,因为将 F 变为 F'' 的变换是将 F 变为 F' 和将 F' 变为 F'' 的两个变换的乘积.

一图形 F 对于一给定群的简化形式 F_0,是 F 对于这群的同调图形中的一个,它满足某些已知条件. 若这些条件数充分多而且适当地选择了,就足以完全确定图形 F 的简化形式 F_0.

假设事实已是这样,若应用给定群中的变换于图形 F,则所得到的新图形也以 F_0 为其简化形式,原因是:凡与 F 同调的图形也与 F' 同调,反之亦然.

一图形 F 既和其他任一同调图形有同一简化形式,那么简化形式的各种性质就是图形 F 的不变性质.

附 27. 我们用一个例子来阐明.

假设已知图形由任意四点 A,B,C,D 所形成,试求这图形对于反演群的不变性. 为了这个目的,取点 A 作为反演 I 的极而考察已知图形的反形. 设点 B,C,D 的反点为 b,c,d,那么我们得到一个图形,与起先的图形同调(是它的简化形式),而其中一点(即 A 的对应点) 被移于无穷远了. 将我们上面所指出的普遍推理重复于这一特例,可知 $\triangle bcd$ 的角是图形 $ABCD$ 的不变性质(这就是习题(270) 中所要求直接证明的命题).

对于任一反演 T,设 A',B',C',D' 是 A,B,C,D 的对应点. 现在照着以上处理 A,B,C,D 的样式来处理 A',B',C',D'. 对于以 A' 为极的反演 I',取 B',C',D' 的反点 b',c',d',则 $b',c',$

d' 和在无穷远的一点所形成的图形,可由 b,c,d 和在无穷远的一点所形成的图形利用反演群中的一个变换导得,即三个反演 I,T,I' 的乘积.如我们所知道的,这变换可化为一个反演继之以对称变换,或化为一个相似变换.但在眼前这一情况下,第一个假设是不可能的,至少当我们所说的反演是一个真正的反演时是不可能的,因为这反演必然将在无穷远的一点变换为平面上有限区域内的一点(即反演的极).因此,$\triangle bcd$ 和 $\triangle b'c'd'$ 相似,这就是我们所要证明的.

所以 $\triangle bcd$ 的角以及各边的比,是图形 $ABCD$ 对于给定群的不变性.这些不变性中,独立的只有两个,就是说:只要知道其中两个,其余的就跟着知道了.事实上,知道了 $\triangle bcd$ 的两角,就可以作一个与之相似的三角形.

附 28. 从上面已知道,不变性的存在导源于群的存在.反之,具有一个公共性质的所有变换的集合,构成一群:事实上,若给定的变换中有两个变换不变某一性质,那么它们的乘积也不变这个性质.

例 1 位似将线段变换成线段,与原来的线段平行且成比例.反之,具有这两性质的任意的点变换必为位似(第 142 节),所以所有位似的集合构成一群.第 144 节的推理,只不过刚才所做的推理的另一形式而已.

例 2 透视变换保留四点的交比;反之,任一变换用之于共线点而将交比保留不变的,必为透视变换[①].

因之,所有的透视构成一群.

对于几何变换的普遍原则,就此结束.关于它们的应用,请读者参读前面所介绍过的佩忒森的著作.

附录 B 关于欧几里得公设

附 29. 下面的命题,我们曾(第 40 节)作为公理来承认:*过一已知点不能引一条以上的直线平行于一已知直线.*

这一命题,或更正确地说下面与之有等效的命题(第 41 节推论 1):

*设两直线和同一截线所成的同侧内角之和不等于两直角,则此两直线不平行,而且相交在内角之和小于两直角的一侧,*无论在希腊几何学家欧几里得[②](Euclid)的《几何原本》(几何的原理第一次在这本书上完全地而且惊人完善地叙述着),或其后有关几何的所有著作中(这些著作都以欧氏的名著作为蓝本),都和另外一些命题被认为是显然而出现的.

---

① 这可以这样证明:移动变换后的图形,使其一点重合于其对应点而两直线保持相异,于是问题就化归习题(233).

② 约公元前 300 年.

但欧氏的继承者，不论在远古、中世纪或近代，对于这个命题所给予的地位都表示怀疑. 事实上，它并没有其他那些被承认而不加以证明的命题那样显明的性质，而比起人们所证明的不少的其他命题来，看上去也未必明显一些. 特别的，他们觉得奇怪，为什么欧几里得把这个对于一般的线并不正确的性质，取作为直线的自明性质(这按语的意义以下会知道)[①].

附 30. 因此就有了很多证明欧氏公设的企图. 所有这些企图都失败了. 特别的，为了用归谬法证明这个公设，从这公设为谬的假设，人们导得一系列的结论，与普通平行线论的结果非常悬殊. 但人们虽把这些结论越推越远，却从未(至少当推理是正确进行的时候并未)发现这些结论彼此之间，或者与以前的一些命题之间，有什么矛盾足以表明原始的假设为不可能.

附 31. 伟大的数学家高斯[②]怀疑：这样的矛盾是否存在？欧氏公设不成立的假设，是否和几何其他的公理以及由之所推出的结果不能相容？换句话说，是否我们的命题不可能证明？

差不多同时，罗巴切夫斯基[③]和波尔约[④]独立地做了同样的假设，并建立了一种几何，其中在欧氏公设以前的定理或与欧氏公设无涉的定理，都与普通几何无异，但其他的定理却修改了. 在这样一种几何(称为**非欧几何**)中所得的结果，在许多情况下有些古怪，并与我们平常看事物的方式相抵触. 尽管它们乍看之下不无可惊之处，但其中却没有一件可以表明为不合理的. 以下是其中最简单的几个命题.

在非欧几何中：

过直线 D 外一点 A，在含 D 和 A 的平面上，可以引**无穷多**直线不与此直线相交[⑤]. 所有这些**不相交**的直线，都在以 A 为顶点的某角内(也在它的对顶角内). 这个角称为**平行角**[⑥]，并随此点到直线的距离而增加(图 B.1).

在平行角**内**的任一直线 D'，与直线 D 有一(且仅有一)公共垂线，它是两直线间的最短距离，因此，若一点 M 描画直线 D'，在公垂线的一侧或另一侧无限远去，那么它到直线 D 的距离永远增加，并且无限地增加. 作为平行角两**边**的直线 D'_1 和 D'_2，情况不是这样的. 从点 A 作直线 D 的垂线，若沿与此垂线成锐角的那一个方向无限延长，则与直线 D 无限接近，但

① 瓦里斯(Wallis)，1663. —— 参考 Stackel 和 Engel，Dic Theorie des Parallellinien，von Euklid bis Gauss，Leipzig，1895.

② Gauss，1777—1855.

③ Лобачевский，1793—1856.

④ Bolyai，1802—1860. 非欧几何的存在，可以或多或少的从几种不同的观点看出夹(参看附 31 节的脚注中所引的 Stäckel 和 Engel 的著作).

⑤ 可以证明欧氏公设或者恒为真或者恒为伪：承认在一直线之外有一点存在，通过此点可引唯一直线平行于此直线，而对于可能的一切点和一切直线，却又不承认这同一事实，是不可能的.

⑥ 在俄国文献上，习惯上将 $\angle OAD'_2$(图 B.1) 称为平行角. —— 俄译者注

永不与之相交;若描画直线的点 M 沿此两线上这样选定的方向无限远去,那么它到直线 D 的距离趋于零.平面上与一已知的直线相距等远的点的轨迹是一曲线.

三角形三角之和小于两直角,并且这三角之和与两直角之差同这三角形的面积成比例.由是推知,无论三角形的边如何大,它的面积都小于一确定的量(当三角形的边增大时,它的角就减小,而三角形变凹,有些像图 B.2 所表示的样子).同理,n 边多边形的各角之和小于$(2n-4)$d,并且这两数之差与多边形的面积成比例.因之,矩形是不存在的:设一四边形有三角为直角,则第四个角就是锐角.

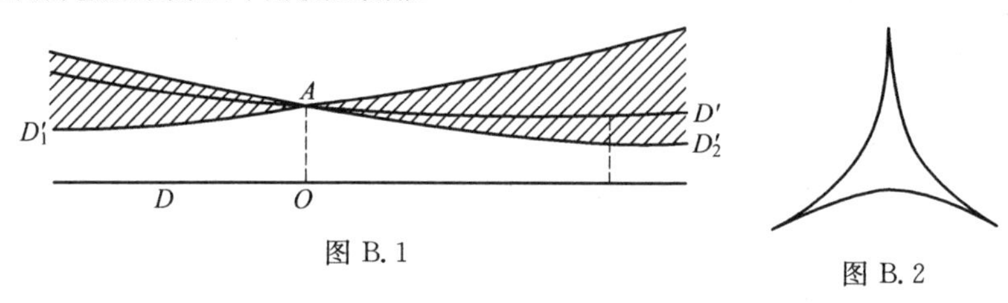

图 B.1

图 B.2

相似形是不存在的(当然除掉全等形).两个三角形的角若分别相等,这两个三角形就全等.承认两个三角形相似而不全等,就承认了欧氏公设.

等等.

并且非欧几何有无穷多种.事实上,若采取罗巴切夫斯基的假设,联系同一图形各元素间的关系中含有某一数 k^2,一经选定就再也不变,但可以取任意值:如像三角形的面积与三角的和同 2d 之差数的比(我们上面已说过,这比值是常数).欧氏几何可以看成非欧几何的极限情况:它相当于 $k=\infty$.

附 32. 这样,非欧几何所表现的并没有矛盾,是逻辑上可能的.那么是否它实际上并无矛盾,有如它的奠基者所想的一样呢?也许这是由于我们所得到的一系列的结果还不够深入吧?会不会深入细致的研究,可以给我们带来高斯,波尔约,罗巴切夫斯基所没有发现的矛盾呢?

可以肯定地说,不是这样的.此地不细说这个肯定的理由①,只引进庞加莱②简单而生动的叙述:

假想有一球 S,其内媒质的折射率和温度是变数,在这媒质中有物体在运动:它们的运

---

① 我们可注意,以上从非欧几何所引的结果和球面几何的某些结果有类似之处.这两种结果在某种意义上是相反的:例如球面三角形的三角之和**大于**两直角,且三角和与两直角之差,和三角形的面积成比例;两个球面三角形的角若分别相等,则必全等或对称,等等.事实上,在某种曲面(称**伪球面**)上的几何是和罗氏几何全同的.罗氏几何的逻辑可能性起初就是如此证明的,但这证明还不完善:① 因为伪球面不能像平面一样看做各方面是无限的面;② 因为它只适用于**平面**非欧几何,而没有去除利用立体几何的概念证明欧氏公设的可能.

② Poincaré, Revue générale des sciences pures et appliquées, t. III, 1892, p. 75

动相当慢，而比热容相当低，因此可以立即与媒质的温度平衡；并且，所有这些物体有相同的胀缩率，因此，由其中任意一个的长度就可以定出温度来. 设 R 是球的半径，而 ρ 是媒质中一点到球心的距离，我们假设在这一点的绝对温度[①]是 $R^2-\rho^2$，而折射率等于 $\frac{1}{R^2-\rho^2}$.

那么永不离开这个世界的有理智的生物，他们会是怎样的想法呢？

(1) 由于两个微小的物体由一点运动到另一点时以同样的比率变化着（这是因为胀缩率相同的缘故），这样的生物将相信物体的大小没有变化. 他们不知道我们之所谓温度的差异，因为没有一种温度计可以告诉他们这个事实，这是由于温度计的外壳和里面的液体胀缩率相同的缘故.

(2) 他们相信这球 S 是无限的：事实上他们永不可能到达表面，因越近表面就通过越寒冷的地区，越变越小而觉察不到这一点，因此步履就越小了[②].

(3) 他们之所谓直线，将是与球 S 正交的圆周，原因如下.

① 这是光线的轨道.

② 若用直尺来测量各种曲线的长短，这想象中的生物将以为这些圆周是由一点到另一点的最短路线. 事实上，当由一个地区到另一地区的时候，他们的尺伸长或缩短，而他们觉察不出这回事.

③ 若一个刚体这样旋转：使通过其内部的一线保持不动，那么这一根线只能是这些圆周之一. 因为若柱体绕着两支点缓慢地旋转，同时在一侧加热，则其不动点的轨迹将是向加热的一侧凸出的曲线，而不是直线.

由是可知，这些生物将采取罗巴切夫斯基的几何[③].

现在我们看出，要用欧氏公设以前的命题证明欧氏公设是不可能的. 因若有这样一个证明存在，上面所说的假想生物也是要承认的（因为从他们眼中看来，这些命题都成立）；但这个证明导出不正确的结果，因为对于这些生物，欧氏公设不成立[④].

---

① 在物理学上，绝对温度是这样一种温度，我们选好它的零点，使所示的温度与测温质的体积成比例（在物理学上特意假设测温质是气体，距液化点很远；至于在此地，我们所谈的是任何物体，因为根据假设，一切东西有同样的胀缩率，于是绝对温度可以取成不与体积而与任一长度成比例）.

② 我们可以再插一句，由于我们给予折射率的性质，他们不会看见这个球的外面有什么变化.

③ 非欧几何中所遇的任意常数，在此地是球的半径 R.

④ 庞加莱用此幻想例子显然是说明有一种想象的情况，似乎在这种情况下罗氏几何也是正确的. 在此，庞加莱推理的意义如下：既然这是逻辑上可能的（“可设想的”）世界之一，那么罗氏几何就有了逻辑可能性（“可设想的”），就是说，欧氏公设不可能如上述是在罗氏几何上也真的其他欧氏公设的逻辑产物. 但这个例子对于罗氏几何无矛盾性的证明是不成立的，因为庞加莱假想世界的“可设想性”还没有得到证明. 其实罗氏几何无矛盾性的证明，不必建筑在假想的世界上，而可以建筑在欧氏空间的罗氏几何的模型上（“解释”）. 关于非欧几何的各种欧氏解释，可参考《几何学教程（立体几何卷）》习题(873)及(874). —— 俄译者注

附 33. 这个命题既不如公理明显,又不能像定理证明,那么究竟应该给它什么地位呢?

这命题的地位和定义一样.要知道这话是什么意思,必须回溯到上面一个附录所说的(附录 A 第附 4 节).

在那里我们已说过,在我们谈论中所遇到的每一名词必须有定义,这定义必须在推理当中出现,每次用它来替代被定义的概念.

但有一些名词并没有定义,并且不可能给以定义.因为每一个概念只能用它前面的概念①来定义它,对于所介绍的**最初的**一些概念,这就不可能了.

但因这些最初的概念是自身明显的,因之有某些明显的性质,于是定义(正如刚才所说的,即使在这种情况下,定义也有必要)的地位在此就被所说的这些性质所代替,我们就不加证明而承认这些性质.例如对于直线,我们就是这样办的.我们对于直线并没有给以所谓严正的定义,只给了一个可称为**间接的**定义,即承认直线的基本性质.

附 34. 但是重要的在于所承认的这些性质,数目要足以**判别**由它们所定义的概念.举例来说,若在过去所给直线的定义中:

(1) 凡和一直线全等的图形,都是直线;反之,两条直线可用无穷多的方式相叠合.

(2) 过两点可以引一条直线,也只有一条.

我们只承认了第一条而不承认第二条,那么就不能完全定义直线.因为这第一条并非直线所独具的性质:半径等于 1 m 的圆周,同样有此性质.因此,若从这不完全的定义出发,只属于直线而不属于这些圆周的性质,就不可能证明,例如说,我们就不可能证明三角形的两角之和小于两直角,因为这个性质对于由等圆的弧所形成的曲边三角形说,不一定成立.

附 35. 全部几何建立在一个基本概念之上,就是在第 3 节所介绍的**运动**.在那里,我们将一个图形可以移动而不变更形状和大小的概念,也就是所谓**不变形**的概念,看做是自明的.我们来研究一下这概念是如何由它的性质确定的.

设已知承受某一运动的一个图形和任意一点 M,那么我们可以设想这一点是不变地联系于此图形,但和它一起运动,因之将取某一位置 M'.于是我们可以说,对于空间每一点 M,这运动使一点 M' 与之对应,即点 M 运动以后的新位置.因此,运动是空间的一个**点变换**②.

并且,由这概念的明显性质可知,相继实行的两个运动,与一个单一的运动等效.换言之,这些运动构成一群③.

---

① 比方说,在没有定义距离、平面和轨迹之前,我们就无法将圆周定义为“一平面上的点的轨迹,这些点距此平面上一定点的距离为定长”.

② 参看附录 A,第附 20 节.

③ 参看附录 A,第附 24 节及其后的.

于是我们可以说：

所谓不变形是一个图形，它只受具有下列性质的群（称为**运动群**）中的变换的作用①：

（1）群中有无穷多的变换存在，将任意一点 A 变换为任意一点 A'. 群中通常没有一个变换存在，将给定的两点 A,B 同时分别变换为给定的位置 A',B'. 要有这样的变换存在，必须由 A,B 确定的某一量，等于由 A',B' 确定的类似的量.

若群中有一个变换存在，将两定点 A,B 分别变换为两定点 A',B'，那么就有无穷多这样的变换存在. 特别的，有无穷多变换存在将两点 A,B 保留不变，但此时尚有无穷多其他的点存在也不因所有这些变换而变. 这些点形成一条无限的线（称为直线）. 通过两点有一条也仅仅一条直线.

也有一种面（称为平面）存在，一直线如果与其中之一有两个公共点，就整个在这面上. 通过空间任意三点有这样一个面.

附 36. 重要的在于注意上面的定义，像所有的间接的定义一样，包含着一个公理，这定义显然假设了下面的公理：

公理 A：有具有性质（1）的群存在.

我们也要注意，直线和平面的概念是由运动的概念推出来的，没有运动我们就不能定义直线和平面.

附 37. 在欧氏几何以及非欧几何，我们给运动群以性质（1），因之承认公理 A. 它们对于下面的叙述，看法就分歧了.

（2）过直线外一点只能引一直线平行于该直线.

由上所论，这个叙述表示运动群的一个性质，因为直线和平面是用这个群来定义的. 因此，问题采取以下的形式：

由性质（1）所定义的运动群，是否也具有性质（2）?

但是如果无法解答这个问题，那么这只因为问题提的不好，因为它没有确定的意义.

事实上，运动群不是由性质（1）完全确定了的. 如果（根据我们所取的公理 A）存在一个具有这些性质的群，那么就有无穷多个存在. 庞加莱设想其存在的生物所了解的“不变形”，和我们完全不同，因为它们所移动的物体随时胀大或缩小而它们不知道. 至于它们所了解的运动群呢，则在球 S 的全部内区（即它们眼光中的全部无限空间，它们推理的对象）满足性质（1）.

现在有了问题的全部答案. 如果从具有性质（1）的一切群中，只给满足命题（2）的条件

① 在此我们无意列举作为运动这概念的定义的所有性质，应当了解，“性质（1）”是在第一编中介绍欧氏公设以前我们所不加证明而承认了的全部性质.

的群保留**运动群**这一名词,换言之,若不是以性质(1) 而是以性质(1) 和(2) 来定义运动群,则命题(2) 是真的.

附 38. 然而还要消除一个疑难. 正如像原先的定义中包含着公理 A,要我们现在拟定的定义有可能,必先解决了下面的问题:

是否有一群存在,满足条件(1) 和(2)?

这问题的答案是肯定的. 可以证明(自然要承认公理 A),在满足起先的一些条件的无穷多的群中,既有非欧群存在(对于这些,欧氏公设不真),也有欧氏群存在(对于这些,欧氏公设为真).

于是,所有的疑难都已消除了. 欧氏公设是构成几何奠基的若干基本概念的一部分.

附 39. 是不是我们因此就可以说:欧氏公设为真或伪的问题不必去推敲,这样的问题完全没有意义呢?

我们有这个权利,如果我们有自由完全任意地去定义几何的概念的话. 但事实不是如此的,这些概念是由经验得来的. 不变形的概念是不变形(刚体) 提供给我们的,而自然界给我们不变形的例子. 若我们想叫几何能应用于实际的事物,几何上的不变形以及它们的运动就应当按照这些刚体以及它们的运动来定义.

附 40. 由是可知,确有一个欧氏公设的问题存在:这就是要明了以上所给定的定义是否与经验和谐,**自然界**的运动,我们所观察的运动,是否与欧氏群的性质相类似.

但这不是一个纯数学的问题,这样问题的解答,不在于推理而在于观察.

如果说我们发展了欧几里得的而不是罗巴切夫斯基的观念,那正是由于我们的感官. 我们的感官告诉我们,欧氏公设是真的,至少在感觉所觉察的范围以内是真的. 我们看来,同和第三直线平行的两直线彼此平行,有任意相似比的相似形存在,有矩形存在,等等.

附 41. 这只是初步的粗糙的验证. 为了更深入地研究这问题,人们首先就设法用一切可能的准确程度来测量一个三角形的角,看一看它的三角之和究竟是不是等于两直角. 所选的三角形越大越好,因为在这样的情况下,欧氏几何与非欧几何的不协调才越益显著. 这样测量的结果表明(在实验的困难的允许下),三角形三角之和等于两直角完全得到验证(或至少其差异小于观察所允许的误差).

到此,我们可以说,表达现实最忠实的几何是欧氏几何,或者和它相差至微的几何(就是说它的相应常数 k 非常大;换言之,若我们所说的几何,可与庞加莱所设想半径为 R 的球内移动的生物的几何相比拟,那么这球的半径 R 比起一切平常的长度来异常巨大):简单地说,欧氏几何就现实讲是正确的.

附 41a. 由于近代物理学上观点的进步(**相对论**),情况变了.这新的学说首先大大的修正了关于运动的科学或**运动学**(它是几何的直接应用).在旧的运动学里,对速度的作图奠基于欧氏几何(主要的是奠基于平行四边形的性质).对于"很慢"的速度,就是说若取光速 V(等于每秒 3×10^8 m)做单位速度,以很小的数来量的速度,也就是所有日常的速度①,我们今天依然承认这种作法实用上有效,但对于足以与 V 相比较的速度则不能应用.对于这样的速度,配合物理的实际②的是非欧几何,V 占有量 R 的地位.

在这种学说中,非欧几何乃至更广义的其他几何还有其他的应用(广义相对论).但由上所论,所有这一切变化对于日常的生活并无影响(例如工程学).对于我们所能看见或直接测量的图形,欧氏几何仍然有效.

附录 C 关于切圆问题

附 42. 在第 236 节中已指出,热尔刚求作一圆周使切于三定圆周的方法不能应用于一切情形:当三圆心共线时,用此法得不出任何结果.我们曾附加一句,这困难是可以克服的,只要将解答用一种形式来表达,使其中只出现不因任何反演而变的性质.现在我们就来谈这个问题.

仍仿过去,以 A,B,C 表已知圆周.以 b 表圆周 A 上任一点 a 对于 A,B 两圆周的一个相似中心 S_{12} 的逆对应点,以 c 表点 b 对于 B,C 两圆周的一个相似中心 S_{23} 的逆对应点.通过 a,b,c 三点的圆周 σ 和三已知圆周再交于点 a',b',c',并且与三圆周的交角相同(第 227 节),因之 a',b' 两点对于相似中心 S_{12} 也成逆对应点,而 b',c' 两点对于相似中心 S_{23} 成逆对应点;并且点 a 和 c' 以及 c 和 a' 对于 A,C 两圆周的一个相似中心 S_{13} 两两成逆对应点③.

以圆周 A 上另一点 a_1 代替点 a,就得出类似于 σ 的圆周 σ_1.点 S_{12} 对于两圆周 σ 及 σ_1 有同幂(等于将 A 变换为 B 的那个反演的幂),点 S_{23} 也一样.因之圆周 σ 和 σ_1 的根轴 XY 是已知圆周的一条相似轴.由是可知,上面所说的相似中心 S_{13},是 A,C 两圆周的那一个与相似中心 S_{12},S_{23} 在同一相似轴上的相似中心④.

---

① 由于 V 的巨大,甚至炮弹的速度,按照这意义仍将看作"很慢".

② 由相对论的观点讲.—— 俄译者注

③ 为什么点 a 与点 c' 而不是与 c 成逆对应点呢?这是容易证明的,只要注意(第 227 节)圆周 σ 与两圆周 A,C 在 a,c 两点所形成的角有同一转向(而在两个逆对应点的角则应有相反的转向).

④ 的确,这推理假设点 S_{13} 对于两圆周 σ 和 σ_1 讲同是一点.但在相反的情况下,对应于 σ 和 σ_1 的点 S_{13} 至少有一个和点 S_{12},S_{13} 共线,我们假设这是对应于 σ_1 的那一个.因此,这点对于 σ_1 的幂等于对于 σ 的幂,即是将圆周 A 变换为圆周 C 的那个反演的幂.因之,圆周 σ_1 将与 A,C 两圆周相交于在此反演中两两相对应的点.

附 43. 于是我们看出有四族圆周 σ 存在(对应于四条相似轴),且同族的圆周有公共的根轴. 反之,设任一圆周与同一族之两圆周有公共的根轴,则必属于此族(因这圆周在以 S_{12} 及 S_{13} 为极的两个反演之中对应于自身);因此这一族可由其中两圆周或轴 XY 与其中一圆周而定. 一般讲来,这圆周可取为与三个已知圆周正交的圆周 σ_0,它属于四个圆族(第 227a 节).

这其中每一族圆心的轨迹,是从三圆周 A,B,C 的根心向相似轴之一所引的垂线.

附 44. 切于已知圆周的圆周,显然属于我们所说的圆族. 反之,任一圆周 σ 若切于一已知圆周,亦必切于其余两圆周.

所以切圆问题化为:

求作一圆周使与两已知圆周 σ 及 σ_1 有共同的根轴,并切于一个已知圆周 A(图 C. 1).

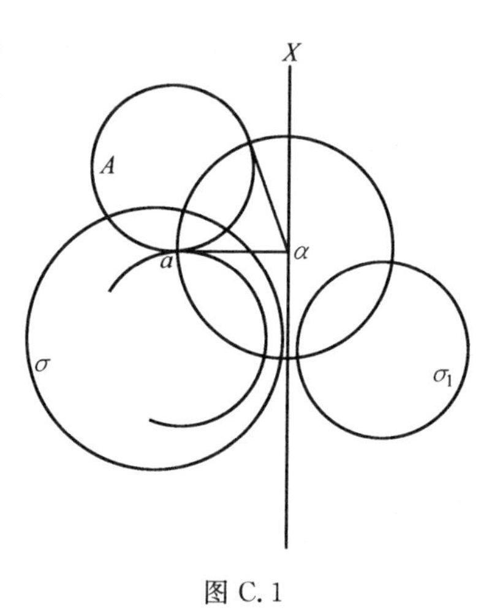

图 C. 1

后面这一问题的解答并无困难:若 a 是所求圆周和圆周 A 的相切点,则过此点而与 σ 及 σ_1 两圆周正交的圆周,必与所求圆周因之与圆周 A 相正交;这些条件已足以把它确定了(第 158 节作图 13). 换言之,要得所求的切点,只要从三圆周 σ,σ_1 和 A 的根心 α 引圆周 A 的切线. 反之,可以看出,这样所得到的点足以解答这问题.

上面已提醒过,两圆周 σ 及 σ_1 之一可代以其根轴 XY,于是切圆问题的解答采取以下的形式:

过圆周 A 的一点以及它的两个逆对应点作一圆周 σ. 此圆周与圆周 A 的公弦交相似轴 XY 于一点 α,从 α 作圆周 A 的切线就可以得到这圆周和所求圆周的切点.

附 44a. 若取已知三圆周的根心 I 为圆心,并与它们正交的圆周 σ_0 作为圆周 σ,就得到热尔刚解法. 事实上,两圆周 A 和 σ_0 的公共点,是从点 I 向圆周 A 所作切线的切点,因之这两圆周的公弦是点 I 对于圆周 A 的极线. 因此,这直线和直线 XY 的交点 α 的极线,事实上确是直线 XY 的极和点 I 的连线.

从这里我们可以明白,为什么当已知三圆心共线时这解法不合用. 这是由于在这种情况下,圆周 σ_0 以及直线 XY 同重合于连心线. 要避免这困难,正如我们说过的,只要利用一个不同于 σ_0 的圆周 σ.

现在所考虑的解法和热尔刚解法相比较,还有一个优点,就是当已知圆周中的一个或几个代以点或直线时,这解法仍可用,并直接给我们所求圆周与所给的每一直线的相切点. 这些点在一个圆周上,其圆心即已知直线和相似轴 XY 的交点,并和圆周 σ_1 相正交:这作法显然推广了作图14(第159节).这个作法即使当已知条件中没有一个圆周时也可用,这在热尔刚的解法中就不行.它只当三圆周都以点来代替时才失效.

附45. 由第附42节,可知两圆周σ和A的公弦不是别的,正是在第附42节记为aa'的那条直线,其中a'代表c的逆对应点.

因此,可以说以上所示的作法在于:

确定点a(圆周A上任一点)对于相似中心S_{12}的逆对应点b,再确定b对于相似中心S_{23}的逆对应点c,c对于相似中心S_{13}的逆对应点a',联结aa'.将点a换为圆周A上的另一点a_1,重复以上的作法.

这样所作成的两弦aa'和$a_1a'_1$的交点,就是那个点α,要得到所求圆周与圆周A的切点,应从此点向A作切线.

讨论　我们解法的这一个形式,允许我们(和热尔刚的原始解法不同)简单地讨论满足问题条件的实的**解答数**.

首先可注意,这作法可能或不可能,就看点α在圆周A以外或以内.

邻近于a取任意点a_1,显然,若小弧aa_1和$a'a'_1$有同向,则点α在圆周A之内,若这两弧有反向,则α在圆外.

所以我们应当研究,当a在A上移动时,点a'究竟是沿同向还是沿反向移动?

要回答这问题,首先考察点b沿什么方向移动.

由于点a对于相似中心S_{12}的位似点,显然在圆周B上沿点a在圆周A上相同的方向移动,所以立刻看出(第223节):如果相似中心S_{12}在圆周B内,则点b移动的方向与a相同,若S_{12}在圆周B外则相反.

我们来约定,A,B两圆周的相似中心S_{12},若在此两圆周外,称为**正的**,若在它们之内称为**负的**.换句话说,相似中心算做正或负,就看从这一点有或没有实的公切线可作.

设两圆周是外离的,那么它们的两个相似中心都是正的.设它们相交,则外相似中心为正,内相似中心为负.设两圆周是内含的,那么两个相似中心都是负的.

根据这个规定,a,b两点移动的方向相同或相反,就看相似中心S_{12}为负或正.

仿此,点c在圆周C上移动的方向和点b在圆周B上移动的方向相同或相反,就看相似中心S_{23}为负或正;点a'和点c移动的方向相同或相反,就看相似中心S_{13}为负或正.

比较刚才和以上所说的,我们看出:如果在所考察的相似轴XY上的相似中心有一或三个为正,则点α在圆周A外,亦即有两个实的切点.

要得到实圆周的总数,只要顺次应用这推理于在同一直线上的四组相似中心.

以下我们将以符号0表示三个外相似中心的一组,以符号1表示由B和C的外相似中心、A和B以及A和C的内相似中心所成的一组;以符号2和3分别表示将圆周A代以B和代以C所得的相似中心的组.

附 45a. 现在注意到已知圆周的相互位置,可见(若除去已知圆周中有两个相切的情形)① 有 11 种不同的可能,在图 C.2 上以(a) ~ (k) 表之②.

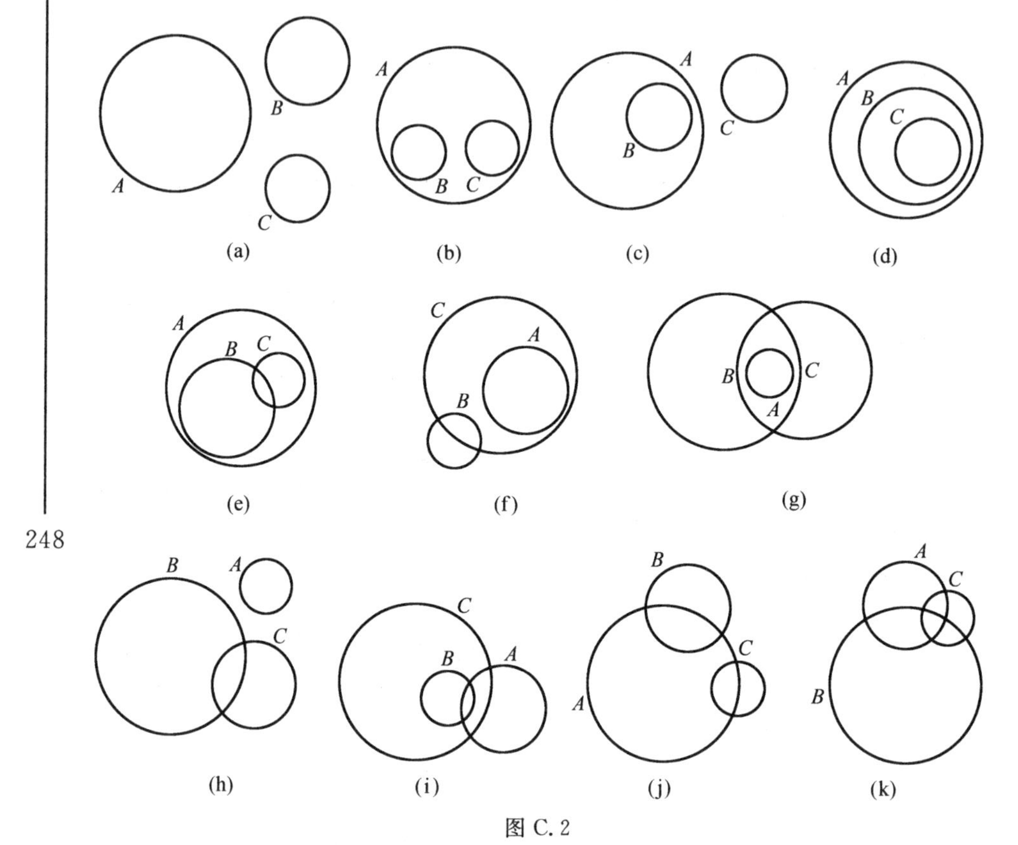

图 C.2

对其中每一种情况,以上的推理立刻导出结果. 例如在图 C.2(a),各相似中心都是正的,因此有八解,至于图 C.2(e),由于 A 和 B 两圆周的相似中心以及 A 和 C 的相似中心都为

① 相切的各种情况应当视为相交或不相交的极限情况,相切可以看做介乎相交与不相交两者之间. 若已知圆周中有两个相切,那么,解答中有两个趋而重合.

② 在图形 C.2 所表示的 11 种情况中,每一种都可以调换字母 A,B,C,由于在每一情况这样调换的结果并不影响解答的个数,因此在图形上对于这 11 种的每一种,只保留了一种情况.

在图 C.2(k) 各圆周的相互位置还有其他的可能(图 C.3):A,B 两圆周的交点可以同在圆周 C 之内或同在其外(至于图 C.2 所表示的,则一在其外,一在其内). 但这对于问题的讨论,完全不影响我们的推理. 在考察其他问题例如关于与圆周 A,B,C 正交的圆周时,这种不同可能显示出重要性.

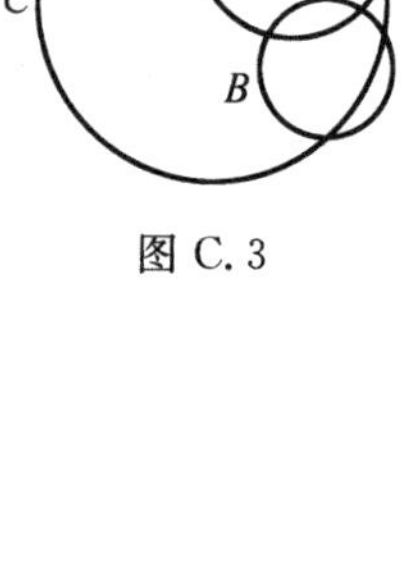

图 C.3

负，于是就必须利用圆周 B 和 C 的正相似中心，就是说它们的外相似中心，因此只有四解.

于是很容易地能得出下表，其中对于 11 种情况的每一种表出正的和负的相似中心（字母 S 表外相似中心，S' 表内相似中心），解答数，以及得出这些解的相似中心组（数字 0，1，2，3 的意义见第附 45 节）.

	正相似心	负相似中心	解答数	相似中心组
Ⅰ	全部	无	8	
Ⅱ	S_{23}, S'_{23}	$S_{12}, S'_{12}, S_{13}, S'_{13}$	8	
Ⅲ	$S_{13}, S'_{13}, S_{23}, S'_{23}$	S_{12}, S'_{12}	无	
Ⅳ	无	全部	无	
Ⅴ	S_{23}	$S'_{23}, S_{12}, S'_{12}, S_{13}, S'_{13}$	4	(0,1)
Ⅵ	S_{12}, S'_{12}, S_{23}	S'_{23}, S_{13}, S'_{13}	4	(2,3)
Ⅶ	S_{23}	$S'_{23}, S_{12}, S'_{12}, S_{13}, S'_{13}$	4	(0,1)
Ⅷ	$S_{12}, S'_{12}, S_{13}, S'_{13}, S_{23}$	S'_{23}	4	(0,1)
Ⅸ	S_{12}, S_{13}	$S'_{12}, S'_{13}, S_{23}, S'_{23}$	4	(2,3)
Ⅹ	$S_{12}, S_{13}, S_{23}, S'_{23}$	S'_{12}, S'_{13}	4	(0,1)
Ⅺ	S_{12}, S_{13}, S_{23}	$S'_{12}, S'_{13}, S'_{23}$	8	

我们应指出，若注意到 Ⅰ 和 Ⅱ 容易利用一个反演互变，仿此，Ⅲ，Ⅳ；Ⅴ，Ⅵ，Ⅶ，Ⅷ；Ⅸ，Ⅹ 也一样，那么需要讨论的假设款项，数目就将大减了.

附录 D　关于面积概念

附 46. 在本书第五编我们采取一般所用的步骤，承认先验地（第 243 节）可以定义多边形的面积，就是承认对于每一个多边形有一个数（称为面积）存在，具有下列性质：

(1) 两个全等的多边形有相同的面积，不论它们在空间所占的位置为何.

(2) 两多边形 P, P' 的和（多边形）P'' 的面积等于 P, P' 面积的和.

在这个理论中，这样对应的可能性是一个**公理**. 但这公理是没有必要的：我们所说的可能性，并不是什么假设的东西，而是可以用下面的方法严格证明的，正因为如此，这方法比过去的优越.

附 47. 定理　在任一三角形中，一边和其对应高的乘积有同一数值，不因这边的选择而变.

如图 D.1，设已知 $\triangle ABC$，其中 BC，AC 两边的对应高是 AH，BK. 直角三角形 $\triangle ACH$，$\triangle BCK$ 以 C 为顶点的角是公用的，所以相似，因此得 $\dfrac{AH}{AC}=\dfrac{BK}{BC}$ 或 $BC\cdot AH=AC\cdot BK$.

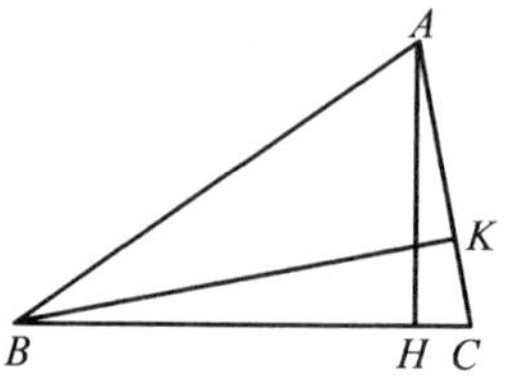

图 D.1

我们将这乘积乘以一个一经选定永不变更的常数 k 以后，称为这三角形的**面积**. 至于这个数 k 如何选取，下面再谈. 面积当也只当常态的三角形不存在的时候等于零，就是当三顶点共线的时候.

有同高的两三角形面积之比，等于它们底边的比.

显见全等三角形有相等的面积.

附 48. 现在考察三角形所在平面上的任一点 O，至三顶点连线得三个三角形，以三角形的各边为底，以 O 为公共顶点. 其中任一三角形若和已知的三角形在其公共底边的同侧，就称为**正的**三角形，若在其公共底边的异侧，就称为**负的**三角形①.

定理　设在一三角形所在的平面上任选一点 O，并至三顶点连线，那么正的三角形的面积和，与负的三角形的面积和，其差数就是原先三角形的面积(若负的三角形不存在，其面积和为零).

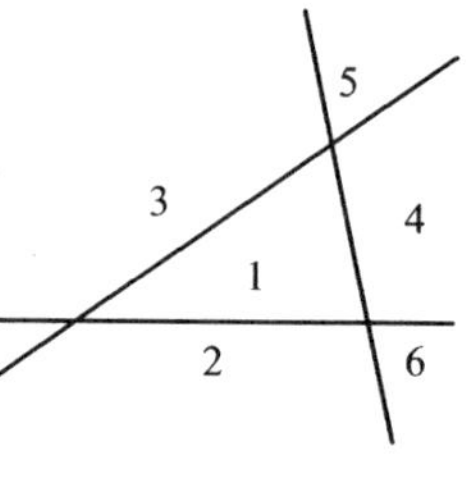

图 D.2

已知三角形的三边分平面为七区(图 D.2)，一为内区(1)，三个区域(2 ～ 4) 以三边与内区隔开，最后的三区(5 ～ 7) 在三角形三个角的对顶角内.

现在分五种情况来谈：

(1) 点 O 在一边上. 设点 O 取在 $\triangle ABC$ 的边 BC 上(图 D.3)，则 $\triangle OBC$ 不存在. 至于 $\triangle OAB$ 和 $\triangle OAC$，则它们确以 $\triangle ABC$ 为和：事实上，这三个三角形有相同的高(由点 A 所作

① 若以任意确定的次序读出已知三角形的顶点，而读出以 O 为一顶点的三角形的顶点时，使其公共顶点的次序同上，那么就可以说，这三角形是正的或负的就看它和已知的三角形有相同或相反的转向.(请注意，此处所谓正的或负的，只是对待的名词，而不表示其面积为正或负，事实上，负的三角形同正的三角形一样，面积都视为正数.—— 译者注)

BC 的垂线)，而第三个的底 BC 等于前两个的底 OB，OC 的和.

(2) 点 O 在一边的延长线上. 设点 O 取在 $\triangle ABC$ 的边 BC 的延长线上(图 D.4)，则 $\triangle OBC$ 不存在. 至于 $\triangle OAC$ 和 $\triangle OAB$，则它们确以 $\triangle ABC$ 为其差：事实上，这三个三角形有相同的高，而第三个的底 BC 等于前两个的底 OC，OB 的差.

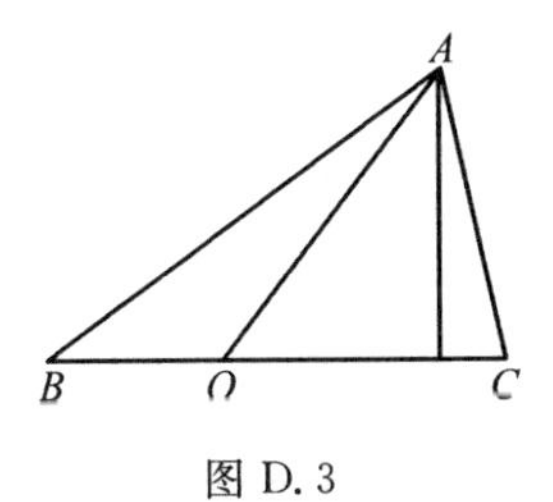

图 D.3

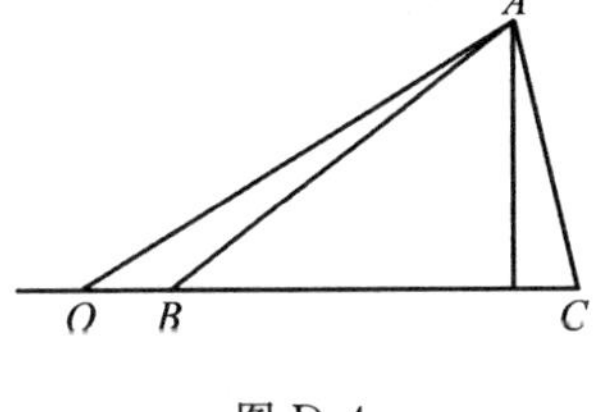

图 D.4

(3) 点 O 在三角形内(图 D.5). 延长线段 OA 与边 BC 相交于点 I. $\triangle ABC$ 等于 $\triangle ABI$，$\triangle ACI$ 的和，而这两个三角形又各分解为 $\triangle AOB + \triangle BOI$，$\triangle AOC + \triangle COI$. $\triangle AOB$ 和 $\triangle AOC$ 是两个正的三角形，而 $\triangle BOI$ 和 $\triangle COI$ 的和是正的 $\triangle BOC$.

(4) 点 O 在 $\triangle ABC$ 外，但在其一角(例如 $\angle A$) 之内(图 D.6). 设直线 OA 交边 BC 于一点 I，则 $\triangle OAB$ 同 $\triangle OAC$ 的和，可代以 $\triangle AIB$，$\triangle AIC$，$\triangle OIB$，$\triangle OIC$ 的和. 但这四个三角形中前两个的和等于 $\triangle ABC$，而后两个的和等于 $\triangle OBC$，因此有关系

$$\triangle OAB + \triangle OAC = \triangle ABC + \triangle OBC$$

或

$$\triangle OAB + \triangle OAC - \triangle OBC = \triangle ABC$$

这就是所求的关系，因为 $\triangle OBC$ 是负的三角形.

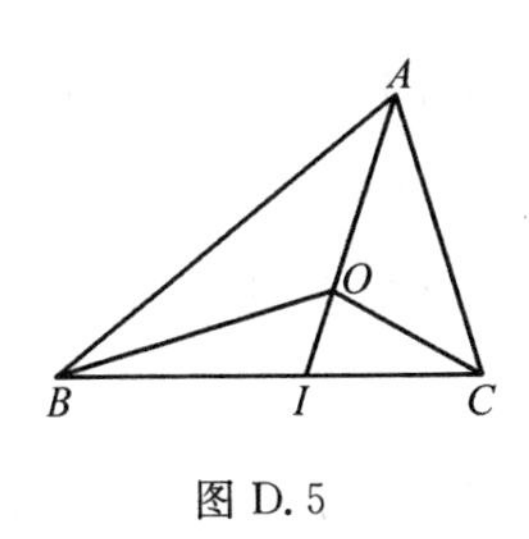

图 D.5

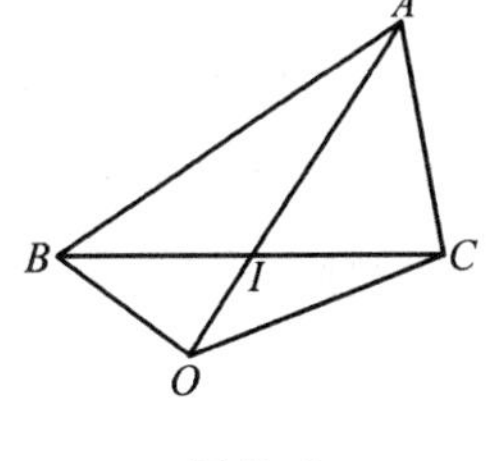

图 D.6

(5) 点 O 在 $\triangle ABC$ 一角(例如 $\angle A$) 的对顶角内(图 D.7). 此时点 A 在 $\triangle OBC$ 内，因之有((3))

$$\triangle OBC = \triangle ABC + \triangle OAB + \triangle OAC$$

或

$$\triangle OBC - \triangle OAB - \triangle OAC = \triangle ABC$$

这就是所求的关系,因 $\triangle OBC$ 是正的三角形而其余两个是负的.

附 49. 现在设 $ABCDE$ 为一任意多边形(图 D.8),O 是它所在平面上的任一点.联结此点到所有的顶点,我们仍然得到一些三角形,以 O 为公共顶点而以已知多边形的各边为底边;其中每一个三角形算做正的或负的,就看它和已知多边形[①]在其公共底边的同侧或异侧而定.

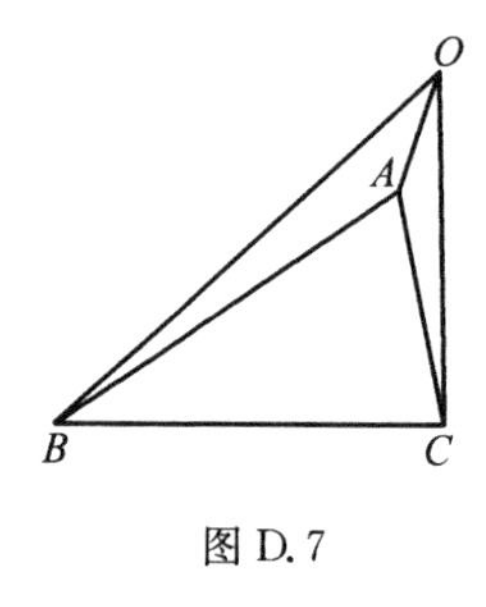

图 D.7

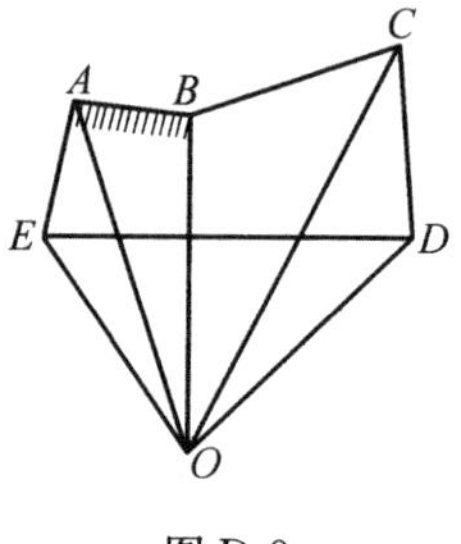

图 D.8

定理 设已知一多边形,以任一方法分解为 n(n 为任意数)个三角形,这 n 个三角形面积之和记为 Σ.设又已知多边形所在平面上的任一点 O,并到多边形各顶点连线.那么以 O 为顶点的正的三角形面积之和,与以 O 为顶点的负的三角形面积之和,其差数 S 等于 Σ(若负的三角形不存在,其面积和就算做零).

若定理对于两个相邻的而分解为三角形的多边形 P 和 P' 为真,则对于它们的和 P'' 亦必真.事实上,多边形 P 和 P' 的围线应当区分为两部分:一部分是非公有的边或边的一段[②],这一部分连同与之相对应的正的或负的三角形也出现在 P'' 中;另一部分是公有的边或边的一段.后面这些边或边的一段所对应的一些三角形,对于 P,P' 之一说是正的而对于另一个说却是负的(因 P,P' 在其公共边的异侧),因此,若作相应于两多边形的量 S 而求其和,这些三角形互相抵消.所以这和数事实上等于相应于多边形 P'' 的量 S,而另一方面,显

---

① 当我们说到多边形对于它一边的相关位置时,指的是这一边贴近的那一个区域.例如 $\triangle OAB$(图 D.8)便算做正的,因为它和多边形的阴影部分在 AB 的同侧.

② 若有必要,我们应将多边形 P 的任何边分成两部分(其中一部分与 P' 的周界公有,另一部分则否),而将以 O 做顶点以这一边做底的三角形,代之以这些部分做底的三角形.这样做并不影响 S 这个量,因为(根据上理)这些三角形以原先的那个三角形为和.P' 和 P'' 可以照办.

见对应于 P'' 的 Σ 等于对应于 P 和 P' 的类似两量之和；因此，若 S 和 Σ 对于起先的两个多边形相等，则对于第三多边形 P'' 也就相等.

到此，定理的证明可看做已经完毕，因为一方面当 $n=1$ 时定理已证(此时即变为上面的定理)，而另一方面，若这定理对于一个数 n 为真，则对于 $n+1$ 也真(因为由 $n+1$ 个三角形合成的多边形，是一个三角形和一个由 n 个三角形合成的多边形的和).

推论 数量 S 与点 O 的选择无关，因为 Σ 这个量与它无关.

同理，数量 Σ 与多边形分解为三角形的方式无关。

附 50. S 和 Σ 的公共数值，称为多边形的**面积**.

两个全等多边形有相同的面积，因它们可以分解为两两全等的一些三角形；而另一方面，上面的定理表明：若两多边形相邻，则作为它们的和的多边形的面积，等于这两部分面积的和.

简单地说，这样定义的面积具有第 243 节性质(1)及(2).

附 51. 由是可知，我们不可能将一多边形分解为若干部分，使其重新拼合起来(让它们彼此相邻)得出一个在原来多边形之内的多边形. 因为第二个多边形必须与原先的那个有同一面积.

这命题在本文所给的理论中是没有证明的，因为在那里面积的存在形成一个公理.

附 52. 直到现在我们还没有谈到如何选 k 这个数. 显见，若这个数变了，只不过将所有的面积改为与之成比例的面积. 前已指出(第 244 节)，这个改变并不影响面积的两个基本性质.

我们现在确定 k，使在单位长度上所作的正方形的面积等于单位. 这正方形由两个三角形组成，其中每一个的底以及高都等于单位长，因之它的面积等于 $2k$，于是就选 $k=\frac{1}{2}$；因此任一三角形的面积等于底和高乘积的一半. 在这样的条件下所定的面积，与本文第五编所考虑的相同①.

---

① 书上的推理表明：我们这样确定的面积，是唯一的一个，满足以上所讲的两性质，同时又使得在单位长度上所作的正方形面积等于单位.

附录E　马尔法提(Malfatti)问题

附 53. 应用第四编(第 227 ~ 236 节)以及附录C所讲的关于与两个已知圆周相切或交成等角的圆周的基本性质,可以解决著名的马尔法提问题.这问题的叙述如下:

已知在同一平面内的三直线(a_1),(a_2),(a_3)①,求作三圆周(x_1),(x_2),(x_3),使第一圆切直线(a_2)及(a_3),第二圆切直线(a_3)及(a_1),第三圆切直线(a_1)及(a_2),并使三圆两两相切②.

附 54. 斯坦纳(Steiner)第一个得到的解答,我们将跟着希洛奥特(Schröter)来叙述,其中首先是应用第 228 节所讲的性质.

在那里我们知道,凡与两定圆周C及C'相切,或说得普遍一些,与这两圆周相交成等角的圆周Σ可以分为两族;其中每一族可以这样的性质来判定(当变换C为C'的反演有正幂时):一族的圆与某一圆周Γ正交,而另一族圆与另一圆周Γ_1正交.

我们曾指出,圆周Γ和Γ_1有类似于一角的平分线的性质,因此以下将称它们为圆周C和C'的**平分角圆(周)**.

当也仅当圆周C和C'相等时,这两平分角圆周之一变成一条直线(第 225 节).

设圆周C和C'相切,则两族等角圆(周)(即与C和C'相交成等角的圆周)中的一族显见通过切点.相应的平分角圆周则变为这切点.于是相应的将C变换为C'的反演就不存在,因为反演幂等于零了.以下,当我们说互相切的两圆周C和C'的等角圆周Σ时,我们所了解的不是通过切点的那一族圆周,而是按正规意义讲的那一族圆周Σ,就是其中的圆周不通过同一点但在同一反演中(反演幂不等于零)变换为其自身的那一族.

设用同一反演将C和C'两圆周变换为C_1和C'_1两圆周,那么这反演也变换C和C'的平分角圆周成C_1和C'_1的平分角圆周.因为平分角圆周的定义建筑在两圆周夹角的基础上,而此角不因反演而变.

附 55. 另一方面,设(ξ_1),(ξ_2),(ξ_3)为以ξ_1,ξ_2,ξ_3为圆心两两相切的三圆周(为明确起见,设为外切),切点为π_1,π_2,π_3(图 E.1).联结直线$\pi_2\pi_3$,并设与圆周(ξ_2)和(ξ_3)的第二个交点分别为μ_1和ν_1.

通过点μ_1和ν_1作一新圆周(α_1),与(ξ_2)和(ξ_3)在此两点相切,其圆心α_1即直线$\mu_1\xi_2$和

---

① 我们将在一般情况下即假设这三直线形成一三角形的情况下叙述问题的解法(这三角形的顶点将记作A_1,A_2,A_3);但当其中两直线平行时,这推理仍然可用.

② 我们假设九切点(所求圆周互相间以及和直线的切点)互异;换言之,比方像直线(a_1)是圆周(x_2)和(x_3)在其相切点的公切线的情况,就不在考虑之列(但这一情况仍可用同样的原理来处理).

$\nu_1\xi_3$ 的交点.这圆周的半径等于已知三圆周半径的和.

这原因是这样的:由于 π_3 是两圆周(ξ_1)和(ξ_2)的相似中心,可见直线 $\mu_1\xi_2$,和 $\xi_1\xi_3$ 平行;同理,直线 $\nu_1\xi_3$ 和 $\xi_1\xi_2$ 也平行.由于平行四边形 $\alpha_1\xi_2\xi_1\xi_3$ 对边相等,可知距离 $\alpha_1\mu_1$ 和 $\alpha_1\nu_1$ 都等于三半径的和.

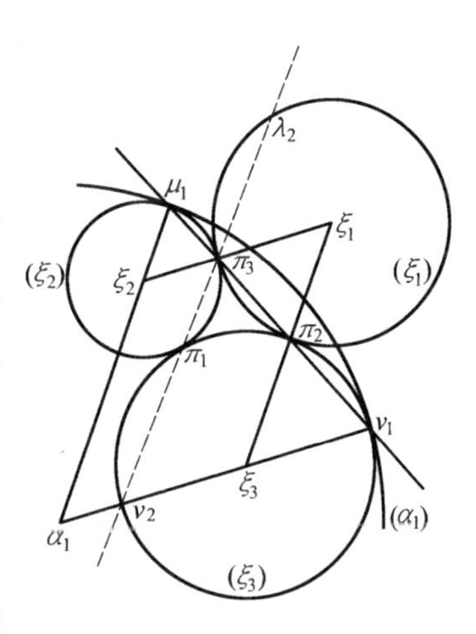

图 E.1

现在若仿照着联结直线 $\pi_1\pi_3$,并设与圆周(ξ_1)和(ξ_3)分别再交于 λ_2 和 ν_2,那么在这两点与圆周(ξ_1)和(ξ_3)相切的圆周(α_2),必与圆周(α_1)相等,因为上面的推理也适用于此新圆周.

若三圆周(ξ_1),(ξ_2),(ξ_3)不都是两两相外切,那么也容易看出两圆周(α_1)和(α_2)仍然保持相等①.

由这两圆周的相等容易推出下面的引理,而这引理是以下进行推理的依据.

引理　设三圆周(x_1),(x_2),(x_3)两两②相切于点 P_1,P_2,P_3;以(a_1)表一圆周切(x_2)和(x_3)于点 m_1 和 n_1;以(a_2)表一圆周切(x_1)和(x_3)于点 l_2 和 n_2,因之点 m_1,n_1,P_2,P_3 在同一圆周(k_1)上(第 227,224 节)③,而点 l_2,n_2,P_1,P_3 在同一圆周(k_2)上.

那么(k_1)和(k_2)两圆周的交点 N_3(不是 P_3 的那个交点)在(a_1)和(a_2)两圆周的平分角圆周(g_3)上④.

事实上,选 N_3 做极,用反演来变换所考虑的图形.圆周(x_1),(x_2),(x_3)变换为新圆周(ξ_1),(ξ_2),(ξ_3);圆周(a_1)和(a_2)变换为圆周(α_1)和(α_2),圆周(k_1)和(k_2)变换成直线⑤.于是就得到上面所考虑的图形,并且如我们所指出的,圆周(α_1)和(α_2)相等.它们的平分角圆周是直线,因此圆周(a_1)和(a_2)的平分角圆周通过点 N_3,这正是所要证明的.

并且,通过 n_1,n_2,N_3 三点的圆周正交于(x_3),(a_1),(a_2),(g_3).

圆周(k_1)与圆周(a_1)和(g_3)的交角相同.仿此,圆周(k_2)与圆周(a_2)和(g_3)的交角相同.圆周(k_1)在点 N_3 和圆周(g_3)的交角的转向,与同一圆周在点 n_1 和圆周(a_1)的交角的转向相反.

所有这些性质,从图 E.1 上可立刻明白,这图形是利用以点 N_3 做极的反演变换得来的,其中 ν_1 和 ν_2 是圆周(ξ_3)的对径点.

---

① 在此情况下,三圆周(ξ)中必然有两个相外切,而同与第三个相内切.每一圆周(α)的半径此时等于大圆半径与两小圆半径之和的差.

② 每一个点 P 是两个圆周(x)的相切点,但这两圆周的足码都与点 P 的足码不同.

③ 在一般情况下,应用第 224 节定理之先,必须能断定圆周(a_1)和(x_1)是属于与(x_2)和(x_3)相切的圆族中的同一族;但在此刻则只有一族(按正规意义讲).

④ 这是与(a_1)和(a_2)相切包含(x_3)在其内的那一族圆周所对应的平分角圆周.

⑤ 图 E.1 上的直线 $\mu_1\nu_1$ 和 $\lambda_2\nu_2$.——俄译者注

附 56. 证明了这些性质,我们可以来解决所设的问题.

(1) 同上,以 P_1,P_2,P_3 表示所求三圆周(x_1),(x_2),(x_3) 两两的切点(图 E.2). 对于这三圆周可应用上面所证明的引理,取直线(a_1) 和(a_2) 分别作为圆周(a_1) 和(a_2). 于是我们知道:

① 有一圆周(k_1) 通过 P_2,P_3 两点以及圆周(x_2),(x_3) 和边(a_1) 的切点 m_1,n_1;有一圆周(k_2) 通过 P_3,P_1 两点以及圆周(x_3),(x_1) 和边(a_2) 的切点 n_2,l_2;有一圆周(k_3) 通过 P_1,P_2 两点以及圆周(x_1),(x_2) 和边(a_3) 的切点;

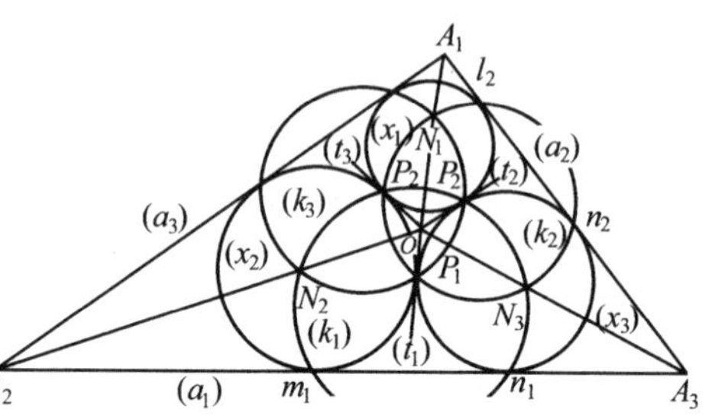

图 E.2

② 圆周(k_1) 和(k_2)(例如说) 除点 P_3 外相交于一点 N_3,此点在直线(a_1) 和(a_2) 的角平分线(g_3) 上——它在此地代表平分角圆周的地位(如果像我们所假设的,所求圆周在三角形内,那么这是内角平分线). 同理,圆周(k_2) 和(k_3) 相交于直线(a_2) 和(a_3) 夹角的平分线(g_1) 上一点 N_1,圆周(k_3) 和(k_1) 相交于直线(a_3) 和(a_1) 夹角的平分线(g_2) 上一点 N_2.

③ 圆周(k_1) 与直线(a_1),(g_3) 的交角相等.

我们立刻可以注意,由完全类似的理由,圆周(k_1) 和(g_2) 的交角等于圆周(k_1) 和(a_1) 或(g_3) 的交角.

它也等于圆周(k_1) 和(x_2) 在点 m_1(此圆与边(a_1) 的切点) 或(这是一样的,除了方向[①]不同) 在点 P_3 的交角.

(2) 设所求圆周在切点 P_1,P_2,P_3 的公切线分别记为(t_1),(t_2),(t_3). 我们看出,直线(t_3) 与圆周(k_1) 的交角等于直线(g_3) 和它的交角,并且由上面所讲的[①] 易知,在点 P_3 这角的转向与(k_1) 和(g_3) 在点 N_3 的交角的转向相反.

显见,点 P_3 和 N_3 对于(k_1),(k_2) 两圆周的连心线是对称点. 于是直线(t_3) 和(g_3) 关于这直线也成对称,因为这两直线和圆周(k_1) 的交角相等而转向相反.

最后,由同理可知,直线(t_2) 与圆周(k_1) 的交角也是这个角:它与直线(g_2) 对称于圆周(k_3) 和(k_1) 的连心线.

但显见凡与一圆周相交成等角的直线,必同切于该圆周的一个同心圆周.

因此,五直线(a_1),(g_2),(g_3),(t_2),(t_3) 同切于(k_1) 的一个同心圆周(k'_1)[②].

这结果与所设问题的解答等效. 圆周(k'_1) 事实上可算做已知,因为一经给了三角形,我

① 要定所说的角的方向,必须利用这个事实:相交于两点的两圆周(或一圆周与一直线) 在这两点的交角有相反的方向(这是显然的,因为这两个角对于一直线成对称).

② 为了不致把图形弄得复杂,在图 E.2 上没有表出圆周(k'_1),(k'_2),(k'_3).

们就知道这圆周上面五条中的三条切线，即(a_1)，(g_2)和(g_3).

由于同样的推理适用于和(k'_1)相类似的圆周(k'_2)和(k'_3)(分别为(k_2)和(k_3)的同心圆周)，于是导出下面的作法：

设O为切于已知三直线的一圆周的圆心，(g_1)，(g_2)，(g_3)是三直线所形成三角形的顶点和点O的连线.

作一圆周(k'_1)切于直线(a_1)，(g_2)，(g_3)①；作一圆周(k'_2)切于直线(a_2)，(g_3)，(g_1)；作一圆周(k'_3)切于直线(a_3)，(g_1)，(g_2).

设(t_1)是圆周(k'_2)和(k'_3)的公切线(g_1)对于其连心线的对称线，因之是这两圆周的第二条公切线；设(t_2)是(k'_3)和(k'_1)的公切线，和(g_2)对称于其连心线；设(t_3)是(k'_1)和(k'_2)的公切线，和(g_3)对称于其连心线.

所求的一圆周(x_1)切于②直线(a_2)，(a_3)，(t_2)，(t_3)；同理圆周(x_2)切于直线(a_3)，(a_1)，(t_3)，(t_1)；圆周(x_3)切于直线(a_1)，(a_2)，(t_1)，(t_2).

并且直线(g_1)，(g_2)，(g_3)可以是已知三直线所形成的任意三个角的平分线，只要它们通过同一点③.

还需要证明，这样作出的圆周确实满足问题的条件. 此地我们不再介绍这个证明，这证明是佩忒森做的④.

---

① 有四圆周切于直线(a_1)，(g_2)，(g_3). 若要所求的圆周(x_1)，(x_2)，(x_3)在已知三角形内，显然就必须圆周(k'_1)**内切**于这三直线所成的三角形. 否则的话，可取这四圆周中的任一个作为(k'_1)；但在这样的情况下，其他两个类似的圆周就完全确定了；事实上(用N_3做极的反演将图形还原到证引理时所用的图形)可以肯定弦N_3n_1，N_3n_2应对称于直线(g_3)，因此直线(a_1)和(g_3)交角的平分线以及(a_2)和(g_3)交角的平分线，也应具有此性质，这两平分线分别通过圆周(k_1)和(k_2)的圆心.

② 这圆周的圆心在直线(g_1)上，而不在三角形那条垂直于(g_1)的角平分线上；若选择直线(g)和(t)的正向，可以证明它又在直线(t_2)，(t_3)的交角通过圆周(k_1)的圆心的那条角平分线上.

③ 这是由于所求的圆周必须相外切，而直线(a)必须是外公切线(参阅以下(a_1)，(a_2)，(a_3)是圆周的时候的类似按语).

④ Journal de Crelle，t. 89，第130～135页. 明显的，首先必须证明四直线(a_2)，(a_3)，(t_2)，(t_3)切于同一圆周. 凡做过习题(422)的读者可以相信，事实的确是这样的，甚至在点O是任意的(而非内切圆心)情况下；并且在同样的条件下，直线(t_1)，(t_2)，(t_3)通过同一点.

相反的，这样作成的三个圆周是否两两相切，主要取决于点O的选择(参看上面所引的佩忒森的文献). 我们可以注意(设圆周(x)在三角形之内)，应用连续原理，解答的存在是明显的. 设作成任一圆周(x_1)切于直线(a_2)和(a_3)并且在三角形之内；那么有一圆周(x_2)存在，也在三角形内并切于(a_1)，(a_3)和(x_1)；也有一圆周(x_3)存在，在三角形内并切于(a_1)，(a_2)和(x_1).

显然看出来，若圆周(x_1)的半径非常之小，那么两圆周(x_2)和(x_3)将相交，而当圆周(x_1)和三角形的内切圆周相重合的时候，这两圆周又是外离的. 所以适当地选择圆周(x_1)的半径的大小，两圆周(x_2)和(x_3)就可以互相切了.

附 57. 有一点可以注意的,即上面的解法可以推广到以任意已知的三圆周(a_1),(a_2),(a_3) 代替三直线的情况①.

在这一情况下,(g_1),(g_2),(g_3) 将分别是圆周(a_2),(a_3);(a_3),(a_1);(a_1),(a_2) 的平分角圆周②.

并且所有以上关于(a_1),(a_2),(a_3),(g_1),(g_2),(g_3),(k_1),(k_2),(k_3)(后面三圆周的定义同上)的推理,也就是第附 56 节直到(2)的推理,仍然有效不需修正③.

要将上面最后的推理推广于现在这一情况,必须确定现在的(t_1),(t_2),(t_3) 我们将了解成什么.

为了这个目的,以(C) 表示圆周(a_1),(a_2),(a_3) 的正交圆周(为明确起见,设此圆周存在)④.

我们将以(t_1) 表示一个圆周,它在圆周(x_2) 和(x_3) 的切点 P_1 和它们相切而同时与(C) 正交.仿此,(t_2) 与(t_3) 各表示一个圆周,与所求圆周中的两个在其切点相切而同时与圆周(C) 正交.

以上的推理表明,圆周(k_1) 仍然一方面和圆周(x_2),(x_3) 另一方面和圆周(a_1),(g_2),(g_3) 相交成等角⑤.

最后的三圆周都和(C) 正交.

由是可知(参看附录 C,特别是第附 43 节),任一圆周(k'_1) 若与圆周(k_1) 和(C) 有相同的根轴⑥,将与圆周(a_1),(g_2),(g_3) 相交成等角,因之若选择此圆周使与其中之一相切(第附 44 节的作法),则亦必与其他两圆周相切.

---

① 若三圆周(a_1),(a_2),(a_3) 有一个公共点 S,那么(利用以 S 为极的一反演)这新问题立刻化为上面的一个.但若此条件不满足,问题就要另解.

② 在已知圆周(a_1),(a_2),(a_3) 两两所得的六个平分角圆周中,必须选择圆周(g_1),(g_2),(g_3) 使其有(习题(276))同一根轴.事实上,为明确起见,假设所求的圆周互相外切.于是圆周(a_1) 和圆周(x_2),(x_3) 的相切方式,就与圆周(x_1) 和它们的相切方式相同,因为按正规意义讲这时切于(x_2) 和(x_3) 的圆周只有一族.仿此,(a_2) 与圆周(x_3) 和(x_1) 有相同的相切方式,而圆周(a_3) 与圆周(x_1) 和(x_2) 有相同的相切方式.若考虑关于这些圆周相切的各种可能假设,就容易相信各圆周(g) 的确满足所指出的关系.

当三圆周中有两个相内切时,可用一适当选择的反演化归为上一情况(这反演也给予化简这第一情况的讨论的可能).

③ 由是可知,当问题有解的时候,我们所考虑的各个平分角圆周每次必然存在,因为,举例来说明,圆周(g_1) 应以圆周(a_2) 和(a_3) 的一个相似中心为圆心,并通过点 N_3.

④ 若是在本页注 ① 所提醒的那一情况,那么这个圆周就缩成一点.

⑤ 关于这些角的转向,仍适用过去的按语.

⑥ 注意,此地与第一种情况不同,圆周(k'_1) 一般说不是(k_1) 的同心圆周.

并且，将圆周(C)，(k_1)，(k_2)变换为其自身的反演，将变换(g_3)成(t_3)[①]；若将(k_1)，(k_2)代以(k'_1)，(k'_2)，这反演仍然不变.

于是得出下面的作法：设(a_1)，(a_2)，(a_3)为已知的圆周，而(g_1)，(g_2)，(g_3)分别是(a_2)和(a_3)，(a_3)和(a_1)，(a_1)和(a_2)的平分角圆周，并且选择这三圆周使其有共同的根轴. 并设(C)是和三已知圆周正交的圆周.

定圆周(k'_1)使切于(a_1)，(g_2)和(g_3)；定圆周(k'_2)使切于(a_2)，(g_3)和(g_1)；定圆周(k'_3)使切于(a_3)，(g_1)和(g_2)[②]；或者更普遍些[③]，定圆周(k''_1)与(a_1)，(g_2)和(g_3)交成等角；定圆周(k''_2)与(a_2)，(g_3)和(g_1)相交成等角；定圆周(k''_3)与(a_3)，(g_1)和(g_2)相交成等角.

设变换圆周(C)，(k''_2)，(k''_3)成其自身的反演将(g_1)变换成圆周(t_1). 仿此，变换圆周(C)，(k''_3)，(k''_1)成其自身的反演将(g_2)变换成圆周(t_2)；变换圆周(C)，(k''_1)，(k''_2)成其自身的反演将(g_3)变换成圆周(t_3).

第一个所求圆周将切于圆周(a_2)，(a_3)，(t_2)，(t_3)；第二个切于(a_3)，(a_1)，(t_3)，(t_1)；第三个切于(a_1)，(a_2)，(t_1)，(t_2).

不难相信，所有这一切，甚至当三圆周(a_1)，(a_2)，(a_3)的根心I在这三圆周之内，因之圆周(C)不存在的时候，也仍然有效. 在这一情况下，只需将“与(C)正交的圆周”等字样换为“一个圆周，点I对于它和对于(a_1)，(a_2)，(a_3)有相同的幂”，并且同意说“一圆周(k'_1)与(k_1)，(C)有公共的根轴”，只要任一圆周一经与(k_1)正交而且点I对于它和对于(a_1)有等幂的话，就同时与(k'_1)正交.

① 和过去一样，这是这样得来的：(g_3)由所说的反演所变换得来的圆周，无论关于它和(g_1)的交点以及在这点的交角的大小与方向，都满足和圆周(t_3)相同的条件，并且它应当与C正交，这些条件完全确定了(t_3). 我们所说的反演，将以所示三圆周的公共根心为极.

② 和过去一样，我们可以相信(k'_1)可以取成切于(a_1)，(g_2)，(g_3)的任一圆周. 但一经把这圆周选定，那么与圆周(a_2)，(g_3)，(g_1)交成等角的圆族(圆周(k'_2)或(k''_2)就应当属于这一族)的选择，就必然跟着确定了.

③ 必须认识这推广的重要性. 因为纵令我们的问题有解，也有可能圆周(k'_1)并不存在(即第附44节的作法变为不可能).

杂题以及各种竞赛①试题

① 习题(349)，(350)，(353)，(354)，(384)，(386)，(387)，(393)，(394)，(400)，(404)，(413)是采自“Concours général des lycées et coIlèges”，习题(365)，(374)，(397)，(406)，(409)，(412)，(421)是采自“Concours de l'Agrégation des sciences mathématiques.”这里我们没有将命题原先的叙述完全照抄，我们作了某些修正，使得它们和本书的习题协调。

(343) 设 A,B,C,D 是同一圆周上的四点(其次序与命名的次序同);取弧 AB,BC,CD,DA 的中点 a,b,c,d. 证明直线 ac 与 bd 垂直.

(344) 在三角形的边 BC,CA,AB 上任意取三点 D,E,F,并作三圆周 AEF,BFD,CDE. 证明:

① 这三圆周通过同一点 O.

② 设从三角形顶点至其平面上任一点 P 联结直线 PA,PB,PC,分别交此三圆周于 a,b,c,则此三点与 O,P 两点同在一圆周上.

(345) 证明以圆内接四边形各边为弦任作一圆周,这四圆周每一个和下一个相交所得的四个新交点,也是圆内接四边形的顶点.[①]

(346) 设 A,A' 为两圆周 S_1 和 S_2 的交点;B,B' 为两圆周 S_2 和 S_3 的交点;C,C' 为两圆周 S_3 和 S_4 的交点;D,D' 为两圆周 S_4 和 S_1 的交点. 证明四边形 $ABCD$(由上题因之四边形 $A'B'C'D'$)可内接于圆的条件是:S_1 与 S_2 的夹角以及 S_3 与 S_4 的夹角之和(这些角要适当地选择转向[②]),等于 S_2 与 S_3 以及 S_4 与 S_1 的夹角之和.

(347) 有四圆周 S_1,S_2,S_3,S_4,作 S_1 和 S_2 的"一对"公切线(即两外公切线或两内公切线)α 和 α',作 S_2 和 S_3 的一对公切线 β 和 β',作 S_3 和 S_4 的一对公切线 γ 和 γ',作 S_4 和 S_1 的一对公切线 δ 和 δ',证明若从每一对中"适当地"选择一条切线所得的四直线 $\alpha,\beta,\gamma,\delta$ 切于同一圆周,那么四直线 $\alpha',\beta',\gamma',\delta'$ 也将切于同一圆周.

在四圆周的每一个上选一固定的方向,并将公切线上的线段看成是带有符号的,说明应如何选择公切线 $\alpha,\beta,\gamma,\delta$ 使这命题成立[③].

证明这情况发生的条件是:两公切线长度(从一个切点算到另一个切点)的和等于另两公切线长度的和.

(348) 已知任一五边形,每连续三边(或其延长线)所成的三角形作一外接圆周. 证明每一圆周与其下一圆周相交总共得到的五点(五边形的顶点不在内),在同一圆周上(习题(106)).

(349) 已知两全等三角形 $\triangle ABC$ 及 $\triangle abc$. 求一点 O 的轨迹,使将第一三角形绕此点旋转直到边 AB 取平行于 ac 的一位置 $a'b'$ 时,点 B 的新位置 b' 在直线 OC 上. 在这样的条件下,并求点 a',b',c' 所画的轨迹.

(350) 设 $\triangle ABC$ 三高的交点关于三边 BC,CA,AB 的对称点分别是 A',B',C'. 设直线 $B'C'$ 分别交 AC,AB 于 M,N;直线 $C'A'$ 分别交 BA,BC 于 P,Q 直线 $A'B'$ 分别交 CB,CA 于 R,S. 证明直线 MQ,NR,PS 共点(此点即 $\triangle ABC$ 三高线的交点).

① 若这四点不共线. —— 译者注

② 为了使证明对于图形的各种位置都合用,必须考虑角的转向,如果有必要须依从三角上的规定.

③ 这一段法文原书上没有,是译成俄文时加上去的. —— 译者注

(351) 在一已知圆周内求作一梯形,已知其高及两底的和或差.

(352) 设 AB 为一圆周的直径,CMD 为另一圆周,其圆心在点 A 而与第一圆周相交于 C 及 D. M 为第二圆周上任一点,直线 BM,CM,DM 分别交第一圆周于 N,P,Q 三点.

① 证明 $MPBQ$ 为平行四边形.

② 证明 MN 是 NC 和 ND 的比例中项.

(353) 已知一等腰 $\triangle OAB(OA = OB)$. 以 O 为圆心以一变动的半径作圆周,从 A,B 分别作此圆的切线使不相交于三角形的高线上.

① 求这两直线交点 M 的轨迹.

② 证明乘积 $MA \cdot MB$ 等于线段 OM 和 OA 的平方差.

③ 在直线 MB 上从点 M 起截取线段等于 MA,求其端点 I 的轨迹.

(354) 在任一已知 $\triangle ABC$ 的底边 BC 上取任意一点 D. 并作 $\triangle ABD$ 和 $\triangle ACD$ 的外接圆周,其圆心为 O 及 O'.

① 证明这两圆周的半径之比是常数.

② 求点 D 的位置使这两圆周的半径为最小.

③ 证明 $\triangle AOO'$ 相似于 $\triangle ABC$.

④ 求分线段 OO' 成已知比的分点 M 的轨迹,研究当这点是顶点 A 在直线 OO' 上的射影的情况.

(355) 有一个大小固定的角,角顶绕两圆周的一交点旋转,其一边交一圆周于 M,另一边交另一圆周于 M'. 求将线段 MM' 分成已知比的点的轨迹. 在 MM' 上作一三角形相似于一已知三角形,求这些三角形顶点的轨迹.

(356) 设 A,B,C,D,E 是五条直线,证明若其中两条,例如 A 和 B,被其他三条所截的线段成比例,那么其中任两条被其余的三条所截的线段也成比例.

(证明时分两种情况,看我们所要应用的两条新线中有或没有一条是原先两直线之一.)

(357) 设 a,b,c 是三角形的三边(长),x,y,z 依次是平面上一点到这三边的距离. 证明当此点在三角形的外接圆周上时,三比值 $\frac{a}{x}$,$\frac{b}{y}$,$\frac{c}{z}$ 中的一个等于其他两个的和. 考察逆命题.

(358) 设 C 为线段 AB 上一点. 过 A 和 B 作一动圆周,并在 A 及 B 引切线. 求此两切线交点与点 C 所连的直线与动圆周的交点的轨迹.

(359) 在圆周 O 的一定直径的延长线上取一动点 M,从点 M 作此圆周的切线. 在这样的切线上取点 P 使 $PM = MO$,求点 P 的轨迹(第 92 节).

(360) 从矩形所在平面上一点 M,作直线垂直于矩形的边,其中一垂线交一双对边(或其延长线)于 P,Q 两点,而另一垂线交另一双对边(或其延长线)于 R,S 两点.

① 证明不论点 M 在什么位置,直线 PR 和 QS 的交点 H 恒在一定直线上,直线 PS 和 QR 的交点 K 也恒在另一直线上.

② 证明 $\angle HMK$ 的平分线平行于矩形的一边.

③ 已知 H,K 两点,求点 M.

④ 上题有两解.证明以适合条件的两点 M 和 M' 为对径点的圆周,与矩形的外接圆周相正交.

⑤ 求点 M 的轨迹以使直线 PR 垂直于 QS.

(361) 设在 $\triangle ABC$ 内部从顶点 B 及 C 作直线 BB' 及 CC',分别与边 AC 及 AB 交于点 B' 及 C',使有 $BB'=CC'$.证明直线 BB' 把 $\angle B$ 所分成的两个角 $\angle CBB'$ 和 $\angle B'BA$,不可能同时大于或同时小于直线 CC' 把 $\angle C$ 所分成的两个类似的 $\angle BCC'$ 和 $\angle C'CA$(即不能同时有:$\angle CBB'>\angle BCC'$,$\angle B'BA>\angle C'CA$).

(从 $\triangle BB'C$ 取 B 及 C 为对顶作成平行四边形 $BB'CF$,并联结 $C'F$,比较在 C' 和 F 两点的角.)

证明有两条角平分线相等的三角形,必为等腰三角形.

(361a) 证明在任一三角形中,对应于大边的角平分线小.

(利用第 129 节公式求两角平分线的平方差,并在所得到的式中显出对应两边的差的因式.)

(362) 在一已知三角形的所有内接三角形中,求周界长最小的三角形.

(362a) 求作已知四边形 $ABCD$ 的内接四边形 $MNPQ$ 使有最小周界.证明若已知的四边形不能内接于圆,那么就没有按正规意义讲的解答(即没有真正四边形的解答).

但若四边形 $ABCD$ 可内接于圆,则有无穷多的四边形 $MNPQ$ 有同一周界长,小于 $ABCD$ 的其他内接四边形的周界.这公共的周界长是圆周 $ABCD$ 的半径以及对角线 AC 和 BD 的比例第四项.

问四边形 $ABCD$ 还要满足什么条件才可以使这样得到的各个四边形 $MNPQ$ 本身内接于圆?在这一情况下并求各外接圆圆心的轨迹.

(363) 证明若习题(105) 所求的点在三角形之内,那么它具有这样的性质:即到三顶点的距离之和最小(习题(269)).计算这个和(它的平方等于三边平方和的一半加上三角形面积的 $2\sqrt{3}$ 倍).

若这点在三角形外,情况又怎样?(若有一个角例如 $\angle A$ 大于 120° 就是这样的.托勒密定理给我们 $AB+AC$ 和线段 AI 的比值,其中 AI 是 $\angle A$ 的平分线被外接圆周所截的线段.应用第 237a 节的定理于四边形 $BMCI$ 可见,当点 M 重合于 A 时,$MA+MB+MC$ 最小.)

(364) 求一点使它到已知 $\triangle ABC$ 三顶点的距离分别乘以给定的正数相加所得的和最小.我们假设以这些给定的正数 l,m,n 做度量的三线段可以形成三角形.

(设 T 是这个三角形,α,β,γ 是它的三角.在点 A 作两角 $\angle BAC'$,$\angle CAB'$ 等于 α;在点 B 作两角 $\angle CBA'$,$\angle ABC'$ 等于 β;在点 C 作两角 $\angle ACB'$,$\angle BCA'$ 等于 γ,并使所有这些角都在 $\triangle ABC$ 之外.三直线 AA',BB',CC' 相交于一点 O,若这一点在三角形内,那么就是所求的

点.在相反的情况下,以及当给定的数不与一三角形的边成比例的时候,极小将发生在$\triangle ABC$的一顶点.

在第一种情况下,即当最小不是发生在三角形一顶点的时候,这极小值的平方可表以

$$l^2(b^2+c^2-a^2)+m^2(c^2+a^2-b^2)+n^2(a^2+b^2-c^2)$$

以及$\triangle ABC$和T的面积的乘积.)

(365) 将一三角形的每一边分成两部分,使与其邻边的平方成比例,并将分点与对顶连线.证明:

① 这样所得的三直线相交于一点O'.

② 如果我们把点O取成已知三角形的重心,这一点与习题(197)所得的重合.

③ 这一点是它在已知三角形三边上的射影所形成的$\triangle PQR$的重心.

(366) 求作一已知三角形的内接三角形,使其三边的平方和为最小(我们假定这极小存在,而证明它只能得之于上题的$\triangle PQR$).

由是推出结论,上题所得的点O'具有这样的性质:它到三边距离的平方和最小(习题(137),(140)).

更广泛一些,求作一已知三角形的内接三角形,使其三边的平方分别乘以一给定的数相加所得的和为最小.

(367) 已知一圆周,求作一内接三角形,使其三边的平方各乘以一给定数相加所得的和为最大.

(368) 习题(127)(求一点使其到$\triangle ABC$三顶点距离的比等于给定三数m,n,p之比)有解的充要条件是:可以作一三角形,它的边成比例于$m\cdot BC,n\cdot CA,p\cdot AB$.

(369) 设从三角形的顶点A,B,C到对边作等长的三线段AD,BE,CF.从三角形内一点O作这三直线的平行线直至与相应的一边相交,证明这些平行线上被截的线段(从点O算起)的和是定长,不因这点的位置而变.

(370) 三直线相交于一点,证明恒有两数存在,使平面上任一点到其中一线的距离,等于这一点到另二线的距离分别乘以这两数所得的和或差.适当地规定符号,试叙述此结果使与该点的位置完全无关.

反之,证明平面上任一点M到两定直线的距离分别乘以两定数以后的和或差,必与点M到通过此两线交点的某直线的距离成比例.

(371) 求这样一些点的轨迹,使它们到n条已知直线的距离取上适当的符号并乘以任意给定的数以后的和是常数;换言之,求这样一些点的轨迹,使以其中任一点做顶点,以n条已知线段做底边的三角形面积的代数和是常数.(对于某一值n解这个问题,如果对于前面的一值问题已解决了的话.)

由此推出完全四线形三条对顶线的中点共线.

(371a) 以完全四线形三条对顶线为直径的圆周有公共的根轴.证明这根轴通过四边形每次取其中三边所形成的三角形的高线交点.

(372) 证明任一四边形的两双对边和两对角线所形成的三个角有这样的性质：平面上任一点 O 对于这三个角的三条极线相交于同一点.

(取点 O 做导圆的圆心，实行配极变换.)

证明这三对直线在任一直线上截下这样的三线段：调和分割其中两线段的线段(假设这些线段存在的话)，必定也调和分割第三线段.

具有这性质的三线段，称为成**对合**.

(373) 从三角形外接圆周上一点 P 作三边的垂线，联结三垂足所得的西摩松线(习题(72))，将此点和三角形高线的交点 H 连成的线段平分成二等份.(利用习题(70) 证明点 P 对于三边的对称点，同在通过点 H 的一直线上.)

由这定理以及习题(106) 的结果推证：四直线每次取三条所得四个三角形的高线的相交点，在同一直线上.

(374) 已知一圆周 S 及其上四定点 A, B, P, P'，设 C 为其上一动点，证明 P, P' 两点对于 $\triangle ABC$ 的两条西摩松线的交点 M 画一圆周 S'.

设 A, B 两点保持固定，而 P, P' 两点保持一定的距离在圆周 S 上移动，求圆周 S' 的圆心的轨迹.

设 A, B, C 三点保持固定，而 P, P' 两点在圆周 S 上保持其为对径点而移动，再求点 M 的轨迹.

(375) 求定圆周的内接三角形各边中点的轨迹，设其高线的交点为定点.

(376) 利用三角形一边的中点做反演极，以这点对于内切圆的幂做反演幂，或者说(其实就是一样的，习题(90a)) 以这一点对于它所在的一边所对应的旁切圆的幂做反演幂，以变换这三角形的九点圆. 证明九点圆所变换成的直线，是后面这两圆周(除三角形的边以外)的公切线.

由是可知九点圆切于内切圆以及旁切圆.

(377) 证明在三角形的外接圆半径 R、内切圆半径 r 以及它们圆心的距离 d 之间有下面的关系

$$d^2 = R^2 - 2Rr$$

(利用习题(103) 和第 126 节①).

反之，设两圆周的半径及圆心间的距离之间有以上的关系，证明可以作无穷多的三角形内接于第一个而外切于第二个圆周.

把内切圆换为旁切圆，试求类似的结果.

(378) 在任一 $\triangle ABC$ 中，证明：

① 设内切圆切边 AC 及 AB 于点 E 及 F(图 12.19 和习题(90a))；顶点 B 在 $\angle C$ 平分线

① 参看这问题的另一解法，习题(411).

上的射影和顶点 C 在 $\angle B$ 平分线上的射影的连线,重合于直线 EF.

② 设 $\angle C$ 内的旁切圆切边 AC 及 AB 于点 E_3 及 F_3;顶点 B 在 $\angle C$ 的平分线上的射影和顶点 C 在 $\angle B$ 的外角平分线上射影的连线,重合于直线 E_3F_3.

③ 设 $\angle A$ 内的旁切圆切边 AC 及 AB 于点 E_1 及 F_1;顶点 B 在 $\angle C$ 的外角平分线上的射影和顶点 C 在 $\angle B$ 的外角平分线上射影的连线,重合于直线 E_1F_1.

④ 顶点 A 在点 B 的内角和外角平分线上的射影,以及在点 C 的内角和外角平分线上的射影,同在平行于 BC 的一直线上,其间的距离依次等于 $p-c,p-a,p-b$.

⑤ 将三角形的 $\angle A,\angle B,\angle C$ 的每一个顶点射影于不相邻的两外角平分线上,所得六点在同一圆周上(化为习题(102)).此圆周与已知三角形的三旁切圆正交,它的圆心是 $\triangle ABC$ 三边中点所成的 $\triangle A'B'C'$ 的内切圆心,它的半径等于一直角三角形的斜边,此直角三角形的一腰是 $\triangle A'B'C'$ 的半周界长,另一腰是它的内切圆半径.还有三个类似的圆周存在,其中每一个通过顶点在外角平分线上的射影两点,通过顶点在内角平分线上的射影四点.

(379) 将三角形的每一旁切圆和边的延长线的两个切点连线,证明这样作成的三直线形成一三角形,它的顶点在原先三角形的高线上,而它的外接圆心是原先三角形高线的交点.

(380) 已知一点 O 在两个相似而转向相同的图形 F,F' 中对应于其自身(第 150 节),以及一个三角形 T 相似于由这点 O 以及任意两个对应点所形成的三角形(第 150 节).又已知一点 O' 在两相似而转向相同的图形 F',F'' 中对应于其自身,以及一个三角形 T' 相似于由这点 O' 以及这两图形上任意两个对应点所形成的三角形.求作一点,使在两图形 F,F'' 中对应于其自身,以及一三角形相似于由这点以及图形 F,F'' 上任意两个对应点所形成的三角形.

(381) 已知 n 个点及 n 个三角形,求作一 n 边多边形,使以这 n 个点做顶点以求作多边形各边做底的三角形分别与已知的三角形相似.

(利用上题可将问题化为同一问题但边数减少一;如此继续下去直至只需定所求多边形的两个顶点.)

在什么情况下问题变为不可能或不定的?

(382) 设已知 $\triangle ABC$ 及任意四点 O,a,b,c.以 BC 为底作一 $\triangle BCA'$,相似于 $\triangle bcO$ 且有相同转向(并且点 B,C 分别对应于 b,c).仿此,以 CA 为底作一 $\triangle CAB'$ 相似于 $\triangle caO$;以 AB 为底作一 $\triangle ABC'$ 相似于 $\triangle abO$.证明 $\triangle A'B'C'$ 相似于一个三角形并且转向与之相反,这三角形就是以 O 做反演极而取 a,b,c 的反点做顶点所形成的.

(383) 在已知的两线段上作内接角都等于 V 的圆弧.证明当 V 变动时,这样作成的两圆周的根轴绕一定点而旋转(这点可由这个事实来确定:将它到每一已知线段端点连线,所形成的两三角形等积,并且在公共顶点的两角相等).

(384) 已知一四边形 $ABCD$(**准菱形**),其中相邻的两边 AD,AB 相等,其他两边 CB,CD 也相等.证明有两圆周切于这四边形的四边.当这四边形是活络的(第 46a 节备注(3))而一边保持固定的时候,求这两圆心的轨迹.

(385) 已知一活络四边形 $ABCD$(第 46a 节备注(3)),设它可以外切于一圆周并且它的边 AB 保持固定.在这样的条件下,它继续保持可外切于一圆周(习题(87)).求内切圆心 O 的轨迹.

(为明确起见,设这圆周在四边形之内,在 AB 上截取线段 $AE = AD$,$BF = BC$.若注意到习题(89),就可化为习题(257).)

证明在四边形变形的过程中,点 O 到两个相对的顶点 A 和 C(或 B 和 D) 距离的比保持为常数.

(386) 已知同一圆周上的四点 A,B,C,D.在这圆周所在的平面上任取一点 P 并作圆周 PAB,PCD,再交于一点 Q.当点 P 画一直线或圆周时,求点 Q 的轨迹.若要求 P 与 Q 重合,求点 P 所应该在的轨迹.

(387) 把正方形的顶点 A,B,C,D 到它平面上任一点 P 连线,这样所得的四直线与正方形的外接圆周相交于四个新点 A',B',C',D'.证明在四边形 $A'B'C'D'$ 中,对边的乘积相等,即 $A'B' \cdot C'D' = A'D' \cdot B'C'$.

反之,设 $A'B'C'D'$ 为一圆内接四边形,它对边的乘积相等.求一点 P,使直线 PA',PB',PC',PD' 交外接圆周于一正方形的顶点.(这问题是习题(270)⑤ 的特例.但问题在此有两解,而在一般情况下则只有一解,解释这差异的原因.)

(388) 试求一反演,使将一已知圆内接四边形 $A'B'C'D'$ 的顶点变换成为一矩形的顶点(习题(387) 的推广).证明反演的极就是四边形 $A'B'C'D'$ 的外接圆和它的第三条对顶线的极限点(习题(152)).

(389) 试利用一反演将已知的四点变换为一平行四边形的顶点(习题(387) 和(388) 的再推广).

(390) 已知两圆周及一点 A,试求一反演,使 A 的对应点成为这两圆周反演所成两新圆周的一相似中心.

(391) 将已知圆周上一动点 M 至两定点 A,B 连成直线,再交此圆周于 P 及 Q,过点 P 所作 AB 的平行线再交此圆周于 R,证明直线 QR 交 AB 于一定点.

由是推求一个方法,作已知圆周的内接三角形,使其两边各通过一定点而第三边平行于一给定方向,或作一内接三角形使其三边各通过一定点(这两问题可以互化,并可化为习题(115)).对于任意边数的多边形解决类似的问题(另一解法见习题(253a)).

(392) 求作一圆周的外切三角形,使其顶点各在已知的直线上.

(393) 作两动圆周切同一直线于其上两定点 A,B,且彼此相切,这两圆周还有一条公切线 $A'B'$,证明以线段 $A'B'$ 为直径的一些圆周切于同一个圆周,并求线段 $A'B'$ 中点的轨迹.

(394) 两动圆周 C 和 C_1 切一定圆周于其上两定点 A,B 并彼此相切于点 M.

① 求此点的轨迹.

② 求两圆周 C 和 C_1 的第二个相似中心 N 的轨迹.

③ 证明对应于上面轨迹上每一点 N 有两对圆周 C 和 C_1,C' 和 C'_1 满足所说的条件,因

之有两个切点 M 和 M'.

④ 求 $\triangle NMM'$ 外接圆心的轨迹.

⑤ 求这三角形的内切圆心的轨迹.

⑥ 求这三角形的高线交点的轨迹.

⑦ 证明这些轨迹中两个的公共点,也在第三个轨迹上.

(395) 设已知两相交圆周 C 和 C',设 A 为两圆周的一交点,而 P,P' 为其一公切线与两圆周的切点,作 $\triangle APP'$ 的外接圆周. 证明线段 PP' 在这圆心的视角,等于两圆周 C 和 C' 的交角,而这圆的半径等于已知两圆半径的比例中项(由是得出习题(262)③ 所说的命题). 证明 $\frac{AP}{AP'}$ 等于这两圆半径之比的平方根.

(396) 求四圆周 A,B,C,D 所应满足的充要条件,使利用一反演可将前两圆周所形成的图形变换成全等于后两圆周所形成的图形(或者利用附录 A 第附 22 节,附 27 节所介绍的说法,求两圆周所形成的图形对于反演群有些什么不变性).

① 设 A,B 两圆周有公共点,那么充要条件是这两圆周的交角等于 C,D 两圆周的交角;或者也可以说(上题):公切线段和两圆半径的等比中项的比值在这两种情况是相等的.

② 设 A,B 两圆周没有公共点,那么充要条件是:利用同一反演将它们所变换成的两同心圆周(习题(248))的半径之比,等于利用同一反演(一般说来,不是上面那个)将 C,D 所变换成的两同心圆周的半径之比.(利用附录 A 的说法,可以说:充要条件是对于反演说,图形 (A,B) 和 (C,D) 有同一简化形式.)

这结果可以另一方式来表达:A,B 两圆周和与它们正交的任一圆周的交点,所成的交比(第 212 节)是常数,并且其中两点和两极限点所成的交比也是常数. 所求的条件是这交比对于 C,D 两圆周以及对于 A,B 两圆周有同一数值(证明).

最后,设 r,r' 是圆周 A,B 的半径,而 d 是它们圆心间的距离,那么数量 $\frac{d^2-r^2-r'^2}{rr'}$ 应该和由 C,D 两圆周所算出来的类似量有等值(证明).

我们还可以说,设 A,B 两圆周有长度为 t 的公切线(例如外公切线),而 C,D 两圆周亦是同样,那么比 $\frac{t}{\sqrt{rr'}}$ 对于两种情况应有等值.

(397) 设已知两点 A,A' 及与直线 AA' 平行并与之有等距离的两直线 D,D'.

① 证明取在直线 D 上的每一点 P,在直线 D' 上有一对应点 P' 具有这样的性质:直线 PP' 是两圆周 PAA' 和 $P'AA'$ 的公切线.

② 证明两点 A,A' 到直线 PP' 距离的乘积是常量.

③ 求点 A 在直线 PP' 上的射影的轨迹.

④ 求一点 P 使直线 PP' 通过一给定点 Q.

⑤ 证明两圆周 PAA' 和 $P'AA'$ 的交角以及 $\angle PAP'$ 都是常量.

(398) 设 AB 是圆周 C 的直径；D 是这直径的垂线并假设与 C 相交；c 和 c' 是两圆周，分别以 D 所分 AB 的两线段为直径. 作一圆周切于 C,c,D，一圆周切于 C,c',D. 证明后面这两圆周相等：它们的公共半径等于圆周 C,c,c' 的半径的比例第四项.

(399)(希腊的 Arbélos[①]) 设 A,B 是相切的两圆周；C 是与它们相切的圆周；圆周 C_1 切于 A,B,C；圆周 C_2 切于 A,B,C_1；圆周 C_3 切于 A,B,C_2；…；圆周 C_n 切于 A,B,C_{n-1}，考察圆周 $C,C_1,C_2,\cdots,C_n$ 中任一个的圆心到 A 和 B 两圆周连心线的距离，以及这距离与相应圆周的直径的比. 证明从一个圆周 C_n 到以下的一个，这比值的变化为 1，至少当它们相外切(当 A,B 相内切时，总是如此的)，并且它们的圆心在 A 和 B 连心线的同侧时是这样的. 在其余的情况下，表明这叙述应如何修正.

(400) 设 A,B,C 是以一三角形的顶点为圆心而互相外切的三圆周(习题(91)).

设已知三角形的三边为 a,b,c，试求与此三圆周相切的圆周的半径(上题和习题(301)).

(401) 已知以 A,B,C 为圆心，以 a,b,c 为半径的三圆周. 作这三圆周的同心圆周，以 $a+h,b+h,c+h$ 为半径，设三新圆周的根心是 H. 在 AH 上取一点 N 使 $\frac{AN}{AH}=\frac{a}{a+h}$. 证明当 h 变时，点 H 和 N 描画直线，其中第一条通过(以同一方式)与三已知圆周相切的两圆周的圆心，第二条通过这两圆周和圆周 A 的切点.

对于与 A,B,C 以不同方式相切的圆周，叙述类似的定理.

(402) 求一圆周使与已知四圆周相交成等角.

(403) 求一圆周使与已知三圆周相交于一些给定的角度.

(由习题(256)，我们知道了所求圆周和与已知圆周有同一根心的各圆周中的任一圆周的交角. 在这些圆周中间利用附录 C 第附 44 节定出三个来使对于它们这个角是零，于是化问题为切圆问题；或者[②]在这些圆周中定出两个来使对于它们这角是直角，于是化问题为习题(259).)

(403a) 已知三圆周，求作一第四圆周使它和每一已知圆周的公切线有给定的长度.

(若通过所求的公切线上的切点作各已知圆周的同心圆周，问题就化为上题.)

(404) 已知一圆周，此圆周上的两点 A,A' 及一直线 D. 证明直线 D 上有两点 I,I' 存在，具有这样的性质：设 M 是圆周上任一点，联结直线 AM 及 $A'M$ 与直线 D 相交于 P 及 P' 两点，那么乘积 $IP\cdot I'P'$ 是常量，即不因点 M 的位置而变.

(405) 仍用上题的记号，证明若直线 D 与圆周不相交，那么在直线的两侧各有一点存在，从其中每一点来看线段 PP'，视角为常量(习题(278)).

---

① 这字在希腊语中的意思是镰刀.

② 第附 44 节所考虑的问题未必恒有解，因为那儿所提的点 α 可以在给定圆周之内，甚至在我们现在所考虑的问题有解的情况下，也可能如此，证明适当地组合我们所指出的两个方法，这困难总可以克服.

(406) 已知不相交的两圆周 S 和 Σ,各以 O 和 ω 为圆心,各以 R 和 ρ 为半径.考察和 S 相切并和 Σ 正交的一些圆周 C.

① 证明所有这些圆周还和另一定圆周相切.

② 设圆周 C,Σ 的交点为 M,M',过直线 $O\omega$ 上一定点 A 引两直线分别平行于 $\angle O\omega M$,$\angle O\omega M'$ 的平分线,直至与直线 $O\omega$ 垂直的一定直线 D 相交于点 P,P'.证明有两点存在,分别到 P,P' 所连的两直线互相垂直.

③ 证明有两点存在,从其中每一点来看线段 PP' 视角为常量(上题).

④ 设 C_1 是圆周 C 的一位置,交 Σ 于点 M,M';C_2 是这圆周的第二位置,交 Σ 于 M' 以及第三点 M'';C_3 是同圆周的又一位置,交 Σ 于 M'',M''';以下类推.求圆周 C_{n+1} 和 C_1 重合的条件.

(以 d 表示距离 $O\omega$,那么以 $d^2-R^2-\rho^2$(或 $R^2+\rho^2-d^2$)做斜边,以 $2R\rho$ 做一腰的直角三角形,应有一锐角等于一个正多边形或正多角星一边所对应的中心角的一半,这多边形或多角星的边数等于 n 或 n 的一个因数.)

若圆周 S 和 Σ 相交,那么点 $M,M',M'',M''',\cdots$ 将以其一交点为极限位置.

(407) 设过圆内接四边形对角线的交点作一直线垂直于通过此点的半径,证明这直线在相对两边间的部分,被这交点所平分.

(408) 已知两圆周 C,C' 以及和它们相交的两直线.证明通过(习题(107a))圆周 C 被截的弧所对的弦和圆周 C' 被截的弧所对的弦相交各点的圆周,与 C,C' 两圆周有公共的根轴(利用习题(149)).

(409) 已知两同心圆周 S 和 C 及一第三圆周 C_1,证明凡圆周和 C 正交而与圆周 C_1 的根轴切于圆周 S 的,其圆心的轨迹为 C_1 的一个同心圆周 S_1.

反之,证明凡圆周与 C_1 正交而其与圆周 C 的根轴切于圆周 S_1 的,其圆心的轨迹为圆周 S.

(410) 取已知圆周 C 上的每一点为圆心作一圆周,使其半径与此点到平面上一定点 A 的距离成已知比(或与此点到一定圆周的切线段成已知比).证明有一点 P 存在,对于这样作成的各圆周有相同的幂.

证明这样的每一圆周和圆周 C 的根轴,切于以 P 为圆心的一定圆周.

(411) 从圆周 C 上任一点作一圆周 C' 的两切线.证明这两直线和圆周 C 的第二个交点的连线切于一定圆周(化为上题).这圆周与圆周 C,C' 有公共的根轴.

设已知给定圆周的半径和它们圆心间的距离,计算这新圆周的半径以及它的圆心到圆周 C 的圆心间的距离.

由是推求习题(377)的解答.

(412) 已知一 $\angle AOB$ 和一点 P.

① 在边 OA 上求一点 M,使切于 OB 而又通过 M,P 两点的两圆周 C,C' 相交为已知的角度.

② 当点 M 沿 OA 移动时，研究 C,C' 两圆周交角的变化.

③ 设 Q 及 Q' 为这两圆和边 OA（除 M 以外）的交点，证明当点 M 沿 OA 移动时，通过点 P,Q,Q' 的圆周恒切于一定直线（化为上题）.

(413) 在两平行线上，从它们与一公共垂线的交点 A,B 起截取两线段 AC 和 BD，使梯形 $ABDC$ 的面积等于一已知正方形的面积. 求线段 AB 的中点在直线 CD 上的射影 H 的轨迹（根据 AC 和 BD 截取的方向相同或相反，应分两种情况考虑）.

(414) 习题(329) 所说的问题（通过角内一点求作一割线，使与角之两边所形成的三角形有给定的面积），再给一个解法，首先，以已知的点为一顶点作平行四边形，使其一角重合于已知角. 这平行四边形从所求的三角形分离出两个部分三角形，它们的面积之和是已知的. 于是问题可化为习题(216).

(415) 求作一三角形，已知其一角、周界长和面积（习题(90a)，(299)）.

在所有有一公共角、有相同的周界长的各三角形中，定一三角形使有最大面积.

(416) 求作一三角形，已知其一边、周界长和面积（我们可以作由内切圆和一旁切圆所形成的图形）.

在所有有一公共边、有相同的面积的各三角形中，求一三角形使有最小的周界长. 在所有有一公共边、有相同的周界长的各三角形中，定一三角形使有最大面积.

(417) 在所有有相同周界长的各三角形中，定一三角形使有最大面积.

(418) 求作一四边形，已知其四边和面积.（设 $ABCD$ 为所求的四边形，其中 $AB=a$，$BC=b,CD=c,DA=d$. 设 $\triangle ABC_1$ 是一个在这四边形之外的三角形与 $\triangle ADC$ 等积，并且有 $\angle C_1BA=\angle ADC$. 可以证明我们逐次知道下列各量：① 边 BC_1；②AC 和 AC_1 的平方差；③CC_1 在 AB 上的射影；④ 最后，利用已知的面积，我们知道 CC_1 在 AB 的一垂线上的射影，这就允许我们在不管什么地方安置了一线段 $AB=a$ 之后，可作一线段等于并平行于 CC_1，于是可完成所求的作图.）

证明若问题可能，通常有两解. 对于所得到的两个四边形讲，我们在习题(270) 所考察的三角形有相同的形状，因此（习题(270)⑤）两四边形可看做互为反形.

设已知一四边形，求作一四边形使不与之全等但有相等的边和面积.

证明在所有四边为已知长的四边形中，面积最大的是圆内接四边形.

(418a) 证明四边形对角线 e 和 f 的乘积可表示成它的边 a,b,c,d 和面积 S 的函数

$$4e^2f^2=(a^2+c^2-b^2-d^2)^2+16S^2$$

而对角线的夹角 V 可表以公式

$$\tan V=\frac{4S}{a^2+c^2-b^2-d^2}$$

由是推出上题的另一解法（给定了一边的位置以后，其余的顶点用两圆周的交点来确定）.

(419) 求作一可内接于圆的四边形，已知其四边长.

(419a) 证明在所有有相同的边数和周界长的各多边形中,面积最大的是正多边形.

(我们承认有最大面积的多边形存在,于是应用习题(418)可以证明它只能是正多边形.)

以上的结果还可以这样叙述:设以 S 表示多边形的面积,而以 p 表示它的周界长,那么对于边数相同的多边形来说,比值$\frac{S}{p^2}$当多边形是正多边形的时候大于当它不是正多边形的时候.

(420) 证明在所有有等长的闭合线中,圆周所围的面积最大.

(对于内接于圆的正多边形以及内接于有等长的凸闭合曲线而有同边数的多边形,考察比值$\frac{S}{p^2}$,并令边数无限增加.)

(420a) 设 O 是四边形 $ABCD$ 对角线的交点,那么 $\triangle OAB$,$\triangle OBC$,$\triangle OCD$,$\triangle ODA$ 的外接圆心 O_1,O_2,O_3,O_4 形成一平行四边形 P.

① 证明若给定这平行四边形,那么四边形的面积以及它的对角线长度就定了.

② 设给定了点 O_1,O_2,O_3,O_4 而点 O 画一直线Δ,证明这四边形的顶点描画一平行四边形 P' 的各边.考察 Δ 变化时这平行四边形的变化.求直线 Δ 的位置使它的面积为最大.

③ 求作四边形 $ABCD$,设已知这四边形的两角以及平行四边形 P,或已知 P 以及比值$\frac{AB}{AD}$,$\frac{CB}{CD}$(讨论).

(421) 设以 a,b,c,d 顺次表示一四边形的四边,这四边形的各内角平分线所形成的四边形,以及各外角平分线所形成的四边形的两外接圆(习题(66))半径之比等于$\frac{a+c-b-d}{a+c+b+d}$.

(421a) 延长圆内接四边形的两双对边直到相交于 E,F 两点,并作这样所得两角的平分线.证明:

① 这两直线相交于已知四边形两对角线中点所连的线段上,并将这线段分成两部分与两条对角线成比例.

② 这两直线也是这线段在 E,F 两点的视角的平分线.

③ 这两直线和已知四边形的边的交点(不是 E 和 F),是菱形的顶点.这菱形的边平行于已知四边形的对角线,其长度等于这两对角线以及它们的和的比例第四项.

④ 设将两对边之一延长直到交点,而另一边延长到交点以外,对于这样所得两角的平分线,叙述类似的命题.

⑤ 证明线段 EF 和对角线中点连线段的比,等于两对角线乘积的 2 倍与它们的平方差之比.由是推求圆内接四边形第三对顶线 EF 的长度,设已知它的四边.

(422) 设 O 是 $\triangle A_1A_2A_3$ 内一点.(k'_1),(k'_2),(k'_3) 是 $\triangle A_2A_3O$,$\triangle A_3A_1O$,$\triangle A_1A_2O$ 的内切圆.证明:

① 设(k_1)是(k'_1)的任一同心圆周,那么可以配上一个(k'_2)的同心圆周(k_2),和(k'_3)

的同心圆周(k_3),使(k_2),(k_3)相交于A_1O上的一点N_1;(k_3),(k_1)相交于A_2O上的一点N_2;(k_1),(k_2)相交于A_3O上的一点N_3.

② 圆周(k_1)交边A_2A_3于两点m_1,n_1,满足$A_2m_1 = A_2N_2$,$A_3n_1 = A_3N_3$.

仿此,圆周(k_2)交边A_3A_1于两点l_2,n_2,满足$A_1l_2 = A_1N_1$,$A_3n_2 = A_3N_3$;圆周(k_3)交A_1A_2于两点l_3,m_3,满足$A_1l_3 = A_1N_1$,$A_2m_3 = A_2N_2$.

③ 设圆周(k_1)的半径变化,而同时圆周(k_2)和(k_3)的半径也变化,但仍保持着①所说的关系,那么这三圆周除N_1,N_2,N_3以外两两的交点P_1,P_2,P_3描画三直线(t_1),(t_2),(t_3),分别是两圆周(k'_2)和(k'_3),(k'_3)和(k'_1),(k'_1)和(k'_2)的公切线.这三直线相交于同一点,这一点可由点O应用习题(197)的作法得到.那里所说的三角形在此地是由圆周(k'_1),(k'_2),(k'_3)的圆心所形成的.

④ 四点P_2,P_3,l_2,l_3在(应用习题(345))同一圆周(x'_1)上,此圆周交边A_1A_2,A_1A_3和直线(t_2),(t_3)成等角;同理,四点P_3,P_1,m_3,m_1在同一圆周(x'_2)上,与A_2A_3,A_2A_1,(t_3),(t_1)交成等角;P_1,P_2,n_1,n_2在同一圆周(x'_3)上,与A_3A_1,A_3A_2,(t_1),(t_2)相交成等角.

若圆周(k_1),(k_2),(k_3)的半径如③所说的情况变化,那么圆周(x'_1)的圆心保持为一定点,它与圆周(k'_1)的圆心的连线,通过直线(t_1),(t_2),(t_3)的交点.圆周(x'_2)和(x'_3)的圆心仿此,

有三个圆周(x_1),(x_2),(x_3)存在:(x_1)切于A_1A_2,A_1A_3,(t_2),(t_3);(x_2)切于A_2A_3,A_2A_1,(t_3),(t_1);(x_3)切于A_3A_1,A_3A_2,(t_1),(t_2).

⑤ 直线m_1P_3和n_1P_2的交点在圆周(x'_2),(x'_3)的根轴上;(当圆周(k_1),(k_2)和(k_3)的半径变化时)它描画一直线,即直线(t_1),(t_2),(t_3)的交点和直线A_2A_3与圆周(k'_1)的切点的连线.

圆周(x_2)和(x_3)相切的条件是:这直线与直线(t_1)重合.

习题解答

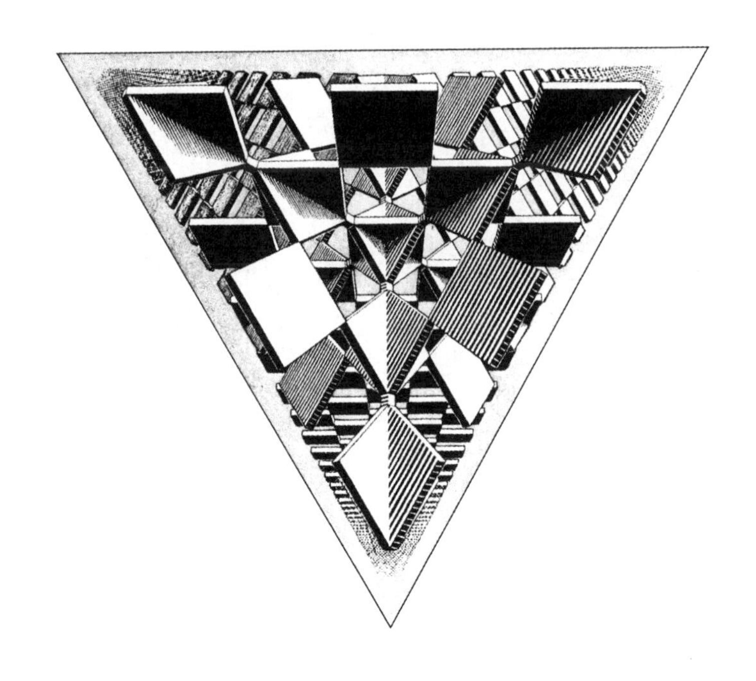

第一编　直　线

(1) 若点 C 在 M 和 B 之间(图 1(a)),则由等式 $AM=MB$ 可得出 $AC-MC=MC+CB$,从而 $MC=\frac{1}{2}(AC-CB)$. 若点 C 在 A 和 M 之间,情况仿此.

若点 C 在线段 AB 通过点 B 的延长线上(图 1(b)),那么 $AC-MC=MC-BC$,从而 $MC=\frac{1}{2}(AC+BC)$. 如果点 C 在线段 AB 通过点 A 的延长线上,情况仿此.

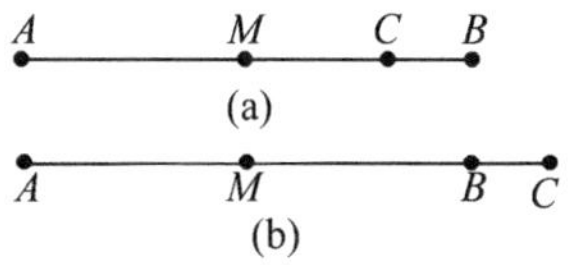

(a)

(b)

图 1

(2) 若半线 OC_1 通过 $\angle MOB$ 内部(图 2),则

$$\angle AOC_1-\angle MOC_1=\angle MOC_1+\angle C_1OB$$

从而

$$\angle MOC_1=\frac{1}{2}(\angle AOC_1-\angle C_1OB)$$

若半线 AC_1 通过 $\angle AOM$ 内部,情况仿此.

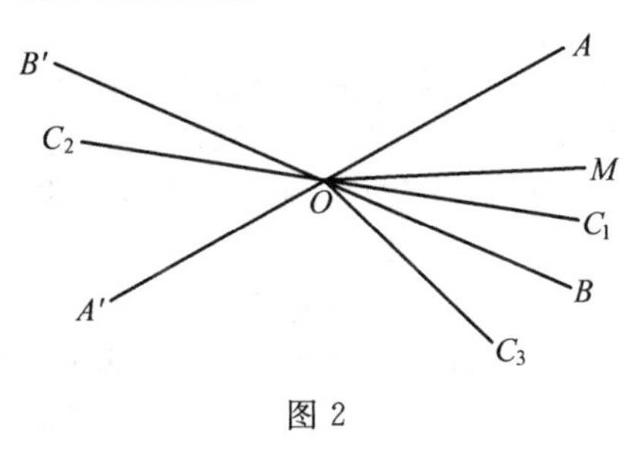

图 2

如果半线 OC_2 通过 $\angle A'OB'$ 内部,那么它的延长线 OC_1 通过 $\angle AOB$ 内部,于是 $\angle MOC_2=180^\circ-\angle MOC_1$.

如果半线 OC_3 通过 $\angle BCA'$ 内部,那么

$$\angle AOC_3-\angle MOC_3=\angle MOC_3-\angle BOC_3$$

从而

$$\angle MOC_3=\frac{1}{2}(\angle AOC_3+\angle BOC_3)$$

若 OC_3 通过 $\angle AOB'$ 内部,情况仿此.

(3) 由条件得出 $\angle AOB+\angle BOC=\angle COD+\angle DOA$(图 3);但显然

$$\angle AOB+\angle BOC+\angle COD+\angle DOA=4\mathrm{d}$$

因之

$$\angle AOB+\angle BOC=\angle COD+\angle DOA=2\mathrm{d}$$

由最后的等式得出(按第 15 节逆定理)OA 和 OC 互为延长线,同理证明 BOD 为一直线.

(4) 由条件有(图 4)

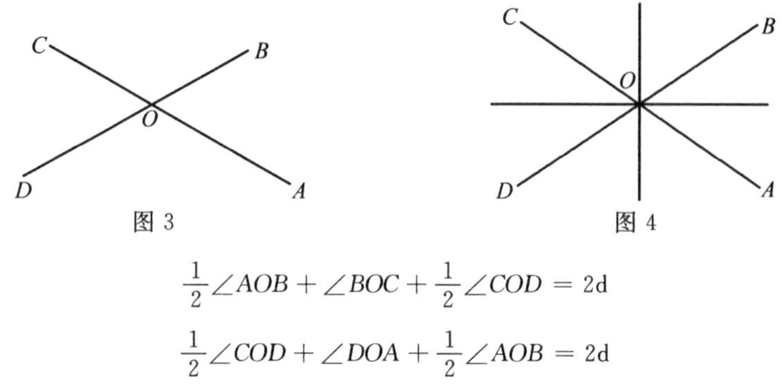

图 3　　图 4

$$\frac{1}{2}\angle AOB + \angle BOC + \frac{1}{2}\angle COD = 2\mathrm{d}$$

$$\frac{1}{2}\angle COD + \angle DOA + \frac{1}{2}\angle AOB = 2\mathrm{d}$$

由是 $\angle BOC = \angle DOA$. 仿此证明 $\angle AOB = \angle COD$. 由习题(3),四条半线两两互为延长线.

(5)① 设在 $\triangle ABC$ 中,有 $\angle BAD = \angle CAD$,且 $\angle BDA = \angle CDA$(图 5),那么 $\triangle ABD$ 和 $\triangle ACD$ 有公共边 AD,并且在 A 和 D 的对应角相等. 从这两个三角形的全等于是得出 $AB = AC$.

② 假若有 $\angle BDA = \angle CDA = \mathrm{d}$ 和 $BD = CD$(图 5),那么 $\triangle ABD$ 和 $\triangle ACD$ 有两边及其夹角相等而全等,于是 $AB = AC$.

③ 设 $\angle BAD = \angle CAD$ 且 $BD = CD$. 在 AD 延长线上截取 $DE = AD$(图 5). $\triangle ABD$ 和 $\triangle ECD$ 全等(第 24 节第二律),由是 $AB = EC$ 且 $\angle BAD = \angle CED$. 从等式 $\angle BAD = \angle CAD$ 和 $\angle BAD = \angle CED$ 得 $\angle CAD = \angle CED$,从而 $\triangle AEC$ 是等腰的(第 23 节逆定理),于是 $AC = EC$,由于 $AB = EC$,$AC = EC$,所以 $AB = AC$.

(6) $\triangle OAB'$ 和 $\triangle OA'B$,由于有公共 $\angle O$ 和对应相等的边 OA 与 OA',OB' 与 OB,所以全等. 因此 $\angle OB'A = \angle OBA'$,$\angle OAB' = \angle OA'B$(图 6). 由于 $\angle OAB'$ 和 $\angle OA'B$ 相等,所以它们的邻补角也相等:$\angle B'A'B = \angle BAB'$. $\triangle IAB$ 和 $\triangle IA'B'$ 是全等的($AB = A'B'$,$\angle IAB = \angle IA'B'$,$\angle IBA = \angle IB'A'$),于是 $IA = IA'$. 最后 $\triangle OIA$ 和 $\triangle OIA'$ 全等(三边相等),从而有 $\angle AOI = \angle A'OI$.

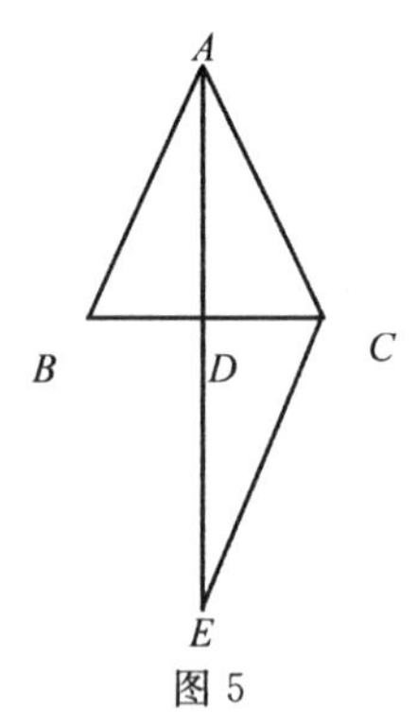

图 5

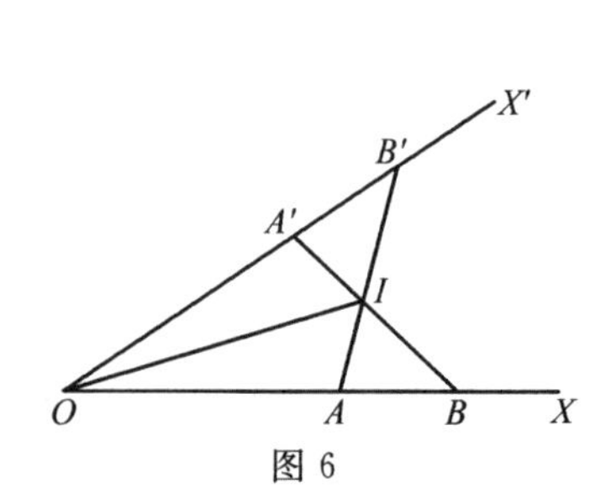

图 6

(7) 设 BD(图 2.9) 为已知 $\triangle ABC$ 的中线且 $BD = DE$. 因而 $\triangle DAB$ 和 $\triangle DCB$ 全等(第 25 节),从而 $AE = BC$, $\angle DEA = \angle DBC$. 若 $BC > BA$, 那么在 $\triangle ABE$ 中就有 $AE > AB$. 从而按习知的定理(第 25 节) $\angle ABE > \angle AEB$, 即 $\angle ABD > \angle DBC$.

(8) 对于 $\triangle ABC$ 平面上任一点 M 有:

$$MB + MC \geqslant BC, MC + MA \geqslant CA, MA + MB \geqslant AB$$

并且三个等号不可能同时成立,因为点 M 不可能同时在三边 BC, CA 和 AB 上. 从此

$$MA + MB + MC > \frac{1}{2}(AB + BC + CA)$$

由于凸折线的周长小于包围它的折线的周长,那么对于三角形内部任一点 M, 按第 27 节,有不等式

$$MB + MC < AB + AC, MC + MA < BC + BA, MA + MB < AC + BC$$

相加并以 2 除之得

$$MA + MB + MC < BC + CA + AB$$

(8a) 设 $ABC\cdots KL$ 为任一多边形,而 M 是所取的点,那么 $MA + MB \geqslant AB$, $MB + MC \geqslant BC$, $MC + MD \geqslant CD$, $\cdots$, $ML + MA \geqslant LA$, 并且等号不可能同时成立. 相加并以 2 除之得

$$MA + MB + \cdots + ML > \frac{1}{2}(AB + BC + \cdots + LA)$$

(9) 设 E 为四边形 $ABCD$ 对角线 AC 和 BD 的交点(图 7),那么

$$AC < AB + BC, AC < AD + DC$$

$$BD < BC + CD, BD < BA + AD$$

相加并以 2 除之,求出

$$AC + BD < AB + BC + CD + DA$$

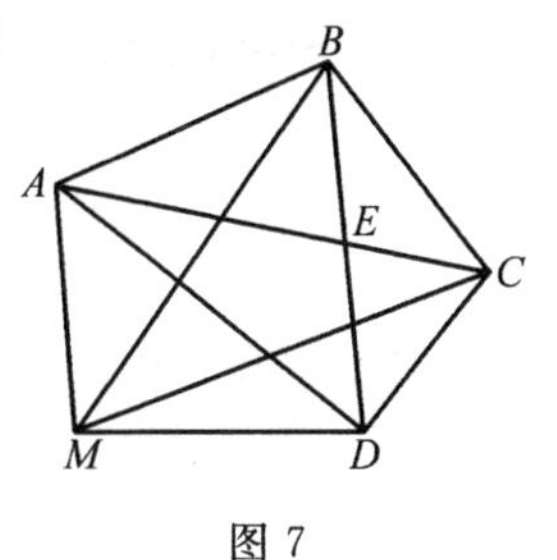

图 7

若四边形 $ABCD$ 是凸的,那么

$$AC = AE + EC, BD = BE + ED$$

且

$$AE + EB > AB, BE + EC > BC$$

$$CE + ED > CD, DE + EA > AD$$

把后面的不等式相加并除以2,得

$$AE+BE+CE+DE>\frac{1}{2}(AB+BC+CD+AD)$$

亦即

$$AC+BD>\frac{1}{2}(AB+BC+CD+AD)$$

备注 所证的第一个性质 $AC+BD<AB+BC+CD+AD$ 对于凹四边形也适用.第二个性质 $AC+BD>\frac{1}{2}(AB+BC+CD+AD)$ 对于凹四边形不一定适用(例如在图8显然 $AC+BD$ 小于半周长).

(10) 设 E(图7)为凸四边形 $ABCD$ 对角线的交点,而 M 为它平面上不同于 E 的任一点.我们有 $MA+MC\geqslant EA+EC$,$MB+MD\geqslant EB+ED$,并且两个等号是不可能同时成立的,因为 M 不同于 E.两端相加得 $MA+MB+MC+MD>EA+EB+EC+ED$.

备注 凹四边形对角线交点 E 不具有所说的性质.为了说明这一点,以 D(图9)表示凹四边形 $ABCD$ 中的那一顶点:它在其余三顶点所形成的 $\triangle ABC$ 内部.

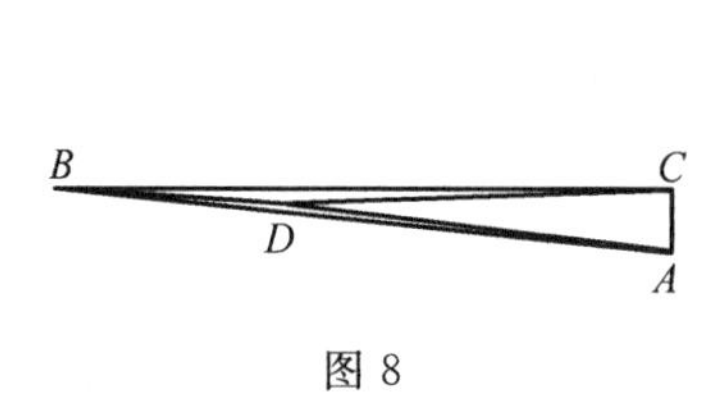

图8

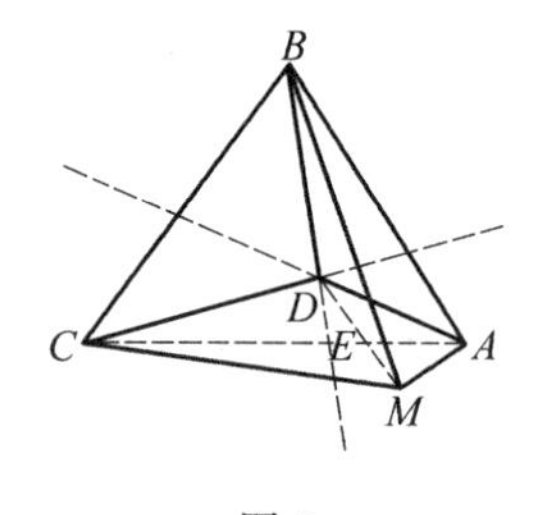

图9

设点 M 在 $\angle BDC$ 对顶角内部(或边上),在这种情况,$MB+MC>DB+DC$.此外,$MD+MA\geqslant AD$.由是 $MA+MB+MC+MD>DA+DB+DC$.

如果点 M 在 $\angle ADB$ 对顶角内(或边上),或者 M 在 $\angle ADC$ 对顶角内,也得出这个不等式.因此,这个不等式对于一切不同于 D 的点 M 成立(其中包括对角线交点 E).

所以,平面上到四顶点距离之和为最小的点是 D(而不是 E).

(11) 在图2.9$\triangle ABE$ 中有 $2BD<AB+AE$,即 $BD<\frac{1}{2}(AB+BC)$.

在 $\triangle ABD$ 和 $\triangle BCD$ 中有 $BD>AB-AD$,$BD>BC-DC$.相加并除以2,得 $BD>\frac{1}{2}(AB+BC-AC)$.

(12) 设 AA', BB', CC' 为 $\triangle ABC$ 的中线，则由习题(11) 有

$$\frac{1}{2}(AB+AC-BC)<AA'<\frac{1}{2}(AB+AC)$$

$$\frac{1}{2}(AB+BC-AC)<BB'<\frac{1}{2}(AB+BC)$$

$$\frac{1}{2}(AC+BC-AB)<CC'<\frac{1}{2}(AC+BC)$$

相加得

$$\frac{1}{2}(AB+AC+BC)<AA'+BB'+CC'<AB+AC+BC$$

备注 利用第 56 节定理可以证明不等式 $\frac{3}{4}(AB+BC+AC)<AA'+BB'+CC'$，得出中线之和更小的界限. 若 G 为中线交点，则 $BC<GB+GC$，即 $BC<\frac{2}{3}(BB'+CC')$. 仿此 $AC<\frac{2}{3}(AA'+CC')$，$AB<\frac{2}{3}(AA'+BB')$. 相加，容易得出

$$\frac{3}{4}(AB+BC+AC)<AA'+BB'+CC'$$

(13) 若已知点 A 和 B 在已知直线 XY 的异侧，那么所求的点便是直线 XY 和 AB 的交点 M，因为如果 M' 是 XY 上 M 以外的任一点，就有 $MA+MB=AB<M'A+M'B$.

若已知的点 A 和 B 在直线 XY 的同侧，那么对于直线 XY 上任一点 M'，有等式 $M'A+M'B=M'A+M'B'$，其中 B' 是 B 关于 XY 的对称点. 所求的点将是 AB' 和 XY 的交点.

(14) 设 B' 是 B 关于 XY 的对称点，那么 $\angle BMY=\angle B'MY$，于是由等式 $\angle AMX=\angle B'MY$，三点 A、M、B' 共线. 所求点是直线 AB' 和 XY 的交点.

(15) 若已知点 A 和 B 在已知直线 XY 的同侧(图 10)，那么所求的点便是直线 XY 和 AB 的交点 M，因为如果 M' 是直线 XY 上 M 以外的任一点，那么有 $|MA-MB|=AB>|M'A-M'B|$.

若已知点 A 和 B 在 XY 的异侧，以 B' 表示 B 关于 XY 的对称点(图 11). 这时对于直线 XY 上任一点 M' 有等式 $M'A-M'B=M'A-M'B'$. 因此所求点 M 是直线 AB' 和 XY 的交点.

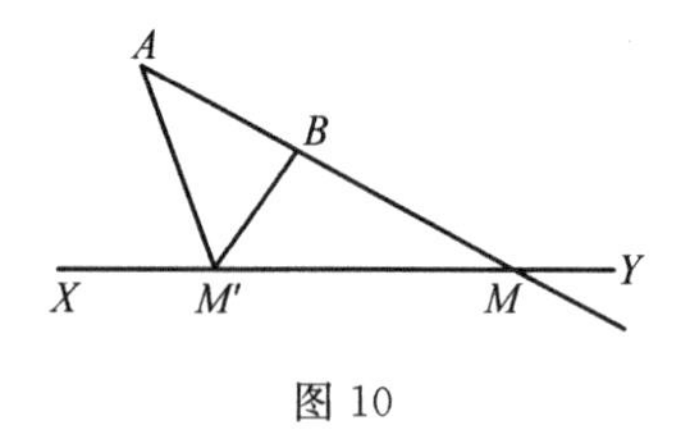

图 10

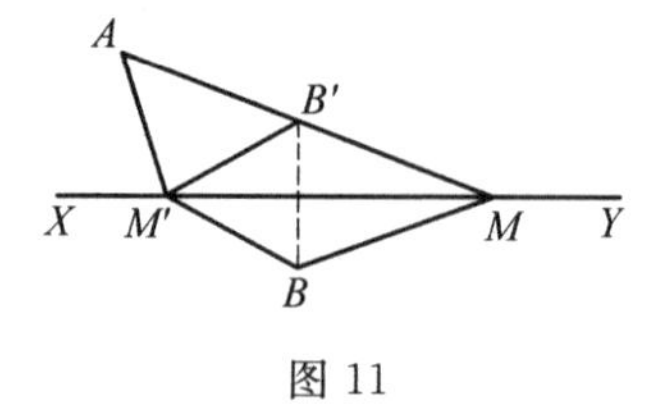

图 11

(16) 设在直角顶点为 A 和 A' 的两个直角三角形 $\triangle ABC$ 和 $\triangle A'B'C'$(图 12) 中,两腰满足条件 $AB < A'B'$,$AC < A'C'$. 截 $A'D = AB$,$A'E = AC$. 于是 $BC = DE$. 由于 $A'E < A'C'$,便也有 $DE < DC'$;同理 $DC' < B'C'$. 因之 $DE < B'C'$,亦即 $BC < B'C'$.

(17) 设在 $\triangle ABC$(图 13) 中,$AB > AC$,AD,AE,AH 分别是中线、角平分线、高线. 由习题(7),$\angle BAD < \angle DAC$,从而中线介于边 AB 和角平分线 AE 之间.

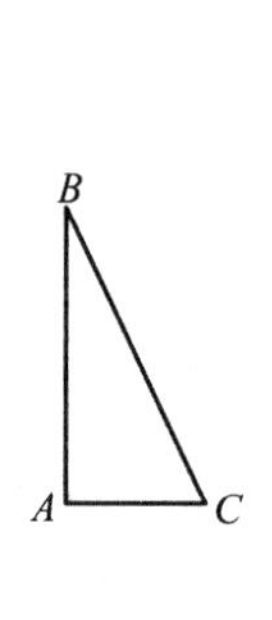

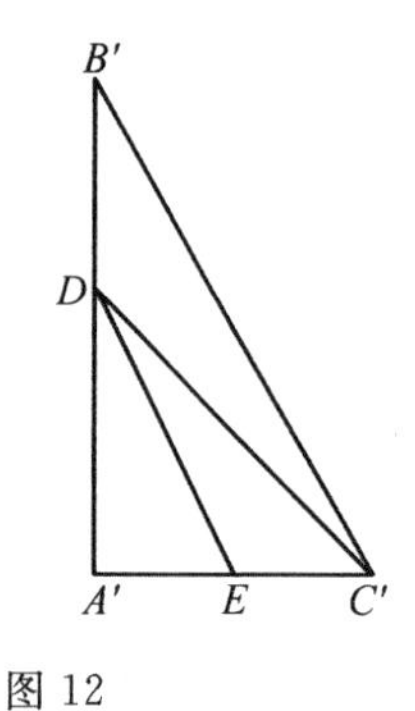

图 12

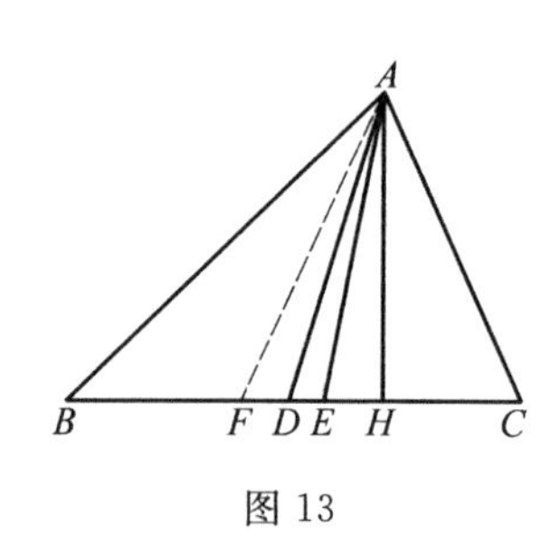

图 13

若截 $HF = HC$,则 $AF = AC$,于是由不等式 $AB > AC$,也有 $AB > AF$. 所以 $BH > FH$,因之点 F 比 B 贴近 H,从而 $\angle CAH = \angle FAH < \angle BAH$,于是高线 AH 介于角平分线 AE 和边 AC 之间.

(18) 由于 $HE < HD$(参看习题(17) 解法和图 13),于是也有 $AE < AD$.

(19) 若 $\triangle ABC$(图 14) 中高 BD 和 CE 相等,那么直角三角形 $\triangle BCD$ 和 $\triangle CBE$ 因一腰和斜边相等而全等,于是 $\angle BCD = \angle CBE$ 而 $\triangle ABC$ 等腰.

备注 关于中线的类似性质参看习题(39),关于角平分线参看习题(361) 和(361a).

(20) 设 $\triangle ABC$ 中,$AB > AC$,而 BD 和 CE 是高. 由于 $\angle ACB > \angle ABC$,应用第 35 节定理于 $\triangle BCD$ 和 $\triangle CBE$ 得 $BD > CE$.

(21) 设 I 为 $\angle B$ 和 $\angle C$(图 15) 的平分线的交点,则有 $\angle NCI = \angle ICB = \angle NIC$(内错角);$\triangle NIC$ 是等腰的,于是 $IN = CN$. 仿此,$IM = BM$,从此 $MN = BM + CN$.

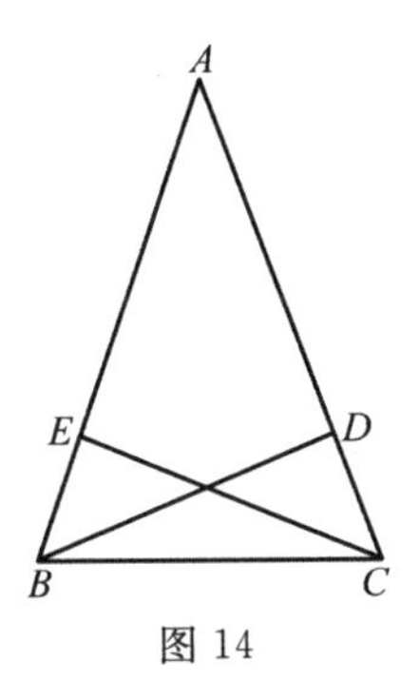

图 14

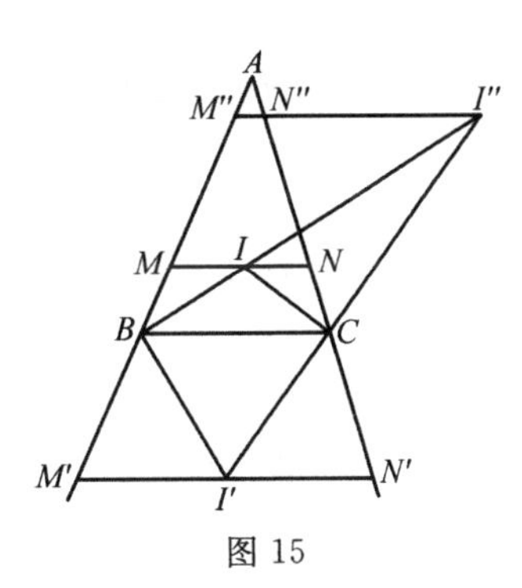

图 15

若 I' 是 $\angle B$, $\angle C$ 外角平分线的交点,而 $M'I'N'$ 是平行于 BC 的直线,那么两个三角形 $\triangle M'BI'$ 和 $\triangle N'CI'$ 都是等腰的,于是 $M'N' = BM' + CN'$.

最后,若 I'' 是 $\angle B$ 的平分线和 $\angle C$ 外角平分线的交点,而 $M''I''N''$ 是平行于 BC 的直线,那么 $\triangle M''BI''$ 和 $\triangle N''CI''$ 是等腰的,而 $M''N'' = M''I'' - N''I'' = BM'' - CN''$.

(22) 设已知多边形 $ABCDE$(图 16). 将多边形内一点 O 到各顶点连线,我们把它分成与边数同数的三角形. 所有这些三角形的内角之和是 $2dn$(n 是多边形的边数). 要得到多边形的内角和,应从这个和中减去点 O 各角之和,亦即 4d.

(23) 若点 A 的角为锐角,则和 $\angle B + \angle C$ 大于 $\angle A$(图 17),由 $\triangle ABD$ 有 $\angle ADE = 2d - \angle B - \angle C = \angle A$; 仿此由 $\triangle ACE$ 有 $\angle AED = 2d - \angle B - \angle C = \angle A$. 从此得 $\angle ADE = \angle AED$.

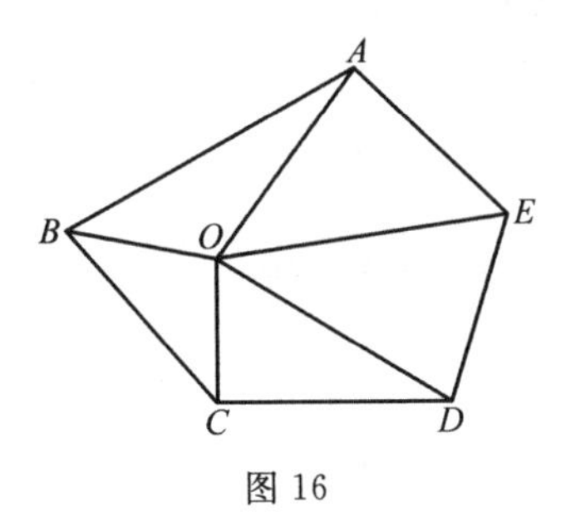

图 16

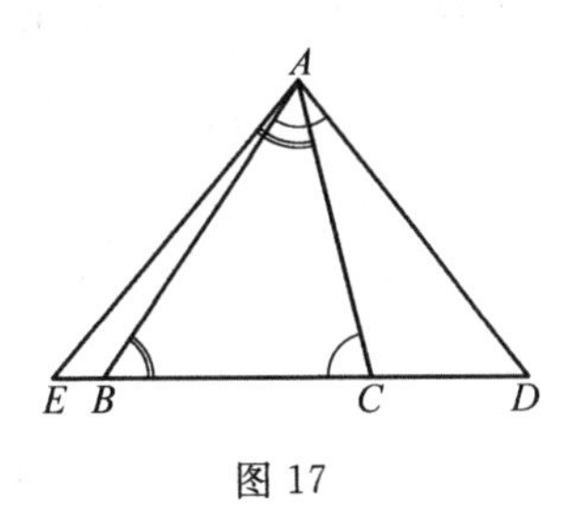

图 17

若点 A 的角为钝角,则 $\angle B + \angle C < \angle A$(图 18). 由 $\triangle ABD$ 和 $\triangle ACE$ 有 $\angle ADE = \angle B + \angle C$, $\angle AED = \angle B + \angle C$. 从此得 $\angle ADE = \angle AED$.

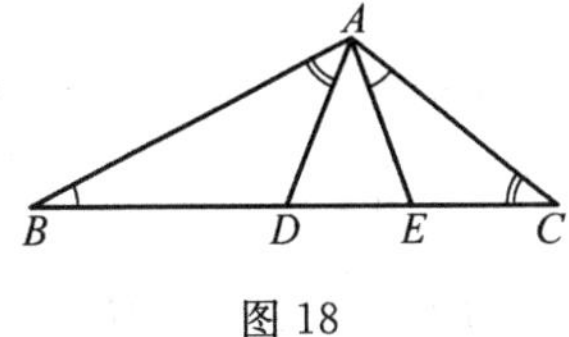

图 18

若点 A 的角为直角,则点 D 和 E 重合,因为 $\angle A$ 等于和 $\angle B + \angle C$.

(24)① 设 AE 为角平分线,AH 为高,且 $AB > AC$(图 13),从而 $\angle B$ 为锐角. 于是

$$\angle EAH = \angle BAH - \angle BAE = (90^\circ - \angle B) - \frac{1}{2}\angle A =$$

$$90^\circ - \angle B - \frac{1}{2}(180^\circ - \angle B - \angle C) = \frac{1}{2}(\angle C - \angle B)$$

② 设 I 为 $\angle B,\angle C$ 平分线交点(图 15),则

$$\angle BIC = 180^\circ - (\frac{1}{2}\angle B + \frac{1}{2}\angle C) = 180^\circ - \frac{1}{2}(180^\circ - \angle A) =$$

$$90^\circ + \frac{1}{2}\angle A$$

③ 设 I' 为 $\angle B,\angle C$ 外角平分线交点(图 15),则

$$\angle BI'C = 180^\circ - \frac{1}{2}(180^\circ - \angle B) - \frac{1}{2}(180^\circ - \angle C) =$$

$$\frac{1}{2}(180^\circ - \angle A) = 90^\circ - \frac{1}{2}\angle A$$

(25)① 设(图 19)AE,BE 为 $\angle A,\angle B$ 的平分线,则由 $\triangle ABE$ 有

$$\angle AEB = 180^\circ - \frac{1}{2}\angle A - \frac{1}{2}\angle B =$$

$$\frac{1}{2}(\angle A + \angle B + \angle C + \angle D) - \frac{1}{2}\angle A - \frac{1}{2}\angle B =$$

$$\frac{1}{2}(\angle C + \angle D)$$

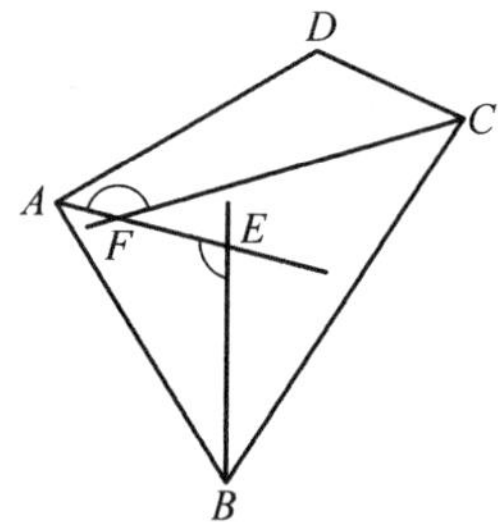

图 19

② 设 AF,CF 为 $\angle A,\angle C$ 的平分线,则由四边形 $ADCF$(我们假设像图 19 那样,两个四边形 $ABCF$ 和 $ADCF$ 中,后者是凸的)

$$\angle AFC = 360^\circ - \angle D - \frac{1}{2}\angle A - \frac{1}{2}\angle C =$$

$$360^\circ - \angle D - \frac{1}{2}(360^\circ - \angle B - \angle D) =$$

$$180^\circ - \frac{1}{2}(\angle D - \angle B)$$

(26) 设 AN,BN 为平行四边形 $ABCD\angle A,\angle B$ 的平分线(图 20),则

$$\angle ANB = 180^\circ - \frac{1}{2}\angle A - \frac{1}{2}\angle B = 180^\circ - 90^\circ = 90^\circ$$

因为平行四边形两邻角之和等于 180°. 设 $AP,BP\angle A,\angle B$ 的外角平分线,则

$$\angle APB = 180^\circ - \frac{1}{2}\angle XAB - \frac{1}{2}\angle YBA = 90^\circ$$

同理可证明四边形 $KLMN$ 和 $PQRS$ 其余各角为直角.

(27) 设 O(图 21) 为平行四边形对角线交点,而 MN 为通过 O 的任一直线,则 $\triangle AOM$ 和

$\triangle CON$ 全等($AO = OC$,$\angle MAO = \angle NCO$,$\angle AOM = \angle CON$),因而 $OM = ON$.

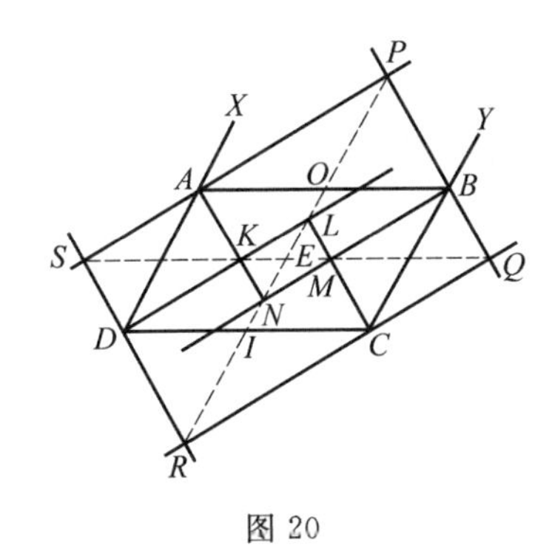

图 20

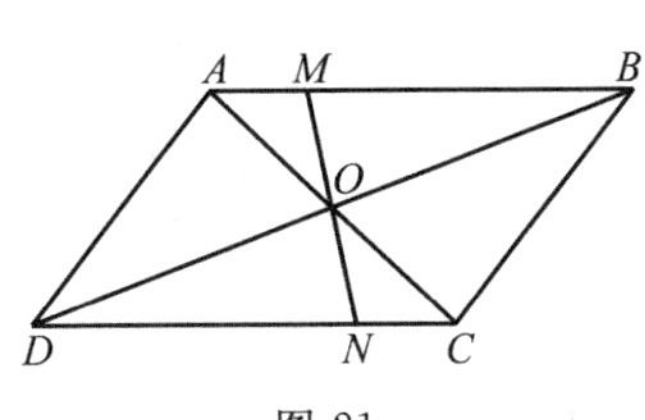

图 21

(28) 设平行四边形 $MNPQ$(图 22) 内接于平行四边形 $ABCD$,O 为对角线 MP 的中点. 由于 $MQ = PN$,$\angle AMQ = \angle CPN$,$\angle AQM = \angle CNP$(因为角的边反向平行),所以 $\triangle AMQ$ 和 $\triangle CPN$ 全等. 因而 $AM = CP$,并且,由于 $AM = CP$,$OM = OP$,$\angle AMO = \angle CPO$,$\triangle AOM$ 和 $\triangle COP$ 便全等. 从此得出 $\angle AOM = \angle COP$,$OA = OC$,因而 AOC 为直线(习题(3)),而 O 为平行四边形 $ABCD$ 对角线 AC 的中点.

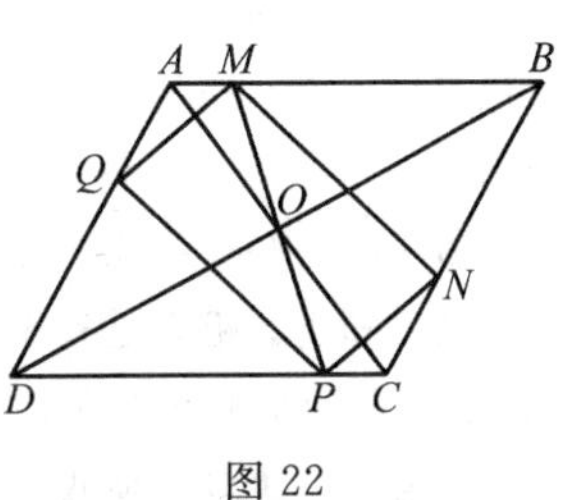

图 22

(29) 设 BO 为 $\triangle ABC$ 的中线,且 $BO = OD$(图 6.6),则 $\triangle ABC$ 和 $\triangle ABD$ 适用(第 28 节)关于两个三角形有两边对应相等但夹角不等的定理. 按照这定理,由 $AC < 2OB$,$AC = 2OB$,$AC > 2OB$,亦即由 $AC < BD$,$AC = BD$,$AC > BD$ 便分别得出 $\angle ABC < \angle BAD$,$\angle ABC = \angle BAD$,$\angle ABC > \angle BAD$. 由于 $\angle ABC + \angle BAD = 2\mathrm{d}$,那就依次有 $\angle ABC < \mathrm{d}$,$\angle ABC = \mathrm{d}$,$\angle ABC > \mathrm{d}$.

(30) 设在(直角)$\triangle ABC$ 中,$\angle B$ 是 $\angle C$ 的 2 倍(图 23). 设在边 AB 的延长线上截取线段 $AD = BA$,那么 $\triangle BCD$ 各角都相等,由是 $BC = BD = 2BA$.

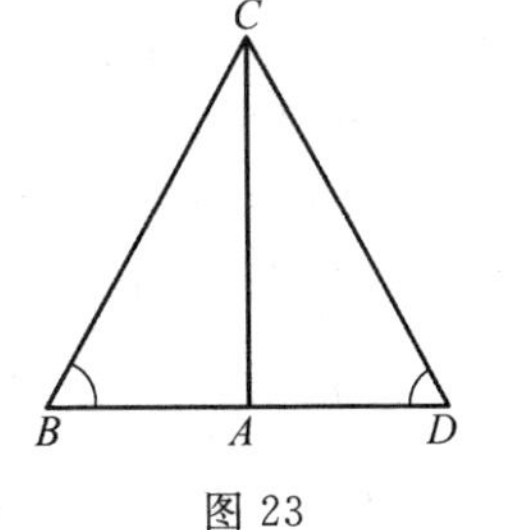

图 23

(31) 设已知两条相交直线 OX 和 OY(图 24). $A'Y'$ 和 $A''Y''$ 是 OY 的平行线,并且和它的距离等于 l;以 A',A'' 表示 OX 和这两平行线的交点.

设 M 为平面上任一点,且 MP,MQ 为其与直线 OX,OY 的距离. 线段 OA',OA'' 的大小和方向确定了两个平移,利用这两个平移我们从点 M 得出两个新的点 M',M'',它们到直线 OX 的距离等于 MP,而到 OY 的距离是 $l + MQ$ 和 $l - MQ$,或 $MQ + l$ 和 $MQ - l$,就看点 M 在直线 $A'Y'$,$A''Y''$ 之间与否(两种情况图 24 都表明了).

现在假设对于平面上某一点 M 满足了条件 $MP + MQ = l$,$MP - MQ = l$,$MQ - MP =$

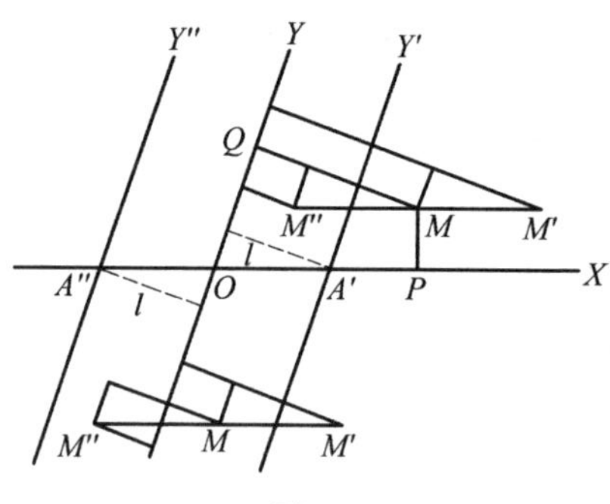

图 24

l 之一,即条件 $MP = l - MQ$, $MP = l + MQ$, $MP = MQ - l$ 之一.在这种情况下,由点 M 利用上面指出的两个平移所得出的两点 M',M'' 之一将距直线 OX 和 OY 等远.由此得出(并且反过来也成立),满足问题的条件的点,是由距已知两直线等远的点利用平移 OA' 和 OA'' 得来的.

由于距已知直线 OX,OY 等远的点的轨迹,是平分已知直线夹角的一对直线 p,q,那么到两条已知直线距离之和或差等于 l 的点 M 的轨迹便是两对直线 p',q' 和 p'',q'',它们是由 p,q 利用那两个平移得到的(图 25).

还需要解决对于所得四直线上哪些点到两已知直线的距离之和为 l,哪些点距离之差为 l.让我们只就直线 q' 上的点解决这个问题.从图上容易看出,线段 $A'B'$(图 25)上的点距离之**和**等于 l,而线段 $A'B'$ 延长线上的点则是距离之**差**等于 l.

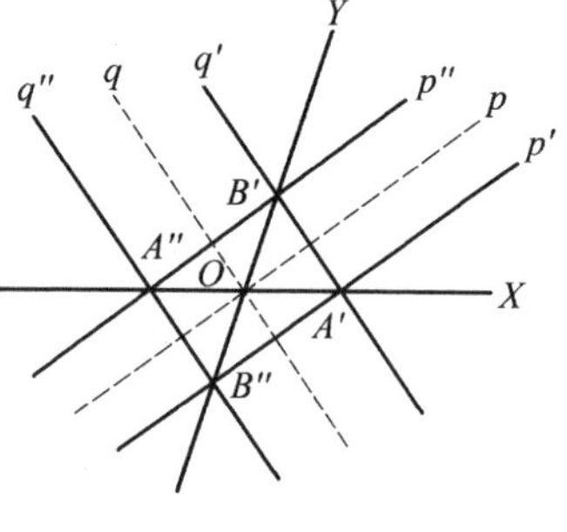

图 25

因此,到两已知直线距离之和等于 l 的点的轨迹是矩形 $A'B'A''B''$ 的四条边的集合,而距离之差等于 l 的点的轨迹则是这一矩形各边通过各顶点的延长线的集合.

现在假设已知直线 XX' 和 YY' 是平行的,而 ZZ' 是距离它们等远的直线.依次以 MP,MQ,MN 表示点 M 到直线 XX',YY',ZZ' 的距离.若已知直线间的距离小于 l(图 26),那么满足条件 $MP + MQ = l$ 的点 M 的轨迹,是一对距 ZZ' 为 $\frac{l}{2}$ 的直线,因为由习题(1)有 $MP + MQ = 2MN$.在这一情况,显然满足 $MP - MQ = \pm l$ 的点不存在.

若已知直线间的距离大于 l(图 27),那么显然满足 $MP + MQ = l$ 的点不存在.在这一情况,满足条件 $MP - MQ = \pm l$ 的点的轨迹,由距 ZZ' 为 $\frac{l}{2}$ 的两直线组成,因为由习题(1)有 $MP - MQ = \pm 2MN$.

最后,若已知直线之间的距离等于 l,那么对于它们之间或它们之一上面的任一点,有

$MP + MQ = l$. 而在已知直线所形成的条状区域以外或它们之一上的任一点，有 $MP - MQ = \pm l$.

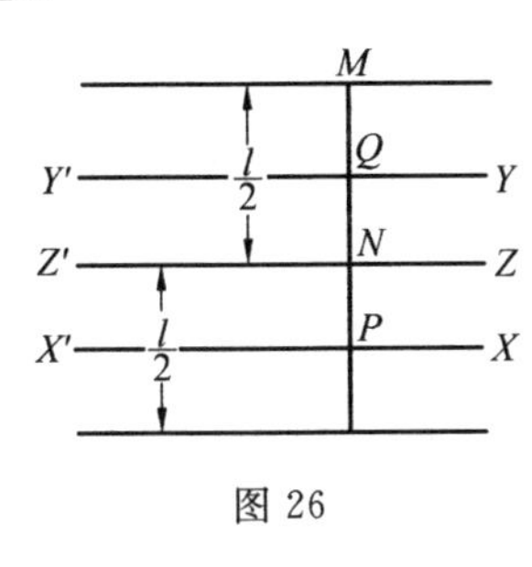

图 26

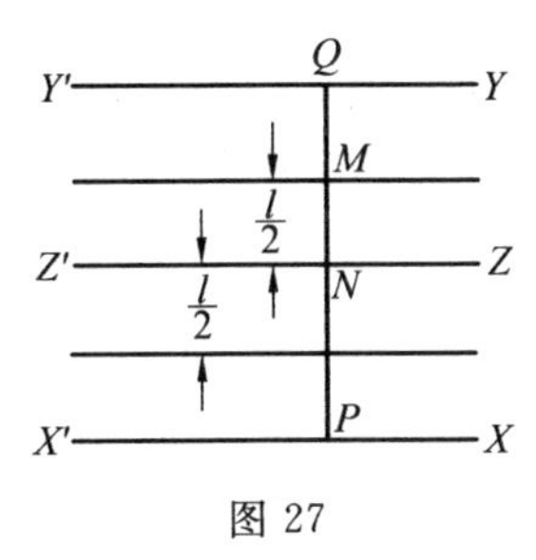

图 27

(32) 由第附 17 节例 1 得出下面作点 N 的方法：

通过点 A 作直线使有已知方向，并在这直线上截取线段 AC 等于所求线段 MN（MN 长度的确定是没有困难的）. 联结 B 和 C 两点，与两已知直线之一相交得出点 N.

(33) 设欲将点 O 与直线 AA'，BB' 的交点相连（图 28）. 通过点 O 作直线 AD，BE 分别垂直于 BB'，AA'. 垂直于 AB 的直线 OF 必通过 AA' 和 BB' 的交点，因为 OF 是直线 AA'，BB'，AB 所构成的三角形的第三条高.

这个作法只适用于这样的假设情况：即点 A，B 和线段 AB 在绘图区域之内.

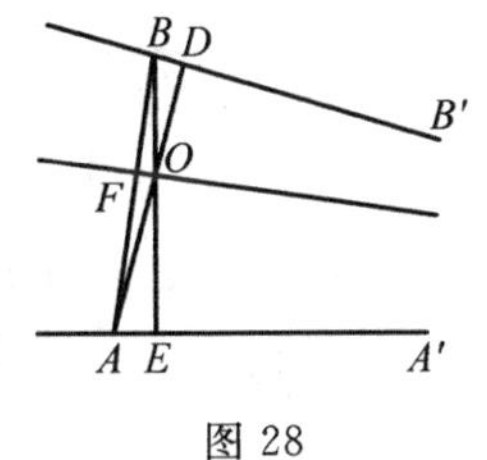

图 28

(34) 设 E，F（图 29）为梯形两腰 AD，BC 的中点，M，N 为对角线 BD，AC 的中点. 直线 EM 联结 $\triangle ABD$ 两边中点，因而平行于 AB（第 55 节）；直线 EN 联结 $\triangle ACD$ 两边中点，平行于 CD，所以也就平行于 AB，从此得出直线 EM 和 EN 重合. 点 E，M，N 共线. 同样证明点 F，M，N 共线. 后一直线和 EMN 重合，因为它们已有了两个公共点 M 和 N. 所以四点 E，F，M，N 在同一直线上.

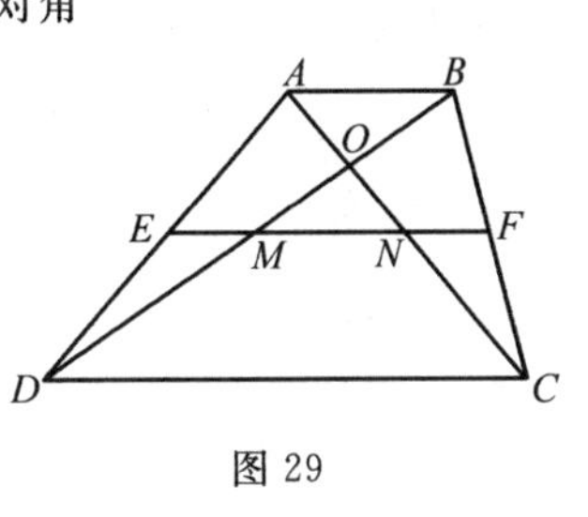

图 29

由 $\triangle ABD$，$\triangle ABC$，$\triangle BCD$ 有

$$EM = \frac{1}{2}AB, FN = \frac{1}{2}AB, MF = \frac{1}{2}CD$$

从此

$$EF = EM + MF = \frac{1}{2}(AB + CD)$$

$$MN = MF - FN = \frac{1}{2}(CD - AB)$$

(35) 设 AA_0，BB_0 为由点 A，B 向已知直线所引的垂线，而 C_0 为线段 A_0B_0 的中点.

若点 A，B 位于已知直线同侧（图 30），则 AA_0B_0B 为梯形. 直线 CC_0 将平行于梯形两底，因由习题(34),通过边 AB 的中点且平行于梯形两底的直线将边 A_0B_0 平分.线段 CC_0 等于 $\frac{1}{2}(AA_0+BB_0)$.

若点 A,B 位于已知直线异侧(图 31),那么 AB 和 A_0B_0 是梯形 AA_0BB_0 的对角线.由习题(34),由于直线 CC_0 平分两条对角线,那么

$$CC_0=\frac{1}{2}(AA_0-BB_0)$$

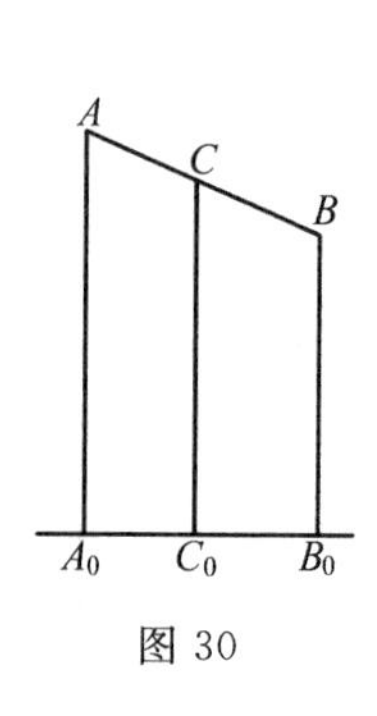

图 30

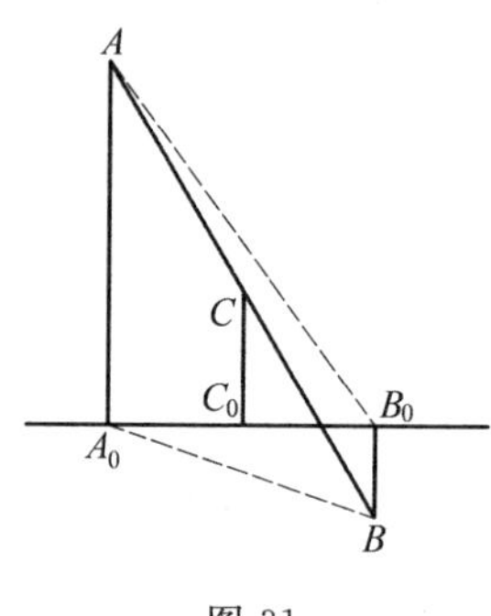

图 31

(36) 设 M,N,P,Q,K,L 依次为四边形 $ABCD$ 的边 AB,BC,CD,DA 和对角线 AC,BD 的中点(图 32).联结 $\triangle ABC$ 两边中点的线段 MN 平行于 AC 且等于 $\frac{1}{2}AC$,同理,线段 PQ 平行于 AC 且等于 $\frac{1}{2}AC$.四边形 $MNPQ$ 是平行四边形.

作为平行四边形 $MNPQ$ 的对角线,线段 MP 和 NQ 被交点 O 所平分.线段 KN,由于联结 $\triangle ABC$ 两边中点,所以平行于 AB 且等于 $\frac{1}{2}AB$;仿此,线段 LQ 平行于 AB 且等于 $\frac{1}{2}AB$,所以 $KNLQ$ 是平行四边形,而线段 KL 作为新平行四边形的对角线,通过线段 NQ 的中点 O 并被这点所平分.

(37) 设 G(图 33) 为 $\triangle ABC$ 中线 BE 和 CF 的交点,而点 K,L 是这样选的:使 $EK=EG$,$FL=FG$.线段 EF 联结了 $\triangle ABC$ 和 $\triangle GKL$ 两边的中点,所以它既平行于 BC 又平行于 KL,既等于 $\frac{1}{2}BC$ 又等于 $\frac{1}{2}KL$.由是得出线段 BC 和 KL 平行且相等.四边形 $BCKL$ 是平行四边形,从而 $BG=GK=2GE$,$CG=GL=2GF$.所以中线 BE 通过线段 CF 的一个三等分点 G.

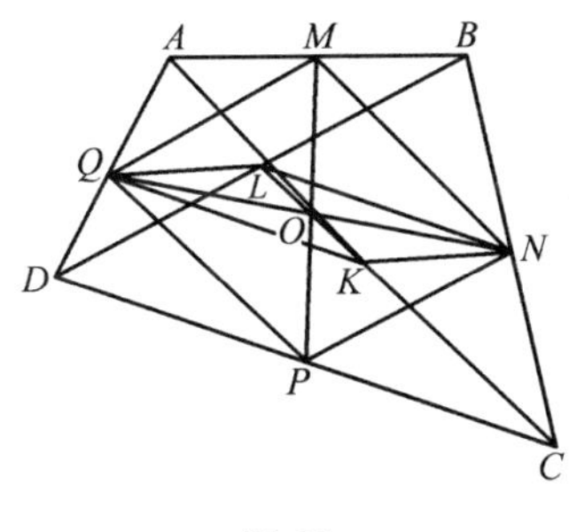

图 32

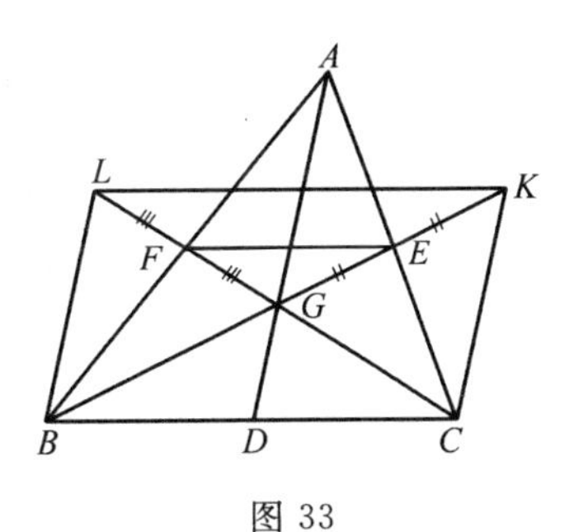

图 33

仿此可以证明第三条中线 AD 也从线段 CF 截下$\frac{1}{3}$,因而也通过这点.

(38) 设 a,b,c 为已知的直线,都通过点 O,而 A 是 a 上一点.

① 以 A 为顶点以已知直线为高的三角形中,边 AB 和 AC 应该分别垂直于 c 和 b(图 34).以此在直线 b,c 上确定顶点 B,C 的位置.若直线 b 和 c 是垂直的,那么通过 A 而垂直于 b 和 c 的直线,显然分别与直线 c 和 b 平行,于是上面的作法行不通.在这种情况下,以 A 为顶点以已知直线为高的三角形是不存在的.

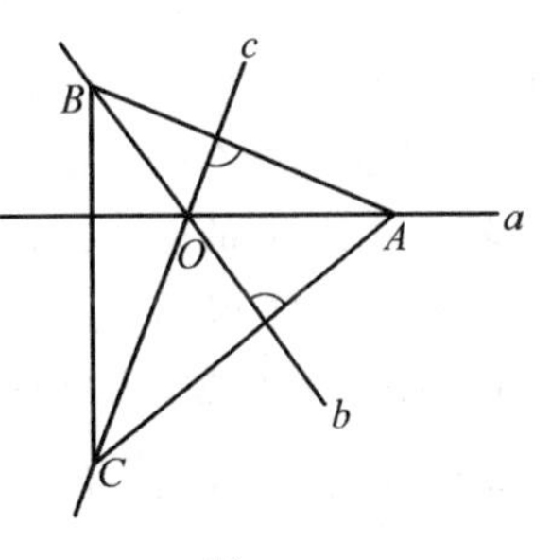

图 34

② 作 $OA_1=\frac{1}{2}OA$(图 35),点 A_1 是 BC 的中点.若 $A_1M=A_1O$,那么 $OBMC$ 是平行四边形.点 B 和 C 在通过 M 所引与 c 和 b 平行的直线上.这时点 O 将是 $\triangle ABC$ 中线的交点(因为 $A_1O=\frac{1}{3}A_1A$),从而直线 OB 和 OC 确实是 $\triangle ABC$ 的中线.

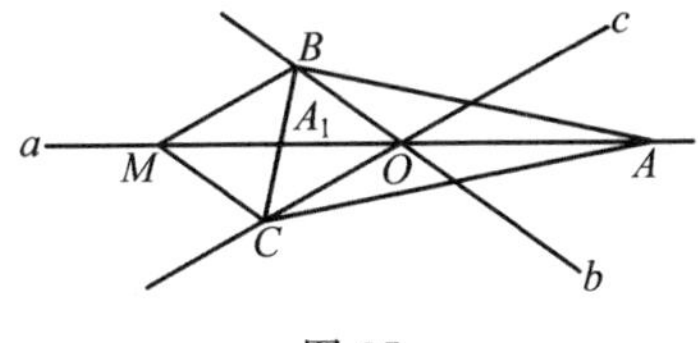

图 35

③ 若直线 a,b,c 是所求 $\triangle ABC$ 的角平分线,那么直线 AB 和 BC 对称于直线 b,直线 AC 和 BC 对称于直线 c(图 36).所以 A 关于 b 和 c 的对称点在通过 B 和 C 的直线 l 上.这就有了作直线 l 的可能,从而能定出顶点 B 和 C.

若直线 b,c 互相垂直,那么容易看出所作直线 l 通过点 O,问题无解.若直线 a 垂直于直

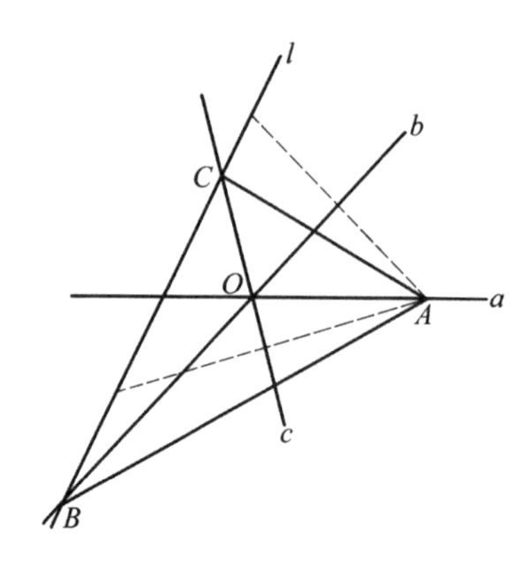

图 36

线 b,c 之一，那么 l 将平行于其中另一线，问题依然无解. 在其余情况下，即当已知直线中任何两线不互相垂直时，问题有唯一解答.

④ 考察一个 $\triangle ABC$ 使以 a,b,c 为高(参看 ①)，并通过它的顶点引直线平行于其对边(比较有关三角形的高线定理的证明，第 53 节).

(39) 设 AD,BE,CF 为 $\triangle ABC$ 的中线(图 37)，G 为其交点. 若 $AB > AC$，则由 $\triangle ABD$ 和 $\triangle ACD$，由于有两边对应相等而第三边不等，于是有(第 28 节逆定理)$\angle ADB > \angle ADC$. 由 $\triangle GBD$ 和 $\triangle GCD$ 得出(第 28 节)$BG > CG$，即 $\frac{2}{3}BE > \frac{2}{3}CF$，或 $BE > CF$.

同理，若 $AC > AB$，则 $CF > BE$. 所以从 $BE = CF$ 推出 $AB = AC$.

(40) 为了确定起见，假设给了四条直线 D_1,D_2,D_3,D_4. 以 $AXYZUB$ 表示所求折线(图 38). 假设点 X,Y,Z 已经作出了，那么(习题(14))将点 B 关于 D_4 的对称点 B' 和点 Z 相连，便得出点 U. 所以我们转移到三条直线的情况折线 $AXYZB'$ 的作图. 同理，为了作出点 Z，我们应将 Y 和 B' 关于 D_3 的对称点 B'' 相连，以下类推.

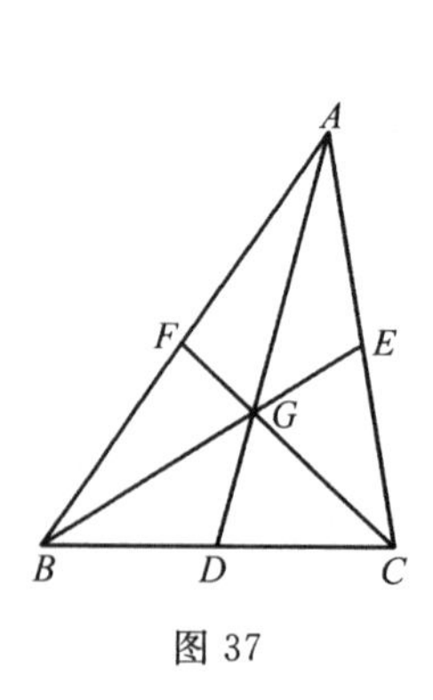

图 37

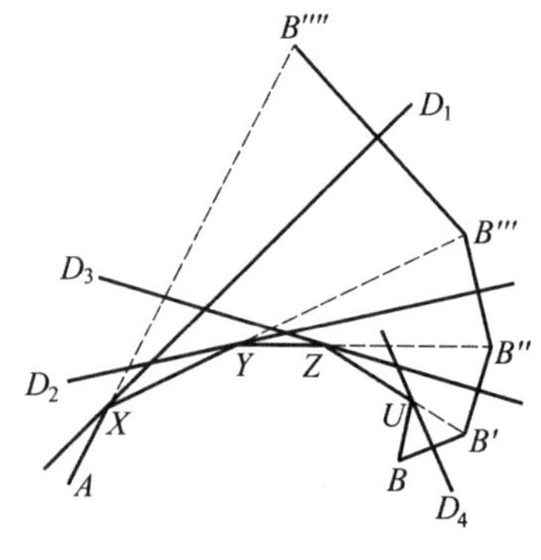

图 38

最后得出下述作法：作点 B 关于 D_4 的对称点 B'，再作 B' 关于 D_3 的对称点 B''，再作 B'' 关于 D_2 的对称点 B'''，最后作 B''' 关于 D_1 的对称点 B''''. 直线 AB'''' 定出点 X，直线 XB''' 定出点 Y，YB'' 定出点 Z，ZB' 定出点 U. 解法与直线的数目无关.

折线 $AXYZUB$ 的长度是 $AXYZUB = AXYZB' = AXYB'' = AXB''' = AB''''$. 以 A，B 为两端而其余顶点在直线 D_1，D_2，D_3，D_4 上的任一折线，其长度等于联结 A 和 B'''' 的某一折线的长度，因之大于 AB''''.

D_1，D_2，D_3，D_4 为矩形的四边且点 A 和 B 相重合的特殊情况，如图 39 所示. 这时 $XYZU$ 为平行四边形，且 $MX = PZ = MX'$. 由是 $XU + UZ = X'Z - MP$，所以 $MPZX'$ 是平行四边形. 因此，$XY + YZ + ZU + UX = 2MP$(点的意义看图自明).

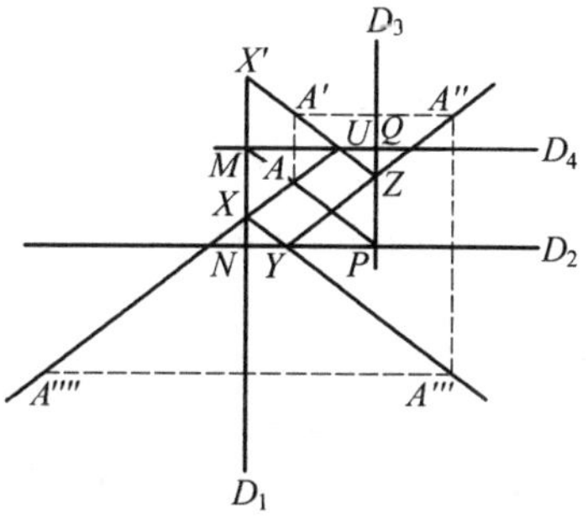

(41) 点 K(图 20) 在 $\angle DAB$ 和 $\angle ADC$ 的平分线上，所以距直线 AB 和 CD 等远(第 36 节)，点 M，Q，S 也具有这性质. 所以点 K，M，Q，S 在同一直线上 —— 距直线 AB 和 CD 等远的点的轨迹. 同理点 L，N，P，R 在一直线上 —— 距直线 BC 和 AD 等远的点的轨迹.

并且 $SM = AB$，因为 $ABMS$ 是平行四边形，且 $SK = MQ = BC$，因为 $AKDS$ 和 $BQCM$ 是矩形. 从此 $SQ = SM + MQ = AB + BC$ 且 $KM = SM - SK = AB - BC$.

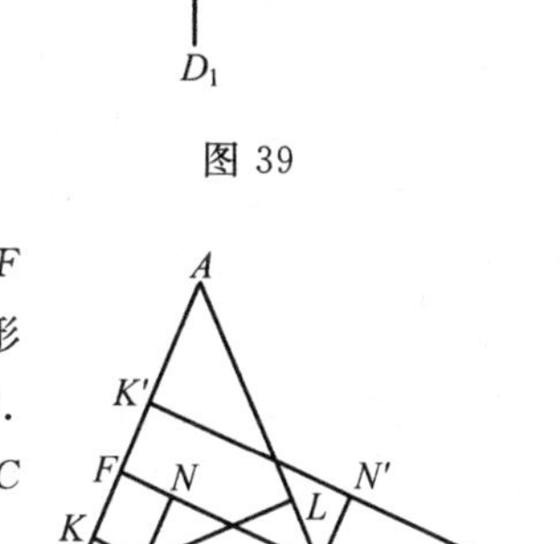

图 39

(42) 设点 M 在等腰 $\triangle ABC$ 底边 BC 上(图 40)，且 MK，ML，MN 是由点 M 到三角形的边 AB，AC 和到高线 CF 的距离. 于是 $\angle CMN = \angle CBA = \angle BCL$，因而直角三角形 $\triangle CMN$ 和 $\triangle MCL$ 全等，所以 $ML = CN$. 此外，$MK = NF$. 由是 $ML + MK = CN + NF = CF$. 可见点 M 到两边 AB，AC 的距离之和等于三角形的高 CF.

若点 M' 在 BC 的(例如通过点 C 的) 延长线上，那么同理 $M'K' - M'L' = M'K' - M'N' = N'K' = CF$.

图 40

现在假设点 M 在等边 $\triangle ABC$(图 41) 内部，而 MP，MQ，MR 是从这一点到 BC，AC，AB 的距离. 通过点 M 引直线 B_1C_1 平行于 BC，并从点 B_1 向边 AC，BC 作垂线 B_1K，B_1L. 应用所证关于等腰三角形的性质两次，一次用于 $\triangle AB_1C_1$，另一次用于 $\triangle ABC$，我们得到 $MQ + MR = B_1K$，$MP + MQ + MR = B_1L + B_1K = AD$，其中 AD 是 $\triangle ABC$ 的高.

若点 M' 在三角形外部，例如说在 $\angle BAC$ 的区域内部，那么：$-M'P' + M'Q' + M'R' = -B'_1L' + B'_1K' = AD$. 在所有的情况下，将有 $\pm MP \pm MQ \pm MR = AD$.

(43) 设直线 KL(图 42) 是通过 $\triangle ABC$ 的边 BC 中点 D 所作角平分线 AE 的垂线，交直线 AB，AC 于 K，L. 由于在 $\triangle AKL$ 中角平分线和高重合，那么(习题(5))$AK = AL$，且

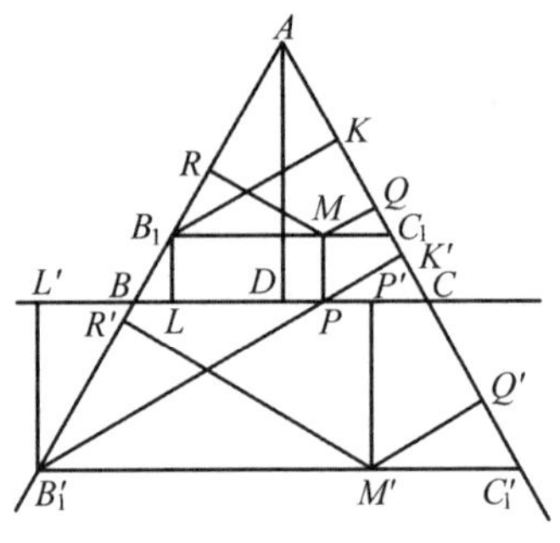

图 41

$\angle AKL=\angle ALK$. 作 $CF\ /\!/\ AB$,则 $\triangle BDK$ 和 $\triangle CDF$ 全等,由是 $BK=CF$. 并且 $\angle CFL=\angle AKL=\angle ALF$,于是 $CF=CL$,从而 $BK=CL$. 因此,$AB=AK+BK$,$AC=AL-CL=AK-BK$,从这里得出

$$AK=AL=\frac{1}{2}(AB+AC)$$

$$BK=CL=\frac{1}{2}(AB-AC)$$

(44) 我们有一系列的全等三角形(图 43)$\triangle ABH$,$\triangle CBK$,$\triangle EKF$,$\triangle GHF$,从而 $HB=BK=KF=FH$. $\angle BKF$ 是直角,因为它等于 $\triangle BKC$ 两锐角之和. 已经得到 $HBKF$ 是正方形.

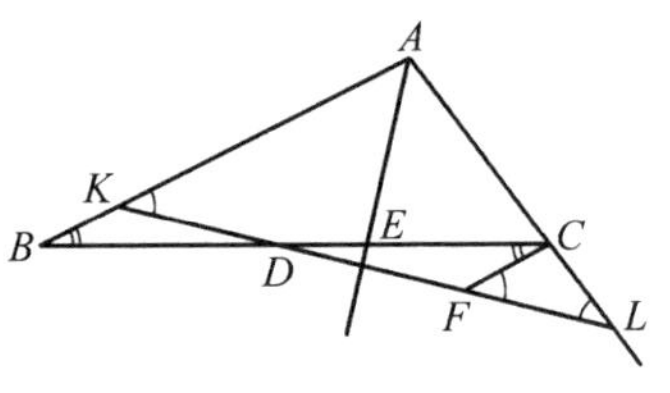

图 42

(45) 在解这个问题时,我们利用下述事项:

若在两个全等且转向相同的三角形中,一个三角形的某一边垂直于其对应边,那么这三角形的每一边都垂直于其对应边.

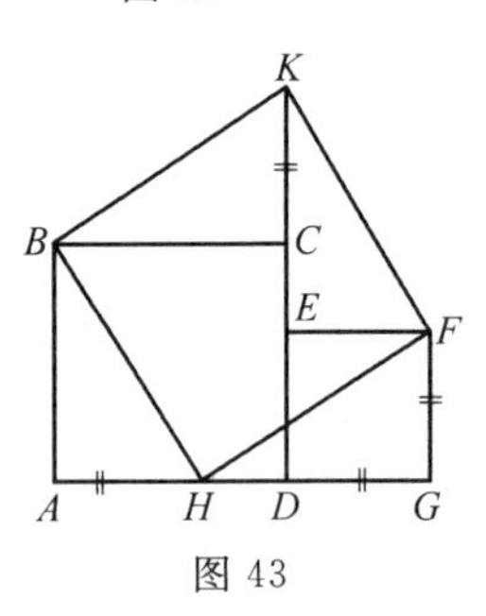

图 43

事实上,设 $\triangle ABC$(图 44)的边 BC 垂直于 $\triangle A'B'C'$ 的对应边 $B'C'$,$\triangle A'B'C'$ 与 $\triangle ABC$ 全等且转向相同. 从点 B 作线段 BA'',BC'' 分别与 $B'A'$,$B'C'$ 同向平行且相等. 于是 $\angle A''BC''$ 和 $\angle A'B'C'$ 相等且同向. 由于假设 $\angle ABC$ 和 $\angle A'B'C'$ 相等且有同向,那么 $\angle A''BC''$ 和 $\angle ABC$ 也相等且有同向. 由是推出 $\angle C''BC$ 和 $\angle A''BA$ 是相等的,因为它们是由等角 $\angle A''BC''$ 和 $\angle ABC$ 同加 $\angle C''BA$ 得来的. 但 $\angle C''BC$ 是直角,因为 BC'' 平行于 $B'C'$,而 $B'C'$ 垂直于 BC,所以等于 $\angle C''BC$ 的 $\angle A''BA$ 也是直角,于是 BA'',即

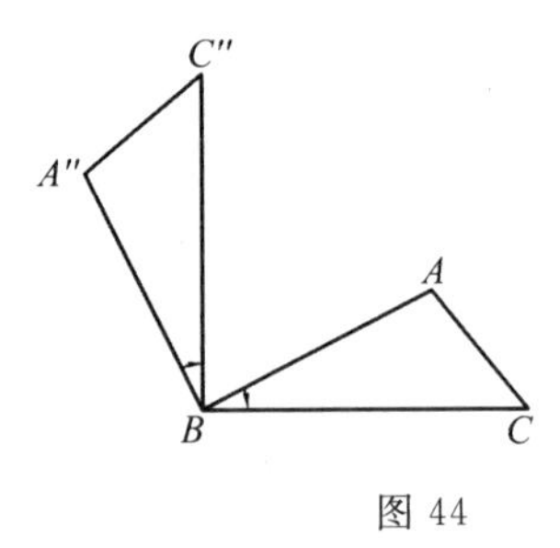

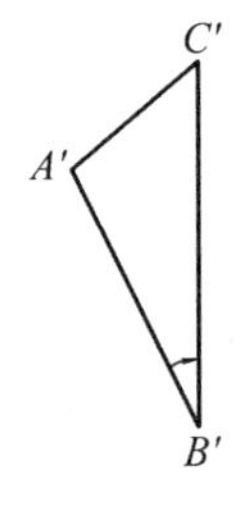

图 44

是说 $B'A'$,垂直于 AB. 仿此可证 $A'C'$ 垂直于 AC.

让我们回到问题的解答.

① 延长 $\triangle ABC$(图 45)中线 AM 一倍成为线段 MK. 于是 $AB=AE$,$BK=AC=AG$,且 $\angle ABK=\angle EAG$,因为角的对应边垂直且转向相同. 从而 $\triangle ABK$ 和 $\triangle EAG$ 全等且有同

一转向.由此得出 $EG = AK = 2AM$.由最初所做的说明,从这两个三角形的全等此外还推出 EG 垂直于 AK(因为 AB 垂直于 EA).

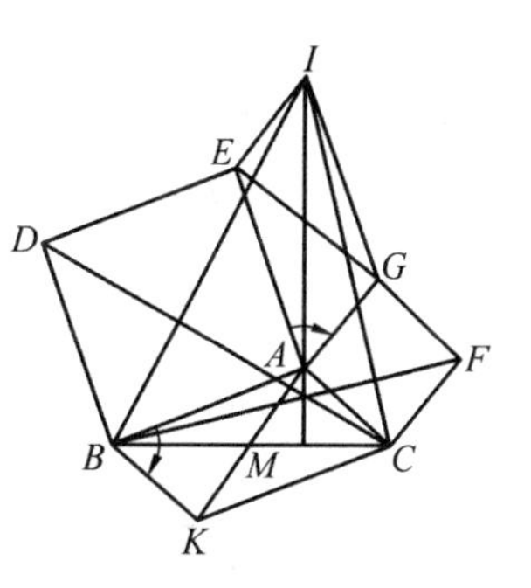

图 45

② 由于 $\triangle AEG$ 和 $\triangle BAK$ 全等,平行四边形 $AEIG$ 和 $BACK$ 便全等.所以 $\triangle EAI$ 和 $\triangle ABC$ 也全等.并且这两个三角形有同一转向,而 EA 垂直于 AB,于是 AI 也就和 BC 垂直(还是应用最初的说明),换句话说,点 I 在 $\triangle ABC$ 的高上.

③ 线段 CD 和 BI 是相等而且垂直的,因为 $\triangle BCD$ 和 $\triangle AIB$ 全等且有同一转向,它们的对应边 BD 和 AB 还是垂直的,用完全同样的方法证明线段 BF 和 CI 是相等而且垂直的.

最后,作为 $\triangle BCI$ 的高,直线 CD,BF,AI 通过同一点.

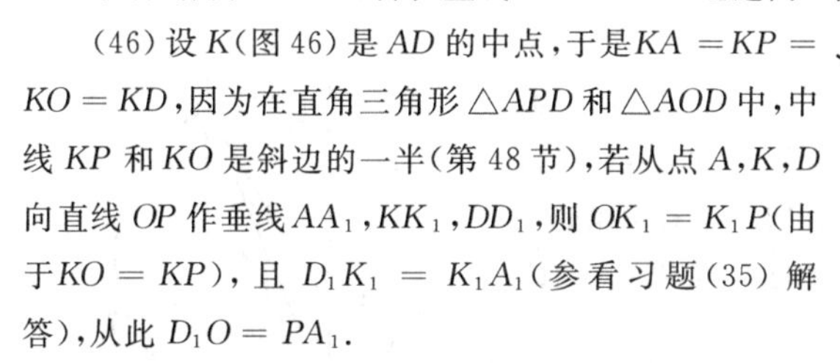

(46) 设 K(图 46)是 AD 的中点,于是 $KA = KP = KO = KD$,因为在直角三角形 $\triangle APD$ 和 $\triangle AOD$ 中,中线 KP 和 KO 是斜边的一半(第 48 节),若从点 A,K,D 向直线 OP 作垂线 AA_1,KK_1,DD_1,则 $OK_1 = K_1P$(由于 $KO = KP$),且 $D_1K_1 = K_1A_1$(参看习题(35)解答),从此 $D_1O = PA_1$.

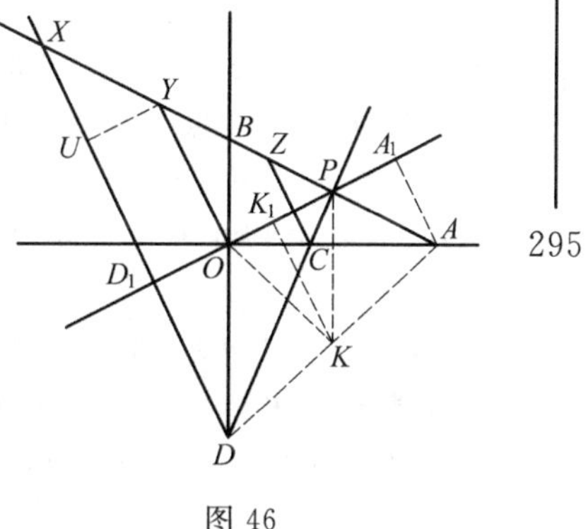

图 46

设 X 为直线 AB 和 DD_1 的交点,且直线 OY 垂直于 OP,而 YU 垂直于 DX,那么 $\triangle XYU$ 和 $\triangle APA_1$ 是全等的($UY = D_1O = PA_1$,$\angle XYU = \angle APA_1$),于是 $XY = PA$.

现在作直线 CZ 垂直于 OP.完全重复上面的推理,但点 A,C,X 分别以 B,D,Z 代替,而点 P 和 Y 仍保持原有的意义,便可证明 $YZ = BP$.

第二编　圆　周

(47) 若从圆心 O 和圆上任一点 A 向同一侧引平行且相等的线段 OO' 和 AA',那么图形 $OO'A'A$ 是平行四边形,从而 $O'A' = OA$.于是点 A' 的轨迹是一个以点 O' 为圆心且和已知圆相等的圆.

这也可从第 51 节一般定理得出.

(48) 设 P 为已知点(此点可在圆外、圆上或圆内),A 为圆 O 上任意点,A' 为 PA 中点,O' 为 PO 中点(图 47).由于线段 $O'A'$ 联结了 $\triangle POA$ 两边中点,有(第 55 节)$O'A' = \frac{1}{2}OA$,从而点 A' 的轨迹是以 O' 为圆心的一个圆周.

(49) 由于 $OD = DC$(图 48),则 $\angle DOB = \angle DCO$,且 $\angle EDO = \angle DOB + \angle DCO = 2\angle DOB$,因为是 $\triangle DOC$ 的外角(第 44 节推论 1). 并且由于 $OD = OE$,那么 $\angle EDO = \angle DEO = 2\angle DOB$,且 $\angle EOA = \angle DCO + \angle CEO = \angle DOB + 2\angle DOB = 3\angle DOB$.

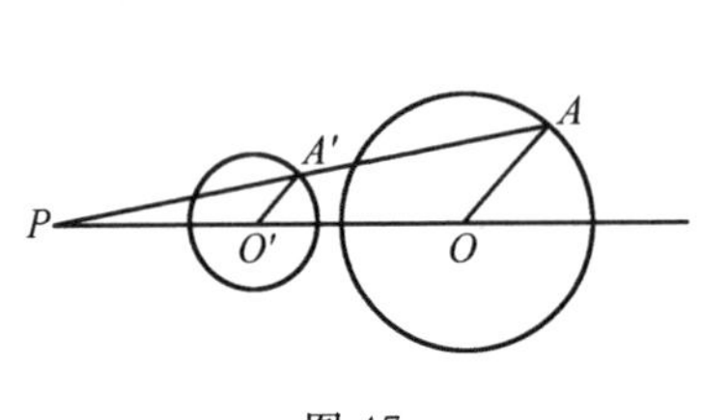

图 47

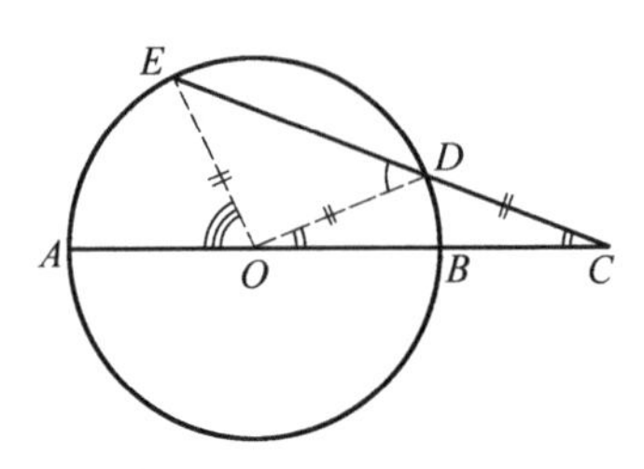

图 48

(50) 设 D 是所考察圆上点 C 的对径点(图 49),C_1 是 AB 和已知垂线的交点,D_1 是从 D 向 AB 所引的垂线足,而 O_1 是线段 C_1D_1 的中点. 联结圆心 O 和点 O_1 的直线是平行于已知垂线的,因为它通过了梯形 CC_1DD_1 两对角线的中点(习题(34)),因而它垂直于 AB. 从此推出 O_1 是线段 AB 的中点.

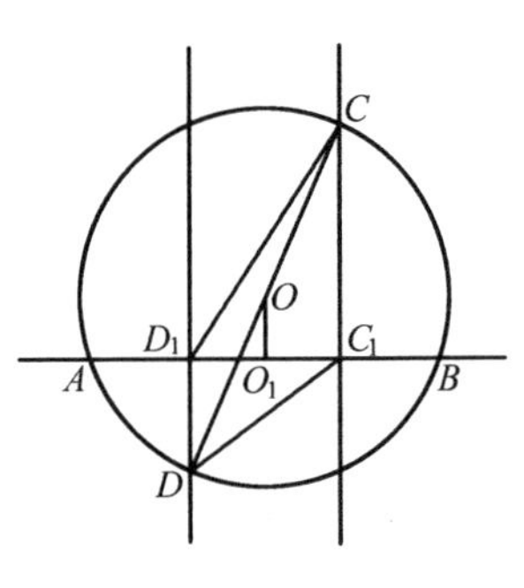

图 49

这样,点 O_1 在 AB 直线上的位置不因通过点 A,B 的圆周的选取而变. 由等式 $O_1C_1 = O_1D_1$,点 D_1 在 AB 上的位置也就不因圆周的选取而变. 所以点 D 的轨迹是直线 AB 在点 D_1 的垂线.

在引进的解法中,默认已知的直线 CC_1 和线段 AB 本身而不是它的延长线相交. 当它与 AB 的延长线相交时,类似的推理仍然适用. 但在这种情况下,点 O 和 O_1 是相应梯形两腰(而非对角线)的中点.

(51) 设 $AD = DE = EB$(图 50). 从圆心 O 向已知弦作垂线 OH,我们看出 $OE = OD < OA$(按斜线长定理,第 29 节). 直线 OD 是 $\triangle OAE$ 的中线,于是由不等式 $OE < OA$ 推出(习题(7))$\angle DOE > \angle DOA$,同理,$\angle DOE > \angle EOB$.

与此类似,若弦 AB 被分为 n 等份,那么在圆心的最大角是垂线 OH 通过它内部的那一个(当 n 为奇数),或以 OH 为一边的两个中的任一个(当 n 为偶数). 事实上(图 51,当 $n = 7$),$OA > OD > OE > OF$(第 29 节(3)),于是应用习题(7) 于 $\triangle OAE$,$\triangle ODF$,$\triangle OEG$,得 $\angle AOD < \angle DOE < \angle EOF < \angle FOG$,因而 $\angle FOG$ 是最大的.

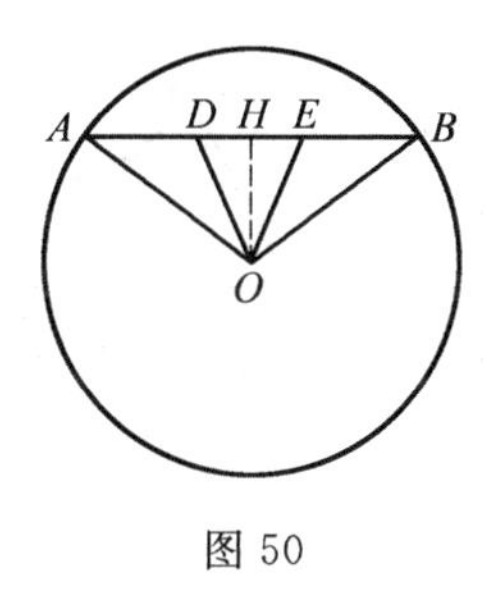

图 50

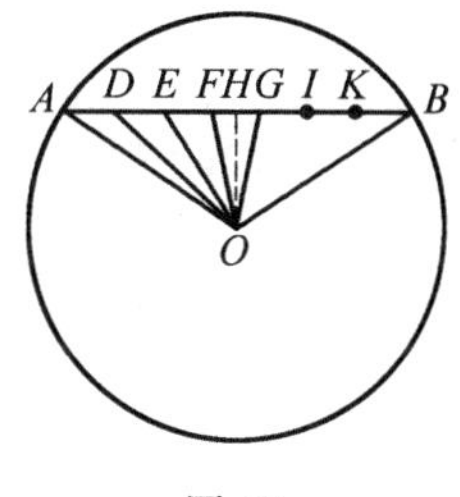

图 51

(52) 由圆心 O(图 52) 向等弦 AB,$A'B'$ 作垂线 OH,$O'H'$,设两弦延长线相交于点 P. 于是 $HA=HB=H'A'=H'B'$(第 63 节). 直角三角形 $\triangle OHP$ 和 $\triangle OH'P$ 是全等的(斜边公共,$OH=OH'$),从而 $PH=PH'$. 所以 $PA=PH+HA=PH'+H'A'=PA'$,$PB=PH-HB=PH'-H'B'=PB'$.

这推理也适用于在圆内相交的等弦.

(53) 由于弦的中点是从圆心向弦所作的垂线足,而且等弦距圆心等远,那么等弦中点的轨迹是一个圆周,和已知圆同心,半径则是从圆心到每一条已知弦的距离.

(54) 通过已知圆内已知点 A 的一切弦中,最短的一条距圆心 O 最远. 但通过点 A 距圆心 O 最远的弦是垂直于 OA 的弦 MN(图 53). 事实上,从点 O 到通过 A 的任一弦 $M'N'$ 的距离 OA' 是 $M'N'$ 的垂线,而这垂线短于斜线($OA'<OA$).

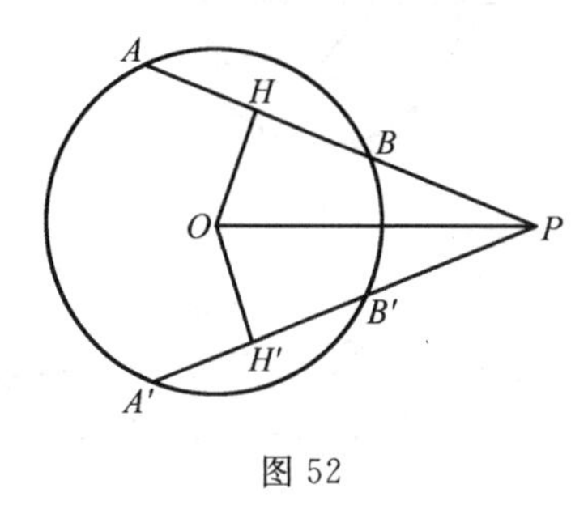

图 52

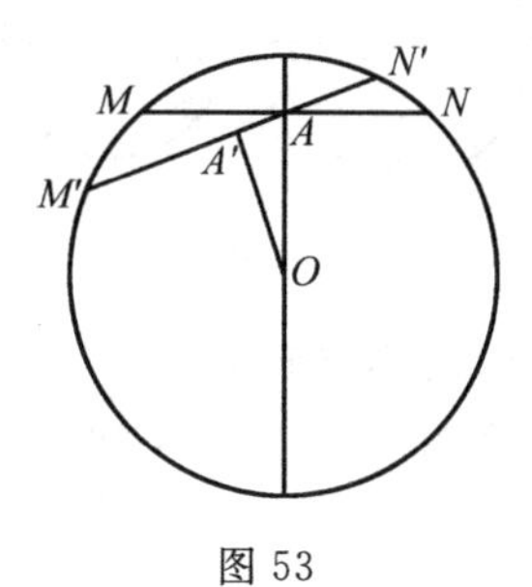

图 53

(55)① 若点 O' 在线段 OA 通过 A 的延长线上,而两圆相交(图 54),则点 A 在圆周 O' 内部. 两圆交点之一将落在弧 AB 上,只要点 B 在圆 O' 外部,即只要 $O'B>R'$,从此 $R+R'-OO'<OB+O'B-OO'$.

② 若点 O' 在线段 OA 本身上,而两圆相交(图 55),则点 A 在圆 O' 内部. 两交点之一将落在弧 AB 上,只要点 B 在圆 O' 外部,即只要 $O'B>R'$,或 $OO'-(R-R')<OO'-(OB-O'B)$.

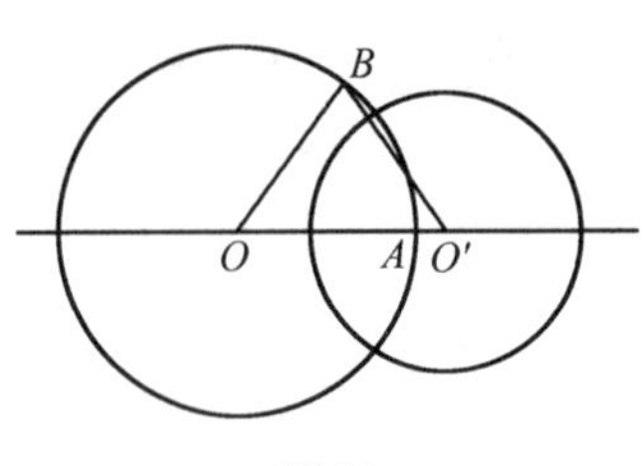

图 54

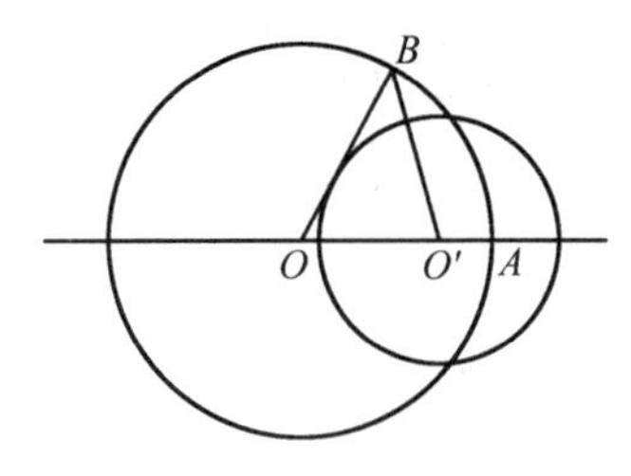

图 55

③ 若点 O' 在线段 OA 通过 O 的延长线上，而两圆相交，则点 A 在圆 O' 外部. 两圆交点之一将落在弧 AB 上，只要点 B 在圆 O' 内部，即只要 $O'B < R'$，从此 $OO' - (R' - R) < OO' - (O'B - OB)$.

(56) 设两圆连心线 OO' 交圆周 O 于点 A, A'，交圆周 O' 于点 B, B'，选择符号使 OA 与 OO' 反向，$O'B$ 与 $O'O$ 反向. 并以 C, D 表示圆周 O, O' 上各一点，使其中至少有一点不在直线 OO' 上.

于是 $CD < COO'D = CO + OO' + O'D = AO + OO' + O'B = AB$，并且 $A'B'$，$A'B$，AB' 中每一个线段也小于 AB，从而 AB 是介于两圆周之点间的**最长**距离. 这个推理总是有效的，不论两已知圆为外离(图 56)，内离(图 57)；相交(图 58) 或相切.

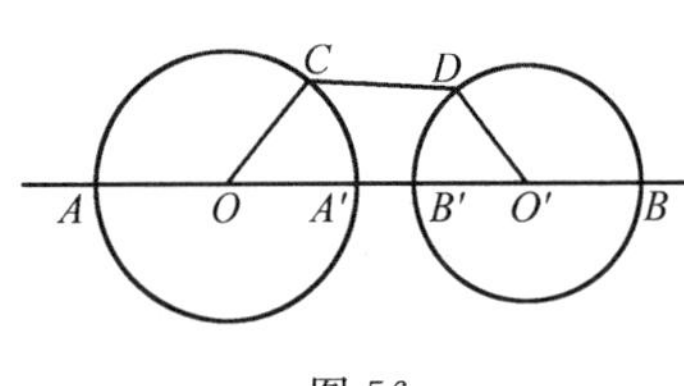

图 56

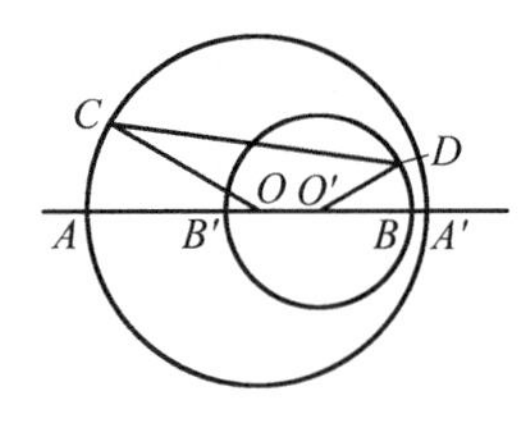

图 57

现在转到求**最短**距离.

若两圆外离，则 $OO' < OCDO' = OC + CD + DO'$，从此 $CD > OO' - OA' - O'B' = A'B'$，并且 AB，AB'，$A'B$ 中每一线段也大于 $A'B'$(图 56)，从而 $A'B'$ 是最短距离.

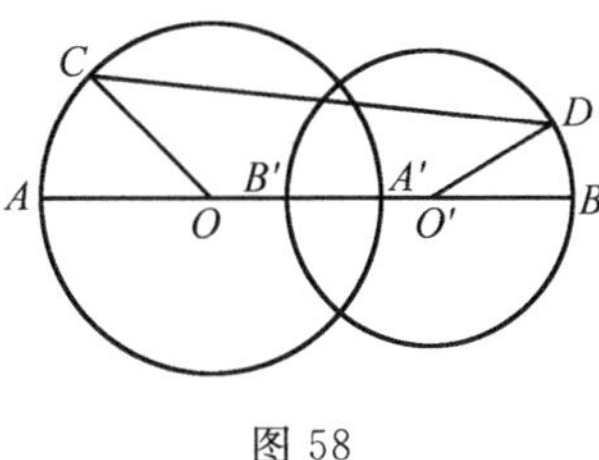

图 58

若圆 O' 在圆 O 内部，则 $OC < OO' + O'D + DC$，因之 $CD > OC - OO' - O'D = OA' - OO' - O'B = A'B$，并且 $A'B$ 小于 AB，AB'，$A'B'$(图 57) 中每一线段，因而线段 $A'B$ 是最短距离.

当两圆同心时，作为 $A'B$ 可取每一半径上的相应线段.

若两圆相交或相切，最短距离的问题不存在.

(57) 以 O' 为圆心、R' 为半径的圆周假设切于以 O 为圆心、以 R 为半径的已知圆周，若为外切则满足条件 $OO' = R + R'$，若为内切则满足条件 $OO' = |R - R'|$. 从此推出点 O' 的轨迹是已知圆周的两个同心圆周.

(58) 设直线 AA' 通过两圆周 O, O' 的切点 M(图 59 和 60)，则

$$\angle OAM = \angle OMA = \angle O'MA' = \angle O'A'M$$

于是得出 OA 平行于 $O'A'$.

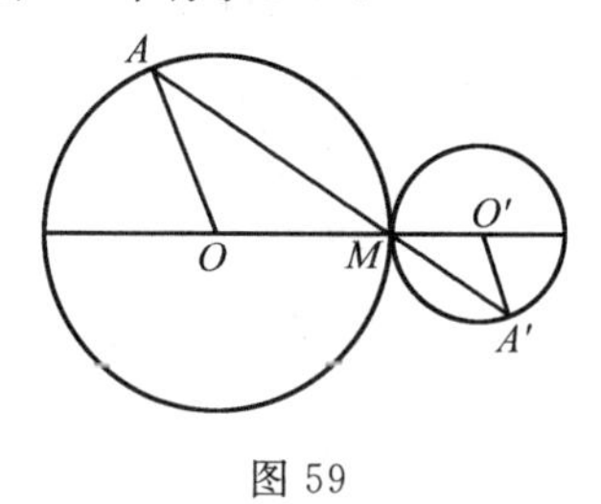

图 59

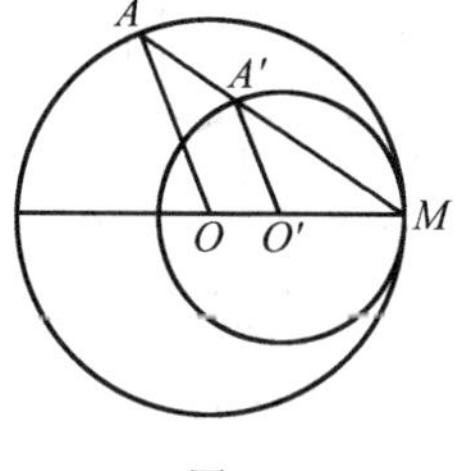

图 60

(59) 在习题指出的条件下，当半径变化时，两圆仍保持相切，因为内切条件 $OO' = |R - R'|$ 和外切条件 $OO' = R + R'$ 保持不变.

(60) 设 O 为已知圆心，A 为已知点，则线段 OA 由通过点 A 的任一弦中点 M 的视角为直角. 若 A 在已知圆内(图 61)或圆上，所求轨迹为以 OA 为直径的圆周；若 A 在圆外，则为类似圆周的弧(图 62).

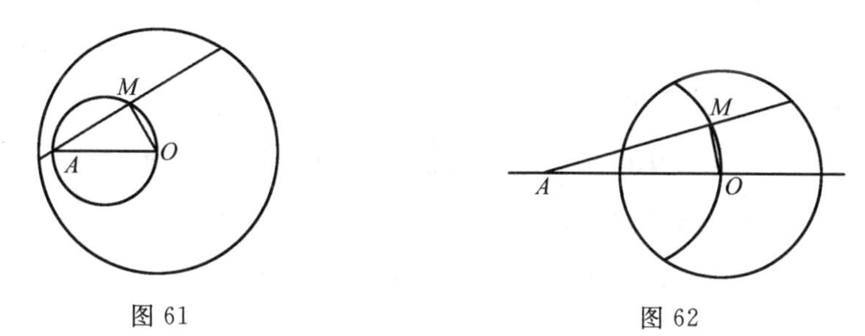

图 61　　　　图 62

(61) 设 AA' 为定圆 O 的固定直径(图 63)，BB' 是和它垂直的直径. 在每一条半径 OC 上截取线段 OM 使等于从点 C 到 AA' 的距离 CP. $\triangle OCP$ 和 $\triangle BOM$ 是全等的(因为 $OC = BO$，$CP = OM$，$\angle OCP = \angle BOM$)，由此得出 $\angle OMB$ 是直角. 点 M 的轨迹由以 OB，OB' 为直径的两圆周组成.

(62) 设两点 A, B(图 64)将圆周所分的两弧中，APB 为劣弧，AQB 为优弧. 记 $\angle AOB = \alpha$，$\angle COD = \beta = \angle C'OD'$.

① 设点 C, D 在弧 APB 上，则

$$\angle AIB = \frac{1}{2}\overset{\frown}{AQB} - \frac{1}{2}\overset{\frown}{CD} = \frac{1}{2}(360^\circ - \alpha - \beta)$$①

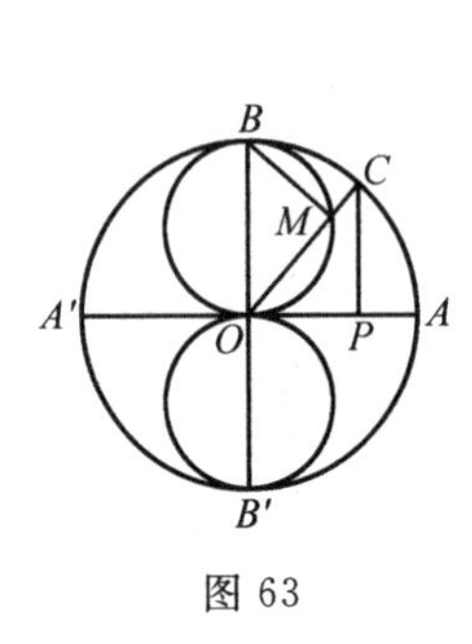

图 63

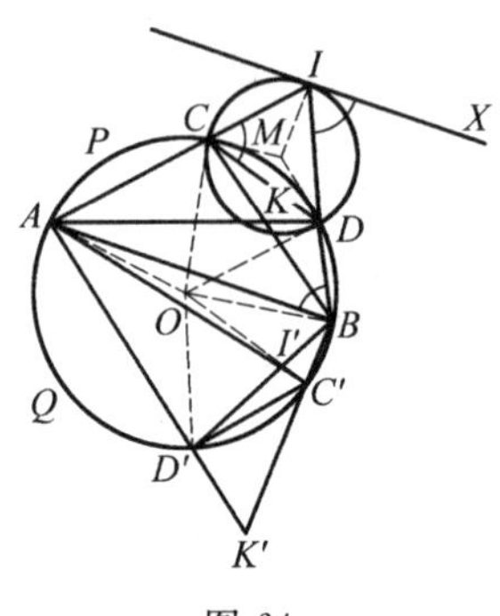

图 64

如果 C,D 两点中只有一点在弧 APB 上,对于 $\angle AIB$ 所得的表达式相同. 设两点 C',D' 都在弧 AQB 上,则

$$\angle AI'B = \frac{1}{2}\overset{\frown}{APB} + \frac{1}{2}\overset{\frown}{C'D'} = \frac{1}{2}(\alpha + \beta)$$

所以点 I 和 I' 的轨迹是一个完全确定的圆周,这圆周通过点 A 和 B(图上没有画出),因为线段 AB 从点 I 的视角为常角 $\frac{1}{2}(360^\circ - \alpha - \beta)$,而从点 I' 的视角为常角 $\frac{1}{2}(\alpha + \beta)$,而这两角之和为 180°.

② 设点 C,D 在弧 APB 上,则

$$\angle AKB = \frac{1}{2}\overset{\frown}{AQB} + \frac{1}{2}\overset{\frown}{CD} = \frac{1}{2}(360^\circ - \alpha + \beta)$$

若点 C',D' 都在弧 AQB 上,则

$$\angle AK'B = \frac{1}{2}\overset{\frown}{APB} - \frac{1}{2}\overset{\frown}{C'D'} = \frac{1}{2}(\alpha - \beta)$$

如果 C',D' 两点只有一点在弧 AQB 上,所得 $\angle AK'B$ 的表达式与此相同. 点 K 和 K' 的轨迹也是一个圆周(应用关于点 I,I' 的同一原理).

③ 设 M 为 $\triangle ICD$ 的外接圆心,而 IX 是这圆周在点 I 的切线. 由于圆周角等于同弧所对圆心角的一半,那么 $\angle CMD = 2\angle CID = 360^\circ - \alpha - \beta$. 所以当弦 CD 移动时,等腰 $\triangle CMD$ 的各角是不改变的. 由于弦 CD 也有定长,那么线段 $MC = MD = MI$ 保持为定长. 并且 $\angle XID = \angle ICD = 180^\circ - \angle ACD = \angle ABD$(因为 $ABCD$ 是圆内接四边形),因而直线 IX 与 AB 平行,即是说直线 MI 垂直于 AB. 类似的推理适用于 C,D 取弧 AQB 上点 C',D',而 I 取

---

① 符号⌒表示弧,关于弧和角的**数值**等式参看第 17,18 节.

点 I' 的位置的情况.

由于点 I(以及 I') 的轨迹为圆周,而线段 IM 保持定长和定向,那么点 M 的轨迹可由点 I 的轨迹利用由线段 IM 所确定的平移得出(第 51 节). 所以点 M 的轨迹是和点 I,I' 所画相等的圆周(习题(47)).

用同样方法可以证明 $\triangle KCD$(和 $\triangle K'C'D'$) 外接圆心的轨迹是圆周,等于点 K 和 K' 所画的圆周.

备注 当弦 CD 移动时,$\triangle COD$ 和 $\triangle CMD$ 的边和角并不变更,由这一事实得出距离 OM 这时也是不变的.

因此点 M 的轨迹圆的圆心重合于已知圆心. 对于 $\triangle KCD$ 外接圆心的轨迹情况亦复如此.

(63) 若点 M 在弧 APB(图 65) 上,则 $\angle ANB = \angle MBN = \frac{1}{2}\angle AMB$. 由于点 M 在弧 APB 上移动时,$\angle AMB$ 保持定值,可见 $\angle ANB$ 也保持定值. 所以点 N 在一个以 A,B 为端点的确定的圆弧上(即线段 AB 的视角为已知角的点的轨迹). 这时,点 N 和 B 位于已知圆周在点 A 的切线 AN_0 的同侧. 因此点 N 的轨迹是圆弧 N_0NB.

同样的推理也适用于点 M' 在弧 AQB 上的情况:如果点 M' 描画弧 AQB,那么点 N' 描画类似于弧 N_0NB 的弧 $N'_0N'B$.

(64) 设(图 66)B' 和 C' 是弧 AC 和 AB 的中点,而 M,N 是直线 $B'C'$ 和弦 AB,AC 的交点,则

$$\angle AMN = \frac{1}{2}\,\overset{\frown}{AB'} + \frac{1}{2}\,\overset{\frown}{BC'}$$

$$\angle ANM = \frac{1}{2}\,\overset{\frown}{AC'} + \frac{1}{2}\,\overset{\frown}{B'C}$$

所以 $\angle AMN = \angle ANM$,因之 $AM = AN$.

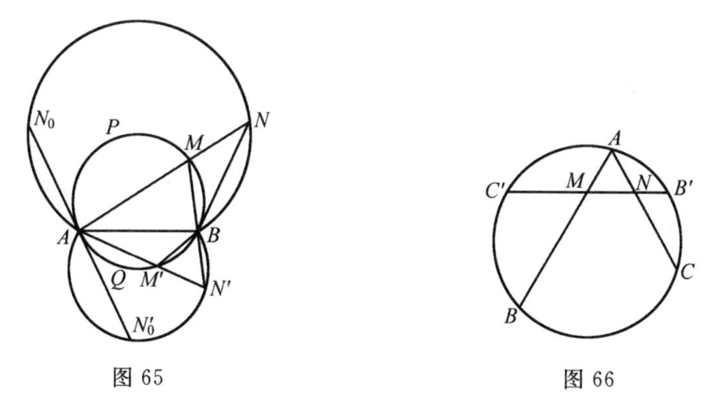

图 65　　图 66

(65) 设 MAN 和 $M'BN'$ 是两条相交于两圆之外的割线(图 67),那么 $\angle M'MA = 180° -$

$\angle M'BA = \angle ABN' = 180° - \angle ANN'$. 从此 $\angle M'MA + \angle ANN' = 180°$,因而 MM' 和 NN' 是平行的. 如果两条割线相交于一圆之内(如图 67 虚线所示),可以应用类似的推理.

(66) 设 AP,BP 是四边形 $ABCD$ 的 $\angle A$,$\angle B$ 的平分线(图 68),则由 $\triangle ABP$ 有 $\angle APB = 180° - \frac{1}{2}\angle A - \frac{1}{2}\angle B$. 仿此设 CR,DR 是 $\angle C$,$\angle D$ 的平分线,由 $\triangle CRD$ 有 $\angle CRD = 180° - \frac{1}{2}\angle C - \frac{1}{2}\angle D$. 相加得

$$\angle APB + \angle CRD = 360° - \frac{1}{2}(\angle A + \angle B + \angle C + \angle D) =$$
$$360° - 180° = 180°$$

所以四边形 $PQRS$ 可内接于圆.

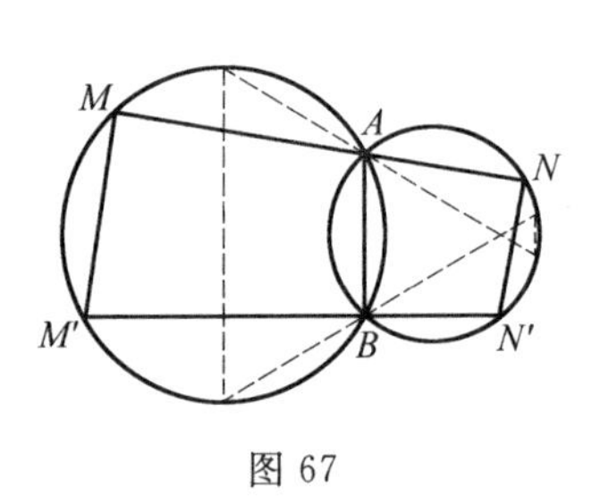

图 67

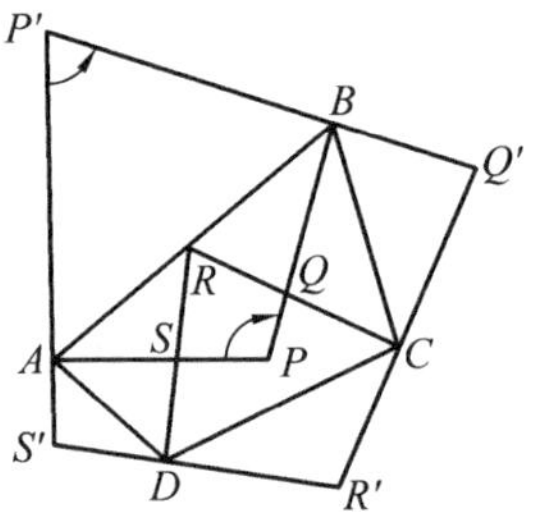

图 68

若 AP',BP' 为 $\angle A$,$\angle B$ 的外角平分线,则 AP',BP' 分别垂直于 AP,BP,于是有 $\angle AP'B = 180° - \angle APB$. 同理,若 CR',DR' 为 $\angle C$,$\angle D$ 的外角平分线,则 $\angle CR'D = 180° - \angle CRD$. 从此 $\angle AP'B + \angle CR'D = 360° - (\angle APB + \angle CRD) = 180°$,于是四边形 $P'Q'R'S'$ 也可内接于圆.

(67) 我们有 $\angle CED = \frac{1}{2}\overset{\frown}{CAD} = \frac{1}{2}\overset{\frown}{AC} + \frac{1}{2}\overset{\frown}{AD}$(图 69),$\angle BFD = \frac{1}{2}\overset{\frown}{AC} + \frac{1}{2}\overset{\frown}{BED}$. 从此 $\angle CED + \angle BFD = \frac{1}{2}(\overset{\frown}{AC} + \overset{\frown}{CB} + \overset{\frown}{BED} + \overset{\frown}{AD}) = 180°$.

(68) 以字母 C 表示已知圆周,D 表示已知直线(图 70). 我们有 $\angle PRS = \angle PQS$,但 $\angle PQS$ 不因任意圆周的选择而变,因为 P,Q 两点和直线 D 是已知的. 所以 $\angle PRS$ 也保持定值. 既然内接于圆周 C 的 $\angle PRS$,也就是 $\angle PRU$,保持定值,那么点 U 的位置不因圆周 PQR(这表示通过点 P,Q,R 的圆周)的选择而变.

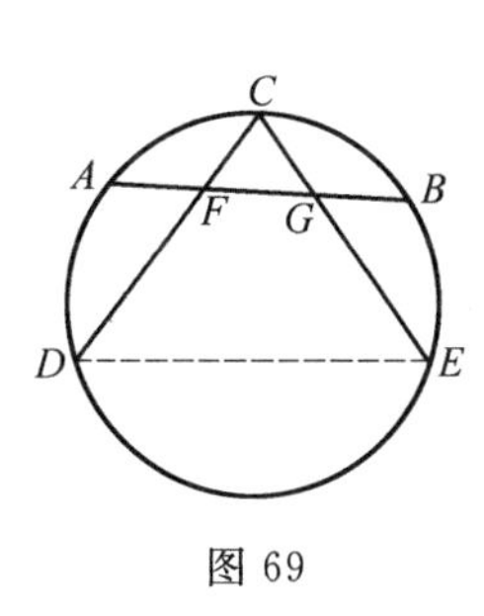

图 69

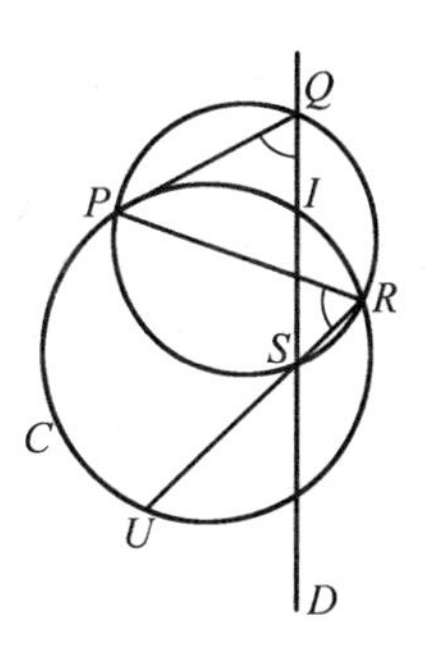

图 70

(69) 通过点 A 引割线 EE'(图 71) 垂直于 AB,并以 E,E' 表示它和圆周 O,O' 的第二个交点.直线 BE 和 BE' 是两圆的直径.从 $\triangle BCC'$ 和 $\triangle BEE'$ 有 $\angle CBC' = 180° - \angle C'CB - \angle CC'B = 180° - \angle E'EB - \angle EE'B = \angle EBE' = \angle OBO'$.因此 $\angle CBC'$ 保持常量.

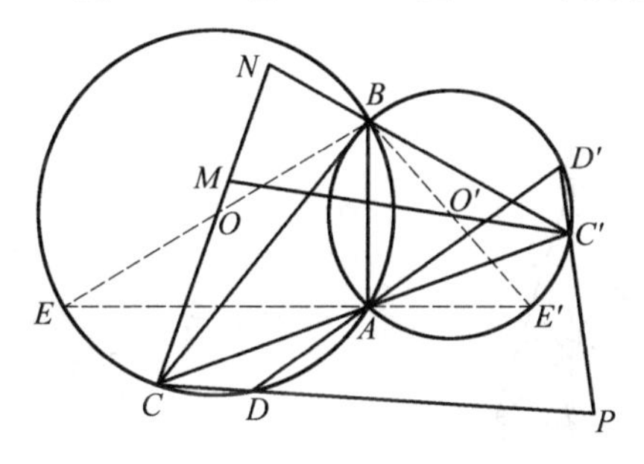

图 71

由 $\angle CBC'$ 和 $\angle OBO'$ 的相等得出 $\angle CBO = \angle C'BO'$.因此有 $\angle BCO = \angle CBO = \angle C'BO' = \angle BC'O'$.设 M 为直线 CO 和 $C'O'$ 的交点,N 为直线 CM 和 BC' 的交点,那么在 $\triangle BCN$ 和 $\triangle MC'N$ 中有两角相等,所以第三角亦等:$\angle CBC' = \angle CMC'$,因此 $\angle CBC'$ 等于直线 OC 和 $O'C'$ 的夹角.

弦 CD 和 $C'D'$ 的夹 $\angle CPD'$ 等于 $180° - \angle PDA - \angle AD'C' = 180° - \angle CBA - \angle ABC' = 180° - \angle CBC'$.

若线段 CC' 不动,而直线 DD' 趋向与 CC' 重合,那么直线 CD 和 $C'D'$ 将成为在点 C 和 C' 的切线,于是得出这样的结果:在点 C 和 C' 切线的夹角等于 $\angle CBC'$ 或它的补角.

(70) 设 AD,BE,CF 为 $\triangle ABC$ 的高(图 72,73),而 H 是它们的交点,K 是 H 关于直线 BC 的对称点.直角三角形 $\triangle CDH$ 和 $\triangle CDK$ 是全等的(两腰相等),因而 $\angle CKD = \angle CHD$,但 $\angle CHD = \angle ABC$,因为角的两边分别垂直.所以 $\angle CKD = \angle CBA$.从而四点 A,B,C,K 在同一圆周上.

同样可证明点 H 关于 AB 和 AC 的对称点也在外接圆周上.

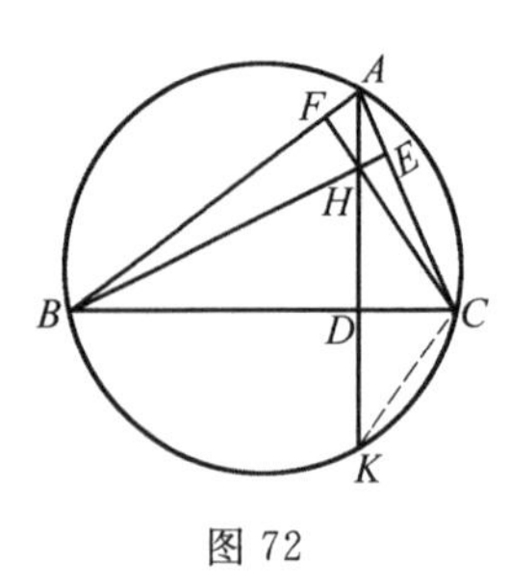

图 72

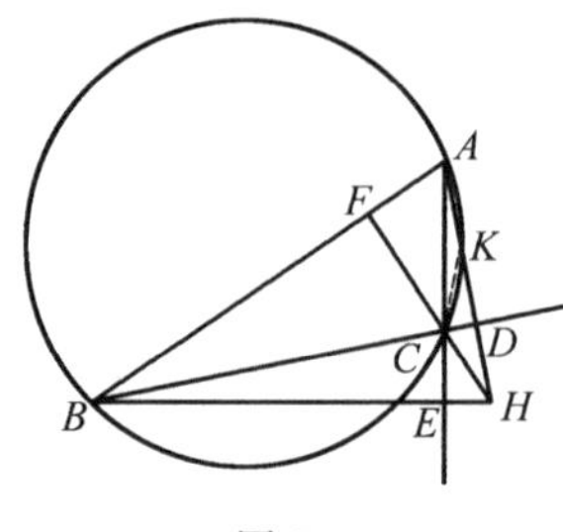

图 73

(71) 设 AD, BE, CF(图 74, 75)是 $\triangle ABC$ 的高, H 是它们的交点. 四边形 $BDHF$ 可内接于圆周,因为 $\angle BDH = \angle BFH = 90^\circ$. 由此得出 $\angle BDF = \angle BHF$. 利用四边形 $CDHE$ 仿此可证 $\angle CDE = \angle CHE$. 由于 $\angle BHF = \angle CHE$,那么也有 $\angle BDF = \angle CDE$. 直线 DE 和 DF 既对于 BC 成等斜,便也对于高 AD 成等斜. $\triangle ABC$ 的高 AD 是 $\triangle DEF$ 的 $\angle EDF$ 的(内角或外角)平分线.

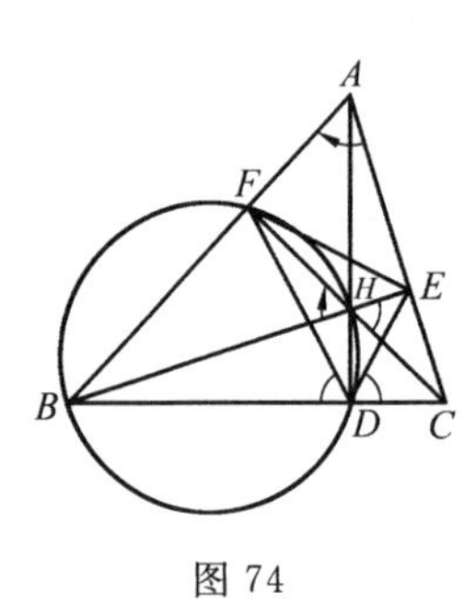

图 74

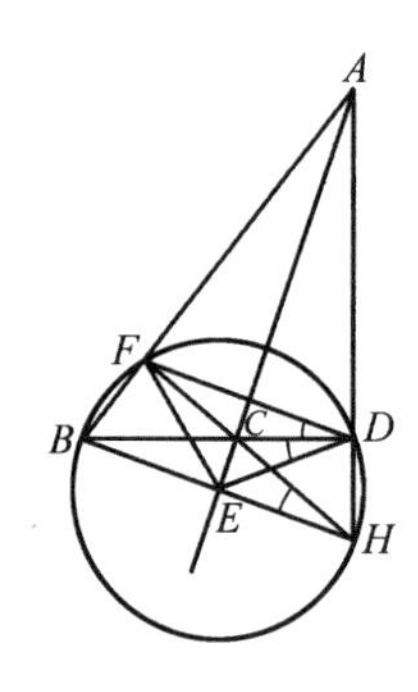

图 75

备注 由于 $\angle BHF$ 和 $\angle CAB$ 的对应边垂直且有相同转向,那么 $\angle BHF = \angle A$. 上面我们证明了 $\angle BDF = \angle CDE = \angle BHF$. 所以 $\angle BDF = \angle CDE = \angle A$. 于是联结高线足的线段和每一边所夹的角,等于三角形这一边的对角.

(72) 设 P(图 76)为 $\triangle ABC$ 外接圆周上一点, X, Y, Z 为从 P 向边 BC, CA, AB 所引的垂线足. 为了确定起见,假设点 P 在弧 BC 上. 由于点 P, X, C, Y 在同一圆周上,则 $\angle PYX = \angle PCX$. 仿此有 $\angle PYZ = \angle PAZ$. 但 $\angle PCX = \angle PAZ$,因为点 P, A, B, C 在同一圆周上. 所以 $\angle PYX = \angle PYZ$,于是直线 XY 与 ZY 重合,点 X, Y, Z 共线.

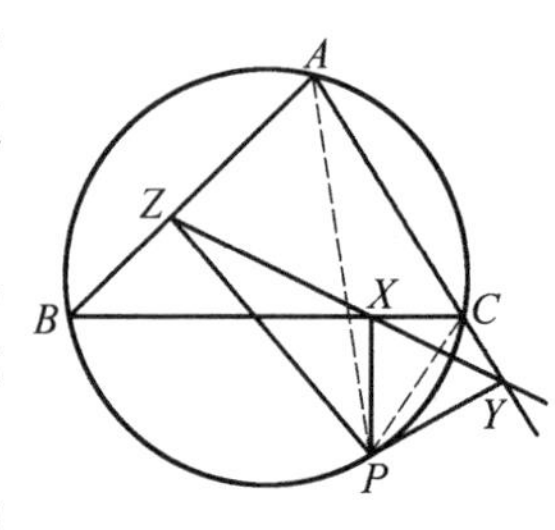

图 76

逆命题可以仿此证明:由于点 P, X, Y, C 在同一圆周上,则 $\angle PYX = \angle PCX$,同理 $\angle PYZ = \angle PAZ$. 由于点 X, Y, Z 共线,

那么 $\angle PYX$ 和 $\angle PYZ$ 重合，从而 $\angle PCX = \angle PAZ$. 由是得出点 P,A,B,C 共圆.

(73)① 以两已知点为圆心，以已知的半径作圆周. 若这两圆周相交(或相切)，那么它们的公共点就是所求圆的圆心，若它们没有公共点，那么问题无解.

② 在已知直线的一侧即已知点所在的一侧作一直线与已知直线平行，使与该线的距离等于已知的半径. 并以已知点为圆心，以已知的半径作圆周. 所作直线和所作圆周的公共点便是所求圆的圆心. 问题可能有两解、一解或无解.

若已知点在已知直线上，作法便简单了.

③ 若两已知直线相交，那就作两对直线平行于两已知线，并与它们相距等于已知的半径. 它们相互间的交点便是所求圆周的圆心. 问题有四解.

若已知直线平行，那么问题是不可能的，除非它们间的距离是已知半径的 2 倍. 在后面的情况下，问题有无穷多解.

④ 作一对圆周——切于已知圆周而半径等于给定长的圆中心的轨迹(习题(57))，和一对直线使与已知直线平行且和它相距等于已知的半径. 所作的一个圆周和所作的一条直线的每一个公共点便是一个所求圆的圆心. 解答的最大数为 8.

(74) 设 O 为已知圆，D 为已知直线，A 为已知点(图 77). 所求圆周的圆心 O' 在 D 于点 A 的垂线上. 若在这垂线上截取线段 AA' 等于已知圆半径，则 $O'A' = O'O$. 从此得作法如下：在点 A 作直线 D 的垂线，在这垂线上从点 A 向两侧截线段 $AA' = AA''$ 等于已知圆半径. 线段 OA' 和 OA'' 的中垂线在直线 AA' 上确定出所求圆周的圆心 O' 和 O''.

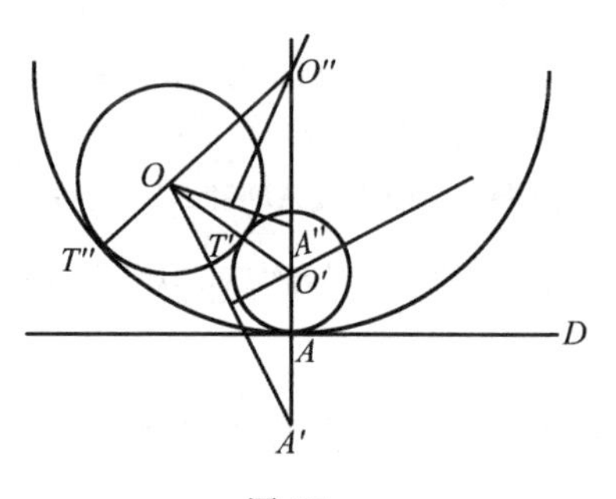

图 77

问题有两解. 但若已知直线切于已知圆周而点 A 不在圆周上，则只有一解；若点 A 在这圆周上则有无穷多解(若已知直线切于已知圆周)或无解(若已知直线和已知圆周相交).

(75) 若从两已知直线(或圆周)之一 C 上每一点作具有给定长度和方向的线段，那么由第 51 节它们终点的轨迹是一条直线 C''(或由习题(47)是一个等于 C 的圆周 C''). 直线(圆周)C'' 和另一已知直线(或圆周)C' 的交点确定出所求线段的一端.

由于直线(圆周)C'' 在平面上可以取两种不同的位置，所以如果已知的是两条直线，问题可能无解，有两解，或有无穷多解；如果已知的是两个圆周，问题可能无解，有 1,2,3,4 解或无穷多解.

(76) 若在定圆周 C 的每一切线上截取线段 AM 等于已知线段 a，那么这些线段终点的轨迹是定圆周的一个同心圆周 C'(图 78). 事实上，若 $AM = a$，则 $OM =$ 常量. 所求切线是由已知直线 D 和这圆周 C' 的交点 M_1，M_2 发出的. 问题最多有四解.

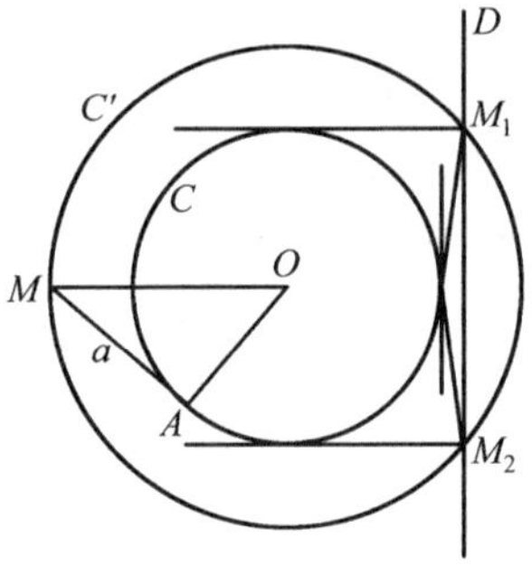

图 78

(77) 设已知边 $BC = a$，$\angle A$，和由顶点 A 所引的高 h_a. 先任作底边 BC，然后作点的轨迹使由这样的点看线段 BC 的视角等于 $\angle A$(第 77 节). 这轨迹和平行于 BC 且与它相距等于距离 h_a 的直线相交，便得出点 A.

现在假设已知边 $BC = a$，$\angle A$，和由顶点 B 发出的高 h_b. 作直角 $\triangle BCE$(图 79) 使斜边 $BC = a$ 且腰 $BE = h_b$. 然后作 $\angle EBA$ 等于 $90° - \angle A$(或 $\angle A - 90°$). 这角第二边和直线 CE 相交确定出顶点 A 的位置.

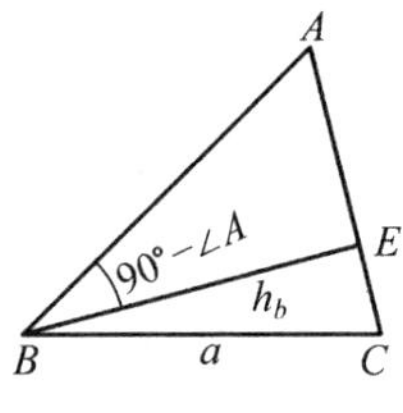

图 79

(78) 通过已知线段 AB 的端点 B 任作一直线并在它上面向两侧截等线段 $BM = BN$，点 M 和线段 AN 中点的连线在线段 AB 上截下 $\frac{1}{3}$，因为它是 $\triangle AMN$ 的中线.

(79)① 设已知边 AB，BC 和从顶点 A 发出的中线 AD，这时可按三边作 $\triangle ABD$ 并截 $DC = BD$(图 37).

现在假设已知边 AB，BC 和从它们公共顶点发出的中线 BD. 若 $DE = BD$(图 2.9)，那么可以按三边作 $\triangle ABE$，平分 BE 于 D，并截 $DC = AD$.

② 设已知边 AB 和从它两端发出的中线 AD 和 BE，设 G 为中线的交点(图 37)，那么可以按三边 AB，$\frac{2}{3}AD$，$\frac{2}{3}BE$ 作 $\triangle ABG$，并在射线 AG，BG 上分别截取线段 AD 和 BE. AE 和 BD 相交定出 C.

现在假设已知边 AB，由它一端发出的中线 AD 和通过它中点的中线 CF(图 37). 若 G 为中线交点，则可作 $\triangle AFG$ 使三边为 $AF = \frac{1}{2}AB$，$AG = \frac{2}{3}AD$，$FG = \frac{1}{3}CF$，然后作点 B 和 C.

③ 设已知三中线 AD，BE，CF，在图 33 上(习题(37))，$\triangle AEG$ 和 $\triangle CEK$ 是相等的，从此 $AG = CK$. 可以按三边作 $\triangle CGK$：$CK = \frac{2}{3}AD$，$GK = \frac{2}{3}BE$，$CG = \frac{2}{3}CF$. 进一步截 $GB = GK$ 得到点 B，平分 GK 并截 $EA = EC$ 得点 A.

(80) 以 a，b，c 表示所求三角形(图 80) 的边 BC，CA，AB，以 h_a 和 m_a 表示由顶点 A 发出的高和中线，仿此以 m_b 和 m_c 表示其余两条中线. 取高 $AH = h_a$ 作为已知的高，有下列五种不同的情况：①a，h_a，m_a；②a，h_a，m_b；③c，h_a，m_c；④c，h_a，m_a；⑤c，h_a，m_b. 其余的可能情形本

质上和上面列举的某一种相仿.

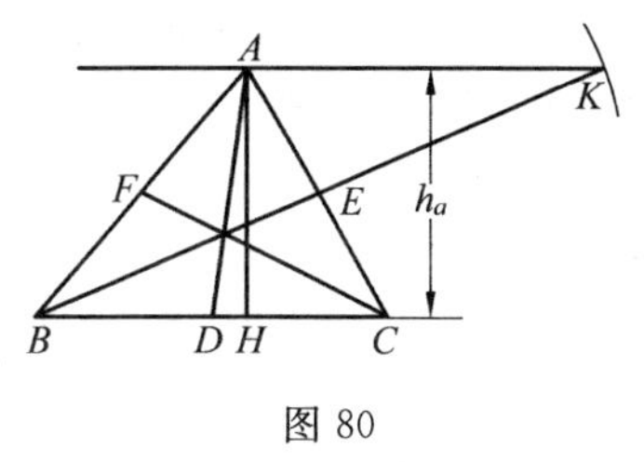

图 80

① 作直角 $\triangle AHD$ 使腰 $AH = h_a$，斜边 $AD = m_a$，且在直线 DH 上从点 D 向两侧截线段 $DB = DC = \frac{1}{2}a$.

② 作 $BC = a$，作直线与 BC 平行并和它相距为 h_a，并以 B 为圆心，$2m_b$ 为半径作弧与此直线相交. 如果以 K 表示得到的点，那么线段 BK 的中点 E 也就是边 AC 的中点.

③ 作直角 $\triangle AHB$ 使腰 $AH = h_a$，斜边 $AB = c$. 顶点 C 是直线 BH 和以边 AB 中点 F 为圆心、m_c 为半径的圆周的交点.

④ 作同一直角 $\triangle AHB$. 边 BC 的中点 D 是直线 BH 和以 A 为圆心、m_a 为半径的圆周的交点.

⑤ 作同一直角 $\triangle AHB$. 通过 A 引直线平行于 BH；并以 B 为圆心、$2m_b$ 为半径作圆周，它们相交于某一点 K. 线段 BK 的中点 E 是边 AC 的中点.

解答的最大数，在第一种情况为一，其余情况为二.

(81) 沿用习题(80) 的记号，并设已知中线为 $BE = m_b$(图 81)，于是只要考察下面五种情况：①$\angle B, h_b, m_b$；②$\angle A, h_a, m_b$；③$\angle B, h_a, m_b$；④$\angle A, h_b, m_b$；⑤$\angle C, h_a, m_b$.

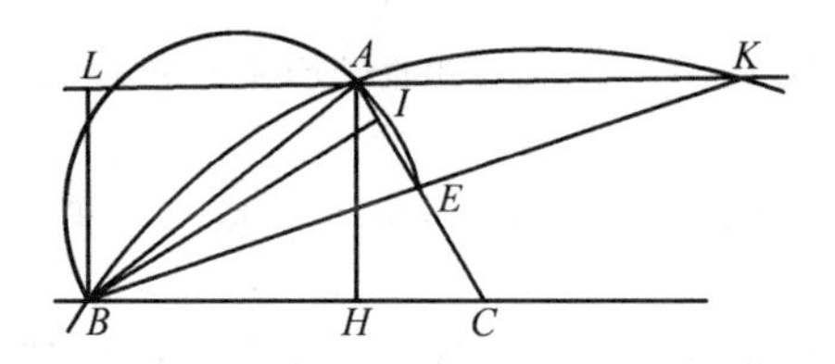

图 81

① 作直角 $\triangle BIE$ 使腰 $BI = h_b$，斜边 $BE = m_b$，且在线段 BE 通过点 E 的延长线上截 $EK = BE$. 在直线 EI 上作点 A 使 $\angle BAK = 180° - \angle B$(利用线段 BK 的视角为已知角的点的轨迹)，并截 $EC = AE$. $\triangle ABC$ 便是所求的.

② 作直角 $\triangle BKL$ 使腰 $BL = h_a$，斜边 $BK = 2m_b$. 设 E 为 BK 中点. 在直线 KL 上作点 A 使 $\angle BAE = \angle A$. 截取 $EC = AE$.

③ 按腰 $AH = h_a$ 和 $\angle B$ 作直角 $\triangle ABH$. 通过点 A 引直线平行于 BH，并以 B 为圆心、$2m_b$ 为半径作圆，交此直线于点 K. 线段 BK 中点是边 AC 的中点. 所以 C 是直线 BH 和 AE 的交点.

④ 按腰 $BI = h_b$ 和 $\angle A$ 作直角 $\triangle ABI$. 以 B 为圆心、m_b 为半径作圆，和直线 AI 相交得出边 AC 中点 E.

⑤ 按腰 $AH = h_a$ 和 $\angle C$ 作直角 $\triangle ACH$. 以边 AC 中点 E 为圆心、m_b 为半径作圆周，它和直线 CH 的交点便是顶点 B.

最大可能的解数,在第一种情况为一(因为线段 BK 的视角为 $180°-\angle B$ 的两弧引导出同一个三角形);在第二种情况为四(因为线段 BE 的视角为已知 $\angle A$ 的轨迹是两个圆弧的集合,而且可能其中每一个和直线 KL 相交于两点);在第三种情况为一;第四种为二;第五种为一.

(82) 设 $\triangle ABC$ 为所求三角形(图 82),其中已知 $BC=a$,$\angle A$ 和 $AB+AC$(或 $AB-AC$;为确定计,我们这样来记三角形的顶点 B 和 C:使 $AB>AC$).

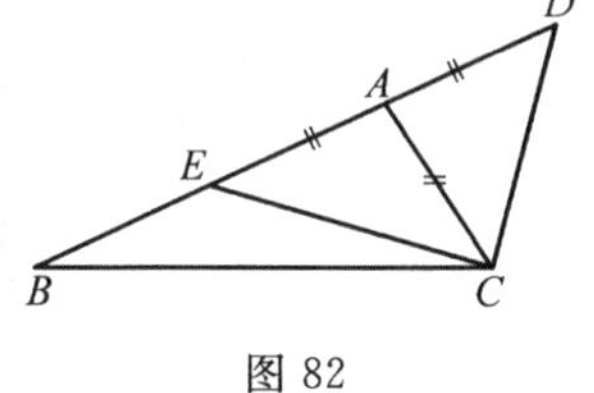

图 82

在直线 AB 上截线段 $AD=AE=AC$.由于 $\triangle DAC$ 是等腰的,那么

$$\angle BAC=\angle ADC+\angle ACD=2\angle ADC$$

从此
$$\angle ADC=\frac{1}{2}\angle A$$

仿此求出

$$\angle BEC=\angle BAC+\angle ACE=$$
$$\angle A+\frac{1}{2}(180°-\angle A)=90°+\frac{1}{2}\angle A$$

因此 $\triangle BCD$(或 $\triangle BCE$)可以按边 BC,BD(或 BC,BE)和其中一边的对角 $\angle BDC$(或 $\angle BEC$)而作出(第 87 节).

作出 $\triangle BCD$(或 $\triangle BCE$)后,点 A 可以用直线 BD(或 BE)和边 CD(或 CE)的中垂线交点来确定.

(83) 设 $\triangle ABC$(图 82)为所求三角形,其中已知 BC,$\angle B$ 和 $AB+AC$(或 $AB-AC$,或 $AC-AB$).

问题解法和习题(82)相同,只不过 $\triangle BCD$(或 $\triangle BCE$)是按两边 BC 和 BD(或 BC 和 BE)及其夹 $\angle B$(或 $180°-\angle B$,如果 $AC>AB$)作出.

(84) 设已知三角形的 $\angle A$,由顶点 A 发出的高和周界长.若在边 BC 通过 B 和 C 的延长线上截线段 $BB'=BA$ 和 $CC'=CA$,那么线段 $B'C'$ 将等于三角形的周界长,而 $\angle BB'A$ 和 $\angle CC'A$ 分别等于 $\frac{1}{2}\angle B$ 和 $\frac{1}{2}\angle C$,从此得出 $\angle B'AC'=180°-\frac{1}{2}(\angle B+\angle C)=90°+\frac{1}{2}\angle A$.因此,$\triangle AB'C'$ 可以由底边 $B'C'$(等于所求三角形周界长)、顶点 A 的角和高而作出(习题(77)).点 B 和 C 位于边 AB' 和 AC' 的中垂线上.

现在设已知三角形的 $\angle A$,不是由 A 发出的高 h_b 和周长.作直角 $\triangle ABH$ 使有 $\angle A$(或 $180°-\angle A$)和腰 $BH=h_b$.斜边 AB 是所求三角形的一边.因此所求三角形可以作出了:已知其边 AB,邻 $\angle A$ 及其余两边之和,即等于已知的周长和边 AB 的差(习题(83)).

(85) 沿用习题(82)的记号(图 82)有

$$\angle ADC=\angle ACD=\frac{1}{2}\angle A$$

从此

$$\angle BCD=\angle C+\frac{1}{2}\angle A=\angle C+\frac{1}{2}(180^\circ-\angle B-\angle C)=$$

$$90^\circ+\frac{1}{2}(\angle C-\angle B)$$

$$\angle AEC=\angle ACE=\frac{1}{2}(180^\circ-\angle A)=90^\circ-\frac{1}{2}\angle A$$

从此

$$\angle BCE=\angle C-(90^\circ-\frac{1}{2}\angle A)=\angle C-90^\circ+\frac{1}{2}(180^\circ-\angle B-\angle C)=$$

$$\frac{1}{2}(\angle C-\angle B)$$

若已知 BC 和 $AB+AC$（或 $AB-AC$），那么 $\triangle BDC$（或 $\triangle BEC$）可按边 BC，BD（或 BC，BE）及其中一边的对角 $\angle BCD$（或 $\angle BCE$）而作出（第 87 节）. 作图照习题（82）完成.

（86）作两直线分别与两已知直线平行并相距同一距离 a，所作两线的交点在所求的角平分线上. 对于不同于 a 的距离 a' 重复这个作法，又得出角平分线上另一点.

（87）存在着两种形态的包含圆在其内部的圆外切四边形：凸四边形（图 83），这里圆和各边相切，和凹四边形（图 84），这里圆切于两边和另两边的延长线. 若 M，N，P，Q 为切点，则在第一种情况

$$AB+CD=AM+MB+CP+PD=AQ+NB+CN+QD=BC+AD$$

在第二种情况

$$AB+CD=AM+MB+CP-DP=AQ+NB+CN-DQ=BC+AD$$

因为从同一点向圆所引的切线是等长的.

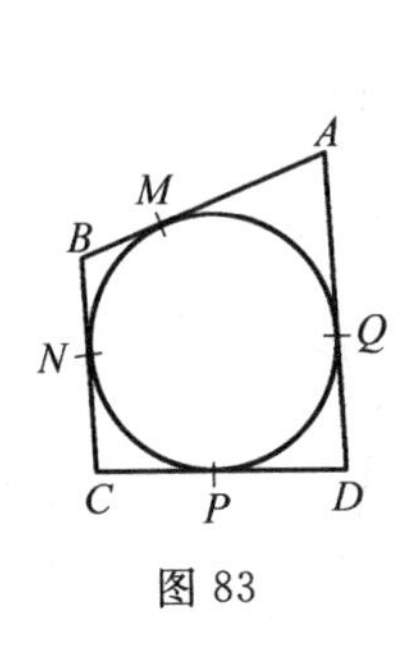

图 83

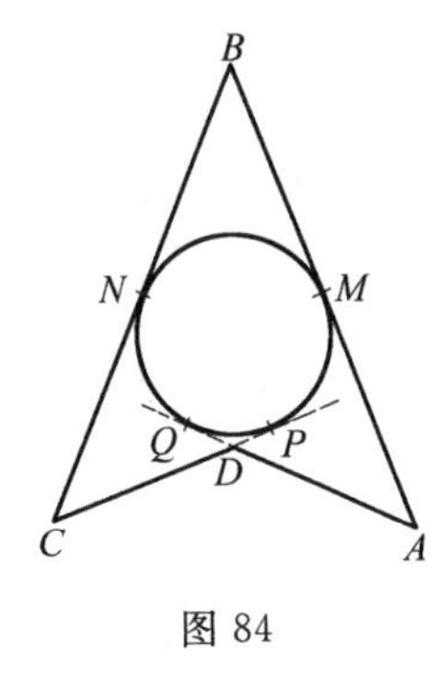

图 84

有三种形态的四边形切于圆使圆在四边形外部：一种是凸的，四边延长线切于圆（图 85）一种是凹的，圆切于两邻边和另两边延长线（图 86）；另一种是非常态的（第 21 节），圆切于一双对边和另两边延长线（图 87）. 在第一种情况（图 85）有

$$AB + AD = BM - AM + AQ - DQ = BM - DQ =$$
$$BN - DP = BN - CN + CP - DP =$$
$$BC + CD$$

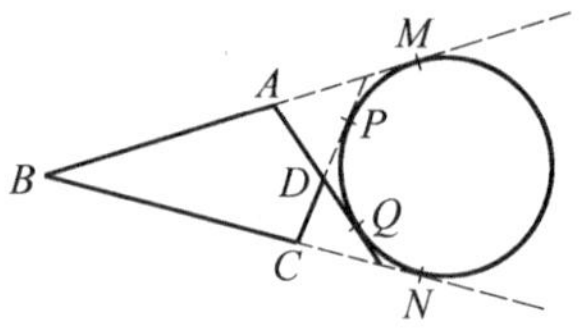

图 85

在第二种情况(图 86)

$$AB + AD - BM - AM + AQ + DQ = BM + DQ =$$
$$BN + DP = BN - CN + CP + DP = BC + CD$$

在第三种情况(图 87)

$$AB + AD = BM - AM + AQ + DQ = BM + DQ =$$
$$BN + DP = BN + CN - CP + DP = BC + CD$$

因为从一点向圆所引的切线是等长的.

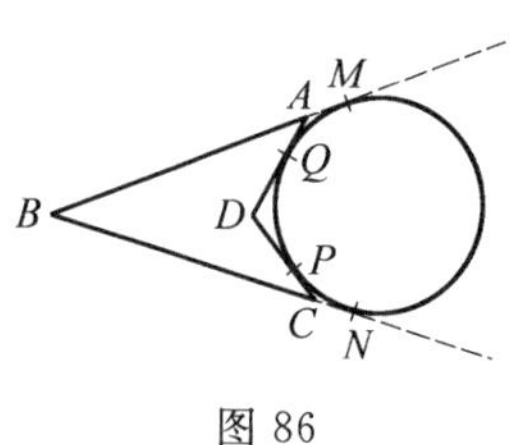

图 86

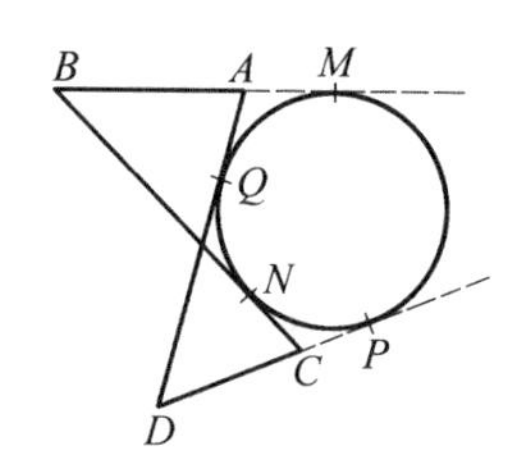

图 87

反过来,假设,例如在凸四边形 $ABCD$ 中(图 88,89)对边之和相等:$AB + CD = BC + AD$. 作一个圆周切于边 AB,BC,CD,并且对于每一边,和四边形的内部在同侧. 假设这圆周不切于边 AD,如果从点 A 引所作圆周的切线 AD',便有 $AB + CD' = BC + AD'$. 由这个等式和上面那个等式,若 $CD > CD'$,得 $AD - AD' = CD - CD' = DD'$,或若 $CD' > CD$,得 $AD' - AD = CD' - CD = DD'$. 在两种情况下,$\triangle ADD'$ 两边之差都等于第三边,这是不可能的. 所以点 D 和 D' 重合. 于是在凸四边形中,若两双对边之和相等,那么有一个圆周存在,在四边形内部并与各边相切.

类似的逆定理在其余情况下也成立,证法完全和以上相同.

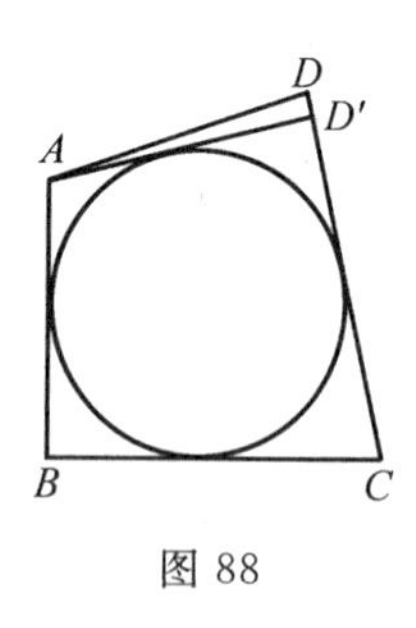

图 88

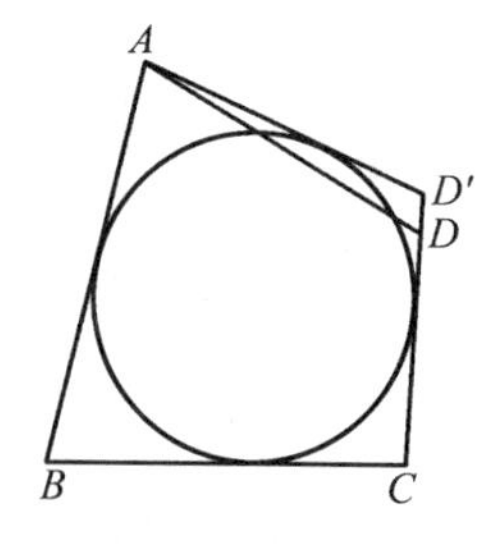

图 89

(88) 设圆周切于四边形 $ABCD$ 的边 AB,BC,CD,而 AD' 是从点 A 向这圆所引的切线,因而(习题(87)) $AB+CD'=BC+AD'$. 若边 AD 与圆周不相交(图 88),那么 $AB+CD'+D'D=BC+AD'+D'D$. 但 $CD'+D'D=CD$, $AD'+D'D>AD$,从此 $AB+CD>BC+AD$. 若 AD 与圆周相交(图 89),那么 $AB+CD'-D'D=BC+AD'-D'D$. 但 $CD'-D'D=CD$, $AD'-D'D<AD$,从此 $AB+CD<BC+AD$.

于是,若 AD 切于圆周,则 $AB+CD=BC+AD$;若 AD 与圆周不交,则 $AB+CD>BC+AD$;而若 AD 与圆周相交,则 $AB+CD<BC+AD$. 由于所列举的穷尽了各种可能性,所以逆命题也成立.

(88a) 设 AB 不与圆周相交(图 90),AM 和 BN 是向圆周引的切线,P 是它们的交点,那么

$$AB<AP+BP<AM+BN$$

$$AB>AP-BP=AP+PM-(PM+BP)=AM-BN$$

若 AB 与圆周相交且点 A,B 各在圆的一侧(图 91),AM 和 BN 是切线,P 是它们的交点,那么

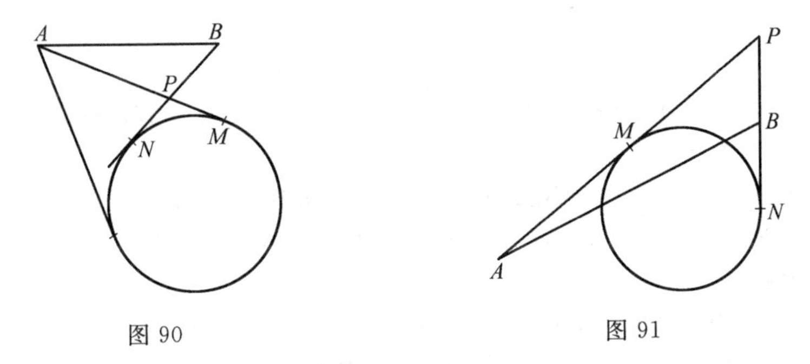

图 90　　　　图 91

$$AB>AP-BP=(AM+MP)-(PN-BN)=AM+BN$$

若点 A,B 同在圆的一侧(图 92),那么

$$AB<AP+BP=(AM-PM)+(PN-BN)=AM-BN$$

(89) 设 PM,PN(图 93)为两定切线,动切线被定切线所截的线段 AB 从圆心 O 的视角,当圆周是三切线所构成三角形的旁切圆时,保持一个常值(动切线取 AB 或 $A'B'$ 的位置);而当圆周成为内切圆时,则变为这个角的补角(动切线取 $A''B''$ 的位置). 事实上

$$\angle AOB=\angle AOT+\angle TOB=\frac{1}{2}\angle MOT+\frac{1}{2}\angle TON=\frac{1}{2}\angle MON$$

同理

$$\angle A'OB'=\angle B'OT'-\angle A'OT'=\frac{1}{2}\angle T'ON-\frac{1}{2}\angle T'OM=\frac{1}{2}\angle MON$$

$$\angle A''OB''=\angle A''OT''+\angle T''OB''=\frac{1}{2}\angle MOT''+\frac{1}{2}\angle T''ON=$$

$$180° - \frac{1}{2}\angle MON$$

(T, T', T'' 是切点)

若在点 M, N 的两定切线是平行的,那么动切线介于它们间的线段在圆心的视角为直角.

(90) 设 PM, PN(图 93) 是圆周的定切线,AB 是动切线上的线段,它的切点 T 在较小的弧 MTN 上,于是

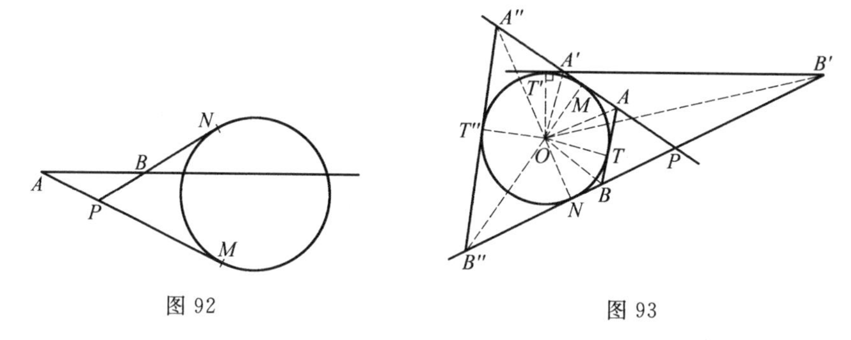

图 92　　　图 93

$$PA + PB + AB = PA + PB + AT + BT = PA + PB + AM + BN - PM + PN$$

但 PM 和 PN 有定长.

若切点 T'(或 T'') 在较大的弧 $MT'N$ 上,那么有几种可能情况.

① 动切线交直线 PM 于点 M 外方的点 A',且交直线 PN 于点 P 外方的点 B'. 在这一情况有定长的是

$$PA' + A'B' - PB' = PM + MA' + A'B' - (B'N - PN) =$$

$$PM + T'A' + A'B' - B'N + PN = PM + T'B' - B'N + PN = PM + PN$$

② 动切线交直线 PM 于点 P 外方且交 PN 于点 N 外方. 这一情况和上面完全相仿.

③ 动切线交直线 PM 于 M 外方的点 A'',且交 PN 于 N 外方的点 B'',这时有定长的是

$$PA'' + PB'' - A''B'' = PA'' + PB'' - A''T'' - T''B'' =$$

$$PA'' + PB'' - A''M - B''N = PM + PN$$

于是在所有三种情况可以说:如果切点落在较大的弧上,那么由三切线构成的三角形中,两边之和与第三边之差有定长(并且这第三边是由定切线之一或动切线上的线段来充当,就看后者的位置).

(90a) 由于从同一点向圆周所引的切线是相等的,那么(图 12.19)$AE = AF$, $BF = BD$, $CD = CE$. 并且从这些等式有 $AF + BF = AE + BF = c$, $BD + CD = BF + CD = a$, $CE + AE = CD + AE = b$. 从此 $AE + BF + CD = p$ 且 $AE = p - a$, $BF = p - b$, $CD = p - c$. 并且 $AB + BD_1 + CD_1 + AC = 2p$,由是,因 $BD_1 = BF_1$, $CD_1 = CE_1$, $AF_1 = AE_1$,我们得出 $AE_1 = AF_1 = p$;并且有 $BD_1 = BF_1 = AF_1 - AB = p - c$;仿此,$CD_1 = CE_1 = p - b$,等

等.

(91) 若以 $\triangle ABC$ 的顶点 A,B,C 为圆心的三圆周两两互切，则切点在三角形的边(或其延长线)上. 若这些圆周在边 BC,CA,AB 上外切于点 D,E,F，则 $AE=AF,BF=BD,CD=CE$ 且 $AE+CD=b,BF+AE=c,CD+BF=a$；由此得出(习题(90a))，点 D,E,F 重合于内切圆周的切点. 若以顶点 A 为圆心的圆周和以 B,C 为圆心的圆周内切，仿此得出，切点 D_1,E_1,F_1 重合于与边 BC 及其余两边延长线相切的旁切圆的切点，其余类推.

(92) 设一不变形运动时它的两条直线 a 和 b 各通过一定点 A 和 B(图 94). 这时这两直线的交角保持常量，因而它们的交点 M 描画一个通过点 A 和 B 的圆周. 不变形通过点 M 的任一直线 c 和 a,b 形成定角，因之通过这圆周上某点 C.

动图形的任一直线 c' 是平行于这图形的某一直线 c，而且和它保持一定距离的，于是得出直线 c' 切于以 C 为圆心的一个定圆周.

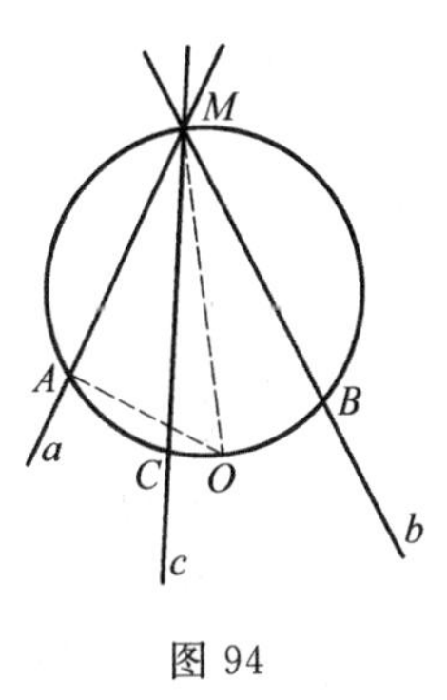

图 94

旋转中心落在图形上各点的轨线的法线上(第 104 节). 让我们来求点 A 的轨线就在这点 A 处的切线和法线. 为此，考察平面上的点 A 和 M 其他的一些位置 A' 和 M'. 直线 $A'M'$ 必通过点 A(因为直线 AM 由假设绕点 A 而旋转). 所以直线 AA' 和 AM' 重合，而直线 AA' 的极限位置将是 AM. 所以点 A 的轨线在点 A 的切线是 AM，而法线就是这直线在点 A 的垂线. 点 M 的轨线(圆周)在点 M 的法线就是通过 M 的直径. 由是可知，旋转中心 O 是圆周 ABC 上点 M 的对径点.

(93) 设 O' 为图形 F_1 和 F_2 的旋转中心(图 95)，O'' 为图形 F_2 和 F_3 的旋转中心. 将这当中第一个旋转分解为关于直线 D' 和 D 的两个对称变换(第 102a 节)，并选直线 $O'O''$ 作为第二条对称轴 D. 于是两直线 D' 和 D 的夹角之一等于图形 F_1 和 F_2 夹角的一半. 同理也把第二个旋转分解为关于直线 D 和 D'' 的两个对称变换，取直线 $O'O''$ 为第一条对称轴 D. 同上面一样，直线 D 和 D'' 的夹角之一将等于图形 F_2 和 F_3 夹角的一半.

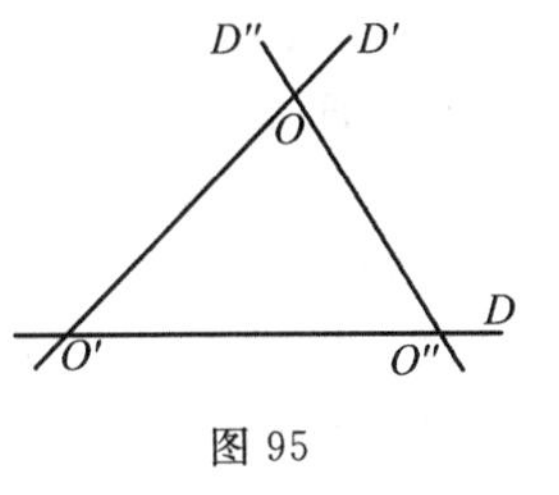

图 95

使图形 F_1 重合于 F_3 的旋转，可以看做继续做两个旋转的结果而得出，第一个使 F_1 重合于 F_2，第二个使 F_2 重合于 F_3. 像上面指出的那样，将这两个旋转各分解为两个对称变换，可知将 F_1 重合于 F_3 的旋转是关于直线 D' 和 D'' 的两个对称变换的结果(第 103 节). 由是可知，直线 D' 和 D'' 的交点 O 是最后这个旋转的中心，并且 D' 和 D'' 的夹角之一等于图形 F_1 和 F_3 夹角的一半. 于是 $\triangle O'O''O$ 的各角依次等于已知图形两两夹角的一半或等于这些半角的补角.

(94) 绕中心 O_1(图 96) 的旋转可(第 102a 节)代以继续做的两个对称变换，对称轴 D_1 和 D_2 通过 O_1. 绕中心 O_2 的旋转可代以继续做的两个对称变换，对称轴 D'_1 和 D'_2 通过 O_2. 不失普遍性可以假设直线 D_2 和 D'_1 重合.于是剩下关于直线 D_1 和 D'_2 继续做两个对称变换,其中直线 D_1 和 D'_2 是平行的,因为它们和 D_2 所夹的角等于已知的两个大小相等、转向相反的转幅的一半.继续对于 D_1 和 D'_2 做对称变换,就得出一个平移.

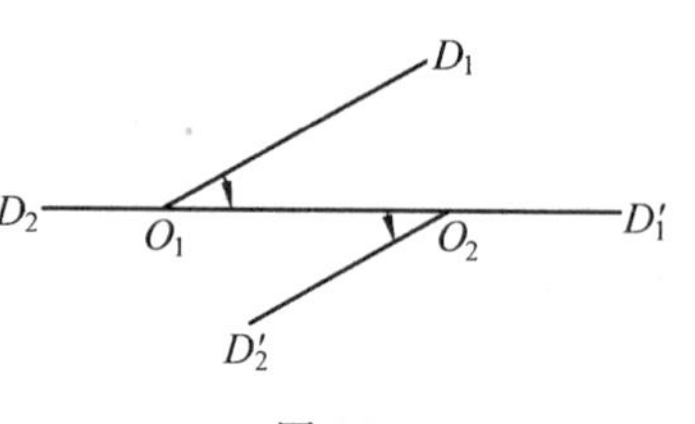

图 96

(95) 设 A,B(图 97) 为第一图形 F 上两点,A',B' 为有相反转向的第二图形 F' 上的两个对应点.

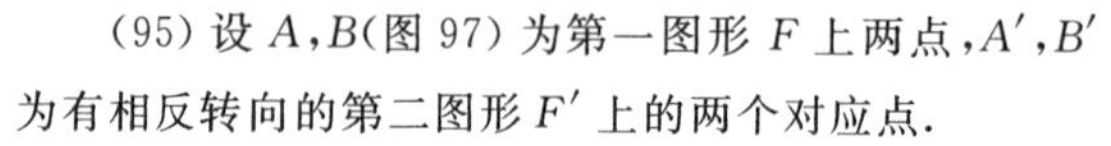

① 取任一直线 D_1,作第一图形关于这直线的对称形 F'',并设 A'',B'' 为此图形上与 A,B 对应的点.图形 F'' 和 F' 由于有同一转向,便有无穷多方法借助于两个对称,从一个得出另外一个(第 102 节).总共得出三个对称变换.

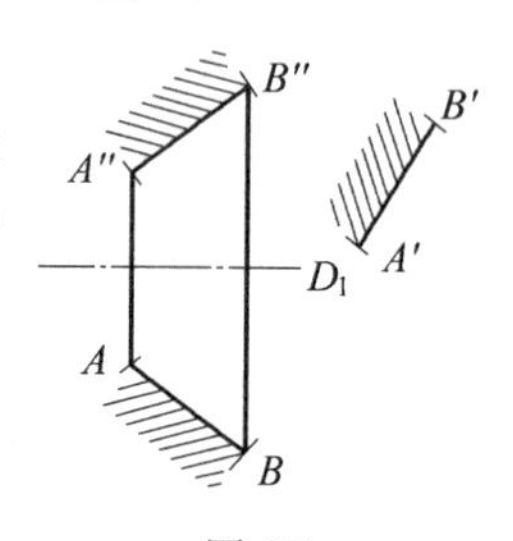

图 97

② 为了使后面两个对称和一个平移等效,必须也只须线段 $A''B''$ 和 $A'B'$ 同向平行.为此,直线 D_1 应该是直线 AB 和 $A'B'$ 夹角之一的(完全确定的) 平分线 D_0(图 98) 的平行线.

③ 最后,要使平移的方向 $A''A'$ 平行于直线 D_1,必须也只须选择直线 D_1 使与通过点 A 和 A' 且平行于 D_0 的两直线有等距离,换言之,直线 D_1 应该与 D_0 平行,且通过线段 AA' 的中点.

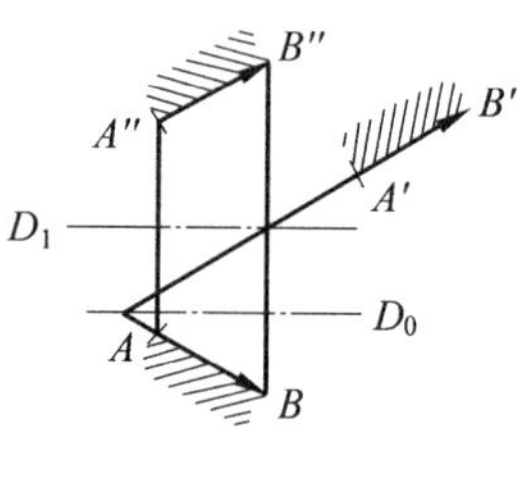

图 98

同样的,借助于一个平移继以一个对称,可以从图形 F 得出 F'.特别的,可以使平移的方向与对称轴平行.为此,只要在开始的时候作一个图形 F^* 使与 F'(而非 F) 关于 D_1 成对称.

(96) 设 $\triangle ABC$(图 99) 为所求三角形,顶点 A 显然可以在已知直线之一,例如直线 2 上任意选取.作直线 $1'$,它是从直线 1 绕点 A 沿(例如) 顺时针方向旋转得来的.为此,由 A 向直线 1 引垂线 AP,作 $\angle PAP'$ 等于 $60°$,截 $AP' = AP$,最后通过点 P' 作直线 $1'$ 垂直于 AP'.由于绕点 A 旋转 $60°$ 时,点 B 和 C 重合,那么点 C 是直线 $1'$ 和 3 的交点.知道了点 A 和 C 的位置,就可以作出点 B 了.

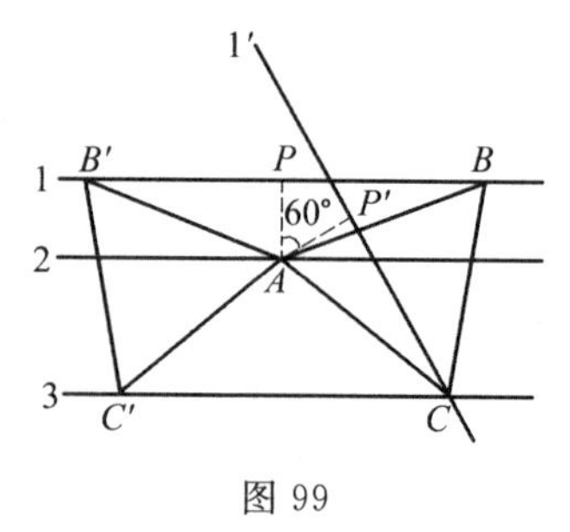

图 99

第二个解答($\triangle AB'C'$) 显然和第一个关于三条已知线的垂线成对称.

已知了三圆周,仍然可用类似的推理.

(97) 设 O(图 100) 为已知圆心,P 和 Q 为已知点;AB 为所求弧,它与已知弧 MN 相等,而且使得 AP 与 BQ 相平行.将三角形 OAP 绕点 O 旋转一个角 $\alpha = \angle AOB = \angle MON$,即由已知弧所确定的角;我们得出 $\triangle OBP'$.点 P' 可以这样作出:作 $\angle POP'$ 等于 $\angle\alpha$,并截线段 $OP' = OP$.于是 $\angle QBP'$ 也等于 $\angle\alpha$,因为它等于 $\triangle OAP$ 的边 AP 和这边的新位置 BP'

的夹角.因此点 B 又落在一个圆弧上,这弧以 P' 和 Q 为其端点而且内接角等于 α.作出这弧和已知圆周相交便得到点 B.对应于两个可能的交点 B 和 B',于是得到最多两解,即弧 AB 和 $A'B'$.

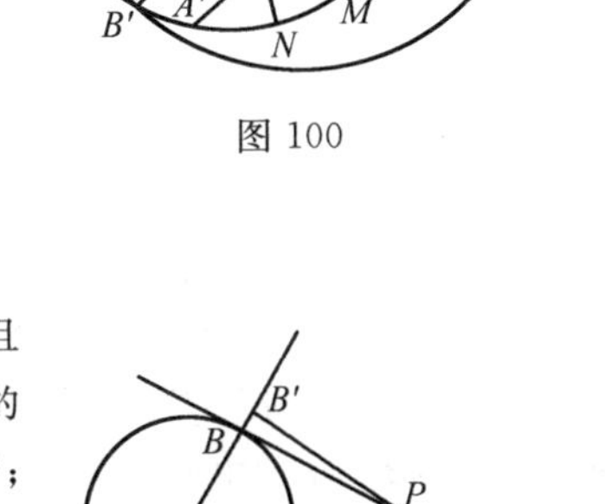

图 100

到此刻为止,我们默认了所求弧 AB 在已知圆周上,且和已知弧 MN 有同向.若考察直线 PA,QB,PA',QB' 和已知圆周的第二个交点,还可以得出另一解答弧 A_1B_1 和 $A'_1B'_1$,其中所求弧和已知弧转向相反.

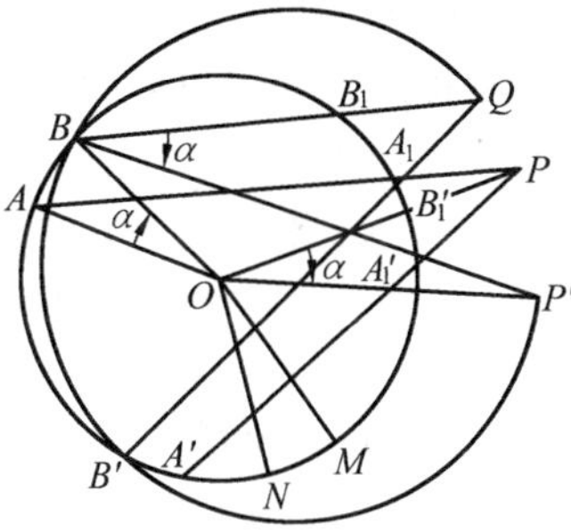

若要求联结所求弧端点和已知点 P,Q 的直线相交成已知角 β,那么点 B 是已知圆周和一个弧的交点,从这弧上的点对线段 $P'Q$ 的视角等于 $\alpha \pm \beta$.

(98) 设 $A'PB'$(图 101)是一条平行于点 M 的切线且介于直线 MA 和 MB 之间的线段,设 X 为 A,M 两点切线的交点.由于 $XA = XM$,则 $\angle XMA = \angle XAM = \angle A'AP$;另一方面 $\angle XMA = \angle AA'P$,因为 MX 是平行于 PA' 的.由是 $\angle A'AP = \angle AA'P$,于是 $PA' = PA$.仿此 $PB' = PB$.由于线段 PA 和 PB 是相等的而且与点 M 的位置无关,所以点 P 是线段 $A'B'$ 的中点,并且这线段的长度与点 M 在圆周上的位置无关.

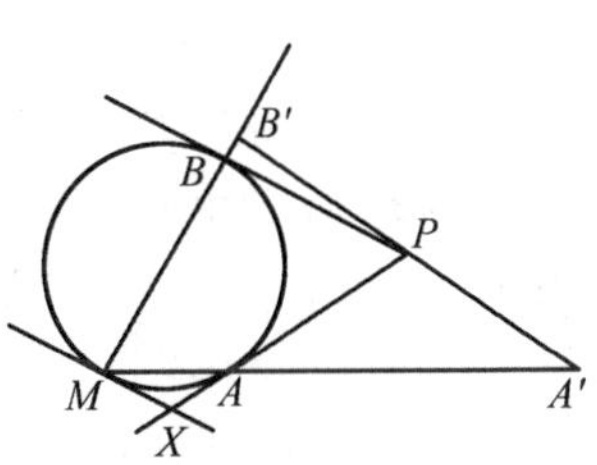

图 101

(99) 在 MA(图 102)上截线段 $MN = MC$,得出等边 $\triangle CMN$ 因为 $\angle CMN = \angle CBA = 60°$).并且 $\angle ACN = \angle ACM - 60° = \angle BCM$,$\triangle ACN$ 和 $\triangle BCM$ 全等,从此 $BM = AN$.所以 $MA = MN + NA = MB + MC$.

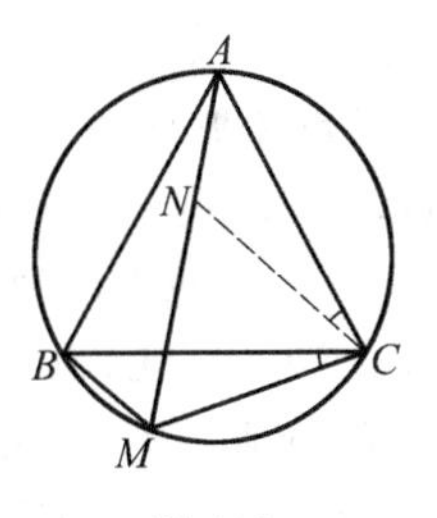

图 102

(100) 设 AD,BE,CF(图 103)为等边 $\triangle ABC$ 的高线,而 AD',BE',CF' 是这样引的直线:使得 $\angle DAD'$,$\angle EBE'$,$\angle FCF'$ 的平分线 AA',BB',CC' 互相平行.以 P 表示直线 BE' 和 CF' 的交点,而以 XY 表示 CF 关于 BB' 的对称线.直线 XY 是平行于 CF' 的,因为它可以从 CF' 利用关于平行线 CC' 和 BB' 的两次对称变换得到.直线 BE' 和 XY 的交角等于 BE 和 CF 的交角(由于对称于 BB');并且直线 BE' 和 XY 的交角等于 BE' 和 CF' 的交角(因为 XY 和 CF' 平行).所以直线 BE' 和 CF' 的交角等于 BE 和 CF 的交角.于是 $\angle BPC = 120°$,从而直线 BE' 和 CF' 的交点 P 落在外接圆周上.

同法可证直线 AD' 和 BE' 的交点落在外接圆周上,从而与点 P 重合(因为直线 BE' 和外接圆周的交点除 B 外只有一点).所以证明了三直线 AD',BE',CF' 都通过点 P.

(101) 设 A_1,B_1,C_1(图 104)为 $\triangle ABC$ 边的中点,A_2,B_2,C_2 为高线足,A_3,B_3,C_3 为介于高线交点 H 和顶点间的线段的中点.联结 $\triangle ABC$ 两边中点的线段 A_1B_1 和边 AB 平行并且

等于它的一半,同理,联结 $\triangle ABH$ 两边中点的线段 A_3B_3 和边 AB 平行而且等于它的一半.仿此,$\triangle BCH$ 和 $\triangle ACH$ 中两边中点的连线 A_1B_3 和 A_3B_1,都平行于线段 CH 而且都等于它的一半.由于直线 CH 垂直于 AB,可知 $A_1B_1A_3B_3$ 是矩形,从而线段 A_1A_3 和 B_1B_3 相等并且在它们的交点 O_1 互相平分.完全一样地证明线段 A_1A_3 和 C_1C_3 相等并且在它们的交点互相平分.从此可知线段 A_1A_3,B_1B_3,C_1C_3 是同一圆的直径.这圆周还通过点 A_2,B_2,C_2.因为,例如线段 A_1A_3 在点 A_2 的视角为直角.

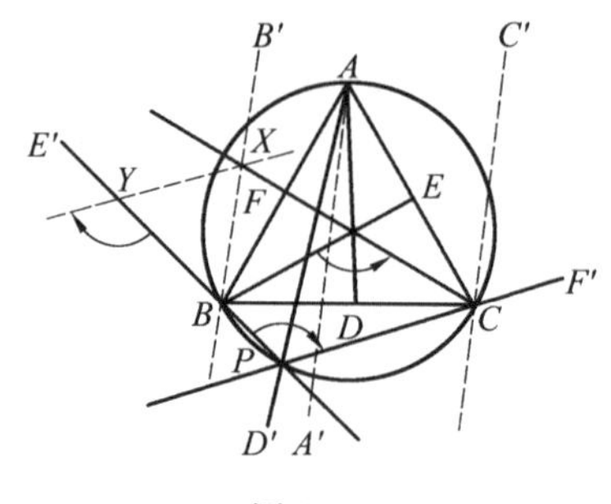

图 103

所说的这个圆的中心 O_1 就是弦 A_1A_2,B_1B_2,C_1C_2 中垂线的交点,但这些垂线中每一条都通过(比较习题(35)解答)线段 OH 的中点,这里 O 是 $\triangle ABC$ 的外接圆心.所以点 O_1 是线段 OH 的中点.

$\triangle O_1OA_1$ 和 $\triangle O_1HA_3$ 是全等的($O_1O = O_1H$,$O_1A_1 = O_1A_3$,$\angle OO_1A_1 = \angle HO_1A_3$).由此可知,线段 OA_1 和 HA_3 从而和 AA_3 平行且相等.既然四边形 OA_1A_3A 中两边 OA_1 和 AA_3 平行且相等,这是一个平行四边形,因而 $OA = A_1A_3$.因此,圆 O_1 的直径等于外接圆半径.

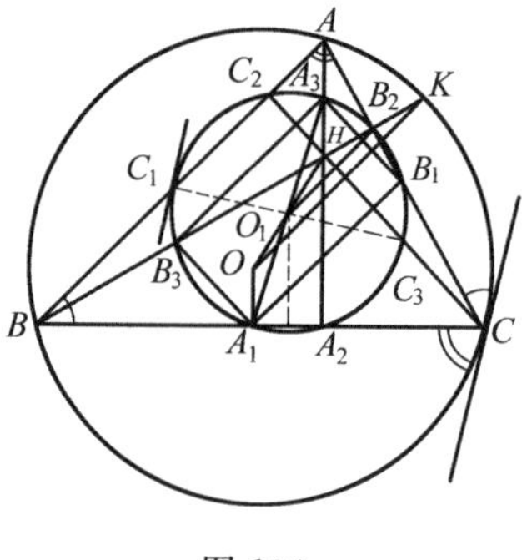

图 104

若 K 是 H 关于边 AC 的对称点,那么线段 O_1B_2 是 $\triangle OHK$ 两边中点的连线,从而 $OK = 2O_1B_2 = OB$,而 K 为外接圆周上一点.我们得到了习题(70)所引进的命题.

(101a)设 I(图 12.19)为内切圆心,I_a,I_b,I_c 依次为切于边 BC,CA,AB 和其余两边延长线的旁切圆圆心.由于直线 IA 是 $\triangle ABC\angle A$ 的平分线,而 I_bI_c 是 $\angle A$ 的外角平分线,那么直线 IA 垂直于 I_bI_c.同理,直线 IB 垂直于 I_aI_c,IC 垂直于 I_aI_b.所以直线 IA,IB,IC 是 $\triangle I_aI_bI_c$ 的高,因而圆周 ABC 是 $\triangle I_aI_bI_c$ 的九点圆(习题(101)).圆周 ABC 的圆心 O 是 $\triangle I_aI_bI_c$ 高线交点 I 和这三角形外接圆心的连线的中点,而圆周 ABC 的半径等于圆周 $I_aI_bI_c$ 半径的一半.

(102)设 AD,BE,CF 为 $\triangle ABC$ 的高(图 105),A' 和 A'',B' 和 B'',C' 和 C'' 是由点 D,E,F 向三角形的边所引垂线的足.

我们来证明直线 $A'A''$ 和边 AB,AC 所形成的角,依次等于 $\triangle ABC$ 的 $\angle C$ 和 $\angle B$:$\angle AA'A'' = \angle C$,$\angle AA''A' = \angle B$.事实上,四边形 $AA'DA''$ 可内接于圆(因为在 A' 和 A'' 处的角是直角),所以 $\angle AA''A' = \angle ADA' = 90° - \angle BDA' = \angle B$.同理 $\angle AA'A'' = \angle C$.同法可证,直线 $B'B''$ 和边 BC 所成的角 $\angle BB'B'' = \angle A$,和 BA 所成的角 $\angle BB''B' = \angle C$;而直线 $C'C''$ 和边 CA 所成的角 $\angle CC'C'' = \angle B$,和 CB 所成的角 $\angle CC''C' = \angle A$.

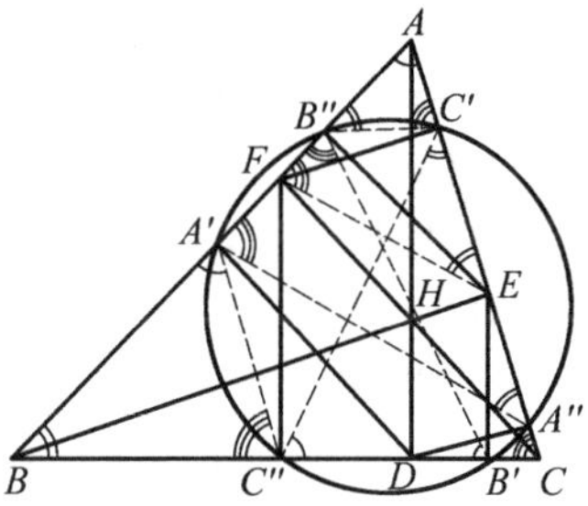

进一步证明直线 $B''C'$ 与 BC 平行，即 $\angle AB''C' = \angle B$，$\angle AC'B'' = \angle C$. 事实上，由习题(71)解法备注，线段 EF 和 $\triangle ABC$ 的边形成 $\angle AEF = \angle B$ 且 $\angle AFE = \angle C$. 并且由同一原理，$\triangle AEF$ 高线足 B'' 和 C' 的连线 $B''C'$ 和它的边 AF 和 AE 形成 $\angle AB''C' = \angle AEF = \angle B$ 且 $\angle AC'B'' = \angle AFE = \angle C$，因而 $B''C'$ 和 BC 平行. 同理证明直线 $C''A'$ 和 CA 平行，因而 $\angle BC''A' = \angle C$，$\angle BA'C'' = \angle A$；且直线 $A''B'$ 和 AB 平行，因而 $\angle CA''B' = \angle A$，$\angle CB'A'' = \angle B$.

图 105

由所推证的等式可知四边形 $A'A''C'B''$ 可内接于圆，因为

$$\angle A'B''C' = 180° - \angle AB''C' = 180° - \angle B = 180° - \angle AA''A'$$

或

$$\angle A'B''C' + \angle A'A''C' = 180°$$

并且四边形 $A'B''C'C''$ 可内接于圆，因为 $\angle A'B''C' = 180° - \angle B = 180° - \angle A'C''C'$ $(\angle A'C''C' = 180° - \angle C'C''C - \angle A'C''B = 180° - \angle A - \angle C = \angle B)$. 最后，四边形 $A''C'B''B'$ 可内接于圆，因为 $\angle A''C'B'' = 180° - \angle AC'B'' = 180° - \angle C = 180° - \angle A''B'B''$ $(\angle A''B'B'' = 180° - \angle A - \angle B = \angle C)$.

以上所说的三个圆周彼此是重合的，因为它们有三个公共点.

稍作变化，这证法也可适用于钝角三角形.

(103) 设 $\triangle ABC$(图 106) 中，K 为 $\angle A$ 的平分线和外接圆周的交点. 由于 $\angle BAK = \angle KAC$，则弧 BK 和 KC 相等. 所以 $KB = KC$，从而点 K 落在线段 BC 的中点 A_1 的垂线上.

设 L 为 $\angle A$ 的外角平分线和外接圆周的交点，则 $\angle KAL$ 为直角. 所以 KL 是外接圆周的直径，因而 $LB = LC$.

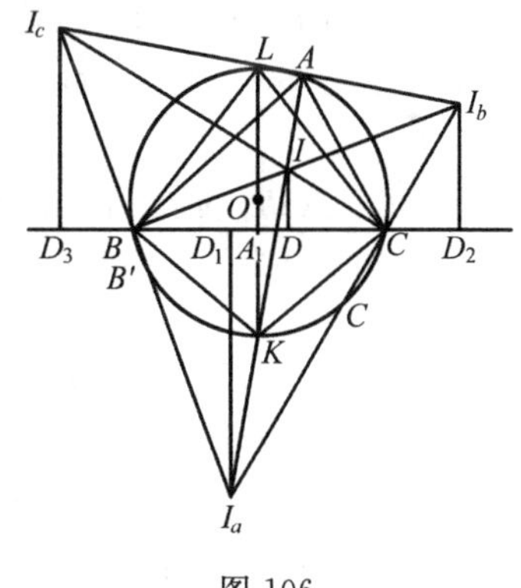

图 106

由于圆 ABC 是 $\triangle I_aI_bI_c$ 的九点圆(参看习题(101a)解答)，那么它通过线段 II_a 的中点(I 是 $\triangle ABC$ 的内切圆心，同时是 $\triangle I_aI_bI_c$ 高线的交点)，也通过线段 I_bI_c 的中点. 所以 $KI = KI_a$ 且 $LI_b = LI_c$. 在每个直角三角形 $\triangle IBI_a$，$\triangle ICI_a$，$\triangle I_bBI_c$，$\triangle I_bCI_c$ 中，通过直角顶点的中线等于斜边的一半. 从此 $KI = KI_a = KB = KC$ 且 $LI_b = LI_c = LB = LC$，因此 $\angle A$ 外角平分线和外接圆周的交点距点 I_b，I_c，B，C 等远.

若 D，D_1，D_2，D_3 为内切和旁切圆与直线 BC 的切点，则由 $KI = KI_a$ 及 $LI_b = LI_c$ 有(按习题(35) 解答) $A_1K = \frac{1}{2}(D_1I_a - DI)$，$A_1L = \frac{1}{2}(D_2I_b + D_3I_c)$，从此 $D_1I_a + D_2I^b +$

$D_3I_c=DI+2KL$.

(103a) 设已知所求 $\triangle ABC$(图 107) 的高 AH,中线 AD,角平分线 AE. 按腰 AH 和斜边 AD 作直角 $\triangle AHD$. 然后以点 A 为中心,已知的角平分线为半径作圆周,和直线 DH 相交得出点 E. 通过点 D 垂直于 DH 的直线和直线 AE 的交点 K 落在外接圆上(习题(103)). 外接圆心 O 是直线 DK 和线段 AK 的中垂线的交点. 作出这一圆周(它的半径等于 OA),在直线 DH 上就找到三角形的顶点 B 和 C.

(104) 设 PA 和 PB(图 108) 是圆的两条切线,而 C 是联结切点 A 和 B 的弦上一点,KL 是 OC 的垂线.

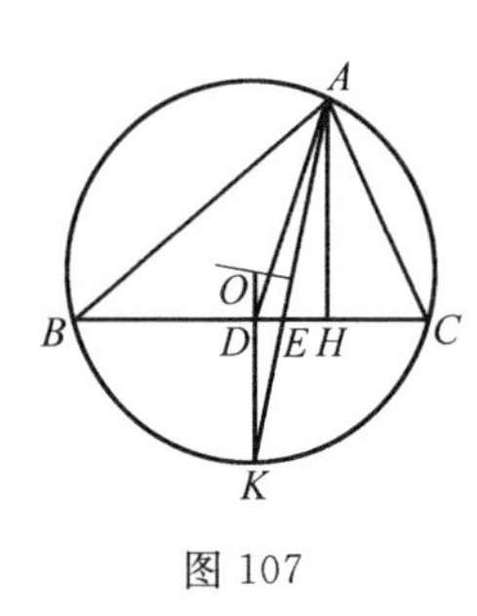

图 107

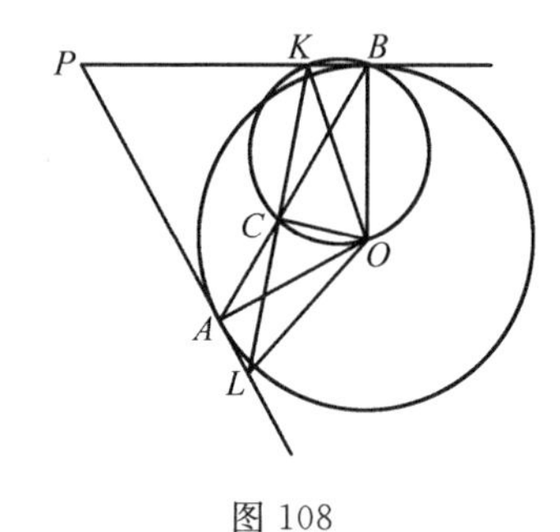

图 108

由于线段 OK 在点 B 和 C 的视角为直角,以 OK 为直径的圆通过 B 和 C. 所以 $\angle OKL=\angle OBC$. 仿此可证 $\angle OLK=\angle OAC$. 但 $\angle OBC=\angle OAC$,因为 $\triangle OAB$ 是等腰的. 所以 $\angle OKL=\angle OLK$,于是 $OK=OL$. 在等腰 $\triangle OKL$ 中,高 OC 同时也是中线,即 $KC=CL$.

(105)① $\triangle AA'C$ 和 $\triangle B'BC$ 是全等的,因为 $A'C=BC$,$AC=B'C$,且 $\angle ACA'=\angle B'CB=\angle C+60^\circ$(图 109). 于是 $AA'=BB'$,仿此 $BB'=CC'$.

② 设 O 为直线 AA' 和 BB' 的交点,则 $\angle OBC=\angle OA'C$(因为 $\triangle AA'C$ 和 $\triangle B'BC$ 是全等的),从而点 O,B,A',C 在同一圆周上. 所以 $\angle BOC=120^\circ$,同法可证 $\angle AOC=120^\circ$. 所以 $\angle AOB=120^\circ$,点 O,A,C',B 在同一圆周上,于是 $\angle AOC'=\angle ABC'=60^\circ$. 由于 $\angle A'OC=60^\circ$,由是可知点 C,O,C' 共线,即直线 CC' 通过点 O.

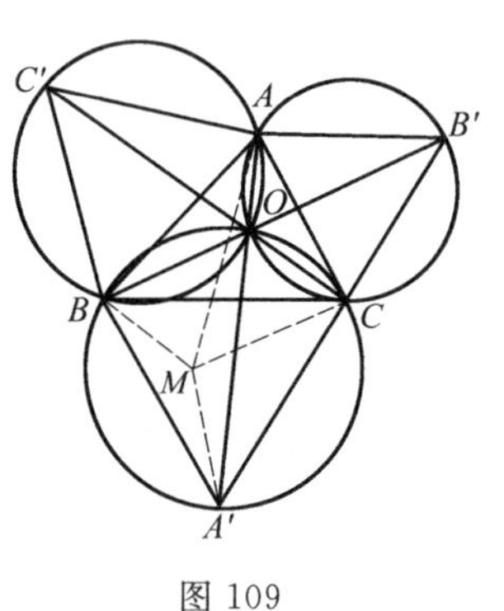

图 109

③ 若点 O 在三角形内部,则 $AA'=AO+OA'$. 但 $OA'=OB+OC$(习题(99)),于是 $AA'=OA+OB+OC$.

备注 这图形的其他性质见习题(363).

(106)① **直接证明**. 设已知直线 a,b,c,d 两两相交于点 A,B,C,D,E,F(图 110),而 M 是

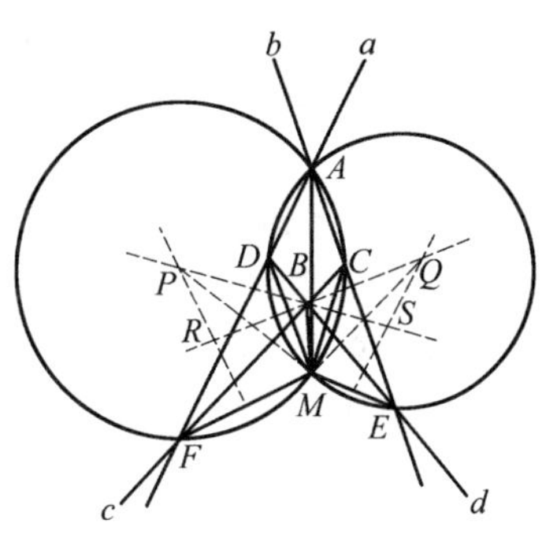

图 110

圆周 ACF 和 ADE 除 A 以外的交点. 于是有 $\angle BCM = \angle FCM = \angle FAM$，$\angle BEM = \angle DEM = \angle DAM = \angle FAM$. 由是 $\angle BCM = \angle BEM$，所以 $\triangle BCE$ 的外接圆通过点 M. 仿此可证 $\triangle BDF$ 的外接圆也通过 M.

② **利用习题(72) 证明.** 设 a,b,c,d 为已知直线，M 为 $\triangle abc$ 和 $\triangle abd$ 外接圆周的交点. 从点 M 向直线 a，b，c 所引的垂线足在一直线 l 上，而从 M 向直线 a，b，d 所引的垂线足也在一直线上，这直线必然与 l 重合. 既然从 M 向 a，c，d 所引的垂线足在同一直线上，那么 M 在 $\triangle acd$ 的外接圆上. 对于 $\triangle bcd$ 情况亦复如此.

设 $\triangle ACF$，$\triangle ADE$，$\triangle BDF$，$\triangle BCE$ 的外接圆心依次为 P，Q，R，S，这些点可以由作出线段 MC，MD，ME，MF 的中垂线而得到. $\angle RPS$ 以弧 FMC 的一半来度量，因而等于 $\angle FAC$；$\angle RQS$ 以弧 DME 的一半来度量，因而等于 $\angle DAE$. 四点 P，Q，R，S 位于同一圆周上. 并且 $\angle MPS = \angle MAC$（圆周角是同弧所对圆心角的一半），而 $\angle MAE = \angle MQS$. 所以 $\angle MPS = \angle MQS$. 四点 M，P，Q，S 也在同一圆周上，并且它重合于四点 P，Q，R，S 所在的圆周，换句话说，后面的圆周也通过点 M.

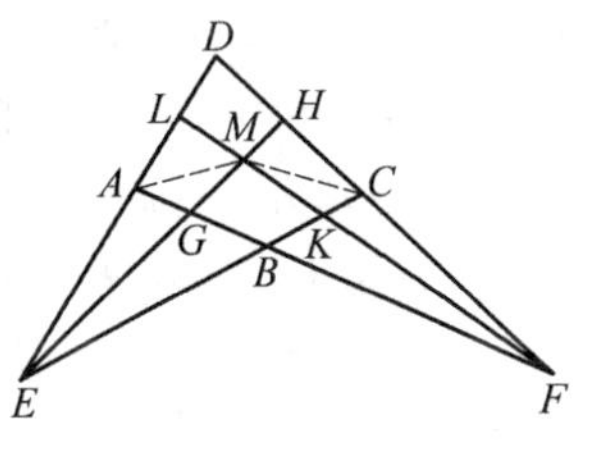

图 111

(107) 设 $ABCD$（图 111）为任意四边形，E 为边 AD 和 BC 延长线的交点，F 为边 AB 和 CD 延长线的交点，EM 和 FM 是 $\angle E$ 和 $\angle F$ 的平分线，G，H，K，L 是它们和四边形各边的交点. 考察 $\triangle EAM$ 和 $\triangle EMC$，可以得出 $\angle AEG = \angle DAM - \angle AMG$，$\angle BEG = \angle CMH - \angle MCB$. 由于 EG 是 $\angle E$ 的平分线，则 $\angle AEG = \angle BEG$，即 $\angle DAM - \angle AMG = \angle CMH - \angle MCB$，由是

$$\angle DAM + \angle MCB = \angle AMG + \angle CMH \quad ①$$

仿此，由 $\triangle FAM$ 和 $\triangle FMC$ 求出 $\angle BFK = \angle AML - \angle MAB$，$\angle CFK = \angle HCM - \angle CMK$，由是 $\angle AML - \angle MAB = \angle HCM - \angle CMK$，或

$$\angle MAB + \angle HCM = \angle AML + \angle CMK \quad ②$$

① 和 ② 相加得

$$\angle BAD + \angle BCD = \angle GML + \angle HMK = 2\angle GML \quad ③$$

这里我们假设了 $ABCD$ 是任意四边形. 若假设四边形 $ABCD$ 是圆内接四边形，那么 $\angle BAD + \angle BCD = 180°$. 于是由式 ③ 得 $\angle GML = 90°$.

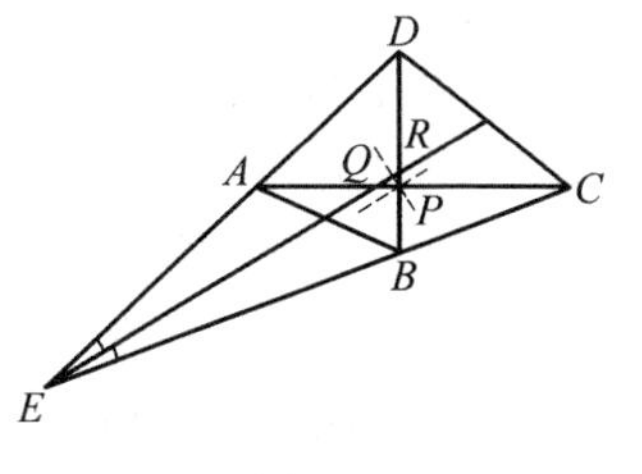

图 112

现在假设 P（图 112）是任意四边形 $ABCD$ 对角线 AC 和 BD 的交点，而 Q 和 R 是 $\angle E$ 的平分线与对角线 AC 和 BD 的交点（为确定计，我们假设点 Q 和 R 在线段 AP 和 DP 上；如这些点在线段 BP 和 CP 上，同一推理仍适用）. 由 $\triangle AEQ$ 和 $\triangle BER$ 求得 $\angle AEQ = \angle DAC - \angle AQE =$

$\angle DAC - \angle PQR$,$\angle BEQ = \angle DBC - \angle PRQ$. 由于 EQ 是 $\angle E$ 的平分线,则 $\angle AEQ = \angle BEQ$,或 $\angle DAC - \angle PQR = \angle DBC - \angle PRQ$,从此得出

$$\angle DAC - \angle DBC = \angle PQR - \angle PRQ \quad ④$$

若 $ABCD$ 是圆内接四边形,那么 $\angle DAC = \angle DBC$,于是从等式④得 $\angle PQR = \angle PRQ$. 这等式表明 $\triangle PQR$ 是等腰三角形. 因此 $\angle QPR$ 的平分线垂直于 QR,即是说 $\angle CPD$ 的平分线平行于 QR,即 $\angle E$ 的平分线.

由于所证的定理包含两个命题,所以它有两个逆定理:

① 若一个四边形边的延长线所形成的角的平分线互相垂直,那么这四边形可内接于圆.

这定理的正确性由等式③得出:若 $\angle GML = 90°$,则 $\angle BAD + \angle BCD = 180°$

② 若一个四边形边的延长线所形成的一个角的平分线,与对角线所形成的一个角的平分线平行,那么这四边形可内接于圆.

事实上,若直线 QR 平行于 $\angle CPD$ 的平分线,那么它和 $\angle QPR$ 的平分线垂直. 所以 $\triangle PQR$ 是等腰三角形,从而 $\angle PQR = \angle PRQ$. 由等式④可知,$\angle DAC = \angle DBC$,于是点 A,B,C,D 落在同一圆周上.

(107a) 设已知两直线之一交第一圆周于点 A,B,交第二圆周于点 A',B';另一直线分别交这两圆周于 C,D 及 C',D'(图 113). 在第一圆周我们可以考察:或者一对弦(AC,BD)…(α),或者一对弦(AD,BC)…(β);同样在第二圆周:或者一对弦($A'C'$,$B'D'$)…(α'),或者一对弦($A'D'$,$B'C'$)…(β'). 从两圆周各选一对弦得出四种组合:(α,α');(α,β');(β,α');(β,β').

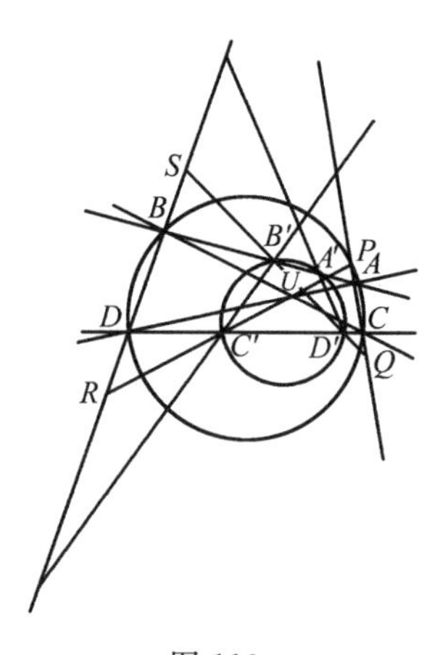

图 113

例如考察第一种弦的组合(α,α'),就是说(AC,BD),($A'C'$,$B'D'$),并设 P,Q,R,S 为第一对弦与第二对弦的交点. $\triangle PAA'$ 和 $\triangle SDD'$ 有两角相等($\angle PAA' = 180° - \angle BAC = \angle SDD'$,$\angle PA'A = \angle B'A'C' = \angle SD'D$),所以它们的第三角相等;$\angle RPQ = \angle RSQ$,于是点 P,Q,R,S 在同一圆周上.

仿此还得出其余三组四点,每一组四点在同一圆周上(图 113 上,三组四点中的每一组四点用同样符号标志着).

(108) 设通过点 A,B,C 分别与直线 MA,MB,MC 垂直的直线相交于一点 M'. 线段 MM' 在 A,B,C 中每一点的视角为直角,所以 MM' 是外接圆周的直径. 点 M 的轨迹是外接圆周.

(109) 假设平行四边形的边 AB(图 20)是不动的. 这时 AB 的中点 O 也是不动的. 点 E,L,N,P 和 R 描画以 O 为圆心的圆周,因为线段 $OE = \frac{1}{2}AD$,$OL = OI - LI = AD - OA$,$ON = OP = OA$,$OR = OI + IR = AD + DI = AD + OA$ 保持定长. 点 K,M,Q 和 S 描画

与点 E 所画相等的圆周，因为线段 $KE = EM$ 和 $QE = ES$ 保持固定的长度和方向（习题(47)）.

(110) 设 O 和 O' 为两圆的圆心（图 114），D 是它们第二个交点，M 是 OO' 和 BD 的交点，E,F,N,P 是从点 O,O',M,D 向直线 AB 所引垂线的垂足. 这时点 E 和 F 的位置——线段 AB 和 BC 的中点——不因圆周的选择而变. 由于两圆相等，M 是线段 OO' 的中点，所以（习题(35)）点 N 是线段 EF 的中点. 因此点 N 在直线 AB 上的位置也不因圆周的选择而变. 最后，M 是线段 BD 的中点，从而 N 是线段 BP 的中点. 由是可知点 P 在直线 AB 上的位置不因圆半径而变，于是点 D 的轨迹是通过点 P 且垂直于 AB 的直线.

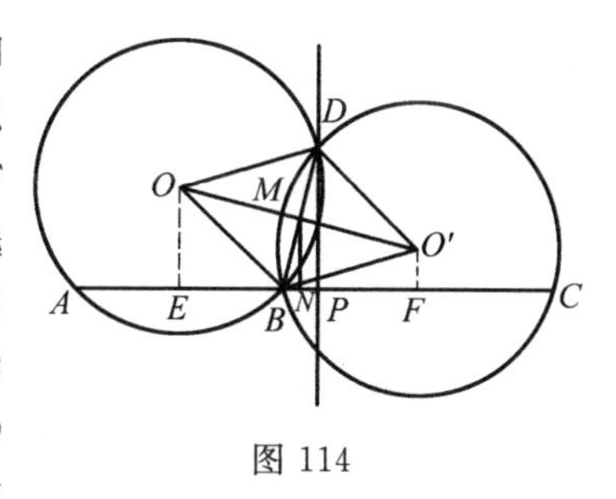

图 114

(111) 设 XX',YY' 是已知的互相垂直的直线（图 115），AM 和 BM 分别平行于 XX' 和 YY'，C 是线段 AB 的中点. 点 O,A,B,M 落在以 C 为圆心的一个圆周上，从而 $\angle AMO = \angle ABO = 45°$. 由于直线 AM 保持与 XX' 平行，那么点 M 落在一直线上，即通过 O 而与 XX',YY' 夹角平分线平行的直线. 由于 $OM \leqslant AB$（OM 是弦，AB 是同圆的直径），所以点 M 的轨迹是这直线上以 O 为中点长为 $2AB$ 的线段.

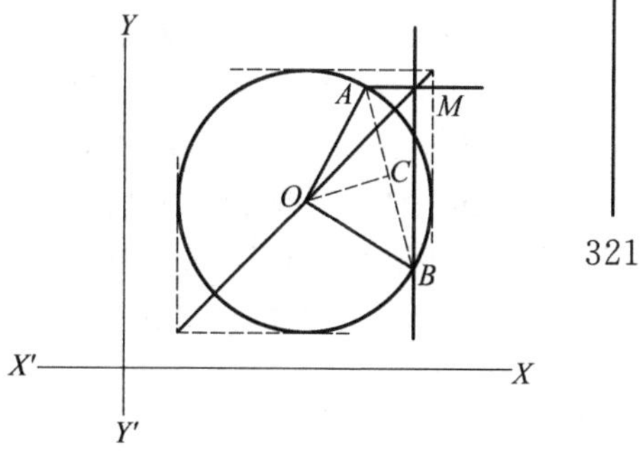

图 115

(112) 设 A,B（图 116）为已知点，C 为两圆周的切点，M 是点 C 的切线和直线 AB 的交点. 由等式 $MA = MC, MB = MC$ 得出 $MC =$ 定长，于是点 C 的轨迹是以 AB 为直径的圆周.

(113) 设 OX,OY 为已知两条互相垂直的定直线（图 117），$\triangle ABC$ 为不变的直角三角形. 点 O,A,B,C 同在以线段 AB 的中点 M 为圆心的圆周上，所以 $\angle COX = \angle CAB$，且 $OC \leqslant AB$. 点 C 的轨迹是等于 $2AB$ 的一个线段，和 OX 组成的角等于 $\angle CAB$，且以 O 为其中点.

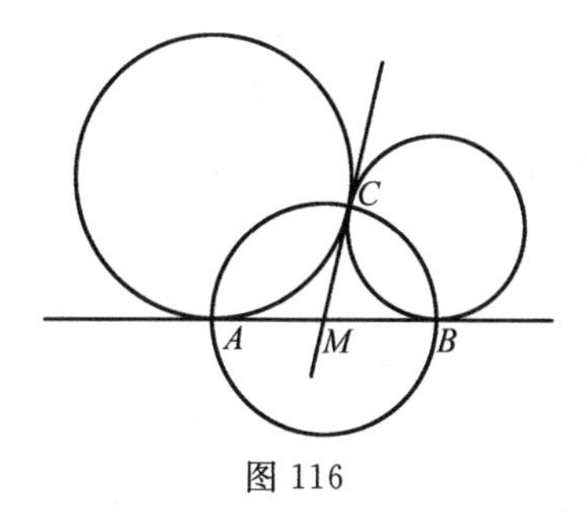

图 116

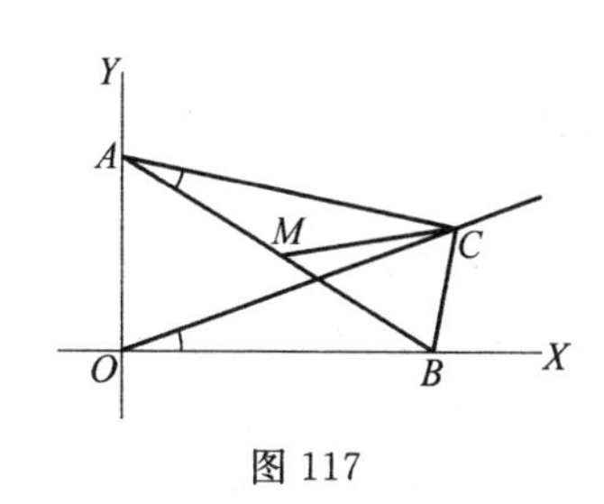

图 117

(114) 凡被第一个已知圆周所截的弦为定长的直线，都切于和这个圆周同心的一个圆.

对于第二圆周情况亦复如此.问题归结为作这两个新圆周的公切线.

(115)① 内接于以O为圆心的圆的未知$\triangle ABC$,它的边要分别和已知$\triangle A_0B_0C_0$的边平行.所以圆心角$\angle BOC$,$\angle COA$,$\angle AOB$将等于已知三角形的角的2倍.垂直于边BC的已知圆半径OA'也将垂直于B_0C_0.

由是得出这样的作法:作半径OA'垂直于B_0C_0,以及$\angle A'OB = \angle A'OC$等于$\angle B_0A_0C_0$.这样确定了所求三角形的顶点$B$和$C$.顶点$A$的作法没有任何困难.

由于与B_0C_0垂直的半径OA'有相反的两个方向,所以问题有两解.

② 设所求$\triangle ABC$(图118)的边AB和AC分别平行于两条已知直线,那么边BC所对的弧的内接角分别等于两条已知直线之间的角.由于相等(或互补)的内接角对等弦,所以从圆周上任一点A_0引弦A_0B_0和A_0C_0平行于已知直线,就得出等于所求边BC的弦B_0C_0.因此只剩下通过已知点P作一条弦使等于B_0C_0.为此,作已知圆的一个同心圆使切于B_0C_0,并从点P向这圆周引切线.问题最多有两解(图118,$\triangle ABC$和$\triangle A'B'C'$).

(116)设点A和B位于已知直线两侧,而M为所求点(图119).由于$\angle AMX = 2\angle BMY$,则直线MB为直线XY和AM夹角的平分线.所以有一个圆周存在,以点B为圆心且切于两直线XY和AM.作出这一圆周(它的半径等于点B到已知直线的距离),并由点A向它引切线,便得出所求点M,从点A向这圆周所引的第二条切线确定出一点M',对于这一点$\angle AM'Y = \angle AM'N + \angle NM'Y = 2\angle BM'X$.

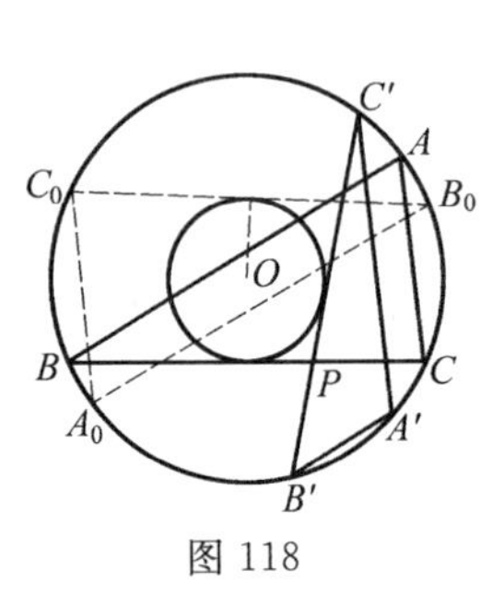

图118

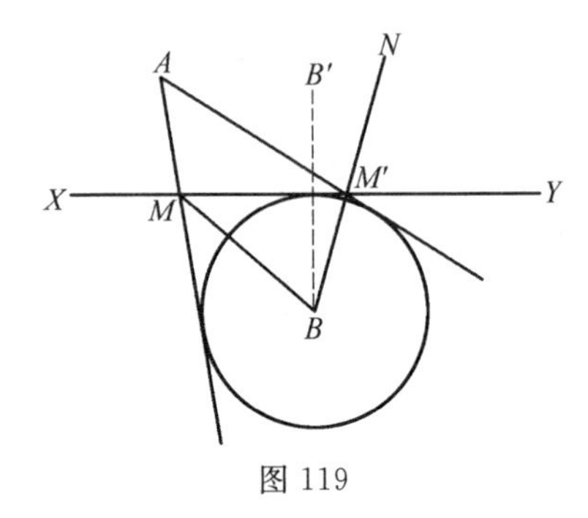

图119

若已知的两点A和B'位于直线XY的同一侧,我们就用B'的对称点B来代替它,并完成上面的作图.

(117)**第一解法** 设$ABCDE$(图120)为所求五边形,而a,b,c,d,e为各边中点.引对角线BE,把所求五边形分解为$\triangle ABE$和四边形$BCDE$.对角线BE的中点f,可以作为一个平行四边形的第四个顶点而作出(习题(36)),它的三个顶点是c,d,b,且db是对角线.$\triangle ABE$现在可以作出:通过$\triangle aef$的顶点引直线平行于其对边.一经知道了顶点B和E,便容易作出顶点C和D.

任意奇边数多边形的问题可仿此解出(只不过不止一个而是有若干个四边形).

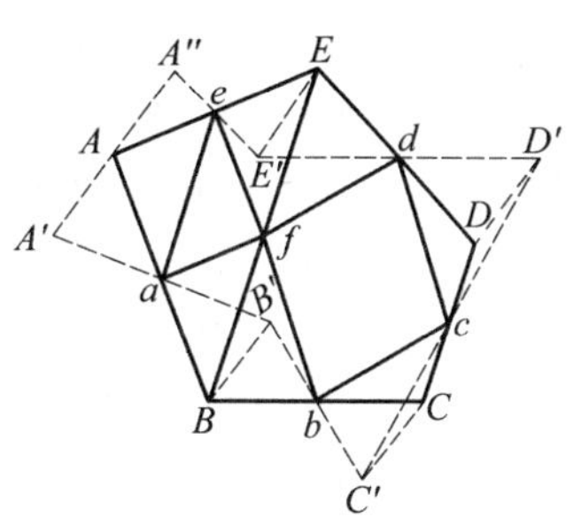

图 120

现在假设 a,b,c,d,e,f 是所求六边形 $ABCDEF$ 各边中点(图 121). 对角线 BE 的中点 g 这时应该是:首先,以 b,c,d 为顶点,以 bd 为对角线的平行四边形的第四个顶点;其次,以 a,e,f 为顶点,以 ae 为对角线的平行四边形的第四个顶点. 但是这两个平行四边形的第四顶点一般是不同的,因而问题无解. 若以 b,c,d 为顶点,以 bd 为对角线的平行四边形的第四顶点,和以 a,e,f 为顶点,以 ae 为对角线的平行四边形的第四顶点重合,那么所求多边形的一个顶点,例如 A,可以任意选取. 事实上,任选一点 A,并作点 B,F,E 使 $Aa = aB$,$Af = fF$,$Fe = eE$. 四边形 $BAFE$ 第四边 BE 中点将是平行四边形 $afeg$ 的第四个顶点(习题(36)),亦即点 g. 并且作点 C 和 D 使 $Ed = dD$,$Bb = bC$,容易相信四边形第四边 CD 中点是平行四边形 $bgdc$ 的第四个顶点 c. 所以六边形 $ABCDEF$ 满足所设条件.

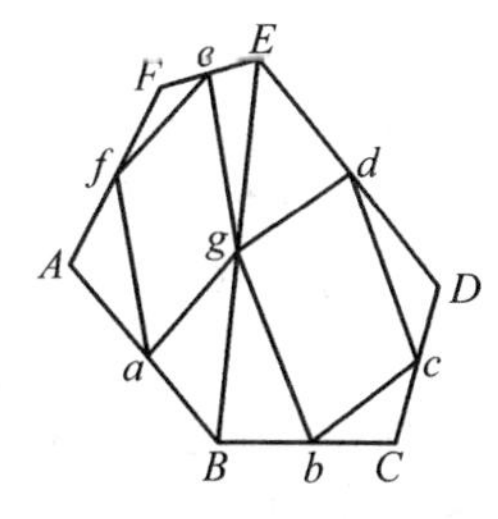

图 121

对于任意偶数边多边形情况与此相仿(只不过不止两个而是有若干个平行四边形).

第二解法 仍设求作一五边形,其各边中点为 a,b,c,d,e(图 120). 任取一点 A',并作 A' 关于 a 的对称点 B',B' 关于 b 的对称点 C',C' 关于 c 的对称点 D',D' 关于 d 的对称点 E',最后作 E' 关于 e 的对称点 A''. 由于在 AA',BB',CC',DD',EE',AA'' 这一系列线段中,相邻的两个是相等而且反向平行的,所以 AA' 和 AA'' 是相等的,并在相反的方向平行于同一直线. 因此点 A 是线段 $A'A''$ 的中点. 知道了顶点 A,便可作其余顶点了.

任意奇边数多边形问题完全与此类似.

现在假设有某一六边形 $ABCDEF$(图 121) 存在,以点 a,b,c,d,e,f 为各边中点. 重复上面的作图,得出线段 AA',BB',CC',DD',EE',FF',AA'',其中相邻的两个相等且反向平行. 由是可知线段 AA' 和 AA'' 相等并在同一方向平行于一直线,从而点 A' 与 A'' 重合,于是六边形 $A'B'C'D'E'F'$ 也满足所设的条件. 因此,只要有一个六边形存在满足问题的条件,那么平面上每一点 A' 都可以取为所求六边形的一个顶点,从而问题有无穷多解答(它们可以立刻得出).

如果选取了某一点 A',照上面作出的点 A'' 不与 A' 重合,那么问题就没有解答.

任意偶边数的情况与此类似.

(118) 将所求梯形 $ABCD_1$(图 6.4) 中被线段 BC 的方向和大小所确定的平移用之于边 AB,这边 AB 取 D_2C 的位置. 这时得出一个 $\triangle CD_1D_2$,这三角形容易按三边作出. 作出的三角形容易补足成所求梯形.

现在假设已知所求四边形 $ABCD$(图 122) 各边的长度和边 AB 与 CD 延长线的夹角. 以

边 AB 两端的 A,B 为圆心,以 AD 和 BC 为半径作圆周,这时应该在两圆周间放置线段 CD 使有已知的长度和方向,这方向便是由 AB 和 DC 的夹角 α 所确定的(习题(75)),问题最多有两解($ABCD$ 和 $ABC'D'$).

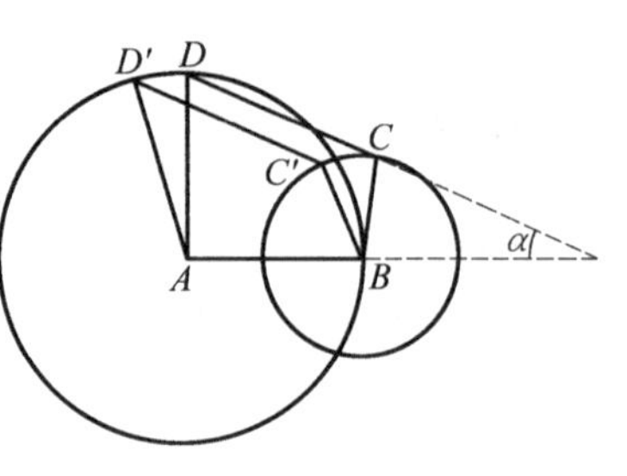

图 122

(119) 设 DE 为所求直线(图 123),因而 $BD = CE$. 将线段 EC 的大小和方向所确定的平移作用于线段 DE 上,线段 DE 于是取 KC 的位置. 这时 $BD = CE = KD$. 直线 BK 和直线 AB,DK 亦即和 AB,AC 作成等角. 由是可知直线 BK 平行于 $\angle A$ 的一条平分线,得出这样的作法:

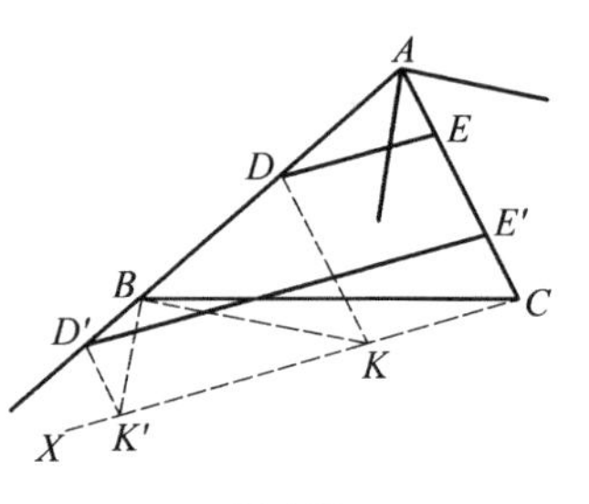

图 123

通过点 C 引直线 CX 使有已知方向,通过点 B 作直线与 $\angle A$ 的两条平分线平行,得出点 K 和 K'. 作直线 DK 和 $D'K'$ 平行于 AC,求出点 D 和 D'. 通过点 D 和 D' 作直线平行于 CX.

(120) 设(图 124)XX' 和 YY' 为两条已知平行直线,A 为已知点. 以 M_0N_0 表示这两已知平行线的一条公垂线,并考察一对轨迹弧,从弧上的点对线段 M_0N_0 的视角为已知角,所求公垂线可以由 M_0N_0 借助于某一个平移得出,平移的方向即已知直线的方向. 这时点 A 也由方才考虑的轨迹上某一点利用同一个平移得来. 为了求出这一点(也可能有若干个点),只要通过点 A 引直线与已知平行线平行.

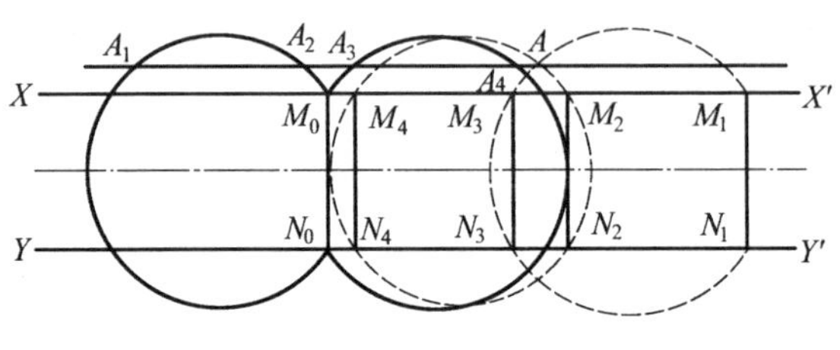

图 124

由是得出这样的作法:作已知平行线的任意公垂线 M_0N_0 和两个弧 $M_0A_2A_1N_0$ 和 $M_0A_3A_4N_0$,以 M_0,N_0 为其端点且内接角等于已知角. 通过点 A 引直线与已知平行线平行. 所求公垂线 M_1N_1,M_2N_2,M_3N_3,M_4N_4 离开 M_0N_0 分别等于 AA_1,AA_2,AA_3,AA_4.

最多有四解.

(121) 设 D(图 125) 为已知直线. 将线段 IK(它的长度和方向是已知的) 所确定的平移作用于点 Q,得到点 R. 由于这时直线 IQ 平行于 KR,所以 $\angle PKR = \angle PMQ$,于是点 K 落在一个弧上,这弧以 P 和 R 为端点且内接角等于已知 $\angle PMQ$. 作出这弧(弧 PKR),和直线 D 相交得出点 K. 从点 K 截一线段使有已知长度. 问题最多有两解.

(121a) 设 P,Q 为已知点(图 126),D 为已知直线,L 为未知线段 IK 的中点,M 为圆周上的所求点. 在线段 PL 的延长线上作点 R 使 $PL = LR$. 由于 $\triangle PLK$ 和 $\triangle RLI$ 是全等的,那么 $\angle PKL = \angle RIL$,从而直线 RI 平行于 PK. 所以 $\angle QIR$ 是 $\angle PMQ$ 的补角并且转向相同. 点 I 落在一个弧上,这弧以 Q,R 为端点并且内接角等于弧 PMQ 内接角的补角①. 圆周 QIR 和直线 D 的第二个交点 I' 确定出第二个解 —— 点 M'.

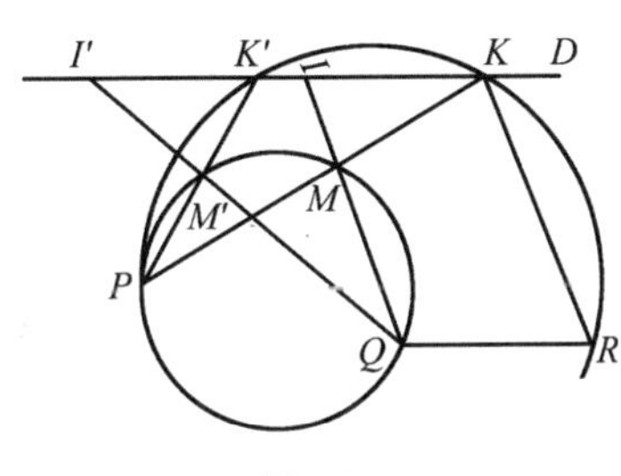

图 125

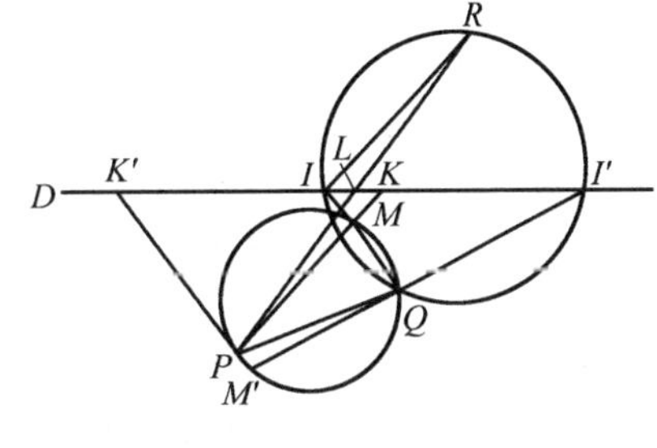

图 126

(122) 设所求正方形 $PQRS$ 连续四边(或其延长线)通过已知的点 A,B,C,D(图 127). 通过 A,B 两点的边相交的顶点 P,落在以 AB 为直径的圆周上. 同理,通过 C,D 两点的边的交点 R,落在以 CD 为直径的圆周上. 对角线 PR 平分以 P,R 为顶点的角,因而平分一个弧 AB 和一个弧 CD. 设这对角线交第一圆周于点 M,交第二圆周于点 N,则弧 AM 和 CN 各为 $\frac{1}{4}$ 圆周. 从图 127 上可以看出这两弧有同一转向. 这样便确定了点 M 和 N 的位置,因而确定了顶点 P 和 R,于是正方形可作. 用 M 和 N 的对径点 M',N' 代替它们,得出另一解(图 127 上正方形 $P'Q'R'S'$).

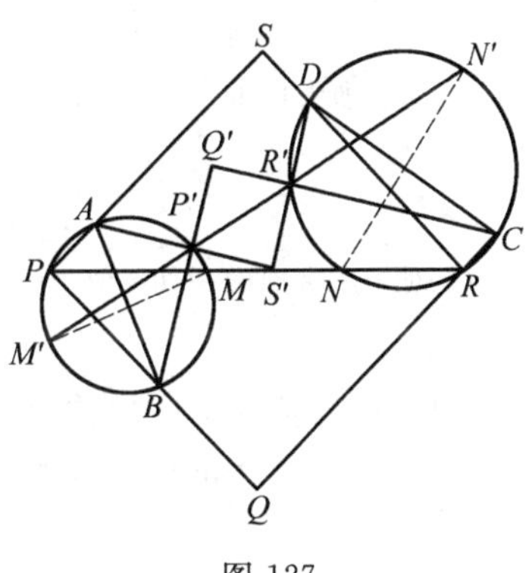

图 127

到此刻为止我们假设了正方形的一双对边通过点 A 和 C,另一双对边通过点 B 和 D. 如果假设一双对边通过 A 和 D,另一双对边通过 B 和 C,又得两解. 可以证明联结点 M 和 N' 或 M' 和 N,便得出这两个正方形的对角线(这两个正方形图上没有画出). 最后,如果假设正方形的一双对边通过 A 和 B,另两边通过 C 和 D,我们便得第三对解. 要作出这两个正方形,必须利用另外的辅助圆周.

---

① 由于 $\angle PMQ$ 和 $\angle QIR$ 有同一转向,所以在以 Q,R 为端点且内接角相等的两个弧中,必须只挑选一个.

若在起先的作法中 M,N 两点重合(图 128),那么作为对角线可以取通过 M(与 N 重合)的任一直线,于是有无穷多解.由于这时 A,C 两点落在所求正方形的对边上,而 B,D 两点亦复如此,那么所求正方形的中心(不论是哪一个)落在两条直线的交点,这两条直线分别通过线段 AC,BD 的中点并与正方形的边平行.由是可知,正方形中心的轨迹是一个圆周,以线段 AC,BD 的中点为一双对径点.

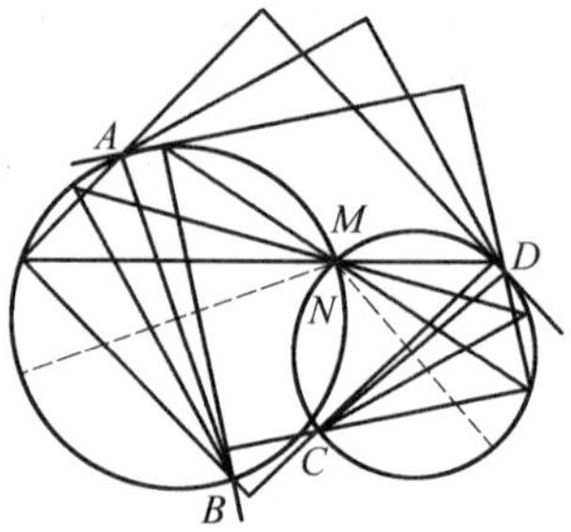

图 128

(123) 设已知四边形的边长是 $AB=a,BC=b,CD=c,DA=d$;而 $AC=e$ 是一条对角线(图 129).如果顶点在 B 的角是完全任意的,那么当 $\angle B$ 变化时,对角线 e 取适合条件

$$e_1\leqslant e\leqslant e_2 \quad ①$$

的一切值,其中 $e_1=|a-b|,e_2=|a+b|$.

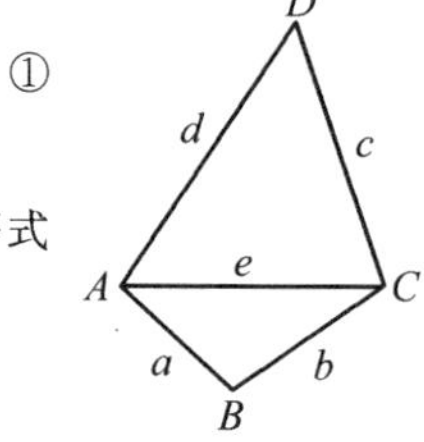

图 129

对于 $\angle B$ 一切可能的值,要四边形存在,那就必须对于满足不等式 ① 的一切 e 值,以 c,d,e 为边的 $\triangle ACD$ 存在.这条件也是充分的.

$\triangle ACD$ 存在的充要条件是:

① 对于所考虑的一切 e 值 $c+d\geqslant e$,而为此必须也只须 $c+d\geqslant e_2$,即

$$c+d\geqslant a+b \quad ②$$

② 对于所考虑的一切 e 值 $|c-d|\leqslant e$,而为此必须也只须 $|c-d|\leqslant e_1$,即

$$|c-d|\leqslant|a-b| \quad ③$$

所以四边形的边应满足不等式 ② 和 ③.

要 $\angle D$ 完全自由,除以上条件外,还应满足类似的条件 $a+b\geqslant c+d$,$|a-b|\leqslant|c-d|$.要这些不等式同时适合,便推导出关系 $a+b=c+d$,$|a-b|=|c-d|$,即是或者 $a=c,b=d$;或是 $a=d,b=c$.在第一种情况,四边形将是**平行四边形**;在第二种情况,则是所谓**准菱形**(参看习题(384)).

第三编　相　似

(124) 设 $X'X''$ 和 $Y'Y''$(图 130) 为直线,在其上截取线段 AM 和 BN;并设 M_1 和 N_1 为点 M 和 N 一个确定的位置,通过点 A,B 引直线分别和两已知线平行,设 O 为其交点.引直线 OX 和 OY 分别与 $X'X''$ 和 $Y'Y''$ 平行.我们得出四个平行四边形 $AOPM,AOP_1M_1,BOQN,BOQ_1N_1$.于是 $AM_1=OP_1,AM=OP,BN_1=OQ_1,BN=OQ$.设 C_1 为直线 M_1P_1 和 N_1Q_1 的交点.若 C 为直线 MP 和 OC_1 的交点,则 $OC:OC_1=OP:OP_1=OQ:OQ_1$.所以直线 QC 平行于 Q_1C_1 和 OB,因而 C 是所求轨迹上一点.所以所求轨迹是直线 OC_1.

(125) 设 AB 和 AC 为割线(图 131),PQ 是垂直于 BC 的直径,X 和 Y 分别是直线 AB,AC 和 PQ 的交点. 这时弧 BQ = 弧 CQ,于是 $\angle BAQ = \angle CAQ$. 所以直线 AQ 是 $\triangle AXY \angle A$ 的外角平分线. 所以和 AQ 垂直的直线 AP 是这三角形 $\angle A$ 的平分线. 因此点 P 和 Q 调和分割线段 XY(第 115 节备注).

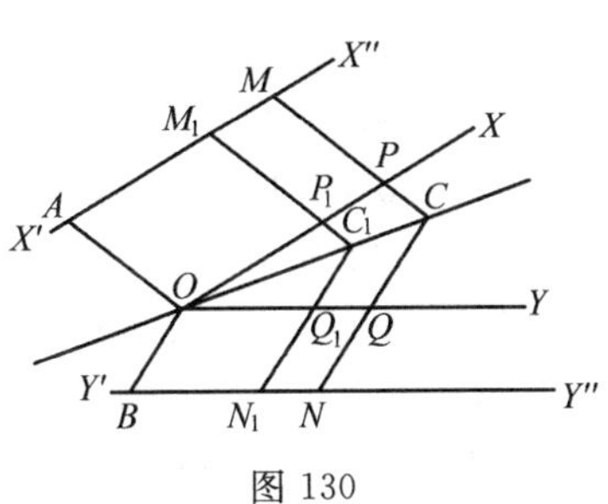

图 130

(126) 考察一点 M',对于这一点 $AM' : M'B = m' > m$. 若 $m > 1$,则分线段 AB 成比 m' 的点 C',D' 落在线段 CD 内部,其中 C,D 是分线段 AB 成比 m 的点(第 109,110 节). 所以点 M' 的轨迹,亦即以 $C'D'$ 为直径的圆周,落在以 CD 为直径的圆周内部. 因此,凡适合 $AM' : M'B > m > 1$ 的一切点落在后面这圆周内部.

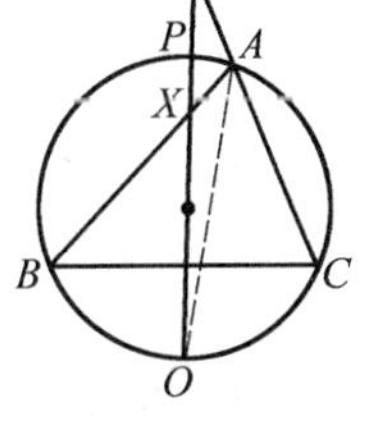

图 131

同理,若 $m < 1$,则一切这样的点 M' 落在这样圆周的外部.

(127) 设求一点使其与 $\triangle ABC$(图 132) 顶点 A,B,C 的距离之比等于三数 l,m,n 之比. 到点 A,B 的距离之比等于 $l : m$ 的点的轨迹,是圆心在直线 AB 上的一个圆周. 同理,到顶点 B,C 的距离之比等于 $m : n$ 的点的轨迹,是圆心在直线 BC 上的一个圆周. 所求点是这两圆周的公共点.

因这两圆周相交、相切或没有公共点,问题有两解、一解或无解(比较习题(368)).

设问题有两解,而 U 为所求点之一. 设 PQ 为三角形外接圆通过点 U 的直径,让我们考察和 U 一起调和分割这直径的点 V. 由第 116 节推论,我们有 $AU : AV = BU : BV = CU : CV$,因而 V 是第二个所求点.

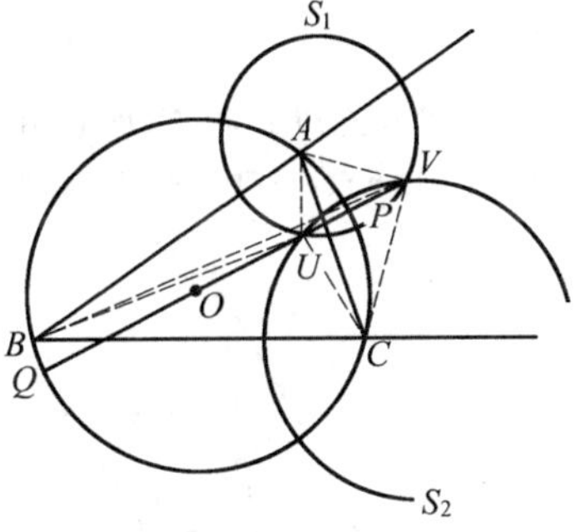

图 132

(128) 令 $MP : PM' = m$(图 133). 通过两圆周第二个交点 B 引一条确定的割线 NN',并在它上面确定出一点 Q 使 $NQ : QN' = m$. 这时直线 MN 和 $M'N'$ 平行(习题(65)),因而 PQ 平行于 MN. 四边形 $ABQP$ 可内接于圆,因为它和 $ABNM$ 有相同的角. 所以不论割线 MM' 的位置如何,点 P 和三个定点 A,B,Q 落在同一圆周上. 由于割线 AM 可以有任何方向,所以点 P 的轨迹是整个 ABQ 圆周.

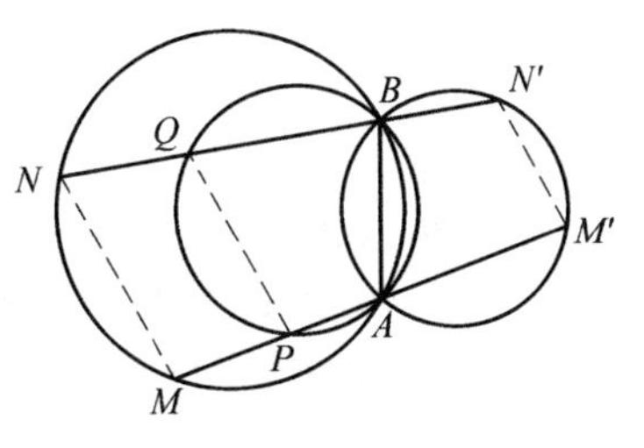

图 133

(129) 设 $ABCD$(图 134) 为梯形,P 为对角线的交点,EF 为通过 P 且与底平行的直线. 由于直线 EP 与 AB 平行,所以 $\triangle ABD$ 和 $\triangle EPD$ 是相似的,从而 $EP : AB = ED : AD$. 同理,由 $\triangle ABC$ 和 $\triangle PFC$ 相似,得出

$PF : AB = FC : BC$.但由于直线 AB,CD,EF 平行,有线段的比例式 $AD : ED = BC : FC$.由写出的三个比例式可知 $EP : AB = PF : AB$,从此 $EP = PF$.

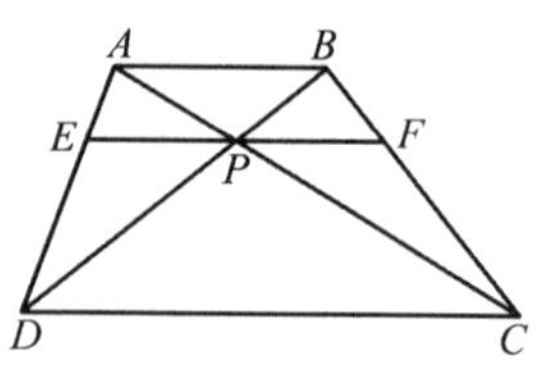

图 134

(130) 设 EF 是与梯形两底平行的直线,M 是它和对角线 BC 的交点(图 135).由 $\triangle EMC$ 和 $\triangle ABC$ 的相似,得 $EM : AB = EC : AC = n : (m+n)$.同理,由 $\triangle MFB$ 和 $\triangle CDB$ 的相似,得 $MF : CD = BF : BD = m : (m+n)$.由此求得 $EF = EM + MF = \dfrac{m \cdot CD + n \cdot AB}{m+n}$.

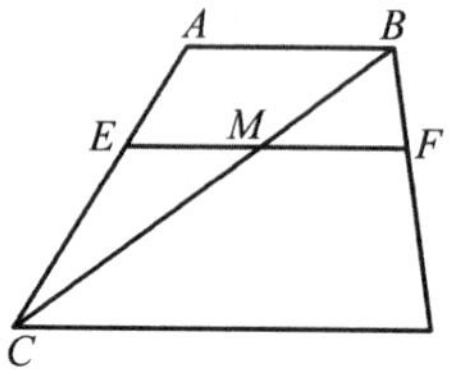

图 135

若 E 为 AC 中点,则 $m : n = 1$,于是 $EF = \dfrac{1}{2}(AB + CD)$(参看习题(34)).

(131) 设 G 为 $\triangle ABC$ 中线 AD 和 BE 的交点(图 136);A_0,B_0,C_0,D_0,G_0 为由点 A,B,C,D,G 向已知直线所引的垂线足.由于 $BD = DC$ 和 $AG : GD = 2 : 1$,则由习题(130)有

$$DD_0 = \frac{1}{2}(BB_0 + CC_0),GG_0 = \frac{1}{3}(AA_0 + 2DD_0)$$

由是

$$GG_0 = \frac{1}{3}(AA_0 + BB_0 + CC_0)$$

(132) 由 $\triangle BEF$ 和 $\triangle DEA$(图 137)相似,得 $EF : AE = BE : DE$.由 $\triangle AEB$ 和 $\triangle GED$ 相似,得 $AE : EG = BE : DE$.从此 $EF : AE = AE : EG$.

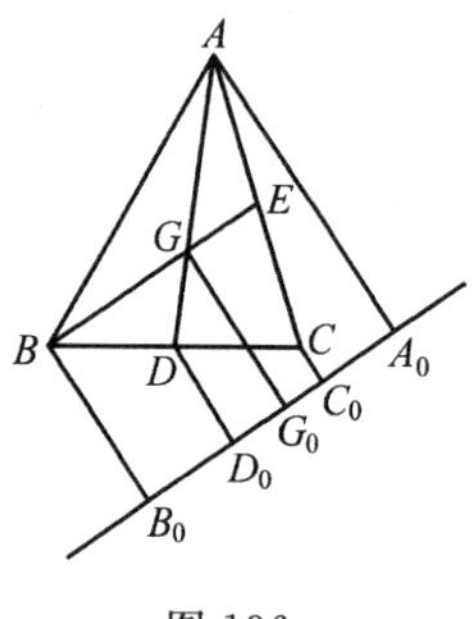

图 136

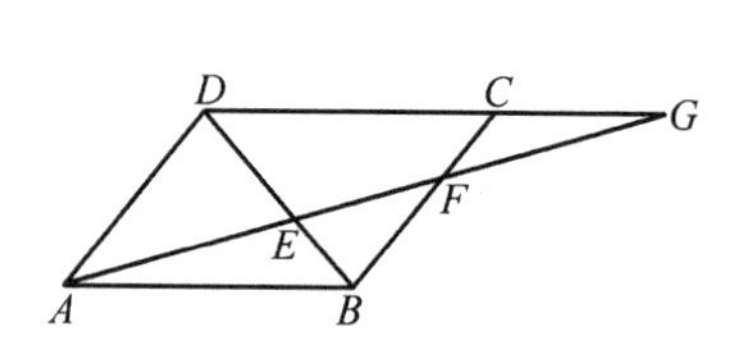

图 137

(133) 设 $\angle BAC$(图 138)为已知角;B_0C_0 和 BC 是已知方向的两条平行割线;M_0 是分线段 B_0C_0 成已知比的点,而 M 是直线 AM_0 和 BC 的交点.由于通过点 A 的直线在平行线 B_0C_0 和 BC 上截下成比例的线段,所以 $B_0M_0 : C_0M_0 = BM : CM$,因而 M 是所求轨迹上一点.点 M 的轨迹是直线 AM_0.

(134) 设 M 是一点(图 139),从它对圆周 O 和 O' 的视角 $\angle AMB$ 和 $\angle A'MB'$ 相等.由于从同一点向圆周所引两切线和这点到圆心的连线夹等角(第 92 节),那么 $\angle AMO$ 和

$\angle A'MO'$是相等的,因之直角三角形$\triangle AMO$和$\triangle A'MO'$相似.由这两三角形相似,得$MO:MO'=AO:A'O'$.所以点M在一个圆周C上,这圆周是与点O,O'的距离之比等于两已知圆半径之比的点的轨迹(第116节).反之,圆周C上每一点满足所设条件,只要它位于两已知圆外.把推理的顺序倒过来就可以肯定这一点.

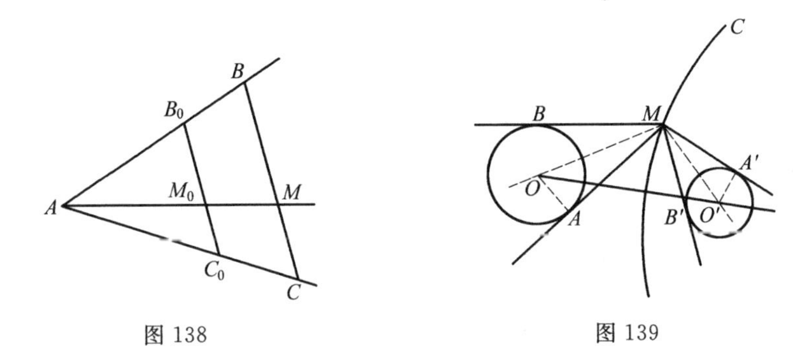

图 138　　图 139

假设半径为R和$R'(R>R')$的两已知圆周外离.对于圆周C上的点,到点O和O'的距离之比等于$R:R'>1$.由于对于圆周O上的点,这个比小于$R:R'$,而对于圆周O'则大于$R:R'$,那么(由习题(126)解答所说)两已知圆中大圆周上各点落在圆周C之外,而小圆周上各点则在圆周C内.因两圆外离,可知圆周C在两已知圆外.所以在这一情况下,点M的轨迹是圆周C.

若两已知圆周相交(或相外切),则圆周C按它本身的定义通过两已知圆周的交点(或在它们的公共点与它们相切),那么点M的轨迹是圆周C落在两已知圆外的那一部分.

最后,若两圆内离(或相内切),那么显然点M不存在.

若两圆相等,则圆周C为一直线,距O和O'两点等远.

(135) 设AM和BN是圆周O的平行切线(图140),MN为动切线.由于直线OM垂直于ON(习题(89)),所以$\triangle OAM$和$\triangle NBO$是相似的,于是$AM:OA=OB:BN$,从而$AM\cdot BN=OA^2$.

(136) 由$\triangle ABD$和$\triangle CBA$(图16.1)的相似,得$AB:AD=BC:AC$.由是$\frac{1}{AD^2}=\frac{BC^2}{AB^2\cdot AC^2}=\frac{AB^2+AC^2}{AB^2\cdot AC^2}=\frac{1}{AB^2}+\frac{1}{AC^2}$.

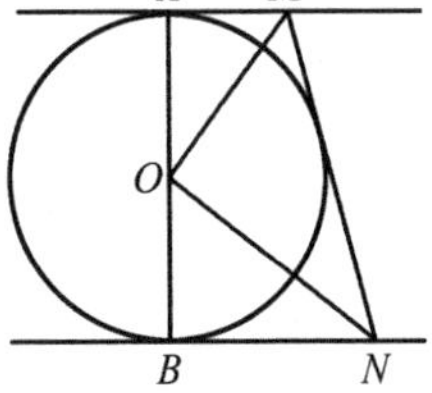

(137) 设AD,BE,CF为$\triangle ABC$的中线,则(第128节)

$$AD^2+BE^2+CF^2=\frac{1}{2}(b^2+c^2)-\frac{1}{4}a^2+\frac{1}{2}(c^2+a^2)-\frac{1}{4}b^2+\frac{1}{2}(a^2+b^2)-\frac{1}{4}c^2=\frac{3}{4}(a^2+b^2+c^2)$$

图 140

(138) 设 $ABCD$(图 141) 为平行四边形,O 为其对角线交点,M 为平面上任一点. 由第 128 节有

$$MA^2 + MC^2 = 2OA^2 + 2OM^2$$

$$MB^2 + MD^2 = 2OB^2 + 2OM^2$$

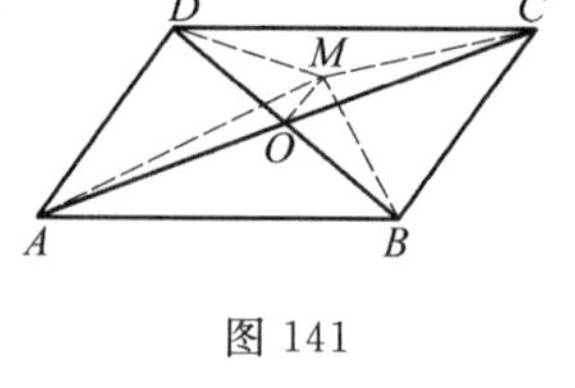

图 141

由是

$$(MA^2 + MC^2) - (MB^2 + MD^2) = 2(OA^2 - OB^2)$$

若 $ABCD$ 为矩形,则 $AC = BD$,因之 $OA = OB$. 上面的等式变为 $MA^2 + MC^2 = MB^2 + MD^2$.

(139) 设 E,F(图 142) 为四边形 $ABCD$ 对角线 AC,BD 的中点. 由 $\triangle BDE$ 有

$$BE^2 + DE^2 = 2BF^2 + 2EF^2$$

由 $\triangle ABC$ 和 $\triangle ACD$ 有

$$AB^2 + BC^2 = 2AE^2 + 2BE^2$$

$$CD^2 + AD^2 = 2AE^2 + 2DE^2$$

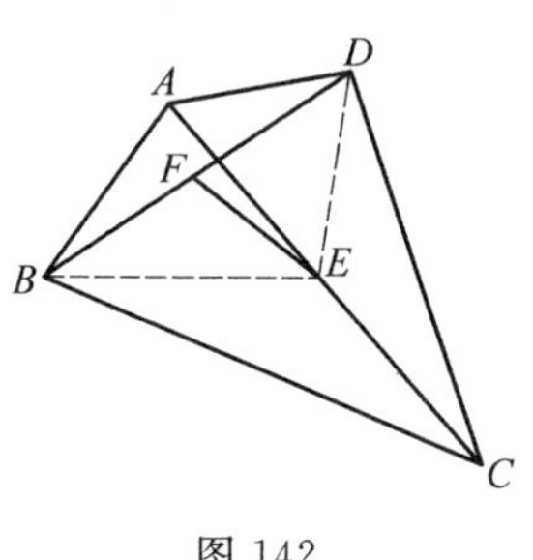

图 142

相加,并以上面得到的式子代替 $BE^2 + DE^2$,得出

$$AB^2 + BC^2 + CD^2 + DA^2 = 2(DE^2 + BE^2) + 4AE^2 =$$

$$4AE^2 + 4BF^2 + 4EF^2 = AC^2 + BD^2 + 4EF^2$$

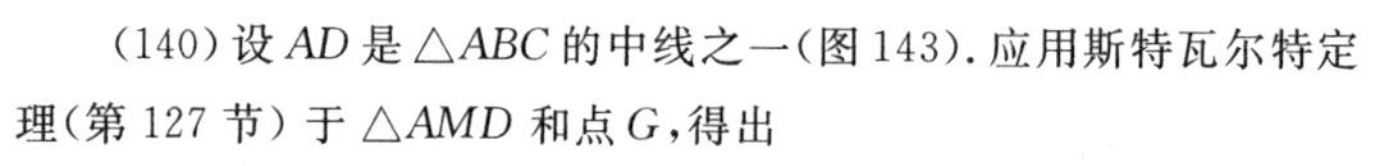

(140) 设 AD 是 $\triangle ABC$ 的中线之一(图 143). 应用斯特瓦尔特定理(第 127 节) 于 $\triangle AMD$ 和点 G,得出

$$MA^2 \cdot DG + MD^2 \cdot AG - MG^2 \cdot AD = AD \cdot DG \cdot AG$$

此处的 DG 和 AG 分别以 $\frac{1}{3}AD$ 和 $\frac{2}{3}AD$ 代入,并以 AD 除之,便有

$$MG^2 = \frac{1}{3}MA^2 + \frac{2}{3}MD^2 - \frac{2}{9}AD^2 \quad ①$$

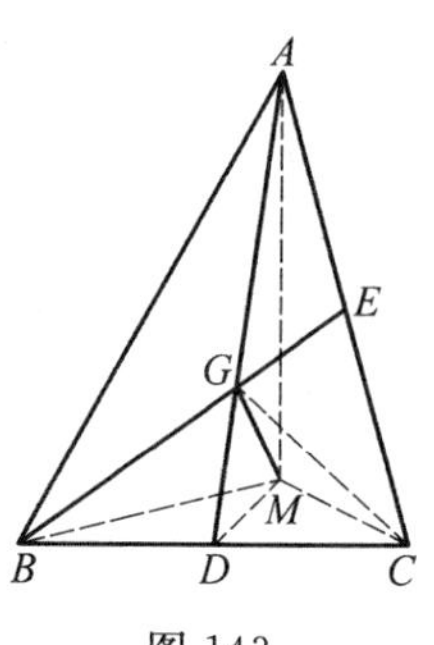

图 143

应用第 128 节定理于 $\triangle MBC$ 和 $\triangle GBC$,得出

$$MD^2 = \frac{1}{2}(MB^2 + MC^2) - \frac{1}{4}BC^2, GD^2 =$$

$$\frac{1}{2}(GB^2 + GC^2) - \frac{1}{4}BC^2$$

由是

$$MD^2 = \frac{1}{2}(MB^2 + MC^2) - \frac{1}{2}(GB^2 + GC^2) + GD^2$$

代入 ① 得

$$3MG^2 = MA^2 + MB^2 + MC^2 - (GB^2 + GC^2) + 2GD^2 - \frac{2}{3}AD^2$$

以 $GD = \frac{1}{2}GA, AD = \frac{3}{2}GA$ 代入,便得所求的关系.

(141) 设某一点 M(图 144) 到两定点 A,B 距离的平方乘以正数 m,n 所得之和,等于已

知线段 k 的平方，即

$$m \cdot MA^2 + n \cdot MB^2 = k^2 \quad ①$$

若点 O 分线段 AB 与已知系数成反比，则有 $OB : AO : AB = m : n : (m+n)$. 应用斯特瓦尔特定理(第 127 节)于 $\triangle MAB$，得 $MA^2 \cdot OB + MB^2 \cdot AO - MO^2 \cdot AB = AB \cdot OB \cdot AO$. 利用上面的等式. 亦即

$$MO^2 = \frac{m}{m+n} \cdot MA^2 + \frac{n}{m+n} \cdot MB^2 - \frac{mn}{(m+n)^2} \cdot AB^2 \quad ②$$

由于点 M 满足条件 ①，由是推出 $OM^2 = \frac{k^2}{m+n} - \frac{mn}{(m+n)^2} \cdot AB^2 =$ 常量.

如果 $k^2 > \frac{mn}{m+n} \cdot AB^2$，那么点 M 的轨迹存在，是以 O 为圆心的一个圆周.

沿用上面的记号，现在假设 $m \cdot MA^2 - n \cdot MB^2 = \pm k^2$，并且 $m > n > 0$ ($m = n$ 的情况显然化归于第 128a 节推论). 若点 O'(图 145) 外分线段 AB 和系数 m, n 成反比，则 $O'A : O'B : AB = n : m : (m-n)$. 现在应用斯特瓦尔特定理于 $\triangle MO'B$，得 $MO'^2 \cdot AB + MB^2 \cdot O'A - MA^2 \cdot O'B = O'B \cdot O'A \cdot AB$，利用上面的等式，亦即

$$O'M^2 = \frac{m}{m-n} \cdot MA^2 - \frac{n}{m-n} \cdot MB^2 + \frac{mn}{(m-n)^2} \cdot AB^2 =$$

$$\frac{mn}{(m-n)^2} \cdot AB^2 \pm \frac{k^2}{m-n} = \text{常量} \quad ③$$

如果 $\frac{mn}{m-n} \cdot AB^2 \pm k^2 > 0$，则轨迹存在，是以 O' 为圆心的一个圆周.

当 $k = 0$ 时，得到这样的点的轨迹：$m \cdot MA^2 - n \cdot MB^2 = 0$，亦即 $MA : MB = \sqrt{n} : \sqrt{m}$. 这样便得出了第 116 节所考察过的轨迹.

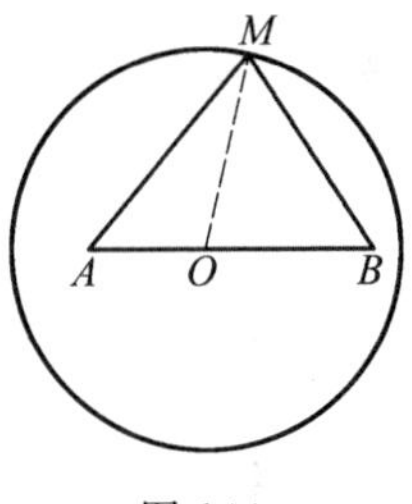

图 144

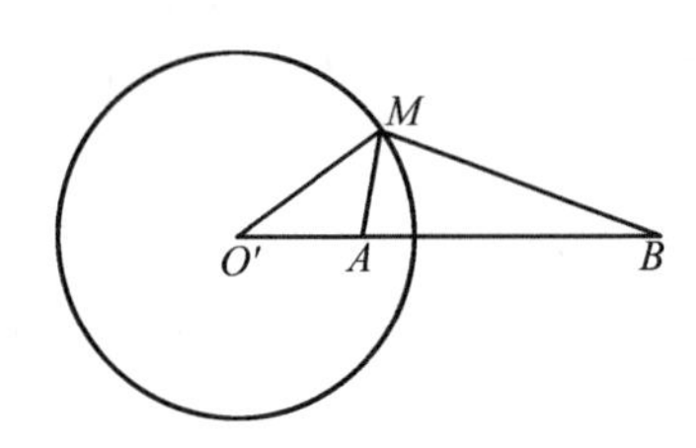

图 145

(142) 设 $m \cdot MA^2 + n \cdot MB^2 + p \cdot MC^2 = k^2$，其中 A, B, C 为已知点，m, n, p 为已知正数或负数，k 为已知线段，而 M 为所求轨迹上一点. 假设点 A, B, C 是这样选择的：使 $m + n \neq 0$，由习题(141) 等式 ② 和 ③ 有

$$m \cdot MA^2 + n \cdot MB^2 = (m+n) \cdot MD^2 + \frac{mn}{m+n} \cdot AB^2$$

其中 D 是一点，分线段 AB(是内分还是外分，就看 m 和 n 的符号) 成比 $|n| : |m|$. 前面的

等式取下面的形式:$(m+n)\cdot MD^2+p\cdot MC^2=k^2-\dfrac{mn}{m+n}\cdot AB^2=$常量.由习题(141),点 M 的轨迹(如果存在)当 $m+n+p\neq 0$ 时为一圆周;由第128a节推论,当 $m+n+p=0$ 时,轨迹为一直线.

类似的推理适用于已知点为任意个数的情况.

(143) 第129节所推导的角平分线平方的表达式 $AD^2=bc\cdot\dfrac{(b+c)^2-a^2}{(b+c)^2}$,可以写为 $AD^2=bc-\dfrac{ac}{b+c}\cdot\dfrac{ab}{b+c}=bc-BD\cdot CD$.仿此关于外角平分线有定理:**三角形中一角外角平分线的平方,等于对边上从它的两端算到这分角线与这边交点的两线段之积减去夹此角两边的乘积.**事实上,第129节推导的公式 $AE^2=bc\cdot\dfrac{a^2-(c-b)^2}{(c-b)^2}$,可以写为 $AE^2=\dfrac{ac}{c-b}\cdot\dfrac{ab}{c-b}-bc=BE\cdot CE-bc$.

(144) 将第128节推得的中线平方的表达式变换如下

$$AD^2=\frac{1}{2}(b^2+c^2)-\frac{1}{4}a^2=\frac{1}{4}(b+c)^2+\frac{1}{4}(b-c)^2-\frac{1}{4}a^2=$$

$$(\frac{b+c}{2})^2+\frac{1}{4}(b-c+a)(b-c-a)$$

由于 $a+b-c>0$,而 $b-c-a<0$,那么所得 AD^2 的值小于 $(\dfrac{b+c}{2})^2$,于是中线小于 $\dfrac{b+c}{2}$.另一方面 $b^2+c^2>2bc$,而中线平方的表达式可以这样变换

$$AD^2=\frac{1}{2}(b^2+c^2)-\frac{1}{4}a^2>\frac{1}{4}(b^2+c^2)+\frac{1}{4}\cdot 2bc-\frac{1}{4}a^2=$$

$$\frac{1}{4}(b+c)^2-\frac{1}{4}a^2=\frac{1}{4}(b+c+a)(b+c-a)$$

或

$$AD^2>\frac{b+c+a}{2}\cdot\frac{b+c-a}{2}$$

由于 $AD<\dfrac{b+c}{2}<\dfrac{a+b+c}{2}$,所以由所得不等式可知 $AD>\dfrac{1}{2}(b+c-a)$.

为了证明 $b\neq c$ 时角平分线小于中线,我们注意,由上面的中线平方表达式 $\dfrac{1}{4}(b+c)^2+\dfrac{1}{4}(b-c)^2-\dfrac{1}{4}a^2$,显然当 $b\neq c$ 时,中线的平方大于 $\dfrac{1}{4}(b+c)^2-\dfrac{1}{4}a^2$.并且,由于 $b\neq c$ 时有不等式 $4bc<(b+c)^2$ 或 $\dfrac{bc}{(b+c)^2}<\dfrac{1}{4}$,那么由第129节的表达式可知,角平分线的平方小于 $\dfrac{1}{4}(b+c)^2-\dfrac{1}{4}a^2$.由是可知,当 $b\neq c$ 时,角平分线小于中线.

(145) 设 $\triangle ABC$ 的中线 AD 是边 b 和 c 的比例中项,则 $AD^2=bc$,或

$\frac{1}{2}(b^2+c^2)-\frac{1}{4}a^2=bc$，从此 $2(b-c)^2=a^2$，因而 $a=|b-c|\cdot\sqrt{2}$．因此三角形的边 a 等于以 $|b-c|$ 为边的正方形的对角线，因为一个正方形的对角线等于边长乘以$\sqrt{2}$．

(146) 设通过点 M(图 146) 引两条互垂的弦 AB 和 CD，且 E 为 A 的对径点．由于$\frac{1}{2}(\overset{\frown}{AC}+\overset{\frown}{BD})=90^\circ$(第 75 节)，且$\overset{\frown}{AC}+\overset{\frown}{CE}=180^\circ$，那么$\overset{\frown}{BD}=\overset{\frown}{CE}$，从而 $BD=CE$．于是 $AC^2+BD^2=AC^2+CE^2=AE^2$．同理得 $AD^2+BC^2=AD^2+DE^2=AE^2$．

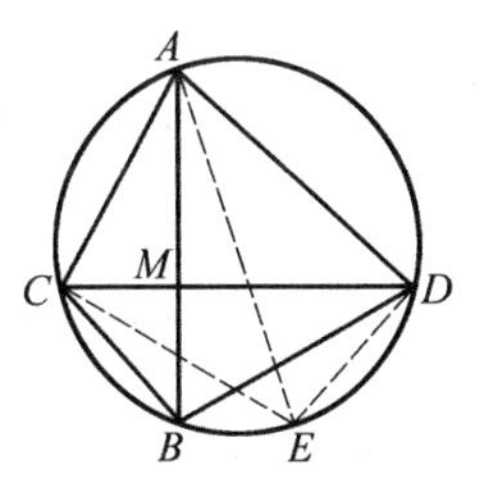

图 146

(147) 从半径为 R 的圆周上一点 M(图 147)，向内接四边形 $ABCD$ 的边和对角线引垂线，垂足设为 E,F,G,H,K,L．应用第 130a 节关于外接圆半径的定理于 $\triangle MAB,\triangle MCD,\triangle MBC,\triangle MDA,\triangle MAC,\triangle MBD$，可得

$$MA\cdot MB=2R\cdot ME, MC\cdot MD=2R\cdot MG, MB\cdot MC=2R\cdot MF$$

$$MD\cdot MA=2R\cdot MH, MA\cdot MC=2R\cdot MK, MB\cdot MD=2R\cdot ML$$

从此有

$$MA\cdot MR\cdot MC\cdot MD=4R^2\cdot ME\cdot MG=4R^2\cdot MF\cdot MH=4R^2\cdot MK\cdot ML$$

从而
$$ME\cdot MG=MF\cdot MH=MK\cdot ML$$

若边 AD 和 BC 变成切线，那么得出这样的定理：**从圆周上一点到弦的距离，是从该点到弦端点的切线的距离的比例中项**(图 148)．事实上，四边形 $ABCD$ 变成取着两次的弦 AB，点 E 和 G 重合，于是上面的等式变为 $ME^2=MF\cdot MH$．

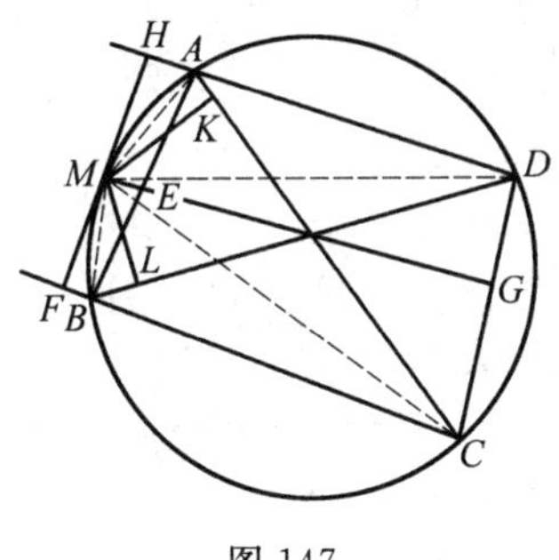

图 147

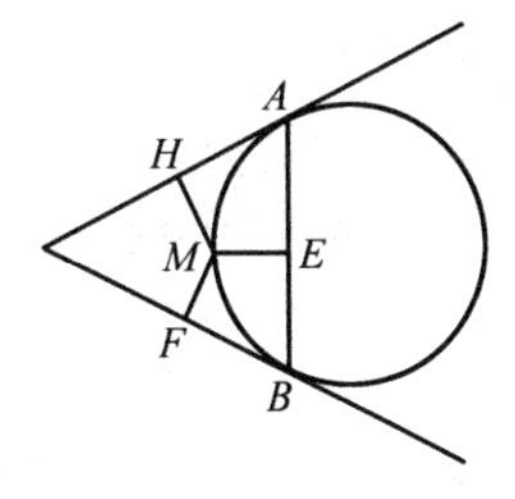

图 148

(148) 设 O 为已知圆周(图 149)，C 为直线 AB 和圆周 BMN 的第二个交点．于是 $AB\cdot AC=AM\cdot AN$ 是点 A 关于圆 O 的幂，从而点 C 的位置不因圆周 BMN 的选取而变．

(149) 设求一点 M 的轨迹，使它对于两已知圆周 $O_1(R_1)$ 和 $O_2(R_2)$ 的幂的比等于 m．由第 134 节应该有

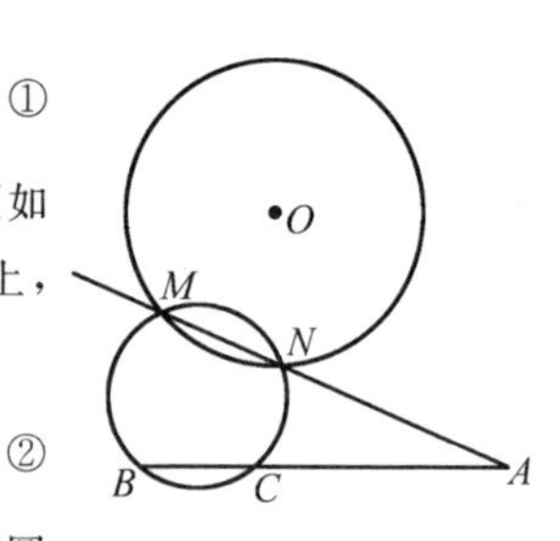

图 149

$$\frac{MO_1^2-R_1^2}{MO_2^2-R_2^2}=m \quad ①$$

或 $MO_1^2-m\cdot MO_2^2=R_1^2-mR_2^2$. 根据习题(141),点 M 的轨迹(如果这样的点存在)是一个圆周. 这圆的圆心 O 落在直线 O_1O_2 上,且分线段 O_1O_2 成比 m,即

$$\frac{O_1O}{O_2O}=m \quad ②$$

由于点 M 对于圆周 O 的幂等于零,那么点 M 到 O_1 和 O 两圆根轴的距离等于(第 136 节备注(3)) $\frac{MO_1^2-R_1^2}{2O_1O}$;点 M 到 O_2 和 O 两圆根轴的距离等于 $\frac{MO_2^2-R_2^2}{2O_2O}$. 由于从关系 ① 和 ②,圆周 O 上任一点 M 到两条根轴等距离,那么这三个圆周有公共的根轴.

若在习题(128)的条件中,点 P 分线段 MM' 成常比 $PM:PM'=m$,那么点 P 对于两圆周的幂的比等于 $\frac{PM\cdot PA}{PM'\cdot PA}=m$,于是点 P 的轨迹是一个圆周.

(150) 两圆周的连心线联结梯形 $BCED$(图 150) 对角线中点,因此是平行于 BC 的(习题(34)). 因此这两圆的根轴与 BC 垂直. 另一方面,以 BE 和 CD 为直径的圆周分别通过三角形高线 BM 和 CN 的足 M 和 N. 并且点 B, C, M, N 落在同一圆周上,以 BC 为其直径. 三圆周两两的根轴通过同一点;但其中两条根轴是三角形的高线 BM 和 CN(第 137 节). 所以第三条根轴通过三角形高线的交点. 由于它还是垂直于 BC 的,所以就重合于三角形的高了.

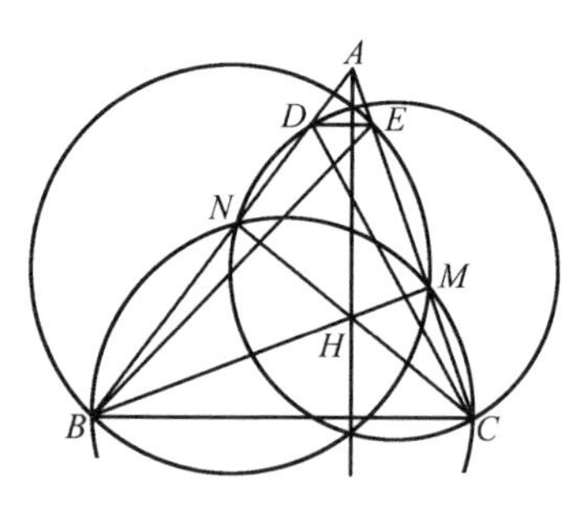

图 150

(151) 若圆周 $DD'EE'$, $EE'FF'$, $FF'DD'$ 是互异的,那么直线 AB, AC, BC 将是它们的根轴,而这是不可能的,因为(第 139 节) 三圆周两两的根轴不可能构成一个三角形. 因此三圆周中至少有两个重合,但在这种情况下,所有已知六点落在同一圆周上.

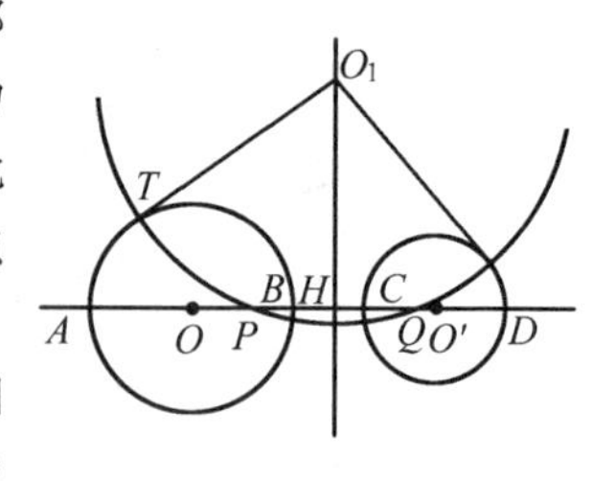

图 151

(152) 设以 O_1T 为半径且与圆周 O 和 O' 正交的圆周 O_1(图 151) 交连心线 OO' 于点 P, Q,则 $O_1T^2=O_1P^2$ 是点 O_1 对于圆周 O 和 O' 每一个的幂. 所以两已知圆周的根轴 O_1H(第 138 节) 同时也是点 P 和每一已知圆周的根轴(第 136 节备注(1)). 因此,点 P 具有性质:HP^2 是点 H 关于 O 或 O' 的幂. 由是可知点 P 的位置不因圆周 O_1 的选择而变(点 Q 的情况也是如此),并且点 H 关于 O 或 O' 的幂是正的,因而已知圆周不相交.

(153) 设通过点 A 和 B(图 152) 任作一圆周,通过点 C 和 D 任作一圆周使与第一个相交. 这两圆周的根轴和直线 AB 的交点 M 满足条件

$$MA \cdot MB = MC \cdot MD \quad ①$$

而由于对于两圆周有等幂的点的轨迹为一直线,那么在直线 AB 上有唯一的一点 M 存在满足关系 ①.

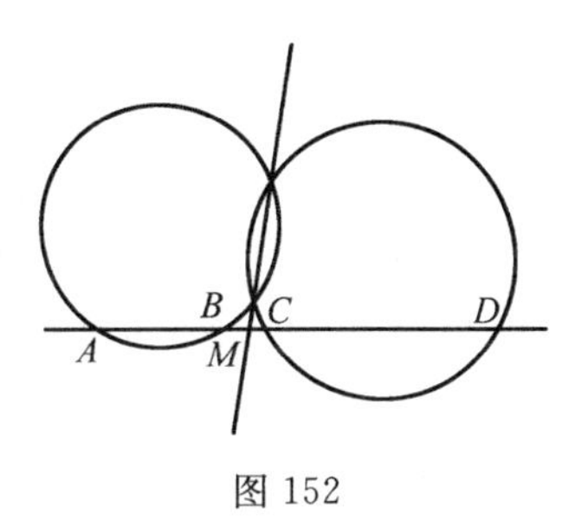

图 152

现在通过已知的点若作另外一对圆周,那么它们的根轴交直线 AB 于某一点,这一点满足同一个关系 ①,从而和 M 重合.

于是点 M 的位置不因通过 A,B 的圆周和通过 C,D 的圆周的选择而变,并且联结这样一对圆周交点的直线通过点 M.

(154) 半径为 r 的圆周 O 内部的一点 I 对于这圆周的幂等于 $OI^2 - r^2 = -(r^2 - OI^2) = -\frac{1}{4}AB^2$,其中 AB 是圆周 O 的弦,这弦通过点 I 且垂直于直径 OI.

由于三已知圆周 O,O',O'' 的根心 I(图 153) 对于这三圆周有等幂,那么三圆中通过点 I,且分别与 OI,$O'I$,$O''I$ 垂直的弦 AB,$A'B'$,$A''B''$ 是彼此相等的,并且是以 I 为圆心的同一圆周的三条直径(因为所有这三条弦在点 I 互相平分).

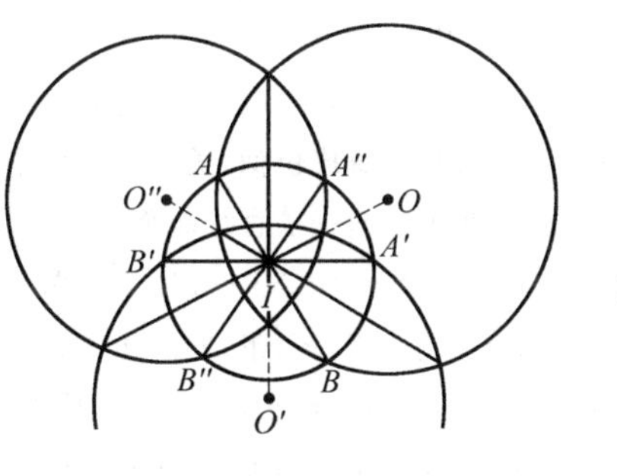

图 153

(155) 假设所求正方形 $KLNM$(图 154) 两顶点 K,L 分别落在已知 $\triangle ABC$ 的边 AB,AC(或其延长线) 上,而另两顶点在边 BC(或其延长线) 上. 考察一个正方形,它和所求的成位似,取顶点 B 作位似中心,而取直线 AB 上任一点 k 作为点 K 的位似点. 这一正方形以点 k 到边 BC 的垂线 km 作为一边,因之取两个可能的位置 $klnm$ 或 $kl'n'm$ 之一. 所求正方形 $KLNM$ 或 $K'L'N'M'$ 的顶点 L 和 L',落在直线 Bl 和 Bl' 与直线 AC 的交点上.

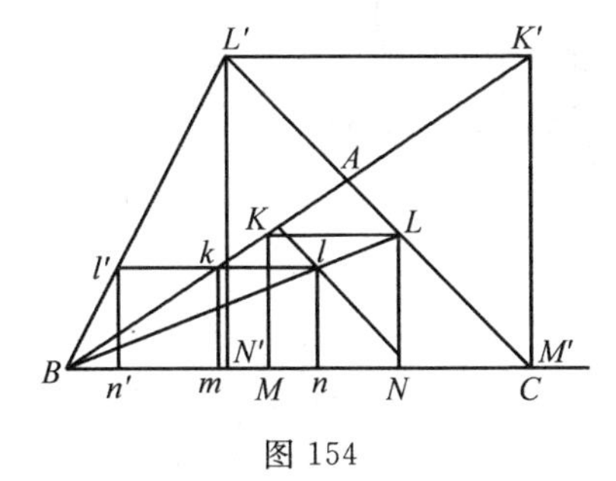

图 154

由上面所说得出这样的作法:从边 AB 上任一点 k 作三角形底边 BC 的垂线 km,并作正方形 $kmnl$ 和 $kmn'l'$. 直线 Bl 和 Bl' 与直线 AC 的交点确定出所求正方形的顶点 L 和 L'.

若直线 Bl 和 Bl' 没有一条和 AC 平行,问题将有两解;如果其中有一线与 AC 平行,则只有一解. 这时我们同意(为了推理的广泛性我们往往这样办),把正方形的顶点不是落在三角形边的本身上,而是落在边的延长线上,看做"内接"正方形. 如果只考虑顶点落在三角形的边上(而不是边的延长线上)的正方形,如果 $\angle B$,$\angle C$ 没有一个是钝角的话,那么问题有一解;若其中有一个是钝角,那就无解.

仿此可以作正方形使有两顶点在直线 AB 或直线 AC 上,而其余两顶点各在其他两边上.

(156) 由于 OM 是 $\triangle OAB$ 中 $\angle O$ 的平分线(图 155),则 $AM : MB = OA : OB$,于是 $AM : AB = OA : (OA + OB) =$ 常数. 点 M 的轨迹是一个圆周,这圆周和已知圆周对于点 A 成位似.

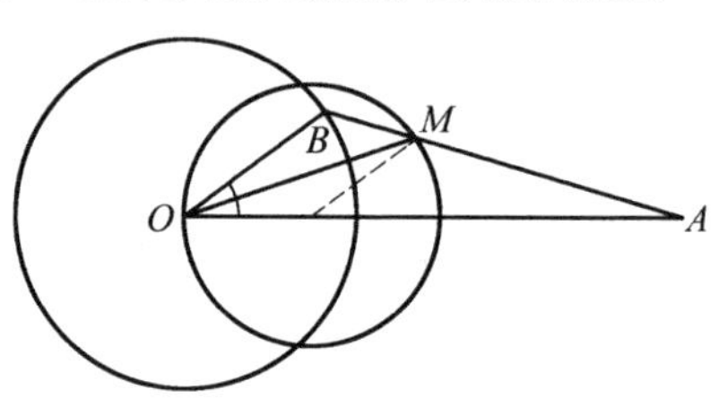

图 155

(157) 当点 M 的位置改变时,整个图形(图 156)保持与自身成位似(关于位似中心 O),因此,切点沿通过 O 的一条直线而移动.

(158) 设 $\triangle ABC$(图 157) 为已知三角形,G 为中线交点,H 为高线交点,O 为外接圆心,$\triangle A'B'C'$ 是一个三角形,它的边 $B'C'$,$C'A'$,$A'B'$ 分别通过 A,B,C 并且和已知三角形的边 BC,CA,AB 平行. $\triangle ABC$ 和 $\triangle A'B'C'$ 是成位似的,因为线段 $A'B'$ 和 $A'C'$ 分别与线段 AB 和 AC 反向平行,而且各是它们的 2 倍. 直线 AA',BB',CC' 是 $\triangle ABC$ 的中线,因为四边形 $ABA'C$,$BCB'A$,$CAC'B$ 是平行四边形,所以位似中心是点 G. $\triangle ABC$ 的外接圆心 O 和 $\triangle A'B'C'$ 的外接圆心(即 $\triangle ABC$ 的高线交点 H) 是两个位似点. 因此直线 OH 通过点 G,并且线段 OH 被点 G 分成比 $1 : 2$.

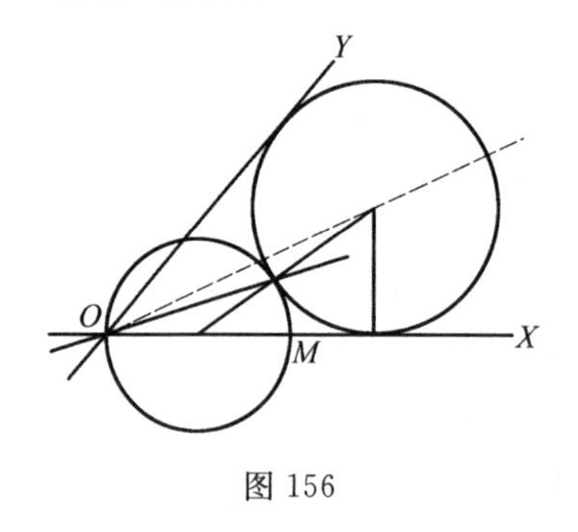

图 156

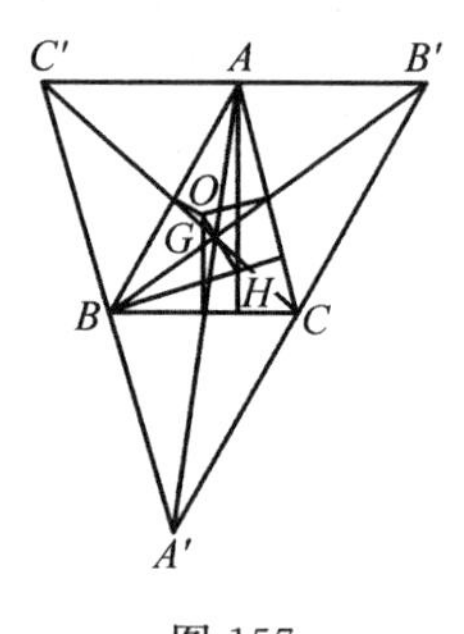

图 157

(159) 设 O_1 为第一图形上任一点(图 158),O_2,O_3 为第二,三图形上的对应点;S_{23},S_{31},S_{12} 为三图形两两的位似心. 以 k 表示第一,二两形的位似比:$k = S_{12}O_1 : S_{12}O_2$,仿此令 $k' = S_{31}O_1 : S_{31}O_3$. 通过 O_1 引直线平行于 $S_{12}S_{23}$,与直线 O_2O_3 交于点 M. 由两对相似三角形

$\triangle O_3S_{23}S_{31}$ 和 $\triangle O_3MO_1$，$\triangle O_2S_{23}S_{12}$ 和 $\triangle O_2MO_1$，有

$S_{23}S_{31} : MO_1 = S_{31}O_3 : O_1O_3 = S_{31}O_3 : (S_{31}O_3 - S_{31}O_1)$

$S_{23}S_{12} : MO_1 = S_{12}O_2 : O_1O_2 = S_{12}O_2 : (S_{12}O_2 - S_{12}O_1)$

由是

$$\frac{S_{23}S_{31}}{S_{23}S_{12}} = \frac{S_{31}O_3 \cdot (S_{12}O_2 - S_{12}O_1)}{S_{12}O_2 \cdot (S_{31}O_3 - S_{31}O_1)} = \frac{1-k}{1-k'}$$

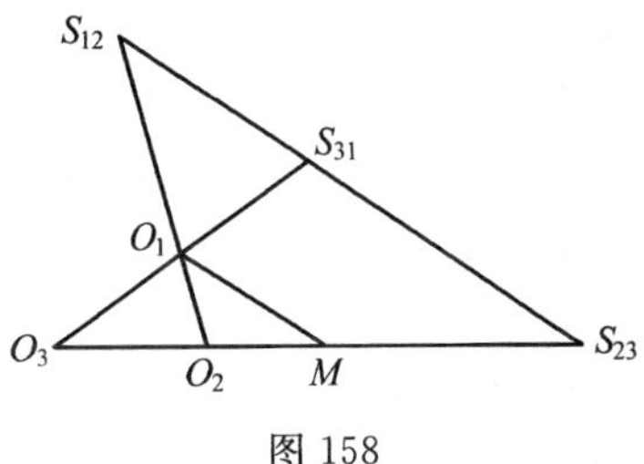

图 158

备注 这证明完全有一般性，如果考察线段的符号(第 185 ～ 191 节)而同时给相似比以确定的符号. 这时最简单的是应用第 192 节定理于 $\triangle O_1S_{12}S_{31}$ 和直线 O_2O_3.

(160) 设 P，P' 为由点 O 向已知的平行线所引的垂线足(图 159). 由等式 $OA' : OA = OP' : OP$ 和 $OA = A'A''$，得出 $OA' : A'A'' = OP' : OP$. $\triangle OA'A''$ 在点 A' 的角是直角，且两腰成定比，因此它保持与自身相似. 因此 $\angle A'OA''$ 和比值 $OA'' : OA'$ 保持定值，于是点 A'' 描画一个与点 A' 所画的成相似的图形，即一直线.

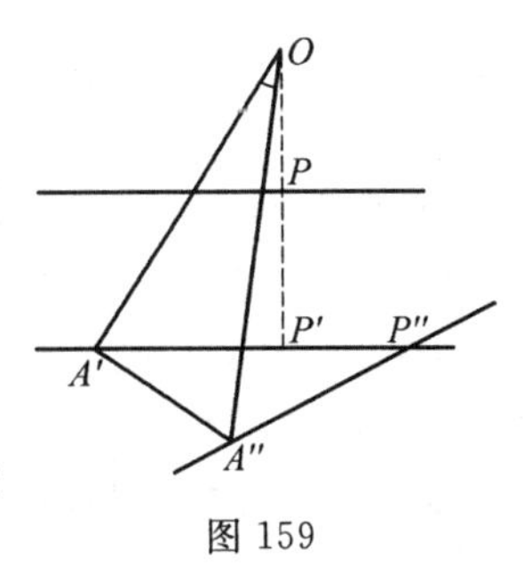

图 159

这条直线最简单的画法，莫如作出点 A'' 的某两个位置(在图 159 上还画着一点 P''，这是相应于 A' 与 P' 重合时的一点).

由于等于 OA 的线段 $A'A''$，可以在通过 A' 且垂直于 OA' 的直线上向两侧截取，故所求轨迹由两直线组成.

(161) 设 AB，$A'B'$ 为图形 F，F' 中两个对应的线段(图 160)，而 $A''B''$ 是与图形 F' 成正位似的所求图形 F'' 中与它们对应的线段. 图形 F 和 F'' 的对称轴的方向，即是一个角的平分线的方向，这角的两边和线段 AB，$A'B'$ 分别同向平行(即图 160 上的 $\angle BAb'$). 图形 F' 和 F'' 的位似心 S 按条件在对称轴 SX 上. 若 A_0，A'_0 为 A，A' 在对称轴上的射影，则应有 $A_0A'' : A'_0A' = SA'' : SA' = A''B'' : A'B' = AB : A'B'$，并且还有 $AA_0 = A_0A''$，从而 $AA_0 : A'_0A' = AB : A'B'$. 将 $AA_0 : A'_0A'$ 以与之相等的比 $AX : XA'$(其中 X 是对称轴和直线 AA' 的交点)代替，我们看出，所求的对称轴，即平行于图形 F 和 F' 中某两条对应线段夹角的平分线，还应将两图形某两个对应点间的距离内分成对应线段的比. 这些条件完全确定了所求的对称轴.

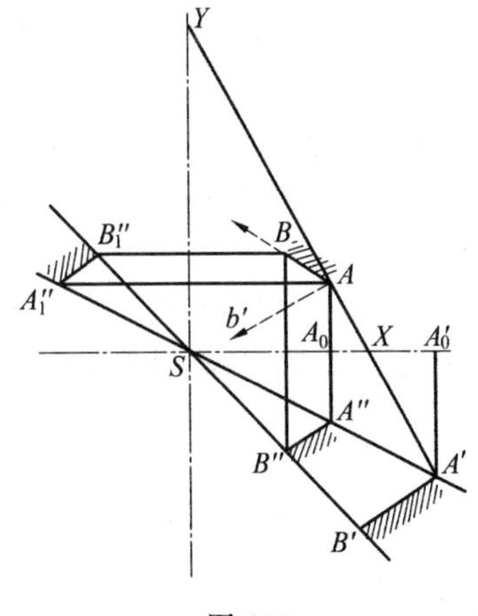

图 160

第二个所求图形 F''_1 和图形 F'' 对于 S 成对称. 相应的对称轴 SY 平行于 AB 和 $A'B'$ 夹角的另一条平分线，且外分线段 AA' 成一个比，如同轴 SX 所分的；图形 F' 和 F''_1 的相似心

还是点 S.

若图形 F 与 F' 相等,则推理失效(比较习题(95)).

(162) 设 $A,B,C,\cdots$ 是图形 F 的点,$A',B',C',\cdots$ 分别是它们在图形 F' 上的对应点,O 是图形 F 上与图形 F' 的对应点相重合的点(第 150 节). 这时 $\angle AOA' = \angle BOB' = \angle COC' = \cdots$,且 $OA : OA' = OB : OB' = OC : OC' = \cdots$. 因此 $\triangle AOA'$,$\triangle BOB'$,$\triangle COC'$,$\cdots$ 是相似的(比较第 150 节). 若在线段 $AA',BB',CC',\cdots$ 上作 $\triangle AA'A''$,$\triangle BB'B''$,$\triangle CC'C''$,$\cdots$ 与三角形 T 相似,并且和它有相同的转向(并且边 $AA',BB',CC',\cdots$ 对应于三角形 T 的同一边),那么四边形 $OAA''A'$,$OBB''B'$,$OCC''C'$,$\cdots$ 将是相似的(第 149 节). 因此 $\triangle OAA''$,$\triangle OBB''$,$\triangle OCC''$,$\cdots$ 也将相似. 由是可知,点 $A'',B'',C'',\cdots$ 构成一个图形和两个已知图形相似(第 150 节定理).

同样的推理适用于点 $A'',B'',C'',\cdots$ 分线段 $AA',BB',CC',\cdots$ 成同一比值的情况. 只不过替代相似四边形 $OAA''A'$,$OBB''B'$,$OCC''C'$,$\cdots$ 将有一系列的相似三角形 $\triangle OAA'$,$\triangle OBB'$,$\triangle OCC'$,$\cdots$ 和它们边上的对应点 $A'',B'',C'',\cdots$.

(163) 设求作一线段 x,使其与已知线段 a 的比等于两个给定线段 m 和 n 的平方之比(为确定计,设 $m > n$).

第一作法 取线段 m,n 作为直角三角形的两腰. 两腰 m,n 在斜边上的射影 m_1,n_1 满足关系 $m_1c = m^2$,$n_1c = n^2$,其中 c 是三角形的斜边. 由是 $m_1 : n_1 = m^2 : n^2$. 线段 x 是三条已知线段的比例第四项 $x : a = m_1 : n_1$(第 151 节作图 2).

第二作法 取 m 作为直角三角形的斜边,n 作为腰. 腰 n 在斜边上的射影 n_1 满足关系 $mn_1 = n^2$,或 $m : n_1 = m^2 : n^2$. 线段 x 是三条已知线段的比例第四项 $x : a = m : n_1$(第 151 节作图 2).

备注 第二个作法有一个优点,容易推广到求作若干线段使其与已知线段的平方成比例. 假设给了四条线段 m,n,p,q,求作线段使与它们的平方成比例(为确定计,取 m 作为最大的线段),

以线段 m 为直径作半圆周(图 161). 从这线段的一端,分别以 n,p,q 为半径画弧,从这些弧和半圆周的交点向直径作垂线. 得到的线段满足关系 $mn_1 = n^2$,$mp_1 = p^2$,$mq_1 = q^2$,从此 $m : n_1 : p_1 : q_1 = m^2 : n^2 : p^2 : q^2$.

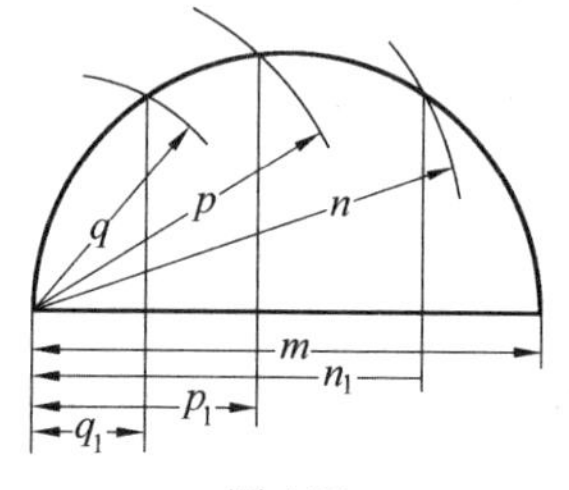

图 161

(164) 设求作一线段 x,使其平方与已知线段 a 的平方之比等于两个给定线段 m 和 n 之比,从而 $x^2 : a^2 = m : n$,或 $x : a = \sqrt{m} : \sqrt{n}$(为确定计,设 $m > n$).

第一作法 取线段 m,n 作为直角三角形两腰在斜边上的射影. 为了作出直角顶点,以给定两线段之和为直径作半圆周. 两腰 m_1,n_1 满足关系 $m_1^2 = mc$,$n_1^2 = nc$,其中 c 是三角形的斜边. 由是 $m_1 : n_1 = \sqrt{m} : \sqrt{n}$. 线段 x 是三条已知线段的比例第四项 $x : a = m_1 : n_1$(第

151 节作图 2).

第二作法 取线段m作为斜边,线段n作为一腰在斜边上的射影.直角顶点在以线段m为直径的半圆周上.以n为射影的腰n_1满足关系$mn=n_1^2$,或$m:n_1=\sqrt{m}:\sqrt{n}$.线段x是三条已知线段的比例第四项$x:a=m:n_1$.

备注 第二个作法有个优点,容易推广到求作若干线段,使其平方与已知线段成比例.作图的顺序和习题(163)解法备注中所描述的相反(图 161).这时,m,n_1,p_1,q_1是已知线段,而n,p,q是所求的.

(165) 设通过点O(图 162)求作直线OAB,使这线被截于两已知直线(或圆周)a,b间的线段AB被点O外分或内分成已知比.取点O为位似心,取已知比为位似比,作直线(圆周)a的位似直线(圆周)a'.这位似是正的还是反的,就看点O是外分或内分线段AB.所求直线显然通过直线(圆周)a'和b的交点B.

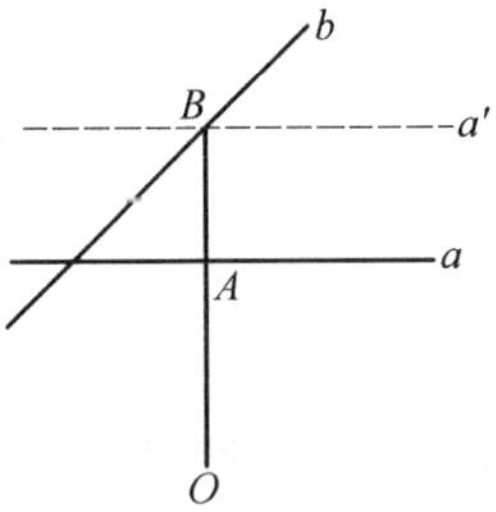

图 162

若给了两条相交直线a和b,那么点O外分线段AB时有一解,内分时有一解.若给了两条平行线,那么问题或者根本没有解,或者有无穷多个解.

若给了两圆周a和b,那么对于每一种情况(外分或内分)解答的最大可能数等于 2.

(166) 解这个问题要分两种情况.

第一种情况 设弦CC'(图 163)为整个割线AC和圆外部分AC'的比例中项,即$CC'^2=AC\cdot AC'$.由点A作切线AT,则有$AT^2=AC\cdot AC'$.从这两个等式得出$CC'=AT$.由于已知圆中,等于给定线段AT(说得更确切些是,我们会作的线段AT)的一切弦同切于已知圆周的一个同心圆周,所以问题归结为从点A作这同心圆周的切线.

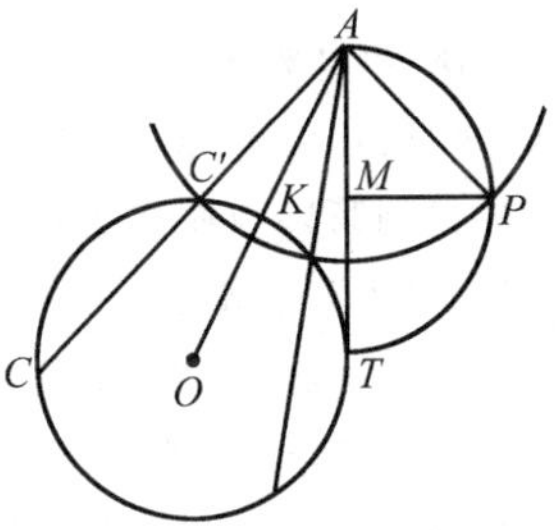

图 163

若AT大于直径,则问题无解;等于直径,则有一解;小于直径,则有两解.设O为已知圆心,R为其半径,那么由问题有解的条件$AT\leqslant 2R$可得出$AT^2=AO^2-R\leqslant 4R^2$,或$AO\leqslant\sqrt{5}R$.

第二种情况 设割线圆外部分AC'(图 163)为整个割线AC和弦CC'的比例中项,即$AC'^2=AC\cdot CC'$.从此$AC:AC'=AC':(AC-AC')$.用AC'乘这比例式两端,并以切线AT的平方代替$AC\cdot AC'$,得

$$AT^2:AC'^2=AC'^2:(AT^2-AC'^2) \quad ①$$

若用点M把切线AT分成外内比(使AM为较长线段),并作直角$\triangle ATP$,使以AT为斜边且以AM为一腰在斜边上的射影,那么

$$AT:AM=AM:(AT-AM) \quad ②$$

且(习题(163),第二作法)$AT : AM = AT^2 : AP^2$. 在等式 ② 中将线段 AT 和 AM 代以和它们成比例的量 AT^2 和 AP^2,得到 $AT^2 : AP^2 = AP^2 : (AT^2 - AP^2)$. 比较此等式与 ①,求出 $AC' = AP$,现在要求点 C',只要以点 A 为圆心、AP 为半径作圆周.

要问题有解,必须亦只须线段 $AC' = AP$ 小于切线 AT,而同时这线段 $AC' = AP$ 不小于从点 A 到圆周的最小距离 AK. 第一个条件总是满足的,第二个就是 $AP \geqslant OA - R$,或 $AP^2 \geqslant (OA - R)^2$,但 $AP^2 = AT^2 \cdot \frac{\sqrt{5}-1}{2} = (OA^2 - R^2) \cdot \frac{\sqrt{5}-1}{2}$(由第 156 节). 由是 $(OA^2 - R^2) \cdot \frac{\sqrt{5}-1}{2} \geqslant (OA - R)^2$,约去 $OA - R$ 并作代数变换,得 $OA \leqslant (2+\sqrt{5})R$.

(167) 设 M 为所求点,由于 MB 是 $\triangle AMC$ 的角平分线,则 $MA : MC = AB : BC$. 仿此,$MB : MD = BC : CD$. 所求点由两个圆周的交点来确定 —— 即与点 A,C 的距离之比等于 $AB : BC$ 的点的轨迹,以及与点 B,D 的距离之比等于 $BC : CD$ 的点的轨迹(第 116 节).

(168) 设 A,B 是已知的点(图 164),MA' 和 MB' 是所求的分别通过 A 和 B 的等弦. 由于等弦距圆心 O 等远,于是半径 OM 是 $\angle AMB$ 的平分线,因而 $MA : MB = OA : OB$. 所求点 M 除了在已知圆周上外,还在一个圆周上,即与点 A,B 的距离之比等于 $OA : OB$ 的点的轨迹.

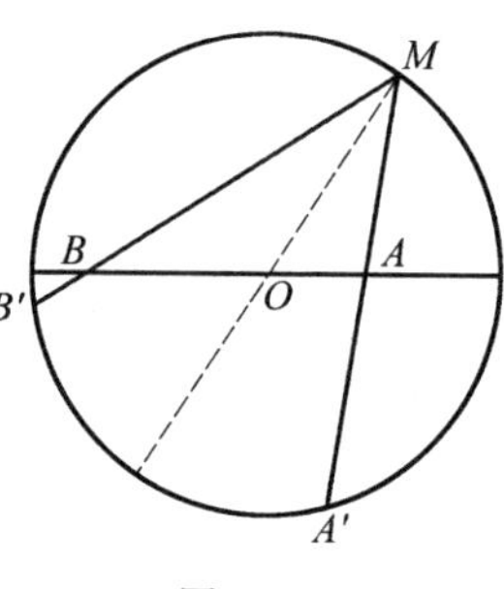

图 164

(169) 设 $\triangle ABC$(图 14.8) 为所求三角形,其中知道了边 AB,BC 和角平分线 AD,且 E 为通过 C 与 AD 平行的直线和直线 AB 的交点. 由于 $AC = AE$,那么线段 CE 可以作为三条已知线段的比例第四项而作出,所利用的关系是 $CE : AD = (AB + AC) : AB$,进一步可以按三边作等腰 $\triangle ACE$,并在边 AE 的延长线上截取已知边 AB.

(170) 设三角形两边之积等于两条给定线段之积. 这两边之积除以第三边上高的 2 倍所得的商等于外接圆半径. 所以这半径可以作为三条已知线段的比例第四项而作出. 以所求的半径作圆周,并引它的弦使等于已知的边长. 第三个顶点的位置可以这样确定,引这一边的平行线和它相距等于已知的高.

(171) 设已知三角形的各角及周界长. 作一个辅助三角形使有已知的角而任意选取其一边. 由于所作的这个三角形和所求的相似,那么它们周长的比等于对应边的比. 所求三角形的一边,可以作为辅助三角形的对应边和两个三角形的周长的比例第四项来作出.

由于在相似三角形中,中线的和,高线的和,等等,都和对应边成比例,可知上述方法适用于已知的是各角以及中线之和的情况,或各角以及高线之和的情况,等等.

(172) 由于两个正方形的边和对角线成比例,因之对角线同一边的差也是成比例的. 所以所求正方形的一边,是下列三条线的比例第四项:已知的对角线同一边的差,任意正方形对角线同一边的差以及后者的一边.

(173) 设点 D 分线段 BC(图 19.11) 成外内比,则 $BC : BD = BD : CD$. 另一方面,若点

D' 外分线段 BC 成外内比，则 $BD' = BC + BD$(第 156 节). 从这两关系推出(第 156 节)$BC : BD = BD : CD = BD' : BC = CD' : BD'$.

从比例式 $BD : CD = BD' : BC$ 求出 $BD' : BD = BC : CD = CD' : BC$. 从此 $BD' : BD = (CD' + BC) : (BC + CD)$. 若在线段 BC 过点 C 的延长线上截取线段 CE(图 165) 等于 BC，那么 $CD' + BC = ED'$，$BC + DC = ED$，于是上面的比例变为 $BD' : BD = ED' : ED$. 因此，点 E 和 B 对于线段 DD' 的端点成调和共轭.

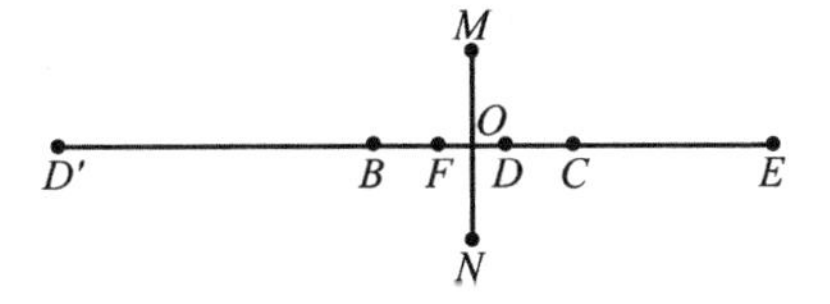

图 165

并且由上面有过的等式 $CD' : BD' = BD : CD$ 推出 $CD' : BD' = CF : BF$，其中 F 是点 D 关于线段 BC 中点 O 的对称点(因为 $BD = CF$，$CD = BF$). 因此，点 F 是 D' 对于线段 BC 端点的调和共轭点.

最后，由于点 F 和 D' 对于线段 BC 的端点成调和共轭，即 $CD' : BD' = CF : BF$，则对于线段 BC 的中点 O 有

$$(OC + OD') : (OD' - OB) = (OC + OF) : (OB - OF)$$

而由于 $OB = OC$，从这里求出 $OB^2 = OC^2 = OF \cdot OD' = OD \cdot OD'$(比较第 189 节).

由于线段 $OB = OC$ 是 OD 和 OD' 的比例中项，那么以 DD' 为直径的圆周(图上未画)，在由点 O 所引直线 DD' 的垂线上截下线段 $OM = ON = OB$(第 125 节推论). 由是可知，这圆周通过以 BC 为对角线的正方形的顶点 M 和 N.

(174) 首先在已知直线 D 上求一点，从这一点对线段 AB 使视角为已知角. 对线段 AB 的视角为已知角的点的轨迹由两个圆弧组成，同以 A，B 为其端点. 这两弧和直线 D 的交点就是所求的点.

如果所作的圆弧和直线 D 有公共点，问题便有解，如果这样的点不存在便无解. 极限情况是圆周切于直线 D. 如果已知的点 A 和 B 落在 D 的同侧，那么这样的圆周有两个存在①. 设 AMB(图 166) 为其中之一. 容易知道，如果直线 D 上的点 M' 和 M 在直线 AB 的同侧，那么 $\angle AMB$ 大于 $\angle AM'B$，事实上，$\angle AMB$ 是内接角，而 $\angle AM'B$ 的顶点在圆外. 同理，直线 D 上和切点 N 在直线 AB 同侧的一切点中，点 N 给出角的最大值

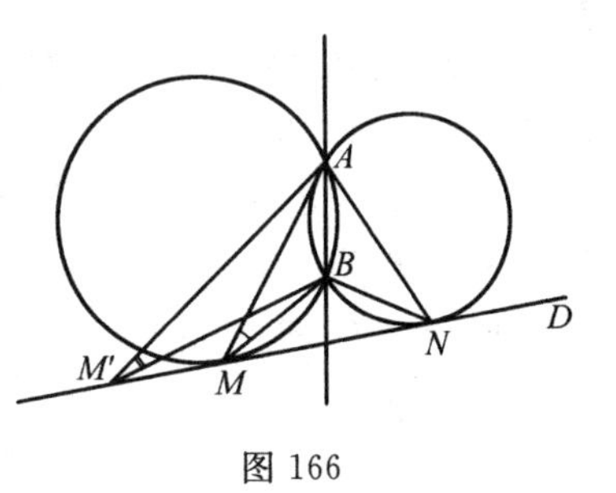

图 166

① 如果 AB 与直线 D 平行，则只有一个存在. —— 译者注

$\angle ANB$,所以角的最大值与点 M 还是点 N 相对应,就看 $\angle AMB$ 是大于或是小于 $\angle ANB$.

如果点 A 和 B 在 D 的异侧,那么角的最大值(180°)将对应于直线 AB 和直线 D 的交点.

(175) 作两条已知平行线的公垂线,使从一已知点 A 的视角为已知角,已在习题(120)讲过.由于这公垂线 MN 有定长,圆周 AMN 的半径越小,MN 从点 A 的视角便越大,只要这角是锐角.

若点 A 不落在两条已知平行线间(图 167),那么圆周 AMN 可能的最小半径,是从点 A 到距两已知平行线有等距离的直线所作的垂线.在这一情况下,问题有两解.

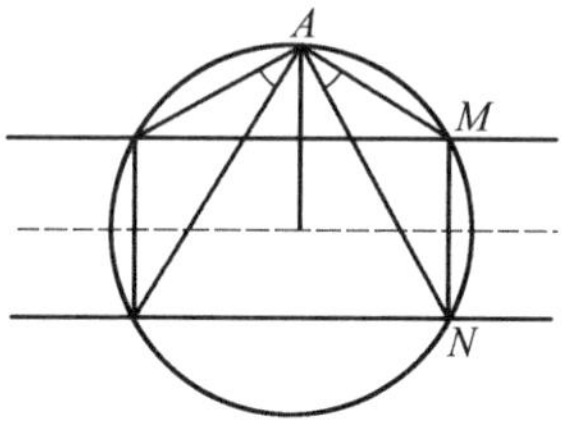

若点 A 落在两已知平行线之间,那么最大角(180°)对应于从点 A 所引的垂线 MN.

图 167

(176) 设已知点 A,B 在已知直线的同侧(图 168).以 m 表示已知弦长度,以 C 表示直线 AB 和已知线的交点,问题在于求两线段 x 和 y(x 是割线而 y 是它的圆外部分),已经知道了它们的差 m 和乘积 $CA \cdot CB$.按第 155 节作图 8,问题恒可能,且有二解(以 C 为中心,以 x 为半径的圆周交已知线于两点).

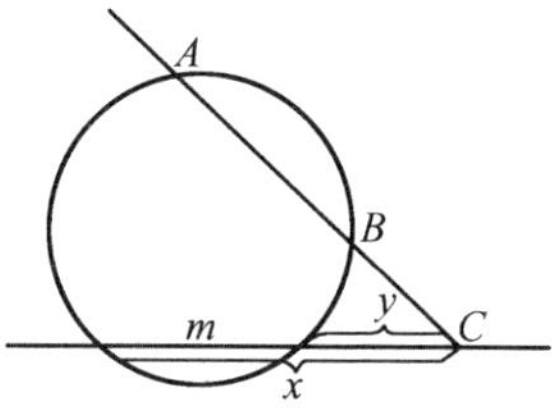

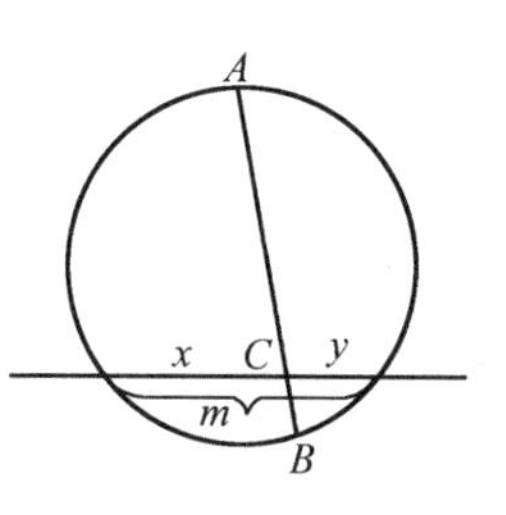

图 168

设已知点 A,B 在已知线的异侧(图 169),则问题归结为:作两线段 x 和 y,使其和为 m 而乘积为 $CA \cdot CB$(第 155 节作图 7).若 $CA \cdot CB \leqslant (\frac{m}{2})^2$,则问题可能.$CA \cdot CB < (\frac{m}{2})^2$,问题有两解,因为 x,y 中每一线段可以在直线 AB 和已知线交点的这一或那一侧截取.

弦可能的最小长度为

$$m = 2\sqrt{CA \cdot CB}$$

(177) 设通过点 A 求作一圆周,使与圆周 C_1 和 C_2 有同一根轴 —— 直线 D(图 170).

图 169

通过 A 作任意圆周 C',使与两已知圆之一例如 C_1 交于两点 M,N.直线 D 和 MN 的交点 P 是圆周 C_1,C' 和所求圆周 C 的根心.由是可知,直线 AP 是圆周 C' 和 C 的根轴,因而所求圆周 C 还通过直线 AP 和圆周 C' 的第二个交点 B.所求圆心是线段 AB 的中垂线和已知圆连心线的交点.

如果圆周 C_1 和 C_2 相交或相切,作法可以简化.这时所求圆周通过它们的交点,或者和它们切于公共点.

(178) 要彼此全等的正多边形可以用来铺平面,就要这些多边形的角能整除 4d(使得围绕一个顶点铺上若干个多边形而无重叠).这条件对于正的三角形,四边形,六边形都满足,对于正五边形不满足(它的角等于 $\frac{6}{5}$d),对于边数大于六的正多边形也不满足(它们的角大于$\frac{4}{3}$d 而小于 2d). 显然正三角形,正方形,正六边形可以用来铺平面.

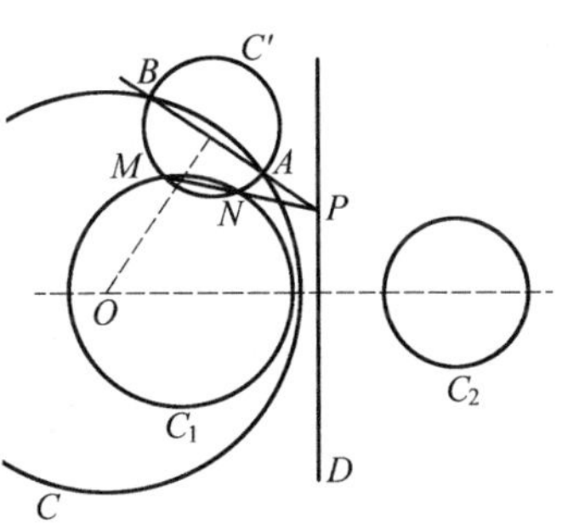

图 170

(179)(凸的) 正五边形的角等于$\frac{6}{5}$d,即直角加上(凸的) 正十边形一边所对应的中心角的一半. 这个说明使我们能作出正五边形的角,从而能作出正五边形.

(180) 设正五边形 $ABCDE$(图 171) 对角线 AC 和 BD 相交于点 F,则 $\triangle BCF$ 因 B,C 为顶点的角相等而是等腰三角形,由是 $BF = CF$. $\triangle ABC$ 和 $\triangle CFB$ 是相似的(角相等),因而 $AC : BC = BC : FC$,或 $BC^2 = AC \cdot FC$. 并且,$\triangle ABF$ 也是等腰的,因为以 B,F 为顶点的两角相等(第一个角以弧 AED 的一半度量,第二个角以弧 AB,CD 的半和度量),从而 $BC = AB = AF$. 在上面的等式中以 AF 代替 BC,得到 $AF^2 = AC \cdot FC$.

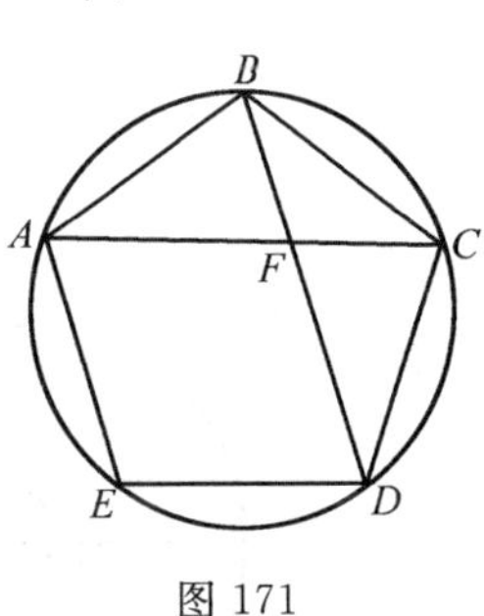

图 171

(181) 由于半径为 R 的两种圆内接正十边形(凸的和星状的)一边 c_{10} 和 c'_{10} 满足关系 $c'_{10} - c_{10} = R$,$c_{10} \cdot c'_{10} = R^2$(第 169 节),则 $c_{10}^2 + c'^2_{10} = (c'_{10} - c_{10})^2 + 2c_{10} \cdot c'_{10} = R^2 + 2R^2 = (\sqrt{3}R)^2$. 但 $\sqrt{3}R$ 是半径为 R 的圆内接等边三角形的一边.

(182) 半径为 R 的圆的内接正十边形和正十角星的边各为 $c_{10} = \frac{1}{2}R(\sqrt{5} - 1)$ 及 $c'_{10} = \frac{1}{2}R(\sqrt{5} + 1)$(第 168 ~ 169 节);对于五边形和五角星有 $c_5 = \frac{1}{2}R\sqrt{10 - 2\sqrt{5}}$ 和 $c'_5 = \frac{1}{2}R\sqrt{10 + 2\sqrt{5}}$(第 170 节). 由是

$$c_{10}^2 + c_6^2 = \frac{1}{4}R^2(\sqrt{5} - 1)^2 + R^2 = \frac{1}{2}R^2(5 - \sqrt{5}) = c_5^2$$

$$c'^2_{10} + c_6^2 = \frac{1}{4}R^2(\sqrt{5} + 1)^2 + R^2 = \frac{1}{2}R^2(5 + \sqrt{5}) = c'^2_5$$

(183) 由于 $\angle BAC$(图 172) 与正六边形的角互补,所以它等于$\frac{2}{3}$d. 从而 $\triangle ABC$ 以及与它类似的五个三角形是正的. 因此在所作十二边形中,各边相等,且各角亦相等(各等于直角与等边三角形一角之和). 所以所作十二边形是正的.

(184) 由第 180 节有 $c_1^2 = 2R^2 - 2R\sqrt{R^2 - \frac{1}{4}c^2}$. 完全一样由第 181 节有 $c_1^2 = R(R + \frac{1}{2}c) + R(R - \frac{1}{2}c) - 2R\sqrt{R^2 - \frac{1}{4}c^2}$. 由于 c_1^2 的两个表达式一致,故用两种方法得出的 c_1

值也一致.

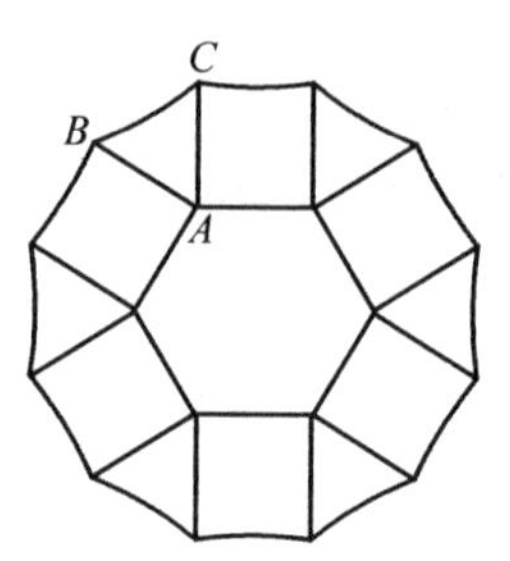

图 172

(185) 由第 179a 节公式($m = 18.25$) 有 $R = \frac{2 \times 180}{18.25\pi}\mathrm{m} = 6.279\ \mathrm{m}$.

(186) 设 O_1 为第二圆的圆心(图 173),则 $\angle AO_1C = 2\angle AOC$. 弧 AB 的相应半径是弧 AC 相应半径的 2 倍,而圆心角则是一半. 由第 179a 节公式,两弧等长.

(187) 设圆周 O_1,O_2 内切圆周 O_3 于点 A,B(图 174). 并设 C 是圆周 O_1 和 O_2 距离圆周 O_3 较近的交点①. 由于按条件 $O_2C + O_1A = O_3A$ 和 $O_1C + O_2B = O_3B$,则 $O_2C = O_3O_1$,$O_1C = O_3O_2$,因而图形 $O_1CO_2O_3$ 是平行四边形,所有三弧 AC,BC,AB 对应于大小相同的圆心角. 而由条件,两个半径之和等于第三个,可知弧 AC,BC 之和等于弧 AB.

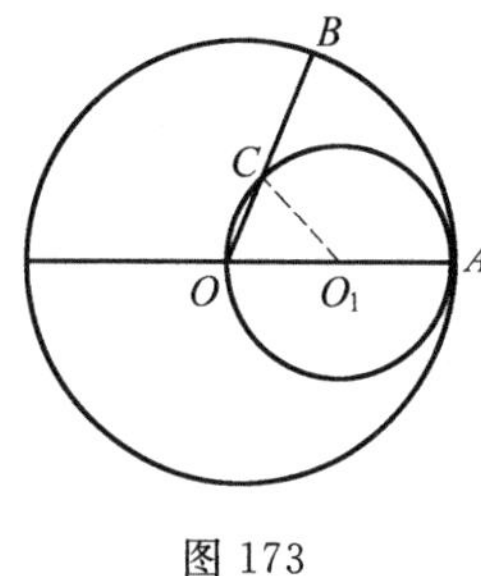

图 173

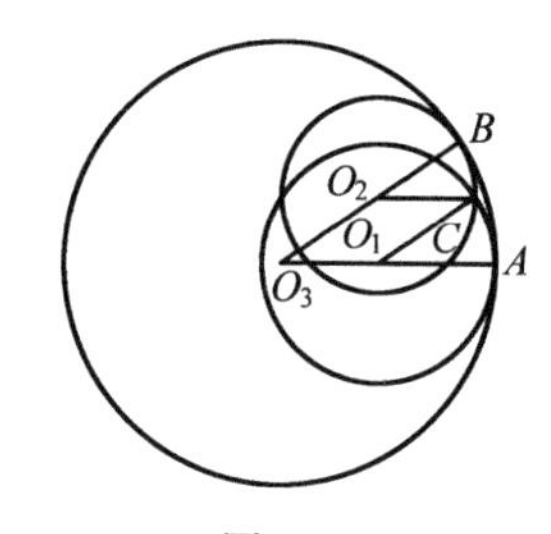

图 174

(188) 由第 166,167 节公式有 $c_4 + c_3 = R\sqrt{2} + R\sqrt{3} = 1.414\cdots R + 1.732\cdots R = 3.146\cdots R$,而同时,半圆周长 $= \pi R = 3.1416\cdots R$.

(189) 若直角三角形两腰等于 $1.2R$ 和 $2.4R$,则其斜边等于 $1.2R\sqrt{5} = 2.68328\cdots R$,而其周长为 $6.28328\cdots R$,至于圆周长则为 $2\pi R = 6.28318\cdots R$.

(190) 设 AB(图 175) 为所求直线,因而 $AB = 2A_1B_1$. 设 OP 垂直于 AB,则 $PA_1 = A_1A$. 引直线 A_1M 与 OP 平行,在半径 OA 上得一点 M 满足 $OM = MA$. 由于 $\angle MA_1A$ 是直角,得出这样的作法:平分任一半径 OA 于 M,并以线段 AM 为直径作圆周. 它和已知小圆周的交点便是 A_1. 问题可能的条件是 $OA \leqslant 2OA_1$.

(191) 引直线 DK 与 BC 平行(图 176),利用第 113 节定理和等式 $CE = BD$,得 $DF : FE = KC : CE = KC : BD = AC : AB$.

① 利用圆 O_1,O_2 半径之和等于圆 O_3 的半径这个条件,可以证明两圆周 O_1 和 O_2 必有公共点.

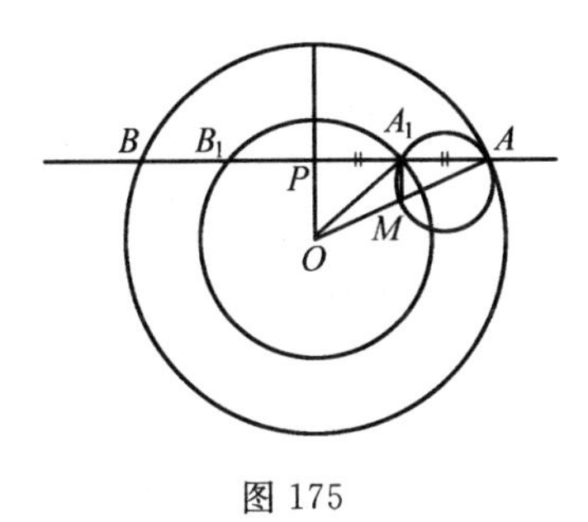

图 175

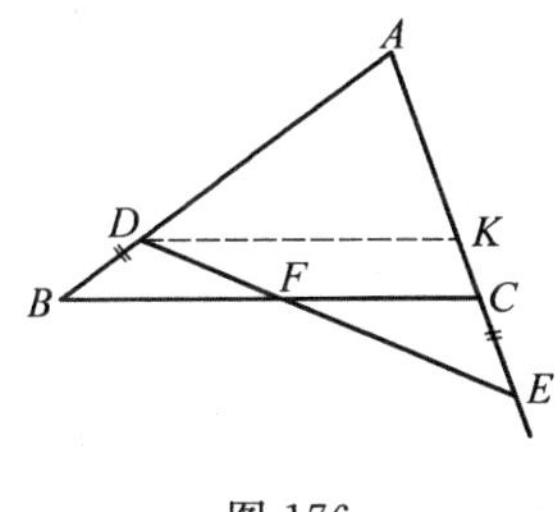

图 176

(192) 设 R,R' 为已知圆半径，h 为直线 AA' 及 MM' 间的距离（图 177），则 $AM^2=2Rh$，$A'M'^2=2R'h$，由是 $AM:A'M'=\sqrt{R}:\sqrt{R'}$. 若 P 为直线 AM 与 $A'M'$ 的交点，则 $AP:A'P=AM:A'M'=\sqrt{R}:\sqrt{R'}$. 点 P 到两已知点 A,A' 距离之比保持常值，所以点 P 的轨迹是一个圆周（第 116 节）.

(193) 设在多边形 $ABCDLM$（图 178）中，顶点 A 沿直线 a 移动，顶点 B 沿直线 b 移动，…，顶点 L 沿直线 l 移动，求顶点 M 的轨迹；并设 $A_0B_0C_0D_0L_0M_0$ 为此多边形的一个位置，这位置将看做不动的.

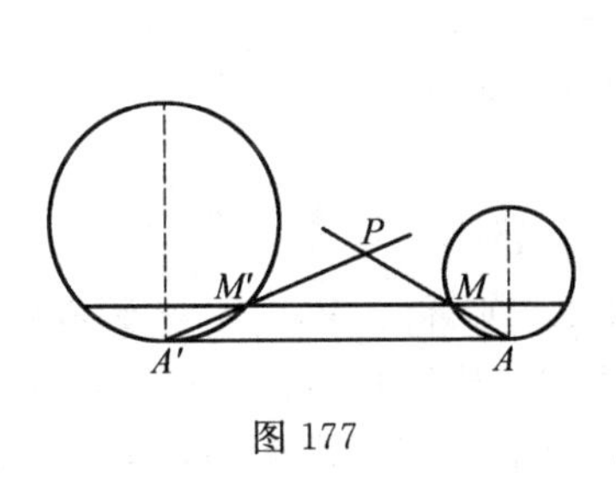

图 177

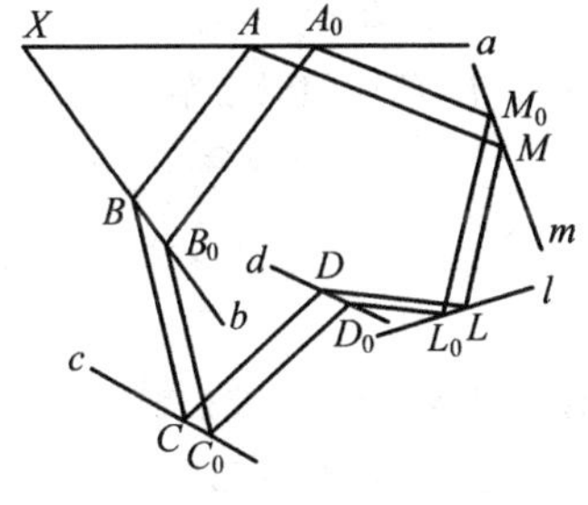

图 178

按条件 AB 和 A_0B_0 平行，所以 $A_0A:B_0B=A_0X:B_0X$，其中 X 是直线 a,b 的交点. 因此对于边 AB 的一切位置，比 $A_0A:B_0B$ 保持常值. 同理，$B_0B:C_0C:\cdots:K_0K:L_0L$ 中每一个比保持常值. 由是可知 $A_0A:L_0L$ 保持常值. 因此，点 M 是直线 AM 和 LM 的交点，这两线分别与 A_0M_0 和 L_0M_0 平行，并且通过直线 a 和 l 上这样的点：使得比 $A_0A:L_0L$ 保持常值. 由习题(124)，点 M 的轨迹是一条直线.

(194) 所谓一个多边形内接于一个已知的多边形，是指一个多边形，它的顶点分别在已知多边形一边或其延长线上，设 $a,b,c,\cdots,k,l,m$，是已知多边形的边. 在直线 a 上选任意一点 A_0，并通过它引第一条已知直线的平行线，在直线 b 上得出点 B_0. 继续这作法，得出一个多边形 $A_0B_0\cdots M_0$，它的各边和求作的多边形的边平行，而各顶点**除了一个**，例如 M_0，落在已知多边形的边上（或其延长线上）. 当点 $A_0,B_0,C_0,\cdots,L_0$ 分别在直线 $a,b,c,\cdots,l$ 上移动时(各边方向保持不变),所作多边形最后一个顶点描画某一直线 m'(习题(193)).要作这直线,从直线 a 上不同于 A_0 的一点 A_1 出发重复上面的作法,于是代替 M_0 得到一点 M_1.直线 M_0M_1 就是 m'.

直线 m 和 m' 的交点便是所求多边形的顶点 M.知道了顶点 M,容易作出整个所求图形.

若直线 m,m' 相交,问题有一解;若 m,m' 重合,有无穷多解(问题是不定的);若 m,m' 平行,则无解.

(195) 设通过 $\triangle ABC$(图 179) 高 AA_0 上一点 A' 作直线 DE 与 BC 平行,通过高 BB_0 上一点 B' 作直线 FG 与 AC 平行,通过高 CC_0 上一点 C' 作直线 KL 与 AB 平行.得出一系列相似三角形 $\triangle ABC,\triangle ADE,\triangle FDG,\triangle KLG$. $\triangle ADE,\triangle FDG$ 中,以 D_0,D' 表示从点 D 发出的高线足;在 $\triangle FDG,\triangle KLG$ 中,以 G_0,G' 表示从点 G 发出的高线足.

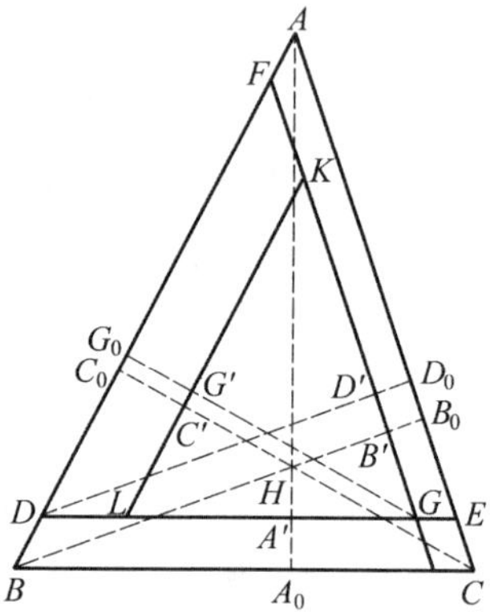

图 179

$\triangle ABC$ 和 $\triangle ADE$ 的相似比等于 $\frac{DD_0}{BB_0}=\frac{AA'}{AA_0}=1-\frac{A'A_0}{AA_0}$. $\triangle ABC$ 和 $\triangle FDG$ 的相似比等于 $\frac{GG_0}{CC_0}=\frac{DD'}{BB_0}=\frac{DD_0-D'D_0}{BB_0}=\frac{DD_0}{BB_0}-\frac{B'B_0}{BB_0}=1-\frac{A'A_0}{AA_0}-\frac{B'B_0}{BB_0}$.最后,$\triangle ABC$ 和 $\triangle KLG$ 的相似比等于

$$\frac{GG'}{CC_0}=\frac{GG_0-G'G_0}{CC_0}=\frac{GG_0}{CC_0}-\frac{C'C_0}{CC_0}=$$

$$1-\frac{A'A_0}{AA_0}-\frac{B'B_0}{BB_0}-\frac{C'C_0}{CC_0}$$

备注 在解问题时,我们默认了 $\triangle ABC$ 是锐角三角形,而点 A',B',C' 落在(有如图 179 所示)它的高线交点 H 和相应的点 A_0,B_0,C_0 之间.若这些条件不满足,那么上面的推理需要修正.但是所有的计算以及得出的结果完全具备普遍性,只要线段的比和相似比按第 190 节给以确定的符号.

(196) 设 A_1,B_1,C_1 为已知 $\triangle ABC$ 边的中点(图 180),$\triangle ABC$ 和 $\triangle A_1B_1C_1$ 成位似,且以已知三角形中线交点 G 为位似心(习题(158)). $\triangle abc$ 按作法与 $\triangle A_1B_1C_1$ 位似,因为 $Oa=2OA_1,Ob=2OB_1,Oc=2OC_1$.所以(第 144 节)$\triangle ABC$ 和 $\triangle abc$ 也成位似,因而直线 Aa,Bb,Cc 通过同一点 P.

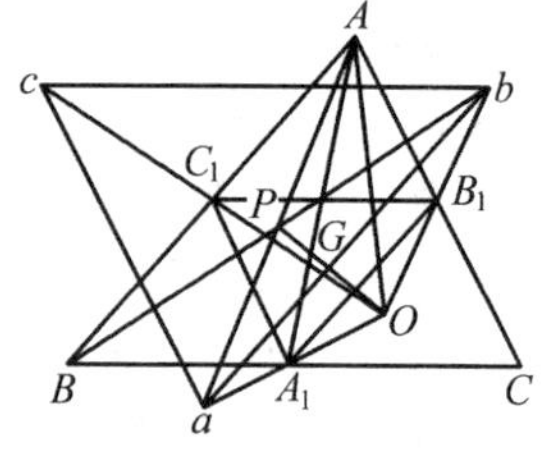

图 180

$\triangle ABC,\triangle A_1B_1C_1,\triangle abc$ 两两的位似心共线.

直线 AA_1 是 $\triangle AaO$ 的中线(因为 $aA_1=A_1O$),G 是它中线的交点(因为 $AG=2GA_1$).由是可知,$OG=2GP$.所以线段 OP 通过点 G 且被此点分成比 $OG:GP=2:1$,而不论点 O 落在何处.所以点 O 和 P 描画位似

图形，而以点 G 为其位似心.

(197) 首先让我们指出：

若直线 AM, AN 关于 $\angle BAC$ 的平分线 AD 成对称（图 181），则分别取在这两直线上的点 M, N 到角的两边的距离成反比. 事实上，在直线 AN 上作点 M 关于 AD 的对称点 M'，并从点 M, M' 和 N 向角的两边作垂线，则有 $MP = M'Q'$, $MQ = M'P'$, $M'P' : NR = AM' : AN = M'Q' : NS$. 由是 $MP : MQ = NS : NR$.

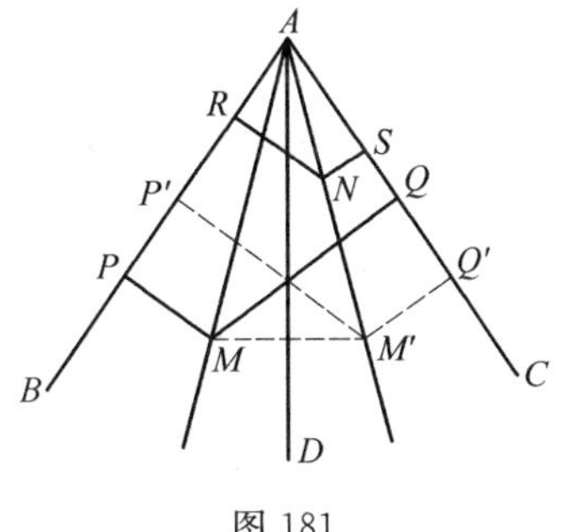

图 181

下面的逆定理也成立：

若两点 M, N 到 $\angle BAC$ 两边的距离成反比，且直线 AM, AN 或者都在 $\angle BAC$ 内部，或者都在外部，则此两线对称于角的平分线. 这是这样得出的：一点 N 到直线 AC, AB 的距离之比等于 $MP : MQ$，则点 N 的轨迹由一对直线组成，其中一条在 $\angle BAC$ 内部，另一条在其外部（第 157 节）.

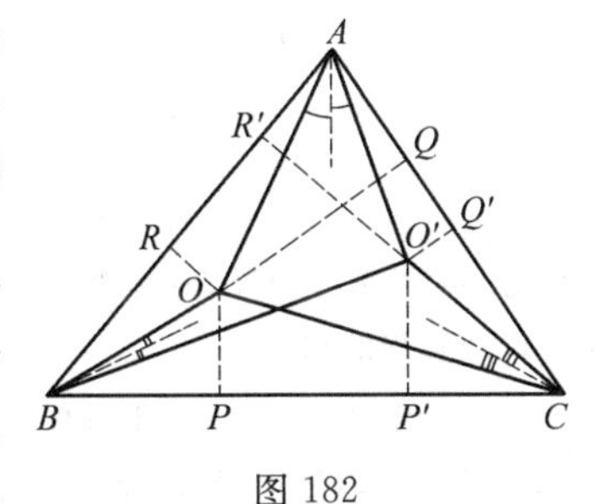

图 182

让我们转到所设习题的解答. 假设直线 AO 和 AO' 对称于 $\triangle ABC$ 的 $\angle A$ 的平分线（图 182），直线 BO 和 BO' 对称于 $\angle B$ 的平分线. 在这种情况下有 $OQ : OR = O'R' : O'Q'$, $OR : OP = O'P' : O'R'$. 两端相乘得 $OQ : OP = O'P' : O'Q'$. 由于直线 CO 和 CO' 都在 $\angle ACB$ 的内部，或都在其外部（不论点 O 落在何处），那么这两直线对称于 $\angle C$ 的平分线. 因此，和直线 AO, BO, CO 依次关于三角形三角平分线成对称的直线，通过同一点（只要这些线中有两条相交）.

现在假设通过 $\triangle ABC$ 顶点作平行直线，交三角形外接圆周于点 A', B', C'（图 183）. 引直线 AO' 使与 AA' 对称于 $\angle A$ 的平分线，并设与外接圆周交于点 O'. 由于这时 $\angle BAA' = \angle CAO'$，弧 $A'B$ 和 $O'C$ 便相等；由于直线 AA' 与 BB' 平行，弧 $A'B$ 和 AB' 相等；由是可知弧 AB' 和 $O'C$ 相等. 所以 $\angle ABB' = \angle CBO'$，从而直线 BB' 和 BO' 对称于 $\angle B$ 的平分线. 最后，由于直线 CC' 与 AA' 平行，则弧 $A'C'$ 与 AC 相等. 所以弧 $BA'C'$ 也和 $O'CA$ 相等，从而 $\angle BCC'$ 和 $\angle ACO'$ 互补. 由是可知，直线 CC' 和 CO' 对称于 $\angle C$ 的平分线. 因此，如果 AA', BB', CC' 相平行，那么，和它们关于 $\triangle ABC$ 三角平分线成对称的三条直线，通过三角形外接圆周上同一点 O'.

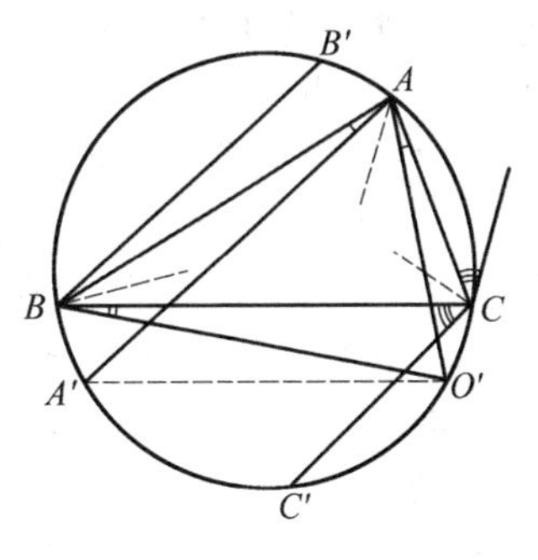

图 183

若把上面所说的点 O 取在外接圆心，那么直线 AO' 将重合于高线 AH（图 16.9）. 事实上，$\angle BAA' = 90° - \angle BA'A = 90° - \angle BCA = \angle CAH$，于是直线 AA' 和 AH 对称于 $\angle A$

的平分线.由是可知,三角形的高 AH 和其他两条高通过同一点.

备注 按上述作法一个从另一个得出的两点 O,O',称为关于 $\triangle ABC$ 的**等角共轭点**.

(198) 设直线 AB,BC,MN 和圆周的切点为 E,F,G(图 184).由于 $\angle AOE=\angle FOC,\angle EOM=\angle MOG,\angle GON=\angle NOF$,则 $\angle AOE+\angle EOM+\angle GON=90°$.由是 $\angle AOM=90°-\angle GON=90°-\angle NOF=\angle CNO$.此外,$\angle OAM=\angle NCO$,从而 $\triangle AOM$ 与 $\triangle CNO$ 相似.从这两三角形相似得出 $AM:CO=AO:CN$,于是 $AM\cdot CN=AO\cdot CO$.

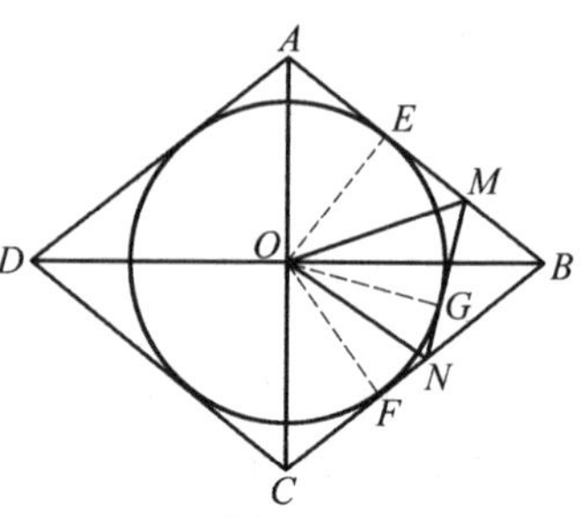

图 184

(199) 设圆周通过点 A 的直径为 BB'(图 185,点 A 也可以在圆内或在圆周上),通过点 A 与 AB 垂直的直线,和直线 BM,BM' 相交于点 N,N'.于是有

$$\angle AM'N'=\angle MM'B=\frac{1}{2}\overparen{BM}=90°-\frac{1}{2}\overparen{MM'B'}=$$

$$90°-\angle ABM=\angle MNA$$

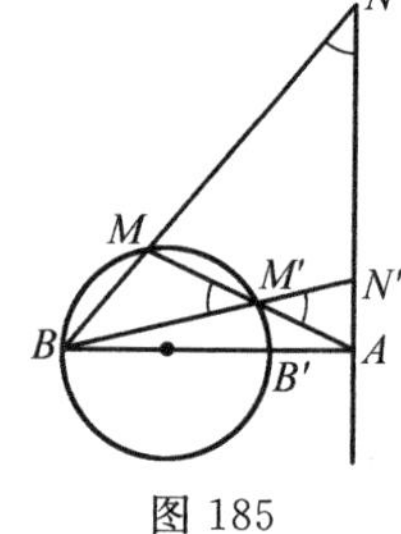

图 185

所以 $\triangle AMN$ 和 $\triangle AN'M'$ 相似,从此 $AN\cdot AN'=AM\cdot AM'$ 是点 A 对于已知圆周的幂.

(200) 设 O,O' 为两已知圆心(图 186),AA',BB' 为其外公切线,CC',DD' 为其内公切线,P,Q,R,S 为内公切线与外公切线交点.

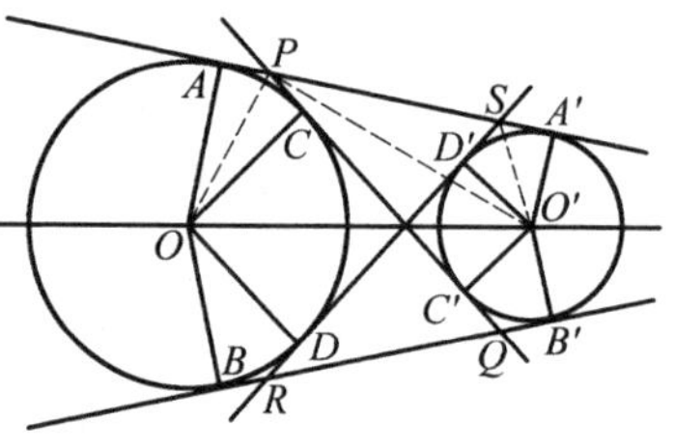

图 186

这时 $\angle AOC$ 和 $\angle A'PC'$ 是相等的,因为它们的边互垂,因而它们的一半 $\angle AOP$ 和 $\angle A'PO'$ 也相等.由相似三角形 $\triangle AOP$ 和 $\triangle A'PO'$ 得 $PA\cdot PA'=OA\cdot O'A'$.仿此求出 $SA\cdot SA'=OA\cdot O'A'$.

由等式 $PA\cdot PA'=SA\cdot SA'$ 和 $PA+PA'=SA+SA'$,推出 $PA=SA$ 或 $PA=SA'$.但由于显然 $PA\neq SA$,所以 $PA=SA'$,从此可知 PS 和 AA' 有共同的中点.最后,$PS=PA'-SA'=PA'-PA=PC'-PC=CC'$.

(201)① 设 M 为边 BC 的中点(图 187).由于 $MA=MC$ 以及 OM 垂直于 BC,所以 $MA^2+MO^2=MC^2+MO^2=OC^2$.若以 O_1 表示 OA 的中点,则由 $\triangle OMA$ 求出(第 128 节)

$$O_1M^2=\frac{1}{2}(MA^2+MO^2)-\frac{1}{4}OA^2=\frac{1}{2}OC^2-OO_1^2$$

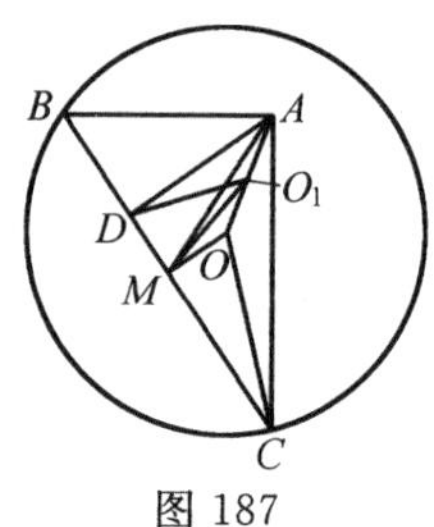

图 187

所以点 M 的轨迹是一个圆周,圆心是 O_1,半径由上面写出的式子确定.

② 由于点 O_1 是线段 OA 的中点，则 O 在边 BC 上的射影 M 以及点 A 在这边上的射影 D 距点 O_1 等远，因而点 D 的轨迹也是那个圆周.

(202) 问题的内容和习题(170) 一样.

(203) 设 BE, CF 为所求 $\triangle ABC$ 的中线，G 为其交点(图188). 有两种可能情况.

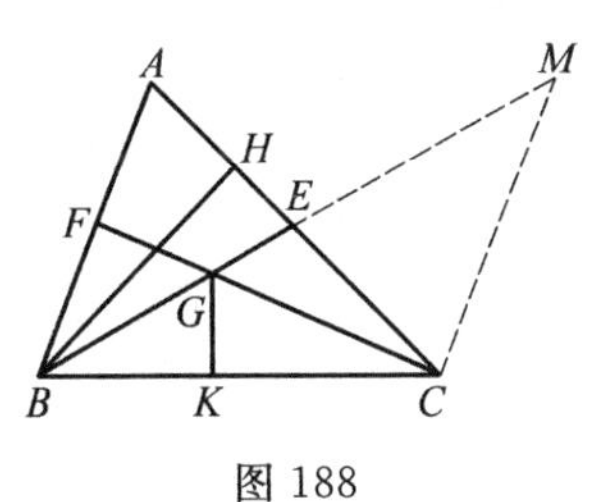

图 188

① 已知中线 BE, CF 和由顶点 A 发出的高. $\triangle BGC$ 由顶点 G 发出的高 GK，容易计算等于已知的高的 $\frac{1}{3}$. 这个三角形可以按两边和由它们公共顶点发出的高而作出. 作出了 $\triangle BGC$，截 $GE=\frac{1}{2}BG$, $GF=\frac{1}{2}CG$，并引 CE 和 BF.

备注 直线 BF 和 CE 不可能是平行的. 事实上，由点 C 引直线平行于 BF，并以 M 表示它和直线 BE 的交点，于是有 $GM:GB=GC:GF$，或 $GM=2BG$，但 $GE=\frac{1}{2}BG$，所以点 E 必然落在 G 和 M 之间，直线 BF 和 CE 并且交在 BC 的那一侧，即点 G 所在的一侧. 因此，要 $\triangle ABC$ 可作，只要 $\triangle BGC$ 可作.

② 已知中线 BE 和 CF 以及由顶点 B 发出的高 BH. 按斜边和一腰作直角 $\triangle BEH$，并以分 BE 成 $2:1$ 的点 G 为圆心、$\frac{2}{3}CF$ 为半径作圆周. 它和直线 EH 的交点确定出顶点 C. 所求三角形第三个顶点 A，可由截取线段 EA 等于 EC 得出.

在两种情况下，最多有两解.

(204) 设 $\triangle ABC$ 为所求三角形(图 189)，而 AD 为其高. 截 $DE=BC$ 并联结点 E 和顶点 C. 设直线 CE 和已知圆在点 A 的切线相交于点 F. 由 $\triangle EDC$ 和 $\triangle EAF$ 的相似得出 $AF=\frac{1}{2}AE$.

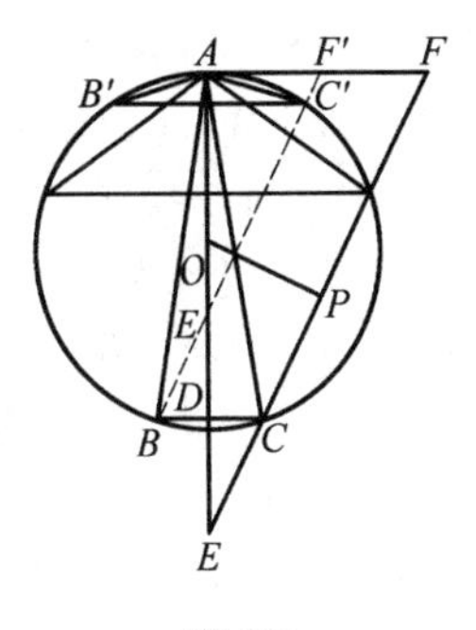

图 189

从此得出这样的作法. 在已知圆的直径上截取线段 AE 等于已知的底与高之和 m，且在点 A 的切线上截线段 $AF=\frac{1}{2}AE$. 直线 EF 和圆周的交点确定出顶点 C 的可能位置.

类似的作法也适用于已知了高与底之差 $m=AD-BC$ 的情况 (作 $AE'=m$, $AF'=\frac{1}{2}AE'$).

问题可能的条件在于：从圆心到直线 EF 的距离 OP 不大于半径. 但 $OP:OE=AF:EF=1:\sqrt{5}$，于是条件 $OP\leqslant R$ 取形式 $OE\leqslant\sqrt{5}R$，或 $m=AE\leqslant(\sqrt{5}+1)R$. 若 $2R<m<(1+\sqrt{5})R$，则直线 EF 和圆周的两个交点给出两个三角形，对于它们线段 $AE=m$ 是底与高之和，若 $O<m<2R$，则点 E 取 E' 的位置，点 F 取 F' 的位置. 这时，直线 $E'F'$ 和圆周的一个交点给出 $\triangle ABC$，在这三角形中，差 $AD-BC$ 等于 $AE'=m$；另一交点给出

$\triangle AB'C'$,在这三角形中,和 $AD'+B'C'$ 等于 $AE'=m$.

最后,若给了底与高之差,即 $n=BC-AD$,则在三角形高线 AD 通过顶点的延长线上截取线段 $AE=n$(图 190),且在点 A 的切线上截线段 $AF=\frac{1}{2}AE$. 在这一情况下,问题可能的条件 $OP\leqslant R$ 导致不等式 $n=AE\leqslant(\sqrt{5}-1)R$.

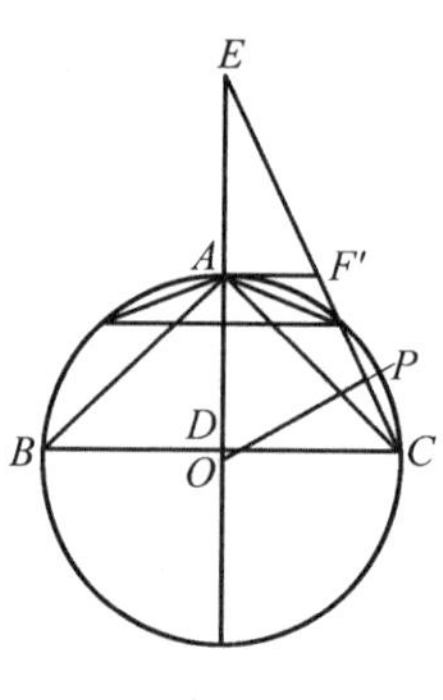

图 190

(205) 设 $a>b$ 为梯形 $ABCD$(图 191) 两底,c,d 为两腰,e,f 为对角线,x,y 为腰 AD,BC 在底上的射影. 由 $\triangle ACB$ 和 $\triangle ADB$ 有 $e^2=a^2+d^2-2ay$ 及

$$f^2=a^2+c^2-2ax \quad ①$$

这两等式相加得 $e^2+f^2=2a^2+c^2+d^2-2ax-2ay$. 若注意 $x+y=a-b$,便有

$$e^2+f^2=c^2+d^2+2ab \quad ②$$

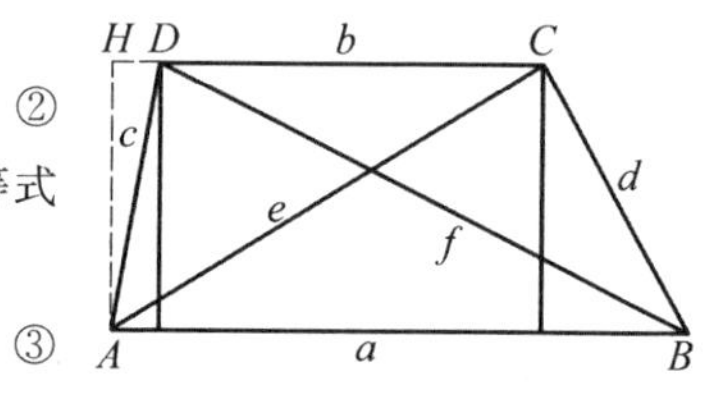

图 191

由 $\triangle ACD$ 又有 $e^2=b^2+c^2+2bx$. 此式两端以 a 乘,等式 ① 以 b 乘,且相加,得

$$ae^2+bf^2=ab^2+a^2b+ac^2+bc^2 \quad ③$$

方程 ② 和 ③ 可确定 e^2 和 f^2.

(206) 设 CD 为所求弦(图 192),E 为圆周上一点,在这一点直线 AC 和 BD 相交. 在点 D 引圆周的切线,设与直线 AB 相交于点 P. 于是 $\angle BDP=\angle ACD=\angle CAB$. $\triangle BDP$ 和 $\triangle BAE$ 相似,因之 $BP\cdot BA=BE\cdot BD$ 是点 B 关于这圆周的幂. 这就确定了点 P 在直线 AB 上的位置. 从点 P 向圆周作切线便求出点 D.

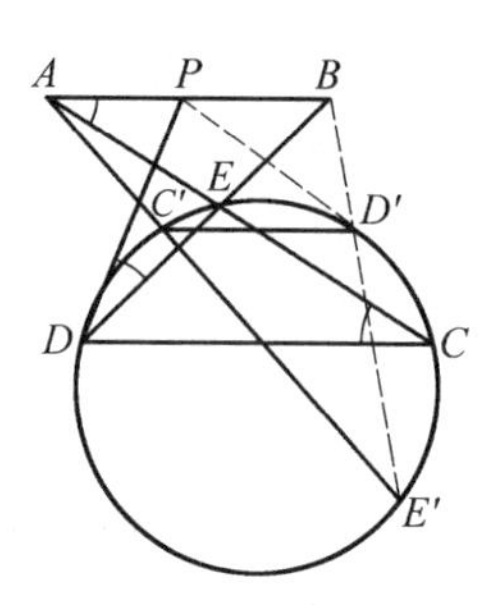

图 192

最大可能解数为二.

(207) 设 E 为从点 P 向 AB 所引的垂线足(图 193). 由 $\triangle ABC$ 和 $\triangle APE$ 相似得 $AB\cdot AE=AP\cdot AC$;由 $\triangle ADB$ 和 $\triangle PEB$ 相似得 $AB\cdot BE=BP\cdot BD$. 相加得

$$AB(AE+BE)=AB^2=AP\cdot AC+BP\cdot BD$$

(208) 设 O 为一个通过点 A,B 的圆周的圆心,T 和 T' 是从点 C 向圆周所引切线的切点,H 为线段 AB 中点,M 为线段 TT' 的中点,P 为 AB 与 TT' 的交点(图 194). 由直角 $\triangle OCT$ 有 $CM\cdot CO=CT^2$. 但 $CM\cdot CO=CH\cdot CP$(由于 $\triangle COH$ 和 $\triangle CPM$ 相似),而 $CT^2=CA\cdot CB$. 所以 $CP\cdot CH=CA\cdot CB$. 由是可知,点 P 在直线 AB 上的位置与圆周的选取无关. 由于 $\angle CMP$ 为直角,则点 M 的轨迹乃是以

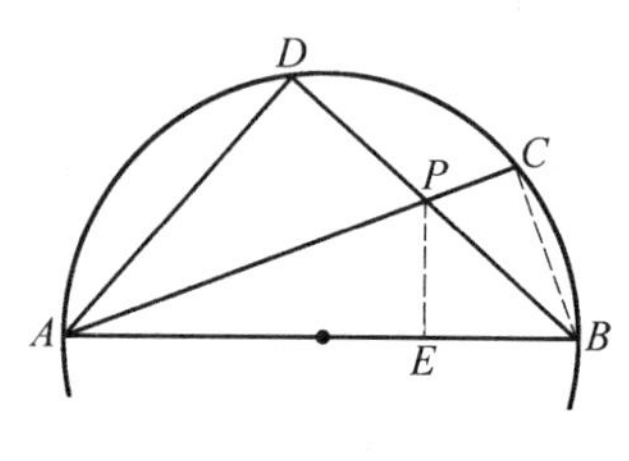

图 193

CP 为直径的圆周.

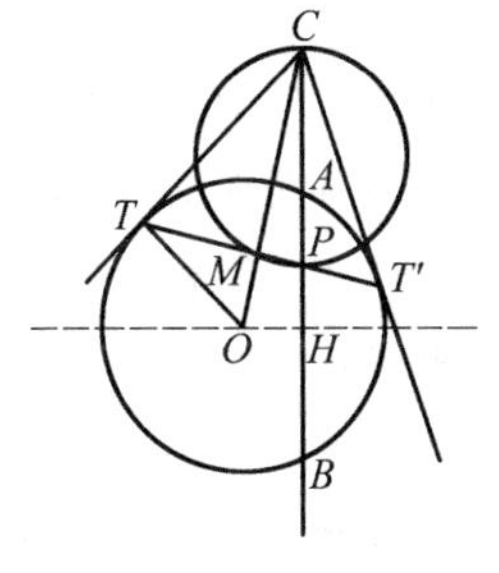

图 194

(209) 设 O_1,O_2,O_3 为未知圆的圆心，R_1,R_2,R_3 为其半径. 若圆成正交，则

$$R_2^2+R_3^2=O_2O_3^2,R_3^2+R_1^2=O_3O_1^2,R_1^2+R_2^2=O_1O_2^2$$

由是

$$R_1=\sqrt{\frac{1}{2}(O_1O_2^2+O_1O_3^2-O_2O_3^2)}$$

R_2 和 R_3 的表达式仿此.

若 $\triangle O_1O_2O_3$ 为锐角三角形，则问题为可能的，因为要三圆半径是实的，充要条件是它任两边的平方和大于第三边的平方(第 126 节推论).

(210) 本题是习题(121a) 的推广，所提解法亦是那个习题解法的直接推广.

设 A,B 为给定点(图 195)，D 为已知直线，C 为其上的一已知点，它将所求线段 IK 分成已知比，M 为所求点. 在线段 AC 过点 C 的延长线上作一点 R，使线段 RA 被点 C 分成已知比. 由于 $\triangle ACK$ 和 $\triangle RCI$ 相似(因为在点 C 的角相等，且夹边成比例 $AC:RC=CK:CI$)，所以直线 IR 与 AK 平行. 从而 $\angle BIR$ 与 $\angle AMB$ 互补，并且显然有**同一转向**. 点 I 在一条弧上，这弧以点 B,R 为端点并且内接角是弧 AMB 内接角的补角[①]. 圆周 BIR 和直线 D 的第二个交点 I' 确定出第二个解 —— 点 M'.

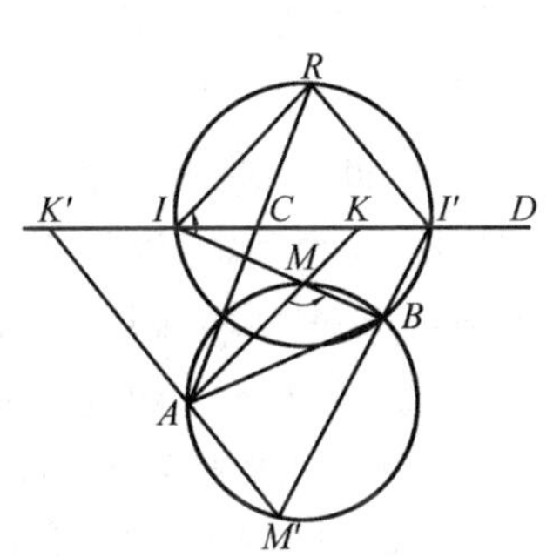

图 195

(211) 由 $\triangle ABP$ 和 $\triangle CBR$ 的相似(图 196)，有 $\angle ABP=\angle CBR$，或 $\angle ABC=\angle PBR$，因之 $BP:BR=BA:BC$. 由是可知，$\triangle ABC$ 与 $\triangle PBR$ 相似，仿此可证 $\triangle ABC$ 与 $\triangle QRC$ 相似. 因此 $\triangle PBR$ 与 $\triangle QRC$ 也相似. 但它们的对应边 BR 与 RC 相等，因而这两个三角形全等. 由是，$PA=BP=RQ,AQ=QC=PR$，于是四边形 $APRQ$ 中，对边相等.

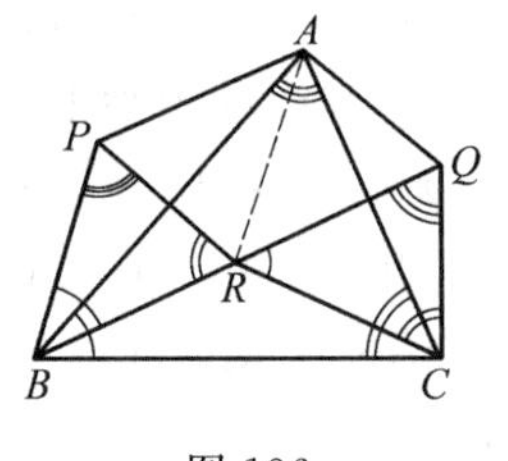

图 196

① 由于 $\angle AMB$ 和 $\angle BIR$ 转向相同，所以在以 B,R 为端点且内接角为已知角的两弧中，只应选择一个.

(212) 设图形 $ABCD$(图 197) 变动时保持与自身相似,三直线 AB,BC,CD 分别通过定点 M,N,P.

① 证明任意第四直线 AD 也通过一定点 Q.

设 $ABCD$ 和 $A_1B_1C_1D_1$ 是变动图形的两个位置.让我们来求图形 $ABCD$ 的一点 O,它和图形 $A_1B_1C_1D_1$ 中的对应点相重合(第 150 节).

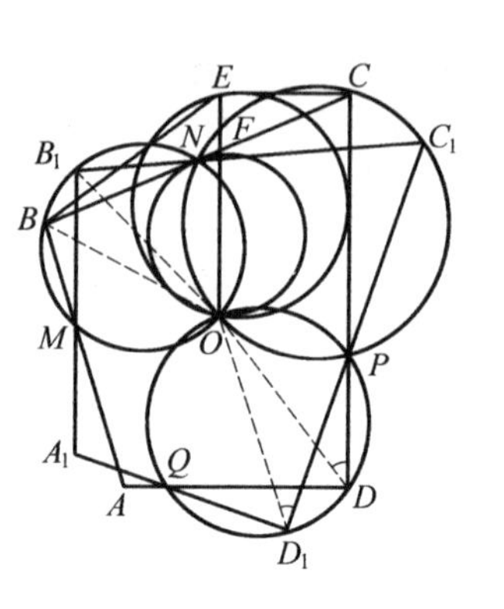

图 197

由于 $\angle ABO$ 应等于 $\angle A_1B_1O$(因为是两个相似图形的对应角),点 O 应落在圆周 MBB_1 上.并且 $\angle ABC=\angle A_1B_1C_1$ 意味着点 M,B,B_1,N 落在同一圆周上.所以点 O 在圆周 MBN 上.同理可证,点 O 在圆周 NCP 上.于是圆周 MBN 和 NCP 除 N 以外的交点 O,便是图形 $ABCD$ 中与图形 $A_1B_1C_1D_1$ 的对应点相重合的点(第 150 节备注),而不论后面的图形取什么位置.所以图形 $ABCD$ 变动时,点 O 保持不变.

并且,由于 $\angle CDO$ 和 $\angle C_1D_1O$ 相等,四点 O,P,D,D_1 在同一圆周上,而由于 $\angle CDA$ 和 $\angle C_1D_1A_1$ 相等,这圆周还通过直线 AD 和 A_1D_1 的交点 Q.所以,点 Q 可以用圆周 OPD 和直线 AD 的第二个交点来确定.因此,点 Q 不因图形 $A_1B_1C_1D_1$ 的位置而变,从而当图形 $ABCD$ 变动时,直线 AD 确实通过一个定点.

② 现设 E 为图形 $ABCD$ 上的任一点.当后面的图形变动时,线段的比 $BF:FC$ 和 $OF:FE$ 不变,其中 F 是直线 BC 和 OE 的交点.由于图形 $ABCDE$ 变动时,直线 BC 通过两圆周 OMN 和 ONP 的公共点 N,并且点 F 分这线上的线段 BC 成常比,那么当图形 $ABCDE$ 变动时,点 F 画一个圆周,这圆周也通过点 O 和 N(习题(128)).由于线段 OE 被点 F 分成常比,那么点 E 画一个图形和点 F 所画的成位似(位似心是点 O).因此点 E(即变动图形的任一点)画一个(通过点 O 的)圆周.

(213) 设欲作四边形 $ABCD$,使与已知四边形 $abcd$ 相似,而它的边 AB,BC,CD,DA 分别通过已知点 M,N,P,Q.

第一作法 作一四边形 $A_1B_1C_1D_1$ 与 $abcd$ 相似,使其三边 A_1B_1,B_1C_1,C_1D_1 通过已知点 M,N,P.第四边 D_1A_1 一般并不通过点 Q.若四边形 $A_1B_1C_1D_1$ 保持相似于自身而变动,并且它的三边 A_1B_1,B_1C_1,C_1D_1 总通过点 M,N,P,那么它的第四边 D_1A_1 将绕一个我们会作的点 Q' 而旋转(习题(212)).直线 QQ' 确定出边 DA 的位置,因而可以完成作图.

若点 Q,Q' 重合,则问题为不定的.在这种情况下,变动四边形的两条对角线(就像变动图形的任何直线一样)将绕着两个定点旋转.由于对角线的夹角是固定的,那么它们的交点画一个圆周.

第二作法 这习题还可以仿照习题(122)解出.顶点 A 落在一条以 Q 和 M 为端点的弧上,弧的内接角等于 $\angle dab$(图 198),并且顶点 C 的情况与此相仿.对角线 AC 再交圆周 MAQ 于一点 E 使 $\angle EAQ=\angle cad$.要作出点 E,只要在弧 QAM 上选任意一点 A',并作 $\angle QA'E$ 等于 $\angle dac$.仿此作直线 AC 和圆周 NCP 的第二个交点 F.直线 EF 确定出顶点 A 和 C 的位置.

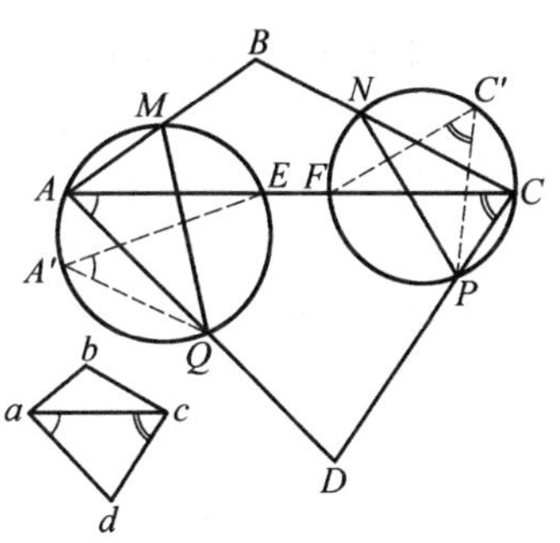

图 198

若点 F 与点 E 重合,则问题为不定的.这时对角线 AC 的方向是任意的.在这一情况下,对于对角线 BD 重复这个推理,可知它也要通过一个确定的点.这样,两条对角线将绕定点而旋转.由于对角线夹角有定值,那么对角线交点的轨迹是一个圆周.

(214) 设图形 ABC 保持与其自身相似而变动,使得点 A,B,C 分别描画直线 QR,RP,PQ(图 199).

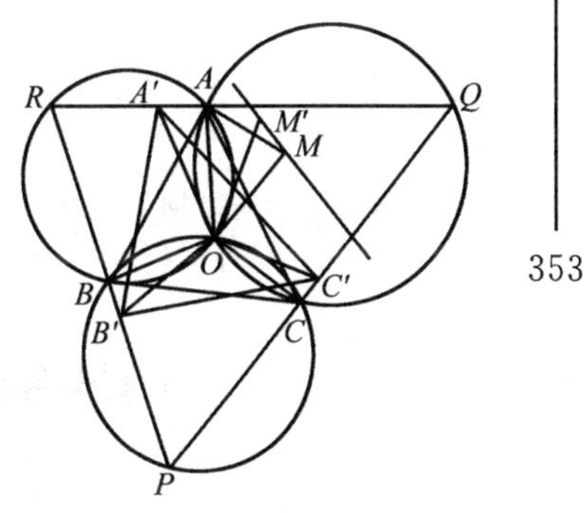

图 199

设 ABC 及 $A'B'C'$ 为变动图形的两个位置.我们来求图形 ABC 中与图形 $A'B'C'$ 的对应点相重合的一点 O(第 150 节备注).这时 $\triangle OAB$ 和 $\triangle OA'B'$ 应该是相似的,由是 $\angle AOB=\angle A'OB'$,因而 $\angle AOA'=\angle BOB'$,并且 $OA:OA'=OB:OB'$.由最后两个等式可知,点 O 还可以看做是两个相似图形的自对应点,这两个图形有同一转向,其中 A 与 B 对应,A' 与 B' 对应.因此 $\angle OAA'=\angle OBB'$,并且点 O 应该在 $\triangle ABR$ 的外接圆周上(A,B 是对应点,R 是对应直线 AA' 和 BB' 的交点).

仿此可证点 O 应该在圆周 BCP,CAQ 的每一个上[①].由是可知,点 O 在平面上的位置不因 $\triangle A'B'C'$ 的选择而变.当已知三角形变动时,点 O 保持它在平面上的位置.

现在假设 M 是图形 ABC 的任意一点,而 M' 是它在图形 $A'B'C'$ 中的对应点.由于 O 是第一形的点并且和它的对应点重合,那么 $\angle OAA'=\angle OMM'$.当图形 $A'B'C'M'$ 变动时,$\angle OAA'$ 不变(点 A' 沿直线 QR 移动).因此 $\angle OMM'$ 也不变,即点 M' 画一直线.

(215) 设 A,A' 是两个已知图形上的任意两个对应点,P 是与其对应点相重合的点(图 200).设 M 是第一形上这样一点:它和第二形上对应点 M' 的连线通过一已知点 O.由于由等式 $PA:PA'=PM:PM'$ 及 $\angle APA'=\angle MPM'$,$\triangle PAA'$ 和 $\triangle PMM'$ 是相似的(第 150 节),那么 $\angle PMM'$ 等于 $\angle PAA'$,于是线段 OP 在点 M 的视角等于 $\angle PAA'$ 或其补角.点 M 的轨迹是通过 O,P 两点的一个圆周.

① 容易看出,圆周 ABR,BCP,CAQ 通过同一点(参考习题(344)第一部分的解).

这时,如果我们注意到 $\angle PAA'$ 和 $\angle PMM'$,应该不仅相等,并且同向,我们就得出一个这样的圆周(而不是两个对称于直线 OP 的圆周).

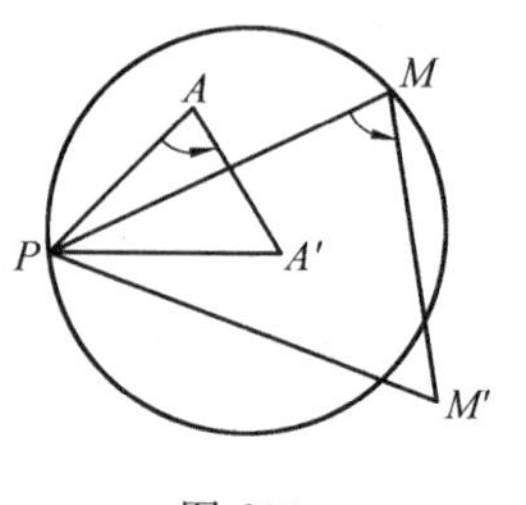

图 200

(216) 设 AX 及 BY 为已知直线(图 201).取 A 及 B 作为两个相似且有相同转向的图形的对应点,取 AX 及 BY 作为两条对应直线的方向,取 $m:n$ 作为它们的相似比.两图形之一上和另一图形上对应点重合的点 P,可按下述条件完全确定:$\angle APB$ 应等于 AX 与 BY 的夹角并且有同一转向,而从点 P 到 A,B 两点的距离之比应等于已知比:$PA:PB=m:n$.由等式 $AM:BN=m:n$,所求点 M,N 也是两个图形的对应点.所以(参看习题(215)解答)$\angle PAB$ 和 $\angle PMN$ 是相等的且转向相同.由于按条件直线 MN 通过已知点 O,可知点 M 在一个圆弧上,这弧以 P 及 O 为端点,内接角等于 $\angle PAB$ 而且和它有同一转向(或在补足这弧成全圆周的弧上).

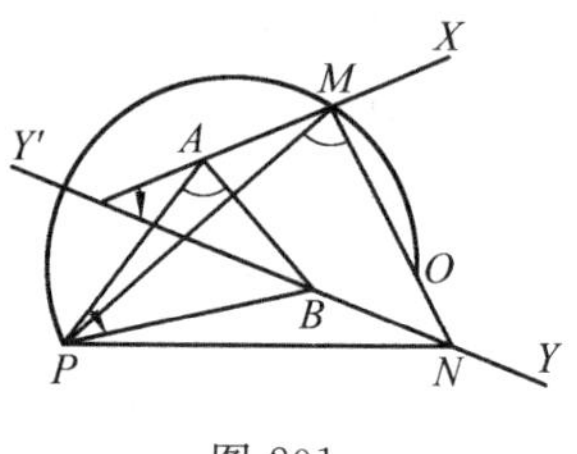

图 201

假设第一形中方向 AX 和第二形的方向 BY'(与 BY 反向)对应,我们得出另外的解答.

第四编　第三编补充材料

(217) 设点 A 和 B 调和分割点 C 和 D,则(第 189 节)$AC:AD=-BC:BD$.按第 187 节有

$$BC=AC-AB,BD=AD-AB$$

因而 $AC:AD=-(AC-AB):(AD-AB)$.把这个等式对于 AB 解出,得 $AB=\dfrac{2AC\cdot AD}{AC+AD}$,从此得出所求关系.

(218) 当点 D 在 B 和 C 之间时,在直线 BC 上选从 B 到 C 的指向作正向,可以写出等式(第 127 节)

$$AB^2\cdot DC+AC^2\cdot BD-AD^2\cdot BC=BC\cdot DC\cdot BD$$

或更对称的形式

$$AB^2\cdot CD+AC^2\cdot DB+AD^2\cdot BC+BC\cdot CD\cdot DB=0 \quad ①$$

若点 C 落在 B 和 D 之间(或 B 在 C,D 之间),则在所得的等式中,要互换字母 C 和 D(或 B 和 D),容易验证,这样互换后,等式 ① 不变.

若点 A 和 B,C,D 三点在同一直线上,那么等式 ① 取下形

$$AB^2\cdot(AD-AC)+AC^2\cdot(AB-AD)+AD^2\cdot(AC-AB)+$$
$$(AD-AC)(AB-AD)(AC-AB)=0$$

且成恒等式,一般的叙述是这样的:设 B,C,D 为一直线上三点,而 A 为任意一点,则论大小与符号有关系 ①.

(219) 设 P 为线段 AB 中点(记号同第 116 节),而 C,D 为直线 AB 和所考虑的一圆周的交点.由于按定义 C,D 两点调和分割线段 AB,则(由第 189 节定理)$PC \cdot PD = PA^2$.所以点 P 对于所考虑的一切圆周有相同的幂 PA^2.因此所有这些圆周的根轴是线段 AB 的中垂线.从等式 $PC \cdot PD = PA^2 = PB^2$,可知 A,B 为极限点(习题(152)).

点 M 到 A,B 两点距离之比的极大值或极小值,由已知直线或圆周与所考虑的一个圆周的切点得到.

(219a) 设 $AB,A'B'$ 为两已知线段(按问题的含义,这两线段在同一直线上),P,Q 为所求点(图 202).以 AB 及 $A'B'$ 为直径的圆周,都和通过 P,Q 两点的任一圆周正交(第 189 节),所以,以线段 AB 及 $A'B'$ 为直径的两圆周没有公共点(参看习题(152) 解答),于是线段 AB 和 $A'B'$ 的位置是:或者一个全部在另一个内部,或者每一个全部在另一个外部.只有对于这样两条线段,问题才可能.

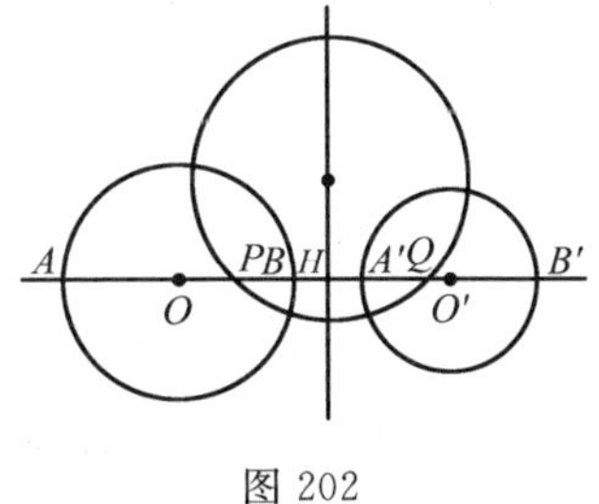

图 202

反之,若已知在同一直线上的两线段 AB 及 $A'B'$ 的相互位置有如以上所说,那么以这两线段为直径的圆周没有公共点.和它们正交的任一圆周在已知直线上确定出同样一对点 P 和 Q,这一对点给出所设问题的唯一解答.

备注 我们来求出点 P 和 Q 分两已知线段之一(例如说 AB)的比值,为此,考察以 AB 及 $A'B'$ 为直径的圆周的根轴和直线 AB 的交点 H.我们有

$$HA \cdot HB = HA' \cdot HB'$$

由是

$$HA : HA' = HB' : HB = (HB' - HA) : (HB - HA') = AB' : A'B$$

且
$$HA' : HB = HA : HB' = (HA' - HA) : (HB - HB') = AA' : B'B$$

所以

$$HA : HB = (HA : HA') \cdot (HA' : HB) = (AA' \cdot AB') : (A'B \cdot B'B) \quad ①$$

另一方面,点 A 和 B 调和分割线段 PQ,且 H 为 PQ 之中点,所以(参看第 189 节)

$$PA : PB = -QA : QB = PQ : (PB + QB) = 2PH : 2HB$$

且
$$PA : PB = -QA : QB = (PA + QA) : PQ = 2HA : 2PH$$

于是 $(PA : PB)^2 = HA : HB$.将式 ① $HA : HB$ 的比值代到此处,最后得出

$$(PA : PB)^2 = (QA : QB)^2 = (AA' \cdot AB') : (BA' \cdot BB')$$

(220) 设 O,O' 为已知圆的圆心,S 及 S' 为其位似心.由于点 S,S' 将线段 OO' 内分及外分成已知圆半径之比 $R : R'$,则(由第 116 节)以 SS' 为直径的圆周是一点 M 的轨迹,对于这样的点,$MO : MO' = R : R'$,由是 $(MO^2 - R^2) : (MO'^2 - R'^2) = R^2 : R'^2$.因此,这圆周也是这样的点的轨迹:它们对于圆周 O 和 O' 的幂的比等于 $R^2 : R'^2$,于是由习题(149),这圆周

和圆周 O,O' 有公共的根轴.

(221) 习题(130) 和(131) 所叙述的定理可推广如下:

设 AB 及 CD 为两平行线段,点 E 分线段 AC 成比 $AE:EC=m:n$(按大小和符号),通过 E 引直线平行于 AB,则此直线上介于直线 AC 及 BD 间的线段 EF(按大小和符号)将由公式 $EF=\frac{m\cdot CD+n\cdot AB}{m+n}$ 确定.

设从三角形各顶点及中线的交点,向三角形平面上任一直线作垂线,那么后面这条垂线(按大小和符号)等于前三条的等差中项.

(关于符号应当根据第 188 和 190 节的规定.)

习题(130) 和(131) 解答中所引进的证明完全有效,只要把那里所考虑的线段看做有向线段.

(222) 我们有

$$Aa^2+Cc^2=\frac{1}{2}(Aa+Cc)^2+\frac{1}{2}(Aa-Cc)^2$$

$$2Bb\cdot Dd=\frac{1}{2}(Bb+Dd)^2-\frac{1}{2}(Bb-Dd)^2$$

但 $Aa+Cc=Bb+Dd=2Ee$,其中 E 是对角线 AC 和 BD 的交点(图 203),e 是从点 E 向已知直线所引垂线的垂足(习题(130)).若由点 C 及 B 分别向直线 Aa 及 Dd 作垂线 CK 及 BL,则 $\triangle ACK$ 与 $\triangle BDL$ 全等,从而 $CK=DL$.所以有

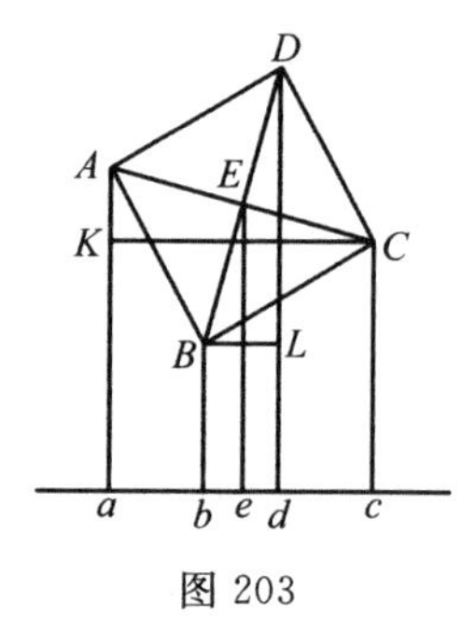

图 203

$$Aa^2+Cc^2-2Bb\cdot Dd=\frac{1}{2}(Aa-Cc)^2+\frac{1}{2}(Bb-Dd)^2=$$

$$\frac{1}{2}AK^2+\frac{1}{2}DL^2=\frac{1}{2}(AK^2+KC^2)=$$

$$\frac{1}{2}AC^2=AB^2$$

不论已知直线在平面上的位置如何,这命题连同证明仍然有效,只要把距离 Aa,Bb,Cc,Dd 看做既有大小又有符号并运用习题(221).

(223) 设三点 a,b,c 分别在 $\triangle ABC$ 的边 BC,CA,AB 的延长线上(图 204),且满足条件

$$\frac{aB}{aC}\cdot\frac{bC}{bA}\cdot\frac{cA}{cB}=1 \quad ①$$

分别以点 a,b,c 为圆心作圆周(a),(b),(c) 与三角形的外接圆周正交(这是可能的,因为 a,b,c 是外部点).圆周(a) 和直线 BC 的交点 a' 和 a'' 调和分割线段 BC(第 189 节推论),因而有关系

$$-\frac{a'B}{a'C}=\frac{a''B}{a''C}$$

或

$$\frac{aa'-aB}{aC-aa'}=\frac{aB-aa''}{aC-aa''}$$

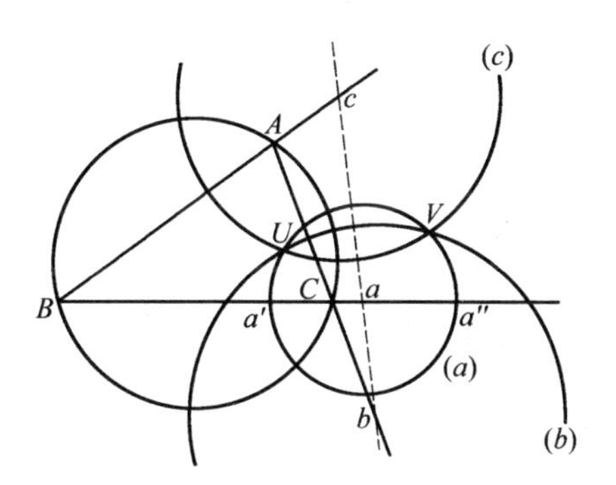

图 204

将最后的比例式加以变形(参看第 189 节开始的变换),一次取前后项和的比,一次取前后项差的比,并注意 $aa'=-aa''$,便得出 $-a'B:a'C=a''B:a''C=aa':aC=aB:aa'$. 从这里,用平方和相乘的方法得出 $a'B^2:a'C^2=a''B^2:a''C^2=aB:aC$,此式表明,圆周$(a)$是这样的点的轨迹:这些点到点 B,C 的距离之比等于 $\sqrt{aB}:\sqrt{aC}$. 同理,圆周(b)是到点 C,A 的距离之比等于 $\sqrt{bC}:\sqrt{bA}$ 的点的轨迹,圆周(c)是到点 A,B 的距离之比等于 $\sqrt{cA}:\sqrt{cB}$ 的点的轨迹,若这三圆周中两个,例如说(a)和(b),相交于 U,V 两点,则

$$UB:UC=\sqrt{aB}:\sqrt{aC},UC:UA=\sqrt{bC}:\sqrt{bA}$$

从此由式①,$UA:UB=\sqrt{cA}:\sqrt{cB}$,并且这关系对于点 V 也成立,所以圆周(c)通过圆周(a)和(b)的交点,于是三个圆心共线.

(224) 由于三点 a,b,c 共线,则$\frac{aB}{aC}\cdot\frac{bC}{bA}\cdot\frac{cA}{cB}=1$. 由于点 a' 和 a 关于边 BC 中点成对称,则 $aB=-a'C,aC=-a'B$,于是 $a'B:a'C=aC:aB$. 对于点 b' 和 c',情况相仿. 由是可知$\frac{a'B}{a'C}\cdot\frac{b'C}{b'A}\cdot\frac{c'A}{c'B}=1$,因之三点 a',b',c' 共线.

若点 a,b,c 是三角形外接圆周上一点 P 在三边上的射影,那么点 a',b',c' 是 P 的对径点的射影. 事实上,外接圆心的射影重合于各边中点,所以 P,P' 两点的射影对称于边的中点.

(225) 设 C 为直线 AA' 和 BB' 的交点(图 205). 将第 192 节定理应用于 $\triangle OAA'$ 和截线 BCB',则有$\frac{CA}{CA'}\cdot\frac{B'A'}{B'O}\cdot\frac{BO}{BA}=1$. 按条件,当直线 $OA'B'$ 旋转时,比 $B'A':B'O$ 及 $BO:BA$ 不变. 所以比 $AC:A'C$ 也不变,就是说,比 $AC:AA'$ 也不变. 由于点 A' 描画一个圆周,所以点 C 也画一个圆周,和第一个关于点 A 成位似.

(226) 设 $\angle XOY$ 为已知角,P 为直线 BM,CN 的交点(图 206),通过点 A 引一条不同于 AMN 的直线,并分别以 M',N' 表示它和直线 OX,OY 的交点,以 P' 表示直线 BM' 和 CN' 的交点. 考察两个三角形 $\triangle MM'B,\triangle NN'C$,它们对应顶点的连线 $MN,M'N',BC$ 通过一点 A. 所以由第 195 节定理,它们对应边的交点应共线. 但边 $M'B$ 和 $N'C$ 相交于点 P',边 MB 和

NC 相交于点 P，边 MM'，和 NN' 相交于点 O. 于是三点 O,P,P' 共线.

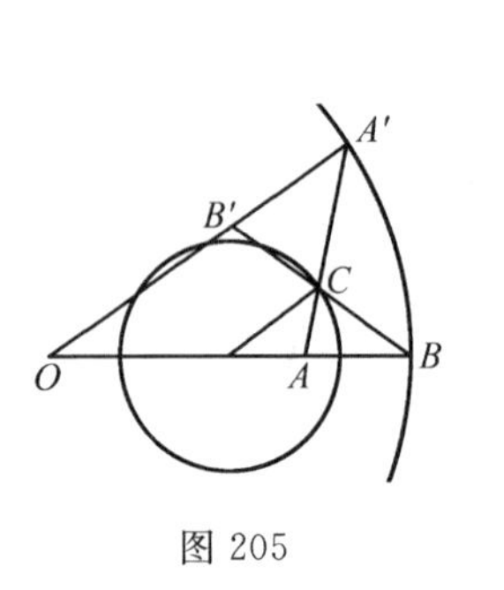

图 205

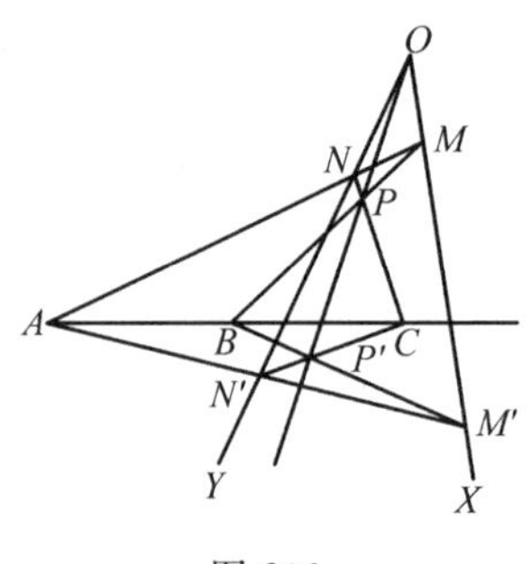

图 206

现在让直线 AMN 绕点 A 旋转，而直线 $AM'N'$ 保持它在平面上的位置. 由于不论割线 AMN 的位置为何，点 P 总落在直线 OP' 上，并且由于直线 MB 可以交 OP' 于其上任一点，可见点 P 的轨迹就是直线 OP'.

(227) 由于直线 Aa,Bb,Cc 通过同一点，所以 $\frac{aB}{aC}\cdot\frac{bC}{bA}\cdot\frac{cA}{cB}=-1$. 由于点 a' 和 a 关于三角形边 BC 中点成对称，所以 $a'B:a'C=aC:aB$，并且点 b' 和 c' 的情况与此相仿. 由是可知 $\frac{a'B}{a'C}\cdot\frac{b'C}{b'A}\cdot\frac{c'A}{c'B}=-1$，因而直线 Aa',Bb',Cc' 共点.

(228) 由习题(90a) 有等式

$$\frac{DB}{DC}\cdot\frac{EC}{EA}\cdot\frac{FA}{FB}=(-\frac{p-b}{p-c})\cdot(-\frac{p-c}{p-a})\cdot(-\frac{p-a}{p-b})=-1$$

因之直线 AD,BE,CF 共点.

(229) 由于直线 Aa,Bb,Cc(图 207) 共点，则 $\frac{aB}{aC}\cdot\frac{bC}{bA}\cdot\frac{cA}{cB}=-1$. 由第 121 节有 $a'B':a'C'=aC:aB$，并且对于点 b' 和 c'，情况与此相仿. 由是可知 $\frac{a'B'}{a'C'}\cdot\frac{b'C'}{b'A'}\cdot\frac{c'A'}{c'B'}=-1$，因而直线 $A'a',B'b',C'c'$ 共点.

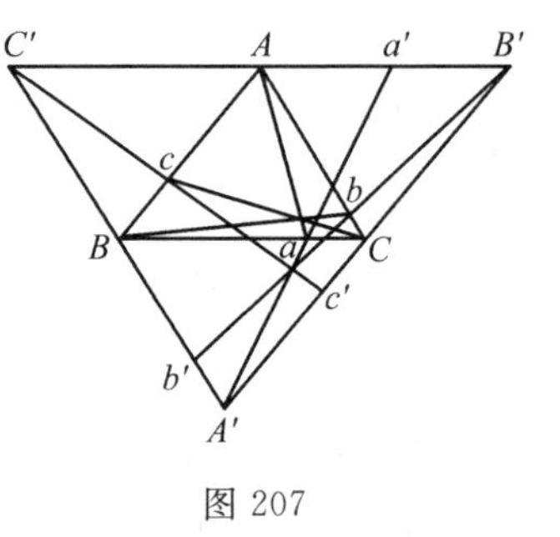

图 207

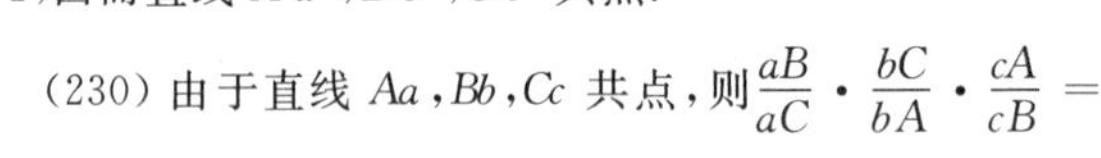

(230) 由于直线 Aa,Bb,Cc 共点，则 $\frac{aB}{aC}\cdot\frac{bC}{bA}\cdot\frac{cA}{cB}=-1$. 若点 a' 和点 a 关于三角形顶点 B,C 成调和共轭，则 $a'B:a'C=-aB:aC$，并且对于点 b' 和 c'，情况与此相仿. 由是可知 $\frac{a'B}{a'C}\cdot\frac{b'C}{b'A}\cdot\frac{c'A}{c'B}=1$，从而三点 a',b',c' 共线.

若直线 Aa,Bb,Cc 为三角形的角平分线，则点 a',b',c' 为三角形外角平分线和对边的交点(第 115 节备注)，于是得下述定理：三角形外角平分线和对边相交的三点共线.

我们可以把直线 Aa 取为三角形 $\angle A$ 的平分线，而将直线 Bb 和 Cc 取为它的外角平分线（比较第 54 节），于是得下述结果：三角形两内角和第三角外角平分线和对边相交的三点共线.

(231) 由于直线 Aa，Bb，Cc 共点，则 $\frac{aB}{aC}\cdot\frac{bC}{bA}\cdot\frac{cA}{cB}=-1$. 由于点 a,b,c,a',b',c' 在同一圆周上，由第 131 节将有 $Ab\cdot Ab'=Ac\cdot Ac'$，同理 $Bc\cdot Bc'=Ba\cdot Ba'$，$Ca\cdot Ca'=Cb\cdot Cb'$. 由是有

$$\frac{a'B}{a'C}\cdot\frac{b'C}{b'A}\cdot\frac{c'A}{c'B}=\frac{aC}{aB}\cdot\frac{bA}{bC}\cdot\frac{cB}{cA}=-1$$

因而直线 Aa'，Bb'，Cc' 共点.

(232) 设 $abcd$ 及 $a'b'c'd'$（图 208）为两束已知的四线（射线 a 和 a' 重合于 OO'），B 为直线 b，b' 的交点，C 为直线 c，c' 的交点，A 为直线 BC 与 OO' 的交点. 如果直线 d 和 d' 的交点不在直线 BC 上，那么它们和这线交于点 D 和 D'，使 $(ABCD)=(ABCD')$，由是 $DA:DB=D'A:D'B$，由于论大小与符号，只有一点分线段 AB 成定比（第 188 节），则由最后的比例式，点 D 和 D' 重合. 所以直线 d 和 d' 的交点落在直线 BC 上.

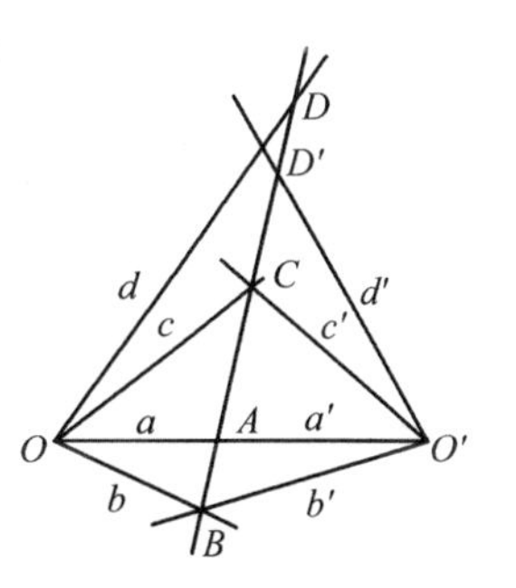

图 208

(233) 假设直线 CC'（图 209）不通过直线 AA' 和 BB' 的交点 P. 设直线 CP 交直线 OA' 于一点 C''. 于是 $(OABC)=(OA'B'C'')$. 由于按条件 $(OABC)=(OA'B'C')$，那么 $(OA'B'C')=(OA'B'C'')$，从而点 C' 和 C'' 重合（比较习题(232) 解答）.

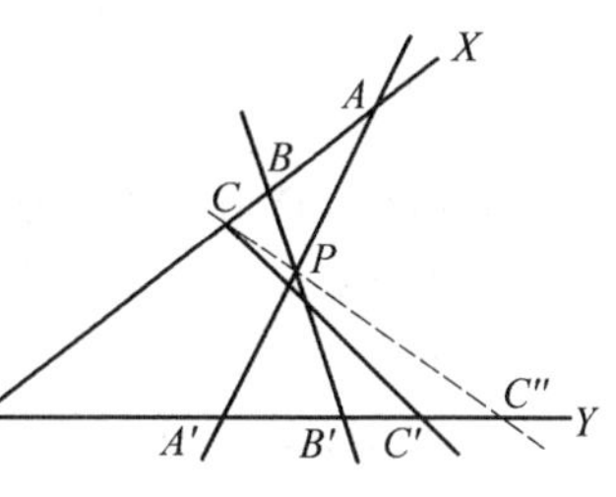

图 209

(234) 若由平行四边形顶点 A 作直线 AX 平行于对角线 BD（图 210），则此直线与直线 AB，AC，AD 组成调和线束（由第 201 节定理）.

反之，若由一点发出的四直线 AB，AD，AC，AX 组成调和线束，那么它们平行于一个平行四边形的边和对角线. 事实上，通过直线 AC 上任一点 O 引一直线与 AX 平行，得出两条相等的线段 $BO=OD$. 截 $OC=AO$，便得一平行四边形.

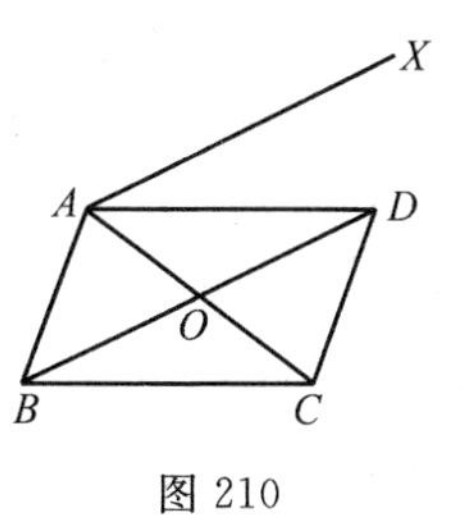

图 210

(235) 设 M_0 为直线 AB 与点 M 的轨迹直线 m 的交点（图 211）. 若取 M_0 作为点 M，则两直线 AM 及 BM 重合于 AB，而 P 及 Q 两点重合于两直线 AB，XY 的交点 P_0（或 Q_0）.

现设 M_1，M_2 为直线 m 上不同于 M_0 的两点，并设 P_1，P_2 为点 P 的相应位置，Q_1，Q_2 为点 Q 的相应位置. 由于直线 AM_0，AM_1，

AM_2, AM 和直线 XY 相交于点 P_0, P_1, P_2, P, 则 $(M_0M_1M_2M)=(P_0P_1P_2P)$(第 200 节). 仿此有 $(M_0M_1M_2M)=(Q_0Q_1Q_2Q)$, 从而 $(P_0P_1P_2P)=(Q_0Q_1Q_2Q)$. 四直线 BP_0, BP_1, BP_2, BP 的交比等于四直线 AQ_0, AQ_1, AQ_2, AQ 的交比. 由于直线 BP_0 和 AQ_0 相重,于是直线 BP_1 和 AQ_1 的交点 M'_1, BP_2 和 AQ_2 的交点 M'_2, BP 和 AQ 的交点 M' 落在同一直线上(习题(232)). 当点 M 沿直线 m 移动时,点 M' 描画直线 $M'_1M'_2$.

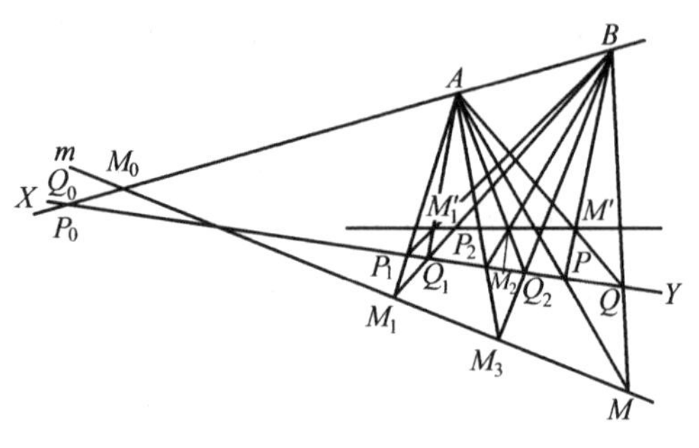

图 211

若直线 AP 与 BQ 不是相交于一点 M,而是互相平行(图 212),那么四直线 BP_0, BP_1, BP_2, BP 的交比等于四直线 AQ_0, AQ_1, AQ_2, AQ 的交比,于是上面的推理依然有效.

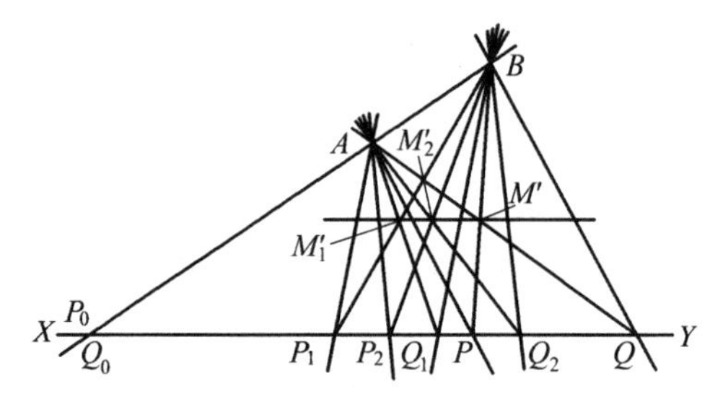

图 212

(236) 设 C, D 两点调和分割圆周 O 的直径 AB(图 213),且 AB 在点 A, B, C, D 的垂线与圆周上任一点 T 的切线分别交于点 E, F, G, H.

直线 AE, BF, CG, DH 在直线 AB 和 EF 上截下成比例的线段,于是点 G 和 H 调和分割线段 EF,所以直线 OG, OH 调和分割直线 OE 和 OF,但直线 OE 与 OF 互垂(习题(89));由第 201 节推论 2,直线 OF 是 $\angle GOH$ 的平分线. 由是, $OG:OH=GF:FH=CB:BD$. 所以 $OG:OH$ 保持常值 $CB:BD$,不因切线的选择而变.

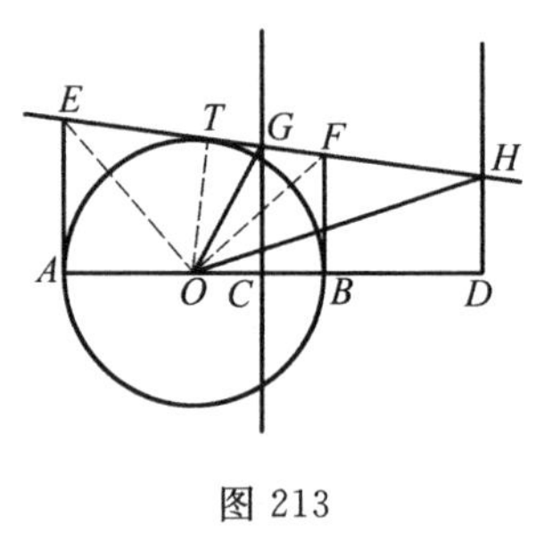

图 213

(237)① 点 B 在点 A 的极线上(图 214);这极线通过从点 A 向圆周 C 所引切线的切点 T, T'. 以点 A 为圆心,并与圆周 C 正交的圆周 C' 也通过点 T, T'. 所以点 B 落在圆周 C 和 C' 的根轴上. 于是以点 B 为圆心,并与圆周 C 正交的圆周 C'',也与 C' 正交.

② M 是线段 AB 的中点(图 215),应用第 204 节所说的, M 落在点 A 和已知圆周 C 的根

轴上.由是推出 MA^2 等于点 M 对于已知圆周的幂,即等于从点 M 向已知圆周所引切线的平方.这也就表明,以 M 为圆心、MA 为半径的圆周和已知圆周正交.

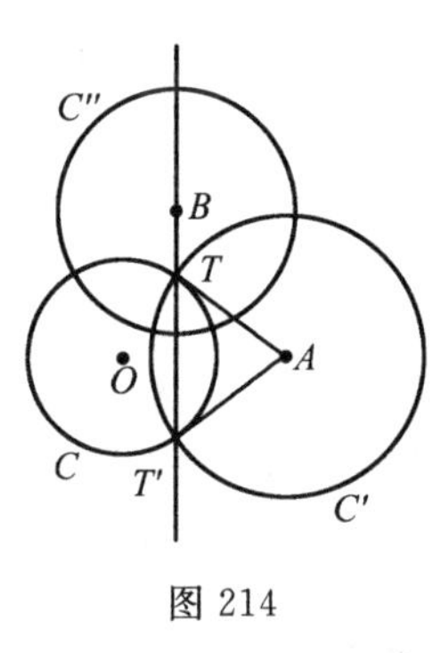

图 214

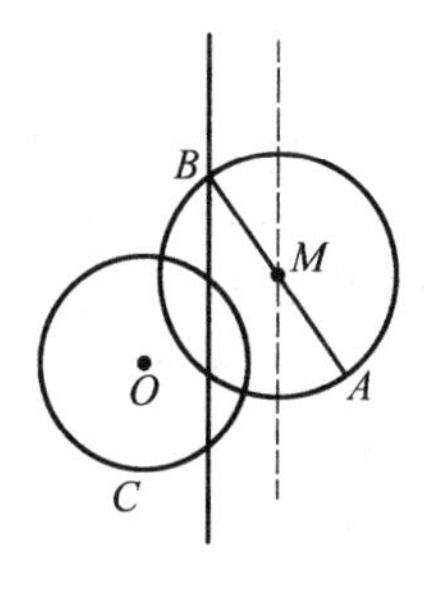

图 215

当 A,B 两点之一在已知圆周内时,这圆周和以 AB 为直径的圆周的正交性,由第 189 节推论立即推出.

③ 由 $\triangle OAB$(图 216) 有 $AB^2 = OA^2 + OB^2 - 2OA \cdot OH$,$H$ 表示直线 OA 和点 A 的极线 BT 的交点.但 $OH \cdot OA = R^2$,因此,$OA^2 + OB^2 - AB^2 = 2R^2$,或 $AB^2 = (OA^2 - R^2) + (OB^2 - R^2)$.

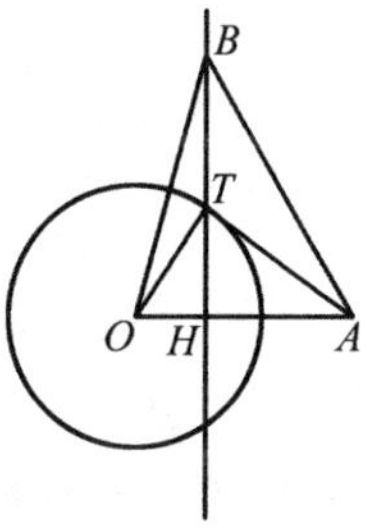

由于 $OA^2 - R^2$ 和 $OB^2 - R^2$ 表示点 A 和 B 对于已知圆周的幂,所以可以说,**对于一个圆周的两个共轭点间距离的平方,等于这两点对于圆周的幂的和.**

图 216

(238) 设一点 A 对于三已知圆周的三条极线共点 B,则 A,B 两点对于每一已知圆周成共轭.以 AB 为直径所作的圆周,和三个已知圆周都正交(习题(237)).点 A 的轨迹以及点 B 的轨迹,是与三已知圆周成正交的圆周(第 139 节).

(239) 设 $abcd$(图 217) 为圆内接四边形,在它的顶点的切线形成外切四边形 $ABCD$,e 和 f 是四边形 $abcd$ 两双对边的交点,P 是它的对角线交点,E 和 F 是四边形 $ABCD$ 两双对边的交点.

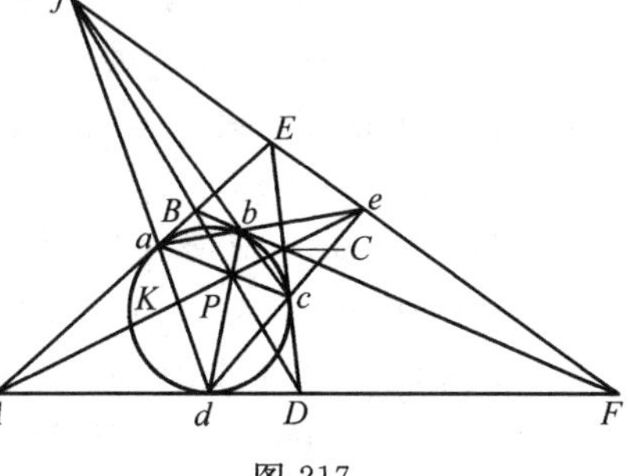

图 217

由第 211 节,点 e 和 f 的极线各为 Pf 和 Pe,于是由第 205 节,这两直线的交点 P 以直线 ef 为其极线.

① 由于直线 ad,bc,ef,Pf 通过同一点 f,则其极 A,C,P,e 共线.由于直线 ab,cd,ef,Pe 通过同一点 e,则其极 B,D,P,f 共线.因此,四边形 $ABCD$ 的对角线 AC 和 BD 通过点 P.

由于 Pe 是点 f 的极线,则直线 ad 和 Pe 的交点 K 与点 f 调和分割线段 ad.所以依次通

过点 a,d,K,f 的直线 ac,bd,AC,BD 形成调和线束.

② 由于直线 ac,bd,AC,BD 通过同一点 P,则其极 E,F,f,e 共线.点 e 和 f 调和分割线段 EF,因为直线 EF,AC,BD 是完全四线形 $ABCDEF$ 的对顶线,而完全四线形的每一条对顶线被其余两条对顶线调和分割(第 202 节).

(240) 设 a,b,c,d 为从点 P,Q 所作切线的切点(图 218),K,L,M,N 为这些切线形成的四边形的顶点.直线 ac,bd,KM,LN 通过同一点 R(习题(239)①).由于直线 bd 和 ac 是点 P,Q 的极线,所以 PQ 是点 R 的极线.

(241)① 由于通过 P,Q(图 219) 的任一圆周与两已知圆周正交(习题(152)),所以点 P 和 Q 调和分割(第 189 节推论) 两圆直径 AB 和 CD(符号与图 151 同).点 P 对于每一已知圆周的极线通过点 Q 且垂直于连心线.

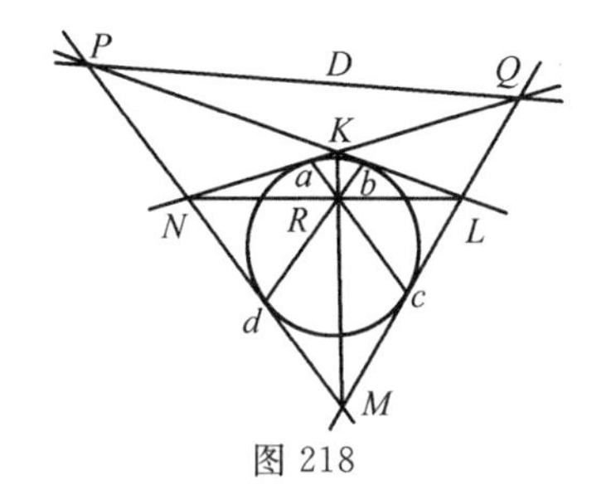

图 218

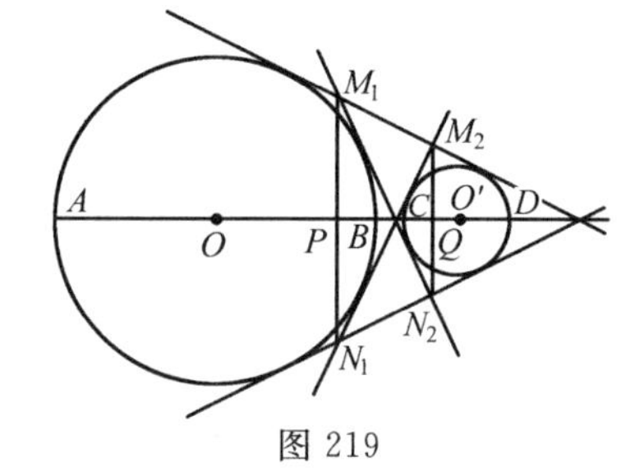

图 219

② 设 R 为任一点,对于两已知圆周 O 及 O' 有同一极线.由于直线 RO 和 RO' 都垂直于这极线,所以它们重合,因而点 R 在连心线上.如果点 R 的极线和连心线相交于点 R',那么点 R,R' 既调和分割 AB,又调和分割 CD,于是由习题(219a),它们和 P,Q 重合.

③ 设 M_1,N_1,M_2,N_2 为内外公切线的交点(图 219).由 M_1,N_1 向圆周 O' 所引的切线形成一个外切四边形.这四边形两对角线交点,就是说直线 M_2N_2 和连心线的交点,是直线 M_1N_1 对于圆周 O' 的极(习题(240)).同理,直线 M_1N_1 和连心线的交点是直线 M_2N_2 对于圆周 O 的极.由是推知,直线 M_1N_1 和 M_2N_2 与连心线的交点,既调和分割 AB,又调和分割 CD,因而也和 P,Q 两点重合.

④ 根据以上所证,点 M_1 落在点 Q 的极线上,那么点 M_1 对于任一已知圆周的极线,就是说由 M_1 向该圆周所引切线上两个切点的连线,必通过点 Q.

(242) 设 A 和 B 对于圆周 O 互为反点(图 220),M 为这圆周上任一点.由等式 $OA:OB=OM^2$ 得出 $\triangle OAM$ 和 $\triangle OMB$ 相似,从此又推出 $AM:BM=OA:OM$,所以比 $AM:BM$ 不因点 M 的选取而变.

(243) 设在习题(68) 中,直线 D 交圆周 C 于一点 I(图 70).以 I 为极的反演将已知直线 D 变换为其自身(因为直线 D 通过反演极),将已知圆周 C 变换为一直线 C'(因为圆周 C 通过反演极),将已知点 P,Q 变换为点 P',Q',这两点分别在直线 C' 和 D 上(图 221).通过已知点

P, Q 的任意圆周，与圆周 C 及直线 D 再交于点 R 及 S，这圆周变换为一个通过点 P', Q'(P, Q 的反点）的圆周，且与直线 C' 及 D 再交于点 R' 及 S'(R 及 S 的反点). 最后，直线 RS 变换为通过反演极 I 的圆周 $IR'S'$.

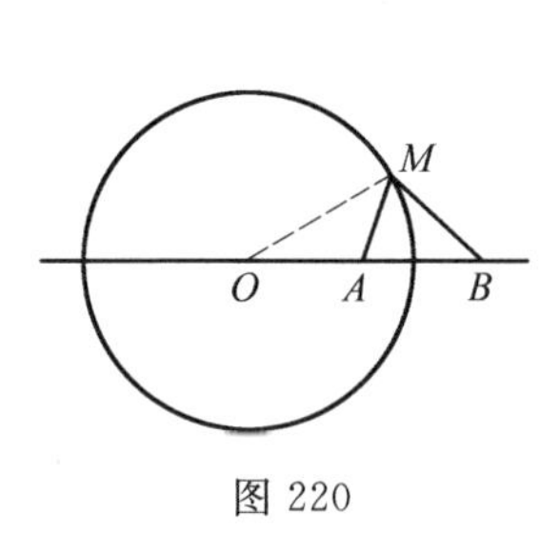

图 220

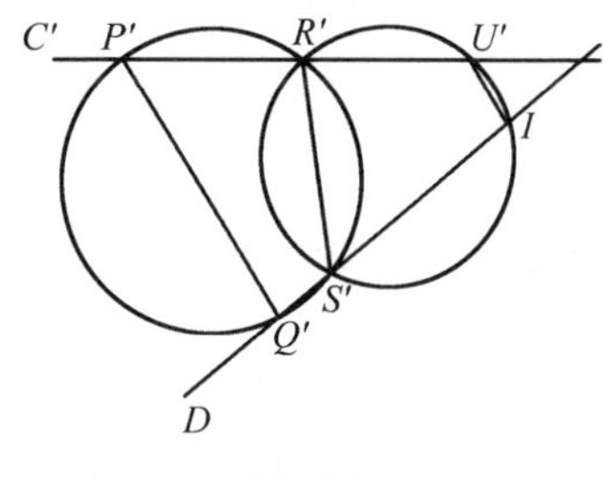

图 221

习题(68) 的叙述是：所有的直线 RS 交圆周 C 于同一点 U，变换为这样一个命题：所有的圆周 $IR'S'$ 交直线 C' 于同一点 U'(U 的反点). 但这可从习题(65) 立即推出，因为由该题，直线 IU' 是与 $P'Q'$ 平行的.

(244) 设 C 和 C' 为已知圆周，A 及 B 为其交点(图 222). 取点 A 为极进行反演. 已知圆周 C 和 C' 反演为两直线 C_1 和 C'_1(图 223)，这两线相交于 B 的反点 B_1. 通过反演极 A 的直线 MM' 和 NN' 各变换为其自身，圆周 AMN' 和 $AM'N$ 各变换为直线 $M_1N'_1$ 和 M'_1N_1. 这样一来归结到下面的作图：通过点 A 任作两直线 $M_1M'_1$ 和 $N_1N'_1$，交两已知直线 C_1 及 C'_1 于点 M_1, M'_1, N_1, N'_1. 直线 $M_1N'_1$ 和 M'_1N_1 的交点 P_1 的轨迹(由第 203 节)是一条通过点 B_1 的直线，即点 A 对于以 C_1 和 C'_1 为边的角的极线.

这条直线在我们的反演中，对应于一个通过点 A 和 B 的圆周. 这圆周于是就是点 P_1 的反点 P 的轨迹，即圆周 AMN' 和 $AM'N$ 的交点的轨迹.

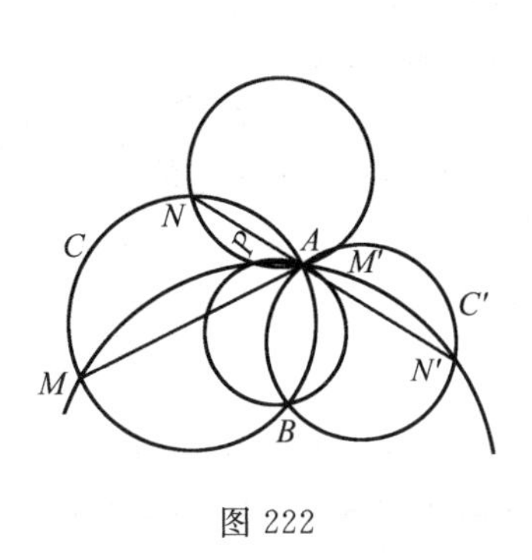

图 222

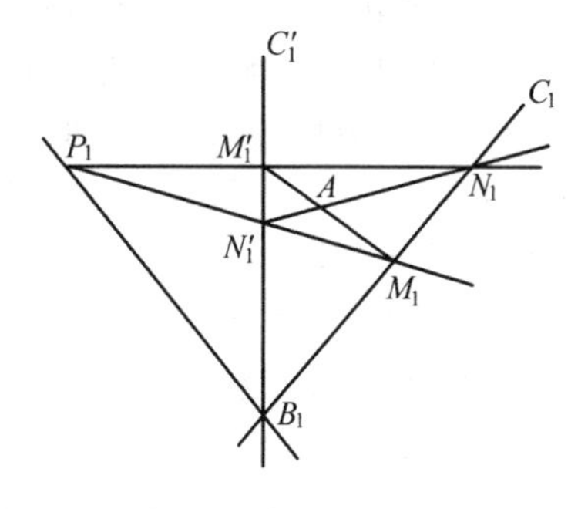

图 223

(245) 有公共根轴的圆周 C 可以这样来判别：它们是和圆心在这根轴上的两个已知圆周 C' 和 C'' 正交的圆周. 所以圆周 C 的反形圆周 C_1，将与圆周 C', C'' 的反形圆周 C'_1, C''_1 成正交(因为圆周的夹角被反演保留). 所以这些圆周 C_1 将有公共的根轴,即圆周 C'_1 和 C''_1 的连心线.

(246) 设 A 为已知圆周上任一点,O 为其圆心,A' 和 O' 是 A 和 O 的反点,P 为反演极而 k 为幂(图 224). 由第 218 节有 $OA=\dfrac{k\cdot A'O'}{PA'\cdot PO'}$. 由条件 $OA=R=$ 常数,推知 $A'O':A'P=(R\cdot PO'):k=$ 常数,从而圆周的反形是点 A' 的轨迹,这点 A' 到点 O' 和 P 的距离之比是常数.

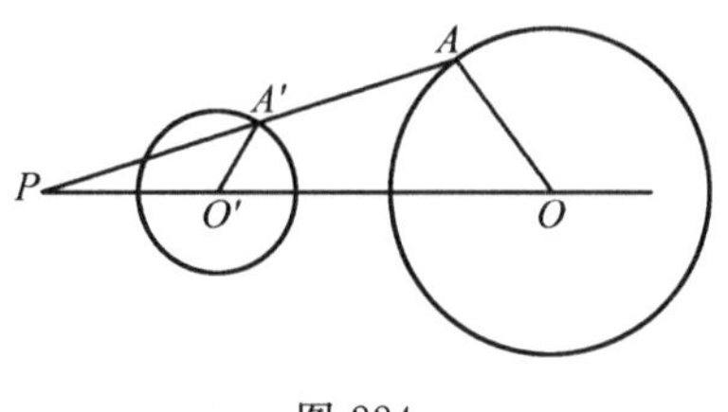

图 224

(247) 新圆周的圆心 M' 是与这圆周正交的各直线的交点. 所以新圆心的反点 M,是一些圆周的交点,这些圆周与已知圆周成正交,并且通过反演极. 换言之,M 是反演极对于已知圆周的反点(第 216 节).

(248) 两个同心圆周可以这样判别:有无穷多条直线(通过公共中心的直线)同时和两圆周正交,但不存在任何圆周同时和它们正交(因为两个同心圆周没有根轴).

所以要将两个已知圆周用反演变换为两个同心圆周,应该把与两个已知圆周正交的圆周变换成直线. 为此,必须取两个已知圆周的正交圆周的两个公共点之一 P 或 Q(习题(152)),即已知圆周的一个极限点,作为反演极.

(249) 设 A,B,C 为已知的点,A',B',C' 为其反点,O 为所求的反演极. 若点 C' 为线段 $A'B'$ 的中点,则以 $A'B'$ 为直径的圆周,圆心是 C'. 所以,对于以 AB 为直径的圆周来说,C 是点 O 的反点(比较习题(247)). 换言之,O,C 两点对于 A 和 B 成调和共轭. 所以,所求反演极是三已知点之一对于其余两点的调和共轭点.

(250) 假设利用以 O 为极,k 为幂的反演 S①,图形 A 和 A' 的一个变换为另一个. 并假设以 P 为极,k_1 为幂的反演 T,将图形 A 和 A' 变换为两个新图形 a 和 a'. 我们应该证明,图形 a 和 a' 也在某一反演 s 下互相对应,并确定出后者的极(四个图形间的联系,表示如图 225 所示). 为此,显然只要证明:

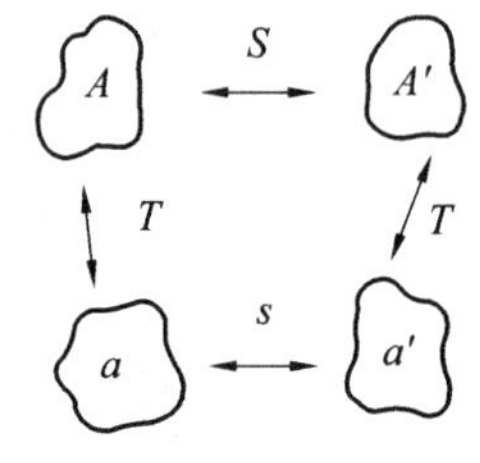

图 225

① 联结图形 a 和 a' 上任意两个对应点 m 和 m' 的直线,总通过同一点 Q(与点 m 的选取无关).

② 乘积 $Qm\cdot Qm'$ 不因所选的一对对应点 m,m' 而变.

我们来证明这两个命题:

① 设在反演 T 下,点 m 和 m' 的对应点是 M 和 M'(图 226 和 227). 由于圆周 PMM'(若此三点共线,则是直线 PMM')通过反演变换 S 下的两个互反点 M 和 M',那么经过反演 S 它

① 读者注意,此地单一字母 S(或 T),不代表几何图形(点,直线,圆周等). 而代表**反演**.

变换为其自身;因此,圆周(或直线)PMM'通过反演S下P的对应点P'.既然M,M',P'和反演T的极P在同一圆周(或同一直线)上,则在反演T下,它们的对应点m,m',p'在同一直线上.

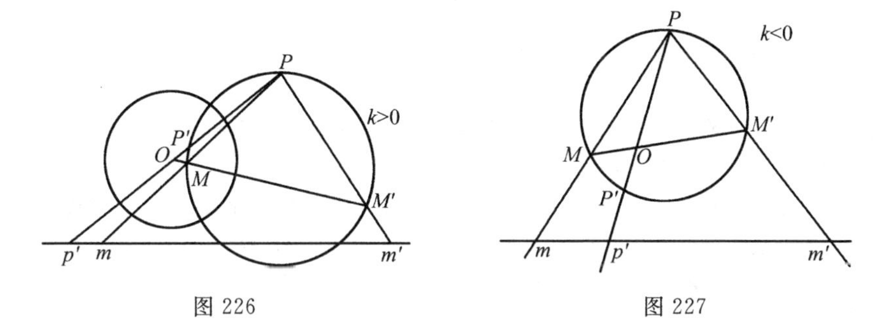

图 226　　　　图 227

于是图形a和a'的任意两个对应点m和m'和点p'在一条直线上.后面这一点不因点m的选取而变:它是这样得到的,将反演S作用于点P,再将反演T作用于得出的点P'.点p'于是就是上面所说过的反演s的极Q.

② 由第 218 节引进的公式,有

$$MP' = \frac{k \cdot PM'}{OM' \cdot OP} \quad ①$$

$$M'P' = \frac{k \cdot PM}{OM \cdot OP} \quad ②$$

$$p'm = \frac{k_1 \cdot MP'}{PM \cdot PP'} \quad ③$$

$$p'm' = \frac{k_1 \cdot M'P'}{PM' \cdot PP'} \quad ④$$

将等式 ③ 和 ④ 中的线段MP'和$M'P'$,用它们的表达式 ① 和 ② 代入,得

$$p'm = \frac{k \cdot k_1 \cdot PM'}{OM' \cdot OP \cdot PM \cdot PP'}$$

及

$$p'm' = \frac{k \cdot k_1 \cdot PM}{OM \cdot OP \cdot PM' \cdot PP'}$$

这两等式相乘,得出

$$p'm \cdot p'm' = \frac{k^2 \cdot k_1^2}{OM \cdot OM' \cdot OP^2 \cdot PP'^2}$$

最后以k代替$OM \cdot OM'$,得

$$p'm \cdot p'm' = \frac{k \cdot k_1^2}{OP^2 \cdot PP'^2} = 常数 \quad ⑤$$

在推导过程中,线段$p'm$和$p'm'$只考虑到绝对值.但因$k > 0$或$k < 0$,而有点O在圆周$PP'MM'$外部或在其内部,且当$k > 0$时,M和M'两点,在P,P'两点将圆周所分成两弧

的同一条弧上(图 226);而当 $k<0$ 时,则在两条不同的弧上(图 227). 所以当 $k>0$ 时,点 m,m' 在点 p' 的同侧,而当 $k<0$ 时,则在 p' 的异侧. 因此,等式 ⑤ 就符号而论也成立.

这样一来,反演 S 下任意一对对应点 M 和 M' 在反演 T 下的对应点 m 和 m',不仅和点 p' 共线,还满足条件 $p'm\cdot p'm'=$ 常数. 换句话说,m 和 m' 两点在一个反演 s 下互相对应,这反演的极 p' 上面已经确定过了,它的幂则为式 ⑤ 的右端.

现在假设反演 S 的幂是正的:$k>0$. 在这种情况下,有无穷多个点 M 存在,其中每一点和反演变换 S 下的对应点 M' 重合. 这些点 M(或 M') 被反演 T 变换成一些点 m,其中每一点重合于它在反演 s 下的对应点 m'. 于是这些点形成 s 的反演圆周.

备注 (1) 由关系 ① ~ ④ 显然看出,当点 P 重合于 O 或 P' 时,上面的证明失效.

若反演 S 的极 O 与反演 T 的极 P 重合,则显然所有四点 M,M',m,m' 和点 O(即是和点 P) 同在一直线上,并且有

$$Pm=\frac{k_1}{PM}=\frac{k_1}{OM},Pm'=\frac{k_1}{PM'}=\frac{k_1}{OM'}$$

从而

$$Pm\cdot Pm'=Om\cdot Om'=\frac{k_1^2}{OM\cdot OM'}=\frac{k_1^2}{k}$$

因此,在这一情况下,定理依然成立.

若点 P 与 P' 重合,则反演 T 的极 P 在反演 S 的圆周上,这圆周被反演 T 变换成直线. 关于反演 S 的圆周互为反点的两点 M 和 M',被变换为关于这直线成对称的两点 m 和 m'(比较第 216 节). 反演 s 变为关于直线的对称.

②《几何学教程(立体几何卷)》中还有比现在更为简短的其他解法,但不如这里的直接.

(251)① 若反演 S 和 S' 的圆周没有公共点,则取它们的一个极限点作为反演 T 的极 P. 反演 T 将反演 S 和 S' 的圆周变换为两个同心圆周 s 和 s'(习题(248));将对于 S 成互反的图形 A 和 B,变换为对于 s 成互反的图形 a 和 b(习题(250));将对于 S' 成互反的图形 B 和 A',变换为对于 s' 成互反的图形 b 和 a'(这些图形间的联系,表示如图 288 所示). 由于圆周 s 和 s' 是同心的,则 a 和 a' 是位似形,因为它们是同一个图形 b 对于同一个极(圆周 s 和 s' 的公共圆心) 的两个反形(第 215 节).

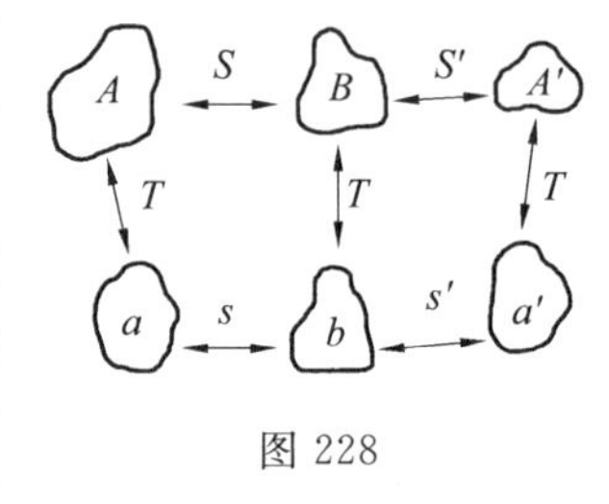

图 228

若反演 S 和 S' 的圆周有公共点,则取此公共点(或公共点之一)P 作为反演 T 的极. 反演 T 将反演 S 和 S' 的圆周变换为两直线 s 和 s';将图形 A 和 B 变换为关于 s 成对称的两个图形 a 和 b;将图形 B 和 A' 变换为关于 s' 成对称的两个图形 b 和 a'. 由于图形 a 和 a' 可以通过两次对称变换而互相得出,所以它们是全等的.

② 若反演 S 和 S' 的圆周没有公共点,那么不改变图形 a 和 a',可将对于同心圆周 s 和 s'

的一对反演，代替以与它们等效的对于圆周 s_1 和 s'_1 的一对反演. 圆周 s_1 和 s'_1 与圆周 s,s' 有公共的圆心，并且有相同的半径比值（由这样事实得出：图形 a 和 a' 的相似比，按第 215 节，等于对于圆周 s,s' 的反演幂之比）. 因此，S 和 S' 这一对反演，与一对反演 S_1 和 S'_1 等效，这一对反演的圆周是圆周 s_1 和 s'_1 在反演 T 下的反形. 这一对反演 S_1 和 S'_1，正像对于 s_1 和 s'_1 的那一对反演一样，可以有无穷多的方式选取. 特别的，可以选取反演 s_1（或 s'_1）使其反演圆周通过反演 T 的极 P. 这时反演 S_1（或 S'_1）变成对于一条直线的对称变换. 反演 s_1（或 s'_1）的这种选择，只在这样的情况下成为不可能：即当点 P 与反演圆周 s 和 s' 的公共圆心相重合的时候. 这时，反演 S 和 S' 的圆周也将是同心的，而图形 A 和 A' 是相似的.

若反演 S 和 S' 的圆周有公共点，那么将直线 s 和 s' 按照第 102a 节以另外一对直线 s_1 和 s'_1 代替，上面的推理可以进行. 特别的，可以选取直线 s_1（或 s'_1）使其通过反演 T 的极 P. 于是反演 S_1（或 S'_1）变为对于直线的对称变换.

③ 若对称轴 s 和 s' 是平行的，就是说，如果 S 和 S' 的反演圆周是相切的，则由 A 和 A' 利用反演 T 所得的图形 a 和 a'，可以由平移互相得出.

④ 若反演 S 和 S' 的圆周没有公共点，那么继续实行运算 S 和 S' 若干次，我们将陆续得出新图形 $A,A',A'',\cdots$，因为继续实行运算 s 和 s' 若干次，我们将陆续得出新图形 $a,a',a'',\cdots$，这些图形有公共的相似中心.

当反演 S 和 S' 的圆周相切时，情况也是如此.

若反演 S 和 S' 的圆周相交于两点，那么图形 a 和 a'，a' 和 a''，…，一个可由另一个利用绕同一点旋转同一角度而得出. 因此，如果转幅和全圆周角有公度，那么图形 $a',a'',\cdots$ 中的一个，例如 $a^{(n)}$，便重合于 a；这时在反演 T 下 $a^{(n)}$ 的反形 $A^{(n)}$ 便与 A 重合. 由于反演 T 保留了曲线间的角度（第 219 节），这种情况发生在反演 S 和 S' 的圆周的交角和全圆周角有公度的情况.

(252) 假设我们相继实行了一串反演 $S_1,S_2,\cdots,S_k$，反演幂都是正的①. 若反演 S_1 和 S_2 的极不重合，则反演的序列 S_1S_2 可用关于某一直线的对称 l_1 和某一个反演 S'_2 来代替（习题(251)②）. 于是给定的反演序列被序列 $l_1S'_2S_3\cdots S_k$ 所代替. 进一步将一对反演 S'_2S_3 代以对称 l_2 和反演 S'_3，于是得出序列 $l_1l_2S'_3\cdots S_k$. 这样继续下去，反演序列 $S_1S_2\cdots S_k$，一般说来，可代以序列 $l_1l_2\cdots l_{k-1}S'_k$，这序列由若干个对称和一个反演所组成.

当反演 S_1 和 S_2 有公共的极时，这推理需要修正. 这时，可以首先将一对反演 S_2S_3（仍然按照习题(251)②）代以另外一对反演 $S_2^*S_3^*$，然后再将 $S_1S_2^*$ 这一对代以 $l_1S'_2$，于是得序列 $l_1S'_2S_3^*\cdots S_k$. 在代换相邻两个反演的过程中，一经它们有公共的极，就需要引入这项修正，只要这两个反演不是最后的两个.

所以给定的反演序列被序列 $l_1l_2\cdots l_{k-1}S'_k$ 或 $l_1l_2\cdots l_{k-2}S'_{k-1}S_k$ 所代替，其中反演 S'_{k-1} 和

① 也可能这些反演中，有关于一条直线的对称变换（第 216 节）.

S_k 有公共的极.但在后面这一情况,起先的和变换以后的图形是彼此相似的,因为反演的序列 $S'_{k-1}S_k$ 给出位似变换(第215节).所以,反演序列 $S_1S_2\cdots S_k$ 可用 $l_1l_2\cdots l_{k-1}S'_k$ 代替,只要起先的和变换以后的两个图形不相似.

现在我们注意,对称的序列 $l_1l_2\cdots l_{k-1}$ 可以用最多三个对称的序列代替.事实上,若实行了偶数个对称,那么已知的图形变换为一个相等的图形,和它有同一转向.所以这对称序列等效于(第102节)一个旋转或平移,即等效于由两个对称构成的序列(第102a节).若实行了奇数个对称,那么已知的图形变换为一个相等的图形,但有相反的转向,因之给定的对称序列等效于(习题(95))三个对称,而在特殊情况下等效于一个对称.这样,我们证明了:给定的反演序列可以用一个反演先行一个、两个或三个对称变换来代替,只要起先的和最后的图形不相似.

如果我们不让对称在唯一的反演之前先行,而是跟在反演之后,那么一开始就用 $S'_{k-1}l_k$ 代替 $S_{k-1}S_k$,其中 l_k 是一个对称变换;进一步用 $S'_{k-2}l_{k-1}$ 代替$S_{k-2}S'_{k-1}$,以下类推.

备注 上面指出的,以 $S_2^*S_3^*$ 代替 S_2S_3 并以 $l_1S'_2$ 代替 $S_1S_2^*$ 的代换,如果不是仅仅两个,而是所有三个反演 S_1,S_2,S_3 有公共的极,也可能是行不通的.但在这种情况下,序列 S_1S_2 给出位似变换 H,位似心就在反演极,而位似 H 和反演 S_3 的序列,则给出一个反演,这反演和上面的反演有相同的极,但有另外的幂.所以,在公共极的三个反演的序列,等效于以这极为极的一个反演.

(253) 假设已知的反演中,它们的幂有正的也有负的.具有极 O 和负幂 $-k$ 的反演 S,显然可代以关于点 O 的对称,以及具有极 O 和正幂 k 的反演 S' 的序列.而关于点 O 的对称本身,又可代以关于通过点 O 的任两互垂直线 l' 和 l'' 的两个对称的序列.因此具有负幂的反演 S 可用三个正幂反演(其中包括两个对称)的序列来代替.

根据这个按语,可以假设,已知的反演序列由奇数个正幂反演构成.

这**奇数个**反演的序列 $S_1S_2\cdots S_k$ 可代以(如果起先的和变换后的图形不相似)一个反演继之以**两个**对称变换.事实上,当实行奇数个反演时,图形的转向变成相反的,因之习题(252)所谈到的对称,就正好是两个.因此所考虑的变换归结为反演 S 伴以关于直线 l' 和 l'' 的两个对称.

若直线 l' 和 l'' 平行,则问题归结为求两点 A 和 A',使在反演 S 中互为反点,使线段 AA' 的长度等于两轴 l' 和 l'' 间距离的2倍,且与这两轴垂直.如果以 O 表示反演 S 的极,那么知道了线段 OA' 和 OA 的差等于直线 l,l' 间距离的2倍,并且这两线段的乘积等于反演的幂.于是归结到第155节作图8所考虑的问题.有两解.

若轴 l' 和 l'',相交于一点 M(图229),则问题归结为求两点 A 和 A',使在反演 S 中互为反点,并且使 A 能由 A' 绕点 M 旋转得来,旋转的角的大小等于两轴 l' 和 l'' 夹角的两倍,而转向则与此夹角相同.点 A 和 A' 落在以 M 为圆心的一个圆周 Σ 上,这圆周与反演 S 的圆周正交,因为它通过两个互反点.弦 AA' 在 Σ 的圆心的视角是已知的,因此这弦的长度算做已知.因之,直线 AA' 可以作为(比较习题(114)解答)从点 A 向 Σ 的一个确定的同心圆周 Σ' 所引的切线而作出，如果点 M 在 S 的反演圆外，问题有两解(图 229 上点 A 和 B)①；如果 M 在这反演圆周上，有一解(即点 M 本身)；如果 M 在 S 的反演圆周内部，则无解.

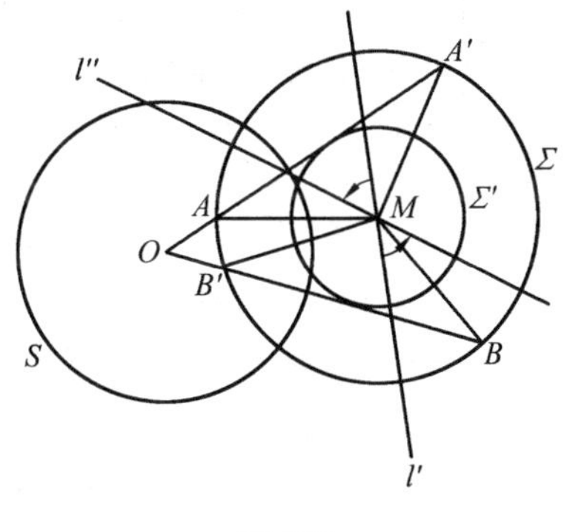

图 229

(253a) 设在已知圆周 Σ 内求作内接多边形 $AA_1\cdots A_{k-1}$，使其边 $AA_1, A_1A_2, \cdots, A_{k-1}A$ 分别通过已知点 $O_1, O_2, \cdots, O_k$，或平行于已知直线. 考虑一系列的反演 $S_1, S_2, \cdots, S_k$，以点 $O_1, O_2, \cdots, O_k$ 为其极，并以这些点对于圆周 Σ 的幂为其幂. 若多边形某一边，不是通过一个已知的点，而是平行于一已知直线 l，那么相应的反演便了解为对于圆 Σ 中与 l 垂直的直径的对称变换.

反演 S_1 将点 A 变换为 A_1，反演 S_2 将点 A_1 变换为 A_2，…，反演 S_k 将点 A_{k-1} 变换为 A. 反演序列 $S_1S_2\cdots S_k$ 将点 A 变换为其自身.

若多边形各边都要平行于已知直线，那么问题解法大为化简.

事实上，在这种情况下，对于圆周 Σ 的 k 条直径的对称之积，或者给出对于它的一条直径的对称，或者给出绕圆心的一个旋转，或者给出幺变换(恒同变换). 在第一种情况下，所求的一些点是对称轴和圆周 Σ 的交点；在第二种情况下，问题无解；在第三种情况下，可以取圆周 Σ 上任一点作为点 A.

因此，我们假设边 AA_1 通过一点 O_1(而非与一直线平行)，于是问题归结为下面一个.

某一圆周 Σ 在反演序列 $S_1S_2\cdots S_k$ 下被变换为其自身②，在这圆周上求作一点，使被这反演序列变换为其自身. 这时反演幂可能是正的，也可能是负的；一些反演还可能化为对称. 但第一个反演不是对称变换. 反演的个数可能是奇数或偶数，我们先考虑偶数个反演.

设第一个反演 S_1 的极 O_1 在余下的反演序列 $S_2S_3\cdots S_k$ 下的对应点为 Q'(就是说，在已知的反演序列 $S_1S_2\cdots S_k$ 下，与无穷远点对应的点).

为了包括一切可能的情况，我们假设，反演 S_l 不化为对称，而所有以下的反演 S_{l+1}，S_{l+2}，…，S_k 都是对称；自然也可能 S_k 就不是对称，这时我们取 $l=k$. 现在让我们用 P 表示那一点，它在反演序列 $S_1S_2\cdots S_{l-1}$ 下，对应于反演 S_l 的极 O_l(就是说，它是那样的点，在已知的反演序列 $S_1S_2\cdots S_k$ 下，对应于无穷远点). 点 P 可以这样得到：递次将反演 $S_{l-1}, S_{l-2}, \cdots, S_1$ 作用于点 O_l.

---

① 读者注意，直线 OA，OB 和圆周 Σ 的第二个交点 A'，B'，并不满足问题的条件.

② 在原先提出的关于圆内接多边形的问题中，每一个反演 $S_1, S_2, \cdots, S_k$ 分别将 Σ 变换为其自身. 但为下面计，只需这个较普遍的假设就足够了.

通过点 P 的任一直线 a,被反演序列 $S_1S_2\cdots S_{l-1}$ 变换为通过点 O_l 的圆周或直线,而被已知的反演序列变换为一条直线 a'.

由于反演 S_1 变换直线 a 为通过点 O_1 的圆周或直线,而反演序列 $S_2S_3\cdots S_k$ 变换点 O_1 为 Q',那么直线 a' 通过点 Q'. 所以,已知的反演序列将通过点 P 的每一条直线 a,变换为通过点 Q' 的某一直线 a'.

若 A 是所求的点,则反演序列 $S_1S_2\cdots S_k$ 应变换直线 PA 为直线 $Q'A$. 这时,由第 219 节,直线 PA 和圆周 Σ 的交角,论大小应等于直线 $Q'A$ 和圆周 Σ 的交角. 并且,由第 219 节的考察,经过每一个反演,圆周和直线的交角保留其大小,但改变成相反的转向. 既然假设反演 $S_1,S_2,\cdots,S_k$ 的数目为偶数,那么直线 PA,$Q'A$ 与圆周 Σ 形成的角,不仅应该相等,而且有同一转向. 由是可知,直线 PA 和 $Q'A$ 重合.

因此,为了定出所求点 A,只要作出照上面所指示的点 P 和 Q'. 这两点的连线和圆周 Σ 的交点便是所求的点. 问题可能有两解、一解或无解.

当 $l=1$ 时,上面所说的作法要有所修正(点 P 不存在);当 P,Q' 两点相重时亦复如此. 我们不想去考虑这些特殊情况.

当反演个数为奇数时,要解这问题,在已知的反演序列上,还要加上对于圆周 Σ 本身的反演 S_0,并对偶数个反演的序列从 $S_1S_2\cdots S_kS_0$ 解同一问题. 事实上,被已知反演序列变换为其自身的一些点,和被新反演序列变换为其自身的点相重合.

备注 这练习的其他解法,参看习题(391).

(254)① 设 O(图 230) 为已知圆的圆心,M' N' 为直线 $T'M$ 和 $T'N$ 与圆周的交点. 实行一个反演,以 T' 为极并以线段 TT' 的平方为幂. 这时,以线段 TT' 为直径的圆周变换为这圆周在点 T 的切线,而这条切线变换为所指出的圆周. 直线 $M'N'$ 变换为圆周 $T'MN$. 圆周 $T'MN$ 和直线 TT' 的第二个交点 P 满足条件 $TT'\cdot TP=TM\cdot TN=$ 常数,因而不因满足条件 $TM\cdot TN=$ 常数的一对点 M,N 的选择而变. 所以一切的圆周 $T'MN$ 通过公共点 P,而一切与它们成反形的直线 $M'N'$ 通过同一点 P',即点 P 在所考虑的反演下的反点.

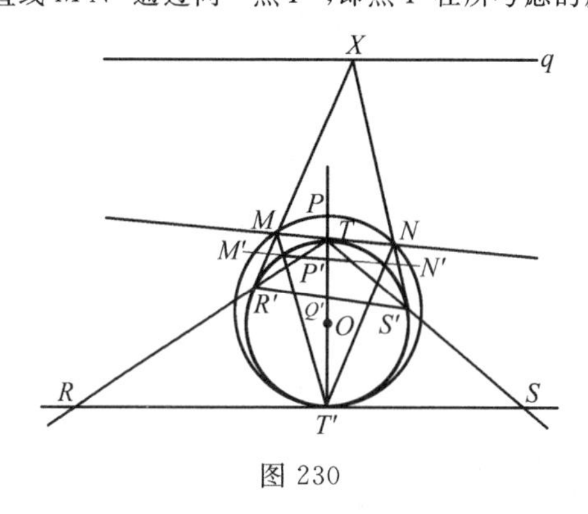

图 230

② 设从 M,N 两点向圆所引的第二条切线和它切于点 R',S',而直线 TR',TS' 交圆周在

点 T' 的切线于点 R,S，$\triangle OMT$①和 $\triangle RTT'$（由于边互垂）是相似的，因而有 $T'R : OT = TT' : MT$，即 $T'R = \frac{2OT^2}{MT}$. 同理，$T'S = \frac{2OT^2}{NT}$. 由是 $T'R \cdot T'S = \frac{4OT^4}{TM \cdot TN} =$ 常数. 点 R'，S' 也可以从点 R,S 通过反演得到，就像点 M',N' 从点 M,N 得到那样，只要取点 T 为反演极，并不改变反演幂的值. 所以各直线 $R'S'$ 交直线 TT' 于同一点 Q'.

③ 由于各直线 $R'S'$ 通过同一点 Q'，那么圆周在点 R',S' 的切线的交点 X（也就是从 M，N 两点所引第二条切线的交点）落在同一直线 q 上，即点 Q' 对于已知圆周的极线.

(255) 设 P 为直线 MN 和 $M'N'$ 的交点(图 231)，考察一个反演，它的极是 P，而幂等于点 P 对于已知圆周的幂，亦即 $k = PM \cdot PN = PM' \cdot PN'$. 在这反演中，点 M 和 M' 对应于点 N 和 N'；并且圆心在直线 OM 上而又通过点 M,M' 的圆周，对应于圆心还在这直线上而又通过点 N,N' 的圆周，就是说对应于圆周 ONN'. 所以这两圆周唯一的公共点 O 对应于其自身，因而 $PM \cdot PN = PM' \cdot PN' = PO^2$.

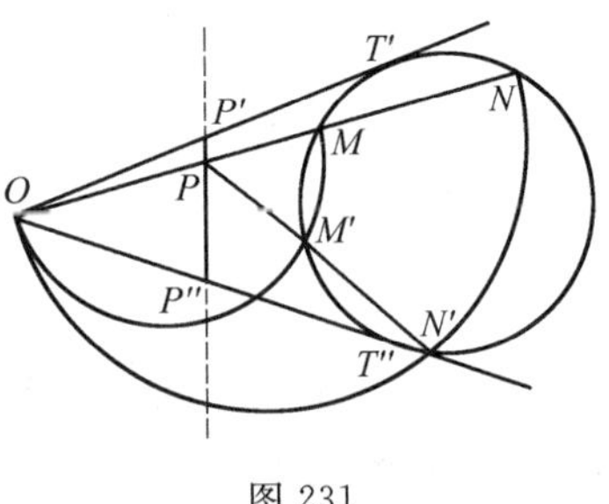

图 231

最后的等式表明，点 P 在点 O 和已知圆周的根轴上. 若点 O 在已知圆周外部，那么点 P 的轨迹是一条线段 $P'P''$，即此根轴介于从点 O 向已知圆周所引两切线 OT' 和 OT'' 之间的部分. 若点 O 在已知圆内，则轨迹为整个根轴.

(256) 所谓两圆周的交角，可以了解为，在它们公共点的两切线所夹两个互补角之中的任何一个换言之，可以了解为，它们公共点的两条半径之间的角或其补角. 在某些情况下，当我们有必要来区别这两个角时，我们便说："两圆周的交角**严格**等于 α." 以此表明 α 是在它们一个公共点所引半径的夹角（而不是这角的补角）.

相切两圆周构成的角，在外切的情况，严格等于 2d；在内切的情况，严格等于零.

当谈到直线和圆周的相交时，可以任意将直线所分成的两个半平面之一，称为关于这直线的"内部"，并考察通过一个交点所引的半径和在"内部"所引这直线的垂线的夹角.

第 227 节所证明的命题："任一圆周 Σ 与圆周 C 及 C' 相交成等角的，必与它们相交于四点，两两互为逆对应点，并且反过来也对." 现在可以叙述成下面更准确的形式：

任一圆周（或直线）Σ 与圆周 C 及 C' 相交成**严格相等**的角的，必与它们相交于四点，两两关于**外**相似心互为逆对应点；任一圆周（或直线）Σ 与圆周 C 及 C' 相交成**严格互补**的角的，必与它们交于四点，两两关于**内**相似心为逆对应点.

事实上，设 O,O',Ω 为圆周 C,C',Σ 的圆心(图 232 及 233)，A,A' 为圆周 Σ 与圆周 C,C' 的两个逆对应（按第 227 节）交点，A'' 为直线 AA' 与圆周 C' 的第二交点. 若两角 $\angle\Omega AO$ 与

① 边 OM 没有画在图上，以免图形过分复杂.

$\angle \Omega A'O'$ 相等，则点 O 与 O' 位于直线 AA' 的同侧(图 232)，所以平行半径 OA 和 $O'A''$ 是同向平行，从而直线 AA' 通过外相似心 S. 类似的推理也适用于两角 $\angle \Omega AO$ 和 $\angle \Omega A'O'$ 互补的情况(图 233)，得出的不是外相似心而是内相似心.

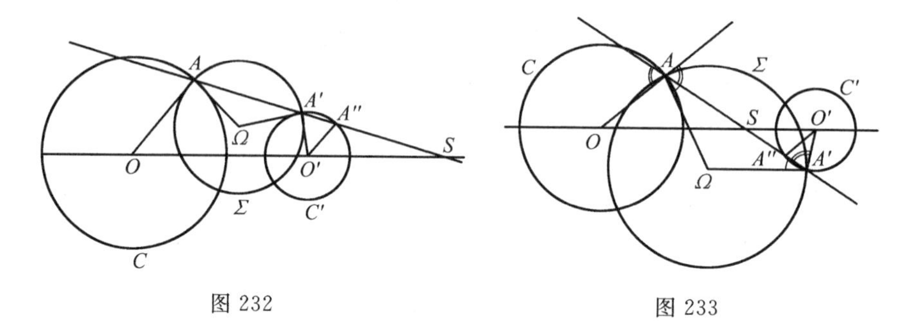

图 232　　图 233

现在让我们回到所设问题的解答. 和圆周 A，B 的交角分别等于 α，β 的一切圆周可以分为四组. 就是说，归于同一组的一切圆周，和 A，B 的交角**严格**等于

①α 和 β　对于第一组.

②$2\mathrm{d}-\alpha$ 和 $2\mathrm{d}-\beta$　对于第二组.

③α 和 $2\mathrm{d}-\beta$　对于第三组.

④$2\mathrm{d}-\alpha$ 和 β　对于第四组.

让我们同时来考察组 ① 和 ② 的圆周，每次首先(不加括弧) 指出组 ① 的圆周的情况，并在括弧内指出组 ② 的圆周的情况.

设 Γ 为第一组中某一圆周，即 Γ 是一个圆周，它和圆周 A 和 B 的交角严格等于 α 和 β(图 234)；并设 Γ' 为属于第一(第二) 组的一个圆周，就是说，它和圆周 A 和 B 的交角严格等于 α 和 β(严格等于 $2\mathrm{d}-\alpha$ 和 $2\mathrm{d}-\beta$). 由于圆周 A 与圆周 Γ 及 Γ' 相交成严格相等(严格互补) 的角，那么它和它们相交于四点，两两关于 Γ 和 Γ' 的外(内) 相似心成逆对应点；关于圆周 B，情况亦复如此. 由是可知，点 S 对于圆周 A 和 B 有相同的幂，就是那个以 S 为极的反演 I 的幂，这反演 I 将 Γ 变换为 Γ'(并变换圆周 A 和 B 成它们自身). 对于与 A，B 有公共根轴的任一圆周 C，点 S 也有这个幂. 因此，在反演 I 下，圆周 C 变换为其自身，因而它和圆周 Γ，Γ' 交成严格相等(严格互补) 的角. 因此，与圆周 A 和 B 的交角严格等于 α 和 β(严格等于 $2\mathrm{d}-\alpha$ 和 $2\mathrm{d}-\beta$) 的一切圆周 Γ'，必交圆周 C 于一个角，这角和 C 与 Γ 的交角严格相等(严格互补). 若圆周 Γ' 和圆周 C 形成的两个角不加区别，那么就可以说，属于组 ① 和 ② 的一切圆周，和圆周 C 相交成相同的角. 在这个意义下，它们属于一个族. 当圆周 Γ 或 Γ' 变成直线时，这定理依然有效.

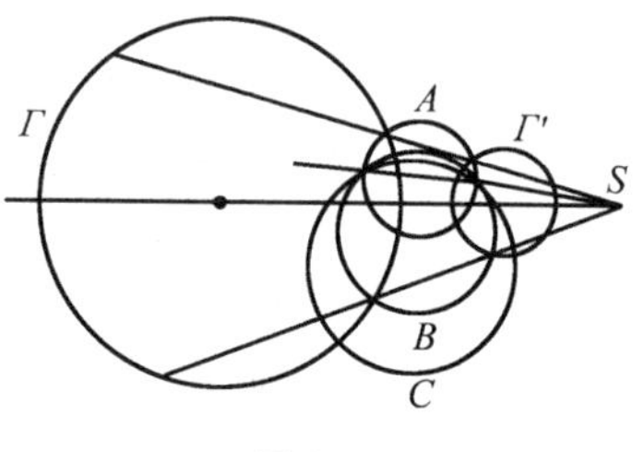

图 234

列入组 ③ 和 ④ 的圆周 Γ'' 也具有这些性质;事实上,组 ③ 和 ④ 可以从组 ① 和 ② 得出,只要将已知角的值 β 换为 $2\mathrm{d}-\beta$. 这些圆周构成第二个族.

备注 与两已知圆周的交角,分别等于 α 和 β 的圆周分配为两族,这一点很重要,因为**不同族**的圆周,可以与 A,B 有公共根轴的圆周 C 交于既不相等又不互补的角.

譬如从下面简单的例子,就可以相信这一点. 设 A,B 两圆周(图 235) 对于圆周 C 互为反形,由第 228 节,这三圆周有公共的根轴. 把 α 和 β 两角选取为零. 图形上所表示的圆周 Γ 和 Γ'(一个和 A,B 形成的角严格等于零,一个和 A,B 形成的角严格等于 2d),和圆周 C 成正交(第 228 节). 而同时两个圆周 Γ''(与圆周 A,B 之一形成的角严格等于零,和另一个形成的角严格等于 2d),分明不和 C 正交. 在图形表示的情况下,圆周 Γ'' 属于组 ③ 和 ④,并与 C 交成严格互补的角.

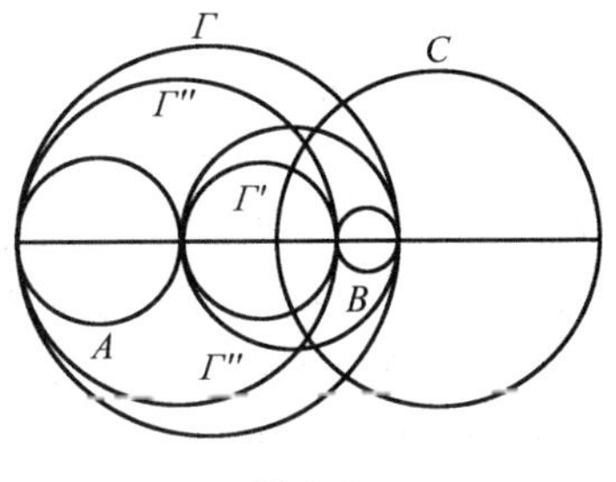

图 235

(257) 设 O 和 O' 为两相交圆周的圆心,第一圆周通过点 A 和 B,第二个通过点 C 和 D,并具有这样的性质:从它们上面的点,线段 AB 和 CD 的视角相等或互补. 并设 M,N 为这两圆周的交点,K 为弦 MN 的中点,P 为直线 MN 与 AB 的交点,Q 为直线 OO' 与 AB 的交点.

首先假设线段 AB 和 CD 一个在另一个外部,且点 A,B,C,D 的顺序与命名的顺序相同(图 236). 在这一情况下,$\angle AMB$ 和 $\angle CMD$ 不能是互补的,因为它们的和分明小于 $180°$,于是只能是相等的并且是锐角. 弧 AMB 和 CMD 每一个将大于半圆周,因之圆心 O 和 O' 必然位于已知线的同侧. $\angle AOB$ 和 $\angle CO'D$ 也将相等. 所以半径 OA 和 $O'C$ 平行(OB 和 $O'D$ 亦复如此),且点 Q 为两圆周的外相似心. 因此,点 Q 外分线段 AC 成比 $AQ:CQ=AO:CO'=AB:CD$,而与圆周 O 和 O' 的选取无关. 以 Q 为极,以 $QA\cdot QD=QB\cdot QC$ 为幂的反演,将圆周 O 和 O' 中的一个变换为另一个,并变换两点 M,N 为其自身. 因此,点 M 和 N 落在反演圆周上. 换言之,两圆周交点 M,N 的轨迹是圆心为 Q、半径等于 $\sqrt{QA\cdot QD}=\sqrt{QB\cdot QC}$ 的圆周.

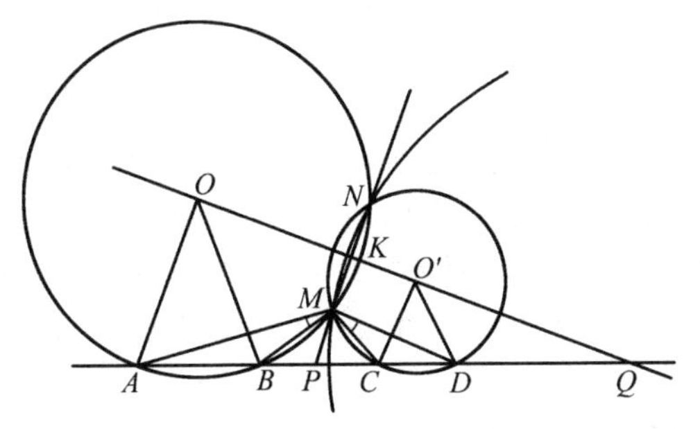

图 236

直线MN和AB的交点P也不依赖于圆周AMB和CMD的选择(参看习题(153)解答).由于线段PQ从点K的视角为直角,可见点K的轨迹是以PQ为直径的圆周(图上没有画出).

现在我们假设AB,CD两线段之一,例如说CD,落在另一个内部,且点A,B,C,D的顺序是A,D,C,B(图237).在这一情况下,$\angle AMB$和$\angle CMD$不可能相等,于是只能互补.所以弧AMB将小于半圆周,而弧CMD大于半圆周,且圆心O和O'落在AB的异侧.点Q仍然是两圆周的相似心,这一次是内相似心.第一种情况下其余的结果在此也成立.

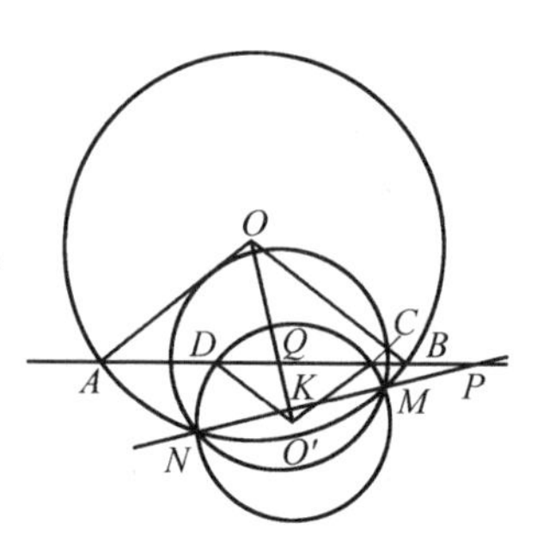

图 237

最后,让我们考察线段AB和CD互相穿插的情况(图238和239).假设这时已知点的顺序是A,C,B,D.这时所考察圆周的圆心,也可能在已知线的同侧(如图238的O和O'),也可能在异侧(如图239的O和O'').在第一种情况下,线段AB和CD从两圆周交点M'的视角相等;在第二种情况下,从点M''的视角互补.点Q在直线AB上可以取两个位置Q'和Q'',而点P就像上面所说的一样,只能取一个位置.由像上面一样的考虑,点M'的轨迹是以Q'为圆心并以$\sqrt{Q'A\cdot Q'D}=\sqrt{Q'B\cdot Q'C}$为半径的圆周,点$M''$的轨迹是以$Q''$为圆心并以$\sqrt{Q''A\cdot Q''C}=\sqrt{Q''B\cdot Q''D}$为半径的圆周.弦的中点的轨迹,依次是以线段$PQ'$和$PQ''$为直径的圆周.

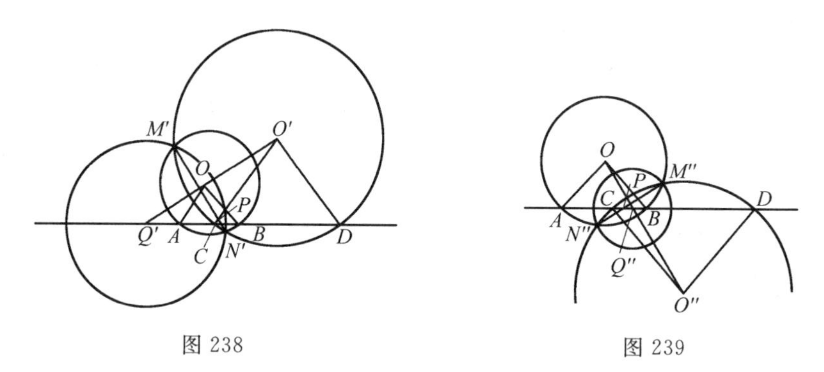

图 238　　图 239

(258) 设A,B为已知点,O为已知的圆周.取已知点之一例如B(设不在已知圆周上)作为反演极,作为反演幂,最简单莫如取点B对于已知圆周的幂.

问题归结于下面一个:通过点A的反点A'求作一直线,使与已知圆周的交角等于已知角.但与已知圆周相交成已知角的一切直线(其中包括所求直线),都切于该圆周的一个确定的同心圆周.

备注　若所求圆周要和已知圆周相交成直角,则解法可以化简.这时所求圆周应通过已知点之一对于已知圆周的反点(第216节).因此,问题归结为求作一圆周使通过三点.

(259) 设欲作一圆周使与圆周 O_1 及 O_2 正交，且与圆周 O 相切或交圆周 O 于已知角. 分别考察三种可能情况.

① 若圆周 O_1 及 O_2 相交，则取其一交点作为反演极，于是过渡到问题：求作一圆周使与两已知相交直线正交，即以一已知点（两直线交点）为圆心，且切于一已知圆周（已知直线）或和它相交成已知角.

后一问题的解法，在相切的情况是显而易见的；在相交成已知角的情况下，已知圆周和所求圆周的交点属于这样的点的轨迹：两圆的连心线段从这些点的视角为已知角.

解决了这个新的问题，也就得出了原问题的解，只要把作出的圆周施行上述反演.

在这种情况下，最多有两解，

② 若圆周 O_1 及 O_2 相切，那么和它们两个都正交的圆周，显然通过它们的切点. 取这切点作为反演极，于是过渡到问题：求作一直线，使垂直于两已知平行线，并与一已知圆周相切或和它相交成已知角. 这个新问题的解法是明显的，问题有两解.

③ 若圆周 O_1 与 O_2 没有公共点，则取它们的极限点（习题(152)）P 或 Q 作为反演极，于是过渡到问题：求作一直线使与两同心（习题(248)）圆周正交，即通过一已知点（它们的公共圆心），且与一已知圆周相切或和它相交成已知角. 这个新问题的解法是明显的. 最多有两解.

备注 在所求圆周应与第三已知圆周相切的情况下，问题也可立刻化归于第附 44 节所解的问题，因为，凡和两个已知圆周 O_1 及 O_2 正交的一切圆周，以直线 O_1O_2 为其根轴（由第 138 节）.

(260) 设 C_1 及 C_2 为两圆周，切于圆周 C，且通过点 A，B（图 240），Γ 为与 C 正交且通过 A，B 的圆周.

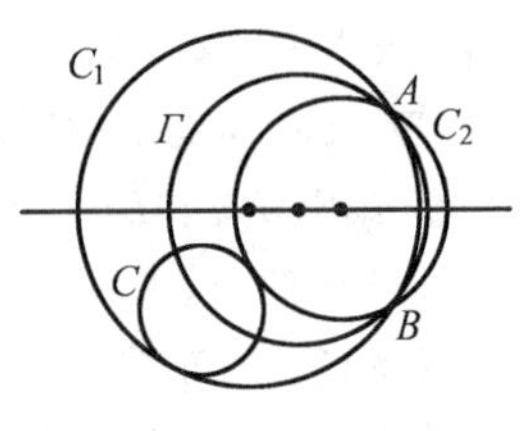

图 240

关于 Γ 的反演将圆周 C 变换为其自身；而将 C_1 变换为一新圆周，仍通过点 A，B 且切于圆周 C，即变换为圆周 C_2. 由是可知，两圆周 C_1 和 C_2 与圆周 Γ 相交成等角，且圆周 Γ 的圆心是圆周 C_1 和 C_2 的相似心.

(261) 设通过点 A 作圆周 C_1 以同一方式切于已知的圆周 C 和 C'（图 241），以及圆周 Γ 和它们正交. 关于圆周 Γ 的反演，将点 A 以及与 Γ 正交的圆周 C，C' 中的每一个都交换为其自身. 通过点 A 且以同一方式和圆周 C，C' 相切的圆周 C_1，被这个反演变换为某一圆周 C_2. 后面这圆周也通过点 A，且与圆周 C 和 C' 相切，并且（从图 241 上可以看出）也是以**同一方式**相切.

圆周 C_2 以同一方式切于圆周 C 和 C' 这一事实，可以这样严格证明：设 P，P' 为圆周 C_1 与圆周 C，C' 的切点，Q，Q' 为圆周 C_2 和这两圆周的切点，则直线 PQ 和 $P'Q'$ 通过反演极，即圆周 Γ 的圆心 Ω. 但由 Ω 落在圆周 C 和 C' 的根轴上，因为这点是和它们正交的圆周的圆心（第 138 节）. 由于圆周 C_1 以同一方式切于 C 和 C'，那么切点 P 和 P' 对于这两圆周的外相似心 S 成逆对应点. 由于直线 PQ 和 $P'Q'$ 通过两个逆对应点 P 和 P'，且相交于圆周 C 和 C' 的

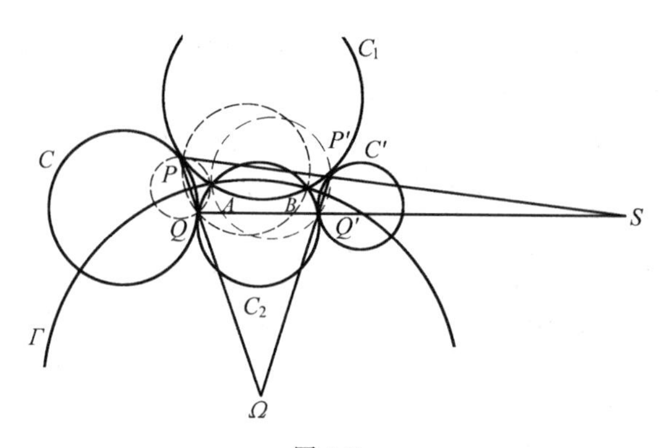

图 241

根轴上,那么它们是逆对应弦(第 224 节). 所以点 Q 和 Q' 也关于外相似心 S 成逆对应点,因而圆周 C_2 以同一方式切于 C 和 C'.

因此,关于圆周 Γ 的反演,将通过点 A 的且以同一方式切于圆周 C,C' 的圆周 C_1 和 C_2 相互转换. 由是可知,圆周 C_1 和 C_2 的第二个交点 B 在圆周 Γ 上,圆周 Γ 平分圆周 C_1 和 C_2 的交角,并且 Γ 的圆心 Ω 是圆周 C_1 和 C_2 的相似心.

备注 同样可以证明,通过点 A 的一些圆周,每一个**不以同一方式**切于圆周 C 和 C',对于圆周 Γ 来说,具有类似的性质.

(262) 本题所用符号同习题(261)(图 241).

① 关于圆周 Γ 的反演,将圆周 APQ 和 $AP'Q'$ 中每一个变换为其自身,因为其中第一个通过互反点 P 和 Q,第二个通过互反点 P' 和 Q'. 所以这两圆周都和 Γ 正交,因而在点 A 互切. 同理,圆周 BPQ 和 $BP'Q'$① 与 Γ 正交,且在点 B 互切.

② 圆周 APQ 和 BPQ 在点 A 和 B 与圆周 Γ 正交,因之在这两点与圆周 C_1 相交成等角(是 Γ 和 C_1 之间的余角). 所以 APQ,BPQ 两圆周在点 P 交圆周 C_1 成等角,就是说,也交与它相切的圆周 C 成等角. 所以,圆周 APQ 和 BPQ 在点 P 与圆周 C 成等角.

关于圆周 C 的反演,将圆周 APQ 变换为一新圆周,这新圆周既通过点 P 和 Q,并且和 C 所形成的角又等于圆周 APQ 和 C 所形成的角,即变换为圆周 BPQ(两点以及其中一点的切线,完全确定了一个圆周). 因此,圆周 APQ 和 BPQ 对于 C 互为反形.

仿此可证,圆周 $AP'Q'$ 和 $BP'Q'$ 对于 C' 互为反形.

③ 若将已知的圆周代以直线 C 和 C'(图 242),则性质 ① 依然有效,因为关于 Γ 的反演显然将 C,C' 每一条直线变换为其自身,而将圆周 C_1 和 C_2 互相转变.

性质 ② 这时变为:圆周 APQ 和 BPQ 关于直线 C 成对称,圆周 $AP'Q'$ 和 $BP'Q'$ 关于直线 C' 成对称. 上面所得出的证明依然有效:圆周 APQ 和 BPQ 关于直线 C 成对称,因为它们

① 圆周 $BP'Q'$ 没有画在图上,以免图形过分复杂.

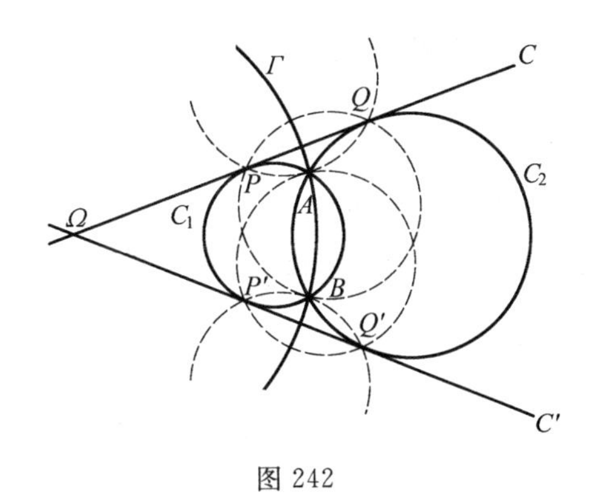

图 242

和它相交成等角.

圆周 APQ 和 $BP'Q'$ 还将是相等的,因为它们对称于直线 C,C' 交角的平分线.所以,四个圆周 $APQ,AP'Q',BPQ,BP'Q'$ 都相等.

(263) 设求作圆周 C_0 使通过已知点 A_0,并与相交于一点 P 的两条已知直线相切.

在两线所形成的,包含点 A_0 在其内部的那一个角内,或在这角的对顶角内,任作一圆周 C 使切于两条已知直线,由于 P 是圆周 C 和 C_0 的外公切线的交点或内公切线的交点,所以 P 是这两圆周的相似心.和 A_0 相对应的点 A 是直线 PA_0 和圆周 C 的交点之一.知道了相似心 P 和一对对应点 A,A_0,就可以作圆周 C_0 使与圆周 C 成位似.

备注 如果已知直线是平行的,那么对于相似心 P 的位似就代以平移(参看第 142 节中关于平移是位似的极限情况).

(264) 设求作一圆周使切于相交于点 P 的两条已知直线,且切于一已知圆周 Γ(图 243).设 C 为切于两已知线的一圆周,它的圆心和所求圆周 C_0 的圆心,在该两线交角的同一条平分线上,则 P 为圆周 C 和 C_0 的相似心.圆周 C_0 和 Γ 的切点 T 与点 P 的连线,和圆周 Γ,C_0 交成等角;它也和圆周 C_0,C 交成等角,因为它通过它们的相似心 P.所以直线 PT 和圆周 C,Γ 交成等角,因而通过它们的一个相似心 S(这也可以从第 145 节关于相似轴的定理得出:点 T 是圆周 C_0 和 Γ 的相似心,点 P 是圆周 C_0 和 C 的相似心,因而直线 PT 通过圆周 C 和 Γ 的一个相似心 S).

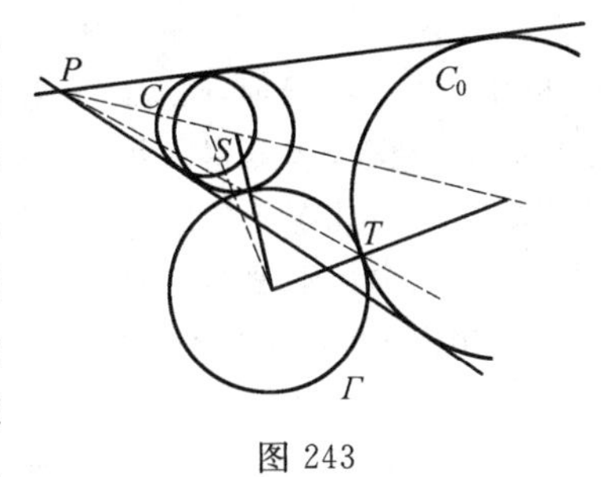

图 243

因此,照上面所说作出圆周 C,并将圆周 C 和 Γ 的一个相似心 S 到点 P 连线.所得直线和圆周 Γ 的交点便是所求的切点.

本题最多有 8 解.事实上,辅助圆周 C 的圆心可以取在两已知直线交角的这条或那条平分线上,而相似心 S 可取为圆周 C 和 Γ 的这个或那个相似心.

备注 如果已知直线是平行的,则解法可以简化.这时,所求圆周的半径 r,等于已知线

间距离的一半.所求圆周的圆心距两已知线等远,且距Γ的圆心等于$R+r$或$|R-r|$,R表示圆周Γ的半径.

(265)设O为两同心圆周的公共圆心,r_1及$r_2(r_1>r_2)$为其半径,O'为第三已知圆周的圆心,r_3为其半径,M为所求圆周的圆心.

若所求圆周和两同心圆周内切,则其半径等于$\frac{1}{2}(r_1+r_2)$,而距离OM等于$\frac{1}{2}(r_1-r_2)$.于是$O'M=|r_3\pm\frac{1}{2}(r_1+r_2)|$.

若所求圆周与同心圆之一相内切,与另一个相外切,则其半径等于$\frac{1}{2}(r_1-r_2)$.这时有$OM=\frac{1}{2}(r_1+r_2)$,$O'M=|r_3\pm\frac{1}{2}(r_1-r_2)|$.

在这两种情况下,点M的位置,由以O,O'为圆心的两圆周相交确定,它们的半径由上面OM和$O'M$的表达式确定.

本题最多有8解.

(266)设两圆周Γ,Γ'彼此相切,且与两个已知圆周C_1,C_2中每一个相切.这时有三种可能情况:①圆周Γ和Γ'中每一个都以同一方式切于圆周C_1和C_2;②Γ和Γ'中每一个都以不同方式切于C_1和C_2;③Γ和Γ'中有一个,例如Γ,以不同方式切于C_1和C_2,另外一个Γ'则以同一方式切于C_1和C_2.在最后的情况下,无损于普遍性,可以假设圆周C_1和Γ相外切,C_2和Γ相内切(因为在相反的情况下,可以交换圆周C_1和C_2的符号).

现在顺次考虑这三种情况.

①设圆周Γ和Γ'中每一个都以同一方式与圆周C_1和C_2相切[①](图244).这时,圆周Γ和C_1,C_2的两个切点,对于它们的外相似心S成逆对应点,因而在以S为反演极并将圆周C_1和C_2互相转换的反演中,Γ变换为其自身.对于圆周Γ',情况亦复如此.所以Γ和Γ'两圆的切点落在反演圆周Σ上,因为如果Γ和Γ'有一个公共点不落在Σ上,那么它们还有第二个公共点,和第一个对于Σ互为反点.

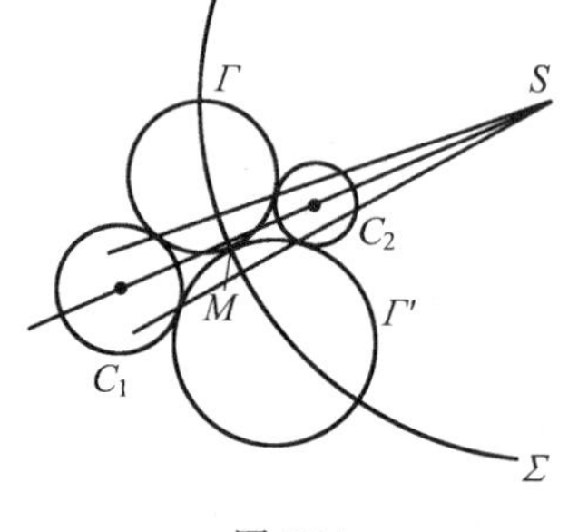

图244

反之,反演圆周Σ上**每一**点M属于所求轨迹.事实上,总可以作两个圆周Γ和Γ'使在Σ上的已知点M与这圆的半径相切,且切于已知圆周之一的C_1(比较习题(74)的解答).Γ和Γ'中每一个都和Σ正交,关于Σ的反演将它们变换为自身,因而它们也和C_2相切.

① 在这种情况下,圆周Γ或Γ'与已知的两圆周是外切还是内切,是没有关系的:可能发生四个相切都是内切,四个相切都是外切,以及最后一种情况,圆周Γ,Γ'之一与已知圆周外切,另一个则为内切.

所以点 M 的轨迹是整个圆周 Σ.

② 设圆周 Γ 和 Γ' 中每一个都以不同方式与圆周 C_1 和 C_2 相切(图 245). 利用第一种情况下的方法,可以知道,它们的切点 M 落在一个圆周 Σ' 上,这圆周的圆心是已知两圆周的内相似心,并且关于 Σ' 的反演将这两圆周互相转换;并且反过来,圆周 Σ' 上每一点可取为点 M.

③ 现设圆周 Γ 以不同方式切于圆周 C_1 和 C_2,而 Γ' 以同一方式与它们相切,那么一般的,总可以看出(譬如对照图 246 所表示的情况),圆周 Γ 和 Γ' 的相切只能发生在已知圆周 C_1 或 C_2 之一上.

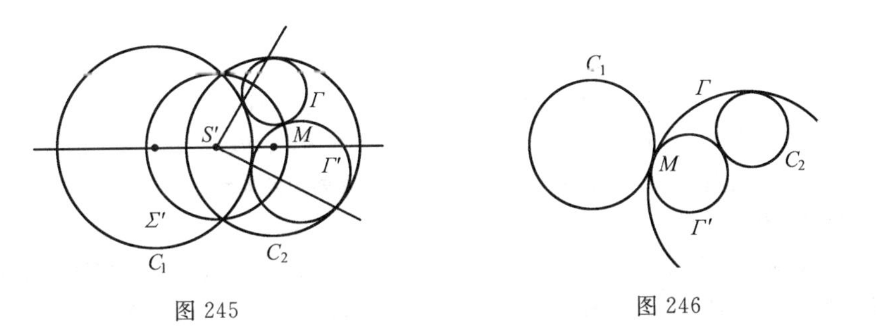

图 245　　图 246

为了严格证明这命题,我们从下述准备命题入手:

若三圆周在三个不同的点互相切,那么其中或者只有一个外切(图 247),或者三个全部是外切(图 248).

事实上,若圆周 C_1 和 C_2 内切(图 247),圆周 C_3 要和 C_1,C_2 切于不同的点,那就只能落在平面上的阴影部分中,因之和 C_1,C_2 中的一个内切,和另一个外切. 换句话说,如果有了一次内切,就还有一次内切.

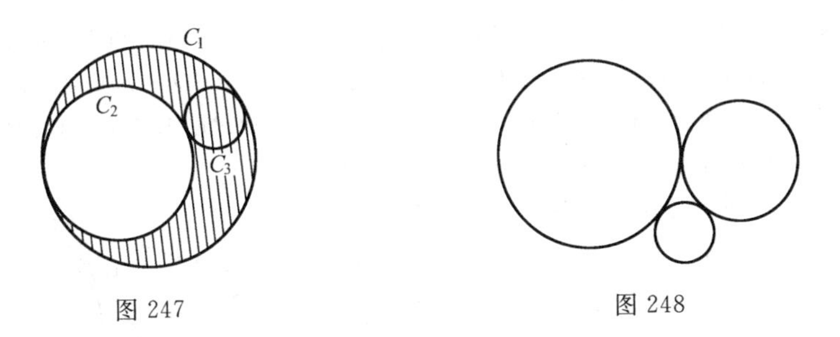

图 247　　图 248

现设圆周 Γ 与 C_1 外切,但与 C_2 内切(图 246),而 Γ' 和 C_1,C_2 以同一方式相切. 我们假设,圆周 C_1,Γ,Γ' 两两的切点是不同的,同样,圆周 C_2,Γ,Γ' 的切点也是不同的.

若两个相同的相切方式(Γ',C_1) 和(Γ',C_2) 是外切(内切),那么情况如下:由于相切(Γ,C_1) 是外切,而相切(Γ',C_1) 也是外切(内切),则由准备命题,相切(Γ,Γ') 应该是外切(内切). 但同时相切(Γ, C_2) 是内切, 相切(Γ', C_2) 是外切(内切), 因之相切(Γ, Γ') 应该是内切(外切). 这样, 圆周 Γ 和 Γ' 既要互相外切, 同时又要互相内切.

得到的矛盾表明, 或者圆周 C_1, Γ, Γ' 两两相切的三点相重合, 或者圆周 C_2, Γ, Γ' 两两相切的三点相重合. 换言之, Γ 和 Γ' 的切点或在圆周 C_1 上, 或在圆周 C_2 上.

正像在第一种情况一样, 可以证明, 通过圆周 C_1(或 C_2) 上任一点 M, 有两个圆周在点 M 和圆周 C_1(或 C_2) 相切, 且同时与另一已知圆周相切. 所以在这第三种情况下, 点 M 的轨迹由两个已知圆周合在一起所形成.

因此, 点 M 的轨迹总含有已知圆周 C_1 和 C_2, 并且此外还包含: a. 圆周 Σ, 如果圆周 C_1 和 C_2 外离或外切(这时圆周 Σ' 不存在); b. 圆周 Σ 和 Σ', 如果圆周 C_1 和 C_2 相交; c. 周圆 Σ, 如果圆周 C_1 和 C_2 内切或内离(这时圆周 Σ 不存在).

(267) 在第 232 节曾证明, 两个圆周 Σ 和 Σ', 其中每一个以同一方式切于三个已知圆周, 以已知三圆周的根心 I 为极进行反演, 则将这两圆周互相转换. 所以圆周 Σ 和 Σ' 的连心线通过点 I. 并且在那里还证明了, 圆周 Σ 和 Σ' 的根轴是已知圆周的外相似轴, 因此, Σ 和 Σ' 的连心线和这条相似轴垂直.

仿此, 若某一圆周 Σ_1 和三个已知圆周的相切方式不同(例如和圆周 B, C 以同一方式相切, 但和圆周 A, B 以不同方式相切), 那么那个以 I 为极的反演, 将 Σ_1 变换为某一圆周 Σ'_1, 这一圆周也和三个已知圆周相切. 所以, Σ_1 和 Σ'_1 的连心线通过 I. 并且, 有如第 234 节所示, 圆周 Σ_1 和 Σ'_1 的根轴是已知圆周的一条内相似轴(在上面指出的情况下, 这是这样的一条相似轴: 它上面有圆周 B 和 C 的外相似心, A 和 B 的内相似心, 以及 A 和 C 的内相似心). 因此, 圆周 Σ 和 Σ'_1 的连心线和这条相似轴垂直.

(268) 为了用习题(174) 中所考虑的间接法来解所设的问题, 首先解下面的问题:

① 通过已知 $\angle BAC$ 内一点 M(图 249), 求作割线 $B'C'$, 使与角的两边(不延长过顶点)形成一个有已知周长 $2p$ 的 $\triangle AB'C'$.

考察这三角形的一个旁切圆, 它与边 $B'C'$ 相切, 且分别切边 AB' 和 AC' 的延长线于 P 和 Q. 由于 $\triangle AB'C'$ 周长等于 $2p$, 则将有(参照习题(90)) $AP = AQ = p$. 由是得出问题 ① 的这样解法: 作一圆周使与直线 AB 及 AC 切于点 P 及 Q, 并通过已知点 M 向此圆周引切线.

若点 M 在所作的圆周外, 并且在平面上由线段 AP, AQ 和劣弧 PQ 所范围的区域内, 则问题有两解(图 249 上的 $\triangle AB'C'$ 和 $\triangle AB''C''$). 若点 M 在劣弧 PQ 上, 问题有一解. 对于点 M 的其余位置, 问题无解.

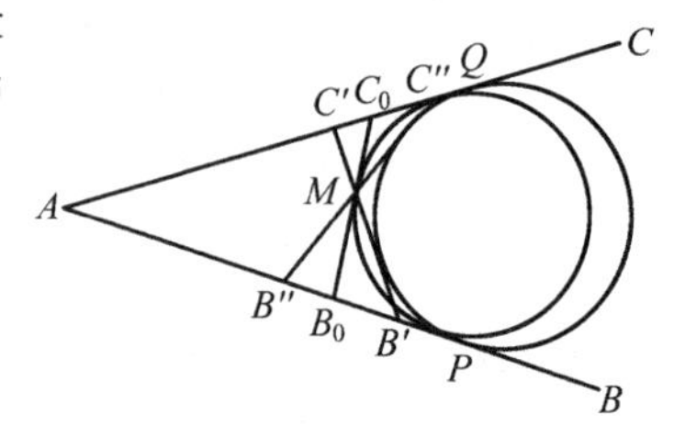

图 249

现在为了解所设问题:

② 通过点 M 引直线 B_0C_0, 使 $\triangle AB_0C_0$ 的周长有可能的最小值 —— 我们应该试求最小的数值 p, 使上面问题 ① 仍有解. 这最小值 p 由一个圆周确定, 这圆周通

过点 M 且与直线 AB 及 AC 相切，说得准确一些，它是满足这些条件的两个圆周中较大的一个. 照习题(263) 所指示作出这圆周，并在点 M 作它的切线 B_0C_0，于是得出所求 $\triangle AB_0C_0$.

(269) 设等边 $\triangle ABC$ 平面上一点 M 满足条件 $MA = MB + MC$. 由于 $BC = CA = AB$，由是可知 $MA \cdot BC = MB \cdot CA + MC \cdot AB$. 因此四边形 $ABCD$ 可内接于圆，因而点 M 落在外接圆周上.

在相反的情况下，$MA \cdot BC < MB \cdot CA + MC \cdot AB$(第 237a 节)，所以 $MA < MB + MC$.

(270)① 由于点 B',C',D' 是由点 B,C,D 利用以 A 为极的反演得出，所以有(第 218 节)$B'C' = \dfrac{k \cdot CB}{AB \cdot AC}$，$C'D' = \dfrac{k \cdot DC}{AC \cdot AD}$，$D'B' = \dfrac{k \cdot BD}{AB \cdot AD}$，这里 k 是反演幂. 由是

$$B'C' : C'D' : D'B' = (BC \cdot AD) : (CD \cdot AB) : (DB \cdot AC) \quad ①$$

由于在这等式右端，点 A,B,C,D 完全对称地出现，若不由顶点 A 而从其他任一顶点出发，得出与 $\triangle B'C'D'$ 类似的三角形，那么三边的比还是相同的①.

② 由于点 B,C,B' 和 C'(图 250) 在同一圆周上，$\angle BB'C'$ 和 $\angle BCA$ 是相等的. 同理，$\angle BB'D'$ 和 $\angle BDA$ 相等. 由是

$$\angle C'B'D' = \angle BB'D' - \angle BB'C' = \angle BDA - \angle BCA$$

三角形其余的角类推.

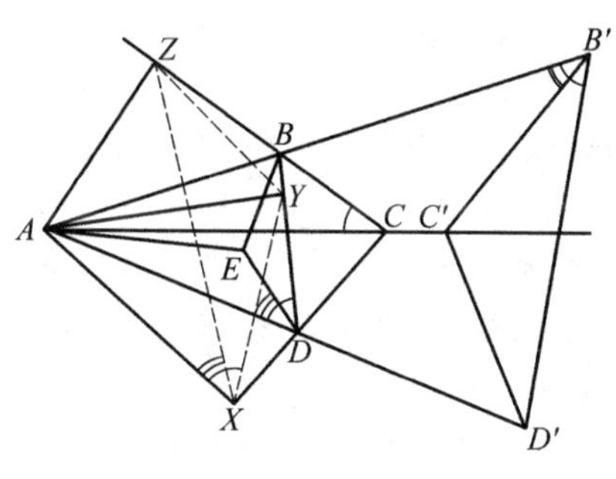

图 250

③ 从点 A 向 $\triangle BCD$ 的边 CD,DB,BC 引垂线，设 X,Y,Z 为垂足. 由于四点 A,D,X,Y 在同一圆周上，则 $\angle YXA = \angle YDA$. 由于四点 A,C,X,Z 在同一圆周上，则 $\angle ZXA = \angle ZCA$. 所以

$$\angle YXZ = \angle YXA - \angle ZXA = \angle YDA - \angle ZCA = \angle BDA - \angle BCA$$

但由 ② 有

$$\angle BDA - \angle BCA = \angle C'B'D'$$

就是说，$\triangle XYZ$ 的 $\angle X$ 等于 $\triangle B'C'D'$ 的 $\angle B'$. 仿此可证，这两个三角形其余的角相等. 所以

① 若已知四边形 $ABCD$ 内接于圆，那么代替 $\triangle B'C'D'$ 却得出共线的三点；建议读者研究这时图形的性质应如何修正.

$\triangle XYZ$ 和 $\triangle B'C'D'$ 相似.

并且,若 $\triangle AED$ 与 $\triangle ABC$ 相似,则 $ED:BC=AD:AC$,由是 $ED:BD=(AD\cdot BC):(AC\cdot BD)=B'C':B'D'$(由关系式 ①). 此外,$\angle BDE=\angle BDA-\angle EDA=\angle BDA-\angle BCA=\angle C'B'D'$. 所以 $\triangle BDE$ 和 $\triangle D'B'C'$ 相似.

④ 现在取任意的极 O 和任意的幂 k,对点 A,B,C,D 实行反演;设其对应点为 A_1,B_1,C_1,D_1. 按第 218 节,这时有

$$B_1C_1=\frac{k\cdot CB}{OB\cdot OC}$$

$$A_1D_1=\frac{k\cdot DA}{OA\cdot OD}$$

由是

$$B_1C_1\cdot A_1D_1=\frac{k^2\cdot BC\cdot AD}{OA\cdot OB\cdot OC\cdot OD}$$

仿此得出

$$C_1D_1\cdot A_1B_1=\frac{k^2\cdot CD\cdot AB}{OA\cdot OB\cdot OC\cdot OD}$$

$$D_1B_1\cdot A_1C_1=\frac{k^2\cdot DB\cdot AC}{OA\cdot OB\cdot OC\cdot OD}$$

从而有

$$(BC\cdot AD):(CD\cdot AB):(DB\cdot AC)=$$
$$(B_1C_1\cdot A_1D_1):(C_1D_1\cdot A_1B_1):(D_1B_1\cdot A_1C_1) \qquad ②$$

最后的关系表明,上面所说的 $\triangle B'C'D'$,和由四边形 $A_1B_1C_1D_1$ 得出的类似 $\triangle B'_1C'_1D'_1$ 彼此相似. 事实上,这两个三角形三边的比值,由等式 ① 以及类似的等式 $B'_1C'_1:C'_1D'_1:D'_1B'_1=(B_1C_1\cdot A_1D_1):(C_1D_1\cdot A_1B_1):(D_1B_1\cdot A_1C_1)$ 确定. 由关系式 ② 显然有 $B'C':C'D':D'B'=B'_1C'_1:C'_1D'_1:D'_1B'_1$.

⑤ 设四边形 $ABCD$ 和 $A_1B_1C_1D_1$ 具有这样的性质:即利用上面所说的作图而得出的 $\triangle B'C'D'$ 和 $\triangle B'_1C'_1D'_1$ 彼此相似. 以 A 为极,选择合宜的反演幂,将点 B,C,D 变换为 B',C',D',以及合宜的反演幂,以 A_1 为极将点 B_1,C_1,D_1 变换为 B'_1,C'_1,D'_1,可以不仅使 $\triangle B'C'D'$ 与 $\triangle B'_1C'_1D'_1$ 相似,且成为全等.

并且,移动四边形 $A_1B_1C_1D_1$,可以使 $\triangle B'_1C'_1D'_1$ 与 $\triangle B'C'D'$ 重合(图 251). 这时,点 A_1,B_1,C_1,D_1 可以由 A,B,C,D 继续经过两次反演得出. 事实上,以 A 为极的反演,将点 B,C,D,A 分别变换为 B',C',D' 以及无穷远点,而以 A_1 为极的第二个反演将后面这些点变换为 B_1,C_1,D_1,A_1.

若四边形 $ABCD$ 和 $A_1B_1C_1D_1$ 不相似,那么这反演序列可代以(习题(251)②)一个反演 I 和一个关于直线的对称. 所以反演 I 将点 A,B,C,D 变换为一个四边形的顶点,这四边形和 $A_1B_1C_1D_1$ 关于某一直线成对称.

反演 I 的极 O 和幂 k 可以如下求出：由于在所求反演下，点 A,B,C,D 的反点构成一个与已知四边形 $A_1B_1C_1D_1$ 相等的四边形，则应有

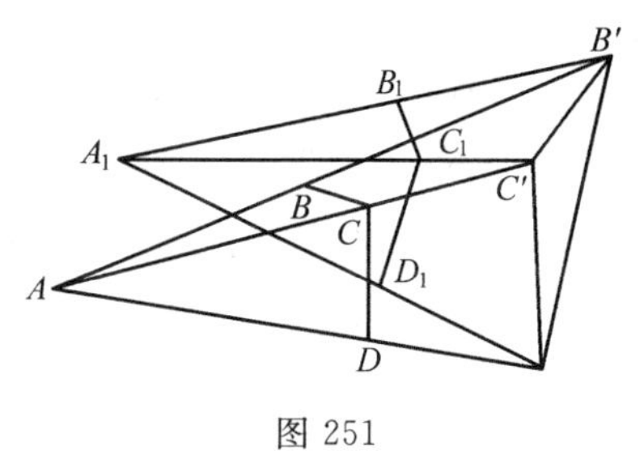

图 251

$$B_1C_1=\frac{k\cdot CB}{OB\cdot OC}$$

$$C_1D_1=\frac{k\cdot DC}{OC\cdot OD}$$

$$D_1B_1=\frac{k\cdot BD}{OB\cdot OD}$$

由是

$$OB:OC:OD=\frac{C_1D_1}{CD}:\frac{D_1B_1}{DB}:\frac{B_1C_1}{BC} \quad ③$$

于是反演极 O 对于点 B,C,D 的相关位置，照习题(127) 解法所示来确定. 知道了反演极，也就可以定出它的幂

$$k=\frac{OB\cdot OD\cdot B_1D_1}{DB}=\frac{OC\cdot OB\cdot C_1B_1}{BC}=\frac{OD\cdot OC\cdot D_1C_1}{CD}$$

备注 ① 若四边形 $ABCD$ 和 $A_1B_1C_1D_1$ 相似，则由关系式①，和它们相应的$\triangle B'C'D'$，$\triangle B'_1C'_1D'_1$ 也相似. 但在这种情况下，并**不恒**有一个反演存在具有所要求的性质，事实上，若有这样一个以 O 为极的反演存在，则有

$$A_1B_1=\frac{k\cdot BA}{OA\cdot OB}$$

$$A_1C_1=\frac{k\cdot CA}{OA\cdot OC}$$

另一方面，由于四边形相似，$A_1B_1:AB=A_1C_1:AC$. 由是立即推出 $OB=OC$，按同一法则，$OA=OB=OC=OD$，于是四边形 $ABCD$ 可内接于圆，且 O 为这圆的圆心.

② 我们证明了有一个反演 I 存在(在一定的条件下)，将点 A,B,C,D 变换为四点构成一个等于已知四边形 $A_1B_1C_1D_1$ 的四边形. 可以证明，这种反演，一般说来，是唯一的(不计它的幂的符号). 事实上，设以 O' 为极的反演 I'，以及以 O'' 为极的反演 I''，依次将点 A,B,C,D 变换为 A',B',C',D' 以及 A'',B'',C'',D''，使得四边形 $A'B'C'D'$ 与 $A''B''C''D''$ 相等. 在这种情况下，反演 I' 和 I'' 的序列 $I'I''$ 将点 A',B',C',D' 变换为点 A'',B'',C'',D''. 如果极 O' 与 O'' 不相同. 那么反演序列 $I'I''$ 还可代以一个反演 I_0 和一个对称. 所以，反演 I_0 将四点 A',B',C',D' 变换为另外四点，构成一个四边形等于 $A''B''C''D''$. 由于四边形 $A'B'C'D'$ 和 $A''B''C''D''$ 是相等的，那么根据上面备注所说，对于任意的四边形 $A'B'C'D'$，就是说，对于任意的四边形 $ABCD$，这是不可能的. 如果反演 I' 和 I'' 的极重合，那么由于四边形 $A'B'C'D'$ 和 $A''B''C''D''$ 相等，这两个反演的幂只差一个符号.

反演 I 并不是唯一的情况之一，在习题(387) 解答中研究.

(3) 习题(127) 所设的问题，一般说来，可以有两解、一解或根本无解. 在现在的情况下，

求点 O 的类似问题则必然有解,因为反演 I 的存在被我们证明了.但由上面备注可知,满足条件 ③ 的两个点 O,一般说来,只是一个是所求反演的极.

(270a) 设以 O 为极以 k 为幂的反演,将三个已知点 A,B,C 变换为另外三个点 A',B',C',这三点形成一个 $\triangle A'B'C'$ 全等于已知的 $\triangle A_1B_1C_1$.这时我们应该有 $B'C'=\frac{k\cdot CB}{OB\cdot OC}=B_1C_1$ 和其余两边的类似等式.由是

$$OB\cdot OC=k\cdot\frac{CB}{B_1C_1} \qquad ①$$

由这一等式以及和它类似的另外两个等式得出

$$OA:OB:OC=\frac{B_1C_1}{BC}:\frac{C_1A_1}{CA}:\frac{A_1B_1}{AB}$$

因此,点 O 的位置可以按习题(127) 解答所示的方法确定(比较习题(270)⑤ 解答).知道了极 O,由等式 ① 可以确定它的幂.

备注 习题(127) 所考虑的问题,虽说可能有解,而有时又无解,现在所设的问题则恒有解.事实上,以 $\triangle ABC$ 外接圆周上一点 P 为极的反演,将三点 A,B,C 变换为共线点 a,b,c(图 252).适当地选择极 P,可以做到,例如 $ab=ac$(为此,只要 $PB:PC=AB:AC$).同理,点 A_1,B_1,C_1 可以利用类似的反演变换为共线的三点 a_1,b_1,c_1,使适合条件 $a_1b_1=a_1c_1=ab=ac$,由是推知(和在习题(270)⑤ 解答中一样),利用两个反演的序列,$\triangle ABC$ 的顶点可以变换为一个三角形的顶点,使其与 $\triangle A_1B_1C_1$ 全等.

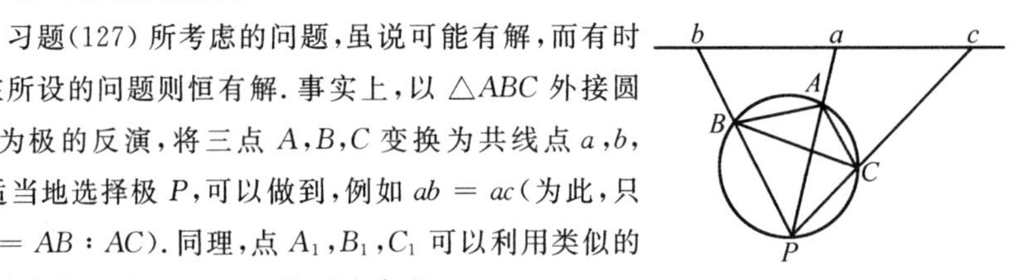

图 252

若 $\triangle ABC$ 不与 $\triangle A_1B_1C_1$ 相似,那么两个反演构成的这一序列可代以一个反演 I 和一个对称.这反演 I 显然将点 A,B,C 变换为一个与 $\triangle A_1B_1C_1$ 全等的三角形的顶点.

若 $\triangle ABC$ 和 $\triangle A_1B_1C_1$ 相似,那么所求反演的极 O 显然是 $\triangle ABC$ 的外接圆心.

(271) 在题目指出的条件下,有 $OP^2-OQ^2=MP^2-MQ^2=M'P^2-M'Q^2$.由第 128a 节推论,三点 O,M,M' 共线,于是像在第 241 节一样,$OM\cdot OM'=OP^2-PM^2=$ 常量.

(271a) 设 $AB=CD=a,BC=AD=b,AO:AB=h;BO:BA=h'$(图27.8).由于 $\triangle AOM$ 和 $\triangle ABD$ 相似,$\triangle BOM'$ 和 $\triangle BAC$ 相似,便有

$$OM=BD\cdot\frac{AO}{AB}=BD\cdot h$$

$$OM'=AC\cdot\frac{BO}{BA}=AC\cdot h'$$

由是 $OM\cdot OM'=AC\cdot BD\cdot h\cdot h'$.但四边形 $ABDC$ 内接于圆,从此 $AC\cdot BD=AD\cdot BC-AB\cdot CD=b^2-a^2$,于是 $OM\cdot OM'=hh'(b^2-a^2)$.

(272) 设 S 为两圆周 C,C' 的一个相似心(图 253);M 和 N' 以及 Q 和 P' 是两对逆对应点;K 和 L 是直线 MN',QP' 和根轴的交点,由于直线 MQ 和 $N'P'$ 相交于根轴上(因为是逆

对应弦,参看第224节),于是有(第200节)交比的等式

$$(SKMN') = (SLQP')$$

变更割线 QP' 的位置,而保持割线 MN' 不动,便可知 $(SLQP')$ = 常数.

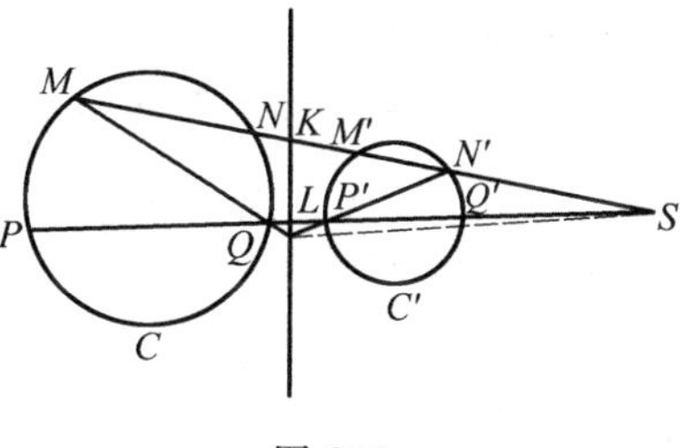

图 253

(273) 设 P,A,B,C,D 为同一圆周上的五点,P',A',B',C',D' 是它们的反点. 由于直线 PA 和 $P'A'$,PB 和 $P'B'$,PC 和 $P'C'$,PD 和 $P'D'$ 相交于两圆根轴上 A_0,B_0,C_0,D_0(第224节),若以 (PA,PB,PC,PD) 表示四直线的交比,则将有

$$(PA,PB,PC,PD) = (A_0B_0C_0D_0) = (P'A',P'B',P'C',P'D')$$

但按第212节 (PA,PB,PC,PD) 是四点 A,B,C,D 的交比,而对于四点 A',B',C',D',情况与此相同.

若点 A,B,C,D 所在的圆周和它的反形相重合,则点 A_0,B_0,C_0,D_0 落在反演极的极线上(第224节备注),上面的推理依然有效.

若点 A,B,C,D 所在的圆周通过反演极 O,则点 A',B',C',D' 在直线 OA,OB,OC,OD 上,于是显然 $(OA,OB,OC,OD) = (A'B'C'D')$.

(274) 设 A,B,C,D 为一圆周上四点,P 为这圆周上任一点. 在以 P 为极,且具有任意幂的反演下,设 A,B,C,D 的反点为 A',B',C',D'. 按定义(第212节),A,B,C,D 四点的交比等于 (PA,PB,PC,PD). 但

$$(PA,PB,PC,PD) = (A'B'C'D') = \frac{A'C'}{B'C'} : \frac{A'D'}{B'D'}$$

我们有

$$A'C' = \frac{k \cdot CA}{PC \cdot PA}$$

$$B'C' = \frac{k \cdot CB}{PB \cdot PC} \text{(第 218 节)}$$

由是

$$\frac{A'C'}{B'C'} = \frac{PB}{PA} \cdot \frac{AC}{BC}$$

仿此求得

$$\frac{A'D'}{B'D'} = \frac{PB}{PA} \cdot \frac{AD}{BD}$$

于是得

$$(PA,PB,PC,PD) = \frac{AC}{BC} : \frac{AD}{BD}$$

这个等式只确定了四点 A,B,C,D 的交比的绝对值;容易看出,在以 A,B 为端点的两弧中,如果 C,D 两点在同一条弧上,则此四点交比为正;如果 C,D 在不同的弧上,则交比为负.

(275) 假设利用反演 I,两个已知圆周 C_1 和 C_2 被变换为两个相等的圆周$\overline{C}_1$ 和$\overline{C}_2$.由于圆周$\overline{C}_1$ 和$\overline{C}_2$ 对称于它们的根轴$\overline{C}$,所以(习题(250))圆周 C_1 和 C_2 对于圆周 C 互为反形,这圆周 C 便是反演 I 下直线$\overline{C}$ 的反形.所以反演 I 的极可以取为将 C_1 变换为 C_2 的反演圆周上的任意一点(反演幂是任意的).

要把三个已知圆周反演为三个相等的圆周,必须取反演极为两个圆周的交点之一,这两个圆周是这样确定的:对于它们进行的反演将一个已知圆周变换为另外两个已知圆周.

(276) 设 C_1,C_2,C_3 为已知的圆周;Γ_{23},Γ_{31},Γ_{12} 是将 C_2 变换为 C_3,C_3 变换为 C_1,C_1 变换为 C_2 的反演圆周.这些圆周 Γ 的圆心(由第 222 节)是已知圆周两两的相似心.这时,圆周 Γ_{23},Γ_{31},Γ_{12} 是选成使它们的圆心在同一直线上,即在已知圆周的一条相似轴上.

圆周 C_2,C_3 和 Γ_{23} 有公共的根轴(第 228 节),这根轴通过已知圆周的根心.所以,已知圆周 C_1,C_2,C_3 的根心对于 Γ_{23} 的幂就是它对于每一个已知圆周的幂.对于圆周 Γ_{31} 和 Γ_{12},也完全如此.所以,从已知圆周的根心向三个圆周 Γ 圆心所在的相似轴引垂线,便得出这三个圆周 Γ_{23},Γ_{31},Γ_{12} 的根轴.

(277) 设以 O 为极的反演,将两个已知圆周 C_1 和 C_2 变换为两圆周 C'_1 和 C'_2,其中第一个(C'_1)分第二个(C'_2)于两点 A',B' 成两个相等的部分,那么圆周 C_1 和 C_2 也相交.这时,通过圆周 C_1 和 C_2 的交点并与圆周 C_2 成正交的圆周 Σ,被所考虑的反演变换为直线 $A'B'$.所以,极 O 是圆周 Σ 上任意一点.

仿此,在较普遍的情况下,得出两个圆周 Σ' 和 Σ'',都通过已知圆周的交点,并且和圆周 C_2 所成的角等于已知圆心角的一半,其中一个应该被所求反演变换为直线.所以,反演极可以取为圆周 Σ' 或 Σ'' 上任一点.

(278) 设某直线 L 交具有极限点 P,Q 的两圆周 C 和 C'(或 C 和 C'')于点 A,B 和 A',B'(或 A,B 和 A'',B'')(图 254).求证 $\angle APB$ 和 $\angle A'PB'$ 的平分线重合(或 $\angle APB$ 和 $\angle A''PB''$ 的平分线互垂).

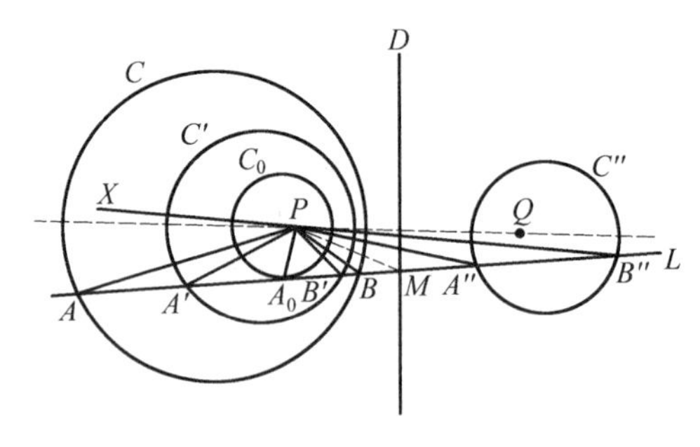

图 254

以 M 表示直线 L 和已知圆周的根轴 D 的交点.(由习题(152))我们有 $MA \cdot MB = MP^2$,或 $MA : MP = MP : MB$.由是推出 $\triangle MAP$ 和 $\triangle MPB$ 相似,从而

$$\angle MAP = \angle MPB \quad ①$$

同理可证

$$\angle MA'P = \angle MPB' \quad ②$$

$$\angle MA''P = \angle MPB'' \quad ③$$

由等式 ① 和 ② 推出

$$\angle APA' = \angle MA'P - \angle MAP = \angle MPB' - \angle MPB = \angle BPB'$$

由此可知,$\angle APB$ 和 $\angle A'PB'$ 有公共的平分线.

同理,由等式 ① 和 ② 推出

$$\angle APA'' = 180^\circ - \angle MAP - \angle MA''P = 180^\circ - \angle MPB - \angle MPB'' = 180^\circ - \angle BPB'' - \angle BPX$$

其中 PX 是 PB'' 的延长线. 由是可知,$\angle APB$ 和 $\angle A''PB''$ 的平分线互垂.

若特殊地取圆周 C' 为切于直线 L 的圆周 C_0,那么点 A',B' 都与切点 A_0 相重,从而直线 PA_0 便是 $\angle APB$ 的平分线.

(279) 设 $ABCDEF$ 是内接于一已知圆周 Γ 的六角形,L,M,N 为对边的交点(图 255).

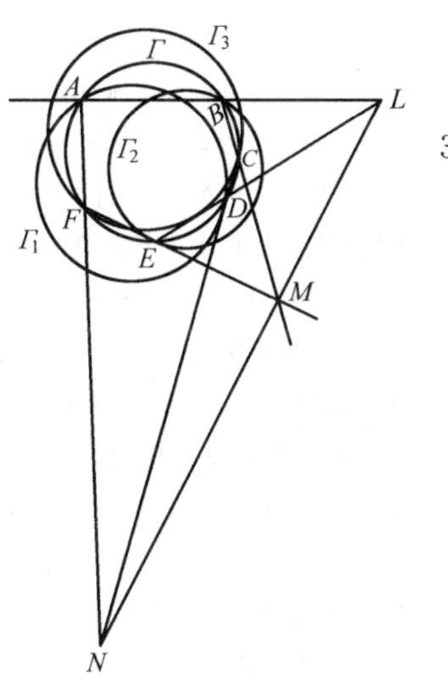

图 255

通过点 A 和 D 任意作一圆周 Γ_1. 在以 L 为极,以 L 对于 Γ 的幂为幂的反演中,作 Γ_1 的对应圆周 Γ_2. 圆周 Γ_2 通过点 B 和 E. 点 A 和 B,D 和 E 是圆周 Γ_1 和 Γ_2 对于相似心 L 的逆对应点.

又在以 N 为极,以 N 对于圆周 Γ 的幂为幂的反演中,作 Γ_1 的对应圆周 Γ_3. 圆周 Γ_3 通过点 C 和 F. 点 A 和 F,D 和 C 是圆周 Γ_1 和 Γ_3 对于相似心 N 的逆对应点.

已知圆周 Γ 和圆周 Γ_1,Γ_2,Γ_3 相交成等角(第 227 节),因此圆周 Γ 与圆周 Γ_2 和 Γ_3 的四个交点 B,C,E,F,对于这两圆周的一个相似心两两互为逆对应点. 这时,点 B 是 C 而不是 F 的逆对应点,因为 Γ 和 Γ_2 在点 B 的交角,以及 Γ 和 Γ_3 在点 F 的交角,两者有同一转向(和 Γ,Γ_1 在点 A 的交角转向相反),而在逆对应点,对应的角应有相反的转向. 因此,点 B 和 C,E 和 F 对于圆周 Γ_2 和 Γ_3 的一个相似心两两成逆对应,从此可知 M 是圆周 Γ_2 和 Γ_3 的一个相似心.

还须证明圆周 Γ_1,Γ_2,Γ_3 两两的相似心 L,M,N 在同一条相似轴上. 这可以由下面的考虑得出:若圆周 Γ 交所有三圆周 Γ_1,Γ_2,Γ_3 成严格相等的角,那么三个相似心都是外相似心(参看习题(256) 解答). 若 Γ 交圆周 Γ_1,Γ_2,Γ_3 不成严格相等的角,那么它交其中两个成严格相等而交第三个成互补的角. 我们有一个外相似心和两个内相似心(仍由习题(256) 解答). 在两种情况下,三个相似心 L,M,N 事实上共线 —— 相似轴.

(280) 为确定计,设求作一圆周使以**同一方式**切于三个已知圆周O_1,O_2,O_3. 以a,b,c表示所求圆周和已知圆周的切点,并以S_{12},S_{23},S_{13}表示已知圆周的外相似心.

考察三个反演,依次以S_{12},S_{23},S_{13}为极,并顺次变换圆周O_1为O_2,O_2为O_3,O_3为O_1. 点a被这三个反演依次变换为点b,点c,最后变换为点a. 反之,设a为第一圆周上一点,被上面三个反演按指出的顺序变换为其自身且b和c是圆周O_2和O_3上与它对应的点,那么通过点a,b,c的圆周和已知的三个相切,因为不然的话,对于S_{13}和点c成逆对应的点,便不是a而是圆周abc和圆周O_1的第二个交点(比较习题(279)解答). 这样一来,确定点a的位置归结于习题(253);点b和c可以利用上面指出的反演得到.

和已知圆周相切方式不同的圆周,适用类似的推理.

(281) 设$\angle BAC$为所说的直角(图256). 圆周在B,C两点的切线的交点N,是弦BC的中点M对于这圆周的反点,因为乘积$OM \cdot ON$等于圆半径的平方(第216节). 由于点M的轨迹是一个圆周,所以点N的轨迹也是一个圆周(弦BC不能和一条直径重合,所以点M不能和圆心O重合,于是点N的轨迹不会退化为直线;但当点A在圆周上时,发生例外的情况,这时点M总是和O重合,因而点N总是在无穷远).

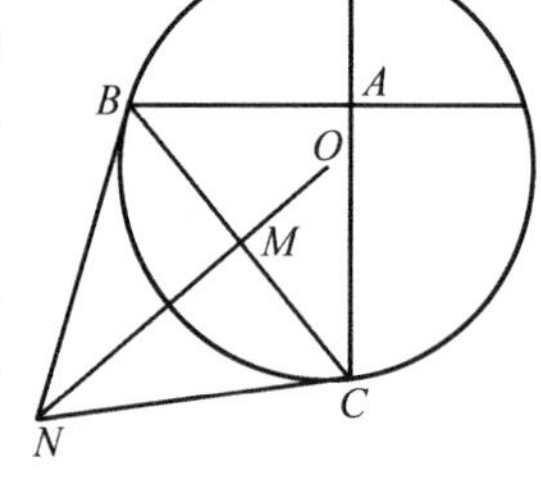

图 256

(282) 为确定计,设圆周o位于四边形$ABCD$内部,使得后者属于图83所表示的外切四边形的类型.

① 由习题(239),直线ac,bd,AC和BD相交于一点P(图217和257). 这点P对于圆周o的极线是这样一条直线:它上面有直线ab和cd的交点e,又有直线ad和bc的交点f(第211节). 这同一点P对于圆周O的极线是这样一条直线:它上面有直线AB和CD的交点E,又有直线AD和BC的交点F(仍按第211节). 由于由习题(239),四点e,f,E,F共线,所以点P对于圆周o和O有同一极线,因而是(习题(241)②)它们的一个极限点.

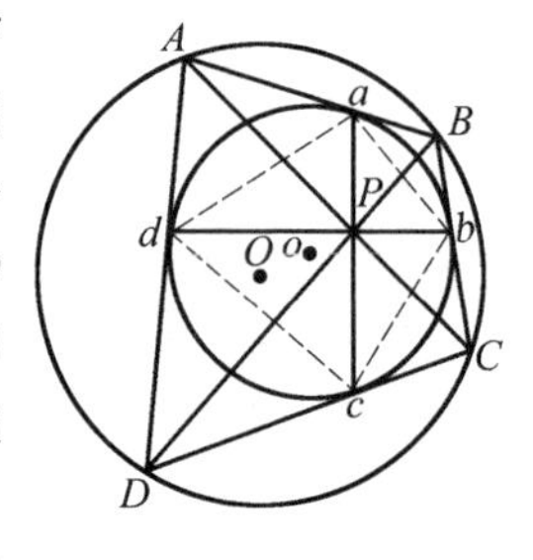

图 257

② 由于直线AB切圆周o于点a,则由习题(278),直线Pa是$\angle APB$的平分线. 同理,Pb是$\angle BPC$的平分线.

③ 由于直线Pa和Pb是$\angle APB$和$\angle BPC$的平分线,所以这两直线互垂. 因此,从点P和圆周o出发按习题(281)所得到的圆周,通过点A,B,C,D,因而和圆周O重合.

④ 若有一个四边形$ABCD$存在,内接于圆周O且外切于圆周o,则当一对互垂直线ac和bd绕点P转动时,在点a,b,c,d的切线的交点将沿一圆周而移动(习题(281)),于是这一圆周将和圆周O重合,因为在它上面应该有点A,B,C,D.

这样,若有一个四边形内接于圆周O且外切于圆周o,便有无数的这种四边形存在.

在这些四边形中可以找出这样一个,使它的对角线之一,例如BD,与圆周O的一条直径相重. 为此,只要选取点a的这样一个位置:使切线aB与圆周O的交点是通过点P的直径的端点. 由于点 o 在直线 OP 上, 可见这四边形将对称于直线 OP(图 258). 这时 $\triangle ABD$ 是直角三角形, 在点 o 引直线 BD 的垂线 oK. 我们有两个全等的 $\triangle oaB$ 和 $\triangle odK$. 应用习题(136) 的定理于 $\triangle DoK$, 得

$$\frac{1}{od^2}=\frac{1}{oD^2}+\frac{1}{oK^2}=\frac{1}{oD^2}+\frac{1}{oB^2}$$

或

$$\frac{1}{r^2}=\frac{1}{(R+\delta)^2}+\frac{1}{(R-\delta)^2} \qquad ①$$

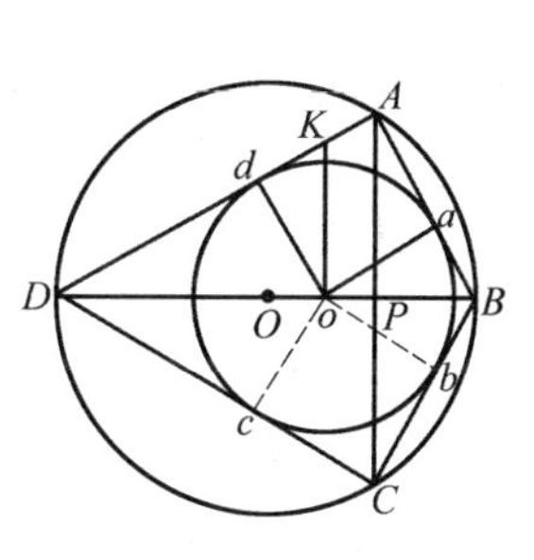

图 258

其中 R, r 是圆周 O, o 的半径, δ 是它们圆心间的距离.

要在圆周 O 内能作一内接四边形外切于一圆周 o, 必须它们的半径和圆心之间的距离满足关系 ①.

反过来, 若此关系满足, 且 $R>\delta$(在所引出的关系中, R 和 δ 是对称的, 因此可能 $R>\delta$, 也可能 $R<\delta$), 那么可以作一个直角 $\triangle ABD$, 使其斜边为圆周 O 通过点 o 的直径 BD, 且以这点 o 为角平分线的足. 以点 o 为圆心, 且切于边 AD 和 AB 的圆周, 它的半径将由关系 ① 确定, 从而将与已知圆周 o 重合. 作 A 关于 BD 的对称点 C. 便得出所求四边形中的一个.

备注 我们假设了圆周 o 位于四边形 $ABCD$ 内部.

若四边形 $ABCD$ 为凸的, 但圆周 o 切于其各边延长线, 如图 85 所示, 那么上面所有的推理还有效, 只有一点变化, 即在关系 ① 中, $R<\delta$.

现设四边形 $ABCD$ 是非常态的, 有如图 87 和 259 所示. 若四边形 $ABCD$ 可内接于圆, 则 $\angle ABC$ 和 $\angle ADC$ 相等, 以 E 表示直线 AD 和 BC 的交点, 则 $\triangle ABE$ 和 $\triangle CDE$ 相似. 由这两个三角形相似, 有 $AB=k\cdot CD$; $BE=k\cdot DE$; $AE=k\cdot CE$, k 是相似系数. 四边形 $ABCD$ 为外切四边形的条件(参照习题(87)) $AB+AD=BC+CD$ 取下面的形式 $k\cdot CD+(k\cdot CE+ED)=(k\cdot DE+EC)+CD$ 或 $(k-1)(CD+EC-ED)=0$. 由于 $CD+EC>ED$, 那么 $k=1$, 所以 $AB=CD$, $AD=BC$, 于是四边形 $ABCD$ 是**逆平行四边形**(第 46a 节), 就是由等腰梯形 $ABDC$ 对角线 AD, BC 和两侧边 AB, CD 所形成的.

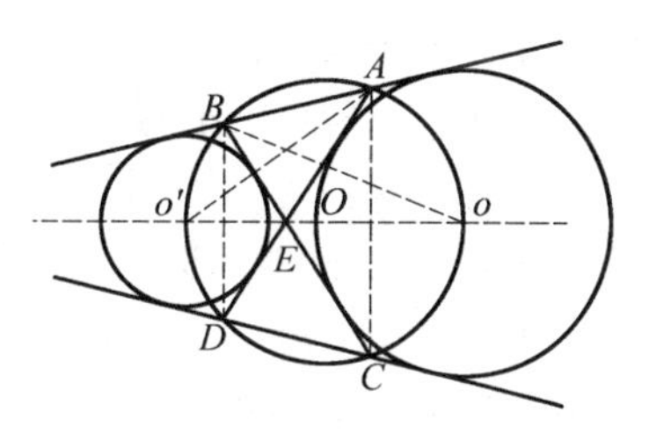

图 259

反过来, 每一个逆平行四边形显然可以内接于圆. 这时, 弧 AC 和 BD 的中点 o 和 o' 距逆平行四边形各边等远, 因为直线 Bo 和 Ao' 是 $\angle ABC$ 和 $\angle BAD$ 的平分线. o 和 o' 中每一点, 是与逆平行四边形各边相切的圆周的圆心. 关系 ① 代以条件 $R=\delta$(并且 $r<2R$).

(283) 设 O 是一个圆周的圆心, 对于这一圆周, 已知三角形的每一顶点是对边的极. 由于直线 OA 垂直于点 A 的极线 BC, 所以点 O 应该在三角形通过点 A 的高线 AD 上. 同理, 点 O 应该在三角形其余两条高线上. 因此, O 是三角形高线的交点. 所求圆周的半径应满足关

系 $R^2=OA\cdot OD=OB\cdot OE=OC\cdot OF$(图 260). 同时,由于$\triangle OAE$和$\triangle OBD$,$\triangle OAF$和$\triangle OCD$相似,后面三个乘积是相等的. $\triangle ABC$应该是钝角三角形,才能使点A和D(以及B和E,C和F)在高线交点O的同一侧.

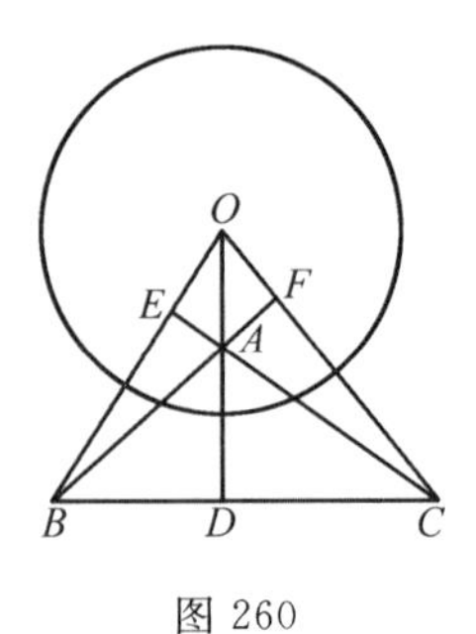

图 260

(284) 设有一$\triangle ABC$存在,内接于圆周O_1(图 261)而又与圆周O_2共轭(习题(283)). 由习题(283)解答可知,点O_2是这三角形高线的交点. 因直线BC为点A对于圆周O_2的极线,所以圆周O_2的半径R_2满足条件$R_2^2=O_2A\cdot O_2D$. 设K为直线AD和圆周O_1的第二个交点,则$O_2D=\frac{1}{2}O_2K$(习题(70)),因之

$$R_2^2=\frac{1}{2}O_2A\cdot O_2K \quad ①$$

就是说,第二个圆半径的平方等于它的圆心对于第一圆周的幂的一半.

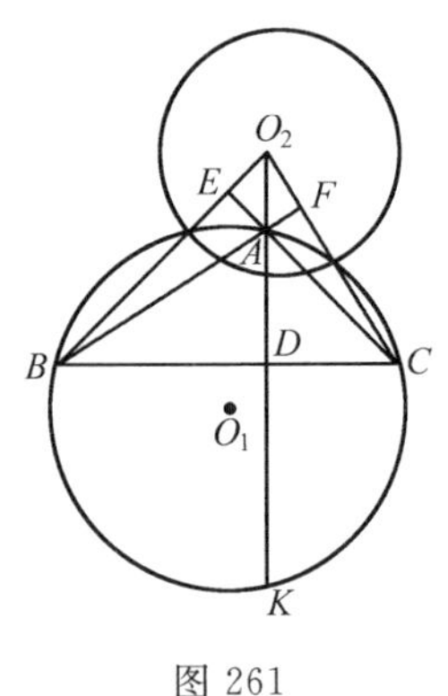

图 261

此外,$\triangle ABC$顶点之一必然在圆周O_2内部,而另外两个在其外部. 事实上,若直线BC不与圆周O_2相交,则直线BC的极A落在这圆内,而三角形其余两顶点在它的外部. 由于在圆周O_1上,既有圆周O_2的内部点,又有它的外部点,所以圆周O_1和O_2相交.

反过来,设O_1及O_2为满足条件①的两相交圆周. 设A为圆周O_1上一点,且落在圆O_2内部,K为直线O_2A与圆周O_1的第二个交点,D为线段O_2K的中点. 由于

$$R_2^2=O_2A\cdot O_2D \quad ②$$

且$R_2>O_2A$(因点A在圆O_2内),则$R_2<O_2D$. 所以$O_2A<O_2D<O_2K$. 点D介于A,K之间,因之在圆O_1内. 在点D与O_2D垂直的直线,交圆周O_1于两点B及C. 由关系②,点A是直线BC对于圆周O_2的极. 由是推知,点B和C的极线通过A,因点A,B,C,K在同一圆周上,且$O_2D=DK$,则$BD\cdot DC=AD\cdot DK=AD\cdot O_2D$. 所以$\triangle BO_2D$和$\triangle ACD$(以及$\triangle CO_2D$和$\triangle ABD$)彼此相似,因之直线$AC$垂直于$BO_2$(而直线$AB$垂直于$CO_2$),因此,直线$AC$和$AB$分别是点$B$和$C$的极线. $\triangle ABC$和圆周O_2共轭. 由于顶点A的任意性,这样的三角形有无穷多个存在.

(285) 设ABC为已知曲边三角形(图 262),它的边AB和AC所在的圆周相交于(A以外的)点O,对于以O为圆心且通过点A的圆周Σ实行反演. 弧AB和AC被变换为直线段AB'和AC',弧BC变换为某一弧$B'C'$. 曲边三角形ABC的各角分别等于曲边三角形$AB'C'$的角,其中边$B'C'$是圆弧. 由于按假设,在已知曲边三角形ABC的边上没有已知圆周的交点,所以在线段AB'和AC'上,没有直线AB'和AC'与弧$B'C'$所在圆周的第二个交点.

若有一个圆周存在和三个已知圆周正交,那么它被上述反演变换为以A为圆心的圆周

(即与直线 AB' 和 AC' 正交),且与弧 $B'C'$ 所在的圆周正交.所以点 A 在后面这圆外部(图 263),但曲边三角形 $AB'C'$ 各角之和小于直边 $\triangle AB'C'$ 各角之和.

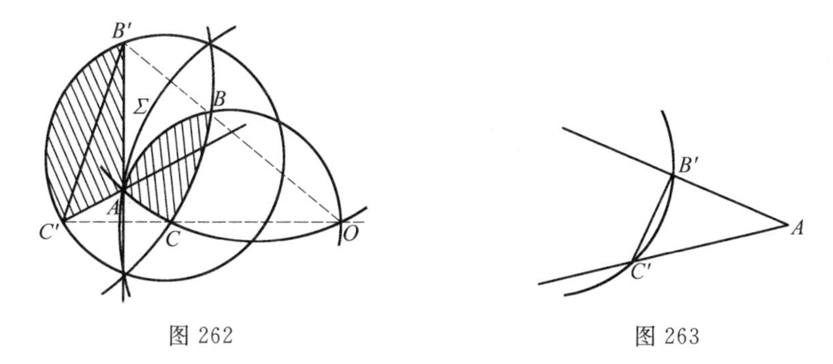

图 262　　　　图 263

若没有一个圆周存在和已知的圆周正交,那么实行上面那个反演,仍然得出两条直线段 AB' 和 AC'.这时已不再有一个圆周存在使以 A 为圆心而又与弧 $B'C'$ 所在的圆周正交.所以点 A 在后面这圆内部(图 262),但曲边三角形 $AB'C'$ 各角之和将大于直边 $\triangle AB'C'$ 各角之和.

(286) 由于点 B',C',D' 共线,则可假设点 C' 介于 B' 和 D' 之间.并且(第 127 节)$AB'^2 \cdot D'C' + AD'^2 \cdot B'C' - AC'^2 \cdot B'D' = B'C' \cdot C'D' \cdot B'D'$.设将点 B,C,D 变换为 B',C',D' 的反演幂为 k,则

$$AB' = \frac{k}{AB}$$

$$AC' = \frac{k}{AC}$$

$$AD' = \frac{k}{AD}$$

$$B'C' = \frac{k \cdot CB}{AB \cdot AC}$$

$$C'D' = \frac{k \cdot DC}{AC \cdot AD}$$

$$B'D' = \frac{k \cdot DB}{AB \cdot AD}$$

把这些值代入上面的关系中,得出

$$\frac{k^3 \cdot CD}{AB^2 \cdot AC \cdot AD} + \frac{k^3 \cdot BC}{AD^2 \cdot AB \cdot AC} - \frac{k^3 \cdot BD}{AC^2 \cdot AB \cdot AD} = \frac{k^3 \cdot BC \cdot CD \cdot BD}{AB^2 \cdot AC^2 \cdot AD^2}$$

约去 k^3,并逐项以 $AB^2 \cdot AC^2 \cdot AD^2$ 乘,得

$$CD \cdot AC \cdot AD + BC \cdot AB \cdot AC - BD \cdot AB \cdot AD = BC \cdot CD \cdot BD$$

从此集项得

$$AC \cdot (AD \cdot CD + AB \cdot BC) = BD \cdot (AB \cdot AD + BC \cdot CD)$$

或

$$\frac{AC}{AB \cdot AD + BC \cdot CD} = \frac{BD}{AB \cdot BC + AD \cdot CD}$$

这也就是第 240 节引进的关系.

第五编　面　积

(287) 由于以 a 为边的等边三角形的高等于$\frac{1}{2}a\sqrt{3}$(比较第 167 节),则其面积等于$\frac{1}{2}a \cdot \frac{1}{2}a\sqrt{3} = \frac{\sqrt{3}}{4}a^2$.

(288) 由习题(287) 有等式$\frac{\sqrt{3}}{4}a^2 = 1\ \mathrm{m}^2$,由是 $a = 1.52\ \mathrm{m}$.

(289) 设 $ABCD$ 为已知正方形(图 264),E,F,G,H 为各边中点. 直线 AE,BF,CG,DH 将已知正方形的面积分为九部分,其中之一(图上以数字 9 标志) 是正方形.

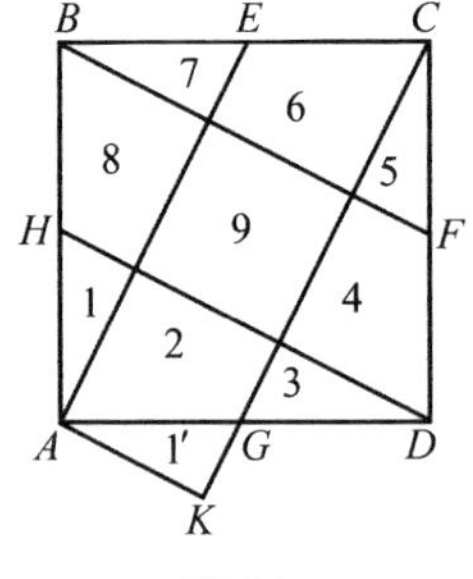

图 264

从点 A 向直线 CG 引垂线 AK,得出三角形 $1'$ 与三角形 1 相等. 所以 1 和 2 两部分面积之和等于 $1'$ 和 2 两部分面积之和,即正方形 9 的面积.

于是:面积 1 + 面积 2 = 面积 3 + 面积 4 = 面积 5 + 面积 6 = 面积 7 + 面积 8 = 面积 9. 由是可知,新正方形的面积是已知正方形的$\frac{1}{5}$.

(290) 由于(图 265):面积 1 = 面积 2,面积 3 = 面积 4,面积 1 + 面积 5 + 面积 3 = 面积 2 + 面积 6 + 面积 4,所以面积 5 = 面积 6.

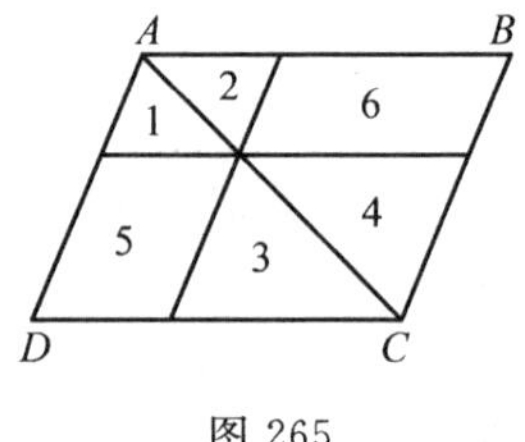

图 265

(291) 由于底边公共的两个三角形中,高较长的有较大的面积,所以在有公共底边和相等顶角的三角形中,我们应该选高最长的那一个.

这些三角形等角顶点 A 的轨迹是弧 BAC(图 266),说得确

切一些是弧 BAC 和它关于 BC 的对称弧，但第二个弧并不引导出新的三角形. 若 A_0 为此弧与 BC 在其中点 H_0 的垂线的交点，而 A 为这弧上其他任意一点，且 AH 为 $\triangle ABC$ 的高，则显然有 $AH < A_0H_0$，因而最长的高是 A_0H_0.

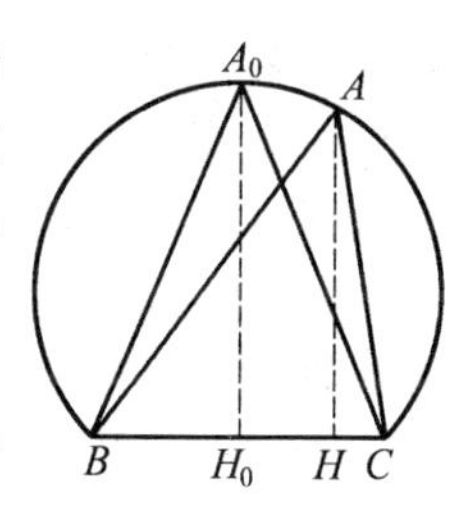

图 266

所以 $\triangle A_0BC$ 有最大面积.

(292) 若 O 为梯形 $ABCD$(图 29) 对角线 AC 和 BD 的交点，则有 $S_{\triangle ACD} = S_{\triangle BCD}$. 在相等的面积中去掉 $\triangle COD$ 的面积，便得 $S_{\triangle AOD} = S_{\triangle BOC}$.

反过来，如果在一个四边形中，两条对边和对角线上的线段形成的两个三角形等积，则此四边形为梯形.

事实上，若 $S_{\triangle AOD} = S_{\triangle BOC}$，则 $S_{\triangle AOD} + S_{\triangle COD} = S_{\triangle BOC} + S_{\triangle COD}$，即 $S_{\triangle ACD} = S_{\triangle BCD}$. 所以有同底的 $\triangle ACD$ 和 $\triangle BCD$ 也有等高，因而直线 AB 与 CD 平行.

(293) 设(图 267)K, L, M, N, P, Q 为四边形 $ABCD$ 各边及对角线的中点，OP 及 OQ 为平行于 BD 及 AC 的直线. 由于 $AP = PC$，则有 $S_{\triangle ABP} = S_{\triangle PBC}$，$S_{\triangle ADP} = S_{\triangle PDC}$，所以 $S_{ABPD} = S_{BCDP} = \frac{1}{2}S_{ABCD}$. 又因 $BL = LC$，$DM = MC$，则 $S_{\triangle BPL} = S_{\triangle LPC}$，$S_{\triangle DPM} = S_{\triangle MPC}$，所以 $S_{PLCM} = \frac{1}{2}S_{BCDP} = \frac{1}{4}S_{ABCD}$. 最后，直线 OP 与 BD 因而与 LM 平行，于是 $S_{OLCM} = S_{PLCM} = \frac{1}{4}S_{ABCD}$. 仿此可证，$ONAK$，$OKBL$，$OMDN$ 的面积都是 $ABCD$ 面积的 $\frac{1}{4}$.

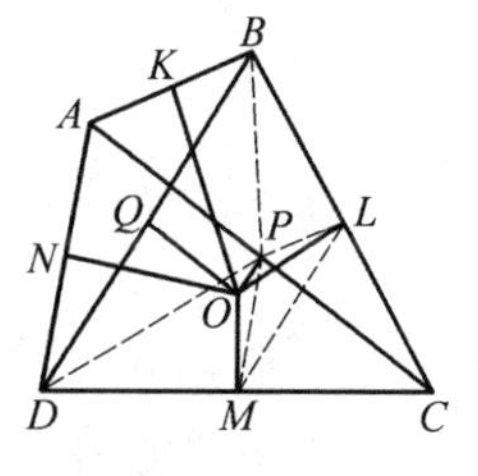

图 267

(294) 由于(图 268) 面积 $1 =$ 面积 2，面积 $3 =$ 面积 4，面积 $5 =$ 面积 6，面积 $7 =$ 面积 8，故所得平行四边形 $KLMN$ 的面积是已知四边形 $ABCD$ 的 2 倍.

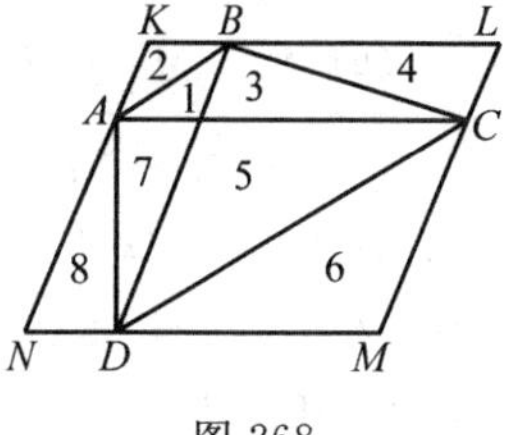

图 268

若两四边形的对角线分别相等，且交角也相等，则此两四边形所对应的与 $KLMN$ 类似的平行四边形相等，所以两四边形等积.

(295) 设 O 为这样一点：位于三角形内部，使 $S_{\triangle OBC} : S_{\triangle OCA} : S_{\triangle OAB} = p : q : r$(图 22.5). $\triangle OCA$ 和 $\triangle OAB$ 有公共底边 OA，所以它们的面积之比等于相应的高之比，或者说等于线段 aC 和 aB 之比. 因此有 $aC : aB = q : r$，$bA : bC = r : p$，$cB : cA = p : q$. 所以，要作点 O，只要将三角形的两边分成已知比，并将分点和对顶相连.

若 $\triangle OBC$，$\triangle OCA$，$\triangle OAB$ 等积，则 O 为三角形的重心(第 56 节).

(295a) 设直线 Aa，Bb，Cc(图 22.5) 通过一点 O，则(习题(295))$aB : aC = S_{\triangle OAB} : S_{\triangle OAC}$；$bC : bA = S_{\triangle OBC} : S_{\triangle OBA}$，$cA : cB = S_{\triangle OCA} : S_{\triangle OCB}$. 这三等式相乘得 $\frac{aB}{aC} \cdot \frac{bC}{bA} \cdot \frac{cA}{cB} =$

1(所有线段只考察了绝对值).

(296)① 通过点 O(图 269) 引直线平行于平行四边形 $ABCD$ 的边,并以 a,b,c,d 表示这些直线和边 AB,BC,CD,DA 的交点.则有 $S_{\triangle OAa}=S_{\triangle OdA}, S_{\triangle OaB}=S_{\triangle OBb}, S_{\triangle OCc}=S_{\triangle ObC}, S_{\triangle OcD}=S_{\triangle ODd}$,逐项相加,得出所求关系.

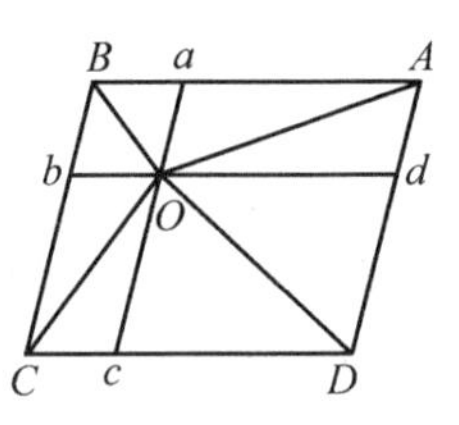

图 269

② 通过点 B 和 D 引直线 BB' 和 DD' 与 AO 平行(图 270 和 271),并设 B' 和 D' 为这两线和 AC 的交点. $\triangle ADD'$ 和 $\triangle CBB'$ 是全等的,于是 $AD'=B'C$.

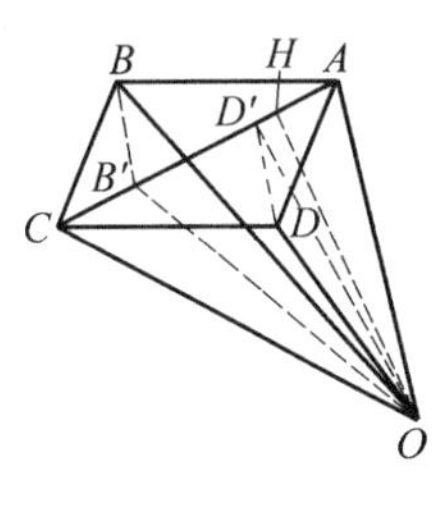

图 270

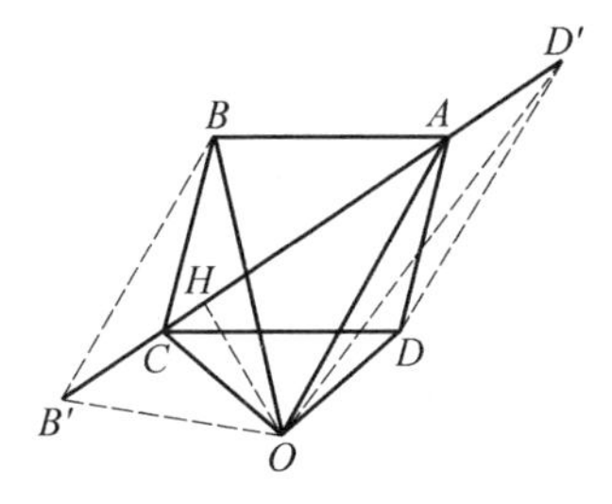

图 271

由于直线 BB' 平行于 AO,则 $S_{\triangle OAB}=S_{\triangle OAB'}$,仿此,$S_{\triangle OAD}=S_{\triangle OAD'}$.但 $\triangle OAD'$ 和 $\triangle OB'C$ 因有等底 $AD'=B'C$ 及公共高 OH 而等积,因之 $S_{\triangle OAD}=S_{\triangle OB'C}$.由于 $AC=AB'+B'C$ (图 270) 或 $AC=AB'-B'C$(图 271),则 $S_{\triangle OAC}=\frac{1}{2}AC\cdot OH=\frac{1}{2}(AB'\pm B'C)\cdot OH=\frac{1}{2}AB'\cdot OH\pm\frac{1}{2}B'C\cdot OH=S_{\triangle OAB'}\pm S_{\triangle OB'C}=S_{\triangle OAB}\pm S_{\triangle OAD}$.

(297) 设 E 和 F(图 272) 为梯形 $ABDC$ 两腰的中点.

① 设 BB' 为 CD 的垂线,而 EK 为 BD 的垂线,则由 $\triangle EFK$ 和 $\triangle BDB'$ 相似(对应边垂直)推出 $EF\cdot BB'=BD\cdot EK$,并且 $EF\cdot BB'$ 是已知梯形的面积.

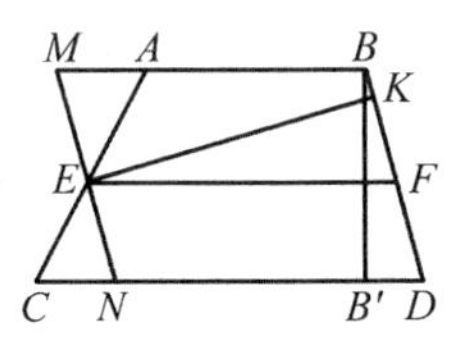

图 272

② 设直线 MN 通过点 E 且与 BD 平行,则 $\triangle EAM$ 和 $\triangle ECN$ 全等,于是 $S_{ABDC}=S_{MBDN}=BD\cdot EK$.

$\triangle BED$ 的面积等于 $\frac{1}{2}BD\cdot EK=\frac{1}{2}S_{ABDC}$.

(298) 设 O 为正多边形 $ABC\cdots KL$ 内部一点,则

$$S_{ABC\cdots KL}=S_{\triangle OAB}+S_{\triangle OBC}+\cdots+S_{\triangle OKL}+S_{\triangle OLA}$$

由此推知 $S_{ABC\cdots KL}$ 等于多边形一边与由点 O 到各边距离之和的乘积的一半,从而这距离之和与点 O 的选取无关.

(299) 设 $\triangle ABC$ 为已知三角形(图 273),I 和 R 为内切圆的圆心和半径,I_a 和 R_a 为与边

BC 及其余两边延长线相切的旁切圆心和半径.和第254节一样,有

$$S_{\triangle ABC}=S_{\triangle IBC}+S_{\triangle ICA}+S_{\triangle IAB}=$$

$$\frac{R}{2}(BC+CA+AB)=p\cdot R$$

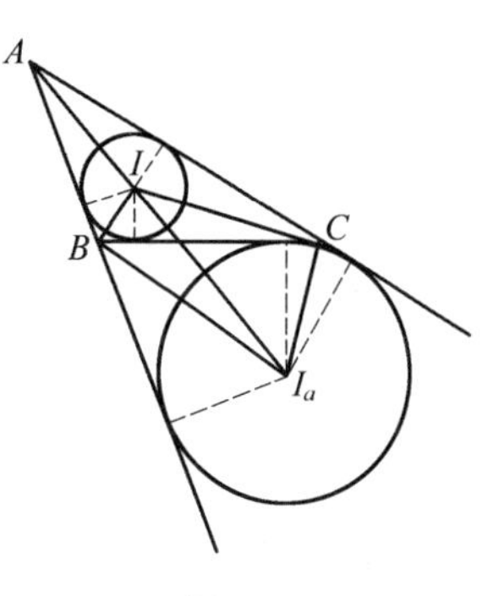

图 273

仿此 $$S_{\triangle ABC}=-S_{\triangle I_aBC}+S_{\triangle I_aCA}+S_{\triangle I_aAB}=$$

$$\frac{1}{2}R_a\cdot(-BC+CA+AB)=R_a(p-a)$$

(300) 由习题(299)有

$$\frac{1}{R}=\frac{p}{S_{\triangle ABC}}$$

$$\frac{1}{R_a}=\frac{p-a}{S_{\triangle ABC}}$$

$$\frac{1}{R_b}=\frac{p-b}{S_{\triangle ABC}}$$

$$\frac{1}{R_c}=\frac{p-c}{S_{\triangle ABC}}$$

由是

$$\frac{1}{R_a}+\frac{1}{R_b}+\frac{1}{R_c}=\frac{3p-(a+b+c)}{S_{\triangle ABC}}=\frac{p}{S_{\triangle ABC}}=\frac{1}{R}$$

(301) 设 O 为 $\triangle ABC$ 内部一点(图274),则有

$$x:h=S_{\triangle OBC}:S_{\triangle ABC}$$

$$y:k=S_{\triangle OCA}:S_{\triangle ABC}$$

$$z:l=S_{\triangle OAB}:S_{\triangle ABC}$$

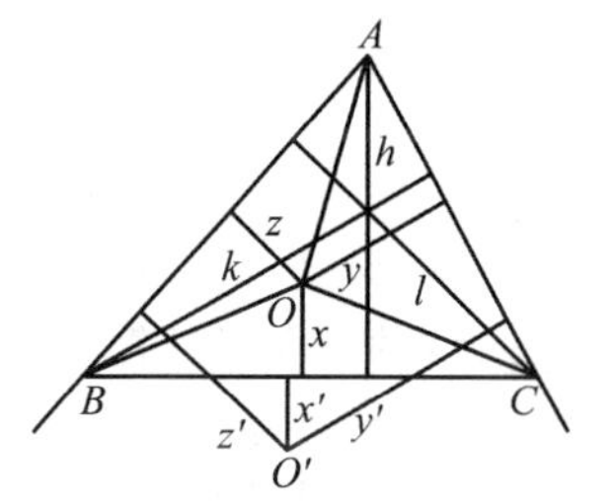

图 274

由是

$$\frac{x}{h}+\frac{y}{k}+\frac{z}{l}=\frac{S_{\triangle OBC}+S_{\triangle OCA}+S_{\triangle OAB}}{S_{\triangle ABC}}=$$

$$\frac{S_{\triangle ABC}}{S_{\triangle ABC}}=1$$

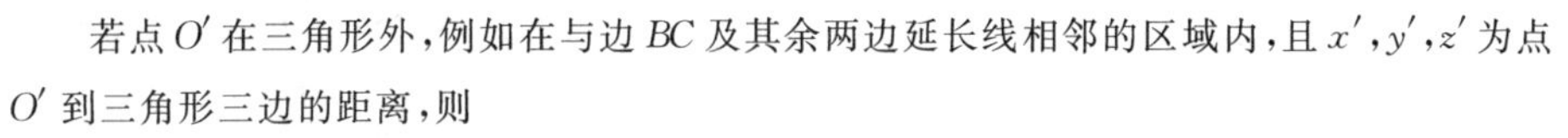

若点 O' 在三角形外,例如在与边 BC 及其余两边延长线相邻的区域内,且 x',y',z' 为点 O' 到三角形三边的距离,则

$$-\frac{x'}{h}+\frac{y'}{k}+\frac{z'}{l}=\frac{-S_{\triangle O'BC}+S_{\triangle O'CA}+S_{\triangle O'AB}}{S_{\triangle ABC}}=1$$

仿此,在各种情况下有

$$\pm\frac{x}{h}\pm\frac{y}{k}\pm\frac{z}{l}=1$$

备注 当 O 和顶点 A 在直线 BC 的同侧时,我们把三角形平面上一点 O 到边 BC 的距离 x 算做是正的;在相反的情况下,算做是负的.对于距离 y 和 z,适用类似的条件.于是对于

平面上任意一点O,按大小和符号而论,有$\frac{x}{h}+\frac{y}{k}+\frac{z}{l}=1$,如果注意到$\frac{1}{h}=\frac{BC}{2S_{\triangle ABC}}$等,也就有$BC\cdot x+CA\cdot y+AB\cdot z=2S_{\triangle ABC}$.

(302) 设点A_1,B_1,C_1内分或外分$\triangle ABC$(图275)的边成比(按大小和符号)$A_1B:A_1C=\alpha,B_1C:B_1A=\beta,C_1A:C_1B=\gamma$.于是

$$S_{\triangle AB_1C_1}:S_{\triangle ABC}=\frac{AB_1}{AC}\cdot\frac{AC_1}{AB}$$

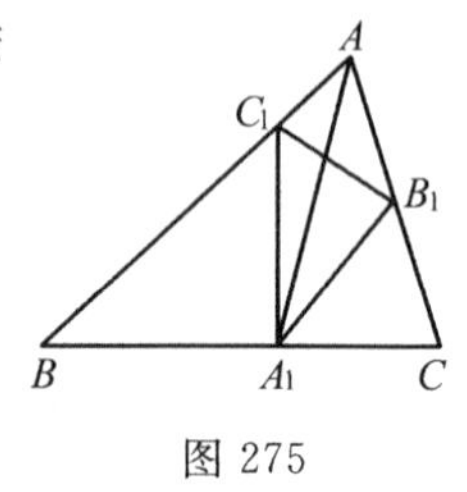

图 275

但

$$\frac{AB_1}{AC}=\frac{AB_1}{AB_1+B_1C}=\frac{1}{1-\frac{B_1C}{B_1A}}=\frac{1}{1-\beta}$$

$$\frac{AC_1}{AB}=\frac{AC_1}{AC_1+C_1B}=\frac{1}{1-\frac{C_1B}{C_1A}}=\frac{1}{1-\frac{1}{\gamma}}=\frac{\gamma}{\gamma-1}$$

由是
$$S_{\triangle AB_1C_1}=\frac{\gamma}{(1-\beta)(\gamma-1)}\cdot S_{\triangle ABC}$$

由等式$S_{\triangle A_1B_1C_1}=S_{\triangle ABC}-S_{\triangle AB_1C_1}-S_{\triangle BC_1A_1}-S_{\triangle CA_1B_1}$推出

$$S_{\triangle A_1B_1C_1}=S_{\triangle ABC}\cdot\left(1+\frac{\gamma}{(1-\beta)(1-\gamma)}+\frac{\alpha}{(1-\gamma)(1-\alpha)}+\frac{\beta}{(1-\alpha)(1-\beta)}\right)=$$
$$\frac{1-\alpha\beta\gamma}{(1-\alpha)(1-\beta)(1-\gamma)}\cdot S_{\triangle ABC}$$

要点A_1,B_1,C_1共线,必须亦只须$1-\alpha\beta\gamma=0$.这里包含着第192,193节的定理.

如果考察面积的符号,有如习题324所做的那样,那么等式:$S_{\triangle A_1B_1C_1}=S_{\triangle ABC}-S_{\triangle AB_1C_1}-S_{\triangle BC_1A_1}-S_{\triangle CA_1B_1}$,以及上面一切的关系,在各种情况下都保持有效.

(303) 首先让我们来作平行于$\triangle ABC$边BC的直线$B'C'$,分它的面积成已知比$m:n$,从顶点A算起.

设点M'分边AB成比$AM':M'B=m:n$(图276),因而

$$AM':AB=m:(m+n) \quad ①$$

另一方面,由条件$S_{\triangle AB'C'}:S_{\triangle BCC'B'}=m:n$,因而

$$S_{\triangle AB'C}:S_{\triangle ABC}=m:(m+n) \quad ②$$

但

$$S_{\triangle AB'C'}:S_{\triangle ABC}=AB'^2:AB^2 \quad ③$$

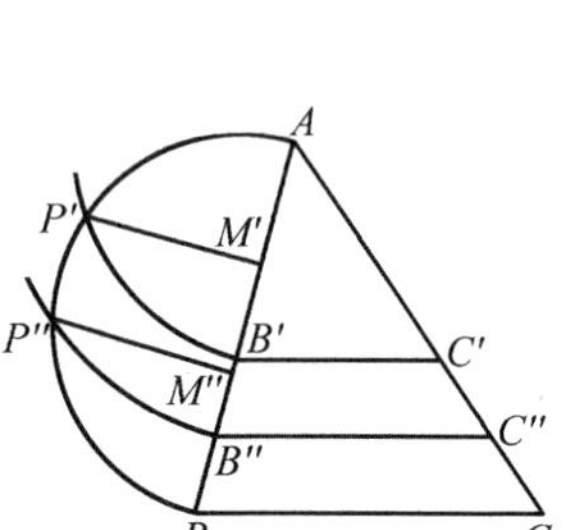

图 276

由①,②,③推得$AB'^2:AB^2=AM':AB$,即$AB'^2=AB\cdot AM'$.因此,问题归结于作AB和AM'的比例中项(第153节):以AB为直径作半圆周,设边AB在点M'的垂线与它相交于点P',则$AB'=AP'$.

要将$\triangle ABC$的面积以BC的平行线分为给定个数的等积部分,则以点$M',M'',\cdots$将边AB分成这么多等份,并对于这些点的每一个重复上面的作图(在图276上表明将三角形面

积分为三等份).

事实上,要以平行于三角形底边的直线将它的面积分为,例如说五等份,只要将它(每次从顶点算起)分成比 $1:4,2:3,3:2,4:1$.

(304) 首先让我们用梯形 $BCC'B'$(图 276) 底边 BC 和 $B'C'$ 的平行线 $B''C''$,将它的面积分成已知比 $m:n$,从上底边 $B'C'$ 算起,习题 303 解法导出下述作法.设 A 为两腰的交点,以线段 AB 为直径作半圆周,并截线段 $AP'=AB'$.从点 P' 向 AB 所引的垂线确定出点 M'.将线段 $M'B$ 分于点 M'' 成比 $m:n$.在 M'' 引 AB 的垂线,在半圆周上得出点 P''.这时 $AB''=AP''$.

事实上

$$\begin{aligned}S_{\triangle AB'C'}:S_{\triangle AB''C''}:S_{\triangle ABC}&=AB'^2:AB''^2:AB^2=\\&AP'^2:AP''^2:AB^2=\\&(AM'\cdot AB):(AM''\cdot AB):AB^2=\\&AM':AM'':AB\end{aligned}$$

所以

$$\begin{aligned}S_{B'C'C''B''}:S_{B''C''CB}&=(S_{\triangle AB''C''}-S_{\triangle AB'C'}):(S_{\triangle ABC}-S_{\triangle AB''C''})=\\&(AM''-AM'):(AB-AM'')=M'M'':M''B=m:n\end{aligned}$$

现在,要分梯形面积为给定个数的等积部分,可照上面所说作点 M',以点 M'',M''',… 将线段 $M'B$ 分为给定的等份数,并对于每一分点重复上述作法(参照习题(303) 解答末尾).

(305) 两圆半径的比等于$\sqrt{2}$,所以三角形的边的比也等于$\sqrt{2}$,而它们面积的比等于 2.但由图 277 显见,圆内接正六边形的面积是该圆内接正三角形的 2 倍.所以大的等边三角形的面积确实等于六边形的面积.

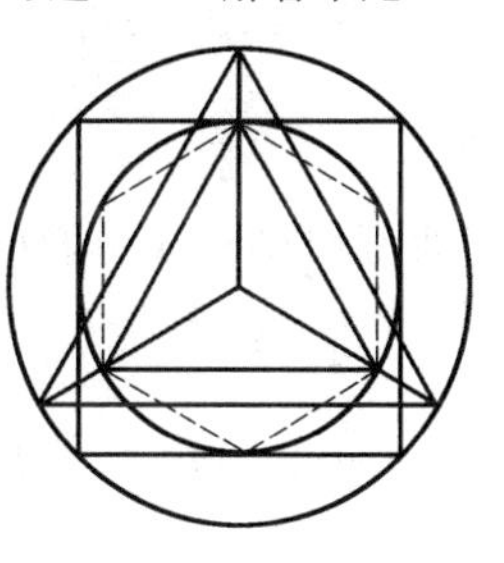

图 277

(306) 设 $ABCD$(图 278) 是已知的四边形,O 为其对角线交点,并设与已知直线 MN 平行的直线 AA',CC' 交对角线 BD 于点 A',C',而与这 MN 线平行的直线 BB',DD' 交对角线 AC 于点 B',D'.这时由于平行线 AA',BB',CC',DD' 与直线 OA 和 OA' 相交,有

$$\frac{OA}{OA'}=\frac{OB'}{OB}=\frac{OC}{OC'}=\frac{OD'}{OD}=\frac{AC}{A'C'}=\frac{B'D'}{BD} \qquad ①$$

① 由于 $\triangle OAB$ 和 $\triangle OA'B'$ 有一个公共角,则

$$S_{\triangle OAB}:S_{\triangle OA'B'}=(OA\cdot OB):(OA'\cdot OB')$$

由 ①,后面的比等于1,于是 $S_{\triangle OAB}=S_{\triangle OA'B'}$.仿此可证,$S_{\triangle OBC}=S_{\triangle OB'C'}$,等等.因此,两个四边形等积.

② 若已知的四边形 AB 和 CD 两边平行,则有 $OA:OB=OC:OD$,或

$$OA\cdot OD=OB\cdot OC \qquad ②$$

但由 ①,$OA\cdot OD=OA'\cdot OD'$,$OB\cdot OC=OB'\cdot OC'$,于是等式 ② 变为等式 $OA'\cdot$

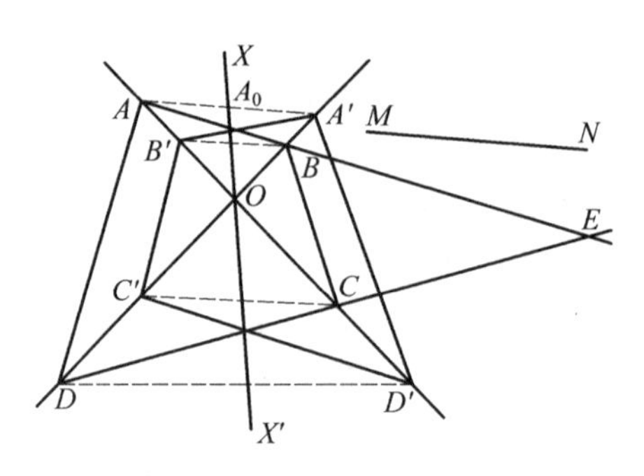

图 278

$OD'=OB'\cdot OC'$,这式表明直线 $A'B'$ 和 $C'D'$ 平行.

第二对边 AD 和 BC 情况也是如此.

③ 设边 AB 与 CD 相交于点 E,则应用第 192 节定理于 $\triangle OAB$ 和截线 CD,得关系

$$\frac{DO}{DB}\cdot\frac{EB}{EA}\cdot\frac{CA}{CO}=1$$

(其中各线段可看做正的).由是

$$\frac{EA}{EB}=\frac{DO\cdot CA}{CO\cdot DB}$$

设边 $A'B'$ 与 $C'D'$ 相交于点 E',则同理

$$\frac{E'A'}{E'B'}=\frac{D'O\cdot C'A'}{C'O\cdot D'B'}$$

但由 ①,$DO\cdot CA=D'O\cdot C'A'$,$CO\cdot DB=C'O\cdot D'B'$,从而

$$\frac{EA}{EB}=\frac{E'A'}{E'B'}$$

(307) 设通过某一线段 AB 的端点,引直线 AA_0 及 BB_0(图 279)平行于给定方向 KL,且与已知直线 XX' 交于点 A_0 及 B_0.在这两线上截线段 AA' 及 BB',使与 A 及 B 到直线 XX' 的距离亦即与 AA_0 及 BB_0 成比例,因而有 $AA':AA_0=BB':BB_0$.于是有$(AA_0-AA'):AA_0=(BB_0-BB'):BB_0$,或 $A'A_0:AA_0=B'B_0:BB_0=h=$ 常数,且

$$(A'A_0+B'B_0):(AA_0+BB_0)=A'A_0:AA_0=B'B_0:BB_0$$

如果现在以 M,M',M_0 表示线段 $AB,A'B',A_0B_0$ 的中点,则 $A'A_0+B'B_0=2M'M_0$,$AA_0+BB_0=2MM_0$,从而$\dfrac{M'M_0}{MM_0}=\dfrac{A'A_0}{AA_0}=\dfrac{B'B_0}{BB_0}=h$.由于线段 $M'M_0$ 及 MM_0 显然与点 M' 及 M 到直线 A_0B_0 的距离成比例,则由习题(297)有 $S_{A'A_0B_0B'}:S_{AA_0B_0B}=h$.这个关系对于已知多边形,例如已知四边形 $ABCD$(图 280)的每一边 $AB,BC,\cdots$ 成立.于是有 $S_{A'A_0B_0B'}:S_{AA_0B_0B}=S_{B'B_0C_0C'}:S_{BB_0C_0C}=S_{C'C_0D_0D'}:S_{CC_0D_0D}=S_{D'D_0A_0A'}:S_{DD_0A_0A}=h$.由于 $S_{ABCD}=S_{AA_0B_0B}+S_{BB_0C_0C}-S_{CC_0D_0D}-S_{DD_0A_0A}$,而对于 $S_{A'B'C'D'}$ 也有类似的等式,从此于是得出 $S_{A'B'C'D'}:S_{ABCD}=h$.这证明显然对于任意的多边形都有效.

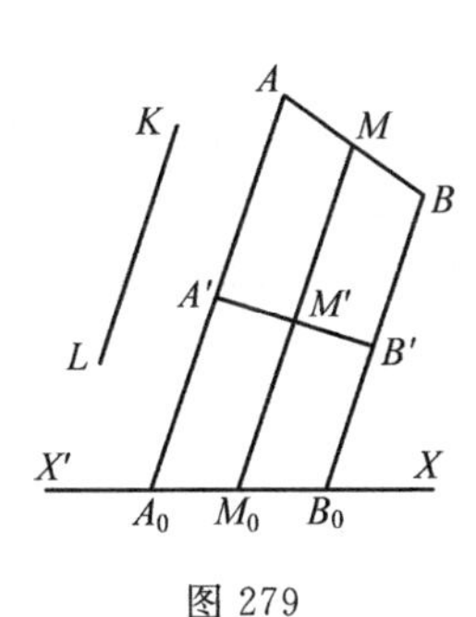

图 279

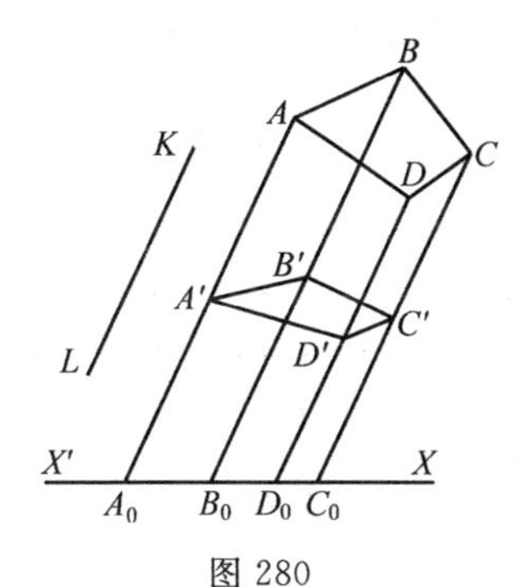

图 280

新多边形将与原先的多边形(不与它重合)等积,如果 $h = A'A_0 : AA_0 = B'B_0 : BB_0 = \cdots = 1$(按绝对值).这时显然将有 $AA' : AA_0 = BB' : BB_0 = \cdots = 2$(按绝对值和符号),因为点 $A_0, B_0, \cdots$ 将是线段 $AA', BB', \cdots$ 的中点.

(308) 在习题(306)中,通过点 O 和线段 AA' 中点 A_0 的直线 XX'(图 278),也平分线段 BB', CC', DD'.由是可知,四边形 $A'B'C'D'$ 是用习题(307)的作法从 $ABCD$ 得来的,并且 $AA' : AA_0 = 2$.

(309) 正方形 $HBKF$(图 43)的面积等于 $S_{HBCEF} + S_{\triangle BCK} + S_{\triangle EFK} = S_{HBCEF} + S_{\triangle ABH} + S_{\triangle FGH} = S_{ABCD} + S_{DEFG}$.由于正方形 $HBKF$ 以 $\triangle ABH$ 的斜边 HB 为边,而正方形 $ABCD$ 和 $DEFG$ 以该三角形的腰 AB 和 $AH = DE$ 为边,所以从这里得出第 258 节定理.

(310) 由 $\triangle ABC$,$\triangle DBA$ 和 $\triangle DAC$ 的相似得出(图 281)$S_{\triangle ABC} : S_{\triangle DBA} : S_{\triangle DAC} = BC^2 : AB^2 : AC^2$,从这里得出 $S_{\triangle ABC} : (S_{\triangle DBA} + S_{\triangle DAC}) = BC^2 : (AB^2 + AC^2)$.但由于 $S_{\triangle ABC} = S_{\triangle DBA} + S_{\triangle DAC}$,故 $BC^2 = AB^2 + AC^2$.

(311) 设平行四边形 $BCJI$(图 282)的边 BI 和 CJ 与 AM 平行且相等,并设直线 AM 依次交 BC 及 IJ 于点 D 及 K,而直线 BI 及 CJ 交 EF 及 GH 于点 P 及 Q.这时将有 $BP = AM$,而由于 $BI = AM$,故 $BP = BI$.仿此 $CQ = CJ$.

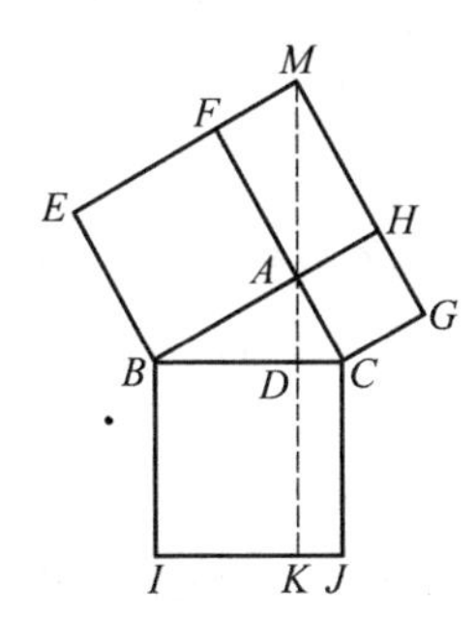

图 281

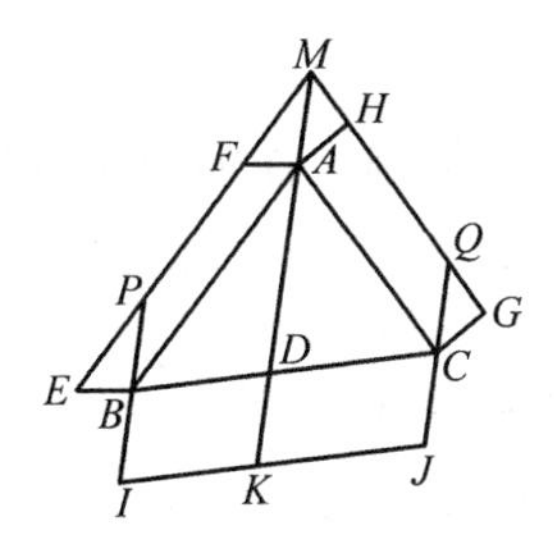

图 282

由于有等底和等高的平行四边形等积，则 $S_{ABEF}=S_{ABPM}=S_{BDKI}$，$S_{ACGH}=S_{ACQM}=S_{DCJK}$. 由是 $S_{ABEF}+S_{ACGH}=S_{BDKI}+S_{DCJK}=S_{BCJI}$.

为了表明，勾股定理是所证定理的特例，假设 $\angle BAC$ 为直角，且两个平行四边形 $ABEF$ 和 $ACGH$ 是正方形(图 281). 这时四边形 $AFMH$ 将是矩形，从而 $FM=AH=AC$. 所以 $\triangle FAM$ 和 $\triangle ABC$ 全等，从此 $AM=BC$ 且 $\angle CAD=\angle MAF=\angle ABC$. 由是推断直线 AM，因而 BI，垂直于 BC，且 $BI=AM=BC$. 因此，平行四边形 $BCJI$ 也是正方形，并且这正方形与正方形 $ABEF$ 及 $ACGH$ 之和等积.

(312) 由第 261 节有 $R=\sqrt{\frac{1}{\pi}}=0.564\ 2$ m 或 56.42 cm.

(313) 由第 262 节有等式 $\frac{\pi R^2\times 15.25}{400}=1$，由是

$$R=\sqrt{\frac{400}{15.25\pi}}=2.887$$

(314) 由第 262 节和习题(287) 解答，有 $\frac{\pi R^2}{6}-\frac{R^2\sqrt{3}}{4}=1$ 或 $0.090\ 6\ R^2=1$，由是 $R=$ 3.32 m.

(315) 设两同心圆半径为 OA 及 OB(图 283)，介于两圆周间环区的面积等于两圆面积之差，即 $\pi\cdot OA^2-\pi\cdot OB^2=\pi(OA^2-OB^2)=\pi\cdot AB^2$，(应用第 258 节定理). 而 $\pi\cdot AB^2$ 是以 AB 为半径的圆的面积.

(316) 由于线段 AB 和 CD 相等，故弧 AB 和 CD 亦相等，且 $\angle AOB=\angle COD$(图 284). 所以 $\triangle BOE$ 和 $\triangle ODF$ 全等，于是 $S_{BDFE}=S_{OBDF}-S_{\triangle OBE}=S_{OBDF}-S_{\triangle ODF}=S_{扇形OBD}$.

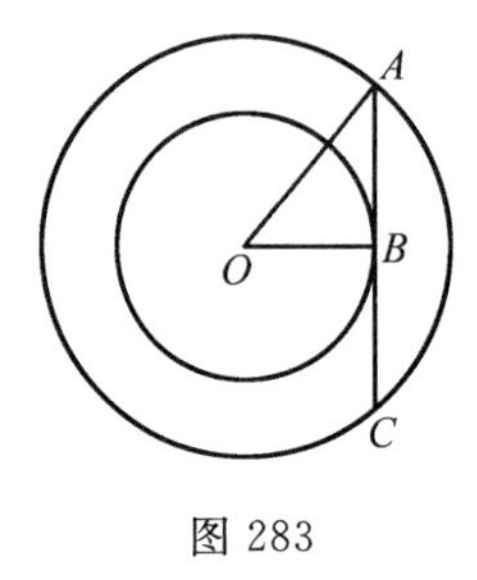

图 283

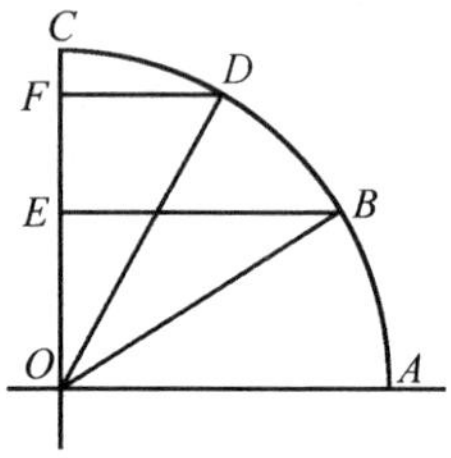

图 284

(317) 图 285 阴影部分两月形面积之和可以这样求：将作在两腰上的半圆面积之和，亦即 $\frac{\pi\cdot AB^2}{8}+\frac{\pi\cdot AC^2}{8}=\frac{\pi(AB^2+AC^2)}{8}=\frac{\pi\cdot BC^2}{8}$ 加在 $\triangle ABC$ 的面积上，然后减去作在斜边上的半圆面积，也就是 $\frac{\pi\cdot BC^2}{8}$.

(318) 设 O_1 为边 AB 的中点，P 为直线 OM 和 AB 的交点(图 286). 由关系 $\angle AOM=\frac{1}{2}\angle AO_1N$ 和 $AO=\sqrt{2}AO_1$ 有 $S_{扇形OAM}=S_{扇形O_1AN}$，或 $S_{\triangle OAP}+S_{\triangle APM}=S_{\triangle O_1PN}+S_{\triangle APM}+$

$S_{\triangle AMN}$. 由是, $S_{\triangle AMN} = S_{\triangle OAP} - S_{\triangle O_1 PN}$. 利用圆规和直尺，显然可以作一个三角形使它的面积等于两三角形 $\triangle OAP$ 和 $\triangle O_1 NP$ 面积之差，因之可作一正方形与这个面积差等积(265节). 这正方形于是和曲边三角形 AMN 等积.

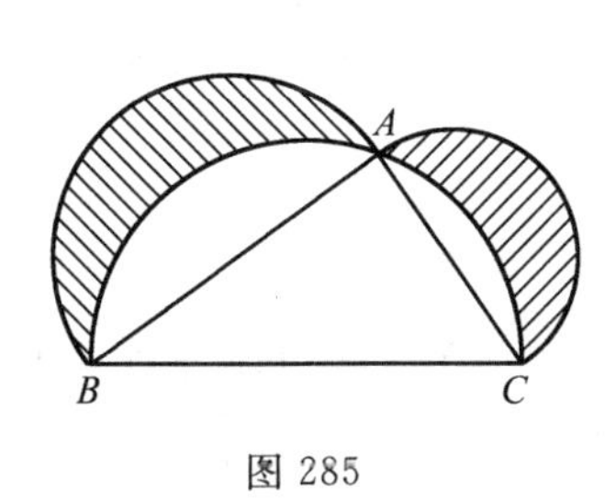

图 285

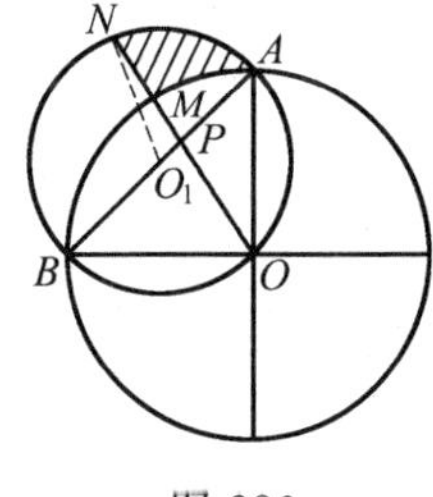

图 286

(319) 要作一个矩形，知道了它的周长和面积，就应该作两个线段，即所求矩形的两边. 这时，知道了这两线段之和(等于已知周长的一半) 及其乘积(所求矩形的面积). 因此，问题立刻化为第 155 节所考虑的作图 7.

由于两线段之和为常量时，其乘积当两线段相等时为最大(参看第 155 节)，所以有已知周长的所有矩形中，正方形有最大的面积.

(320) 设 $ABCD$ 为所求矩形(图 287)，BH 为从顶点 B 向 AC 所引的垂线. 这时矩形 $ABCD$ 的面积显然等于$AC \cdot BH$，由于 AC 是圆的直径，那么知道了矩形的面积，就可以作线段 BH.(若所求矩形被这样的条件确定：它应该和一个已知矩形等积，则线段 BH 便作为 AC 和这已知矩形两边的比例第四项来确定.)

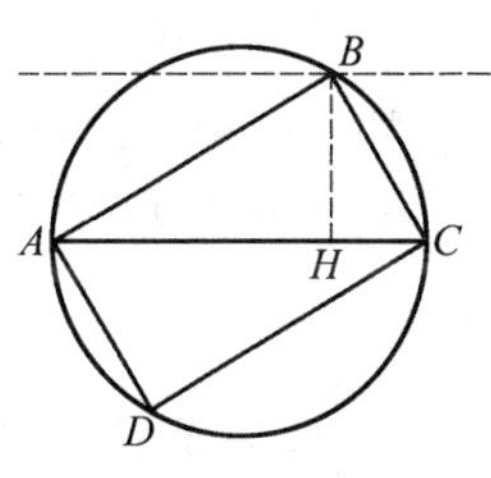

图 287

作出了线段 BH 的长，任作一直径 AC，并作一直线与 AC 平行，并和它相距等于距离 BH. 这直线确定出顶点 B 的位置.

当 BH 有可能的最大值时，矩形 $ABCD$ 的面积最大. 但这最大值 BH 将等于圆半径，所以内接正方形有最大面积.

(321) 首先，我们用一条与已知直线 PQ 平行的直线EF，将已知 $\triangle ABC$ 的面积分成已知比 $m : n$(图 288)，若直线 PQ 平行于已知三角形一边，则问题化为习题(303). 因此，假设直线 PQ 不与已知三角形一边平行.

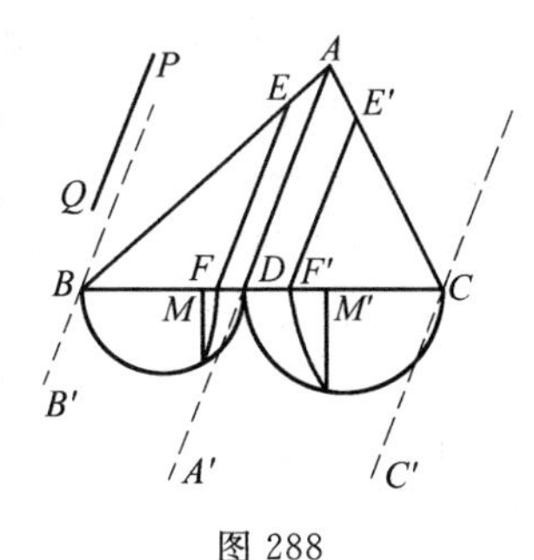

图 288

通过已知三角形顶点引直线 AA', BB', CC' 与 PQ 平行. 这些直线中将有一条通过三角形内部，设其为 AA'(其余两线在三角形外部). 若以 D 表示直线 AA' 与边 BC 的交点，则有

$$S_{\triangle ABD} : S_{\triangle ADC} = BD : DC \quad ①$$

$$S_{\triangle ABD} : S_{\triangle ABC} = BD : BC \qquad ①'$$

作点 M 使分线段 BC 成比

$$BM : MC = m : n \qquad ②$$

设此点介于 B 与 D 之间(否则应在下面所有的叙述中交换点 B 和 C 的地位). 在这种情况下,$BD : DC > m : n$,与 ① 相比较,得 $S_{\triangle ABD} : S_{\triangle ADC} > m : n$. 因此,所求将 $\triangle ABC$ 的面积分成比

$$S_{\triangle BEF} : S_{AEFC} = m : n \qquad ③$$

的直线 EF,应通过 $\triangle ABD$(而非 $\triangle ADC$) 内部.

由等式 ③ 和 ②,有 $S_{\triangle BEF} : S_{\triangle ABC} = m : (m+n) = BM : BC$. 由此及等式 ①′ 求出,$S_{\triangle BEF} : S_{\triangle ABD} = BM : BD$,因此,问题归结为作一直线 EF 平行于 $\triangle ABD$ 的边 AD,使分这三角形的面积成比 $BM : MD$(参考习题(303) 解答).

知道了如何用一直线平行于 PQ,将三角形面积分成比 $m : n$,要把它的面积分为若干等积的部分便没有困难了. 三等分的分法有如图 288 所示(这时 $BM = MM' = M'C$).

现设求作一直线平行于 PQ,使将已知多边形,例如五边形 $ABCDE$(图 289) 的面积分成已知比 $m : n$. 通过多边形各顶点作直线与 PQ 平行. 于是五边形被分为四个部分,两个三角形 $\triangle ABB'$,$\triangle CDC'$ 和两个梯形 $BB'EE'$,$EE'CC'$. 在某一直线上作四个线段使与这些部分的面积成比例

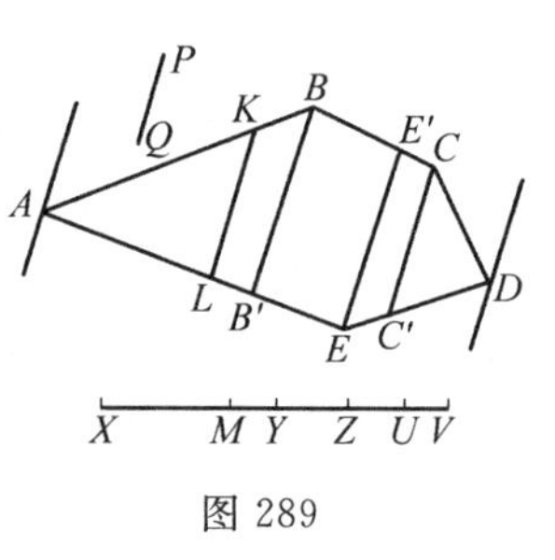

图 289

$$S_{\triangle ABB'} : S_{BB'EE'} : S_{EE'CC'} : S_{\triangle CC'D} = XY : YZ : ZU : UV \qquad ④$$

以一点 M 分线段 XV 成已知比 $XM : MV = m : n$. 若点 M 位于 X 与 Y 之间,那么只要用一条直线平行于 BB' 将 $\triangle ABB'$ 的面积分成比 $XM : MY$,事实上,若 $S_{\triangle AKL} : S_{KLEDCB} = m : n = XM : MV$,则由 ④,面积 $S_{\triangle AKL} : S_{LKBB'} = XM : MY$,若点 M 位于 Y 与 Z 之间,那么梯形面积 $BB'EE'$ 必须用一条直线与 BB' 平行分成比 $YM : MZ$,其他类推. 因此我们归结到习题(303) 和(304) 所考虑的问题.

知道了如何用一条直线平行于 PQ,将已知多边形的面积分成已知比,要将它的面积分为若干等积部分便没有困难了. 例如,要分为五个等积部分,便归结为比 1 : 4,2 : 3,3 : 2,4 : 1. 所以线段 XV 要分成 n 等份.

(322) 首先,我们从顶点 A 出发作一直线分已知四边形 $ABCD$ 的面积成已知比 $m : n$(图 290).

作 $\triangle ABD_1$ 使与已知四边形等积. 为此,引直线 DD_1 与 AC 平行,与 BC 交于点 D_1(参照第 265 节).

现在将 $\triangle ABD_1$ 的面积用一条由顶点 A 出发的直线 AM_1 分成比 $m : n$,为此,只要将边 BD_1 分成已知比 $BM_1 : M_1D_1 = m : n$,并将分点 M_1 与 A 相连. 现在引一条直线 M_1M 与 AC

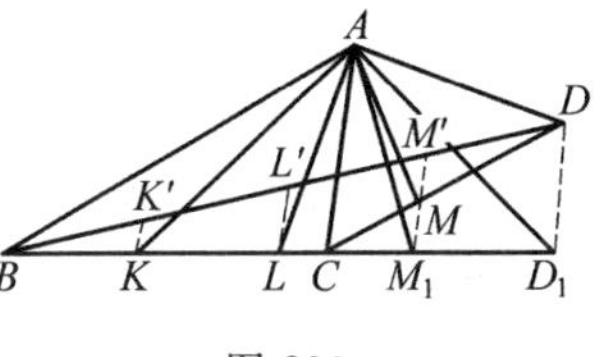

图 290

平行，设与边 CD 交于点 M，便有 $S_{\triangle ACM_1} = S_{\triangle ACM}$. 所以 $S_{\triangle AM_1D_1} = S_{\triangle ACD_1} - S_{\triangle ACM_1} = S_{\triangle ACD} - S_{\triangle ACM} = S_{\triangle AMD}$，于是 $S_{ABCM} : S_{\triangle AMD} = S_{\triangle ABM_1} : S_{\triangle AM_1D_1} = m : n$.

代替将线段 BD_1 分成已知比，可以（不作 $\triangle ABD_1$）将已知四边形对角线 BD 分成已知比 $BM' : M'D = m : n$，并引直线 $M'M$ 平行于 AC.

知道了如何由 A 引直线将四边形面积分成已知比，要把它分为若干等积部分便无困难了. 例如要分为四等份，便把对角线 BD 分成四等份 $BK' = K'L' = L'M' = M'D$，且引直线 $K'K$，$L'L$，$M'M$ 与 AC 平行，与已知四边形的边相交于点 K，L，M. 直线 AK，AL，AM 便分四边形面积成四个等积部分.

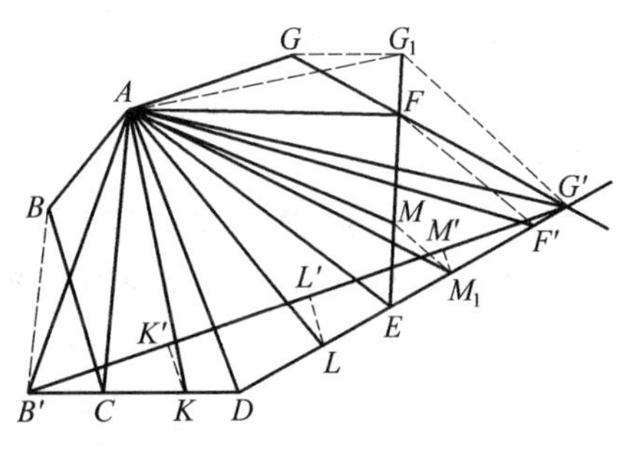

图 291

(323) 首先，我们用由点 A 发出的直线，将已知多边形，例如七边形 $ABCDEFG$（图 291）的面积分成已知比 $m : n$.

作四边形 $AB'DG'$ 使与已知多边形等积，并由顶点 A 引直线将这四边形分成一些部分，依次与 $\triangle ABC$，$\triangle ACD$，$\triangle ADE$，$\triangle AEF$，$\triangle AFG$ 等积. 为此，只要引直线 BB' 与 AC 平行，和直线 CD 相交于点 B'；然后引直线 GG_1 与 AF 平行，和 EF 相交于点 G_1；最后引直线 FF' 及 G_1G' 与 AE 平行，和 DE 相交于点 F' 及 G'. 事实上，这时有（比较第 265 节）

$$S_{\triangle ABC} = S_{\triangle AB'C}, S_{\triangle AEF} = S_{\triangle AEF'}$$

$$S_{\triangle AFG} = S_{\triangle AFG_1} = S_{\triangle AEG_1} - S_{\triangle AEF} = S_{\triangle AEG'} - S_{\triangle AEF'} = S_{\triangle AF'G'}$$

且

$$S_{ABCDEFG} = S_{AB'DG'}$$

现在用一条从顶点 A 发出的直线将四边形 $AB'DG'$ 的面积分成比 $m : n$. 为此，只要（参考习题(322) 解法）将对角线 $B'G'$ 分成已知比 $m : n$，并通过分点 M' 引直线 $M'M_1$ 平行于它的另外一条对角线 AD，和四边形的边相交于点 M_1.

为确定起见，设点 M_1 位于 E 与 F' 之间. 通过点 M_1 引直线 M_1M 与 AE 平行，和 EF 相交于点 M，便有 $S_{\triangle AEM_1} = S_{\triangle AEM}$，于是

$$S_{\triangle AM_1F'} = S_{\triangle AEF'} - S_{\triangle AEM_1} = S_{\triangle AEF} - S_{\triangle AEM} = S_{\triangle AMF}$$

由此以及上面推出的等式，得

$$S_{ABCDEM} : S_{AMFG} = S_{AB'DM_1} : S_{AM_1G'} = m : n$$

因此直线 AM 分已知多边形的面积成已知比.

知道了如何从点 A 发出直线将多边形面积分成已知比，要将它分为若干等积部分便无困难了. 图 291 表明分成四个等积部分（$ABCK$，$AKDL$，$ALEM$，$AMFG$）的分法（这时，$B'K' = K'L' = L'M' = M'G'$）.

(324) 一个 $\triangle ABC$ 的面积. 如果顶点的顺序 A,B,C 对应于该三角形逆时针的环行,我们看做是正的,否则将看做是负的. 这时三角形面积的符号由数顶点的顺序而变(犹如线段的符号因给出它的端点的顺序而变,比较第 185 节),即:若交换两个顶点,则三角形面积反号,而轮换三顶点时则保持原先的符号. 于是 $S_{\triangle ABC}=S_{\triangle BCA}=S_{\triangle CAB}=-S_{\triangle ACB}=-S_{\triangle CBA}=-S_{\triangle BAC}$,两个三角形有相同的转向时,面积同号,否则异号.

注意在上述三角形面积的符号规律下,对于共线的任意三点 A,B,C 和平面的任意点 O 有等式

$$S_{\triangle OAB}+S_{\triangle OBC}+S_{\triangle OCA}=0 \qquad ①$$

此式与第 186 节式 ① 类似. 事实上,若点 B 在 A,C 之间,则有等式

$$S_{\triangle OAB}+S_{\triangle OBC}=S_{\triangle OAC} \qquad ②$$

(此式与 ① 等价). 因为这时 $S_{\triangle OAB}$,$S_{\triangle OBC}$,$S_{\triangle OAC}$ 有同号,且 $AB+BC=AC$,但三个顶点 A,B,C 交换其中两个时,式 ① 和 ② 依然成立;所以不论点的位置如何总是成立的(比较第 186 节类似的证明).

习题(296) 中的命题,现在取下述形式:

① *不论点 O 在平行四边形 $ABCD$ 平面上何处,按数值与符号有等式*

$$S_{\triangle OAB}+S_{\triangle OCD}=S_{\triangle OBC}+S_{\triangle ODA} \qquad ③$$

这里点 O 可以在平行四边形内(图 269),或在一边与另两边延长线所范围的区域内(图 292),或在两邻边延长线所范围的区域内(图 293),或者在平行四边形的一边或其延长线上.

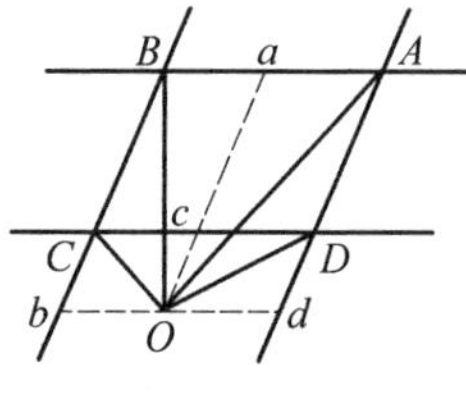

图 292

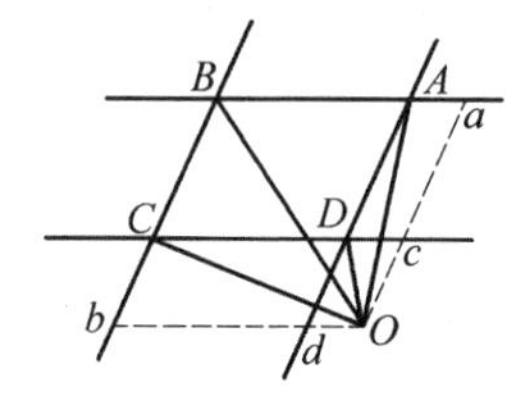

图 293

为了证明,通过点 O 引直线与平行四边形的边平行,并以 a,b,c,d 依次表示这两直线和直线 AB,BC,CD,DA 的交点. 由等式 ②,按数值和符号有:$S_{\triangle OAB}=S_{\triangle OAa}+S_{\triangle OaB}$,$S_{\triangle OBC}=S_{\triangle OBb}+S_{\triangle ObC}$,等等,由是

$$S_{\triangle OAB}+S_{\triangle OCD}=S_{\triangle OAa}+S_{\triangle OaB}+S_{\triangle OCc}+S_{\triangle OcD} \qquad ④$$

$$S_{\triangle OBC}+S_{\triangle ODA}=S_{\triangle OBb}+S_{\triangle ObC}+S_{\triangle ODd}+S_{\triangle OdA} \qquad ④'$$

由于四边形 $OdAa$ 为平行四边形,则 $\triangle OdA$ 和 $\triangle OAa$ 全等且有相同转向. 所以按绝对值和符号有 $S_{\triangle OdA}=S_{\triangle OAa}$. 仿此有 $S_{\triangle OaB}=S_{\triangle OBb}$,$S_{\triangle ObC}=S_{\triangle OCc}$,$S_{\triangle OcD}=S_{\triangle ODd}$. 所以式 ④ 右端每一项和 ④′ 右端的一个项相等. 因此这两式左端相等,于是得到关系 ③.

② 不论点 O 在平行四边形 $ABCD$ 平面上何处，按数值和符号有等式

$$S_{\triangle OAC}=S_{\triangle OAB}+S_{\triangle OAD} \qquad ⑤$$

为了证明，通过点 B，D 引直线平行于 OA，并以 B'，D' 表示这两线和 AC 的交点（图 270，271）. 由于三角形顶点沿底边的一条平行线移动时，不仅三角形面积的数值保持不变，且符号也不变，所以 $S_{\triangle OAB}=S_{\triangle OAB'}$，$S_{\triangle OAD}=S_{\triangle OAD'}$，由于线段 AD' 和 $B'C$ 不仅相等，且指向相同，所以 $\triangle OAD'$ 和 $\triangle OB'C$ 有同一转向，因而 $S_{\triangle OAD}{}'=S_{\triangle OB'C}$. 利用关系 ② 和最后三个等式，有 $S_{\triangle OAC}=S_{\triangle OAB'}+S_{\triangle OB'C}=S_{\triangle OAB'}+S_{\triangle OAD'}=S_{\triangle OAB}+S_{\triangle OAD}$. 等式 ⑤ 证明了.

若点 O 在直线 AC 上，则不能实行上面所引进的作法. 但这时，显然 $S_{\triangle OAC}=S_{\triangle OAB}+S_{\triangle OAD}=0$，从而等式 ⑤ 依然成立.

备注 在以下问题的解答中，如果没有相反的声明，我们把图形的面积按通常的意义了解，即只取其绝对值而不计符号.

(325) 设 $ABCD$ 和 $A'B'C'D'$（图 294）是两个成位似的四边形，O 为位似心（证法与边数无关），$KLMN$ 为一四边形，内接于四边形 $ABCD$ 而又外接于 $A'B'C'D'$. 以 k 表示两个多边形的相似比，$k=OA:OA'=OB:OB'=OC:OC'=OD:OD'=AB:A'B'=\cdots$，并以 K'，L'，M'，N' 表示直线 OK，OL，OM，ON 和四边形 $A'B'C'D'$ 的边的交点. 我们有 $S_{\triangle OA'K}:S_{\triangle OA'K'}=OK:OK'=k$，$S_{\triangle OB'K}:S_{\triangle OB'K'}=k$，等等，相加得 $S_{KLMN}:S_{A'B'C'D'}=k$.

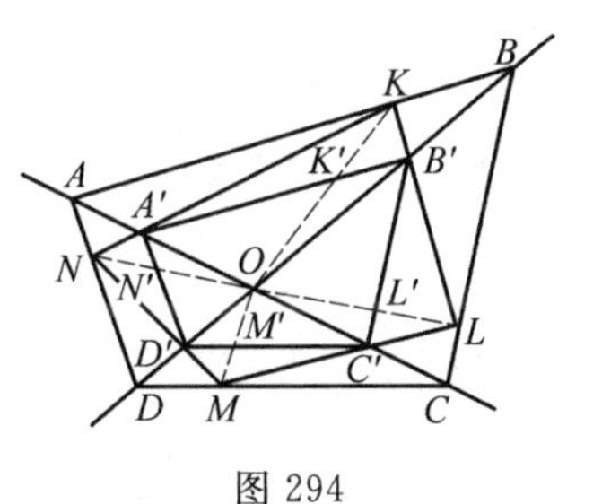

图 294

同理，$S_{\triangle OAK}:S_{\triangle OA'K}=OA:OA'=k$，$S_{\triangle OKB}:S_{\triangle OKB'}=k$，$\cdots$，由是 $S_{ABCD}:S_{KLMN}=k$.

于是 $S_{ABCD}:S_{KLMN}=S_{KLMN}:S_{A'B'C'D'}$.

(326) 设 D，E，F（图 295）为 $\triangle ABC$ 边的中点，G 为其中线交点. 在线段 FE 的延长线上，截线段 EK 和它相等，得出 $AK=CF$，$DK=BE$. 以 L 表示直线 AC 和 DK 的交点. 在 $\triangle ADL$ 的面积上，加上分别相等的面积，得出

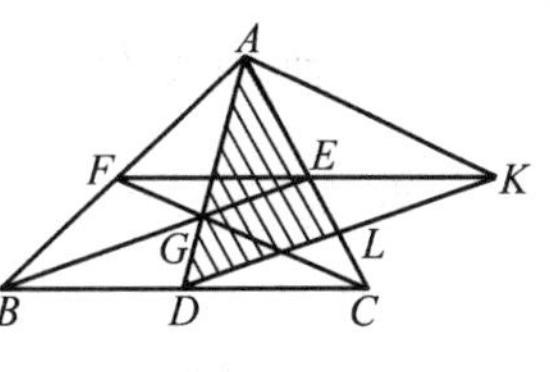

图 295

$$\begin{aligned}S_{\triangle ADK}&=S_{\triangle ADL}+S_{\triangle ELK}+S_{\triangle AEK}=\\&S_{\triangle ADL}+S_{\triangle DLC}+S_{\triangle AEF}=S_{\triangle ADC}+S_{\triangle AEF}=\\&\frac{1}{2}S_{\triangle ABC}+\frac{1}{4}S_{\triangle ABC}=\frac{3}{4}S_{\triangle ABC}\end{aligned}$$

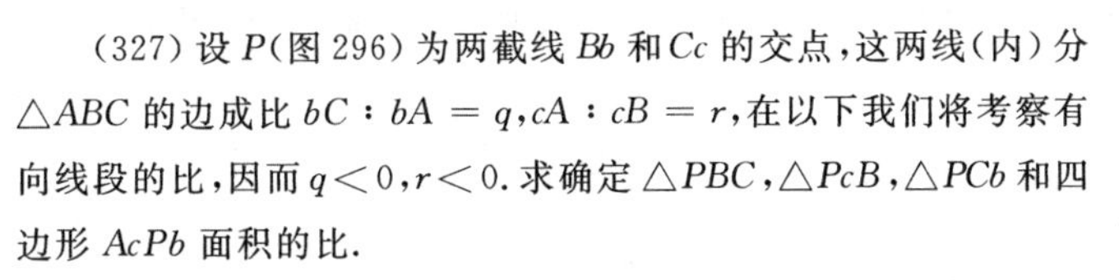

(327) 设 P（图 296）为两截线 Bb 和 Cc 的交点，这两线（内）分 $\triangle ABC$ 的边成比 $bC:bA=q$，$cA:cB=r$，在以下我们将考察有向线段的比，因而 $q<0$，$r<0$. 求确定 $\triangle PBC$，$\triangle PcB$，$\triangle PCb$ 和四边形 $AcPb$ 面积的比.

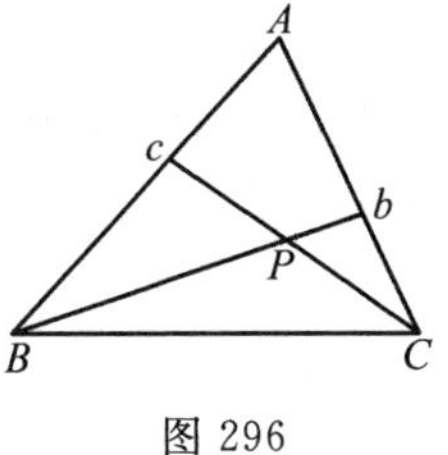

图 296

我们首先求点 P 分线段 Cc 的比值. 为此，应用 192 节定理于

$\triangle ACc$ 和截线 BPb. 于是有 $\frac{PC}{Pc}\cdot\frac{Bc}{BA}\cdot\frac{bA}{bC}=1$,由是

$$\frac{PC}{Pc}=\frac{bC}{bA}\cdot\frac{BA}{Bc}=\frac{bC}{bA}\cdot(1+\frac{cA}{Bc})=q(1-r) \quad ①$$

并且,由于 $\triangle cBC$,$\triangle AcC$ 和 $\triangle ABC$ 有同高,所以

$$S_{\triangle cBC}:S_{\triangle AcC}:S_{\triangle ABC}=Bc:cA:BA=Bc:cA:(Bc+cA)=$$
$$1:\frac{cA}{Bc}:(1+\frac{cA}{Bc})=1:(-r):(1-r)$$

由是

$$S_{\triangle BCc}=\frac{1}{1-r}S_{\triangle ABC} \quad ②$$

$$S_{\triangle AcC}=\frac{-r}{1-r}S_{\triangle ABC} \quad ③$$

由于 $\triangle CPB$,$\triangle PcB$,$\triangle CcB$ 有同高,所以

$$S_{\triangle CPB}:S_{\triangle PcB}:S_{\triangle CcB}=PC:CP:cC=PC:cP:(cP+PC)=$$
$$\frac{PC}{cP}:1:(1+\frac{PC}{cP})=-q(1-r):1:(1-q+qr)$$

(由等式 ①). 由是根据 ② 有

$$S_{\triangle PBC}=\frac{-q(1-r)}{1-q+qr}S_{\triangle BCc}=\frac{-q}{1-q+qr}S_{\triangle ABC} \quad ④$$

$$S_{\triangle PcB}=\frac{1}{1-q+qr}S_{\triangle BCc}=$$
$$\frac{1}{(1-r)(1-q+qr)}S_{\triangle ABC} \quad ⑤$$

$\triangle PCb$ 的面积显然可以从 $\triangle PcB$ 的面积得出,只要在后者的表达式中,交换 $bC:bA=q$ 和 $cB:cA=\frac{1}{r}$ 的地位,就是说,在式 ⑤ 中,将 q 换为 $\frac{1}{r}$ 并将 r 换为 $\frac{1}{q}$. 因此得到

$$S_{\triangle PCb}=\frac{1}{(1-\frac{1}{q})(1-\frac{1}{r}+\frac{1}{qr})}S_{\triangle ABC}=$$
$$\frac{-q^2r}{(1-q)(1-q+qr)}S_{\triangle ABC} \quad ⑥$$

最后,四边形 $AcPb$ 的面积可以作为 $\triangle AcC$ 和 $\triangle PCb$ 的面积之差得出. 由等式 ③ 和 ⑥ 便有

$$S_{AcPb}=[\frac{-r}{1-r}+\frac{q^2r}{(1-q)(1-q+qr)}]S_{\triangle ABC}=$$
$$\frac{-r(1-2q+qr)}{(1-q)(1-r)(1-q+qr)}S_{\triangle ABC} \quad ⑦$$

等式 ④,⑤,⑥,⑦ 给出所设问题的解.

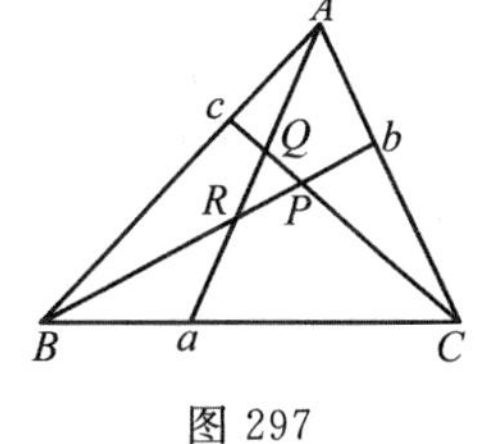

图 297

(328) 设直线 Aa,Bb,Cc(图 297)(内)分 $\triangle ABC$ 的边成比 $aB:aC=p$,$bC:bA=q$,$cA:cB=r(p<0,q<0,r<0)$.设这三线两两相交于点 P,Q,R,确定 $\triangle PQR$ 的面积.

在解习题(327)时,曾求出 $S_{\triangle PcB}=\dfrac{1}{(1-r)(1-q+qr)}S_{\triangle ABC}$.由第 256 节有

$$S_{\triangle PQR}=\frac{PQ}{Pc}\cdot\frac{PR}{PB}S_{\triangle PcB}=$$

$$\frac{1}{(1-r)(1-q+qr)}\cdot\frac{PQ}{Pc}\cdot\frac{PR}{PB}S_{\triangle ABC} \quad ①$$

于是只剩下求 $PQ:Pc$ 和 $PR:PB$.

为了求比 $PQ:Pc$,应用第 192 节定理于 $\triangle BCc$ 和截线 AQa,得出

$$\frac{QC}{Qc}\cdot\frac{Ac}{AB}\cdot\frac{aB}{aC}=1$$

由是

$$\frac{QC}{Qc}=\frac{aC}{aB}\cdot\frac{AB}{Ac}=\frac{aC}{aB}\cdot\frac{Ac+cB}{Ac}=\frac{aC}{aB}\cdot(1-\frac{cB}{cA})=$$

$$\frac{1}{p}(1-\frac{1}{r})=\frac{r-1}{rp}$$

于是

$$\frac{Qc}{Cc}=\frac{QC}{CQ+Qc}=\frac{\frac{QC}{Qc}}{1-\frac{QC}{Qc}}=\frac{r-1}{1-r+rp} \quad ②$$

又由习题(327)解法关系 ① 有

$$\frac{Cc}{Pc}=\frac{CP+Pc}{Pc}=1-\frac{PC}{Pc}=1-q+qr \quad ③$$

$$\frac{PC}{Cc}=\frac{\frac{PC}{Pc}}{\frac{Cc}{Pc}}=\frac{q(1-r)}{1-q+qr} \quad ④$$

由等式 ② 和 ④ 求出

$$\frac{PQ}{Cc}=\frac{PC}{Cc}-\frac{QC}{Cc}=\frac{q(1-r)}{1-q+qr}-\frac{r-1}{1-r+rp}=\frac{(1-r)(pqr+1)}{(1-q+qr)(1-r+rp)}$$

最后,利用等式 ③,由最后的等式得

$$\frac{PQ}{Pc}=\frac{PQ}{Cc}\cdot\frac{Cc}{Pc}=\frac{(1-r)(pqr+1)}{1-r+rp} \quad ⑤$$

为了求比 $PR:PB$,仍用第 192 节定理于 $\triangle BCb$ 和截线 ARa,得

$$\frac{RB}{Rb}\cdot\frac{Ab}{AC}\cdot\frac{aC}{aB}=1$$

由是

$$\frac{RB}{Rb}=\frac{aB}{aC}\cdot\frac{AC}{Ab}=\frac{aB}{aC}\cdot\frac{Ab+bC}{Ab}=\frac{aB}{aC}\cdot(1-\frac{bC}{bA})=p(1-q)$$

于是

$$\frac{RB}{Bb}=\frac{RB}{BR+Rb}=\frac{\frac{RB}{Rb}}{1-\frac{RB}{Rb}}=\frac{p(1-q)}{1-p+pq} \quad ⑥$$

又应用这定理于 $\triangle ABb$ 和截线 CPc,得

$$\frac{PB}{Pb}\cdot\frac{Cb}{CA}\cdot\frac{cA}{cB}=1$$

由是

$$\frac{PB}{Pb}=\frac{cB}{cA}\cdot\frac{CA}{Cb}=\frac{cB}{cA}\cdot\frac{Cb+bA}{Cb}=\frac{cB}{cA}\cdot(1-\frac{bA}{bC})=\frac{1}{r}(1-\frac{1}{q})=\frac{q-1}{qr}$$

于是

$$\frac{PB}{Bb}=\frac{PB}{BP+Pb}=\frac{\frac{PB}{Pb}}{1-\frac{PB}{Pb}}=\frac{q-1}{1-q+qr} \quad ⑦$$

由等式 ⑥ 和 ⑦ 求出

$$\frac{PR}{Bb}=\frac{PB}{Bb}-\frac{RB}{Bb}=\frac{q-1}{1-q+qr}-\frac{p(1-q)}{1-p+pq}=\frac{(q-1)(pqr+1)}{(1-p+pq)(1-q+qr)}$$

于是

$$\frac{PR}{PB}=\frac{\frac{PR}{Bb}}{\frac{PB}{Bb}}=\frac{pqr+1}{1-p+pq} \quad ⑧$$

将式 ⑤ 和 ⑧ 定出的值 $PQ:Pc$ 和 $PR:PB$ 代入等式 ①,最后得出

$$S_{\triangle PQR}=\frac{(pqr+1)^2}{(1-p+pq)(1-q+qr)(1-r+rp)}S_{\triangle ABC} \quad ⑨$$

直线 Aa,Bb,Cc 共点的条件为 $S_{\triangle PQR}=0$. 由等式 ⑨,于是推出 $pqr=-1$,所以得到第 197 节和第 198 节的定理.

(329) 设 $ABDC$(图 298) 为一平行四边形,它有已知的面积,一角与已知 $\angle BAC$ 重合,且一边 BD 通过已知点 P. 所求的割线 MN(或 $M'N'$) 应交它的一边 CD(或其延长线) 于一点 Q(或 Q'),使 $S_{\triangle PQD}=S_{\triangle BPM}+S_{\triangle CNQ}$(或 $S_{\triangle BM'P}=S_{PDCN'}=S_{\triangle PDQ'}-S_{\triangle N'CQ'}$,即 $S_{\triangle PQ'D}=S_{\triangle BM'P}+S_{\triangle CN'Q'}$),由是得出 $\frac{S_{\triangle BPM}}{S_{\triangle PQD}}+\frac{S_{\triangle CNQ}}{S_{\triangle PQD}}=1$(或 $\frac{S_{\triangle BPM'}}{S_{\triangle PQ'D}}+$

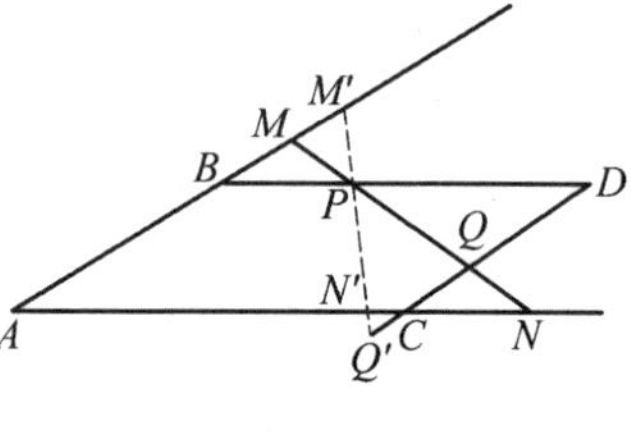

图 298

$\frac{S_{\triangle CN'Q'}}{S_{\triangle PQ'D}}=1$). 但$\frac{S_{\triangle BPM}}{S_{\triangle PQD}}=\left(\frac{BP}{PD}\right)^2$，且$\frac{S_{\triangle CNQ}}{S_{\triangle PQD}}=\left(\frac{CQ}{QD}\right)^2$，从而$\left(\frac{BP}{PD}\right)^2+\left(\frac{CQ}{QD}\right)^2=1$，于是

$$\frac{CQ}{QD}=\frac{\sqrt{PD^2-BP^2}}{PD}$$

(于是$\frac{CQ'}{Q'D}=\frac{\sqrt{PD^2-BP^2}}{PD}$)

要作出点 Q 和 Q'，只要内分且外分线段 CD 成比$\frac{\sqrt{PD^2-BP^2}}{PD}$.

$PD>BP$ 时，问题有两解；$PD=BP$ 时，问题有一解；而 $PD<BP$ 时，问题无解.

(330) **第一解法** 由习题(329)解法(图 298)可知，$\triangle AMN$ 面积可能的最小值，对应于平行四边形 $ABDC$ 面积的最小值，即线段 BD 的最小值，对于这个值使求作 $\triangle AMN$ 的问题有解. 又由这题解法，这线段 BD 的最小值由条件 $PD=BP$ 确定，且这时 $CQ=CQ'=0$. 由等式 $PD=BP$ 可知，$AC=BD=BP+PD=2BP$.

由是得出这样的作法：通过点 P 引直线 PB 平行于已知角的边 AC，并截线段 $AC=2BP$. 直线 PC 确定出所求的三角形.

第二解法 设 MN 为通过点 P 的任意截线(图 299)，PB 和 PK 是通过该点与已知角两边平行的直线. 通过 B 引直线 BN' 与 MN 平行.

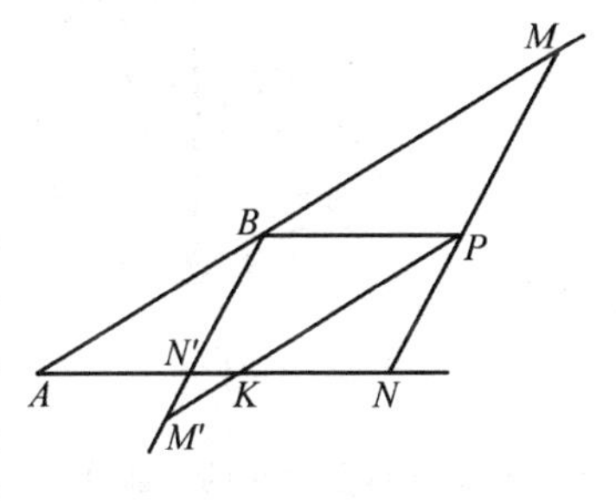

图 299

若直线 BN' 与平行四边形 $AKPB$ 的边 AK 交于点 N'，且交边 PK 延长线于点 M'，则 $S_{\triangle AMN}=S_{AKPB}+S_{\triangle KNP}+S_{\triangle BPM}=S_{AKPB}+S_{\triangle AN'B}+S_{\triangle BM'P}=2S_{AKPB}+S_{\triangle KM'N'}$. 当直线 BN' 与平行四边形 $AKPB$ 的边 PK 以及边 AK 的延长线相交时，类似的等式成立. 由是推断，若直线 MN 与 BK 平行，则 $\triangle AMN$ 的面积有最小值，因为这时 $S_{\triangle KM'N'}=0$，从而 $S_{\triangle AMN}=2S_{AKPB}$.

(331) 设在圆周内作了有已知边数 n，而又不同于正多边形的内接多边形. 这多边形的顶点将圆周分为 n 个弧，其中最小的小于圆周的$\frac{1}{n}$. 多边形联结这弧两端的边，小于这圆内接凸的正 n 边形的边长 c_n.

现在考察 n 边形顶点所分圆周的最大弧，这弧大于圆周的$\frac{1}{n}$. 如果这弧大于全圆周的$\frac{n-1}{n}$，那么多边形联接这弧两端的边还是小于内接正 n 边形的一边(图 300 中，$n=4$). 但这时内接多边形 $ABCD$ 完全落在正 n 边形一边 MN 所截下的弓形内部，于是它的面积必然小于正 n 边形的面积，这在图 300 中完成四边形 $ABCD$

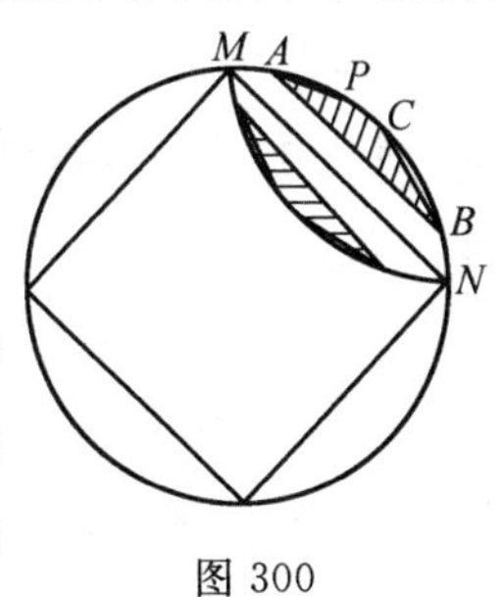

图 300

的作图时,乃是显而易见的.

因此可以假设,内接多边形顶点所分圆周的最大弧小于全圆周的$\frac{n-1}{n}$.因而n边形联结它的两端的边长大于内接正n边形的一边.

将已知内接多边形各顶点到圆心O连线,我们把它分成n个三角形$\triangle OAB$,$\triangle OBC$,…移动这些三角形,我们显然可以任意安排已知多边形各边的顺序,使多边形依然保持内接于已知圆周,并且保留它的面积.根据这一点,我们可以不改变多边形的边长以及它的面积,而用另外一个多边形替代它(图301),在这个多边形中,比正n边形一边短的那条边和比它长的那条边是相邻的.

现在假设边AB大于c_n,边BC小于c_n(图302),直线BB_0和AC平行.若我们作弦$AB'=c_n$,则点B'便落在B_0和B之间,因而$\triangle AB'C$的高$B'H'$将大于$\triangle ABC$的高BH,于是$S_{\triangle AB'C}>S_{\triangle ABC}$.这样,以顶点$B'$代替顶点$B$而不去改变其余顶点的位置,我们使边$AB'$等于$c_n$而同时增大了已知多边形的面积.

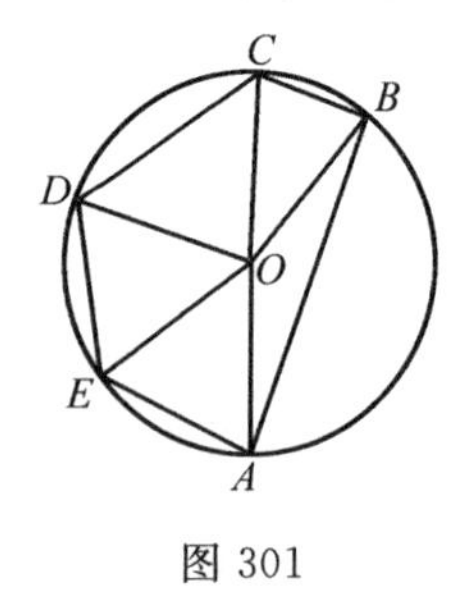

图 301

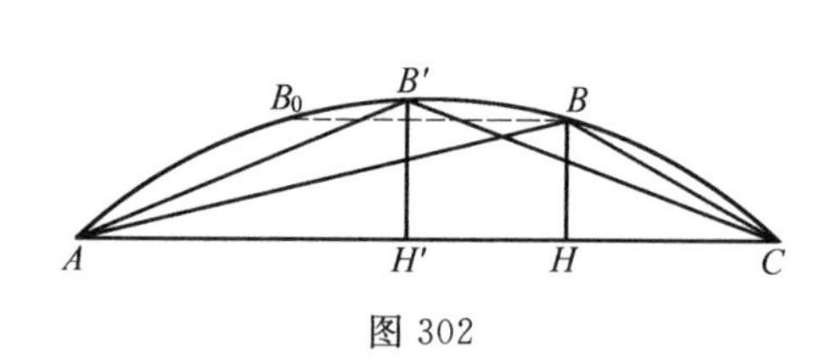

图 302

有限次重复后面两种运算(变动边的顺序,将不等于c_n的边换为等于c_n的边),我们把已知多边形改换为同圆的内接正n边形,并且有了较大的面积.所以在已知圆的一切内接n边形中,正n边形有最大的面积.

(332) 设$\triangle ABC$为所求三角形,其中已知边$BC=a$,高$AH=h$,以及内切圆半径R.利用等式$pR=\frac{1}{2}ah$(参看习题(299)),作所求三角形的半周长p作为比例第四项.又作线段$p-a$,这线段等于(由习题(90a))顶点A到内切圆和边AC或AB的切点的距离$AE=AF$(图12.19).若按两腰R及$p-a$作直角三角形,则第一腰的对角便等于$\frac{\angle A}{2}$,所以我们得到了所求三角形的$\angle A$,问题归于习题(77)(第一种情况).

(333) 设$ABDC$(图303)为所求梯形.由已知$\angle D$确定出对角线BC,因之也确定出对角线AD,因为内接于圆的梯形必是等腰的,所以有相等的对角线.从顶点B,C向对角线AD引垂线BP和CQ,则$S_{ABDC}=\frac{1}{2}AD\cdot(BP+CQ)$.因此,知道了面积,我们可以作出和$BP+CQ$.从点$B$向直线$CQ$引垂线$BK$,显然便有$CK=CQ+BP$.直角$\triangle BCK$中,斜边$BC$和一

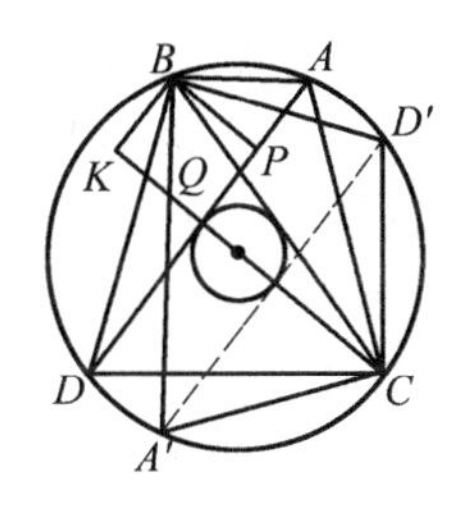

图 303

腰 CK 为已知，故可作出.

这样我们转入下面的作法. 作弦 BC 使所对圆周 $\angle BDC$ 为已知角. 又按斜边 BC 和一腰 CK 作直角 $\triangle BCK$，最后在圆内引弦 AD（或 $A'D'$）和 BK 平行且等于 BC.（为了这个目的，作已知圆的同心圆周使切于直线 BC.）

若问题有解，则一般说来有两解（图 303 上梯形 $ABDC$ 和 $A'BD'C$）.

(334) 将已知平行四边形 $BCFD$（图 7.4）的底和已知 $\triangle BCA$ 的底 BC 相重合，使其等角 $\angle B$ 相重合. 由于 $S_{\triangle BCA} = S_{BCFD}$，则 $S_{\triangle DEA} = S_{\triangle CFE}$，并且由于这两三角形的角相等，所以这两三角形全等.

因此，在三角形中，只要引两边中点的连线 DE；而在平行四边形中，只要联结顶点 C 和边 DF 的中点 E.

(335) 将已知三角形中一个的底与另一个的底 AB 重合，并让它们的顶点 M 和 M' 位于直线 AB 的同侧（图 304）. 按习题(334) 解法中所示，在每个三角形 $\triangle ABM$，$\triangle ABM'$ 中完成作图. 得出两个平行四边形 $ABCD$ 和 $ABC'D'$，既有同底又有同高. 它们由公共部分 $ABCD'$ 分别加上彼此相等的 $\triangle ADD'$，$\triangle BCC'$ 而成. 从图 304 上可以看出，$\triangle ABM$ 应该划分成怎样的五个部分，使得重新拼凑得出 $\triangle ABM'$. 这些部分图上用符号 1，2，3，4，5 和 1，2″，3′，4′，5′ 表示.

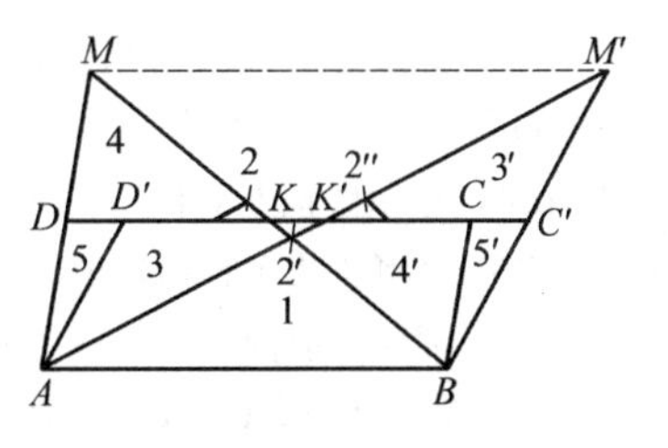

图 304

在图 304 上，平行四边形的边 CD 和 $C'D'$ 有公共的部分. 也可能发生这两边并无公共部分（图 305）的情况. 在这种情况下，通过边 BC 和 AD' 的交点 E 引直线 FF' 与 AB 平行，并作直线 FG 及 $F'G'$ 分别与 AE 及 BE 平行，作直线 $HGG'H'$ 与 AB 平行，等等. 当直线 HI 及 $H'I'$（分别与 AE 及 BE 平行）和已知平行四边形的边 CD 及 $C'D'$ 相交时，这个过程便完结了. 于是两个平行四边形被划分为对应相等的部分.

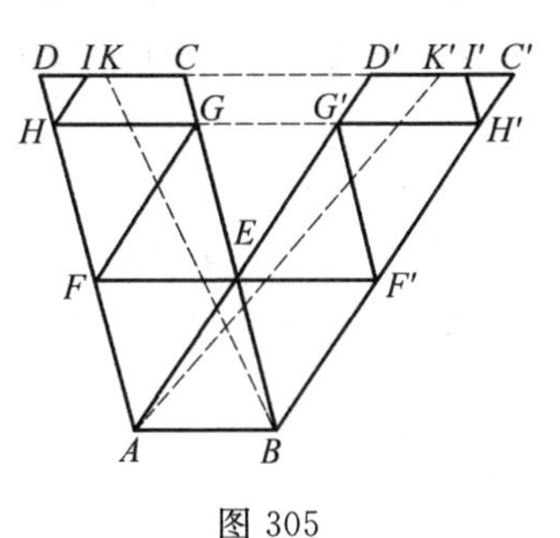

图 305

备注 解这个问题的作法，可以用较普遍的观点加以考察，这样的看法可以更好地说明它的本质，并且对于解以下的问题也是有益的.

两个多边形将称为**同构的**，如果其中一个可以划分成这样的一些部分，把它们重新拼凑起来便得出另外一个. 解习题(334) 时，我们证明了，那里所讲的三角形和平行四边形是同构的. 在本题中，我们证明了，有同样的底和同样的高的两个三角形（以及两个平行四边形）是同构的. 在习题(336) 和(337) 中将遇到同构多边形较普遍的情况.

同构多边形基本性质之一,见下面的定理:和同一个多边形同构的两个多边形,彼此是同构的.换句话说,如果多边形 P 可以划分成一些部分(称它们为“第一类的部分”),重新拼凑起来得出多边形 Q,并且,这多边形 P 还可以划分成一些部分(称它们为“第二类的部分”),重新拼凑起来又得出多边形 R,那么多边形 Q 也可以划分成一些部分,重新拼凑便得出多边形 R.

为了证明,我们在多边形 P 中,既画把它分成第一类部分的线,又画把它分成第二类部分的线.所有这些直线的集合,给出多边形 P 新的“细碎”的划分(这时,第一类部分的全部或一部分被分成一些部分,第二类部分亦复如此).由这些细碎的部分可以组成第一类的部分,就是说,把它们重新拼凑,可以组成多边形 Q.由这些细碎部分又可组成第二类部分,就是说,把它们重新拼凑,可以组成多边形 R.因此,定理证明了.

在上面的解法中,我们建立了 $\triangle ABM$ 和平行四边形 $ABCD$ 的同构性,然后是平行四边形 $ABCD$ 和 $ABC'D'$,最后是平行四边形 $ABC'D'$ 和 $\triangle ABM'$ 的同构性.

若把平行四边形 $ABCD$ 划分为梯形 $ABKD$ 和 $\triangle BCK$(图 304),那么由它们可以拼成 $\triangle ABM$;若把它划分为梯形 $ABCD'$ 和 $\triangle AD'D$,那么由它们可以拼成平行四边形 $ABC'D'$.若在 $ABCD$ 中引线段 BK 和 AD',则得三个部分 $ABKD'$,$\triangle BCK$ 和 $\triangle AD'D$,由它们既可拼成 $\triangle ABM$,又可拼成平行四边形 $ABC'D'$,等等.我们看出,解习题(335) 所采用的方法,只不过应用了证明一般同构性定理的方法.

(336) 解本题时,我们主要是依据上面解习题(335) 的知识,特别是该题的备注.

我们应该证明,两个等积三角形之一总可以划分成一些部分,重新拼凑便得出另一个三角形.简言之,我们应该证明,两个等积三角形总是同构的.

无损普遍性可以假设,已知 $\triangle ABC$ 和 $\triangle A'B'C'$ 中,BC 是最大的边,由是推断,它所对应的高 AH 是两个三角形中最小的高.依据这一点可以得出结论:AH 小于第二个三角形的各边.

利用这一点,可以作一 $\triangle A''BC$,使与 $\triangle ABC$ 有同底同高,且 $A''C = A'C'$(图 306).由习题(335),$\triangle A''BC$ 与 $\triangle ABC$ 同构.并且 $\triangle A''BC$ 和 $\triangle A'B'C'$ 有等底 $A''C = A'C'$,而且彼此等积,因为它们都和 $\triangle ABC$ 等积.所以这两个三角形有同样的高,因而是同构的(习题(335)).

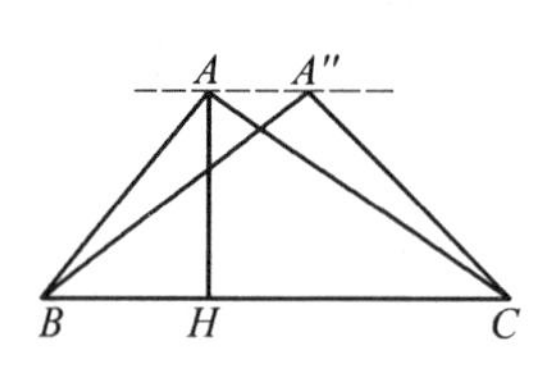

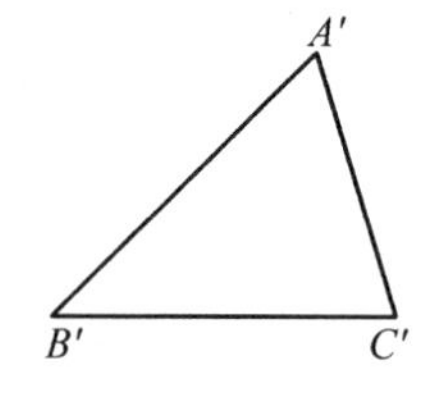

图 306

于是,$\triangle ABC$ 和 $\triangle A'B'C'$ 都和 $\triangle A''BC$ 同构;按同构多边形的基本性质(习题(335) 解答备注),它们彼此同构.

(337) 解这问题时，我们将依据习题(335) 和(336)，特别是习题(335) 解答备注中所提供的知识.

我们要证明，任何两个等积多边形是同构的.

假设给了一个多边形，例如五边形 $ABCDE$(图 31.1). 如果按第 265 节所说，作一个和它等积的四边形 $ABCD'$，我们看出，$\triangle CED$ 和 $\triangle CED'$ 不仅等积，而且也同构(习题(335)). 所以多边形 $ABCDE$ 和 $ABCD'$ 也是同构的. 继续这作法和推理，可以过渡到一个三角形，和所给的多边形同构. 事实上，每次新得的多边形(边数比前面一个少一) 将和前面一个同构，因而所有新得到的多边形都和所给的那个同构. 因此，任何一个多边形总和一个三角形同构.

现在假设给了两个等积多边形 P 和 P'，那么可以找到两个三角形 Δ 和 Δ'，分别与多边形 P 和 P' 同构. 这两个三角形 Δ 和 Δ' 并且是等积的，因为它们每一个的面积等于多边形 P 和 P' 的面积. 所以三角形 Δ 和 Δ' 也是同构的(习题(336))

这样，多边形 P 与三角形 Δ 同构，三角形 Δ 与三角形 Δ' 同构，三角形 Δ' 与多边形 P' 同构. 按多边形同构的基本性质，多边形 P 和 P' 同构.

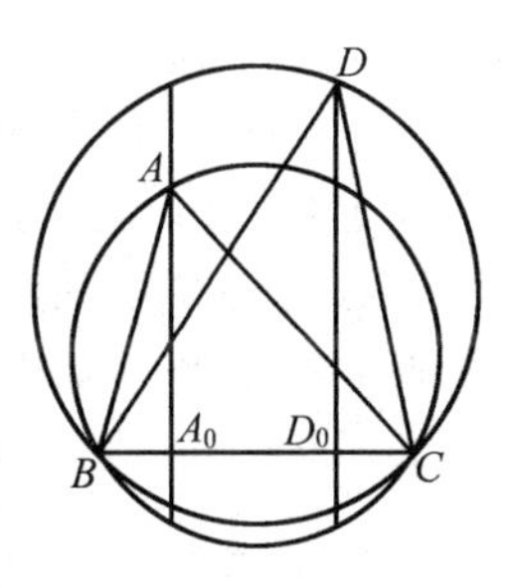

图 307

(338) 设(A) 为点 A 对于圆周 BCD(图 307) 的幂，且(B)，(C)，(D) 有类似的意义；并设 O_a 为 $\triangle BCD$ 的外接圆心，等等.

以 AA_0 和 DD_0 表示从点 A 和 D 向直线 BC 所引的垂线. 由第 136 节备注(3)，任意一点对于两圆周的幂的差，等于这点到它们根轴的距离和两圆心间距离之积的 2 倍. 把这个命题用于点 A 和圆周 BCD，ABC. 由于在这种情况下，直线 BC 是根轴，而点 A 对于圆周 ABC 的幂等于零，则$(A) = 2O_aO_d \cdot A_0A$. 同理，$(D) = 2O_dO_a \cdot D_0D = -2O_aO_d \cdot D_0D$. 由是$(A):(D) = -A_0A:D_0D$.

另一方面有 $S_{\triangle ABC}:S_{\triangle DBC} = A_0A:D_0D$. 因此得 $S_{\triangle ABC}:S_{\triangle DBC} = -(A):(D)$，即 $-(A)S_{\triangle BCD} = (D)S_{\triangle ABC}$，或$(A)S_{\triangle BCD} = (D)S_{\triangle ACB}$. 其余的点仿此.

所有写出的等式按绝对值和符号都正确.

(339) 像在习题(338) 解答中一样，用(A) 表示点 A 对于圆周 BCD 的幂. 以 A 为极，以(A) 为幂的反演，将圆周 BCD 变换为其自身，因为点 A 关于这圆周的幂等于反演幂，而将点 B,C,D 变换为同一圆周上的点 B'，C'，D'.

由第 218 节，$\triangle B'C'D'$ 的边，分别等于

$$B'C' = \frac{(A) \cdot CB}{AB \cdot AC} \qquad ①$$

等等. 由是$\frac{B'C'}{BC \cdot AD} = \frac{C'D'}{CD \cdot AB} = \frac{D'B'}{DB \cdot AC} = \frac{(A)}{AB \cdot AC \cdot AD}$. 最后的等式表明，$\triangle B'C'D'$ 相似于以 $BC \cdot AD$，$CD \cdot AB$，$DB \cdot AC$ 为边的三角形，而相似系数等于$\frac{(A)}{AB \cdot AC \cdot AD}$. 所以

$$S_{\triangle B'C'D'} = \frac{(A)^2}{AB^2 \cdot AC^2 \cdot AD^2} \cdot \Sigma \qquad ②$$

其中 Σ 表示以 $BC \cdot AD, CD \cdot AB, DB \cdot AC$ 为边的三角形面积.

另一方面,$\triangle BCD$ 和 $\triangle B'C'D'$ 内接于同一圆周,于是由第 251 节备注,推出 $S_{\triangle B'C'D'}$: $S_{\triangle BCD} = \frac{B'C' \cdot C'D' \cdot D'B'}{BC \cdot CD \cdot DB}$. 将这里的 $B'C', C'D', D'B'$ 代以它们的表达式 ①,得 $S_{\triangle B'C'D'} = \frac{(A)^3}{AB^2 \cdot AC^2 \cdot AD^2} S_{\triangle BCD}$. 比较 $S_{\triangle B'C'D'}$ 的这个表达式和表达式 ②,于是得出 $(A) S_{\triangle BCD} = \Sigma$.

(340) 问题是不定的. 解答之一这样得到:联结内切圆心和各顶点,并由此点向各边引垂线,把已知三角形分解为六个直角三角形. 其中每一个,用直角顶发出的中线分解为两个等腰三角形.

我们可以得出其他的解答,只要把内切圆心换为任意一个内点,使由此点向各边所引的垂线足在边的本身上,而不是在它们的延长线上.

对于锐角三角形,只要联结外接圆心和各顶点.

多边形可首先分解为三角形.

(341) 设半径为 R 的三等圆周 O_1, O_2, O_3 在点 A, B, C 两两正交(图 308). 试计算曲边三角形 ABC 的面积 S.

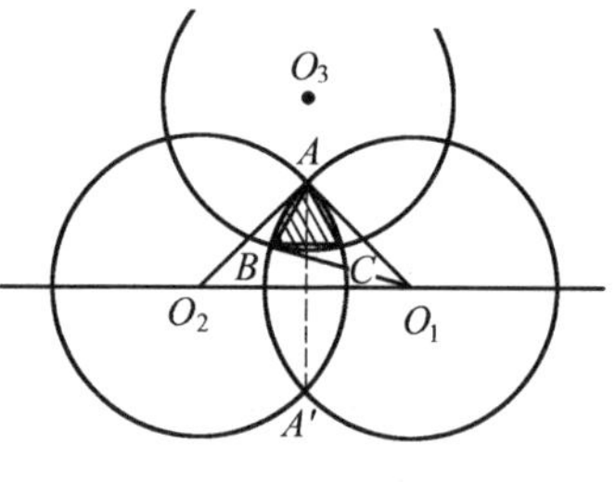

图 308

由图形的对称性有 $AB = BC = CA$,且 $\angle O_1AC = \angle O_2AB = \frac{1}{2}(90° - 60°) = 15°$. 所以 $\angle BAO_1 = \angle ABO_1 = 60° + 15° = 75°$,因而 $\angle AO_1B = 30°$. 由是可知,AB 是已知圆内接凸的正十二边形的一边 c_{12}. 对于面积 S 得出下面的表达式

$$S = \frac{1}{4} c_{12}^2 \sqrt{3} + 3\left(\frac{\pi}{12} R^2 - \frac{1}{2} c_{12} a_{12}\right)$$

其中 a_{12} 是凸的正十二边形的边心距.

按第 181 节公式有

$$c_{12} = \sqrt{R\left(R + \frac{1}{2}R\right)} - \sqrt{R\left(R - \frac{1}{2}R\right)} = \frac{1}{2}R(\sqrt{6} - \sqrt{2})$$

且

$$2a_{12} = \sqrt{R\left(R + \frac{1}{2}R\right)} + \sqrt{R\left(R - \frac{1}{2}R\right)}$$

即

$$a_{12} = \frac{1}{4}R(\sqrt{6} + \sqrt{2})$$

将 c_{12} 和 a_{12} 的这些值代入上面 S 的表达式中,并进行计算,求得

$$S = R^2\left(\frac{1}{2}\sqrt{3} + \frac{\pi}{4} - \frac{3}{2}\right) = 0.1514\cdots R^2$$

(342) 以 a,b,c,p,S 和 R 分别表示已知 $\triangle ABC$ 的三边,半周长,面积和外接圆半径,以 h 表示边 a 上的高,并以 S_1 表示邻接于顶点 A 的 $\triangle AKL$ 的面积(图 309).

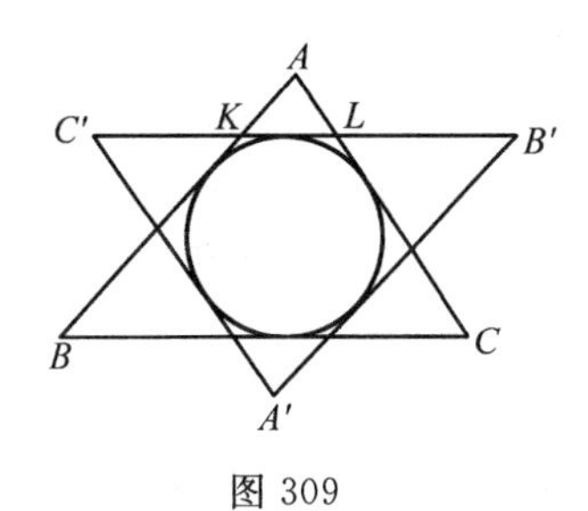

图 309

试求八个三角形面积的乘积,即已知 $\triangle ABC$,与已知三角形关于其内切圆心成对称的 $\triangle A'B'C'$,和六个与 $\triangle AKL$ 类似的三角形,这些三角形依次与顶点 A,B,C,A',B',C' 相邻接.

由于 $\triangle ABC$ 和 $\triangle AKL$ 相似,有 $S_1 : S=(h-2R)^2 : h^2$. 由等式 $S=pR=\frac{1}{2}ah$(参看习题(299))求得 $2R : h=a : p$,所以 $S_1 : S=(p-a)^2 : p^2$. 由是 $S_1=S\cdot\frac{(p-a)^2}{p^2}=\frac{(p-a)^2R}{p}$. 以 S_2 和 S_3 表示类似于 $\triangle AKL$ 但与顶点 B 和 C 邻接的三角形的面积,便有 $S_2=\frac{(p-b)^2R}{p}$,$S_3=\frac{(p-c)^2R}{p}$. 由是得

$$SS_1S_2S_3=R^4\cdot\frac{(p-a)^2\cdot(p-b)^2\cdot(p-c)^2}{p^2}$$

但

$$\frac{(p-a)^2\cdot(p-b)^2\cdot(p-c)^2}{p^2}=\frac{p^2(p-a)^2(p-b)^2(p-c)^2}{p^4}=\frac{S^4}{p^4}=R^4$$

于是最终有 $SS_1S_2S_3=R^8$.

由于所考虑的三角形,两两对称于 $\triangle ABC$ 的内切圆心,所以将最后的等式平方,便得所求结果.

杂题以及各种竞赛试题

(343) 弧 aB 按条件等于弧 AB 的一半,即

$$\overset{\frown}{aB}=\frac{1}{2}\overset{\frown}{AB}$$

同理

$$\overset{\frown}{Bb}=\frac{1}{2}\overset{\frown}{BC}$$

$$\overset{\frown}{cD}=\frac{1}{2}\overset{\frown}{CD}$$

$$\overset{\frown}{Dd}=\frac{1}{2}\overset{\frown}{DA}$$

由是有

$$\overset{\frown}{ab}+\overset{\frown}{cd}=\frac{1}{2}(\overset{\frown}{AB}+\overset{\frown}{BC}+\overset{\frown}{CD}+\overset{\frown}{DA})=180^\circ$$

直线 ac 和 bd 的交角以弧 ab 和 cd 的一半度量，因而是直角.

(344) 解本题和以下一些习题时，我们将考虑有向角，使所得证明对于图形元素的任意位置都适用(比较习题(346) 题文脚注).

所谓 $\angle AOB$ 的代数值，我们了解为半直线 OA 和 OB 间不超过半周角的那个角的绝对值，并带上“+”或“−”，这正负号就看描画这角的半直线，从 OA 开始到 OB 是按正向还是负向旋转的. $\angle AOB$ 的代数值以 $\measuredangle AOB$ 表示. 一个角的代数值，确定于它的边的顺序：$\measuredangle AOB = -\measuredangle BOA$(比较第 185 节).

考虑有向角时，凡角的代数值相等或相差半周角的整数倍，都看做**等角**，那是合适的，按照这一条件，我们便可以说两直线夹角的代数值. 这个角确定于已知两直线的顺序，但与这些直线上的指向无关. 例如，设直线 a(或 AA') 和 b(或 BB') 相交于点 O(图 310)，则

$$\measuredangle(a,b) = \measuredangle AOB = \measuredangle A'OB = \measuredangle AOB' = \measuredangle A'OB' = -\measuredangle(b,a) \qquad (\text{I})$$

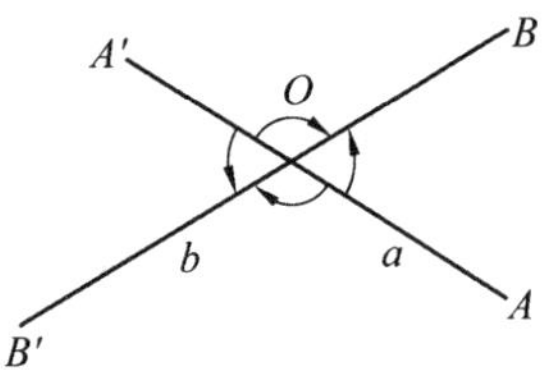

图 310

利用有向角时，下面的几个命题成立，以后将要引用.

(A) 从点 O 发出的任何射线 OA，OB，OC，总有

$$\measuredangle AOB + \measuredangle BOC + \measuredangle COA = 0 \qquad (\text{II})$$

事实上，设射线 OB 位于 OA 和 OC 的夹角(不超过半周角) 之内，则 $\angle AOB$，$\angle BOC$，$\angle AOC$ 有同号，而它们的绝对值满足条件 $\angle AOB + \angle BOC = \angle AOC$，由是得出(Ⅱ). 当射线 OA 位于 $\angle BOC$ 内，或射线 OC 位于 $\angle AOB$ 内时，这推理适用.

如果三条射线没有一条位于其余两条的夹角内部，则所有三角 $\angle AOB$，$\angle BOC$，$\angle COA$ 有同号，而它们绝对值的和等于全周角，这里依然得出(Ⅱ).

(B) 对于平面上任何三点有

$$\measuredangle BAC + \measuredangle CBA + \measuredangle ACB = 0 \qquad (\text{III})$$

事实上，若顶点 A，B，C 的顺序对应于 $\triangle ABC$ 的正(负) 向环行，则三个角 $\angle BAC$，$\angle CBA$，$\angle ACB$ 有正(负) 号，且其绝对值之和等于半周角，于是按上面给出的条件得到(Ⅲ). 若三点 A，B，C 共线，则等式(Ⅲ) 左端每一项等于零.

(C) 若点 A，B，C，D 在同一圆周(或同一直线) 上，则有(比较第 82a 节)

$$\measuredangle ACB = \measuredangle ADB \qquad (\text{IV})$$

并且反过来，由等式(Ⅳ) 可推断，点 A，B，C，D 在同一圆周(或同一直线) 上.

事实上，若点 A，B，C，D 在同一圆周上，且 C，D 两点位于直线 AB 的同侧，则 $\angle ACB$ 与 $\angle ADB$ 有相同的符号和相同的绝对值；若点 A，B，C，D 在同一圆周上，且 C，D 两点位于直线 AB 的异侧，则 $\angle ACB$ 与 $\angle ADB$ 有相反的符号，而它们绝对值之和等于半周角. 于是得关系(Ⅳ).

若点 A,B,C 在一圆周上，而点 T 位于此圆在点 B 的切线上，则等式(Ⅳ) 由下式代替

$$\measuredangle ACB = \measuredangle ABT \qquad (\text{Ⅳ}')$$

事实上，这两个角的第一个是圆周角，对 AB 弧，第二个角是弦 AB 和它端点 B 的切线的夹角. 若点 C 和 T 在 AB 的异侧，则 $\angle ACB$ 与 $\angle ABT$ 有相同的符号和相同的绝对值；若点 C 和 T 在 AB 的同侧，则 $\angle ACB$ 和 $\angle ABT$ 有相反的符号，而绝对值之和等于半周角. 在两种情况下，都有关系(Ⅳ′).

现在来解习题(344).

① 以 O 表示圆周 AEF 和 BFD 的交点(图 311). 由于点 D 和 B,C 共线，则由(Ⅰ)，$\measuredangle BDO = \measuredangle CDO$，仿此 $\measuredangle CEO = \measuredangle AEO$，$\measuredangle AFO = \measuredangle BFO$. 又点 A,O,E,F(以及 B,O,F,D) 在同一圆周上，于是由(Ⅳ)，$\measuredangle AEO = \measuredangle AFO$，$\measuredangle BDO = \measuredangle BFO$. 由写出的等式有

$$\measuredangle CDO = \measuredangle BDO = \measuredangle BFO = \measuredangle AFO = \measuredangle AEO = \measuredangle CEO \qquad ①$$

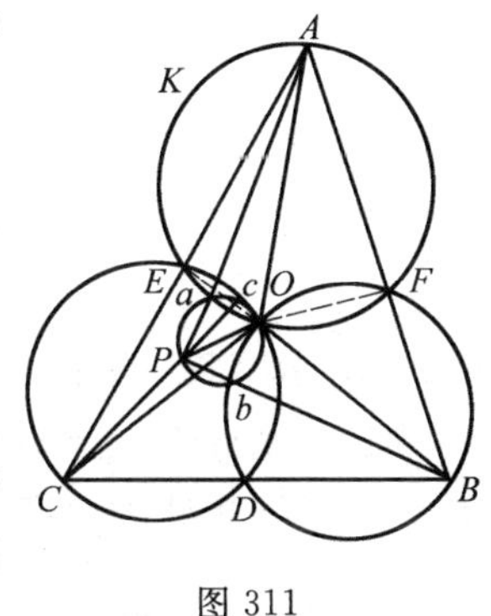

图 311

由于点 C,D,E 不共线，且 $\measuredangle CDO = \measuredangle CEO$，则点 O 在圆周 CDE 上. 由于我们推理的普遍性，当点 D,E,F 的全部或一个不在边的本身上，而在其延长线上时，推理依然有效.(不利用有向角，便须个别考虑某些特殊情况.)

② 由于点 P,a,A 共线，所以 $\measuredangle PaO = \measuredangle AaO$. 由等式(Ⅲ) 得

$$\measuredangle AaO = \measuredangle AOa + \measuredangle aAO$$

从而

$$\measuredangle Pa0 = \measuredangle AOa + \measuredangle aAO$$

由于点 A,a,O,F 在同一圆周上，则

$$\measuredangle AOa = \measuredangle AFa, \measuredangle aAO = \measuredangle aFO$$

因而

$$\measuredangle PaO = \measuredangle AFa + \measuredangle aFO = \measuredangle AFO$$

这样，$\measuredangle PaO$ 和 ① 中的每一个角有相同的代数值. 这推理可重复于 $\angle PbO$ 和 $\angle PcO$. 于是

$$\measuredangle PaO = \measuredangle PbO = \measuredangle PcO$$

因而点 P,O,a,b,c 在同一圆周上.

(345) 为了使解答有普遍性，我们将利用习题(344) 解法中所指出的有向角，特别是那里引进的关系(Ⅰ)～(Ⅳ).

设 $ABCD$ 为内接四边形(图 312)，$A_1B_1C_1D_1$ 为所作圆周的第二个交点构成的四边形. 由(Ⅱ)，我们有

$$\measuredangle D_1A_1B_1 = \measuredangle D_1A_1A + \measuredangle AA_1B_1$$

又由(Ⅳ),有

$$\measuredangle D_1A_1A=\measuredangle D_1DA,\measuredangle AA_1B_1=\measuredangle ABB_1$$

所以
$$\measuredangle D_1A_1B_1=\measuredangle ABB_1+\measuredangle D_1DA$$

将这里的点 A 和 A_1 用点 C 和 C_1 代替,得

$$\measuredangle D_1C_1B_1=\measuredangle CBB_1+\measuredangle D_1DC$$

从最后两等式有

$$\measuredangle D_1A_1B_1-\measuredangle D_1C_1B_1=\measuredangle ABB_1+\measuredangle B_1BC+\measuredangle CDD_1+\measuredangle D_1DA=\measuredangle ABC+\measuredangle CDA(\text{由}(\text{Ⅱ}))$$

但由(Ⅳ),有

$$\measuredangle ABC+\measuredangle CDA=\measuredangle ABC-\measuredangle ADC=0$$

因而
$$\measuredangle D_1A_1B_1=\measuredangle D_1C_1B_1$$

所以点 A_1,B_1,C_1,D_1 在同一圆周上.

备注 如果把四边形 $ABCD$ 换为 $\triangle ABC$,将通过点 D 和 C 的任意圆周,换为任意一个与 $\triangle ABC$ 的外接圆周相切于点 C 的圆周(图 313),所引进的定理依然成立.

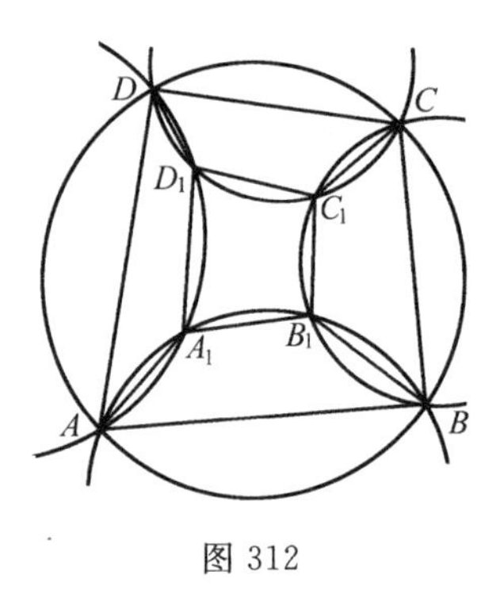

图 312

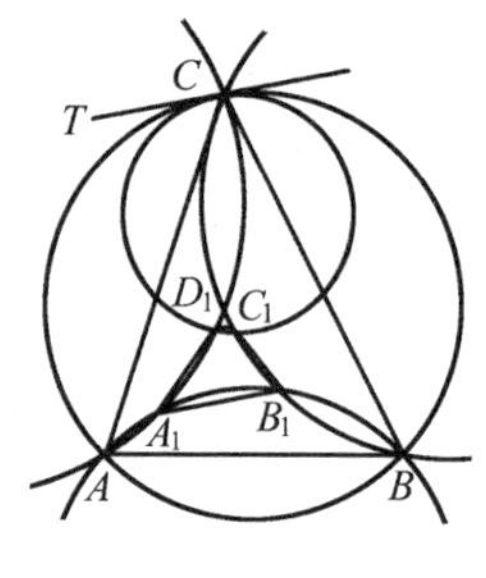

图 313

上面所给的证明不需要很大的修改:$\angle D_1DA$,$\angle D_1DC$ 和 $\angle CDA$ 分别以 $\angle D_1CA$,$\angle D_1CT$ 和 $\angle TCA$ 替代,其中 T 为点 C 切线上任一点.这时除等式(Ⅳ)外,还要利用习题(344)中的等式(Ⅳ′).

(346) 为了使解答有普遍性,我们仍将利用习题(344)解法中所指出的有向角,特别是那里引进的关系(Ⅰ)~(Ⅳ).

两圆周 S_1 和 S_2 在一点 A 夹角的代数值,是它们在交点 A 的切线夹角的代数值.于是两圆周的夹角,既确定于两圆周给出的顺序,还确定于它们两个交点之一 A 或 A' 的选择(图 314),但由习题(344)解答一开始所指出的条件(Ⅰ),却与这些切线上指向的选择无关.设以 t_1 及 t_2 表示两圆周在点 A 的切线,并以$\measuredangle S_1AS_2$ 表示两圆周在点 A 夹角的代数值,则

$$\measuredangle(t_1,t_2)=\measuredangle S_1AS_2=-\measuredangle S_2AS_1=$$
$$-\measuredangle S_1A'S_2=+\measuredangle S_2A'S_1$$

若 M_1 与 M_2 为任意两点,分别在圆周 S_1,S_2 上,则

$$\measuredangle S_1AS_2=\measuredangle AM_1A'+\measuredangle A'M_2A \qquad ①$$

事实上,以 T_1 及 T_2 表示切线 t_1 及 t_2 上任一点,按(Ⅱ)和(Ⅳ′)便有

$$\measuredangle S_1AS_2=\measuredangle T_1AA'+\measuredangle A'AT_2=$$
$$\measuredangle AM_1A'+\measuredangle A'M_2A$$

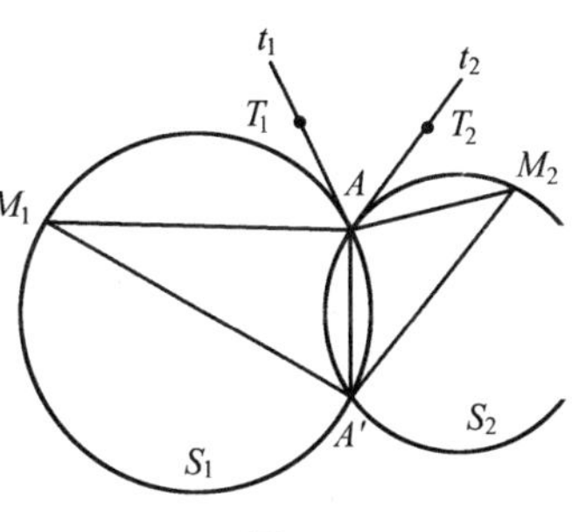

图 314

现在来解所设的问题.我们有(图 315)

$$\measuredangle DAB=\measuredangle DAD'+\measuredangle D'AA'+\measuredangle A'AB'+\measuredangle B'AB$$
$$\measuredangle ABC=\measuredangle ABA'+\measuredangle A'BB'+\measuredangle B'BC'+\measuredangle C'BC$$
$$\measuredangle BCD=\measuredangle BCB'+\measuredangle B'CC'+\measuredangle C'CD'+\measuredangle D'CD$$
$$\measuredangle CDA=\measuredangle CDC'+\measuredangle C'DD'+\measuredangle D'DA'+\measuredangle A'DA$$

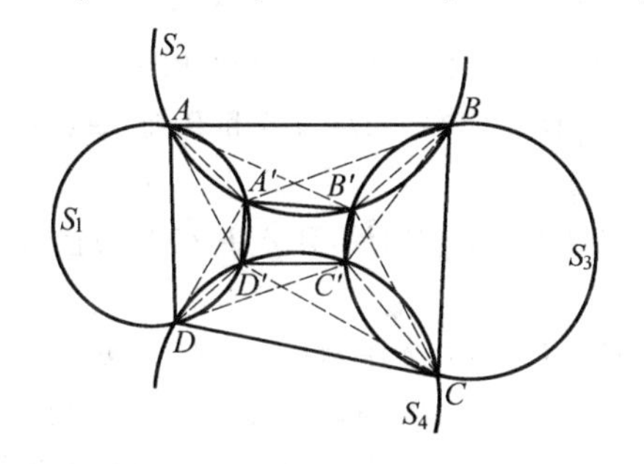

图 315

四点 A,B,C,D 在同一圆周上的条件,依据(Ⅳ)可写为

$$\measuredangle DAB+\measuredangle BCD=\measuredangle ABC+\measuredangle CDA$$

或者由上面的等式写为

$$\measuredangle DAD'+\measuredangle D'AA'+\measuredangle A'AB'+\measuredangle B'AB+\measuredangle BCB'+\measuredangle B'CC'+$$
$$\measuredangle C'CD'+\measuredangle D'CD=\measuredangle ABA'+\measuredangle A'BB'+\measuredangle B'BC'+$$
$$\measuredangle C'BC+\measuredangle CDC'+\measuredangle C'DD'+\measuredangle D'DA'+\measuredangle A'DA$$

但由等式(Ⅳ)有

$$\measuredangle A'AB'=\measuredangle A'BB',\measuredangle B'BC'=\measuredangle B'CC'$$
$$\measuredangle C'CD'=\measuredangle C'DD',\measuredangle D'DA'=\measuredangle D'AA$$

于是上面的关系取下形

$$\measuredangle DAD' + \measuredangle B'AB + \measuredangle BCB' + \measuredangle D'CD =$$
$$\measuredangle ABA' + \measuredangle C'BC + \measuredangle CDC' + \measuredangle A'DA$$

由公式 ① 有

$$\measuredangle S_1AS_2 = \measuredangle ADA' + \measuredangle A'BA, \measuredangle S_2BS_3 = \measuredangle BAB' + \measuredangle B'CB$$
$$\measuredangle S_3CS_4 = \measuredangle CBC' + \measuredangle C'DC, \measuredangle S_4DS_1 = \measuredangle DCD' + \measuredangle D'AD$$

由是
$$\measuredangle S_2BS_3 + \measuredangle S_4DS_1 = \measuredangle S_1AS_2 + \measuredangle S_3CS_4$$

(347) 为了使所得的解答适用于许多可能的特殊情况,同时指出应该如何选择切线 $\alpha,\beta,\gamma,\delta$,我们对每一个圆周确定一个环行的方向.

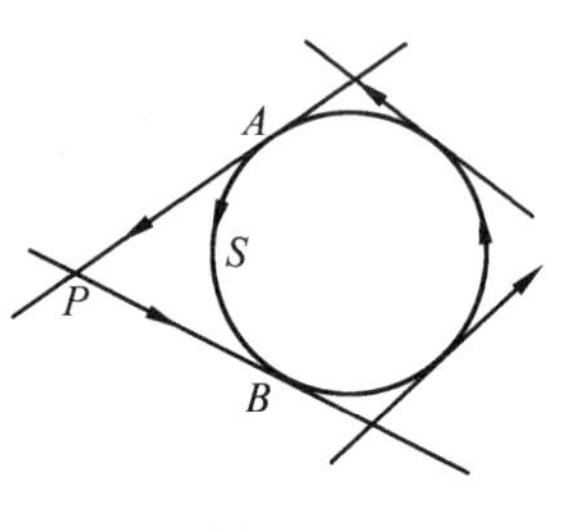

图 316

如果在某一圆周 S 上选定了一个确定的环行方向,那么在 S 的每一条切线上也就有了一个确定的正向. 这正向按照这样的要求来确定:使在切点邻近,切线上的指向与圆周上所选定的指向相同(图 316). 在切线上安放的线段,像通常一样,看做具有符号"+"或"−". 以下,只当有向直线上的正向在切点附近和圆周上的方向一致的时候,有向直线才算做切于有向圆周.

若从一点 P 向有向圆周引两条切线,切点为 A 和 B,那么按绝对值和符号有(图 316)

$$AP = PB \qquad ①$$

若四边形 $PQRS$ 的边切于某一有向圆周,且 A,B,C,D 为直线 SP,PQ,QR,RS 上的切点,则由 ①,按绝对值和符号,有

$$PQ + RS = (PB + BQ) + (RD + DS) =$$
$$AP + QC + CR + SA = QR + SP \qquad ②$$

不论外切四边形是哪一种类型(见习题(87) 中所考虑的五种类型,图 84 ~ 87),等式 ② 都成立.

设已知两个有向圆周 S_1 和 S_2,那么它们最多有两条有向公切线:这些公切线是外或内公切线,就看这两已知圆周是给了相同的方向(两个都按顺时针方向,或者都按逆时针方向),还是相反的方向(一个按顺时针方向,另一个按逆时针方向)(图 317 和 318).

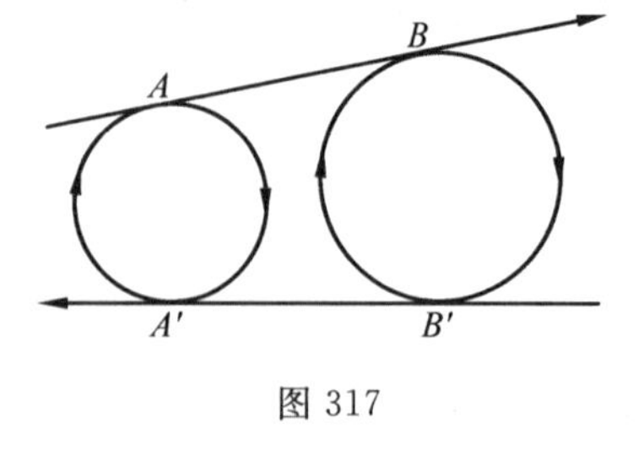

图 317

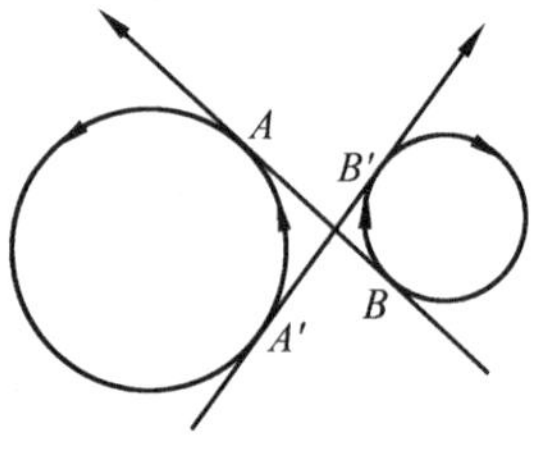

图 318

设两公切线之一切第一圆周于 A，切第二圆周于 B，而另一公切线分别切于 A' 和 B'，则按绝对值和符号有

$$AB = B'A' \tag{③}$$

现在来解所设的问题. 我们假设，在四已知圆周的每一个上选一个确定的方向，并且 α，α'，… 我们了解为有向公切线. 由是容易引出，在四对公切线 $\alpha,\alpha';\beta,\beta';\gamma,\gamma';\delta,\delta'$ 中，有偶数对内公切线，因此也有偶数对外公切线. 事实上，若将有向圆周的顺序写为 S_1,S_2,S_3,S_4，S_1，我们看出，每一对相邻两圆周的内公切线，对应于这两圆周上的方向相反. 由于首末两圆周都是 S_1，那么由一个圆周到下一圆周的方向改变，一共出现偶数次，因之内公切线遇到偶数次.

进一步选择切线 $\alpha,\beta,\gamma,\delta$，将它们看做是已知圆周的**有向**公切线时，则切于同一个**有向**圆周(图 319).

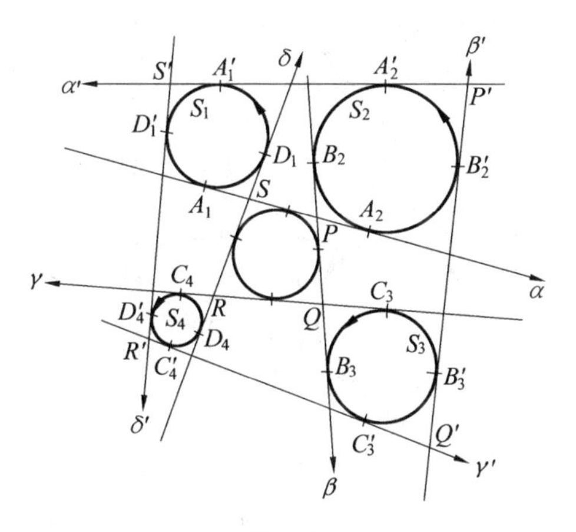

图 319

以 P,Q,R,S 依次表示所选的公切线 α 和 β，β 和 γ，γ 和 δ，δ 和 α 交点，仿此，以 P',Q',R'，S' 表示 α' 和 β'，β' 和 γ'，γ' 和 δ'，δ' 和 α' 的交点. 并且以 A_1,A'_1 表示切线 α,α' 和圆周 S_1 的切点，以 A_2,A'_2 表示这两切线 α,α' 和圆周 S_2 的切点，等等. 在这样的条件下，按 ② 和 ① 有

$$PQ + RS = QR + SP, A_1S = SD_1, PA_2 = B_2P, C_3Q = QB_3, RC_4 = D_4R$$

由是有

$$(A_1S + SP + PA_2) + (C_3Q + QR + RC_4) =$$
$$(B_2P + PQ + QB_3) + (D_4R + RS + SD_1)$$

或
$$A_1A_2 + C_3C_4 = B_2B_3 + D_4D_1$$

从而两条公切线的和等于另外两条公切线的和.

从最后的等式利用 ③ 得出

$$A'_1A'_2 + C'_3C'_4 = B'_2B'_3 + D'_4D'_1$$

由是利用关系 $S'A'_1 = D'_1S'$ 等，得

$$P'Q' + R'S' = Q'R' + S'P'$$

从而四边形 $P'Q'R'S'$ 的边也切于同一圆周(由习题(87) 逆定理).

这样，选择公切线 $\alpha,\beta,\gamma,\delta$ 时，我们遵循了以下两个条件：

① 在四条公切线中有偶数对(0,2 或 4) 外公切线.

② 公切线 $\alpha,\beta,\gamma,\delta$. 看做是有向圆周 S_1,S_2,S_3,S_4 的有向切线，切于同一个有向圆周.

备注 我们来证明，这两个命题都是重要的.

① 假设在四对公切线中有奇数对，例如三对外公切线(图 320). 在这种情况下，按绝对值(选择方向并引进符号，此地是不可能的) 有

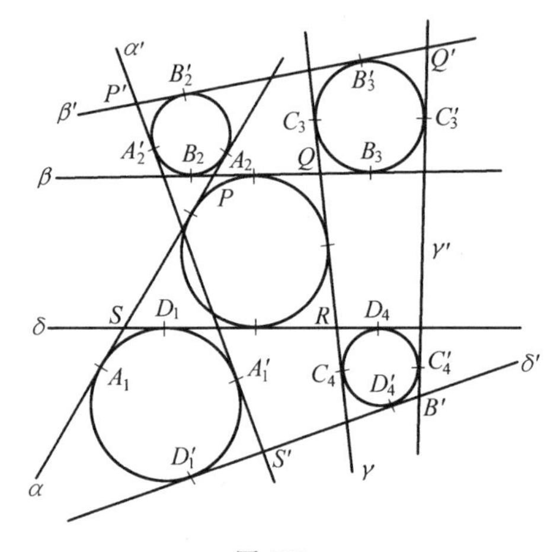

图 320

$$PQ + RS = QR + SP$$

$$(B_2P + PQ + QB_3) + (D_4R + RS - SD_1) =$$

$$(C_3Q + QR + RC_4) + (A_1S + SP + PA_2) - 2A_1S$$

$$B_2B_3 + D_4D_1 = C_3C_4 + A_1A_2 - 2SA_1$$

如果四边形 $P'Q'R'S'$ 也具有可作内切圆的性质，那么同理得出

$$B'_2B'_3 + D'_4D'_1 = C'_3C'_4 + A'_1A'_2 - 2S'A'_1$$

于是我们得出了一个附加条件 $SA_1 = S'A'_1$.

② 现在假设所有四对切线是外公切线，但切线 $\alpha,\beta,\gamma,\delta$ 的选择有如图 321 所示. 这时切线 $\alpha,\beta,\gamma,\delta$ 切于同一圆周，而切线 $\alpha',\beta',\gamma',\delta'$ 却不具有这一性质. 这种情况之所以产生，是因为在这样的情况下，没有一种方向的选择可以满足条件 ②.

(348) 以 A,B,C,D,E(图 322) 表示已知五边形的顶点，直线 EA 和 BC 的交点为 K，直线 AB 和 CD 的交点为 L，BC 和 DE 的交点为 M，CD 和 EA 的交点为 N，DE 和 AB 的交点为 P；圆周 EAP 和 ABK 的第二个交点记为 A'，圆周 ABK 和 BCL 的记为 B'，圆周 BCL 和 CDM

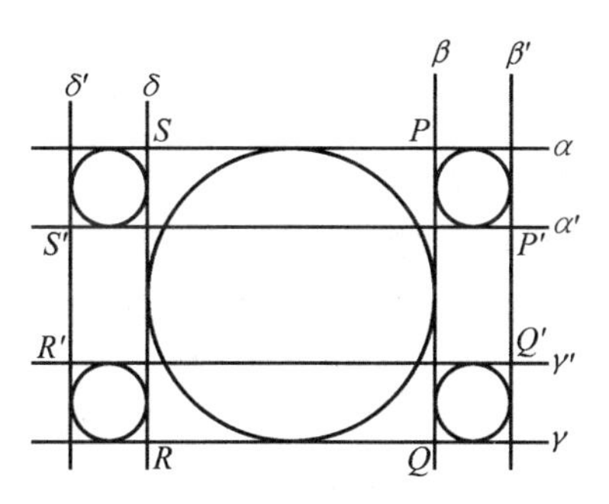

图 321

的记为 C'，圆周 CDM 和 DEN 的记为 D'，圆周 DEN 和 EAP 的记为 E'.

要证明五点 A',B',C',D',E' 在同一圆周上，只要证明其中四点，例如 B',C',D',E' 在同一圆周上. 因为这个推理也适用于四点 $A',B',C'\ D'$，于是可断定所有五点在同一圆周上.

为了使证明具有普遍性，仍将利用有向角和关系(Ⅰ)～(Ⅳ)(习题(344)解答).

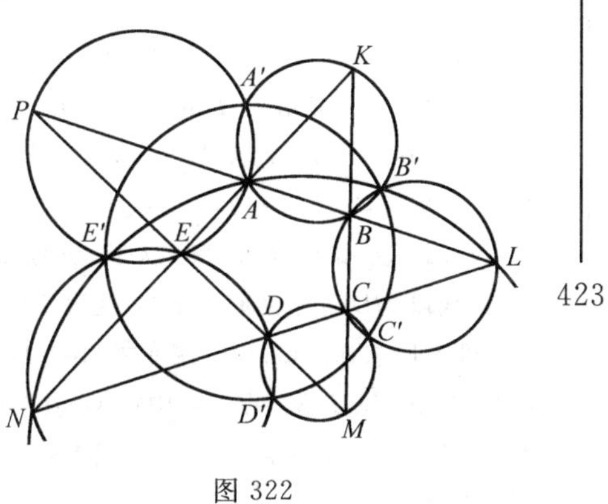

图 322

设想抛开五条已知直线之一，即直线 DE，并应用习题(106)于其余四直线. 四圆周 ABK，BCL，LNA 和 KCN 通过同一点，由是特别得出四点 L,N,A,B' 在一个圆周上. 仿此(抛开直线 BC)可证四点 L,N,A,E' 在一个圆周上. 于是所有五点 L,N,A,B',E' 在同一圆周上.

由(Ⅳ)和(Ⅰ)有

$$\measuredangle C'D'D=\measuredangle C'CD \text{ 及 } \measuredangle C'CD=\measuredangle C'CL=\measuredangle C'B'L$$

由是

$$\measuredangle C'D'D=\measuredangle C'B'L \qquad ①$$

仍由(Ⅳ)及(Ⅰ)，又有

$$\measuredangle DD'E'=\measuredangle DNE'$$

及

$$\measuredangle DNE'=\measuredangle LNE'=\measuredangle LB'E'$$

由是

$$\measuredangle DD'E'=\measuredangle LB'E' \qquad ②$$

等式 ① 和 ② 两端相加，并按(Ⅱ)，得

$$\measuredangle C'D'E'=\measuredangle C'B'E'$$

于是推断点 B',C',D',E' 在同一圆周上.

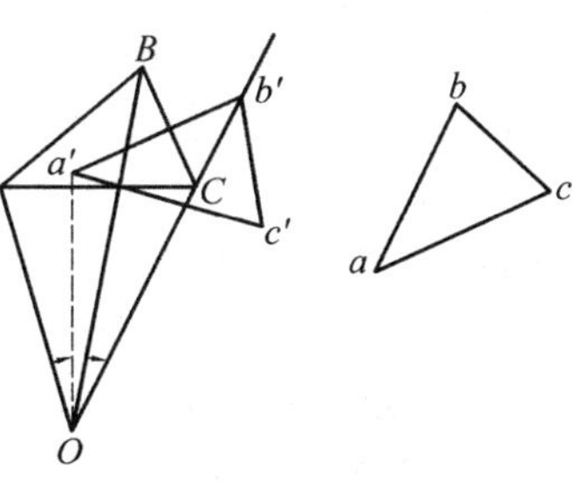

图 323

(349) 设旋转 $\triangle ABC$(图 323)，使边 AB 在新位置 $a'b'$ 与 ac 平行，则旋转幅角等于 $\measuredangle(AB,a'b')=\measuredangle BOb'$. 由于按问题的条件，直线 Ob' 通过点 C，所以有 $\measuredangle BOb'=\measuredangle BOC$. 由是推断 $\measuredangle BOC=\measuredangle(AB,a'b')=\measuredangle(AB,ac)=$ 常量，因而点 O 在通过 B,C 两点的一个圆周上(参照习题(344)解答，命题

(C)).

当点 O 沿这圆周移动时，等腰 $\triangle AOa'$ 在顶点 A 的角保持常值，因为 $\measuredangle AOa' = \measuredangle BOC$，因而比 $AO : Aa'$ 也保持常值. 所以点 a' 的轨迹可以由点 O 的轨迹得出，即利用以 A 为中心的位似并旋转一个角度 $\angle OAa'$，因而是一个圆周. 点 b' 和 c' 的情况仿此.

(350) 以 D,E,F 表示 $\triangle ABC$(图 324) 的高线足，以 H 表示这些高线的交点. 由于按条件，$HD = DA'$，$HE = EB'$，$HF = FC'$，则直线 $B'C'$，$C'A'$，$A'B'$ 依次平行于 EF，FD，DE. 由习题(71)，直线 DH，EH，FH 是 $\triangle DEF$ 各角的平分线，因而这些直线也是 $\triangle A'B'C'$ 各角的平分线. $\triangle A'QR$，$\triangle B'SM$，$\triangle C'NP$ 都是等腰的(每一个的高与角平分线重合)，因而 $QD = DR$，$SE = EM$，$NF = FP$. 四边形 $A'QHR$，$B'SHM$，$C'NHP$ 都是菱形，因为其中每一个的对角线互相垂直平分. 由是可知，直线 QH 和 MH 与 $A'B'$ 平行，因而点 M,H,Q 在一直线上. 仿此证明，点 N，H,R 以及点 P,H,S 在同一直线上.

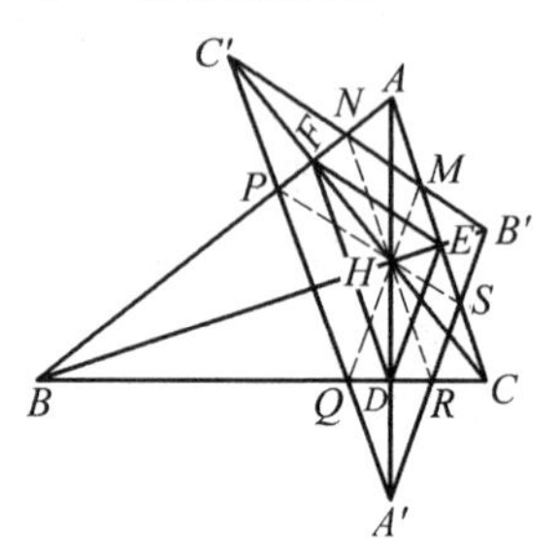

图 324

(351) 设 $ABDC$(图 325) 为所求梯形. 引高线 AH. 因梯形等腰，故线段 HD 等于两底的半和(线段 HC 等于其半差).

要作所求梯形，若已知两底之和(差)，便按两腰作直角三角形 $\triangle AHD$(或 $\triangle AHC$)，在斜边中点 M(或 N) 作其垂线，并以 A 为圆心、以已知圆半径为半径，在这垂线上确定出点 O 的位置，并作梯形的对称轴.

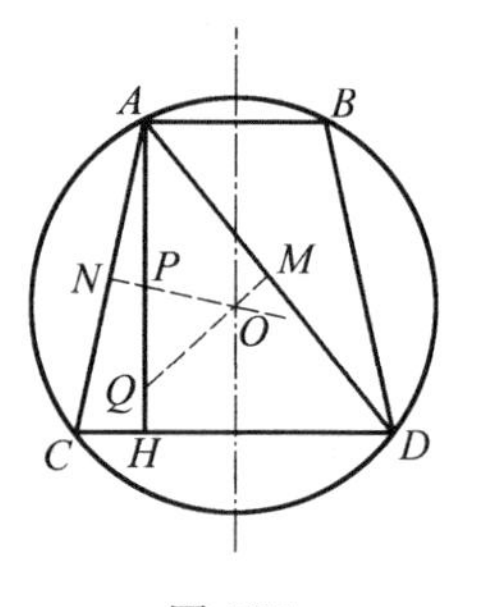

图 325

当已知了两底之和(或差) 时，要问题有解，充要条件是圆半径大于 AM 而小于 AQ，其中 Q 是垂线 MO 和直线 AH 的交点(或大于 AP，P 是垂线 NO 和 AH 的交点). 线段 AM，AQ，AP 容易由已知的线段表达.

(352)① 由于 $\angle ADB$(图 326) 为直角，所以直线 BD 切于圆周 CMD，由是得出 $\angle CDB = 180° - \angle CMD = \angle CMQ$. 另一方面，$\angle CDB = \angle CPB$(圆周角). 所以 $\angle CMQ = \angle CPB$，因之直线 MQ 平行于 PB.

又 $\angle DQB = \angle CPB$，因为弧 BC 和 BD 相等. 但因直线 MQ 和 PB 平行，$\angle CPB = \angle CMQ$. 所以 $\angle DQB = \angle CMQ$，因而直线 BQ 与 PM 平行.

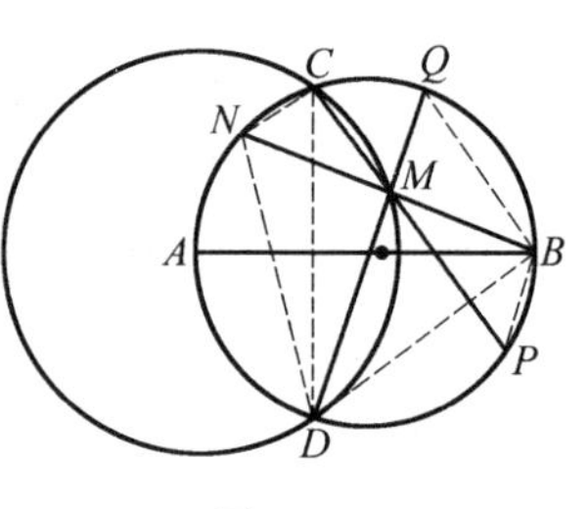

图 326

所以四边形 $MPBQ$ 是平行四边形.

②$\angle CMN = \angle QBN = \angle QDN$，$\angle CNB = \angle DNB$，所以 $\triangle CMN$ 和 $\triangle MDN$ 相似. 从这两三角形相似得 $MN^2 = NC \cdot ND$.

(353) 从点 A,B 向以 O 为圆心的圆周引切线，设切点为 P,Q(或 P',Q')(图 327)，设 M(或 M') 为此两切线的交点.

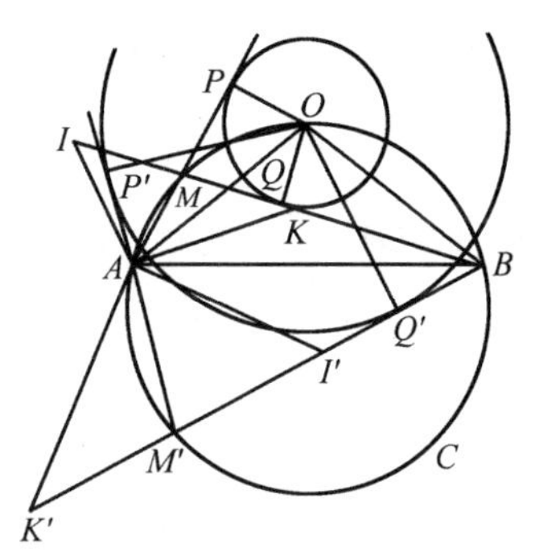

图 327

① 因 $OA=OB$，且 $OP=OQ$(或 $OP'=OQ'$)，则 $\angle OAM=\angle OBM$(或 $\angle OAM'+\angle OBM'=180°$)，于是点 M(或 M') 在圆周 OAB 上.

反之，若点 M 在圆周 AOB 的弧 AOB 上(或点 M' 在弧 ACB 上)，则点 O 到直线 AM 和 BM(或 AM' 和 BM') 的距离 OP 和 OQ(或 OP' 和 OQ') 相等，因为 $\angle OAM$ 和 $\angle OBM$ 相等($\angle OAM'$ 和 $\angle OBM'$ 互补). 因此直线 AM 和 BM(或 AM' 和 BM') 切于以 O 为圆心的同一圆周.

所以点 M 和 M' 的轨迹是圆周 OAB.

② 因为由 $\triangle OAP$ 和 $\triangle OBQ$ 全等有 $PA=QB$，而 PM,QM 是由一点向圆周所引的切线，从而相等，故我们有

$$MA\cdot MB=(PA-PM)(QB+QM)=PA^2-PM^2$$

由是

$$MA\cdot MB=(OA^2-OP^2)-(OM^2-OP^2)=OA^2-OM^2$$

仿此得出

$$M'A\cdot M'B=OM'^2-OA^2$$

③ 在直线 MB(或 $M'B$) 上，从点 M(或 M') 向两侧截取线段 MI 和 MK 使等于 AM(或线段 $M'I'$ 和 $M'K'$ 使等于 AM').

若点 M 在弧 AOB 上，则

$$\angle AIB=\angle MAI=\frac{1}{2}\angle AMB=\frac{1}{2}\angle AOB\text{(参照习题(63) 解答)}$$

及

$$\angle AKB=\angle AMB+\angle MAK=\angle AMB+\frac{1}{2}(180°-\angle AMB)=90°+\frac{1}{2}\angle AMB=90°+\frac{1}{2}\angle AOB$$

所以点 I 的轨迹和点 K 的轨迹是圆弧，以 A,B 为弧的端点，内接角分别等于 $\frac{1}{2}\angle AOB$ 和 $90°+\frac{1}{2}\angle AOB$.

若点 M 在弧 ACB 上点 M' 的位置，同理求出

$$\angle AI'B=90°+\frac{1}{2}\angle AM'B=90°+\frac{1}{2}(180°-\angle AMB)=180°-\frac{1}{2}\angle AMB=180°-\frac{1}{2}\angle AOB$$

及

$$\angle AK'B = \frac{1}{2}\angle AM'B = \frac{1}{2}(180° - \angle AMB) =$$

$$90° - \frac{1}{2}\angle AMB = 90° - \frac{1}{2}\angle AOB$$

所以点 I' 的轨迹和点 K' 的轨迹是圆弧,以 A 和 B 为弧的端点,内接角分别等于 $180° - \frac{1}{2}\angle AOB$ 和 $90° - \frac{1}{2}\angle AOB$.

由于 $\angle AIB + \angle AI'B = \frac{1}{2}\angle AOB + (180° - \frac{1}{2}\angle AOB) = 180°$,所以 I 和 I' 两点的轨迹弧构成一圆周.由于

$$\angle AKB + \angle AK'B = (90° + \frac{1}{2}\angle AOB) + (90° - \frac{1}{2}\angle AOB) = 180°$$

所以点 K 和点 K' 的轨迹也一样(这两圆周图上没有画出).

(354)①$\triangle ABD$ 和 $\triangle ACD$(图 328)的外接圆半径 AO 和 AO' 分别等于(第 130a 节)$AO = \frac{AB \cdot AD}{2AH}$,$AO' = \frac{AC \cdot AD}{2AH}$,其中 AH 是 $\triangle ABC$ 的高.由是 $AO : AO' = AB : AC$.

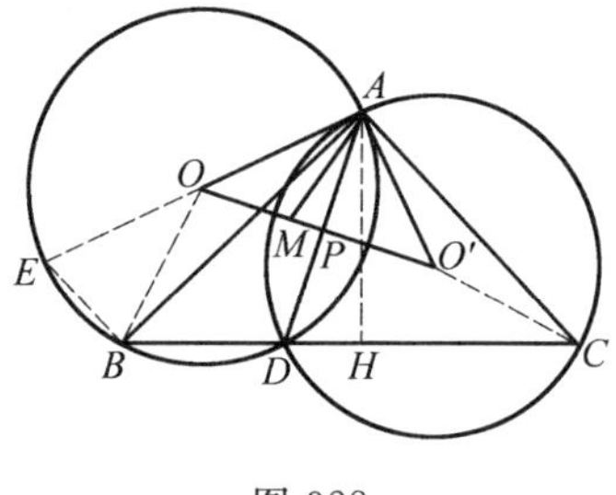

图 328

② 当 AD 有可能的最小值时,即当 $AD = AH$ 时,半径 AO 和 AO' 便有最小长度.这时 D 是高线足 H.

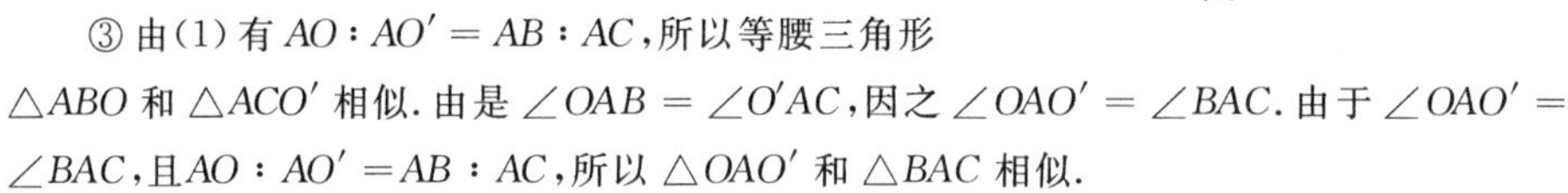

③ 由(1)有 $AO : AO' = AB : AC$,所以等腰三角形 $\triangle ABO$ 和 $\triangle ACO'$ 相似.由是 $\angle OAB = \angle O'AC$,因之 $\angle OAO' = \angle BAC$.由于 $\angle OAO' = \angle BAC$,且 $AO : AO' = AB : AC$,所以 $\triangle OAO'$ 和 $\triangle BAC$ 相似.

④ 若点 M 分线段 OO' 成已知比,那么和 $\triangle AOO'$ 一道保持固定形状的,还有 $\triangle AOM$,因为 $\angle AOM$ 和比 $AO : OM$ 保持定值,所以线段 AM 和 AO 形成定角,且比 $AM : AO$ 有定值.所以点 M 所画的轨迹和点 O 所画的相似(比较第 150 节和习题(160)解答).

由于点 O 画边 AB 的中垂线,所以点 M 的轨迹也是直线.

由于 $\triangle AOO'$ 的高线 AP 的足 P 是(因 $AO = OD$,$AO' = O'D$)线段 AD 的中点,所以点 P 画一条直线,平行于 BC 且通过边 AB,AC 的中点.

(355) 设 A 为两已知圆周 O 和 O' 的一个交点(图 329),$\angle MAM'$ 等于已知角.作 $\angle MAM''$ 使等于 $\angle OAO'$ 且有同一转向.点 M'' 可以由 M 利用相似变换得出,这相似变换由旋转(幅角 $\angle MAM''$ 等于常量)和位似组成,因为 $AM'' : AM = AO' : AO$.点 M' 可由 M'' 利用幅角 $\angle M''O'M' = 2\angle M''AM' =$ 常量的旋转得出.因此,点 M 和 M'' 以及 M'' 和 M' 可以看做有同一转向的两对相似图

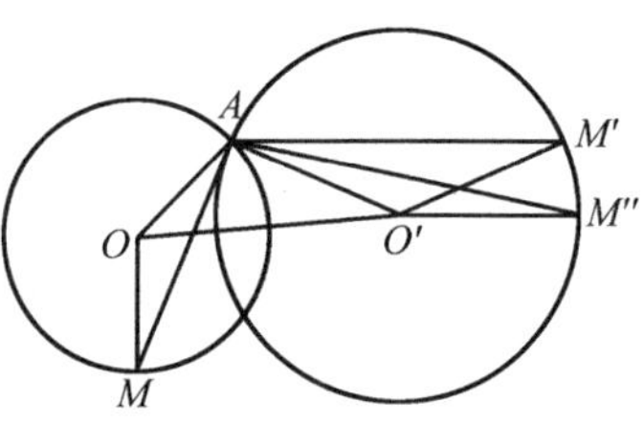

图 329

形的对应点. 所以点 M 和 M' 也可以看做有同一转向的两个相似图形的对应点. 根据习题(162), 将线段 MM' 分成已知比的点的轨迹, 或者以 MM' 为底与已知三角形相似的三角形的顶点的轨迹, 是点 M 的轨迹的相似图形, 亦即是圆周.

(356) 设 P_{12} 为直线 A 和 B 的交点, P_{13} 为直线 A 和 C 的交点, 等等(图 330). 将第 192 节定理应用于由直线 A, C, D 构成的三角形和截线 E, 得

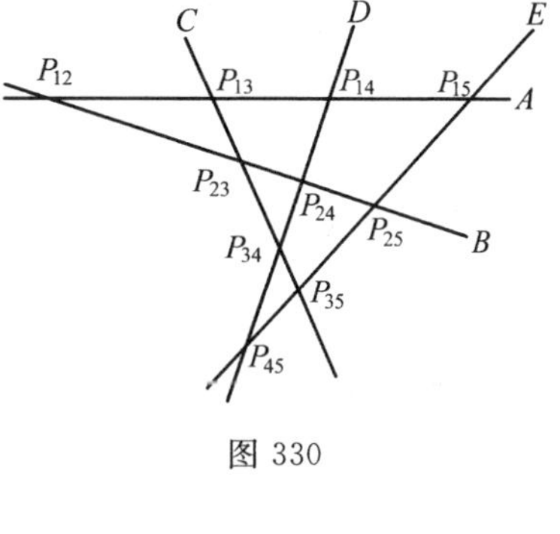

图 330

$$\frac{P_{15}P_{13}}{P_{15}P_{14}} \cdot \frac{P_{45}P_{14}}{P_{45}P_{34}} \cdot \frac{P_{35}P_{34}}{P_{35}P_{13}} = 1$$

应用同一定理于由直线 B, C, D 构成的三角形和截线 E, 得

$$\frac{P_{25}P_{23}}{P_{25}P_{24}} \cdot \frac{P_{45}P_{24}}{P_{45}P_{34}} \cdot \frac{P_{35}P_{34}}{P_{35}P_{23}} = 1$$

这两式的左端相等, 化简后得

$$\frac{P_{15}P_{13}}{P_{15}P_{14}} \cdot \frac{P_{45}P_{14}}{P_{35}P_{13}} = \frac{P_{25}P_{23}}{P_{25}P_{24}} \cdot \frac{P_{45}P_{24}}{P_{35}P_{23}}$$

若直线 C, D, E 在直线 A 和 B 上截取成比例的线段, 则

$$\frac{P_{15}P_{13}}{P_{15}P_{14}} = \frac{P_{25}P_{23}}{P_{25}P_{24}}$$

由最后两等式得

$$\frac{P_{45}P_{14}}{P_{35}P_{13}} = \frac{P_{45}P_{24}}{P_{35}P_{23}}$$

或

$$\frac{P_{35}P_{23}}{P_{35}P_{13}} = \frac{P_{45}P_{24}}{P_{45}P_{14}}$$

亦即直线 A, B, E 在直线 C 和 D 上截取成比例的线段.

这样, 我们证明了, 若在一对直线 (A, B) 上, 其余三直线截取成比例的线段, 那么在既不出现 A, 又不出现 B 的一对直线 (C, D) 上, 情况亦复如此. 所以在这一情况下, 直线对 (C, E) 和 (D, E) 具有同样的性质.

为了证明直线对 (A, C), 其中出现了属于起先一对 (A, B) 的直线 A, 也具有这个性质, 我们要**两次**应用以上的推理: 如果所考虑的性质对于 (A, B) 为真, 那么对于 (D, E) 也真; 而如果对于 (D, E) 为真, 那么它对于 (A, C) 也真.

(357) 为肯定起见, 设点 M 在圆周 ABC 上不含点 A 的弧 BC 上(图 331). $MD = x, ME = y, MF = z$ 为此点到三角形的边 $BC = a, CA = b, AB = c$ 的距离. 根据第 237 节, 有

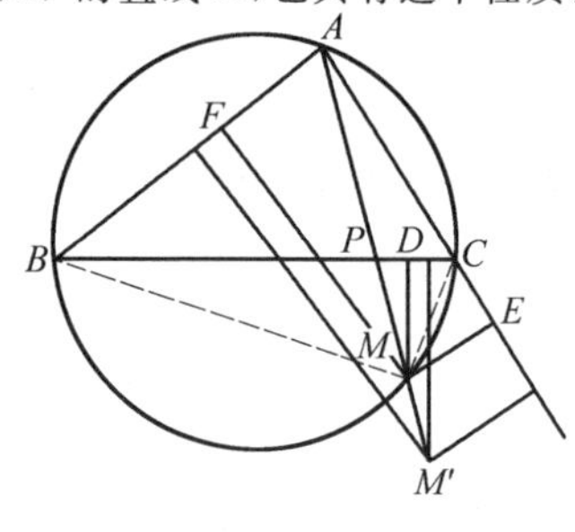

图 331

$$MA \cdot a = MB \cdot b + MC \cdot c \qquad ①$$

设 D,E,F 为由点 M 向三角形各边所引的垂线足,则 $\triangle MBF$ 和 $\triangle MCE$ 相似(因 $\angle ABM = 180° - \angle ACM = \angle ECM$),由是

$$MB : MC = z : y$$

仿此,由相似三角形 $\triangle MBD$ 和 $\triangle MAE$,有

$$MA : MB = y : x$$

所以

$$MA : MB : MC = \frac{1}{x} : \frac{1}{y} : \frac{1}{z}$$

现将等式 ① 的线段 MA,MB,MC 以和它们成比例的数值代入,便得

$$\frac{a}{x} = \frac{b}{y} + \frac{c}{z}$$

同理,对于弧 AC 上的点 M 得出

$$\frac{b}{y} = \frac{a}{x} + \frac{c}{z}$$

而对于弧 AB 上的点有

$$\frac{c}{z} = \frac{a}{x} + \frac{b}{y}$$

定理证明了.

点 M 到 $\triangle ABC$ 各边的距离,若给予相应的符号(比较习题(301)解答备注),则对于三角形外接圆周上任一点 M,按绝对值和符号有

$$\frac{a}{x} + \frac{b}{y} + \frac{c}{z} = 0 \qquad ②$$

逆命题可叙述如下:设对于平面上一点 M,按绝对值和符号,等式 ② 成立,则点 M 在三角形的外接圆周上.

为了证明,考察不在外接圆周上的一点 M',并以 x',y',z'(取合宜的符号)表示它到三角形各边的距离.又以 M 表示直线 AM' 和外接圆周的交点,以 x,y,z 表示它到三角形各边的距离,并以 P 表示直线 AM' 和边 BC 的交点.由于四点 A,M',M,P 共线,则按绝对值和符号有

$$y : y' = z : z' = AM : AM',\ x : x' = PM : PM'$$

于是

$$x : x' = PM : PM' = (PA + AM) : (PA + AM') \neq AM : AM'$$

(大家知道,当 $a \neq b$ 且 $c \neq 0$ 时,有 $\frac{a+c}{b+c} \neq \frac{a}{b}$).由是,因点 M 在外接圆周上,则

$$\frac{a}{x'} + \frac{b}{y'} + \frac{c}{z'} = \frac{a}{x'} + \left(\frac{b}{y} + \frac{c}{z}\right) \cdot \frac{AM}{AM'} =$$

$$\frac{a}{x'} - \frac{a}{x} \cdot \frac{AM}{AM'} = \frac{a}{x}\left(\frac{x}{x'} - \frac{AM}{AM'}\right) \neq 0$$

由是得出逆定理.当直线 AM' 切于外接圆周或者与直线 BC 平行时,证明需要修正(留给读者自己做).

备注 关于逆定理，我们注意，“若比值$\frac{a}{x}$，$\frac{b}{y}$，$\frac{c}{z}$之一等于其余两个的和，则点M在外接圆周上”这一断言，如果没有顾到距离的符号，那是不成立的，有如下例所示. 在等边$\triangle ABC$（图 332）中$\angle A$的外角平分线上取一点P，使直线PC与AC垂直. 对于点P有（按绝对值）$2x = y = z$，因此$\frac{a}{x} = \frac{b}{y} + \frac{c}{z}$，同时点$P$则肯定不在外接圆周上.

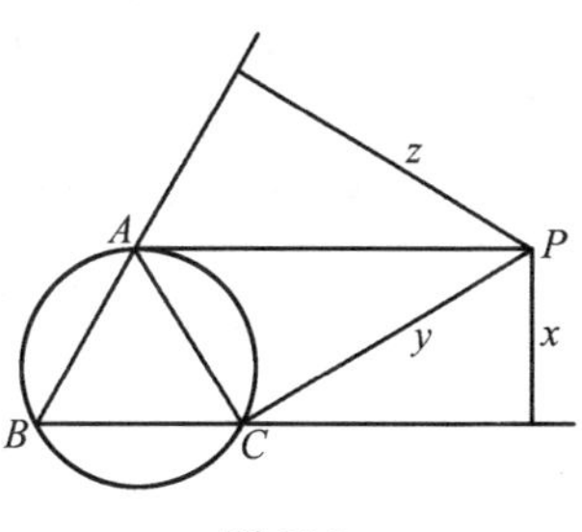

图 332

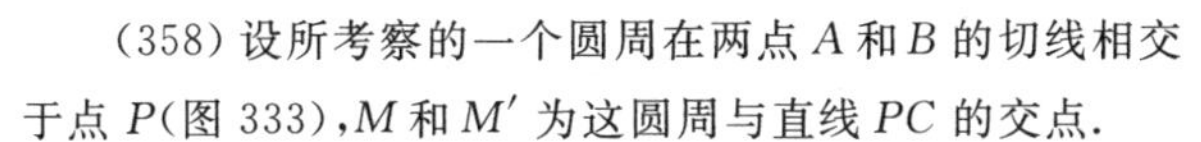

(358) 设所考察的一个圆周在两点A和B的切线相交于点P（图 333），M和M'为这圆周与直线PC的交点.

由于点P是直线AB对于圆周的极，而直线MM'通过点P，所以直线MM'的极在直线AB上. 换句话说，这圆周在M，M'两点的切线交于直线AB上一点D，这点D和C对于A，B两点成调和共轭. 切线长将等于$DM = \sqrt{DA \cdot DB}$. 于是点M（或M'）的轨迹是一个圆周，以D为圆心而以$\sqrt{DA \cdot DB}$为半径.

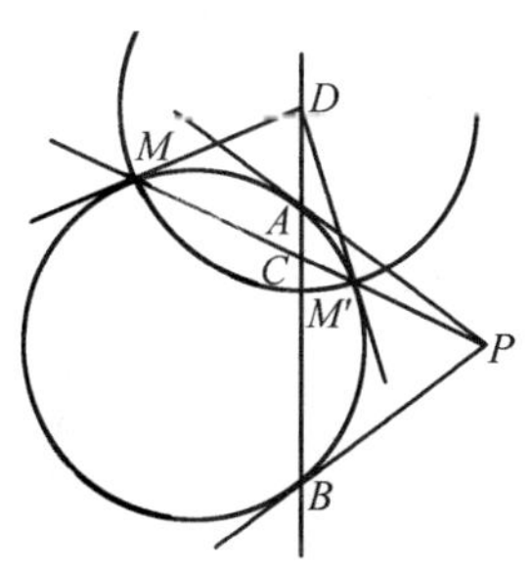

图 333

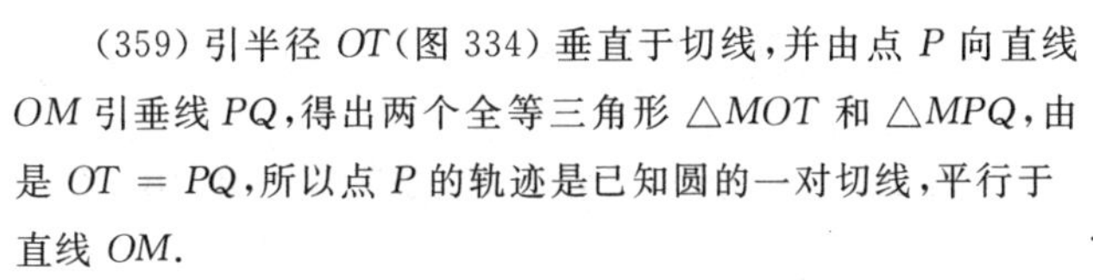

(359) 引半径OT（图 334）垂直于切线，并由点P向直线OM引垂线PQ，得出两个全等三角形$\triangle MOT$和$\triangle MPQ$，由是$OT = PQ$，所以点P的轨迹是已知圆的一对切线，平行于直线OM.

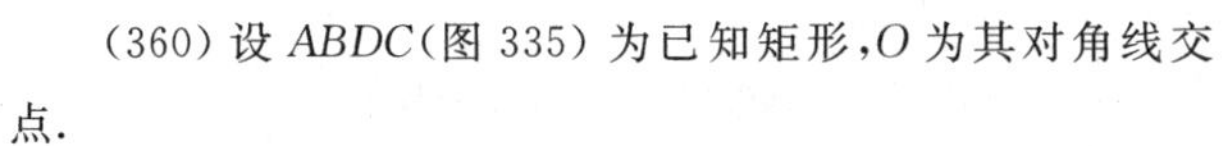

(360) 设$ABDC$（图 335）为已知矩形，O为其对角线交点.

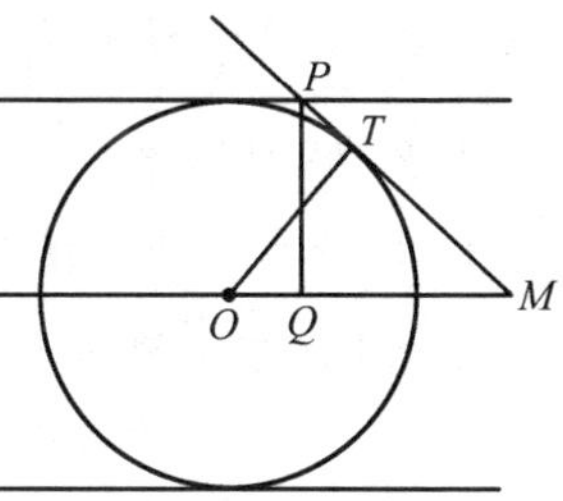

图 334

① 应用第 192 节定理于$\triangle ABC$和截线PR，对于直线BC和PR的交点H得出等式

$$\frac{HB}{HC} \cdot \frac{RC}{RA} \cdot \frac{PA}{PB} = 1$$

仿此，以H'表示直线BC和QS的交点，由$\triangle BCD$得

$$\frac{H'B}{H'C} \cdot \frac{QC}{QD} \cdot \frac{SD}{SB} = 1$$

由于$RC : RA = SD : SB$，$PA : PB = QC : QD$（按绝对值和符号），所以

$$HB : HC = H'B : H'C$$

从而两点H和H'重合. 这样，直线PR和QS相交于直线BC上.

仿此可证，直线PS和QR相交于直线AD上.

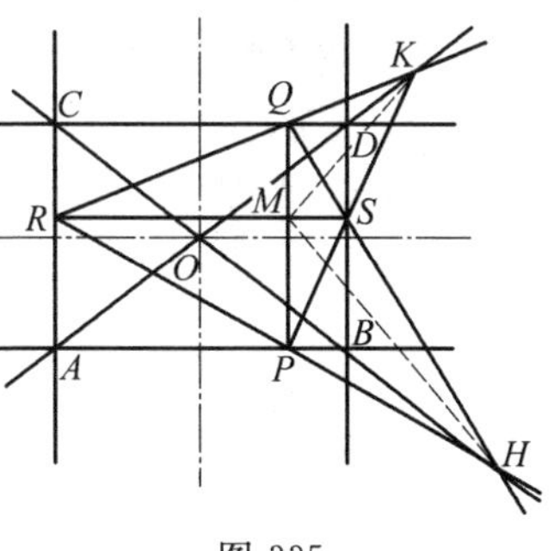

图 335

② 在由直线 RQ,QS,PS,PR 所构成的完全四线形中，对顶线 HK 被对顶线 PQ 和 RS 所调和分割(第 202 节)，所以直线 MQ,MS,MH,MK 形成调和线束. 由于直线 MQ 垂直于 MS，那么直线 MQ 和 MS 平分直线 MH 和 MK 的夹角(第 201 节推论 2).

③ 应用第 192 节定理于 $\triangle ABC$ 和截线 PR，得

$$\frac{HB}{HC}\cdot\frac{RC}{RA}\cdot\frac{PA}{PB}=1$$

应用这定理于 $\triangle ADC$ 和截线 QR，得

$$\frac{KA}{KD}\cdot\frac{QD}{QC}\cdot\frac{RC}{RA}=1$$

由于 $QD:QC=PB:PA$，将最后两等式两端相乘得

$$\frac{HB}{HC}\cdot\frac{KA}{KD}\cdot\left(\frac{RC}{RA}\right)^2=1$$

两端相除得

$$\frac{HB}{HC}\cdot\frac{KD}{KA}\cdot\left(\frac{PA}{PB}\right)^2=1$$

由是

$$\frac{PA}{PB}=\pm\sqrt{\frac{HC\cdot KA}{HB\cdot KD}}$$

$$\frac{RC}{RA}=\pm\sqrt{\frac{HC\cdot KD}{HB\cdot KA}}$$

符号应该这样选择：使乘积 $\frac{PA}{PB}\cdot\frac{RC}{RA}$ 与 $HB:HC$ 有同号. 这两个等式分别在直线 AB,AC 上定出 P,R 两点，因而定出点 M 在平面上的位置.

要能作出点 M，必须比值 $\frac{HC}{HB}$ 和 $\frac{KA}{KD}$ 有同号(否则根号下面的式子是负的).

④ 由上述可知，H,K 两点对应着点 P 两个位置，即调和分割线段 AB 的点 P 和 P'(图 336)，以及点 R 的两个位置，即调和分割线段 AC 的点 R 和 R'. 点 P 和 R 确定点 M，点 P' 和 R' 确定点 M'. 以 O 表示矩形 $ABDC$ 的中心，以 ω 表示线段 MM' 的中点，以 O_1,O_2 和 ω_1,ω_2 表示点 O 和 ω 在 AB,AC 上的射影.

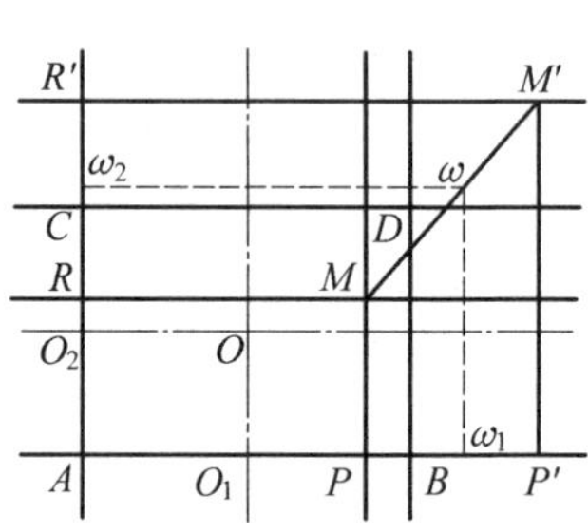

图 336

根据第 189 节有

$$O_1B^2=O_1P\cdot O_1P'=$$
$$(O_1\omega_1-\omega_1P)\cdot(O_1\omega_1+\omega_1P')=$$
$$O_1\omega_1^2-\omega_1P^2$$

因为

$$\omega_1P'=\omega_1P$$

同理

$$O_2C^2=O_2R\cdot O_2R'=O_2\omega_2^2-\omega_2R^2$$

由是用加法得

$$O_1B^2 + O_2C^2 = (O_1\omega_1^2 + O_2\omega_2^2) - (\omega_1P^2 + \omega_2R^2)$$

或

$$OD^2 + \omega M^2 = O\omega^2$$

但 OD 和 ωM 就是题目上所说的两圆半径，$O\omega$ 是它们圆心间的距离；因而最后的等式是正交的条件.

⑤ 设直线 PR 垂直于 QS（图 337），因直线 PR 和 AM 对于 AB 成等倾，并且 QS 和 MD 也如此，所以直线 AM 垂直于 MD. 所以点 M 在以 AD 为直径的圆周上，即 $ABDC$ 的外接圆周上. 反之，若点 M 在这圆周上，则直线 AM 垂直于 MD，因而直线 PR 垂直于 QS.

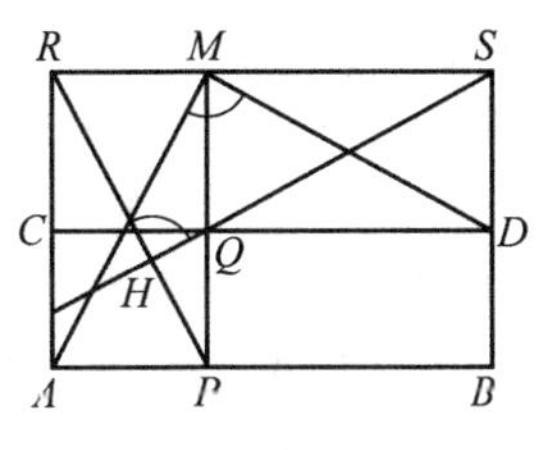

图 337

(361) 设 $\angle CBB' > \angle BCC'$（图 338）. 比较 $\triangle CBB'$ 和 $\triangle BCC'$，得 $CB' > BC'$. 因 $CB' = FB$，则 $FB > BC'$，于是由 $\triangle BC'F$ 有 $\angle BC'F > \angle BFC'$，加上等角 $\angle FC'C = \angle C'FC$（因 $CF = BB' = CC'$），得 $\angle BC'C > \angle BFC$，或 $\angle BC'C > \angle BB'C$. 所以 $\angle AC'C < \angle BB'A$，最后，$\angle ABB' = 180° - \angle A - \angle BB'A < 180° - \angle A - \angle AC'C = \angle ACC'$. 这样，由假设 $\angle CBB' > \angle BCC'$ 推出 $\angle ABB' < \angle ACC'$. 交换两点 B 和 C 的地位，我们看出，由假设 $\angle BCC' > \angle CBB'$ 得出 $\angle ACC' < \angle ABB'$.

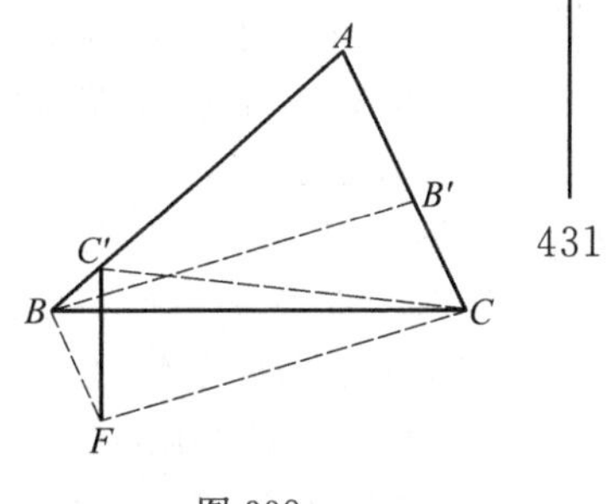

图 338

如果等线段 $BB' = CC'$ 是 $\angle B$ 和 $\angle C$ 的平分线，那么 $\angle ABC > \angle ACB$ 的假设显然得出矛盾，因为这时我们将同时有 $\angle CBB' > \angle BCC'$ 和 $\angle ABB' > \angle ACC'$. $\angle ACB > \angle ABC$ 的假设，也导致这个矛盾. 所以 $\angle ABC = \angle ACB$，于是 $\triangle ABC$ 是等腰的.

(361a) 按第 129 节公式，对于 $\triangle ABC$ 的 $\angle A$ 和 $\angle B$ 的平分线 l_a 和 l_b，有表达式

$$l_a^2 = bc - \frac{a^2bc}{(b+c)^2}, l_b^2 = ac - \frac{b^2ac}{(a+c)^2}$$

由是

$$l_a^2 - l_b^2 = (b-a)c + abc \cdot \left[\frac{b}{(a+c)^2} - \frac{a}{(b+c)^2}\right]$$

若 $b > a$，则显然也有

$$\frac{b}{(a+c)^2} > \frac{a}{(b+c)^2}$$

因而

$$l_a > l_b$$

(362) 如果 $\triangle DEF$ 的点 D, E, F 分别在 $\triangle ABC$ 的边 BC, AC, AB 或其延长线上，则 $\triangle DEF$ 称为内接于 $\triangle ABC$.

首先我们来求一个三角形,使它在以直线 BC 上给定的一点 D 为顶点,且内接于已知三角形的一切三角形中,具有最小的周长.作点 D_1 和 D_2(图 339)使与点 D 关于直线 AC,AB 成对称.任意内接 $\triangle DE'F'$ 的周长等于折线 $D_1E'F'D_2$.有最小周长的 $\triangle DEF$ 来自 D_1EFD_2 成为直线的情况.因此,要作具有给定顶点 D 和最小周长的内接三角形,只要引直线 D_1D_2.

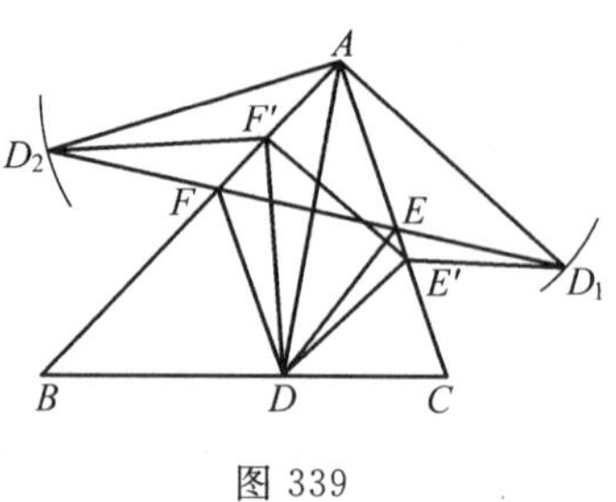

图 339

现在,要解所设的问题,便要选择点 D 使线段 D_1D_2 最小.为此,可注意 $AD_1 = AD_2 = AD$,因为 D_1 和 D_2 是点 D 关于 AC 和 AB 的对称点,于是 $\angle D_1AD_2 = 2\angle A$.所以等腰 $\triangle AD_1D_2$ 顶 $\angle A$ 不因点 D 在直线 BC 上选择而变,因而,如果等线段 $AD_1 = AD_2 = AD$ 为最小,这三角形的边 D_1D_2 将达到最小.就是说,如果 AD 是 $\triangle ABC$ 的高 AD_0(图 340).

我们来证明,若 D_0 为 $\triangle ABC$ 高线 AD_0 的足,则点 D_1 和 D_2 在这三角形高线 BE_0,CF_0 的垂足 E_0 和 F_0 的连线 E_0F_0 上.事实上,若 D_0,E_0,F_0 为高线足,则 $\angle AE_0F_0 = \angle CE_0D_0$(参照习题(71)).另一方面,$\angle CE_0D_0 = \angle CE_0D_1$,因为点 D_0 和 D_1 关于 AC 成对称.所以 $\angle AE_0F_0 = \angle CE_0D_1$,因而点 D_1 在直线 E_0F_0 上.仿此可证,点 D_2 在直线 E_0F_0 上.

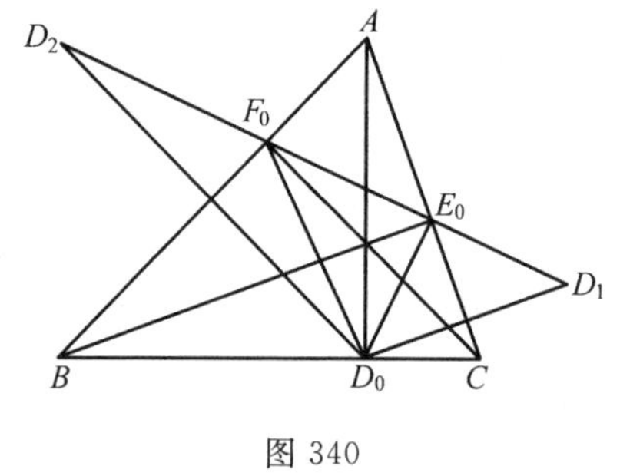

图 340

这样,所求三角形的顶点是已知三角形的高线足.

(362a)① 设在已知四边形 $ABCD$ 内作了内接四边形(按正规意义)$MNPQ$ 具有最小周界(图 341).若 $\angle AMQ$ 与 $\angle BMN$ 不相等,那么我们还可以缩短折线 QMN,因而缩小了四边形 $MNPQ$ 的周长,只要把点 N,P,Q 固定不动,而将点 M 在边 AB 上移动(比较习题(13)解答备注).这样,对于具有最小周界的四边形有

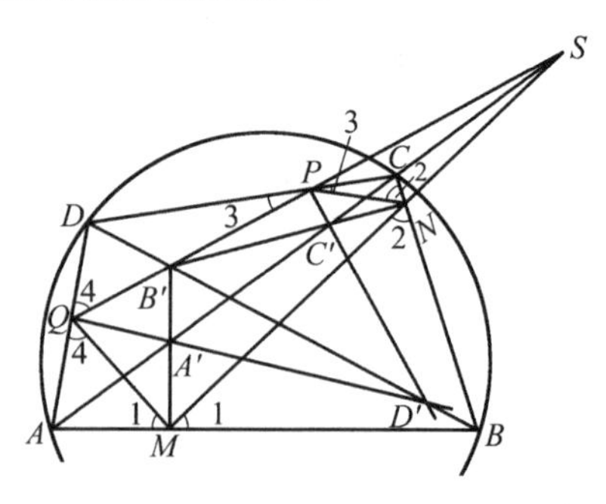

图 341

$$\left.\begin{aligned}\angle AMQ = \angle BMN = \angle 1\\ \angle BNM = \angle CNP = \angle 2\\ \angle CPN = \angle DPQ = \angle 3\\ \angle DQP = \angle AQM = \angle 4\end{aligned}\right\}\qquad ①$$

由是

$$\angle A + \angle 4 + \angle 1 = \angle B + \angle 1 + \angle 2 = \angle C + \angle 2 + \angle 3 = \angle D + \angle 3 + \angle 4 = 180°$$

因之

$$\angle A + \angle C + \angle 1 + \angle 2 + \angle 3 + \angle 4 = \angle B + \angle D + \angle 1 + \angle 2 + \angle 3 + \angle 4$$

即

$$\angle A + \angle C = \angle B + \angle D$$

从而四边形 $ABCD$ 可以内接于一圆周.

② 现设 $ABCD$ 为圆内接四边形，而 $MNPQ$ 为满足条件 ① 的四边形. 顺次作四边形 ABC_1D_1（图 342）与 $ABCD$ 关于边 AB 成对称，然后四边形 $A_1BC_1D_2$ 与 ABC_1D_1 关于 BC_1 成对称，四边形 $A_2B_1C_1D_2$ 与 $A_1BC_1D_2$ 关于 C_1D_2 成对称，最后，四边形 $A_2B_2C_2D_2$ 与 $A_2B_1C_1D_2$ 关于 D_2A_2 成对称. 根据第 102a 节，四边形 $A_1BC_1D_2$ 可由 $ABCD$ 绕点 B 旋转一个等于 $2\angle B$ 的角得到，而四边形 $A_2B_2C_2D_2$ 可由 $A_1BC_1D_2$ 绕点 D_2 向同一方向旋转一个等于 $2\angle D$ 的角而得到. 由于 $2\angle B + 2\angle D = 360°$，所以四边形 $ABCD$ 和 $A_2B_2C_2D_2$ 的对应边平行，而且同向平行.

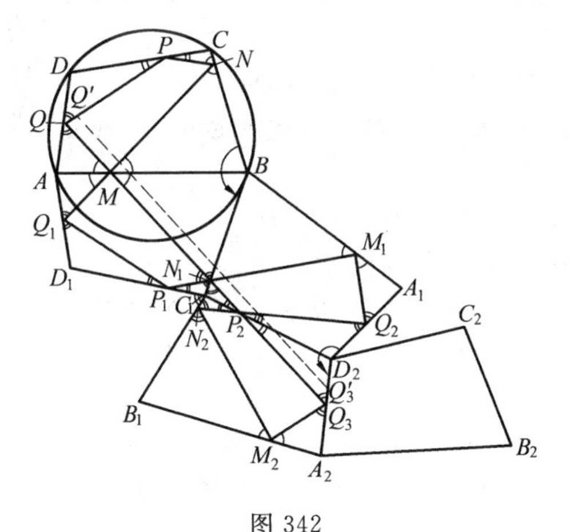

图 342

通过这些作图，边 AD 的点 Q 变为边 A_2D_2 的点 Q_3，满足条件 $AQ = A_2Q_3$，而由于条件 ①，四边形 $MNPQ$ 的周界给出**直线段** QQ_3. 由是推断，有无穷多个有同一周长的四边形 $MNPQ$ 存在（图 343）：要得到其中一个，只要在图 342 上引一线段 QQ_3 与直线 AA_2 平行. 这

时线段 QQ_3 可以用与它平行的任一线段 $Q'Q'_3$ 代替. 这些四边形的周长将小于其余一切内接四边形的周长,因为以 Q 为顶点而又不同于 $MNPQ$ 的内接四边形,它的周长在图 342 上由**折线**表达,折线的端点是 Q 和 Q_3.

为了计算四边形 $MNPQ$ 的周长,在点 M,N,P,Q(图 341)作四边形 $ABCD$ 各边的垂线,并以 A',B',C',D' 表示它们的交点. 由于直线 MA' 和 QA' 是 $\angle NMQ$ 和 $\angle MQP$ 的平分线,所以点 A' 距所有三直线 NM,MQ,QP 等远;所以点 A' 在以直线 MN 和 PQ 为边的 $\angle MSQ$ 的平分线上. 同理,点 A,C,C' 中每一个也落在 $\angle MSQ$ 的平分线上. 所以四点 A,C,A',C' 共线. 完全一样地可证明四点 B,D,B',D' 共线.

应用托勒密定理(第 237 节)于四边形 $BMB'N$,得

$$BB' \cdot MN = BM \cdot B'N + BN \cdot B'M \qquad ②$$

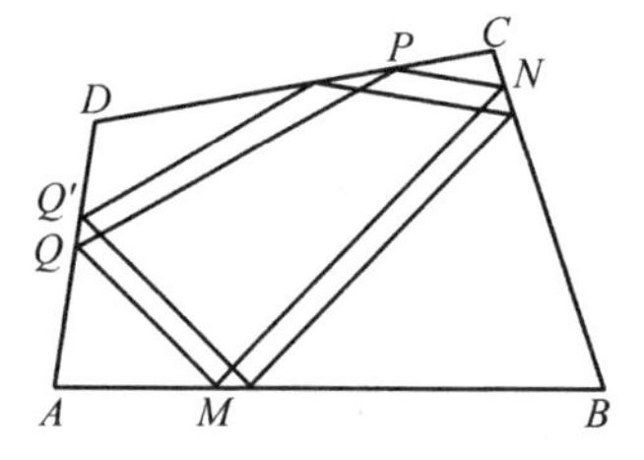

图 343

设 R 为圆周 ABC 的半径,而 E 为这圆周上点 D 的对径点(图 344),则由两对相似三角形,即 $\triangle BB'N$ 和 $\triangle EDC$,以及 $\triangle BB'M$ 和 $\triangle EDA$,有

$$BB' : B'N : B'M = 2R : CD : DA$$

现在将式 ② 中的线段 $BB',B'N,B'M$ 换成与它们成比例的线段 $2R,DC,AD$,则得

$$2R \cdot MN = BM \cdot CD + BN \cdot DA \qquad ③$$

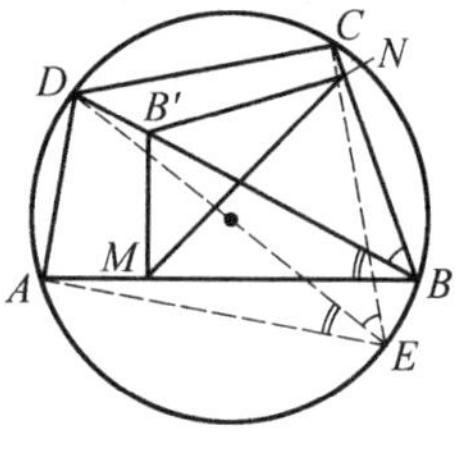

图 344

仿此有

$$2R \cdot NP = CN \cdot DA + CP \cdot AB$$

$$2R \cdot PQ = DP \cdot AB + DQ \cdot BC$$

$$2R \cdot QM = AQ \cdot BC + AM \cdot CD$$

把最后四等式相加,得

$$\begin{aligned} & 2R \cdot (MN + NP + PQ + QM) = \\ & AB \cdot (CP + PD) + BC \cdot (DQ + QA) + \\ & CD \cdot (AM + MB) + DA \cdot (BN + NC) = \\ & 2(AB \cdot CD + BC \cdot DA) = 2AC \cdot BD \end{aligned}$$

这样

$$MN + NP + PQ + QM = \frac{AC \cdot BD}{R} \qquad ④$$

③ 要四边形 $MNPQ$ 能内接于圆，就必须 $\angle NPQ + \angle QMN = 180°$，就是要 $\angle BMN + \angle CPN = 90°$(图 341). 但 $\angle BMN = \angle BB'N$，$\angle CPN = \angle CC'N$. 所以我们应该有 $\angle BB'N + \angle CC'N = \angle BB'C' + \angle B'C'A = 90°$，由是推断，直线 AC 应垂直于 BD.

④ 如果四边形 $MNPQ$ 可内接于圆，那么后者的圆心 ω 落在边 MN 和 NP 在中点 K 和 L 的垂线的交点. 当点 M 沿直线 AB 移动时，四边形 $KNL\omega$ 边的方向保持不变. 点 K 这时在 $\triangle BM_0N_0$(这里 $M_0N_0P_0G_0$ 是任意一个四边形 $MNPQ$) 的一条中线上移动，点 L 在 $\triangle CN_0P_0$ 的一条中线上移动，点 N 沿直线 BC 移动. 根据习题(193) 解答，四边形 $KNL\omega$ 第四个顶点 ω 这时沿一直线移动.

(363) 设习题(105) 所求的点 O 在 $\triangle ABC$ 内(图 109)，而 M 为平面上一点. 在这种情况下，$AA' \leqslant MA + MA'$，并且等式只当点 M 在线段 AA' 上时成立. 又按习题(269)，有 $MA' \leqslant MB + MC$，并且等式只当点 M 在弧 BOC 上时成立. 由是可知，$AA' \leqslant MA + MB + MC$，并且等式只对于点 M 与线段 AA' 和弧 BOC 的交点 O 重合时成立.

因此，对于 O 以外的任何一点 M，有 $AA' = OA + OB + OC < MA + MB + MC$.

为了计算距离和 $OA + OB + OC = AA'$ 这最小值，以 A'' 表示 A' 关于直线 BC 的对称点，以 D 表示直线 BC 和 $A'A''$ 的交点(图 345)，由于 AD 是 $\triangle AA'A''$ 和 $\triangle ABC$ 的中线，则有(第 128 节)

$$A'A^2 + A''A^2 = 2AD^2 + 2A'D^2$$

及

$$AC^2 + AB^2 = 2AD^2 + \frac{1}{2}BC^2$$

由于从等边 $\triangle A'BC$ 有 $A'D = \frac{1}{2}BC \cdot \sqrt{3}$，则由上述等式得

$$A'A^2 + A''A^2 = BC^2 + AC^2 + AB^2$$

又若 H 为从点 A 向直线 $A'A''$ 所作的垂线足，则按第 128a 节有等式

$$A'A^2 - A''A^2 = 2A'A'' \cdot DH = 2\sqrt{3}BC \cdot DH = 4\sqrt{3}S_{\triangle ABC}$$

图 345

由最后两式得 $A'A^2 = \frac{1}{2}(BC^2 + AC^2 + AB^2) + 2\sqrt{3}S_{\triangle ABC}$.

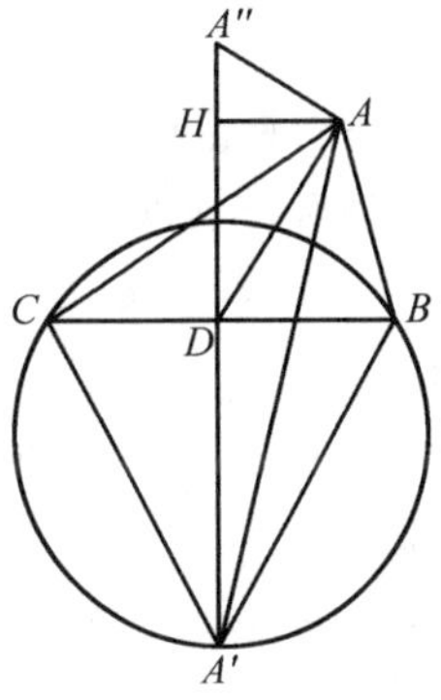

现设点 O 在三角形外，例如在线段 $A'A$ 通过点 A 的延长线上(图 346). 在这一情况下，$\angle BAC > \angle BOC$，即 $\angle BAC > 120°$. 设 $\angle A$ 平分线交圆周 ABC 于点 I，这时 $IB = IC$ 且(由不等式 $\angle BAC > 120°$) $IB > BC$. 应用托勒密定理(第 237 节) 于四边形 $ABIC$ 得

$$(AB + AC) \cdot BI = BC \cdot AI \qquad ①$$

现设 M 为平面上不同于 A 的任意一点. 按第 237a 节定理(应用于四边形 $BMCI$) 有 $BC \cdot MI \leqslant (MB + MC) \cdot BI$(并且等式只当点 M 落在圆周 ABC 的弧 BAC 上时成立)，由是

$$BC \cdot MI + BC \cdot MA \leqslant (MA + MB + MC) \cdot BI \qquad ②$$

又

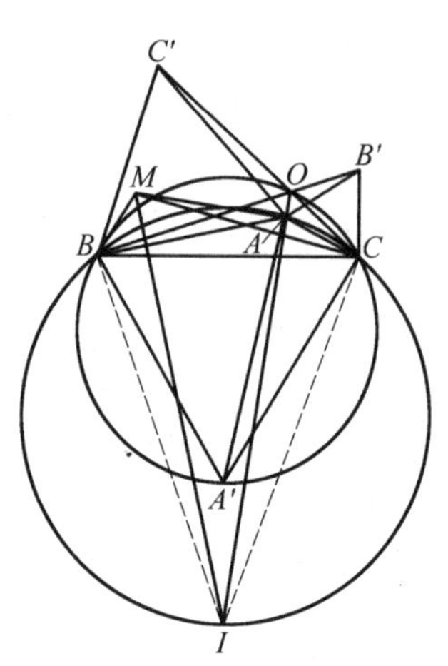

图 346

$$IA \leqslant MI + MA \qquad ③$$

并且等式只当点 M 在线段 AI 上时成立.由 ② 和 ③ 求出

$$BC \cdot IA \leqslant (MA + MB + MC) \cdot BI \qquad ④$$

并且等式只当点 M 与 A 重合时成立.比较 ① 和 ④,表明对于 A 以外的任一点 M,有 $AB + AC < MA + MB + MC$.

所以当点 M 与 A 重合时,和 $MA + MB + MC$ 最小.

(364) 设 A',B',C' 是按书本指示所作的点,且 O 为圆周 $BA'C$ 和 $CB'A$ 的交点(图 347),按数值和符号有(参照习题(344) 解答)

$$\measuredangle BOC = \measuredangle BA'C, \measuredangle COA = \measuredangle CB'A$$

由是

$$\measuredangle AOB = \measuredangle AOC + \measuredangle COB =$$
$$\measuredangle CA'B + \measuredangle AB'C = \alpha + \beta =$$
$$180^\circ - \gamma = -\gamma = \measuredangle AC'B$$

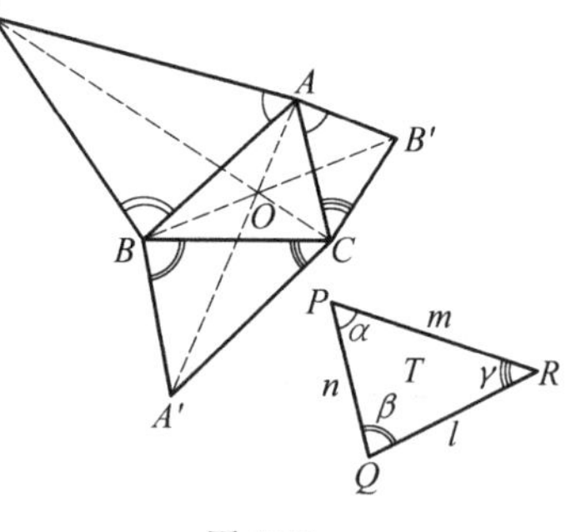

图 347

所以点 O 也在圆周 $AC'B$ 上.由于点 A',B,C,O 在同一圆周上,所以

$$\measuredangle A'OC = \measuredangle A'BC$$

同理

$$\measuredangle COB' = \measuredangle CAB', \measuredangle B'OA = \measuredangle B'CA$$

由是

$$\measuredangle A'OC + \measuredangle COB' + \measuredangle B'OA =$$
$$\measuredangle A'BC + \measuredangle CAB' + \measuredangle B'CA = \alpha + \beta + \gamma$$

因而 AOA' 是直线.同理可证 BOB' 和 COC' 都是直线.

现设点 O 在 $\triangle ABC$ 内.根据第 237 节和第 237a 节,对于平面上任一点 M,我们有

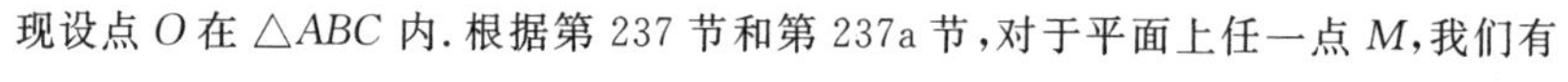

$$MA' \cdot BC \leqslant MB \cdot A'C + MC \cdot A'B$$

并且等式只当点 M 在弧 BOC 上时成立.但由 $\triangle A'BC$ 的作法,有等式

$$BC : CA' : A'B = l : m : n \qquad ①$$

于是前面的关系取下形

$$l \cdot MA' \leqslant m \cdot MB + n \cdot MC$$

又 $l \cdot AA' \leqslant l \cdot (MA + MA')$,并且等式只当点 M 在线段 AA' 上时成立,所以

$$l \cdot AA' \leqslant l \cdot MA + m \cdot MB + n \cdot MC$$

并且等号只当点 M 重合于线段 AA' 和弧 BOC 的交点 O 时适用.所以,对于 O 以外的任何一点,有

$$l \cdot OA + m \cdot OB + n \cdot OC = l \cdot AA' < l \cdot MA + m \cdot MB + n \cdot MC$$

为了计算 $l \cdot MA + m \cdot MB + n \cdot MC$ 的极小值 $l \cdot AA' = l \cdot OA + m \cdot OB + n \cdot OC$，以 A'' 表示 A' 关于直线 BC 的对称点，并以 D 表示直线 BC 和 $A'A''$ 的交点（图 348）. 由于 AD 是 $\triangle AA'A''$ 的中线，则有（第 128 节）

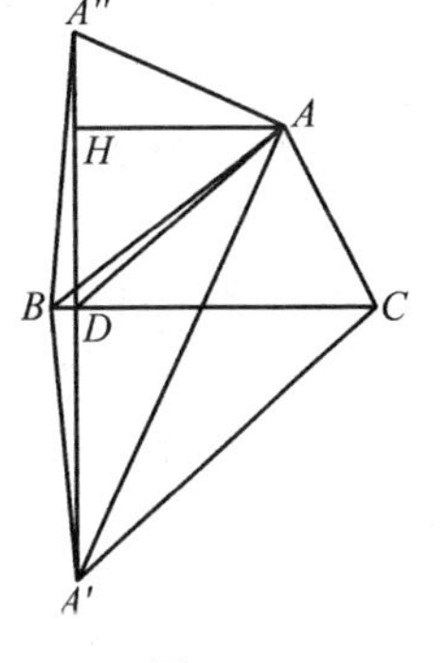

图 348

$$A'A^2 + A''A^2 = 2AD^2 + 2A'D^2$$

现在把斯特瓦尔特定理（第 127 节）用于 $\triangle ABC$ 和线段 AD，得

$$AD^2 = \frac{BD}{BC} \cdot AC^2 + \frac{DC}{BC} \cdot AB^2 - BD \cdot DC$$

把 AD^2 的这个表达式代入上面的等式，并将其中的 $A'D^2$ 改为和它相等的表达式 $A'B^2 - BD^2$，得

$$\begin{aligned} A'A^2 + A''A^2 = {} & 2\left(\frac{BD}{BC} \cdot AC^2 + \frac{DC}{BC} \cdot AB^2 - BD \cdot DC\right) + \\ & 2(A'B^2 - BD^2) = \\ & 2\frac{BD}{BC} \cdot AC^2 + 2\frac{DC}{BC} \cdot AB^2 + \\ & 2\left(\frac{A'B^2}{BC^2} - \frac{BD^2}{BC^2}\right) \cdot BC^2 \end{aligned} \quad ②$$

又因 $A'D$ 为 $\triangle A'BC$ 的高，于是有（第 126 节）

$$BD = \frac{A'B^2 + BC^2 - A'C^2}{2BC}; DC = \frac{A'C^2 + BC^2 - A'B^2}{2BC} \quad ③$$

由等式 ① 和 ③ 得

$$\frac{BD}{BC} = \frac{n^2 + l^2 - m^2}{2l^2}; \frac{DC}{BC} = \frac{l^2 + m^2 - n^2}{2l^2}; \frac{A'B}{BC} = \frac{n}{l}$$

把这些值代入等式 ② 并以 l^2 乘之，得

$$\begin{aligned} l^2 \cdot (A'A^2 + A''A^2) = {} & (m^2 + n^2 - l^2) \cdot BC^2 + (n^2 + l^2 - m^2) \cdot AC^2 + \\ & (l^2 + m^2 - n^2) \cdot AB^2 \end{aligned} \quad ④$$

另一方面，$\triangle AA'A''$ 两边的平方差，等于（第 128a 节）第三边和对应中线在这边上的射影乘积的 2 倍. 换言之，以 H 表示点 A 在直线 $A'A''$ 上的射影，便有

$$A'A^2 - A''A^2 = 2A'A'' \cdot DH = 4A'D \cdot DH = \frac{16S_{\triangle ABC}S_{\triangle A'BC}}{BC^2}$$

于是，由等式 $S_{\triangle A'BC} : S_T = BC^2 : l^2$（参照第 257 节）求得

$$l^2 \cdot (A'A^2 - A''A^2) = 16S_{\triangle ABC}S_T$$

由这式和式 ④ 最终得

$$\begin{aligned} l^2 \cdot A'A^2 = {} & \frac{1}{2}[l^2(CA^2 + AB^2 - BC^2) + m^2(AB^2 + BC^2 - CA^2) + \\ & n^2(BC^2 + CA^2 - AB^2)] + 8S_{\triangle ABC}S_T \end{aligned} \quad ⑤$$

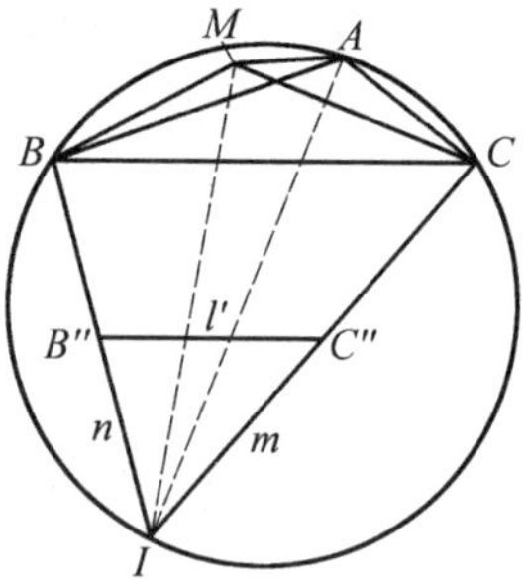

现设点 O 在三角形外，例如在 AA' 通过点 A 的延长线上(参照图 346). 在这一情况下，$\angle BAC+\angle CAB'=\angle A+\alpha>180^\circ$. 在圆周 ABC 上求这样一点 I，使 $BI:IC=n:m$，并且在满足这条件的两点中，以 I 表示不在弧 BAC 上的那一点(图 349). 截 $IB''=n, IC''=m$. 这时直线 $B''C''$ 与 BC 平行. 又以 l' 表示线段 $B''C''$ 的长度. 由 $\triangle IBC$ 和 $\triangle IB''C''$ 相似得

$$BC:CI:BI=l':m:n \qquad ⑥$$

又 $\angle A+\angle BIC=180^\circ$，$\angle A+\alpha>180^\circ$，所以 $\angle BIC<\alpha$，于是比较 $\triangle IB''C''$ 和 T 得

$$l'<l \qquad ⑦$$

图 349

应用托勒密定理于四边形 $ABIC$ 得

$$AB\cdot IC+AC\cdot BI=BC\cdot AI$$

由是由 ⑥

$$m\cdot AB+n\cdot AC=l'\cdot AI \qquad ⑧$$

现设 M 为平面上 A 以外的任意一点. 将第 237 节和第 237a 节的定理应用于四边形 $BMCI$，有

$$MI\cdot BC\leqslant MB\cdot IC+MC\cdot IB$$

或由 ⑥$l'\cdot MI\leqslant m\cdot MB+n\cdot MC$，并且等式只当点 M 在圆周 ABC 的弧 BAC 上时成立. 于是由 ⑦ 有

$$l'\cdot MI+l'\cdot MA\leqslant l\cdot MA+m\cdot MB+n\cdot MC \qquad ⑨$$

并且等式只当 $MA=0$ 时，即当点 M 与 A 重合时成立. 又

$$IA\leqslant MI+MA \qquad ⑩$$

并且等式只当点 M 在线段 IA 上时成立. 由 ⑨ 和 ⑩ 得

$$l'\cdot IA\leqslant l\cdot MA+m\cdot MB+n\cdot MC \qquad ⑪$$

并且等式只当点 M 与 A 重合时成立. 最后，比较 ⑧ 和 ⑪ 表明，对于平面上 A 以外的任意一点 M，有

$$m\cdot AB+n\cdot AC<l\cdot MA+m\cdot MB+n\cdot MC$$

所以，当点 M 与 A 重合时，$l\cdot MA+m\cdot MB+n\cdot MC$ 有极小值.

最后，我们来考察，没有一个三角形存在，使得它的边与数 l,m,n 成比例的情况. 为确定计，假设 l,m,n 三数中最大的是数 l. 在这一情况下，$l\geqslant m+n$，于是对于 A 以外的任一点 M 有

$$l\cdot MA+m\cdot MB+n\cdot MC\geqslant(m+n)\cdot MA+m\cdot MB+n\cdot MC=$$
$$m\cdot(MA+MB)+n\cdot(MA+MC)>m\cdot AB+n\cdot AC$$

因而，仍然是当点 M 与 A 重合的时候得到最小值.

备注 如果利用三角学的基本公式，公式 ⑤ 可以通过比较简短的途径得到. 由

$\triangle CAA'$(图 347) 有

$$l^2 \cdot A'A^2 = l^2 \cdot AC^2 + l^2 \cdot A'C^2 - 2l^2 \cdot AC \cdot A'C \cdot \cos(C+\gamma)$$

利用 $\triangle A'BC$ 和 T 相似,以 $m \cdot BC$ 代 $l \cdot A'C$,并展开和的余弦,则有

$$l^2 \cdot A'A^2 = l^2 \cdot AC^2 + m^2 \cdot BC^2 - 2lm \cdot BC \cdot AC(\cos C\cos\gamma - \sin C\sin\gamma)$$

在此作下面的代换:$2lm\cos\gamma = l^2 + m^2 - n^2$,$2BC \cdot AC\cos C = BC^2 + AC^2 - AB^2$,$lm\sin\gamma = 2S_T$,$BC \cdot AC \cdot \sin C = 2S_{\triangle ABC}$,便得出公式 ⑤.

(365)① 若点 D,E,F 将 $\triangle ABC$ 的边分成两部分,且与邻边的平方成比例(图 350),则有

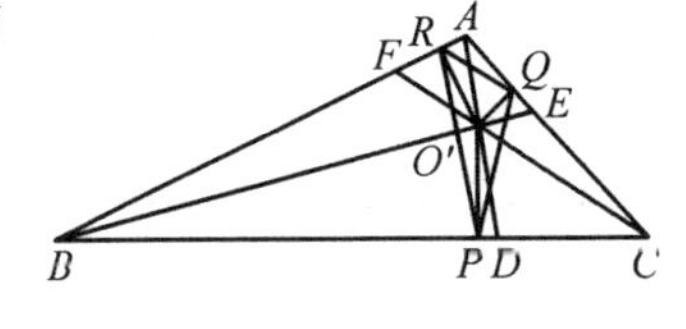

图 350

$$DB : DC = -c^2 : b^2$$

$$EC : EA = -a^2 : c^2$$

$$FA : FB = -b^2 : a^2$$

由塞瓦定理(第 198 节),直线 AD,BE,CF 相交于一点.

② 对于中线交点 O,它到三角形各边的距离和这些边的长度成反比,因为 $\triangle OBC$,$\triangle OCA$,$\triangle OAB$ 面积相等(参考习题(295) 解答). 对于直线 AD 上任一点 O' 有

$$S_{\triangle BDA} : S_{\triangle O'AB} = AD : AO' = S_{\triangle CDA} : S_{\triangle O'AC}$$

或
$$S_{\triangle BDA} : S_{\triangle CDA} = S_{\triangle O'AB} : S_{\triangle O'AC}$$

但另一方面
$$S_{\triangle BDA} : S_{\triangle CDA} = BD : DC = c^2 : b^2$$

由是
$$S_{\triangle O'AB} : S_{\triangle O'AC} = c^2 : b^2$$

以 $O'P,O'Q,O'R$ 表示点 O' 到 $\triangle ABC$ 各边的距离,则有

$$S_{\triangle O'AB} : S_{\triangle O'AC} = (O'R \cdot c) : (O'Q \cdot b)$$

由最后两等式求出
$$O'Q : O'R = b : c$$

对于直线 AD,BE,CF 的交点 O',因此求出

$$O'P : O'Q : O'R = a : b : c \qquad ①$$

点 O' 可由三角形中线的交点 O,按照习题(197) 解答所指出的作法得出,因为点 O' 到三角形各边的距离和点 O 到这些边的距离成反比.

① 假设像上面那样,P,Q,R 是点 O' 在三角形各边上的射影,那么 $\angle RO'Q + \angle RAQ = 180°$,所以(第 256 节)

$$S_{\triangle QO'R} : S_{\triangle ABC} = (O'Q \cdot O'R) : bc$$

同理

$$S_{\triangle RO'P} : S_{\triangle ABC} = (O'R \cdot O'P) : ac$$

$$S_{\triangle PO'Q} : S_{\triangle ABC} = (O'P \cdot O'Q) : ab$$

由等式 ①,从此地推断

$$S_{\triangle QO'R} = S_{\triangle RO'P} = S_{\triangle PO'Q}$$

因而(比较习题(295) 解答) 点 O' 是 $\triangle PQR$ 的重心.

(366) **第一解法** 假设在内接于已知三角形的一切三角形中,有一个$\triangle DEF$(图351)存在,使数值$s=EF^2+FD^2+DE^2$有最小值.设D_1为边EF的中点,则按第128节有

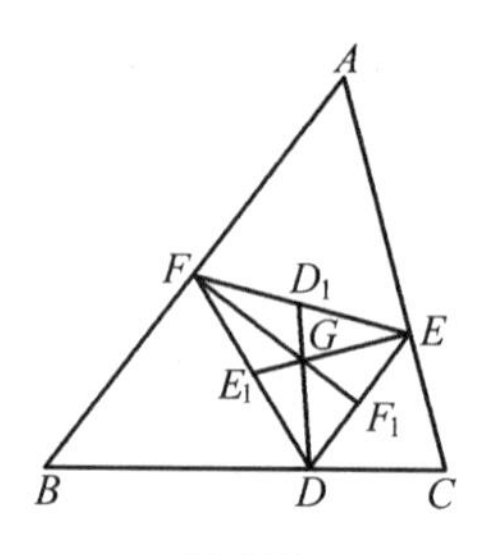

图351

$$FD^2+DE^2=\frac{1}{2}EF^2+2D_1D^2$$

于是
$$s=\frac{3}{2}EF^2+2D_1D^2$$

由这公式可见,若中线DD_1不垂直于边BC,那么,将E,F两点固定不动,而将点D换为由D_1向边BC所引的垂线足,我们就可以把s减小了.因此,中线DD_1垂直于边BC.同理可证,$\triangle DEF$的各中线和$\triangle ABC$的对应边垂直.

现设G为$\triangle DEF$中线的交点.按习题(295)有
$$S_{\triangle GEF}=S_{\triangle GFD}=S_{\triangle GDE} \qquad ①$$

另一方面,$\angle EGF+\angle BAC=180°$,所以(第256节)
$$S_{\triangle GEF}:S_{\triangle ABC}=(GE\cdot GF):(AB\cdot AC)$$

仿此

$$S_{\triangle GFD}:S_{\triangle ABC}=(GF\cdot GD):(BC\cdot AB)$$
$$S_{\triangle GDE}:S_{\triangle ABC}=(GD\cdot GE):(AC\cdot BC)$$

由是依据①
$$\frac{GE\cdot GF}{AB\cdot AC}=\frac{GF\cdot GD}{BC\cdot AB}=\frac{GD\cdot GE}{AC\cdot BC}$$

所以$GD:GE:GF=BC:CA:AB$.这样,所求$\triangle DEF$的重心G到已知三角形各边的距离,和这些边的长度成比例,于是点G与习题(365)所考察的点O'重合(比较第157节作图10),而所求$\triangle DEF$和该题的$\triangle PQR$一致.

现设M为平面上任意一点(图352),D,E,F为由M向$\triangle ABC$各边所引的垂线足,且G为$\triangle DEF$中线的交点.由习题(140),有

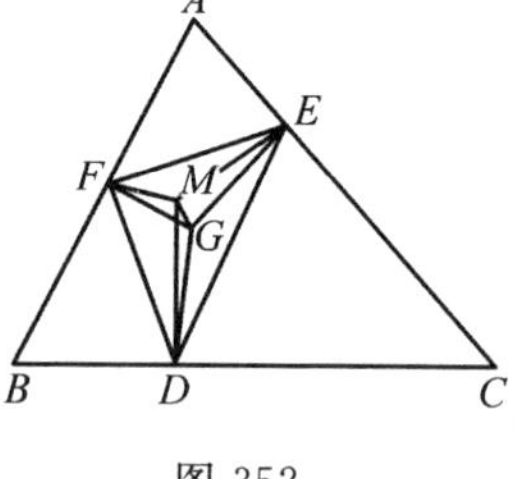

图352

$$MD^2+ME^2+MF^2=GD^2+GE^2+GF^2+3MG^2$$

由于三角形中线的交点截每条中线于$\frac{1}{3}$处(从对应底边算起)(第56节),所以由习题(137)得出
$$GD^2+GE^2+GF^2=\frac{1}{3}(EF^2+FD^2+DE^2) \qquad ②$$

由是
$$MD^2+ME^2+MF^2=\frac{1}{3}(EF^2+FD^2+DE^2)+3MG^2$$

由此等式可知,如果点M和习题(365)的点O'重合,则点M到三角形各边距离的平方和,亦即$MD^2+ME^2+MF^2$,将达到最小,因为这时照上面所证,和$EF^2+FD^2+DE^2$将是最小

的，而 MG 化为零.

现在我们转过来求 $\triangle DEF$，使数值 $s = l \cdot EF^2 + m \cdot FD^2 + n \cdot DE^2$（$l, m, n$ 是给定的数）有最小值，仍旧假设这样的三角形存在. 这时我们考察 l, m, n 为正数的情况.

设点 D_1（图 353）分所求三角形的边 EF 成比 $ED_1 : D_1F = m : n$，则由第 127 节（例如与习题(141) 解答相比较）有

$$m \cdot DF^2 + n \cdot DE^2 = (m+n) \cdot D_1D^2 + \frac{mn}{m+n} \cdot EF^2 \quad ③$$

于是

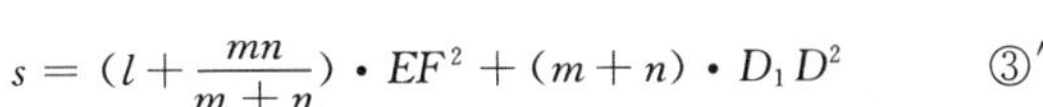

$$s = \left(l + \frac{mn}{m+n}\right) \cdot EF^2 + (m+n) \cdot D_1D^2 \quad ③'$$

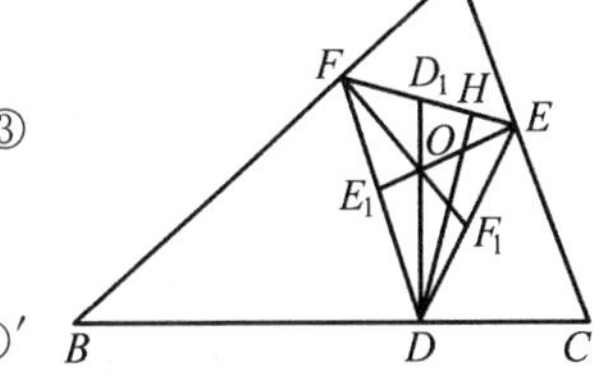

图 353

若直线 D_1D 不与边 BC 垂直，那么，将 E, F 两点固定不动，而将点 D 换为由 D_1 向边 BC 所引的垂线足，我们就可以把 s 减小了. 所以，分 EF 边成比 $ED_1 : D_1F = m : n$ 的直线 DD_1 应该垂直于边 BC. 同理可证，分 FD 边成比 $FE_1 : E_1D = n : l$ 的直线 EE_1 应该垂直于边 AC，而分 DE 边成比 $DF_1 : F_1E = l : m$ 的直线 FF_1 应该垂直于边 AC. 由于这时 $\frac{D_1E}{D_1F} \cdot \frac{E_1F}{E_1D} \cdot \frac{F_1D}{F_1E} = -1$，所以，在所求三角形顶点 D, E, F 向 $\triangle ABC$ 各边所引的垂线，通过同一点 O（根据第 198 节），且将 $\triangle DEF$ 的边 EF, FD, DE 依次分成比 $m : n, n : l, l : m$.

由于通过点 O 的直线 DD_1, EE_1, FF_1 将 $\triangle DEF$ 的边分成比 $ED_1 : D_1F = m : n, FE_1 : E_1D = n : l, DF_1 : F_1E = l : m$，则有（参看习题(295) 解答）

$$S_{\triangle OFD} : S_{\triangle ODE} = FD_1 : D_1E = \frac{1}{m} : \frac{1}{n}$$

仿此
$$S_{\triangle ODE} : S_{\triangle OEF} = \frac{1}{n} : \frac{1}{l}, S_{\triangle OEF} : S_{\triangle OFD} = \frac{1}{l} : \frac{1}{m}$$

由是

$$lS_{\triangle OEF} = mS_{\triangle OFD} = nS_{\triangle ODE}$$

另一方面，像上面一样，求得

$$S_{\triangle OEF} : S_{\triangle ABC} = (OE \cdot OF) : (AB \cdot AC)$$
$$S_{\triangle OFD} : S_{\triangle ABC} = (OF \cdot OD) : (AB \cdot BC)$$
$$S_{\triangle ODE} : S_{\triangle ABC} = (OD \cdot OE) : (BC \cdot AC)$$

由是

$$l \cdot \frac{OE}{AC} \cdot \frac{OF}{AB} = m \cdot \frac{OF}{AB} \cdot \frac{OD}{BC} = n \cdot \frac{OD}{BC} \cdot \frac{OE}{AC}$$

即

$$\frac{OD}{l \cdot BC} = \frac{OE}{m \cdot AC} = \frac{OF}{n \cdot AB} \quad ④$$

这样，点 O 到已知三角形各边的距离，和乘积 $l \cdot BC, m \cdot AC, n \cdot AB$ 成比例. 因此，点 O

的位置便被确定了(第 157 节作图 10),因而点 D,E,F 的位置(从点 O 向三角形各边所引的垂线足)也确定了.

现在我们简略地来考察一下系数 l,m,n 有任意符号的情况,并分别研究下述假设:①$m+n>0,n+l>0,l+m>0$;②$m+n<0,n+l<0,l+m<0$;③ 在和数 $m+n,n+l,l+m$ 中,有正的又有负的,但没有一个等于零;④ 和数 $m+n,n+l,l+m$ 中有一个为零.

① 设系数 l,m,n 有任意的符号,但 $m+n>0,n+l>0,l+m>0$.分所求 $\triangle DEF$ 的边(图 353),使按绝对值和符号有等式

$$ED_1:D_1F=m:n,FE_1:E_1D=n:l,DF_1:F_1E=l:m$$

按习题(218) 便有(照上面一样,并利用等式 ③′)

$$s=l\cdot EF^2+m\cdot DF^2+n\cdot DE^2=(l+\frac{mn}{m+n})\cdot EF^2+(m+n)\cdot D_1D^2=$$

$$(m+\frac{nl}{n+l})\cdot FD^2+(n+l)\cdot E_1E^2=(n+\frac{lm}{l+m})\cdot DE^2+(l+m)\cdot F_1F^2 \quad ⑤$$

由于 $m+n>0,n+l>0,l+m>0$,那么上面的推理依然有效,只要给予三角形的面积和点到三角形的边的距离以确定的符号,像习题(301) 和(324) 解答里所指出的那样.s 的最小值,仍然得自等式 ④ 所确定的点 O.

② 设 $m+n<0,n+l<0,l+m<0$,那么完全与上面类似的推理表明,对于由等式 ④ 所确定的点 O,s 不是达到最小值,而是达到最大值.因为由式 ⑤ 可知,在这一情况下,当固定点 E 和 F,而减小 D_1D 的数值时,s 反而增大(因 $m+n<0$),等等.

③ 如果在 $m+n,n+l,l+m$ 中,既有正的又有负的,那么对于任何一个 $\triangle DEF$,s 既没有最大值,也没有最小值.事实上,为确定计,设 $m+n>0$,而 $n+l<0$.在这种情况下,由公式 ⑤ 可知,使 E,F 两点固定不动,并使 D 从点 D_1 向边 BC 所引的垂线足离开,便可以使数量 s 增大.另一方面,也可以让 s 减小,只要固定 D,F 两点并移动 E.

④ 还要考察和数 $m+n,n+l,l+m$ 中有等于零的情况.为确定计,令 $m+n=0$.以 DH 表示 $\triangle DEF$ 的高(图 353),便有

$$s=l\cdot EF^2+m\cdot(DF^2-DE^2)=l\cdot EF^2+m\cdot(EF^2\pm 2EF\cdot EH)$$

由是可知,不改变 E,F 两点的位置,我们可以给 s 以任意的数值,只要相应地选择点 H,也就是说点 D.这样,在最后的情况下,对于任何一个 $\triangle DEF$,s 既不能达到最大值,又不能达到最小值.

综合上述,得出下面的总结:

如果三个和数 $m+n,n+l,l+m$ 都为正(负),那么使得数量 $s=l\cdot EF^2+m\cdot FD^2+n\cdot DE^2$ 有最小(最大值的三角形 DEF 的顶点,按下述作法得出:确定一点 O 使其距三角形各边的距离与乘积 $l\cdot BC,m\cdot AC,n\cdot AB$ 成比例,并由点 O 向三角形各边引垂线.如果和数 $m+n,n+l,l+m$ 中有等于零的,或者有异号的,那么没有一个内接三角形使数值 s 有最小或最大值.

备注　上面在 $m+n, n+l, l+m$ 有同号的情况下所介绍的解法中，下面的假设依据是重要的：在一切内接三角形中，有一个三角形存在使数量 s 有最小(或最大) 值. 如果把以下这一事实看做是明显的，即对于内接三角形，数量 s 不能取任意小的值，而是保持大于某一数，那么我们还无法肯定，使 s 有最小值的三角形确实存在. 因为，从逻辑上讲，下面的情况是可以想象的：在内接三角形中，有一些三角形存在，它们所对应的 s 值大于某一数 s_0，并且可以随意逼近 s_0，但却没有一个三角形存在，使其对应的 s 值等于或小于 s_0.

因此，我们来介绍第二个解法，这里我们不作使 s 有最小值的三角形存在的假设. 这时，我们只限于系数 l, m, n 为正的情况.

第二解法　我们将从对于任意六数 a, b, c, x, y, z 成立的恒等式出发

$$(a^2+b^2+c^2)\cdot(x^2+y^2+z^2)=(ax+by+cz)^2+(bz-cy)^2+(cx-az)^2+(ay-bx)^2 \quad ⑥$$

如果把 a, b, c 看做已知三角形的边，而 x, y, z 看做平面上任一点 O 到它各边的距离，便有(参照习题(301) 解答)$ax+by+cz=2S$，S 是已知三角形的面积. 上面的等式取下形

$$x^2+y^2+z^2=\frac{4S^2}{a^2+b^2+c^2}+\frac{(bz-cy)^2+(cx-az)^2+(ay-bx)^2}{a^2+b^2+c^2}$$

由此立刻断定，一点 O 到已知三角形各边距离的平方和，当右端每一个括弧等于零，即当 $x:y:z=a:b:c$ 时，有最小值. 所以点 O 和习题(365) 所确定的点 O' 重合.

现设 $\triangle DEF$(图 354) 为内接于已知三角形的任意一个三角形，G 为其重心，像在上面等式 ② 里一样，我们有

$$EF^2+FD^2+DE^2=3(GD^2+GE^2+GF^2) \quad ⑦$$

设以 D_0, E_0, F_0 表示从点 G 向已知三角形各边所引的垂线足，则 $GD^2=GD_0^2+D_0D^2$，等等. 所以

$$s=EF^2+FD^2+DE^2=3(GD_0^2+GE_0^2+GF_0^2)+3(D_0D^2+E_0E^2+F_0F^2)$$

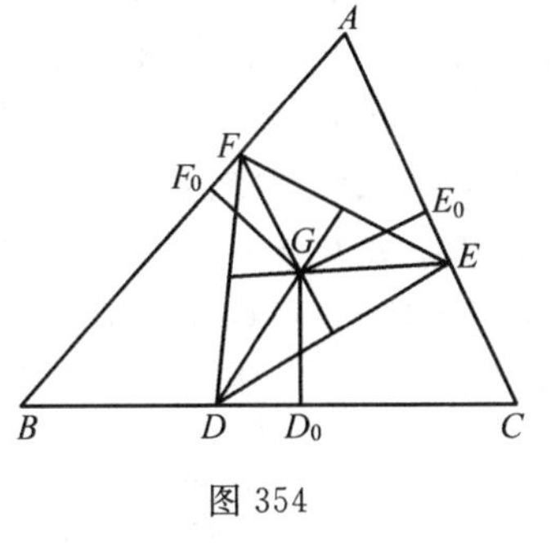

图 354

从此立刻看出，当点 G 与习题(365) 里点 O' 重合，而 $\triangle DEF$ 与那里的 $\triangle PQR$ 重合时，s 有最小值，因为在这一情况下，已证和数 $GD_0^2+GE_0^2+GF_0^2$ 有可能的最小值，而 $D_0D=E_0E=F_0F=0$(由习题(365)③).

现在转来求 $s=l\cdot EF^2+m\cdot FD^2+n\cdot DE^2$ 的最小值，其中 l, m, n 为给定的正数. 我们考察恒等式 ⑥ 的推广

$$(la^2+mb^2+nc^2)\left(\frac{x^2}{l}+\frac{y^2}{m}+\frac{z^2}{n}\right)=(ax+by+cz)^2+\frac{l(mbz-ncy)^2+m(ncx-laz)^2+n(lay-mbx)^2}{lmn} \quad ⑧$$

这个恒等式可将 ⑥ 中的 a, b, c, x, y, z 分别换为 $a\sqrt{l}, b\sqrt{m}, c\sqrt{n}, \frac{x}{\sqrt{l}}, \frac{y}{\sqrt{m}}, \frac{z}{\sqrt{n}}$ 而得. 利用恒等

式 ⑧,像上面一样可以肯定,量$\frac{x^2}{l}+\frac{y^2}{m}+\frac{z^2}{n}$当式 ⑧ 右端每个括弧等于零时,亦即当

$$x:y:z=la:mb:nc \tag{⑨}$$

时,达到最小值.

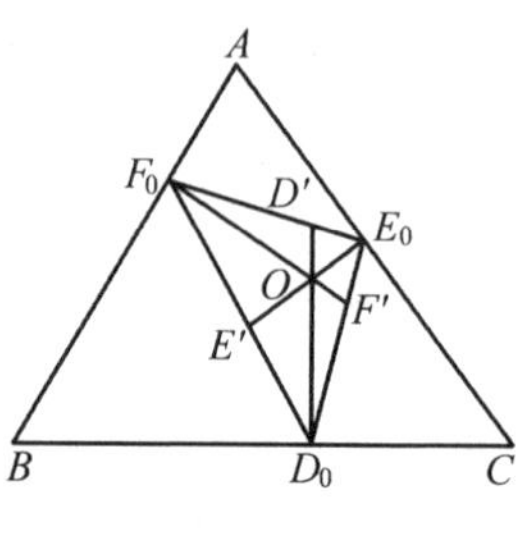

图 355

现在,由所求到的满足条件 ⑨ 的点 O 向 $\triangle ABC$ 各边引垂线 OD_0,OE_0,OF_0(图 355),于是得到(以下会看出)所求 $\triangle D_0E_0F_0$. 以 D',E',F' 表示这些垂线和 $\triangle D_0E_0F_0$ 的边 E_0F_0,F_0D_0,D_0E_0 的交点. 由第 256 节,有

$$S_{\triangle OE_0F_0}:S_{\triangle ABC}=(OE_0\cdot OF_0):(AB\cdot AC)=yz:bc$$

$$S_{\triangle OF_0D_0}:S_{\triangle ABC}=zx:ca$$

$$S_{\triangle OD_0E_0}:S_{\triangle ABC}=xy:ab$$

由是

$$S_{\triangle OE_0F_0}:S_{\triangle OF_0D_0}:S_{\triangle OD_0E_0}=\frac{a}{x}:\frac{b}{y}:\frac{c}{z}=\frac{1}{l}:\frac{1}{m}:\frac{1}{n}$$

所以

$$E_0D':D'F_0=S_{\triangle OD_0E_0}:S_{\triangle OF_0D_0}=m:n$$

其中 D' 为直线 E_0F_0 和 OD_0 的交点(参看习题(295)). 仿此

$$F_0E':E'D_0=n:l,D_0F':F'E_0=l:m$$

这样,如果从满足条件 ⑨ 的点 O,向 $\triangle ABC$ 各边引垂线 OD_0,OE_0,OF_0,那么这些垂线将 $\triangle D_0E_0F_0$ 的边依次分成比 $m:n$,$n:l$,$l:m$.

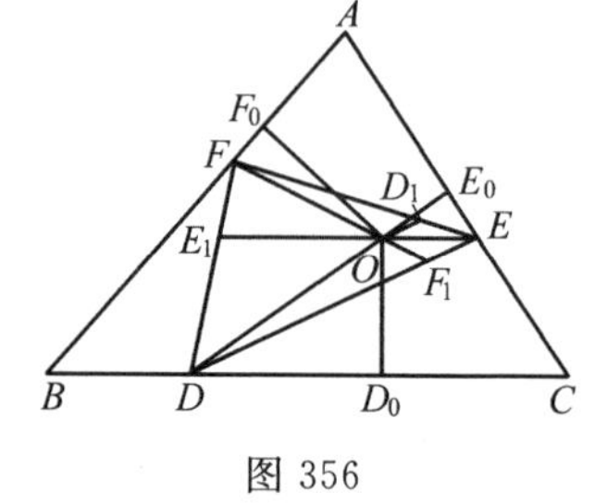

图 356

现在作已知 $\triangle ABC$ 的任一内接 $\triangle DEF$(图 356),并以直线 DD_1,EE_1,FF_1 把后者各边分成比 $ED_1:D_1F=m:n$,$FE_1:E_1D=n:l$,$DF_1:F_1E=l:m$. 直线 DD_1,EE_1,FF_1 通过同一点 O(第 198 节). 这时将有

$$\frac{D_1E}{D_1F}\cdot\frac{E_1F}{E_1D}\cdot\frac{F_1D}{F_1E}=-1$$

或

$$\frac{DE_1}{E_1F}=\frac{D_1E}{D_1F}\cdot\frac{F_1D}{F_1E}$$

由于 $\triangle EDD_1$ 的边(或其延长线)与直线 FF_1 相交于点 O,F,F_1,则有(按第 192 节)

$$\frac{OD}{OD_1}\cdot\frac{FD_1}{FE}\cdot\frac{F_1E}{F_1D}=1$$

由是

$$\frac{DO}{OD_1}=\frac{DF_1}{F_1E}\cdot\frac{FE}{FD_1}=\frac{DF_1}{F_1E}\cdot\frac{FD_1+D_1E}{FD_1}=\frac{DF_1}{F_1E}+\frac{D_1E}{D_1F}\cdot\frac{F_1D}{F_1E}$$

将这里最后一项用等量$\frac{DE_1}{E_1F}$代替,得

$$\frac{DO}{OD_1}=\frac{DF_1}{F_1E}+\frac{DE_1}{E_1F}=\frac{l}{m}+\frac{l}{n}=\frac{l(m+n)}{mn} \tag{⑩}$$

由是

$$OD_1=\frac{mn}{l(m+n)}\cdot DO;DD_1=DO+OD_1=\frac{mn+nl+lm}{l(m+n)}\cdot DO \qquad ⑪$$

现在,像在本题第一解法一样(比较等式 ③)把斯特瓦尔特定理(第 127 节)应用于 $\triangle DEF$ 和线段 DD_1,得出

$$(m+n)D_1D^2=m\cdot DF^2+n\cdot DE^2-\frac{mn}{m+n}EF^2 \qquad ⑫$$

应用这定理于 $\triangle OEF$ 和线段 OD_1,同样求得

$$(m+n)\cdot OD_1^2=m\cdot OF^2+n\cdot OE^2-\frac{mn}{m+n}EF^2 \qquad ⑬$$

在等式 ⑫ 和 ⑬ 中,将 DD_1 和 OD_1 代以它们的表达式 ⑪,便有

$$\frac{(mn+nl+lm)^2}{l^2(m+n)}\cdot OD^2=m\cdot DF^2+n\cdot DE^2-\frac{mn}{m+n}\cdot EF^2 \qquad ⑭$$

$$\frac{m^2n^2}{l^2(m+n)}\cdot OD^2=m\cdot OF^2+n\cdot OE^2-\frac{mn}{m+n}\cdot EF^2 \qquad ⑮$$

最后,⑮ 各项以 $\frac{1}{mn}(mn+nl+lm)$ 乘之,并从所得结果两端减去 ⑭,经过代数变换得等式

$$l\cdot EF^2+m\cdot FD^2+n\cdot DE^2=(mn+nl+lm)\cdot(\frac{OD^2}{l}+\frac{OE^2}{m}+\frac{OF^2}{n}) \qquad ⑯$$

等式 ⑯ 是 ⑦ 的推广,后者可由 ⑯ 令 $l=m=n=1$ 得到.

从点 O 向 $\triangle ABC$ 各边引垂线 OD_0,OE_0,OF_0,并将式 ⑭ 中 OD^2 以 $OD_0^2+D_0D^2$ 代换,等等.最终便有

$$s=l\cdot EF^2+m\cdot FD^2+n\cdot DE^2=$$

$$(mn+nl+lm)[(\frac{OD_0^2}{l}+\frac{OE_0^2}{m}+\frac{OF_0^2}{n})+(\frac{D_0D^2}{l}+\frac{E_0E^2}{m}+\frac{F_0F^2}{n})]$$

从这等式立即看出,如果点 O 满足条件 ⑨,s 有最小值,因为这时已证数值$\frac{OD_0^2}{l}+\frac{OE_0^2}{m}+\frac{OF_0^2}{n}$ 有最小值,且 $D_0D=E_0E=F_0F=0$,而由这些条件,直线 OD,OE,OF 重合于 $\triangle ABC$ 各边的垂线.

(367) **第一解法** 假设在已知圆周的各内接三角形中,有一个 $\triangle ABC$(图 357)存在,对于它,和 $s=l\cdot BC^2+m\cdot CA^2+n\cdot AB^2$ 有最大值.为确定计,假设

$$l\leqslant m\leqslant n \qquad ①$$

设点 D(内)分 BC 边成比 $BD:DC=m:n$,则按斯特瓦尔特定理(第 127 节,像在习题(366)解答中公式 ③ 一样),我们有

$$m\cdot AC^2+n\cdot AB^2=(m+n)\cdot AD^2+\frac{mn}{m+n}\cdot BC^2$$

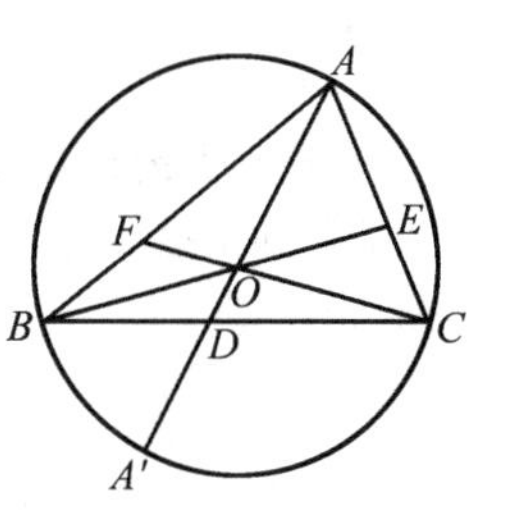

图 357

由是

$$s = \left(l + \frac{mn}{m+n}\right) \cdot BC^2 + (m+n) \cdot AD^2 \qquad ②$$

如果距离 AD 是可能的最大值，则对于已知的点 B 和 C(因之对于点 D 的确定位置)，数量 s 将有最大值. 但由已知点 D 到圆周的最大距离是(第 64 节) 通过点 D 的直径的长线段. 这样，圆周通过点 A 的直径将边 BC 分成比 $m : n$. 同理，通过点 B 和 C 的直径应具有类似的性质：通过点 B 的直径分边 CA 成比 $CE : EA = n : l$；通过点 C 的直径分边 AB 成比 $AF : FB = l : m$.

现在对于 $\triangle ABC$ 和通过一点的直线 AD, BE, CF，完全重复我们在解习题(366) 时导出公式 ⑩ 的计算，便得出完全类似的关系

$$\frac{AO}{OD} = \frac{AF}{FB} + \frac{AE}{EC} = \frac{l}{m} + \frac{l}{n} = \frac{l(m+n)}{mn} \qquad ③$$

由是

$$AD = AO + OD = \frac{mn + nl + lm}{l(m+n)} \cdot AO = \frac{mn + nl + lm}{l(m+n)} R \qquad ④$$

R 是已知圆的半径. 等式 ③ 或 ④ 便在直线 AO 上确定出点 D 的位置.

还要通过点 D 求作弦 BC 使被点 D 分成比 $BD : DC = m : n$. 后面的作图可以仿照习题(165) 完成，只要假设那里的两个已知圆周相重合. 这样，所求三角形便作出了.

要作图可能，必须亦只须被条件 ③ 所确定的点 D 落在圆内，并且通过这一点可以引一条弦 BC 使被点 D 分成比 $m : n$. 从式 ③ 易知，如果 $\frac{l}{m} + \frac{l}{n} > 1$，亦即

$$\frac{1}{l} < \frac{1}{m} + \frac{1}{n} \qquad ⑤$$

点 D 便落在圆内.

如果 $\frac{DA'}{AD} < \frac{m}{n} < \frac{AD}{DA'}$，通过点 D 确可以作一条弦被这点分成比 $m : n$(因为线段 AD 和 $A'D$ 是从点 D 到圆周的最大和最小距离)，其中 A' 是 A 的对径点，也就是说，如果 $\frac{2R - AD}{AD} < \frac{m}{n} < \frac{AD}{2R - AD}$. 将 AD 代以它的表达式 ④，得 $\frac{-mn + nl + lm}{mn + nl + lm} < \frac{m}{n} < \frac{mn + nl + lm}{-mn + nl + lm}$. 变换这不等式，便有 $\frac{1}{m} < \frac{1}{l} + \frac{1}{n}$，$\frac{1}{n} < \frac{1}{l} + \frac{1}{m}$. 如果可以选取系数 l, m, n 的记号使满足条件 ①，这些不等式将自动满足.

因此，如果把系数 l, m, n 的记号选好，使其满足条件 ①，那么 $\triangle ABC$ 可能作出的唯一充要条件由式 ⑤ 表达.

几何地解释不等式 ⑤，得出如下的总结：使得数量 s 有最大值的 $\triangle ABC$，只当下述条件满足时存在：我们可以作一个三角形使它的边与 $\frac{1}{l}, \frac{1}{m}, \frac{1}{n}$ 成比例，就是说，高与 l, m, n 成比例.

备注 在上述解法中，我们假设了有一个三角形存在，对于它. s 有最大值. 关于这个假

定,我们可以重复习题(366)第一解法备注中的说明.

实际上,解题过程表明,并非对于 l,m,n 的一切值,所求三角形都存在.因此我们介绍另一种解法,在这个解法中,我们不作所求三角形存在的假设.

第二解法 仍设 l,m,n 为正数,且

$$l \leqslant m \leqslant n \quad ①$$

设 $\triangle ABC$(图 358)为内接于已知圆周的任一三角形.以一点 D 分它的边 BC 成比 $BD:DC=m:n$.像在第一解法里那样有公式 ②.通过点 D 引直径 MN(这时为确定计,设 $MD \geqslant DN$),于是有

$$BD \cdot DC = MD \cdot (2R - MD)$$

另一方面

$$BD = \frac{m}{m+n}BC, DC = \frac{n}{m+n}BC$$

由是

$$BD \cdot DC = \frac{mn}{(m+n)^2} \cdot BC^2$$

因而

$$BC^2 = \frac{(m+n)^2}{mn} \cdot MD \cdot (2R - MD)$$

将此值代入第一解法公式 ② 得

$$s = [\frac{l(m+n)^2}{mn} + (m+n)] \cdot MD \cdot (2R - MD) + (m+n) \cdot AD^2$$

这个 s 的表达式可以写为

$$s = [\frac{l(m+n)^2}{mn} + (m+n)] \cdot 2R \cdot MD - \frac{l(m+n)^2}{mn} \cdot MD^2 + (m+n) \cdot AD^2 - (m+n) \cdot MD^2$$

或者,将 $\frac{l(m+n)^2}{mn} + (m+n)$ 代以等式 $\frac{(m+n)(mn+nl+lm)}{mn}$ 并集项,写为

$$s = \frac{m+n}{mn}[2(mn+nl+lm)R \cdot MD - l(m+n) \cdot MD^2] + (m+n) \cdot (AD^2 - MD^2)$$

由此式可知,如果下列条件满足,s 达到最大值:

① 点 A 与 M 重合(因为在相反的情况下,$AD < MD$);

② 函数

$$y = 2(mn+nl+lm) \cdot R \cdot MD - l(m+n) \cdot MD^2 \quad ⑥$$

达到最大值.

但由式 ⑥ 所确定的函数 y(由函数 $y = Ax^2 + Bx + C, A < 0$ 的性质可知),当

$$MD = \frac{mn+nl+lm}{l(m+n)}R \quad ⑦$$

时,达到最大值,当 MD 小于此值时函数上升,当 MD 大于此值时下降.我们得出了和第一解

法相同的点 D 的位置(参看公式 ④).

如果被条件 ⑦ 确定的点 D 落在圆内,那么 s 在这一点达到它的最大值.而点 D 在圆内的条件是 $\frac{mn+nl+lm}{l(m+n)}R<2R$,亦即

$$\frac{1}{l}<\frac{1}{m}+\frac{1}{n} \quad ⑤$$

要使通过点 D 引一条弦 BC,被这点 D 分成比 $m:n$,就要求不等式 $\frac{DN}{MD}<\frac{m}{n}<\frac{MD}{DN}$ 成立.像在第一解法中一样,由假设 ①,这些不等式得到满足.这时我们得到第一解法中所说的 $\triangle ABC$.

如果与 y 的极大值对应而被式 ⑦ 确定的点 D 落在圆周上,或其外部,那么 s 的最大值当 MD 取可容许的最大值,即当 $MD=2R$ 时得到.这样,数量 s 是在三角形退化为取着两次的圆周直径的条件下,取得最大值.

到此刻为止,我们考虑了 l,m,n 为正数的情况.当系数 l,m,n 中的一些为负时,可化为正系数的情况.

事实上,设系数中有两个,例如 m 和 n,为负,在这种情况下,以 A' 表示 A 的对径点(图 358),便有

$$\begin{aligned}s&=l\cdot BC^2+m\cdot AC^2+n\cdot AB^2=\\&l\cdot BC^2+m(4R^2-A'C^2)+n\cdot(4R^2-A'B^2)=\\&l\cdot BC^2-m\cdot A'C^2-n\cdot A'B^2+4(m+n)R^2\end{aligned}$$

于是问题归于求一个 $\triangle A'BC$,它是对应于正系数 $l,-m,-n$ 的,因为常数项 $4(m+n)R^2$ 是没有地位的.

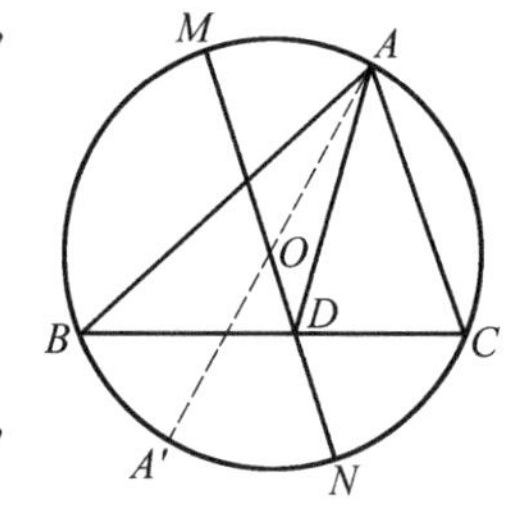

图 358

如果系数 l,m,n 中有一个或三个为负的,那么代替 s 我们考察数值 $s'=-s=-l\cdot BC^2-m\cdot AC^2-n\cdot AB^2$.这时,$s'$ 的最大值对应于 s 的最小值.s' 的最大值求法已如上述,因为在系数 $-l,-m,-n$ 中,有两个负的或者一个也没有.

(368) 设有一点 D 存在,到已知三角形顶点的距离,和给定的三数成比例.取点 D 作为反演极,并取任意的反演幂,这时点 A,B,C 变换为 A',B',C',并且 $B'C':C'A':A'B'=(DA\cdot BC):(DB\cdot CA):(DC\cdot AB)$(第 218 节,比较习题(270)① 解答),即 $B'C':C'A':A'B'=(m\cdot BC):(n\cdot CA):(p\cdot AB)$.因此,书上指出的条件是必要的.

反之,设有一 $\triangle A'B'C'$,边长与 $m\cdot BC,n\cdot CA,p\cdot AB$ 成比例.设 D 为一反演的极,将点 A',B',C' 变换为已知(按外形和大小)$\triangle ABC$ 的顶点(这样反演的存在,由习题(270a) 可知).距离 DA,DB,DC 满足条件

$$B'C':C'A':A'B'=(DA\cdot BC):(DB\cdot CA):(DC\cdot AB)$$

由于假设

$$B'C':C'A':A'B'=(m\cdot BC):(n\cdot CA):(p\cdot AB)$$

则

$$DA:DB:DC=m:n:p$$

所引进的条件也是充分的.

(369) 设 $AD = BE = CF$，直线 OA' 与 AD 平行，OB' 与 BE 平行，OC' 与 CF 平行(图 359). 设 x, y, z 为点 O 到三角形各边的距离，而 h, k, l 为由顶点 A, B, C 所引的高，则由习题(301)，便有

$\frac{x}{h} + \frac{y}{k} + \frac{z}{l} = 1.$

图 359

另一方面，显然

$$x : h = OA' : AD, y : k = OB' : BE, z : l = OC' : CF$$

由是
$$\frac{OA'}{AD} + \frac{OB'}{BE} + \frac{OC'}{CF} = 1$$

因 $AD - BE = CF$，由是可知

$$OA' + OB' + OC' = AD$$

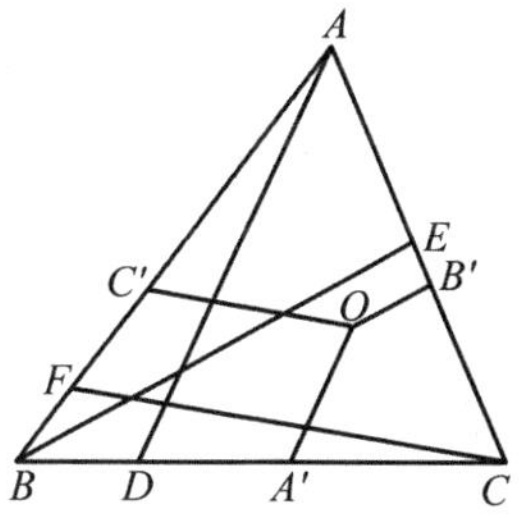

(370) 设 a, b, c(图 360) 为通过一点 O 的三直线，x, y, z 为任意一点 M 到这些直线的距离. 通过点 M 引直线 c' 与 c 平行，并以 A, B 表示它与直线 a, b 的交点. 我们有

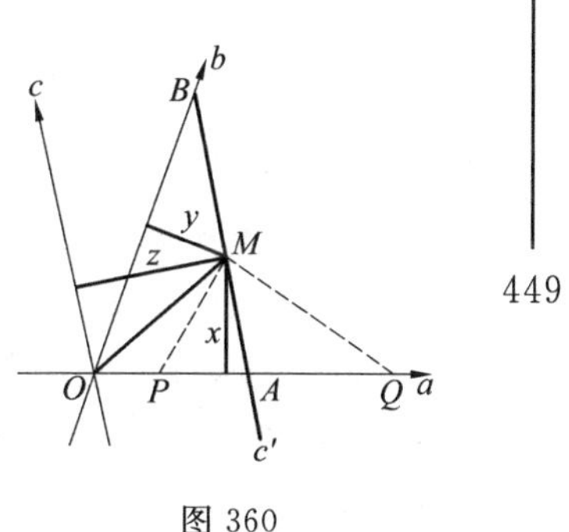

图 360

$$S_{\triangle OAB} = \frac{1}{2}AB \cdot z =$$
$$\frac{1}{2}(\pm AM \pm BM) \cdot z =$$
$$\pm \frac{1}{2} \cdot AM \cdot z \pm \frac{1}{2}BM \cdot z =$$
$$\pm S_{\triangle OAM} \pm S_{\triangle OMB} = \pm \frac{1}{2}OA \cdot x \pm \frac{1}{2}OB \cdot y$$

由是
$$z = \pm \frac{OA}{AB} \cdot x \pm \frac{OB}{AB}y$$

这等式的系数 $OA : AB$ 和 $OB : AB$ 显然不因点 M 在平面上的位置而变.

要把结果叙述得完全与点 M 的位置无关，我们把任意三角形的面积，因其转向不同而看做是正的或是负的(如习题(324) 所示). 并且在每条直线 a, b, c 上选一正向，这些直线上的线段给予确定的符号. 在与 c 平行的直线 AB 上，取和 c 上一样的方向. 要使得顶点在平面上任意一点 M 而底边 PQ 在直线 a 上的 $\triangle MPQ$ 的面积，按数值和符号为：$S_{\triangle MPQ} = \frac{1}{2}x \cdot PQ$，那就不仅要给线段 PQ，也要给点 M 到直线 a 的距离 x 以确定的符号. 即：如果对于站在点 M 的观测者，直线 a 上的正向是由右向左，则距离 x 视为正的，否则视为负的. 仿此确定距离 y 和 z 的符号(例如在图 360 上，有 $x > 0, y < 0, z < 0$).

于是按绝对值和符号，便有

$$S_{\triangle OAB} = \frac{1}{2}AB \cdot z = \frac{1}{2}(AM + MB) \cdot z = \frac{1}{2}AM \cdot z + \frac{1}{2}MB \cdot z =$$

$$S_{\triangle OAM}+S_{\triangle OMB}=\frac{1}{2}OA\cdot x-\frac{1}{2}OB\cdot y$$

当点 M 在平面上移动时,比值 $AB:OA:OB$ 将保持定值和定号.

反之,若有一式 $mx+ny$,其中 m,n 为给定的正或负数,而 x,y 为一点到已知直线的距离,则截线段 OA 及 OB 使按数值和符号有等式 $OA:(-OB)=m:n$,且通过点 O 引直线 c 平行于 AB. 由原定理有 $AB\cdot z=OA\cdot x-OB\cdot y$,因而表达式 $mx+ny$ 便与点 M 到直线 c 的距离成正比.

(371) 设 $a_1,a_2,\cdots$ 为已知的直线,在它们每一条上取一个确定的方向. 设 $x_1,x_2,\cdots$ 为任一点到这些直线的距离,并取着合适的符号,有如习题(370) 解答所示;$\alpha_0,\alpha_1,\alpha_2$ 为给定的正或负数.

设欲求点的轨迹,使其距两条已知相交直线的距离适合条件

$$\alpha_1x_1+\alpha_2x_2=\alpha_0 \quad ①$$

由习题(370) 逆定理,有 $\alpha_1x_1+\alpha_2x_2=\beta y$,其中 β 为某一系数,y 为该点到某一直线的距离,由这个等式,条件 ① 取下形:$y=\frac{\alpha_0}{\beta}=$ 常数,于是所求轨迹是一条直线.

现在求点的轨迹,使其距两条已知的**平行线**(并给予同一正向)a_1 和 a_2 的距离适合同一条件 $\alpha_1x_1+\alpha_2x_2=\alpha_0$. 设以 x 表示第一线上任一点到第二线的距离,则对于平面上任一点有 $x_2=x_1+x$(图 361),由是对于适合条件 ① 的点有 $(\alpha_1+\alpha_2)x_1=\alpha_0-\alpha_2x$,亦即 $x_1=\frac{\alpha_0-\alpha_2x}{\alpha_1+\alpha_2}=$ 常数(设 $\alpha_1+\alpha_2\neq 0$). 因此所求点的轨迹(如果这些点存在) 是一条直线. 若 $\alpha_1+\alpha_2=0$,$\alpha_0-\alpha_2x\neq 0$,则所求点不存在. 若 $\alpha_1+\alpha_2=\alpha_0-\alpha_2x=0$,则平面上任一点适合条件 $\alpha_1x_1+\alpha_2x_2=\alpha_0$.

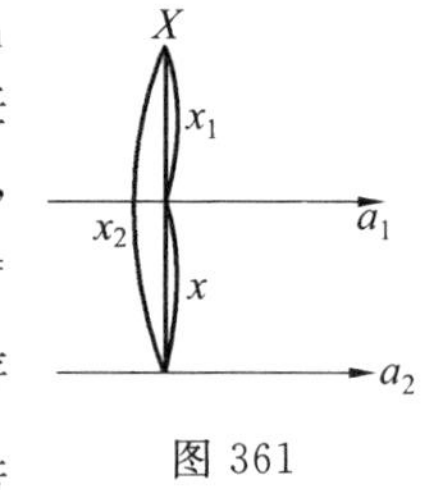

图 361

若已知的平行线正向相反,那么可以化为上面所考察的情况,只要改变其中一条,例如直线 a_2 的正向(并且同时改变系数 α_2 为其负数). 这时点到第二线的距离改变了符号.

这样,我们证明了,在已知两条直线的情况下,满足条件 ① 的点的轨迹一般是直线;作为例外,这样的点可能根本不存在,也可能平面上所有的点都适合条件 ①.

假设我们对于 $n-1$ 条已知直线的情况已证明了类似的命题,对于 n 条直线试加证明. 欲求点的轨迹使适合

$$\alpha_1x_1+\alpha_2x_2+\cdots+\alpha_{n-1}x_{n-1}+\alpha_nx_n=\alpha_0 \quad ②$$

选择记号使 $\alpha_{n-1}+\alpha_n\neq 0$(这总是可能的). 根据以上所说有 $\alpha_{n-1}x_{n-1}+\alpha_nx_n=\beta y$,于是问题化为求点的轨迹,使 $\alpha_1x_1+\alpha_2x_2+\cdots+\alpha_{n-2}x_{n-2}+\beta y=\alpha_0$,即化为 $n-1$ 条直线的情况. 这样一来,问题对于任意若干条直线都解决了.

如果在已知的每一直线上取线段 $A_1B_1,A_2B_2,\cdots$,使按数值和符号适合条件 $A_1B_1:\alpha_1=A_2B_2:\alpha_2=\cdots=\rho$,则条件 ② 取下形

$$S_{\triangle A_1B_1X} + S_{\triangle A_2B_2X} + \cdots = \frac{1}{2}\rho\alpha_0 \qquad ②'$$

其中 X 表示所求轨迹上任一点.

现设 $ABCDEF$(图 362) 为一完全四线形,L,M,N 为其对顶线 AB,CD,EF 的中点(比较第 194 节). 由于 L 是线段 AB 的中点,则有(按绝对值和符号)

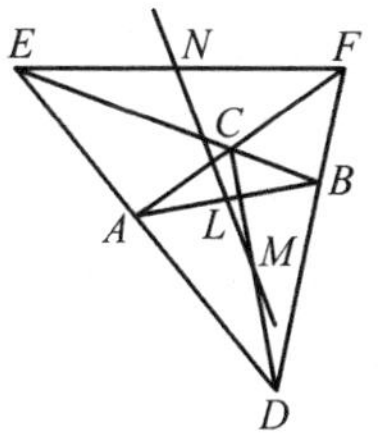

$$S_{\triangle CAL} + S_{\triangle CBL} = 0$$

同理
$$S_{\triangle DAL} + S_{\triangle DBL} = 0$$

由是

$$S_{\triangle ACL} + S_{\triangle BCL} + S_{\triangle ADL} + S_{\triangle BDL} = 0 \qquad ③$$

图 362

用同样方法证明

$$S_{\triangle ACM} + S_{\triangle ADM} = 0, S_{\triangle BCM} + S_{\triangle BDM} = 0$$

于是

$$S_{\triangle ACM} + S_{\triangle BCM} + S_{\triangle ADM} + S_{\triangle BDM} = 0 \qquad ④$$

又有

$$S_{\triangle AEN} + S_{\triangle AFN} = 0, S_{\triangle BEN} + S_{\triangle BFN} = 0$$

$$S_{\triangle CEN} + S_{\triangle CFN} = 0, S_{\triangle DEN} + S_{\triangle DFN} = 0$$

将前两式相加并减去后两式,得

$$(S_{\triangle AFN} - S_{\triangle CFN}) + (S_{\triangle BEN} - S_{\triangle CEN}) + (S_{\triangle AEN} - S_{\triangle DEN}) + (S_{\triangle BFN} - S_{\triangle DFN}) = 0$$

但
$$S_{\triangle AFN} - S_{\triangle CFN} = S_{\triangle AFN} + S_{\triangle FCN} = S_{\triangle ACN}$$

等等,于是上面的等式取下形

$$S_{\triangle ACN} + S_{\triangle BCN} + S_{\triangle ADN} + S_{\triangle BDN} = 0 \qquad ⑤$$

等式 ③,④,⑤ 表明,点 L,M,N 属于一点 X 的轨迹,即

$$S_{\triangle ACX} + S_{\triangle BCX} + S_{\triangle ADX} + S_{\triangle BDX} = 0 \qquad ⑥$$

但由上面所说,这轨迹是一条直线(比较等式 ②′).

备注 要最后的结论有充分的根据,还要证明,条件 ⑥ 并非对于平面上所有的点都适合. 但如果这等式对于 A,C 两点适合,则有 $S_{\triangle BCA} + S_{\triangle BDA} = 0, S_{\triangle ADC} + S_{\triangle BDC} = 0$

由是容易判断四边形 $ACBD$ 为平行四边形,而问题失去意义. 所以等式 ⑥ 确定一条直线.

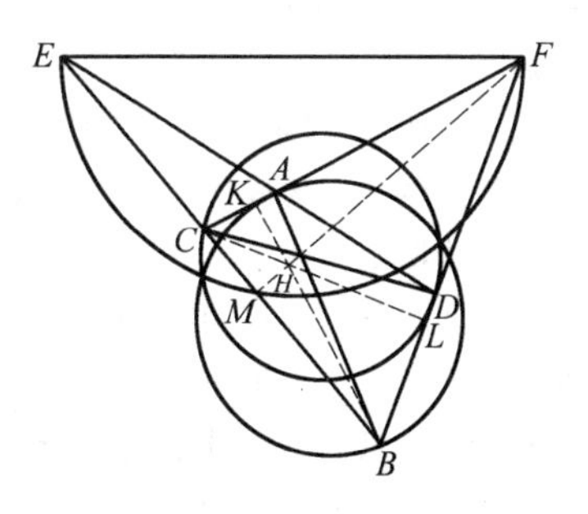

图 363

(371a) 设 AB,CD,EF(图 363) 为一完全四线形的三条对顶线,H 为 $\triangle BCF$ 高线 BK,CL,FM 的交点,$\triangle BCF$ 是已知四线中三条线所形成的. 由于直线 BK 垂

直于 FC，而 CL 垂直于 BF，所以点 B，C，K，L 在同一圆周上，由是 $HB \cdot HK = HC \cdot HL$. 由于按同理点 K 在以 AB 为直径的圆周上，而点 L 在以 CD 为直径的圆周上，那么等式 $HB \cdot HK = HC \cdot HL$ 表明点 H 对于这两圆周有相同的幂. 同理得 $HB \cdot HK = HF \cdot HM$，由是又推知点 H 对于以 EF 为直径的圆周也有这个幂.

这样，点 H 对于所有三圆周有等幂. 同理，$\triangle BDE$，$\triangle ACE$，$\triangle ADF$ 中每一个的高线交点，对于所有这三圆周有等幂. 由是可知，这四点全都在一直线上，即在三圆周的根轴上.

(372) 设 $PQRS$ 为已知四角形(图 364)，K 为直线 PQ 和 RS 的交点，l 为点 O 对于 $\angle PKS$ 的极线(第 203 节).

对于一个以 O 为圆心的圆周实行配极变换，以变换四角形 $PQRS$ 和它的对角线，得出一个完全四线形 $pqrs$(图 365)，通过一点 K 的四直线 PQ，RS，OK 和 l，对应于完全四线形对顶线 k 上的四点 (pq)，(rs)，(ok) 和 L. 由于直线 OK 通过辅助圆心，所以它的极——点 (ok)——在无穷远. 直线 PQ，RS，OK 和 l 形成调和线束，所以 (pq)，(rs)，(ok) 和 L 形成调和点列. 但点 (ok) 在无穷远，因而 L 是完全四线形对顶线 $(pq)(rs)$ 的中点.

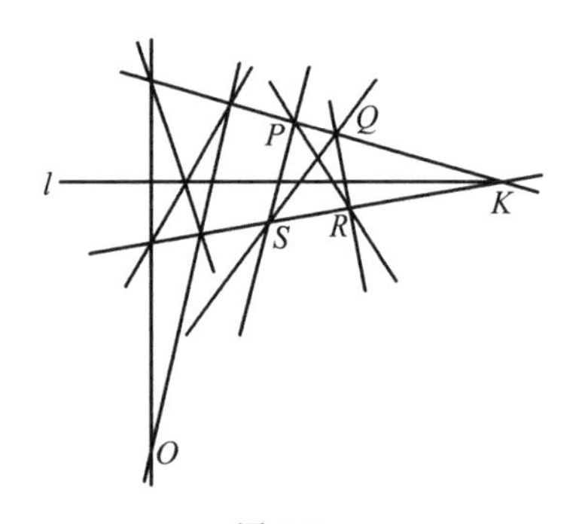

图 364

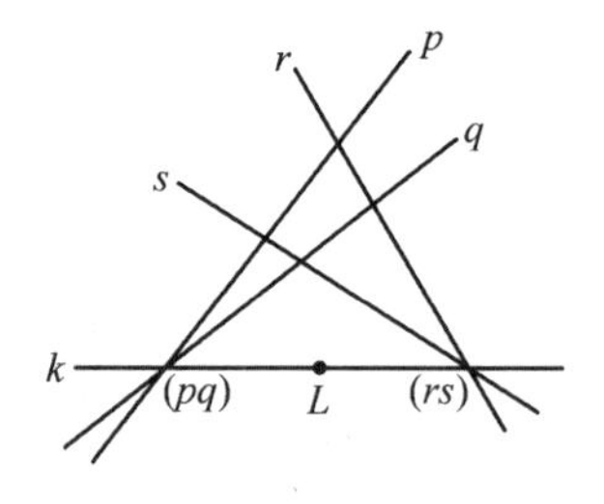

图 365

仿此可证，点 O 对于其余两角的极线，被变换为完全四线形 $pqrs$ 其余两条对顶线的中点. 由于完全四线形三条对顶线的中点共线(第 194 节或习题(371))，所以它们对于辅助圆周的极线，也就是点 O 对于所说的三个角的极线相交于同一点.

现在假设，四角形 $PQRS$ 的边和对角线(图 366)，和某一直线 p 的交点构成这样的三个线段 AA'，BB'，CC'，使得有一个线段 UV 存在(比较习题(219a) 解答) 既调和分割 AA' 又调和分割 BB'. 于是，按点对于角的极线的定义(第 203 节)，点 U 对于直线对 PQ 和 RS 的极线通过点 V，并且点 U 对于直线对 PS 和 QR 的极线亦复如此. 按上面所说，点 U 对于第三对直线 PR 和 QS 的极线也通过 V. 因此，线段 UV 也调和分割线段 CC'.

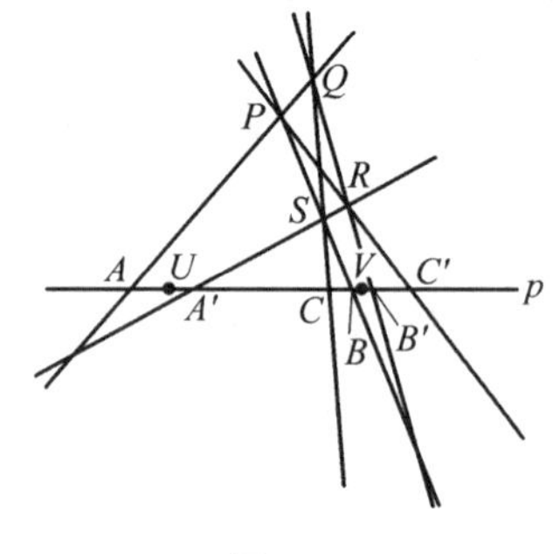

图 366

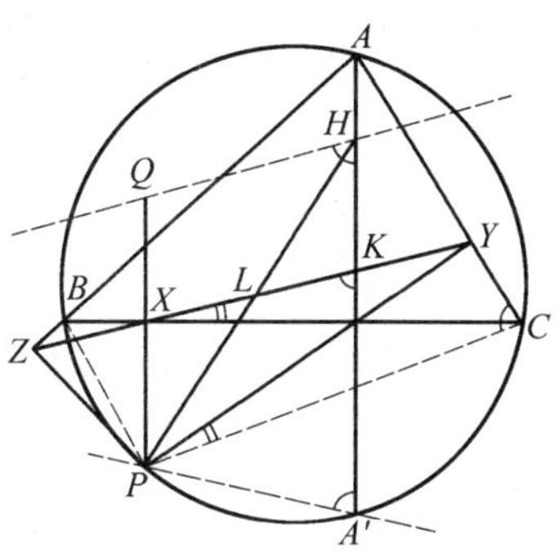

图 367

(373) 设$\triangle ABC$(图 367) 为已知三角形,H为其高线交点,X,Y,Z为由外接圆周上点P向它的各边所引的垂线足.由习题(72),X,Y,Z三点共线.以A'表示点H关于BC的对称点.按习题(70),点A'在外接圆周上.又以Q表示P关于BC的对称点,以K和L表示直线XY和AA'以及PH的交点.因H,Q两点和A',P对称于BC,故

$$\angle PA'H = \angle QHA' \qquad ①$$

点P,C,X,Y在同一圆周上(因直线PX垂直于XC,而PY垂直于YC),因而$\angle CPY = \angle CXY$.所以

$$\angle PA'H = \angle PCA = 90^\circ - \angle CPY = 90^\circ - \angle CXY = \angle A'KX \qquad ②$$

由等式①和②,$\angle A'HQ$和$\angle A'KX$相等,因之直线HQ与XY平行.这样,和点P关于已知三角形的边BC成对称的点Q,落在通过点H而平行于XY的直线上.显然,点P关于直线CA和AB的对称点亦复如此.

由于在$\triangle PQH$中,X是边PQ的中点,而直线XL平行于QH,所以$PL = LH$.

现设a,b,c,d为任意四直线;P为四个三角形bcd,acd,abd,abc外接圆周的交点(习题(106)).从点P向四已知直线所引的垂线足,落在同一直线l上(比较习题(106)解法,第二证明)—— 四个三角形公共的西摩松线.所以按以上所证,四个三角形的高线交点落在同一直线上,即平行于l且到点P的距离比l大1倍的那条直线.

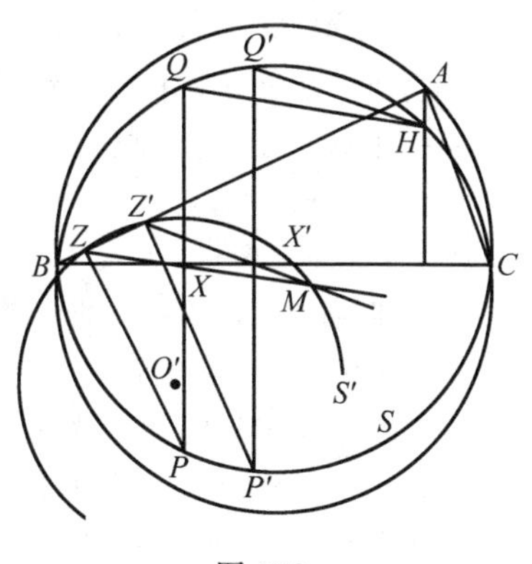

图 368

(374) 设点Q,Q'和P,P'关于边BC成对称(图368).点Q,Q'和三角形高线的交点H在一个圆周上,这圆周和外接圆周S关于BC成对称(习题(70)).

点P所对应的西摩松线XZ,由于是$\triangle PHQ$两边中点的连线(习题(373)),与直线QH平行.同理,点P'所对应的直线$X'Z'$与$Q'H$平行.由是可知,$\angle ZMZ' = \angle QHQ'$以弧$QQ'$或$PP'$的一半度量.

设点C画圆周S,而点A,B,P,P'不动,则点Z,Z'保持不变,且$\angle ZMZ'$保持常值.所以点M画一个通过点Z和Z'的圆周S'.

现设O及O'为圆周S及S'的圆心(图368,369).由于$\angle ZMZ'$以弧PP'的一半度量,所以$\angle ZO'Z' = \angle POP'$.若$I$及$K$为线段$PP'$及$ZZ'$的中点,则$OI : O'K = PP' : ZZ'$,因为$\triangle OPP'$和$\triangle O'ZZ'$相似.另一方面,设$N$为由点$O$向直线$IK$所引的垂线足,则易证明$OI : IN = PP' : ZZ'$(直线$OI$垂直于$PP'$,而$IN$垂直于$ZZ'$).这样便有$IN = O'K$,从而$IO' = KN = C_1O$,其中$C_1$为$AB$中点,所以$OI = C_1O'$.

由于当点 P, P' 保持一定的距离在圆周 S 上移动时(且点 A 与 B 固定不动),线段 OI 保持常值,所以 $O'C_1$ 也保持常值.圆周 S' 的圆心 O' 的轨迹,是以 C_1 为圆心而半径等于 OI 的圆周.

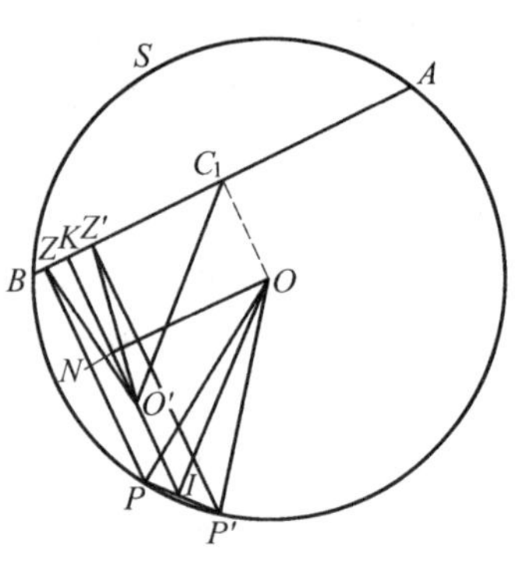

图 369

最后,设 P 及 P' 为 $\triangle ABC$(图 370)外接圆周 S 的两个对径点.以 L 及 L' 表示线段 HP 及 HP' 之中点.由于线段 LL' 等于外接圆直径的一半,且被平分于 O_1(线段 OH 的中点),所以(由习题(101))LL' 是 $\triangle ABC$ 九点圆的一条直径.对应于点 P 和 P' 的西摩松线通过(由习题(373))点 L 和 L',且互相垂直,因为我们已证明它们的交角以弧 PP' 的一半度量.所以它们交点的轨迹是 $\triangle ABC$ 的九点圆周.

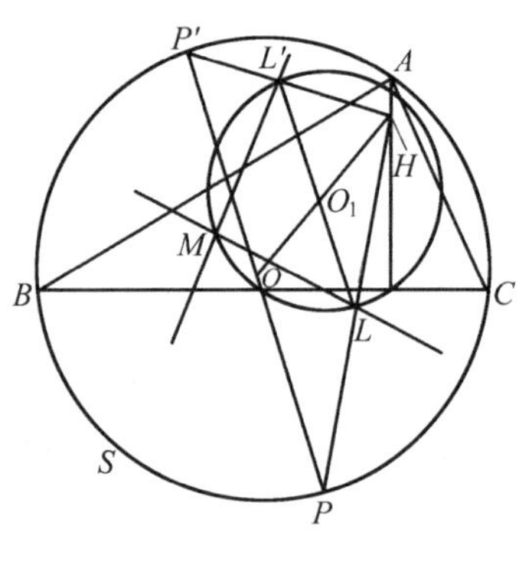

图 370

(375) 设 O 为已知圆的圆心,H 为给定的作为内接 $\triangle ABC$ 的高线交点.任意一个三角形的中线交点 G,将以外接圆心和高线交点为两端的线段 OH 分成比 $OG : GH = 1 : 2$(习题(158)).所以我们所考虑的一切三角形有公共的中线交点 G,由于中线 AA_1, BB_1, CC_1 通过点 G,并被它分成比 $AG : GA_1 = BG : GB_1 = CG : GC_1 = 2 : 1$,所以点 A_1, B_1, C_1 落在一个圆周上,这圆周和已知圆周对于点 G 成位似(位似比等于 $GA_1 : GA = -1 : 2$).

(376) 设 ABC 为已知三角形;A_1, B_1, C_1 为其各边中点;I 为内切圆心,I_c 为 $\angle C$ 内的旁切圆心;F 和 F_1 是这两圆周和边 AB 的切点;D 和 D_1 是它们和边 BC 的切点;CC_2 是三角形的高线;M 为圆周 I 和 I_c 的内公切线交点(图 371).

由于按习题(90a),$C_1F = C_1F_1$,所以点 C_1 对于圆周 I 和 I_c 有一样的幂.我们就取它作为以 C_1 为极的反演幂.

由于直线 BI 和 BI_c 是 $\triangle BCM$ 中以 B 为顶点的内角和外角的平分线,所以点 I 和 I_c 调和分割线段 CM(第 115 节),因之,点 F 和 F_1 也调和分割线段 MC_2.故按第 189 节,有 $C_1F^2 = C_1F_1^2 = C_1M \cdot C_1C_2$.这等式表明,点 C_2 被所考虑的反演变换为点 M,而九点圆周变换为直线 PQ,通过点 M 且平行于九点圆周在 C_1 的切线.

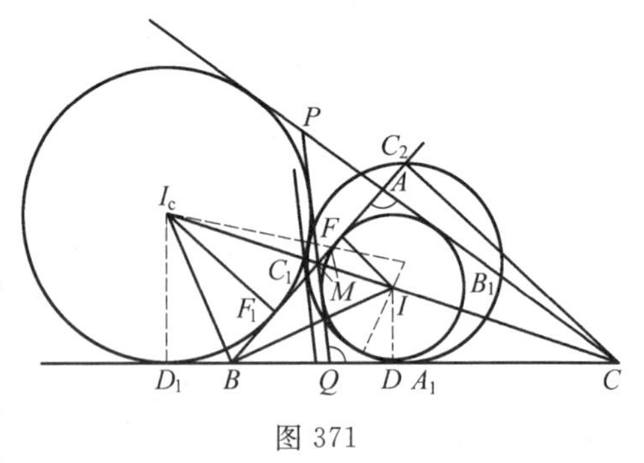

图 371

现在来证明，九点圆在点 C_1 的切线平行于外接圆在点 C 的切线. 事实上，因线段 O_1C_3(图 104) 为 $\triangle HOC$ 两边中点的连线，所以九点圆直径 C_1C_3 与 OC 平行，而九点圆在点 C_1 的切线平行于圆周 ABC 在点 C 的切线.

由是可知，九点圆在点 C_1 的切线和边 BC 所形成的角等于三角形的 $\angle A$.

这样，九点圆被所考虑的反演变换为直线 PQ(图 371)，这直线通过点 M，并和边 BC 形成的 $\angle MQC$ 等于已知三角形的 $\angle A$. 换句话说，直线 AB 和 PQ 与 $\angle C$ 的平分线，亦即圆周 I 和 I_c 的连心线，形成等角. 由于直线 AB 是这两圆的内公切线，所以 PQ 是它们的第二条内公切线.

如本题原文所示，由是立刻推出，在所考虑的反演中，直线 PQ 所变换成的九点圆，切于内切圆和旁切圆 I_c；同理，它也切于其余的旁切圆.

(377) 设 O 及 I 为 $\triangle ABC$(图 372) 外接圆及内切圆的圆心，K 为边 BC 在其中点 A_1 的垂线和 $\angle A$ 平分线的交点(由习题(103)，此点在外接圆周上)，L 为由点 I 向直线 OK 所作的垂线足.

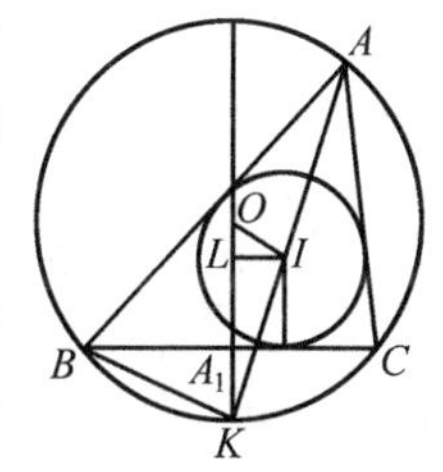

图 372

从 $\triangle OIK$ 根据第 126 节有 $d^2 = OI^2 = OK^2 + IK^2 - 2OK \cdot KL$，但由习题(103)，$IK = BK$，而由第 123 节推论，$IK^2 = BK^2 = 2R \cdot A_1K$. 所以 $d^2 = R^2 + 2R \cdot (A_1K - LK) = R^2 - 2R \cdot LA_1 = R^2 - 2Rr$.

现在来证明逆定理. 设已知两圆周 O 及 I，满足条件 $d^2 = R^2 - 2Rr$(图 372). 由是可知 $R > r$ 且 $d^2 < (R-r)^2$，即 $d < R - r$. 圆周 O 和 I 的位置是内离的.

在圆周 O 上任取一点 A，引直线 AI，并以 K 表示它和圆周 O 的第二个交点. 作圆周 I 的切线 BC 使与 OK 垂直，且通过 I，K 之间一点. 设 A_1 为此切线与 OK 的交点，而 L 为由 I 向 OK 所引的垂线足. 从 $\triangle OIK$ 有 $d^2 = R^2 + IK^2 - 2R \cdot KL$. 但由条件，$d^2 = R^2 - 2Rr$. 由这两等式得 $IK^2 = 2R(KL - r) = 2R \cdot KA_1 = KB^2$(最后的等式根据第 123 节推论)，从而 $IK = KB$.

如果现在把点 A 和 B，C 相连，则因弧 BK 与 KC 相等，直线 AK 将是 $\triangle ABC$ 的一条角平分线. 由于 $BK = IK$，则由习题(103)，点 I 是这三角形的内切圆心. 由于以 I 为圆心的已知圆切于边 BC，所以这圆周便内切于 $\triangle ABC$. 这样，已知圆周 O 上任一点 A 是一个三角形的顶点，这三角形内接于圆周 O 而同时又外切于圆周 I.

将内切圆周 I 换为切于边 BC 和其余两边延长线的旁切圆周 $I_a(r_a)$，则用完全类似于上面的推理，得出关系 $OI_a^2 = R^2 + 2Rr_a$.

备注 关于四边形的类似问题,参考习题(282).

(378) 以 I 表示 $\triangle ABC$ 的内切圆心,以 I_a, I_b, I_c 表示旁切圆心(并且 I_a 表示位于 $\angle A$ 内的旁切圆心,其余类推),以 G 和 K(G' 和 K') 表示从点 A 向 $\angle B$ 和 $\angle C$ 的外角(内角) 平分线所引的垂线足,以 L 和 M(L' 和 M') 表示从点 B 向 $\angle C$ 和 $\angle A$ 的外角(内角) 平分线所引的垂线足,以 N 和 P(N' 和 P') 表示从点 C 向 $\angle A$ 和 $\angle B$ 的外角(内角) 平分线所引的垂线足. 其余的符号与习题(90a) 中一样(图 12.19).

① 由于 $\angle CEI$ 和 $\angle CP'I$(图 373) 是直角,所以点 I, C, E, P' 在同一圆周上,由是 $\angle CIP' = \angle CEP'$. 同理, $\angle L'IB = \angle L'FB$. 但 $\angle CIP' = \angle L'IB = \angle IBC + \angle ICB = \frac{1}{2}(\angle B + \angle C)$. 这样,$\angle CEP' = \angle L'FB = \frac{1}{2}(\angle B + \angle C)$.

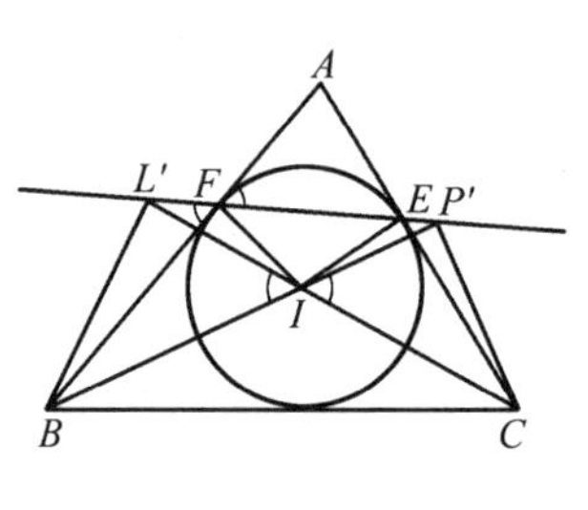

图 373

另一方面,$\angle AEF = \angle AFE = \frac{1}{2}(180^\circ - \angle A) = \frac{1}{2}(\angle B + \angle C)$,这从等腰 $\triangle AEF$ 来看是明显的. 因此,$\angle CEP' = \angle AEF = \angle AFE = \angle L'FB$. 这些等式表明,点 P' 和 L' 在直线 EF 上.

② 由于 $\angle CE_3I_c$ 和 $\angle CPI_c$(图 374) 为直角,故点 I_c, C, E_3, P 在同一圆周上,由是 $\angle CE_3P = \angle CI_cP$. 仿此,$\angle L'F_3B = \angle L'I_cB$. 但 $\angle CI_cP = \angle L'I_cB = \angle CI_cB = 180^\circ - \frac{1}{2}\angle C - (90^\circ + \frac{1}{2}\angle B) = 90^\circ - \frac{1}{2}\angle B - \frac{1}{2}\angle C = \frac{1}{2}\angle A$.

另一方面,$\angle AE_3F_3 = \angle AF_3E_3 = \frac{1}{2}\angle A$(由等腰 $\triangle AE_3F_3$).

因此,$\angle CE_3P = \angle AE_3F_3$,于是点 E_3, F_3, P 共线. $\angle L'F_3B = \angle AF_3E_3$,于是点 E_3, F_3, L' 共线.

③ 点 I_a, C, P, E_1(图 375) 在同一圆周上,由是 $\angle CI_aP = \angle CE_1P$. 仿此,$\angle LI_aB = \angle LF_1B$. 但 $\angle CI_aP = \angle LI_aB = 180^\circ - (90^\circ - \frac{1}{2}\angle B) - (90^\circ - \frac{1}{2}\angle C) = \frac{1}{2}(\angle B + \angle C)$, 这从 $\triangle I_aBC$ 可以看出. 这样,$\angle CE_1P = \angle LF_1B = \frac{1}{2}(\angle B + \angle C)$.

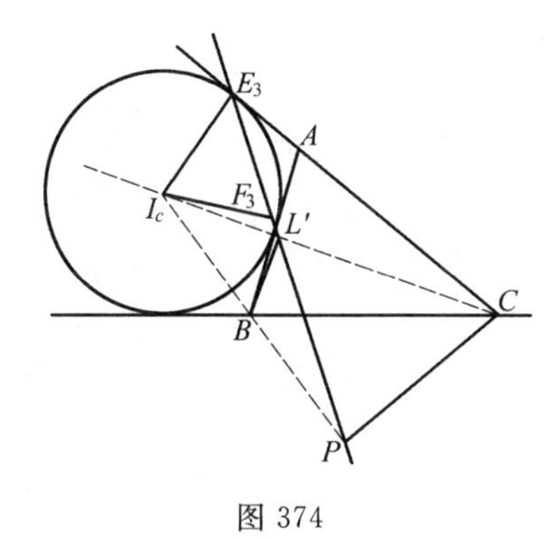

图 374

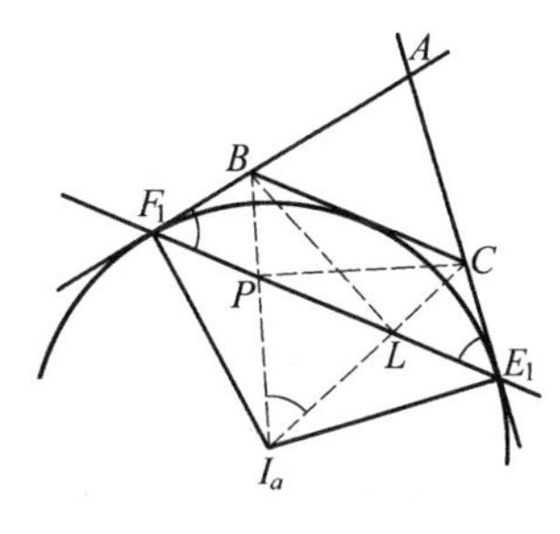

图 375

另一方面，$\angle AE_1F_1 = \angle AF_1E_1 = \frac{1}{2}(180° - \angle A) = \frac{1}{2}(\angle B + \angle C)$(由等腰 $\triangle AE_1F_1$). 因此，$\angle CE_1P = \angle AE_1F_1$，于是点 E_1, F_1, P 共线. 同理 $\angle LF_1B = \angle AF_1E_1$，于是点 E_1, F_1, L 共线.

④ 图形 $AGBG'$(图 376) 是矩形，由是 $AC' = BC' = C'G = \frac{1}{2}c$，且 $\angle AGG' = \angle ABG' = \angle G'BC$，从而直线 GG' 平行于 BC. 因此，点 G 和 G' 在 $\triangle ABC$ 两边 AC 和 AB 中点的连线 $B'C'$ 上. 仿此可证，点 K 和 K' 也在这条直线上.

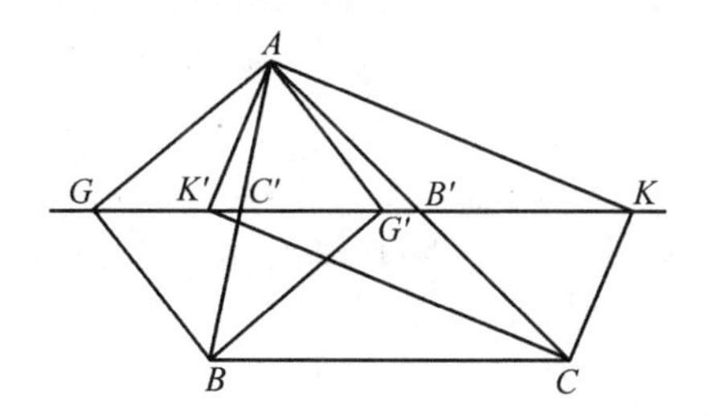

图 376

距离 $GK = GC' + C'B' + B'K = \frac{1}{2}c + \frac{1}{2}a + \frac{1}{2}b = p$. 又 $GK' = GK - K'K = GK - AC = p - b$，$G'K = GK - GG' = GK - AB = p - c$，$G'K' = GG' + K'K - GK = c + b - p = (a + b + c) - p - a = p - a$.

⑤ 点 A, B, C(图 377) 是 $\triangle I_aI_bI_c$ 的高线足(因为直线 AI_a 和 I_bI_c 垂直，等等). 因此，点 G, K, L, M, N, P 按习题(102) 位于同一圆周上.

由直角 $\triangle I_aI_bB$ 有 $I_aL \cdot I_aI_b = I_aB^2$. 仿此，由直角 $\triangle I_aI_bA$ 有 $I_aK \cdot I_aI_b = I_aA^2$. 由是

$$I_aK \cdot I_aL = \left(\frac{I_aA \cdot I_aB}{I_aI_b}\right)^2$$

但 $\triangle I_aBD_1$ 和 $\triangle I_aI_bA$ 相似因 $\angle I_aBD_1 = 90° - \angle CBI = 90° - \frac{1}{2}\angle B$，而由习题 (24)，$\angle I_aI_bA = 90° - \frac{1}{2}\angle B$，因之 $\angle I_aBD_1 = \angle I_aI_bA$)，由是 $I_aA : I_aD_1 = I_aI_b : I_aB$，$I_aD_1 = \frac{I_aA \cdot I_aB}{I_aI_b}$. 因此得 $I_aK \cdot I_aL = I_aD_1^2$. 点 I_a 对于圆周 $GKLMNP$ 的幂等于旁切圆 I_a 半径 I_aD_1 的平方. 这意味着两圆周正交.

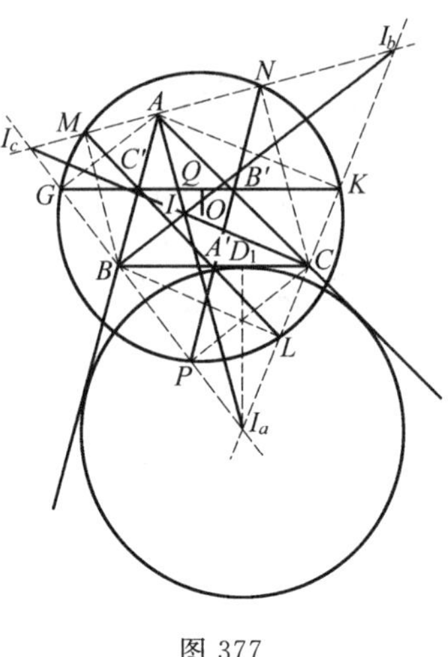

图 377

圆周 $GKLMNP$ 的一条直径是线段 MN 的中垂线. 这垂线通过线段 BC 的中点(这可由梯形 $MNCB$ 看出) 且平行于 $\angle A$ 的平分线 AI_a. 换句话说，这垂线是 $\angle B'A'C'$ 的平分线，这里 A', B', C' 是 $\triangle ABC$ 各边的中点. 同理可证，圆周 $GKLMNP$ 的圆心在 $\angle C'B'A'$ 和 $\angle A'C'B'$ 的平分线上，亦即与 $\triangle A'B'C'$ 的内切圆心重合.

由圆周 $GKLMNP$ 的圆心 O 向直线 GK 引垂线 OQ，求得圆 O 半径的平方等于 $OG^2 = OQ^2 + GQ^2$. 但作为 $\triangle A'B'C'$ 的内切圆半径的 OQ 等于 $\frac{1}{2}r$，其中 r 是三角形 ABC 内切圆的半径，因为三角形 ABC 和 $\triangle A'B'C'$ 是相似的，且相似系数等于 $\frac{1}{2}$. 又 $GQ = \frac{1}{2}GK = \frac{1}{2}p$(参看 ④). 由是 $4OG^2 = r^2 + p^2$.

如果注意到点 A, B, C 也是每一个三角形 $\triangle II_bl_c$，$\triangle II_cI_a$，$\triangle II_aI_b$(图 12.19) 的高线足，并由点 A, B, C 向其中每一个三角形各边引垂线，便得出与 $GKLMNP$ 类似的圆周. 若取 $\triangle II_bI_c$，则得圆周 $G'K'L'MNP'$，其余类推.

(379) 设 $\triangle ABC$ 为已知三角形(图 378)，a, b, c, p 为其边及半周界. 以 $E_1, F_1, F_2, D_2, D_3, E_3$(像在习题 (90a)，图 12.19 一样) 表示旁切圆和各边延长线的切点，H 表示高线的交点，K 表示高线 AH 的垂足.

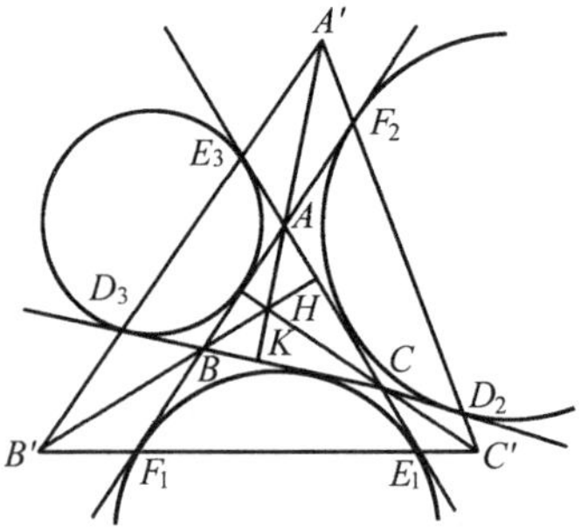

如果证明了直线 D_2F_2 和 D_3E_3(外) 分线段 AK 成同样的比，就证明了这两直线相交于高线 AK 上.

设 A' 为直线 AK 和 D_2F_2 的交点. 要求比 $AA' : KA'$，应用第 192 节定理于 $\triangle ABK$ 和截线 D_2F_2A'，得出 $\frac{F_2A}{F_2B} \cdot \frac{D_2B}{D_2K} \cdot \frac{A'K}{A'A} = 1$. 但 $AF_2 = p - c$，且 $BF_2 = BD_2 = p$(习题(90a)). 又 $BK = \frac{a^2 + c^2 - b^2}{2a}$(第 126 节)，由是

图 378

$$KD_2 = BD_2 - BK = \frac{a+b+c}{2} -$$

$$\frac{a^2+c^2-b^2}{2a} = \frac{(b+c)(p-c)}{a}$$

将线段 AF_2, BF_2, BD_2, KD_2 的这些表达式代入前面的关系中，通过化简得 $KA' : AA' = (b+c) : a$，应用第 192 节定理于 $\triangle ACK$ 和截线 D_3E_3，我们求出直线 D_3E_3 分线段 AK 也成这个比，因而也截直线 AK 于点 A'（这已可由这个事实看出，在求出的比 $KA' : AA'$ 中，边 b 和 c 均称地出现）. 因此，直线 D_2F_2 和 D_3E_3 相交于 $\triangle ABC$ 的高线 AK 上.

仿此可证，直线 E_1F_1, F_2D_2, D_3E_3 其余两个交点 B' 和 C' 也在已知三角形的高线上.

又有 $\angle HA'B' = 90° - \angle E_3D_3C = 90° - \angle D_3E_3C = \angle HB'A'$，由是 $HA' = HB'$. 仿此可证 $HB' - HC'$. 点 H 是圆周 $A'B'C'$ 的圆心.

(380) 设 A 为图形 F 上任意一点（图 379）. 作 $\triangle OAA'$ 使与三角形 T 相似，得出图形 F' 上一点 A'，与 F 上点 A 相对应. 又作 $\triangle O'A'A''$ 使与三角形 T' 相似，得出图形 F'' 上一点 A''，与 F 上点 A 相对应.

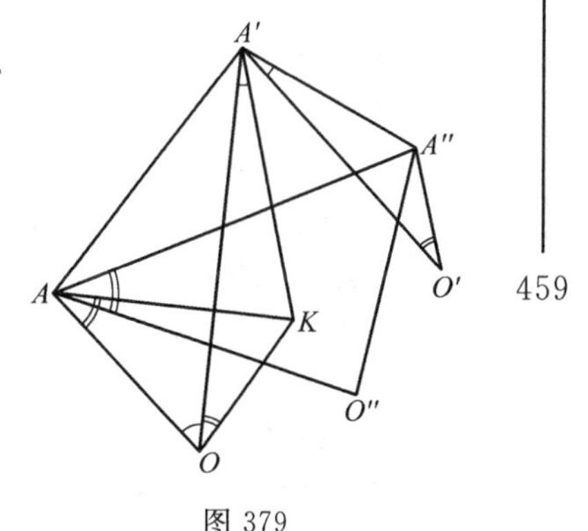

图 379

现在作 $\triangle OA'K$ 使与 $\triangle O'A'A''$ 相似且有同一转向. 由于 $\angle AOA'$ 是图形 F 和 F' 之间的角（第 150 节），而 $\angle A'OK$ 等于 $\angle A'O'A''$——图形 F' 和 F'' 间的角，所以 $\angle AOK$ 是图形 F 和 F'' 之间的角. 我们有

$$\frac{OA}{OK} = \frac{OA}{OA'} \cdot \frac{OA'}{OK} = \frac{OA}{OA'} \cdot \frac{O'A'}{O'A''}$$

由于 $\frac{OA}{OA'}$ 是图形 F 和 F' 对应线段的比，而 $\frac{O'A'}{O'A''}$ 是图形 F' 和 F'' 对应线段的比，所以 $OA : OK$ 是图形 F 和 F'' 对应长度的比. 由是推知，$\triangle OAK$ 和所求点 O'' 以及图形 F 和 F'' 一对对应点所形成的三角形相似.

最后，在线段 AA'' 上作 $\triangle O''AA''$ 使与 $\triangle OAK$ 相似. 它的第三个顶点便是所求点 O''，即图形 F 的这样一点：它重合于它在图形 F'' 上的对应点. 这是这样推断的：$\angle AO''A''$ 是图形 F 和 F'' 间的角，比 $O''A'' : O''A$ 是这两图形的相似系数，而 A 和 A'' 是它们的一对对应点.

从上面所说可知，所设的问题一般有一解.

当三点 O, A, K 共线时，所介绍的作法要作一些修正. 如果这时 A, K 两点不同，则图形 F 和 F'' 成位似. 为了作点 O''，需要将线段 AA'' 分成比 $O''A : O''A'' = OA : OK$（按大小和符号）. 如果点 A 和 K 重合，则图形 F 和 F'' 的对应线段相等且同向平行，图形 F 和 F'' 可以通过平移互相导得，平移的大小和方向由线段 AA'' 确定（点 O'' 不存在）. 当点 A 和 A'' 也重合时，图形 F 的每一点和 F'' 的对应点重合（平面上任一点都是点 O''）.

(381) 设 $A_1A_2 \cdots A_{n-1}A_n$ 为所求多边形（图 380）；$O_1, O_2, \cdots, O_{n-1}, O_n$ 是 $\triangle O_1A_1A_2$，$\triangle O_2A_2A_3, \cdots$ 的顶点，这些三角形依次与已知的三角形 $T_1, T_2, \cdots$ 相似.

我们把点 O_{n-1} 看做在两个相似而有同一转向的图形 F_{n-1} 和 F_n 中,对应于其自身的点,同理我们把 O_n 看做在图形 F_n 和 F_1 中对应于其自身的点.点 A_{n-1},A_n,A_1 将视为图形 F_{n-1},F_n,F_1 的对应点.利用习题(380),可以作点 O_{n-1} 使在图形 F_{n-1} 和 F_1 中对应于自身,以及一个三角形 T'_{n-1},使与这一点和图形 F_{n-1},F_1 的任意两个对应点所构成的三角形相似.

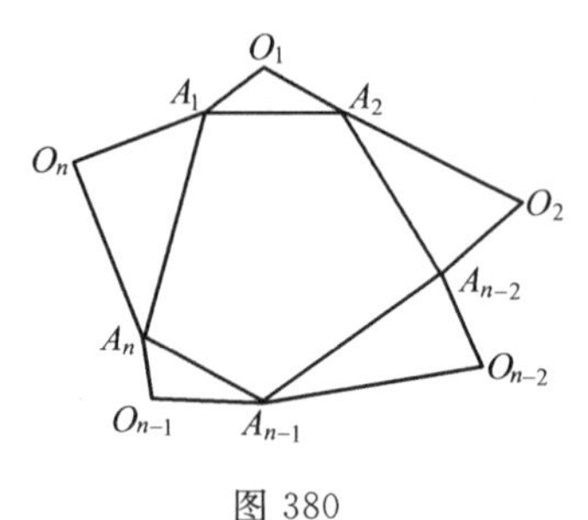

图 380

我们转移到问题:由已知点 O_1,O_2,$\cdots$,O_{n-2},O_{n-1} 和三角形 T_1,T_2,$\cdots$,T_{n-2},T'_{n-1} 求作多边形 $A_1A_2\cdots A_{n-1}$.

重复这一过程,我们转移到问题:求作一线段 A_1A_2,使以两已知点 O_1,O'_2 为顶点的 $\triangle O_1A_1A_2$,$\triangle O'_2A_2A_1$ 分别与已知的三角形 T_1,T'_2 相似.取点 O_1 作为有对应点 A_1 和 A_2 的图形 F_1 和 F_2 的二重点,取点 O'_2 作为有对应点 A_2 和 A_1 的图形 F_2 和 F_3 的二重点.点 A_1 可以作为图形 F_1 和 F_3 的二重点作出,利用已知的点 O_1 和 O'_2 以及三角形 T_1 和 T'_2,仍旧按习题(380)的指示.

点 A_1 作出以后,点 A_2 可以作为相似于已知三角形 T_1 的 $\triangle O_1A_1A_2$ 的第三个顶点而求出.又用类似方法作点 A_3,A_4,$\cdots$,A_n.

在解题过程中,如果遇到习题(380)解答中所说的情况之一,问题便是不可能或不定的.

(382) 我们把点 A,B,C(图 381)看做两两相似且有同一转向的三图形 F_a,F_b,F_c 的对应点.点 A' 看做在图形 F_b 和 F_c 中对应于其自身的点,点 B' 作为在图形 F_c 和 F_a 中对应于其自身的点.这时,图形 F_b 和 F_c 对应线段间的角将等于(按大小和方向)$\angle BA'C=\angle bOc$;图形 F_c 和 F_a 对应线段间的角等于 $\angle CB'A=\angle cOa$.所以图形 F_a 和 F_b 对应线段间的角等于 $\angle aOb=\angle AC'B$,对于图形 F_b 和 F_c,对应线段的比等于 $A'B:A'C=Ob:Oc$,对于图形 F_c 和 F_a 相应地有 $B'C:B'A=Oc:Oa$.所以对于图形 F_a 和 F_b,对应线段的比等于 $Oa:Ob=C'A:C'B$.由是可知,C' 是图形 F_a 和 F_b 中对应于其自身的点.

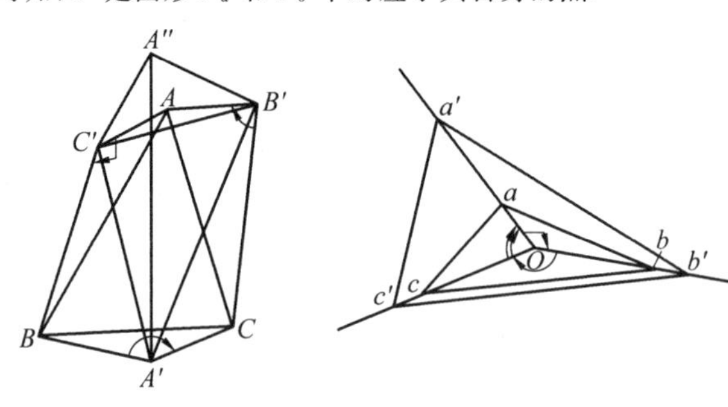

图 381

作点A''对应于图形F_a中的点A.于是$\triangle C'A''A'$相似于$\triangle C'AB$并和它有同一转向,从而$\angle C'A'A''=\angle C'BA=\angle Oba$(按大小和方向).同理,$\triangle B'A'A''$相似于$\triangle B'CA$并和它有同一转向,从而$\angle B'A'A''=\angle B'CA=\angle Oca$.由是可知,$\angle B'A'C'=\angle B'A'A''+\angle A''A'C'=\angle Oca+\angle abO=\angle c'a'O+\angle Oa'b'=\angle c'a'b'$,其中$a'$,$b'$,$c'$是以$O$为极的反演中三点$a$,$b$,$c$的反点(第217节).

这样,按大小和方向有$\angle B'A'C'=\angle c'a'b'$,并且对于$\triangle A'B'C'$的其余两角,情况类此.$\triangle A'B'C'$和$\triangle a'b'c'$相似,但转向相反.

(383)设AB,CD为已知的线段(图382),P为直线AB和CD的交点.

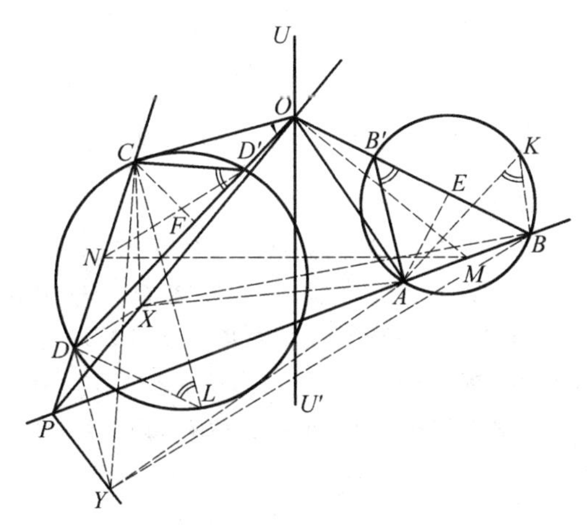

图382

作一点O使具有下述性质:①$\triangle OAB$和$\triangle OCD$等积;②$\angle AOB$和$\angle COD$有同一转向;③$\angle AOB$和$\angle COD$大小相等.

由于$S_{\triangle OAB}=S_{\triangle OCD}$,那么点$O$在这样的点的轨迹上:它们到直线$AB$和$CD$的距离与线段$AB$和$CD$成反比.按第157节,这轨迹由通过直线$AB$和$CD$交点$P$的两直线$PX$和$PY$组成.这时,由图可知,对于其中一直线上任一点$X$,$\angle AXB$和$\angle CXD$有同向,而对于另一直线上任一点$Y$,$\angle AYB$和$\angle CYD$则反向.

因由假设,$\angle AOB$和$\angle COD$有同向,所以所求点O在直线PX(而非直线PY)上.又

$$AB^2=OA^2+OB^2\pm 2OB\cdot OE \quad ①$$

$$CD^2=OC^2+OD^2\pm 2OD\cdot OF \quad ②$$

其中E和F是从点A和C向直线OB和OD所引的垂线足.这时,因$\angle AOB$与$\angle COD$相等,等式①和②右端最后一项所带的符号是相同的.由于这两角相等,$\triangle OAE$和$\triangle OCF$相似,因而$OA:OE=OC:OF$.另一方面,因$\triangle OAB$和$\triangle OCD$等积,且$\angle AOB$和$\angle COD$相等,我们有(第256节)

$$OA\cdot OB=OC\cdot OD \quad ③$$

此式用前一式两端相除,得

$$OB \cdot OE = OD \cdot OF \tag{4}$$

等式 ① 和 ② 相减并注意到 ④,得

$$AB^2 - CD^2 = OA^2 + OB^2 - OC^2 - OD^2 \tag{5}$$

最后,若以 M,N 表示线段 AB 和 CD 的中点,便有(第 128 节)

$$OA^2 + OB^2 = 2OM^2 + \frac{1}{2}AB^2, OC^2 + OD^2 = 2ON^2 + \frac{1}{2}CD^2$$

利用这些关系,等式 ⑤ 化为

$$OM^2 - ON^2 = \frac{1}{4}(AB^2 - CD^2) \tag{6}$$

这样,有唯一的一点 O 存在,满足开始所指出的条件 ①,②,③;这一点是由直线 PX 和直线 UU' 相交而确定的,其中 UU' 是到两点 M,N 距离的平方差等于$\frac{1}{4}(AB^2 - CD^2)$的点的轨迹(参照第 128a 节推论).

现在作弧 AKB 和 CLD,从它们上面的点看线段 AB 和 CD,视角为相等且有同一转向的角 $\angle AKB = \angle CLD = V$;并以 B' 和 D' 表示直线 OB 和 OD 与相应圆弧的第二个交点.

我们有 $\angle AOB = \angle AB'B + \angle OAB'$ 或 $\angle AOB = \angle AB'B - \angle OAB'$,由点 O 在圆周 AKB 内或在其外而定. 同理,$\angle COD = \angle CD'D \pm \angle OCD'$. 因 $\angle AOB = \angle COD$ 且 $\angle AB'B = \angle CD'D = V$,则由是可知,$\angle OAB' = \angle OCD'$. 因此 $\triangle OAB'$ 和 $\triangle OCD'$ 相似,从而

$$OA : OB' = OC : OD' \tag{7}$$

等式 ③ 两端以 ⑦ 除,得 $OB \cdot OB' = OD \cdot OD'$,于是点 O 对于圆周 AKB 和 CLD 有等幂,因而在它们的根轴上.

这样,圆周 AKB 和 CLD 一经满足条件 $\angle AKB = \angle CLD = V$,它们的根轴便通过点 O,而此点按其定义与这两圆周的选择无关.

备注 我们假设了 $\angle AOB$ 和 $\angle COD$ 不仅相等,并且有同一转向,并且 $\angle AKB$ 和 $\angle CLD$ 也一样. 这些角转向相反的情况,可化归已经考虑过的,只要互换点 C 和 D 的位置.

这时,点 O 的地位将由直线 PY 和直线 UU' 的交点充当,UU' 还是适合条件 ⑥ 的点的轨迹.

(384) 由于 $\triangle ABC$ 和 $\triangle ADC$(图 383) 全等(对应边相等),所以 $\angle B$,$\angle D$ 的内角平分线交直线 AC 于同一点 O,这点适合条件 $AO : OC = AB : BC$. $\angle B$,$\angle D$ 的外角平分线情况亦复如此,它们的平分线交直线 AC 于点 O',对于这一点 $AO' : CO' = AB : BC$. 点 O 和 O' 距所有四直线 AB,BC,CD,DA 等远,因而是所说的圆周的圆心.

如果四边形是活络的,且边 AB 保持不动,则点 C 画以 B 为圆心的圆周(或这圆周上的弧),而 O 和 O' 画这图形对于点 A 的位似形,即也是圆周. 事实上,这时距离 BC 以及比 $AO : OC$ 和 $AO' : CO'$ 保持常值.

(385) 设四边形 $ABCD$(图 384) 外切于一圆周,且圆在四边形内部,则 $AB+CD=AD+BC$(习题(87)),当四边形变形时,最后的关系保持不变,从而它继续保持可外切于圆周.

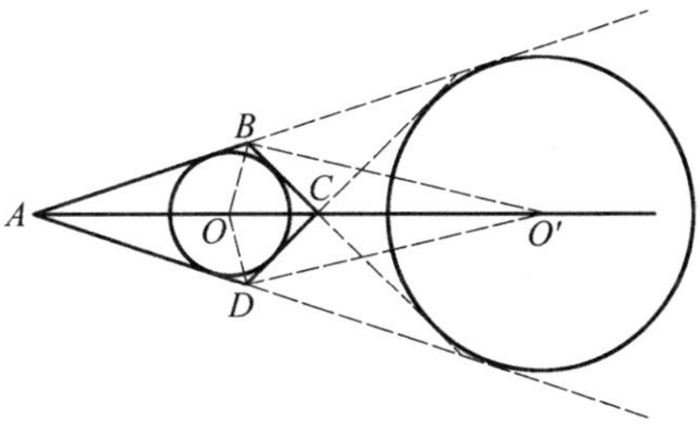

图 383

在直线 AB 上从点 A 起向 B 所在的一侧截取线段 AE 等于 AD,而从点 B 起向 A 所在的一侧截取线段 BF 等于 BC(点 E 和 F 可能都在线段 AB 上,如图 384 所示;或其中有一点在线段 AB 上而另一点在其延长线上;最后,可能 E,F 两点都在线段 AB 的延长线上. 但在所有这些情况下,$AE+BF=AD+BC>AB$,从而线段 AE 和 BF 有重叠部分). 因为 $\angle OAD=\angle OAE$,$\triangle AOE$ 和 $\triangle AOD$ 全等,由是 $OD=OE$,仿此 $OC=OF$. 最后由等式 $AB+CD=AD+BC$,有

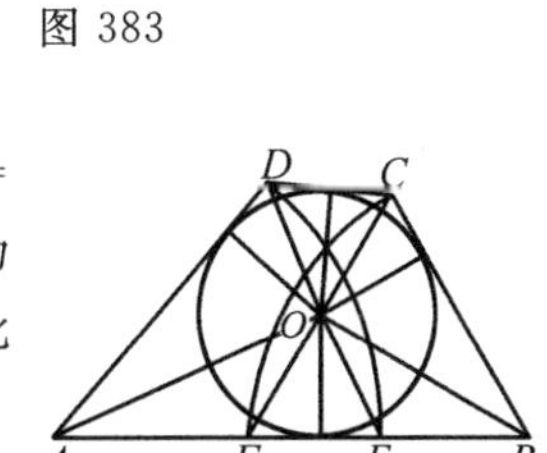

图 384

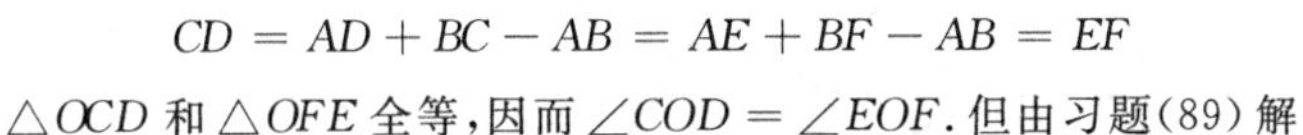

$$CD=AD+BC-AB=AE+BF-AB=EF$$

$\triangle OCD$ 和 $\triangle OFE$ 全等,因而 $\angle COD=\angle EOF$. 但由习题(89) 解答所说,有 $\angle AOB+\angle COD=180^\circ$,从而

$$\angle AOB+\angle EOF=180^\circ \qquad ①$$

反之,设有一点 O 适合条件 ①. 作 $\triangle AOD$ 和 $\triangle BOC$ 分别等于 $\triangle AOE$ 和 $\triangle BOF$,便有

$$\angle AOD+\angle BOC=\angle AOE+\angle BOF=\angle AOB+\angle EOF=180^\circ$$

所以 $$\angle AOB+\angle COD=360^\circ-(\angle AOD+\angle BOC)=180^\circ$$

因之 $$\angle COD=\angle EOF$$

此外 $$OC=OF,OD=OE$$

于是 $\triangle COD$ 和 $\triangle EOF$ 全等,从而 $CD=EF$. 因此

$$AD+BC=AE+BF=AB+EF=AB+CD$$

因而四边形 $ABCD$ 可外切于圆.

由是可知,内切圆心 O 的轨迹,和对线段 AB 和 EF 视角互补的点的轨迹是重合的,因而是圆心在直线 AB 上的一个圆周 S(习题(257)).

由习题(257) 解答所说,对于圆周 S,线段 AB 和 EF 一个的端点是另一个端点的反点. 在现在的情况下,A 和 F 互为反点,B 和 E 互为反点. 由习题(242) 可知,由圆周 S 上任一点 O 到互反点 A 和 F 的距离之比是常数,从而由 $OF=OC$,便有 $OA:OC=$ 常数. 仿此 $OB:OD=$ 常数.

(386) 直线 AB,CD,PQ 通过一点 O—— 已知圆周和圆周 PAB 和 PCD 的根心(图 385). 当点 P 移动时,O 作为直线 AB 和 CD 的交点保持不动. 乘积 $OP\cdot OQ$ 等于点 O 对于已知圆周的幂,所以 P,Q 两点在以 O 为极,以 O 对于已知圆周的幂为幂的反演中互相对应.

若点 P 画一条不通过点 O 的直线,那么点 Q 画一个通过点 O 的圆周,并且倒过来也成立.如果 P 画一个不通过 O 的圆周,那么 Q 画一个圆周,即它的反形.

在 P 和 Q 重合的条件下,点 P 的轨迹是反演圆周,后者只当点 O 在已知圆周外部时存在.

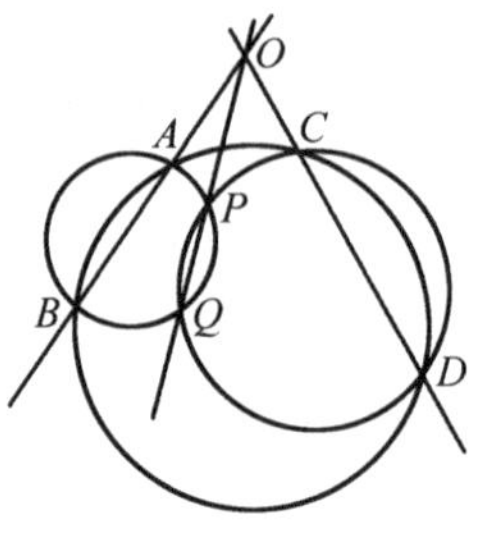

图 385

(387) 设点 P 对于正方形外接圆周的幂为 p,在以 P 为极,以 p 为幂的反演中,点 A',B',C',D' 与 A,B,C,D 相对应(图 386),所以(第 218 节)

$$A'B' = \frac{p \cdot BA}{PA \cdot PB} \quad ①$$

对于 $B'C'$,$C'D'$ 和 $D'A'$ 的表达式与此相仿.由是注意到 $AB = BC = CD = DA$,便得

$$A'B' \cdot C'D' = B'C' \cdot D'A' = \frac{p^2 \cdot AB^2}{PA \cdot PB \cdot PC \cdot PD}$$

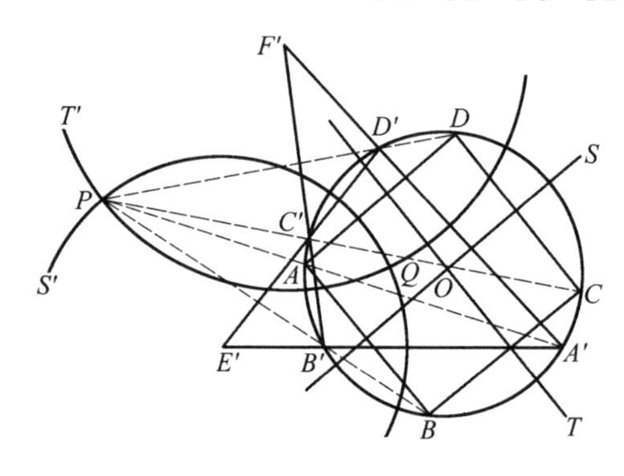

图 386

反之,设圆内接(凸)四边形 $A'B'C'D'$ 满足条件 $A'B' \cdot C'D' = B'C' \cdot D'A'$,且以一点 P 为极的反演,将点 A',B',C',D' 变换为这圆周的内接正方形的顶点 A,B,C,D.通过正方形中心 O 并垂直于其边 AB 和 CD 的直线 S 对应于一个圆周 S',这圆周 S' 和通过 A',B' 的一切圆周(其中包括直线 $A'B'$)正交,也和通过 C',D' 的一切圆周(其中包括直线 $C'D'$)正交.圆周 S' 以直线 $A'B'$ 和 $C'D'$ 的交点 E' 为圆心,且与圆周 $A'B'C'D'$ 正交.这样的圆周 S' 是存在的,因为由于四边形 $A'B'C'D'$ 是凸的,点 E' 位于圆 $A'B'C'D'$ 之外.仿此,通过点 O 且垂直于 AD 和 BC 的直线 T 被变换为圆周 T',圆周 T' 以直线 $A'D'$ 和 $B'C'$ 的交点 F' 为圆心,且与圆周 $A'B'C'D'$ 正交.

由于圆周 S' 和 T' 变换为直线,故所求反演极只可能是圆周 S' 和 T' 的交点 P 或 Q(圆周 S' 和 T' 必然是相交的,因为其中一个与圆周 $A'B'C'D'$ 的弧 $A'B'$ 和 $C'D'$ 相交,而另一个与弧 $A'D'$ 和 $B'C'$ 相交).例如考察点 P.我们来证明,以 P 为极的反演确实将已知四边形的顶点变换为正方形 $ABCD$ 的顶点.由于凡通过 A' 和 B' 的圆周都与圆周 S' 正交,所以与圆周 $PA'B'$ 对应的直线 AB,便垂直于圆周 S' 对应的直线 S,同理,直线 CD 与 S 垂直,而直线 AD

和 BC 垂直于圆周 T' 所对应的直线 T，所以四边形 $ABCD$ 是平行四边形. 由于点 A'，B'，C'，D' 在同一圆周上，所以它们的反点 A，B，C，D 也落在同一圆周上，因而 $ABCD$ 是矩形. 最后，利用与 ① 类似的公式，关系 $A'B' \cdot C'D' = A'D' \cdot B'C'$ 变换为 $AB \cdot CD = AD \cdot BC$. 由此式可知，矩形 $ABCD$ 为正方形. 这些推理也适用于以 Q 为极的反演.

变换已知四边形成正方形的问题有两解，反演极可能取为圆周 S' 和 T' 的两个交点 P 和 Q 中的任一个. 这可以由四边形 $A'B'C'D'$ 可内接于圆得到说明（比较习题(270)⑤ 解答备注②）.

(388) 设以 P 为极的反演，变换已知圆内接四边形 $A'B'C'D'$ 的顶点为矩形 $ABCD$ 的顶点（图 387）. 无损于普遍性，可设矩形 $ABCD$ 和四边形 $A'B'C'D'$ 内接于同一圆周.

两边 AB 和 CD 中点的连线 S，既与通过点 A 和 B 的一切圆周又与通过点 C 和 D 的一切圆周相交成直角，所以它的反形圆周 S' 交直线 $A'B'$ 和 $C'D'$ 以及圆周 $A'B'C'D'$ 成直角，这圆周 S' 的圆心是直线 $A'B'$ 和 $C'D'$ 的交点 E'，它的半径是从点 E' 到圆周 $A'B'C'D'$ 的切线. 仿此得到第二个圆周 T' 以直线 $A'D'$ 和 $B'C'$ 的交点 F' 为圆心，这是两边 AD 和 BC 中点连线 T 的反形.

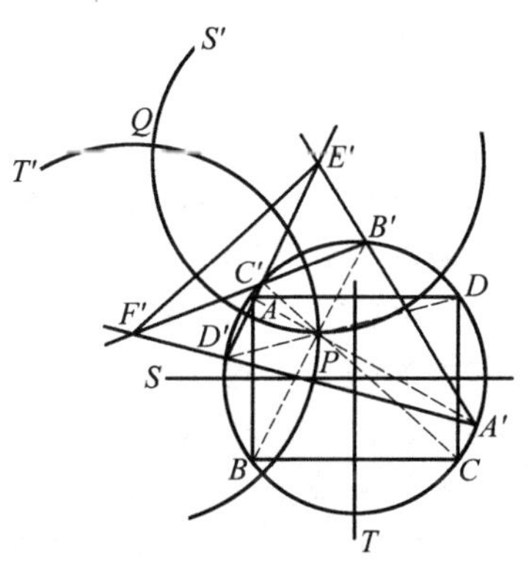

图 387

由于圆周 S' 和 T' 被所求反演变换为直线 S 和 T，所以反演极是这两圆周的交点 P 或 Q 之一. 圆周 S' 和 T' 都和直线 $E'F'$ 正交，也和圆周 $A'B'C'D'$ 正交，所以 P 和 Q 是这直线和这圆周的极限点（习题(152)）. 变换点 A'，B'，C'，D' 成矩形顶点的反演幂，显然保留其任意性.

(389) 设点 A' B' C'，D' 被一个反演变换成平行四边形 $ABCD$ 的顶点（图 388，389），如果点 A'，B'，C'，D' 在一个圆周上，那么 $ABCD$ 是矩形，于是转移到习题(388). 因此我们假设，点 A'，B'，C'，D' 不在一个圆周上.

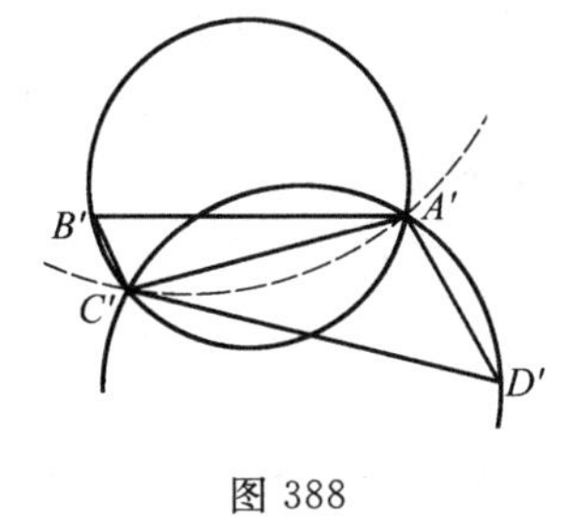

图 388

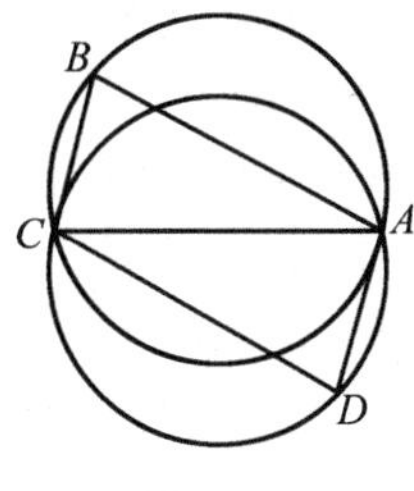

图 389

由于 $\triangle ABC$ 和 $\triangle ADC$ 全等，所以圆周 ABC 和 ADC 也应该彼此相等，且直线 AC 和两

圆周形成等角.所以反演极应该在通过点 A' 和 C' 并平分圆周 $A'B'C'$ 和 $A'D'C'$ 夹角的圆周上,说得确切些,在平分弧 $A'B'C'$ 和 $A'D'C'$ 夹角的圆周上(因为 B,D 两点在 AC 的异侧,所以点 B',D' 在这圆周的异侧)(参照习题(275)),同理,反演极在平分圆周 $B'A'D'$ 和 $B'C'D'$ 夹角的一个确定的圆周上.

由于反演极应在其上的这两圆周相交于两点,所以得出反演极的两个可能位置,反演幂则保留任意性.

(390) 交两个已知圆周成等角的直线,必然通过它们的一个相似中心(因为通过交点所引的半径两两平行,比较第 227 节),反之亦然.因此相似中心可以这样来判别,通过它有无数直线与两个已知圆周交成等角.

如果在所求反演 I 中,A 的对应点 A' 是两个已知圆周变换所成两圆周的相似心,那么通过点 A 且交两个已知圆周成等角的无数圆周,应该变换成通过点 A' 的直线.

利用将两个已知圆周之一变换为另一个的两个反演之一 J' 或 J''(第 227 节),所以通过点 A 且交两个已知圆周成等角的圆周被变换为其自身.由是可知,通过点 A 且与两个已知圆周成等角的任一圆周,或者通过点 A 在反演 J' 中的反点 P',或者通过点 A 在反演 J'' 中的反点 P'',要这些圆周能变换成直线,作为反演极就必须取 P' 或 P''.

这样,所求反演 I 的极,乃是由将两个已知圆周一个变换为另一个的两个反演之一 J' 或 J'' 中,A 的反点来承当.反演幂则保留任意性.

(391) 设 S 为直线 QR 和 AB 的交点(图 390).由于 $\angle RQM = \angle RPM = \angle BAM$,则 $\triangle BQS$ 和 $\triangle BAM$ 相似,由是 $BS = \dfrac{BM \cdot BQ}{AB}$.当点 M 沿圆周移动时,乘积 $BM \cdot BQ$(点 B 对于圆周的幂)不变,所以 S 是定点.若已知了圆周和点 A,B,则任取一点 M 便易作点 S.

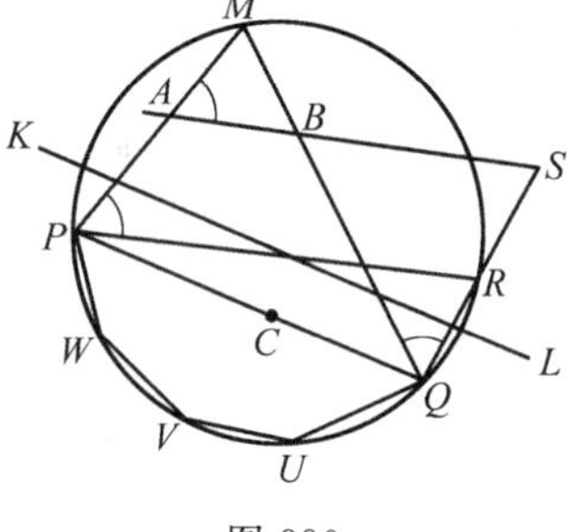

图 390

让我们转移到作图题的解法.

① 求作圆内接三角形(以 $\triangle MPQ$ 记之),使其两边通过点 A 和 B,而第三边平行于直线 KL.

问题归结于作出 $\triangle PQR$,它的两边分别与直线 AB 和 KL 平行,而第三边通过 S(参看习题(115)).$\triangle PQR$ 作出以后,要在圆周上得出点 M,只要把顶点 P 和点 A 相连.由所证定理,这时直线 MB 和圆周的交点将落在直线 RS 上,因之与 Q 相重.

② 求作圆内接三角形(以 $\triangle MPQ$ 记之),使其三边通过点 A,B 和 C.

问题化归于求作 $\triangle PQR$,它的两边通过点 C 和 S 而第三边平行于 AB,即归于问题 ①.作出 $\triangle PQR$ 以后,点 M 的位置照上一问题确定.

③ 求作圆内接偶数边多边形,使其一边通过一已知点,而其余各边分别平行于一已知直线.

设求作(例如说)六边形 $PQRSTU$(图 391),其中边 PQ 通过已知点 A,而其余各边分别

平行于已知直线 Q_1R_1, R_2S_1, S_2T_1, T_2U_1 和 U_2P_1. 在圆周上任选一点 Q', 作折线 $Q'R'S'T'U'P'$, 使其各段分别平行于已知直线, 因之平行于所求多边形的边. 由于弦相平行, 弧 QQ', RR', SS', TT', UU' 和 PP' 彼此相等; 并且相邻的两弧反向. 由于弧的总数是偶数, 所以弧 QQ' 和 PP' 将相等且反向. 所以弦 $P'Q'$ 也将平行于未知边 PQ, 要得到所求多边形的边 PQ, 只要通过点 A 引一直线平行于 $P'Q'$.

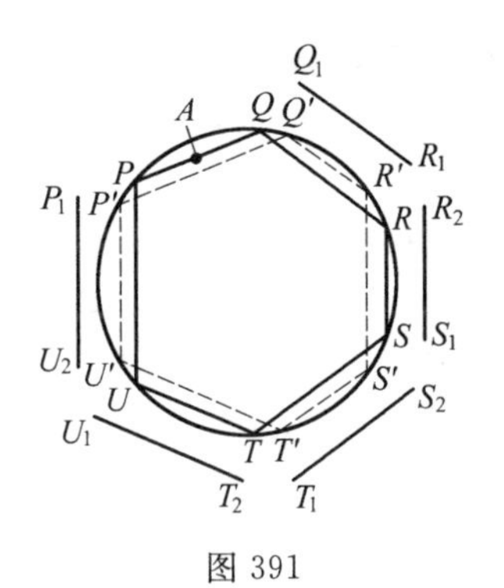

图 391

④ *求作圆内接奇数边多边形, 使其一边通过一已知点, 而其余各边分别平行于一已知直线.*

设求作(例如说) 五边形 $PQRST$(图 392), 其中边 PQ 通过已知点 A, 而其余各边分别平行于已知直线 Q_1R_1, R_2S_1, S_2T_1 和 T_2P_1. 在圆周上任选一点 Q', 作折线 $Q'R'S'T'P'$, 使其各段分别平行于已知直线, 因之平行于所求多边形的边. 弧 QQ', RR', SS', TT' 和 PP' 依然是相等的; QQ' 和 PP' 在现在的情况下有同向(由于顶点数是奇数).

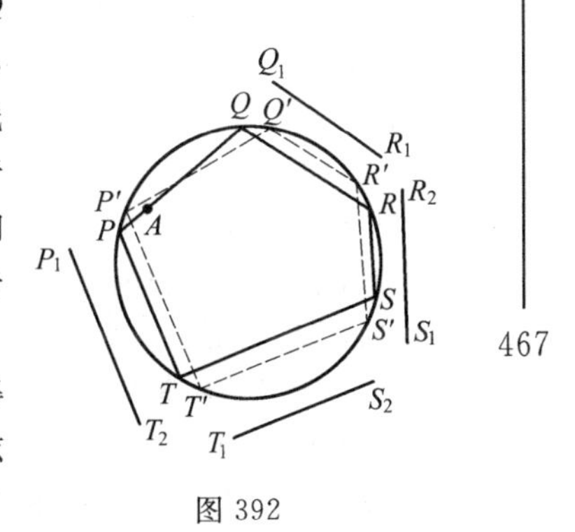

图 392

因此, 弧 PQ 和 $P'Q'$ 相等, 弦 PQ 和 $P'Q'$ 也相等. 要得到所求多边形的边 PQ, 只要通过点 A 引一弦使等于弦 $P'Q'$.

⑤ *求作圆内接多边形使有已知边数, 它的一些连续的边(特别的, 所有各边) 通过已知点, 而其余的边则分别平行于已知直线.*

只有一条边应该通过已知点的情况下, 问题已经解决了(参看上面 ③ 和 ④).

设求作(例如说) 六边形 $PMQUVW$ 图 390), 其中边 PM 和 MQ 分别通过已知点 A 和 B, 而对于其余的每一边, 给以确定的条件 —— 通过已知点或平行于已知直线. 像解问题 ① 那样处理, 把问题转移到下面一个: 作内接六边形 $PRQUYW$, 其中边 PR 平行于 AB, 边 RQ 通过定点 S, 而其余的边服从起先的条件. 这样, 所求多边形连续两边通过已知点的要求, 变为某一辅助多边形(边数还一样) 一边平行于已知直线, 而另一边通过已知点. 这时, 加于其余边上的条件不变.

由于通过已知点的条件, 是加在所求多边形**连续的**边上的, 所以重复这个代换若干次, 问题就转移到问题 ③ 或 ④.

⑥ 我们来考虑这类型最普遍的问题:

求作圆内接多边形, 使有已知边数, 对于它的每一边加以确定的条件 —— 通过已知点或平行于已知直线(和问题 ⑤ 比较, 已作了推广, 即: 通过已知点的一些边不一定要求是连续的).

设求作(例如说) 六边形 $PQRSTU$(图 393), 其中边 PQ 应该平行于已知直线 KL, 而边

QR 通过已知点 A. 过点 R 引弦 RQ_1 平行于 KL，并以 A_1 表示直线 PQ_1 和通过点 A 所引 KL 的平行线的交点. 由于四边形 $PQRQ_1$ 是，因之 ARQ_1A_1 也是等腰梯形，所以点 A 和 A_1 距已知圆心等远. 这使我们有可能作出点 A_1 而不必先知道多边形 $PQRSTU$(直线 AA_1 与 KL 平行，且 $OA = OA_1$). 要作多边形 $PQRSTU$，其中边 PQ 平行于 KL，而边 QR 通过已知点 A，我们只要作多边形 PQ_1RSTU，其中边 PQ_1 通过已知点 A_1，而边 Q_1R 与 KL 平行.

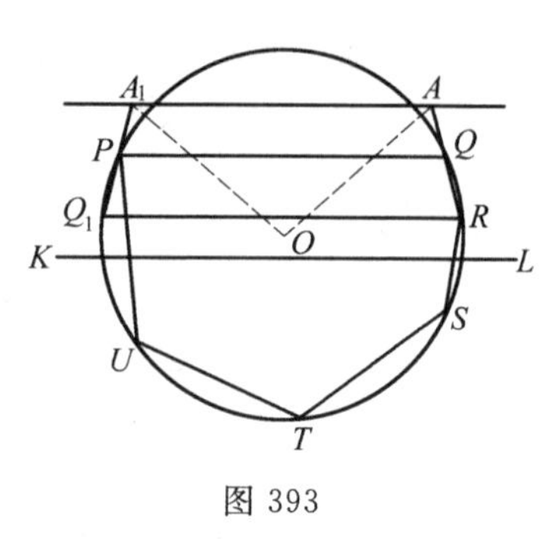

图 393

重复这推理若干次，问题 ⑥ 便归于问题 ⑤.

备注 本问题中所说的所求多边形以及辅助多边形，也可能是非常态的，就是说，它们的边有异于顶点的交点(比较第 21 节). 例如图 393 上辅助多边形 PQ_1RSTU 就是非常态的(它的边 Q_1R 和 UP 相交).

(392) 用配极图形的方法(第 206 节和其后的) 解这题. 设所求三角形顶点在已知直线 a,b,c 上，那么这些顶点的极线形成一个圆内接三角形，它的边通过这些直线的极 A,B,C. 因此，问题归结于已经解决了的问题(391).

(393) 设 T 为所考虑的圆周的切点(图 394)，I 和 K 是过点 T 的公切线和切线 AB，$A'B'$ 的交点. 显然 $IA = IB = IT$，且 $KA' = KT = KB'$，此外，$IT = KT$，因为连心线是图形的对称轴.

由是可知 $IK = AB =$ 常量. 点 K 的轨迹是以 I 为圆心，AB 为半径的圆周. 以线段 $A'B'$ 为直径的圆周有定长的半径 $KA' = KB' = IA = IB = \frac{1}{2}AB$；它们的圆心在以 I 为圆心，$IK = AB$ 为半径的圆周上. 所以，所有这一切的圆周切于一个确定的圆周，甚至是切于两个圆周 —— 以点 I 为圆心，分别以 $\frac{1}{2}AB$ 和 $\frac{3}{2}AB$ 为半径.

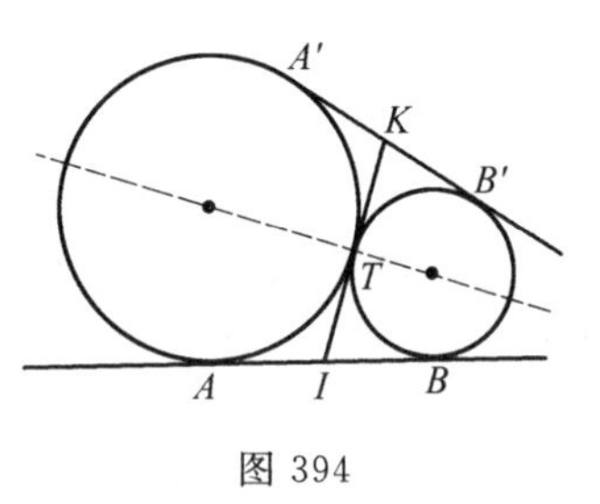

图 394

(394)① 设已知圆周 O 在 A，B 两点的切线交点为 P(图 395). 由于直线 PA 是已知圆周 O 和圆周 C 的根轴，而直线 PB 是圆周 O 和 C_1 的根轴，所以 P 是圆周 O,C,C_1 的根心. 因此直线 PM 在点 M 切于圆周 C 和 C_1，且 $PA = PB = PM$. 点 M 的轨迹是一个圆周，以 P 为圆心，以 PA 为半径.

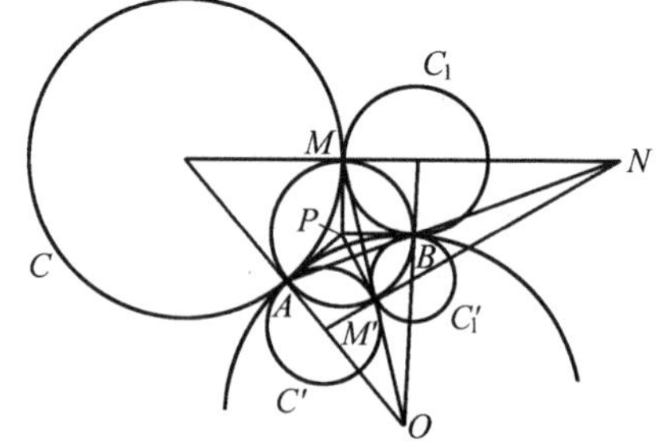

图 395

② 由于已知圆周 O 在点 A,B 切于圆周 C,C_1,所以圆周 C 和 C_1 的相似心 N 在直线 AB 上.此外,圆周 C 和 C_1 的连心线在点 M 切于圆周 P,于是点 N 在圆周 P 外部,因而也在已知圆周 O 外部.

因此,点 N 的轨迹是直线 AB 在已知圆外的部分(比较 ③).

③ 反之,对于直线 AB 上在已知圆周外部的每一点 N,对应着两点 M 和 M',即从点 N 向圆周 P 所引切线的切点,因之,对应着两对圆周 C,C_1 和 C',C'_1.后者的圆心在直线 MN,$M'N$ 和 OA,OB 的交点处.

④$\triangle NMM'$ 的外接圆周以线段 NP 为直径(因为 $\angle NMP$ 和 $\angle NM'P$ 是直角),它的圆心 ω 是线段 NP 的中点.但点 N 的轨迹是直线 AB 的部分,由线段 AB 的两条延长线组成,且 P 为定点.所以点 ω 的轨迹是线段 $A'B'$ 的两条延长线,这里 A' 和 B' 是线段 PA 和 PB 的中点(图 396).

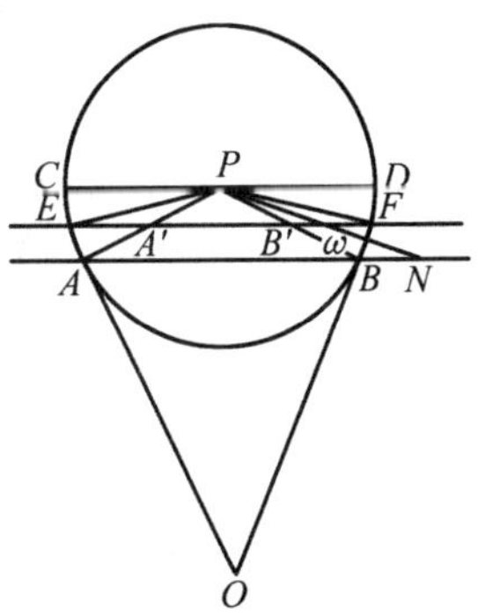

图 396

⑤$\triangle NMM'$(图 397) 内切圆心 I,既在 $\angle MNM'$ 的平分线上,又在 $\angle NMM'$ 的平分线上.这时,$\angle PMI = 90^\circ - \angle NMI = 90^\circ - \angle IMM' = \angle PIM$,因之 $PM = PI$.这样,所有的点 I 在圆周 P 上.但因线段 PI 通过点 I 的延长线通过点 N,而点 N 的轨迹是直线 AB 在圆周 P 外的部分,所以点 I 的轨迹由圆周 P 的两条弧 AC 和 BD 组成(图 396).

⑥ 由于点 N 在直线 AB 上,所以点 N 对于圆周 P 的极线通过(第 205 节) 直线 AB 对于这圆周的极 O(图 397).此外,由于点 O 和 P 固定,所以 $\triangle NMM'$ 高线 NK 的垂足 K 在 OP 为直径的圆周 Σ 上.这圆周显然通过 A,B 两点.点 K 的轨迹是圆周 Σ(这圆周图上没有画出) 的弧 APB.

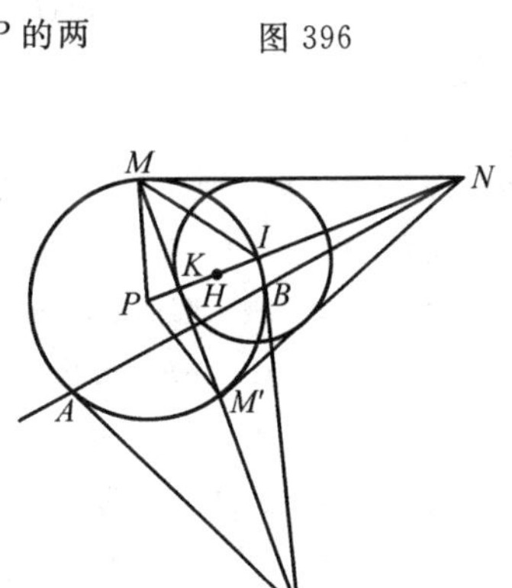

图 397

由于点 P 在 $\triangle NMM'$ 的外接圆周上,而 NP 是它的一条高线,所以这三角形的高线相交于一点 H,这点 H 和 P 对称于直线 MM'(习题(70)),即对称于点 K.因此,$PH = 2PK$,于是点 H 的轨迹是圆周 Σ' 的弧,圆周 Σ' 是 Σ 关于点 P 的位似形,位似系数等于 2(圆周 Σ' 图上未画出).

⑦ 还要证明,点 ω 的轨迹和点 I 轨迹的交点,就是说圆周 P 和直线 $A'B'$ 的交点 E 和 F(图 396),也属于圆周 Σ'.

为此,我们考察点 N 的这样一个位置:使 $\triangle NMM'$ 成为等边的,这样的点有两个.对于这样的点 N,点 ω 和相应的点 I 重合,因之点 ω 和 I 或者都和 E,或者都和 F 重合;但这时,$\triangle NMM'$ 的高线交点 H 也和这一点重合(在等边三角形中,点 ω,I 和 H 重合).所以圆周 Σ' 通过点 E 和 F.

(395) 设 S 为圆周 C 和 C' 的外相似心(图 398),而 A',A'' 为直线 SA 和圆 C,C' 的第二个交点. $\triangle A''PA$ 和 $\triangle AP'A'$ 关于相似心 S 成位似. 又 $\angle PA''A=\angle APP'$,因为这两角以圆周 C 的弧 AP 的一半度量. 同理,$\angle P'A'A=\angle AP'P$. 所以 $\triangle A''PA$,$\triangle PAP'$ 和 $\triangle AP'A'$ 相似. 圆周 C,C' 和圆周 APP' 的圆心 O,O' 和 Ω 是图形 $\triangle A''PA$,$\triangle PAP'$ 和 $\triangle AP'A'$ 的对应点,所以四边形 $A''PAO$,$PAP'\Omega$ 和 $AP'A'O'$ 也是相似的.

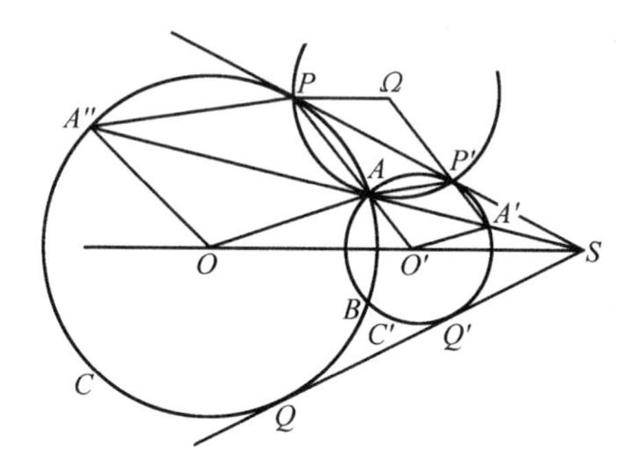

图 398

由这些四边形相似得

$$\angle OAP=\angle \Omega P'A,\angle O'AP'=\angle \Omega PA$$

由是

$$\angle P\Omega P'=360^\circ-\angle \Omega PA-\angle PAP'-\angle \Omega P'A=$$
$$360^\circ-\angle O'AP'-\angle PAP'-\angle OAP=\angle OAO'$$

即线段 PP' 在点 Ω 的视角等于圆周 C 和 C' 的交角,说得准确些,即等于由它们交点所引半径的交角.

以 r,r' 和 ρ 表示圆周 C,C' 和圆周 PAP' 的半径,则由这些图形的相似得 $r:\rho=AP:AP'$ 和 $\rho:r'=AP:AP'$,由是 $r:\rho=\rho:r'$,且 $r:r'=AP^2:AP'^2$. 这样,ρ 是 r 和 r' 的比例中项,且 $AP:AP'=\sqrt{r}:\sqrt{r'}$.

设 B 为圆周 C 和 C' 的第二交点,而 Q 和 Q' 是第二条公切线的切点,则由上述可知,圆周 APP',BPP',AQQ' 和 BQQ' 每一个的半径,是 r 和 r' 的比例中项. 因此得到习题(262)③ 所指出的命题.

(396)① 设圆周 A 和 B 相交于两点. 要能够利用反演,把它们变换成圆周 A' 和 B',且所形成的图形等于圆周 C 和 D 所形成的图形,就必须圆周 C 和 D 也相交于两点,并且 A,B 两圆周的交角应等于 C 和 D 的交角.

现在来证明这些条件也是充分的. 以圆周 A 和 B 的一个交点 P 为极具有任意幂的反演 S,将它们变换成两条直线 a 和 b(图 399),它们的交角等于圆周 A 和 B 的交角. 仿此,以圆周 C 和 D 的一个交点 Q 为极具有任意幂的反演 T,将它们变换为两条直线 c 和 d,它们的交角等于 C 和 D 的交角,即圆周 A 和 B 的交角或直线 a 和 b 的交角. 若移动由圆周 C 和 D 所组成的图形,可以做到使直线 c 和 d 重合于 a 和 b,如图 399 所示. 这时,圆周 C 和 D 可以从 A 和

B 继续做两次反演得到:第一个以 P 为极的反演 S 将圆周 A 和 B 变换为直线 a 和 b,第二个以 Q 为极的反演 T 变换直线 a 和 b 为圆周 C 和 D. 对于反演 S 和 T 的幂(到此为止完全是任意的),我们现在仅仅给一个限制:点 P 和 Q 不应该重合.

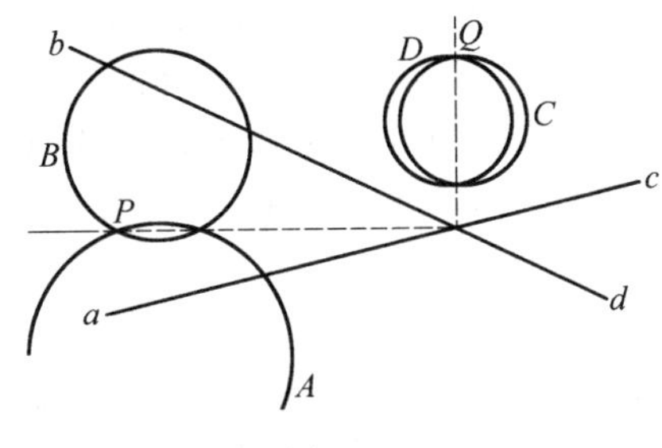

图 399

由于反演 S 和 T 的极 P 和 Q 不重合,继续做这两个反演,可代以(习题(251)②)一个反演 S' 和一个关于直线的对称. 因此,反演 S' 将 A 和 B 这一对圆周变换为与 C 和 D 关于某一直线成对称的一对圆周,因此形成一个图形等于图形(C,D). 因之,圆周 A 和 B 的交角等于圆周 C 和 D 的交角,也是充分的.

这样,可以说,两相交圆周的交角,对于反演群说,是一对圆周唯一的独立不变量(参看第附 25 和附 27 节).

由于相交圆周 C 和 C' 的交角等于(用习题(395) 和图 398 的记号)$\angle P\Omega P'$,所以这个角被公切线段 PP' 和线段 $P\Omega$—— 它们半径的比例中项(参看习题(395) 解答)—— 的比所确定.

若圆周 A 和 B 不相交,而是彼此相切,那么我们可以重复上面的推理. 这时,两对相交直线(a,b) 和(c,d) 将代换为两对平行直线. 设任意选定将圆周 A 和 B 变换为直线 a 和 b 的反演 S 的幂,我们可以挑选将圆周 C 和 D 变换为直线 c 和 d 的反演 T 的幂,使 c 和 d 之间的距离等于 a 和 b 之间的距离,然后将两对直线重合. 这一情况可以看做上面两圆周交角等于零(或 $180°$) 的特殊情况.

② 现在假设圆周 A 和 B 没有公共点,利用某一反演 S,假设可以把它们变换为两个圆周 A' 和 B',形成一个全等于圆周 C 和 D 所形成的图形. 移动圆周 C 和 D,可以使它们与圆周 A' 和 B' 重合. 这样,设反演 S 将一对圆周(A,B) 变换为一对圆周(C,D).

利用以圆周 C 和 D 的一个极限点为极的反演 T,把它们变换为两个同心圆周 c 和 d(参看习题(248) 解答). 由于圆周 C 和 D 有两个极限点,所以可以选择反演 T 的极使其不同于反演 S 的极. 继续做反演 S 和 T,将圆周 A 和 B 变换为两个同心圆周 c 和 d. 但这个反演序列可以用一个反演 S' 和关于某一直线的对称来代替. 所以,反演 S' 将圆周 A 和 B 变换为全等于圆周 c 和 d 的两个同心圆周,而反演 T 变换圆周 C 和 D 为同心圆周 c 和 d. 因此,书上所指出的条件,是有可能将一对圆周 A 和 B 变换为全等于 C 和 D 所形成的图形的必要条件.

现在来证明,这条件也是充分的.如果这条件实现了,那么圆周 A 和 B 利用某一反演变换为同心圆周 a 和 b,而圆周 C 和 D 变换为同心圆周 c 和 d,并且圆周 c 和 d 的半径之比等于圆周 a 和 b 的半径之比.任意选定变换圆周 A 和 B 成圆周 a 和 b 的反演幂,我们可以(由于圆周 a 和 b,c 和 d 的半径成比例)选择变换圆周 C 和 D 成圆周 c 和 d 的反演幂,使由圆周 c 和 d 所形成的图形,全等于由圆周 a 和 b 所形成的图形.移动由圆周 C 和 D 所形成的图形,可以做到使一对圆周 (a,b) 重合于一对圆周 (c,d),并且可以像在相交圆周情况下一样推理.圆周 C 和 D 从 A 和 B 利用连续两次反演得出.将图形 (C,D) 绕圆周 a 和 b 的公共圆心旋转,可以避免两个反演极相重合.这连续两个反演可以用一个反演 S' 和一个对称代替.反演 S' 将图形 (A,B) 变换为全等于 (C,D) 的图形.

这样,我们可以说,两个不相交圆周,对于反演群来说,唯一的独立不变量,是利用同一反演,把已知圆周变换所成两个同心圆周的半径之比.

现在转来考察两个已知圆周(或直线)和与它们正交的圆周(或直线)的四个交点的交比 λ.由习题(273),经过反演,这交比保留它的值.

设已知两圆周,并选好了和它们正交的圆周,那么 λ 的值因所考察的交点的顺序而变.为确定起见,我们可以取正交圆周和一个已知圆周的交点为前两点,取它与另一已知圆周的交点为后两点.由习题(274)的结果,容易知道,交比 λ 这时有两个值(因所选点的顺序而变),其积为1.因此我们可以限制取其一值,使其绝对值不超过单位($|\lambda|<1$).

我们首先来处理两条相交直线 KL 和 MN(图400),以及与它们成正交的一个圆周 $KNLM$ 的情况.由习题(274),设点 K 和 L 在不同的 MN 弧上,则交比 $(KLMN)$ 等于(按绝对值和符号)$\lambda=-\frac{KM}{LM}:\frac{KN}{LN}=-\left(\frac{KM}{LM}\right)^2$.由是可知,交比 λ 和两已知直线的正交圆周的选取无关,仅因它们的交角而确定.

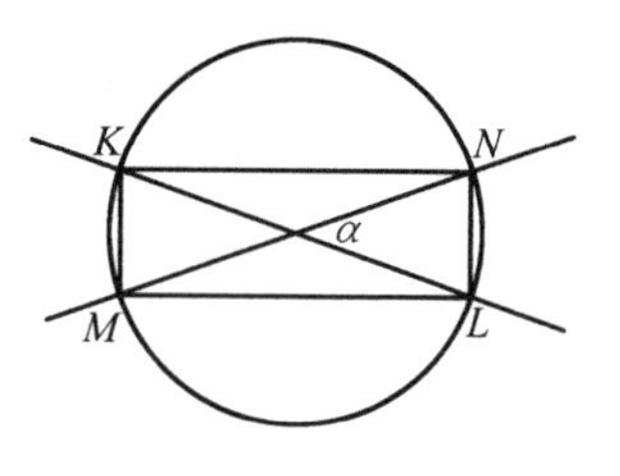

图400

由于任意两个相交圆周,可以利用反演变换为两条相交直线,且交比 λ 不因反演而变,所以在两个相交圆周的情况下,λ 的值也不因与已知两圆周正交的那个圆周的选取而变,而是被它们的交角所确定.

在两个同心圆周的情况下(图401),设半径为 R 及 $r(R>r)$,交比(按绝对值和符号)$\lambda=\frac{KM}{LM}:\frac{KN}{LN}=\left(\frac{R-r}{R+r}\right)^2$,因而只确定于两圆半径之比.由是可知,在两个不相交圆周的情况下,交比 λ 不因与已知圆周正交的那一圆周的选择而变,而由它们利用反演可能变换成的两个同心圆周的半径之比来表达.

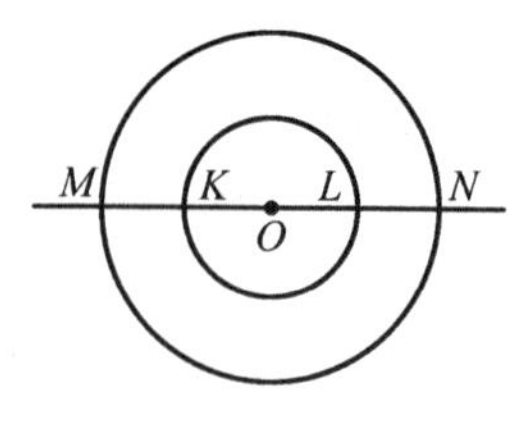

图401

由此可知,能将图形 (A,B) 变换成等于 (C,D) 的条件,在于两对圆周的数值 λ 相等.

并且在两个同心圆周的情况下(图 401) 有 $KO:MO=r:R$. 由于上面已见到$(\frac{R-r}{R+r})^2=\lambda$，故由是可知，$KO:MO=(1-\sqrt{\lambda}):(1+\sqrt{\lambda})$. 但比 $KO:MO$ 可看做四点 K,M,O,∞ 的交比(第 199 节)μ. 当某一反演作用于两同心圆周时，点 O 和 ∞ 被变换为和变换后的两圆周正交的一切圆周的公共点，就是说变换为变换后两圆周的极限点. 这样，如果两圆周没有公共点，那么它们和它们任意一个正交圆周(或直线) 的两个交点，以及它们的两个极限点所成的交比 μ，不因这正交圆周的选择而变，它和交比 λ 的关系是 $\mu=(1-\sqrt{\lambda}):(1+\sqrt{\lambda})$.

现在考察数值 $\nu=\frac{d^2-r^2-r'^2}{rr'}$ 和 $\frac{t}{\sqrt{rr'}}$. 代替两个已知圆周的正交圆周，我们考察它们的连心线(图 402)，得出(不论已知圆周有没有公共点)

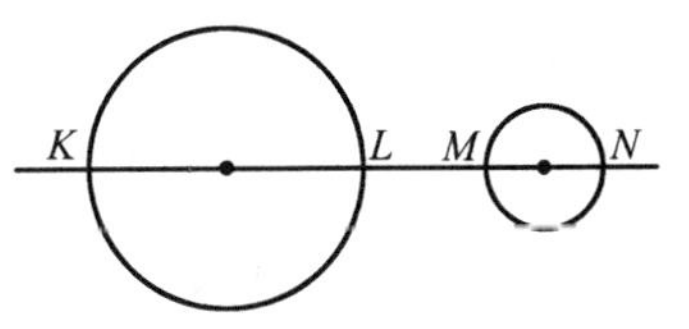

图 402

$$\lambda=(KLMN)=\frac{KM}{LM}:\frac{KN}{LN}=$$

$$\frac{d+r-r'}{d-r-r'}:\frac{d+r+r'}{d-r+r'}=$$

$$\frac{d^2-(r-r')^2}{d^2-(r+r')^2}=$$

$$\frac{d^2-r^2-r'^2+2rr'}{d^2-r^2-r'^2-2rr'}=$$

$$\frac{\nu+2}{\nu-2}$$

其中

$$\nu=\frac{d^2-r^2-r'^2}{rr'}$$

最后，若两圆周有公切线，例如说外公切线，其长为 t，则

$$t^2=d^2-(r-r')^2=d^2-r^2-r'^2+2rr'$$

由是

$$t:\sqrt{rr'}=\sqrt{\nu+2}.$$

因此，数值 μ,ν 和 $t:\sqrt{rr'}$ 都以确定的方式由 λ 表达，因之，在上面所讨论的图形 (A,B) 能变换为图形 (C,D) 的条件中，我们可以代替 λ 而考察这些数值之一.

(397)① 在直线 D 上任取一点 P(图 403)，作圆周 PAA'，且在点 P 作这圆周的切线. 以 P' 和 M 表示这切线与直线 D' 和 AA' 的交点，有

$$MA\cdot MA'=MP^2 \quad ①$$

且 $MP=MP'$(因直线 D 和 D' 距 AA' 等远)，由是 $MA\cdot MA'=MP'^2$. 这等式表明直线 MP'(即 PP') 也切于圆周 $P'AA'$.

② 设 H,H' 是由点 A,A' 向直线 PP' 所引的垂线足，M' 是由点 M 向直线 D 所引的垂线足. 从相似三角形 $\triangle MAH,\triangle MA'H',\triangle PMM'$ 得 $MA:AH=MA':A'H'=PM:MM'$. 将等式 ① 中的线段 MA,MA',MP 换为与它们成比例的线段 $AH,A'H',MM'$，便得出乘积

$AH \cdot A'H'$ 等于常量 MM'^2.

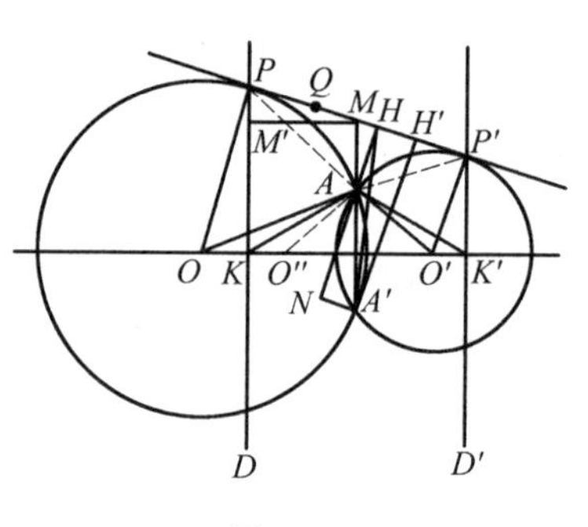

图 403

③ 设 N 为点 A' 在直线 AH 上的射影. 从 $\triangle AA'H$ 得 $AA'^2 = AH^2 + A'H^2 - 2AH \cdot NH$(由第 126 节). 但 $NH = A'H'$, 从而 $AH^2 + A'H^2 = AA'^2 + 2AH \cdot A'H'$. 由是易知, $AH^2 + A'H^2$ 等于常量(根据②) $AA'^2 + 2AH \cdot A'H' = AA'^2 + 2MM'^2$. 由习题(141), 点 H 的轨迹是一个圆周, 圆心为线段 AA' 的中点. 这圆半径的平方等于(比较习题(141)解答)

$$\frac{1}{2}(AH^2 + A'H^2) - \frac{1}{4}AA'^2 =$$

$$\frac{1}{4}AA'^2 + MM'^2 = AK^2$$

其中 K 是直线 D 上一点, 距 A 和 A' 等远.

考察 $\triangle AA'H'$ 可知, 点 H' 的轨迹也是这个圆周.

④ 要直线 PP' 通过给定点 Q, 相应的点 H 应该在以线段 AQ 为直径的圆周上, 因为直线 AH 垂直于 PP', 此外, 点 H 又在 ③ 里所考察的圆周上. 如果两圆周相交, 那么它们的交点确定出点 H 的两个可能位置, 都是与点 Q 对应的, 因而确定出点 P 的两个位置.

⑤ 设 O 和 O' 是圆周 PAA' 和 $P'AA'$ 的圆心, K 和 K' 是它们的连心线与直线 D 和 D' 的交点. 在连心线上截线段 KO'' 等于 $O'K'$. $\triangle AKO''$ 和 $\triangle AK'O'$ 显然是全等的, 于是

$$\angle KAO'' = \angle K'AO' \quad ②$$

从相似三角形 $\triangle OPK$ 和 $\triangle O'P'K'$ 有 $OP : O'P' = OK : O'K'$. 此式中线段 OP 以等线段 OA 代替, $O'P'$ 以线段 $O'A$ 或 $O''A$ 代替, $O'K'$ 以线段 KO'' 代替, 得 $OA : O''A = OK : KO''$. 这等式表明, 直线 AK 是 $\triangle OAO''$ $\angle A$ 的平分线. 注意到等式 ② 便有 $\angle OAK = \angle KAO'' = \angle O'AK'$, 由是, $\angle OAO' = \angle KAK'$. 因此, 两圆周的交角(等于 $\angle OAO'$)保持常量, 等于 $\angle KAK'$.

由于 $\triangle OAO'$ 以 A 为顶点的 $\angle OAO'$ 保持常量, 这三角形其余两角之和因之也不变: $\angle AOO' + \angle AO'O = 180^\circ - \angle OAO' = 180^\circ - \angle KAK'$. 现在考察等腰三角形 $\triangle OAP$ 和 $\triangle O'AP'$, 这两个三角形中以 O 和 O' 为顶点的两角之和为常量, 因为

$$\angle AOP + \angle AO'P' = (\angle O'OP - \angle O'OA) +$$

$$(\angle OO'P' - \angle OO'A) = (\angle O'OP + \angle OO'P') -$$

$$(\angle AOO' + \angle AO'O) = 180^\circ - (180^\circ - \angle KAK') = \angle KAK'$$

在这两个三角形中以 A 为顶点的两角之和也不变, 即

$$\angle OAP + \angle O'AP' = \frac{1}{2}(180^\circ - \angle AOP) +$$

$$\frac{1}{2}(180^\circ - \angle AO'P') =$$

$$180° - \frac{1}{2}(\angle AOP + \angle AO'P') =$$

$$180° - \frac{1}{2}\angle KAK'$$

最后,因 $\angle OAO'$ 以及两角之和 $\angle OAP + \angle O'AP'$ 为常量,于是以 A 为顶点的第四个角也是常量,即

$$\angle PAP' = 360° - \angle OAO' - (\angle OAP + \angle O'AP') =$$

$$360° - \angle KAK' - (180° - \frac{1}{2}\angle KAK') =$$

$$180° - \frac{1}{2}\angle KAK'$$

这样,$\angle PAP'$ 保持常量.

(398) 设 M 为直线 AB 和 D 的交点(图 404),c 和 c' 是以线段 AM 和 MB 为直径的圆周,S 是切于 C,c,D 的圆周,S' 是切于 C,c',D 的圆周.

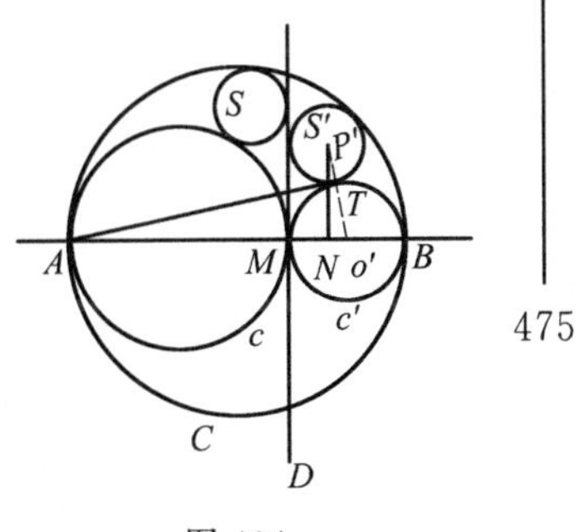

图 404

以 A 为极以 $AM \cdot AB$ 为幂的反演,把圆周 C 和直线 D 一个变换为另外一个,而把圆周 c' 变换为其自身,由是可知,这个反演也把圆周 S' 变换为其自身.因此,圆周 c' 和 S' 在其切点 T 的公切线通过反演极 A.

设 o' 和 P' 是圆周 c' 和 S' 的圆心,N 是由点 P' 向直径 AB 所引的垂线足,R,r,r',ρ' 是圆周 C,c,c',S' 的半径.从 $\triangle ATo'$ 和 $\triangle P'No'$ 相似得 $Ao' : P'o' = To' : No'$,即

$$\frac{2R - r'}{\rho' + r'} = \frac{r'}{r' - \rho'}$$

化简这等式得 $\rho'R = (R - r')r'$.由于 $R = r + r'$,则 $\rho'R = rr'$.因此,圆周 S' 的半径是圆周 C,c,c' 半径的比例第四项.

由于求得 ρ' 的表达式中,半径 r 和 r' 完全均称地出现,所以计算圆周 S 的半径时,我们将得出同样的表达式.这表明圆周 S 和 S' 彼此相等.

(399) 以圆周 A 和 B 的切点 T(图 405 和 406)为极,以任意的幂实行反演.圆周 A 和 B 变换为两条平行直线 A' 和 B';圆周 $\cdots,C_{-1},C,C_1,C_2,\cdots$ 变换为切于这两直线的圆周 $\cdots,C'_{-1},C',C'_1,C'_2,\cdots$.

设 $\cdots,r_{-1},r,r_1,r_2,\cdots$ 分别为圆周 $\cdots,C_{-1},C,C_1,C_2,\cdots$ 的半径;r' 为圆周 $\cdots,C'_{-1},C',C'_1,C'_2,\cdots$ 中每一个的半径;设 $\cdots,O_{-1}P_{-1},OP,O_1P_1,O_2P_2,\cdots$ 和 $\cdots,O'_{-1}P',O'P',O'_1P',O'_2P',\cdots$ 为这些圆周的圆心到圆周 A 和 B 的连心线的距离.

若圆周 C_n 和 C_{n+1} 所变换成的连续两圆周 C'_n 和 C'_{n+1} 的圆心落在圆周 A 和 B 连心线的同侧,则显然有 $O'_{n+1}P' - O'_nP' = 2r'$,或

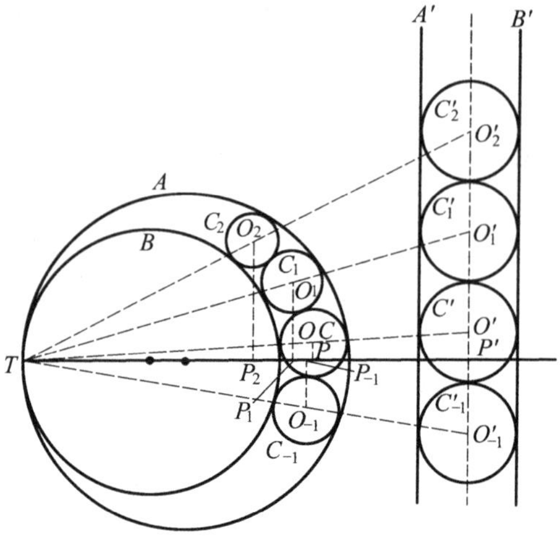

图 405

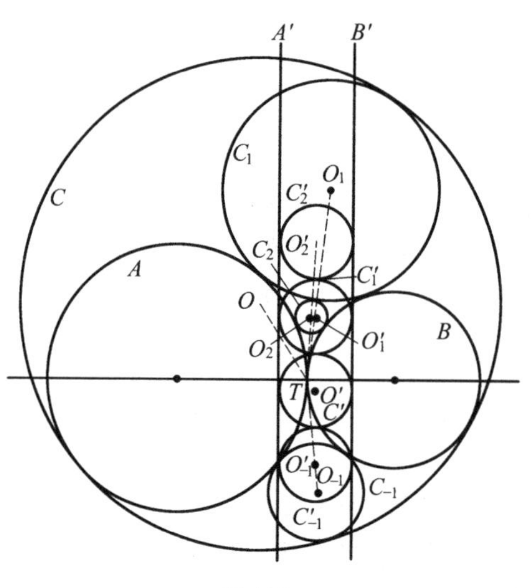

图 406

$$\frac{O'_{n+1}P'}{2r'}-\frac{O'_nP'}{2r'}=1 \qquad ①'$$

若圆周 C'_n 和 C'_{n+1} 的圆心在圆周 A 和 B 连心线的异侧，则有 $O'_{n+1}P'+O'_nP'=2r'$，或

$$\frac{O'_{n+1}P'}{2r'}+\frac{O'_nP'}{2r'}=1 \qquad ②'$$

由于点 T—— 反演极 —— 是两个互反圆周 C_n 和 C'_n(图 407) 的相似中心，故有 r' : $r_n=TO'_n : TO_n=O'_nP' : O_nP_n$，由是 $O'_nP' : 2r'=O_nP_n : 2r_n$. 因此，经过以 T 为极的反

演，任一圆周 C_n 到圆周 A 和 B 连心线的距离与该圆周 C_n 直径的比值，并不改变. 根据这一事实，关系 ①′ 和 ②′ 分别转变为

$$\frac{O_{n+1}P_{n+1}}{2r_{n+1}}-\frac{O_nP_n}{2r_n}=1 \qquad ①$$

$$\frac{O_{n+1}P_{n+1}}{2r_{n+1}}+\frac{O_nP_n}{2r_n}=1 \qquad ②$$

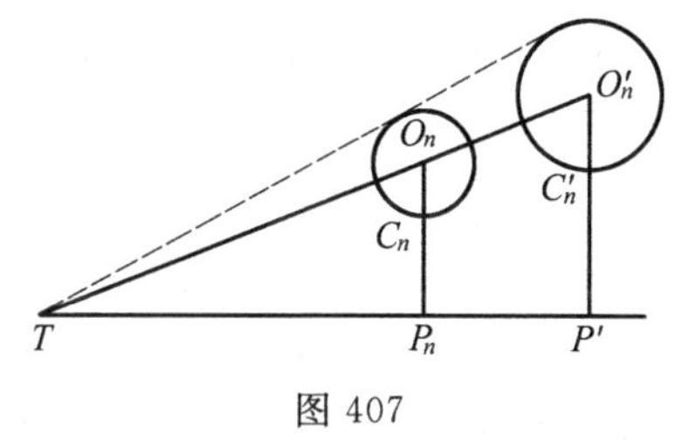

图 407

若圆周 A 和 B 内切(图 405)，则任何两个连续圆周 C_n 和 C_{n+1} 相外切. 若圆周 A 和 B 外切，则在一系列圆周 $\cdots, C_{-1}, C, C_1, C_2, \cdots$ 中，有两对连续圆周(图 406 上的 C_{-1}, C 和 C, C_1) 内切；其余各对连续圆周相外切(图 408 上的 C_1, C_2；C_2, C_3；$\cdots$).

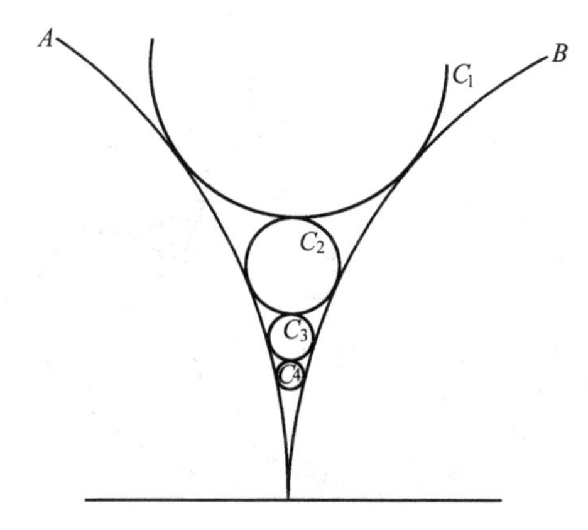

图 408

若圆周 C_n 和 C_{n+1} 相外切，那么变换后的圆周 C'_n 和 C'_{n+1} 的圆心落在圆周 A 和 B 连心线的同侧或异侧，就看圆周 C_n 和 C_{n+1} 的圆心落在这直线的同侧或异侧. 由是可知，在圆周 C_n 和 C_{n+1} 外切的情况下，如果它们的圆心落在圆周 A 和 B 连心线的同侧，那么等式 ① 成立；如果它们的圆心落在这直线异侧，那么等式 ② 成立.

若圆周 C_n 和 C_{n+1} 内切，如果它们的圆心落在圆周 A 和 B 连心线的异侧，那么变换后的圆周 C'_n 和 C'_{n+1} 的圆心落在圆周 A 和 B 连心线的同侧，并且反面也对. 由是可知，在圆周 C_n 和 C_{n+1} 内切的情况下，如果它们的圆心落在圆周 A 和 B 连心线的异侧，那么等式 ① 成立；如果它们的圆心落在这直线同侧，那么等式 ② 成立.

为了使所推求的关系具有最大的普遍性，可注意当两圆周 C_n 和 C_{n+1}(它们的圆心在圆周 A 和 B 连心线的同侧) **外切**时，"后继"圆周 C_{n+1}"较接近"于切点 T. 关于两圆周圆心到直线 PT 的距离 x 和 x'，以及它们的半径 r 和 r'，有 $\frac{x'}{2r'}-\frac{x}{2r}=1$，并且 x' 和 r' 是对应于"后继"圆周的. 这等式对于圆心在 PT 异侧的两圆周也成立，只要把 x' 算做正而把 x 算做负.

当两圆周(它们的圆心在圆周 A 和 B 连心线的同侧)**内切**时,则有 $\frac{x'}{2r'}+\frac{x}{2r}=1$. 这等式对于圆心在直线 PT 异侧的圆周也成立,只要把"后继"内切圆周因之距离 x' 算做正而把 x 算做负.

(400) 设 a,b,c,p 为 $\triangle ABC$ 的边和半周长,则以 A,B,C 为圆心且两两相切的圆周,其半径依次为 $p-a,p-b,p-c$(习题(91)). 有两个圆周存在切于这两两相切的三圆周,并且相切方式相同(图 409 和 410). 设 O 及 ρ 为切于三已知圆周,且落在它们的弧所围成的曲边三角形内部的圆周的圆心及半径. 以 x,y,z 表示点 O 到三角形各边的距离,以 h,k,l 表示三角形的高.

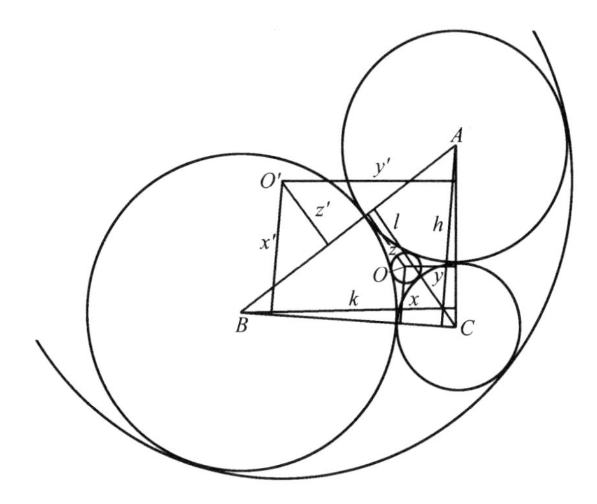

图 409

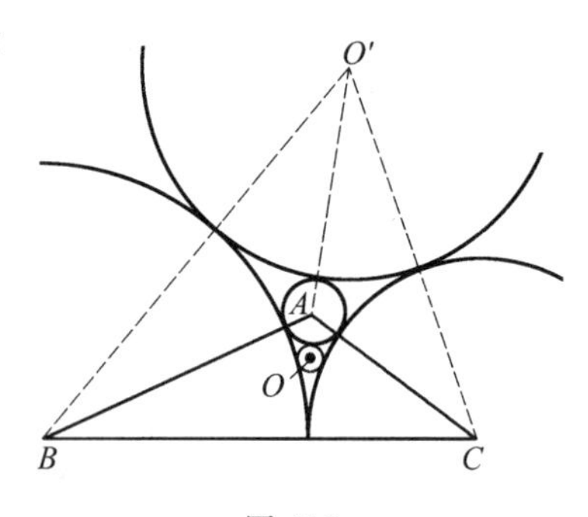

图 410

应用习题(399)解答中公式 ① 于圆周 A 和 O,其中每一个切于圆周 B 和 C,并且它们相外切(比较图 408),于是有

$$\frac{x}{2\rho}-\frac{h}{2(p-a)}=1$$

仿此有

$$\frac{y}{2\rho}-\frac{k}{2(p-b)}=1,\frac{z}{2\rho}-\frac{l}{2(p-c)}=1$$

由是

$$\frac{x}{h}-\frac{\rho}{p-a}=\frac{2\rho}{h}$$

$$\frac{y}{k}-\frac{\rho}{p-b}=\frac{2\rho}{k}$$

$$\frac{z}{l}-\frac{\rho}{p-c}=\frac{2\rho}{l}$$

相加并应用习题(301)的结果,得

$$\rho(\frac{1}{p-a}+\frac{1}{p-b}+\frac{1}{p-c}+\frac{2}{h}+\frac{2}{k}+\frac{2}{l})=1$$

ρ 的这个表达式可以如下变形:设 Δ 为三角形面积,r_a,r_b,r_c 为旁切圆半径,则 $\frac{1}{p-a}=\frac{r_a}{\Delta}$,等等(习题(299)),$\frac{2}{h}=\frac{a}{\Delta}$,等等,上面的方程给出 ρ 的表达式:$\rho=\frac{\Delta}{2p+r_a+r_b+r_c}$.

现设 O' 和 ρ' 为切于三已知圆周的第二个圆周的圆心和半径.这圆周可以和三已知圆周内切(图409),也可以外切(图410);在第一种情况下,它的圆心可能在已知三角形内,也可能在已知三角形外.

对于圆周 O' 的半径 ρ',仿上求得 $\rho'=\pm\frac{\Delta}{2p-(r_a+r_b+r_c)}$.

设 x',y',z' 为点 O' 到三角形各边的距离,这些距离取着确定的符号,有如习题(301)解答所指示,则在内切情况下(图409)有方程组

$$\frac{h}{2r_a}+\frac{x'}{2\rho'}=1,\frac{k}{2r_b}+\frac{y'}{2\rho'}=1,\frac{l}{2r_c}+\frac{z'}{2\rho'}=1$$

而在外切情况下(图410),则有方程组

$$\frac{h}{2r_a}-\frac{x'}{2\rho'}=1,\frac{k}{2r_b}-\frac{y'}{2\rho'}=1\ \frac{l}{2r_c}-\frac{z'}{2\rho'}=1$$

从这两个方程组得出(像上面一样),在第一种情况 $\rho'=\frac{\Delta}{2p-(r_a+r_b+r_c)}$,而在第二种情况 $\rho'=-\frac{\Delta}{2p-(r_a+r_b+r_c)}$.若 $r_a+r_b+r_c=2p$,则圆周 O' 化为直线.

(401)为了使解答具有完全普遍性,我们将考察 h 的正值和负值,并以 A_h,B_h,C_h 表示三个圆周,其圆心为 A,B,C 而半径为 $|a+h|,|b+h|,|c+h|$(图411).相应的,已知的圆周以 A_0,B_0,C_0 表示.

设 D 为线段 AB 中点,而 K 为点 H 在直线 AB 上的射影.由于直线 HK 是圆周 A_h 和 B_h 的根轴,故有(按第136节)$DK=\frac{(a+h)^2-(b+h)^2}{2AB}$.用这公式于 $h=0$ 的情况,这时点 H 将与已知圆周的根心 H_0 重合,而 K 将与 H_0 在直线 AB 上的射影 K_0 重合,于是求出 $DK_0=\frac{a^2-b^2}{2AB}$.由最后两个等式有

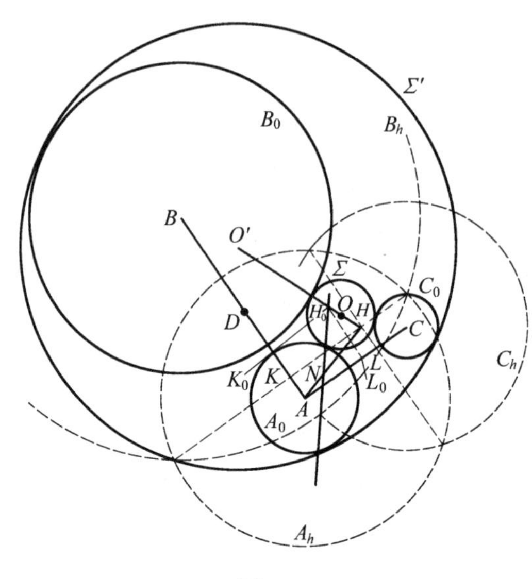

图 411

$$K_0K = DK - DK_0 = \frac{(a-b)h}{AB} \tag{①}$$

以 L 和 L_0 表示点 H 和 H_0 在直线 AC 上的射影,用完全类似的方法求得 $L_0L = \frac{(a-c)h}{AC}$,由是$\frac{K_0K}{L_0L} = \frac{a-b}{a-c} \cdot \frac{AC}{AB}$.

这样,点 H 可以用下面的作法得出(图 412):在直线 AB 和 AC 上,从点 K_0 和 L_0 起截取线段 K_0K 和 L_0L(这两线段成比例地变化),并通过点 K 和 L 引直线分别与 AB 和 AC 垂直. 按习题(124),点 H 的轨迹是直线.

现在,与对应于 h 的任意值的点 H 同时,考察对应于 h 的定值 h' 的点 H'(图 412),并以 K' 表示点 H' 在直线 AB 上的射影. 与关系 ① 同时,便有类似的关系

$$K_0K' = \frac{(a-b)h'}{AB} \tag{①'}$$

由关系 ① 及 ①′ 得

$$H_0H : H_0H' = K_0K : K_0K' = h : h' \tag{②'}$$

现在假设点 N 和 N'(图 413) 分别分线段 AH 和 AH' 成比

$$AN : AH = a : (a+h)$$

和

$$AN' : AH' = a : (a+h')$$

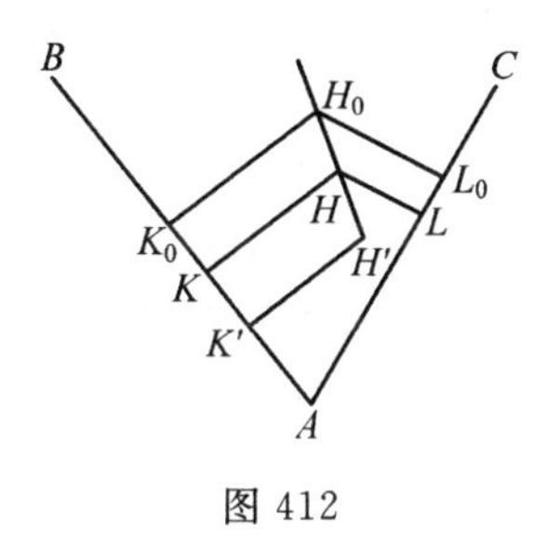

图 412

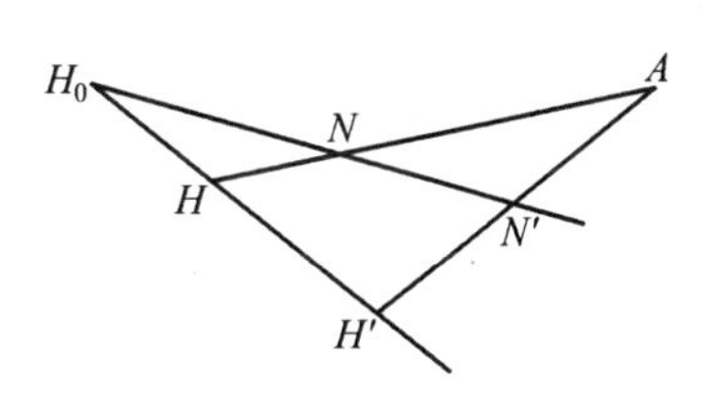

图 413

这时

$$AN : NH = a : h \quad ③$$

$$AN' : N'H' = a : h' \quad ③'$$

从关系 ②,③ 和 ③′ 得 $\frac{H_0H}{H_0H'}\cdot\frac{N'H'}{N'A}\cdot\frac{NA}{NH}=1$. 因此,应用梅涅劳斯定理(第 193 节)于三点 H_0,N,N' 和 $\triangle AHH'$,便知这三点在一直线上.

换句话说,当 h 变时,点 N 的轨迹是一条直线,即直线 H_0N'(点 N' 对应于某一确定的 h 值).

现在选取 h 等于外切于三个已知圆周 A_0,B_0,C_0 的圆周 Σ 的半径 r(图 411).

这时圆周 A_r,B_r,C_r 显然通过圆周 Σ 的圆心 O,因而点 O 是这三个圆周的根心. 由是可知,点 H 的轨迹直线通过点 O. 因此,点 H 的轨迹直线通过外切于三个已知圆周的圆周的圆心. 对应于值 $h=r$ 的点 N 分圆周 A_0 和 Σ 的连心线 AO 成比 $AN : AO = a : (a+r)$,因而和它们的切点重合. 这样,点 N 的轨迹直线通过圆周 A_0 和 Σ—— 和三个已知圆周外切的圆周 —— 的切点.

仿此可证,这直线通过内切于三个已知圆周的圆周 Σ' 的圆心 O',并且通过圆周 Σ' 和 A_0 的切点.

对于以不同方式切于已知圆周的圆周,例如说,与圆周 A_0 外切、并与圆周 B_0 和 C_0 内切的圆周,或者类似的圆周,可以得出完全类似的结果. 只要考察半径为 $|a-h|$,$|b+h|$,$|c+h|$ 的圆周,来替代半径为 $|a+h|$,$|b+h|$,$|c+h|$ 的圆周.

备注 现在证明的命题给出切于三个已知圆周的圆周 Σ 和 Σ' 的新作法(比较第 231 ~ 236 节和第附 42 ~ 附 45a 节). 作已知圆周的根心 H_0 以及圆周 A_h,B_h,C_h(h 为任意的)的根心 H. 又照书上所指示作点 N. 直线 H_0N 和圆周 A_0 的交点确定出所求圆周和 A_0 的切点. 这些切点和圆周 A_0 的圆心 A 的连线,和直线 H_0H 相交得出所求圆周的圆心.

(402) 设 C_1,C_2,C_3,C_4 为已知的圆周,σ 为所求圆周,和它们相交成等角.

在第附 42 ~ 附 43 节曾证明,和三个已知圆周 C_1,C_2,C_3 相交成等角的一切圆周构成四族:已知圆周的四条相似轴中每一条,和这四族中的一族在这样的意义下相对应,即这一族的各圆周以这条相似轴作为公共根轴,而其连心线则是从已知圆周的根心向这相似轴所引的垂线.这些族中一族里的一个圆周和两个已知圆周(例如 C_1 和 C_2)的交点,两两对于圆周 C_1 和 C_2 的一个相似心(在所考虑的相似轴上的那一个)成逆对应点.

由是可知,所求圆周 σ 的圆心,在从圆周 C_1,C_2,C_3 的根心 I_4 向它们的一条相似轴 s_4 所引的垂线上,同时又在从圆周 C_1,C_2,C_4 的根心 I_3 向它们的一条相似轴 s_3 所引的垂线上.这时,如果圆周 σ 和圆周 C_1,C_2 的交点两两对于它们的相似心 S_{12} 成逆对应,则点 S_{12} 既在直线 s_3 上,又在直线 s_4 上.

因此,得出所求圆心的下述作法:任取圆周 C_1,C_2,C_3 四条相似轴中的一条 s_4,以及圆周 C_1,C_2,C_4 这样两条相似轴中的一条 s_3,这两条相似轴通过圆周 C_1 和 C_2 在轴 s_4 上的相似心 S_{12}.从点 I_4 和 I_3 分别向直线 s_4 和 s_3 引垂线,于是这两条垂线的交点便是所求的点.

圆周 C_1,C_2,C_3 四条相似轴的每一条,对应于所求圆心的两个可能位置,总共得出八个所求的点.

考察这八点中的一点 O,并以 O 为圆心作圆周 σ.为了这个目的,任作一圆周 σ_4,交圆周 C_1,C_2 和 C_3 成等角并交所取的相似轴 s_4.圆周 σ 和 σ_4 应该以直线 s_4 为其根轴.现在只剩下作以 O 为圆心的圆周 σ,使得直线 s_4 是圆周 σ 和 σ_4 的根轴(点 O 和圆周 σ_4 圆心的连线,必然与 s_4 垂直).为了这个目的,任意作一圆周 c,使其圆心在 s_4 上且与 σ_4 正交,然后以 O 为圆心作圆周 σ 与 c 正交.问题有解或无解,确定于点 O 在圆周 c 外部或内部.

这样作出的圆周 σ,由它本身的确定方法,必与圆周 C_1,C_2,C_3 交成等角.但还要证明,它和所有四圆周相交成等角.为了这个目的,考察任意一个和圆周 C_1,C_2,C_4 相交成等角,且与相应的相似轴 s_3 相交的圆周 σ_3.圆周 σ 和 σ_3 的连心线是从点 I_3 向直线 s_3 所引的垂线.相似轴 s_3 和 s_4 的交点 S_{12} 对于圆周 σ 和 σ_3 有相同的幂.这幂等于以 S_{12} 为极且相互变换圆周 C_1 和 C_2 的反演幂;这是由于圆周 σ 和 σ_3 中每一个和 C_1,C_2 的交点对于 S_{12} 成逆对应点.由这样一个事实:圆周 σ 和 σ_3 的连心线垂直于 s_3,并且直线 s_3 上的点 S_{12} 对于两个圆周有相同的幂,于是断定 s_3 是这两圆周的根轴.所以圆周 σ 交圆周 C_1,C_2,C_4 成等角,就是说,交所有四个圆周成等角.

解答的最大可能数等于八.

(403) 为了不打断以后的叙述,我们先解下面两个问题:

① *求作一圆周,使与两已知圆周 A 和 B 的交角依次等于已知角 α 和 β,并交其中第一个即圆周 A 于已知点 M.*

设 O_1 和 O_2 是已知圆周 A 和 B 的圆心,O 为所求圆心,N 为所求圆周和圆周 B 的一个交点(图 414).考察与 $\triangle ONO_2$ 全等且和它(为确定计)有同一转向的 $\triangle OMK$.直线 OM 和半径 O_1M 夹 α 角,直线 MK 和 OM 夹 β 角,且线段 MK 等于 NO_2.最后,点 O 距点 K 和 O_2 等远,因而得出这样的作法:

作直线 MX 使与 O_1M 夹 α 角;又作直线 MY 使与 MX 夹 β 角,在它上面截线段 MK 等于圆周 B 的半径,并作线段 KO_2 的中垂线.这垂线和直线 MX 的交点便是所求的点 O.

问题一般有四解.事实上,作为直线 MX,可以取与 O_1M 夹 α 角的两直线中任何一条,并

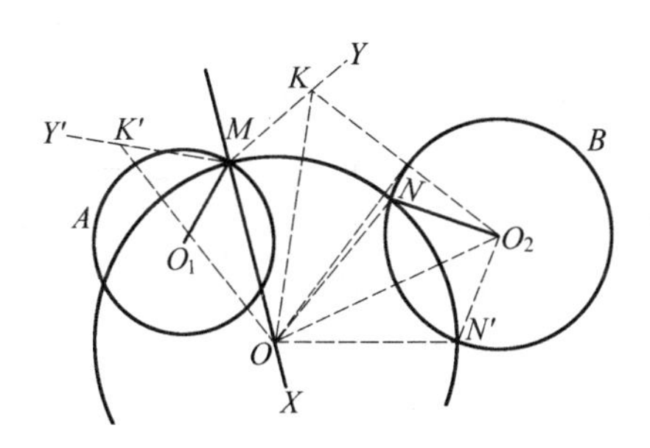

图 414

且线段 MK 可以从点 M 在直线 MY 上向两个相反的方向截取.

如果把直线 MY 换为与 MX 夹 β 角的另外一条直线 MY',并不导出新的解.事实上,这时点 K 换为 K 关于直线 OM 的对称点 K'.但 $OO_2 = OK = OK'$,因之线段 O_2K' 的中垂线和直线 MX 的交点,还是线段 O_2K 的中垂线和 MX 的交点 O.

如果像在习题(256)解答里所做的那样,注意到通过两圆周交点所引半径的夹角,那么所求圆周分为两族.归于第一族的圆周与圆周 A 和 B 的交角**严格**等于 α 和 β 或 $2\mathrm{d}-\alpha$ 和 $2\mathrm{d}-\beta$;归于第二族的,和它们的交角严格等于 $2\mathrm{d}-\alpha$ 和 β 或 α 和 $2\mathrm{d}-\beta$.

若作半直线 MX 使 $\angle O_1MX$ 等于 α,并放置线段 MK 使 $\angle XMK$ 等于 β,那么我们得到第一族的圆周.事实上,如果点 O 在半直线 MX 上,那么所作的圆周显然和已知圆周的交角严格等于 α 和 β.如果点 O 落在半直线 MX 通过点 M 的延长线上,那么所作的圆周和已知圆周的交角将等于 $2\mathrm{d}-\alpha$ 和 $2\mathrm{d}-\beta$.

② *求作一圆周使与两已知圆周 A 和 B 有公共的根轴,且与第三已知圆周 Γ 正交.*

利用第 138 节,容易作任意两个圆周 Γ' 和 Γ'',使同时与 A 和 B 正交.按第 139 节备注,圆周 Γ' 和 Γ'' 都应该也和所求圆周正交.因此,所求圆周(如果存在)可以利用第 139 节作为与三已知圆周 Γ,Γ',Γ'' 正交的圆周而作出;所求圆周的圆心是这三圆周的根心,半径则为从根心到三已知圆周之一的切线.

现在来解答所设问题.

③ *求作一圆周,使与三已知圆周 A,B,C 的交角分别等于 α,β,γ.*

若依旧注意到通过两圆周交点所引半径的夹角,那么所求的圆周便自然地分为四族,因所求圆周和三已知圆周的交角严格等于下面的一些角而区分:

a. α,β,γ 或 $2\mathrm{d}-\alpha,2\mathrm{d}-\beta,2\mathrm{d}-\gamma$;

b. $2\mathrm{d}-\alpha,\beta,\gamma$ 或 $\alpha,2\mathrm{d}-\beta,2\mathrm{d}-\gamma$;

c. $\alpha,2\mathrm{d}-\beta,\gamma$ 或 $2\mathrm{d}-\alpha,\beta,2\mathrm{d}-\gamma$;

d. $\alpha,\beta,2\mathrm{d}-\gamma$ 或 $2\mathrm{d}-\alpha,2\mathrm{d}-\beta,\gamma$.

为确定起见,我们首先求属于第一族的圆周,甚至假设所求圆周 σ 和已知圆周的交角**严格**等于 α,β,γ.

照上面(问题 ①) 所示,作任意一个圆周 σ_1(图 415) 使与圆周 A 和 B 的交角严格等于 α 和 β(或作任一圆周 σ'_1 与它们的交角严格等于 $2d-\alpha$ 和 $2d-\beta$). 这时,作出的圆周 σ 和圆周 σ_1(或 σ'_1) 将属于同一族(在习题(256) 的意义下),所以,和 A,B 具有公共根轴的任一圆周,按习题(256) 解答,必交 σ 和 σ_1 成严格相等的角(而交圆周 σ 和 σ'_1 成严格互补的角).

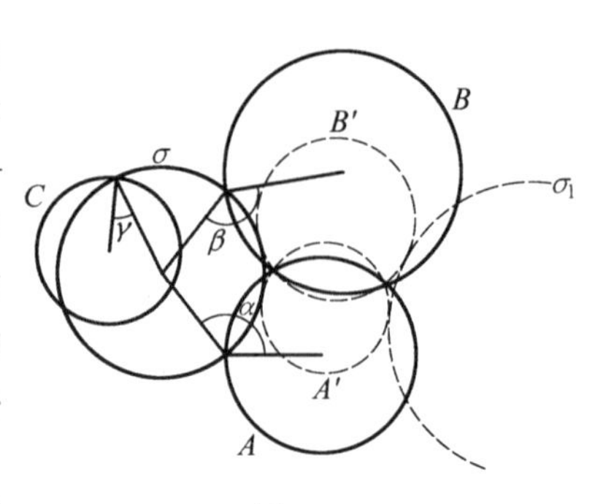

图 415

再在与圆周 A 和 B 有公共根轴的圆周中,利用第附 44 节方法,求两个圆周 A' 和 B' 切于圆周 σ_1(或 σ'_1). 我们暂时假设这样的圆周存在. 按以上所说,这两圆周 A' 和 B' 也切于所求圆周 σ(因为相切就是相交成角 0 或 2d). 这时,圆周 A' 将以同一方式和圆周 σ,σ_1 相切(但以不同方式和圆周 σ,σ'_1 相切),因为它应该和它们相交成严格相等(严格互补) 的角. 圆周 B' 亦复如此.

这样,所求圆周 σ 应该切于,并且以完全确定的方式(或内切,或外切) 切于圆周 A' 和 B',并且和圆周 C 的交角严格等于 γ.

现在作任一圆周 σ_2,使与圆周 C 相交所成的角严格等于 γ,并以与圆周 σ 同样的相切方式切于圆周 A'(或作任一圆周 σ'_2,使与圆周 C 相交所成的角严格等于 $2d-\gamma$,并以不同于 σ 和 A' 的相切方式与圆周 A' 相切). 按习题 256,与圆周 A' 和 C 有公共根轴的任一圆周,必交圆周 σ 和 σ_2 成严格相等的角(但交圆周 σ 和 σ'_2 成严格互补的角).

由于与 A' 和 C 有公共根轴的圆周中,有一个圆周(即 A') 切于圆周 σ_2(或 σ'_2),所以在这些圆周中,一般说来,还有第二个圆周 C'(第附 44 节) 切于圆周 σ_2(或 σ'_2). 这时,圆周 σ 和 σ_2 以同一方式切于圆周 C'(但圆周 σ 和 σ'_2 以不同方式和它相切).

所以,所求圆周 σ 应该切于三圆周 A',B',C'(这三圆周我们可以作),并且以完全确定的方式(或外切,或内切) 和它们中每一个相切.

我们寻求了圆周 σ,它和已知圆周的交角严格等于 α,β,γ. 重复上面的推理,容易看出,与已知圆周的交角严格等于 $2d-\alpha$,$2d-\beta$,$2d-\gamma$ 的圆周 σ',应该和圆周 σ 一样也切于这些圆周 A',B',C'. 但两圆周 σ,σ' 和圆周 A',B',C' 中每一个的相切方式是不同的. 这是由于,作出圆周 σ' 时,可以利用和上面一样的辅助圆周 σ_1 或 σ'_1,以及和上面一样的圆周 σ_2 或 σ'_2. 但圆周 σ_1 和 σ'_1,以与 σ_2 和 σ'_2 的地位现在对调了.

可以反过来证明,任何圆周如果照所指出的方式(意即外切或内切) 切于圆周 A' ,B',C',必与已知圆周相交成严格等于 α,β,γ 或 $2d-\alpha$,$2d-\beta$,$2d-\gamma$ 的角.

事实上,设某一圆周 σ 和圆周 A',B' 每一个的相切方式,和圆周 σ_1 切于各该圆周的相切方式相同,而和圆周 C' 的相切方式,则和 σ_2 与 C' 的相切方式相同.

圆周 σ 和 σ_1 以同样方式切于圆周 A',即和它相交成严格相等的角(等于 0 或 2d). 这两圆周σ和σ_1也和圆周B'相交成严格相等的角.因此,和A',B'有公共根轴的任何圆周,特别是圆周A,交σ和σ_1成严格相等的角.但按作法,圆周σ_1交圆周A成严格等于α的角.所以圆周σ也交A成严格等于α的角.同理,σ交B成严格等于β的角.

并且,圆周σ和σ_2以相同方式和圆周A'相切,因为圆周σ和σ_1以相同方式切于A'(根据圆周σ的定义),此外,圆周σ_1和σ_2也以相同方式切于圆周A'(根据圆周σ_2的定义).这两圆周σ和σ_2以相同方式切于圆周C'(根据σ的定义).所以,和A',C'有公共根轴的任何圆周,特别是圆周C,交σ和σ_2成严格相等的角.但由定义,圆周σ_2与C的交角严格等于γ.所以圆周σ也交C成严格等于γ的角.

完全一样地证明,任意一个圆周σ',如果以不同于圆周σ_1的方式切于圆周A',B'中的每一个,而以不同于σ_2的方式切于圆周C',那么它和圆周A,B,C的交角严格等于$2\mathrm{d}-\alpha$,$2\mathrm{d}-\beta$,$2\mathrm{d}-\gamma$.

要得出这样的结论,作为辅助圆周,只要取σ'_1代替σ_1,或σ'_2代替σ_2,或者最后取σ'_1和σ'_2代替σ_1和σ_2.

这样,解本问题一开始列举了四族圆周,属于第一族的所求圆周,即交已知圆周成严格等于角α,β,γ或$2\mathrm{d}-\alpha,2\mathrm{d}-\beta,2\mathrm{d}-\gamma$的圆周,切于三个圆周$A',B',C'$.这时,按习题(267)解答的意义,它们构成切于$A',B',C'$的四对圆周之一.事实上,从上面所说可知,如果第一族所求圆周中,有一个以同一方式切于三圆周中的两个,例如说A'和B',那么第一族中任一圆周以同一方式和它们相切.

上面我们假设了,在和A,B有公共根轴的圆周中,有两个圆周A'和B'存在切于辅助圆周σ_1(或σ'_1).只要圆周A和B没有公共点,情况总是这样.事实上,按第附44节所示,寻求圆周A'和B'时,在现在的情况下得出两解,因为那里所利用的圆周A,B和σ_1(或A,B和σ'_1)的根心,落在这三圆周每一个外部.但当圆周A和B相交时,圆周A'和B'也可能存在(比较图415).

如果在和A,B有公共根轴的圆周中,没有圆周存在切于所求圆周,并且对于B和C,A和C每一对圆周,情况也是如此,那么上面所叙述的方法失效.这只能发生在所有三圆周两两有公共点的情况下.图416可以作为已知圆周和所求圆周分布的例子.

要使所设问题的解也在这一情况下适用,我们照下面处理.照上面所指出的作出辅助圆周σ_1(或σ'_1)以后,在和A,B有公共根轴的圆周中,找一个圆周B_0与σ_1(或σ'_1)正交.作法上面已经指出(问题②).所求圆周σ(或σ')应该也和B_0正交,因为圆周σ和σ_1(或σ和σ'_1)交B_0成等角.仿此,在作出新辅助圆周σ_2使其与A和C的交角依次等于α和γ以后,可以找一个圆周C_0使与A,C有公共的根轴,且与圆周σ_2正交.圆周C_0便也和所求圆周σ正交.

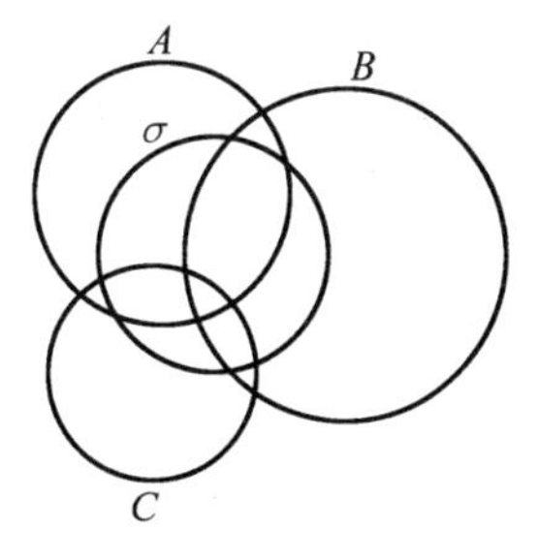

图416

这样，所求圆周 σ（或 σ'）应该交圆周 A 成严格等于 α（或 $2\mathrm{d}-\alpha$）的角，且与圆周 B_0 和 C_0 正交. 可以反过来证明，凡满足这些条件的圆周，也满足原始问题的条件. 因此，我们转移到习题(259).

注意，在不能应用第一种解，即当三已知圆两两正交时，这第二种解法一定合用. 事实上，通过任何两点，例如通过圆周 A 和 B 的交点，可以作一个圆周与已知圆周 σ_1 正交（比较习题(258) 解答备注).

但这第二种解法在第一种解法必然适用的情况下可能不适用. 事实上，若两圆周（例如 A 和 B）不相交，那么在和它们有公共根轴的圆周中，可能没有一个圆周存在和已知的圆周（例如 σ_1）正交.

到此为止，我们寻求的是在解答之初提出的所谓第一族里的圆周. 仿此可求属于其余三族中每一族的圆周，只要把角 α,β,γ 中的一个用它的补角来代替. 重要的是，这时，每次要利用一些辅助圆周，与 A',B',C' 或 B_0,C_0 相类似，而一般讲来，却又不同于它们.

四族圆周中每一族最多含有两个所求的圆周，所以问题最多有八解.

(403a) 设 O 为已知圆周 A 的圆心（图 417），在圆周 A 上任一点 a 的切线上截某一线段 aa'，并通过点 a' 作 A 的同心圆周 A'. 显然，设 Σ 为任意的圆周但和圆周 A 的公切线长为 aa'，则 Σ 和 A' 的交角等于 $\angle aOa'$. 这时，若 aa' 为外公切线，则圆周 Σ 和 A' 的交角严格等于 $\angle aOa'$，而若 aa' 为内公切线，则 Σ 和 A' 的交角严格等于 $2\mathrm{d}-\angle aOa'$.

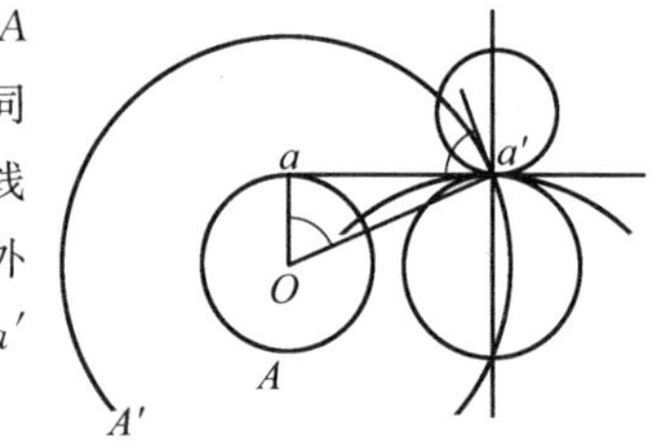

图 417

因此，如果已知圆周 A 和所求圆周 Σ 的公切线段长为 aa'，那么，所求圆周和 A 的一个确定的同心圆周 A' 的交角，应该等于圆周 A' 和圆周 A 的任意一条切线的交角. 仿此，可以确定所求圆周和圆周 B 和 C 的完全确定的同心圆周 B' 和 C' 的交角.

因此所考虑的问题立即化为习题(403).

(404) 通过点 A 和 A' 作弦 AB 和 $A'B'$（图 418）与直线 D 平行，并以 I 和 I' 表示直线 AB' 和 $A'B$ 与直线 D 的交点.

$\angle AIP$ 和 $\angle A'I'P'$ 是相等的，因为它们分别等于等腰梯形 $ABA'B'$ 的 $\angle AB'A'$ 和 $\angle BA'B'$. 又 $\angle IAP=\angle B'A'M=\angle A'P'I'$. 所以 $\triangle AIP$ 和 $\triangle P'I'A'$ 相似，从这两个三角形相似有

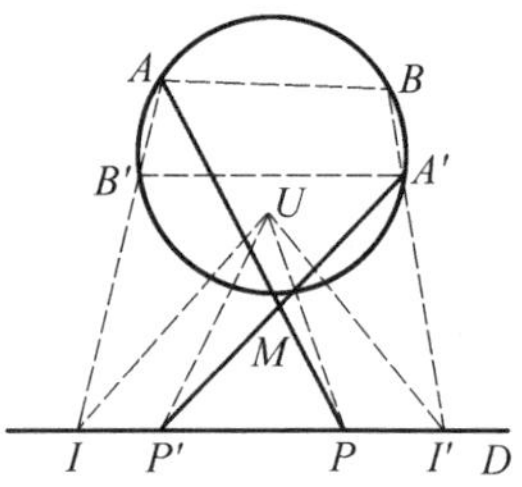

$$IP:IA=I'A':I'P'$$

或

$$IP\cdot I'P'=IA\cdot I'A'=\text{常量}$$

图 418

(405) 记号和习题(404) 里一样（图 418). 设直线 D 不和已知圆周相交. 以 U 表示已知圆周和直线 D 的极限点（习题(152)）之一. 像在习题(152) 里一样，有 $IU^2=I'U^2=IA\cdot IB'$，或者根据习题(404)，$IU^2=I'U^2=IP\cdot I'P'$. 这等式加之 $\angle UIP$ 和 $\angle UI'P'$ 相等，表明

$\triangle UIP$ 和 $\triangle P'I'U$ 相似，而由这两个三角形相似得 $\angle IUP=\angle I'P'U$，由是 $\angle PUP'=2\mathrm{d}-\angle IPU-\angle I'P'U=2\mathrm{d}-\angle IPU-\angle IUP=\angle UIP=$ 常量.

已知圆周和直线 D 的第二个极限点也具有这个性质.

(406)① 对于圆周 Σ 的反演，将圆周 C 变换为其自身，而将圆周 S 变换为一个圆周 S'（图 419），S' 也切于所有的圆周 C.

② 首先假设，取直线 $O\omega$ 和圆周 Σ 的交点之一作为题目上所说的点 A（图 419）. 这时通过点 A 引平行于 $\angle O\omega M$ 和 $\angle O\omega M'$ 的平分线的直线，则由于 $\angle OAM=\dfrac{1}{2}\angle O\omega M$ 和 $\angle OAM'=\dfrac{1}{2}\angle O\omega M'$，这两线分别通过点 M 和 M'.

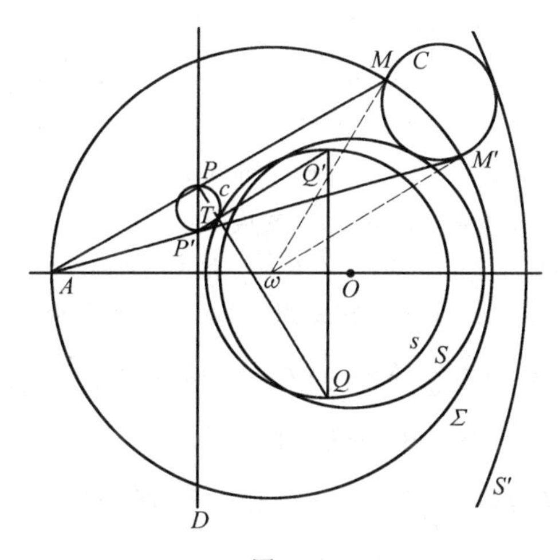

图 419

现在以 A 为极实行反演，将圆周 Σ 变换为定直线 D. 这反演将点 M 和 M' 变换为点 P 和 P'，而将与 Σ 正交的圆周 C 变换为以线段 PP' 为直径的圆周 c，以 s 表示圆周 S 的反形圆周. 由于圆周 C 切于圆周 S，所以圆周 c 在某一点 T 切于 s. 点 T 是圆周 c 和 s 的相似心，所以直线 PT 和 $P'T$ 再交圆周 s 于和直线 D 平行的直径 QQ' 的端点. 点 Q 和 Q' 显然不因圆周 C 的位置而变，并且具有这样的性质：直线 PQ 和 $P'Q'$ 互相垂直.

这样，我们证明了，当已知点 A 和直线 $O\omega$ 与圆周 Σ 的一个交点相重时，有两点 Q 和 Q' 存在，具有所求的性质（而垂直于 $O\omega$ 的直线则是任意给定的）. 现在假设以同一个平移作用于点 A，定直线 D 和所求出的点 Q 和 Q'，那么点 Q 和 Q' 的性质被保留：直线 PQ 和 $P'Q'$ 在新位置保持互垂.

于是推出，对于直线 $O\omega$ 上任一点，有两点 Q 和 Q' 存在，具有所求的性质. 要得出这两点可以这样办：以一个平移作用于定点和定直线，以使定点重合于图 419 上的点 A，然后照上面所说作出点 Q 和 Q'，再用逆平移作用于这两点.

③ 点 P 和 P' 可以从点 Q 和 Q' 利用习题(404) 指出的作法得到. 事实上,点 P 和 P' 是圆周 s 上两定点 Q,Q' 到其上任一点 T 的连线和直线 D 的交点.

由于根据题目的假设,S 和 Σ 不相交,所以圆周 s 和直线 D 不相交. 所以(根据习题(405)) 线段 PP' 在圆周 s 和直线 D 的每一个极限点的视角为常量.

④ 设圆周 C_{n+1} 和 C_1 重合. 由于圆周 S 和 Σ 不相交,所以可以利用一个反演(习题(248)) 把它们变换为两同心圆周$\overline{S}$和$\overline{\Sigma}$(图 420),这时,圆周 S 对于 Σ 的反形圆周 S' 被变换为一圆周$\overline{S'}$,根据习题(250),$\overline{S'}$ 和圆周$\overline{S}$ 对于$\overline{\Sigma}$ 成反形,因此$\overline{S'}$ 和$\overline{S}$,$\overline{\Sigma}$同心. 圆周 $C_1,C_2,\cdots,C_n$ 被变换为相等的圆周$\overline{C}_1,\overline{C}_2,\cdots,\overline{C}_n$,切于圆周$\overline{S}$ 和$\overline{S'}$ 并两两相切.

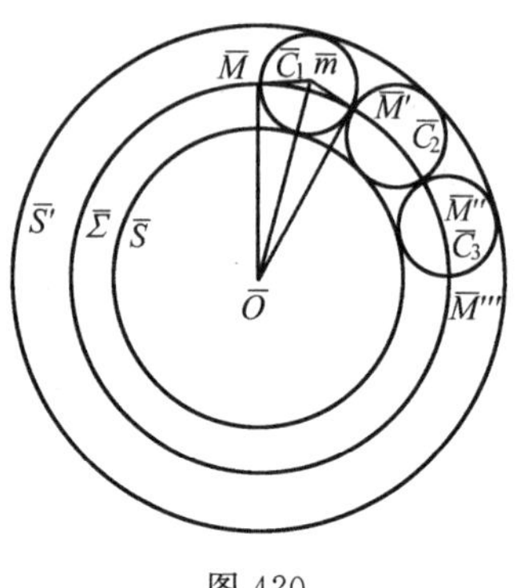

图 420

以$\overline{O}$ 表示圆周$\overline{S}$,$\overline{\Sigma}$,$\overline{S'}$ 的公共圆心,以$\overline{M}$,$\overline{M'}$ 表示圆周$\overline{C}_1$ 和$\overline{\Sigma}$ 的交点,并以$\overline{m}$ 表示圆周$\overline{C}_1$ 的圆心. 这时,$\angle \overline{M}\overline{O}\overline{M'}$ 和 n 的乘积(由于圆周$\overline{C}_{n+1}$ 和$\overline{C}_1$ 重合) 将等于全周角的整数倍. 由是推知,圆心角$\angle \overline{M}\overline{O}\overline{M'}$ 对应于习题中所说的那些正多边形的一边$\overline{M}\,\overline{M'}$. $\angle \overline{M}\overline{O}\,\overline{m}$ 是这中心角的一半.

设$\overline{R}$ 为圆周$\overline{S}$ 的半径,$\overline{\rho}$ 为圆周$\overline{\Sigma}$ 的半径,则$\overline{S}$ 对于$\overline{\Sigma}$ 的反形圆周$\overline{S'}$ 的半径等于$\overline{\rho}^2:\overline{R}$,因之$\overline{O}\,\overline{m}=\frac{1}{2}(\overline{R}+\frac{\overline{\rho}^2}{\overline{R}})$. 以$\overline{O}\,\overline{m}=\frac{1}{2}(\overline{R}+\frac{\overline{\rho}^2}{\overline{R}})$ 为斜边,以$\overline{O}\overline{M}=\overline{\rho}$ 为一腰的直角$\triangle \overline{O}\overline{M}\,\overline{m}$,和以$\overline{R}^2+\overline{\rho}^2$ 为斜边以 $2\overline{R}\overline{\rho}$ 为一腰的直角三角形相似.

由于按习题(396) 有等式$\frac{\overline{R}^2+\overline{\rho}^2}{2\overline{R}\,\overline{\rho}}=\pm\frac{d^2-R^2-\rho^2}{2R\rho}$,所以以$\pm(d^2-R^2-\rho^2)$ 为斜边且以 $2Rp$ 为一腰的直角三角形,便也有这锐角$\angle \overline{M}\overline{O}\,\overline{m}$.

因此我们得出了习题中所指出的圆周 C_{n+1} 和 C_1 重合的条件.

到此为止,我们考察了圆周 S 和 Σ 不相交的情况. 现设这两圆周相交于两点 X 和 Y(图 421). 切于圆周 C 的圆周 S' 也通过点 X 和 Y. 仍旧像在条件 ④ 指出的那样作圆周 $C_1,C_2,\cdots$.

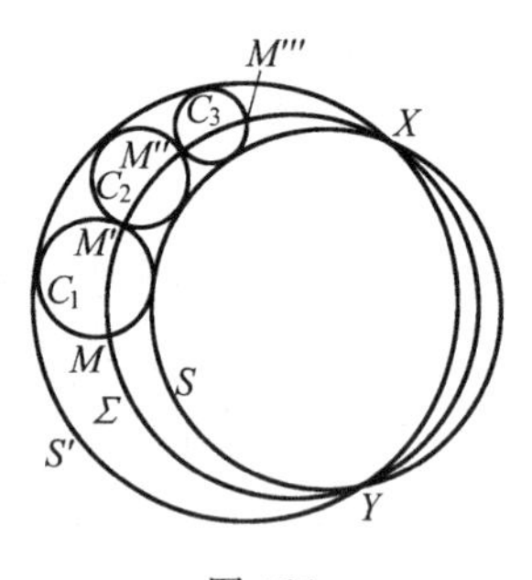

图 421

以点 Y 为极以任意的幂实行反演. 这时,圆周 S,Σ 和 S' 变换为直线$\overline{S}$,$\overline{\Sigma}$ 和$\overline{S'}$(图 422),相交于 X 的反点$\overline{X}$,而圆周 C_1,$C_2,\cdots$ 变换为圆周$\overline{C}_1,\overline{C}_2,\cdots$,它们的圆心在直线$\overline{\Sigma}$ 上,且和直线$\overline{S}$,$\overline{S'}$ 相切而且两两相切于点 $M',M'',\cdots$ 的反点$\overline{M'}$,$\overline{M''}$,$\cdots$.

考察以$\overline{X}$ 为中心使$\overline{M'}$ 对应于$\overline{M}$ 的位似,可以肯定下面的等式成立$\overline{X}\,\overline{M}:\overline{X}\,\overline{M'}=\overline{X}\,\overline{M'}:\overline{X}\,\overline{M''}=\overline{X}\,\overline{M''}:\overline{X}\,\overline{M'''}=\cdots$. 由是可知,点$\overline{M}$,$\overline{M'}$,$\overline{M''}$,$\cdots$ 以点$\overline{X}$ 为极限位置,而点 M,$M',M'',\cdots$ 以点 X 为极限位置.

(407) 设 $ABCD$ (图 423) 为圆周 O 的内接四边形，E 为其对角线的交点，F 为直线 AD 和 BC 的交点，KL 为通过点 E 且与 OE 垂直的弦(因而 $EK = EL$)，M，N 为此弦和 AD，BC 两边的交点.

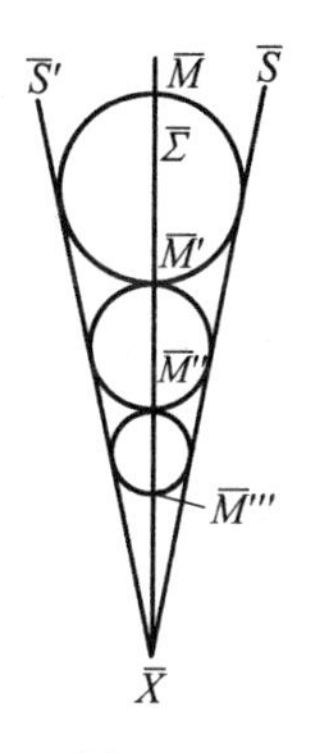

图 422

对于 $\triangle FMN$ 和每一条截线 AEC 及 BED，应用第 192 节定理，得

$$\frac{EM}{EN}\cdot\frac{CN}{CF}\cdot\frac{AF}{AM}=1$$

$$\frac{EM}{EN}\cdot\frac{BN}{BF}\cdot\frac{DF}{DM}=1$$

两端相乘，并注意乘积 $AF\cdot DF = BF\cdot CF$ 等于点 F 对于圆周 O 的幂，化简得

$$\frac{EM^2}{EN^2}\cdot\frac{BN\cdot CN}{AM\cdot DM}=1 \qquad ①$$

现在利用等式 $EK = EL$，将等于点 N 对于圆周 O 的幂的乘积 $BN\cdot CN$，作如下变形

$$BN\cdot CN = NK\cdot NL = (EK+NE)\cdot(EL-NE) =$$
$$(EK+NE)\cdot(EK-NE) = EK^2 - NE^2 \qquad ②$$

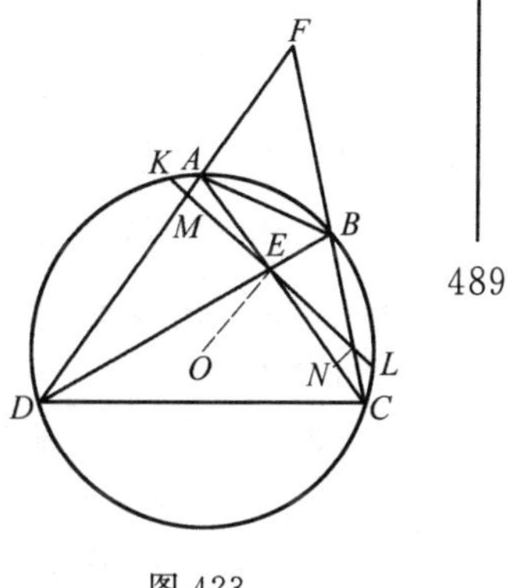

图 423

仿此求得

$$AM\cdot DM = EK^2 - ME^2 \qquad ③$$

利用等式 ② 和 ③，关系 ① 可以化成形式 $\frac{EM^2}{EN^2}=\frac{EK^2-EM^2}{EK^2-EN^2}$，利用比例定理又可化为 $EM^2 : EN^2 = EK^2 : EK^2 = 1$. 于是得出 $EM = EN$.

(408) 设 U 为直线 PR 和 QS 的交点(图 113)，应用第 192 节定理于 $\triangle PQU$ 和截线 AB 及 CD，得

$$\frac{AP}{AQ}\cdot\frac{B'Q}{B'U}\cdot\frac{A'U}{A'P}=1$$

$$\frac{CP}{CQ}\cdot\frac{D'Q}{D'U}\cdot\frac{C'U}{C'P}=1$$

将这两式相乘并注意 $A'U\cdot C'U = B'U\cdot D'U$，得

$$\frac{PA\cdot PC}{PA'\cdot PC'}=\frac{QA\cdot QC}{QB'\cdot QD'} \qquad ①$$

仿此，应用第 192 节定理于 $\triangle RSU$ 和截线 AB 及 CD，得

$$\frac{RB\cdot RD}{RA'\cdot RC'}=\frac{SB\cdot SD}{SB'\cdot SD'} \qquad ②$$

最后，从相似三角形 $\triangle PAA'$ 和 $\triangle SDD'$(参看习题(107a) 解答) 以及 $\triangle PCC'$ 和 $\triangle SBB'$，有 $PA : PA' = SD : SD'$，$PC : PC' = SB : SB'$. 这两等式相乘得

$$\frac{PA \cdot PC}{PA' \cdot PC'} = \frac{SB \cdot SD}{SB' \cdot SD'} \quad ③$$

等式 ①,② 和 ③ 表明,P,Q,R,S 中每一点对于圆周 $ABCD$ 和 $A'B'C'D'$ 的幂的比有相同的值.根据习题(149),点 P,Q,R,S 在同一圆周上,这圆周和两个已知的圆周有公共的根轴.

备注 考虑到极限情况,当和两圆周相交的已知直线趋而为一时(图 424),可以类似地但更简单地证明下述定理:

已知两圆周 C 和 C' 以及和它们相交的一条直线,在各交点作两圆周的切线,那么 C 的切线和 C' 的切线相交各点在同一圆周上,这圆周和圆周 C,C' 有公共的根轴.

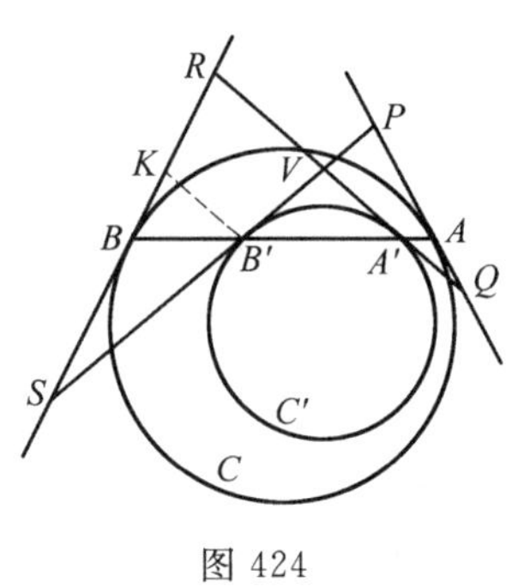

图 424

事实上,以 V 表示直线 PS 和 QR 的交点(图 424).应用第 192 节定理于 $\triangle PQV$ 和截线 AA',便有 $\frac{AP}{AQ} \cdot \frac{A'Q}{A'V} \cdot \frac{B'V}{B'P} = 1$ 或 $\frac{AP^2}{AQ^2} \cdot \frac{A'Q^2}{A'V^2} \cdot \frac{B'V^2}{B'P^2} = 1$.但 $A'V^2 = B'V^2$,因之 $\frac{PA^2}{PB'^2} = \frac{QA^2}{QA'^2}$.这样,点 P 以及点 Q 对于圆周 C 和 C' 的幂的比,有相同的值.仿此可证,对于 P,Q,R,S 中任意两点,情况都是如此,根据习题(149),点 P,Q,R,S 在同一圆周上,这圆周和已知的圆周有公共的根轴.

(409) 以 O 表示圆周 C 和 S 的公共圆心,以 r 和 R 表示它们的半径,以 O_1 和 r_1 表示圆周 C_1 的圆心和半径(图 425),设 ω 是许多圆周 Σ 中一个的圆心,圆周 Σ 具有这样的性质:和 C 正交并且和 C_1 的根轴 D 切于 S.

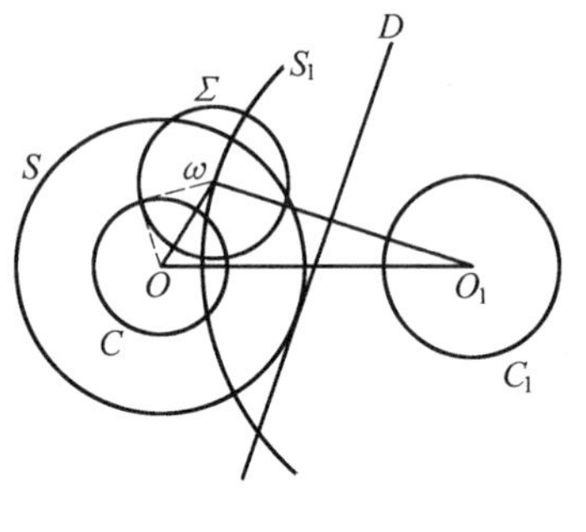

图 425

根据第 136 节备注(3),点 O 对于圆周 Σ 和 C_1 的幂(分别等于 r^2 和 $OO_1^2 - r_1^2$)的差,等于这两圆心间的距离 ωO_1 和点 O 到根轴 D 的距离 R 的乘积的 2 倍,即 $r^2 - (OO_1^2 - r_1^2) = 2R \cdot \omega O_1$,或

$$2R \cdot \omega O_1 = r^2 + r_1^2 - OO_1^2 \quad ①$$

由是可知,距离 ωO_1 为常量.反过来,假设 ω 是一个圆周的圆心,这圆周与 C 正交并且使关系 ① 得到满足,那么从点 O 到根轴 D 的距离便等于 R,所以点 ω 的轨迹是以 O_1 为圆心的圆周 S_1.

命题另外一半的证明可以这样得出:关系 ① 既关于 r 和 r_1 成对称,又关于 R 和 $O_1\omega$ 成对称.

(410) 设以 O 为圆心的圆周 C 上每一点 M 是一个半径为 $k \cdot MA$(k 为给定的系数)的圆周的圆心(图 426).由于图形对称于直线 OA,所求点 P 应该在这条直线上.根据习题(218)解答,对于 OA 线上任一点 P 有等式

$$MP^2 = MO^2 \cdot \frac{PA}{OA} + MA^2 \cdot \frac{OP}{OA} - OP \cdot PA$$

点 P 对于以 M 为圆心、以 $k \cdot MA$ 为半径的圆周的幂因之便等于

$$MP^2 - k^2 \cdot MA^2 = MO^2 \cdot \frac{PA}{OA} + MA^2 \cdot \left(\frac{OP}{OA} - k^2\right) - OP \cdot PA$$

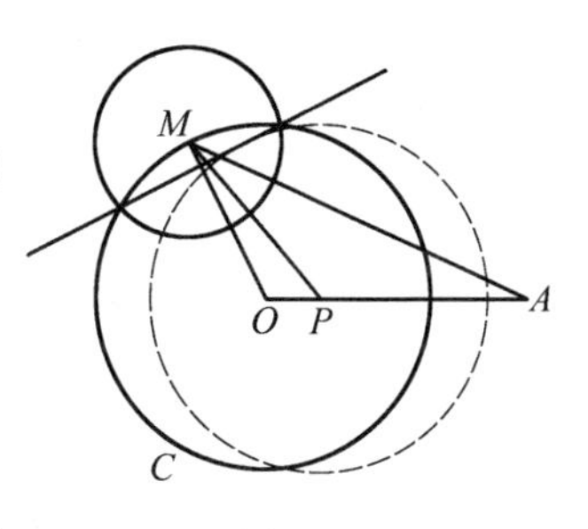

图 426

如果右端不出现 MA，就是说，如果选取点 P 使其满足条件 $OP = k^2 \cdot OA$，这幂便与点 M 在圆周 C 上的位置无关.

这时，点 P 到两圆周根轴的距离（根据第 136 节备注(3)）可如下确定：它等于点 P 对于两圆周的幂的差，被它们圆心距离的 2 倍所除的商. 由是立即断定，点 P 到根轴的距离也不因 M 在圆周 C 上的位置而变.

如果代替 $k \cdot MA$，我们取以 M 为圆心的圆，半径等于 $k\sqrt{MA^2 - a^2}$，其中 A 和 a 是第二个已知圆的圆心和半径，所引进的推理依然完全有效（只要把上面的公式略作修改）. 特别的，这时关系 $OP = k^2 \cdot OA$ 被保留.

(411) 设 O 和 O' 为已知圆周的圆心（图 427），r 和 r' 为其半径. 又设从圆周 C 上一点 L 向圆周 C' 所作的切线，和圆周 C 再交于点 M 和 N. 直线 LO' 再交圆周 C 于一点 P，由于 $\angle MLP$ 和 $\angle NLP$ 相等，点 P 距点 M，N 等远. 从点 O 向直线 NP 作垂线 OQ. 若 n 为直线 LM 和圆周 C' 的切点，则因

$$\angle MLP = \frac{1}{2}\angle PON = \angle POQ$$

$\triangle POQ$ 和 $\triangle O'Ln$ 便相似. 于是有 $\frac{1}{2}NP : r = r' : LO'$，即 $NP = \frac{2rr'}{LO'}$. 由是

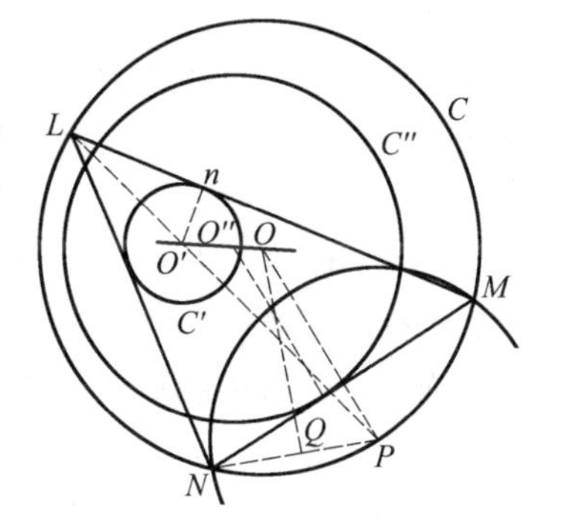

图 427

$$\frac{NP}{PO'} = \frac{2rr'}{LO' \cdot PO'} = \frac{2rr'}{r^2 - OO'^2} = k \qquad ①$$

因为 $LO' \cdot PO'$ 是（按绝对值）点 O' 对于圆周 C 的幂.

以 P 为圆心、以 $PM = PN$ 为半径的圆周 σ 满足习题(410)的条件（因为 $k = PN : PO'$ 不因点 L 的取法而变）；所以圆周 C 和 σ 的根轴，就是直线 MN 切于（对于点 L 的任一个位置）圆心 (O'') 在直线 OO' 上的一个确定的圆周 C''.

现在考察圆周 C（在圆周 C' 外部）上任意两点 L 和 L'，并作相应的 $\triangle LMN$ 和 $\triangle L'M'N'$（图 428）. 设 m, n, m', n' 是直线 $LN, LM, L'N', L'M'$ 和圆周 C' 的切点.

设直线 nn' 交直线 LL' 和 MM' 于点 p 和 q，于是 $\angle pLn = \angle qM'n'$，$\angle pnL = \angle qn'M'$，

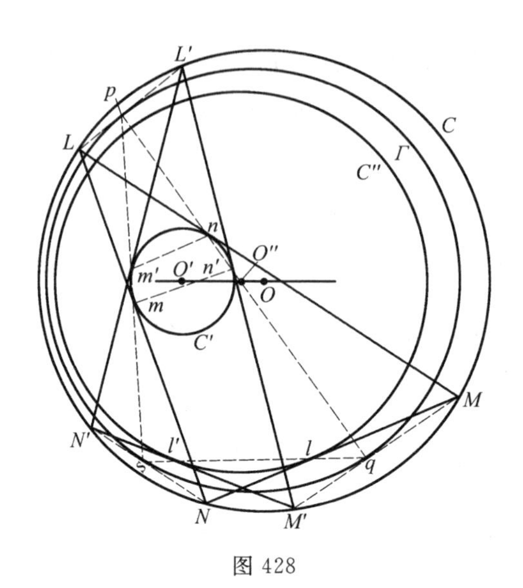

图 428

因之$\angle Lpn = \angle M'qn'$. 所以有一个圆周$\Gamma$存在,切直线$LL'$和$MM'$于这两线和直线$nn'$的交点$p$和$q$.

现在把习题(408)解答备注中所说的应用于圆周C'和Γ以及割线nn'. 圆周C'在点n和n'的切线以及圆周Γ在点p和q的切线,它们的交点是圆周C上的点L, L', M, M'. 所以圆周C, C'和Γ有公共的根轴.

这样我们证明了,有一个圆周Γ存在,它和圆周C和C'有公共的根轴,并且切直线LL', MM'于它们和直线nn'的交点p, q. 仿此可证,有一个圆周Γ'(图上未画出)存在,它和C, C'有公共的根轴,并且切直线LL', NN'于它们和直线mm'的交点.

现在把习题(239)的第二个命题应用于四边形$mm'nn'$. 由这一命题可知,直线mm'和nn'相交于直线LL'上的点p. 圆周Γ和Γ'是重合的,因为它们都在点p和直线LL'相切,而它们的圆心在直线OO'上.

这样,和圆周C, C'有公共根轴的圆周Γ, 切直线LL', MM', NN'于这些直线和直线mm', nn'的交点p, q, s.

直线qs和直线MM', NN'形成等角. 此外,$\angle MM'N'$和$\angle MNN'$相等. 所以,以l和l'表示直线qs和$MN, M'N'$的交点,则在$\triangle M'l'q$和$\triangle Nls$中,第三角$\angle M'l'q$和$\angle Nls$也相等. 因此,有一个圆周$\overline{C}$(图上未画出)存在,切直线MN和$M'N'$于点l和l'. 完全像上面对于圆周C, C', Γ所做的那样,可以证明,这新圆周$\overline{C}$和C, Γ有公共的根轴.

两圆周$\overline{C}$和C''切于直线MN和$M'N'$而它们的圆心在直线OO'上. 此外(由图428的考察可知)两圆周的圆心落在直线MN和$M'N'$夹角的同一条平分线上. 由是断定,$\overline{C}$和C''重合.

圆周$\overline{C}$和C''重合这一事实，可以比较严格地证明如下：圆周$\overline{C}$和C，Γ有公共的根轴，并切于直线MN．由于只有两个圆周存在满足这两条件(第附44节)，所以圆周$\overline{C}$必然和其中一个重合．并且，当点L'，因之点M'和N'，沿圆周C连续移动时，也和$M'N'$相切的圆周$\overline{C}$只可能连续地变动；但在现在的情况下，连续变动并没有可能性(圆周$\overline{C}$一共只有两个可能的位置)．所以当直线$M'N'$移动时，圆周$\overline{C}$不动；换句话说，圆周$\overline{C}$和在任意位置的直线$M'N'$相切，因而与C''重合．

这样，圆周C，Γ既和圆周C'又和圆周$\overline{C}$(即C'')有公共的根轴，所以圆周C，C'，C''有公共的根轴．

现在，像上面一样，设r，r'为圆周C，C'的半径(图427)且$d=OO'$．圆周C''的圆心O''到圆周C的圆心O的距离等于(按习题(410)解答)$OO''=k^2\cdot OO'$，其中，根据①，$k=\frac{NP}{PO'}=\frac{2rr'}{r^2-d^2}$．由是

$$OO''=\frac{4r^2r'^2d}{(r^2-d^2)^2} \qquad ②$$

为了计算圆周C''的半径r''，让我们考察圆周C与C和C'连心线的交点L_0，这点距O'为$r+d$(图429)，由于按问题的意义，圆周C不可能在圆周C'内，所以L_0落在C'外部．由L_0引C'的切线，以M_0和N_0表示这两切线和圆周C的第二交点，以l_0表示直线M_0N_0和圆周C''的切点，以n_0表示直线L_0M_0和圆周C'的切点，而P_0为圆周C上L_0的对径点．

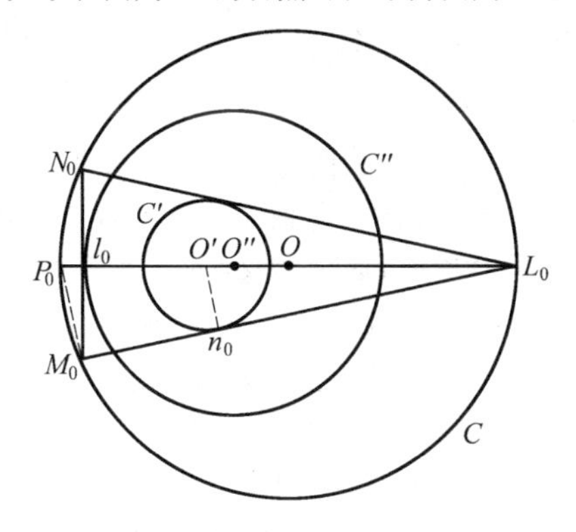

图429

由相似三角形$\triangle L_0O'n_0$和$\triangle L_0P_0M_0$有$M_0P_0:L_0P_0=O'n_0:L_0O'$，由是

$$M_0P_0=\frac{2rr'}{r+d}$$

又由直角$\triangle L_0M_0P_0$得

$$l_0P_0=M_0P_0^2:L_0P_0=\frac{2rr'^2}{(r+d)^2}$$

由是

$$r'' = O''l_0 = OP_0 - OO'' - l_0P_0 = r - \frac{4r^2r'^2d}{(r^2-d^2)^2} - \frac{2rr'^2}{(r+d)^2} =$$

$$r\frac{(r^2-d^2)^2 - 2r'^2(r^2+d^2)}{(r^2-d^2)^2}$$

如果点 O'' 与 O' 重合,就是说如果有 $OO'' = d$,圆周 C'' 将与 C' 重合,即圆周 C'' 将成为 $\triangle LMN$ 的内切圆或旁切圆.由 ② 可知,此式成立的条件是 $d^2 - r^2 = \pm 2rr'$.因此得出习题(377)的结果.

(412) 对于所考虑的图形(图 430),应用以 P 为极以(为确定起见)OP^2 为幂的反演,则直线 OA 和 OB 变换为两圆周 OA_1P 和 OB_1P(图 431).

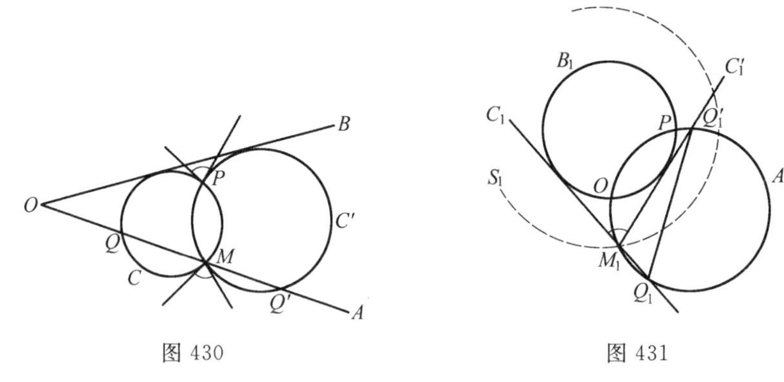

图 430　　　　图 431

① 切于直线 OB 且通过点 P 和 M 的圆周 C 和 C',变换为两直线 C_1 和 C'_1,切于圆周 OB_1P 且通过圆周 OA_1P 上的点 M_1.这两圆周 C 和 C' 朝着平面上两圆外部(即朝着包含直线 OB 的部分)的交角,将等于直线 C_1 和 C'_1 的一个交角,这角内含圆周 OB_1P.我们转移到问题:在圆周 OA_1P 上求一点,使圆周 OB_1P 在这点的视角为已知角.

从一点看已知圆周,视角为已知角的点的轨迹是该圆周的一个同心圆周.所以点 M_1 是圆周 OA_1P 和 OB_1P 的一个完全确定的同心圆周 S_1 的交点,而 M 是直线 OA 和 S_1 的反形圆周 S 的交点.

② 当点 M_1 沿弧 OA_1P 从 O 向 P(即当点 M 沿 $\angle AOB$ 的边 OA)移动时,所考虑的角由 2d 减小到某一定值(对应于点 M_1 到圆周 OB_1P 圆心的最大距离),然后重新增大到 2d.

③ 圆周 PQQ' 变换为一条直线 $Q_1Q'_1$,它是切线 C_1 和 C'_1 与圆周 OA_1P 的第二个交点的连线.但直线 $Q_1Q'_1$ 保持切于某一定圆周(习题(411)),这圆周和圆周 OA_1P,OB_1P 有公共的根轴,因而通过点 O 和 P.所以圆周 PQQ'(直线 $Q_1Q'_1$ 的反形)保持切于通过点 O 的一定直线.

(413) 由于梯形面积和它的高 AB 保持常值,所以两底之和 $AC + BD$ 也保持常值.

若线段 AC 和 BD 向一侧截取(图 432),那么线段 CD 的中点 F 保持不动.从线段 AB 中点 E 向直线 CD 作垂线,垂足 H 在以线段 EF 为直径的圆周上.点 H 的轨迹是这圆周落在

$\triangle AFB$ 外的部分.

若线段 AC 和 BD 向相反的两侧截取(图 433),那么对角线 CD 在直线 BD 上的射影 C_0D 等于 $AC+BD$,因此保持为常量.所以 $\angle CDB$ 保持常量,因而直线 CD 平行于自身而移动.点 H 的轨迹是由 E 向 CD 所作垂线 EK 上的一个线段,这线段的端点 M,N 是 EK 线和通过 A,B 且平行于 CD 的两直线的交点(因为 A 是点 C 的极限位置,而 B 是点 D 的极限位置)[①].

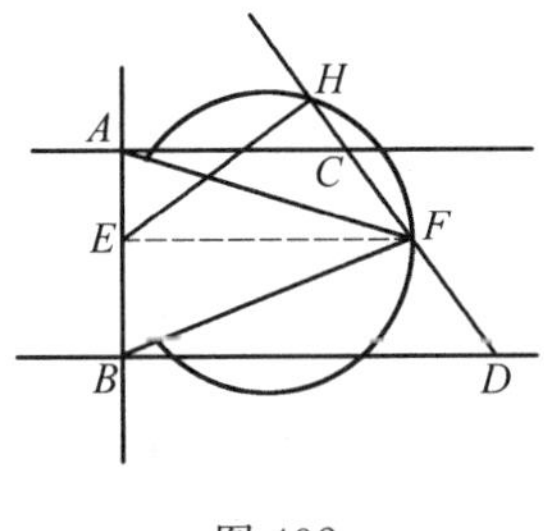

图 432

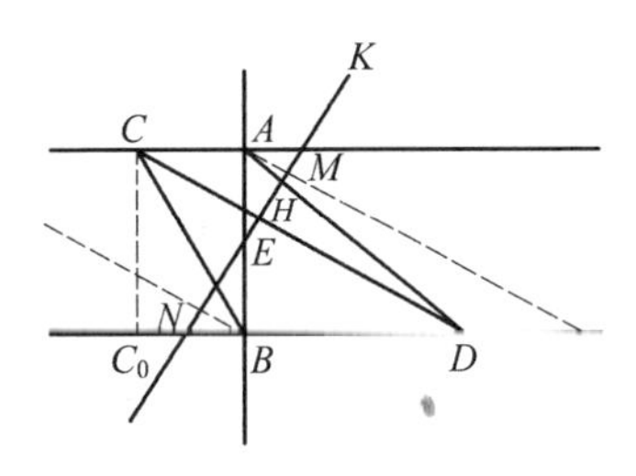

图 433

(414) 通过 $\angle XSY$ 内一点 O,求作一割线 MON,使 $\triangle MNS$ 的面积等于定值 Δ.作平行四边形 $SAOB$(图 434),引直线 OP 垂直于 SY,OQ 垂直于 SX,便有

$$AM\cdot OP+BN\cdot OQ=2(\Delta-S_{SAOB})$$

作线段 BB' 使 $\Delta-S_{SAOB}=S_{\triangle BOB'}$,于是有

$$AM\cdot OP+BN\cdot OQ=BB'\cdot OQ$$

或

$$AM\cdot OP=NB'\cdot OQ$$

问题化为求作割线 MON,已知了点 A 和 B',使有 $AM:B'N=OQ:OP$(习题(216)).

(415) 已知所求 $\triangle ABC$ 的 $\angle A$ 和周长 $2p$,便可作切于边 BC 的旁切圆和边 AC 及 AB 延长线的切点 E_1 及 F_1(图 435),因为(习题(90a)) $AE_1=AF_1=p$.因此可以作这旁切圆本身.

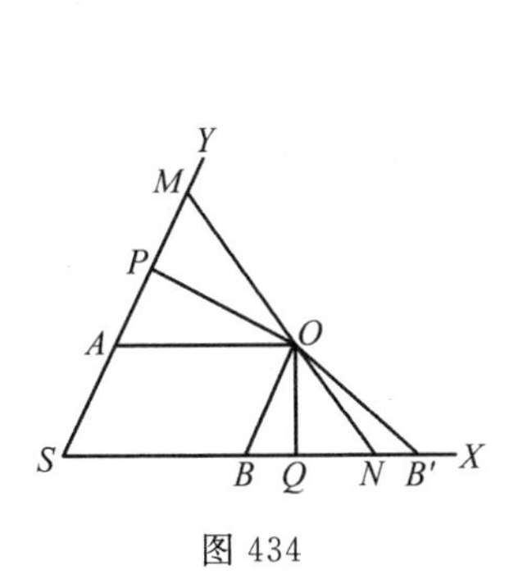

图 434

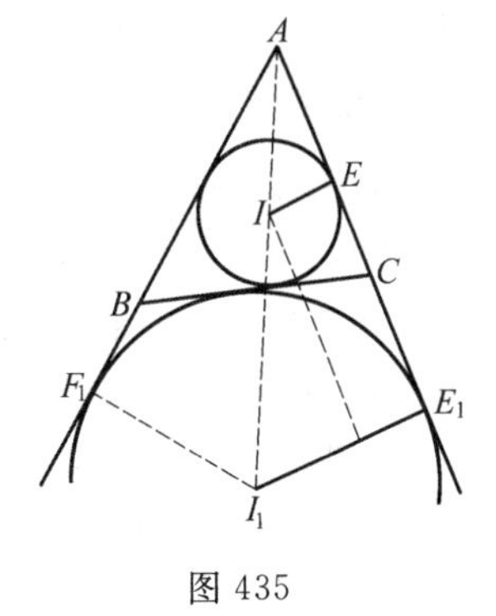

图 435

① 所求轨迹,应该由图上的圆弧或线段连同它关于 AB 的对称形合成.—— 译者注

知道了面积 S 和周长，便可作内切圆半径 R(等于$\frac{S}{p}$)(习题(299))，因此可作内切圆本身. 所求三角形的边 BC 是所作两圆周的内公切线.

由关系 $S = pR$，当 $\angle A$ 和半周长 p 已知时，如果 R 取可能的最大值，就是说，如果所作的两圆周相外切，面积 S 达到可能的最大值. 这时 $\triangle ABC$ 将是等腰的.

(416) 设 $BC = a, 2p, S$ 是已知的边、周长和三角形面积，设 I 为内切圆心，I_1 为与边 BC 以及其余两边延长线相切的旁切圆心，R 和 R_1 为这两圆半径，E 和 E_1 为它们与边 AC 的切点(图 435).

由习题(90a) 有 $EE_1 = AE_1 - AE = p - (p - a) = a$. 由习题(299) 有

$$R = \frac{S}{p}, R_1 = \frac{S}{p - a} \qquad ①$$

因此，可以作线段 $EE_1 = a$ 以及圆周 I 和 I_1. 作两圆周的公切线，便得所求三角形.

问题可能的充要条件是，两圆周 I 和 I_1 外离或外切，即 $I_1I^2 = a^2 + (R_1 - R)^2 \geqslant (R_1 + R)^2$，化简即得 $a^2 \geqslant 4RR_1$.

已知了 a 和 S，由公式 ①，半径 R 和 R_1 因 p 减小而增大. 因此，p 的最小值对应于等式 $a^2 = 4RR_1$，即 $II_1 = R + R_1$. 这时 $\triangle ABC$ 是等腰的. 这样，当边 a 和面积 S 为已知时，一切三角形中以等腰三角形的周长为最小.

同理，已知了 a 和 p. 由公式 ①，半径 R 和 R_1 随着 S 的增大而增大. S 的最大值依然对应于等式 $a^2 = 4RR_1$，即 $II_1 = R + R_1$. 这样，有已知的边 a 和周长 $2p$ 的一切三角形中，以等腰三角形的面积为最大.

备注 ① 要在具有已知周长 $2p$ 和已知边长 a 的一切三角形中，选取有最大面积的一个，也可以从第 251 节所引进的公式出发，这公式将三角形的面积以它的边长来表达. 把那里的公式写成形式 $S^2 = \frac{1}{4}p(p - a)[a^2 - (b - c)^2]$，可以看出，当 p 和 a 为已知时，$|b - c|$ 越小，S 便越大，而当 $b = c$ 时，S 为最大.

② 要在具有已知面积 S 和已知边长 a 的一切三角形中，选取最小周长的一个，还可以这样办：设 Δ 为等腰三角形，它的面积为 S，周长为 $2p$，底边为 a；设 Δ' 为任意的非等腰三角形，它的面积为 S，周长为 $2p'$，底边为 a. 求证 $p < p'$.

作一个等腰三角形 Δ_1，使具有底边 a 和周长 $2p'$，并以 S_1 表示它的面积. 于是，比较具有同样底边和同样周长 $2p'$ 的三角形 Δ' 和 Δ_1，由上面的结果得 $S_1 > S$. 由是可知，以 h 表示三角形 Δ 和 Δ' 中底边上的高，以 h_1 表示三角形 Δ_1 相应的高，则 $h_1 > h$，因此比较两个等腰三角形得出 $p' > p$(因为较大的射影对应于较大的斜线，因此在等底的等腰三角形中，较大的高对应于较大的腰).

(417) **第一解法** 假设在具有相同周界长 $2p$ 的一切三角形中，有一个 $\triangle ABC$ 具有最大的面积. 如果有两边，例如说 AB 和 AC，彼此不等，那么以一个和它有同底 BC 以及有同样

周长的等腰 $\triangle A'BC$ 代替它，三角形的面积就增大了(习题(416))．由是可知，$AB = AC$，仿此证明 $AB = BC$．因此，在具有相同周长的一切三角形中，有最大面积的是等边三角形.

备注　以上引进的解法依据这样一个假设：在具有相同周长的一切三角形中，有一个三角形存在具有最大面积．但是这种三角形的存在性不能认为是显然的(比较习题(366)第一解法备注)．因此，我们介绍第二个解法，不作具有面积最大值的三角形存在的假设.

第二解法　设 Δ 为等边三角形，具有周长 $2p$，而 Δ' 为任意一个其他的三角形，具有同样的周长．在三角形 Δ' 的边 a'，b'，c' 中，应有一边小于 $\frac{2}{3}p$ 和一边大于 $\frac{2}{3}p$．设 $a' < \frac{2}{3}p < c'$.

首先考察 $b' > \frac{2}{3}p$ 的情况．这时有 $\frac{2}{3}p - a' > c' - \frac{2}{3}p$．作一三角形 Δ'' 具有边 $a'' = \frac{2}{3}p$，$b'' = b'$，$c'' = a' + c' - \frac{2}{3}p$.

容易验明，$a'' + c'' > b''$，$a'' + b'' > c''$，$b'' + c'' > a''$．事实上，

①$a'' + c'' = a' + c' > b' = b''$；

②$a'' + b'' = \frac{2}{3}p + b'$，但 $\frac{2}{3}p + b' > a' + c' - \frac{2}{3}p$，因为在现在的情况下，$b' > \frac{2}{3}p$，$a' + c' < \frac{4}{3}p$．所以 $a'' + b'' > a' + c' - \frac{2}{3}p = c''$；

③$b'' + c'' = \frac{4}{3}p > a''$.

我们来比较三角形 Δ'' 和 Δ' 的面积 S'' 和 S'．我们有 $b'' = b'$ 和 $a' < c'' < a'' < c'$，由是 $|a'' - c''| < |a' - c'|$．根据习题(416)解答备注①，得 $S'' > S'$．同样比较三角形 Δ，Δ'' 的面积 S，S''，又得 $S > S''$，这样，$S > S'' > S'$，因之 $S > S'$.

再考察 $b' < \frac{2}{3}p$ 的情况．这时有 $\frac{2}{3}p - a' < c' - \frac{2}{3}p$．作一三角形 Δ'' 具有边 $c'' = \frac{2}{3}p$，$b'' = b'$，$a'' = a' + c' - \frac{2}{3}p$.

容易验明

$$a'' + c'' = a' + c' > b' = b''，a'' + b'' = \frac{4}{3}p > c''$$

$$b'' + c'' = \frac{2}{3}p + b' > a' + c' - \frac{2}{3}p = a''$$

因为

$$b' > \frac{1}{3}p$$

且

$$a' + c' - b' < \frac{4}{3}p$$

我们来比较三角形 Δ'' 和 Δ' 的面积 S'' 和 S'．我们有 $b'' = b'$ 和 $a' < c'' < a'' < c'$，由是

$|a''-c''|<|c'-a'|$,于是由习题(416)仍有$S''>S'$.又,像在第一种情况下一样,$S>S''$.因此,$S>S'$.

最后若$b'=\frac{2}{3}p$,则由习题(416)最后的命题有$S>S'$.

因此我们证明了,三角形Δ的面积S大于具有同样周长的其他任何三角形的面积.

(418) 为了不打断以后的叙述,首先证明以下的定理:

在任何四边形中,两双对边平方和的差,等于一条对角线和另一条对角线在它上面的射影之积的2倍.(我们从对角线所夹钝角$\angle AEB=\angle CED$所对应的边AB和CD的平方和中,减去锐角$\angle BEC=\angle AED$所对应的边的平方和,如图436所示.)

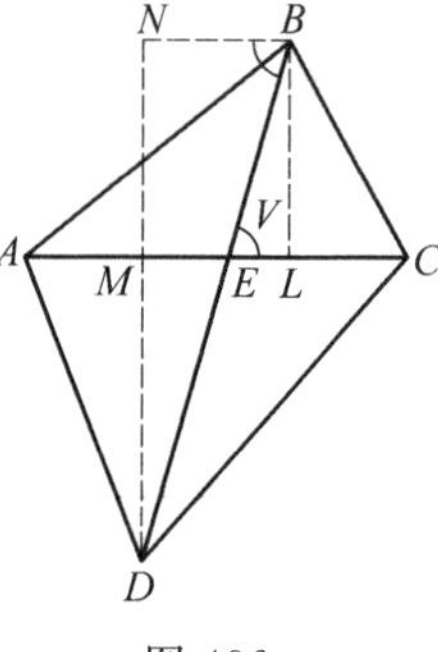

图 436

设L,M为四边形$ABCD$顶点B,D在对角线AC上的射影.我们要证明

$$(AB^2+CD^2)-(BC^2+AD^2)=2AC\cdot ML \quad ①$$

我们有

$$AB^2=AE^2+BE^2+2AE\cdot EL$$
$$BC^2=BE^2+CE^2-2EC\cdot EL$$
$$CD^2=CE^2+DE^2+2EC\cdot ME$$
$$AD^2=AE^2+DE^2-2AE\cdot ME$$

由是

$$(AB^2+CD^2)-(BC^2+AD^2)=$$
$$2AE\cdot EL+2EC\cdot ME+2EC\cdot EL+2AE\cdot ME=$$
$$2(AE+EC)(ME+EL)=$$
$$2AC\cdot ML$$

因此,关系①证明了.

现在来证明所设的问题.

按照习题指示作$\triangle ABC_1$(图437),由于它和$\triangle ADC$等积,并且$\angle ADC=\angle ABC_1$,所以由第256节

$$AD\cdot CD=AB\cdot C_1B \quad ②$$

由是

$$BC_1=m=\frac{cd}{a} \quad ③$$

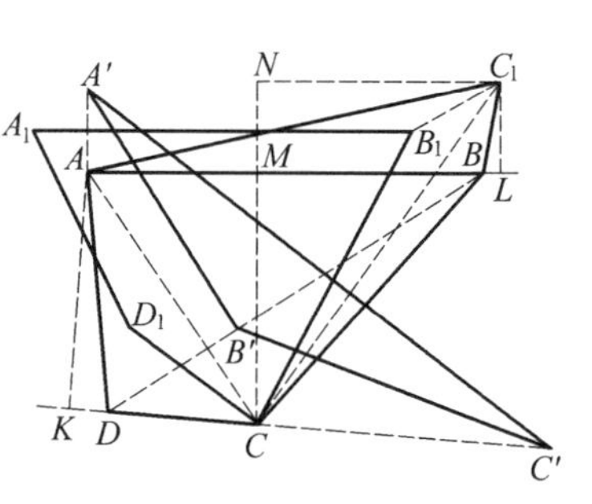

图 437

又若K和L为$\triangle ACD$和$\triangle ABC_1$中高线AK和C_1L的垂足,则

$$AC^2=CD^2+DA^2\pm 2CD\cdot DK \quad ④$$

$$AC_1^2=AB^2+BC_1^2\pm 2AB\cdot BL \quad ⑤$$

这时，因 $\angle ADC$ 和 $\angle ABC_1$ 相等，上两式最后一项所带的符号相同. 但由相似三角形 $\triangle ADK$ 和 $\triangle C_1BL$，有 $DK : BL = AD : C_1B$，于是在式 ② 中将线段 AD 和 BC_1 换为与它们成比例的线段 DK 和 BL，便得

$$CD \cdot DK = AB \cdot BL \tag{6}$$

从等式 ④，⑤，⑥ 得

$$AC_1^2 - AC^2 = AB^2 + BC_1^2 - CD^2 - DA^2 = a^2 + m^2 - c^2 - d^2 \tag{7}$$

为了确定线段 C_1C 在直线 AB 上的射影 LM，利用关系 ① 到四边形 AC_1BC 上，得

$$(AC_1^2 + BC^2) - (BC_1^2 + AC^2) = 2AB \cdot LM$$

由是，根据 ⑦ 有

$$2AB \cdot LM = (AC_1^2 - AC^2) + (BC^2 - BC_1^2) = (a^2 + m^2 - c^2 - d^2) + (b^2 - m^2)$$

因之

$$LM = \frac{1}{2a}(a^2 + b^2 - c^2 - d^2) \tag{8}$$

最后，线段 CC_1 在 AB 的垂线 CM 上的射影 CN，可以从下面的关系求得

$$S_{ABCD} = S_{\triangle ABC} + S_{\triangle ACD} = S_{\triangle ABC} + S_{\triangle ABC_1} = \frac{1}{2}AB \cdot (CM + C_1L) = \frac{1}{2}AB \cdot CN$$

由是

$$CN = \frac{2}{a}S_{ABCD} \tag{9}$$

这样，我们得出以下的作法. 按公式 ⑧ 和 ⑨ 作线段 $C_1N = LM$ 和 CN，并作线段 CC_1 作为直角 $\triangle CC_1N$ 的斜边. 按公式 ③ 作出线段 $BC_1 = m$ 以后，可以按三边作 $\triangle BCC_1$. 现在可以求顶点 A，引直线 BA 与 C_1N 平行，并截线段 BA 等于 a. 最后，顶点 D 的位置由它到点 C 和 A 的距离 $CD = c$ 和 $AD = d$ 确定.

若问题有解，那么一般说有两解. 事实上，当按三边作 $\triangle BCC_1$ 时，我们得出点 B 的两个可能位置(图 437 上的 B 和 B_1)，对称于直线 CC_1. 得出四边形 $ABCD$ 和 $A_1B_1CD_1$.

若以 D 为极以任意的反演幂作点 A,B,C 的对应点 A',B',C'，则将有 $\angle A'B'B = \angle BAA'$ 和 $\angle BB'C' = \angle BCC'$，由是

$$\angle A'B'C' = \angle A'B'B + \angle BB'C' = 360^\circ - \angle BAD - \angle BCD = \angle ADC + \angle ABC = \angle C_1BA + \angle ABC = \angle C_1BC \tag{10}$$

按习题(270)① 又有

$$A'B' : B'C' = (AB \cdot CD) : (BC \cdot AD) = ac : bd \tag{11}$$

同理，由四边形 $A_1B_1CD_1$ 出发，若作类似的点 A'_1, B'_1, C'_1(为简单计，没有画在图上)，则得

$$\angle A'_1B'_1C'_1 = \angle C_1B_1C \qquad ⑩'$$

$$A'_1B'_1 : B'_1C'_1 = ac : bd \qquad ⑪'$$

得出的关系 ⑩,⑪,⑩′,⑪′ 表明,习题(270)所考虑的三角形,对于四边形 $ABCD$ 和 $A_1B_1CD_1$ 有相同形状.

现在假设已给了四边形 $ABCD$,求作一四边形和它不相等,但却有相同的边和面积.

我们可以照习题中的指示作所求四边形,先作点 C_1,再作点 B_1 使与 B 关于直线 CC_1 成对称,最后像上面所作的那样完成四边形 $A_1B_1CD_1$. 但是还有一个比较简单的作法.

为了得出这新作法,我们注意到,所求四边形的顶点 A_0,B_0,C_0,D_0(在平面上某确定位置)可以看做是已知多边形顶点在某个反演下的反点. 若 O 为这反演的极,而 k 为幂,则应有 $A_0B_0 = \dfrac{k \cdot BA}{OA \cdot OB} = AB$ 以及对于其余各边的类似等式. 从这些等式立刻推出 $k = OA \cdot OB = OB \cdot OC = OC \cdot OD = OD \cdot OA$,因此 $OA = OC$,$OB = OD$. 并且 $OA_0 = \dfrac{k}{OA} = \dfrac{OA \cdot OB}{OA} = OB$,仿此 $OA_0 = OC_0 = OB = OD$,且 $OB_0 = OD_0 = OA = OC$. 我们得出了下面的作法.

作点 O 使满足条件 $OA = OC$ 和 $OB = OD$,即四边形两对角线的中垂线交点. 在半直线 OA 和 OC 上截线段 OA_0 和 OC_0 都等于 OB,在半直线 OB 和 OD 上截线段 OB_0 和 OD_0 都等于 OA(图 438). 这作法的正确性可由四对 $\triangle OAB$ 和 $\triangle OB_0A_0$,$\triangle OBC$ 和 $\triangle OC_0B_0$ 等的全等立刻知道.

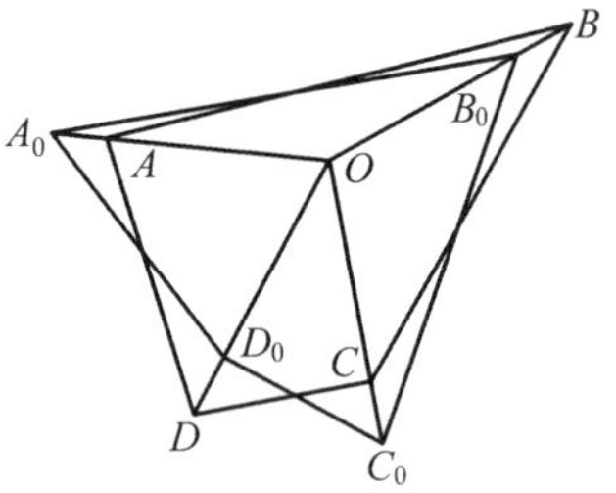

图 438

四边形 $ABCD$(图 437)的面积由关系 ⑨ 将等于$\dfrac{1}{2}a \cdot CN$. 当各边已知时,面积可能的最大值因此对应于线段 CN 可能的最大值. 而 CN 的这个值又对应于线段 CC_1 的最大值,因为线段 $C_1N = LM$ 按公式 ⑧ 被已知边长确定了. 而线段 CC_1 有最大值时,点 C,B,C_1 将共线.

这样,如果点 C,B 和 C_1 共线,即如果 $\angle CBC_1 = \angle B + \angle D = 180°$,则具有已知边长的四边形面积将达到最大. 最后的等式于是表明有最大面积的四边形是圆内接四边形.

(418a) 设在四边形 $ABCD$(图 436)中,$AB = a$,$BC = b$,$CD = c$,$DA = d$,$AC = e$,$BD = f$,以 E 表示对角线的交点,以 L,M 表示顶点 B,D 在直线 AC 上的射影,N 表示顶点 B 在直线 DM 上的射影.

由直角 $\triangle BDN$ 有

$$f^2 = BN^2 + DN^2 = ML^2 + DN^2$$

两端以 $4e^2 = 4AC^2$ 乘之,得

$$4e^2f^2 = (2AC \cdot ML)^2 + (2AC \cdot DN)^2$$

我们分别将上式右端两项变形.根据习题(418)解答所引出的关系①,得

$$2AC \cdot ML = AB^2 + CD^2 - BC^2 - AD^2 = a^2 + c^2 - b^2 - d^2$$

又有 $$2AC \cdot DN = 2AC \cdot DM + 2AC \cdot BL = 4S_{\triangle ACD} + 4S_{\triangle ABC} = 4S$$

将 $2AC \cdot ML$ 和 $2AC \cdot DN$ 的这些表达式代入上面等式中,我们就得到习题中所引出的第一个关系.

要得到第二个关系,注意

$$\tan V = \tan \angle DBN = \frac{DN}{NB} = \frac{DN}{ML} = \frac{2AC \cdot DN}{2AC \cdot ML}$$

此处的分子和分母用上面得到的值代入,便得到习题中 $\tan V$ 的表达式.

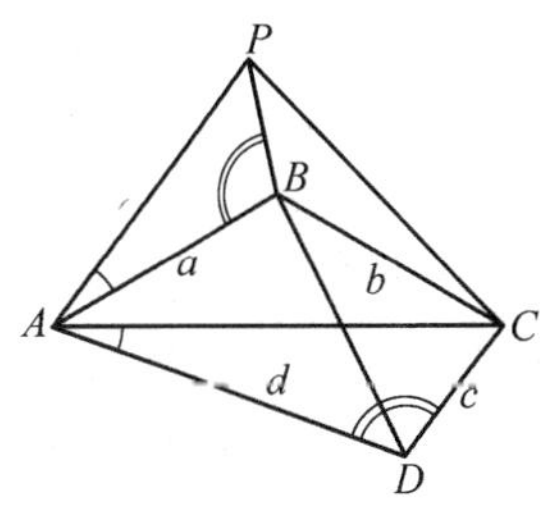

图 439

现在转入四边形 $ABCD$(图 439) 按其四边和面积的作法.设 P 为平面上一点使得 $\triangle ABP$ 相似于 $\triangle ADC$.由这两三角形相似得

$$BP = \frac{ac}{d}$$

和 $$AC : AP = AD : AB = d : a$$

此外,$\angle CAP = \angle DAB$,从而 $\triangle ACP$ 和 $\triangle ADB$ 相似,由是 $CP = \frac{ef}{d}$.

给定了边 BC 在平面上的位置,便可按点 P 到 B,C 两点的距离 $BP = \frac{ac}{d}$ 和 $CP = \frac{ef}{d}$ 作出这点.这时线段 CP 可以利用上面所证的第一个关系作出,从这个关系得

$$\left(\frac{ef}{d}\right)^2 = \frac{1}{4}\left(\frac{a^2}{d} + \frac{c^2}{d} - \frac{b^2}{d} - d\right)^2 + \left(\frac{2S}{d}\right)^2$$

并且顶点 A 的位置可以利用两个圆周确定:① 点 A 的轨迹(第 116 节),这轨迹适合上面推出的条件 $AC : AP = d : a$;② 以 B 为圆心、a 为半径的圆周.

最后,顶点 D 可以由它到点 C 和 A 的距离 $CD = c$ 和 $AD = d$ 来确定.

(419) 设 $ABCD$(图 440) 为所求圆内接四边形,而 P 为平面上一点使得 $\triangle ABP$ 和 $\triangle ADC$ 相似.由于

$$\angle ABP + \angle ABC = \angle ADC + \angle ABC = 180°$$

点 P,B,C 共线.此外,因 $\triangle ABP$ 和 $\triangle ADC$ 相似得 $BP = \frac{AB \cdot CD}{AD}$,从而得出了边 BC 的位置,便可作出点 P.又由 $\triangle ACP$ 和 $\triangle ADB$ 相似得 $AC : AP = AD : AB$.因此顶点 A 的位置可以利用两个圆周来确定:① 到点 C 和 P 的距离之比等于 $AD : AB$ 的点的轨迹(第 116 节);② 以 B 为圆心,AB 为半径的圆周.

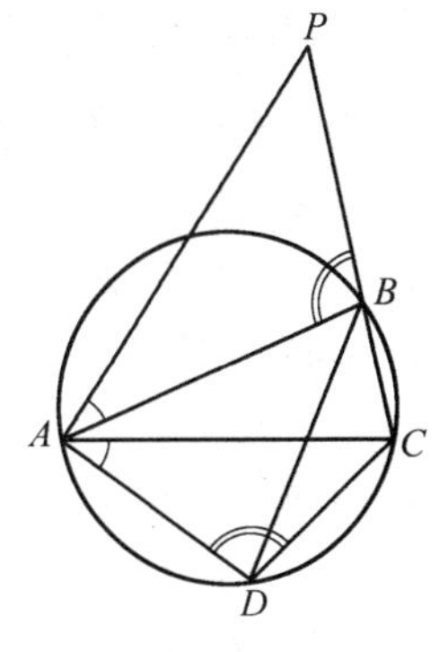

图 440

最后,顶点 D 可以由它到点 C 和 A 的距离 CD 和 AD 来确定.

(419a) 设 $ABCDE\cdots$ 为具有已知边数和已知周长而有最大面

积的多边形(我们假设这样的多边形存在). 由于关于三角形的相应问题已被完全解决了(习题(417)),我们可以假设已知边数至少等于四.

我们来考察所求四边形连续的四个顶点 A,B,C,D. 若这些顶点不在一个圆周上,那么我们可以增大它的面积而不改变它的周界长:为此,只需将四边形 $ABCD$ 换为具有相同的边的圆内接四边形 $AB'C'D$(习题(418) 最后的命题). 所以点 A,B,C,D 在一圆周上. 由于这推理可以重复于任意四个连续顶点,所以多边形 $ABCDE\cdots$ 所有的顶点在同一圆周上. 因此,如果在具有已知边数和已知周长的一切多边形中,有一个多边形存在具有最大面积,那么这个多边形一定可内接于圆.

现在假设,多边形两邻边(例如 AB 和 BC) 不相等. 在这一情况下,我们可以把 $\triangle ABC$ 换为一个具有相同周长但有较大面积的等腰三角形(习题(416)). 由是可知,所求具有最大面积的多边形,所有各边应该相等. 由于它又可内接于圆,所以是正多边形. 若有两个多边形具有相同的边数和相同的周长,一个是正多边形,一个不是正多边形,那么对于正多边形,比 $\frac{S}{p^2}$ 较大,因为前者的面积较后者的为大. 但比 $\frac{S}{p^2}$ 对于正多边形来说,在边数已知的条件下,不因它的大小而变,因为具有相同边数的两个正多边形是相似的.

备注 解这题时,我们假设了,在具有已知边数和已知周长的一切多边形中,有一个具有最大面积的多边形存在(比较题(366) 第一解法备注). 不利用这个假设的证明,读者可以在 Д. А. Крыжановский 所著《等周图形》(1938) 中找到.

(420) 考察一个具有长度 C 的圆周和一个具有同样长度的闭合线. 作圆内接正 n 边形,并以 S_n 和 P_n 表示它的面积和周长. 在闭线内作任意一个 n 边多边形,并以 s_n 和 p_n 表示它的面积和周长,由习题(419a),对于任意的 n 便有不等式 $\frac{S_n}{P_n^2} \geqslant \frac{s_n}{p_n^2}$.

若令边数 n 无限增大,对于不是圆周的闭曲线注意选择 n 边形的顶点,使其每一边趋于零,于是有 $P_n \to C, p_n \to C, S_n \to S, s_n \to s$,其中 S 和 s 表示圆周和所取曲线范围的面积,因之由上面的不等式得 $\frac{S}{C^2} \geqslant \frac{s}{C^2}$,由是 $S \geqslant s$. 这样在一切具有已知长度的闭曲线中,没有一条曲线所范围的面积大于具有该长度的圆周所范围的面积.

备注 我们还没有证明到,具有已知长度的一切闭合曲线中,圆周是范围着最大的面积的唯一的曲线. 事实上,由关系 $S \geqslant s$,可以想象到,除圆周外,在具有已知长度 C 的一切曲线中,还有着范围同样面积 S 的其他曲线存在(如果 $S = s$,便是这种情况). 圆周在给定长度的情况下范围最大面积这一性质(所谓等周性质),在 Крыжановский 的书中(参看习题(419a) 解答引证) 有详尽讨论. 特别的,那里证明了最大面积的唯一性.

(420a) 直线 O_1O_4 和 O_2O_3(图 441) 相互平行,因为它们是线段 OA 和 OC 的中垂线. 同理,直线 O_1O_2 和 O_3O_4 平行. 所以四点 O_1, O_2, O_3, O_4 形成一个平行四边形 P.

① 四边形对角线长度是平行四边形高的 2 倍,因为 A,C 两点是点 O 关于平行四边形一

双对边的对称点，而 B,D 两点也一样. 若直线 BH 与 AC 垂直，而 DH 与 AC 平行，则 $S_{ABCD}=\frac{1}{2}AC\cdot BH$（比较习题(418a)解答）. 设 O_4K 是平行四边形从点 O_4 向 O_1O_2 所作的高. 直角三角形 $\triangle BDH$ 和 $\triangle O_4O_1K$ 是相似的，因为它们的锐角 $\angle DBH$ 和 $\angle O_1O_4K$ 的两边分别平行，由是 $BH=\frac{O_4K\cdot BD}{O_1O_4}$. 因此，给定了平行四边形 P，便确定出 AC 和 BH，因而也就确定了四边形 $ABCD$ 的面积（等于 $\frac{1}{2}AC\cdot BH$）.

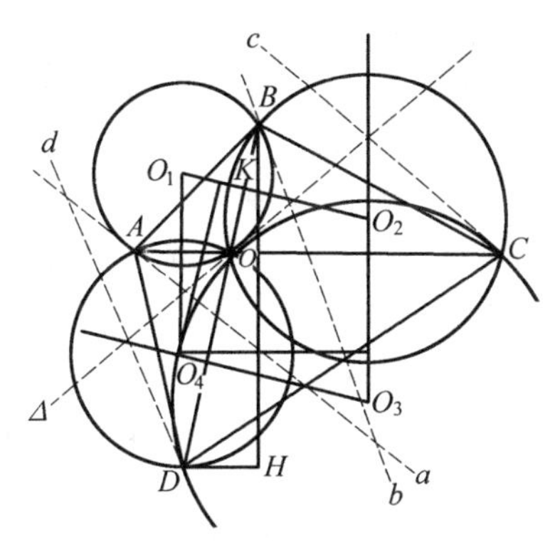

图 441

② 由于点 A 和 O 关于平行四边形 P 的边 O_1O_4 成对称，所以当点 O 沿一直线 Δ 移动时，点 A 描画 Δ 关于 O_1O_4 的对称直线 a. 同理，这时点 B,C,D 描画直线 b,c,d. 直线 c 可以由 a 继续做两次对称变换得到，即关于 O_1O_4 以及关于 O_2O_3 的对称；由于直线 O_1O_4 和 O_2O_3 平行，继续做这两个对称得出一个平移，因而直线 a 和 c 平行. 同理，直线 b 和 d 平行. 这样，直线 a,b,c,d 形成一个平行四边形 P'.

若直线 Δ 平行于自身而移动，则直线 a,b,c,d 显然保持各自的方向. 由于直线 a 和 c 可以利用平移相互得出，平移的方向垂直于直线 O_1O_4 和 O_2O_3，大小则等于它们之间距离的 2 倍，所以当直线 Δ 平行移动时，直线 a 和 c 之间的距离不变. 利用类似的推理，这时直线 b 和 d 之间的距离也不变. 由是立刻断定，当直线 Δ 平行于自身而移动时，平行四边形 P' 只经受一次平行移动.

当直线 Δ 旋转时，平行四边形 P' 的角不变，因为当直线 Δ 绕任意一点旋转某一角度时，直线 a 和 b 都向同一方向旋转这个角度，因此它们的交角不变.

由于当直线 Δ 平行于自身而移动时，平行四边形 P' 的面积不变，所以要求平行四边形的最大面积，只要考察 Δ 绕某定点的旋转，例如绕平行四边形 P 的中心 M（如图 442，图上没有画出平行四边形 P）. 这时直线 a,b,c,d 将依次绕 M 关于平行四边形 P 各边的对称点 $\alpha,\beta,\gamma,\delta$ 而转动. 由于点 $\alpha,\beta,\gamma,\delta$ 本身形成平行四边形，所以我们转移到下面的问题：求作平行四边形 $\alpha\beta\gamma\delta$ 的外接平行四边形 $UVWT$，使它的角有已知值（注意，当直线 Δ 转动时，这平行四边形的角不变），且使其面积为最大. 这时顶点 U 沿通过点 α,β 的一个圆周移动. 显然，$S_{UVWT}=2S_{\alpha\gamma VU}$ 或（由习题(297)）$S_{UVWT}=2\cdot\alpha\gamma\cdot SL$，其中 SL 是从边 UV 中点 S 向直线 $\alpha\gamma$ 所作的垂线. 但 $2SL=UN$，UN 表示从点 U 向直线 $\alpha\gamma$ 所作的垂线. 这样，$S_{UVWT}=\alpha\gamma\cdot UN$. 如果这样选取点 U：在它所移动的圆周 $\alpha\beta U$ 上，使 UN 落在一条直径

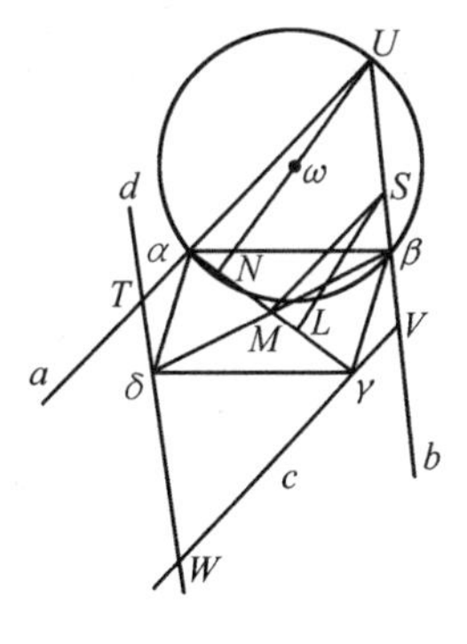

图 442

上(图 442),则线段 UN 将有最大值.

使平行四边形 P' 的面积为最大的点 U 的位置定出以后,也容易作出直线 Δ 的相应位置.事实上,上面曾指出,直线 Δ 和 a(即和直线 $U\alpha$)关于 O_1O_4 成对称.

③ 设给定了平行四边形 P 以及 $\angle A$ 和 $\angle C$(图 441).这时对角线 AC 和 BD 的大小和方向就确定了.当对角线 BD 在平面上任意地安置了,顶点 A 和 C 每一个的轨迹由圆弧组成.如何确定对角线 AC 的位置,就化为习题(75).

现在假设给定了平行四边形 P 以及 $\angle A$ 和 $\angle B$.对角线 AC 和 BD 的大小和方向依旧被确定了,所以可以作以所求四边形各边中点为顶点的平行四边形(参看习题(36)和图 32):这平行四边形的边和已知四边形的对角线平行而且等于它们的一半.顶点 A 和 B 每一个的轨迹是圆弧.通过作成的平行四边形顶点只要引一条直线,使在其上介于所作两圆周间的线段 AB 被这顶点所平分.这问题可照习题(165)解答的指示去解.

若给定了平行四边形 P 以及比值 $AB:AD$ 和 $CB:CD$(图 441),那么任意选取对角线 BD 的位置以后,便得出作为 A 和 C 每一点的轨迹圆周(第 116 节),问题于是仍化为习题(75).

(421) 已知四边形 $MNPQ$,和它的外角和内角平分线所形成的四边形 $ABCD$ 和 $A'B'C'D'$,一同组成我们在解习题 362a 时所遇到的图形(图 341).那里有过关系

$$R\cdot(MN+NP+PQ+QM)=AC\cdot BD \qquad ④$$

其中 R 是四边形 $ABCD$ 的外接圆半径.又类似于那里得出的关系 ③,有

$$2R'\cdot MN=B'M\cdot C'D'+B'N\cdot D'A'$$
$$2R'\cdot NP=C'N\cdot D'A'+C'P\cdot A'B'$$
$$2R'\cdot PQ=D'P\cdot A'B'+D'Q\cdot B'C$$
$$2R'\cdot QM=A'Q\cdot B'C'+A'M\cdot C'D'$$

其中 R' 是 $A'B'C'D'$ 的外接圆半径.由所得等式有

$$\begin{aligned}2R'\cdot(MN-NP+PQ-QM)=&A'B'\cdot(D'P-C'P)+B'C'\cdot\\&(D'Q-A'Q)+C'D'\cdot(B'M-A'M)+\\&D'A'\cdot(B'N-C'N)=\\&2(A'B'\cdot C'D'+B'C'\cdot D'A')=2A'C'\cdot B'D'\end{aligned}$$

这关系连同公式 ④ 给出等式

$$\frac{R(MN+NP+PQ+QM)}{R'(MN-NP+PQ-QM)}=\frac{AC\cdot BD}{A'C'\cdot B'D'} \qquad ⑤$$

另一方面,由第 251 节备注有

$$4RS_{\triangle ABC}=AB\cdot BC\cdot AC$$
$$4R'S_{\triangle A'B'C'}=A'B'\cdot B'C'\cdot A'C'$$

因之

$$\frac{R}{R'}\cdot\frac{S_{\triangle ABC}}{S_{\triangle A'B'C'}}=\frac{AB\cdot BC\cdot AC}{A'B'\cdot B'C'\cdot A'C'}$$

但由第 256 节有$\frac{S_{\triangle ABC}}{S_{\triangle A'B'C'}} = \frac{AB \cdot BC}{A'B' \cdot B'C'}$,因而 $R : R' = AC : A'C'$. 仿此求得 $R : R' = BD : B'D'$. 在等式 ⑤ 中,将比 $AC : A'C'$ 和 $BD : B'D'$,都用 $R : R'$ 代替,便得所求关系.

(421a)① 设 $ABCD$ 为圆内接四边形(图 443),E 和 F 为其两双对边 AB,CD 和 BC,AD 的交点,M,N 为对角线中点,O 为 $\angle AED$ 的平分线和直线 MN 的交点.

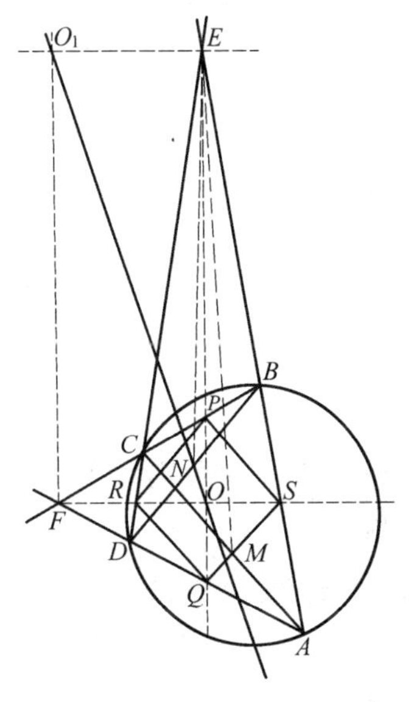

图 443

线段 EM 和 EN 是两个相似三角形 $\triangle EAC$ 和 $\triangle EDB$ 的对应中线,因此

$$EM : EN = AC : BD \quad ①$$

且 $\angle AEM = \angle DEN$. 由最后的等式知道,OE 同时还是 $\angle MEN$ 的平分线,从而

$$EM : EN = MO : ON \quad ②$$

由关系 ① 和 ② 有

$$MO : ON = AC : BD \quad ③$$

这样,$\angle AED$ 的平分线将线段 MN 分成两部分,和四边形的两条对角线成比例.

仿此可证,$\angle AFB$ 的平分线也将线段MN 分成这个比. 由是可知,$\angle AED$ 和 $\angle AFB$ 的平分线相交于直线 MN 上的点 O.

② 在 ① 里证明了,$\angle AED$ 的平分线也是 $\angle MEN$ 的平分线. 同样的情况显然对于 $\angle AFB$ 的平分线成立.

③ 若直线 EO 交边 BC 和 AD 于点 P 和 Q. 而直线 FO 交边 CD 和 AB 于点 R 和 S,则有(因 EP 为 $\angle BEC$ 的平分线)$CP : PB = EC : EB$,但 $EC : EB = AC : BD$(因 $\triangle EAC$ 和 $\triangle EDB$ 相似),从而 $CP : PB = AC : BD$. 同理求得 $AS : SB = AC : BD$,由是可知,直线 PS 平行于 AC,从而$\frac{PS}{AC} = \frac{BP}{BP + PC} = \frac{BD}{AC + BD}$. 这样,$PS = \frac{AC \cdot BD}{AC + BD}$. 对于线段 SQ,QR,RP 的每一个,我们得出同样的表达式. 四边形 $PRQS$ 是菱形,它的边长正如习题中所示.

④ 为简短起见,我们把 $\angle AED$ 和 $\angle AFB$ 的邻补角称为"以 E,F 为顶点的外角". 在这一情况下,有下述命题:

a. 以 E,F 为顶点的外角平分线,相交于已知四边形两对角线中点的连线上,且外分这两对角线中点的连线段成两条对角线之比.

若以 E,F 为顶点的外角平分线相交于 O_1,则有

$$MO_1 : NO_1 = AC : BD \quad ④$$

b. 以 E,F 为顶点的外角平分线,同时也平分对角线中点的连线段在 E,F 两点的视角的邻补角.

c. 以 E,F 为顶点的外角平分线和已知四边形各边延长线的交点，是菱形的四个顶点. 这菱形的边和四边形的对角线平行，其长度是这两条对角线以及它们的差的比例第四项(这菱形图上未画出).

命题 a,b,c 的证明完全和上面的 ①,②,③ 相仿.

⑤ 作为菱形 $PRQS$ 的对角线，直线 EO 和 FO 在点 O 相交成直角. 所以 $EOFO_1$ 是矩形，因之 $EF = OO_1$，从上面的等式 ③ 和 ④ 有

$$\frac{ON}{MN} = \frac{BD}{AC+BD}$$

$$\frac{NO_1}{MN} = \frac{BD}{AC-BD}$$

从而

$$\frac{EF}{MN} = \frac{OO_1}{MN} = \frac{ON+NO_1}{MN} = \frac{BD}{AC+BD} + \frac{BD}{AC-BD} = \frac{2AC \cdot BD}{AC^2-BD^2}$$

这样，线段 EF 和两对角线中点连线段 MN 的比，等于两对角线乘积的 2 倍和它们的平方差之比.

等式 $\frac{EF}{MN} = \frac{2AC \cdot BD}{AC^2-BD^2}$ 可以用来由四边形的边计算线段 EF. 事实上，对角线 AC 和 BD

可以利用第 240a 节求出，而线段 MN 利用习题(139)求得. 但是像下面那样就可以很快地达到目的.

为了算出线段 EF 的长度，我们首先注意，E 和 F 对于圆周是共轭点，因为按照第 211 节，点 E 的极线通过 F. 所以(参看习题(237)解答)EF 的平方等于 E,F 两点对于圆周的幂的和，即

$$EF^2 = EA \cdot EB + FA \cdot FD \qquad ⑤$$

为了计算方便，令 $AB = a, BC = b, CD = c, DA = d$. 从 $\triangle EAD$ 和 $\triangle ECB$ 相似得 $EA : EC = ED : EB = d : b$；此外 $EA - EB = a, ED - EC = c$. 解这些方程，得出

$$EA = \frac{d(ad+bc)}{d^2-b^2}$$

$$EB = \frac{b(ab+cd)}{d^2-b^2}$$

因之

$$EA \cdot EB = \frac{bd(ab+cd)(ad+bc)}{(b^2-d^2)^2}$$

仿此求得

$$FA \cdot FD = \frac{ac(ab+cd)(ad+bc)}{(a^2-c^2)^2}$$

把所求 $EA \cdot EB$ 和 $FA \cdot FD$ 的值代入 ⑤，最终得出

$$EF^2 = (ab+cd)(ad+bc)\left[\frac{ac}{(a^2-c^2)^2} + \frac{bd}{(b^2-d^2)^2}\right]$$

(422)① 设(k'_1)的任一同心圆周(k_1)分别交直线OA_2和OA_3于点N_2和N_3(图444).若以a_2和a_3表示圆周(k'_1)与直线OA_2和OA_3的切点,那么线段$O\alpha_2$和$O\alpha_3$是从一点向一圆周所作的切线,因而相等.设O_1为圆周(k_1')和(k_1)的公共圆心,从直角三角形$\triangle O_1\alpha_2N_2$和$\triangle O_1\alpha_3N_3$全等又有$\alpha_2N_2=\alpha_3N_3$.由是$ON_2=ON_3$,因为$O\alpha_2=O\alpha_3$.

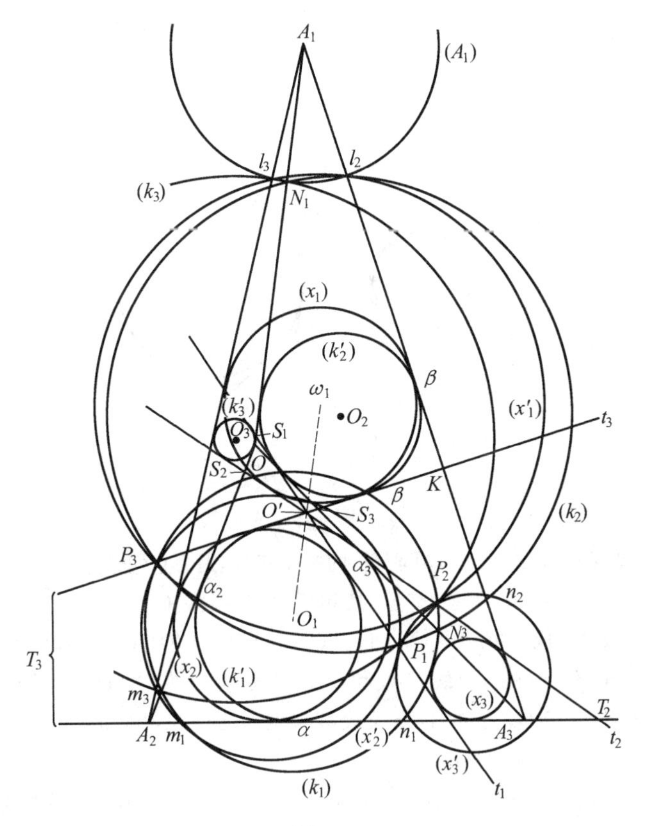

图444

现在作圆周(k_2)和(k'_2)同心且通过点N_3.对于圆周(k_2)和直线OA_1的交点之一N_1,类似地有$ON_3=ON_1$.因此有$ON_1=ON_2$,因之,与(k'_3)同心且通过点N_2的圆周(k_3),也通过点N_1.

② 若α和α_2为圆周(k'_1)与直线A_2A_3和OA_2的切点,则$\alpha m_1=\alpha_2N_2$且$A_2\alpha=A_2\alpha_2$,由是$A_2m_1=A_2N_2$.同理有$A_2m_3=A_2N_2$等.

③ 圆周(k_2)和(k_3)的交点N_1和P_1关于连心线O_2O_3成对称.由于点N_1在圆周(k'_2)和(k'_3)的内公切线上,所以和它对称的点P_1在圆周(k'_2)和(k'_3)的内公切线t_1上,其中t_1与OA_1关于直线O_2O_3成对称.仿此,点P_2和P_3分别在直线t_2和t_3上.

现设O'为直线t_2和t_3的交点(图445),且t'_1为由点O'向圆周(k'_2)所引的切线.又设

S_1 为直线 ON_1 和 t'_1 的交点，S_2 为直线 ON_2 和 t_2 的交点，S_3 为直线 ON_3 和 t_3 的交点. 四边形 $OS_2O'S_3$ 是圆周(k'_1)的外切四边形，由习题(87)解答有 $OS_2+O'S_2=OS_3+O'S_3$. 四边形 $OS_3O'S_1$ 外切于圆周(k'_2)，因之 $OS_3+O'S_3=OS_1+O'S_1$. 从所得到的两式有 $OS_1+O'S_1=OS_2+O'S_2$，从而四边形 $OS_1O'S_2$ 外切于圆. 由于它的三条边 OS_1，$O'S_2$，OS_2 切于圆周(k'_3)，所以它的第四条边 $O'S_1$，亦即 t'_1 也切于这圆周. 由是可知，直线 t'_1 和 t_1 重合，从而直线 t_1，t_2，t_3 通过同一点 O'.

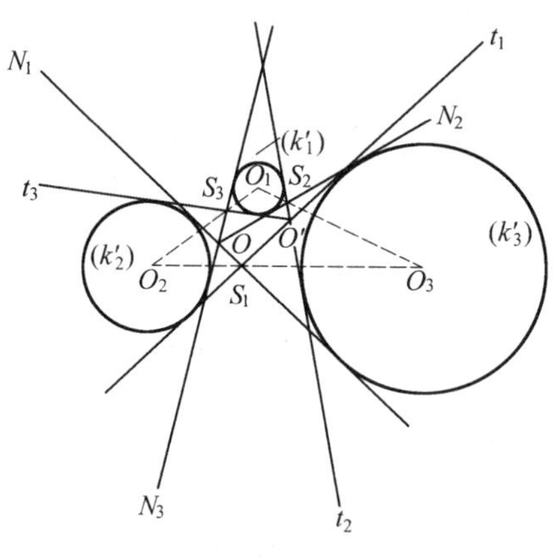

图 445

线段 OS_3 和 $O'S_2$ 在圆周(k'_1)圆心 O_1 的视角相等，因为它们是这圆周的切线被另两条切线 ON_2 和 t_3 所截的线段(习题(89)). 换句话说，直线 O_1O 和 O_1O' 同 $\triangle O_1O_2O_3$ 的边 O_1O_2 和 O_1O_3，依次形成等角 $\angle O_2O_1O$ 和 $\angle O_3O_1O'$. 所以直线 O_1O 和 O_1O' 同 $\angle O_2O_1O_3$ 的平分线形成等角. 仿此可证，直线 O_2O 和 O_2O' 对于 $\angle O_3O_2O_1$ 的平分线成等倾，而直线 O_3O 和 O_3O' 对于 $\angle O_1O_3O_2$ 的平分线成等倾. 由是可知，利用习题(197)的作法于 $\triangle O_1O_2O_3$，点 O 和 O' 可彼此得出.

④ 由②，点 l_2，l_3，N_1(图 444)距 A_1 等远，设(A_1)为以 A_1 为圆心且通过这三点的圆周. 因由①$ON_1=ON_2=ON_3$，且点 N_1 在直线 A_1O 上，所以圆周(A_1)切于 $\triangle N_1N_2N_3$ 的外接圆周. 因此，可以将习题(345)(比较这题解答备注)应用于 $\triangle N_1N_2N_3$ 和圆周(k_1)，(k_2)，(k_3)，(A_1). 这些圆周的第二个交点 P_2，P_3，l_2，l_3 便也在同一圆周上，我们把它记为(x'_1).

这圆周与直线 A_1A_2 和 A_1A_3 相交成等角，因为割线的圆外部分 A_1l_2 和 A_1l_3 是相等的，因此圆周(x'_1)在直线 A_1A_2 和 A_1A_3 上所截的弦也是相等的.

设 β 和 β' 为圆周(k'_2)与直线 A_1A_3 和 t_3 的切点，K 为 A_1A_3 与 t_3 的交点，则 $K\beta=K\beta'$. 此外，$\beta l_2=\beta'P_3$，因为它们是圆周(k'_2)的切线被(k'_2)的同心圆周(k_2)所限的部分($\triangle O_2\beta l_2$ 和 $\triangle O_2\beta'P_3$ 全等). 由是可知 $Kl_2=KP_3$，因此圆周(x'_1)与直线 A_1A_3 和 t_3 相交成等角. 同理，圆周(x'_1)与直线 A_1A_2 和 t_2 相交成等角.

这样，圆周(x'_1)通过点 P_2，P_3，l_2 和 l_3，与直线 A_1A_2 和 A_1A_3 相交成等角，又与直线

A_1A_3 和 t_3 相交成等角，最后又与 A_1A_2 和 t_2 相交成等角. 可见圆周(x'_1)与这四直线都相交成等角.

所以圆周(x'_1)的圆心 ω_1 距直线 A_1A_2，A_1A_3，t_2，t_3 等远，因此位于 $\angle A_2A_1A_3$ 的平分线和直线 t_2，t_3 交角的平分线即直线 $O'O_1$ 的交点. 由于直线 t_2 和 t_3 不因圆周(k_1)，(k_2)，(k_3)半径的选取而变，于是可知，点 ω_1 不因圆周(k_1)，(k_2)，(k_3)半径的选取而变，且直线 $O_1\omega_1$ 通过 O'.

仿此确定圆周(x'_2)和(x'_3)以及它们的圆心 ω_2，ω_3.

由于直线 A_1A_2，A_1A_3，t_2 和 t_3 距圆周(x'_1)的圆心 ω_1 等远，所以有一个圆周(x_1)存在，与(x'_1)同心且切于所有这四条直线. 仿此可得圆周(x_2)和(x_3).

⑤ 直线 m_1P_3 是圆周(k_1)和(x'_2)的根轴，直线 n_1P_2 是圆周(k_1)和(x'_3)的根轴. 所以这两直线的交点 M(图 446)是圆周(k_1)，(x'_2)和(x'_3)的根心(第 139 节)，因之也在圆周(x'_2)和(x'_3)的根轴上.

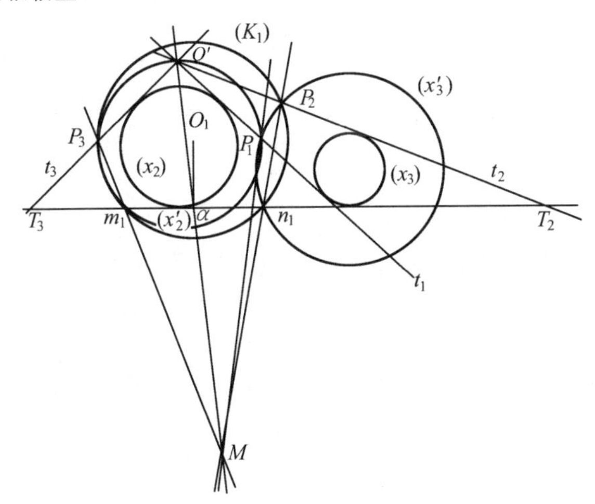

图 446

现设 α 为圆周(k'_1)与直线 A_2A_3 的切点，T_2，T_3 为直线 A_2A_3 与直线 t_2，t_3 的交点，M' 为直线 n_1P_2 与 $O'\alpha$ 的交点. 我们来证明点 M' 重合于 M.

应用第 192 节定理于 $\triangle\alpha O'T_2$ 和截线 n_1P_2，得

$$\frac{P_2O'}{P_2T_2}\cdot\frac{n_1T_2}{n_1\alpha}\cdot\frac{M'\alpha}{M'O'}=1$$

但 $T_2P_2=T_2n_1$，因为它们是圆周(x'_3)距圆心等远的割线，从而有 $M'\alpha : M'O'=n_1\alpha : P_2O'$. 应用第 192 节定理于 $\triangle\alpha O'T_3$ 和截线 m_1P_3，仿此求出直线 m_1P_3 外分线段 $\alpha O'$ 成比 $m_1\alpha : P_3O'$. 但 $m_1\alpha=n_1\alpha$(因 $O_1\alpha$ 垂直于 m_1n_1)且 $O'P_2=O'P_3$，因为直线 $O'P_2$ 和 $O'P_3$(即 t_2 和 t_3)切于圆周(k'_1)，因之距圆周(k_1)的圆心 O_1 等远(比较习题(52)). 因此，直线 m_1P_3

和 n_1P_2 分线段 $\alpha O'$ 成同样的比,因而相交于直线 $\alpha O'$ 上的一点 M'. 所以点 M 和 M' 重合.

这样,直线 m_1P_3 和 n_1P_2 的交点 M 在 α 和 O' 两点的连线上,其中 α 是圆周(k'_1)和直线 A_2A_3 的切点,O' 是直线 t_1,t_2,t_3 的交点,而与圆周(k_1),(k_2),(k_3)半径的选取无关.

现在假设圆周(x_2)和(x_3)相切,这时直线 t_1 便成为它们相切之点的公切线. 由于与(x_2),(x_3)同心的圆周(x'_2)和(x'_3)有一个交点 P_1 在直线 t_1 上,那么在这一情况,它们的第二个交点便也在直线 t_1 上. 直线 t_1,作为圆周(x'_2)和(x'_3)的根轴,将通过圆周(k_1)和(x'_2)的根轴 m_1P_3 以及圆周(k_1)和(x'_3)的根轴 n_1P_2 的交点 M. 因此,直线 t_1 将与 $O'M$ 重合,因为它通过点 O'.

反过来,如果直线 t_1 与 $O'M$ 重合,那么它通过圆周(k_1),(x'_2)和(x'_3)的根心 M. 由于它通过圆周(x'_2)和(x'_3)的一个交点 P_1,因此它就是它们的根轴,因而也就通过它们的第二个交点. 圆周(x_2)和(x_3)这时切直线 t_1 于圆周(x'_2)和(x'_3)的连心线上,因而彼此相切.

刘培杰数学工作室

已出版(即将出版)图书目录——初等数学

书 名	出版时间	定 价	编号
新编中学数学解题方法全书(高中版)上卷(第2版)	2018-08	58.00	951
新编中学数学解题方法全书(高中版)中卷(第2版)	2018-08	68.00	952
新编中学数学解题方法全书(高中版)下卷(一)(第2版)	2018-08	58.00	953
新编中学数学解题方法全书(高中版)下卷(二)(第2版)	2018-08	58.00	954
新编中学数学解题方法全书(高中版)下卷(三)(第2版)	2018-08	68.00	955
新编中学数学解题方法全书(初中版)上卷	2008-01	28.00	29
新编中学数学解题方法全书(初中版)中卷	2010-07	38.00	75
新编中学数学解题方法全书(高考复习卷)	2010-01	48.00	67
新编中学数学解题方法全书(高考真题卷)	2010-01	38.00	62
新编中学数学解题方法全书(高考精华卷)	2011-03	68.00	118
新编平面解析几何解题方法全书(专题讲座卷)	2010-01	18.00	61
新编中学数学解题方法全书(自主招生卷)	2013-08	88.00	261

书 名	出版时间	定 价	编号
数学奥林匹克与数学文化(第一辑)	2006-05	48.00	4
数学奥林匹克与数学文化(第二辑)(竞赛卷)	2008-01	48.00	19
数学奥林匹克与数学文化(第二辑)(文化卷)	2008-07	58.00	36′
数学奥林匹克与数学文化(第三辑)(竞赛卷)	2010-01	48.00	59
数学奥林匹克与数学文化(第四辑)(竞赛卷)	2011-08	58.00	87
数学奥林匹克与数学文化(第五辑)	2015-06	98.00	370

书 名	出版时间	定 价	编号
世界著名平面几何经典著作钩沉——几何作图专题卷(共3卷)	2022-01	198.00	1460
世界著名平面几何经典著作钩沉(民国平面几何老课本)	2011-03	38.00	113
世界著名平面几何经典著作钩沉(建国初期平面三角老课本)	2015-08	38.00	507
世界著名解析几何经典著作钩沉——平面解析几何卷	2014-01	38.00	264
世界著名数论经典著作钩沉(算术卷)	2012-01	28.00	125
世界著名数学经典著作钩沉——立体几何卷	2011-02	28.00	88
世界著名三角学经典著作钩沉(平面三角卷Ⅰ)	2010-06	28.00	69
世界著名三角学经典著作钩沉(平面三角卷Ⅱ)	2011-01	38.00	78
世界著名初等数论经典著作钩沉(理论和实用算术卷)	2011-07	38.00	126
世界著名几何经典著作钩沉(解析几何卷)	2022-10	68.00	1564

书 名	出版时间	定 价	编号
发展你的空间想象力(第3版)	2021-01	98.00	1464
空间想象力进阶	2019-05	68.00	1062
走向国际数学奥林匹克的平面几何试题诠释.第1卷	2019-07	88.00	1043
走向国际数学奥林匹克的平面几何试题诠释.第2卷	2019-09	78.00	1044
走向国际数学奥林匹克的平面几何试题诠释.第3卷	2019-03	78.00	1045
走向国际数学奥林匹克的平面几何试题诠释.第4卷	2019-09	98.00	1046
平面几何证明方法全书	2007-08	35.00	1
平面几何证明方法全书习题解答(第2版)	2006-12	18.00	10
平面几何天天练上卷·基础篇(直线型)	2013-01	58.00	208
平面几何天天练中卷·基础篇(涉及圆)	2013-01	28.00	234
平面几何天天练下卷·提高篇	2013-01	58.00	237
平面几何专题研究	2013-07	98.00	258
平面几何解题之道.第1卷	2022-05	38.00	1494
几何学习题集	2020-10	48.00	1217
通过解题学习代数几何	2021-04	88.00	1301
圆锥曲线的奥秘	2022-06	88.00	1541

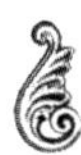

刘培杰数学工作室
已出版(即将出版)图书目录——初等数学

书　　名	出版时间	定　价	编号
最新世界各国数学奥林匹克中的平面几何试题	2007—09	38.00	14
数学竞赛平面几何典型题及新颖解	2010—07	48.00	74
初等数学复习及研究(平面几何)	2008—09	68.00	38
初等数学复习及研究(立体几何)	2010—06	38.00	71
初等数学复习及研究(平面几何)习题解答	2009—01	58.00	42
几何学教程(平面几何卷)	2011—03	68.00	90
几何学教程(立体几何卷)	2011—07	68.00	130
几何变换与几何证题	2010—06	88.00	70
计算方法与几何证题	2011—06	28.00	129
立体几何技巧与方法(第2版)	2022—10	168.00	1572
几何瑰宝——平面几何500名题暨1500条定理(上、下)	2021—07	168.00	1358
三角形的解法与应用	2012—07	18.00	183
近代的三角形几何学	2012—07	48.00	184
一般折线几何学	2015—08	48.00	503
三角形的五心	2009—06	28.00	51
三角形的六心及其应用	2015—10	68.00	542
三角形趣谈	2012—08	28.00	212
解三角形	2014—01	28.00	265
探秘三角形:一次数学旅行	2021—10	68.00	1387
三角学专门教程	2014—09	28.00	387
图天下几何新题试卷.初中(第2版)	2017—11	58.00	855
圆锥曲线习题集(上册)	2013—06	68.00	255
圆锥曲线习题集(中册)	2015—01	78.00	434
圆锥曲线习题集(下册·第1卷)	2016—10	78.00	683
圆锥曲线习题集(下册·第2卷)	2018—01	98.00	853
圆锥曲线习题集(下册·第3卷)	2019—10	128.00	1113
圆锥曲线的思想方法	2021—08	48.00	1379
圆锥曲线的八个主要问题	2021—10	48.00	1415
论九点圆	2015—05	88.00	645
近代欧氏几何学	2012—03	48.00	162
罗巴切夫斯基几何学及几何基础概要	2012—07	28.00	188
罗巴切夫斯基几何学初步	2015—06	28.00	474
用三角、解析几何、复数、向量计算解数学竞赛几何题	2015—03	48.00	455
用解析法研究圆锥曲线的几何理论	2022—05	48.00	1495
美国中学几何教程	2015—04	88.00	458
三线坐标与三角形特征点	2015—04	98.00	460
坐标几何学基础.第1卷,笛卡儿坐标	2021—08	48.00	1398
坐标几何学基础.第2卷,三线坐标	2021—09	28.00	1399
平面解析几何方法与研究(第1卷)	2015—05	18.00	471
平面解析几何方法与研究(第2卷)	2015—06	18.00	472
平面解析几何方法与研究(第3卷)	2015—07	18.00	473
解析几何研究	2015—01	38.00	425
解析几何学教程.上	2016—01	38.00	574
解析几何学教程.下	2016—01	38.00	575
几何学基础	2016—01	58.00	581
初等几何研究	2015—02	58.00	444
十九和二十世纪欧氏几何学中的片段	2017—01	58.00	696
平面几何中考.高考.奥数一本通	2017—07	28.00	820
几何学简史	2017—08	28.00	833
四面体	2018—01	48.00	880
平面几何证明方法思路	2018—12	68.00	913
折纸中的几何练习	2022—09	48.00	1559
中学新几何学(英文)	2022—10	98.00	1562
线性代数与几何	2023—04	68.00	1633
四面体几何学引论	2023—06	68.00	1648

刘培杰数学工作室
已出版(即将出版)图书目录——初等数学

书　　名	出版时间	定　价	编号
平面几何图形特性新析.上篇	2019-01	68.00	911
平面几何图形特性新析.下篇	2018-06	88.00	912
平面几何范例多解探究.上篇	2018-04	48.00	910
平面几何范例多解探究.下篇	2018-12	68.00	914
从分析解题过程学解题:竞赛中的几何问题研究	2018-07	68.00	946
从分析解题过程学解题:竞赛中的向量几何与不等式研究(全2册)	2019-06	138.00	1090
从分析解题过程学解题:竞赛中的不等式问题	2021-01	48.00	1249
二维、三维欧氏几何的对偶原理	2018-12	38.00	990
星形大观及闭折线论	2019-03	68.00	1020
立体几何的问题和方法	2019-11	58.00	1127
三角代换论	2021-05	58.00	1313
俄罗斯平面几何问题集	2009-08	88.00	55
俄罗斯立体几何问题集	2014-03	58.00	283
俄罗斯几何大师——沙雷金论数学及其他	2014-01	48.00	271
来自俄罗斯的5000道几何习题及解答	2011-03	58.00	89
俄罗斯初等数学问题集	2012-05	38.00	177
俄罗斯函数问题集	2011-03	38.00	103
俄罗斯组合分析问题集	2011-01	48.00	79
俄罗斯初等数学万题选——三角卷	2012-11	38.00	222
俄罗斯初等数学万题选——代数卷	2013-08	68.00	225
俄罗斯初等数学万题选——几何卷	2014-01	68.00	226
俄罗斯《量子》杂志数学征解问题100题选	2018-08	48.00	969
俄罗斯《量子》杂志数学征解问题又100题选	2018-08	48.00	970
俄罗斯《量子》杂志数学征解问题	2020-05	48.00	1138
463个俄罗斯几何老问题	2012-01	28.00	152
《量子》数学短文精粹	2018-09	38.00	972
用三角、解析几何等计算解来自俄罗斯的几何题	2019-11	88.00	1119
基谢廖夫平面几何	2022-01	48.00	1461
基谢廖夫立体几何	2023-04	48.00	1599
数学:代数、数学分析和几何(10-11年级)	2021-01	48.00	1250
直观几何学:5—6年级	2022-04	58.00	1508
几何学:第2版.7—9年级	2023-08	68.00	1684
平面几何:9—11年级	2022-10	48.00	1571
立体几何.10—11年级	2022-01	58.00	1472

书　　名	出版时间	定　价	编号
谈谈素数	2011-03	18.00	91
平方和	2011-03	18.00	92
整数论	2011-05	38.00	120
从整数谈起	2015-10	28.00	538
数与多项式	2016-01	38.00	558
谈谈不定方程	2011-05	28.00	119
质数漫谈	2022-07	68.00	1529

书　　名	出版时间	定　价	编号
解析不等式新论	2009-06	68.00	48
建立不等式的方法	2011-03	98.00	104
数学奥林匹克不等式研究(第2版)	2020-07	68.00	1181
不等式研究(第三辑)	2023-08	198.00	1673
不等式的秘密(第一卷)(第2版)	2014-02	38.00	286
不等式的秘密(第二卷)	2014-01	38.00	268
初等不等式的证明方法	2010-06	38.00	123
初等不等式的证明方法(第二版)	2014-11	38.00	407
不等式・理论・方法(基础卷)	2015-07	38.00	496
不等式・理论・方法(经典不等式卷)	2015-07	38.00	497
不等式・理论・方法(特殊类型不等式卷)	2015-07	48.00	498
不等式探究	2016-03	38.00	582
不等式探秘	2017-01	88.00	689
四面体不等式	2017-01	68.00	715
数学奥林匹克中常见重要不等式	2017-09	38.00	845

刘培杰数学工作室

已出版(即将出版)图书目录——初等数学

书　　名	出版时间	定　价	编号
三正弦不等式	2018－09	98.00	974
函数方程与不等式:解法与稳定性结果	2019－04	68.00	1058
数学不等式.第1卷,对称多项式不等式	2022－05	78.00	1455
数学不等式.第2卷,对称有理不等式与对称无理不等式	2022－05	88.00	1456
数学不等式.第3卷,循环不等式与非循环不等式	2022－05	88.00	1457
数学不等式.第4卷,Jensen不等式的扩展与加细	2022－05	88.00	1458
数学不等式.第5卷,创建不等式与解不等式的其他方法	2022－05	88.00	1459
不定方程及其应用.上	2018－12	58.00	992
不定方程及其应用.中	2019－01	78.00	993
不定方程及其应用.下	2019－02	98.00	994
Nesbitt不等式加强式的研究	2022－06	128.00	1527
最值定理与分析不等式	2023－02	78.00	1567
一类积分不等式	2023－02	88.00	1579
邦费罗尼不等式及概率应用	2023－05	58.00	1637
同余理论	2012－05	38.00	163
[x]与{x}	2015－04	48.00	476
极值与最值.上卷	2015－06	28.00	486
极值与最值.中卷	2015－06	38.00	487
极值与最值.下卷	2015－06	28.00	488
整数的性质	2012－11	38.00	192
完全平方数及其应用	2015－08	78.00	506
多项式理论	2015－10	88.00	541
奇数、偶数、奇偶分析法	2018－01	98.00	876
历届美国中学生数学竞赛试题及解答(第一卷)1950－1954	2014－07	18.00	277
历届美国中学生数学竞赛试题及解答(第二卷)1955－1959	2014－04	18.00	278
历届美国中学生数学竞赛试题及解答(第三卷)1960－1964	2014－06	18.00	279
历届美国中学生数学竞赛试题及解答(第四卷)1965－1969	2014－04	28.00	280
历届美国中学生数学竞赛试题及解答(第五卷)1970－1972	2014－06	18.00	281
历届美国中学生数学竞赛试题及解答(第六卷)1973－1980	2017－07	18.00	768
历届美国中学生数学竞赛试题及解答(第七卷)1981－1986	2015－01	18.00	424
历届美国中学生数学竞赛试题及解答(第八卷)1987－1990	2017－05	18.00	769
历届国际数学奥林匹克试题集	2023－09	158.00	1701
历届中国数学奥林匹克试题集(第3版)	2021－10	58.00	1440
历届加拿大数学奥林匹克试题集	2012－08	38.00	215
历届美国数学奥林匹克试题集	2023－08	98.00	1681
历届波兰数学竞赛试题集.第1卷,1949～1963	2015－03	18.00	453
历届波兰数学竞赛试题集.第2卷,1964～1976	2015－03	18.00	454
历届巴尔干数学奥林匹克试题集	2015－05	38.00	466
保加利亚数学奥林匹克	2014－10	38.00	393
圣彼得堡数学奥林匹克试题集	2015－01	38.00	429
匈牙利奥林匹克数学竞赛题解.第1卷	2016－05	28.00	593
匈牙利奥林匹克数学竞赛题解.第2卷	2016－05	28.00	594
历届美国数学邀请赛试题集(第2版)	2017－10	78.00	851
普林斯顿大学数学竞赛	2016－06	38.00	669
亚太地区数学奥林匹克竞赛题	2015－07	18.00	492
日本历届(初级)广中杯数学竞赛试题及解答.第1卷(2000～2007)	2016－05	28.00	641
日本历届(初级)广中杯数学竞赛试题及解答.第2卷(2008～2015)	2016－05	38.00	642
越南数学奥林匹克题选:1962－2009	2021－07	48.00	1370
360个数学竞赛问题	2016－08	58.00	677
奥数最佳实战题.上卷	2017－06	38.00	760
奥数最佳实战题.下卷	2017－05	58.00	761
哈尔滨市早期中学数学竞赛试题汇编	2016－07	28.00	672
全国高中数学联赛试题及解答:1981—2019(第4版)	2020－07	138.00	1176
2022年全国高中数学联合竞赛模拟题集	2022－06	30.00	1521

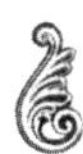

刘培杰数学工作室
已出版(即将出版)图书目录——初等数学

书　　名	出版时间	定　价	编号
20世纪50年代全国部分城市数学竞赛试题汇编	2017－07	28.00	797
国内外数学竞赛题及精解:2018～2019	2020－08	45.00	1192
国内外数学竞赛题及精解:2019～2020	2021－11	58.00	1439
许康华竞赛优学精选集.第一辑	2018－08	68.00	949
天问叶班数学问题征解100题.Ⅰ,2016－2018	2019－05	88.00	1075
天问叶班数学问题征解100题.Ⅱ,2017－2019	2020－07	98.00	1177
美国初中数学竞赛:AMC8准备(共6卷)	2019－07	138.00	1089
美国高中数学竞赛:AMC10准备(共6卷)	2019－08	158.00	1105
王连笑教你怎样学数学:高考选择题解题策略与客观题实用训练	2014－01	48.00	262
王连笑教你怎样学数学:高考数学高层次讲座	2015－02	48.00	432
高考数学的理论与实践	2009－08	38.00	53
高考数学核心题型解题方法与技巧	2010－01	28.00	86
高考思维新平台	2014－03	38.00	259
高考数学压轴题解题诀窍(上)(第2版)	2018－01	58.00	874
高考数学压轴题解题诀窍(下)(第2版)	2018－01	48.00	875
北京市五区文科数学三年高考模拟题详解:2013～2015	2015－08	48.00	500
北京市五区理科数学三年高考模拟题详解:2013～2015	2015－09	68.00	505
向量法巧解数学高考题	2009－08	28.00	54
高中数学课堂教学的实践与反思	2021－11	48.00	791
数学高考参考	2016－01	78.00	589
新课程标准高考数学解答题各种题型解法指导	2020－08	78.00	1196
全国及各省市高考数学试题审题要津与解法研究	2015－02	48.00	450
高中数学章节起始课的教学研究与案例设计	2019－05	28.00	1064
新课标高考数学——五年试题分章详解(2007～2011)(上、下)	2011－10	78.00	140,141
全国中考数学压轴题审题要津与解法研究	2013－04	78.00	248
新编全国及各省市中考数学压轴题审题要津与解法研究	2014－05	58.00	342
全国及各省市5年中考数学压轴题审题要津与解法研究(2015版)	2015－04	58.00	462
中考数学专题总复习	2007－04	28.00	6
中考数学较难题常考题型解题方法与技巧	2016－09	48.00	681
中考数学难题常考题型解题方法与技巧	2016－09	48.00	682
中考数学中档题常考题型解题方法与技巧	2017－08	68.00	835
中考数学选择填空压轴好题妙解365	2024－01	80.00	1698
中考数学:三类重点考题的解法例析与习题	2020－04	48.00	1140
中小学数学的历史文化	2019－11	48.00	1124
初中平面几何百题多思创新解	2020－01	58.00	1125
初中数学中考备考	2020－01	58.00	1126
高考数学之九章演义	2019－08	68.00	1044
高考数学之难题谈笑间	2022－06	68.00	1519
化学可以这样学:高中化学知识方法智慧感悟疑难辨析	2019－07	58.00	1103
如何成为学习高手	2019－09	58.00	1107
高考数学:经典真题分类解析	2020－04	78.00	1134
高考数学解答题破解策略	2020－11	58.00	1221
从分析解题过程学解题:高考压轴题与竞赛题之关系探究	2020－08	88.00	1179
教学新思考:单元整体视角下的初中数学教学设计	2021－03	58.00	1278
思维再拓展:2020年经典几何题的多解探究与思考	即将出版		1279
中考数学小压轴汇编初讲	2017－07	48.00	788
中考数学大压轴专题微言	2017－09	48.00	846
怎么解中考平面几何探索题	2019－06	48.00	1093
北京中考数学压轴题解题方法突破(第9版)	2024－01	78.00	1645
助你高考成功的数学解题智慧:知识是智慧的基础	2016－01	58.00	596
助你高考成功的数学解题智慧:错误是智慧的试金石	2016－04	58.00	643
助你高考成功的数学解题智慧:方法是智慧的推手	2016－04	68.00	657
高考数学奇思妙解	2016－04	38.00	610
高考数学解题策略	2016－05	48.00	670
数学解题泄天机(第2版)	2017－10	48.00	850

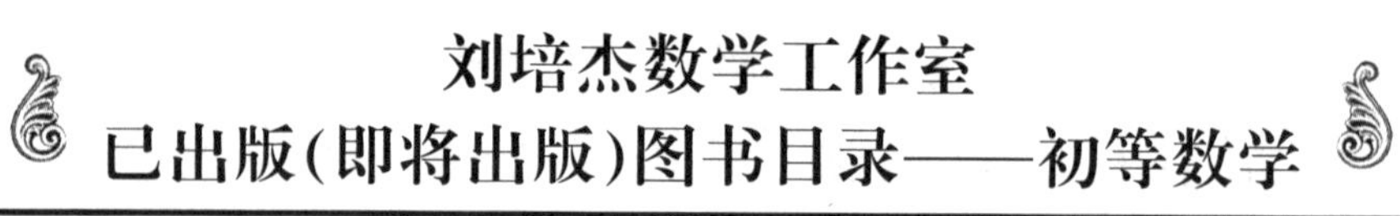

刘培杰数学工作室

已出版(即将出版)图书目录——初等数学

书　　名	出版时间	定　价	编号
高中物理教学讲义	2018－01	48.00	871
高中物理教学讲义:全模块	2022－03	98.00	1492
高中物理答疑解惑 65 篇	2021－11	48.00	1462
中学物理基础问题解析	2020－08	48.00	1183
初中数学、高中数学脱节知识补缺教材	2017－06	48.00	766
高考数学客观题解题方法和技巧	2017－10	38.00	847
十年高考数学精品试题审题要津与解法研究	2021－10	98.00	1427
中国历届高考数学试题及解答.1949－1979	2018－01	38.00	877
历届中国高考数学试题及解答.第二卷,1980—1989	2018－10	28.00	975
历届中国高考数学试题及解答.第三卷,1990—1999	2018－10	48.00	976
跟我学解高中数学题	2018－07	58.00	926
中学数学研究的方法及案例	2018－05	58.00	869
高考数学抢分技能	2018－07	68.00	934
高一新生常用数学方法和重要数学思想提升教材	2018－06	38.00	921
高考数学全国卷六道解答题常考题型解题诀窍:理科(全 2 册)	2019－07	78.00	1101
高考数学全国卷 16 道选择、填空题常考题型解题诀窍.理科	2018－09	88.00	971
高考数学全国卷 16 道选择、填空题常考题型解题诀窍.文科	2020－01	88.00	1123
高中数学一题多解	2019－06	58.00	1087
历届中国高考数学试题及解答:1917－1999	2021－08	98.00	1371
2000～2003 年全国及各省市高考数学试题及解答	2022－05	88.00	1499
2004 年全国及各省市高考数学试题及解答	2023－08	78.00	1500
2005 年全国及各省市高考数学试题及解答	2023－08	78.00	1501
2006 年全国及各省市高考数学试题及解答	2023－08	88.00	1502
2007 年全国及各省市高考数学试题及解答	2023－08	98.00	1503
2008 年全国及各省市高考数学试题及解答	2023－08	88.00	1504
2009 年全国及各省市高考数学试题及解答	2023－08	88.00	1505
2010 年全国及各省市高考数学试题及解答	2023－08	98.00	1506
2011～2017 年全国及各省市高考数学试题及解答	2024－01	78.00	1507
突破高原:高中数学解题思维探究	2021－08	48.00	1375
高考数学中的"取值范围"	2021－10	48.00	1429
新课程标准高中数学各种题型解法大全.必修一分册	2021－06	58.00	1315
新课程标准高中数学各种题型解法大全.必修二分册	2022－01	68.00	1471
高中数学各种题型解法大全.选择性必修一分册	2022－06	68.00	1525
高中数学各种题型解法大全.选择性必修二分册	2023－01	58.00	1600
高中数学各种题型解法大全.选择性必修三分册	2023－04	48.00	1643
历届全国初中数学竞赛经典试题详解	2023－04	88.00	1624
孟祥礼高考数学精刷精解	2023－06	98.00	1663
新编 640 个世界著名数学智力趣题	2014－01	88.00	242
500 个最新世界著名数学智力趣题	2008－06	48.00	3
400 个最新世界著名数学最值问题	2008－09	48.00	36
500 个世界著名数学征解问题	2009－06	48.00	52
400 个中国最佳初等数学征解老问题	2010－01	48.00	60
500 个俄罗斯数学经典老题	2011－01	28.00	81
1000 个国外中学物理好题	2012－04	48.00	174
300 个日本高考数学题	2012－05	38.00	142
700 个早期日本高考数学试题	2017－02	88.00	752
500 个前苏联早期高考数学试题及解答	2012－05	28.00	185
546 个早期俄罗斯大学生数学竞赛题	2014－03	38.00	285
548 个来自美苏的数学好问题	2014－11	28.00	396
20 所苏联著名大学早期入学试题	2015－02	18.00	452
161 道德国工科大学生必做的微分方程习题	2015－05	28.00	469
500 个德国工科大学生必做的高数习题	2015－06	28.00	478
360 个数学竞赛问题	2016－08	58.00	677
200 个趣味数学故事	2018－02	48.00	857
470 个数学奥林匹克中的最值问题	2018－10	88.00	985
德国讲义日本考题.微积分卷	2015－04	48.00	456
德国讲义日本考题.微分方程卷	2015－04	38.00	457
二十世纪中叶中、英、美、日、法、俄高考数学试题精选	2017－06	38.00	783

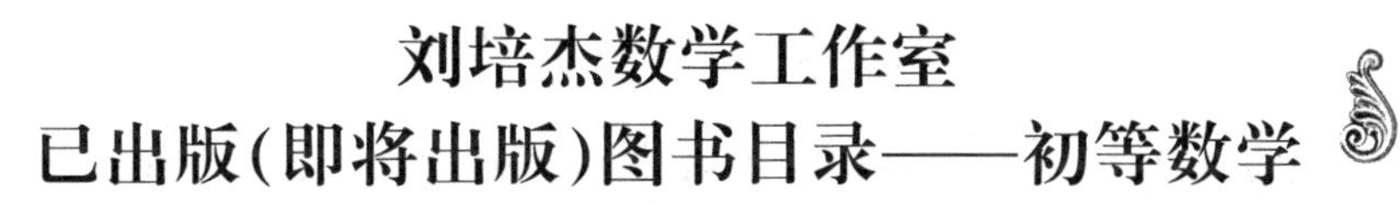

刘培杰数学工作室
已出版(即将出版)图书目录——初等数学

书　　名	出版时间	定　价	编号
中国初等数学研究　2009 卷(第 1 辑)	2009—05	20.00	45
中国初等数学研究　2010 卷(第 2 辑)	2010—05	30.00	68
中国初等数学研究　2011 卷(第 3 辑)	2011—07	60.00	127
中国初等数学研究　2012 卷(第 4 辑)	2012—07	48.00	190
中国初等数学研究　2014 卷(第 5 辑)	2014—02	48.00	288
中国初等数学研究　2015 卷(第 6 辑)	2015—06	68.00	493
中国初等数学研究　2016 卷(第 7 辑)	2016—04	68.00	609
中国初等数学研究　2017 卷(第 8 辑)	2017—01	98.00	712
初等数学研究在中国.第 1 辑	2019—03	158.00	1024
初等数学研究在中国.第 2 辑	2019—10	158.00	1116
初等数学研究在中国.第 3 辑	2021—05	158.00	1306
初等数学研究在中国.第 4 辑	2022—06	158.00	1520
初等数学研究在中国.第 5 辑	2023—07	158.00	1635
几何变换(Ⅰ)	2014—07	28.00	353
几何变换(Ⅱ)	2015—06	28.00	354
几何变换(Ⅲ)	2015—01	38.00	355
几何变换(Ⅳ)	2015—12	38.00	356
初等数论难题集(第一卷)	2009—05	68.00	44
初等数论难题集(第二卷)(上、下)	2011—02	128.00	82,83
数论概貌	2011—03	18.00	93
代数数论(第二版)	2013—08	58.00	94
代数多项式	2014—06	38.00	289
初等数论的知识与问题	2011—02	28.00	95
超越数论基础	2011—03	28.00	96
数论初等教程	2011—03	28.00	97
数论基础	2011—03	18.00	98
数论基础与维诺格拉多夫	2014—03	18.00	292
解析数论基础	2012—08	28.00	216
解析数论基础(第二版)	2014—01	48.00	287
解析数论问题集(第二版)(原版引进)	2014—05	88.00	343
解析数论问题集(第二版)(中译本)	2016—04	88.00	607
解析数论基础(潘承洞,潘承彪著)	2016—07	98.00	673
解析数论导引	2016—07	58.00	674
数论入门	2011—03	38.00	99
代数数论入门	2015—03	38.00	448
数论开篇	2012—07	28.00	194
解析数论引论	2011—03	48.00	100
Barban Davenport Halberstam 均值和	2009—01	40.00	33
基础数论	2011—03	28.00	101
初等数论 100 例	2011—05	18.00	122
初等数论经典例题	2012—07	18.00	204
最新世界各国数学奥林匹克中的初等数论试题(上、下)	2012—01	138.00	144,145
初等数论(Ⅰ)	2012—01	18.00	156
初等数论(Ⅱ)	2012—01	18.00	157
初等数论(Ⅲ)	2012—01	28.00	158

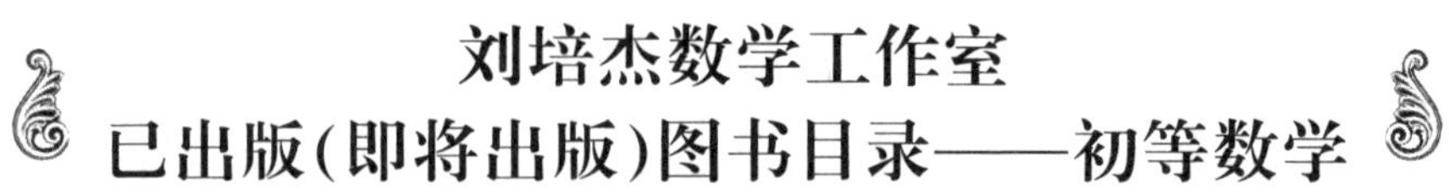

刘培杰数学工作室
已出版(即将出版)图书目录——初等数学

书　　名	出版时间	定　价	编号
平面几何与数论中未解决的新老问题	2013-01	68.00	229
代数数论简史	2014-11	28.00	408
代数数论	2015-09	88.00	532
代数、数论及分析习题集	2016-11	98.00	695
数论导引提要及习题解答	2016-01	48.00	559
素数定理的初等证明.第2版	2016-09	48.00	686
数论中的模函数与狄利克雷级数(第二版)	2017-11	78.00	837
数论:数学导引	2018-01	68.00	849
范氏大代数	2019-02	98.00	1016
解析数学讲义.第一卷,导来式及微分、积分、级数	2019-04	88.00	1021
解析数学讲义.第二卷,关于几何的应用	2019-04	68.00	1022
解析数学讲义.第三卷,解析函数论	2019-04	78.00	1023
分析·组合·数论纵横谈	2019-04	58.00	1039
Hall代数:民国时期的中学数学课本:英文	2019-08	88.00	1106
基谢廖夫初等代数	2022-07	38.00	1531
数学精神巡礼	2019-01	58.00	731
数学眼光透视(第2版)	2017-06	78.00	732
数学思想领悟(第2版)	2018-01	68.00	733
数学方法溯源(第2版)	2018-08	68.00	734
数学解题引论	2017-05	58.00	735
数学史话览胜(第2版)	2017-01	48.00	736
数学应用展观(第2版)	2017-08	68.00	737
数学建模尝试	2018-04	48.00	738
数学竞赛采风	2018-01	68.00	739
数学测评探营	2019-05	58.00	740
数学技能操握	2018-03	48.00	741
数学欣赏拾趣	2018-02	48.00	742
从毕达哥拉斯到怀尔斯	2007-10	48.00	9
从迪利克雷到维斯卡尔迪	2008-01	48.00	21
从哥德巴赫到陈景润	2008-05	98.00	35
从庞加莱到佩雷尔曼	2011-08	138.00	136
博弈论精粹	2008-03	58.00	30
博弈论精粹.第二版(精装)	2015-01	88.00	461
数学 我爱你	2008-01	28.00	20
精神的圣徒　别样的人生——60位中国数学家成长的历程	2008-09	48.00	39
数学史概论	2009-06	78.00	50
数学史概论(精装)	2013-03	158.00	272
数学史选讲	2016-01	48.00	544
斐波那契数列	2010-02	28.00	65
数学拼盘和斐波那契魔方	2010-07	38.00	72
斐波那契数列欣赏(第2版)	2018-08	58.00	948
Fibonacci数列中的明珠	2018-06	58.00	928
数学的创造	2011-02	48.00	85
数学美与创造力	2016-01	48.00	595
数海拾贝	2016-01	48.00	590
数学中的美(第2版)	2019-04	68.00	1057
数论中的美学	2014-12	38.00	351

刘培杰数学工作室

已出版(即将出版)图书目录——初等数学

书　　名	出版时间	定　价	编号
数学王者　科学巨人——高斯	2015－01	28.00	428
振兴祖国数学的圆梦之旅:中国初等数学研究史话	2015－06	98.00	490
二十世纪中国数学史料研究	2015－10	48.00	536
数字谜、数阵图与棋盘覆盖	2016－01	58.00	298
数学概念的进化:一个初步的研究	2023－07	68.00	1683
数学发现的艺术:数学探索中的合情推理	2016－07	58.00	671
活跃在数学中的参数	2016－07	48.00	675
数海趣史	2021－05	98.00	1314
玩转幻中之幻	2023－08	88.00	1682
数学艺术品	2023－09	98.00	1685
数学博弈与游戏	2023－10	68.00	1692
数学解题——靠数学思想给力(上)	2011－07	38.00	131
数学解题——靠数学思想给力(中)	2011－07	48.00	132
数学解题——靠数学思想给力(下)	2011－07	38.00	133
我怎样解题	2013－01	48.00	227
数学解题中的物理方法	2011－06	28.00	114
数学解题的特殊方法	2011－06	48.00	115
中学数学计算技巧(第2版)	2020－10	48.00	1220
中学数学证明方法	2012－01	58.00	117
数学趣题巧解	2012－03	28.00	128
高中数学教学通鉴	2015－05	58.00	479
和高中生漫谈:数学与哲学的故事	2014－08	28.00	369
算术问题集	2017－03	38.00	789
张教授讲数学	2018－07	38.00	933
陈永明实话实说数学教学	2020－04	68.00	1132
中学数学学科知识与教学能力	2020－06	58.00	1155
怎样把课讲好:大罕数学教学随笔	2022－03	58.00	1484
中国高考评价体系下高考数学探秘	2022－03	48.00	1487
数苑漫步	2024－01	58.00	1670
自主招生考试中的参数方程问题	2015－01	28.00	435
自主招生考试中的极坐标问题	2015－04	28.00	463
近年全国重点大学自主招生数学试题全解及研究.华约卷	2015－02	38.00	441
近年全国重点大学自主招生数学试题全解及研究.北约卷	2016－05	38.00	619
自主招生数学解证宝典	2015－09	48.00	535
中国科学技术大学创新班数学真题解析	2022－03	48.00	1488
中国科学技术大学创新班物理真题解析	2022－03	58.00	1489
格点和面积	2012－07	18.00	191
射影几何趣谈	2012－04	28.00	175
斯潘纳尔引理——从一道加拿大数学奥林匹克试题谈起	2014－01	28.00	228
李普希兹条件——从几道近年高考数学试题谈起	2012－10	18.00	221
拉格朗日中值定理——从一道北京高考试题的解法谈起	2015－10	18.00	197
闵科夫斯基定理——从一道清华大学自主招生试题谈起	2014－01	28.00	198
哈尔测度——从一道冬令营试题的背景谈起	2012－08	28.00	202
切比雪夫逼近问题——从一道中国台北数学奥林匹克试题谈起	2013－04	38.00	238
伯恩斯坦多项式与贝齐尔曲面——从一道全国高中数学联赛试题谈起	2013－03	38.00	236
卡塔兰猜想——从一道普特南竞赛试题谈起	2013－06	18.00	256
麦卡锡函数和阿克曼函数——从一道前南斯拉夫数学奥林匹克试题谈起	2012－08	18.00	201
贝蒂定理与拉姆贝克莫斯尔定理——从一个拣石子游戏谈起	2012－08	18.00	217
皮亚诺曲线和豪斯道夫分球定理——从无限集谈起	2012－08	18.00	211
平面凸图形与凸多面体	2012－10	28.00	218
斯坦因豪斯问题——从一道二十五省市自治区中学数学竞赛试题谈起	2012－07	18.00	196

刘培杰数学工作室

已出版(即将出版)图书目录——初等数学

书　　名	出版时间	定　价	编号
纽结理论中的亚历山大多项式与琼斯多项式——从一道北京市高一数学竞赛试题谈起	2012-07	28.00	195
原则与策略——从波利亚"解题表"谈起	2013-04	38.00	244
转化与化归——从三大尺规作图不能问题谈起	2012-08	28.00	214
代数几何中的贝祖定理(第一版)——从一道 IMO 试题的解法谈起	2013-08	18.00	193
成功连贯理论与约当块理论——从一道比利时数学竞赛试题谈起	2012-04	18.00	180
素数判定与大数分解	2014-08	18.00	199
置换多项式及其应用	2012-10	18.00	220
椭圆函数与模函数——从一道美国加州大学洛杉矶分校(UCLA)博士资格考题谈起	2012-10	28.00	219
差分方程的拉格朗日方法——从一道 2011 年全国高考理科试题的解法谈起	2012-08	28.00	200
力学在几何中的一些应用	2013-01	38.00	240
从根式解到伽罗华理论	2020-01	48.00	1121
康托洛维奇不等式——从一道全国高中联赛试题谈起	2013-03	28.00	337
西格尔引理——从一道第 18 届 IMO 试题的解法谈起	即将出版		
罗斯定理——从一道前苏联数学竞赛试题谈起	即将出版		
拉克斯定理和阿廷定理——从一道 IMO 试题的解法谈起	2014-01	58.00	246
毕卡大定理——从一道美国大学数学竞赛试题谈起	2014-07	18.00	350
贝齐尔曲线——从一道全国高中联赛试题谈起	即将出版		
拉格朗日乘子定理——从一道 2005 年全国高中联赛试题的高等数学解法谈起	2015-05	28.00	480
雅可比定理——从一道日本数学奥林匹克试题谈起	2013-04	48.00	249
李天岩-约克定理——从一道波兰数学竞赛试题谈起	2014-06	28.00	349
受控理论与初等不等式:从一道 IMO 试题的解法谈起	2023-03	48.00	1601
布劳维不动点定理——从一道前苏联数学奥林匹克试题谈起	2014-01	38.00	273
伯恩赛德定理——从一道英国数学奥林匹克试题谈起	即将出版		
布查特-莫斯特定理——从一道上海市初中竞赛试题谈起	即将出版		
数论中的同余数问题——从一道普特南竞赛试题谈起	即将出版		
范·德蒙行列式——从一道美国数学奥林匹克试题谈起	即将出版		
中国剩余定理:总数法构建中国历史年表	2015-01	28.00	430
牛顿程序与方程求根——从一道全国高考试题解法谈起	即将出版		
库默尔定理——从一道 IMO 预选试题谈起	即将出版		
卢丁定理——从一道冬令营试题的解法谈起	即将出版		
沃斯滕霍姆定理——从一道 IMO 预选试题谈起	即将出版		
卡尔松不等式——从一道莫斯科数学奥林匹克试题谈起	即将出版		
信息论中的香农熵——从一道近年高考压轴题谈起	即将出版		
约当不等式——从一道希望杯竞赛试题谈起	即将出版		
拉比诺维奇定理	即将出版		
刘维尔定理——从一道《美国数学月刊》征解问题的解法谈起	即将出版		
卡塔兰恒等式与级数求和——从一道 IMO 试题的解法谈起	即将出版		
勒让德猜想与素数分布——从一道爱尔兰竞赛试题谈起	即将出版		
天平称重与信息论——从一道基辅市数学奥林匹克试题谈起	即将出版		
哈密尔顿-凯莱定理:从一道高中数学联赛试题的解法谈起	2014-09	18.00	376
艾思特曼定理——从一道 CMO 试题的解法谈起	即将出版		

刘培杰数学工作室
已出版(即将出版)图书目录——初等数学

书　　名	出版时间	定　价	编号
阿贝尔恒等式与经典不等式及应用	2018－06	98.00	923
迪利克雷除数问题	2018－07	48.00	930
幻方、幻立方与拉丁方	2019－08	48.00	1092
帕斯卡三角形	2014－03	18.00	294
蒲丰投针问题——从2009年清华大学的一道自主招生试题谈起	2014－01	38.00	295
斯图姆定理——从一道“华约”自主招生试题的解法谈起	2014－01	18.00	296
许瓦兹引理——从一道加利福尼亚大学伯克利分校数学系博士生试题谈起	2014－08	18.00	297
拉姆塞定理——从王诗宬院士的一个问题谈起	2016－04	48.00	299
坐标法	2013－12	28.00	332
数论三角形	2014－04	38.00	341
毕克定理	2014－07	18.00	352
数林掠影	2014－09	48.00	389
我们周围的概率	2014－10	38.00	390
凸函数最值定理:从一道华约自主招生题的解法谈起	2014－10	28.00	391
易学与数学奥林匹克	2014－10	38.00	392
生物数学趣谈	2015－01	18.00	409
反演	2015－01	28.00	420
因式分解与圆锥曲线	2015－01	18.00	426
轨迹	2015－01	28.00	427
面积原理:从常庚哲命的一道CMO试题的积分解法谈起	2015－01	48.00	431
形形色色的不动点定理:从一道28届IMO试题谈起	2015－01	38.00	439
柯西函数方程:从一道上海交大自主招生的试题谈起	2015－02	28.00	440
三角恒等式	2015－02	28.00	442
无理性判定:从一道2014年“北约”自主招生试题谈起	2015－01	38.00	443
数学归纳法	2015－03	18.00	451
极端原理与解题	2015－04	28.00	464
法雷级数	2014－08	18.00	367
摆线族	2015－01	38.00	438
函数方程及其解法	2015－05	38.00	470
含参数的方程和不等式	2012－09	28.00	213
希尔伯特第十问题	2016－01	38.00	543
无穷小量的求和	2016－01	28.00	545
切比雪夫多项式:从一道清华大学金秋营试题谈起	2016－01	38.00	583
泽肯多夫定理	2016－03	38.00	599
代数等式证题法	2016－01	28.00	600
三角等式证题法	2016－01	28.00	601
吴大任教授藏书中的一个因式分解公式:从一道美国数学邀请赛试题的解法谈起	2016－06	28.00	656
易卦——类万物的数学模型	2017－08	68.00	838
“不可思议”的数与数系可持续发展	2018－01	38.00	878
最短线	2018－01	38.00	879
数学在天文、地理、光学、机械力学中的一些应用	2023－03	88.00	1576
从阿基米德三角形谈起	2023－01	28.00	1578
幻方和魔方(第一卷)	2012－05	68.00	173
尘封的经典——初等数学经典文献选读(第一卷)	2012－07	48.00	205
尘封的经典——初等数学经典文献选读(第二卷)	2012－07	38.00	206
初级方程式论	2011－03	28.00	106
初等数学研究(Ⅰ)	2008－09	68.00	37
初等数学研究(Ⅱ)(上、下)	2009－05	118.00	46,47
初等数学专题研究	2022－10	68.00	1568

刘培杰数学工作室
已出版(即将出版)图书目录——初等数学

书　　名	出版时间	定　价	编号
趣味初等方程妙题集锦	2014－09	48.00	388
趣味初等数论选美与欣赏	2015－02	48.00	445
耕读笔记(上卷):一位农民数学爱好者的初数探索	2015－04	28.00	459
耕读笔记(中卷):一位农民数学爱好者的初数探索	2015－05	28.00	483
耕读笔记(下卷):一位农民数学爱好者的初数探索	2015－05	28.00	484
几何不等式研究与欣赏.上卷	2016－01	88.00	547
几何不等式研究与欣赏.下卷	2016－01	48.00	552
初等数列研究与欣赏・上	2016－01	48.00	570
初等数列研究与欣赏・下	2016－01	48.00	571
趣味初等函数研究与欣赏.上	2016－09	48.00	684
趣味初等函数研究与欣赏.下	2018－09	48.00	685
三角不等式研究与欣赏	2020－10	68.00	1197
新编平面解析几何解题方法研究与欣赏	2021－10	78.00	1426
火柴游戏(第2版)	2022－05	38.00	1493
智力解谜.第1卷	2017－07	38.00	613
智力解谜.第2卷	2017－07	38.00	614
故事智力	2016－07	48.00	615
名人们喜欢的智力问题	2020－01	48.00	616
数学大师的发现、创造与失误	2018－01	48.00	617
异曲同工	2018－09	48.00	618
数学的味道(第2版)	2023－10	68.00	1686
数学千字文	2018－10	68.00	977
数贝偶拾——高考数学题研究	2014－04	28.00	274
数贝偶拾——初等数学研究	2014－04	38.00	275
数贝偶拾——奥数题研究	2014－04	48.00	276
钱昌本教你快乐学数学(上)	2011－12	48.00	155
钱昌本教你快乐学数学(下)	2012－03	58.00	171
集合、函数与方程	2014－01	28.00	300
数列与不等式	2014－01	38.00	301
三角与平面向量	2014－01	28.00	302
平面解析几何	2014－01	38.00	303
立体几何与组合	2014－01	28.00	304
极限与导数、数学归纳法	2014－01	38.00	305
趣味数学	2014－03	28.00	306
教材教法	2014－04	68.00	307
自主招生	2014－05	58.00	308
高考压轴题(上)	2015－01	48.00	309
高考压轴题(下)	2014－10	68.00	310
从费马到怀尔斯——费马大定理的历史	2013－10	198.00	Ⅰ
从庞加莱到佩雷尔曼——庞加莱猜想的历史	2013－10	298.00	Ⅱ
从切比雪夫到爱尔特希(上)——素数定理的初等证明	2013－07	48.00	Ⅲ
从切比雪夫到爱尔特希(下)——素数定理100年	2012－12	98.00	Ⅲ
从高斯到盖尔方特——二次域的高斯猜想	2013－10	198.00	Ⅳ
从库默尔到朗兰兹——朗兰兹猜想的历史	2014－01	98.00	Ⅴ
从比勃巴赫到德布朗斯——比勃巴赫猜想的历史	2014－02	298.00	Ⅵ
从麦比乌斯到陈省身——麦比乌斯变换与麦比乌斯带	2014－02	298.00	Ⅶ
从布尔到豪斯道夫——布尔方程与格论漫谈	2013－10	198.00	Ⅷ
从开普勒到阿诺德——三体问题的历史	2014－05	298.00	Ⅸ
从华林到华罗庚——华林问题的历史	2013－10	298.00	Ⅹ

刘培杰数学工作室

已出版(即将出版)图书目录——初等数学

书　名	出版时间	定　价	编号
美国高中数学竞赛五十讲．第1卷(英文)	2014－08	28.00	357
美国高中数学竞赛五十讲．第2卷(英文)	2014－08	28.00	358
美国高中数学竞赛五十讲．第3卷(英文)	2014－09	28.00	359
美国高中数学竞赛五十讲．第4卷(英文)	2014－09	28.00	360
美国高中数学竞赛五十讲．第5卷(英文)	2014－10	28.00	361
美国高中数学竞赛五十讲．第6卷(英文)	2014－11	28.00	362
美国高中数学竞赛五十讲．第7卷(英文)	2014－12	28.00	363
美国高中数学竞赛五十讲．第8卷(英文)	2015－01	28.00	364
美国高中数学竞赛五十讲．第9卷(英文)	2015－01	28.00	365
美国高中数学竞赛五十讲．第10卷(英文)	2015－02	38.00	366
三角函数(第2版)	2017－04	38.00	626
不等式	2014－01	38.00	312
数列	2014－01	38.00	313
方程(第2版)	2017－04	38.00	624
排列和组合	2014－01	28.00	315
极限与导数(第2版)	2016－04	38.00	635
向量(第2版)	2018－08	58.00	627
复数及其应用	2014－08	28.00	318
函数	2014－01	38.00	319
集合	2020－01	48.00	320
直线与平面	2014－01	28.00	321
立体几何(第2版)	2016－04	38.00	629
解三角形	即将出版		323
直线与圆(第2版)	2016－11	38.00	631
圆锥曲线(第2版)	2016－09	48.00	632
解题通法(一)	2014－07	38.00	326
解题通法(二)	2014－07	38.00	327
解题通法(三)	2014－05	38.00	328
概率与统计	2014－01	28.00	329
信息迁移与算法	即将出版		330
IMO 50年．第1卷(1959－1963)	2014－11	28.00	377
IMO 50年．第2卷(1964－1968)	2014－11	28.00	378
IMO 50年．第3卷(1969－1973)	2014－09	28.00	379
IMO 50年．第4卷(1974－1978)	2016－04	38.00	380
IMO 50年．第5卷(1979－1984)	2015－04	38.00	381
IMO 50年．第6卷(1985－1989)	2015－04	58.00	382
IMO 50年．第7卷(1990－1994)	2016－01	48.00	383
IMO 50年．第8卷(1995－1999)	2016－06	38.00	384
IMO 50年．第9卷(2000－2004)	2015－04	58.00	385
IMO 50年．第10卷(2005－2009)	2016－01	48.00	386
IMO 50年．第11卷(2010－2015)	2017－03	48.00	646

刘培杰数学工作室
已出版(即将出版)图书目录——初等数学

书　　名	出版时间	定　价	编号
数学反思(2006—2007)	2020—09	88.00	915
数学反思(2008—2009)	2019—01	68.00	917
数学反思(2010—2011)	2018—05	58.00	916
数学反思(2012—2013)	2019—01	58.00	918
数学反思(2014—2015)	2019—03	78.00	919
数学反思(2016—2017)	2021—03	58.00	1286
数学反思(2018—2019)	2023—01	88.00	1593
历届美国大学生数学竞赛试题集.第一卷(1938—1949)	2015—01	28.00	397
历届美国大学生数学竞赛试题集.第二卷(1950—1959)	2015—01	28.00	398
历届美国大学生数学竞赛试题集.第三卷(1960—1969)	2015—01	28.00	399
历届美国大学生数学竞赛试题集.第四卷(1970—1979)	2015—01	18.00	400
历届美国大学生数学竞赛试题集.第五卷(1980—1989)	2015—01	28.00	401
历届美国大学生数学竞赛试题集.第六卷(1990—1999)	2015—01	28.00	402
历届美国大学生数学竞赛试题集.第七卷(2000—2009)	2015—08	18.00	403
历届美国大学生数学竞赛试题集.第八卷(2010—2012)	2015—01	18.00	404
新课标高考数学创新题解题诀窍:总论	2014—09	28.00	372
新课标高考数学创新题解题诀窍:必修1～5分册	2014—08	38.00	373
新课标高考数学创新题解题诀窍:选修2－1,2－2,1－1,1－2分册	2014—09	38.00	374
新课标高考数学创新题解题诀窍:选修2－3,4－4,4－5分册	2014—09	18.00	375
全国重点大学自主招生英文数学试题全攻略:词汇卷	2015—07	48.00	410
全国重点大学自主招生英文数学试题全攻略:概念卷	2015—01	28.00	411
全国重点大学自主招生英文数学试题全攻略:文章选读卷(上)	2016—09	38.00	412
全国重点大学自主招生英文数学试题全攻略:文章选读卷(下)	2017—01	58.00	413
全国重点大学自主招生英文数学试题全攻略:试题卷	2015—07	38.00	414
全国重点大学自主招生英文数学试题全攻略:名著欣赏卷	2017—03	48.00	415
劳埃德数学趣题大全.题目卷.1:英文	2016—01	18.00	516
劳埃德数学趣题大全.题目卷.2:英文	2016—01	18.00	517
劳埃德数学趣题大全.题目卷.3:英文	2016—01	18.00	518
劳埃德数学趣题大全.题目卷.4:英文	2016—01	18.00	519
劳埃德数学趣题大全.题目卷.5:英文	2016—01	18.00	520
劳埃德数学趣题大全.答案卷:英文	2016—01	18.00	521
李成章教练奥数笔记.第1卷	2016—01	48.00	522
李成章教练奥数笔记.第2卷	2016—01	48.00	523
李成章教练奥数笔记.第3卷	2016—01	38.00	524
李成章教练奥数笔记.第4卷	2016—01	38.00	525
李成章教练奥数笔记.第5卷	2016—01	38.00	526
李成章教练奥数笔记.第6卷	2016—01	38.00	527
李成章教练奥数笔记.第7卷	2016—01	38.00	528
李成章教练奥数笔记.第8卷	2016—01	48.00	529
李成章教练奥数笔记.第9卷	2016—01	28.00	530

刘培杰数学工作室
已出版(即将出版)图书目录——初等数学

书名	出版时间	定价	编号
第19～23届"希望杯"全国数学邀请赛试题审题要津详细评注(初一版)	2014—03	28.00	333
第19～23届"希望杯"全国数学邀请赛试题审题要津详细评注(初二、初三版)	2014—03	38.00	334
第19～23届"希望杯"全国数学邀请赛试题审题要津详细评注(高一版)	2014—03	28.00	335
第19～23届"希望杯"全国数学邀请赛试题审题要津详细评注(高二版)	2014—03	38.00	336
第19～25届"希望杯"全国数学邀请赛试题审题要津详细评注(初一版)	2015—01	38.00	416
第19～25届"希望杯"全国数学邀请赛试题审题要津详细评注(初二、初三版)	2015—01	58.00	417
第19～25届"希望杯"全国数学邀请赛试题审题要津详细评注(高一版)	2015—01	48.00	418
第19～25届"希望杯"全国数学邀请赛试题审题要津详细评注(高二版)	2015—01	48.00	419
物理奥林匹克竞赛大题典——力学卷	2014—11	48.00	405
物理奥林匹克竞赛大题典——热学卷	2014—04	28.00	339
物理奥林匹克竞赛大题典——电磁学卷	2015—07	48.00	406
物理奥林匹克竞赛大题典——光学与近代物理卷	2014—06	28.00	345
历届中国东南地区数学奥林匹克试题集(2004～2012)	2014—06	18.00	346
历届中国西部地区数学奥林匹克试题集(2001～2012)	2014—07	18.00	347
历届中国女子数学奥林匹克试题集(2002～2012)	2014—08	18.00	348
数学奥林匹克在中国	2014—06	98.00	344
数学奥林匹克问题集	2014—01	38.00	267
数学奥林匹克不等式散论	2010—06	38.00	124
数学奥林匹克不等式欣赏	2011—09	38.00	138
数学奥林匹克超级题库(初中卷上)	2010—01	58.00	66
数学奥林匹克不等式证明方法和技巧(上、下)	2011—08	158.00	134,135
他们学什么:原民主德国中学数学课本	2016—09	38.00	658
他们学什么:英国中学数学课本	2016—09	38.00	659
他们学什么:法国中学数学课本.1	2016—09	38.00	660
他们学什么:法国中学数学课本.2	2016—09	28.00	661
他们学什么:法国中学数学课本.3	2016—09	38.00	662
他们学什么:苏联中学数学课本	2016—09	28.00	679
高中数学题典——集合与简易逻辑·函数	2016—07	48.00	647
高中数学题典——导数	2016—07	48.00	648
高中数学题典——三角函数·平面向量	2016—07	48.00	649
高中数学题典——数列	2016—07	58.00	650
高中数学题典——不等式·推理与证明	2016—07	38.00	651
高中数学题典——立体几何	2016—07	48.00	652
高中数学题典——平面解析几何	2016—07	78.00	653
高中数学题典——计数原理·统计·概率·复数	2016—07	48.00	654
高中数学题典——算法·平面几何·初等数论·组合数学·其他	2016—07	68.00	655

刘培杰数学工作室

已出版(即将出版)图书目录——初等数学

书　名	出版时间	定　价	编号
台湾地区奥林匹克数学竞赛试题.小学一年级	2017－03	38.00	722
台湾地区奥林匹克数学竞赛试题.小学二年级	2017－03	38.00	723
台湾地区奥林匹克数学竞赛试题.小学三年级	2017－03	38.00	724
台湾地区奥林匹克数学竞赛试题.小学四年级	2017－03	38.00	725
台湾地区奥林匹克数学竞赛试题.小学五年级	2017－03	38.00	726
台湾地区奥林匹克数学竞赛试题.小学六年级	2017－03	38.00	727
台湾地区奥林匹克数学竞赛试题.初中一年级	2017－03	38.00	728
台湾地区奥林匹克数学竞赛试题.初中二年级	2017－03	38.00	729
台湾地区奥林匹克数学竞赛试题.初中三年级	2017－03	28.00	730
不等式证题法	2017－04	28.00	747
平面几何培优教程	2019－08	88.00	748
奥数鼎级培优教程.高一分册	2018－09	88.00	749
奥数鼎级培优教程.高二分册.上	2018－04	68.00	750
奥数鼎级培优教程.高二分册.下	2018－04	68.00	751
高中数学竞赛冲刺宝典	2019－04	68.00	883
初中尖子生数学超级题典.实数	2017－07	58.00	792
初中尖子生数学超级题典.式、方程与不等式	2017－08	58.00	793
初中尖子生数学超级题典.圆、面积	2017－08	38.00	794
初中尖子生数学超级题典.函数、逻辑推理	2017－08	48.00	795
初中尖子生数学超级题典.角、线段、三角形与多边形	2017－07	58.00	796
数学王子——高斯	2018－01	48.00	858
坎坷奇星——阿贝尔	2018－01	48.00	859
闪烁奇星——伽罗瓦	2018－01	58.00	860
无穷统帅——康托尔	2018－01	48.00	861
科学公主——柯瓦列夫斯卡娅	2018－01	48.00	862
抽象代数之母——埃米·诺特	2018－01	48.00	863
电脑先驱——图灵	2018－01	58.00	864
昔日神童——维纳	2018－01	48.00	865
数坛怪侠——爱尔特希	2018－01	68.00	866
传奇数学家徐利治	2019－09	88.00	1110
当代世界中的数学.数学思想与数学基础	2019－01	38.00	892
当代世界中的数学.数学问题	2019－01	38.00	893
当代世界中的数学.应用数学与数学应用	2019－01	38.00	894
当代世界中的数学.数学王国的新疆域(一)	2019－01	38.00	895
当代世界中的数学.数学王国的新疆域(二)	2019－01	38.00	896
当代世界中的数学.数林撷英(一)	2019－01	38.00	897
当代世界中的数学.数林撷英(二)	2019－01	48.00	898
当代世界中的数学.数学之路	2019－01	38.00	899

刘培杰数学工作室
已出版(即将出版)图书目录——初等数学

书　　名	出版时间	定　价	编号
105 个代数问题:来自 AwesomeMath 夏季课程	2019-02	58.00	956
106 个几何问题:来自 AwesomeMath 夏季课程	2020-07	58.00	957
107 个几何问题:来自 AwesomeMath 全年课程	2020-07	58.00	958
108 个代数问题:来自 AwesomeMath 全年课程	2019-01	68.00	959
109 个不等式:来自 AwesomeMath 夏季课程	2019-04	58.00	960
国际数学奥林匹克中的 110 个几何问题	即将出版		961
111 个代数和数论问题	2019-05	58.00	962
112 个组合问题:来自 AwesomeMath 夏季课程	2019-05	58.00	963
113 个几何不等式:来自 AwesomeMath 夏季课程	2020-08	58.00	964
114 个指数和对数问题:来自 AwesomeMath 夏季课程	2019-09	48.00	965
115 个三角问题:来自 AwesomeMath 夏季课程	2019-09	58.00	966
116 个代数不等式:来自 AwesomeMath 全年课程	2019-04	58.00	967
117 个多项式问题:来自 AwesomeMath 夏季课程	2021-09	58.00	1409
118 个数学竞赛不等式	2022-08	78.00	1526
紫色彗星国际数学竞赛试题	2019-02	58.00	999
数学竞赛中的数学:为数学爱好者、父母、教师和教练准备的丰富资源.第一部	2020-04	58.00	1141
数学竞赛中的数学:为数学爱好者、父母、教师和教练准备的丰富资源.第二部	2020-07	48.00	1142
和与积	2020-10	38.00	1219
数论:概念和问题	2020-12	68.00	1257
初等数学问题研究	2021-03	48.00	1270
数学奥林匹克中的欧几里得几何	2021-10	68.00	1413
数学奥林匹克题解新编	2022-01	58.00	1430
图论入门	2022-09	58.00	1554
新的、更新的、最新的不等式	2023-07	58.00	1650
数学竞赛中奇妙的多项式	2024-01	78.00	1646
120 个奇妙的代数问题及 20 个奖励问题	2024-04	48.00	1647
澳大利亚中学数学竞赛试题及解答(初级卷)1978～1984	2019-02	28.00	1002
澳大利亚中学数学竞赛试题及解答(初级卷)1985～1991	2019-02	28.00	1003
澳大利亚中学数学竞赛试题及解答(初级卷)1992～1998	2019-02	28.00	1004
澳大利亚中学数学竞赛试题及解答(初级卷)1999～2005	2019-02	28.00	1005
澳大利亚中学数学竞赛试题及解答(中级卷)1978～1984	2019-03	28.00	1006
澳大利亚中学数学竞赛试题及解答(中级卷)1985～1991	2019-03	28.00	1007
澳大利亚中学数学竞赛试题及解答(中级卷)1992～1998	2019-03	28.00	1008
澳大利亚中学数学竞赛试题及解答(中级卷)1999～2005	2019-03	28.00	1009
澳大利亚中学数学竞赛试题及解答(高级卷)1978～1984	2019-05	28.00	1010
澳大利亚中学数学竞赛试题及解答(高级卷)1985～1991	2019-05	28.00	1011
澳大利亚中学数学竞赛试题及解答(高级卷)1992～1998	2019-05	28.00	1012
澳大利亚中学数学竞赛试题及解答(高级卷)1999～2005	2019-05	28.00	1013
天才中小学生智力测验题.第一卷	2019-03	38.00	1026
天才中小学生智力测验题.第二卷	2019-03	38.00	1027
天才中小学生智力测验题.第三卷	2019-03	38.00	1028
天才中小学生智力测验题.第四卷	2019-03	38.00	1029
天才中小学生智力测验题.第五卷	2019-03	38.00	1030
天才中小学生智力测验题.第六卷	2019-03	38.00	1031
天才中小学生智力测验题.第七卷	2019-03	38.00	1032
天才中小学生智力测验题.第八卷	2019-03	38.00	1033
天才中小学生智力测验题.第九卷	2019-03	38.00	1034
天才中小学生智力测验题.第十卷	2019-03	38.00	1035
天才中小学生智力测验题.第十一卷	2019-03	38.00	1036
天才中小学生智力测验题.第十二卷	2019-03	38.00	1037
天才中小学生智力测验题.第十三卷	2019-03	38.00	1038

刘培杰数学工作室
已出版(即将出版)图书目录——初等数学

书　　名	出版时间	定　价	编号
重点大学自主招生数学备考全书:函数	2020—05	48.00	1047
重点大学自主招生数学备考全书:导数	2020—08	48.00	1048
重点大学自主招生数学备考全书:数列与不等式	2019—10	78.00	1049
重点大学自主招生数学备考全书:三角函数与平面向量	2020—08	68.00	1050
重点大学自主招生数学备考全书:平面解析几何	2020—07	58.00	1051
重点大学自主招生数学备考全书:立体几何与平面几何	2019—08	48.00	1052
重点大学自主招生数学备考全书:排列组合·概率统计·复数	2019—09	48.00	1053
重点大学自主招生数学备考全书:初等数论与组合数学	2019—08	48.00	1054
重点大学自主招生数学备考全书:重点大学自主招生真题.上	2019—04	68.00	1055
重点大学自主招生数学备考全书:重点大学自主招生真题.下	2019—04	58.00	1056
高中数学竞赛培训教程:平面几何问题的求解方法与策略.上	2018—05	68.00	906
高中数学竞赛培训教程:平面几何问题的求解方法与策略.下	2018—06	78.00	907
高中数学竞赛培训教程:整除与同余以及不定方程	2018—01	88.00	908
高中数学竞赛培训教程:组合计数与组合极值	2018—04	48.00	909
高中数学竞赛培训教程:初等代数	2019—04	78.00	1042
高中数学讲座:数学竞赛基础教程(第一册)	2019—06	48.00	1094
高中数学讲座:数学竞赛基础教程(第二册)	即将出版		1095
高中数学讲座:数学竞赛基础教程(第三册)	即将出版		1096
高中数学讲座:数学竞赛基础教程(第四册)	即将出版		1097
新编中学数学解题方法 1000 招丛书. 实数(初中版)	2022—05	58.00	1291
新编中学数学解题方法 1000 招丛书. 式(初中版)	2022—05	48.00	1292
新编中学数学解题方法 1000 招丛书. 方程与不等式(初中版)	2021—04	58.00	1293
新编中学数学解题方法 1000 招丛书. 函数(初中版)	2022—05	38.00	1294
新编中学数学解题方法 1000 招丛书. 角(初中版)	2022—05	48.00	1295
新编中学数学解题方法 1000 招丛书. 线段(初中版)	2022—05	48.00	1296
新编中学数学解题方法 1000 招丛书. 三角形与多边形(初中版)	2021—04	48.00	1297
新编中学数学解题方法 1000 招丛书. 圆(初中版)	2022—05	48.00	1298
新编中学数学解题方法 1000 招丛书. 面积(初中版)	2021—07	28.00	1299
新编中学数学解题方法 1000 招丛书. 逻辑推理(初中版)	2022—06	48.00	1300
高中数学题典精编. 第一辑. 函数	2022—01	58.00	1444
高中数学题典精编. 第一辑. 导数	2022—01	68.00	1445
高中数学题典精编. 第一辑. 三角函数·平面向量	2022—01	68.00	1446
高中数学题典精编. 第一辑. 数列	2022—01	58.00	1447
高中数学题典精编. 第一辑. 不等式·推理与证明	2022—01	58.00	1448
高中数学题典精编. 第一辑. 立体几何	2022—01	58.00	1449
高中数学题典精编. 第一辑. 平面解析几何	2022—01	68.00	1450
高中数学题典精编. 第一辑. 统计·概率·平面几何	2022—01	58.00	1451
高中数学题典精编. 第一辑. 初等数论·组合数学·数学文化·解题方法	2022—01	58.00	1452
历届全国初中数学竞赛试题分类解析. 初等代数	2022—09	98.00	1555
历届全国初中数学竞赛试题分类解析. 初等数论	2022—09	48.00	1556
历届全国初中数学竞赛试题分类解析. 平面几何	2022—09	38.00	1557
历届全国初中数学竞赛试题分类解析. 组合	2022—09	38.00	1558

刘培杰数学工作室

已出版(即将出版)图书目录——初等数学

书　　名	出版时间	定　价	编号
从三道高三数学模拟题的背景谈起:兼谈傅里叶三角级数	2023-03	48.00	1651
从一道日本东京大学的入学试题谈起:兼谈 π 的方方面面	即将出版		1652
从两道 2021 年福建高三数学测试题谈起:兼谈球面几何学与球面三角学	即将出版		1653
从一道湖南高考数学试题谈起:兼谈有界变差数列	2024-01	48.00	1654
从一道高校自主招生试题谈起:兼谈詹森函数方程	即将出版		1655
从一道上海高考数学试题谈起:兼谈有界变差函数	即将出版		1656
从 道北京大学金秋营数学试题的解法谈起:兼谈伽罗瓦理论	即将出版		1657
从一道北京高考数学试题的解法谈起:兼谈毕克定理	即将出版		1658
从一道北京大学金秋营数学试题的解法谈起:兼谈帕塞瓦尔恒等式	即将出版		1659
从一道高三数学模拟测试题的背景谈起:兼谈等周问题与等周不等式	即将出版		1660
从一道 2020 年全国高考数学试题的解法谈起:兼谈斐波那契数列和纳卡穆拉定理及奥斯图达定理	即将出版		1661
从一道高考数学附加题谈起:兼谈广义斐波那契数列	即将出版		1662
代数学教程.第一卷,集合论	2023-08	58.00	1664
代数学教程.第二卷,抽象代数基础	2023-08	68.00	1665
代数学教程.第三卷,数论原理	2023-08	58.00	1666
代数学教程.第四卷,代数方程式论	2023-08	48.00	1667
代数学教程.第五卷,多项式理论	2023-08	58.00	1668

联系地址:哈尔滨市南岗区复华四道街 10 号　哈尔滨工业大学出版社刘培杰数学工作室

网　　址:http://lpj.hit.edu.cn/

邮　　编:150006

联系电话:0451-86281378　　13904613167

E-mail:lpj1378@163.com